THE SCIENCE OF GOOD COOKING

料理的科學

好廚藝必備百科全書，完整收錄 50 個烹調原理與密技

Master 50 Simple Concepts to Enjoy
a Lifetime of Success in the Kitchen

美國實驗廚房編輯群、蓋・克羅斯比博士——合著
The Editors at America's Test Kitchen & Guy Crosby, PhD

陳維真、張簡守展等——合譯

THE SCIENCE OF GOOD COOKING

料理的科學

好廚藝必備百科全書，完整收錄 50 個烹調原理與密技

Master 50 Simple Concepts to Enjoy
a Lifetime of Success in the Kitchen

美國實驗廚房編輯群、蓋・克羅斯比博士——合著
The Editors at America's Test Kitchen & Guy Crosby, PhD

陳維真、張簡守展等——合譯

THE SCIENCE OF GOOD COOKING

料理的科學

好廚藝必備百科全書，完整收錄 50 個烹調原理與密技

Master 50 Simple Concepts to Enjoy
a Lifetime of Success in the Kitchen

美國實驗廚房編輯群、蓋‧克羅斯比博士——合著
The Editors at America's Test Kitchen & Guy Crosby, PhD

陳維真、張簡守展等——合譯

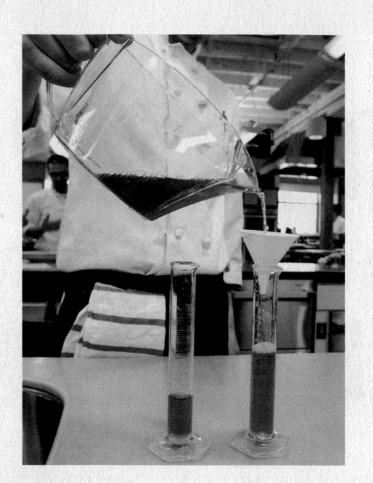

完整收錄世上所有烹調藝術和科學技巧的核心法則！

您存在心中已久的烹飪疑惑
這本美食家專屬的百科全書都能解答

完整收錄世上所有烹調藝術和科學技巧的核心法則！

您存在心中已久的烹飪疑惑
這本美食家專屬的百科全書都能解答

目次

CONTENTS

序言

雖然俗話說「好奇心殺死一隻貓」，但讓人類與其他哺乳動物不同的正是「好奇心」。一百年前，多數主廚能使用的食譜與食材有限，但卻有充分的第一手經驗，能夠用現有的食譜做出佳餚。現在，我們站在新世紀的起點，許多人對烹飪藝術有著濃厚的興趣，但是卻缺乏大廚應有的多年實務經驗。

面對這種現代窘境，我們有什麼解決方法呢？這個答案讓我想起我最愛的物理學家勞倫斯‧克勞斯（Lawrence Krauss）。投入生命思考宇宙奧祕的克勞斯說，為了研究宇宙和我們在宇宙間的位置，我們必須問「如何」和「為什麼」。提出問題後，就能構思實驗來證明或推翻我們的理論。

這番話對美國實驗廚房（America's Test Kitchen）的工作團隊來說，聽起來相當耳熟。我們每天都會提出各種疑問，像是骨頭會讓肉塊在烹煮時更有風味嗎？冰淇淋為什麼放在冷凍庫就會變冰？接著，我們在廚房中設計各種實驗，好用來解答問題，幫助身為業餘廚師的我們創造出更多不敗食譜、做出更多美食。

為了測試在蛋裡加入小塊的冷凍奶油是否真能帶來好處，我們在歐姆蛋（omlet）上放了兩磅重的砝碼，因為歐姆蛋越軟嫩，越無法承受重量。為了評估肉塊在煮熟後靜置的好處，我們將肉烤好後，馬上切下一塊肉片，測量出其流失的肉汁有10大匙。第二塊肉塊則是先靜置10分鐘，此時流失的肉汁縮減至只有4大匙。為了研究製作布朗尼時攪拌的重要程度，在製作第一個布朗尼時，我們輕輕攪拌，使盆內還殘留一些麵粉；製作第二個時則攪拌到所有的麵粉都混合成團；當製作第三個布朗尼時，則是用直立式電動攪拌機充分混合均勻。結果證明，只輕攪的布朗尼口感完美，其他方式所烤出的蛋糕則是硬得難以稱作美味。

這些實驗好玩又有趣，可是，我們真正的目標是讓大家成為更棒的業餘廚師。只是瞭解直鏈澱粉（amylose）和支鏈澱粉（amylopectin）這兩種不同澱粉的差別，對廚藝沒有多大用處，除非我們可以利用這項知識做出更好吃的馬鈴薯泥，事實證明這是確實可行的。瞭解熱能如何從肉塊的外部傳到內部，肯定是項實用的知識，因為我們可以藉此瞭解，在烘烤一大塊肉的時候，為何用低溫烘烤是最好的選擇？當裡面都烤熟時，如何讓肉塊外層不會過熟？

當然，這也讓我想起美國佛蒙特州某家店舖的老闆的例子，有人問他，會不會提早替特別熱賣的商品補貨？
「不會」，這位老手回答道。
「為什麼？」顧客想知道原因。
「因為他媽的賣太快了！」

這種無法解釋的邏輯常常就像「料理的科學」：一開始似乎沒有什麼道理，但經過思考，重點就出現了。如果在瞭解科學的語言後，烹飪的過程變得更清楚，那麼自然在廚房中可以做出更好的選擇。下次在製作派皮的麵團時，你自動就會把一半的水換成伏特加，利用酒精使得麵團更柔軟，進而烤出更薄脆的派皮；或者會知道要把豆子泡進鹽巴水、甚至浸漬切片水果使其變軟。

請盡情地享受這本書吧。有關料理的所有疑問，幾乎都能在本書裡找到解答，尤其是所有疑問中最重要的問題——「為什麼」。

美國實驗廚房創辦人與發行人
克里斯多福‧金博爾 Christopher Kimball

歡迎來到美國實驗廚房

本書中的實驗都是由美國實驗廚房的夥伴們測試，撰寫，編輯。「美國實驗廚房」位於波士頓市郊兩千五百平方呎（約70坪）的廚房，以此為根據地我們著有《廚藝畫刊》（*Cook's Illustrated*）、和《廚師國度》（*Cook's Country*）雜誌，在這裡有三、四十位實驗廚師、編輯、食物科學家、試吃員和廚具專家。我們的任務是一次次地測試食譜，直到我們瞭解每道菜的美味秘訣，以及為何如此美味，直到找到「最棒的」食譜版本為止。

在開始實驗時，我們毫無預設立場，這代表我們沒有接受任何表面上的主張、理論、技巧，或受到任何食譜的影響。我們只是盡可能蒐集各種不同的食譜，然後找出最有希望的五、六道進行測試，隨後再進行蒙眼口味測試（blind test）。接著，我們創造出自己混合出的食譜，再繼續測試，改變食材、技巧、烹調時間，直到團隊達成共識。我們希望可以找出最佳版本的食譜，不過我們也知道，只有你才能評斷我們是成功，還是失敗。正如實驗廚房的座右銘：「我們會犯錯，但你們不必犯錯」。

好廚藝和好音樂一樣，確實都以客觀的技巧為基礎，如果我們沒有抱持這樣的信念，一切就不可能發生。有些人愛吃辣，有些人不愛，但煎炒總有技巧，紅燒也有最佳料理方式，要打發出完美、穩定的蛋白也有可估算的科學原理。我們的終極目標是：「查明烹飪的基本原則，讓你的廚藝更進步。」就這麼簡單。

你可以從美國的公共電視頻道收看《美國實驗廚房》（AmericasTestKitchen.com），或《美國實驗廚房之廚師國度》（CooksCountryTV.com），看到我們在「真的」實驗廚房中做菜。或是透過雙月刊《廚藝畫刊》（CooksIllustrated.com）或《廚師的國度》（CooksCountry.com）雜誌即時掌握全球廚藝科學的脈動。經由各種媒介形式，我們歡迎你進入我們的廚房，有如親自站在我們的身旁，看我們如何實驗出全世界最棒的食譜。

食譜索引

──米飯／穀類／豆類──

──蔬菜──

─雞肉料理─

─牛肉 / 豬肉 / 羊肉料理─

海鮮料理

——派皮 / 水果塔——

——布丁 / 卡士達醬 / 舒芙蕾 / 甜點——

前言

在廚房中，是以什麼標準來劃分成功與失敗？答案是：隨機應變的能力。也就是說你在料理同時做出的調整。或許你會認為做菜的經驗是擁有好廚藝的必備條件，沒錯，經驗豐富的確有些助益，但說實話，它真的不是最重要的。

簡單來說，「知識」才是最重要的一環。如果能理解烹飪的基本原理，並能不假思索的運用自如，才能算是成功的業餘廚師。

可是，這些原理是哪些？又要怎麼學習這些？我們在美國實驗廚房花了二十年時間研究好廚藝的背後原理，以及為什麼即使遵照某些食譜的料理步驟，我們仍做不出美味的料理。最後才發現：少了紮實的技巧，是不可能做出好菜的。

當然，廚藝也包括藝術技巧，例如食材的組合、擺盤的樣式等等；不過，真正的優秀廚藝還是得靠著「好科學」開始。你必須瞭解料理時的基本原則：利用文火留住肉汁；相較於帶有酸味的醬料，以鹹味的醃醬醃漬肉塊更能帶出軟嫩肉質。請在瞭解這些之後，再來談藝術技巧。

所以，你究竟要如何學到真正核心的烹飪原則，以及這些原則背後的簡單科學根據？大量練習是一個很好的方法。

所有觀察入微的廚師在廚房工作時，他們一輩子都在吸收、積累從廚房裡學到的事物，通常是在不知不覺間，養成逐漸依賴這些原則的慣性。

除此之外，還有另一種方法：為何不特別付出努力，精通這些原則呢？請你相信，讓料理成功與失敗的科學比想像中簡單得多了。

在《料理的科學》一書中，囊括了五十項我們認為每位好廚師都該知道的基本觀念。我們以簡單、實際的用詞解釋科學原理，讓你真正瞭解這些原理如何運作，以及在實務烹飪時該如何加以運用。因此，你不妨將這本書當成廚房的使用說明書。

我們建議您先閱讀介紹廚房基本科學的篇章，然後再埋首閱讀本書其他部分。請記得參考最後章節中有關器材、原料、食物安全的資訊。

最後我們建議：在廚房裡請保持「求知慾」。想想你正在做什麼，為什麼要這麼做；對於想精進廚藝的人來說，這是「科學」能告訴我們最重要的一堂課。

測量的科學

《測量簡史》

料理的科學在過去一個世紀以來有了很大的進展，部分原因是「測量」變得更標準化、精確。約在一百年前，大部分食譜還沒有特定的測量單位。就算有，也因為一般人大多沒有標準化的量杯，使得這些資訊的幫助相當有限。

在殖民時期的美國，如果食譜寫著需要兩杯麵粉，意指假定其他人也有一樣的量杯，可是我們無法保證湯瑪士・傑佛遜（Thomas Jefferson）廚房裡的杯子，和喬治・華盛頓（George Washington）廚房裡的杯子所裝出來的麵粉量是否一致。一直到十九世紀後期，才有公司開始生產我們現在習以為常的標準化量杯和量匙。

所以，沒有統一標準的測量單位時，廚師們該如何工作呢？你或許會認為，在標準化測量方式出現之前的料理都是不太可靠的，然而，事實並不是如此。因為當時業餘廚師的技能素質很高，食譜種類較少。烹飪是專精的工作，與刺繡和木工一樣，不是讀個一本書就能學習的技能，是得透過觀察其他人（通常是自己的母親）進而習得的技術。除此之外，烹飪是高度重複性的工作，廚師會相當熟悉一小套食譜，這套食譜運用到的都是當地食材、遵循的是地方傳統，廚師一次次地用同一套食譜與手法做菜。

芬妮・美麗特・法墨，沒錯，就是那位舉世聞名的芬妮・法墨（Fannie Merritt Farmer）。她在1896年出版的《波士頓廚藝學校食譜》（The Boston Cooking-School CookBook）象徵美國料理界的轉捩點。她在這本暢銷的食譜書中首次要求測量單位要標準化，後來其他食譜作家也跟進這套作法。在此書的前言裡，芬妮力勸讀者購買真正的量杯：「正確的測量才能確保得到最佳成果。雖然少數人只需要良好的判斷力和經驗就可以做出美食，可是多數人需要明確的指引。」

芬妮・法墨真的相信能夠以科學的力量改變業餘廚師的廚藝。但她沒有料想到的是，到了現今，反而因為經驗值減少，99％的業餘廚師都無法單憑肉眼測量食譜中準備材料的份量。除此之外，食譜的選擇有著爆炸性成長，就算廚師再有經驗，也必須無時無刻嘗試新食譜。而食材和食譜在全世界流動，要做出成功的料理，少不了精確的測量標準。否則現今美國廚師要怎麼料理出印度咖哩、中華熱炒料理、墨西哥玉米粽、義大利的提拉米蘇這些多樣化的料理呢？

《測量沒你想像中簡單》

瞭解測量的重要性很簡單，但許多現在的廚師不瞭解測量的「方式」和「測量本身」同樣重要。如果量得不準，又何必量呢？

你現在一定在想，測量又不難，更何況自己用的還是標準量杯。不過，在以下進行的實驗裡，卻產生了很不一樣的結論。我們要求十八名接受過專業訓練的廚師，使用同樣的標準量杯量出一杯麵粉。接著，我們再測量他們量出的麵粉有多重，看他們的「一杯」中有多少麵粉。結果發現因為每個人的測量方式不同，麵粉重量的差異可達13％之多。

讓人特別訝異的是，實驗廚房裡的每個人，看起來都用同樣的手法來量出一杯麵粉。唯一不同之處在於，當我們把量杯舀入存放麵粉的容器裡再取出時，使用奶油刀或糖霜抹刀刮去杯口上多餘的麵粉，這個方法又稱為「舀掃法」。如果是用湯匙把麵粉舀到量杯裡，則會讓麵粉裡充滿空氣，這樣量出來的麵粉可能少了20％至25％的重量。

那麼，為什麼十八位廚師用同樣的手法來量麵粉，會得到如此差異的結果呢？我們發現，量杯舀進容器裡的方式不同，也會影響杯子裝的麵粉量有所差別。用力一舀，比輕輕舀可以裝進更多麵粉。

《專業人士喜歡秤重勝過測量容量》

大多寫給業餘廚師的食譜，通常是以「容量」做為測量標準，像是茶匙、大匙、杯。而寫給專業人士的食譜，則是以「重量」列出所需的食材。這是因為秤重在操作上不容易出錯，只要磅秤經過校準，不管麵粉怎麼裝，8盎司的麵粉就是8盎司的麵粉。

也正因為如此，我們在撰寫食譜時，重要的食材通常會以「重量計算」，每次都會把肉塊的重量寫清楚，因為12盎司重的豬排需要的烹調時間和8盎司的豬排不一樣。同樣地，如果需要用到大量的水果和蔬菜時，也是以重量計算。在馬鈴薯泥的食譜中，要求「2磅重」的馬鈴薯會比要求「4顆」馬鈴薯準確得多，一顆馬鈴薯最輕只有7盎司、大約1¾磅；最重可達10盎司、約2½磅。

在製作烘焙食品時，重量更是特別重要。因此烘焙食譜中通常都會列出主要材料的容量和重量，如同下列表格：

✏ Tips：烘焙常用材料的單位轉換

材料	盎司	克
1杯中筋麵粉	5	142
1杯低筋麵粉	4	113
1杯全麥麵粉	5½	156
1杯白砂糖	7	198
1杯壓實的紅糖或黑糖	7	198
1杯糖粉	4	113
1杯可可粉	3	85
8大匙奶油（1條或½杯）	4	113

《公制換算的小提醒》

雖然本書食譜使用的都是美國標準制，但我們知道美國以外的地區使用公制。因此在書中設有「單位換算表」章節，裡頭涵蓋美國標準制與公制的換算方式。

當美國以外的廚師使用這份食譜時，應該要知道主要的準備材料未必相同。在英國或全世界其他地方碾磨的麵粉，觸感和味道也跟美國麵粉不一樣。

因此我們建議所有人，尤其是使用非美國食材的廚師，在使用本書食譜時要聽從自己的直覺，參考視覺給你的線索。如果麵團沒有像食譜敘述的「結成一球」，或許你該多加一點麵粉，即使食譜沒叫你加也沒關係。由你來決定。

《固體和液體食材的測量方式》

儘管秤重比測量容量更精準，但我們知道大多數廚師習慣使用量杯和量匙，而非磅秤。沒關係，我們有辦法能讓使用「容量」的測量更精準。

首先，而且最重要的是，你應該擁有並使用這三組測量工具：乾式量杯、液體量杯、量匙。而關於這三種工具，以下是你必須瞭解的資訊。

乾式量杯：通常以金屬或塑膠製成，有長長的手把和平坦的上緣，能輕鬆把杯口上多餘的麵粉或糖掃掉。我們建議你購買的乾式量杯套組，除了要包含標準的¼、⅓、½、1杯的測量杯，最好其中還有⅔、¾杯。所有乾燥食材，例如麵粉、糖、切塊的蔬菜、香草，這些都用乾式量杯測量。「不要用乾式量杯來量液體食材」，因為你在使用時會為了避免液體滿出來而不會把量杯完全填滿，若是完全填滿，就一定會溢出一些液體。不管是哪種方式，結果都是測量出的不足量液體。

液體量杯：通常是以玻璃或塑膠製成，側邊有清楚刻度。所有的液體量杯都有手把以及傾倒口。因為不需要把杯子裝得全滿，使用時也不用擔心溢出的問題。

現在還是不覺得乾式和液體量杯都需要準備一份嗎？我們又做了另一項實驗來說服廚房裡的懷疑論者，還有正在閱讀本書的你。我們除了要求廚房裡的十八名廚師，使用乾式量杯量出一杯麵粉，即使最後發現實驗結果是麵粉重量可以相差到13％之外；我們再次要

求同一批廚師使用液體量杯量出一杯麵粉，發現液體量杯裡裝的麵粉重量差距擴大至26%。這是因為使用液體量杯時，是沒有辦法把杯口上多出麵粉「掃平」的。

同樣的，我們要求這些廚師用乾式量杯和液體量杯來測量一杯水，其重量應該是8.35盎司。每個廚師對水該怎樣才算達到一杯的刻度有著不同的解讀，因此液體量杯量出來的重量會相差10%。如果要在量杯裡裝滿液體，我們建議將杯子放在料理檯上，彎腰讓刻度和眼睛正好處在同個高度，然後倒入液體，直到液體表面到達想要的刻度位置。用乾式量杯量水差距更大，高達23%。

這個故事告訴我們一個道理：秤重比測量容量更精確。可是如果「用對測量容器，也能降低誤差值。」

除了乾式量杯和液體量杯，你還需要量匙。若想瞭解得到我們最高評價的測量工具，可參考本書「替廚房備齊裝備」的章節。

量匙：與乾式量杯一樣有把手和平坦的上緣，能把多餘的鹽巴、香料、和其他乾燥材料掃平。量匙也可用來測量少量液體，畢竟你不可能以液體量杯測量一大匙的醬油。沒錯，使用量匙來測量液體時可能會溢出來，可是也沒有別的選擇；不過，在使用上得小心，得先確定量匙盛滿才行。我們比較喜歡「橢圓形」的量匙勝過圓形的量匙設計，因為橢圓形的量匙更方便插入瓶口狹窄的香料罐中。你應該要準備好幾套尺寸齊全的量匙，通常會包括：1大匙、1茶匙、½茶匙、¼茶匙、⅛茶匙。

然後，現在把這點記下來：「1大匙等於3茶匙。」如果忘記這點，自行按比例增添或減少用量時肯定會搞錯。最後，也請記得：「4大匙等於¼杯。」

✏ Tips：如何正確測量

以下介紹如何正確測量乾式與液體食材。

舀掃法：
將乾式量杯舀入裝麵粉或是糖、可可粉的容器中，然後利用邊緣平整的物體，例如奶油刀的背面或小糖霜抹刀，將杯口多餘的麵粉刮除。

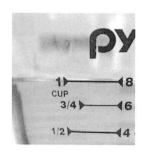

彎腰確認：
將液體量杯放到水平面上，然後彎腰查看，保持刻度與視線同高。加入液體直到它到達彎曲的表面—也可稱為液彎面（meniscus）—的底部。切記不是邊緣，液彎面的邊緣會吸附並爬上量杯的杯壁而到達刻度。

時間與溫度的科學

《時間不見得可靠》

在烹飪時，「時間」是很有用的單位，不過很多廚師犯的錯誤是把時間看得太重。我們的食譜除了時間外，還額外提供「感官線索」，讓你知道這項步驟何時算是完成。食譜所列的料理時間，是以參考規劃烹調一餐所需來設計的，烤肉需要花一小時還兩小時？以上所提並非精確的時間。記得隨時靠你的五種感官來判定某個步驟或某項料理是否已經完成？食物是否符合食譜中的描述？如果食譜說「煮至變硬」，那就觸摸看看。同樣地，如果食譜說要「煮至散發香氣」，就依照這個指示來判斷，而非死守料理的時間，來決定這個步驟完成與否。

那麼，為什麼時間不可靠呢？由於料理過程中可能因為不同的器具、食材熟度等變因，讓成果有所差異。比方說烤架和爐火的熱度就差很大。除此之外，廚具的重量和直徑也會同時影響到烹飪的時間。

就連你的烤箱也沒想像中的可靠。我們怎麼知道？因為在我們的實驗廚房中有超過二十個烤箱，每個烤箱都配有烤箱溫度計，好讓我們知道裡頭的溫度是否經過妥善校準。也就是說，這項工具是用來確定烤箱是否達到並維持轉盤上設定的溫度。當烤箱在重度使用下，我們發現實驗廚房的烤箱經過幾個月之後，烘烤溫度就會失準，於是將烤箱送修。一般的家用烤箱失準的速度會慢一些。不過，儘管烤箱刻度上顯示是華氏350度，但很有可能是沒有達到350℉的。若要將華氏換算為攝氏，請參考「單位換算表」章節。

為了證明這點，我們把實驗廚房裡最好的烤箱溫度計拿給廚房裡的十五名廚師，請他們回家測量家裡烤箱的溫度。他們先將烤箱的溫度設定調到350℉，經過30分鐘的預熱，再記錄下烤箱裡的實際溫度。我們發現經測量後的實際溫度最低為300℉，最高多達390℉。若蛋糕食譜設定以350℉烘烤，在遇到300℉或390℉的烤箱烘烤時，便會烤出不同的成品。若隨之調整烘烤時間，顯然也會有所影響，因為蛋糕膨起的程度或是顏色也會有所差異。所以，究竟該拿食譜上的時間怎麼辦呢？

首先，不要以為烤箱裡的溫度是準確的。這也就是表示快到食譜中的建議烘烤時間之前，就該早早檢查食物的狀態。第二，買個烤箱溫度計。可參考「替廚房備齊裝備」該章節中的說明進行選購。因為只要投資6美元，就能大幅提升烤箱烘烤品質。第三，如果你的烤箱溫度非常高或非常低，比如說相差了50℉，可能就得花錢請專業人士調校了。

有個該注意的重點是：烤箱溫度本來就會有些波動。烤箱裡的溫度狀態，並非只是升溫至轉盤設定的溫度之後，就會一直維持在那裡。大多數烤箱的加熱零件不是全開就是全關，沒有一點折衷。而為了讓烤箱維持在想要的溫度，加熱零件會在製造廠設定的容許範圍內循環進行加熱或降溫，使得溫度在預設值中上下起伏。我們同時地發現：電子烤箱裡的正中心在預熱到350℉的時候，其真實的溫度會在335℉的低點至361℉的高點之間循環。接著我們分析了天然氣烤箱（gas oven）的數據，發現溫度會在343至359℉之間徘徊。因此結論很簡單：不要根據單一數據來推定烤箱裡的溫度。

當測量到比預期溫度高個10℉或低10℉時也無須擔心，這種情況是很正常的。不過，如果你的烤箱總是很燙或很冷，溫度差距超過25℉，無庸置疑地是烤箱出問題了。

400°

390° 唐、愛琳

380° 梅格

370°

360° 印蒂亞

雪莉和夏儂 350°
（＊烤箱才剛用一星期）

340°

葛雷格、蘿拉 330°

康妮
320° 大衛

310°

300°

✏ Tips：測量家用烤箱溫度的準確度

十五名實驗廚房的廚師，將家裡的烤箱溫度設定在350℉。但是經過實際測量烤箱裡的溫度後發現，最低只達300℉，最高達390℉。

《溫度永遠很重要》

儘管器材的不同會影響烹調時間，但卻很難精準掌握其中的差異。你怎麼得知家裡的平底鍋是否比我們實驗廚房的平底鍋熱得更快？幸運的是，在烹飪時間之外的另一個主要變因，掌握起來要簡單多了。

在很多食譜中，一開始烹調的食材溫度是關鍵要素，這點也是很多人忽略的。以下是食材溫度影響烹調時間的極端案例。

如果你要烤兩塊牛排，一塊從冰箱裡拿出後就直接開始烘烤，另一塊則放在料理檯上先解凍，光是如此，就會使得兩塊牛排的燒烤時間相差很多。我們用兩磅重的牛下後腿排實際測試，每片的厚度都是1½吋，一塊從冰箱取出後直接烘烤，放上烤架時牛排的溫度是40℉，花了22分鐘後，內部溫度才達到想要的120℉。另一塊牛排則以保鮮膜包住，放在一桶水裡解凍1小時，直到牛排的溫度達到70℉。當我們烘烤這塊牛排時，只花了13分鐘，內部溫度就達到了120℉。這個實驗的重點是：「冷藏的食物要花更多時間來烹煮。」所以，如果食譜要求的是「冷藏」或「室溫」的食材，就得注意這些指示。

除了影響烹調時間，食材溫度也會影響料理的成品。如果奶油沒冰好，做出來的派皮就會變得很硬、太韌，而不是柔軟薄脆。冷藏的雞蛋比較容易把蛋白蛋黃分離，因為蛋白在冷藏時質地比較濃稠。以下是處理食材溫度的假設與規則。以下單位均為華氏。

室溫：通常指的是70℉。

冷藏：在冰箱中的溫度通常是35至40℉。如果你家冰箱的溫度高於40℉，食物會開始腐壞。如果溫度低於32℉，食物會凍傷。

冷凍：通常是0至10℉。冷凍庫的溫度應該要是0℉。

麵粉和穀類：應該要存放在室溫下。但若想避免腐壞，可以把全麥麵粉和玉米粉放在冷凍庫。如果幾個月內用不完這些麵粉和穀類的話，冷凍庫其實個很好的保存處。不過得在烘烤前需將麵粉置於室溫下回溫，因為冰冷的麵粉會抑制麵團膨脹，容易烤出過於結實的成品。如果想要讓麵粉和穀類快速回到室溫，可在烤盤上鋪成薄薄一層後靜置30分鐘。

雞蛋：如果沒有特別說明，通常食譜中指的是「冷藏雞蛋」。而要讓雞蛋快點回復到室溫下，可將整顆連殼的雞蛋放到溫水裡浸泡5分鐘。

奶油：除非有特別說明，否則通常指的是「冷藏奶油」。此外，除非有特別提出，不然「放軟的奶油」溫度應該在60到68℉之間，更多「奶油的基本知識」請參考觀念43。千萬不要用微波爐替奶油加熱，因為肯定會融化。建議可將奶油放在料理檯上，讓它慢慢地變暖，約需1個小時。若想縮短等待的時間，可以打開奶油的外包裝，再將其切成小塊。「融化並冷卻的奶油」應該仍保持液狀，溫度不燙手，理想的溫度為85至90℉。

豬肉、牛肉、雞肉、魚肉：若無特別說明，通常指的是「冷藏」。請注意，若食材溫度超過40℉時，所有容易造成腐壞的細菌就會開始滋生，尤其是各種肉類。詳細情形請參考「食品安全」該章節。

為了追蹤食材溫度，我們建議各位購買即時溫度計，其建議品牌請參考「替廚房備齊裝備」章節。除了好刀子、好廚具，可靠的溫度計有可能是家中廚房裡最實用的工具。

✎ Tips：校準即時溫度計

即時料理溫度計一定要準確才實用。購買前應先檢察溫度計的準確度，並定期檢測，以下是檢查的方式。

泡杯冰水：
在水杯或碗中倒入冰塊和水龍頭的冷水，靜置2分鐘，使內部的溫度穩定。再將即時溫度計的探針式測量頭插入冰水中，注意不要碰觸到容器的側邊和底部。如果溫度不是32℉，便按下「校準」鈕來校對溫度計。如果是使用指針式溫度計，則將指針轉到32℉。機器不同，校準方法也會不一樣，你可能會用到鉗子來轉動背面的小把手。

《利用溫度來判斷熟度》

除了料理前需要知道食材的溫度外，我們也靠「溫度」來判斷食物是否煮熟。不要把食物切開來檢查熟了沒，我們比較喜歡使用即時溫度計來確認。如果要判斷感恩節火雞烤熟了沒，用工具來輔助比較不會出錯。

✏ Tips：肉類煮熟時的溫度

由於豬、羊、牛肉經煮熟後再靜置，肉塊裡的溫度仍會持續上升，這種效應稱為「餘熱加溫」（carryover cooking）。因此，當菜餚距離理想溫度還差個 5°F 或 10°F 時，就該把肉從烤箱、烤架、或鍋中取出。其原理與運用，可參考觀念 4。不過，餘熱加溫不適用於雞肉和魚肉，因為它們的肌肉組織沒有豬肉、牛肉來得密，無法維持熱度，所以雞肉和魚肉要煮至理想的上菜溫度才行。下列溫度表可用來推算料理離火的時間。

食材	溫度
牛肉／羊肉	
一分熟	115～120°F（靜置後為 120～125°F）
三分熟	120～125°F（靜置後為 125～130°F）
五分熟	130～135°F（靜置後為 135～140°F）
七分熟	140～145°F（靜置後為 145～150°F）
全熟	150～155°F（靜置後為 155～160°F）
豬肉	
五分熟	140～145°F（靜置後為 145～150°F）
全熟	150～155°F（靜置後為 155～160°F）
雞肉	
白肉（雞胸、雞翅）	160°F
黑肉（雞腿）	175°F
魚肉	
一分熟	110°F（僅限鮪魚）
三分熟	125°F（鮪魚或鮭魚）
五分熟	140°F（白肉魚）

✏ Tips：其它食物煮熟的溫度

不只是肉類，還有很多食物都是以溫度來判斷煮熟了沒。下列是部分列表。

食物	煮熟的溫度
油，煎炒時	325～375°F
糖，焦糖化	350°F
發酵麵包（鄉村、無加料麵包）	200～210°F
發酵麵包（帶有甜味，味道濃郁的麵包）	190～200°F
卡士達醬（做冰淇淋）	180°F
卡士達醬（做安格斯醬或檸檬凝乳）	170～180°F
卡士達醬，烘焙（例如烤布蕾或焦糖烤布丁	170～175°F
起士蛋糕	150°F
水，烘烤麵包時	105～115°F（有時候）

✏ Tips：肉類煮熟時的溫度

溫度計不只該好好校準，也該清楚如何使用它。下列是使用即時溫度計的幾個訣竅：

- 將探針深深地插入食物的中心，確定尖端沒有刺穿。
- 避開骨頭、火雞或雞肉的體腔、鍋子表面，否則會讓讀數失準。
- 測量牛排、豬排、羊排、以及其他比較薄的食材時，用食物夾將肉排從鍋子或烤架上夾起，然後從側邊插入溫度計的探針。
- 不要只量一次，尤其是大的肉塊或家禽肉類。我們建議從家禽胸骨的兩側、兩塊大腿進行測量，因為食材送入烤箱裡擺放的位置不同，有時側邊可能會比其他地方熟得更快。
- 判斷食材到達煮熟溫度時，別忘了餘熱加溫效應，詳見觀念 4。

冷熱的科學

《熱能的運作原理》

烹飪是如何發生的呢？當食物放到炙熱的火焰或現代的廚具上時發生了什麼事？首先，讓我們來段「烹飪簡史」吧。

火的發現是人類演化過程中最重要的事件之一。火不只可保護人類不受掠食性動物的侵擾，也讓我們的祖先能夠烹煮食物。為什麼這點很重要？因為在發現火之前，我們的類人（humanoid）祖先和其他動物一樣，一天裡的大部分時間都必須透過不斷咀嚼，碾碎硬梆梆的植物，直到它小到吞得下去為止。人類以外的靈長類動物大半時間都在做這種事。哈佛大學的靈長類動物學家理查·藍翰（Richard Wrangham）在讓人讀得很開心的著作《發現火：烹飪如何讓我們成為人類》（暫譯：Catching Fire: How Cooking Made Us Human）當中，將發現火（他認為發生在一百八十萬年前）和人腦容量大幅增長連結在一起。由於經過烹煮後，高品質的蛋白質更容易吸收，尤其是肉類中的蛋白質，也因此得到火的出現與人類大腦發展之間的關聯。同時烹煮也讓食物變得比較軟，所以吃飯不再是需要耗費一整天的事情。「額外」的時間可以用來打獵、探險、建築，簡單來說，就是成為「人類」。

雖然瞭解「烹煮如何讓類人成為人類」很簡單，不過，知道食物加熱時實際上發生什麼事的人並不多。「熱」是一種能量。這個詞是用來描述分子在空氣或水等物質移動的速度：溫度越高，移動越快，分子擁有的能量或熱能就越多。

為了讓「熱能」從一種物質傳遞到另一種物質上，移動快速的分子會撞到移動緩慢的分子，促使這些分子的速度加快。火焰裡的氣體分子、燒燙平底鍋裡的金屬原子、或是烤箱裡熱燙燙的空氣分子，都會撞上食物中移動緩慢的分子，尤其是水分子，讓它們開始快速移動。

食物裡的分子移動速度變快時，就會產生各種變化。熱食裡的「熱氣」和「熱能」導致造成的化學變化會讓食物變色。困在分子之間的水分獲得釋放後，食物會流失水分。讓生食維持形狀的細胞壁也會崩解，使得食物變軟。實際上的變化會因為食材本身、熱能的強度、熱能的類型、以及曝露在熱源下的時間長短而有所不同。最後，熱能讓很多食物變得更美味，但如果使用的油氧化了或是釋放出苦味的物質，卻也會破壞食物的味道。

烹煮食物時有很多許多種加熱模式。最常見的是「傳導加熱」、「對流加熱」、「輻射加熱」，這在觀念1裡會加以詳細描述。大多數的烹飪方式，例如燒烤、煎炒，其實都是多種加熱方式的組合。舉例來說，烘烤的食物放在金屬烤盤上、放入烤箱中的加熱流程：以「傳導加熱」方式使得熱能在食物中的分子與分子間傳遞；「對流加熱」讓熱能從烤箱中的熱空氣傳到烤盤中，然後再從烤盤傳到食物；「輻射加熱」則讓烤箱的加熱零件散發熱能，由食物吸收進行烹煮。

《烹煮方法》

食譜作家會用很多專有名詞來指稱特定的加熱方式。瞭解以下表格中的詞語，有助於閱讀本書或任何食譜。

煮法	定義	細節
煎（saute）	將平底鍋放在熱燙的爐火上，以一層薄薄的熱油烹煮食物。	最適合平坦、較薄的食材，例如牛排、豬排、薄肉片還有小塊的食物，例如蔬菜切塊、蝦子、扇貝。
烘烤（roast）	把食物放在烤盤上，置入烤箱烹煮。	適合爐烤的食物範圍很廣，從大塊肉塊、整隻雞、或馬鈴薯切片都可以。
炒（fry）	把平底鍋或鍋子放在熱燙的爐火上，以大量熱油烹煮。	食物可以部分泡在油裡，即為淺油煎或煎炸；或是整個泡在油裡，即稱為油炸。油炸需要大鍋子和1至2夸脫的油。淺層油煎通常會用平底鍋和適量的油，約1杯量。許多適合使用煎的食物也可以改用炒的烹煮，或是將食物裹粉、沾上麵糊後油炸。
水煮（boil）	把鍋子放在燒熱的爐火上，以滾水烹煮食物。	在水平面上，水會在212°F沸騰。海拔每提高一千呎，沸點就會降低2°F。不管溫度如何，只要液體沸騰，就會有充滿生氣、持續急速地衝破表面的大泡泡。最適合用來煮義大利麵、穀類、蔬菜。
熬煮／煨煮（simmer）	把鍋子放在熱燙的爐火上，以低於沸騰點的高溫液體烹煮。	依據火力強度不同，液體溫度通常會在180至205°F之間。熬煮時，偶爾會有小泡泡不定時且溫和地衝破液體表面。許多穀物，包括米飯，最適合熬煮。此煮法也適用在燉高湯、湯品、醬料時最好用。
低溫水煮（poach）	將鍋子放在爐子上，蓋上鍋蓋，以低於沸點許多的溫度，透過液體烹煮食物。	低溫水煮和熬煮類似，但是液體溫度較低，不會有泡泡衝破表面，通常會蓋上鍋蓋，創造持續、溫和的烹煮環境。最適合用來煮易破碎的魚肉和水果。
蒸（steam）	將食物懸掛著，通常是放在蒸籃裡或是鍋中，底下是即將沸騰的水，蓋上鍋蓋，在熱燙的爐火上烹煮。	蒸煮是特別溫和的烹調方式，和其它以水分加熱的煮法不同，蒸氣不會讓味道流失。以蔬菜、魚、和餃子這類容易破損的食物而言，蒸煮是很棒的煮法。
燜煮（braise）	先煎過，然後加入水，蓋上鍋蓋，以文火煮。	燜煮很適合較硬、需要較長時間才能煮軟的食材，例如燜燒牛肉。
燉（stew）	是燜煮這個類別下的另一種煮法。得先煎過然後再熬煮。	燉煮通常是用來煮小塊的食材，而非一整塊的肉。
燒烤（grill）	把食物放在烤架上，烤架置於火的上方。	儘管「烤」字經常用來形容任何把食物放在火上燒烤的煮法，但燒烤通常是用來煮比較快熟的食物，例如牛排、薄肉片、蔬菜、海鮮。
烤爐烘烤（grill-roast）	把食物放在密閉空間的烤盤上，以中等火力烹煮，而且食物置放的位置只限於烤架的一個區塊。	當烤爐蓋上蓋子時，這種煮法就和燒烤很類似，特別是食物並非直接以火燒烤，所以不會太快烤焦。最適合又厚又大的肉塊，需要以中等火力充分時間燒烤，像是全雞或烤肉。
BBQ	在密閉環境中，將食物放到烤架上，食物只放在烤架的一角，以煙霧瀰漫的小火將食物煮熟。	BBQ的設置和烤爐烘烤一樣，但火力比較小，並使用木柴增添煙燻味。最適合質地較韌的食材，需要耗時烹煮才能煮軟，例如牛胸或肋骨。

《冷卻的運作原理》

熱能會改變食物，但讓食物置於低溫下同樣也會產生各種效果。許多自然界的作用，一遇到寒冷的環境時就會停止。舉例來說，食物儲藏在40℉以下的環境可以抑制桃子中特定酵素的作用，在熟成的過程中，這種酵素通常會分解細胞壁裡的果膠。如果酵素在桃子成熟前無法產生作用，果膠就會保持完整，桃子也會保持粉粉的口感。若想瞭解此原理的實際應用，請參考觀念49中的食譜。

當然，以低溫儲存其他食物還有其他好處。奶類和肉類在溫度超過40℉的環境下，腐壞的速度會更快。請注意：一般家用冰箱的冷藏溫度應在35℉左右。這些食物本來就有細菌，當溫度低於華氏40度時，細菌的活動就會受到抑制。不過，只要溫暖一點，溫度落在40℉與140℉之間，這些食物的安全值就會進入危險地帶。在這樣的溫度下，大多數的細菌都會繁殖，造成食物腐敗。若吃下肚，可能導致食物中毒。值得注意的是，烹煮通常可以阻止細菌活動。想進一步瞭解，請參考本書的「食品安全」章節。

《冷凍保存的潛在問題》

食物裡的水分若低於32℉就會開始結凍，不管是水果、冰淇淋、還是肉類裡的水分，都會結成冰晶。這些冰晶會讓新鮮食物，例如水果和蔬菜裡的細胞器官與細胞壁破裂，從封閉的隔間中釋放酵素。解凍時，這些酵素會讓農產品產生異味，外觀顏色變黃，摸起來像是泡過水一樣。

汆燙或稍微煮沸，可以讓蔬菜裡的酵素失去作用。這也是為什麼在超市買到的冷凍花椰菜是鮮綠色的，因為工廠已經先煮過了。如果先把新鮮的生花椰菜冷凍，接著再拿來煮，吃起來會有硫磺味、口感糊糊的，而且顏色也不好看。

水果不能預先烹煮，所以工廠通常會加糖，將冰晶縮

小，減少這些冰晶對水果造成的傷害。工廠使用的另一個技巧是添加「抗壞血酸」（ascorbic acid），阻止酵素作用導致水果褐變。

冷凍肉類最大的問題是水分流失。冰晶會破壞細胞結構，讓冷凍的肉在烹煮過程中流失的水分比沒有冷凍過的還要多。除此之外，冷凍會讓肉因為表面脫水造成水分流失。為了計算流失多少水分，我們準備三塊7盎司、85%瘦肉比的牛絞肉做為實驗樣本，一塊是新鮮的肉、一塊是經過冷凍又解凍的肉、一塊是冷凍、解凍兩次的肉。分別把肉放在小平底鍋中，以中大火加熱。將煮熟的肉瀝乾後計算三份牛絞肉各別釋放多少水分。

平均下來，新鮮的絞肉流失¾茶匙的肉汁，冷凍一次的是2茶匙，冷凍兩次的是1大匙。以這個情況來說，一份以7盎司新鮮絞肉做成的漢堡肉，會比冷凍肉做的漢堡多出1¼匙的肉汁。軟嫩多汁的漢堡肉和乾澀粉狀的漢堡肉就差在這裡。

冷凍的另一項壞處和冷凍庫的運轉方式有關。理想來說，家庭的冷凍庫該設定在0℉，且應恆定的保持這個溫度。可是，實際上卻不是如此，特別是冷凍庫開關次數頻繁的時候。實際上，食物會不斷回溫又冷卻，這還會加速冰晶對食物造成的破壞，使得食物會包在一層冰晶裡，這也就是所謂的「凍燒」（freezer burn）。正是因為經常冷凍、解凍、重新冷凍而結構飽受破壞。

✏ Tips：為什麼冰這麼硬？

冷凍的最後一個重點，「冰塊」和「冰淇淋」明明都放在同一個冷凍庫裡，為什麼前者硬得跟石頭一樣，後者卻軟綿綿到可以用杓子挖起來呢？因為糖類或任何可以溶解在水中的物質，都會影響水的「凝固點」。糖加得越多，凝固點就越低。若想瞭解此原理，請參考觀念19「實用科學知識：糖在冷凍過程中扮演的角色」。

感官的科學

《人類的五感》

烹飪實際上靠的就是五種感官：視覺、嗅覺、觸覺、味覺、聽覺。雞肉是否烤成漂亮的棕色？蛋糕摸起來夠紮實嗎？醬料是滑順的還是結成小塊？大蒜聞起來香不香？這道菜調味夠不夠？

在我們開始料理前，應該要多討論一下「味覺」。

我們在國小學到人可以嘗到四種主要的味道：酸、甜、苦、鹹。苦味指的是芥藍或茄子的味道；而酸指的是萊姆、醋等酸味食物產生的味道。

近年來，科學家一致認為還有第五種味道，被稱為「鮮味」（umami）。鮮味最常用到的形容方式是「充滿肉味」或「開胃可口的味道」，它是由一種常見的胺基酸：「麩胺酸鹽」（glutamate；又稱為麩胺酸）所產生的。特定種類的水果，如番茄、蔬菜、起士（尤其是帕馬森起士）、大多數的蛋白質（包括肉類與其他奶類製品）中，都有相當高含量的自由麩胺酸鹽，而蘑菇中的麩胺酸鹽含量，甚至高到產生類似肉味的味道。鮮味通常可讓大多數的食物更美味，我們於觀念35裡列出各種食物中的麩胺酸鹽含量。

增味劑「味精」在一開始發明時，是在糖、糖蜜、玉米上培養一種特殊種類的細菌，使它獲得近似麩胺酸鹽的威力。在我們的實驗廚房中，發現味精會讓食物味道更鮮明。我們將超市買得到的味精品牌Accent加入牛肉和蔬菜湯後，試吃員便大讚湯的味道「濃郁」、「很有牛肉味」。若想瞭解麩胺酸鹽和味精，請參考觀念35。

《味覺的科學原理》

人類口腔的味蕾上有著成群的細胞會對味道做出反應。過去，科學家以為味蕾集中在舌頭上一個特定區域。後來才發現，品嘗不同味道的味蕾，其實是平均分布在整個舌頭和嘴巴上面的。然而，不同的人確實在品嘗味道上有所差異，這是因為基因會直接決定每個人擁有的味蕾數。

佛羅里達大學味覺與嗅學中心（Center for Taste and Smell）的科學家琳達・巴托斯薩克（Linda Bartoshuk）發現：「人的味蕾數最多可以是另一個人的十倍。」這個發現和味覺有著明顯的關連，對這些「味覺超能力者」來說，他們品嘗到的味道比普通人或味覺較遲鈍的人更甜、更辣、更苦。雖然味覺超能力者能吃出更強烈的味道，但敏銳度並非其他人的10倍，因為其中還有一些中和的要素：例如食物的香氣、口感、以及其他會影響到味覺的要素。不過敏銳度的確可差到三倍之多。

所以，下次朋友分享一道菜，她覺得又鹹又辣，你卻不這麼覺得時，別擔心，不是你的味覺太遜，可能只是朋友的味蕾比較多。

雖然我們無法改變口腔的構造，但廚師可以考慮到以上五種味道的平衡，進而調整我們接受到的菜餚口味。舉例來說，想辦法讓苦藥更可口的研究學者發現，「鹽巴可以掩蓋苦味。」舉例來說，根據一組研究團隊的結果得知，鈉離子可以減輕乙醯氨基酚的苦味，而這項有效成份在止痛藥泰諾林（Tylenol）中佔50%以上。

為了調查鹽巴對有苦味的食物是否也能產生同樣效果，我們以幾種帶有苦味的食物，包括咖啡、茄子進行蒙眼測試，這些食物有些加了鹽巴，有的保持原味。當我們在1夸脫的咖啡加了¼茶匙的鹽巴後，嘗到的苦味會減半。鹽巴也能減少吃茄子時嘗到的苦味。

因此，「鹽漬茄子」這項傳統手法大概有兩種功能。

第一，如同我們在實驗廚房中發現到的，鹽巴可以除去茄子含有的水分，讓茄子少吸點油。第二，正如我們在上述實驗裡發現的，鹽巴可以掩蓋苦味。其實，當我們讓試吃員品嘗經過鹽漬以及沒有鹽漬的煎茄子時，大多數的人都主張沒有鹽漬的茄子可以吃到隱約的苦味，但鹽漬過的茄子就沒有。

同樣的，我們也發現在過辣的菜餚裡加了糖後就能減緩其辣度。尤其是在開發泰式羅勒雞的食譜時，我們得知「加糖會大幅淡化辣椒的辛辣度。」原來這種現象是因為大腦控管味覺接收的神經有複雜的交互作用。辣椒裡的成分，主要是辣椒素，它會刺激圍繞味蕾的神經，也就是被稱為三叉神經。它會將不適的感覺傳遞給大腦，這個過程又稱「化學感知」（chemesthesis）。另一方面，糖會刺激味蕾，傳遞愉悅的感覺給大腦，而產生令人享受的訊息，科學家認為是因此掩蓋了辣椒造成的「痛苦」。而且，另一方面糖溶化在唾液中時，也吸收了辣味，同時產生溫和冷卻的感覺。

所以，以實務上來說，這些資訊有什麼意義呢？如果加入太多鹽巴、糖、或辣椒，已經覆水難收了。不過，如果味道還不算太強烈，通常可以利用「味覺光譜」另一端的調味料來掩蓋。「很多食譜建議加馬鈴薯。忘掉這個訣竅吧；湯太鹹的話，加馬鈴薯無法中和鹹味，只是讓料理變得更大份」。

除了可以依據味覺的科學原理來修正錯誤，我們也經常利用以下調味策略讓食物變得更美味。記得調味時要想到水分會越煮越少，而調味剛好的燉肉經過數小時的熬煮後會變得太鹹。所以最好的方法是「烹煮時」調味下手要輕一點，「上桌前」再調味到位。

以酸來調味：除了抓來鹽巴罐來增添湯品、燉肉、醬料的味道外，試試看滴幾滴檸檬汁或醋。酸和鹽巴一樣，會與苦味中的成分對抗，在「點亮」其他味道時，也減少我們感受到的苦味。其實只要一點點：⅛茶匙，就會大有幫助。

用粗鹽替肉調味：幫肉調味時用猶太鹽（kosher

salt），不要用食鹽。猶太鹽身為粗鹽，顆粒較大，較容易抹勻，也能夠緊黏在肉的表面。

要嗆辣或柔和：在肉裡灑上黑胡椒的時間點，像是香煎前或香煎後，都會影響辣味的強度。如果想要的氣味是直接強烈的胡椒香，那就煎好後再調味，讓黑胡椒遠離熱源，保留揮發性成分。或者，在煎煮之前調味，則可以抑制黑胡椒裡的辣勁。

大膽替冷菜調味：食物冷了，味道也會淡掉，所以必須大膽調味，補足該有的味道，但也要發揮明智判斷力。為了避免調味過重，在冷卻前先以正常的鹽巴量來調味，然後在上桌前試試味道，最後依照需求加多一點鹽巴。

適時加入香草：在料理的過程中，麝香草、迷迭香、奧勒岡、鼠尾草、馬郁蘭等氣味豐富的香草，加入的時間點要提早，讓香草有時間散發完整風味，同時確保香草不會破壞食物的口感。巴西利、香菜、茵陳蒿（tarragon；又譯龍蒿）、細香蔥（chive）、羅勒等脆弱的香草留到最後再加，以免失去鮮味以及鮮豔的色彩。若想瞭解香草的料理科學，請參考觀念34。

加入一點鮮味：儲藏室的常客，如醬油、伍斯特醬、鯷魚的麩胺酸鹽含量都相當高，可替菜餚增添可口鮮味。所以在燜煮雞肉時，不妨試著在醬油加入1茶匙或2茶匙的辣椒，或是加上一些剁碎的鯷魚吧。更多富含麩胺酸鹽的食材，請參考觀念35。

《好廚藝的感官》

除了平衡五種味道，好廚師也會注意「香氣」。我們的味蕾比較感覺不到冷食物的味道，所以「冷湯」必須「大膽調味」。可是，冷湯幾乎沒有香氣，這也是調味要調得比較重的另一個原因。熱到冒煙的熱湯會散發香氣，飄到你的鼻子裡，同時也會影響你對味覺的感受。而少了香氣，食物的滋味就沒那麼豐富了。

畢竟，想要感受味道，香氣還是不可或缺的工具，它

可以喚起大家想到自己早就肚子餓了，也可以是辨別食物是否腐敗的重要方式。如果少了香氣，又不靠視覺判斷，就想分辨草莓和香草冰淇淋、培根蛋義大利麵、伏特加筆管麵，這會比想像中來得更困難。

儘管「香氣」、「味道」，與享受美食有著最直接的關聯，不過，也別忽略了其他三個感官。賣相吸引人，食物吃起來或許的確也比較美味，或至少看起來比較美味。為了解釋這個原理，法國波爾多大學（University of Bordeaux）的佛瑞德利・柏謝（Frédéric Brochet）請一群品酒專家來評價一瓶白酒和一瓶紅酒。專家運用了任何你想得到的形容詞來描述這兩支非常不一樣的酒。可惜的是，兩種酒都是同一種白酒，只是其中一瓶白酒裡添加了無味的紅色染色劑。

在實驗廚房中，我們的試味測驗也一次次的證明這項原理。我們要求試吃員測試兩種以不同品牌的巧克力所做成的巧克力布丁，他們大力稱讚顏色較深的，也就是外觀色澤上更像巧克力的布丁味道是如何深邃濃郁。可是如果讓他們矇起眼睛接受試吃，就出現意見分歧的結果。看吧！我們真的會用眼睛吃東西。

最後，「口感」或許比外觀更為重要。濕答答的炸雞腿或又乾又硬的牛排，吃起來就是少了酥脆的炸雞口感或是軟嫩多汁的牛排味道。本書中許多章節都在說明，要創造出料理的最佳口感。

對饕客來說，「聽覺」或許是最不重要的的感官，不過廚師偶爾也需要用到聽覺。舉例來說，在油鍋放入蔬菜時，我們會期待聽到蔬菜嘶嘶作響的聲音，如果沒有，你就知道鍋子的溫度太低了。

✏ Tips：為何熱騰騰的食物比較美味？

這有兩種解釋。首先，科學家發現，我們味蕾上有種微小的蛋白質，對溫度非常敏感，能夠讓我們的味覺更為敏銳。這些蛋白質又稱為「TRPM5 通道」，它們在溫暖時的表現比溫度低時來得好。其實，研究顯示，食物冷卻到59℉以下，吃進嘴裡時，這些通道幾乎不會被打開，因此味道的感受力也會降到最低。不過，食物加熱至98.5℉時，通道打開，TRPM5敏感度增加一百倍以上，讓食物嘗起來分外美味。

第二，我們「感受」食物美味與否，有很大部分來自香氣，也就是從食物傳出，我們吸進鼻子裡的微小分子。食物溫度越高，這些分子的活動力越強，就更容易從餐桌移動到我們的鼻子裡。

因此我們可以學到什麼道理？本該要熱騰騰上桌的菜餚，就必須重新加熱；該是冷盤的菜，例如西班牙番茄冷湯（gazpacho）和馬鈴薯沙拉，調味時下手要重一點，用來彌補因溫度低而嘗起來較淡的味道。

工具與食材的科學

《料理物理學》

溫度變化會改變食物的味道、口感、外觀,不過改變溫度並非「烹煮食物」的唯一方式。物理的力量也能夠改變食材。例如用刀子切開洋蔥、以食物調理機將食材打成醬等等。

我們知道,刀子可以改變食材的外觀,讓食物更小、更細、甚至更吸引人。不過,刀子一穿過食物,細胞結構就會改變,這和烹煮與冷凍的原理很相似,因此不同的刀法也可能改變食物的顏色、口感、味道。

舉例來說,切洋蔥的方法就會影響它的氣味。為了證明這點,我們拿出8顆洋蔥,然後以兩種方式切開,一種是縱切,也就是順紋切;另一種方法則是橫切,也被稱為逆紋切。接著我們嗅聞並品嘗這兩種切法所切出的洋蔥。結果發現,縱切的洋蔥其味道和氣味顯然不像橫切的那麼嗆。

其原因是:大蒜強烈的味道與辛辣的氣味,是因為裡頭含有硫代亞硫酸鹽(thiosulfinate)。洋蔥細胞裡的酵素「蒜胺酸酶」(alliinase),和蔬菜裡也含有的胺基酸「異蒜氨酸」(isoalliin)反應後,就會產生「硫代亞硫酸鹽」。這些反應只有在洋蔥細胞被破壞、釋放強烈的氣味化合物時才會產生。比起逆紋切法,順紋切較能減少細胞被破壞,釋放的蒜胺酸酶較少,產生的硫代亞硫酸鹽也較少。若想瞭解刀法如何改變大蒜與洋蔥氣味,請參見觀念31。

此外,刀法也會影響熟食。你可以從牛排上看到肌肉纖維,尤其是側腹牛排(flank steak)。這些頭尾相接的長條紋其實正是肌肉纖維。如果用橫切法切開側腹牛排,也就是說,不是上下直切,而是左右橫切,會把長長的肌肉纖維切短,好更方便咀嚼。

《瞭解常見術語》

專業廚師會用許多術語來描述刀法。以下是本書會用到的字詞。

切法	描述	
切絲(chiffonade)	切成非常細的細絲,新鮮香草,尤其是羅勒會用到這種切法。	
切塊大小(chop)	切小塊	約⅛至¼吋
	切塊	約¼至½吋
	切大塊	約½至¾吋
切法(cut)	橫切	左右橫切,與食物的長邊垂直
	直切	頭尾直切,與食物的長邊平行
	斜切	刀刃以45度角斜切。用來切蘆筍、蘿蔔等又長又細的食材。
切丁(dice)	切成邊緣平整,大小一致的小塊。	
切成條狀(julienne)	切成像火柴般大小,通常是2吋長、⅛吋厚。	
切末(mince)	切成⅛吋,甚至更小。	
切片(slice)	切成平坦的片狀。	
切薄片	切成⅛吋或更薄的薄片。	

✏ Tips:改變食材的工具們

用來操作並改變食物形狀的工具不只有刀子。廚房中有各式各樣的工具,可以用來調合、結合、攪拌、磨碎、打泥、混合、揉捏、攪打。這些工具可以用來執行各種工作。有些要靠廚師手臂的力量,有些工具則會用到電力。以下舉出幾個例子:

• 打蛋器可將空氣打入冰冷厚重的奶油中,將少量液體打成如浪花般的泡沫。
• 香料研磨器可以將香料打成細碎的粉末,同時釋放出香氣四溢的油脂。
• 肉鎚可將厚實的雞胸肉打成薄薄的肉片,烹煮時可以熟得更快。

這些例子顯示出工具如何改變單一食材。不過許多工具的功能在於結合多種食材。最簡單的例子就是用來把水、麵粉、酵母攪拌成麵團的木湯匙。我們想說明的重點是,不需加熱或冷卻,就可以改變食物。當在你閱讀本書時,你會瞭解不同的混合方式將如何影響食譜做出來的成品。

《料理的工具》

加熱、冷卻、切塊、混合或處理食物時，實際上使用的工具會影響最後的成品。本書的「替廚房備齊裝備」中提供了料理工具的更多資訊，以下是幾項必須牢記的重點。

烹飪工具是以各種金屬製成，每種金屬都各有其優缺點。金屬的耐熱度、導熱性決定食物能否上色、容易燒焦、以及熱能是否平均散布。工具的重量也很重要，買把很輕的不鏽鋼鍋，燉肉就不會黏在鍋底。清洗時的難易度也不同。

一般來說，我們會用不沾鍋用來處理魚、蛋這類容易沾鍋且易碎的食材。我們發現，不沾鍋不像傳統鍋子可以將食物上色。如果拿來煎牛排或雞肉片，也不會留下褐色的碎屑，因而無法有足夠的材料製作鍋底醬（pan sauce）。因此，除非食譜中特別要求，否則不必使用不沾鍋。

烹飪工具的形狀和大小或許和材質一樣重要。把四塊雞胸肉擠在10吋大的平底鍋會把肉「蒸」軟；放在12吋大的平底鍋則可以煎出漂亮的褐色。平底鍋的大小應以鍋子的左右鍋緣計算。湯鍋通常以容量計算，像是2夸脫、4夸脫等。按照食譜料理時，應使用特定大小的特定工具。

烘焙工具也適用於這項原則。如果食譜要求9吋大的蛋糕烤模，就不要用8吋大的。我們發現這項簡單的原則會延長烘焙時間，因為若是蛋糕模較小，麵糊會堆得比較高，等到蛋糕中層烤熟，底層已經焦了。甚至烤盤有邊沒邊也會影響成品效果，其原理請參考觀念48「實用科學知識：烤盤競賽」。

✏️ **Tips：有關工具的更多資訊**

《食材的認識與準備》

用對工具是好廚藝的關鍵，而用對食材也同樣重要。就算看似只是個小改變，也會對最後的成果有巨大的影響。舉例來說，將食鹽換成猶太鹽，使用的份量實際上就少了一半。這是因為猶太鹽粗糙的結晶顆粒在測量時有「膨風」的效果，同樣是1茶匙，但實際上的份量卻少多了。

比較大的改變，像是在做派皮時把奶油（butter）換成酥油（shortening），影響更大。由於奶油約有80％的脂肪和16％至18％的水，這和100％都是脂肪、沒有任何水分的植物酥油在派皮中會有不同的表現。脂肪結晶的化學反應也不一樣，所以做出來的成品會有不同口感，味道更是不用說了。所以，如果想替換食譜內指定的食材，我們最好的建議是：「別換！」只要更換食材，就很難預測成品會變得如何。烘焙食品時尤其如此，因為成品一定要到出爐後才知道這些微調造成什麼影響。處理鹹食時，可以一邊做一邊試味道，所以把巴西利換成另一種香草比做卡士達醬時，把鮮奶油換成鮮奶安全多了。

當然，我們知道有時候就是免不了要更換食材。舉例來說，如果你已經開始料理，才發現手邊缺了某項食材，請參照「食材緊急替換表」章節，這個常見食品替換列表經過測試，建議在情況危急時再採用。此外，本書也介紹多項食材的「基本知識」，提供您重要食材的深入資訊。若想更瞭解食材如何採購、儲藏、以及使用上的小訣竅，請至以下頁數參考。

✏️ **Tips：有關食材的更多資訊**

［肉類］
的美味秘密

觀念1：文火加熱，避免過熟
Gentle Heat Prevents Overcooking

火的發現，以及隨之而來的烹飪能力，都是人類演化的關鍵。熱，可以有效地殺死細菌，畢竟要是把細菌吃下肚，人可是會生病的。透過加熱可以讓食物更可口、方便咀嚼，甚至能改變其營養價值，讓我們的身體更能輕鬆地吸收重要的維他命與營養素。不過，熱能並非百利而無一害。加熱過度的結果，往往導致食物失去水份、粗韌乾澀、難以咀嚼，尤其是在料理一整塊肉，例如牛肋排、火雞、或火腿，或是像雞蛋或蝦子等脆弱的食材時。為什麼呢？就讓我們先從「熱」的原理開始說起吧。

◎科　學　原　理

「熱」是一種能量，「熱」這個詞是用來形容分子在空氣和水等物質中移動的速度。溫度越高，分子移動越快，擁有的能源或熱就越多。為了讓熱能傳達到其他物質，移動速度快的分子，會撞上移動較慢的分子，讓較慢的分子速度增快。因此，熱能總是從高溫的物體，或是食物高溫的位置，傳到低溫的地方。

烹調食物的加熱方式有好幾種。傳導（conduction）是指食物內的高溫處，將熱能傳給低溫的位置，分子實際上是在單一物質上移動。舉例來說，烤牛肉時，隨著外層的分子移動加快，冰冷的中心也開始變熱。由於水分子的體積比脂肪和蛋白質分子小，移動速度相當快，因而傳導了大部分的熱能。

熱對流（convection），指的是熱能從高溫的液體，例如滾水、熱油、或氣體，像是烤箱中的熱空氣傳到食物裡。在這兩種情況，熱是由外部熱源產生，像是瓦斯爐的爐火或烤箱裡的加熱元件。大多數的烹飪工具都會運用到熱傳導和熱對流。不過，還有一種更重要的加熱方式：熱輻射（radiant heating）由遠端的物體散發高能量波來傳遞熱能。最好的例子就是太陽照在地球表面的熱。以料理來說，輻射加熱大多發生在燒烤、水煮、微波。此時，能量波會直接與食物分子互動，讓食物分子移動速度加快，食物溫度因此升高。

不管是熱傳導、熱對流、或熱輻射，食物外層總是比內裡熟的更快。如果溫度過高，等到熱能透過傳導進入食物的中心時，外層可能已經煮過頭了。這是因為外層的水氣會蒸發，請記得：「熱會讓小小的水分子動起來，使表面容易變得非常乾燥」。食物邊緣與中心的溫度相差越大，這種情況就越快發生。相反的，若食物內外溫差較小，就能讓外表保留更多水氣，使內外加熱的程度更一致。

熱能的運作原理

熱傳導：
熱能從食物表面傳到食物中心。

熱輻射：
熱能透過高能量波或直接和食物外層互動，食物外層再透過熱傳導加熱內部。

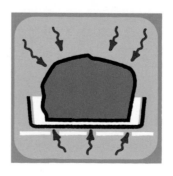

熱對流：
熱能從水或空氣傳給食物。

為了示範熱傳導與熱對流的效果,我們烤了兩塊頂級三骨牛肋排。一塊放在450℉的烤箱中,另一塊則放在250℉的烤箱裡(編註:全書標示溫度皆以華氏計算,溫度換算請參考「單位換算表」的章節)。在烘烤之前,兩塊牛肉上已將明顯可見的油脂大致處理掉了,並將牛肉秤重使重量一致。我們在三個地方架設好溫度計的探針記錄溫度,分別是牛排的中心、距離表面¼吋之處,以及前面敘述兩處的中間位置。

將兩塊牛排烤到約三分熟,即中心的探針顯示為125℉。使用450℉的烤箱只花2小時再多點時間,以250℉烤箱烘烤花了約3小時。兩塊牛排都靜置45分鐘,然後重新秤重、切片,並由試吃員品嘗味道。同樣的實驗再做兩次,取這三次實驗結果的平均值。

實驗結果

我們先從味道測試結果開始:以250℉烤過的牛排明顯比450℉烤的牛排更多汁。沒錯,烤箱溫度越高,牛排的外皮會更焦、更脆,不過肉質本身大多變得很乾、粉粉的,只有正中間的肉質,才是我們想要的軟嫩多汁口感。用250℉烤出來的牛肉沒有可觀的脆皮,不過從中間到邊緣的肉質都一樣鮮嫩多汁。

牛排在烘烤前後的重量,更證實了試吃員的推測。以250℉烤箱烘烤出來的牛肉比原本輕了9.4%,以450℉烘烤的牛肉則掉了24.2%的重量,幾乎是前者的三倍。換句話說:慢火烘烤的牛排在加熱的過程中,只失去9盎司的水分,而高溫烘烤的牛肉則失去25盎司的水分。既然已經將兩塊牛肉外觀上的脂肪去除,就表示這些數字也只代表著牛肉本身失去的水分,也難怪慢烤的牛肉吃起來更多汁。

所以,如果兩塊牛肉經過烘烤後,中心溫度是一樣的,為什麼經過高溫燒烤的高級牛肋排顯如此乾澀呢?

答案就在熱傳導與熱對流的關係,以及對於水分流失的影響。烤箱中的熱空氣傳遞能量到肉的表面,肉吸收熱能,透過傳導將熱能傳至中心。在450℉的烤箱中,肉的外層比250℉烤箱中的吸收了更多熱能。然而更多的熱能,就代表水分子移動得更快,蒸發掉的水分也更多。

牛肉失去的水分和肉的溫度成正比。在高溫烤箱裡的牛排中插進距離表皮¼吋的溫度計時,探針測量到189℉,這顯示肉塊的水分幾乎都蒸發完了。在外皮和中心之間的溫度計則顯示160℉,也代表烤得過熟、過乾。相反的,在250℉烤箱烘烤的牛肉,溫度計顯示的溫度從來沒有超過146℉,代表這個樣本外層所失去的水分少了許多。

重點整理

在料理一大塊肉時,外層的肉很容易在中心達到目標溫度前就煮過頭、變乾;低溫烹煮是解決辦法。不過,保留水分有時也有缺點,例如肉的外表會顯得過度蒼白,此時可能需要利用另一種烹調方法來補強,可參考觀念5。

✏ Tips:熱能對水分流失的影響

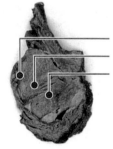

表面下¼吋的溫度
中點溫度
中心的溫度

	450℉烘烤	250℉烘烤
表面下¼吋的溫度	189°	146°
中點溫度	160°	135°
中心的溫度	125°	125°
烤前的重量	6.34磅	5.98磅
烤後的重量	4.8磅	5.42磅
流失的水分	24.2%	9.38%

《熱能傳導的實際應用》文火慢烤

像是頂級牛肋排、火雞、火腿這類大塊肉塊，在高溫的烤箱中烘烤時，特別容易過乾；肉越大塊，中間和外層的溫差越大。在大多是瘦肉的火雞和火腿身上，裡外溫差的問題更嚴重，因為它們沒有什麼脂肪可以滋潤變乾的肉質。然而在料理火雞時，還會有另一個問題：火雞腿的內部需要比雞胸達到更高的溫度，才能破壞雞腿裡的結締組織，讓雞腿肉變好吃。而保持低溫的烤箱，可以減少溫差，有助於這些大的肉塊受熱均勻。不過，在不同情況下，除了烤箱保持低溫外，同時也需要採用其他策略，以確保做出多汁、口味豐富的料理。

高級肋排
6-8人份

一副完整的烤牛肋（prime rib；又稱極佳級牛肋排）指的是牛的第6塊肋骨至第12塊肋骨。肉販通常會將肋排一分為二。我們比較喜歡靠近後背、離腰部比較近的部位，比較沒那麼肥。這個部位又稱為第一肋排（first cut）、後脊肋排（loin end）、有時稱為小尾肋排（small end），因為越靠近肩膀，肉和肋骨就越大塊。點三骨肋骨牛排時，請要求從腰部末端算來的前三個肋骨，也就是從第10肋骨至第12肋骨的部位。

1塊（7磅重）後脊三骨牛肋排。室溫下靜置3小時，處理好，兩端以棉繩捆綁時，纏繞的過程得與骨頭平行
1大匙植物油
鹽巴和胡椒

1.將烤箱烤架（oven rack）調整至最底層。烤箱預熱至200℉。以紙巾將肋排表面水分拍乾。把深烤盤（roasting pan）放在爐子的兩個爐頭上，以中大火熱油。再將肋排放到深烤盤中油煎約6至8分鐘，讓每一面都煎成漂亮的褐色，使肉排釋出½杯的油脂。

2.將肋排從深烤盤取出後，倒出盤內的油脂。把烤網放入深烤盤中，放入煎過的肋排，以鹽巴和胡椒調味。

3.將肋排放入烤箱裡，烘烤約3個半小時，直至肉排約三分熟，其溫度達125℉。或以每磅需30分鐘計算

烘烤時間。將肋排從烤箱取出，再蓋上鋁箔紙，靜置20分鐘。

4.取下棉繩，將肋排放置於砧板（carving board）上，使肋骨與板子以90度垂直。沿著骨頭將肉切開。將切開的那面朝下，順著紋路把肉切成約¾吋的薄片後即可立刻上桌。

成功關鍵

對業餘廚師來說，極佳級牛肋排是他們處理過最大塊的肉。正如實驗廚房所證實，高溫烘烤與低溫烘烤之間的差異相當顯著，以450℉烘烤的牛肉所流失的水分，是250℉烘烤下的三倍，「高級肋排」加熱的溫度甚至還來得更低除非你喜歡又硬又乾的肋排，否則低溫烘烤是絕對必要的。

先上色：低溫烘烤可以確保牛排多汁，但在外皮上卻沒有什麼效果。這也是我們一開始先把肉放在爐火上油煎的原因。如果你有個堅固耐用的深烤盤，可以直接使用深烤盤將肋排的外皮煎好，此時會釋出相當多的外層油脂。

架高烤架：為了確保肋排均勻受熱，我們將煎好的牛肉放到烤架上。這個訣竅可以讓牛肉在漫長的烘烤過程中，不必整個浸泡在油裡。

靜置：在如此努力保留肋排所有肉汁之下，記得千萬不要失去耐心、太早切片。肋排需要時間讓肌肉纖維放鬆。如果太早切片，肌肉纖維留不住肉汁，反倒流在砧板上了。更多「靜置」的科學原理，請參考觀念3

慢烤火雞佐肉汁醬
10-12人份

除了棒棒腿和大腿肉外，你可以用2塊約1½至2磅重的雞腿排。只用火雞胸肉也可以，但在步驟2，奶油的量要減少至1½大匙，鹽巴減少至1½茶匙，胡椒減至1茶匙。如果選用處理過程中已使用鹽漬的猶太火雞（kosher turkey），或已注射高湯、鹽巴等醃料的半成品（self-basting）火雞，只需用1½茶匙的鹽巴來調味。

火雞

3顆洋蔥，切塊
3根芹菜梗，切塊
2根紅蘿蔔，削皮切塊

5株新鮮百里香

5瓣大蒜,去皮,對切

1杯低鈉雞湯

1塊(5-7磅重)帶骨火雞胸肉,處理好

4磅重火雞棒棒腿肉與大腿肉,處理好

3大匙融化的無鹽奶油

1大匙鹽巴

2茶匙胡椒

肉汁醬(gravy)

2杯低鈉雞湯

3大匙無鹽奶油

3大匙中筋麵粉

2片月桂葉

鹽巴與胡椒

1. 火雞:將烤箱烤架調整至中低層,烤箱預熱至275℉。將洋蔥、芹菜、蘿蔔、百里香、大蒜平鋪在有邊烤盤中,並倒入雞湯。把烤網架在舖好的蔬菜上。

2. 用紙巾把火雞表面的水分拍乾。在火雞的每一面抹上已融化的無鹽奶油,並以鹽巴和胡椒調味。將雞胸肉帶皮面朝下、棒腿和大腿肉帶皮面朝上的方式放上烤盤裡,每塊肉之間至少相隔¼吋。

3. 將火雞烘烤約1小時。用兩大團紙巾將雞胸翻面,讓帶皮面朝上繼續烘烤,直到雞胸肉達到160℉,大腿肉達到175℉後,再烤1至2小時取出,把火雞和烤網移到另一個烤盤,讓火雞靜置至少30分鐘至1個半小時。

4. 肉汁醬:將細網濾網架在四杯份的量杯上,將蔬菜從烤盤中取出並放在濾網上,把蔬菜往下壓,榨出越多汁越好,便能將蔬菜丟掉。隨後再將2杯低鈉雞湯加入量杯,這時應該會有3杯份量的液體。

5. 在中等大小的單柄深鍋(saucepan)內,以中大火將奶油融化。加入麵粉烹煮,不斷攪動約5分鐘,直到麵粉變成深金褐色,散發香氣。把步驟4的高湯以及月桂葉慢慢拌入,以文火熬煮約15至20分鐘,偶爾攪動,緩緩將醬汁煮沸,一直到肉汁醬變得濃稠、濃縮到2杯的份量。從醬汁中將月桂葉撈起丟掉。關火,依喜好加入鹽巴和胡椒調味,蓋上鍋蓋保溫。

6. 將烤箱預熱至500℉,把火雞連同烤盤放入烤箱中約15分,烤至雞皮呈金黃色、口感酥脆。將火雞移至砧板上,不需蓋上任何東西,靜置20分鐘後,再將肉切好,和肉汁醬一起上桌。

成功關鍵

烤全雞是一場避免缺少油脂的白肉,如雞胸烤乾、又要把帶有油脂的黑肉,如雞腿烤熟的比賽。烤箱保持低溫,可減少雞胸肉帶皮面的外層與內層溫差。黑肉最好烤至175℉才能破壞結締組織,烤出多餘油脂,白肉最好烤至160℉在水分流失降到最小下,殺光所有病菌,但低溫爐烤無法解決這個問題。我們的解決方法是,不要管全雞不全雞,將兩隻雞腿切成大腿肉和棒棒腿,與整塊雞胸肉一起烤。較小塊的黑肉部位達到175℉時,較大塊的雞胸肉也會達到160℉。

把雞肉架高:將雞肉放在烤盤中的烤網上,可以增加空氣與熱能的流通,讓雞肉均勻受熱。而蔬菜和香草可以放在烤盤裡,用來加快肉汁醬的製作流程。

把雞胸肉翻面:即使雞胸肉放在烤網上,肉還是可能烤得不均勻。解決辦法很簡單:先將雞胸肉朝下,烤到一半時再翻面朝上。

烤出酥脆雞皮:忘掉在烤好之前利用高溫將雞皮烤酥的訣竅吧,這麼做只會讓外層雞肉烤過頭。慢烤的火雞達到目標溫度時,靜置至少30分鐘,或最多1個半小時,再放入500℉的烤箱烤15分鐘。讓雞肉靜置,使內部溫度降低至130℉左右,再放回高溫的烤箱將雞皮烤酥,肉質才不會因此過乾。還有,這個方法讓你有時間可以利用滴在烤盤上的肉汁來製作濃郁的肉汁醬。

蜜汁螺旋切片火腿

12-14人份有餘

在處理冷凍火腿肉時,若省略90分鐘的退冰時間,需在加熱時間增加,以每磅約18到20分鐘計算。如果火腿內層包裝有裂痕或破洞,得用數層保鮮膜包起再放入熱水加熱。若不用烤箱袋,請將火腿切開面朝下放到深烤盤上,以鋁箔紙緊緊蓋住,不過每磅肉需要增加3至4分鐘的加熱時間。假如使用烤箱袋烘烤火腿,得確定袋子要切開一些縫,以免在加熱過程中袋子爆開。

1塊(7-10磅)半支帶骨火腿,螺旋切片

1個大型塑膠烤箱袋

1份糖漿(食譜後附)

1.完整保留火腿的塑膠或鋁箔紙包裝，把火腿放到大容器中，以水龍頭開熱水蓋過火腿。靜置45分鐘後把水倒掉，再重裝一次熱水，再靜置45分鐘。

2.把烤箱烤架調整至最底層，烤箱預熱至250℉。將火腿包裝打開，把蓋住骨頭的塑膠圓盤丟掉後，再把火腿放入烤箱袋中。將袋子緊貼火腿縮緊、綁緊，之後再去掉多餘的塑膠袋。以火腿切開的那一面朝下，放入大烤盤中，用去皮刀（paring knife）在袋子上緣切出四個小縫。

3.烘烤火腿約1至1個半小時，直到中心達到100℉。烘烤時間以每磅需10分鐘計算。

4.將火腿從烤箱取出，再將烤箱溫度增加至350℉。切開烤箱袋後將袋口往後捲，讓火腿露出來。用⅓份的糖漿塗在火腿上，然後放回烤箱烤約10分鐘，直到糖漿變濃稠。如果糖漿太稠刷不上去，可以先加熱融化後再塗抹於火腿上。

5.從烤箱中取出火腿移至砧板，然後以另外三分之一份糖漿刷上火腿。輕輕蓋上鋁箔紙，靜置15分鐘。在靜置火腿的同時，將4至6大匙的火腿肉汁加入剩下的糖漿裡，然後加熱，直到醬汁濃稠但仍屬液狀。把火腿切片，上桌，供需要的人自行使用。

楓糖橘子糖漿
1杯，可做1份蜜汁螺旋火腿

¾杯楓糖漿
½杯橘子醬
2大匙無鹽奶油
1大匙第戎芥末醬
1茶匙胡椒
¼茶匙肉桂粉

將所有材料放入小的單柄深鍋中，以中火熬煮5至10分鐘，偶爾攪拌一下，直到質地濃稠地像糖漿一樣，份量大略會濃縮成1杯。靜置冷卻。

櫻桃波特醬汁
1杯，可做1份蜜汁螺旋火腿

½杯紅寶石波特酒（ruby port）
1杯黑糖
½杯糖漬櫻桃
1茶匙胡椒

將波特酒倒入小的單柄深鍋中，以中火加熱約5分鐘，煮至剩2大匙的份量。加入剩下的食材烹煮，烹煮約5至10分鐘，偶爾攪拌，直到黑糖融化，其質地濃稠要像糖漿一樣，份量會濃縮至1杯。靜置冷卻。

成功關鍵

在超市買的火腿都是熟的，嚴格來說，是可以直接食用。你在家做的，只是替火腿「加熱」，而不是把它煮熟。我們的目標是盡量減少火腿在烤箱裡待的時間。除非你喜歡難嚼的火腿，不然得儘快地讓粗厚的火腿中心熱起來。250℉的低溫烘烤可以減少火腿的內外溫差，不過慢烤不足以保證火腿能維持多汁。以下列出的訣竅，可以減少一半加熱時間與火腿流失的水分。

選對火腿：在超市的商品中，含有天然肉汁的帶骨火腿是最沒有經過加工的。去骨火腿或許看起來是個不錯的選擇，但為了讓它的外觀，看起來像一般的火腿，裡頭有好幾塊肌肉被擠壓在一起，破壞了肌肉組織，較無法留住天然的肉汁。雖然「加水」的火腿聽起來比較多汁，可是味道很恐怖，而且多餘的水分都會在烤箱裡排出。此外，我們喜歡以螺旋切片處理火腿，上桌時比較方便。

讓火腿泡個熱水澡：火腿端上桌前，要先加熱到110到120℉，如果直接從冰箱裡取出冰冷的火腿肉料理，其溫度為35至40℉，那可能得花很多時間加熱。我們發現，將火腿和包裝一起泡在溫水中90分鐘，可讓內部溫度上升至60℉，烘烤時能減少1小時。這也能使火腿待在烤箱裡的時間縮短，流失的水分也就越少。

放入烤箱袋：將火腿放入塑膠烤箱袋可以留住熱氣，更能減少烹煮時間。如果沒有烤箱袋，雖然我們認真建議您前往超市購買，也可以改用鋁箔紙包住火腿再送入烤箱達到類似的效果，只是這個方法還是差烤箱袋一些。

靜置：從烤箱取出火腿後，先放在流理台上至少15分

鐘，這時會發生兩件事。熱會持續透過傳導傳到火腿中心，中心的溫度會上升110或120℉。靜置的這段時間，也可以讓肌肉纖維放鬆，在切片時留住更多肉汁。其原理請參考觀念3。

《熱傳導的實際應用》緩慢地「沸騰」

水的傳導效果比空氣還好，而且可以很快的將食物煮熟。不過，正是因為傳導速度太快，所以煮過頭的風險相當高。水煮蛋的目的是要讓蛋白質凝結，使液體變成固體。不過，蛋白在140至150℉之間開始凝結，蛋黃則要等到150至160℉才會開始凝結。由於熱能要傳到蛋黃得花更多時間，基本的物理原理讓這項烹煮過程相當棘手。關於「雞蛋凝固」，請參考觀念18。

做鮮蝦沙拉時，水煮鮮蝦也是類似的過程，熱能讓蛋白質縮小，使肉質更緊實可口。不過，還有另一個問題：以理想上來說，蝦子最好是一邊煮一邊調味。這兩種情況的解決辦法是低溫慢煮。高溫只是增加煮過頭的風險，一是因為完美熟度和過熟只有一線之隔，二是因為食材外層，像是蛋白或蝦殼煮熟的速度，會比蛋黃和蝦肉快上很多。水的溫度越低，能使完美熟度和過熟的時間差距拉得越開，也可以減少蛋白蛋黃、蝦內蝦外的溫差。

水煮蛋
6顆蛋

只要煮這些蛋的水沒有燒乾，本食譜幾乎不會出錯。只要設定好計時器，蛋黃保證會熟，而且不會過熟到蛋黃變成青色。做法可依蛋的多寡做調整，只要確定鍋子夠大，可以讓雞蛋都在同一平面上即可。如果想做惡魔蛋，最好選擇非常新鮮的雞蛋。因為蛋放久了，蛋黃中間像繩子般的繫帶會變脆弱，如果再把它煮成水煮蛋，蛋黃會離蛋白的外壁很近，取出蛋黃時，很容易扯破蛋白。當然，如果是做蛋沙拉，得把水煮蛋切塊，這就不是什麼大問題了。

6顆大顆的雞蛋

1.將蛋放在中等大小的單柄深鍋中，排成一層，然後放入1吋深的冷水蓋過。以大火把水煮沸後，將鍋子離火並蓋上鍋蓋，靜置10分鐘。

2.同時，在一個大碗中放入1夸脫的水以及一盒冰塊。將鍋子中的水倒掉，輕輕將鍋子前後搖動，讓蛋殼裂開。用漏匙（slotted spoon）將蛋舀入冰水中，靜置5分鐘。剝掉蛋殼，依個人需求食用。

經典蛋沙拉
2½杯，可做4份三明治

6顆水煮蛋
¼杯美乃滋
2大匙紅洋蔥，切末
1大匙新鮮巴西利末
½芹菜梗，切細
2茶匙第戎芥末醬
2茶匙檸檬汁
¼茶匙鹽巴
胡椒

將剝好殼的蛋切成中等大小的塊狀。將蛋和其他材料放入碗中混合，以胡椒調味，即可上桌。蛋沙拉存放在不透氣的容器中，可冷藏1天。

惡魔蛋
可做12個填滿餡料的半形蛋

為了讓蛋黃置中，做惡魔蛋的前一天將整盒雞蛋側放在冰箱中。若想做出更漂亮的惡魔蛋，可用裝上星型大花嘴的擠花袋把料填入蛋白。

6顆水煮蛋
2大匙美乃滋
1大匙酸奶油
½茶匙蒸餾白醋
½茶匙辣黃芥末醬（例如Gulden's牌）
½茶匙糖
⅛茶匙鹽巴
⅛茶匙胡椒

1.將剝好殼的蛋縱切成兩半。取出的蛋黃放到細網篩子中，用橡皮刮刀往下壓，將蛋黃篩入碗中。加入

剩下的食材，運用碗的邊緣與橡皮刮刀將混合的食材壓成泥，直到口感平滑。

2.將混合好的餡料放入夾鏈袋中，並擠到袋子的一角，將頂端扭轉到使餡料塞滿袋子單側的角落。用剪刀將袋子的一角剪掉½吋。

3.在餐盤上排好蛋白，把餡料從夾鏈袋截角處擠出來填滿蛋白，可高出蛋白½吋，立刻上桌。沒有用到的蛋白和蛋黃料可以用保鮮膜包起來，分開冷藏2天，食用時再取出裝餡料。

成功關鍵

水煮蛋看似簡單到幾乎不需要食譜。可是，如果蛋殼沒有破，就無法觀察到在易碎蛋殼下蛋白的熟度，這使得烹煮過程中風險增大，而我們又不能拿即時溫度計來戳蛋。傳統的做法是：把蛋放在滾水中煮特定一段時間。但是這種做法無法依據爐子的熱能輸出、鍋子的導熱性、或雞蛋大小而調整。沒煮熟的雞蛋，其蛋黃呈暗橘色，有些地方較軟，和煮過頭的蛋，亮黃色的蛋黃外包著臭臭的綠色外層差別，可能只是幾分鐘內的事。

關火：面對水煮蛋的兩難，我們的解決辦法是放慢「煮」的過程，在蓋上鍋蓋，靠熱水的餘熱讓雞蛋安全地平均受熱。一鍋212°F的滾水有很多「熱」可以傳給雞蛋。因此，10分鐘可以煮得很完美的蛋，煮了11或12分鐘後就會煮過頭。為了避免這個問題，我們先把雞蛋放在冷水中，隨著鍋子裡的水慢慢沸騰，蛋的溫度也慢慢增加。水沸騰後，我們就把鍋子移開爐火，蓋上鍋蓋。水溫下降時，蛋還是持續的在煮。等到蛋已經煮得很完美時，利用以上方法需要多等10分鐘，鍋裡的水溫大幅下降，水傳遞給雞蛋的熱也大幅減少，因此降低了煮過頭的風險。

以冰鎮停止烹煮過程：雞蛋離火10分鐘後，我們發現最好快速降低雞蛋內部的溫度，避免蛋黃產生琉璜味、外表變綠，此呈現是因為加熱過度或過久，蛋黃中的鐵質和蛋白中的硫化物產生反應。為了做到這點，我們把蛋從熱水移到冰水裡，至少10分鐘內就要冰鎮雞蛋，確保烹煮過程停止。

在冰鎮前先讓蛋殼裂開：蛋殼如果很難剝，也就不能算是完美的蛋。我們發現，將煮蛋的熱水濾掉，讓蛋在空鍋中滑動，可以把蛋殼敲裂。蛋殼敲裂後再泡到冷水中，水會跑進蛋殼裡，讓蛋殼更鬆。想更瞭解這項料理科學，請參考觀念44。除此之外，蛋殼上的裂痕也讓冰水更容易發揮降低雞蛋內部溫度。

本食譜也可以使用大隻的蝦子，每磅26至30隻，煮的時間減少1至2分鐘。蝦子可以在前一天先煮好，但請等到沙拉準備上桌前再淋上醬汁較為新鮮。這份食譜的份量要加倍很簡單，用7夸脫的荷蘭鍋（Dutch oven）將蝦子煮熟，煮的時間增加12至14分鐘。以綠色蔬菜或以塗上奶油、烤過的小圓麵包（bun）做底。

1磅特大的蝦子（每磅約21-25隻），剝殼、去腸泥、去尾
5大匙檸檬汁（2顆檸檬），檸檬皮留下
5株新鮮巴西利，加上1茶匙切碎的巴西利
3株新鮮茵陳蒿，加上1茶匙切碎的茵陳蒿
1茶匙的整粒黑胡椒子
1大匙糖
鹽巴和胡椒
¼杯美乃滋
1棵紅蔥頭，切碎
1根小根的芹菜梗，切碎

1.在中等大小的長柄深鍋中加入蝦子、¼杯的檸檬汁、留下來的切半檸檬、巴西利株、茵陳蒿株、整顆的黑胡椒子、糖、以及1茶匙鹽巴、2杯冷水。以中火加熱約8至10分鐘，將蝦子煮熟，攪拌多次，直到蝦身變成粉紅色，肉質摸來緊實，中間不透明，此時水溫應在165°F左右，鍋邊有一些起泡。鍋子離火，蓋上鍋蓋，讓蝦子在高湯中泡2分鐘。

2.取一個中等大小的碗，裝滿冰水。以濾盆將蝦子濾乾，把切半的檸檬、香草、香料丟掉。將蝦子取出，立刻泡入冰水中約3分鐘，徹底冰鎮避免蝦子繼續煮熟。將蝦子從冰水中取出，以紙巾拍乾。

3.將美乃滋、紅蔥頭、芹菜、以及剩下的1大匙檸檬汁、切碎的巴西利、茵陳蒿、放入一個中等大小的碗中，攪拌在一起。將蝦子縱切成兩半，每一半再切成三塊後放入攪拌好的美乃滋，上下搖動來攪拌。依個人喜好以鹽巴和胡椒調味。鮮蝦沙拉經冷藏可以冰過夜。

紅椒羅勒鮮蝦沙拉

煮蝦時不加茵陳蒿。以⅓杯切細的烤紅椒罐頭、2茶匙洗過的酸豆（capers）、3大匙切好的新鮮羅勒來取代芹菜、切碎的巴西利和茵陳蒿。

酪梨橘子鮮蝦沙拉

煮蝦時不放茵陳蒿。將芹菜、切碎的巴西利，和茵陳蒿換成切半且切成薄片的櫻桃蘿蔔（radishes）、一大顆橘子剝皮切成½吋大。4顆熟成的酪梨切成½吋大。2茶匙的新鮮薄荷切碎。

辛辣鮮蝦沙拉

以3顆萊姆取汁，將切半的萊姆留下取代檸檬汁，煮蝦時高湯不放茵陳蒿。將芹菜、切碎的巴西利和茵陳蒿換成半杯煮熟的玉米粒、2大匙菲式醬契普雷辣椒（chipotle chile in adobo sauce），1大匙切碎的新鮮香菜。

山葵醃薑鮮蝦沙拉

煮蝦時不放茵陳蒿。把紅蔥頭、切碎的巴西利和茵陳蒿換成2根切成蔥花的青蔥、2大匙的切塊醃薑、1大匙烤過的芝麻，2茶匙的山葵粉。

成功關鍵

鮮蝦沙拉裡的蝦子大多會陷入柔軟的美乃滋裡，這或許是好事。因為沙拉醬的味道或許淡而無味，但好歹掩蓋住水煮蝦那可悲的難嚼無味。利用沙拉醬改善沙拉味道很簡單，多加點有味道的食材，少一點美乃滋，可是要煮出完美的蝦子，還要一邊煮一邊調味就需要多一些功夫了。

煮蝦從冷水煮起：大多食譜中的鮮蝦沙拉，會在沸騰的水中加入白酒、檸檬汁、香草、香料，煮成高湯，再丟入蝦子。雖然很費工，但蝦子不太入味。我們用同樣的食材不過水量減少很多，也省略會壓過其他味道的白酒，並在一開始就把蝦子下鍋。這項科學原理很簡單，蝦子放入滾水時，蛋白質收縮，蝦肉變得緊實，從透明的蝦肉變得不透明就能看得出來。在滾水中，這個現象幾乎立刻發生。蛋白質一收縮，可以吸收味道分子的空間就變少。如果蝦子一開始就放入高湯加熱，就有更多時間吸收其中的味道。

用溫水煮，不要用滾水：只要蝦肉內部溫度達到

120℉，蝦子裡的蛋白質就會開始收縮變硬，我們發現，內部溫度達到140℉時，蝦子吃起來的口感，會有一種好吃的嚼勁在，但不會太硬。如果你用212℉的滾水煮蝦，內部溫度肯定會超過140℉，蝦子就會硬到嚼不動。為了避免蝦子煮過頭，我們只用文火加熱，水溫不超過165℉。

離火、冰鎮：煮蝦的高湯達到165℉時，鍋子離火，蓋上鍋蓋，利用熱傳導把蝦子煮熟。這個技巧讓蝦子多了2分鐘的時間入味，總共煮了10至12分鐘，比直接用滾水煮2、3分鐘多了更多時間。最後一個步驟，當蝦子煮好後，馬上放到裝滿冰水的碗中，停止烹煮的過程。蝦子冷卻後，就可以淋上沙拉醬，準備上桌。

實用科學知識 冷凍蝦

"買蝦要買冷凍、沒剝殼、未經處理的蝦子"

就連市場裡最普通的蝦子也分為好幾種。我們煮了超過100磅的蝦子找出在超市買蝦時的注意或避免事項。

新鮮蝦還是冷凍蝦？幾乎所有蝦子從海裡捕撈後便直接冷凍，除非你和魚販很熟，不然無從得知這些在冰箱的「新鮮」蝦子是什麼時候解凍的。我們發現，解凍的蝦子過了幾天後味道和口感都會變差，所以最好買冷凍的蝦子。

剝殼蝦或未剝殼蝦？如果你覺得買剝好殼的冷凍蝦會比較省事，請三思。為了剝殼，蝦子已經解凍過，蝦肉再重新冷凍後品質可能變得更差。

檢查成分表。最後，請檢查包裝上的成分表。冷凍的蝦子通常已經過處理，添加重亞硫酸鈉（sodium metabisulfate）、三聚磷酸鈉sodium tripolyphosphate；簡稱STPP）、用鹽巴來避免因蝦子老掉時的變黑問題，或對抗業界所說的「滴水流失」（drip loss），也就是蝦子解凍時肉質也失去的水分。我們發現，處理過的蝦子透明得很奇怪，吃起來有種討厭的口感，建議各位避開購買這種蝦子。選購時只買外包裝上成分表只有「蝦子」的冷凍蝦。

觀念2：高溫烹煮，增添風味
High Heat Develops Flavor

用文火料理可以減少食物中的水分流失，但食物多汁與否並不是選擇料理技巧的唯一考量。高溫不僅能煮熟一塊肉，還可以改變肉的味道，想想韃靼牛肉和燒烤牛排的差別。這種改變有很大一部分與複雜的化學作用「梅納反應」（Maillard Reaction）有關。「梅納」一名源自於1990年代初期首位描述這種過程的法國科學家——路易・梅納（Louis-Camille Maillard）。

◎科　學　原　理

科學家發現梅納反應的一百年後，還是無法徹底了解這項原理，畢竟其中的化學作用是如此複雜。簡單來說，在許多食物中，熱會讓蛋白基基礎單位——胺基酸，和特定的「還原糖」類，例如葡萄糖、果糖產生反應，製造出一種新的、味道獨特的氣味化合物。這種化合物稱為二羰基化合物（dicarbonyls）。然後又和更多胺基酸產生反應，形成更多化合物，在烹煮的食物表面和鍋具上急速增加。最後，一種稱為梅納汀褐色素（melanoidin pigment）的分子形成了，經過烘烤或燒烤後的肉，有著深褐色的外皮，就是因為這種色素。

胺基酸或糖類不同，加熱產生的氣味化合物也可能不同。舉例來說，紅肉中富含的含硫胺基酸「半胱胺酸」（cysteine）會和還原糖反應，形成噻唑（thiazoles）和噻吩（thiophenes），這是一種更複雜的化合物，也是「烤肉味」的重要分子，這也是為什麼熟牛排和雞胸肉有著不同味道的原因。

「溫度也會影響梅納反應。」一般來說，這種反應會在表面溫度超過300℉時產生。溫度雖然看似很高，但請記得，因為熱傳導的原理，肉在烹煮時溫度變化可能相當大。冷凍的厚牛排內部溫度如果要從35℉升到80℉，表面溫度可能已經飆到300℉。因為在這種高溫下，梅納反應會很快產生。然而有些料理方式就不會產生梅納反應，舉例來說，水煮的食物不會有褐變反應，因為表面溫度不會超過212℉。

只要有水分，就會影響梅納反應。即使是乾式的烹煮方式，例如乾煎或燒烤。食物表面的水氣也會蒸發中和溫度，讓反應的速度變慢，因此也減少食物變褐色的反應可能性。

梅納反應：食物怎麼變成褐色的？

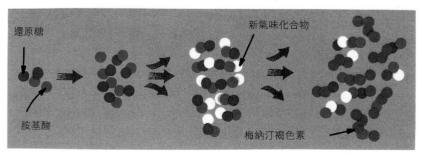

高溫烹調讓食物更有味道：
肉在加熱時，胺基酸和還原糖，如葡萄糖和果糖，會產生反應形成新氣味化合物。這些新的化合物又會形成更多「風味物質」。這種過程會不斷重複，直到產生一種很大的分子，稱為梅納汀褐色素。這些大分子讓烘烤和燒烤的肉類產生褐變反應和氣味。

✖ 實 驗 廚 房 測 試

為了把褐變反應對味道的影響示範出來，我們進行以下實驗，取用了六片雞肉片，以紙巾拍乾，並以相同份量的鹽巴與胡椒調味。我們在兩個12吋大的傳統平底鍋各倒入1大匙植物油加熱3分鐘。一個鍋子開中小火，另一個鍋子開大火。鍋子加熱3分鐘後，開始記錄油的溫度，並在每個鍋子各放三塊肉。在煎雞肉片的過程中，每片各翻面一次，直到中間的溫度達到160℉，代表雞肉已完全煮熟。煎肉時，我們也追蹤這些肉片的表面溫度。

雞肉煎熟後，我們把肉片放到盤子上，在兩個鍋子中用木匙刮起焦褐的碎屑後各加入1杯水，再將水煮沸到水量只剩半杯。我們將鍋中的水倒入量杯中，並評估雞肉與「醬汁」的顏色和味道。我們將實驗重複三次，然後比較實驗結果。

實驗結果

先從外表開始觀察。正如你所預期的，經過3分鐘的預熱植物油後，使油溫達到240℉，以中小火煎的雞肉外觀顯得很蒼白。因為用中小火油煎，鍋中幾乎沒有留下任何肉汁，使得最後做出的「醬汁」幾乎是透明的。試吃員形容這塊雞肉吃起來很濕潤，可是淡而無味，而醬汁的味道嘗起來像水。

以高溫煎過的雞肉，下鍋時油溫已達420℉，煎出漂亮的金黃色外表。在油煎的過程中形成很多焦黃的碎屑，我們稱為鍋底（fond），這個鍋子煮成的醬汁是黃褐色，味道還不錯。請記得，我們只加水而已。

實際上，烹煮時間長短和褐變的程度沒有關係。用中小火煎的雞肉需要7分鐘，內部溫度才能達到160℉。相反的，以高溫煮的肉片只需5分鐘，內部溫度就達到160℉。所以，油煎時間較少的樣本所產生的焦褐程度，反而勝過煎更久的樣本。

雖然兩個樣本都是將雞肉加熱使內部溫度達到一致的160℉，可是表面溫度卻有很大的差別。以中小火油煎

的雞肉片平均花5分鐘才達到最高溫300℉。而高溫煎的肉片，只煎了約1分鐘就飆過300℉，而且溫度還在持續攀升，到雞肉徹底煮熟時，溫度已經達到400℉以上。

重點整理

想要食物產生褐變反應，必須要以大量熱能來啟動它。假使沒有足夠的熱能讓表面溫度超過300℉，即使烹煮時間拉長，也不會讓食物產生褐變，除非你真的煮很久。如果沒有其他變因之下，例如菜餚中有其他味道更豐富的食材，不然有著褐變反應的食物味道，會比不怎麼焦褐的食物來得更濃郁多變。

✏ Tips：越熱＝越焦

以中小火烹煮
雞肉表面溫度從未超過300℉，因此沒有太多褐變反應。
從鍋子裡留下的肉屑與肉汁所煮出的醬汁透明無味。

高溫烹煮
雞肉表面溫度達到440℉，因此產生很多褐變反應。
使得鍋內的肉屑與肉汁做成的醬汁味濃、呈褐色。

《梅納反應的實際應用》熱炒

熱炒吸引人的其中一個原因，就是用一個鍋子能迅速完成一餐，裡頭有蔬菜也有肉。這種料理方式是靠褐變反應把肉類和蔬菜炒出味道來。選擇正確的料理工具，加上足夠的熱能下，在烹煮少量食材能確保鍋子溫度夠高，就能促進梅納反應。

豌豆紅椒炒牛肉
4人份

為了讓肉更好切，請先把牛肉冷凍15分鐘。完成這道料理時，與簡單的白飯一起上桌。想煮出美味的簡單白飯，請參考觀念13食譜。

醬汁
½杯低鈉雞湯
¼杯蠔油
2大匙澀雪莉酒
1大匙糖
1茶匙玉米澱粉（corn starch）

炒牛肉
2大匙醬油
1茶匙糖
1塊（12盎司）側腹牛排，處理好，順紋切成2吋寬的長條狀、再逆紋斜切薄片
2大匙植物油
3瓣大蒜，切末
1大匙刨絲的嫩薑
12盎司甜豌豆，剝去筋絲
1顆紅甜椒，去籽，切小片、約¼吋
2大匙清水

1. 醬汁：將所有材料放入小碗攪拌後靜置。
2. 炒牛肉：醬油和糖放入中碗混合。放入牛肉，攪拌均勻，醃至少10分鐘至1小時，再攪拌一次。同時，將1茶匙的油、大蒜、薑放到小碗中混合待用。
3. 將醃汁倒掉把牛肉瀝乾。開大火，以12吋不沾平底鍋熱1茶匙的油，直到油開始冒煙。在鍋內放入一半的牛肉，平鋪在鍋底，將結塊的牛肉展開，不要翻動，讓牛肉在鍋中煎上1分鐘。翻面繼續煎上1至2分

鐘，直到牛肉變成褐色，撈起牛肉放入乾淨的碗中。再拿1茶匙的油與剩下的牛肉重複剛剛的步驟，最後將鍋子洗乾淨，用紙巾擦乾。
4. 將剩下的1大匙油下鍋，開火，直到油開始冒煙。將豌豆和紅甜椒下鍋，不斷翻炒約3至5分鐘，直到蔬菜開始褐變。加水，煮1至2分鐘，直到蔬菜軟脆。把鍋子的中間空出來，加入先前混合好的大蒜醬汁，烹煮約15至20秒直到散發香氣。將大蒜醬汁和蔬菜混合，再把步驟3的牛肉和肉汁下鍋，和蔬菜炒在一起。將步驟1的醬汁重新攪拌，下鍋，不斷炒動約30秒直到醬汁變稠即可上桌。

照燒牛肉炒四季豆與香菇
4人份

為了讓牛肉更好切，可以先冷凍15分鐘。你可以用1大匙白酒或燒酒，和1茶匙的糖混合來代替味醂。完成這道料理時，和簡單白飯一起上桌。想煮出美味的簡單白飯，請參考觀念13食譜。

醬汁
½杯低鈉雞湯
2大匙醬油
2大匙糖
1大匙味醂
1茶匙玉米澱粉
¼茶匙辣椒碎片

炒牛肉
2大匙醬油
1茶匙糖
1塊（12盎司）側腹牛排，處理好，順紋切成2吋寬的長條狀、再逆紋斜切薄片
2大匙植物油
3瓣大蒜，切末
1大匙刨絲的嫩薑
8盎司香菇，切掉菇蒂，切塊、約1吋厚
12盎司四季豆，處理好，切半
¼杯水
3根青蔥，切段、約1½吋，蔥白與蔥綠縱切成4條

1. 醬汁：將所有材料放入小碗攪拌後靜置。

2.炒牛肉：醬油和糖放入中碗混合。放入牛肉，攪拌均勻，醃至少10分鐘至1小時，再攪拌一次。同時，將1茶匙的油、大蒜、薑放到小碗中混合。

3.將醃汁倒掉把牛肉瀝乾。開大火，以12吋的不沾鍋熱1茶匙的油，直到油開始冒煙。在鍋內放入一半的牛肉，平鋪在鍋底，將結塊的牛肉展開，不要翻動，讓牛肉在鍋內煎1分鐘。翻面繼續煎上1至2分鐘，直到牛肉變成褐色。將牛肉放入乾淨的碗中。再拿1茶匙的油與剩下的牛肉重複剛剛的步驟。最後將鍋子洗乾淨，用紙巾擦乾。

4.將剩下的1大匙油下鍋，開火，直到油開始冒煙。將香菇下鍋，煮至香菇開始變色，需2分鐘。四季豆下鍋，不斷攪動約3至4分鐘，直到煎出褐色斑點。加水，蓋上鍋蓋煮2至3分鐘，煮至四季豆軟脆。掀起鍋蓋，把鍋子的中間空出來，加入先前混合好的大蒜醬汁，烹煮15至20秒直到散發香氣。再將大蒜醬汁和蔬菜炒在一起。將牛肉和肉汁下鍋，加入青蔥，和其他食材炒在一起。將步驟1的醬汁重新攪拌，下鍋，不斷炒動約30秒，直到醬汁變稠即可上桌。

橘汁牛肉炒洋蔥與荷蘭豆
4人份

為了讓牛肉更好切，可以先冷凍15分鐘。而在榨橘子汁前，記得先把皮磨成粉。可用2顆柳橙取代1顆橘子。如果有的話，可用1茶匙烤過的花椒粉代替紅辣椒碎片。完成這道料理後，和簡單白飯一起上桌。想煮出美味的簡單白飯，請參考觀念13食譜。

醬汁

¾杯橘子汁（3-4顆橘子）

2大匙醬油

1大匙紅糖

1茶匙芝麻油

1茶匙玉米澱粉

炒牛肉

2大匙醬油

1茶匙壓實的紅糖

1塊（12盎司）側腹肉，處理好，順紋切成2吋寬的長條狀、再逆紋斜切薄片

3瓣大蒜，切末

1大匙刨絲的嫩薑

1大匙豆豉醬

1茶匙橘子皮磨粉

¼-½茶匙紅辣椒片

2大匙植物油

1大顆洋蔥，切半，切小片、約½吋厚

10盎司荷蘭豆，剝去筋絲

2大匙清水

1.醬汁：將所有材料倒入小碗中混合後靜置。

2.炒牛肉：醬油和糖放入中碗混合。放入牛肉，攪拌均勻，醃至少10分鐘至1小時，再攪拌一次。同時，將1茶匙的油、大蒜、薑、豆豉醬、橘子皮、紅辣椒片放到小碗中混合。

3.將醃汁倒掉把牛肉瀝乾。開大火，以12吋的不沾鍋熱1茶匙的油，直到油開始冒煙。在鍋內放入一半的牛肉，平鋪在鍋底，將結塊的牛肉展開，不要翻動，讓牛肉在鍋內煎1分鐘。翻面繼續煎約1至2分鐘，直到牛肉變成褐色。將牛肉放入乾淨的碗中。再拿1茶匙的油與剩下的牛肉重複剛剛的步驟。最後將鍋子洗乾淨，用紙巾擦乾。

4.將剩下的1大匙植物油下鍋，開火，直到油開始冒煙。洋蔥下鍋，不斷炒動約3至5分鐘直到開始變色。加入荷蘭豆，繼續煮2分鐘至有褐色斑點。加水，再煮1分鐘，煮至四季豆軟脆。把鍋子的中間空出來，加入先前混合好的大蒜醬汁，烹煮約15至20秒直到散發香氣。將大蒜醬汁和蔬菜炒在一起。將牛肉和肉汁下鍋，和其他食材炒在一起。將步驟1的醬汁重新攪拌，下鍋，不斷炒動約30秒，直到醬汁變稠即可上桌。

實用科學知識 平底鍋 VS. 中式炒鍋

"使用西式爐具熱炒時，請用平底鍋"

平底鍋的平坦底部有更多面積，可以直接接觸到西方爐具的平坦爐火。傳統的中式炒鍋（wok，譯註：又稱為「鑊」），底部是圓弧形，是用在有凹處的中式爐頭上，讓爐火接觸鍋子的兩側和底部。如果把中式炒鍋放在西式爐具上，平坦的爐火無法將熱能傳到鍋子的兩側。不過，在同個爐火上，平底鍋和爐火接觸得更多，鍋子變得非常高溫。相反的，中式炒鍋受熱的效率低，食材下鍋後溫度驟降。既然鍋子越熱，褐變反應越大，因此選擇平底鍋或炒鍋的確很重要。

為了量化其中差異，我們在瓦斯爐上分別用12吋的平底鍋，和中式炒鍋開大火炒蔬菜。油溫到達415℉並開始冒煙，我們在兩個鍋子中放入同樣的食材。中式炒鍋的溫度急遽下降，中心只剩220℉，在料理的過程中只上升50℉。平底鍋的溫度下降到345℉，然後迅速回升，升高到將近500℉。高溫也讓平底鍋熱炒的菜餚有更多的褐變反應，更有味道。

成功關鍵

熱炒會遇到許多常見的問題，包括大蒜和薑焦掉、醬汁太水等等，可是最大的問題是在肉：炒肉常常變成蒸肉、淡而無味、或是肉質又太硬。事前將肉放在醬油裡醃上10分鐘，讓肉更有味道之餘也保持水分。醬油的功能就像鹽水，其原理請參考觀念13。在醬油裡加一點糖也可以促進褐變反應，烹煮前把肉瀝乾，才不會有多餘的水分，讓肉煮出來像是用蒸的一樣。把肉分成兩批炒熟，而不是一次全下鍋，才能確保鍋子夠熱，牛肉也可以煎成漂亮的褐色。

從對的部位開始：側腹牛肉是最經典的選擇，因為價格相對便宜，又很好吃。我們也很喜歡沙朗尖肉（sirlointip steak）和板腱肉（blade steak）。如果用的是後者，要把多餘的脂肪和軟骨處理掉，所以得多用1磅的肉彌補切掉的部份。

切細，逆紋切：逆紋把肉切成細條狀，肉才會軟、也方便食用。不要順紋切，使用逆紋切肉的同時，也可以將又長又硬的肌肉纖維切短，因為大部分的肌肉纖維會貫穿這個細長的部位，這樣才會讓肉好嚼很多。切成薄片的口感會比厚片更軟嫩，所以先把肉冷凍15分鐘再切片，一定要用鋒利的刀子。

用大一點的鍋子：在平底鍋裡堆疊食材會阻礙褐變反應。為了讓褐變反應與味道發揮得淋漓盡致，請用12吋的平底鍋。我們比較喜歡不沾鍋，只需要一點油，可避免熱炒的菜餚變得太油膩。

分批煮：熱炒時，我們的目標是讓鍋子保持高溫。在專業的餐廳爐具上，這或許不是什麼困難的事，不過在家裡的廚房卻是個問題。把肉分成兩批，讓每一批的肉都能直接接觸到鍋子。同樣的，蔬菜也分批下鍋，慢熟的蔬菜，如香菇和洋蔥先下鍋，然後再放荷蘭豆這類快熟的蔬菜。

最後再放大蒜和薑：很多熱炒的食譜一開始就先放大蒜和薑。我們認為，這麼做是要替之後下鍋的食材增添風味。聽起來很好，但結果是大蒜和薑常常燒焦，讓菜餚散發焦味。我們在起鍋前再把大蒜和薑下鍋，將蔬菜撥到鍋子的旁邊，在中間空出一個空間放入大蒜、薑還有一點油。等待15至20秒，醬汁開始散發香氣後，再和蔬菜炒在一起，這樣就完成了。

別忘了玉米澱粉：好的熱炒醬汁需要有力的食材。有些餐廳在醬汁裡加入太多玉米澱粉，結果炒出一盤又糊又黏的菜。很多業餘廚師不想用任何玉米澱粉，導致醬汁太水，無法沾附在食物上流走。我們發現，加入一點點玉米澱粉，約1茶匙的份量，恰好可以達到平衡。記得在醬汁下鍋前就先加好玉米澱粉，一定要在低溫或室溫液體中將其打散。如果加到高溫的液體，或直接下鍋，玉米澱粉的細微粒子很快就會膨脹，形成疙瘩，影響料理的口感。

實用科學知識 肉的顏色

"肌紅蛋白（myoglobin）決定肉的顏色"

為什麼肉在烹煮時顏色會改變？為什麼有時候從市場買回來的牛絞肉外表鮮紅，裡面卻成了深紫色或褐色呢？

肉的顏色來自一種蛋白質，稱為「肌紅蛋白」，功能是儲存肌肉組織裡的氧氣。肉剛切好時，蛋白質是深紫色。生肉的外層接觸到氧氣（在包裝裡，或在肉販的展示箱裡），蛋白會變成「氧肌紅素」（oxymyoglobin），是醒目的鮮紅色。不過，可以穿透到內層的氧氣比較少，肌紅蛋白會慢慢轉變成褐色的變性肌紅蛋白（metmyoglobin）。這種顏色改變只是表象，對肉的風味或新鮮度毫無影響，除了肉會因為加熱變成褐色。畢竟，肉的顏色也會因為牲畜年齡而改變。牲畜年齡越大，肌肉使用越多，肌紅蛋白就越多。這也是為什麼動物們最常運動到的肌肉部位顏色這麼深，不妨想想「雞腿」和「雞胸」的差別。

烹煮顯然也會改變肉的顏色。肌紅蛋白受熱時，蛋白會變性、展開，負責顏色的分子「血紅素」（heme），會再轉變為變性肌紅蛋白，產生熟肉的灰色。

《梅納反應的實際應用》燒烤

要催化褐變反應、鼓勵與梅納反應有關的風味物質產生，最簡單的方式似乎就是燒烤了。烤架和爐子不一樣，沒有對業餘廚師形成挑戰的爐火和油煙，大多數的烤肉爐都能保持高溫，並遠遠超過500℉，而且煙也不是問題。只不過，如果是又大又厚的肉，過焦的危險更大，回想一下用烤肉爐把東西烤焦的經驗。不過像是牛排、豬排、羊排或魚排，在烤架上熟得很快，有時候外皮還來不及充分上色，肉已經熟了。以下食譜的備料目標，是除去多餘水分，讓食物一放在烤架上就可以開始褐變。

阿根廷牛排佐香芹醬
6-8人份

阿根廷香芹醬可三天前先做好。我們比較偏好前腰脊肉牛排（strip steak），又稱紐約客牛排（New York Strip）。比較便宜的替代方案，是選用無骨沙朗（boneless shell sirloin，或稱上腰沙朗牛排）。可以的話，我們偏好選用木塊勝過木屑進行炙烤，以沒有泡過水的4塊中等大小木塊取代木屑。我們喜歡用橡木，不過也可以用其他木種取代。

阿根廷香芹醬（Chimichurri Sauce）
¼杯熱水
2茶匙乾燥的奧勒岡葉
1茶匙鹽巴
1⅓杯巴西利葉
⅔杯香菜葉
6瓣大蒜，切末
½茶匙紅辣椒片
¼杯紅酒醋
½杯特級初榨橄欖油

牛排
1大匙玉米澱粉
1½茶匙鹽巴
4塊（各1磅重）無骨前腰脊肉牛排，1½吋厚
4大杯木屑，泡水15分鐘然後濾乾
胡椒

1. 醬汁：將水、奧勒岡葉、鹽巴置於小碗中，靜置至奧勒岡葉變軟，約需15分鐘。把巴西利、香菜、大蒜、紅胡椒片放入食物調理機，大致打碎，約10下即可。

倒入水和醋，打幾下攪拌。將打好後的香料放入碗中，並慢慢將油拌入，直到呈乳狀。以保鮮膜蓋好，靜置在室溫下至少1小時。若事先準備醬料，可先冷藏，使用前再置於室溫下

2. 牛排：在有邊烤盤裡架好烤網。於一小碗中混合鹽巴和玉米澱粉。以廚房紙巾將牛排拍乾，放到準備好的烤盤上。把攪拌好的玉米澱粉鹽抹在牛排表層上，不需覆蓋，直接冷藏約30分鐘，直到肉質堅硬。

3. 用兩大片加厚鋁箔紙將浸過水的木屑包成兩包，在頂端戳幾個通風孔。

4A. **木炭烤爐**：把烤肉爐底下的通風口打開一半。在大型煙囪型點火器（chimney starter），裝入約6夸脫木炭，點燃。當上方的炭已有部分被炭灰蓋住時，將木炭均勻的倒在烤肉爐裡。把包好的木屑放到木炭上。將烤網架好，蓋上烤爐的蓋子，通風孔開一半，讓烤肉爐加熱，直到木屑開始冒煙，約需5分鐘。

4B. **燃氣烤爐**：將包好的木屑放在烤網上。火力開到最大，蓋上蓋子，加熱直至烤爐變燙，約需15分鐘。所有爐頭都維持在最大火力。

5. 清理烤網，上油。以胡椒替牛排調味。將牛排放到烤肉爐上，蓋上爐蓋，烤4至6分鐘，直到肉的兩面開始上色，中途時翻一次面。

6. 將牛排翻面，不蓋上蓋子，烤2至4分鐘，直到第一面變褐色。再將牛排翻面，繼續再烤2至6分鐘，烤至牛排約達到115到150℉、約一分熟，或120至125℉、約三分熟。

7. 將牛排移至砧板上，以鋁箔紙鬆鬆的蓋住，靜置10分鐘。交叉地將牛排切成¼吋小片。將牛肉移到餐盤上並上桌，阿根廷香芹醬則供需要的人自行取用。

成功關鍵

在阿根廷，當地人用硬木生火來燒烤2磅重的牛排，因此牛排吸收了許多煙燻味。由於牛排很大塊，燒烤的時間很長，也能夠烤出很有味道、焦褐的厚外皮。可是，如果是比較小的美國牛排，這方法就不管用了。我們的目標是設計出一種可以延長燒烤時間，讓牛排吸收更多木香，並烤出最焦的外皮的方法。因此我們發現，混合鹽巴和玉米澱粉，然後把它抹在牛排上，接著將牛排冷凍30分鐘，就有一石二鳥的功效。鹽巴

混合玉米澱粉後能吸收牛排的水氣，冷凍庫裡的空氣又非常乾，水分很快就蒸發了。經過這種方法處理的牛排一放到烤爐上就開始褐變反應。除此之外，把牛排放入冷凍庫，可延長整體的燒烤時間，也讓牛排有更多時間吸收煙燻香味。

把冷凍庫當成脫水機：冷凍庫對肉來說是很嚴苛的環境，就算包裝得再完整，牛排還是會失去水分或凍傷。不過，這也是我們可以妥善利用的效果。我們發現，把牛排放在冷凍庫一小段時間後，因為表面水分蒸發，牛肉變得更結實、乾燥。把鹽巴抹在牛排上有助於將多餘水分吸引到牛排表面，讓水分就此蒸發。加入玉米澱粉可以吸收水分，也有助於牛排表面烤出特別酥脆的外皮。玉米澱粉中的澱粉替梅納反應增加更多「燃料」，增強了褐變反應。

製造燻煙：我們用了大量木材來製造足夠的煙，在簡短的烹煮時間內替牛排增添風味。這道料理通常會選用橡木，不過你可以改用任何木材。一開始的幾分鐘，先蓋上烤肉爐的蓋子，困住燻煙，讓味道能走入牛排中。木炭烤爐產生的煙會比較多，不過我們也替燃氣烤爐想出一種應變辦法，就是將包好的木屑直接放在烤網上。

大塊牛排需要濃醬：阿根廷的牛排通常都會搭配一種帶有酸味、以香草為基底的醬料，稱為「阿根廷香芹醬」。這種帶著青草味，口味刺激的醬料和帶有煙燻味的油膩牛排簡直是完美的搭配。我們用巴西利、香菜、奧勒岡草、大蒜、紅酒醋、紅辣椒片、鹽巴，並以初榨橄欖油乳化所有香料，就可以做出經典傳統的阿根廷香芹醬。

實用科學知識 野生鮭VS.養殖鮭

"我們喜歡阿拉斯加野生鮭魚，勝過挪威養殖鮭魚"

撇開環境與永續議題不談，我們比較了野生鮭魚和養殖鮭魚所製成的魚排，特別注意到它們在肥美度、味道、香氣、顏色方面的差異。我們首先品嘗了新鮮的野生阿拉斯加國王鮭魚，一磅約15.99美元，不管是新鮮、冷凍、還是解凍，一整年都買得到。同時我們也品嘗了挪威的新鮮養殖鮭魚，一磅11.99美元，並以平底鍋香煎的基本做法，做成鮭魚餅。野生鮭魚的肉色無論生熟都呈現玫瑰粉色，而養殖鮭魚的粉色較淡。野生鮭魚因為以磷

蝦為主食，吸收了一種類胡蘿蔔素，名為「蝦青素」（astaxanthin），而養殖鮭魚吃的飼料含有各種來源的蝦青素，加深肉色。

野生鮭魚在煎煮的時候會釋放更多油脂，但整體上吃起來比較瘦，口感像奶油般綿密，味道甜美且新鮮。養殖鮭的運動量較少，攝取的脂肪比野生鮭魚多，吃起來比較有「魚味」，肉質「柔軟黏糊」，會殘留「油膩、帶有霉味」的味道在嘴中。在將鮭魚肉打成泥，經過調味，做成鮭魚餅，然後用鍋子煎過後，品嘗起來還是有相當的差異。試吃員壓倒性選擇有著濃郁、完整、但細緻味道的野生鮭魚。相較之下，養殖鮭魚的味道就有如罐頭。

野生與養殖鮭魚的味道及口感，會因為很多因素有所變化，這包括鮭魚的魚種、季節、以及原產地。不過，在這個特別的例子中，我們發現大家喜歡阿拉斯加野生鮭魚，勝過挪威養殖鮭魚很多。

烤鮭魚魚排
4人份

本食譜最適合用來料理鮭魚魚片，不過任何肉質豐厚、堅實的白肉魚也都適用，包括紅鯛魚（red snapper）、石斑魚（grouper）、大比目魚（halibut）、鱸魚（seabass）以140℉烹煮，每面最多煮2分鐘。如果你選用去皮魚排，去皮面料理方式和帶皮面的一樣。配上檸檬片，或是本觀念食譜「杏仁醋」、「橄欖醋」。

1塊（1½-2磅重）帶皮鮭魚排，約1½吋厚
植物油
鹽巴和胡椒
檸檬切片

1. 用一把鋒利的刀子把鮭魚肚肉上任何白色的脂肪去掉，將魚片切成4塊等同大小的魚塊。將魚皮朝上，放在鋪好乾淨布巾的盤子上。在魚塊上放第二條乾淨布巾，往下壓，擠出水分。將魚包在布巾裡，冰回冰箱至少20分鐘，在此同時準備烤爐。

2A. **木炭烤爐：**將底部的通風孔完全打開。在大型煙囪型點火器中裝三分之二滿、約4夸脫的木炭，點燃。當木炭上方有部分被炭灰掩蓋時，將木炭均勻倒

入烤肉爐的半邊。將烤網架好，蓋上蓋子，完全打開蓋子的通風孔。將烤肉爐加熱，直到木屑開始冒煙，約需5分鐘。

2B. **燃氣烤爐：**將火力開到最大，加熱直至烤爐變燙，約需15分鐘。

3. 將烤網清乾淨，以沾滿油的紙巾重複擦拭烤網，擦5至10次，直到烤網變黑、變得有光澤。將魚塊的兩面輕輕抹上油，以鹽巴和胡椒調味。魚皮朝下，如果是用木炭烤爐，就把魚塊放在烤爐溫度較高的那一邊；如果是用燃氣烤爐，請將所有爐頭的火力降到中火，魚塊斜放在烤網上。蓋上鍋蓋，不要移動魚塊烤3至5分鐘，一直到魚皮焦褐酥脆。過3分鐘後，可用鍋鏟試著把魚掀起來，如果還會黏著烤網，繼續燒烤，每30秒檢查一次，直到魚塊可以完全脫離烤網

4. 用2支鍋鏟將魚翻面，蓋上爐蓋繼續烤，直到用去皮刀刀尖刺入時，中心變得透明，魚肉達到125℉、約三分熟，需再2至6分鐘。加上檸檬片，立刻上桌。

杏仁醋
約½杯，可做1份烤鮭魚排沾醬

⅓杏仁條（slivered almond）
1小顆紅蔥頭，切末
4茶匙白酒醋
2茶匙蜂蜜
1茶匙第戎芥末醬
⅓杯特級初榨橄欖油
1大匙冷水
1大匙新鮮茵陳蒿
鹽巴和胡椒

將杏仁放入夾鏈袋，用擀麵棍將杏仁打碎，打至沒有超過½吋大的杏仁屑。將打碎的杏仁、紅蔥頭、醋、蜂蜜、芥末醬放入中。不斷攪動，滴入橄欖油，直到變成乳狀。加入水和茵陳蒿，攪拌混合，接著加入鹽巴和胡椒，依個人喜好調味。上桌前先攪拌混合。

"鮭魚肉的灰色物質富含omega-3脂肪酸"

鮭魚皮下的灰色物質是富含omega-3脂肪酸的脂肪層，粉紅色的魚肉裡含有的omega-3脂肪酸比較少。為了了解這塊灰色的區域對鮭魚的口味有何影響，我們用烤箱烤了幾塊鮭魚片，一半的魚肉去掉灰色物質，一半的魚片則保留。最後只有幾位味覺敏銳的試吃員注意到，有灰色物質的樣本帶有非常輕微的魚腥味，但多數人吃不出差別。要把灰色物質去掉很簡單，鮭魚煮熟後，把皮剝除，並用刀背將灰色物質刮掉。不過口味差異實在很微小，我們認為不值得這麼麻煩。

鮭魚皮底下的灰色物質，富含omega-3脂肪酸。

橄欖醋
約½杯，可做1份烤鮭魚排沾醬

½杯去籽綠橄欖或卡拉瑪塔橄欖，大致切塊
¼杯特級初榨橄欖油
2大匙切碎的新鮮巴西利
1小顆紅蔥頭，切末
2茶匙檸檬汁
鹽巴和胡椒

將所有食材放入碗中，依個人喜好加入鹽巴和胡椒調味。上桌前再攪拌一次，把料拌勻。

成功關鍵

我們想要烤出肉質軟嫩、外皮酥脆的烤鮭魚，也希望每塊魚片在烤肉爐上都能保持完整。因此我們喜歡較厚的魚片，它能夠承受烤肉爐的高溫、可以放久一點再翻面。為了烤出濕軟的烤魚，我們把鮭魚烤成完美的三分熟，只要時間一久，肉就會開始變乾。

蓋上、冷藏：為了避免魚肉黏在烤網或散開，得先把魚肉以乾淨的布巾包起來冷藏20分鐘，比起單純地把表面的水分擦乾，這方法可去除更多水分。表面的水分越少，褐變反應就會越快開始。食材濕濕的放到烤

架時，火的熱量一開始都得先用來蒸發食物的水氣。

「養」烤爐：為了減少魚肉黏住網子的風險，在魚肉和烤網之間要有個隔閡。我們發現，如果把烤網塗上油，油會馬上就蒸發，並留下黑色網狀的殘留物。原來，油的溫度增加，脂肪酸鏈會形成聚合物；也就是說，脂肪酸鏈會黏在一起，在烤網的表面上形成一種十字交叉的圖案。我們在鑄鐵鍋塗上一層一層的油養鍋時，也可以注意到這樣的現象。只是僅上一層油沒辦法避免沾鍋，不過反覆地抹油、加熱，可以在鑄鐵鍋形成厚厚一層的聚合物，讓鍋子「不沾」，同樣的技巧可以完美地複製到烤肉爐上。我們用食物夾夾住沾油的紙巾，擦拭加熱的鐵網5至10次。當烤網變黑變亮時，你就知道網子上已經形成足夠的聚合物層了。這時魚肉裡的蛋白質不會直接與烤網接觸，也不會黏在烤網上。請注意：這種效果只是「暫時」的，每次烤魚都要「重新養過」烤爐。

《梅納反應的實際應用》煎魚和海鮮

蝦子、扇貝、白肉魚和海鮮與其他肉類不一樣，它們的脂肪含量少，一煮過頭可能會造成災難性的後果。而原先可以促成褐變反應的炙熱高溫，將使脆弱的魚肉和海鮮變乾變硬，不過內含豐富油脂的鮭魚沒有這個問題。因此我們認為，在必要促成褐變反應下，只是單純調高溫度或延長烹煮時間是無法解決。就如同希望有梅納反應帶來的好處，也就是讓肉更有味道一樣，但在烹煮的過程中，又不想冒險破壞魚肉和海鮮。我們最後發現，糖和奶油都能用來加速褐變反應。

煎烤魚片
4人份

本食譜最適合用在充滿豐腴肉感的厚白肉魚片，像是大比目魚、鱈魚、鱸魚、紅鯛魚。如果你的魚片還有魚皮，請去掉它。如果魚片厚度不一，薄的魚片會比其他熟得更快。只要魚片溫度達140℉，就要趕快起鍋，搭配檸檬片或醬汁（食譜後附）上桌。

4片（6-8盎司）去皮白肉魚片，約1-1½吋厚
鹽與胡椒
½茶匙糖
1大匙植物油
檸檬片，或是後附食譜的醬汁

1.將烤架調整至中層，烤箱預熱至華式425度。以紙巾徹底將魚擦乾，接著用鹽和胡椒調味。在魚片的一面均勻灑上一層薄薄的糖，約⅛茶匙。

2.在可放入烤箱的12吋不沾鍋中倒入植物油，以大火熱油，直到油冒煙。將魚片放到鍋中，以抹糖那面朝下，再輕輕往下壓，確定魚肉均勻與鍋子接觸。煮1分半至2分鐘，直至魚肉變色。用兩支鍋鏟將魚片翻面，再把鍋子放入烤箱，烤至魚肉中間變不透明需7至10分鐘、約140℉。將魚肉馬上移到餐盤上，搭配檸檬片或淋上醬汁。

烤紅椒榛果百里香醬
約1杯半，可做1份煎烤魚片沾醬

把烤過的熱榛果倒在布巾上摩擦，就可輕鬆去皮。

½杯榛果，烤過，去皮
½杯罐頭烤紅椒，洗過，拍乾，大致切碎
1瓣大蒜，切末
½茶匙檸檬皮磨粉，加上4茶匙檸檬汁
¼杯特級初榨橄欖油
2大匙切碎的新鮮巴西利
1茶匙切碎的百里香
¼茶匙煙燻辣椒粉
鹽巴和胡椒

將榛果、烤紅椒、大蒜、檸檬皮放到食物調理機，打10至12下。放到碗中，和檸檬汁、油、巴西利、百里香、辣椒粉混合。依個人喜好，以鹽巴和胡椒調味。

成功關鍵

烹煮厚的白魚肉有兩個關鍵。首先，加點糖可加速褐變反應，讓魚肉因此更有味道。第二，利用雙重烹煮法，先在爐子上煎，然後把鍋子和魚排一同移入烤箱，確保均勻受熱。

從厚的開始：要料理至少有1吋厚的魚肉，「煎加烤」是最好的方式。比較薄的魚肉以爐火就能煎熟。

單面灑糖即可：我們發現，以高溫香煎魚的其中一面就足以產生和褐變反應有關的可口化合物。兩面都煎會讓魚片又硬又乾。在下鍋那一面上灑⅛茶匙的糖，可明顯促進褐變反應，卻又不會讓魚肉嘗起來有甜味。

《魚的基本知識》

—構造—
魚的構造和其他肉類很不一樣：肌肉纖維較短，結締組織脆弱，富含不飽和脂肪酸。這些特點讓魚肉較軟、易碎，因此不要煮過頭就顯得相當重要。

肌肉纖維
為什麼豬、牛、羊肉如此緊實，而魚肉卻如此易碎？這和肌肉纖維的差異有關。豬、牛、羊肉的肌肉纖維又長又細，最長可達10公分。魚的肌肉纖維則是一束束非常短的纖維，最長也只有豬、牛、羊肉肌肉纖維的十分之一。這也是為什麼魚肉很容易碎成一片，因為魚肉的短纖維就是如此。

魚皮
魚皮很厚，通常很豐潤，充滿結締組織和脂肪。魚皮外面有魚鱗覆蓋，是魚構造中堅固的保護層。魚鱗的大小和厚薄不一，和哺乳類的牙齒一樣，是由碳酸鈣構成。

結締組織
魚的結締組織和豬、牛、羊相當不同。和肉類比起來，魚肉只有一小部分是結締組織。魚的結締組織不是和肌肉纖維平行，而是一層薄薄的，和肌肉束平行。而且魚的膠原蛋白更脆弱，比其他肉類更容易轉換成魚膠。大多數的魚肉只要達到120至130℉，結締組織就會分解成魚膠。再加上肌肉纖維短，造成魚肉總是這麼軟的原因。因為魚幾乎沒有膠原蛋白，所以久煮沒有任何好處。其實，很多魚類只要或稍微煮一下就很美味。因此無論如何，魚的烹煮溫度都不該超過140℉。

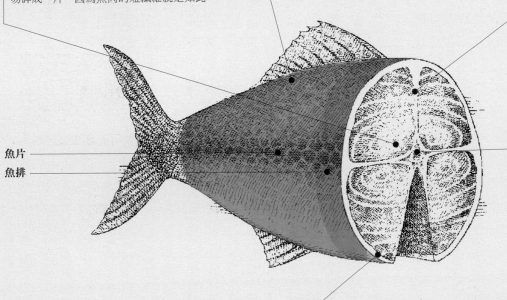

魚片
魚排

魚骨
通常由魚脊骨和肋骨組成的魚骨脆弱且獨特，生長方向不是往魚鰭延伸，就是以許多小魚刺支撐結締組織。魚肉裡的魚刺讓人無法盡情享用魚肉，在烹煮前最好去掉。不過，整條魚帶骨烹煮可以增添味道和水分。

脂肪
令人訝異的是，鮭魚這類具高油脂的魚，每磅含有的脂肪量竟然和冰淇淋一樣。好消息是。這種脂肪對你的身體有益。鮭魚中的脂肪，以及所有肉色深、富含油脂的魚，例如鯖魚、鮪魚、鯷魚，都含有omega-3脂肪酸，我們的身體需要這種營養才能順利運作。因為人體無法自行製造，因此必須從食物攝取，以自然界原生形成（preformed）的omega-3脂肪酸來說，最好的來源就是魚類和海鮮。

—選購魚肉—
無論是海鮮專賣店還是附近的超市，購買前可以先確定店家的進貨量夠大。量大代表流動率高，才能保證魚貨新鮮。店裡頭聞起來應該要有海的味道，而非有魚腥味或酸味。
魚應該存放在冰塊上或妥善冷藏。如果以冰冷藏，則不可泡在水中。魚肉外觀應該要看起來濕潤、閃亮，而不是色澤暗沉，顏色應該要均勻。肉質緊實不稀軟。可以的話，請魚販幫忙用手指壓壓魚肉，確認魚肉的質地。盡量請魚販現切魚排或魚片，最好避開購買已切好的魚肉。

—冷凍—
冷凍庫裡的冷凍魚和魚櫃裡新鮮的魚比較起來如何呢？我們比較瞭解市面上所有能找到的魚類，把他們解凍，和新鮮的魚相比。我們發現，真空包裝的魚以冷水沖30分鐘「快速解凍」，結果和把魚放在冰箱裡過夜解凍的效果一樣。我們以為新鮮的魚會壓倒性勝利，可是卻發現以較細嫩、較薄的魚來說，例如鰈魚（flounder）和鰨魚（sole），新鮮和冷凍魚的差別幾乎吃不出來，不過在煮之前要確定已經把魚完全擦乾。至於魚肉較結實的魚類，例如大比目魚、鯛魚、吳郭魚、鮭魚，即使冷凍過，煮到三分熟以上味道還是很棒。若煮得不夠熟，就會又乾又多絲。但對於鱈魚、黑線鱈魚（haddock）、鱸魚、鮪魚、劍魚這幾種魚則不建議冷凍。

—保存—
以32℉冷藏的魚，其保存時間是一般家庭冰箱40℉的兩倍長。為了創造最佳儲藏條件，可把魚放到夾鏈袋，放到冰上或蓋上冰包，然後放在冰箱深處，也就是冰箱溫度最低的地方。記得，一回到家就要立刻把魚冰起來。如果你住的地方氣候溫暖，在運送魚的時候，可考慮在車廂裡放個保冷箱。

—判斷熟度—
要檢查厚的魚片是否熟了，即時溫度計是很有用的工具。不過，料理薄的魚片時，只需要更原始的測試方式，用去皮刀割開魚肉，看肉的內部，並以顏色和是否易碎來判斷。像鱈魚這類的白肉魚，應該煮到五分熟、約140℉即可，這時的肉應該是不透明，但還是濕潤、開始要剝落。鮭魚最好煮到三分熟、約125℉，中間仍是透明的。鮪魚最好是一分熟、約110℉，只有外層的肉不透明，而其他部分仍是透明的。

—確保熟得平均—
魚片大多厚薄不一，各種形狀都有。如果你的魚片有很薄很寬的尾巴，在煮之前，試著把它塞到底下，讓薄肉片和厚肉片能以同樣的速度被煮熟。

讓烤箱發揮功用：灑糖的那片煎好後，大約只需60至90秒，即可將魚片翻面，連同平底鍋放入425℉的烤箱就即完成料理。烤箱自四面八方傳來的熱，比爐火單向的熱更能讓魚肉受熱均勻。請注意：烤箱溫度過高會讓魚太乾。溫度過低，就烤不出焦褐的皮。

實用科學知識 糖可啟動褐變反應

"煎魚前灑糖可加速褐變反應"

魚肉只要內部溫度達到120℉，就會開始收縮、變乾，到140℉時就會全熟。超過這個溫度，魚肉就會過乾、不可口。儘管表面溫度會高於140℉，可是要接近300℉時，梅納反應才會開始。因此，要挑戰是讓魚以較低的溫度達到美味的焦褐效果。我們是這麼做的：在魚潮溼的表面加灑上糖或蔗糖，接觸到鍋子的熱之後，蔗糖就會迅速分解為葡萄糖和果糖。果糖在200℉時會迅速焦糖化，魚只要放在熱鍋裡，約1分鐘外皮就可以達到這個溫度。因此，在魚片灑上一點糖可以讓魚焦褐地更快，因此裡面的魚肉在過乾前，就能煎出漂亮的表皮了。

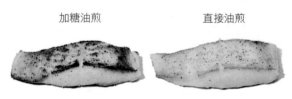

加糖油煎　　　　　　　　直接油煎

經過1分鐘的油煎，灑上蔗糖的魚排遠比沒有灑糖來得焦黃許多。

香煎扇貝
4人份

干貝建議購買無化學添加物的。干貝應該是乳白色、或略帶粉色，摸起來黏手。濕的扇貝是亮白色，觸感滑滑的。如果使用濕扇貝，在步驟1之前，先在1夸脫冷水中加入¼杯檸檬汁、2大匙鹽巴，然後將扇貝浸泡30分鐘，並在步驟2時不需以鹽調味。要除掉扇貝上的腱，只要把小小的、摸起來粗粗的新月形腱撕下來丟掉即可。搭配檸檬角或醬汁（食譜後附）上桌。如果要搭配醬汁，在扇貝乾燥時，如步驟1與2之間準備醬汁，一邊煮扇貝一邊幫醬汁保溫。

　　1½磅大扇貝，將腱去除
　　鹽巴和胡椒

2大匙植物油
2大匙無鹽奶油
檸檬角或醬汁（食譜後附）

1.在有邊的烤盤上鋪上乾淨布巾，放上扇貝。將第二條乾淨布巾蓋在扇貝上，輕壓地將扇貝的液體擠出。讓扇貝在室溫下靜置10分鐘，同時讓布巾吸收水分。

2.在扇貝的兩面灑上鹽巴和胡椒。在12吋不沾鍋，以大火熱1大匙油，直至油冒煙。將一半的扇貝在鍋子裡鋪成一層，平的那面朝下，不移動，烹煮1分半到2分鐘，直至扇貝呈焦黃色。

3.在平底鍋中加入1大匙奶油。利用食物夾將扇貝翻面繼續煮，以大湯匙將融化的奶油淋上扇貝。可以傾斜鍋子，讓奶油流到一邊，直到扇貝的邊緣變硬，中間不透明時再煮30至90秒，也將較小的扇貝起鍋，此時已經熟了。把扇貝移到大盤子上，輕輕蓋上鋁箔紙。以廚房紙巾擦乾平底鍋，拿另1大匙奶油、剩下的扇貝和奶油重複同樣的步驟。搭配檸檬切片或醬汁立即上桌。

嫩薑奶油醬
約¾杯，可做1份香煎扇貝沾醬

本食譜大膽地使用卡宴辣椒粉和白酒醋，與口感濃郁的鮮奶油和奶油取得美好平衡。

半杯澀白酒
2大匙白酒醋
1大匙磨碎的嫩薑
3瓣大蒜切末
1小顆紅蔥頭，切末
¼杯重奶油（heavy cream）
12大匙無鹽奶油，切成12塊冷藏
½茶匙鹽巴
1撮卡宴辣椒粉

將澀白酒、白酒醋、嫩薑、大蒜、紅蔥頭放入小的單柄深鍋，以大火煮沸。把火降到中火熬煮約5分鐘，直到醬汁的量減少一半，放入奶油繼續煮約2至3分鐘，煮至剩一半的量。用細網濾網將醬汁篩入一個小碗內。把鍋子擦乾淨，再把篩過的醬汁倒回鍋中，開中火。將2塊奶油拌入醬汁中，直到融化。繼續把奶

油加入，一次放2塊，直到所有奶油都融入醬汁。拌入鹽巴和辣椒粉。蓋上鍋蓋，保溫。

檸檬焦奶油醬
約¼杯，可做1份香煎扇貝沾醬

小心奶油，奶油很容易從微焦程度瞬間燒焦。

4大匙無鹽奶油，切成四等份
1小顆紅蔥頭，切末
1大匙切碎的新鮮巴西利
½茶匙切碎的新鮮百里香
2茶匙檸檬汁
鹽巴和胡椒

在小的單柄深鍋放入奶油，以中火加熱，不斷轉動鍋子約4至5分鐘，直到奶油呈現深黃褐色，散發堅果味。加入紅蔥頭，煮約30秒至散發香氣。鍋子離火，拌入巴西利、百里香、檸檬汁。依個人喜好加入鹽巴和胡椒調味。蓋上鍋蓋，保溫。

成功關鍵

酥脆、焦褐的外皮是扇貝料理成功的證明。餐廳廚房用的是火力強大的爐子，一次只煎幾個扇貝，大約是一份餐點的量。家裡廚房的爐火比較小，會想要一次煎更多顆扇貝，至少要分兩次烹煮，我們發現，奶油是快速煎出美味焦褐脆皮的關鍵。

選大顆的扇貝並擦乾：因為大扇貝在過乾前有較多的時間，所以想煎出焦褐的外皮就簡單許多。我們建議購買扇貝時，每顆至少要1盎司重。同時，用布巾擦去多餘水分也是關鍵。我們發現，用布巾上下貼住扇貝，靜置10分鐘很有用。購買沒有泡過化學溶液的干貝也有幫助。如果扇貝泡在乳白色的溶液中，也就是「濕」的扇貝，而化學溶液會讓扇貝有異味，想要以快炒料理時，很難把扇貝弄乾。可以的話，就購買看起來黏黏乾乾的扇貝，味道會更好也比較容易上色。如果在當地的市場買不到乾的扇貝，我們建議把濕的扇貝泡水，好掩蓋化學溶液造成的異味，其原理請參考右側的「實用科學知識：為什麼有些扇貝應該泡水？」。扇貝泡過之後，記得擦乾，在煮之前不要用鹽巴調味。如果不確定你買到的扇貝是乾的還是濕的，

可以進行以下的快速實驗：在可微波的盤子上鋪好廚房紙巾，放上一顆扇貝，然後用強火微波15秒。

如果是「乾」的干貝，釋放的水分很少。如果是經過人工處理的「溼扇貝」，會在紙巾上留下一大圈的水分。別擔心，經過微波的扇貝還是可以料理。

從熱油開始並加入奶油：奶油含有乳蛋白和還原糖「乳糖」，可加強梅納反應。我們發現，如果只用奶油來煮扇貝，等到扇貝煮熟時都焦了。如果先在鍋子裡熱油，再加入扇貝，煮90秒後開始淋上奶油，情況就好多了。按照我們的做法，扇貝翻完面後繼續再煮30至90秒，正好能讓奶油促進焦褐反應，又不會因此燒焦。

實用科學知識 為什麼有些扇貝得泡水？

"用檸檬掩蓋濕扇貝經過三聚磷酸鈉處理的異味"

所謂的濕扇貝就是已經用三聚磷酸鈉（STPP）處理，所以有討人厭的臭味。以STPP處理過的扇貝含有更多水分。這就是把扇貝泡在STPP和水裡的目的——可增加重量和販賣價值。其結果造成濕的扇貝在煎的時候常常是被蒸熟、煎不出焦褐色。因此，能不能透過浸泡扇貝來擺脫STPP呢？

我們準備三批濕扇貝，泡在1夸脫的水，第一批泡30分鐘，第二批泡1小時，第三批則不處理。接著，我們根據實驗廚房的食譜料理三批扇貝，然後送往實驗室分析STPP的含量。

和沒處理的扇貝相比，泡水30分鐘的扇貝只減少10％的STPP，泡1小時的也沒比較好，只除掉11％的STPP。即使泡過水，試吃員還是能夠清楚吃出兩批扇貝裡討人厭的化學味。

原來STPP裡的磷酸鹽（phosphates）和扇貝裡的蛋白質化學鏈連結在一起。這個化學鏈如此之強，不管扇貝泡多久，都無法洗去STPP的味道。所以，我們不是嘗試把經過STPP處理的扇貝的化學味去掉，而是把扇貝泡在用檸檬汁、水、鹽巴調成的溶液中30分鐘來掩蓋怪味。

加了檸檬的鹽水，可以蓋過扇貝的異味。

觀念3：靜置，讓肉更多汁
Resting Meat Maximizes Juiciness

看著剛烤好的肉出爐時，我們都有想立刻切片，然後把肉端上桌的衝動。畢竟，肉的溫度正好，看起來又美味，不是嗎？不過，我們後來發現，肉在烹煮時，熱會讓水分子迅速排出，導致口感又乾又難嚼。因此，想要肉質中保留最多的肉汁，「靜置」是不可或缺的技巧。來，讓我們看看究竟是怎麼回事吧！

◎科 學 原 理

肉裡頭大部分成份是水。生牛肉裡水佔了75％，而實際含量因不同部位而有所差異，其他成份則是蛋白質和脂肪。這些大部分的水被稱做「結合水」（bound water），因為肉裡的蛋白質被困在水分子裡頭。因此切生肉不會流出水分。但若切的是剛煮好的牛排，就會有一大股肉汁突然淹沒砧板。這是怎麼回事？

生肉裡組成肌肉組織的蛋白質，形狀像許多束的電線，每一束都被結締組織包覆。每條電線代表單一的肌肉細胞，也就是「肌肉纖維」。肌肉纖維是由許多更小的組織——「肌纖維」（myofibrils）組成，而肌纖維則是由蛋白分子——「肌動蛋白」（actin）和「肌球蛋白」（myosin）組成。紅肉和家禽肉類經加熱時，線型的蛋白分子開始和彼此間形成化學鏈，壓縮並收縮後，一開始是直徑縮短，然後長度縮短。在烹煮時，肌纖維可以縮小到原本的一半大小。蛋白質收縮時，也擠出構造裡的部分水分，而水分就移到縮小肌纖維之間的空隙裡。

這項肌肉收縮的過程也說明了，為何經驗豐富的主廚能以手壓肉，感覺肉的彈性來能判斷熟度。當肉越緊實，代表收縮得越多肉越熟。可是，收縮的過程至少有部分是可逆的。如果靜置剛煮熟的肉，能使蛋白質放鬆，讓之前排出的部分水分重新進到肉裡。

可是，要進入哪裡？加熱過程中，有些蛋白質不只是縮小，而是分解。「靜置可以讓收縮的蛋白質放鬆，把水分重新吸入被分解的蛋白質中」。因此，經過靜置的肉可以保留更多自然的肉汁，讓肉不那麼乾，口感更軟嫩。

肉纖維的側剖面圖

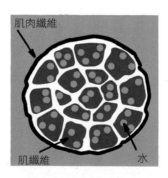

生肉：
大部分的水分都儲藏在個別的肌纖維中。

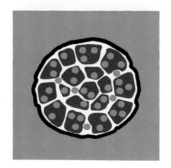

靜置時：
有些被排出的水分，又重新被放鬆的肌纖維吸收，填滿已分解的蛋白質原先佔據的位置。

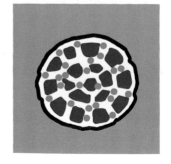

剛煮好：
強烈的熱度會把水分逼到肌纖維之間的空隙。

為了測試靜置的效果，我們烤了五塊無骨豬里脊，每塊約3.7磅重，放到400℉的烤箱，直到內部溫度達到140℉。第一塊肉一出烤箱就橫切成0.5吋厚的切片，其他四塊蓋上鋁箔紙，分別靜置10分、20分、30分、40分鐘後才切片。在此，我們收集靜置時肉所流出的所有肉汁，並和切片時流失的肉汁分開。我們重複實驗兩次以上，並取實驗結果的平均值。

實驗結果

肉出爐後馬上切片，平均流失10大匙的肉汁，這包括流到砧板與餐盤上的肉汁。相反的，靜置10分鐘後再切的肉，平均損失4大匙肉汁，其損失減少60％。靜置20分、30分、40分鐘的烤肉，分別流失2.5大匙、1大匙、2茶匙肉汁。靜置時間越長，數據越理想。

我們經過測試發現烤肉靜置至少10分鐘後，肉質會顯得更軟嫩、多汁；而出爐後未經靜置直接切片的肉質，則顯得更乾硬。不過這項實驗結果中，我們無法明顯地分辨靜置30分和40分鐘後的肉質差異。

重點整理

靜置或許可以保留水分，但有幾點要注意。儘管靜置時間越久，代表重新吸收的水分越多，但差別沒有明顯到隨拉長靜置的時間就保證有其效果。舉例來說，靜置40分鐘的烤肉保留的肉汁，只比靜置30分鐘的烤肉多1茶匙，肉汁流失最急遽的時候，是靜置的前10分鐘。關鍵是在於找出效果最佳的靜置時間。

首先，要考慮肉的大小。一大塊烤肉靜置30分鐘後溫度還是很高，但很薄的牛排若如法泡製大概就冷掉了。一般來說，肉的溫度超過100℉時最美味，所以這也就限制了肉可以靜置的時間。

第二個要考慮的是料理方式。即使兩塊肉的內部溫度一樣，表面溫度卻可能天差地遠。烹煮的溫度越高，內外差異就越大。結果就是：以高溫料理的肉，其好處是可以靜置久一點。表面蛋白質很燙，需要更多時間冷卻，好來捕捉所有還沒因為蒸發流失的水分。

✏ Tips：烹煮後經切片所流失的肉汁

以下是豬牛羊肉與家禽類各個部位的建議靜置時間。找到你準備處理的肉屬於哪個類別後，根據肉的相對大小選擇較短或較長的靜置時間。舉例來說，2磅重的小塊爐烤牛腰內肉要靜置15分鐘，但大塊的牛肋排則得靜置整整30分鐘。

牛肉
牛排 5～10分鐘
牛肉塊 15～30分鐘

雞肉
部位 5～10分鐘
全雞 15～20分鐘

羊肉
羊排 5～10分鐘
羊肉塊 15～30分鐘

火雞
部位 20分鐘
全雞 30～40分鐘

豬肉
豬排 5～10分鐘
腰內肉 10分鐘
烤豬肉 15～30分鐘

✏ Tips：烹煮後經切片所流失的肉汁

 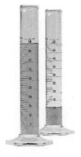   

馬上切片　　靜置10分鐘　　靜置20分鐘　　靜置30分鐘　　靜置40分鐘

《靜置的實際應用》肉類

這個原理放諸千萬食譜皆然，豬、牛、羊肉和家禽等等的肉類，在烹煮後與切片前都要先靜置過。且適用於任何經過烘烤、燒烤、水煮、煎過的牛排、羊排、豬排、家禽肉類。我們選了幾個簡單的食譜來證明這項概念，不過在觀念1食譜「高級肋排」、觀念12食譜「抹鹽烤雞」和觀念5食譜「烤牛腰內肉」，也是透過靜置成功做出該料理的關鍵步驟。

香料燒烤側腹牛排
4-6人份

側腹牛排烤到三分熟味道最好，最多烤到五分熟。牛排離開烤架後，讓肉靜置就顯得相當重要。

2大匙小茴香粉（ground cumin）

2大匙辣椒粉

1大匙香菜粉

1大匙猶太鹽或1½大匙食鹽

2茶匙胡椒

½茶匙肉桂粉

½茶匙紅辣椒片

1塊（2½磅重）側腹牛排，處理過

1A. **木炭烤爐**：把底部的通風孔完全打開。將大型煙囪型點火器，裝滿6夸脫木炭，點燃。當上方的木炭有部分被炭灰蓋住時，將木炭均勻地倒在烤肉爐的半邊。架好烤網，蓋上蓋子，將蓋子的通風孔完全打開。將烤肉爐加熱到發燙，約需5分鐘。

1B. **燃氣烤爐**：將所有爐火都開到大火，蓋上鍋蓋，加熱直到高溫，約需15分鐘。

2. 清理並替烤網上油。將香料和鹽巴放入小碗中混合。以紙巾將牛排拍乾，並把混合好的香料抹在整塊牛排上。將牛排直接放到烤網上。以木碳炙烤的話，請放在熱的那邊、並烤至第一面呈現漂亮的焦褐色；如果使用燃氣烤爐則需4至7分鐘烘烤時間。翻面，炙烤3至8分鐘，直至肉溫度達到120至125℉、約三分熟；或130度至135℉、約五分熟。有需要的話，將牛排移到烤爐溫度較低的半邊，或將燃氣烤爐的熱度降低，避免抹在牛排上的香料燒焦。

3. 把牛排移到砧板上，以鋁箔紙輕輕蓋上，靜置10分鐘。將牛排逆紋斜切成¼吋厚的肉片。依個人喜好以鹽巴和胡椒調味，立刻上桌。

成功關鍵

側腹牛排是較瘦、相對便宜的部位，很適合上班日想趕快做道晚餐的時候使用。不過，如果處理不當，肉質可能會很硬。料理出完美側腹牛排的關鍵為何？不要煮過頭，讓肉充分靜置，再好好切片。

抹鹽入味：醃汁需要時間才能發揮效果，而且液體會讓褐變反應速度變慢，對熟得快的薄牛排是個問題。我們喜歡用香料抹在牛排上，快速又簡單，可以讓牛排立刻有味道，在燒烤時可以讓牛排烤出非常漂亮的外皮。我們選擇以拉丁美食為靈感來源的基本香料，不過配方可以有無限變化。製作「燒烤牛肉法士達」（fajita；食譜後附）時，不需以香料塗抹牛肉，改用鹽巴、胡椒、以及一些新鮮的萊姆汁。

讓肉靜置：肉烤好後，放到砧板上，以鋁箔紙輕輕蓋上才不會冷卻過頭，然後等待。設好計時器，10分鐘過後回來切肉。如果你喜歡的話，可用這段時間烤一些蔬菜做為牛排的配菜。

用正確方式切肉：逆紋切很重要。側腹牛排的紋路是從圓的一端延伸到另一端，所以應該要把牛排縱切開來。逆紋切開可把長長的肌肉纖維切短，讓這個部位少點嚼勁。把牛肉切成薄片約¼吋厚也很有用。最後，把刀鋒傾斜一個角度，以斜刀切下。理想上來說，你會握著刀子，刀翼和砧板呈45度角。以這個方法可以切出更寬、更美味的肉片，也可以減少一些嚼勁、容易咬斷。

燒烤牛肉法士達
4-6人份

側腹牛排煮到三分熟最美味，最多五分熟，出爐後時靜置一段時間也很重要。你可以利用靜置牛肉的時間，烤些蔬菜，把這份德墨經典料理的墨西哥薄餅（tortillas）加熱。搭配新鮮酪梨醬（食譜後附）、你最愛的莎莎醬（salsa），以及／或者一些酸奶油。

1塊（2-2½磅）側腹牛排，處理好

鹽巴和胡椒

¼杯萊姆汁（2顆萊姆）

1大顆洋蔥，剝皮，切成洋蔥圈、約½吋厚，不需將
洋蔥圈切開
2大顆紅色或綠色甜椒，去心、去籽，切片
8-12片（6吋）麵粉薄餅

½根墨西哥辣椒（jalapeño chile），切末
2大匙切末的新鮮香菜
鹽巴
1大匙萊姆汁

1A. 炭火烤爐：烤肉爐底部的通風孔徹底打開。將大
型煙囪型點火器裡，堆入約7夸脫木炭直至滿出來。當
上方的木炭有一部分被炭灰掩蓋時，將木炭均勻地倒
在烤肉爐的半邊。架好烤網，蓋上蓋子，將蓋子的通
風孔完全打開。將烤肉爐加熱到熱燙，約需5分鐘。

1B. 燃氣烤爐：將所有爐頭都開到大火，蓋上爐蓋，
加熱直到高溫，約需15分鐘。

2. 將烤網清乾淨，上油。以紙巾將牛排拍乾，灑上萊
姆汁、鹽巴、胡椒。將牛排放到烤肉爐上。使用木炭烤
爐，請把牛肉放在高溫處，並炙烤約4至7分鐘；若使
用燃氣烤爐，請蓋上蓋子，直到一面烤出漂亮的焦褐
色。將牛排翻面，繼續烤3至8分鐘，至肉的溫度達到
120至125℉、約三分熟；或130至135℉、約五分熟。
將肉移到砧板上，輕輕蓋上鋁箔紙，靜置10分鐘。

3. 靜置牛排時，將洋蔥圈和甜椒以皮面朝下，放到木
炭烤爐高溫的一邊；使用燃氣烤爐的話，把所有爐火打
開，牛排烤至軟嫩，兩面都變色需8至12分鐘，每3分
鐘翻一次面。將洋蔥移到砧板上。

4. 若是使用碳烤，將薄餅鋪成一層，放到高溫的半
邊，如果用燃氣烤爐，將所有爐火關到小火。烤到薄
餅有點溫，稍微有點焦，每面烤約20秒，不要烤太
久，以免薄餅變得易碎。薄餅烤好後，以布巾或一大
片鋁箔紙包好。

5. 將洋蔥圈分開，把甜椒切成¼吋的長條。將牛排
逆紋斜切成¼吋厚的肉片。將牛肉和蔬菜移到餐盤，
搭配溫熱的薄餅上桌。

新鮮酪梨醬
約1½杯，可做1份燒烤牛肉法士達沾醬

最好的酪梨醬食譜是單純地將酪梨、洋蔥、大蒜、辣
椒、香菜、萊姆汁混合。為了達到美味的口感，我們
將部分酪梨搗成泥，其他酪梨仍維持塊狀。

2顆小顆的酪梨
1大匙紅洋蔥，切末
1小瓣大蒜，切末

1. 將一顆酪梨切半，去掉果核，將果肉挖到中碗。
加入洋蔥、大蒜、辣椒、香菜、⅛茶匙的鹽巴，用叉
子將酪梨輕輕搗成泥，和其他食材混合。

2. 將另一顆酪梨切半，去果核，以餐刀小心地在果
肉上，交叉切½吋深把肉切開，但不要把皮切開。用
湯匙輕輕把肉刮下，把果肉放入搗好的酪梨泥中。淋
上一些萊姆汁，以叉子輕輕攪拌，直到混合，但仍保
持塊狀。需要的話，以鹽巴調味，然後上桌。酪梨
醬可以用保鮮膜包住，直接壓在表面上，冷藏最多1
天。在上桌前掀開保鮮膜，讓酪梨醬恢復室溫。

成功關鍵

雖然法士達可以用側腹橫肌牛排（skirt steak；或譯裙
肉），但我們喜歡用側腹牛排，逆紋薄切時非常軟嫩。
和香料燒烤側腹牛排的食譜一樣，不管有沒有加辣，
牛排離開烤架後一定要靜置。

酪梨處理法：要做出新鮮的酪梨醬，關鍵步驟就在如
何取出果肉，切塊，又不會搞得一團亂。要做到這
點，我們首先將酪梨縱切切半，去掉果核。然後，我
們拿一條擦杯盤的布巾，把酪梨握好，用餐刀在果肉
上交叉的切½吋深，切開果肉但不要剖開果皮。用湯
匙叉入果皮和果肉間，將切塊的果肉輕輕刮下。

楓糖烤豬肉
4-6人份

在本食譜中，在將烤豬肉靜置的同時，可在外層塗抹
濃稠的楓糖漿，待豬肉和糖漿冷卻時，糖漿會稍微凝
固，使簡單的烤豬肉有了光亮的外皮。這是份甜死人
不償命的料理，所以配菜要能搭配出烤豬肉的甜味，
像是蒜炒綠蔬菜、燜高麗菜、或奶油玉米粥。

½杯楓糖漿，最好是B級
⅛茶匙肉桂粉
1小撮丁香
1小撮卡宴辣椒

1塊（2½磅）無骨里脊肉（靠近肩胛部位），使用5條棉繩以固定間隔縱向捆綁

¾茶匙鹽巴

½茶匙胡椒

2茶匙植物油

1.將烤箱烤架調整至中層，烤箱預熱至325℉。將楓糖漿、肉桂、丁香、辣椒放到量杯或小碗中攪拌備用。拿紙巾把豬肉拍乾，然後均勻地灑上鹽巴和胡椒。

2.在可放入烤箱的12吋的平底鍋內放入油，以中大火加熱，直到油開始冒煙。把豬肉肥的那一面朝下，放入平底鍋，油煎7至10分鐘至每一面都呈漂亮的焦褐色，用食物夾翻面，將肉移到大盤子上。

3.把火關到中火，將鍋裡的油脂倒掉，再把攪拌好的楓糖漿下鍋，煮約30秒到飄出香味，同時糖漿會立刻冒泡。關火，把豬肉放回平底鍋。用夾子滾動豬肉，讓肉的每一面都沾上糖漿。

4.將平底鍋放入烤箱，烤至肉的中間達到140℉，需35至45分鐘，利用食物夾滾動、旋轉豬肉，在爐烤的時候二度裹上糖漿。

5.此時手把會非常燙，以隔熱手套將平底鍋自烤箱中拿出。將豬肉移到砧板上，把平底鍋放在一邊，讓糖漿稍微放冷約5分鐘，使其變得更稠。小心手把溫度極高，將糖漿淋在豬肉上，靜置15分鐘以上。把棉繩剪斷，切成½吋厚的肉片，立刻上桌。

成功關鍵

里脊肉的脂肪很少，煮過頭會變得又乾又硬。這份食譜中的靜置時間長，可確保豬肉的溫度慢慢爬上最終的溫度150℉時，能保留住最多水分。若想瞭解「餘熱加溫法」，請參考觀念4。

使用天然的豬肉：由於市場需求，現在的飼養豬比1950年代的豬肉瘦了50%。豬肉裡的脂肪少，也就代表其味道和水分少。業界引進了「改良豬肉」（enhanced pork）來解決這個問題，在豬肉裡注入含有水、鹽巴、和磷酸鈉的溶液，一方面替豬肉調味，一方面避免豬肉過乾。磷酸鈉會增加豬肉的pH值，增進保水性。現在超市販賣的豬肉，多半都經過「改良」。我們進行過無數個實驗比較改良豬肉和天然豬肉，結果是一面倒傾向後者。天然豬肉的味道比較好，如果煮的方式對了，水分不會是問題。還有，我們發現改良豬肉在製造過程中添加的水分，會在切肉大半都會流失。其實，根據我們以里脊肉做的測試結果，改良豬肉在切片時，所失去的肉汁比天然豬肉還要多50%。製造商不會在包裝標籤上寫上「改良」或「天然」，不過，如果豬肉經過加工，就會有成分表。天然豬肉單純只有豬肉，不會有成分表。

請注意，遇到可能會讓豬肉過乾的食譜時，將天然豬肉泡鹽水或許是不錯的選擇，其原理請參考觀念10。儘管天然豬肉泡鹽水有時候有好處，但選用改良豬肉就不可再浸泡鹽水，因為肉本身已經帶有鹹度。在這份食譜中，楓糖漿已經讓豬肉相當濕潤，因此不需要再浸泡鹽水。

綁起來：大多數從超市買來的豬肉在平底鍋烹煮時，熟的程度會不均勻，所以我們會將豬肉五花大綁。這麼做，不僅讓肉的厚度一樣，也會烤的比較均勻。我們用的棉繩或亞麻繩大多數超市都有販售，它們通常是放在免洗餐具旁。

選對楓糖漿：別拿淋鬆餅的糖漿來做這道菜，只能用貨真價實的楓糖漿。B級楓糖漿，有時稱為「烹飪用楓糖漿」，它的味道比A級更強烈，但兩種都可以用在這道菜上。

是否使用不沾鍋：不沾鍋比較好清洗，可是使用在這份食譜上，可能會傷害不沾鍋的脆弱表面。如果用普通的平底鍋來料理這道菜，在烹煮完後得先讓鍋子徹底冷卻，然後放一兩杯的水後，煮沸它。煮沸的水可以泡開糖漿，讓清洗變得容易多了。如果是用不沾鍋，要確定食物夾的尖端是不沾鍋適用的尼龍材質。

小心處理：用同一個平底鍋來高溫煎燒和煮豬肉很方便，可是，平底鍋從烤箱拿出時，手把非常燙。請確定自己用的手套非常可靠，可以考慮把手套留在手把上來提醒自己與廚房裡的其他人。這段時間內不可徒手碰觸手把。

《肉的基本知識》

—構造—

我們所說的肉，其實是從動物身上各部位取下的肌肉。不管是從牛、豬、還是羊，主要都是由肌肉纖維、水、結締組織、脂肪構成。

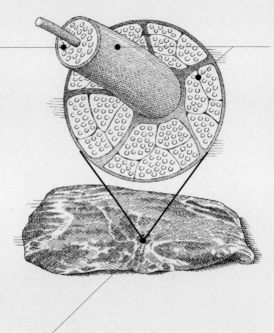

肌肉纖維

每塊肌肉都含有成千上萬個、比人類頭髮還細的肌肉纖維，通常有好幾吋長。每個纖維都是一個肌肉細胞，由更小的單位「肌纖維」組成，其主要是蛋白質，稱為「肌動蛋白」和「肌球蛋白」組成。個別的肌肉纖維捆成一束束，由結締組織包裹著，這些細絲也就是很多部位中看得到的「肌肉紋理」。

水

肌肉纖維吸滿了水分子。瘦肉因為含水量高，絕大部份75％是水，通常比較軟。大多數的水都包含在肌纖維裡，並由肌纖維組成肌肉細胞。剩下的水則是在肌肉纖維間的空隙中。這些水分特別容易在烹煮時流失。

脂肪

脂肪是由特別的結締組織「脂肪細胞」（adipose cells）製造儲存，這些細胞的功能是儲存能量。動物身上有兩種脂肪：包圍肌肉的「厚脂肪」與穿過肌肉的「薄脂肪」。舉例來說，包覆牛排的厚脂肪，通常在屠宰的過程中去除，只剩下¼至½吋。穿過肌肉的薄脂肪稱為油花，決定特定部位的風味以及品嘗時是否多汁的關鍵因素。

結締組織

一束束的肌肉纖維包裹在膜狀的半透明薄膜中，讓肌肉纖維有結構、支撐力。這片銀白色薄膜讓肌肉黏在骨頭上，在切割肩胛肉與其他有多種塊狀肌肉時可清楚看見。結締組織主要由膠原蛋白組成，這種結實的蛋白咬起來很硬。活動較少的部位，如腰腹部，膠原蛋白很少。然而，充滿結締組織的肩膀和臀部肌肉，則必須延長烹煮時間，使這些部位好入口。

—選購—

想了解牛、豬肉各種部位的標籤以及如何選購，請參考觀念14、15裡的「選購牛肉／豬肉的基本知識」。

—冷藏—

把肉放在冰箱裡最冷的地方，通常是在冰箱深處，溫度應為32至36度。保留包裝，把牛肉放在盤子上，避免滲出的水滴在冰箱的其他食物上，這點在解凍時特別重要。

—冷凍庫—

冷凍時，水分會從食物表面蒸發，穿過包裝內的空氣，在包裝的內層凝結，造成肉被冰晶覆蓋，冰晶則可能刺穿肌肉組織，也就是俗稱的凍傷。這表示食物損失水分，在儲藏食材時應該避免。雖然凍傷的食物還是可以吃，可是品質已經受損。

別把肉和包裝一起冷凍，就能降低凍傷問題。將每塊肉分別以保鮮膜包好，也方便日後解凍，再將牛排、豬排、羊排放進大型夾鏈袋中，壓出多餘的空氣。根據以下表格參考冷凍肉的解凍時間。

以冰箱解凍約略需要的時間

薄牛排、豬排、羊排、雞胸肉	8～12小時
厚牛排、豬排、羊排以及帶骨的雞肉部位、1磅牛絞肉	24小時
肉塊、整隻家禽類	每磅5小時

—衛生安全—

在料理時肉類需注意：避免烹煮前交叉污染，也就是把肉裡的細菌傳給水果、蔬菜、或任何還沒煮過的食物。並以妥善的烹煮技巧殺掉肉裡所有的細菌。

—安全的處理方式—

烹煮之前不要洗肉，清洗毫無殺菌效果，還可能把細菌散佈到廚房各處。調味時，為了避免污染鹽巴盒或胡椒研磨器，在小碗中先混合少量的鹽與胡椒，再以此替生肉調味。做完菜時，把所有剩菜丟掉。處理過生肉後，把所有砧板、刀子、廚房檯面，以水用肥皂和熱水洗乾淨。

—安全的烹煮方式—

如果安全是唯一考量，你就會把所有肉都煮到全熟或是160℉。可惜的是，這種烹煮料理出來的菜餚都不怎麼美味。牛排、肉塊、豬排、羊排會造成的食物中毒風險相當低，因為細菌都存在於表面，即使內部溫度比較低，表面溫度會達到160℉。絞肉風險較大，尤其是在大型處理廠絞好的肉。

一包絞肉裡的牛肉即使不是來自數千頭牛，至少也是數百頭，增加問題的發生率。在市場購買現絞的肉是比較安全的做法，參考觀念14的方法自己絞也是行。因為牛絞肉的風險較大，最好煮到160℉。

觀念4：利用餘熱，繼續烹煮
Hot Food Keeps Cooking

你買了一塊很昂貴的牛肉，烹煮的過程中全程緊盯。在中心達到130℉後，牛肉到達三分熟的公認標準溫度，你把牛肉從烤箱裡拿出來。你記得在切片前，已參考觀念3的料理科學先靜置它，所以你耐心等待。5分、10分、15分鐘，過了20分鐘後，你開始切片，這才發現肉已經變成黯淡的灰色，一點都不粉嫩。這塊牛排看起來已經變成五分熟，而不是三分熟。這是怎麼回事？

◎科　學　原　理

不管你喜歡一分熟、三分熟、還是全熟，我們大多數人都會覺得每個熟度差很多，在餐廳吃牛排時，如果不是我們要的熟度，可以把牛排退回去給廚房重做一份。但自己在家煮就無法把煮壞的牛排退貨，所以一定要準確拿捏，以達到想要的熟度。即使只是差個5到10℉，肉質就會從粉嫩多汁變得又黑又乾。

可惜的是，判斷肉是否達到想要的目標並不容易，一方面是在一大塊的肉之中，各區塊的溫度可能有高有低。我們知道，肉的外表會比裡面還要燙很多。不過，大多數的食譜都是以肉的正中心溫度為標準，遠離任何骨頭。想更瞭解骨頭對溫度的影響，請參考觀念10。這很合理，我們以內部溫度判斷整塊肉是否煮熟。可是，很多人不知道的是，即使食物已經離開熱源，卻會因為熱傳導，繼續烹煮這食物。這個效果稱為餘熱加溫（carryover effect），是決定肉是否該拿出烤箱或離開烤架的重要因子。

正如觀念1所討論到的，熱傳導會讓熱從食物較高溫的部位，移動到較低溫的部位。只要這兩個區塊有溫差，就算肉已經拿出烤箱或從烤架上移開，熱能還是會持續從表面移動到中心。熱傳導會在內外溫差接近或相同時變慢，最後停止。不過，熱傳導會讓大肉塊的內部溫度顯著地上升5至10℉，讓肉從完美的粉紅色變成令人失望的灰色。

熱能的移動方式

在烤箱內：
烤箱裡的熱能會直接接觸肉的外層，透過傳導將溫度傳向中心。

取出靜置：
將剛出爐的肉靜置一段時間，熱能會迅速從燒燙的外層散發出去，但也會持續往中心移動，讓肉煮得更熟。

為了測試餘熱加溫的效果，我們烤了四塊豬里脊，其變因是從烤箱取出時，肉的內部溫度，以及使用餘熱加溫的時間。二塊肉烤至內部溫度達到140℉，其中一塊馬上切片，另一塊則靜置15分鐘再切片。我們在肉的中心插入一根溫度計，在靜置期間追蹤內部溫度。另外二塊肉則烤至內部達到150℉，其中一塊馬上切片，另一塊靜置15分鐘再切，也同樣在靜置的時候追蹤內部溫度。

實驗結果

我們從二塊烤至140℉的肉排開始談，馬上切片的肉所損失的肉汁，比靜置15分鐘才切片的多很多。我們也注意到，立刻切塊的肉，中心區塊的顏色非常粉嫩，老實說，看起來好像沒煮熟。相反的，靜置15分鐘的肉熟得非常漂亮，其中心區塊只帶有一點淡淡的粉紅色澤。這塊肉的溫度在靜置時上升到150℉，這10℉的差距就造成相當大的差異。

烘烤至150℉的實驗結果也相當類似。立刻切片的肉的熟度很完美，但在砧板上損失了很多肉汁。靜置過後的肉損失的肉汁較少，可是內部溫度在靜置時上升到160℉，肉變成灰色的且不帶任何粉色。

總結來說，我們認為薄的肉片最好在150℉上桌。有兩種方法可以讓肉達到150℉──煮到目標溫度然後立即切片；或煮得稍微生一點，讓餘熱加溫完成剩下的工作。第二種方式的優點很明顯，它結合了「靜置」與「餘熱加溫」的效果，肉可以重新吸收水分，產生更多肉汁，其熟度也更完美。關於「靜置」的科學原理，請參考觀念3。

重點整理

如果要判斷紅肉，包括豬肉的熟度，即使有溫度計，還是多少要靠推測。這是因為你判斷的不是這個食物現在「是不是」可以吃了，而是經過靜置後「能不能」吃。所以，該怎麼做呢？請謹記兩項因素：肉的大小以及烹煮溫度。大塊肉塊會比薄肉排吸收更多熱，所以肉的內部會有更多熱能，餘熱持續烹煮的效果就更大。同樣的，以400℉烘烤的肉會比200℉吸收更多熱，所以烘烤溫度越高，肉越大塊，餘熱加溫效應越大。

為了方便諸位理解，我們把結果整理在左側表格。當你烹煮大塊的肉或是以高溫加熱時，請參考表格中「達到此溫度即停止烹煮」欄位裡較「低」的溫度。料理薄的肉或烹煮溫度中等時，請以「達到此溫度即停止烹煮」欄位中較「高」的溫度。提醒你，我們在實驗廚房中，牛肉通常是煮到三分熟，豬肉則為五分熟。

✎ Tips：餘熱加溫的計算方式

如果你想要	達到此溫度即停止烹煮	最後上桌的溫度會是
一分熟牛肉或羊肉	115～120℉	125℉
三分熟牛肉或羊肉	120～125℉	130℉
五分熟豬肉或羊肉	130～135℉	140℉
全熟牛肉或羊肉	150～155℉	160℉
五分熟豬肉	140～145℉	150℉
全熟豬肉	150～155℉	160℉

✎ Tips：以圖表呈現肉的溫度

在豬肉出爐前一刻，外部溫度達到270℉，內部溫度只到140℉。不過，隨著靜置一段時間，內部溫度持續上升，表面溫度則快速下降。15分鐘後，內部溫度達到150℉，超過外部溫度的130℉。

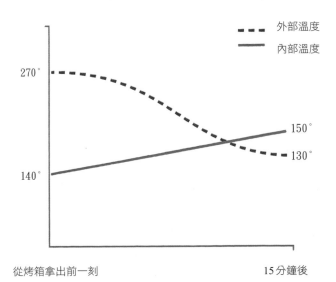

從烤箱拿出前一刻　　　　　　　　　　　　15分鐘後

《餘熱加溫的實際應用》燒烤肉類

「餘熱加溫」是燒烤烹煮手法中的一個重要步驟，燒烤火勢特別大時會製造很多熱，為了避免食材過熟，烤肉通常在距離理想溫度的前5至10℉，就從烤架上移開。因為烤肉爐的火力難以預測，必須提早一點檢查肉的溫度。你在觀念2食譜「阿根廷牛排香芹醬」、觀念3食譜「楓糖烤豬肉」、觀念5食譜「煎烤厚切牛排」、觀念7食譜「慢烤豬梅花肉」中，都能看到餘熱加溫的實際應用。

香烤牛腰內肉
10-12人份

處理過後，如果牛腰前端（butt tenderloin；肉塊較粗一端的圓形突出部分）還連著，整塊肉的重量應為4.5至5磅。如果你買的是已經處理好的牛腰內肉，其前端已經去掉的話，檢查熟度的時間得提早5分鐘。若以木炭烤爐烘烤，可以的話，我們比較喜歡木塊勝過木屑；選用2塊中等大小的木塊，並泡在水裡1小時後再使用。搭配榛果甜椒醬（食譜後附）。

1塊（6磅重）牛腰內肉，處理過，尾端塞進去，每隔2吋用棉繩綁住。
1½大匙猶太鹽
2杯木屑，泡水15分鐘瀝乾（使用木炭烤爐時）
2大匙橄欖油
1大匙胡椒

1. 以廚房紙巾將牛腰內肉拍乾，抹上鹽巴。以保鮮膜輕輕蓋上，在室溫下靜置1小時。

2. 如果有使用木屑的話，利用一大片的加厚鋁箔紙，將泡濕的木屑包成一包，並在上方割幾個通風孔。

3A. 木炭烤爐：將底下的通風口半開。在大型煙囪型點火器，裝入6夸脫的木炭，點火。當上方的炭有部分被炭灰覆蓋時，將炭平均地倒在烤肉爐的半邊。如果使用木屑，將裝著木屑的鋁箔紙放在木炭上。架好烤網，蓋上爐蓋，蓋子上的通風口開一半。把烤肉爐加熱到火燙，木屑冒煙，約5分鐘

3B. 燃氣烤爐：若用到木屑，將包好的木屑放在主要的爐火的另一邊，將所有爐頭的火力開到大火，蓋上蓋子，讓烤爐加熱至熱燙，木屑冒煙，約需15分鐘。

主要的爐火維持大火，其他爐頭關掉。在烹煮過程中依需求調整主要爐頭的火力，讓烤爐的溫度維持在350℉左右。

4. 清理烤網並替烤網上油。在腰肉上塗上油，並以胡椒調味。將肉放在烤網較高溫的一邊，開始燒烤約8至10分鐘。若使用燃氣烤爐，請蓋上爐蓋。直到每一面都烤出漂亮的焦褐色。需要時旋轉肉排。如果冒出火，請將牛排移往溫度較低的一邊，直到火焰熄掉。

5. 將牛排移往烤爐較低溫的一邊，蓋上蓋子，烘烤約15至30分鐘。若使用木炭碳烤，請將肉放在爐蓋排氣孔的正下方，烤至牛排達到115至120℉、約一分熟；或是120至125℉、約三分熟。

6. 將牛腰肉移到砧板上，輕輕蓋上鋁箔紙，靜置15分鐘。拆掉棉繩，切成½吋厚的肉片，上桌。

榛果甜椒醬（Romesco Sauce）
2杯，可做1份香烤牛腰內肉沾醬

放在真空容器中可冷藏2天，在上桌前先置於室溫，並攪拌混合。

1-2片厚片白吐司，去邊稍微烤過，切塊、約½吋（½杯）
3大匙杏仁條，烤過
1¾杯罐頭烤紅椒，濾過
1小顆成熟番茄，去心，去籽，切塊
2大匙特級初榨橄欖油
1½大匙雪莉酒醋（sherry vinegar）
1大瓣的大蒜，切末
¼茶匙卡宴辣椒
鹽巴

把吐司和杏仁放入食物調理機，打至杏仁呈粉狀，約需10至15秒。加入紅椒、番茄、橄欖油、雪莉酒醋、大蒜、卡宴辣椒、½茶匙的鹽巴，打碎，把砵邊的材料也刮下打碎，直到打出近似美乃滋的質地，需20至30秒。依個人喜好加鹽調味，並放至餐碗中。

"餘熱加溫會發生在大塊的豬排、牛排、羊排，但不會發生在全雞和全魚上"

烹煮紅肉和豬肉時，我們會建議煮好後靜置一小段時間，因為高溫的外層會將熱轉到較低溫的中心，讓肉的溫度趨於一致。這種現象就稱為餘熱加溫。肉越厚，烹煮的溫度就越高，肉會持續上升的溫度就越多，在5至15分鐘內就可以升溫5至10°F。因此，豬排、牛排或羊排應該在還沒達到想要的溫度之前就離開熱源。

雞和魚都有中空的體腔，因此熱和蒸氣有散發管道，溫度不會持續增加。為了證明這點，我們在雞還沒煮熟時就從烤箱取出，雞胸肉的溫度只有155°F，當然，餘熱並沒有讓雞肉變熟。實際上，溫度馬上開始下降，15分鐘後降至140°F。所以，家禽類和魚類都要煮到預定的熟度才行。

成功關鍵

這份食譜很簡單，從形狀均勻的腰肉開始炙燒每一面，烤出焦褐的酥皮，然後把肉放到烤肉爐較低溫的地方燒烤。蓋上蓋子讓烤肉爐變成類似烤箱的環境，可讓肉均勻受熱。

早點抹鹽：燒烤前的1小時就開始替肉抹鹽，可以讓牛排更美味。其原理請參考觀念12。

把肉綁起來：把肉煮好的關鍵通常從超市開始：最好選擇厚度一致的肉，才能在同一時間煮熟。不過，整塊牛腰內肉的粗細變化相當大，無法靠選購解決這個問題。牛腰內肉厚的一端，實際上是細的一端的兩倍。為了讓肉可以均勻受熱，將細的那一端往回折，以2吋為間隔，將肉綁上一條條的棉繩，綁出粗度一致、整齊的圓柱狀。

打造兩層火力：你不能把5磅重的肉排直接丟到熊熊大火上烤至表皮呈現漂亮的褐色，除非你喜歡裡面還在滲血的肉。因為直接炙烤的話，當內部溫度上升到該有的溫度時，外皮就黑掉了。解決辦法是我們所說的「兩層火力」，先把木炭堆在烤肉爐的一邊，烤爐預熱好後，可將燃氣烤爐的部分爐火關閉。你現在有兩個燒烤區，其中有一個溫度很高，用來讓食物的外皮上色，另一個的溫度較為中等，讓焦褐反應較小，但熱度又足以讓肉的內部繼續烹煮。

先炙燒，再爐烤：為了烤出風味並啟動梅納反應，肉塊會先以烈火將四面炙燒。形成焦褐的表皮後，肉塊就會移到烤爐溫度較低處，然後蓋上爐蓋繼續烤，讓烤肉爐變身烤箱。先燒後烤也代表肉塊在關鍵最後一個階段受熱較少，因此完美熟度和烤過頭的時間差距可以拉得更長，因為在燒烤過程的這個階段，肉塊接收到的熱比較緩和。

讓肉靜置：由於餘熱加溫的效果，我們發現牛腰內肉只差5至10°F就到理想溫度時就要離火。因此，一分熟的肉塊應在125°F時切塊，我們在內部溫度達到115至120°F時就離火。在15分鐘的靜置時間中，肉塊已經烤好，肌肉纖維放鬆，重新吸收肉裡大部分的肉汁。

燒烤羊肋排
4-6人份

我們喜歡味道較為溫和且體型較大的美國羊肉，但你也可以選用紐西蘭或澳洲的替代。由於進口羊排通常比較小，請遵照食譜提供的較短料理時間料理。大多數的羊肉在販售時，已經把肋骨上多餘的肉與脂肪處理掉（frenchd，譯註：代表每根肋骨都有部分暴露在外）骨頭和骨頭之間很有可能還有一些多餘的脂肪。把大部分的脂肪去掉，在小小的肋眼上方留下1吋的脂肪。還有，請確定龍骨（chine bone，譯註：肋骨最底下的骨頭）已經去掉，煮好後比較容易將各個肋骨切開。這部份可以要求肉販處理，一般人很難自行處理。

1塊（長13吋、寬9吋）鋁製烤盤（使用木炭烤爐）
4茶匙橄欖油
4茶匙切碎的新鮮迷迭香
2茶匙切碎的新鮮百里香
2瓣大蒜，切碎
2塊（1½-1¾磅）羊肋排，每塊有8根肋骨，去掉多餘脂肪後修整肉排
鹽巴與胡椒

1A. 木炭烤爐：將底部通風孔完全打開，將烤盤放在烤肉爐中間。在大型煙囪型點火器，裝入6夸脫的木炭，點燃。當頂部的木炭有一部分被炭灰蓋住時，把木炭平均地倒在烤盤的兩邊。將烤網架好，蓋上蓋子，將頂部的通風孔完全打開，將烤爐加熱至滾燙，約需5分鐘。

1B. **燃氣烤爐**：將所有爐火開到大火，將烤肉爐加熱至高溫，約需15分鐘。將主要爐頭維持大火，其他爐火關掉。

2. 清理烤網，幫烤網上油。把1大匙的油、迷迭香、百里香、大蒜放到碗中混合。以廚房紙巾把肉排拍乾，抹上剩下的1茶匙油，以鹽巴和胡椒調味。把骨頭的那一邊朝上，放在烤肉爐溫度較低的那邊，較多肉的一邊靠近高溫的木炭或爐火，但不要在熱源正上方。蓋上爐蓋，烤至肉稍微呈褐色，約需8至10分鐘，直到出現淡淡的烤網紋路，代表脂肪已經開始釋放。

3. 把羊排翻過來，骨頭朝下。移到烤肉爐溫度較高的半邊，烤3至4分鐘，直至呈漂亮的褐色。把混合好的香草刷在羊排上。將羊排翻面，有骨頭的那面朝上，燒烤3至4分鐘，直到呈漂亮的褐色。把羊排立起來，讓羊排靠在一起，繼續燒烤3至8分鐘，若使用炭火烤爐，請放在溫度較高的半邊，直到底部也呈漂亮的褐色且肉達到120至125℉、約三分熟；或是130至135℉、約五分熟。

4. 把羊排移到料理板上，輕輕蓋上鋁箔紙，靜置15分鐘。從肋骨的中間切開，將肋排分開，並上桌。

芥末蜜汁烤羊排

省略迷迭香，在油、百里香、大蒜中加入3大匙第戎芥末醬、2大匙蜂蜜、½茶匙磨碎的檸檬皮。保留2大匙的蜜汁，在步驟3的指示，於烤架上的羊排塗抹蜜汁，並在烤好且靜置的羊排上，刷上剩下的蜜汁。

成功關鍵

羊排和烤肉爐非常合得來。木炭的強烈高溫可以烤出很棒的脆皮，融化羊肉多餘的脂肪，讓特殊風味散佈整塊肉排，又增添煙燻味，與羊肉濃厚、帶著羊騷的氣味相當絕配。因為炙燒的高溫，羊肉的外皮熟得比裡面快多了。因此，在羊排從烤肉爐拿開後，好好等個15分鐘，再切塊上桌。

處理脂肪：形成羊肉獨一無二的風味以及軟嫩的肉質，關鍵在於內含有大量脂肪，大部分的脂肪就像個帽子般蓋住羊排的一邊。不過我們從經驗得知，留下脂肪會讓炭火燒得太旺，根本是一放上炙烤就會冒火。但是我們不想因此去除所有脂肪，因為這樣會讓羊排過乾，沒有味道。因此，我們留下腰肉上薄薄一層脂肪，將骨頭間大部分的脂肪去掉。這樣一來，我們仍保有極棒的羊肉風味，且油脂變少也不容易起火。

打造兩層火力：為了避免把肉烤焦，讓油脂不斷起火，我們打造了修正版的兩層火力，不是只把木炭放在烤肉爐的一邊或只點部分爐火。我們把木炭烤爐的木炭放在烤肉爐的兩邊，然後在兩邊的木炭中間直接放入一個鋁製烤盤。這麼一來，烤爐的外緣是最熱的，可以把肉放在中間，以溫和均勻的火力烹煮羊排。至於燃氣烤爐，我們發現可以只把一個爐頭開到大火，其他都關掉。使用木炭烤爐的話，羊肉放在烤盤上方；或是使用燃氣烤爐，可以放在關掉的爐頭上烹煮時，就不會起火。

顛倒烹煮順序：傳統來說，我們以大火炙燒羊肉，烤出風味與焦褐的外表，然後以較溫和的火力，來增加羊排的軟嫩與肉汁。可是，在這個情況下，我們發現先炙燒會讓大量脂肪在烤肉爐上起火。該怎麼辦呢？我們嘗試顛倒順序，先把羊肉放在烤肉爐溫度較低之處，讓脂肪溶化成油。脂肪充分融化後，再把羊排移到直接熱源上，烤出焦褐的外皮。這樣就能烤出肉質粉嫩多汁，外皮焦褐，和美味、極軟的表面形成美好對比的羊排，也沒有狂烈的煉獄之火。

使用溼抹醬（wet rub）：我們替羊肉調味的目的，是要加強羊排原本已經美妙萬分的風味，但又不要掩蓋原味。在我們做過的許多嘗試中，包括醃汁、塗上乾抹醬等等，發現最好的選擇是使用大蒜、一些味道強烈的香草，像是迷迭香、百里香，再混合一些油脂，恰好夠香草黏在羊排上，又不會起火。在羊排放在直接熱源上方時，再把香草刷在羊排上，替烤得完美的羊排增添恰到好處的味道。

《餘熱加溫的實際應用》雞蛋

餘熱加溫的原理在多數的肉類食譜都應用得到，不過，這個原理在料理雞蛋時也能派上用場。許多以蛋為基底的烘焙甜點中，包括乳酪蛋糕、烤布蕾（crème brûlée），靠的都是這個簡單的原理。若想瞭解其它蛋類料理，請參考觀念19。在這些食譜中，「完美」和「煮過頭」只有一線之隔。實際情況是，你得故意地把甜點烤得稍微沒那麼熟，並期待裡頭的蛋在甜點裡冷卻時將持續加熱並凝固。南瓜派是個很經典的案例，大多數的食譜都會要求廚師把派烤至餡料的外緣固定，但中心仍會輕輕晃動。如果是烤到連中間的餡料

也固定了，那麼外緣則會烤得過頭了。在中間餡料凝固前就得把南瓜派取出，利用餘熱加溫緩和地完成這道甜點。等到派冷卻的時候，中間就會呈現出漂亮紮實的南瓜餡。在雞蛋料理中的義大利烘蛋，也是應用這項原理的簡單實例。

本食譜需要用到12吋大、可放入烤箱的平底鍋。山羊起士經過冷藏後會更容易弄碎。

12顆大顆的雞蛋
3大匙半對半奶油
鹽巴與胡椒
2大匙無鹽奶油
1磅重韭蔥，只留下蔥白和蔥綠，對半縱切，再切薄片，徹底洗淨
3盎司切得非常薄的義大利火腿（prosciutto），切條狀、約½吋寬
¼杯切碎的新鮮羅勒
4盎司山羊起司，壓碎（1杯）

1. 調整烤網，距離上方的電熱管或上火加熱元件約5吋的位置。把雞蛋、半對半奶油、½茶匙鹽巴、¼茶匙胡椒放入中碗攪拌。靜置備用。

2. 在12吋大、可放入烤箱的不沾鍋中以中火加熱，融化奶油。將韭蔥和¼茶匙的鹽巴下鍋，將火力轉至小火，蓋上鍋蓋烹煮約8至10分鐘，偶爾攪拌一下，直到韭蔥變軟。

3. 將火腿、羅勒、½杯的山羊起士加入蛋液中攪拌，將蛋液下鍋烹煮約2分鐘，以鍋鏟攪動，刮去鍋底的蛋液，直到蛋液形成大塊的凝乳狀，鏟子刮過後不會留下蛋液，但蛋還是相當濕潤。搖動平底鍋，讓蛋液均勻分布在鍋中，繼續煮約30秒，不要攪拌，讓蛋液的底部成形。

4. 將剩下的½杯起士均勻地倒在烘蛋上，再把平底鍋放到電熱管下，開始烤約3至4分鐘，直到表面澎起，出現褐色的斑點，蛋中間還有點濕潤，用去皮刀切時還有些液狀。這時平底鍋的手把會很燙，使用隔熱手套將平底鍋取出，靜置5分鐘以完成料理。使用鍋鏟將烘蛋鏟離平底鍋，將烘蛋滑到餐盤或砧板。切片後即可上桌。

蘆筍火腿葛瑞爾烘蛋
6-8人份

本食譜需要用到12吋大、可放入烤箱的不沾鍋。由於上火烘烤的強度變化很大，在烘蛋時請仔細注意。

12顆大顆的雞蛋
3大匙半對半奶油（half and half）
½茶匙鹽巴
¼茶匙胡椒
2茶匙橄欖油
8盎司蘆筍、處理過，斜切成小塊、約¼吋
4盎司現成火腿肉（deli ham），約¼吋厚，切小塊、約½吋（¾杯）
1顆紅蔥頭，切末
3盎司葛瑞爾起士（Gruyere Cheese），切小塊、約¼吋（¾杯）

1. 調整烤網，距離上方的電熱管或上火熱源約5吋的位置。把雞蛋、半對半奶油、鹽巴、胡椒放入中等大小的碗中攪拌。靜置備用。

2. 在12吋大、可放入烤箱的不沾鍋中倒入油，以中火加熱，直到油滋滋作響。將蘆筍下鍋油煎約3分鐘，偶爾攪拌一下，直至外表稍微呈現褐色，幾乎煮軟。將火腿和紅蔥頭下鍋，煮約2分鐘，直至紅蔥頭變軟。

3. 將葛瑞爾起士拌入蛋液，將蛋液下鍋烹煮約2分鐘，利用鍋鏟攪拌，並把鍋底的蛋液鏟起，直到形成大塊的凝乳狀，鏟子刮過後不會留下蛋液，但蛋還是相當濕潤。搖動平底鍋，讓蛋液均勻分布在鍋中，繼續煮約30秒，不要攪拌，讓蛋液的底部成形。

4. 將平底鍋放到電熱管下，開始烤3至4分鐘，直到表面膨起，出現褐色斑點，蛋中間還有點濕潤，用去皮刀切開時有些液狀。這時平底鍋的手把會很燙，使用隔熱手套將平底鍋取出，靜置5分鐘。以鍋鏟將烘蛋刮離平底鍋，再將烘蛋滑到餐盤或砧板，切片後即可上桌。

成功關鍵

在大多數的雞蛋料理中，由於食材的份量有限，所以熱傳導相當平均。不過，如果要在大平底鍋裡煮12顆蛋，還有好幾杯的蔬菜、肉、起士，做出又厚又豐盛

的義大利烘蛋，「熱傳導」就會是個問題了。烘蛋外層定形的時間比裡面快很多，你可以繼續煮，但是烘蛋的底部是直接接觸滾燙的平底鍋，容易變得又硬又乾，甚至會燒焦。

一下鍋先攪動：我們第一個發現是，一下鍋就攪動蛋液，雖然大多數做法是建議不要攪動直到蛋液定形。這麼做可以使烘蛋均勻受熱，讓大量的蛋液能迅速定形。當蛋液一旦定形，就不需再攪動它，才能讓烘蛋凝固。

嘗試從上方加熱：與其老是以下方加熱來烹煮這道料理，我們在蛋液開始定型後，直接將平底鍋送入烤箱，讓烘蛋也能從上方受熱。在電熱管下方加熱3至4分鐘後，蛋液的上方變褐、膨起，就是一道烤到外表完美的烘蛋。

在冷卻網上完成：儘管烘蛋的表面和底部已經烤成漂亮的焦褐色，但厚達2吋的烘蛋裡可能還是液狀。在爐火上煎太久，或在烤箱裡烤久些都不是好選項。我們幾乎是誤打誤撞地發現餘熱加溫可以解決這個問題。經爐火煎過、烤箱裡烤過後，鍋具非常燙手且很難取出烘蛋。但將它們放在網架靜置5分鐘，餘熱可以讓烘蛋中心凝固，也不會使頂部和底部燒焦。此外，平底鍋也會冷卻一點，想把烘蛋擺上餐盤也不會那麼危險。

《餘熱加溫實際應用》魚類

餘熱加溫並非總是對廚師有益。舉例來說，香煎鮪魚必須煎得夠久才能煎出漂亮的外皮；但在煎出漂亮外皮時，魚肉已經煮至一分熟，也就是達到完美的熟度。在不能提早把鮪魚起鍋下，我們的建議是：一起鍋就馬上替魚切片。魚和切片前需靜置的豬、羊、牛肉和家禽肉類不一樣，它可以馬上切片且不會有任何負面影響。無論是哪種方式，魚都不會像肉類和雞肉流失肉汁。馬上切片其實可以加速冷卻，避免魚肉受餘熱加溫的影響太大。

香煎芝麻鮪魚排
4人份

如果你打算搭配醬汁或莎莎醬（食譜後附），請在煎魚前先準備好。實驗廚房的工作人員喜歡一分熟至三分熟的魚排，本食譜建議煮到這兩種熟度，若要煮至五分熟，請按照煮至三分熟的時間來烹煮，然後輕輕蓋上鋁箔紙，5分鐘後再切片。如果你喜歡鮪魚排吃到中間還是冷的，可以試著購買1½吋厚的魚排，根據一分熟的時間烹煮。不過，請記得，以下食譜提供的時間只是預估；大家在烹煮的過程中記得以即時溫度計來檢查熟度。

　¾杯芝麻籽

　4塊（8盎司）鮪魚排，最好是黃鰭鮪（yellowfin），
　約1吋厚

　2大匙植物油

　鹽巴與胡椒

1. 把芝麻籽鋪在淺烤盤或派盤中。以廚房紙巾將魚排拍乾。並在魚排上抹上1大匙的植物油、灑上鹽巴和胡椒。將魚排的兩面壓在芝麻籽上，裹上芝麻。

2. 在12吋不沾鍋裡，倒入剩下的1大匙植物油，以大火熱油，直到油開始冒煙。放入鮪魚，油煎30秒，不要移動魚排。將火力轉至中大火，繼續油煎1分半，直至芝麻呈現金褐色。用食物夾將魚排小心翻面，繼續煎它且不要移動，直到另一面的芝麻也煎至金褐色。當魚排中間的溫度達到110℉、約一分熟時，需煎上1分半的時間。當溫度達到125℉、約三分熟時，約煎3分鐘。切成¼吋的厚度，立即上桌。

薑蔥醬
約1杯，可做1份香煎芝麻鮪魚排沾醬

手邊有的話，可再搭配醃薑和芥末醬，與魚排及本醬料分開上桌。

　¼杯醬油

　¼杯米醋

　¼杯水

　1根蔥，切成蔥花

　2½茶匙糖

　2茶匙磨碎的嫩薑

　1½茶匙烘焙芝麻油

　½茶匙紅辣椒片

將所有食材放入小碗中混合，攪拌直到糖溶解。

酪梨柑橘莎莎醬
約1杯，可做1份香煎芝麻鮪魚排沾醬

為了避免酪梨變色，在煎鮪魚排前先準備好莎莎醬。

1大顆柑橘
1顆酪梨，切半去籽，切小塊、約中等大小
2大匙切末的紅洋蔥
2大匙切末的新鮮香菜
4茶匙萊姆汁
1根小根墨西哥辣椒，去蒂頭，去籽，切碎
鹽巴

1.將柑橘頂部和底部各切去½吋，將柑橘切開的其中一面朝下放在砧板上，順著柑橘的輪廓，從上往下將果皮和白色的絲，大片大片切去，將兩邊的白膜切開，取出瓣狀果肉，將果肉切成½吋的小片。

2.將所有食材放入小碗中混合，依個人喜好加鹽調味。

成功關鍵

在料理香煎鮪魚這道菜餚時，煎出酥脆外皮是最主要的挑戰。餐廳主廚會使用超厚的魚排來解決這個問題，可是大部份的超市沒有賣2吋厚的鮪魚片排。如果想煎出一分熟的魚排、而這也是你應該努力的目標，超市裡買的鮪魚排通常厚度約1吋，只能在鍋子裡停留3分鐘，其時間不足以煎出與軟嫩魚肉形成對比的酥脆外皮，以下的成功關鍵就非常重要了。

熱油，熱鍋：為了儘快煎出酥皮，平底鍋和油都要非常燙。確定將油加熱到開始冒煙。和其他魚肉料理的食譜一樣，一定要用不沾鍋。

芝麻籽可以煎出酥脆外皮：芝麻籽會形成酥脆的外皮，中性的味道又不會掩蓋魚的氣味。我們拿胡椒粒或其他完整的香料測試時，雖然試吃員喜歡這些香料的味道，但也反應鮪魚淪為配角。在魚肉抹上油有助於芝麻籽黏在魚肉上。

"要煎出一分熟的鮪魚——煮好後立刻切片"

這兩塊鮪魚都用同一個鍋子煎，煎的時間也相同。左邊那塊一起鍋馬上切片，肉的中心是生的。右邊那塊放在盤子上，輕輕蓋上鋁箔，置放10分鐘後才開始切片。這塊肉排的中間因餘熱加溫已經煮到五分熟。魚排從鍋子吸收的熱，讓魚肉在靜置時仍繼續烹煮。如果想煎出一分熟的魚排，一起鍋就要馬上切片，讓內部的熱能釋放出來。

煎好1分鐘後切片　　　　煎好10分鐘後切片

觀念5：有些蛋白質，最好分兩次烹煮
Some Proteins Are Best Cooked Twice

雖然業餘廚師一般認為料理不是用「爐火」就是用「烤箱」，但是在餐廳可就不同了。專業主廚經常會把食物來回地在不同熱源間移動，而且不只是為了表演。使用爐火烹煮可以迅速讓食物外皮煎得上色，可是熱源來自同一方向，卻很難讓食物均勻受熱並留住水分。此時最好的解決辦法就是──打開烤箱。

◎ 科　學　原　理

料理肉類和其他富含蛋白質的食物時，我們都會努力保持食物味道與水分之間的平衡。因此，有時候一定要用到兩種烹煮手法。這裡有幾個解決辦法可以探討，首先是「先煎後烤」。我們在本書的前面幾個觀念裡知道，爐火的高溫可以讓食物上色、有味道；烤箱則能輕鬆地將肉內部溫度提高。結合這兩項加熱方式，就可以避免將食物煮焦或失去太多水分。

但是烤箱的熱傳導效率畢竟較低。12吋傳統平底鍋放上瓦斯爐，以中大火加熱，5分鐘內就可達到400℉；同樣一支鍋子在400℉的烤箱裡間接加熱，卻要花上30分鐘才能達到同樣的溫度。因此，放在烤箱裡的料理器具耐熱溫度通常會比爐子上的低，而溫度低代表「熱傳遞較少，失去的水分也較少」。

雖然先煎後烤是常見的烹煮手法，不過我們也可以把順序顛倒，因為爐火和烤箱這兩種加熱方式都可以達成同樣成果。但是在料理非常厚的肉排時，卻得先烤後煎。這是為什麼呢？

我們先從基礎熱力學開始：40℉的牛排放到400℉的平底鍋時，鍋子的溫度會急遽下降。一直要到溫度恢復到至少300℉後，以達到促使梅納反應迅速發生的必要溫度，牛排才開始有些微的褐變反應。因此，要替又冰又厚的肉排煎出漂亮的外皮，每面需要4分鐘以上，經過這段時間，接觸鍋底的肉排溫度升到160℉以上，已流失不少水分。且使用油煎時，由於油的冒煙點限制，鍋子溫度很難超過450℉，不過你可以改變肉的溫度。

在下鍋油煎之前，先將肉排放到烤箱裡加熱，將會有三種效果。這和從冰箱裡拿出來的肉排直接烹煮不一樣，它並不會把熱燙的平底鍋冷卻。因此，平底鍋的溫度能維持得夠熱，幾乎可以立即開始褐變反應。第二，在烤箱裡加熱時可以蒸發掉一些表面的水分，所以在褐變反應開始前，被蒸發的水分就少了許多。因此煎的時間減少，吸收的熱能也就少，接觸鍋底的肉也就不會煮過頭。最後一項效果是，烤箱裡以溫和的熱源緩慢地替肉排加溫，這項過程可以活化「細胞自溶酵素」（cathepsins），使肉質更軟嫩。其原理請參考觀念6。

大火煮出味道，文火保留水分

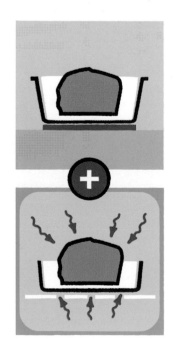

爐火加烤箱的加熱方式：
強烈的爐火火力可以迅速煮出食材的味道，可是損失的水分也會較多。烤箱的熱較慢、效率較低，雖然不會快速的使促進褐變反應發生，但卻能有助食物保留較多的水分與肉汁。

✄ 實 驗 廚 房 測 試

為了測試不同的烹煮手法將如何影響蛋白質裡的水分流失，我們以爐火烹煮無骨去皮雞胸肉，把這些樣本所流失的水分，以及「先煎後煮」達到同樣溫度的雞胸肉做比較。我們準備三塊8盎司的雞胸肉，放入大的平底不沾鍋中，觀察雞肉本身而非鍋子上的變化。在加入2茶匙的植物油並以中大火加熱，煎至雞肉達到160℉時再翻面。另以同樣的手法油煎另外三塊8盎司的雞胸肉，但在翻面後便將平底鍋放進400℉的烤箱。重複操作此測試，並取得其結果的平均值。

實驗結果

首先，我們注意到，光是雞胸肉的外觀就產生很大的不同。比起一半時間都以烤箱烘烤的雞肉，完全以爐火油煎的肉質色澤顯得更黑、甚至有些燒焦，這是因為爐火上的平底鍋溫度很高的緣故。在本次實驗中我們追蹤這兩種烹煮手法的鍋子溫度，從爐火上移到烤箱裡的平底鍋，溫度從未超過300℉；但在爐火上的平底鍋，其溫度持續攀升至450℉以上。

有趣的是，兩種樣本都在加熱約20分鐘後，雞肉都達到160℉。這是因為以爐火香煎的樣本雖然是從平底鍋接受強烈的熱源，但鍋子的側邊卻沒有，以致受熱面積較少。相反的，有一半時間在烤箱裡加熱的樣本，可以從四面八方吸收中等強度的熱源。因此即使烤箱溫度設定在400℉，但爐火傳遞的熱源較為集中、效率好，才使得煎出的雞肉比較焦褐。不過，實驗結果還沒結束呢。

當試吃員品嘗雞肉時，他們發現以爐火油煎的雞肉較美味，可是他們也注意此烹煮方式的肉質，似乎比烤箱裡烘烤來得乾硬。

在比較雞肉烹煮前後的重量便解釋了這一切。以爐火香煎的雞肉失去25%水分；以一半油煎、一半烘烤的

✎ Tips：料理方式對雞胸肉肉汁流失的影響

	以鍋子香煎	以鍋子香煎後放入烤箱
烹煮前的重量	7.18盎司	7.17盎司
烹煮後的重量	5.36盎司	5.82盎司
水分流失	25.35%	18.8%

雞肉損失19%水分。這項比例代表以「煎烤組合」的烹煮手法，可以多留下1匙肉汁。

重點整理

「高溫香煎」是替食材增添風味的好方法，因為它可以集中火力、迅速又有效地加熱，並在短時間內就能促成相當大的褐變反應。只是，這項烹調手法會損失很多水分。若以烤箱烘烤小塊的肉會讓焦褐反應和味道不一，但卻可保留更多水分。在結合「煎與烤」這兩種烹煮手法後，即可得到兩全其美的解決方案。

實用科學知識 高溫香煎能夠鎖住肉汁嗎？

"簡言之：不能！
取而代之的是藉由梅納反應，讓食物增添風味"

數世紀以來，專業主廚接受的訓練使他們認為高溫香煎可以「鎖住肉汁」，這完全不是真的。高溫香煎的確能煎出美味的外皮，但和多汁與否沒有關係。

為了破解這項迷思，我們用了六塊1¼吋厚的肋眼牛排，將其分成兩批。以平底鍋高溫香煎第一批牛排，直到形成褐色外皮，再將牛排放入有邊烤盤裡的烤網上，以275℉的烤箱烘烤，直到內部溫度達到125℉、約三分熟。第二批牛排的烹煮順序顛倒，先把牛排放進有邊烤盤裡的烤網，烘烤後使牛排達到約95℉，再以高溫油煎使外皮形成同樣的漂亮褐色，其內部溫度達到125℉。完成後，我們將這兩批牛排都靜置5分鐘後重新秤重。

得到的結果是，這兩批牛排不論在外觀和味道都很類似，也都有著漂亮的褐色外皮、肉質還算多汁。我們分別秤量烹煮前、後的重量，發現兩批牛肉流失的水分量差不多，約是重量的14%。

如果高溫香煎真能鎖住肉汁，那麼先油煎的生牛排，應該會比先烤後煎的牛排更多汁才對。既然實驗結果不是如此，我們得到一個結論──「高溫香煎和水分流失一點關係都沒有」。實際上，肉汁多寡幾乎是由「肉排的脂肪含量」與「烹煮完成時的內部溫度」這兩項要素決定。脂肪會讓肉吃起來更多汁，而肉的內部溫度非常重要，它和肌蛋白質縮水、釋放水分的程度，都有著直接的比例關係。

《先煎後烤的實際應用》雞肉

「先煎後烤」是烹煮雞肉的理想方式，因為雞肉的厚度不一，內部需要相當高的溫度、約160℉左右，才能殺死細菌。再加上雞肉需要至少20分鐘的烹煮時間，因為雞骨頭會使得熱傳遞的速度變慢、雞皮也需要時間煎出酥脆口感。你大可將全雞放入烤箱烘烤，但雞皮就不會有著酥脆口感，這時只要再使用爐火油煎即可。不過，如果只用爐火料理帶骨的部位，就要有噴油的心理準備。在下列食譜中，一開始以大火香煎來釋放脂肪，經過煎酥外皮後，再把平底鍋和所有食材移到烤箱繼續烹煮，就不需要擔心噴油或燒焦的風險。若想瞭解如何料理帶骨的肉類，請參考觀念10。

煎烤雞胸肉佐鼠尾苦艾酒醬
4人份

我們喜歡自己處理完整的雞胸肉，因為店家所販售的，通常處理得不是很好。不過，如果你喜歡買切好的雞胸肉，可以試著選購10至12盎司重的帶皮雞胸肉。如果使用猶太雞，在步驟1時得省略浸泡鹽水、也不要再用鹽巴和胡椒調味。有關浸泡鹽水的料理科學，請參考觀念11。

雞肉
½杯鹽巴
2（1½磅）帶骨完整雞胸肉，從雞胸骨切開，處理好
胡椒
1大匙植物油

醬汁
1大顆紅蔥頭，切末
¾杯低鈉雞湯
½杯澀苦艾酒（Vermouth）或澀白酒
4片新鮮鼠尾草，撕成兩半
3大匙無鹽奶油，切成3塊，冷藏
鹽巴和胡椒

1.雞肉：在大容器中裝入2夸脫的冷水中，倒入鹽巴、溶解。把雞肉浸在鹽水中，蓋上鍋蓋，冷藏30分鐘至1小時。將雞肉從鹽水中取出，以紙巾拍乾，再以胡椒調味。

2.將烤箱烤架調整至中層，烤箱預熱至450℉。在可放入烤箱的12吋平底鍋倒入1大匙植物油，開中大火熱油至油冒煙。雞皮面朝下，小心地將雞肉放到平底鍋，油煎約6至8分鐘，直至外皮呈現焦褐色。再將雞肉翻面油煎約3分鐘，至肉色呈現稍微焦褐，熄火。

3.將雞胸翻面使雞皮朝下，連同平底鍋放入烤箱中。烘烤約15至20分鐘，直至雞肉達160℉。

4.此時平底鍋手把相當燙，請利用隔熱手套取出烤箱中的鍋子。將雞肉放到餐盤上，利用製作醬汁的時間讓雞肉靜置一會。

5.醬汁：小心平底鍋的手把很燙。將留在平底鍋的雞汁倒出備用，只留1茶匙在鍋中，加入紅蔥頭，以中大火加熱約2分鐘至紅蔥頭變軟。倒入雞湯、苦艾酒、鼠尾草時，邊刮下鍋中所有焦黃的部分。以文火慢煮約5分鐘，直至鍋中液體逐漸變稠，份量約為¾杯。再將剩下的雞汁倒入，以文火慢煮約30秒，直至徐徐沸騰。

6.關火，取出鼠尾草，一次拌入1塊奶油，以鍋中餘溫融化。依個人喜好以加入鹽巴和胡椒調味，再將醬汁淋在雞肉上，然後上桌。

煎烤雞胸肉佐糖醋紅酒醬

這份醬汁是以又甜又酸的義大利糖醋醬（agrodolce）變化而成。

在雞湯中加入1大匙糖和¼茶匙胡椒。把苦艾酒換成¼杯紅酒、¼杯紅酒醋，再將鼠尾草換成月桂葉，以上述醬汁的熬煮方式烹調即可。

煎烤雞肉佐洋蔥與麥酒醬

棕麥酒（brown ale）可以讓這種醬汁帶有半苦半甜的口感、溫暖的堅果味。除此之外，新堡棕麥酒（Newcastle Brown Ale）和山繆史密斯核桃啤酒（Samuel Smith Nut Brown Ale）也是很好的選擇。

以½顆切得非常細的洋蔥取代紅蔥頭，烹煮約3分鐘將洋蔥煮軟。加入1片月桂葉、1茶匙的紅糖，以及雞湯。以棕麥酒取代苦艾酒，百里香取代鼠尾草。加入½茶匙的蘋果醋，以及少許的鹽巴和胡椒調味。

成功關鍵

盤烤（pan-roasting）是料理雞肉的好方法。如果只是用烤箱，大概永遠烤不出酥脆的雞皮，這是因為切塊後的雞肉會比全雞更快煮熟。解決辦法很簡單：先用平底鍋將雞肉外皮煎得焦黃，直到上頭的油脂釋出，雞皮變得真的很酥脆時，再把平底鍋放進烤箱，讓雞肉可以徹底熟透。

下鍋時，帶皮面先朝下： 以高溫香煎來烹煮雞皮的好處是最多的。所以請確定雞肉下鍋時，帶皮面朝下。盡量讓雞皮釋出油脂，使雞肉開始褐變，而且要在爐子火完成這件事，不是烤箱。

雞皮面，二度朝下： 雞皮煎焦後，我們將雞肉翻面，以高溫稍微香煎另一面。接著再度替雞肉翻面，讓雞皮朝下，並把平底鍋放入烤箱。使雞皮直接接觸熱燙的平底鍋，可以確保雞肉從烤箱拿出來時，雞皮烤得酥酥脆脆。而燒燙的平底鍋一旦放入烤箱，平底鍋的溫度就會開始下降到與烤箱一樣的溫度，讓烹煮的過程變慢，減少水分流失。

別碰鍋子： 雞肉烤好後，可以放到餐盤上，你就能用鍋裡美味、煎焦的碎屑來準備佐醬。只是要小心，平底鍋的手把非常、非常燙。因為鍋子放在爐子上時，大部分的人都習慣用手握住平底鍋把手，我們建議在手把上留下隔熱手套，提醒自己鍋子很燙、很危險。不過，要確定手套遠離火源，畢竟你可不想避開一個麻煩後又惹上另個麻煩吧。

利用鍋底： 梅納反應是肉質濃郁味道的來源，其科學原理請參考觀念2，而部份燒焦的肉屑會黏在鍋子，法國人稱這些燒焦的碎屑為鍋底（fond，譯註：法文「底部」之意）。想在短時間內製作佐醬時，它就成了最佳風味的來源。雞肉從平底鍋中取出後，可以炒些香料，像是紅蔥頭、大蒜、洋蔥，然後加入液體，像是高湯、紅酒、蘋果酒、啤酒；再用木湯匙將鍋底烤焦的碎屑刮下。這些鍋底會溶入醬汁中，讓味道更有層次與深度。文火慢熬的收汁方式，使得味道更濃；在濃稠醬汁中拌入一些奶油，可增添醬汁的濃稠度。

橙汁蜂蜜雞胸肉

我們喜歡自己處理完整的雞胸肉，因為店家所販售的，通常處理得不是很好。不過，如果你喜歡買切好

的雞胸肉，可以試著選購10至12盎司重的帶皮雞胸肉。在步驟4的收汁動作時，請記得平底鍋的手把很燙，要用隔熱手套。如果在烘烤的過程當中，蜜汁看起來很乾，可加入2大匙的肉汁到鍋中。若平底鍋不能放入烤箱，可以先把雞肉外皮煎到焦黃，依照指示把醬汁倒出，然後把雞肉和醬汁放到長13吋、寬9吋的烤盤中烘烤，記得請勿清洗平底鍋。雞肉完全煮熟後，移到餐盤上靜置，並把醬汁刮回平底鍋以便收汁。

1½杯又2大匙柳橙汁（4顆柳橙）
⅓杯輕型玉米糖漿
3大匙蜂蜜
1大匙第戎芥末醬
1大匙蒸餾白醋
⅛茶匙紅辣椒片
鹽巴與胡椒
½杯中筋麵粉
2塊（1½磅）帶骨整塊雞胸肉，從胸骨切開，處理好
2大匙植物油
1顆紅蔥頭，切末

1. 將烤箱烤架調整至中層，烤箱預熱至375℉。把1½杯柳橙汁、玉米糖漿、蜂蜜、芥末、醋、辣椒片、⅛茶匙鹽巴、⅛茶匙胡椒放入中碗混合。把麵粉倒在淺碟子中。以紙巾將雞肉拍乾，並以鹽巴和胡椒調味。將雞胸肉裹上麵粉，一次處理一塊，拍掉多餘的麵粉。

2. 將可放入烤箱的12吋平底鍋，放在爐子上開中大火熱油，直到油閃閃發亮。雞胸肉帶雞皮那面朝下，小心地將雞肉放到平底鍋中，油煎約8至14分鐘，直至外皮有漂亮的焦褐色，若鍋子開始燒焦，可將火轉小。將雞胸翻面，雞皮朝上，油煎約5分鐘，直至另一面也呈現些微煎黃。將雞肉放到盤子上。

3. 把鍋內的油倒出，只留下1茶匙的油脂。將紅蔥頭下鍋，烹煮約1至2分鐘，直至紅蔥頭軟化。將火開到大火，將攪拌好的柳橙汁醬料下鍋。烹煮約6至10分鐘，偶爾攪動，直至徐徐沸騰，醬汁呈現糖漿狀，收至剩1杯的量，並以耐熱刮刀攪拌蜜汁時，應該會留下淡淡的痕跡。將平底鍋離火，讓鍋子傾斜，使蜜汁聚集在鍋子的一個角落。用夾子將每塊雞胸肉滾過蜜汁，使其均勻地沾裹在雞肉上，將雞皮朝下，放入平底鍋中。

4. 把平底鍋放入烤箱，烘烤約25至30分鐘，直至雞肉溫度達160℉，中途將雞肉翻面，使雞皮朝上。將雞

肉放到盤子上，靜置5分鐘。將平底鍋以大火加熱，小心，手把很燙！烹煮蜜汁約1分鐘，不斷攪動，直到醬汁變濃稠、像糖漿一樣。將鍋子離火，將剩下的2大匙柳橙汁攪入。在每塊雞胸肉上淋上1茶匙的蜜汁後上桌，將剩餘的蜜汁放在餐桌上供需要的人自行取用。

蘋果蜜汁雞胸肉

以蘋果醋代替柳橙汁，以2大匙楓糖漿代替蜂蜜。

鳳梨紅糖蜜汁雞胸肉

將柳橙汁換成鳳梨汁，以2大匙紅糖取代蜂蜜。

實用科學知識 新鮮柳橙汁為何會變苦？

"別事先就把柳橙汁擠好"

柳橙的成份中，含有一種稱為「limonoate A-ring lactone」簡稱LARL的物質。在榨汁的過程中細胞遭到破壞，LARL會和柳橙汁產生化學反應，形成一種有苦味，稱為「檸檬苦素」（limonin）的化合物。店家販賣的柳橙汁，因為已經過加熱殺菌，阻止這種反應，但是對於現榨柳橙汁的這項化學反應可說是有增無減。因此在品嘗現榨柳橙汁和4小時前榨的柳橙汁後，試吃員發現放比較久的柳橙汁味道比較苦。所以，下次食譜要求使用「現榨柳橙汁」時，最好留到最後一刻再榨汁吧。

成功關鍵

這道料理以往只在烤箱裡完成，其結果就是雞皮不脆、蜜汁也不會好好地沾裹在雞肉上。使用平底鍋料理這道菜有兩個好處，先讓雞皮迅速釋放脂肪、外皮變得焦褐酥脆，也讓蜜汁在烤之前和之後收汁、變濃。

以麵粉裹住雞肉：一般來說，我們把肉煎到上色前不會先裹上麵粉。舉例來說，燉肉前如果要讓肉上色，若先裹上麵粉再烹煮會使味道變得有些複雜，也會讓使你吃到的是煎熟的麵粉。不過，在本食譜中，麵粉卻讓雞胸肉有一層薄薄的酥皮，好讓它可以好好地抓住蜜汁。

確實釋放油脂：雞皮朝下以中火煎8至14分鐘，讓油脂有充足的時間釋放，確保雞皮酥脆，即使是裹上蜜汁仍保有酥脆口感。

忘掉有甜味的蜜汁：大多數的蜜汁雞肉都會使用果醬、蜂蜜、紅糖、楓糖漿做為蜜汁的基底，做出來的甜膩感是可想而知的。我們比較喜歡用柳橙汁，在雞肉煎到上色且靜置備用時，以平底鍋把柳橙汁收乾，再加入一點點蜂蜜、一些第戎芥末醬、醋、紅辣椒片等等，創造出味道複雜且具層次的蜜汁。同時，我們也保留了一些柳橙汁，加到最後做好的蜜汁裡，再為蜜汁多增添一些新鮮的柳橙味。

利用玉米糖漿增加水分：雖然我們不喜歡全是甜味劑的蜜汁，但還是需要一些東西使蜜汁變得濃稠些。加入一點蜂蜜雖然有所幫助，不過加多了就會讓蜜汁過甜。我們以其他甜味劑測試，最後試吃員認為，玉米糖漿是優勝者。原來玉米糖漿含有的糖分是其他甜味劑的一半，而且玉米糖漿的甜味大多是葡萄糖和較大的糖分子，沒有砂糖那麼甜。另外一個好處是，如果在蜜汁中加入玉米糖漿，雞肉似乎會比較有水分。玉米糖漿中的高濃度葡萄糖對水有吸引力，有助於留住蜜汁中的水分，讓雞肉更多汁。這些葡萄糖也讓蜜汁更濃，更有光澤感。

實用科學知識 冷凍雞肉的賞味期限

"切勿冷凍雞肉超過2個月"

我們經常把雞胸肉凍在冷凍庫裡。但是後來發現，冷凍的時間超過2個月會影響雞肉的軟嫩度。身為懷疑論者，我們想自己測試看看究竟是不是真的，所以我們買了六塊雞胸肉，每塊都從中間切開，立刻用華納布氏剪切儀（Warner-Bratzler shear device）測量每塊雞胸肉的切面，量化切肉時的力量。另一邊的雞胸肉則包起來，以一般家用冷凍庫約0度的溫度冷凍2個月。隨後我們將先前冷凍的雞肉拿出三塊來測試，到了第3個月後，再拿出剩下的三塊雞肉。在本次實驗的結果證實：冷凍2個月的雞肉肉質，和新鮮雞肉幾乎一樣嫩；不過，冷凍3個月的雞肉硬了15％。

因此我們建議，以保鮮膜包住冷凍雞肉，再以真空夾鏈袋密封，不要冷凍超過2個月。

《先煎後烤的實際應用》魚排

大部分的魚排完全可以用爐火煎熟，可是如果是大塊的大比目魚排，重達1¼磅、約1½吋厚，魚的內部溫度還沒升到完美熟度的140℉，外皮就會太乾且燒焦。組合式的烹煮手法很理想，我們在觀念2食譜「煎烤魚排」時也利用過類似的技巧。

煎烤大比目魚
4-6人份

在煎魚之前先準備油醋。就算魚擦得很乾，還是可能讓鍋裡的熱油四濺。不過你可以將魚排從靠近自己身體這一側下鍋，讓它貼緊鍋緣再緩慢地由外側滑入鍋裡，以降低噴油的情況發生。另外，把每塊魚排的軟骨切掉，更可以讓魚排巧妙地滑入鍋中，也避免起鍋後魚刺在餐盤裡翹起來。

2塊（1¼磅）帶皮整塊大比目魚魚排，1¼吋厚，
10-12吋長。
2大匙橄欖油
鹽巴和胡椒
1份櫻桃番茄羅勒油醋

1. 把大比目魚排洗乾淨，以紙巾徹底擦乾，把兩端的軟骨處理掉。把烤箱烤架調整至中層，烤箱預熱至425℉。在可放入烤箱的12吋平底鍋放油，以爐子的大火加熱至油開始冒煙。

2. 同時，在魚排兩面灑上鹽巴和胡椒。火力降至中大火，轉動平底鍋使油在鍋中打旋，均勻散佈在鍋中。以魚皮面朝下，小心地將魚排放入鍋中，以高溫香煎約4分鐘，這段時間不要去動魚排，直至煎至出現褐色斑點。若魚排厚度沒有超過1¼吋，在3分半時就可檢查煎褐的程度；厚度超過1½吋的魚排需要多點時間，所以得在4分半分檢查。關火，並用兩個鍋鏟將魚排翻面。

3. 將平底鍋放入烤箱中，烤約9分鐘，直至魚排達到140℉。煮熟後的魚片會變鬆，且用去皮刀的尖端檢查時魚肉呈不透明的狀態，若是較厚的肉排可能需要到10分鐘。將平底鍋從烤箱中取出。去掉魚排的魚皮，以鍋鏟或刀子輕輕將魚排分成四等份，去掉魚骨。將魚放到溫熱的盤子上，滴上油醋後上桌。

櫻桃番茄羅勒油醋
約1½杯，可做1份煎烤大比目魚排沾醬

6盎司櫻桃番茄或聖女番茄，每顆切成4塊
¼茶匙鹽巴
¼茶匙胡椒
6大匙特級初榨橄欖油
3大匙檸檬汁
2顆紅蔥頭切末
2大匙切碎的新鮮羅勒葉

把番茄放入中碗，和鹽巴以及胡椒混合，靜置約10分鐘，直至汁液流出、入味。在一個小的攪拌砵裡將橄欖油、檸檬汁、紅蔥頭、羅勒葉混合，淋在番茄上，搖動混合。

成功關鍵

這麼大一塊的大比目魚排，如果只用爐子煎會變得很乾。用烤的雖然可以讓魚肉保持水分，但沒有足夠的時間使外皮烤得焦褐。在這份食譜中，高溫油煎的部分會讓魚外焦褐、煎出香味，而烤的部份則讓魚肉完全煮熟，同時盡量保留肉質中的水分。

只把一邊煎出焦黃：雖然魚排有一部分時間是在烤箱烘烤，但我們發現，如果把兩面都以油煎至外層焦黃，那會使魚肉乾掉。因此我們只將一面煎焦，翻面後立刻把鍋子移到烤箱，讓另一面在烤箱裡以更慢的加熱速度烤出焦褐，以達到減緩肉質中水分流失的速度。翻面時，記得要用兩支而不是一支薄金屬鍋鏟，油煎時並記得使用2大匙的油，避免魚肉沾鍋。

醬汁另外做：雖然牛排會在鍋底留下大量的鍋底，不過煎魚時，魚的蛋白質不會產生鍋底。魚和牛肉不一樣，含有的自然葡萄糖很少，但蛋白質在產生褐變反應時需要葡萄糖。因此，就少了可以做鍋底醬的原料。我們喜歡做重口味的沾醬，像是帶有番茄顆粒的油醋。如果你喜歡的話，也可以用你最愛的調和奶油（compound butter）來搭配這份煎烤魚排。

《先烤後煎的實際應用》牛排、豬排

烹煮過1½吋厚的肉排時，我們喜歡用先烤後煎的烹煮手法，因為在香煎之前可利用烘烤提高肉的溫度。由於牛肉和豬肉的最後理想溫度不一，牛肉是120至140℉，豬肉是145至150℉，因此牛排在烤箱裡烘烤的時間比豬排短，但效果是一樣的。

鍋煎厚切前腰脊肉牛排
4人份

可以用厚度相當的肋眼和菲力牛排代替。若選購的是菲力牛排，建議購買2磅重；如果是中間部位的牛腰內肉，先分成四塊8盎司重的牛排，可以使成品品質更一致。如果選用菲力牛排，烤箱時間需增加約5分鐘。煮的若是較瘦、沒有額外油脂包覆的前腰脊肉牛排或菲力牛排，得在鍋中多加1大匙的油脂。

2塊（1磅）無骨前腰脊肉牛排，1½-1¾厚，處理好
鹽巴和胡椒
1大匙植物油
1份紅酒蘑菇鍋底醬（食譜後附，視需求添加）

1.將烤箱烤架調整至中層，烤箱預熱至275℉。以紙巾將牛排拍乾。將每塊牛排縱切成兩半、為四塊8盎司的牛排。以鹽巴和胡椒調味，用手輕輕地將肉排塑型成一致的厚度。將牛排放到有邊烤盤裡的烤網上，再送入烤箱。設定時間約20至25分鐘，烤至肉達到90至95℉，約一分熟至三分熟，約需20至25分鐘；或是烘烤25至30分鐘，使牛排至100至105℉，約五分熟。

2.使用12吋平底鍋，以大火熱油直至冒煙。將兩塊牛排放入，高溫香煎約1分半至2分鐘，直至外表酥脆、呈漂亮的焦褐色。煎至一半時間時，稍微夾起牛排，讓鍋中的油脂重新分布。如果鍋底開始燒焦，請轉至小火。用食物夾將牛排翻面，煎約2分至2分半，直至另一面也呈現漂亮的焦褐色。將牛排放到乾淨的烤網上，並把爐火轉至中火。用食物夾讓兩塊牛排立起來，並夾在一起放回平底鍋中，香煎約1分半，直至牛排所有邊緣都呈焦褐色。以同樣步驟處理另外兩塊牛肉。

3.將牛排放回烤網靜置，輕輕以鋁箔紙覆蓋約10分鐘。需要的話，可在清空的平底鍋上煮醬料。將牛排放到各個盤子上，依需求淋上醬汁，上桌。

紅酒蘑菇鍋底醬
約1杯，可做1份煎烤厚切前腰脊肉牛排沾醬

當牛排在烤箱烘烤時，先準備好所有的鍋底醬材料，等牛排靜置時再煮鍋底醬。

1大匙植物油
8盎司白蘑菇（white mushroom），處理後再切薄片
1顆小紅蔥頭，切末
1杯澀紅葡萄酒
½杯低鈉雞高湯
1大匙巴薩米克醋
1茶匙第戎芥末醬
2大匙無鹽奶油，切成四份，冷藏
1茶匙切碎的新鮮百里香
鹽巴和胡椒

將煎牛排時釋出的油脂，自平底鍋中倒出，再放入植物油以中大火熱油，直到油冒煙。蘑菇下鍋，偶爾攪拌約5分鐘，直到水分蒸發、變成褐色。放入紅蔥頭，時常攪動約1分鐘，直到紅蔥頭開始變軟。轉成大火，加入葡萄酒和高湯，以木湯匙刮下鍋底的碎屑，烹煮約6分鐘，煮至徐徐沸騰，直到液體和蘑菇的份量減成1杯。加入醋、芥末醬、以及牛排剩下的肉汁，煮約1分鐘直至醬汁變濃。關火，將奶油和百里香拌入，依喜好以鹽巴和胡椒調味，再將醬汁淋在牛排上。

實用科學知識 在烹煮之前，讓牛肉加溫最好的辦法

"在高溫香煎前，先用275℉的烤箱替牛排加溫，當多餘的水分會蒸發，牛排只需一半的時間即可煎成焦褐色"

正如我們在觀念5的科學原理中所探討的，40℉的牛排放進400℉的平底鍋時，平底鍋的溫度會大幅下降，一直到平底鍋的溫度回升至300℉，才開始產生些許的褐變反應。因此，我們固然無法使鍋子變得更燙，但可以改變肉的溫度。該怎麼做呢？
有些廚師會把冰過的牛排放到料理檯上，讓內部溫度開始上升。這套理論認為，肉的溫度如果較高，其內部溫度就能在酥脆外皮下，烤出一圈乾灰色的

過熟肉之前達到的標準（厚切肉排的共通問題）。可是，放在室溫下1至2小時真的能讓內部溫度上升並產生差異嗎？我們不建議把肉排放在室溫下更久的時間，因為肉經過久放，食物的衛生安全會進入美國農業部所定義的「危險地帶」。因此，簡潔有力的答案是：不會。牛肉還是和剛從冰箱剛拿出來的一樣，經常出現煮過頭的灰色地帶。

我們也嘗試把牛肉泡在120℉的水中，以夾鏈袋封住，經過30分鐘後，肉的溫度達到100℉。可是這塊溫好的牛肉放到預熱好的平底鍋香煎時，花了超過6分鐘才將兩面都煎得焦褐，因為牛肉的表面沾滿了水分，鍋子的熱只是把水變成水蒸氣。

我們發現在香煎前，最好的加熱方式是將牛排放到275℉的烤箱，烤個20至30分鐘，或肉的內部溫度約達95℉。這麼一來，牛排放入鍋中香煎時，才不致讓燒燙的平底鍋冷卻。除此之外，此方法也讓肉中活躍於122℉環境下的嫩化酵素──「細胞自溶酵素」，才有足夠時間發揮作用，其原理請參考觀念6。同時，烤箱也可以讓表面部份水分蒸發，使褐變過程前需要蒸發的水分減少。我們發現，香煎前先以烤箱烤過的牛排，在油煎至上色所需要的時間，是直接從冰箱取出的一半。

成功關鍵

料理1吋厚的牛排時，最可能出現問題的是外皮，反倒不是內層。這也是為什麼從冷肉開始烹煮有它的優點在，因為這讓肉有更多時間能煎出酥皮。可是，烹煮很厚的牛排時，問題卻是相反的。一塊1¾吋厚的巨大牛排需要很長的時間才能使內部溫度達到130℉。用烤箱加溫牛排可以升高內部溫度，同時把內部水分損失降至最少，使肉的邊緣與內部的熟度更均勻。

為了維持肉質軟嫩，以低溫慢速烹煮：我們發現這樣的烹煮方式，除了會讓肉熟得更均勻，牛排肉質也會特別軟嫩。原來肉含有一種活性酵素「細胞自溶酵素」，隨著時間過去會分解結締組織，增加軟嫩度，乾式熟成牛肉就是這項效果的最好表現。當肉的溫度上升，酵素的活動越來越快，直到達到122℉時所有的動作就會停止。因此牛排加溫的越慢，酵素可發揮效果的時間拉長，在半小時內達到「熟成」效果、變得軟嫩。用傳統烹煮厚切牛排會更快達到目標溫度，使酵

素沒有時間好好發揮。若想瞭解細胞自溶酵素，請參考觀念6。

高溫香煎肉排邊緣：雖然大部分的食譜會指導廚師將牛排兩面香煎，然而我們卻發現香煎牛排的邊緣也有好處。以食物夾一次夾起兩塊牛排，讓牛排的邊緣靠在鍋子上。這個動作造成邊緣的額外褐變反應，可以替肉質增添風味卻不會讓牛排過熱，因為牛排在鍋中旋轉時不會在同個地方停留太久。

煎烤厚切豬排
4人份

選購厚度差不多的豬排，才能以同樣速率烤熟。如果用的是食用鹽巴，可在每塊豬排上灑上½茶匙。我們喜歡自然豬排的味道，勝過注入鹽水及多種磷酸鈉鹽巴來增加肉質水分與味道的加工豬排。不過，如果只能買到加工過的豬肉，請跳過步驟中的鹽醃動作。

4塊（12盎司）帶骨豬肋排，1½吋厚，處理過
猶太鹽與胡椒
1-2大匙植物油
1份鍋底醬（食譜後附）

1. 以紙巾拍乾豬肉。使用鋒利的刀子在上頭劃上兩刀，相隔約2吋，以穿過外層的脂肪和銀膜。以1茶匙鹽巴灑在整塊豬排的表面。將豬排放在有邊烤盤中的烤網，在室溫靜置45分鐘。同一時間，將烤箱烤架調整至中層，烤箱預溫至275℉。

2. 以胡椒替豬排調味，將烤盤放入烤箱中，烤30至45分鐘，直至測量豬排非骨頭區塊的溫度，需達到120至125℉。

3. 以12吋的平底鍋開大火熱1大匙的油，直至油冒煙。將兩塊豬排下鍋，高溫香煎1分半至3分鐘，直至外皮焦褐酥脆。烹煮時間到一半時將豬排拿起來，讓鍋底的油脂重新分布。如果鍋底焦褐的碎屑開始燒焦，可將火力轉小。以食物夾將豬排翻面，油煎約2至3分鐘，直至另一面也呈現漂亮的焦褐色，即可將豬排放到盤子上。以同樣步驟處理剩下兩塊豬排，若鍋子過乾，可再加入1大匙的油。

4. 將火轉至中火，以食物夾將兩塊豬排夾一起，並立起後放回平底鍋，香煎豬排的邊緣約1至1分半，除了帶骨的地方，直到豬排呈現焦褐色，達到145℉。以

同樣步驟處理剩下兩塊豬排。輕輕蓋上鋁箔紙，讓豬排靜置10分鐘。利用這段時間準備醬汁。

大蒜與百里香鍋底醬
約½杯，可做1份煎烤厚切豬排沾醬

1顆大顆的紅蔥頭，切末

2瓣大蒜，切末

¾杯低鈉雞高湯

½杯澀白酒

¼茶匙白酒醋

1茶匙新鮮百里香，切碎

3茶匙無鹽奶油，切成3塊，冷藏

鹽巴與胡椒

平底鍋煎過豬排後，將鍋裡的油脂倒掉，只留下1茶匙的量，再將鍋子以中火加熱。把紅蔥頭和蒜頭下鍋，烹煮約1分鐘，經常攪動直到煮軟。加入高湯和白酒，將鍋底的焦褐碎屑刮下，煮約6分鐘直至徐徐沸騰，濃縮至½杯。關火，拌入醋和百里香。再拌入奶油，一次加入1大匙。依喜好以鹽巴和胡椒調味。

香菜與椰子鍋底醬
½杯，可做1份煎烤厚切豬排沾醬

1顆大顆的紅蔥頭，切碎

1大匙嫩薑磨泥

2瓣大蒜，切碎

¾杯椰奶

¼杯低鈉雞湯

1茶匙糖

¼杯切碎的新鮮香菜

2茶匙萊姆汁

1大匙無鹽奶油

鹽巴與胡椒

平底鍋煎過豬排後，將鍋裡的油脂倒掉，只留下一茶匙的油，並將鍋子以中火加熱。紅蔥頭、嫩薑、大蒜下鍋煮約1分鐘，經常攪動，直到煮軟。加入椰奶、高湯、糖，將鍋底的焦褐碎屑刮下。以文火煮約6至7分鐘，直至鍋中剩½杯的量。關火，拌入香菜和萊姆汁，然後拌入奶油。依喜好以鹽巴和胡椒調味。

成功關鍵

以「先烤後煎」的烹煮手法料理現在的豬肉，有個特別的好處，因為多年來豬肉變得越來越瘦，現在的豬肉比1980年代販賣的，瘦了至少30%。當豬肉一煮過頭，即便只是一點點，肉質就會變得很硬。因為完美熟度和煮過頭只有一線之隔，瘦豬排最好煮到145至150℉。而豬肉的內部溫度一定得比牛肉高，因此受熱會更不平均，尤其是厚豬排。

選購帶骨豬肋排：通常選購豬肉時，有四個部份可供選擇：里脊（sirloin）、肩肉（blade）、中腰肉（center-cut）、肋骨肉(rib loin)。里脊靠近豬屁股，較硬、乾，沒有味道。在本食譜中，我們也決定捨棄靠近肩膀的豬肩肉，這個部位含有相當多的結締組織和脂肪，雖然脂肪代表多汁、口味豐富，但結締組織需要較長、較多水分的烹煮手法才能煮軟。在比較過中腰肉（腰肉的中間部位）和肋骨肉（從肋骨部位切下的肉）之後，我們決定採用後者，偏好肋骨肉的肉感口感，以及帶有稍微多一點的脂肪。烹煮時選擇保留骨頭，是因為骨頭有絕緣的功能，在油脂包覆豬肉時，有助於豬排更溫和受熱。其原理請參考觀念10。

讓豬排保持平坦：豬肉通常會覆蓋一層薄薄的薄膜，稱為銀膜（silver skin）。這層薄膜收縮得比肉的其他部分還快，它會使肉變形、導致受熱不均。在豬排邊緣的銀膜切下兩刀，每刀相隔2吋，便可以避免這個問題。請確定兩刀都切穿脂肪，以及底下的銀膜。

加鹽調味：在豬排上灑鹽可透過滲透作用吸出水分，45分鐘後，水分可以重新被水分吸收，以料理出多汁、充分調味的豬排。同樣的，這些鹽分也會分解一些豬肉的蛋白質，讓豬肉在烹煮過程中能夠更有效地保留水分。其原理請參考觀念12。

先烤後煎：把加了鹽的豬排先放在烤箱裡溫和烘烤，之後再放入熱得冒煙的鍋中熱煎，這有幾個優點。首先，以這種方式料理的豬排極其柔軟，因為烘烤溫度維持較低，烹煮時間比傳統的爆炒、油煎多了約20分鐘。有部分原因是低溫酵素「細胞自溶酵素」發揮作用，分解膠原蛋白等蛋白質，有助於肉質變軟。第二，溫和的烘烤方式可以把肉的外皮烤乾，烤出一層薄薄的、乾燥的外皮，經過高溫香煎後可以變成讓人滿足的酥皮。

《先烤後煎的實際應用》牛腰內肉

牛腰內肉非常軟嫩，但味道也相當平淡。因此，料理出美味的外皮很重要。問題是，這個部位的肉質很瘦以致於味道平淡、很容易過乾。大多廚師為了煮出完美的內裡，要不就犧牲焦褐的外皮，不然就忍受完美的焦褐酥皮下是煮過頭的灰色肉質。「先烤後煎」可讓你擁有兩全其美的最佳成果，從邊緣到中心皆是粉紅玫瑰般的肉色，又有著漂亮的焦褐外皮。

烤牛腰內肉
4-6 人份

請肉販準備從整塊腰內肉切下、處理過、位於中間部位的一塊夏多布里昂牛排（Châteaubriand steak），如果沒有特別訂購，這個部位不是經常可以買到。若是要煮給很多人吃，本食譜的份量可以增加為兩塊肉。請一次煎一塊牛排，煎完第一塊牛排後，請擦乾鍋子，重新加入油。兩塊肉可以放在同個烤網上烘烤。

1 塊（2 磅重）牛腰內肉中段的夏多布里昂牛排，處理好
2 茶匙猶太鹽
1 茶匙黑胡椒，大略磨碎
2 大匙軟化的無鹽奶油
1 大匙植物油
1 份調味奶油（食譜後附）

1. 以 12 吋長的廚用棉繩以相隔 1½ 吋的距離，將牛排縱向綁起。在牛排上均勻灑上鹽巴，輕輕覆上保鮮膜，在室溫靜置 1 小時。同時，將烤箱烤網調整至中層，烤箱預熱至 300℉。

2. 用紙巾把牛排拍乾，均勻地灑上胡椒，並在表面均勻塗上奶油。將牛排放入有邊烤盤中的烤網上。烘烤 44 分至 55 分鐘，直至牛排中間達到 125℉、約三分熟；或者烤個 1 個半小時，牛排中心溫度達 135℉、約五分熟。烘烤時間到一半時，記得翻面

3. 以 12 吋平底鍋，開中大火熱油，直到油開始冒煙。將牛排放入平底鍋中，高溫香煎約 4 至 8 分鐘，直至四面都呈現漂亮的焦褐色。將牛排放到砧板上，將 2 大匙的無鹽奶油均勻地抹在牛排上，靜置 15 分鐘。將廚用棉繩取下，並將牛排交叉切成 ½ 吋厚的肉片。上桌，將調味奶油供需要的人自行取用。

紅蔥頭、巴西利調味奶油
約 ½ 杯，可做 1 份烤牛腰內肉沾醬

4 大匙軟化的無鹽奶油
½ 顆紅蔥頭，切末
1 瓣大蒜，切末
1 大匙切末的新鮮巴西利
¼ 茶匙鹽巴
¼ 茶匙胡椒

將所有材料放入中碗混合。

細香蔥和藍紋起士
約 ½ 杯，可做 1 份烤牛腰內肉沾醬

1½ 盎司（¼ 杯）淡味藍紋起士（mild blue cheese），置於室溫
3 大匙軟化的無鹽奶油
⅛ 茶匙鹽巴
2 大匙切碎的細香蔥

將所有材料放入中碗裡混合。

成功關鍵

很多食譜會以先煎後烤來料理牛腰內肉，可是直接從冰箱裡拿出來的腰內肉卻得煎很久，因為表面有許多水分得先被蒸發才會使肉產生褐變反應。在這段時間，有太多的熱會轉移到牛排表面上，最後牛排表面底下就會出現一條灰色、煮過頭的肉色。先烤過的牛肉可以確保均勻受熱、蒸發表面水分，讓香煎時間只需幾分鐘。

選購中段的牛肉： 整塊的腰內肉很難處理。通常會覆蓋著很多脂肪和牛腱，而且肉質的粗細變化很大。在室內烤牛排時，我們比較喜歡購買中段腰內肉，又稱為夏多布里昂牛排，因為已經處理過，兩端的粗度一致。2 磅重的牛排也放得進平底鍋裡，也不會讓你荷包大失血。

使用鹽巴和奶油： 為了替這個味道相對平淡的部位增添風味，我們在烹煮的前 1 小時就抹上鹽巴。鹽巴會吸去牛排的水分，再深深進入肉質裡。其原理請參考觀念 12。為了有濃郁的味道，我們在烹煮前先在牛排表面塗上大量軟化的奶油，然後在靜置時再塗上無鹽奶油。

觀念6：慢火加熱，使肉軟嫩
Slow Heating Makes Meat Tender

我們在餐廳用餐時，都曾有過那神奇的時刻：細細品嘗一盤肉時，發現它美味地幾乎讓人產生罪惡感，肉質細嫩到用奶油刀就可以輕易的切開。可是，當吃下自己在家烹煮出來的牛排時，口感卻淡而無味，有時甚至要拿鋸子才能切開，即使牛排沒有煮過頭也一樣。究竟是餐廳主廚買的肉比較好嗎？還是因為料理方式不同？

◎科　學　原　理

事實證明，許多餐廳廚師們選用的肉，和我們自行購買的是一樣的，但他們使用了這個秘密武器——時間。

許多餐廳在處理牛肉時會使用「熟成」（aging）這項技巧來讓肉質更軟嫩、更有味。「乾式熟成」（dry-aging）是將肉靜靜地放置在潮溼的冰箱中長達30天，溫度維持在32至40℉之間。在這30天裡，牛排會失去大量水分，肌蛋白開始分解。其原理請參考本觀念的「實用科學知識：居家乾式熟成牛肉製作法」。

所以，乾式熟成的牛肉為什麼會這麼軟呢？主要原因和酵素有關。「在對的溫度，還有正確的時間長度，肉類酵素就會發揮最好效果」。

現在，我們從頭開始講解。酵素是一種蛋白質。在活體動物中，酵素的功能之一是翻轉和再處理周圍的其他酵素。肉裡的這些酵素持續的扮演「催化反應」的角色，它讓化學反應速度加快，影響食物的質地、口感、顏色。在這點上，發揮此項作用的重要酵素有兩種——「鈣蛋白酵素」（calpain）和「細胞自溶酵素」（cathepsins）。

鈣蛋白酶分解蛋白質，同時使肌肉纖維原地熟成。細胞自溶酵素分解多種肉類蛋白質，讓蛋白絲（filament）收縮、支撐分子，甚至可以讓肌肉結締組織的膠原蛋白弱化這些狡詐的小酵素，在肌肉分解時促進胺基酸、肽形成，使肉更有肉味、鮮美，也因為逐漸分解強韌的蛋白質，讓肉質變得更嫩。不過，前提是要在「對的環境」。

這些酵素活躍程度取決於溫度。蛋白質在32至40℉間分解速度相當慢，這也是乾式熟成通常需要整整30天的原因。不過，當肉的溫度上升，酵素活躍速度就越快，直到達到122℉後便停止。一切都會在達到這個溫度後，戛然而止。

所以，該如何在家中模擬熟成的過程呢？我們知道乾式熟成會讓肉更嫩、更有味道，可是大多數的人沒有這個時間、空間、或體力來熟成牛肉。因此我們反而建議大家以「非常緩慢的速度、刻意將烹煮溫度低於122℉，鼓勵酵素活性並盡可能延長它」。和較硬的肉質部位所採用的慢煮相比，這項技巧最適合套用在結締組織少、理想熟度不超過五分熟的肉質部位。硬肉的處理方式請參考觀念7。以「低溫慢烤」肉類時，細胞自溶酵素有額外發揮效果的時間，在幾小時內就能讓肉「熟成」。這和乾式熟成一樣，只是速度快更多。

當酵素開始作用時，其蛋白質中的變化

 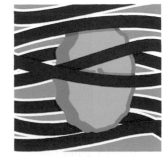

當溫度低於122℉：
隨著肉裡的溫度緩步上升，酵素就像鋸子一樣，以越來越快的速度分解肌蛋白。

當溫度超過122℉：
酵素的形狀被改變，也失去分解肌蛋白的能力。

為了測試酵素在122℉下的活躍程度，我們將一塊牛肋排切成兩條長條狀，且大小相同。一塊用真空低溫烹調法（sous vide）烹煮，以120℉烹煮整整48小時。第二塊也採用同樣的煮法，但只煮到牛肉內部溫度達到120℉就停止，花了約2小時。我們透過品嘗味道來比較兩塊肉的軟嫩度，每位試吃員都覺得煮了48小時的牛排更軟嫩。此外，我們也針對烹煮後的牛肋排做了壓力測試：從同個部位切下¼吋厚、4吋長逆紋切開的肉片，並將牛肉垂直吊掛起來，以食物夾夾起，牛排的另一端則綁上2磅重的砝碼，然後等待著最終成果。

實驗結果

我們吊起已經煮了48小時的牛肉，一放開砝碼，肉輕而易舉地立刻斷成兩截。不過，第二塊牛排沒有馬上斷開，而是完整無缺的掛著，頑強地撐了15秒。

重點整理

實驗結果顯然代表著，內部溫度並非決定肉質是否軟嫩的唯一要素。兩塊肉都煮到同樣的溫度，唯一的差別是這個溫度「維持」多久。

細胞自溶酵素在溫度低於122℉時，會發揮效力讓肉變得軟嫩。我們看見直立牛肋排以120℉連續煮48小時後，與只煮2小時的同一部位相比，展現相當驚人的效果。我們並未精確地以122℉來煮，因為到達這個溫度後所有的酵素活動都會停止。在烹煮48小時的樣本中，酵素有較多的時間可以發揮，這也是為什麼肉變得如此軟嫩，一下就斷裂的原因。迅速達到目標溫度的肉，由於少了好幾個小時的酵素活動，肉質也沒有那麼軟。我們的意思並不是要業餘廚師們應該花上2天的時間來烹煮一份牛肉，而是希望即使只是多給酵素1小時的作用，也會讓肉質有所不同。

值得注意的是，雖然細胞自溶酵素會弱化結締組織裡的膠原蛋白，但一直要達到140℉，膠原蛋白才會開始分解成吉利丁（gelatin）。即使溫度到了140℉，也會以很慢的速度進行，其原理請參考觀念7。所以，以120℉烹煮越久肉會更嫩，不是因為熱源導致膠原蛋白分解，相反的，絕對是酵素造成。

✏ Tips：以真空低溫烹調法測試酵素作用

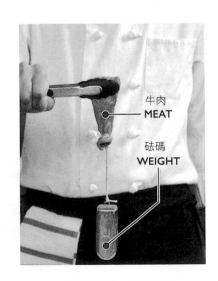

烹煮時間短，肉質較硬

我們花了2小時，煮了一片剛好且溫度約120℉的肉，並以廚用棉繩綁上2磅重的砝碼。因為肉裡的酵素能發揮作用的時間較少，使得這個樣本的肉質很硬，拉著砝碼撐了15秒才裂成兩半。

烹煮時間長，肉質軟嫩

以120℉烹煮整整48個小時的牛肉，在綁上2磅重的砝碼後，不到1秒的時間，肉就斷開來了。因為長時間使酵素徹底發揮效用，使牛肉脆弱到立刻斷成兩截。

《慢火烹煮讓肉軟嫩的實際應用》
牛肉

這個方法適用於料理肉質較硬、結締組織較少的部位。至於肉質極軟的部位，像是腰內肉，則不一定要以慢火烹煮使其軟嫩。不過，烹煮牛後腿肉（round）、沙朗（sirloin）等較硬且較便宜的部位時，採用這種技巧的確有好處。在慢火烹煮下，活躍的酵素可以弱化膠原蛋白，也就是結締組織的關鍵成分，但對肌蛋白的作用更大。要讓富含膠原蛋白的肉變嫩有其他更好的辦法，請參考觀念7。

慢烤牛肉
6-8人份

我們不建議牛肉超過五分熟。在測量溫度時，烤箱門開越小越好，並將肉從烤箱中取出。如果肉還沒有達到步驟3所要求的理想溫度，可以將烤箱溫度調至225℉，並再烘烤5分鐘後關閉電源，繼續以烤箱中的餘溫將肉烘烤至理想溫度。若肉較小，約2½至3½磅，可將猶太鹽減少至3茶匙、胡椒減少至1½茶匙。若肉重量達4½至6磅，在烹煮前縱向切成兩塊差不多大小的肉塊。成品在切片時，切得越薄越好。

1塊（3½-4½磅）無骨後腿眼肉（eye-round roast），處理好
4茶匙猶太鹽
2茶匙又1大匙植物油
2茶匙胡椒

1. 將牛肉的每一面均勻灑上胡椒。以保鮮膜包起，冷藏18至24小時。

2. 將烤箱烤架調整至中層，烤箱預熱至225℉。以紙巾將肉拍乾，抹上2茶匙的植物油、每一面均勻灑上胡椒。將剩下的1大匙植物油倒入12吋平底鍋中，以中大火加熱，直至油開始冒煙。放入牛肉香煎12分鐘，直至每一面都變色。將肉放到有邊烤盤中的烤網上。烤至肉達到115℉、約三分熟，需75至105分鐘；或至125℉、約五分熟，需105至135分鐘。

3. 關掉烤箱，把肉留在烤箱內約30至50分鐘，不要打開烤箱的門，直到肉的中心達到130℉、約三分熟；或140℉、約五分熟。將肉放到砧板上，靜置15分鐘。將肉縱切，切得越薄越好，即可上桌。

成功關鍵

在這份價格平實的慢烤牛肉料理中，我們先用鹽巴把肉醃一整天，再用烤箱烤這塊便宜的部位，讓肉變得軟嫩、多汁。鹽巴會穿透肉，分解了一些肌蛋白，使得酵素更容易將蛋白質分解。除此之外，可溶性蛋白質可留住水分，可避免肉變得過乾。接著，我們以非常低的溫度烹煮，讓肉裡的酵素可以發揮天然嫩精的功效，分解肉質中僵硬的肌蛋白。有關鹽醃的科學原理，請參考觀念12。

從低價肉類中選對部位： 不是所有便宜的肉在經熟煮或是切好擺盤後的賣相，都有發揮價值連城的潛力。我們試過牛後腿眼肉、牛肩眼肉（chuck eye）、上後腿肉（top round）、下後腿臀肉（bottom round rump）。發現肩眼肉太胖，上後腿肉形狀古怪、不平均；下後腿臀肉太硬切不動；經過比較後，我們喜歡後腿眼肉的美味、相對軟嫩且形狀一致，這代表可以均勻受熱，放在餐盤上賣相也很好。

早點醃鹽： 我們嘗試過醃鹽4小時、12小時、24小時，因為擴散作用，鹽巴會從高濃度移動到低濃度的位置。完整醃鹽24小時後，可以讓鹽巴有最充足的時間深深穿透進入肉當中，使其均勻入味；不過只醃18小時也有效果。因為鹽巴也會分解部分蛋白質，讓酵素更容易分解。

先高溫香煎，然後把烤架提高： 如果只是將肉放在冰冷的烤箱裡烘烤，會烤出柔軟且蒼白的外皮。先將肉放在燒燙的平底鍋中迅速香煎一下，可以煎出美味的外皮，是本食譜中不可或缺的第一步。隨後，我們不是把肉直接放到烤盤中，而是把肉在烤箱的位置提高，放在架入有邊烤盤的烤網上。烤網可以讓烤箱裡的熱氣，均勻地在肉的周圍流通，避免底下的外皮在烤箱中蒸軟。如果把肉直接放到烤盤，就可能被蒸軟。

利用餘熱加溫： 在肉的內部溫度在達到122℉前就得關掉烤箱，這點很重要。因此在烹煮本食譜時，我們停在115℉。這麼做可以讓烤箱冷卻、肉持續烹煮，只是速度比較慢。這和觀念3提到的餘熱加溫一樣，即使外部的熱源不再提供熱能，但熱傳導可持續把肉煮熟，使肉質保持軟嫩多汁。肉要再過30至50分鐘的等待，才能慢慢從115℉上升至最後的130℉、約三分熟。在這段期間，內部溫度大多低於122℉，細胞自溶酵素仍

持續發揮作用，讓肉更嫩。

平價迷迭蒜香烤牛肉
6-8人份

可以先用廚房剪刀在鋁箔烤盤上戳幾個洞。我們喜歡使用靠背沙朗（top shirloin），不過你也可以用上後腿肉或下後腿肉來進行這道料理。在燒烤前一天開始準備，讓鹽巴有時間可以增添肉的風味，讓肉變得軟嫩。

6瓣大蒜，切末

2大匙切末的新鮮迷迭香

4茶匙猶太鹽

1大匙胡椒

1塊（3-4磅）靠背沙朗

1個（長13吋、寬9吋）拋棄式鋁箔深烤盤

1. 將大蒜、迷迭香、鹽巴、胡椒放入碗中混合，灑在肉排的每一面，用保鮮膜包住，冷藏18至24小時。

2A. **木炭烤爐**：把底部通風孔打開一半。將大型煙囪型點火器裝入半滿、約3夸脫的木炭，點燃。當上方的木炭有部分被炭灰蓋住時，將木炭均勻地倒在烤爐裡的三分之一區域。架好烤網，蓋上爐蓋，蓋子的通風孔半開。將烤爐加熱到火燙，約需5分鐘。

2B. **燃氣烤爐**：將所有爐火開到大火，蓋上爐蓋，直到烤爐變燙，約需15分鐘。

3. 將烤網清乾淨，上油。把肉放到烤網上。如果使用木炭烤爐，將肉放在有炭火的那一側；若是使用燃氣烤爐，請蓋上蓋子。烤10至12分鐘，直到每一面都呈現漂亮的焦褐色，有需要可翻面。若爆出火花，請將肉放到烤架溫度較低的那一邊，直到火熄滅。

4. 同一時間，在拋棄式烤盤中打上15個¼吋大的小洞，打洞的範圍跟肉的大小差不多。肉烤成焦褐色後，放到烤盤打好的洞上，若使用木炭烤爐，可將烤盤移到烤爐溫度較低的地方；或是使用燃氣烤箱，可以將主要爐火轉至中火，其他的爐火關掉。蓋上蓋子約40分鐘至1小時，烤至肉達到120至125℉、約三分熟；或130至135℉、約五分熟。烤到一半的時間時，記得旋轉烤盤。

5. 將肉放到有邊烤盤中的烤網上，輕輕蓋上一層鋁箔紙，靜置20分鐘。將肉放到砧板上，逆紋切成薄片，上桌。

"以紗布包覆牛肉並冷藏4天，使肉更有肉味、口感變嫩"

為了在家中複製餐廳的乾式熟成效果，我們買了肋眼牛排，還有每磅10.99美元的前腰脊肉牛排，存放在冰箱冷藏區靠近內壁處，也就是冰箱中溫度最低的地方。因為家裡的冰箱沒有用來乾式熟成的商用冷藏庫潮溼，所以我們用紗布包住牛排，使冷空氣可以穿透，但也避免牛肉過度脫水。4天後，以我們認為生肉存放在家用冰箱最久可存放的時間，查看肉的狀態。牛排的邊緣看起來乾得很恰當，所以我們把居家熟成的牛排香煎後，和餐廳販賣每磅19.99美元的同樣部位熟成牛肉相比。發現的結果是？沒錯，在自家冰箱經過4天乾式熟成，讓牛肉更有肉味，口感更軟。只要記得用夠多的紗布包起來，放在網架上，讓空氣可以流通，然後將其放在冰箱最冷的地方，就可以省下購買乾式熟成牛肉所多花的錢了。

成功關鍵

本食譜將慢烤的技巧從烤箱轉移到烤爐上，訣竅是在烤爐上製造足夠的熱能，香煎肉排的外皮，但又不會過熱讓肉熟得太快。切記，別讓細胞自溶酵素還沒時間發揮功效就把肉煮熟。

降低熱源：傳統食譜會要求先用烤爐溫度較高的一邊來香煎肉排，然後再將肉移到溫度較低的半邊，以較溫和的加熱速度烹煮。為了確保的內層烤得均勻、粉嫩，我們從兩個層面調整做法：首先，我們只用點火器的一半火力，將熱能輸出降到最小，使其剛好足以烤出漂亮外皮。在燃氣烤爐上複製這個效果時，我們在火烤過後將爐火轉小。第二，我們將肉放在拋棄式鋁箔烤盤，把肉移到烤爐溫度較低的一邊，讓牛排不會過度受熱。這兩個方法都能讓肉在溫度低於122℉下緩慢地加熱烹煮。

預先將烤盤穿孔：在拋棄式烤盤上穿孔很重要。如果沒有穿孔，燒烤時流出的肉汁會累積在肉的周圍，把肉的底部煮熟、肉色變灰，破壞所有在高溫火烤時所烤出的酥皮。烤盤底部額外的十幾個小孔洞可以讓液體流掉，保持完美的粉嫩肉色以及酥脆美味的酥皮。

切薄牛排：切片準備上桌時，用刀子將粉紅的肉切成極薄的薄片。這項工作很適合使用去皮刀。肉片切得特別薄，也能讓肉更顯軟嫩可口。

觀念7：較硬的肉，必須熟上加熟
Cook Tough Cuts Beyond Well-Done

較硬的肉不見得堅韌得難以入口，要使得這些肉能透過烹煮手法使其軟到入口即化，只要「煮到極限」就能解決。這項原則和大多數的肉類烹煮方式似乎相互矛盾，畢竟在一般人的認為中，肉在烤箱烤越久，就會越乾、越難嚼。這究竟是怎麼回事呢？

◎科　學　原　理

正如我們在觀念3的《肉的基本知識》中所看到的，肉主要由四種成分構成——肌肉纖維、結締組織、脂肪、大量的水。這些又細又長的纖維，捆成長長的一束，形成肉的「紋路」。雖然幼小的動物肌肉纖維小，但肌肉纖維會隨著牠們的年紀和運動量成長。肌肉纖維因為水分含量比例高、約佔75％，所以通常又長又軟。在烹煮的過程中，溫度到達104至145℉時，肌肉纖維束會先橫向收縮，超過145℉後則以垂直方向進行收縮。肉質在收縮的同時邊排出水分，就像把濕毛巾擰乾一般。約在140℉時，水分開始大量流失。不過，包圍肌肉纖維的結締組織也開始收緊，讓肌肉纖維被壓得更緊實。這也是為什麼肉質較軟的部位，最好煮到一分熟或三分熟，這乃是避免肌肉開始收縮的緣故。

包圍肌肉纖維的結締組織是膜狀、半透明的覆蓋物，由細胞和蛋白絲（protein filament）組成，提供肌肉的架構與支撐力。膠原蛋白是結締組織中主要的蛋白質，從牛的肌腱到牛蹄都有。和肌肉纖維不一樣的是，膠原蛋白是由三條蛋白質鏈緊緊的綁在一起，形成三股螺旋，因此這些肉質在生的時候幾乎是硬到咬不動。若是烹煮過程中，溫度低於140℉，這種強韌的蛋白質大多不受影響。超過這個溫度，膠原蛋白才開始鬆解成單獨的三股。保持這樣的溫度烹煮，或以理想狀況來說，讓溫度更高一點，最好是到160至180℉，並持續很長一段時間，膠原蛋白的三股螺旋會開始鬆解，形成單條的吉利丁，最多可以保留本身十倍的重量使肉變軟、替燉煮料理的醬料增添濃稠度。

膠原蛋白變成吉利丁取決於烹煮過程的「時間和溫度」，食物維持在理想溫度越久，分解的膠原蛋白就越多。

膠原蛋白少的瘦肉，像是豬腰內肉，煮太久會破壞風味，因為肌肉纖維收縮，也排出水分，隨著時間越變越乾、越硬。因此「膠原蛋白少的部位，在烹煮時應該注意如何保留肉質水分」，牛肉的最終完成溫度不要超過130℉，豬肉則不要超過150℉。不過，富含膠原蛋白的部位，如果只煮到一分熟或三分熟，吃起來會太硬。在烹煮較硬的部位時，面對眾多蜿蜒的膠原蛋白，例如牛胸肉，延長烹煮時間的確可以改善口感，因為可以讓豐富的膠原蛋白轉變成吉利丁，保留的水分大幅增加，拉緊的肌肉纖維可以稍微放鬆，將水分重新吸入肉裡。

肉裡的膠原蛋白是如何變成吉利丁的？

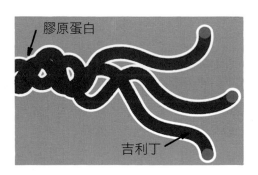

膠原蛋白融化成吉利丁：
溫度超過140℉後，膠原蛋白的三股螺旋會鬆解，形成三條狀的吉利丁

⊗ 實 驗 廚 房 測 試

為了測試膠原蛋白溶化成吉利丁的速度有多緩慢，我們將 1 磅重的牛尾，其膠原蛋白多得誇張的部位，切成大概 ½ 吋的小塊，也同時把骨頭砍斷。將這些牛尾放到一個大單柄深鍋中，裡頭裝入蓋過牛尾的清水。為了可以看清楚鍋中的變化，我們將清水染成深褐色。隨後，將鍋子放到火爐上熬煮，蓋上鍋蓋，然後再放入 325°F 的烤箱烘烤 3 小時。加熱的過程中，每 30 分鐘就舀出 ¼ 杯的熬湯，倒入另備的新碗中，再放入冰箱冷卻、定型。在所有樣本都完全冷卻後，我們檢視各個樣本看看其中有什麼變化。

實驗結果

經過每 30 分鐘取出的樣本發現，在加熱之前就先撈出保留的 ¼ 杯液體相差不大，煮了 1 小時的樣本稍微變稠，煮了 2 小時的樣本變成易破脆的膠狀，可以倒放在盤子上，但很快就會散掉。煮了 3 小時的樣本從液體變成結實的膠狀，倒放在盤子上時有稜有角。

重點整理

肉裡所含有的膠原蛋白，可以製造出足夠的吉利丁，將水變成果凍，這是因為吉利丁最多可以吸收自身重量十倍的水分。可是，正如這項實驗顯示，膠原蛋白轉變為吉利丁的過程很緩慢。由於牛尾和水放在爐火上熬煮時，牛尾的溫度很快就超過 140°F，也就是膠原蛋白開始解開，變成單股吉利丁的溫度。不過，膠原蛋白要變成吉利丁靠的不只有溫度，還需要「時間」，這也是煮 1 小時的樣本即使經過冷卻仍無法保持形狀。即使只是用這麼小塊的牛尾，經過 2 小時的熬煮，還是會有更多膠原蛋白分解成吉利丁。烹煮 3 小時才起鍋的樣本，冷卻後質地較結實，由此可見一斑。

所以，在烹煮富含膠原蛋白的部位時，請慢慢地熬煮。在全熟的肉已經流失大半的天然水分下，現在的目標是要盡量把膠原蛋白轉換為吉利丁，而且這很花時間──很多時間！

✏️ Tips：將牛尾的膠原蛋白溶成吉利丁

熬煮 1 小時
牛尾有少量膠原蛋白溶成吉利丁，滲入周圍的液體當中。我們將熬煮的液體冷卻，看看定形的程度時，得到的是糊狀的湯汁。

熬煮 2 小時
牛尾塊開始分解，燉湯的樣本現在含有更多吉利丁，冷卻後也變得更結實，雖然還是有些黏糊狀。

熬煮 3 小時
經過 3 小時的熬煮，牛尾已經支離破碎，也有足夠的膠原蛋白變成吉利丁，燉湯的樣本冷藏後，足以讓真正的果凍模成形。

《膠原蛋白分解的實際應用》 慢烤

富含膠原蛋白的部位含有大量吉利丁，吉利丁可以讓肉質較硬的部位變得特別濕潤、軟嫩，可是這個過程快不來。肉質較硬的豬梅花肉（pork butt，譯註：又稱胛心肉）應該至少烤 5 小時。

慢烤豬梅花肉佐蜜桃醬
8-12 人份

在料理的最後 1 小時，若有需要，可在深烤盤裡多加一點水，避免鍋底燒焦。豬肉上桌時搭配蜜桃醬、後附食譜「櫻桃醬」以及「甜酸醬」（sweet-tart chutney）。

烤豬肉

1 塊（6-8 磅）帶骨梅花肉（Boston butt，譯註：又稱波士頓肩肉）
⅓ 杯猶太鹽
⅓ 杯壓實的紅糖
胡椒

蜜桃醬

10 盎司冷凍桃子，切塊、約 1 吋。或用 2 顆新鮮桃子，去皮去籽，切片、約 ½ 吋
2 杯澀白酒
½ 杯砂糖
¼ 杯加 1 大匙的米醋
2 株新鮮百里香
1 大匙顆粒芥末醬（whole-grain mustard）

1. 烤豬肉：用一把鋒利的刀，將肥肉層（fat cap）交叉劃開，每刀相隔 1 吋。小心不要切到肉。在碗中混合鹽巴和糖。把混合好的鹽與糖抹在整塊梅花肉上，也抹入割開的縫隙中。以兩層保鮮膜把肉緊緊包住，放到有邊烤盤中，冷藏 12 至 24 小時。

2. 將烤架放到烤箱最低層，預熱 325℉。將保鮮膜拆開，將多餘的鹽巴和糖擦掉，再以胡椒調味。在深烤盤中架好 V 型烤架（V-rack），使用噴霧植物油噴上烤架，將肉放到烤架上。在深烤盤中加入 1 夸脫的水。

3. 烘烤豬肉約 5 至 6 小時，其過程中要塗 2 次油，直到肉變得極度軟嫩，烤至骨頭附近但沒有直接接觸骨頭的肉，溫度達到 190℉。將肉放到砧板上，輕輕蓋上鋁箔紙，靜置 1 小時。將深烤盤裡的水放到分離隔油杯（fat separator），靜置 5 分鐘。倒出 ¼ 杯肉汁並靜置，將油脂去掉，保留肉汁以作他用。

4. 醬汁：將桃子、酒、糖、¼ 杯醋、¼ 杯去脂肉汁、百里香放入小的單柄深鍋中熬煮約 30 分鐘。偶爾攪拌，直到量減少至 2 杯。拌入剩餘的 1 大匙醋和芥末醬。將百里香拿掉，蓋上鍋蓋，保溫。

5. 用一把鋒利的去皮刀，沿著倒反的 T 型骨頭切開，直到骨頭可以從肉中拉起，請用乾淨的布巾抓住骨頭。用麵包刀（serrated knife）將肉切片。上桌，醬料供需要的人自行取用。

慢烤梅花肉佐櫻桃醬

將 10 盎司的新鮮或冷凍去籽櫻桃代替桃子，以紅酒代替白酒，紅酒醋代替米醋，將 ¼ 杯紅寶石波特酒和去脂肉汁一起加入。砂糖的量增加至 ¾ 杯，不放百里香和芥末醬，收至剩 1½ 杯。

茴香蘋果甜酸醬
約 2 杯，可作 1 份慢烤梅花肉

---

1 大匙橄欖油
1 大顆球莖茴香（fennel bulb），去莖，球莖切半，去核，切成 ¼ 吋大小
1 顆洋蔥，切碎
2 顆史密斯青蘋果（Granny Smith apple），去皮，去核，切塊、約 ½ 吋
1 杯米醋
¾ 杯糖
2 茶匙磨碎的檸檬皮
1 茶匙鹽巴
½ 茶匙紅辣椒片

將油倒入中等大小的單柄深鍋中，以中火熱油，直到油將近沸騰。將茴香、洋蔥下鍋拌炒約 10 分鐘，直至變軟。再加入蘋果、米醋、糖、檸檬皮，鹽巴、紅辣椒片。煮約 20 分鐘，直至將近沸騰呈現稠狀。放在室溫下冷卻，約需 2 小時或放過夜。搭配豬肉一起上桌。

綠番茄甜酸醬
約2杯，可做1份慢烤梅花肉

2磅綠番茄，去核，切成1吋的大小
¾杯糖
¾杯蒸餾白醋
1茶匙香菜籽
1茶匙鹽巴
½茶匙紅辣椒片
2茶匙檸檬汁

將番茄、糖、醋、香菜籽、鹽巴、紅胡椒片放到中等大小的單柄深鍋後熬煮約40分鐘，直至醬汁濃稠。在室溫下冷卻，約需2小時或過夜。拌入檸檬汁，搭配豬肉一起上桌。

紅椒甜酸醬
約2杯，夠作1份慢烤牛肩肉

1大匙橄欖油
1顆紅洋蔥，切碎
4顆紅甜椒，去梗，去籽，切成½吋的大小
1杯白酒醋
½杯加上2大匙的糖
2瓣大蒜，去皮搗碎
1片（1吋）薑，削皮，切成圓形薄片，搗碎
1茶匙黃芥末籽
1茶匙鹽巴
½茶匙紅辣椒片

以中等大小的單柄深鍋開中火，熱油至油閃閃發亮，將洋蔥下鍋拌炒約7分鐘，直至洋蔥變軟。將甜椒、醋、糖、大蒜、薑、芥末籽、鹽巴、紅辣椒片下鍋。煮約40分鐘直至接近沸騰，醬汁變稠。在室溫下冷卻，約需2小時或放過夜。搭配豬肉上桌。

成功關鍵

這是一道時程相當漫長的烤肉料理。我們不只把肉抹上鹽巴和糖放過夜，還要連續烘烤6小時。不過，可別嚇到了。這道烤肉料理從烤箱出爐後，口感絕對軟嫩無比。還有，別擔心，這個部位脂肪多，幾乎不可能

煮過頭的。

選用帶骨豬梅花肉：我們沒有選擇精瘦的中段腰肉，而是選擇豬梅花肉，又稱波士頓肩肉。這塊肩肉有很多肌內脂，在烹煮的過程中油脂會融化，等同替豬肉抹上一層油，而且不管是帶骨或無骨的梅花肉，市面上都買得到。我們比較喜歡帶骨的梅花肉，原因有兩個。首先，骨頭傳熱效果很差，而且有隔熱效果。這代表骨頭周圍的肉溫度較低，肉會以更緩慢、更溫和的步調煮熟。第二，肉的結締組織有相當大的比例連接骨頭，結締組織最後會分解成吉利丁，讓肉保持水分。這個部分或許要花很多時間烹煮，可是這種肉也很便宜，充滿美味的肌內脂，擁有一層厚厚的脂肪，可以烤出褐色、宛如培根般的外皮。若想瞭解帶骨部份的料理科學，請參考觀念10。

靜置出鹹甜效果：若要做出肉質超軟嫩、有著深褐色酥皮的烤梅花肉，需要花很多時間烹煮，總計約需24小時，可是成果值得我們等待。在肉外層抹上混合好的鹽巴和糖，靜置過夜。鹽巴可以讓肉更多汁，讓整塊肉都能夠調味，而糖則能焦糖化，形成酥脆鹹甜的酥皮。

烤箱低溫烘烤：以325°F烘烤5至6小時慢烤豬肉，可以讓肉超越全熟、並邁入190°F。如果是瘦肉，這種全熟的溫度可能會烤出乾到極慘的成果。但也因為這個部位有這麼多的膠原蛋白和脂肪，高溫會讓肌內脂融化、膠原蛋白分解，讓肉變得軟嫩，脂肪層融化、肉的外皮變得酥脆。更重要的是，從膠原蛋白分解出的吉利丁會緊緊抓住水分，讓烤肉多汁而不乾澀。

放置V型烤架：直接用鍋子煮豬肉時，暗色的肉汁因為糖的含量高，一下就燒焦，因此這些本來很美味的鍋底就不適合做成鍋底醬。只要使用V型烤架、在烤盤內加入1夸脫的水就能輕易解決這個問題。肉架得高一點，脂肪滴下來，和水混合後，就能製造出大量的肉汁，而且不會燒焦。

《膠原蛋白分解的實際應用》BBQ

BBQ是用傳統的慢烤方式，常見在烤爐上燒烤豬肋骨、手撕豬肉（pulled pork）、牛胸肉（brisket）。在這裡，我們要從慢火慢煮開始烹煮，再以高溫結束，分解肌肉纖維、融化膠原蛋白，並將地點移往戶外。因為我們的目標是盡可能增添肉的煙燻風味，必須以相對較小的火力烹煮很長一段時間。

手撕豬肉BBQ
8人份

手撕豬肉可以用新鮮火腿或上肩胛肉（picnic roast），不過我們還是比較喜歡用梅花肉。手撕豬肉不會太費力但很耗時。從開始處理食材到結束烹煮，預計花上10小時：以3小時抹香料、靜置1小時讓肉回溫、在烤爐上慢烤3小時、回烤箱裡再烘烤2小時後，再靜置1小時。核桃木（hickory）是煙燻味來源的經典選擇，以四塊中等大小的木塊並泡水1小時，可取代木炭烤爐上的木屑。手撕豬肉可搭配白麵包或溫熱的小圓麵包（bun）加上經典配料醃黃瓜洋芋片（dill pickle chip）、高麗菜沙拉（coleslaw）。你會需要用到拋棄式鋁箔深烤盤，還有加厚鋁箔紙（heavy-duty aluminum foil）、牛皮紙袋。

1塊（6-8磅）帶骨豬肉，最好是梅花肉（又稱波士頓肩肉），處理好
¾杯BBQ乾抹醬（食譜後附）
4杯木屑，泡水15分鐘後瀝乾
1個（長13吋、寬9吋）拋棄式鋁箔深烤盤
2杯BBQ醬（食譜後附）

1. 以紙巾將豬肉拍乾，將BBQ乾抹醬抹入豬肉中。以保鮮膜將肉包起來，冷藏至少3小時、最多3天。

2. 最晚在烹煮前1小時取出豬肉，打開保鮮膜，放在室溫中靜置。用兩大片加厚鋁箔紙將泡過水的木屑包成兩包，在頂端戳幾個通風孔。

3A. **木炭烤爐**：底部通風孔半開。在大型煙囪型點火器裝入四分之三滿的木炭、約4½夸脫，點燃。頂部的木炭有部分被炭灰掩蓋時，將炭火均勻地倒在烤爐的半邊。將木屑放在木炭上。架好烤網，蓋上爐蓋，頂部的通風孔半開。讓烤爐變得火熱，木屑開始冒煙，約需5分鐘。

3B. **燃氣烤爐**：把包好的木屑放在主要的爐頭上。將所有爐頭的火力開到最強，蓋上蓋子，將烤爐加熱到高溫，木屑開始冒煙，約需15分鐘。將主要的爐火轉至中大火，其他爐頭關閉。請依照需求調整主要爐火，讓烤爐溫度保持在300度至325℉。

4. 將肉放到拋棄式烤盤中，放到烤爐溫度較低的一邊，烘烤約3小時。到最後20分鐘時，先將烤箱烤架調整至中低層，烤箱預熱至325℉。

5. 將豬肉自烤爐取出，並以加厚鋁箔紙包起拋棄式烤盤，將其放入烤箱烘烤2小時，直至肉可以用叉子刺穿的軟度。

6. 小心地將包好鋁箔紙的烤盤以及豬肉放到牛皮紙袋中，把開口封住，靜置1小時。

7. 將肉放到料理板，打開牛皮紙袋。將肉依照不同肌肉切開，如果想要的話可去掉肥肉，再用手將肉撕成肉絲。把撕好的肉放到大碗，倒入1杯BBQ醬攪拌。上桌，剩下的BBQ醬供需要的人自行取用。

BBQ乾抹醬
1杯

這份多功能醬料的香料比例可以自行調整，依照個人喜好增加或減少任何一種香料。可存放在真空的容器中保存數週。

¼杯甜椒粉
2大匙辣椒粉（chili powder）
2大匙小茴香粉（ground cumin）
2大匙壓實的黑糖
2大匙鹽巴
1大匙乾燥奧勒岡
1大匙砂糖
1大匙黑胡椒
1大匙白胡椒
1-2茶匙卡宴胡椒

將所有食材放入小碗中混合。

西南卡羅萊納BBQ醬
2杯

這份醬汁放到真空容器後可冷藏4天。

1大匙植物油
½杯切碎的洋蔥
2瓣大蒜，切末
½杯蘋果醋
½杯伍斯特醬
1大匙乾芥末粉（dry mustard）
1大匙壓實的黑糖

1大匙甜椒粉

1茶匙鹽巴

1茶匙卡宴辣椒

1杯番茄醬

以單柄深鍋開中火熱油，將洋蔥下鍋烹煮，偶爾攪拌約5至7分鐘，直到洋蔥軟化。拌入大蒜，煮至傳出香氣，約需30秒。拌入醋、伍斯特醬、乾芥末粉、糖、甜椒粉、鹽巴、卡宴辣椒，煮約15分鐘直至徐徐沸騰，再拌入番茄醬，以低溫煮至醬汁變稠。

東北卡羅萊納BBQ醬
約2杯

放入真空容器中最多可冷藏4天。

1杯蒸餾白醋

1杯蘋果醋

1大匙糖

1大匙紅胡椒片

1大匙辣醬

鹽巴和胡椒

將所有材料放入碗中混合，依個人喜好加入鹽巴和胡椒調味。

中南卡羅萊納芥末醬
約2½杯

放到真空容器中最多可冷藏4天

1杯蘋果醋

1杯植物油

6大匙第戎芥末醬

2大匙楓糖漿或蜂蜜

4茶匙伍斯特醬

1茶匙辣醬

鹽巴和胡椒

將所有材料放入碗中混合，依個人需求加入鹽巴和胡椒調味。

成功關鍵

慢烤手撕豬肉是夏季最受歡迎的料理，不過很多BBQ的食譜會要求廚師在8小時甚至更久的烹煮期間定時注意爐火。我們想要找出可以烤出濕潤又軟嫩的手撕豬肉，又省去馬拉松般漫長的料理時間，其過程中可以不必不斷注意烤爐的方法。替代方案則是，使用烤爐上以相對慢火燒烤，然後再以烤箱烘烤，可以烤出全熟、軟嫩、帶有煙燻味的豬肉，這和許多有地方特色的傳統醬料都很搭。

將香料抹入肉裡：就像BBQ一樣，各界對於香料也有很多分歧的意見，例如要如何混和香料、哪一種才是最好的混和方式，甚至要如何使用香料都有不同的看法。有些人認為，香料應該用研砵和研杵碾碎，其他人則希望能方便一點，用電動咖啡磨豆機或香料磨碎器打碎，最後，還有人會直接購買個別的現成香料，放入碗中混合後就宣告完成。要怎麼做由你決定，不過大多數的BBQ老手喜歡最後一個做法——自己研磨的香料味道更帶勁。但這種做法也很費工。最簡單的方法是，你可以學其他人直接將一層又一層的香料鋪在肉上。

放到烤箱裡完工：我們先把肉放到烤爐上吸收煙燻味，從木屑吸收，而不是使用煙燻器。使用適量木炭，份量比一般低溫慢烤時多，但又比烤大塊肉排時少，以免烤得太焦。接著，利用烤箱以相當低的溫度將豬肉料理完成。這種方式幾乎可以烤出和傳統BBQ一樣的成果，而時間卻能大幅縮短，也比較不費力。把肉放到拋棄式烤盤可以遮蔽烤爐上的熱源，因此不會有把肉烤焦的風險。把肉從烤爐移到烤箱時，使用烤盤也讓操作變簡單多了。

用紙袋裝起來：別忘了紙袋！把豬肉放在牛皮紙袋靜置1小時，讓美味的肉汁可以重新吸收進肉裡。除此之外，也可以產生蒸氣效應，有助於分解任何殘留的堅韌膠原蛋白，產生更美味、更多汁的烤肉。

以醬汁攪拌：幾乎所有傳統的手撕豬肉食譜，都有把豬肉絲和醬料混合的步驟，但這大概是唯一的共通點。即使在南北卡羅萊納州，跨過州線，口味就不同了。有醋與胡椒味道強烈的結合、或用上番茄或番茄醬、甚至是番茄加黑糖。我們試玩了幾種組合，你也可以選用自己喜歡的口味。

2塊中等大小的木塊，泡水1小時，可以取代放在木炭烤爐上的木屑包。

1塊（5-6磅）牛胸肉，平胸部位（flat cut），脂肪處理至剩⅓-½吋

⅔杯鹽巴

½杯加上2大匙的糖

2杯木屑，泡水15分鐘後瀝乾

3大匙猶太鹽

2大匙胡椒

1個（長13吋、寬9吋）拋棄式鋁箔深烤盤，用於木炭烤爐。若使用燃氣烤爐，改用拋棄式鋁箔派盤

1. 用一把鋒利的刀子交叉切開脂肪層，每刀相隔1吋，小心不要切到肉裡。在一個大容器中放4夸脫的冷水，溶解食鹽和½杯糖。把牛胸肉泡到鹽水中，蓋上蓋子，冷藏2小時。

2. 用一大片加厚鋁箔紙包起泡過水的木屑，並在頂端戳幾個通風孔。

3. 將剩下的2大匙砂糖、猶太鹽、胡椒放入碗中混合。將牛胸肉從鹽水中拿起，並以紙巾拍乾。把肉放到有邊烤盤中，並以混合好的鹽巴抹在整塊牛胸肉上，並抹入切開的縫隙中。

4A. **木炭烤爐**：烤爐底部通風孔半開。把3夸脫未點燃的木炭堆在烤爐的一邊，在拋棄式烤盤裡倒2杯水，將烤盤放入烤爐空的一邊。裝入三分之二滿、約4夸脫木炭，點燃。當頂端的木炭有一部分被炭灰掩蓋時，將木炭倒到還沒點燃的木炭上，蓋住烤爐的三分之一，木炭緊靠烤爐的一邊。將包好的木屑放到木炭上，架好烤網，蓋上爐蓋，蓋子的通風孔半開，直到烤爐變得火燙，木屑開始冒煙，約需5分鐘。

4B. **燃氣烤爐**：將木屑直接放在主要爐火上。在拋棄式鋁箔派盤倒入2杯水，放到其他爐火上。將所有爐頭的火力開到最大，蓋上蓋子，讓烤爐加熱至高溫，木屑開始冒煙，約需15分鐘。將主要爐火轉至中火，將其他爐火關閉。依照需求調整主要爐火的火力，讓烤爐溫度維持在250度至300℉。

5. 將有邊烤盤蓋上鋁箔紙，烤網架在烤盤中。清理烤網，並將烤網上油。將牛胸肉帶肥肉的一面放在烤爐溫度較低的一邊，離火和木炭越遠越好，肉最厚的部位面對炭火。在肉上輕輕蓋上鋁箔紙，或用鋁箔紙打造防護罩蓋上蓋子烤約3小時。若使用木炭烤爐，讓蓋子的通風孔位於肉的上方，再將牛胸肉放到準備好的烤盤中。

6. 將烤箱烤架調整至中層，烤箱預熱到325℉。將牛胸肉放入，烤約2小時，直至肉質軟嫩，內部溫度達195℉。

7. 將牛胸肉放到砧板上，輕輕覆蓋上鋁箔紙，靜置30分鐘。逆紋將牛胸肉切成細長條狀，然後上桌。

實用科學知識 牛胸肉的兩個部位

"每一大塊牛胸肉，都可以分為兩小塊"

牛胸肉是從胸切下的部位，整塊牛胸肉都沒有骨頭，紋路粗糙，由兩塊小部位組成——平胸肉（flat cut；或稱 first cut）和前胸肉（point cut；或稱 second cut）。

有多處突出的前胸肉（A）和長方形的平胸肉（B）重疊。前胸肉有更多油花和脂肪，平胸肉的肉質很瘦，蓋著一層厚厚的脂肪層。我們的食譜所列的是很多地方都能買到的平胸肉。請確定買的肉沒有切掉過多脂肪層，脂肪還有⅓至½吋厚。

整塊牛胸肉紋路粗糙
可切成「前胸肉」（A，圖左）和「平胸肉」（B，圖右）

前胸肉　　　　　平胸肉

成功關鍵

在尋找BBQ牛胸肉的食譜時，我們發現廚師們有個共識——為了讓肉軟嫩，勢必得慢煮，最長可達12小時。只是這似乎要花很多時間。不過，我們找出解決辦法來讓料理不必冗長到如此嚇人，甚至也能用到後院的烤肉爐來取代專業的煙燻器。我們利用浸泡鹽水、徹底經過調味，來讓肉質保持多汁，甚至經過數小時的燒烤後仍是如此。這個步驟不可或缺，因為牛胸肉和其他常用來慢烤的部位不同，肌內脂不多，大部分的脂肪都在肉的外層，肉本身相當瘦且有很多結締組織。所以，從鹽水吸收額外的水分是這道料理的關鍵。有關浸泡鹽水的料理科學，請參考觀念11。

選擇牛胸肉的部位：牛胸肉是從牛的胸部切下的肉，整塊牛胸肉都沒有骨頭，紋路粗糙，由兩塊小部位組成：「平胸肉」和「前胸肉」。有多處突出的前胸肉和長方形的平胸肉重疊。前胸肉有更多油花和脂肪，平胸肉的肉很瘦，蓋著一層厚厚的脂肪層。我們的食譜要的是很多地方都能買到的平胸肉，因為很瘦，可以讓裡層保持濕潤的油花少，所以容易乾。請確定買的肉沒有切掉過多脂肪層，有⅓至½吋厚。若用的是脂肪很多的前胸肉，因此煮的時候會更濕潤，則要省略浸水的步驟。

選對木柴：使用木炭烤爐時，只要可以的話我們喜歡用木塊勝過木屑。用兩塊中等大小的木塊，泡水1小時以取代木屑。我們喜歡用核桃木塊（hickory）來煙燻牛胸肉，或是山核桃木（pecan）、楓木、橡木，以及蘋果、櫻桃、桃子等果樹的木材也可以。最好避免牧豆樹（mesquite），這種樹本會在長時間燒烤過程中讓肉質變苦。挑選尺寸時，可以使用大小和網球相仿的木塊。

利用火往下燒：在實驗本食譜的過程裡，我們不確定該如何在不需頻繁添加柴火下讓烤肉爐保持低溫。不過，我們卻發現，火可以往上燒也會往下燒。因此將已點燃的木炭放在烤爐底部，在上頭加入4夸脫的熱木炭。結果呢？爐火以最高300°F的溫度連續燒了約3小時。接著，我們將牛胸肉移入烤箱中，完成料理過程。

使用保護罩：如果牛胸肉重量不到5磅，或脂肪層已經去掉、又或是使用小的木炭烤爐，就有必要用鋁箔紙包住，避免牛胸肉烤得太黑。在長20吋、寬18吋的加厚鋁箔紙的長邊，以½吋的寬度折兩次，折出加厚的邊緣。將鋁箔紙放到烤架中間，加厚的一邊放在烤爐溫度較高的一邊。將牛胸肉的肥肉朝下，放到烤爐溫度較低的一邊，占住鋁箔紙的一半。將鋁箔紙拉起，輕輕蓋在牛胸肉上。

實用科學知識 為什麼牛胸肉是粉紅色的？

"烤肉表面下的粉紅肉層稱為「煙燻圈」（smoke ring）"

在競爭激烈的BBQ世界中，冠軍牛胸肉都有一層厚厚的煙燻圈，也就是表層底下¼吋厚的粉色肉層。煙燻圈常被誤以為是沒有煮熟的肉，最常在燒烤的肉裡看到，不過並不會影響口味。煙燻圈通常是在密閉空間內，例如BBQ，是以低溫烹煮很長一段時間後的反應造成。雖然叫做「煙燻圈」，但煙裡只有一個化合物會在煙燻圈形成時發揮作用。肉的顏色來自一種稱為肌紅蛋白的蛋白質，肉剛切好時，這種蛋白質是深紫色。肌紅蛋白裡的鐵原子和氧氣結合，就會變成亮眼的鮮紅色。熟肉裡的鐵原子會氧化，開始變灰。不過，在BBQ時，鐵原子會和煙裡的一氧化氮結合，分解肉表面的水分，製造出新的化合物，和讓肉類熟食（deli meat）粉紅的亞硝酸鹽（nitrites）類似。我們發現，在烤爐裡放一鍋水增加水分，就能烤出適當的煙燻圈。

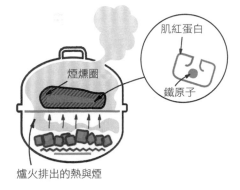

如果鐵原子……	顏色
和一氧化氮結合	粉紅
和氧氣結合	紅色
氧化	灰色

《膠原蛋白分解的實際應用》燜煮

燜煮的技術包括將食物放到約180至190℉的少量水中。在鍋蓋緊閉的鍋子、或以鋁箔紙封住，慢慢地以文火熬煮。蓋起鍋蓋不只能讓肉在均勻受熱的液體中烹煮，因為蒸氣的威力，也更容易達到可融化膠原蛋白的溫度。燜煮也適合處理富含膠原蛋白的肉，例如牛胸肉。我們會在觀念8深入探討這項技巧。

洋蔥燜牛胸肉
6-8人份

本食譜需要幾小時的烹煮時間，但不是用來顧爐火，只是在事前準備好材料上。煮好後，牛胸肉一定要在燜湯裡泡一晚，讓牛胸肉汁多味美，燜湯之後可做成醬汁。適合燜牛胸肉的配菜包括馬鈴薯泥和奶油雞蛋義大利麵。也可用瑪索粉（Matzo meal）或太白粉代替麵粉。

1塊（4-5磅）牛胸平胸肉，處理好油脂剩下¼吋
鹽巴和胡椒
植物油
2½磅洋蔥，切半，再切片、約½吋
1大匙壓實的紅糖
3瓣大蒜，切碎
1大匙番茄糊
1大匙甜椒粉
⅛茶匙卡宴辣椒
2大匙中筋麵份
1杯低鈉雞高湯
1杯澀紅酒
3片月桂葉
3株新鮮百里香
2茶匙蘋果醋

1. 將烤箱烤架調整至中低層，烤箱預熱至300℉。在長13吋、寬9吋的烤盤中，鋪上兩張長24吋、寬18吋的加厚鋁箔紙，與鋁箔紙的方向互相垂直，讓多出來的鋁箔紙可以延伸出烤盤之外。用紙巾將牛胸肉拍乾。肥肉朝下，將牛胸肉放到砧板上，用叉子在脂肪層戳洞，每個洞相隔約1吋。以鹽巴和胡椒抹在牛胸肉的兩面。

2. 在一個大的平底鍋裡放入1茶匙的油，開中大火加熱，直到油開始冒煙。將帶有脂肪的牛胸肉那面下鍋，有可能會超出鍋子的邊緣朝上，再用很重的鑄鐵鍋或鍍銀的平底鍋壓在肉上，煎約7分鐘直至表面呈現漂亮的焦褐色。將鑄鐵鍋拿開，用食物夾把牛胸肉翻面，煎第二面約7分鐘，不需以鍋子壓住，直到肉的外表呈現漂亮的焦褐色。將牛胸肉移到盤子上。

3. 將鍋裡的油脂倒出，只留1大匙的油脂，如果煎牛胸肉釋出的油脂不夠，再加入足夠的油讓鍋裡的油量有1大匙。將火轉至中大火，將洋蔥、糖、¼茶匙的鹽巴拌入，偶爾攪動一下，烹煮約10至12分鐘，直到洋蔥變軟。加入大蒜並烹煮，時常攪動約1分鐘，直到散發香氣。加入番茄糊，和其他料拌在一起約2分鐘，直到番茄糊顏色變深。加入甜椒粉和卡宴辣椒，不停攪拌約1分鐘，直到散發香氣。再加入麵粉，不停攪拌約2分鐘，直到麵粉和其他的料充分混合。倒入高湯、酒、月桂葉、百里香，攪動，以文火煮約5分鐘，刮起焦褐的碎屑，煮至接近沸騰，直到醬汁完全變稠。

4. 將醬汁和洋蔥倒至鋪好鋁箔紙的烤盤中。將牛胸肉放入烤盤，有脂肪的那面朝上，泡在醬汁和洋蔥當中。將延伸出去的鋁箔紙往內折，封住。不要捲得太緊，因為之後要打開檢查熟度。放入烤箱中烘烤約3個半至4小時，烤至叉子可以把肉輕鬆刺穿。測試熟度時，得小心打開鋁箔紙，因為可能會熱得噴煙。小心打開鋁箔紙，讓牛胸肉在室溫下冷卻20至30分鐘。

5. 將牛胸肉放到大碗中，將細網濾網架在碗的上方，將醬汁篩過後，淋在牛胸肉上。把月桂葉和百里香取出丟棄，將洋蔥放入小碗中。將兩個碗以保鮮膜包起，戳幾個通風孔，放入冰箱冷藏過夜。

6. 上桌前45分鐘，將烤架放至烤箱中低層，將烤箱預熱至350℉。烤箱預溫時，把冰冷的牛胸肉放到料理板上。將醬汁表面的油脂刮起丟棄，在中等大小的單柄深鍋中以中火加熱醬汁，直到醬汁變溫，用很寬的淺湯匙將表面的油脂撇去。目前應該有2杯不含洋蔥的醬汁，需要的話再以中大火加熱醬汁，直到醬汁收到剩2杯的量。將牛胸肉逆紋切成¼吋厚的肉片，將肉片放在長13吋、寬9吋的烤盤中。將之前留下來的洋蔥和醋放入溫熱的醬汁中攪拌，並加入鹽巴和胡椒調味。將醬汁倒在牛胸肉上，以鋁箔紙蓋住烤盤，烘烤約25至30分鐘直至完全熟透，立刻上桌。

不過夜洋蔥燜牛胸肉

依照步驟4將牛胸肉從烤箱拿出後，重新將鋁箔紙包起，讓牛胸肉在室溫下靜置1小時。將牛胸肉移至料理板，繼續將醬汁過濾、撈油、重新加熱，並將肉切片。將醬汁淋到牛胸肉後，不必將牛胸肉重放回烤箱。

成功關鍵

本食譜將精瘦、富含膠原蛋白的牛胸肉煮至全熟，把肉和燜湯放在烤箱裡很長一段時間。和慢烤不一樣的是，封住的鋁箔包裝裡產生的熱氣，讓肉能更快達到更高的溫度。這麼一來，儘管肉本身沒有脂肪，但膠原蛋白會融化、使肉變得濕潤。將牛胸肉泡在醬汁過夜，隔天切片，可以恢復一些在烹煮過程中流失的水分，同時也避免軟嫩的肉在刀下變得支離破碎。

買對部位：整塊牛胸肉最重可達12磅。通常會分成平胸和前胸兩塊來賣。平胸較瘦、較薄，長方形，有一層脂肪層。在超市中比前胸肉常見，前胸肉是橢圓形，形狀不規則，肉裡含有一大塊脂肪。
我們發現，前胸肉可能稍微好吃一點，更重要的是，因為這塊肉的脂肪較多，比較不容易過乾。很可惜不少試吃員認為前胸肉太肥不好吃，而且想切成漂亮的薄片幾乎是不可能。總而言之，比起燜煮，前胸肉更適合拿來燒烤。
平胸肉比較好高溫香煎，只要冷卻過後，就比較好切片。肉販通常會處理掉一部分的脂肪，或全部處理掉。不過，我們要想辦法找到至少還留有¼吋厚脂肪的牛胸肉。平胸肉通常重量在4至5磅，不過肉販偶爾會切成2磅至3磅重的小塊。如果買不到大塊牛胸肉，可以用兩小塊平胸肉代替，只是烹煮時間就要隨之調整了。

使用加厚鋁箔紙：在這份燜肉料理中，我們使用18吋寬的加厚鋁箔紙，在烹煮過程中封住牛胸肉。將肉緊緊封住很重要，不只讓肉能在徐徐沸騰的燜湯中均勻受熱，也能讓肉在封住的蒸氣中受熱。小心不要把鋁箔紙折得太緊，因為之後檢查熟度時需要再把鋁箔紙打開。

雞肉或牛肉高湯：雖然燜煮牛胸肉食譜，很多都是使用牛肉高湯，但我們發現大多數的牛肉高湯罐頭味道又鹹又假。實驗本食譜時，我們發現試吃員喜歡雞肉高湯勝過牛肉高湯，因為味道較為清爽。為了讓醬料更有味，我們再加入紅酒提味。

靜置過夜：我們發現最好把牛胸肉冰在冰箱中過夜。這項手法不只可以讓牛胸肉更多汁、更軟嫩，切片時也不會支離破碎。如果需要供應給很多人吃，這是道很完美的料理，只需在前一天先做好，減少時間壓力，切得整整齊齊的牛肉片放在餐盤上看起來也更高雅。必要的話，也可以在同一天做好上桌。可參考本觀念食譜「不過夜洋蔥燜牛胸肉」。

完成醬汁：我們在測試這道菜時，實驗廚房對醬汁成品的濃稠度各有看法。「肉汁醬」（gravy）的愛好者想要可以附著在肉上面的濃稠醬汁，而另一派則想要較淡、較自然的肉汁。不過，他們的共識是，煮肉汁時如果在平底鍋拌入太多麵粉會讓醬汁變得太像麵糊。只要2大匙麵粉就能讓醬汁有適當的份量。若要讓醬汁更稠，只需在烤好的牛胸肉切片時，再將醬汁放回爐火上以文火熬煮。上桌前加入幾茶匙的蘋果醋就能讓味道更活潑。

實用科學知識 如何保存月桂葉？

"把月桂葉放到冷凍庫，延長新鮮度"

因為大多數的湯和燉湯食譜都只需要1到2片月桂葉，所以廚房裡的那罐月桂葉大概已經放好一陣子了，這樣有沒有關係？
為了探討這點，我們進行實驗，測試剛開罐的月桂葉、開罐3個月並存放在原本密封罐裡的月桂葉，以及放入夾鏈袋冰在冷凍庫3個月的月桂葉之間有何不同。
我們從三種月桂葉中各取兩片，放到2杯多的雞罐頭高湯中熬煮，測試其味道強度。開罐後放在原本容器、存放在倉庫的月桂葉味道流失之多到讓我們頗感訝異，其差異多到新開罐的氣味是已開罐的兩倍濃。好消息是，我們有方法保留月桂葉大部分的香氣──「冷凍」的月桂葉散發出濃郁的極佳口味和香氣，幾乎和剛開罐的月桂葉一樣。

觀念8：質地較硬的肉類，請蓋上鍋蓋烹煮
Tough Cuts Like a Covered Pot

不管是爐烤、燒烤、或熱炒，我們的目標通常是透過褐變反應煮出食物的風味，並避免煮過頭，以免水分流失影響口感。不過，正如我們在觀念7學到的，富含膠原蛋白的肉塊，可以使用不同方式處理：慢烤、BBQ、燜煮，將較硬的部位煮到熟透軟嫩。只是在許多層面來看——「燜煮」，也就是煮肉時把鍋蓋蓋上，是最可靠、最萬能的選擇。

⊛ 科　學　原　理

燜煮時，我們通常會先用高溫香煎，把肉煎出顏色和味道，然後將它泡在液體中，再將鍋子封住以文火煮至肉質變得軟嫩，其軟嫩度是可以用奶油刀切開的程度。「燜煮最適合富有許多脂肪與膠原蛋白的部位」，像是牛小排、肩胛肉、或是雞腿肉。

這種技巧結合了觀念7的慢烤和BBQ裡使硬肉軟嫩的效果，可是也有這些乾煮的料理方式所沒有的優點。

首先，「燜煮是一種相當穩定，且可以使食材均勻受熱的烹煮手法」。因為烹煮的液體維持在低於水的沸點溫度、約212°F，這使得燜煮這項手法替為烹煮過程中提供了低溫、緩慢、穩定的熱源。它和慢烤或BBQ一樣，以這類的烹煮手法將膠原蛋白溶成吉利丁，熬煮出多汁軟嫩的肉質時，卻又不必擔心哪一個部位會煮得太快或太慢。

第二個優點，因為燜煮時需蓋上鍋蓋，使鍋內產生蒸氣的同時，也等同製造了第二熱源，而且在很多情況下，烹煮時間比慢烤或BBQ還來得短。

最後一個好處，用燜煮的料理，其液體會吸收肉裡的美味與顏色，變成濃稠味美的醬汁。

我們可以在爐火上燜煮食物，可是也發現到，爐火的直接熱源相當強烈，且只會針對鍋底加熱，效率實在太高太直接，這會使得肉熟得快卻不會熟得均勻，同時影響燜汁的稠度，讓外加的澱粉，例如麵粉，在鍋底分解，使得醬汁太稀。不過，烤箱的熱源間接且效率較低，在蓋上鍋蓋的密閉空間裡，以溫和、均勻地熱能烹煮，就可以煮出滑順、肥美的醬汁了。

燜煮的大範疇下有三種料理方式——鍋烤（pot-roasting）、燉煮（stew）、以及燜煮（braising）本身。「鍋烤」是讓一大塊肉塊的一部分泡在液體中烹煮；「燉煮」則使用在較小的食材上，讓食材整個泡在液體中；這兩種之外的其他料理方式都屬於「燜煮」。

為什麼要在烤箱裡燜煮？

在爐子上：
熱能分布不均，且集中在鍋底。

在烤箱裡：
熱能均勻分布，沒有集中的熱點。

⊗ 實 驗 廚 房 測 試

為了測試燜煮對水分的影響，我們設計了一組實驗，模擬把肉泡在液體裡，並蓋上鍋蓋的料理方式。我們將五塊200克的牛肩胛肉樣本以及定量的高湯，放到真空壓縮袋裡以減少水分蒸發。接著，我們將袋子放入水中，水溫保持燜煮時平均低溫、約華氏190度，浸泡個1個半小時。接著，再將袋子自溫水中取出，測量牛肉的重量，以及每袋中有多少液體。

實驗結果

經由實驗我們發現，肉在隔水烹煮的過程中，平均重量減少減少25克，約總重量的12.5％。再測量每個袋子裡的液體後，發現平均增加25克。

重點整理

燜煮可以增加肉裡的水分是常見的誤解。所以從這項實驗中，證明了水分會從肉裡被吸出來融入周圍的液體中，而不是肉在吸收水分。那麼，為什麼燜肉吃起來的感覺這麼濕潤呢？關鍵在「文火」，它有助於將肉的結締組織和膠原蛋白分解為吉利丁，讓肌肉纖維潤滑軟嫩，讓人以為柔軟、滑嫩的口感就是多汁。

實用科學知識 最好的燜煮場所？

"捨棄爐子吧！
  在烤箱中燜煮，更有助於煮出美味濃稠的醬汁"

在許多實例上來說，實驗廚房比較喜歡用烤箱燉煮而不是用爐火，最佳的示範例便是本觀念食譜中的「普羅旺斯燉牛肉」。為了實驗兩者間的差異，我們以350℉的烤箱燜煮一組牛肉，另一組則以爐火燜煮。兩種廚具都在加熱2個半小時後煮出多汁、軟嫩的牛肉，可是燜煮出的液體質地大不相同。使用爐火燜煮的牛肉，得到像是湯汁般稀稀的醬汁；而以烤箱燜煮的牛肉，則煮出絲綢般濃郁的醬汁。

為什麼差別這麼大呢？在溫和的溫度下，燜汁中的麵粉會逐漸吸收水分，湯汁因此變稠。不過，如果燜汁太燙，澱粉會開始分解而失去濃稠度，因此煮成較稀的醬汁。由於爐子只從底部加熱，所以最靠近熱源的麵粉會先失去其黏稠度。

燉肉通常是用一種有蓋子、古甕形狀的鍋子烹煮（譯註：法文原文為daubière，稱為煨肉鍋）。這個鍋子會放入壁爐，放在一層熱燙的灰燼上，遠離直接加熱的火焰，甚至蓋子的凹陷處堆積著更多灰燼。這樣烹煮的結果是？從上下兩方傳來的均勻熱源能溫和的燜煮燉肉。所以，以烤箱燜煮不只比用爐火更有效率，也更忠於傳統。

✏ Tips：測量在燜煮前後，肉裡所含的水分

燜煮前

燜煮後

我們以真空壓縮袋裝好牛肉，在燜煮前後測量牛肉的重量，發現肉平均減少25克，這證明了，燜煮是無法留住水分的。

《燜煮的實際應用》鍋燜

我們用鍋燜的烹煮手法，將又大又硬、也就是便宜且幾乎難以入口的肉，煮成軟嫩美味、味道濃郁的主菜。讓一部份的肉浸泡在液體中，再蓋上鍋蓋，以烤箱溫和的火力加熱。煮好後，肉質應該會軟嫩到可以用鈍刀「切」開。在我們的經典料理手法裡，一開始會先以爐火將肉的外皮煎焦，逼出肉的味道。不過想一切從簡的話，也可以省略這個步驟。

經典鍋燜牛肉
6-8人份

鍋燜牛肉時，請記得水只要淹到肉的一半即可，燜了2小時後就要開始檢查熟度。馬鈴薯泥或水煮馬鈴薯都是很好的配菜。

1塊（3½磅）無骨牛肩眼肉（chuck eye roast），處理好
鹽巴和胡椒
2大匙植物油
1顆洋蔥，切塊
1顆小紅蘿蔔，切塊
1小根芹菜梗，切段
2瓣大蒜，切末
2茶匙糖
1杯低鈉雞高湯
1杯牛肉高湯
1株新鮮百里香
1-1½杯水
¼杯澀紅酒

1. 將烤箱烤架調整至中層，烤箱預熱至300℉。以紙巾將牛肉拍乾，加上鹽巴和胡椒調味。

2. 在荷蘭鍋裡放油，開中大火熱油至油發亮，但還沒起煙。將牛肉的每一面煎至變色需8至10分鐘，若油脂開始冒煙，可將火轉小。把牛肉放到大盤子上，靜置一旁備用。將火轉至中火，放入洋蔥、紅蘿蔔、芹菜，烹煮約6至8分鐘，偶爾攪拌，直到開始變色。再把糖和大蒜下鍋攪拌約30秒，炒到傳出香氣。將雞肉和牛肉高湯、百里香下鍋，以木匙將鍋底的焦褐碎屑刮起，將牛肉和所有累積的肉汁重新下鍋，添加足

夠的水淹過牛肉的一半，以中火將湯汁煮至徐徐沸騰後，將一大片鋁箔紙蓋在鍋上，並以鍋蓋緊緊蓋住，再將鍋子放入烤箱中。鍋燜烹煮約3個半至4小時，每30分鐘攪動一下牛肉，直到肉徹底軟嫩，叉子能輕易刺穿肉塊為止。

3. 將肉放到砧板上，蓋上鋁箔紙保溫。讓鍋裡的液體靜置5分鐘，用寬湯匙將表面的油脂撇掉，並將百里香取出丟棄。以大火煮沸，並將醬汁收至剩1½杯，約需8分鐘。加入紅酒，接著收至剩1½杯，約需2分鐘。以鹽巴和胡椒調味。

4. 逆紋將肉切成½吋厚的切片，或把肉撕成大塊肉片。將肉放到餐盤上，將½杯的肉汁倒在肉上。上桌，剩下的醬汁供需要的人自行取用。

成功關鍵

在本食譜中先以中大火將肩眼肉的表面煎得上色，煎出顏色和味道。用鋁箔紙蓋住鍋子後，再蓋上鍋蓋，記得鋁箔紙封得越緊越好。這項動作能使牛肉在烤箱裡燜煮時，避免水蒸氣從尺寸不合的鍋蓋縫隙處流失。將肉的一半泡在湯汁裡，才能燜煮至熟透軟嫩、多汁的肉。

選擇肩眼肉：我們建議在這道鍋燜料理中選用「肩眼肉」。這塊無骨的肉塊是從前五塊肋骨的中段切下，非常軟嫩多汁，脂肪含量比例也相當符合健康原則。肩胛七骨肉（chuck 7-bone roast）和上肩肉（top blade roast）也很適合用在這道鍋燜料理，不過這些部位比較瘦，烹煮時間要減少1小時。如果用的是上肩肉，在烹煮前一定要用廚用棉繩綁好。

煮至熟透，然後再煮久一點：我們把肉煮到很熟，內部溫度達到210℉，讓脂肪和結締組織真的充分融化。只是煮到這個溫度是沒有辦法讓肉煮到想要的「軟到崩塌」的程度。不過我們發現，如果將肉維持同樣的內部溫度再多煮1小時，肉會變得更軟，把叉子插入中心時毫無阻力，幾乎是消失到肉裡。

利用神奇溫度：我們先將烤箱溫度設在250℉，接著以更高的溫度來測試，看看是否能減少烹煮時間。結果證明，如果烤箱溫度超過350℉，肉的口感就會變得多絲、過柴，這是因為肉的裡面還沒煮熟煮軟，但外層又煮過頭造成的結果。原來，「烤箱的神奇溫度落在300℉」，剛好可以讓肉低溫沸騰，但溫度也夠高，還可以減少幾分鐘的烹煮時間。

收汁、收汁、再收汁：有些食譜會以混合奶油和麵粉的方法讓醬汁濃稠，或用黏糊的玉米澱粉混合一些燜汁。這兩種方法都讓醬汁變得更像肉汁醬，而且也把味道稀釋掉了。我們喜歡把肉從鍋中取出，將醬汁收乾，直到味道變得濃縮，質地更紮實。

簡易鍋燜牛肉
6-8人份

將整鍋煮好的肉靜置過夜，可讓味道更豐富多汁、更好切片。

1塊（3½-4磅）無骨肩眼肉，從肌肉接縫處撕開，
處理好
猶太鹽和胡椒
2大匙無鹽奶油
2顆洋蔥，對切後，切片
1條大的紅蘿蔔，去皮，切塊
1根芹菜梗，切塊
2瓣大蒜，切末
2-3杯牛肉高湯
¾杯澀紅酒
1大匙番茄糊
1片月桂葉
1株新鮮的百里香，另備¼茶匙切碎的百里香
1大匙巴薩米克醋

---

1. 以1大匙鹽巴將肉調味，把肉放在架在有邊烤盤的烤架上，在室溫下靜置1小時。

2. 將烤箱烤架調整至中低層，烤箱預熱至300℉。準備荷蘭鍋，放入奶油以中火融化。將洋蔥下鍋，偶爾攪動8至10分鐘，直到洋蔥變軟變色。將紅蘿蔔與芹菜下鍋，繼續烹煮約5分鐘，偶爾攪動。將大蒜下鍋，煮至散發香氣約需30秒。拌入1杯高湯、½杯酒、番茄糊、月桂葉、百里香，煮至徐徐沸騰。

3. 拿紙巾將牛肉拍乾，以胡椒調味。用三條廚用棉繩把牛肉綁成圓柱形，確保肉均勻受熱。

4. 把肉鋪在蔬菜上，拿大片的鋁箔紙緊緊蓋住鍋子後，再蓋上鍋蓋，將鍋子放入烤箱。燜烤約3個半至4小時，直至牛肉徹底軟嫩，連去皮刀也可輕易滑進滑出。烘烤至一半時間，需將牛肉翻面。

5. 將牛肉移到砧板上，輕輕蓋上鋁箔紙。用細網濾網過濾肉汁至4杯份量的量杯裡。把月桂葉和百里香丟棄，將蔬菜放進食物調理機（blender）。讓燜汁靜置5分鐘，然後撈去脂肪再倒入牛肉高湯，讓湯達到3杯的份量。將湯汁倒入食物調理機，攪拌2分鐘至質地滑順。將醬汁倒進中型的單柄深鍋，以中火徐徐煮沸。

6. 同時，把廚用棉繩拆掉，逆紋切成½吋厚的厚片。將肉放到餐盤上。將剩下的¼杯酒、切碎的百里香以及醋拌入肉汁醬，並以鹽巴和胡椒調味。將半杯肉汁淋在肉上，剩下的肉汁供需要的人自行取用。

事先準備：鍋燜料理可以2天前準備好。依照食譜做到步驟4，然後將煮熟的肉放到大碗中。把湯汁濾過、去脂，加入牛肉高湯，將湯汁的量增加到3杯。將湯汁和蔬菜倒入放牛肉的碗中，冷卻1小時，以保鮮膜包起，戳幾個通風孔，然後冷藏過夜，或最多至48小時。上桌前1小時，將烤箱烤架調整至中層，烤箱預熱至325℉，依照食譜指示將牛肉切片，放入長13吋、寬9吋的烤盤中，以鋁箔紙緊緊封住燜烤約45分鐘，直至牛肉徹底加熱。將湯汁和蔬菜打碎，將以文火煮至徐徐沸騰，並依照後續食譜步驟完成。

實用科學知識 低溫下的褐變反應

"低溫也可達成梅納反應，達到美味的焦褐效果"

以高溫香煎肉類時會迅速產生梅納反應，可以煎出深褐色的美味外皮。可是在相對低溫、濕潤、密閉，且永遠不會超過水沸點溫度的燜煮環境中，是否也能產生梅納反應呢？

為此我們煮了兩份鍋燜料理，一份是先高溫熱煎，然後再加入少量的液體到鍋裡；另一鍋則直接倒入液體，沒有經過香煎。令人訝異的是，我們發現，露出於液體上的肉塊，較乾的部位都有類似的褐變反應，即使沒有經過香煎，味道也和煎過的一樣美味。

這是怎麼回事？在500℉的香煎高溫中，梅納反應迅速產生無數個味道化合物，替食材增添風味。不過只要有足夠時間，在160℉的低溫下，也可以產生褐變反應。

在我們的食譜「簡單鍋燜牛肉」，煮了足足3個半小時，有充足的時間讓肉的乾燥部位產生很多新的氣味分子。雖然比不上高溫烹煮時所產生的大量化合物催成褐變反應、味道也沒那麼濃郁；但在部分情況下，我們認為這有助於大家跳過香煎這一步。

本食譜偏離所謂的經典料理手法，並且和其他多數的燜肉料理不同。烹煮手法不是先把肉煎至變色好逼出氣味，而是拉長食材在烤箱裡燜烤的時間，進而誘發一些褐變反應。為了促進低溫褐變，我們在燜鍋中使用了最少的液體。其原理請參考本觀念「實用科學知識：低溫下的褐變反應」。由於少了煎出美味的高溫香煎，我們在鍋中加入重口味材料，如番茄糊、牛肉高湯、紅酒、炒蔬菜丁（mirepoix）。在完成醬汁時甚至加入更大膽的味道，像是醋以及更多的酒。

分成兩份： 在料理之前，我們把肉分成兩份，在接縫處把肉撕開，去掉所有多餘的脂肪。討人厭的內在脂肪球難以融解，經常成為燜肉料理的問題。除此之外，我們發現把肉切半，在蓋上鍋蓋燜煮時，可增加褐變反應的表面面積。

先加鹽： 我們在動手料理前1小時，先在肉上加鹽。鹽可以吸出肉的水分，形成淺淺的鹽水，隨著時間過去，水會回到肉裡，將肉徹底調味，而不是只有外表沾上鹽巴。雖然浸鹽水會花上很久很久的時間，但我們發現，只要在烹煮前1個小時浸泡鹽水，就會有很大的差別。其原理請參考觀念12。尤其如果把肉一分為二，接觸鹽水的表面面積就變多了。利用這項技巧再加上牛肉高湯，以及富含麩胺酸的番茄糊，就能確實的帶出肉裡的風味。麩胺酸的科學原理請參考觀念35。

將醬汁打泥更有味： 燜肉煮到熟到不能再熟時，蔬菜已經分解，開始讓醬汁變濃稠。我們把燜鍋裡已經去掉油脂的醬汁丟入調理機，帶出最後的風味。這和食譜中的經典鍋燜牛肉料理步驟中，用來加強風味的技巧類似，因為我們沒有使用讓醬汁變稠的材料，只是把醬汁裡的食材打成泥，而不是收汁。在上桌前，我們會加入巴薩米克醋和紅酒來讓醬汁的味道更鮮明。

《燜煮的實際應用》牛小排和雞腿

燜煮牛小排與雞腿等帶骨部位時，有可能煮出極端的風味，但也可能煮出過多油脂。我們嘗試各種方法達到減少肉裡的脂肪，以及保持這些燜肉在味道上的強度。這些方法包括去骨、去皮，在上桌前撈去醬汁上的油脂。有關帶骨部份的料理科學，請參考觀念10。

無骨牛小排燜肉
6人份

在本食譜中，我們使用無骨牛小排或是自己去骨的肉排。牛小排至少要有4吋長、1吋厚。如果買不到無骨牛小排，可以用7磅重、長4吋、體頭上方有1吋厚的帶骨牛小排替代。我們建議大膽使用卡本內‧蘇維翁（Cabernet Sauvignon）紅酒。這道菜可搭配奶油雞蛋義大利麵、馬鈴薯泥或烤馬鈴薯一起品嘗。

> 3½磅去骨牛小排，處理好
> 猶太鹽和胡椒
> 2大匙植物油
> 2顆大洋蔥，切絲
> 1大匙番茄糊
> 6瓣大蒜，剝皮
> 2杯紅酒
> 1杯牛肉高湯
> 4條大的紅蘿蔔，去皮，切塊、約2吋
> 4株新鮮百里香
> 1片月桂葉
> ¼杯冷水
> ½茶匙無味吉利丁

1.將烤箱烤架調整至中低層，烤箱預熱至300℉。以紙巾將牛肉拍乾，並以2茶匙的鹽巴、1茶匙的胡椒調味。在荷蘭鍋裡放1大匙植物油，以中大火加熱，直到冒煙。將一半的牛肉下鍋油煎4至6分鐘，直到呈現漂亮的焦褐色，過程中不要移動牛肉。再將牛肉翻面油煎約4至6分鐘，至第二面也呈現漂亮的焦褐色，如果油脂開始冒煙，可轉至小火。將牛肉放入中碗中，以剩下的1大匙油重複同樣步驟，將剩下的肉煎好。

2.將火轉為中火，洋蔥下鍋烹煮約12至15分鐘，偶爾攪拌，直到洋蔥變軟、開始變色。如果洋蔥變黑得太快，請在鍋中加入1至2大匙的清水。將番茄糊下鍋烹煮約2分鐘，過程中不斷攪動，直到鍋子的側邊和底部呈現焦褐色。再將大蒜下鍋，煮至散發香氣，約需30秒。將火轉到中大火，加入紅酒燜煮約8至10分鐘，以木匙刮起焦褐碎屑，煮至湯汁收到剩下一半。加入高湯、蘿蔔、百里香、月桂葉。把牛肉和流出的肉汁倒入鍋中，蓋上鍋蓋，以文火煮至徐徐沸騰。將

鍋子放入烤箱燜烤2至2個半小時，過程中以食物夾將肉翻面兩次，直到叉子可以輕易穿透牛肉。

3.在小碗中放入清水，並在上頭灑上吉利丁，靜置至少5分鐘。利用食物夾將肉和紅蘿蔔放到餐盤上，覆上鋁箔紙。以細網濾網將湯汁濾入分離隔油杯或碗中，擠壓食材，盡量把食材裡的水分榨出，將食材丟棄。讓湯汁靜置5分鐘，濾掉脂肪。將湯汁倒回荷蘭鍋，以中火煮5至10分鐘，直至剩下1杯。離開爐火，拌入攪拌好的吉利丁，依個人喜好以鹽巴和胡椒調味把醬汁淋在肉上並上桌。

燜牛小排佐健力士與黑棗

以一杯健力士（Guinness，譯註：近似芳醇甘美的波特酒／司濤特酒）取代酒，並省略步驟2的紅酒收汁過程。將⅓杯的去籽黑棗（prunes）和高湯一起下鍋。

實用科學知識 貨真價實的煉油爐

"帶骨牛小排釋出的油脂比無骨的多更多"

雖然我們已經料到帶骨牛小排會比無骨牛小排釋出更多油脂，但兩者間的巨大差距多達1½杯：¼杯，足足差了六倍，讓我們驚訝不已！也難怪大部分的牛小排食譜都會要求把肉冷藏過夜，讓油脂凝固。更多帶骨部位的料理科學，請參考觀念10。

帶骨牛排烹煮過程中釋出的油脂量。

無骨牛排經烹煮後所釋出的油脂量

成功關鍵

為了減少燜煮過程中所釋出的油脂，我們從選用無骨牛小排開始，畢竟選用帶骨牛小排會使燜煮過程中釋出的油脂量相當驚人，其差異請參考上方的「實用科學知識：貨真價實的煉油爐」。使用無骨牛小排料理時，可在完成前撈去掉湯汁上的油脂就能上桌，省去讓油脂凝固而將牛小排冷藏過夜的時間，雖然這是牛小排食譜的常見做法。少了骨頭後，肉裡可以分解成吉利丁的結締組織也比較少、醬汁比較稀。我們在濾過的醬汁內拌入½茶匙的吉利丁，讓醬汁有適當的黏稠度和滑順度。

牛排大小很重要：肉販通常會把牛小排切成10吋見方、3至5吋厚的肉塊。從骨頭中間切開，切成長度在2至6吋之間的小塊，也就是肉販所說的「英式」切法，在歐洲燜肉料理中很常見。將肉橫切開來稱為「flanken」薄片，比較常在亞洲料理中看到。我們把重點放在容易購買的英式牛小排，可是發現最小的約2吋，顯得太小，一燜煮就會縮成像燉肉一樣的小塊。另一個極端是6至8吋的牛小排，但鍋煎時很難上色。在折衷之下，我們選擇4吋長的肋骨。

煎出漂亮的焦褐色：在多數的燜肉料理中，第一步就是先把肉煎至上色。拜梅納反應所賜，在觀念2我們瞭解到高溫香煎可煎出肉的顏色和味道。不過在這裡，高溫香煎也可讓牛小排釋放油脂，擺脫多餘的脂肪。

進行調味：為了增添醬汁的味道，我們直接在煎好的香草植物上把紅酒收汁，增加醬汁的味道強度與深度。不過燜煮還需要更多液體，我們發現，牛肉高湯能和紅酒形成美好的平衡。

普羅旺斯燜雞
4人份

這道菜經常搭配米飯或酥脆的麵包，但柔軟的義式玉米粥（polenta）也是很好的搭配。本食譜一定要用尼斯橄欖（niçoise olives），選用其他橄欖的話，味道太過強烈。

8塊（5-7盎司）帶骨雞腿肉，處理好

鹽巴

1大匙特級初榨橄欖油

1小顆洋蔥，切細

6大瓣大蒜，切末

1片鯷魚片，清洗，切碎

⅛茶匙卡宴辣椒

1杯澀白酒

1 罐（14.5 盎司）番茄罐頭，切塊，瀝乾

1 杯低鈉雞湯

2½ 大匙番茄糊

1½ 匙切末的新鮮百里香

1 茶匙切碎的新鮮奧勒岡

1 茶匙普羅旺斯香草（視需求添加）

1 片月桂葉

1½ 茶匙磨碎的檸檬皮

½ 杯去籽的尼斯橄欖

1 大匙切碎的新鮮巴西利

1. 將烤箱烤架調整至中低層，烤箱預熱至 300℉。以鹽巴將雞肉的兩面調味。在鑄鐵鍋中放入 1 茶匙的油，開中火加熱，直到油發亮。將 4 隻雞大腿下鍋，雞皮面朝下油煎 5 分鐘，不需移動直至煎到雞皮酥脆，呈現漂亮的焦褐色。使用食物夾幫雞肉翻面，繼續油煎 5 分鐘，將第二面煎至焦褐。把半熟的雞腿肉放到大盤子上，再將剩下的 4 隻雞大腿下鍋，重複同樣步驟，然後將雞腿肉放入盤中備用。把鍋裡的油倒掉，只留 1 大匙的油。

2. 將洋蔥放入留下雞油的鑄鐵鍋，以中火烹煮約 4 分鐘，偶爾攪拌，直到洋蔥變色。把蒜頭、鯷魚、卡宴辣椒下鍋烹煮約 1 分鐘，不斷攪動，直到散發香氣。加入白酒，並將焦褐碎屑刮起。再把番茄、高湯、番茄糊、百里香、奧勒岡拌入，若要使用普羅旺斯香草的話，也在此時下鍋，並加入月桂葉。將雞皮取下丟棄，把雞肉泡在鍋裡，將肉流出的肉汁也倒鍋中。火力轉為大火，煮至徐徐沸騰，蓋上鍋蓋，將鍋子放入烤箱中燜烤 75 分鐘，直至用去皮刀的尖端戳時沒有任何阻力，但雞肉仍黏在骨頭上。

3. 用漏匙把雞肉撈到餐盤上，蓋上鋁箔紙。把月桂葉丟掉，以大火加熱鑄鐵鍋，拌入 1 茶匙的檸檬皮，煮至沸騰，然後烹煮約 5 分鐘，偶爾攪動，直到稍微變稠，量減少至 2 杯。拌入橄欖，煮至熟透約需 1 分鐘。同時，將剩下的 ½ 茶匙檸檬皮和巴西利混合。將醬汁淋在雞肉上，以剩下的 2 茶匙油淋在雞肉上，灑上混合好的檸檬皮和巴西利，然後上桌。

普羅旺斯燜雞佐蕃紅花、柑橘、羅勒

在步驟 2 中，將 ⅛ 茶匙的蕃紅花花絲（saffron threads）和白酒一起下鍋，以柑橘皮取代檸檬皮，以 2 大匙切碎的新鮮羅勒代替巴西利。

成功關鍵

普羅旺斯雞肉的意思是：最好的鄉村農人菜餚。在番茄、大蒜、香草的高湯中，以文火慢煮帶骨雞肉，美味的程度足以讓人再以一片厚厚的硬皮麵包抹著醬汁來吃。為了要料理出理想中的普羅旺斯雞肉，我們從帶骨、帶皮的雞腿肉開始，以橄欖油煎出濃郁的味道，並把煮焦的部份留在鍋裡。因為黑肉比白肉有更多結締組織，我們可以將雞腿燜煮很長一段時間，直到肉達到 210℉，煮到雞肉軟嫩多汁，卻一點都不會過乾。

從雞腿肉開始： 雞腿肉是燜煮的上選部位，和棒棒腿與雞翅不一樣的是，它很好處理、吃起來也很方便。而且和瘦巴巴的雞胸肉不一樣，雞腿肉含有膠原蛋白和脂肪，因為雞隻的這個部位經常運動，使肌肉周圍包圍著更多結締組織。在漫長的烹煮時間中，膠原蛋白和脂肪會融化，形成多汁、軟嫩的燜肉。

把雞皮去掉： 在煎肉上色時，雞皮是雞肉和鍋子間必要的緩衝物，所以一開始先留著皮。畢竟，為了釋出更多脂肪，把雞腿肉煎成深焦色很重要，這也讓這道料理更有雞肉味。我們把雞腿肉煎至上色後就去掉雞皮，原因在於雞皮經過長時間的燜煮後，會變得鬆軟、不適合食用。

以橄欖油替料理升級： 在這道料理一開始，要把雞腿肉煎至上色時，我們不是加更多油，而是少用一點油，只使用 1 茶匙。這樣可以在煎的過程中，使雞腿肉釋放更多上頭的油脂，保留下來繼續燜煮，最後的成品會更有雞肉的風味。完成時我們再額外滴了 2 茶匙的特級初榨橄欖油，增添果香。畢竟，這道料理來自南法，橄欖油又是南法的重要特色。

為調味試味： 至於調味，「普羅旺斯香草」的乾燥香草組合——薰衣草、馬鬱蘭、羅勒、茴香子、迷迭香、鼠尾草、夏風輪草、百里香，本來看似萬無一失。可是我們發現，單獨使用時這些乾燥香草味道太強烈，讓醬汁的味道吃起來幾乎像藥一樣。相反的，我們喜歡新鮮百里香、奧勒岡、巴西利、月桂葉、以及選擇性添加 1 茶匙的乾燥普羅旺斯香草。一撮卡宴辣椒可平衡番茄的甜味，1 茶匙切碎的鯷魚富含麩胺酸和核苷酸，讓醬汁的味道更濃厚豐富。最後，檸檬皮則讓味道增添一些清爽感。若想暸解麩胺酸和核苷酸的料理科學，請參考概念 35。

紅椒雞肉
4人份

本食譜重新演繹了匈牙利經典料理裡，雞肉、甜椒、洋蔥、番茄的自然風味經燜煮過程中釋放，加上酸奶油讓味道更濃郁，做出寒冷天氣中的暖胃佳餚。可搭配奶油雞蛋義大利麵、米飯或馬鈴薯泥也是很好的選擇。

8塊（5-7盎司）帶骨雞大腿，處理好
鹽和胡椒
1茶匙植物油
1顆大顆的洋蔥，剖半，切薄片
1顆大顆紅椒，去梗去籽，橫切兩半，切細條
1顆大顆青椒，去梗去籽，橫切兩半，切細條
3½大匙甜椒粉
1大匙中筋麵粉
¼茶匙馬鬱蘭
½杯澀白酒
1罐（14.5盎司）罐頭番茄，切塊，瀝乾
⅓杯酸奶油
2大匙切碎的新鮮巴西利

1.將烤箱烤架調整至中低層，烤箱預熱至300℉。用廚房紙巾把雞肉拍乾，以鹽巴和胡椒調味。在荷蘭鍋放油，以中大火加熱至油發亮。放入4隻雞大腿，帶皮朝下油煎約5分鐘，過程中不要移動雞肉，直到雞皮煎得酥脆，呈現漂亮的焦褐色。用食物夾將雞肉翻面繼續油煎約5分鐘，將第二面煎焦。將雞肉放到大盤上。把剩下的4隻雞腿下鍋，重複剛剛的步驟，煎好後放入盤子中備用。鍋裡的油脂倒掉，只留1大匙的油。

2.將洋蔥放入荷蘭鍋裡，以中火熱炒約5至7分鐘，直到變軟。將甜椒下鍋翻炒約3分鐘，直至洋蔥變色，甜椒變軟。拌入3大匙的甜椒粉、麵粉、馬鬱蘭烹煮、不停攪拌約1分鐘，直到散發香氣。加入澀白酒，以木匙刮起焦褐的碎屑。將番茄、1茶匙的鹽巴加入攪拌。把雞皮去掉，丟棄，將雞肉鋪在洋蔥和甜椒下，把剩下的雞肉肉汁也倒入鍋中。煮至徐徐沸騰，蓋上鍋蓋，將鍋子放入烤箱中燜烤75分鐘，煮至以去皮刀尖切入雞肉時毫無阻力，但雞肉仍附著在雞骨上。可將燉肉放在室溫下冷卻，蓋上鍋蓋，冷藏最多3

天。在繼續下一步驟前，先以中小火煮至徐徐沸騰。

3.將酸奶油和剩下½大匙的甜椒粉放到小碗中混合。將雞肉從鍋中取出，在每個盤上都放一部分。以幾茶匙的辣醬和酸奶調和溫度，然後倒入剩下的甜椒和醬之中。舀出甜椒以及味道豐富的醬汁，淋在雞肉上，灑上巴西利，馬上上桌。

成功關鍵

紅椒雞肉是一道做起來很簡單的燜肉料理，有多汁的雞肉、平衡的辣度、香料、氣味，以及濃郁美味的醬汁，並以甜椒粉為主角。為了達到這個目標，我們縮減原本落落長的準備食材。以一些香草和蔬菜熱炒出鍋底，讓醬汁有濃郁的基底，並兩度以甜椒粉加強味道，一次是熱炒蔬菜，讓味道迸發，接著是加入酸奶油，完成這道料理時二度加入甜椒粉。

去掉雞皮：和普羅旺斯燜雞一樣，我們讓雞肉上色後就把雞皮丟掉，避免多餘的脂肪累積、醬汁油膩。想要輕鬆去掉雞皮，只抓住煎至變色的雞皮和冷卻過的雞腿，將皮一拉就可以皮肉分離。

甜椒粉的選擇：俗稱「甜椒粉」（paprika，譯註：又譯紅椒粉、甜紅辣椒粉、燈籠辣椒粉）的美味鮮紅色粉末來自辣椒（Capisicum annuum L）乾燥的莢（果實），無論是甜椒，或是非常辣的辣椒都屬於辣椒屬。用來製造甜椒粉的辣椒種類很多，因此，甜椒粉也分為很多種。我們發現，紅椒雞肉以匈牙利甜椒粉（Hungarian sweet paprika）調味最好。其他的甜椒粉做出的味道也不錯，只是千萬別在這道料理中使用太辣的辣椒粉。

調溫、調溫：如果直接把酸奶油倒入到鍋裡，酸奶油可能會凝結，尤其是加入有番茄的酸性辣醬中。番茄裡的酸會中和一些酸奶油蛋白的電荷，又以乳酪蛋白為主，使得酸奶油更容易凝結，形成像是黏在一起的凝固和分開的結塊結果。從燉鍋中撈一些熱湯，拌入裝有酸奶油的小碗中，然後再把溫熱過的酸奶油倒入鍋中，替酸奶油調溫就可避免結塊。這是因為在酸奶油裡加入一些溫熱的液體，可稀釋酸奶油的蛋白質，將溫度慢慢提高。醬汁中額外的油脂也有助於包覆蛋白質達到避免結塊的效果。

《燜煮的實際應用》燉肉

燉肉時我們使用無骨的小肉塊，而不是鍋烤時習慣使用的大塊肉。我們使用大量液體以及豐富的蔬菜切塊來燉肉，與大多數的燜煮料理一樣蓋上鍋蓋。這次還是要利用烤箱裡均勻、溫和的加熱方式來燜煮燉肉，讓肉維持煮至全熟的溫度，直到膠原蛋白融化，生硬的肌肉纖維分解、脂肪釋出，烹煮出軟嫩美味的燉肉。這兩道食譜是以經典燉牛肉做基底的新嘗試。若想瞭解傳統燉牛肉，請參考觀念35食譜「最優燉牛肉」。

普羅旺斯燉牛肉
4-6人份

本食譜可搭配奶油雞蛋義大利麵或水煮馬鈴薯。

¾盎司的乾燥牛肝菌菇，洗淨

2杯水

1塊（3½磅）無骨牛肩眼肉，從肌肉接縫處撕開，
處理好，切塊、約2吋大

1茶匙鹽巴

1茶匙胡椒

4大匙橄欖油

5盎司鹹豬肉（salt pork），去皮

4根紅蘿蔔，去皮，切塊、約1吋

2顆洋蔥，對切，切塊、約⅛吋

4瓣大蒜，切成薄片

2大匙番茄糊

⅓杯中筋麵粉

1瓶（750毫升）紅葡萄酒

1杯低鈉雞湯

4條（2吋）柑橘皮，橫切成細條

1杯去籽尼斯橄欖

3片鯷魚片，洗淨，切碎

5株新鮮百里香，以廚用棉繩綁在一起

2片月桂葉

1罐（14.5盎司）整顆番茄罐頭，瀝乾，切小塊、約
½吋。

2大匙切碎的新鮮巴西利

1.把蘑菇放到小碗中，以1杯水淹過，蓋起來，微波1分鐘直到散發蒸氣。用叉子把蘑菇取出，切成½吋的小塊，應該會有¼杯。用鋪了紙巾的細網濾網，把湯汁濾到中碗。將蘑菇和湯汁靜置備用。

2.將烤箱烤架調整至中低層，烤箱預熱至300°F。將牛肉拍乾，以鹽巴和胡椒調味。在荷蘭鍋裡放2大匙的油，以中大火熱油，直到油發亮。把一半的牛肉下鍋，不要移動它，直到牛肉呈現漂亮的焦褐色，每面油煎約2分鐘。把肉放到中等大小的碗中。以剩下的2大匙油重複同樣的步驟，將剩下的牛肉煎好。

3.將火轉到中火，將鹹豬肉、紅蘿蔔、洋蔥、大蒜、番茄糊放入清空的鍋子中烹煮約2分鐘，偶爾攪拌，直到呈現淡褐色。拌入麵粉烹煮約1分鐘，不斷攪拌。慢慢地加入葡萄酒，將焦褐碎屑刮起。把高湯、剩下的1杯水、牛肉與肉湯倒入鍋中。把火開到中大火，煮至徐徐沸騰。拌入蘑菇、泡過蘑菇的水、柑橘皮、½杯的橄欖、鯷魚、百里香、月桂葉，調整好牛肉的位置，讓湯汁完全淹過。將鍋蓋半掩，放入烤箱中燜烤2個半至3小時，煮至叉子插入肉時只感受到些微的阻力，肉理應不會散開。

4.把鹹豬肉、百里香、月桂葉丟掉。加入番茄和剩下的½杯橄欖，以中大火煮約1分鐘直至熟透。蓋上鍋蓋，讓燉肉靜置約5分鐘。用大湯匙把多餘的油脂從表面撇掉。拌入巴西利，上桌。

預先準備：依照步驟4將鹹豬肉、百里香、月桂葉取出後，可以將燉肉冷卻，放入真空容器中冷藏最多4天。在重新加熱前，撇去表面凝固的油脂，繼續進行食譜的步驟。

成功關鍵

普羅旺斯燉牛肉，又稱為尼斯燉牛肉（Daube Niçoise），將最棒的法國料理元素全都具備——軟嫩的牛肉、濃郁的醬汁、豐富層次的口味。可是這道料理經常煮成「放錯食材」的燉牛肉。我們希望將普羅旺斯的風味帶進美國家庭的廚房裡，讓食材融入味道濃醇但一致的菜餚中。一開始先利用我們可靠的烹煮技巧，將堅韌但美味的牛肉煮成軟嫩的燉肉，接著加入帶有鹹味的尼斯橄欖、味道鮮明的番茄、帶有花香的柑橘皮、具有地方色彩的百里香和月桂葉。放入一些鯷魚可以讓味道更有層次，又不會有魚腥味，鹹豬肉則讓料理味道濃厚。

把肉切大塊些：我們先把牛肩肉切成1吋大的小塊，也是燉牛肉的標準大小。因為我們燉肉的時間比一般

時間更長，除了讓整瓶葡萄酒變得芳醇，醬汁變得濃稠美味，肉也會因此變得乾燥，失去其獨特的特色。我們在本觀念食譜「匈牙利燉肉」，以及觀念35食譜「最優牛燉肉」中，切成1½吋小塊似乎也太小，將肩肉切成超大的2吋大肉塊，不只讓醬汁口味多層次，也煮出了軟嫩的牛肉。

啟動麵粉的威力：我們沒有使用傳統的炒麵糊（roux），因為炒麵糊煮出的醬汁很稀，看起來很油膩。我們把麵粉灑入鍋中，和蔬菜、番茄糊一起煮。我們也增加麵粉的用量至⅓杯，比一般食譜使用的量多一些，可以煮出質地濃厚的醬汁。

匈牙利燉牛肉
6人份

搭配水煮馬鈴薯或奶油雞蛋義大利麵

1塊（3½-4磅）無骨牛肩眼肉，從肌肉接縫撕開，處理好，切塊、約1½吋
鹽巴和胡椒
⅓杯甜椒粉
1杯罐頭烤紅椒，洗淨，拍乾
2大匙番茄糊
1大匙蒸餾白醋
2大匙植物油
4顆大洋蔥，剁細
4根大的胡蘿蔔，削皮，切圓片狀、約1吋
1片月桂葉
1杯牛肉高湯，先預熱
¼杯酸奶油（視需求添加）

1.將烤箱烤架調整至中低層，烤箱預熱至325℉。用1茶匙鹽巴將肉均勻調味，靜置15分鐘。把甜椒粉、烤紅椒、番茄糊、2茶匙醋放入食物調理機中打1至2分鐘，直至質地滑順，需要的話，刮下食物調理機側邊的食材。

2.把植物油、洋蔥、1茶匙的鹽巴放入荷蘭鍋中，蓋上鍋蓋，以中火加熱8至10分鐘，偶爾攪動，直到洋蔥軟化，但還沒有變成褐色。如果洋蔥開始變色，請將火力轉到中小火，再倒入1大匙清水。

3.拌入攪拌好的辣椒粉，烹煮約2分鐘，偶爾攪動，直到洋蔥黏在鍋底。將牛肉、紅蘿蔔、月桂葉下

鍋，直到醬汁包裹牛肉。利用橡皮刮刀從鍋子側邊往下刮。蓋上鍋蓋，放到烤箱中燜烤2至2個半小時，每30分鐘攪拌一次，直至肉接近軟嫩，液體表面距離肉的頂端½吋。把鍋子從烤箱中取出，加入足夠的牛肉高湯，液體表面距離牛肉最高點¼吋，不要淹過牛肉。將蓋上鍋蓋的鍋子放回烤箱中繼續烹煮約30分鐘，直到叉子可以輕鬆穿透牛肉。

4.用大湯匙，撈去表面油脂，把剩下的醋拌入。若使用酸奶油，在酸奶油中拌入幾大匙的熱醬汁，讓酸奶油溫度上升，然後再把酸奶油拌入鍋中。把月桂葉去掉，依個人喜好用鹽巴和胡椒調味，即可上桌。未添加酸奶油的燉肉，可以冷藏2天。在上桌前把燉肉重新加熱，並拌入酸奶油即可。

成功關鍵

本食譜在《美國上菜》的美國版匈牙利燉牛肉，和傳統匈牙利燉牛肉的做法很不一樣。除了蘑菇、青椒沒放，大部分的香草也沒放，加入酸奶油也是不忠於原味的做法。只是我們想要的，就是一道充滿辣椒味、簡單軟嫩的燜牛肉。雖然我們沒有在燉肉裡加入液體，不過在快要完成前加入一些高湯，可稀釋燜汁，以達到該有的濃稠度。有關不加水蓋鍋煮的料理科學，請參考觀念9。

製作辣椒粉奶油：為了達到理想的辣度，我們自創辣椒粉奶油。這種調味料在匈牙利很常見，但在美國卻很難找到。把甜椒粉和烤紅椒、番茄糊、醋一起打成泥，可添加一股鮮明的辣椒味，吃起來卻絲毫沒有沙沙的口感。不要把甜椒粉換成半辣甜椒粉（half-sharp paprika）或煙燻西班牙辣椒粉，否則會破壞這道菜的味道。

省略高溫香煎，但美味不減：大多數的燉肉食譜一開始會先用爐子把肉煎至上色，增加味道，也會要我們加很多液體。和前面的簡易鍋燜牛肉食譜一樣，這道食譜跳過高溫香煎的步驟，直接進入溫度溫和的325℉烤箱。隨著時間過去，肉乾燥的上層會開始變成褐色，形成新的風味物質。其原理請參考本觀念「實用科學知識：低溫下的褐變反應」。我們每30分鐘就攪動一次，讓新的表面露出來，儘可能促進緩慢的焦褐反應。

觀念9：蓋上鍋蓋燜煮時，不一定非要加水
A Covered Pot Doesn't Need Liquid

我們在觀念8中探討了蓋上鍋蓋並加水加熱的科學。可是，將容器密封不代表料理的選擇也得封閉。
要在密閉的鍋子中有效率的煮熟一塊肉，不一定要再加水，有時候「完全乾煮」是最好的選擇。

◎科　學　原　理

「鍋燜料理」，法文原文en cocotte，英文則是casserole cooking，在法國常用來烹煮雞肉和羊肉。料理方式很簡單，把經過調味的肉放到鍋中，再將一小把切好的蔬菜散放在鍋裡，蓋上鍋蓋放入烤箱烘烤。這種料理方式和燜煮有許多相似之處，都是用能蓋上鍋蓋的鍋子、以烤箱低溫加熱拉長烹煮時間、其成品都是軟嫩美味的口感。不過，兩者間最大的差別是，「鍋燜料理不會添加液體」，這樣反倒能逼出肉裡的水分，讓肉汁流進鍋中，打造出潮溼、溫熱的環境，並且肉還是以以溫和的受熱方式烹煮。其實，也就是肉被自己的肉汁燜煮了，這項手法料理出的肉質軟嫩美味到難以想像的境界，而且絲毫不會被額外加入的湯汁稀釋。

「燜煮」（braising）通常是把又硬又肥的部位煮至軟嫩，煮到肉從骨頭上脫落。但鍋燜料理通常使用的是較瘦、本來就很嫩的部位，像是全雞或豬里脊。並且把肉煮到剛好熟就好，這也是我們為什麼要測量肉的溫度，以免肉煮得過熟或不夠熟。

我們用烤箱低溫烘烤鍋燜料理時，不但可以替肉保留水分，協助分解所有堅硬的肌肉纖維，同時也加強肉的味道。在我們進行的廚房實驗中，發現在華氏325至375的溫度下，可以烹煮出很不錯的成果，不過即使溫度較低、約落在250℉，也因為烤箱內的溫和受熱方式，加上需烹煮的時間較長，因此也可以燜烤出非

常嫩的肉質。當然，有些低溫的料理需要花上1小時45分烹煮；可是，為了煮出濃郁、濃縮的味道，這些等待的時間是值得的。有關文火烹煮的好處，請參考觀念1。

儘管鍋燜料理和燜煮很像，但請試著把「鍋燜想成另一種烘烤方式」或許好懂些，因為這項料理手法的重點在於「保持水分」，而非讓肉上色。為了將保持肉裡的水分發揮到最大，燜好肉之後先不要切，讓肉先靜置一段時間。利用鍋中剩下的濃縮醬汁當基底製作一份簡單的醬汁，這可以使肉吃起來更多汁、具有風味。有關靜置的料理科學，請參考觀念3。

使用鍋燜的好處

在乾燥環境中烹煮：
在鍋中不添加任何水分，以純粹乾燥的鍋燜料理時，可以逼出肉裡頭的水分、進而形成肉汁，使鍋中也乾燥轉為濕潤的環境，這時再讓鍋燜持續受熱，並以肉汁烹煮肉，更能保留住醬汁的濃郁口感。

✖ 實 驗 廚 房 測 試

為了證明使用鍋燜料理能保留肉質中的水分，我們設計了以下實驗：烹煮了兩隻全雞，一隻用蓋上鍋蓋的荷蘭鍋以鍋燜方法烘烤，另一隻則沒蓋子的烤盤烘烤，兩者皆放入250°F的烤箱，也就是本觀念食譜中的「法式鍋燒雞」所使用的烹調溫度。為了測量兩隻雞在烹煮過程流失多少水分，我們在烹煮前和烹煮後分別測量雞隻的重量，並收集留在廚具上殘留的肉汁。兩隻雞都以烤網架高，避免重新吸收肉汁。重複製作了三次，並平均實驗的結果。

實驗結果

用開放式烤盤烤出來的雞肉流失11%的水分，而鍋燜料理烤出的雞肉流失約7.5%，儘管數字本身的差距已經很明顯了，但把廚具底下收集到的肉汁納入計算後，數據更令人驚訝。荷蘭鍋中平均有近3盎司的液體，開放式的烤盤中只剩1盎司的肉汁。如果把鍋底的肉汁和雞肉一起上桌，可以彌補一些烹煮過程中流失的水分，那麼假設這些肉汁也倒入餐盤中，這兩種烹煮方式的差異就更顯著。把收集到的肉汁算入後，以烤盤烘烤的雞肉平均流失了9.5%的水分，把荷蘭鍋蓋上鍋蓋烹煮時，只失去原本水分的3.5%。

重點整理

以開放式廚具烹煮的雞肉所流失的水分，比以密閉的鍋具多上許多，這項實驗結果並不令人意外。原因很可能是沒使用鍋蓋密封的關係，使曝露在外的雞肉被蒸發掉的水分較多。另一個重點是，如果我們以較高溫度、不蓋蓋子烹煮雞肉，就像一般烤雞一樣，會因為蒸發而流失更多水分。不過，讓這項實驗結果戲劇化的時刻，在於將鍋底留下的醬汁一併計算在內，因為這正是選擇鍋燜料理法的主要原因，甚至是最好的原因——可以自然留下醬汁。雖然肉質多汁有一部分是因為鍋燜以低溫烘烤，不過能夠鎖住肉汁，讓我們可以利用這些肉汁做出濃郁肉汁醬，彌補整體流失的水分，緊密的鍋蓋還是主要功臣。

✏️ Tips：使用烘烤和鍋燜料理時，究竟能保留住多少的肉汁

烘烤
以開放式烤盤烘烤的雞肉，流失相當多水分，
最後烤盤中只剩下28克的肉汁。

鍋燜
蓋上鍋蓋烘烤的雞肉流失了一些水分，但在烹
煮後還留下74克的肉汁。

《鍋燜的實際應用》雞肉

法式燜雞，或法文說的「poulet en cocotte」，指的是巴黎小餐館的經典料理。這道料理是以全雞加上少量的蔬菜，蓋上鍋蓋燜煮而成。在送進烤箱前，我們先讓雞肉油煎上色，再蓋上鍋蓋，並「不加任何的液體」，接著放入烤箱中以低溫烘烤。本食譜乍看之下沒什麼好稱讚的，雞皮蒼白、軟趴趴，不像烤雞有酥脆的外皮。不過，我們第一次嘗試這道料理時，吃下的第一口就肯定這道菜的特別之處——雞肉極其軟嫩多汁，味道濃郁，讓人的心靈獲得滿足。

法式燜雞
4人份

你需要一把至少有6夸脫大，鍋蓋可以緊緊蓋住的荷蘭鍋。如果不想要上桌的雞肉帶雞皮，在切塊之前將皮去除即可。肉汁多寡取決於雞隻大小，並以每¼杯肉汁加¼茶匙的檸檬汁。

1隻（4½-5磅）全雞，去掉內臟
鹽巴和胡椒
1大匙橄欖油
1小顆洋蔥，切塊
1小根芹菜梗，切段
6瓣大蒜，剝掉皮
1片月桂葉
1株新鮮迷迭香（視需求添加）
½-1茶匙檸檬汁

1. 將烤箱烤架調整至最底層，烤箱預熱至250℉。以廚房紙巾拍乾雞肉，將雞翅塞到背後，以鹽巴和胡椒調味。在荷蘭鍋中放油，開中火加熱，直到油開始冒煙。雞胸朝下放入鍋內，在雞肉周圍撒下洋蔥、芹菜、大蒜、月桂葉、迷迭香（如果有使用的話）。煮至雞胸稍微上色，拿一根木匙插入雞肉的體腔，將雞胸那面翻起，煮至雞肉和蔬菜呈現漂亮的焦褐色，過程需6至8分鐘。

2. 關火，拿一張大的鋁箔紙蓋住鍋子，並緊緊蓋上鍋蓋。把鍋子放入烤箱燜烤約80分鐘至110分鐘，烤至雞胸肉達到160℉，雞大腿達到175℉。

3. 把雞肉放到砧板上，蓋上鋁箔紙，靜置20分鐘。

同一時間，用細網濾網把雞肉的肉汁從鍋中濾進分離隔油杯，壓住食材，榨出汁液，然後將食材丟棄。讓肉汁靜置5分鐘，接著倒入單柄深鍋，以小火加熱。切好雞肉，把留下的肉汁倒入鍋中。以檸檬汁、鹽巴、胡椒依個人喜好調味。雞肉上桌，醬汁則供需要的人自行取用。

成功關鍵

我們的法式燜雞料理方式很簡單，把調味好的雞肉放入鍋中，油煎上色，灑一些蔬菜進去，蓋上鍋蓋，燜鍋烘烤。如果烤得好，這道料理不會有酥脆的雞皮，但會有軟嫩多汁到難以置信的肉質與濃郁的口味。關鍵就在「乾燥」的烹煮環境，最大的挑戰是如何減少鍋中水氣，以免在燜煮時稀釋掉肉的風味。在密封的鍋中烹煮，只加入少許的蔬菜，避免大塊蔬菜散發額外的水分或水蒸氣，就可以得到想要的濃縮風味。以250℉的低溫烘烤，可確保雞胸肉不會過乾。最後，我們加入少許芳香植物增添風味，稍微將蔬菜煎熟以去掉水分。

先油煎上色：我們先以中火香煎雞肉，讓雞肉上色，引發梅納反應，也因此煎出風味。儘管很多廚師利用上色這個技巧來煎出酥皮的風味，或雞肉本身的風味。可是很多廚師在上桌前會選擇去皮。因此，油煎真正的目的來自雞肉煮好後，其風味留在鍋內，融入那味道強烈的肉汁醬裡。有關梅納反應請參考觀念2。

保護雞翅膀：把翅膀塞到背後，既可避免雞翅擋路，也可以避免雞翅的尖端燒焦。要保護雞翅膀，只要把雞翅扭到背後，讓兩隻翅膀的關節緊靠。雞翅緊貼、壓住的關節會讓雞翅維持在原地。

蓋上鋁箔紙：在鍋子蓋上鋁箔紙很重要，可以把鍋子盡可能封到最緊密，或阻止任何水蒸氣從鍋中跑出來。

雞胸肉朝上：我們發現，蓋上鍋蓋烹煮時，一定要讓雞胸肉朝上。雞肉的黑肉在鍋底，也就是熱傳導最強的地方，因此會比上面的白肉更快熟。結果是，雞胸肉達到160℉時，若再超過這個溫度肉就會乾掉；黑肉已經衝上175℉，若超過肉就不會這麼硬。

瀝乾、上桌：將雞肉放到砧板後蓋上鋁箔紙靜置，把鍋中的雞湯用細網濾網瀝乾。瀝乾不只是為了口感或賣相，也可以讓肉汁醬的味道更強烈。把醬汁濾過，壓榨芳香食材，讓洋蔥、紅蘿蔔、芹菜、大蒜的精華壓入醬汁。現在，只需要再加上一些讓味道更鮮明的檸檬汁，就可美味上桌。

《家禽的基本知識》

一構造一

雞、火雞以及其他家禽類和其他肉類都有同樣的基本構造。我們吃的雞肉由肌肉纖維、脂肪、結締組織構成，可參見觀念3的《肉的基本知識》。和其他動物一樣，家禽類肌肉的部位和功能會影響脂肪量和結締組織。以家禽類而言，不同「部位」的差異特別顯著——雞肉的白肉和黑肉在外觀和味道上就大不同，煮法也大不相同。

黑肉

大腿和雞腿主要是由黑肌肉細胞組成，組成了「慢縮肌纖維」（slow twitch fibers），在長時間持續性的活動當中是不可或缺的組織之一。黑肌肉細胞要靠血液裡的氧氣把儲存的脂肪變成能量。這個新陳代謝的過程需要數種元素協助，包括紅色色素「肌紅蛋白」，可把氧氣儲存在肌肉細胞中。

膠原蛋白

所有的雞肉組織都含有一些膠原蛋白，也就是數層由結締組織形成的膜，讓肌肉纖維結合一起。不過，白肉含有的膠原蛋白不到2%，而黑肉則含有高達8%的膠原蛋白，讓雞腿和雞大腿更適合文火慢煮的料理方式，例如燜煮，可以將堅韌的膠原蛋白轉化成柔軟的吉利丁，詳見觀念6。

骨頭

骨頭有隔熱效果，會讓烹煮的速度變慢，但也可以讓肉更有味道，其原理請見觀念10。

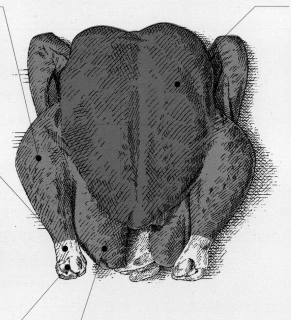

白肉

雞胸肉大多是白肌肉細胞組成，也組成了所謂「快縮肌纖維」（fast-twitch fibers），在需要能量快速爆發時不可或缺。白肌肉細胞依靠儲存在肌肉裡的碳水化合物來轉化為能量，不需要血液中的肌紅蛋白來提供必要的氧氣。雖然可以快速產生能量，但卻無法持久，因此只有不太運動或都沒動到的肌肉中才會有充足的白肉細胞。幾乎不需飛行的鳥類（例如雞、火雞）的胸部肌肉，都含有特別多的白色細胞，相反地，鴨子和其他會長途飛行的鳥類的胸部肌肉中含有的白色細胞相對較少——因此胸部的肉色也較暗。

外皮

皮是大部分家禽類主要的脂肪來源。其他的脂肪就在皮下，即是肉眼可見的黃色塊狀，靠近脖子和尾巴的尾端特別明顯。黑肉也含有一些肌內脂——通常是白肉的兩倍多。

一選購一

新鮮度： 有些家禽類有銷售日期（sell-by date；通常是處理後的12天至14天）。不過，這個日期主要是提供給店家參考，讓他們確保不會販售放太久的肉，不該當做消費者購買的有效期限。只要在購買當天就把肉煮熟或冷凍即可。

大小： 整隻雞的重量輕則1磅，最重可達8磅。同樣的，整隻火雞的重量從10磅至25磅不等。火雞的選購很簡單，因為不管大隻小隻，都叫火雞。可是，購買雞肉時，平平都是雞肉，卻可能因為屠宰年齡、大小會有不同名稱。

不同雞隻的約略重量	
科尼西雞（Cornish hens）	1～1½磅
春雞（poussins）	1～2磅
燒烤用雞（broilers）／油炸用雞（fryers）	3～5磅
烘烤用雞（roasters）	5～8磅

加工

簡單來說，選購天然的雞肉最好。以雞肉來說，我們比較喜歡氣冷式雞肉（air-chilled）勝過水冷式雞肉。後者在屠宰後把雞肉泡在34度的水中，使雞肉吸收水。如果你看見標籤上寫著「最多含有4%水分」，就知道這隻雞是水冷式雞肉。除了重量摻水，水也會稀釋掉雞肉的風味，在烹煮過程中很難煮出酥脆的雞皮。

火雞可以注入一種以鹽為基底的溶液，入口時更多汁。如果有疑慮，看看標籤上是否寫著「已注射鹽水」（basted或self-basting）。如果火雞注射了鹽水，就會在標籤上看到成分表。雖然我們喜歡把火雞泡鹽水或抹鹽，其原理請參考觀念11及觀念12。但如果想跳過這些步驟，直接購買已注射過鹽水的火雞是最好的選擇，像冷凍的「奶油球牌」（Butterball）火雞即是一例。

一保存一

冷藏

把雞肉放在冰箱溫度最低的地方，通常是最裡面，溫度應該在32至36度間。把包裝放到盤子上，避免凝結的水滴滴在冰箱裡的其他食物上，這點在解凍家禽類肉品時特別重要。

冷凍

家禽類肉品特別容易凍傷。在冷凍前用保鮮膜把所有食物和雞肉包起來，把保鮮膜直接壓在食物表面上，減少對空氣的接觸。不過，因為家禽類的形狀特別，不管是整隻或切塊，要有心理準備多少會凍傷。冷藏越久，凍傷就越多，冷凍的家禽類肉品要在1至2個月內食用完畢。留24小時讓全雞在冰箱解凍，若是火雞則需3至4天。

《鍋燜的實際應用》豬肉

以鍋燜方式烘烤豬肉也能做出像烤雞肉般的美味效果。你需要一塊放得進荷蘭鍋的豬肉部位，而且選擇無骨的豬肉會比較容易料理。還有，因為這種料理方式分解的膠原蛋白不多，所以必須選擇一塊煮熟後就會變得軟嫩的肉，里脊肉最適合。把肉煎至上色後，加入最少的香料，放入烤箱以低溫烘烤，就能烤出無比軟嫩多汁的肉。

蘋果紅蔥頭烤豬肉
4-6人份

理想情況是留下¼吋厚的脂肪層。如果你手上的肉脂肪層更厚，處理到剩下約¼吋的厚度。大部分的超市都能買到普羅旺斯香草，不過也可換成各1茶匙的乾燥百里香、乾燥迷迭香、乾燥馬鬱蘭。

1塊（2½-3磅）無骨豬里脊肉，處理過，用棉繩以
1½吋的間隔綁起
1大匙普羅旺斯香草
鹽巴與胡椒
3大匙植物油
8顆紅蔥頭，去皮切塊
1磅金冠蘋果或史密斯青蘋果，去皮去籽，切片、約
½吋
¼茶匙糖
1大匙無鹽奶油

1. 將烤箱烤架調整至最底層，烤箱預熱至250℉。以紙巾拍乾豬肉，把普羅旺斯香草均勻的灑在豬肉上，以鹽巴和胡椒調味。

2. 在荷蘭鍋中倒入2大匙的油，開中大火熱油，直到冒煙。將豬肉的每一面煎至上色，過程需7至10分鐘，若鍋子開始燒焦，將火轉小，把豬肉放到大盤上。

3. 把剩下的1大匙油加到鍋子裡，開中火加熱，直到油發亮。將紅蔥頭下鍋烹煮約3分鐘，經常攪動，直到呈金黃色。拌入蘋果和糖烹煮約5至7分鐘，經常攪拌，直到呈金黃色。

4. 關火。把豬肉鋪到鍋子裡，倒入肉汁。在鍋子上放一大片的鋁箔紙，壓下密封，然後緊緊蓋上鍋蓋。把鍋子放到烤箱中燜烤約35至55分鐘，直至肉的溫度達到140℉。

5. 把鍋子從烤箱取出。將豬肉放到砧板上，輕輕蓋上鋁箔紙靜置20分鐘。在蘋果和紅蔥頭的醬汁中拌入奶油，依個人喜好以鹽巴和胡椒調味，蓋上鍋蓋保溫。

6. 解開棉繩，把豬肉切成薄片，放到餐盤上。淋上蘋果紅蔥頭醬汁，上桌。

成功關鍵

我們發現豬肉和雞肉一樣，先煎出焦褐色是引誘出豐富層次滋味的必要步驟。可惜的是，豬的瘦肉部位不如品質好的家禽類肉品，有著豐富的味道。我們的解決辦法是在鍋中加入紅蔥頭和蘋果，再以普羅旺斯香草摩擦豬肉料理，這樣可以增添另一層風味。

選對部位：買到對的豬里脊肉會讓這道料理大不相同，原因在於要選可以放得下肉的鍋子。尋找2½磅至3磅，又寬又短的里脊肉，避開那些又長又細的肉。7至8吋長，4至5吋寬的肉就很完美。我們喜歡靠肩胛的里脊肉，不過使用常見的中段里脊也可以。

製作蘋果「醬」：由於水果是豬肉的傳統配料，所以我們在醬料中加入蘋果。由於蘋果會壓縮豬肉在鍋中的空間，讓豬肉無法均勻上色，而且蘋果釋放的果汁會讓肉的味道變淡，所以我們把煎好的豬肉放到盤子上，和蘋果分開烹煮。這樣可以蒸發一些汁液。然後，我們再把豬肉放回鍋中，在烤箱中完成這道料理，讓我們有簡單、有果塊的蘋果醬來搭配豬肉。

靜置豬肉：豬肉達到140至145℉時就可以從烤箱中取出，蓋上鋁箔紙靜置20分鐘。靜置時豬肉仍會繼續烹煮，以其達到理想的150℉，並讓肉裡的肌肉纖維放鬆，使肉可以留住更多肉汁。關於「餘溫加熱」，請參考觀念4；若想瞭解「靜置」的原理，請參考觀念3。

《鍋燜的實際應用》魚類

適合魚的烹調方式很多，包括煎、烤、蒸、燒烤，或烘烤。有些品種魚，其脂肪含量高，有些肉質偏瘦。不過，它們的共通點都是「熟得很快」。因為鍋燜料理法的目的是放慢烹煮速度，讓味道更濃縮，因此我們不知道這項技巧是否能成功套用在魚料理上。實驗結果發現，只要省略香煎，就能得到想要的效果，讓烤箱烤熟度完美、濕潤、帶有奶油香、分解成大塊的鮭魚。

白酒韭蔥鮭魚
4人份

為了確保整塊魚片都能以同樣速度煮熟，我們偏好購買中段的整塊魚片，自己切成大小均一的魚片。如果一次購買多塊魚片，請確定魚片的大小和厚度相同。魚片的厚度超過或少於1¼吋，或許就要稍微調整烹煮時間。如果只有買到帶皮魚片，請記得在下鍋前先去皮，否則醬汁會變得很油膩，可以請魚販先幫你把魚皮處理好，或依照食譜中的指示去除。選用北極鮭魚（arctic char）或鱈魚（cod fillet）來代替鮭魚。

> 1塊（1¾-2磅）去皮鮭魚片，最厚的地方約1½吋
> 鹽巴和胡椒
> 2大匙特級初榨橄欖油
> 2根韭蔥，只取蔥白與蔥綠，徹底洗淨，縱切成兩半後切薄片
> 2株新鮮百里香
> 2瓣大蒜，切末
> ½杯澀白酒
> 2大匙無鹽奶油，切成2塊

1.將烤箱烤架調整至最下層，烤箱預熱至250℉。把魚肚的白色脂肪去除後，將魚切成4塊大小相同的魚片。用紙巾把鮭魚拍乾，以鹽巴和胡椒調味。

2.在荷蘭鍋中倒入2大匙的油，開中小火熱油直至油發亮。韭蔥、百里香下鍋，加入一撮鹽巴，蓋上鍋蓋，然後煮至食材變軟，過程需8至10分鐘。拌入大蒜烹煮約30秒，直至散發香氣。把鍋子移開火爐。

3.鮭魚皮朝下，鋪在韭菜上。拿一大片鋁箔紙蓋在鍋子上，壓下密封，然後緊緊蓋上鍋蓋。把鍋子放入烤箱燜烤約25至30分鐘，直至鮭魚呈不透明，用去皮刀輕戳時魚片會分解開來。

4.把魚放到餐盤上，輕輕蓋上鋁箔紙。把酒拌入鍋中的韭菜，以中大火熬煮約2分鐘，直到醬汁稍微變稠。關火，拌入奶油，鹽巴和胡椒調味。把醬汁淋在鮭魚上，上桌。

橙汁芹菜烤鮭魚

在步驟2加入2根切成薄片的芹菜梗、1茶匙切末的柑橘皮、大蒜。把酒換成½杯的柳丁汁，在步驟4把醬汁煮稠時加入一顆去皮剝成塊的柳橙。

成功關鍵

本食譜使用大小均勻的鮭魚片，並在烤箱中以鍋燜方式料理，慢慢地加熱烹煮。省去高溫香煎的步驟，加入韭蔥精緻、類似洋蔥的甜味，以及白酒和奶油，烹調出美味、多汁的魚肉料理。

自己切魚：魚片大小一致很重要，這樣鍋燜時才能均勻受熱。為了做到這點，我們先選購中段的整塊魚片，然後自行切成四等份也就是說，如果只能買到零星的魚片，只要確定大小和厚度一樣即可。

幫魚去皮：我們去掉魚皮，這樣真正的魚肉才能吸收香草的香氣。去皮也讓我們最後煮出的醬汁沒有那麼油膩。從魚片的一端開始，將刀子滑過魚肉和魚皮之間，直到可以用紙巾抓住魚皮。緊抓魚皮，繼續把魚肉和魚皮切開，直到把魚皮完全去除。

省略香煎：我們發現，在鍋燜先煎魚沒有特別明顯的好處。為了讓處理過程更流暢，我們直接把生魚放到煮軟的韭菜上面，在烹煮過程中不去動它。

加入奶油：把鮭魚從鍋中取出後，我們在韭菜中加入適量的白酒，以文火熬煮，稍微收汁。接著，我們拌入一些奶油，讓醬汁更濃厚，再把這道簡單的醬汁淋到鮭魚上。

觀念10：選用帶骨部位，增添濃郁、滑順、多汁的口感
Bones Add Flavor, Fat, and Juiciness

在祖父母的年代，煮的通常是帶骨的肉排。不過現在為了講求方便，在很多市場中能發現販售的去骨肉逐漸取代帶骨肉。的確，去骨的肉能更快熟透、更好切、更方便上桌，但過程中失去了什麼呢？我們是不是該更常考慮購買並烹煮帶骨的豬排、牛排、羊肉呢？沒錯，的確如此。

⊛科　學　原　理

骨頭可以讓羊排、豬排、牛排、肋排更多汁、更美味。在飽餐一頓後大啃骨頭的饕客，自然懂得骨頭的價值。其科學原理如下。

骨頭主要是由「磷酸鈣」（calcium phosphate）組成，是一種無法溶解、僵硬的無機化合物。可是，骨頭也富含許多結締組織。事實上，骨頭中有40％都是膠原蛋白，也就是結締組織中主要的蛋白質。所以，如果有充足的烹煮時間，骨頭是可以煮出相當大量的吉利丁，進而替肉質保留的水分。正如我們在觀念7介紹過的，膠原蛋白分解成吉利丁時，好事就會發生。小牛骨有高含量的結締組織，經常用來烹煮最甘美的高湯。有些高湯裡吉利丁多到冷卻時變成膠狀。

第二，雖然磷酸鈣是很好的熱傳導物質，但骨頭有很多孔隙，因此會熱傳導效果不佳。這也代表著骨頭旁邊的肉沒有其他部分熟得快──這個現象可以避免煮過頭、流失水分，使肉質明顯更多汁。這也是為什麼切開帶骨的肉時，總會發現最生的肉就在骨頭旁邊。

除此之外，骨頭裡含有脂肪，也是美味的關鍵來源。以BBQ來說，這是料理帶骨肉頗受歡迎的烹煮方式。煙燻的煙霧中有許多分子都是脂溶性的，因為選用帶骨的肉，其肉或肋排裡有額外的脂肪，肉吸收並保留煙燻的味道可能較多。除此之外，脂肪在烹煮過程中融化，也會包裹住肉，入口時感覺更多汁。

料理帶骨的肉排好處還不僅這些，骨頭實際上可以直接增加肉的味道。這時的最大功臣是骨髓，也就是血液細胞製造的地方。骨髓富含脂肪以及其他美味的物質。烹煮帶骨的肉時，骨髓的風味物質會慢慢地從多孔隙的骨頭移動到周圍的肉裡。

總之，選擇帶骨的肉，可說是好處多多。

帶骨牛排解剖學

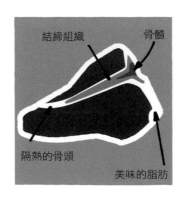

結締組織　　骨髓

隔熱的骨頭

美味的脂肪

丁骨：
牛排中央丁字型的骨頭，可以延長肉的烹煮時間，讓結締組織促成肉質多汁濃郁，並帶有骨髓的美味味道。

我們早就知道骨頭周圍的脂肪和結締組織，是帶骨肉排多汁又濃郁的來源之一，只要有骨頭就能放慢烹煮的速度，減少肉汁蒸發。不過，我們認為，帶骨肉比去骨肉更美味一定還有其他原因。所以，當兩位肉類專家提出的論點裡認為，有些味道可能是從骨頭中心味道濃郁的骨髓，穿過多孔的骨頭進入肉裡，立刻引發了我們的好奇心。因此大家設計了一項實驗，看看這項理論是否正確。

為了製造出味道接近豬肉替代品，我們做了一大份馬鈴薯泥，並以其重量的8％奶油和1％的鹽巴調味，模仿豬肉的脂肪和鹽含量，且馬鈴薯泥的水分含量和生肉差不多。接著，將馬鈴薯塑型成兩塊同樣大小的長橢圓形並放在烤盤上，我們取三根豬肋骨，清掉所有脂肪和結締組織，讓骨髓成為唯一的味道來源。再將這三根肋骨放在其中一塊馬鈴薯「假肉塊」上。為了做出對照組，另一塊馬鈴薯「假肉塊」原封不動。接著，我們把兩塊「假肉塊」仿造品，放入425℉的烤箱中烤1個半小時。經過20分鐘的靜置後，比較沒放骨頭和放了骨頭的樣本。

實驗結果

經過蒙眼口味測試，大多數的試吃員發現，帶骨的樣本吃起來顯然更有肉味。

重點整理

骨頭受熱時會從味道豐富的骨髓中排出水氣、鹽分、氨基酸、核甘酸，後兩項就是試吃員吃到「肉味」的主要來源。因為這些水溶性的味道分子必須穿透厚厚的骨頭才能接觸到肉，因此散佈的過程緩慢，分散的味道也不多，不過還是吃得出來的。如果加上相當大量的水分，骨頭周圍的脂肪和結締組織又可加強風味，絕對讓我們有充分理由選擇帶骨肉類。有關核甘酸的料理科學，請參考觀念35。

✏ Tips：將骨頭擺在馬鈴薯泥上「烘烤」

乍聽之下有些瘋狂，不過在這次實驗中證明了，骨髓的味道經過烘烤融入馬鈴薯中。

✏ Tips：我們最喜歡的帶骨部位——豬肉

部位	敘述	烹煮方式
中段肋排 （center rib roast）	常被形容為媲美高級牛肋排或羊排，這個部位有一條肌肉和有保護功能的脂肪層。從豬肉的靠背的肋骨切下，可能有5到8根肋骨。	多汁美味，味道淡、瘦。 以本觀念食譜中的烘烤手法或燒烤，味道最好。
肋骨豬排 （rib chops）	我們最喜歡的豬排部位，是里脊的肋骨處。這個部位有一邊是肋骨，可以以此分辨。	脂肪含量相對高，美味，在烹煮時不太容易過乾。請參考觀念5食譜「煎烤厚切豬排」，或觀念11食譜「燒烤豬排」，味道最好。
嫩肩豬排 （blade chops）	從肩膀末端的里脊切下，在市場可能很難找到。肉質可能又肥又硬，但味道很好、很多汁。	最適合燜煮。
聖路易型肋排 （St. Louis-Style Spareribs）	這塊狹窄、長方形的肉排靠近豬肚，側腹橫肌的肉和額外的軟骨已經處理掉。	最適合BBQ。

《帶骨部位的實際應用》排餐

我們烹煮排餐時會選用帶骨肉，有部分原因是肋骨有隔熱效果。骨頭會拉長烹煮的過程，讓廚師有更多時間將味道滲入肉中，例如燒烤的煙燻味。不只如此，骨頭還可以當做保護層，使軟嫩的肉不被高溫燒焦，更容易把肉排煮到正確的溫度，也不會讓肉過乾。

煙燻燒烤豬排
4人份

使用木炭烤爐時，可以的話，我們比較喜歡木塊勝過木屑。拿兩塊中等大小的木塊泡水1小時，取代包好的木屑。用刨絲器（box grater）的大孔把洋蔥刨成絲。

醬汁

½杯番茄醬

¼杯糖蜜

2大匙刨絲的洋蔥

2大匙伍斯特醬

2大匙第戎芥末醬

2大匙蘋果醋

1大匙壓實的紅糖

豬排

2杯木屑，泡水15分鐘瀝乾

4塊（12盎司）帶骨肋骨豬排，1½吋厚，處理好

2茶匙鹽巴

2茶匙胡椒

1個（長13吋、寬9吋）拋棄式鋁箔深烤盤（如果使用木炭烤爐）

1.醬汁：把所有食材放到小的單柄深鍋中，以中火烹煮5至7分鐘，煮至徐徐沸騰，偶爾攪動，直到醬汁收至剩1杯。把½杯的醬汁放到小碗中，將剩下的醬汁靜置一旁，等上桌時使用。

2.豬排：用一大片加厚鋁箔紙包住木屑，在上方戳幾個通風孔。以紙巾把豬排拍乾。拿一把鋒利的刀在外層的脂肪和結締組織上割兩刀，兩刀相距1吋。混合½茶匙鹽巴和½茶匙胡椒，替豬排調味。把豬肉並排在一起，面向同一個方向，放在砧板上，彎曲的肋骨朝下。用2支烤肉叉穿過每塊豬排的里脊肉，靠近骨頭

之處，叉子距離肉兩邊邊緣1吋。然後把每塊肉的距離拉開，各相隔1吋。

3A.木炭烤爐：底部的通風孔半開，烤盤放在烤爐中央。在大型煙囪型點火器，裝入6夸脫的木炭，點燃。頂端的木炭有部分被炭灰掩蓋時，把木炭平均倒在深烤盤兩邊。將木屑放在木炭上。把烤網放好，蓋上蓋子，蓋子上的通風孔半開。讓烤爐加熱到熱燙，木屑冒煙，約需5分鐘。

3B.燃氣烤爐：把包好的木屑放到主要的爐火上。將所有爐火開到最大，蓋上鍋蓋，將烤爐加溫，直到木屑開始冒煙，約需15分鐘。將所有爐火轉到中火。在烹煮過程中依照需求調整爐火大小，讓爐火溫度在300至325°F之間。

4.清理烤網，幫烤網上油。骨頭朝下，把串好的肉排放到烤爐上。若使用的是木炭烤爐，就放在烤盤上。

5.把叉子抽出，肉平坦的面朝下，在每塊肉的表面上刷上1大匙的醬汁。若用的是木炭烤爐，將豬排放到溫度較高的地方；使用的是燃氣烤爐，將所有爐火轉到大火，並將塗了醬汁的一面朝下。烤至豬排的第一面變色，需2至6分鐘。在將豬排的上方塗上1大匙的醬料，翻面，持續燒烤，直到第二面也變成焦褐色，肉達到145°F，需2至6分鐘。

6.把豬排放到餐盤上，輕輕蓋上鋁箔紙，靜置5至10分鐘。上桌，把保留下來的醬汁分開傳遞。

成功關鍵 ———————

為了烤出美味、帶有粉紅肉色、超級濕潤的煙燻豬排，我們選用帶骨豬排，因為骨頭在烹煮過程中可以替肉增加風味，又含有結締組織和脂肪，分解後讓肉變得柔軟。除此之外，骨頭多孔隙的結構可當成絕緣體，讓熱能穿透的速度變慢。我們把這點當成優勢，讓肉排用骨頭立起，而不是把肉平鋪在烤網上。為了避免肉排倒下，再以叉子穿過，讓肉排直立在烤爐的中間，接觸烤爐的不是肉，而是骨頭。

選擇大塊肉排：在本食譜中我們選用的豬排至少有1½吋厚。豬排越大塊，肉就越多，骨頭也越多，可以烤更久，在肉變得太硬太乾前，確實讓煙燻味入味。豬排厚度一定要一致，才能均勻受熱，煮到同一個溫度。

用刨絲器：我們喜歡醬汁裡洋蔥的味道，但不喜歡切塊時咬起來脆脆的口感。所以，我們把洋蔥刨成絲，而不是切末。可以利用刨絲器上的大洞替洋蔥刨絲。

把肉排串起、堆起來：把肉串起來、堆在烤爐上，不只可隔熱，放慢烹煮速度讓煙燻味可以更入味，這個技巧也是絕佳的空間管理。要煮給一大群人吃嗎？串起來這招很實用。

從低溫煮到高溫：一開始時，我們以低溫燒烤這些豬排。這可以模仿我們在觀念5所提到的「低溫慢煮，讓酵素現形」。在華氏122度以下的酵素變得活躍，可以烤出柔軟多汁的豬排。經低溫燒烤30分鐘後，我們上了幾層醬料，再以高溫燒烤出漂亮的酥皮。若想瞭解酵素的原理，請參考觀念6。

燒烤上等腰肉牛排或丁骨牛排
4-6人份

請確定購買的肉排至少有1吋厚

2塊（1¾磅）紅屋牛排（Porterhouse Steak，譯註：又稱大丁骨牛排）或丁骨牛排，1-1½吋厚，處理好
2茶匙鹽巴
2茶匙胡椒
1份細香蔥奶油（視需求添加，食譜後附）

1.將整塊牛排的表面抹上1茶匙的鹽巴調味，靜置1小時。以廚房紙巾把牛排拍乾，抹上1茶匙胡椒調味。

2A.木炭烤爐：把底部的通風孔完全打開。在大型煙囪型點火器放四分之三滿、約4½夸脫的木炭，點燃。木炭的上方有部分被炭灰掩蓋時，將木炭平均的倒在烤爐的半邊。將烤網架好，蓋上爐蓋，蓋子上的通風孔完全打開。將烤爐加熱到火燙，約需5分鐘。

2B.燃氣烤爐：把所有爐火開到大火，蓋上爐蓋，加熱至烤爐熱燙，約需15分鐘。將主要的爐火維持大火，其他爐火則轉至小火。

3.把烤網清乾淨，上油。把牛排放到烤爐高溫的一邊，把腰內肉的那邊，也就是丁骨牛排中較小的一邊，朝向烤爐溫度較低的一邊。燻烤約6至8分鐘，直至深色的酥皮形成。若使用燃氣烤爐，請蓋上蓋子，如果牛排開始起火，把牛排放到溫度較低的地方，或用水瓶噴熄。將牛排翻面，轉方向，讓腰內肉的那邊面對烤爐溫度較低處。繼續燒烤約6至8分鐘。若使用燃氣烤爐，請蓋上鍋蓋，直到第二面也烤出深色酥皮。

4.若要使用奶油的話，可將牛排移往烤爐溫度較低的一邊，骨頭那一面朝向烤爐溫度較高的一邊，並在此時刷上。蓋上烤爐，繼續燻烤2至4分鐘，烤到一半時間需翻面，直至溫度達到115至120°F、約一分熟；或120至125°F、約三分熟。

5.把牛排放到砧板上，輕輕蓋上一層鋁箔紙，靜置10分鐘。把前腰脊肉和腰內肉從骨頭切下，然後橫切成¼吋的肉片。上桌。

✏️ Tips：我們最愛的帶骨部位——**牛肉**

部位	描述	烹煮方式
丁骨牛排	腰脊肉（short lin）中的丁字型骨頭將又長又細的靠背里脊肉（top loin）和小塊的腰內肉分開來，因為包含兩種部位，所以以丁骨牛排其實是二合一的牛排，兩塊牛排各有不同的口感和風味。	因為丁骨牛排的大小和形狀，又帶骨，要在室內料理很不容易，燒烤是最好的料理方式。可見本觀念食譜中的烘烤手法。
紅屋牛排	紅屋牛排比丁骨牛排更靠近臀部，其實只是一塊很大的丁骨牛排，腰內肉更大塊。	和丁骨牛排一樣，紅屋牛排有平衡的味道和口感，最適合燒烤。
牛腰肋排 （rib roast, first cut）	從第9根到第12根肋骨，靠近肋骨後方，也靠近牛的腰部，包含大塊的肋眼肌肉。在點肋排時，最清楚的說法是點：「從腰部數來前4塊肋骨」。	極度軟嫩美味，最好在烤箱的低層烘烤。請參見觀念1食譜中的「文火慢烤」，或是本觀念食譜的「燒烤」。
牛肋排	這些大塊肋排是從靠背的半部切下，而且是第6根到第12根肋骨，也就是高級肋排。這些肋骨通常都很大根，約8吋長，可以分成只有3至4根肋骨的小肋排販售。	肋骨有很棒的牛肉味。我們最喜歡BBQ的味道。可參見本觀念食譜中的肋腓料理。
牛小排	這些多肉的肋骨可能從牛的不同部位切下，不過大多是來自牛的腹部。通常會把每根肋骨切開，然後橫切，骨頭就會有一邊會黏著一大塊肉。	價錢便宜，味道豐富，如果沒有拉長烹煮時間，可能會很硬。最好使用燜煮，可參考觀念8食譜中的「無骨牛小排燜肉」，不過也可以剖成兩半燒烤。

4大匙無鹽奶油，融化
2大匙切末的紅蔥頭
1瓣大蒜，切末
1大匙切碎的新鮮細香蔥（chive）
鹽和胡椒

將所有材料放入中碗，攪拌在一起。加入鹽巴和胡椒調味。

成功關鍵

要烤出有暗色外皮但不是焦黑、帶著煙燻味、深層燒烤滋味的燒烤牛排，我們得先用熱火直接燒烤牛排，然後用間接熱源溫和地完成這項料理。由於丁骨牛排其實是兩種牛排的結合，骨頭的一邊是軟嫩的紐約客前腰脊肉牛排，一邊是帶有奶油香、較快熟的腰內肉。我們把肉放好，讓腰內肉永遠朝向烤爐溫度較低的一邊，避免腰內肉煮過頭，變得太乾。

從兩種丁骨牛排做出選擇：丁骨牛排和紅屋牛排，都有前腰脊肉牛排和腰內牛排，以丁字型的骨頭連接，其結構請參考本觀念的「帶骨牛排解剖學」。前腰脊肉牛排帶有一些嚼勁，以及明顯可見的紋理，而長型圓柱的腰內肉是牛肉中最嫩的部位，但牛味較少。紅屋牛排其實只是大塊的丁骨牛排，有更大塊的腰內肉，比丁骨牛排更靠近牛的臀部。嚴格來說，丁骨牛排的腰內肉至少要有½吋寬，上等腰肉牛排則至少要有1¼吋寬。兩種牛肉的口感和味道都很平衡，兩者都可以用在這道菜。

調味時機：讓佛羅倫斯聲名遠播的大塊丁骨牛排「佛羅倫斯丁骨大牛排」（bistecca alla fiorentina）以橡木生火燒烤，雖然這種牛排是在烤熟後才調味，但我們比較喜歡在料理的前1小時先調味。這樣鹽巴可以穿透肉的裡層，提升從外皮到骨頭的風味。不過，在放到烤爐前，請記得用紙巾把表面上累積的水拍乾。如果沒拍乾，牛排可能會被蒸熟，烤不出酥脆的外皮。

使用兩層火力：在木炭烤爐上，我們把點燃的木炭放到烤爐的半邊，製造兩層火力。把木炭平鋪很重要，如果鋪得不平會引發火焰，把牛排烤得焦黑。若使用的是燃氣烤爐，我們把主要爐火保持在大火，其他爐火轉到小火。我們可以在烤爐溫度較高的一邊熱烤牛排，然後利用間接火力，在烤爐的另一邊溫和地把牛肉的內層烤熟，避免起火。

保護腰內肉：發現用兩層火力烤牛肉很輕鬆後，我們還有一個問題。雖然試吃員對牛排外皮以及牛排的燒烤風味感到驚艷，但他們發現，令人垂涎的腰內肉也變得又硬又乾。解決辦法是，將肉的位置擺好，讓腰內肉朝向烤爐溫度較低的一邊，骨頭在腰內肉和爐火之間。這麼做可以用骨頭擋住高溫，讓細嫩的腰內肉烹煮速度稍微慢一點，保持軟嫩多汁。

《帶骨部位的實際應用》燒烤

燒烤帶骨肉排時，因為骨頭周圍的脂肪和結締組織更多，肉更有味道、更多汁。骨髓也添加了明顯的肉味。

使用木炭烤爐時，情況允許的話，我們偏好木塊勝過木屑。用一塊中等大小的木塊泡水1小時，代替包好的木屑。

1塊（4-5磅）帶骨中段豬肋排（pork rib roast），把背脊骨（chine bone）的尖端修整，去除脂肪至厚度剩¼吋
4茶匙猶太鹽
1杯木屑，泡水15分鐘，瀝乾
1½茶匙胡椒

1. 用紙巾把肉拍乾。用一把鋒利的刀在脂肪層交叉劃幾刀，每刀間隔1吋，小心不要切到肉。以鹽巴幫肉調味。用保鮮膜把肉包起來，冷藏至少6小時或最多24小時。

2. 用大片的加厚鋁箔紙把泡過水的木屑包起來，在上面割幾個通風孔。

3A. **木炭烤爐**：底部通風孔半開，把大型煙囪型點火器，裝滿6夸脫的木炭，點燃。木炭頂端有部分被炭灰蓋住時，把木炭倒入烤爐的一邊並堆高。把包好的木屑放在木炭上。把烤網架好，蓋上爐蓋，蓋子的通風孔半開。把烤爐加熱到熱燙，木屑冒煙，約需5分鐘。

3B. **燃氣烤爐**：把包好的木屑放到主要的爐火上。

將所有爐火開到最大，蓋上爐蓋，加熱直到烤爐變得熱燙，木屑冒煙，約需15分鐘。把主要爐火轉到中大火，其他爐火關掉。在烹煮過程中依需求調整爐火大小，讓烤爐的溫度維持在325℉。

4.清理烤網，替烤網上油。把保鮮膜拆開，以胡椒替肉調味。把肉放到烤網上，讓肉的部份靠近木炭和火焰，但不要放在正上方，骨頭則遠離木炭和火焰。蓋上蓋子。若使用木炭烤爐，通風孔的位置要在肉的上方。烤至肉達到140℉，約75分鐘至1個半小時。

5.把肉放到砧板上，輕輕蓋上鋁箔紙，靜置30分鐘。從肋骨中間切開，切成厚片。上桌。

成功關鍵

燒烤體積龐大的肉塊，像是肋排排，聽起來或許很困難，實際上並不會。我們發現，只要有一塊軟嫩、快熟的中段肋排，簡單地抹上鹽巴，就能燒烤出多汁的烤肋排，以及厚厚的紅褐色外皮。透過間接熱源、烤爐溫度較低的一邊燒烤，讓肉可以慢慢煮透，加入一包泡過水的木屑或一塊泡過水的木塊，可以增添淡淡的煙燻味。經過1小時再多一點的時間，就能烤出軟嫩多汁的肋排，味道濃郁深層。

選對部位：豬肉的腰部有三個部位，也就是最適合這種煮法的部位。有：肩胛肋排（blade end roast），有時稱為rib end；中段肋排（center-cut rib roast）以及容易讓人混淆的中段腰肉（center-cut loin roast）。我們喜歡中段肋排的風味和單純。因為這個部位是單塊肌肉黏在骨頭的一邊上，不必為了賣相好看把肉綁起來。如果你買的是肩胛肋排（rib-end roast，譯註：又稱肋尾肉排），請用廚用棉繩綁成一致的形狀，每條線間隔1吋。若是中段肋排，就不需這個步驟。為了切肉方便，可請肉販把背脊骨的尖端去掉，從每塊肋骨中間把背脊骨切開。

以兩層火力燒烤：我們利用兩層火力，把肉排放在溫度較低的一邊烤。讓肉遠離但不要太遠木炭或火焰，讓骨頭在火的另一邊很重要。經過1小時後，就會烤出紅褐色的外皮，不需要高溫香煎。

長時間靜置：從烤爐取下後，我們讓豬肉靜置完整的30分鐘，在肌肉纖維放鬆時，讓肉重新吸收在烹煮過程中流失的肉汁，其原理請參考觀念3。同時利用觀念4的餘熱加溫原則。在這個例子中，肉達到140℉後就從烤箱中取出，在靜置時會達到145至150℉。

《帶骨部位的實際應用》肋排

薄肉和骨頭上厚厚的結締組織以及脂肪會讓牛肋排和豬肋排不好處理，但卻是有助肉變得美味的潛能之處。不管是用烤箱、烤爐或兩者並用，以低溫慢煮肋排可將油脂與煙燻味灌注到肉裡，只要咬一口，就能吃到媲美培根的外皮以及軟嫩的肉質。

德州風BBQ牛肋排
4人份

選用肉量充足的肋排，不要選用骨瘦如柴的肋排，不然會做不好這道料理。如果使用的是木炭烤爐，可以的話我們喜歡用木塊勝過木屑。把兩塊木塊泡水1小時後，就能取代木屑。

4茶匙辣椒粉
2茶匙鹽巴
1½茶匙胡椒
½茶匙卡宴辣椒
4塊（1¼磅）牛肋排，處理好
2杯木屑，泡水15分鐘，瀝乾
1份德州風牛肋排BBQ醬汁（食譜後附）

1.把辣椒粉、鹽巴、胡椒、卡宴辣椒放在同一碗中。用紙巾把肋排拍乾，以攪拌好的香料均勻抹上，在室溫下靜置1小時。

2.用大片加厚鋁箔紙把泡過水的木屑包起來，在上方戳幾個通風孔。

3A.**木炭烤爐：**底部的通風孔半開。把大型煙囪型點火器裝三分之一、約2夸脫的木炭，點燃。頂端的木炭部分被炭灰掩蓋後，倒到烤爐的一邊，堆得高高的。把烤網架好，蓋上蓋子，蓋子的通風孔半開。將烤爐加熱至熱燙，木屑開始冒煙，約需5分鐘。

3B.**燃氣烤爐：**將木屑放在主要爐火上。把所有爐火轉至大火，蓋上爐蓋，加熱至烤爐熱燙，木屑冒煙，約需15分鐘。將主要爐火轉至中火，將其他爐火關上。在烹煮過程中依需求調整主要爐火，讓烤爐的溫度維持在250至300℉。

4.清潔烤網，將烤網上油。將有肉的一邊放在烤爐溫度較低處，肋排可能稍微重疊。蓋上爐蓋。如果使用的是木炭烤爐，將通風口置於肉的上方。燒烤上1小時。

5.若使用的是木炭烤爐，將烤網移開，加入20塊新的木炭，再把烤網架好。將肋排翻面，多肉的那一面朝上，並旋轉烤網。蓋上爐蓋。若使用木炭烤爐，蓋子的通風孔要在肉的正上方。烤至肉和骨頭開始分離，需75至105分鐘。

6.把肋排移到砧板上，輕輕蓋上鋁箔紙，靜置5至10分鐘。從骨頭中間把肋排切開即可上桌，醬汁分開傳遞。

德州風牛肋排BBQ醬
約1¾杯

這是個簡單的酸味沾醬，跟超市裡又甜味道又重的BBQ醬很不一樣。這個醬汁可以放在真空容器中冷藏最多4天。

2大匙無鹽奶油
¼杯切碎的洋蔥
1½茶匙辣椒粉
1瓣大蒜，切末
2杯番茄汁
¾杯蒸餾白醋
2大匙伍斯特醬
2大匙糖蜜
1茶匙切碎的菲式醬契普雷辣椒
½茶匙的乾芥末粉加入1大匙水混合
鹽巴和胡椒

1.用小的單柄深鍋以中火融化奶油。洋蔥下鍋，烹煮約2至3分鐘，偶爾攪拌，直到軟化。拌入辣椒粉和大蒜，煮至散發香氣，約需30秒。加入番茄汁、½杯醋、伍斯特醬、糖蜜、契普雷辣椒、混合芥末、½茶匙鹽巴、¼茶匙胡椒，以中火煮至徐徐沸騰，偶爾攪拌，直到稍微變稠，收至剩1½杯，需30至40分鐘。

2.離火，拌入剩下¼杯的醋，以鹽巴和胡椒調味。上桌前放在室溫下靜置。

成功關鍵
好的牛肋排最重要的就是強烈肉味，不是只有煙燻味和香料。我們發現，如果要煮出最多汁、最有味道的肉排，就要留住肋骨背面的肥肉和薄膜。在烹煮過程中，肥肉不只包覆肋排，也能變成酥脆、媲美培根的口感。

找到對的牛肉： 在德州，烤出美味絕頂的牛肋排是經驗豐富的燒烤師父們的商業機密。即便生牛肋排價格便宜，在任何肉攤都能買到。而肋排是肋眼牛排處理過所剩下的骨頭，牛肋排還是保有著很酷、類似邪教的神祕地位。不過，購買牛肋排時要注意，我們喜歡肉很多、帶有3或4塊骨頭的肋排。

抹入香料： 我們發現，只有以每塊肋排放入2茶匙的少量香料，簡單地混合鹽巴、胡椒、卡宴辣椒、辣椒粉，才能帶出肉的味道。雖然我們嘗試早一點抹上香料，或是把肋排放到冰箱冷藏最多2天，但味道最好的做法，是把肋排放在室溫下靜置1小時。

維持溫度： 為了把烤爐變成後院的烤肉爐，我們打造了緩慢、平均的火力，溫度在250至300℉之間。幾小時的慢烤就足以融化一些脂肪，讓肋排多汁、軟嫩，稍微帶點嚼勁。如果溫度稍微高一點，就會釋放太多脂肪，肉會變乾、變得多筋。如果溫度稍微低了，脂肪就無法釋放，肉就會一直很硬，肋排就無法達到特有的烤牛肉風味。

搭配醬汁： 為了做出真正的德州BBQ醬，我們結合平常的食材，如醋、洋蔥、糖蜜和乾的芥末粉以及契普雷辣椒，增添辛辣味。伍斯特醬讓醬汁的味道更濃郁，番茄汁則讓醬汁有強烈的味道，也稀釋醬汁的濃度。

孟斐斯BBQ豬肋排
4-6人份

別把肋骨旁的薄膜去掉，這層膜可以避免脂肪融化，也是這種肋排的特色。

2塊（2½-3磅）聖路易型肋排，處理好
1份香料抹醬（食譜後附）
¾杯木屑，泡水15分鐘，瀝乾。
½杯蘋果汁
3大匙蘋果醋
1個（長13吋、寬9吋）拋棄式鋁箔深烤盤，用於木炭烤爐，或是使用燃氣烤爐改用拋棄式鋁箔派盤

1.在每塊肋排的兩邊抹上2大匙的香料，在室溫下靜置1小時。

2.用大片的加厚鋁箔紙把泡過水的木屑包起來，在頂部戳幾個洞。將蘋果汁和醋倒入小碗中混合，靜置備用。

3A. **木炭烤爐**：底部的通風孔半開。把裝了2杯水的烤盤放到烤爐的一邊，然後將15塊還沒點燃的木炭放在另一邊。在大型煙囪型點火器中放入三分之一、約2夸脫木炭，點燃。上方的木炭有部分蓋上炭灰後，把木炭倒到還沒點燃的木炭上方，蓋住烤爐的一半。把包好的木屑放在木炭上。把烤網架好，蓋上爐蓋，爐蓋半開。將烤網加熱至熱燙，木屑冒煙，約需5分鐘。

3B. **燃氣烤爐**：把木屑直接放在主要的爐火上，把可拋棄派盤裝2杯水，放到其它的爐頭上。把所有爐頭轉至大火，蓋上蓋子，將烤爐加熱到熱燙，木屑開始冒煙，約需15分鐘。把主要的爐火轉至中火，將其他爐火關掉。在烹煮過程中依照需求調整主要火力，讓烤爐的溫度維持在250至275℉。

4. 將烤爐的烤網清乾淨，上油。把牛肋排側邊朝下，放在烤爐溫度較低的那邊，也就是裝水烤盤的上方。蓋上烤爐的蓋子烤約1個半小時。使用木炭烤爐的話，請將通風孔調整到肉的上方。在肉排刷上2大匙混合好的蘋果汁，在烹煮過程中翻面，旋轉肋排。在最後20分鐘時，把烤桌烤架整至中低層，預熱至300℉。

5. 將另一個烤網放入有邊烤盤中，倒入清水淹過烤盤的底部。將肋排放入烤網上，在每塊肋排朝上的一面刷上2大匙混合過的蘋果汁。燒烤1小時。

6. 將剩下的蘋果汁刷在肋排上，繼續烤1至2小時，直到肉變得軟嫩，但未達肉和骨頭分離的程度，其內部溫度應該195至200℉。完成後，肋排放到砧板上，輕輕蓋上鋁箔紙，靜置15分鐘。從骨頭中間把肋排切開，上桌。

香料抹醬
約½杯，可做1份孟斐斯BBQ肋排

若想減少辛辣味，可將卡宴辣椒的量減少至½茶匙。

2大匙甜椒粉
2大匙壓實的紅糖
1大匙鹽巴
2茶匙辣椒粉
1½茶匙胡椒
1½茶匙大蒜粉
1½茶匙洋蔥粉
1½茶匙卡宴辣椒
½茶匙乾百里香

將所有食材放到碗中混合。

實用科學知識 BBQ的最佳火力

"把木炭堆在烤爐半邊，將蓋子的通風孔放在另外半邊千萬不要偷看"

蓋上蓋子的烤爐裡發生了什麼事，BBQ專家總有各式各樣的理論，可是眾家說法莫衷一是。我們想知道能不能以科學找出最好的生火方法。木炭要怎樣排，才能把肉烤得均勻、烤得熟透？

我們改裝了韋伯牌蘋果爐（Weber kettle grill），裝上五根溫度計探針，四根裝在蘋果爐邊緣，一根在中間。透過蓋子上的孔，我們把探針，或許該稱為熱電偶（thermocouples）接上電腦資料記錄器，測量烤爐每分鐘的溫度，最多可測量至2小時。經過六個多星期的數十次實驗過後，得到一些結果。

因為BBQ的定義為「低溫慢烤」，所以不允許以所謂的直接熱源高溫燒烤。我們需要的是間接熱源，而且蘋果爐產生間接熱源的方式有兩種：把兩堆木炭放在烤肉爐兩邊，或者把木炭堆在烤肉爐的一邊。電腦資料顯示，把木炭放到兩邊會讓溫度突然飆高，令人憂心。如果目標是要維持維持近乎不變的溫度，光是這點就無法接受。另外，烤肉爐裡的溫度也有大幅變化。

我們原本以為把木炭堆到一邊，熱的變化會更大。除了直接在火源上方的探針，其他探針的溫度讀數差異都在幾度之內。這點發現讓人頗為訝異，因為有個探針和火源的距離是其他三個探針的兩倍。這也是好事，這代表燒烤區域很大一部分的溫度都相當一致。把木炭堆到一邊的方法也顯示幾乎沒有溫度飆高的情況，溫度維持在BBQ的理想溫度250至300℉間很久。

那麼，這些實驗的結果看來很清楚，以BBQ來說，木炭最好放到同一邊，而不是分成兩邊，因為單一的熱源可讓熱穩定、均勻分布，而兩個熱源則會讓溫度變化更大。

可是，我們學到的不只這點。BBQ專家經常建議蓋子的通風孔最好遠離火源。難道真的是因為把木炭堆成一堆才能提供平均、穩定的熱能？的確如此。我們把通風孔直接開在火源上方時，火燒得更旺、更快。在這個位置，蛋形的韋伯蘋果爐裡形成了直接的熱對流。當通風孔遠離火焰時，熱對流散播開來，讓熱的分佈更均勻。另一個重點是：通風孔打

開的程度。若完全打開，火會燒得更旺，更不均勻。通風孔最好半開。

最後，一旦掀開蓋子，檢查肉烤得如何，就會失去辛苦打造、均勻散布的熱。請忍住想偷看的衝動。

我們在蘋果爐上鑽了好幾孔，這樣才能把溫度計探針從電腦資料記錄器伸進鍋內。

成功關鍵

在孟斐斯，肋排的味道來自香料抹醬以及一層薄薄帶有醋味的液體，稱為「塗醬」（mop），廚師們會在烹煮過程中塗在肋排上。為了讓烤爐上的肉排保持多汁，我們裝了一盆水放在烤架下，烤爐溫度較低的一邊，讓水吸收熱氣，使溫度保持穩定。最後，我們把肋排放到烤箱中，讓肉徹底烘烤，烤至軟嫩。

塗上塗醬： 我們混合蘋果汁和蘋果醋當作抹醬，並在肋排燒烤時把抹醬刷在肋排上。這麼做可以降低肉的溫度，避免內部水分蒸發。

選對時機抹醬： 很多專家聲稱抹醬要在24小時前抹好。可是肋骨上的肉很薄，代表抹醬不需滲透到很深的地方。在料理前抹上抹醬，就能夠得到該有的味道。請注意，如果用烤箱烤肋排，如本食譜「燒烤肋排」一樣，我們認為沒必要提早抹上香料。

不生火也能有煙燻味： 決定先用烤爐再用烤箱前，我們試過先用烤箱烘烤肋排，然後再放到烤爐上熱烤。結果並不成功。我們得到的是過濕而口感軟爛的肋排，只有一點點香料味道和淡淡的煙燻味。為什麼呢？研究顯示，第一個嚴重的錯誤是，肉煮熟後還接觸燻煙。燻煙有水溶性和脂溶性化合物，傳統的乾抹醬肋排烹煮時，水溶性的化合物會熔解在肉表面的水分中，在水蒸發後便留在肉上。脂溶性化合物在脂肪溶解時分解，散布在肉上，潤滑肌肉纖維，形成煙燻味。不過若先用烤箱燒烤肋排，還沒到烤爐前大多數的脂肪就已經融化流出。

煮到理想溫度： 雖然濕潤的肋排容許出錯的範圍相當大，乾抹香料的肋排要更講求精確，完美熟度的範圍小。有沒有絕不出錯的解決辦法呢？有，善用「溫度計」。肋排最厚的地方達到195℉後，把肋排從烤箱取出。在這個溫度下，肋排的肉會軟嫩的很一致，有令人滿意的嚼勁。

燒烤肋排
4人份

你需要一塊烘焙石（baking stone）、一個堅固且邊綠有1吋厚的烤盤，以及可以放入烤盤中的冷卻網。肋排放到烤網上時稍微交疊沒關係。我們發現，本食譜最好在開始燒烤8小時前先用香料包裹住肋排。打開折起的鋁箔紙加入醬汁時要小心，熱氣和煙霧會噴出來。需要的話，可以搭配BBQ醬。

6大匙黃芥末

2大匙番茄醬

3瓣大蒜，切末

3大匙壓實的紅糖

1½大匙猶太鹽

1大匙甜椒粉

1大匙辣椒粉

2茶匙胡椒

½茶匙卡宴辣椒

2塊（2½-3磅）聖路易型肋排，處理好，去膜，每塊肋排切成兩半

¼杯碾碎的立山小種（Lapsang Souchong）紅茶茶葉。約需10包茶包的量，或½杯茶葉用香料磨碎器磨成粉

½杯蘋果汁

1.將芥末、番茄、大蒜放入碗中攪拌，在另一碗中放入糖、鹽巴、甜椒粉、辣椒粉、胡椒、卡宴辣椒。在肋排兩面塗上一層又薄又平的芥末醬。再將肋排兩面塗上香料，然後用保鮮膜包起來，冷藏8至24小時。

2.把肋排從冷藏放到冷凍庫，冰上45分鐘。把烤箱烤架調整至最低或中高層，距離上火至少5吋。把烘焙石放到下面的烤架上，烤箱預熱至500℉。在有邊烤盤中均勻灑上磨成粉的茶葉。在烤盤中架好烤架，把肋排有肉的那一面朝上，放到烤架上，蓋上加厚的鋁箔

紙，把邊緣緊緊折住封起。將烤盤放到烘焙石上，烘烤30分鐘，然後把烤箱溫度降到250℉，並把烤箱的門打開1分鐘降溫。烤箱門開著時，小心地打開鋁箔紙一角，將蘋果汁倒入烤盤底下，重新把鋁箔紙封好。繼續烤至肉變得非常軟嫩，開始和骨頭分離，這需要1個半小時。在烘烤1小時後開始檢查熟度，之後再將鋁箔紙輕輕覆上即可。

3.把鋁箔紙拆開，小心翼翼的把肋排翻面，骨頭朝上。把烤盤放到中高層，打開上火，烤5至10分鐘，直至肋排呈現漂亮的焦褐色，部分酥酥脆脆。翻面，使肋排有肉面朝上，烘烤5至7分鐘，直至第二面也呈現漂亮的焦褐色、酥脆可口。靜置至少10分鐘，再把每塊肋骨切開。若想要的話，可搭配BBQ醬汁上桌。

成功關鍵
我們希望只使用室內的廚具重現BBQ肋排那濃郁豐美的味道，以及僅以叉子就可以輕鬆刺穿的口感。為了做到這點，我們捨棄了爐火煙燻器（stovetop smokers），改用烤箱更能控制煙霧，也能夠一次把全部肋排烤好。

買對肋排： 肋排有三種，腩排（spareribs）近豬肥嘟嘟的肚子，尚可接受，但買回家後需要相當程度的處理。嫩肋排（baby back ribs）是成年豬背部較小、較瘦的肋排，用在這道料理上會乾得太快。以戶外BBQ來說，我們喜歡聖路易式肋排，去掉邊緣的肉和多餘的軟骨。在本食譜中，我們認為不需要再做處理。

去掉薄膜： 在本食譜中，我們想去掉肋排凹面的薄膜，讓肋排好處理，煙燻味也能夠從肉的兩邊滲入。將湯匙的手把插入薄膜和肋骨之間，把薄膜弄鬆。用紙巾抓住薄膜，輕輕把薄膜撕開。

製作自己的煙燻器： 你可以把肋排都塞到爐火煙燻器裡，可是我們比較喜歡自己打造的臨時煙燻器：把茶葉放到有邊烤盤中，把冷卻網放上去，接著擺好肋排、加厚的鋁箔紙，困住煙霧。烘焙石可以讓茶葉迅速冒煙。

該用茶了： 為了用木屑取代爐火煙燻器，我們把磨碎的立山小種茶葉灑在肋排下，讓肉有了豐富的煙燻味。畢竟中國廚師用紅茶燻燒就能煙燻各種食品。茶葉不會在烤箱裡燃燒，可是「烘烤」的過程就足以釋放茶葉的香氣，我們把茶葉碾成細末，增加茶葉的表面面積，讓肋骨的味道更濃郁。

熱烤再冷烤： 我們一開始先用高溫烘烤，然後將溫度降至250℉。不管高溫的煙燻效果多好，還是可能讓肋排硬得難以入口。因此，我們在烘烤前先將肉極速冷凍。這樣肉可以承受高溫，迅速吸收煙燻味，又不會變太硬。肋排軟到可以用叉子穿過時，我們把肉排放在上火的高溫下，把潮溼的外皮烤得帶有嚼勁、又酥又脆。

《帶骨部位的實際應用》高湯和湯品

骨頭可以讓肉更有味道，不過它的功用不僅如此。以傳統做法來說，高湯是以文火在爐子上熬煮骨頭還有肉與蔬菜數小時熬製而成，漫長的烹煮時間將骨頭中濃郁豐富的味道煮進高湯裡。我們用雞骨頭熬煮雞高湯和湯品，再利用一些技巧節省時間，不必為了一道單純的雞湯整天關在廚房裡。

快煮雞高湯
約8杯

如果使用的是切肉刀（cleaver）很快就能把雞肉大卸八塊，不過也可以使用主廚刀（chef's knife）或廚房剪刀。為了去掉熱高湯的油脂，建議使用湯杓或分離隔油杯撈去表層的油脂。或者你可以把高湯放入冷藏，再用湯匙撈掉凝固的油脂。

1大匙植物油
4磅重整支雞腿、或雞背部、雞翅的第三段。切塊、約2吋
1顆洋蔥，切塊
8杯滾水
½茶匙鹽巴
2片月桂葉

1.在高湯鍋中或荷蘭鍋裡放入1大匙油，開中大火熱油，直到油閃閃發亮。把一半的雞肉下鍋，煮至稍微上色，每面約需5分鐘。把煮好的雞肉放入碗中，以同樣步驟烹煮其餘雞肉，烤好後和第一批處理好的雞肉一起放到碗中。洋蔥下鍋烹煮3至5分鐘，經常攪動，直到洋蔥顏色變透明。

2.把雞肉放回鍋內，把火力轉至小火，蓋上鍋蓋，

煮約20分鐘，直至雞肉釋放肉汁。把火轉至大火，加入滾水、鹽巴、月桂葉。煮至沸騰，然後將火力轉至小火，蓋上鍋蓋，以文火慢煮約20分鐘，直至湯頭濃郁、充滿風味。若想要的話，可撇去表面上的泡沫。

3. 以細網濾網將高湯濾過，丟掉固體食材。在使用前去掉油脂。高湯可冷藏最多4天，或冷凍最多6個月。

成功關鍵

餐廳主廚堅持以耗費時間、投入心力的流程來製作雞肉高湯。他們會先用烤箱烘烤或爐火熱炒骨頭、肉、以及調味用的蔬菜，像是洋蔥、紅蘿蔔、芹菜。然後再加入一把或數把法式香草束和水，讓高湯慢煮數小時，不蓋上鍋蓋且定時將表層的雜質撇掉。最後，將高湯過濾、冷卻、去掉油脂。如果是有意在廚房顧火顧上整天的廚師或許無所謂，而且這樣煮出來的高湯的確很棒。可是，大多數的業餘廚師不想或不需要採用這麼複雜的方法。我們使用種類較少，切得較小塊的蔬菜，簡化整套流程，將雞肉煎至稍微上色、出汁，然後才把高湯煮至沸騰，接著文火煮上短短的20分鐘即可完成。

雞肉切塊： 很多食譜都會把整塊雞肉丟進鍋內，我們發現，先用切肉刀將雞肉切成小塊，可以在更短的時間內釋放雞肉風味，因為肉的表面面積變多了。切小塊也露出更多骨髓，是味道和湯汁濃稠度的關鍵。

先上色： 大多數的食譜會把雞肉和水同時下鍋。我們發現，先把雞肉煎至上色，可煎出熬數小時才能煮出的很多味道。

不要省略洋蔥： 雖然紅蘿蔔和芹菜不是美味高湯的必備食材，但洋蔥肯定是。把雞肉放回鍋內前，我們先炒了切塊洋蔥。

逼出湯汁： 將煎炒過的洋蔥和雞肉放進鍋內再蓋上鍋蓋，讓它們泡在自身釋出的湯汁中，這稱為「出汁」，可以讓蔬菜的味道釋放得更快。先出汁20分鐘後再加水是這道高道的關鍵步驟。

記得將雞胸肉留下不需再煎過，於步驟2再使用。要留2大匙的雞油來炒步驟4的香料蔬菜。不過如果你不想用雞油，也可以以植物油替代。

高湯
1大匙植物油
1隻（4磅重）全雞，取下雞胸並切成兩半備用。其餘的雞肉切小塊、約2吋
1顆洋蔥，切塊
8杯滾水
1茶匙鹽巴
2片月桂葉

湯
2大匙製作高湯時留下的雞油，或植物油
1顆洋蔥，切塊
1根大的紅蘿蔔，去皮，切薄片、約¼吋
1根芹菜梗，切薄片、約¼吋
½茶匙乾燥百里香
3盎司雞蛋麵
¼杯切末的新鮮巴西利
鹽巴和胡椒

1. 高湯：在荷蘭鍋以中大火熱油，直到油閃閃發亮。將一半的雞肉下鍋，煎至微微上色，每面約需5分鐘。把煮好的雞肉放入碗中，以同樣步驟煎過剩下的雞肉，把煎過的雞肉和第一批雞肉放在一起。洋蔥下鍋，經常攪動3至5分鐘，直到洋蔥變得透明。將雞肉放回鍋子，把火轉至小火，蓋上鍋蓋，煮至雞肉釋放肉汁，約需20分鐘。

2. 把火轉到大火；加入滾水以及保留的雞胸肉、鹽巴、月桂葉。將火轉至中小火，文火熬煮，直到味道混合，約需20分鐘。

3. 把雞胸肉從鍋中取出。冷卻到可以處理時，將雞胸的雞皮去掉，並去骨，把肉撕成一口大小。雞皮與骨頭丟棄，以細網濾網篩過高湯，把固體食材去掉。讓湯汁靜置約5分鐘，將油撈掉，若想要的話，可留2大匙。

4. 湯：以荷蘭鍋開中大火熱留下來的雞油，將洋

蔥、紅蘿蔔、芹菜下鍋，煮至軟化，約需5分鐘。加入百里香和保留下來的雞湯，以文火煮約10至15分鐘，直至蔬菜變軟。

5.加入麵條和之前留下的雞肉絲，煮至變軟，需5至8分鐘。拌入巴西利，依個人喜好以鹽巴和胡椒調味，上桌。在步驟3把高湯的雜質撈掉後，撕碎的雞肉、濾過的高湯以及雞油可以放在不同容器中冷藏最多2天。

春蔬經典雞湯米形麵

把一根韭蔥縱切四半，橫切成薄片，徹底洗淨，取代洋蔥，並以½杯義大利米形麵（orzo）取代雞蛋麵。將4盎司處理好的蘆筍切成1吋長，和¼杯新鮮或冷凍的豌豆和米形麵一起下鍋。以2大匙切末的新鮮茵陳蒿取代巴西利。

番茄櫛瓜經典雞湯貝殼麵

將1條櫛瓜切丁，在步驟4中與洋蔥、紅蘿蔔、芹菜一起下鍋，將烹煮時間延長至7分鐘。加入1顆番茄，去蒂頭、去籽，切塊，在步驟4中和高湯一起下鍋。以1杯小的貝殼麵或通心麵取代雞蛋麵，文火煮至義大利麵變軟。以¼杯切碎的新鮮羅勒取代巴西利，若想要的話，可搭配磨碎的帕馬森起士。

成功關鍵

雖然經典雞湯麵的高湯和快煮雞高湯很相似，都可以很快完成，但也有一些重要的差異。我們使用全雞，這樣高湯裡才會有一些白肉。我們取下雞胸肉，留下來之後使用。剩下的雞肉被切成小塊，根據我們製作高湯的方式煎至上色、出汁。

用高湯調味：洋蔥和切成小塊的雞肉煎至上色、出汁後，就該是時候讓月桂葉下鍋，將水倒入。此時我們也加入切成兩半的雞胸肉，以文火煮20分鐘。這樣湯裡的白肉就不會煮過頭。

保留雞油：留下2大匙從雞湯裡撇出的雞油，用它來炒湯要用的芳香植物，炒出絕佳的雞肉風味

直接在高湯裡煮義大利麵：雞蛋麵直接下到高湯裡烹煮，可吸收雞肉的味道、芹菜、紅蘿蔔、洋蔥、百里香、巴西利完成了這道經典料理。

觀念11：浸泡鹽水，讓瘦肉變得多汁
Brining Maximizes Juiciness in Lean Meats

為什麼有些火雞吃起來口感乾得好比木屑，但有些火雞則以紮實多汁又入味的肉質為傲？答案就是——「浸泡鹽水」。把火雞或一般雞肉甚至是瘦豬肉浸泡在鹽水中，或是裝滿調味過的鹵水裡，這項事前準備可以作為緩衝使火雞肉富含濕潤的水分，即使在整個烹煮過程中也能保持住多汁的肉質，而雞胸部位尤其如此。

◎科學原理

浸泡鹽水靠的是兩項科學原理：「擴散」（diffusion）和「滲透」（osmosis），聽來很複雜但其實很好懂。這兩項原理靠得是一個簡單的概念——大自然喜歡讓一切保持平衡。

如果你還記得基本的生物學，肉大多是由肌肉纖維組成，肌肉纖維是獨立的細胞。這些細胞會讓特定分子進出好維持平衡。像是鹽巴這類小的分子會自然地從高濃度移往低濃度的地方，這個過程稱為「擴散」。一般鹽水中的鹽分子濃度會高過肌肉細胞，所以鹽巴會透過擴散，進入肌肉細胞裡。

反過來看，當水穿過細胞膜的過程稱為「滲透」。將肉浸泡鹽水時，肌肉細胞內分解的鹽巴、糖分、胺基酸、蛋白質創造了一個比鹽水濃度更高的環境，其水分也較少。為了保持平衡，水會從濃度較低的地方，移動至濃度較高的環境。因此，當水進入肌肉細胞內，也讓肉浸泡在水裡時吸收了水的重量。不過「水中的鹽巴濃度」很重要。如果濃度過高，水就會從肉裡被吸出來，不會進入肉的細胞當中。若濃度過低，水分進入肉的速度會非常慢。

我們會理所當然地認為，泡過鹽水的肉是因為加了水分才會變得更多汁。那麼，為什麼不把肉泡在一桶清水裡？鹽巴的效果究竟是什麼？

這一切都和重塑肉中的蛋白質分子有關，而這項工作是由鹽水裡的鹽分執行的。重塑蛋白質可以使蛋白質留住額外的水分，甚至煮熟之後還維持著這個效果。

不過讓我們退一步思考，鹽是由「鈉」與「氯」這兩個電性相反的離子組成。肉中的蛋白質是大分子，含有各種電荷，有負的也有正的。當蛋白質被放到含鹽分的溶液時會重新調整自己的形狀，容納相反的電性。當蛋白質分子重新排列時，便形成充滿水的缺口。不只如此，鹽巴實際上還分解了一些蛋白質，重新形成可以吸收更多水的凝膠。

蛋白質分子重新排列還有一項額外的效果——「破壞肉的完整結構，減少整體的硬度」。所以，泡過鹽水的肉不僅更多汁，也會變得更軟。

鹽水中鹽巴和水分的移動

擴散：
鹽巴會從高濃度的鹽水區域，往低濃度的肉區域移動。

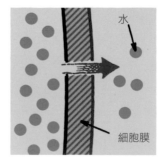

反滲透：
水分會從高濃度的鹽水區域，滲透細胞膜進入低濃度的肉裡。

✖ 實 驗 廚 房 測 試

為了找出擴散與滲透作用的相對效果，我們進行了以下實驗。將一塊2½磅的中段無骨豬里脊，其脂肪和銀膜已處理過再泡在清水裡；另一塊2½磅的里脊，放入以¾杯食鹽和3夸脫冷水調合好的鹽水中浸泡4小時。隨後測量兩塊肉在浸泡前後的重量。接著，將這兩塊肉與另一塊直接從包裝取出處理過的2½磅重里脊肉，送進烤箱烘烤。重複這項實驗三次，總共煮了12塊里脊，取得實驗的平均結果。

實驗結果

我們還沒打開烤箱，就已經注意到浸泡「清水」和「鹽水」的豬肉之間的巨大差異。泡過清水的豬肉，在水裡吸收的重量是本身重量的0.5％，稍微超過½盎司；而浸泡在鹽水中的豬肉所吸收水量，幾乎是清水的三倍。此數據證明了鹽水明顯發揮某種效果，然而再以烘烤烹煮更能證實這項原理。直接從包裝取出的以及泡清水的豬肉，經過烘烤後所流失的水分差別不大，平均流失約本體重量的19％水分；但是浸泡過鹽水的豬肉，僅流失自體重量的14.1％水分，幾乎比另外兩種樣本少了四分之一。

試吃員品嘗每個樣本時，發現泡過鹽水的豬肉明顯比較多汁、肉也相當入味，或許應該說是太入味了，因

為在這次實驗裡所使用的鹽巴水比例，比後附食譜「燒烤豬里脊」中的還要多。在另一個實驗中，食物實驗室分析各種浸泡過鹽水的食物鈉含量。我們發現，浸泡鹽水等於是替每份豬肉或雞肉多加⅛茶匙的鹽巴。這樣的調味比例，與在處理過程中已經先加了鹽的猶太雞，或工廠注入鈉溶液讓肉口感多汁的改良豬肉是差不多的。

重點整理

把豬肉和其他精益蛋白質浸泡鹽水有三種效果，首先鹽水中的鹽分可以改變蛋白質的構造，同時吸收並保留肉質中更多水分，即使經過烹煮後仍然多汁。此外，在蛋白質的構造被改變後，使肉質更軟嫩。最後，和烹煮之前才在表面灑鹽不一樣的是，鹽水中的鹽分會穿透得更深，讓肉更入味。

✏ Tips：烘烤前後的後里脊肉重量

	之前	之後	差別
控制組	2.35磅	1.92磅	18.4%
浸泡清水	2.42磅	1.94磅	19.7%
浸泡鹽水	2.49磅	2.14磅	14.1%

附註：數字代表12個樣本的平均值，三組各有四個樣本。

✏ Tisp：家禽肉類與豬肉的浸泡鹽水公式

	肉類	冷水	食用鹽*	時間**
雞***	1隻（3～8磅）全雞	2夸脫	½杯	1小時
	2隻（3～8磅）全雞	3夸脫	¾杯	1小時
	4磅帶骨雞切塊	2夸脫	½杯	30分鐘～1小時
	無骨去皮雞胸肉（最多6塊雞胸肉）	1½夸脫	3大匙	30分鐘～1小時
火雞***	1隻（12～17磅）火雞	2加侖	1杯	6～12小時
	1隻（18～24磅）火雞	3加侖	1½杯	6～12小時
	帶骨火雞胸肉	1加侖	½杯	3～6小時
豬肉***	帶骨豬排（最多6塊）	1½夸脫	3大匙	30分鐘～1小時
	無骨豬排（最多6塊）	1½夸脫	3大匙	30分鐘～1小時
	1（2½～6磅）無骨烤豬肉	2夸脫	¼杯	1～1個半小時

*猶太鹽中的大塊晶體在水中會迅速溶解，所以猶太鹽是調製鹽水的好選擇。每個品牌的鹽巴晶體大小不一樣，反觀食用鹽是有標準的晶體大小。若要使用莫頓牌猶太鹽，鹽巴份量需增加50%。如果選用鑽石牌猶太鹽，鹽巴份量需加倍。料理雞肉或豬肉時，可以在鹽水中加入糖，以促進焦褐反應，其份量與鹽巴等量。
**浸泡時間不要超過建議的時間長度，不然會導致肉質太鹹。
***猶太雞、猶太火雞、已注射鹽水的火雞，例如冷凍的奶油球牌火雞、已注入鈉溶液的改良豬肉，皆不需再浸泡鹽水。

《浸泡鹽水的實際應用》雞肉

精瘦的火雞肉和雞肉是用來浸泡鹽水的最佳肉品。雞肉的黑肉煮至內部溫度達175℉時味道最好，因為此溫度下肉裡脂肪和結締組織融化，使肉質變得軟嫩。不過，如果煮到這個溫度，精瘦的雞胸白肉會變得非常柴。透過浸泡鹽水來增加雞胸肉的水分，就能讓雞胸肉即使煮過頭也不會那麼乾了。

烤鹽水火雞
10-12 人份

本食譜適用未經鹽巴或化學物質處理的天然雞肉。若選用的是已注射鹽水的火雞，例如冷凍的奶油球牌火雞、或猶太火雞，在步驟1時就不需再浸泡鹽水，並於步驟5時，以融化的奶油刷在雞肉上後再以鹽巴調味。火雞肉放在砧板上靜置時，請忍住蓋上鋁箔紙的衝動，因為這項動作會使雞皮溼溼爛爛的。如果要製作肉汁醬，可參考觀念12食譜「雜碎肉汁醬」。

1 杯鹽巴
1 隻（12-14磅）火雞，脖子、內臟、屁股切下製作肉汁醬
2 顆洋蔥，大致切塊
2 根紅蘿蔔，去皮，切塊
2 根芹菜梗，大致切段
6 株新鮮百里香
3 大匙無鹽奶油，融化
1-1½ 杯水
1 份雜碎肉汁醬（食譜後附）

1. 在一個大容器裡放2加侖的冷水，加入鹽巴溶解。把火雞泡入鹽水中，將容器蓋起來，冷藏或儲藏在約40℉以下的低溫約6至12小時。

2. 在有邊烤盤中架好烤網。把火雞從鹽水中取出，用紙巾把裡外拍乾。將火雞放在烤網上。重新冷藏，不要覆蓋任何東西，靜置至少8小時或過夜。

3. 將烤箱烤架調整至最底層，烤箱預熱至400℉。把加厚鋁箔紙鋪在V型烤架上，戳幾個洞。把V型烤架放到深烤盤中，用噴油瓶噴上植物油。

4. 將一半的洋蔥、一半的紅蘿蔔、一半的芹菜、百里香、以及1大匙融化奶油放入碗中攪拌，接著塞到火雞身體裡。以廚用棉繩將火雞的腿綁起，把翅膀塞到背後，再將剩下的蔬菜塞到深烤盤裡。

5. 把水倒入深烤盤的蔬菜裡。用1大匙融化奶油刷在火雞的雞胸肉上，把火雞放到V型烤架上，雞胸肉朝下。用剩下1大匙的奶油刷在火雞肉身上。

6. 將火雞放入烤箱烤45分鐘。將深烤盤從烤箱中取出，用2大張紙巾將火雞翻面，雞胸肉朝上。若鍋中的液體徹底蒸發，再加入½杯水。將火雞放回烤箱烤50分鐘至1小時，烤至雞胸肉達到160℉，雞腿肉達到175℉。

7. 將火雞從烤箱中取出，小心地傾斜火雞，讓體腔內的肉汁流到深烤盤中。把火雞放到砧板，不需覆蓋任何東西，靜置30分鐘。將火雞切好，搭配肉汁醬上桌。

成功關鍵

在烤火雞這道料理中，事前將火雞泡入鹽水中的效果，比雞肉或甚至豬肉更好，因為火雞肉質偏瘦，體型又大。當烘烤時間長，如果沒有鹽水幫助，是無法讓雞胸肉保持多汁的。不過，只是靠浸泡鹽水也無法讓火雞的肉質保持濕潤。

先泡鹽水，後拍乾：泡鹽水可以增加肉的水分，可是皮也相對變濕潤了，這可能就會造成料理上的問題。因此將火雞從鹽水中取出後，請記得用紙巾把它拍乾，再將火雞放入冰箱中風乾。也就是經過這道手續，北京烤鴨的鴨皮才如此酥脆。所以這項做法是值得你事先規劃的。

把填料分開：火雞體腔內塞了填料就很難均勻烤熟。當填料到達安全溫度約165℉時，白肉已經烤得太熟了。最簡單的解決方式是用另一個盤子把填料烤熟，可參考觀念12食譜「經典填料烤火雞」。這回我們設計了一個稍微複雜的流程，只讓部分填料先塞在火雞肚子裡，吸收雞肉的風味，同時也不會使雞胸肉過熟。

將雞肉翻面：開始烘烤時雞胸肉朝下，可以避免白肉直接收到烤箱的熱度，解決了料理雞肉最根本的問題：黑肉必須達到比白肉更高的內部溫度。而為了讓雞胸肉上的雞皮酥脆，烘烤過程的後半段再將雞隻翻面、使雞胸肉朝上。

在V型烤架上烘烤：放在V型烤架上烘烤，熱能可以在火雞周圍循環，使其均勻受熱。用鋁箔紙鋪在烤架上，烤架的金屬條才不會把火雞的雞皮撕破。在鋁箔紙上戳洞，好讓火雞的雞汁可以滴到深烤盤與蔬菜混

合，使肉汁醬的味道更濃郁。

靜置： 如果肉烤好馬上切片，肉汁就會流得到處都是。肉塊越大，靜置時間就要越長。4磅的牛肉靜置15分鐘即可切片，但大隻的火雞應該最少靜置半小時。其原理請參考觀念3。

經典烤雞肉
2-3人份

本食譜適用於沒有經過鹽巴或化學物質處理的天然雞肉。若選購猶太雞肉就別再浸泡鹽水了，因為肉裡頭已經含有相當多的鈉。建議使用Ｖ型烤架烘烤，如果沒有Ｖ型烤架，可以將雞肉放在一般的烤架上，再用幾張鋁箔紙捏成球狀撐起雞肉的側邊。

½杯鹽巴
½杯糖
1隻（3磅）全雞，去除內臟
2大匙無鹽奶油，先軟化
1大匙橄欖油
胡椒

1.在一個大容器中放入2夸脫的冷水，將鹽巴和糖放入水中溶解。將雞隻泡在鹽水裡，用保鮮膜封起來，冷藏1小時。

2.將烤箱烤架調整至中低層，把深烤盤放在烤箱烤架上，烤箱預熱至400℉。以噴油瓶將植物油噴在Ｖ型烤架上。將雞隻從鹽水中取出，以廚房紙巾擦乾。

3.用手指輕輕地將雞胸兩側靠近中心的外皮弄鬆，在皮底下塞入奶油，並將奶油移至兩側雞胸中心，再輕輕地壓下雞皮使奶油散布在雞肉上。將雞翅塞到背部，於雞皮上抹油、灑上胡椒調味，讓一邊的雞翅朝上放在Ｖ型烤架上。將Ｖ型烤架放入預熱好的深烤盤，烘烤上15分鐘。

4.將深烤盤從烤箱中取出，用兩大片紙巾將雞肉旋轉讓另一邊的雞翅朝上。再放回深烤盤中，送入烤箱烘烤15分鐘。

5.再以兩大片紙巾旋轉雞隻，使雞胸肉朝上，繼續烤約20至25分鐘，直至雞胸肉達到160℉，大腿達到175℉。完成後，將雞肉放到砧板上，靜置15分鐘。將雞肉切好上桌。

成功關鍵

在鹽水中加糖可以促進焦褐反應。短時間烘烤全雞時不太容易出現焦褐反應，而我們將雞隻浸泡在鹽水中，不意外的雞皮是又濕又爛，當然也會拖慢焦褐反應使雞皮酥脆得更慢。由於烤火雞的烘烤時間較長，所以才有又乾又脆的外皮；不過烤雞熟得比較快，在浸泡時也加入糖，好彌補泡鹽水對烤雞的負面影響。

把水吸乾： 泡過鹽水後，記得把雞肉徹底吸乾。多餘的水分會讓雞皮散發水氣，外皮變得又鬆又軟。

在雞肉裡上塗奶油，不是塗在雞皮上： 一般雞肉熟得速度很快，所以還是別把融化的奶油塗在外皮上，因為奶油裡的水分會讓雞皮變軟，沒有足夠的時間讓雞皮變得酥脆。不如把奶油放在最能發揮效果的地方，也就是直接塗在精瘦的雞胸肉上。用手指把雞胸處的雞皮鬆開，在雞胸骨兩邊的胸肉上塗上已軟化的奶油。需要的話，也可以用香草、大蒜、或磨碎的柑橘皮取代奶油調味。

在外皮上油： 為了讓雞皮酥脆，我們的確在雞皮上抹了一些油。奶油有16至18％水分、80％脂肪，相對的，油是100％脂肪，不會讓雞皮變軟。

提高、翻面： 為了讓雞肉均勻受熱，一定要把雞肉放在Ｖ型烤架上烤，可以讓熱能在雞肉周圍循環。將Ｖ烤架放在預熱好的深烤盤中，啟動雞皮的焦褐反應。在雞肉烘烤時翻轉兩次，可以保護白肉過熟，又能讓全部的外皮都烤得又酥又脆。

實用科學知識 泡鹽水的基本知識

"請注意鹽巴的類型和容器的選擇"

浸泡鹽水並不難，但有幾個細節要注意。鹽巴的「種類」將影響其「使用量」。其換算公式可參考觀念12的「鹽巴的基本知識」。同樣的，你也會希望自己是使用正確的容器。夾鏈袋很適合用來裝雞胸肉或豬排，但如果是全雞或豬肉塊，就需要大一點的容器。我們在實驗廚房是使用Cambro牌的加厚容器，若需要裝很大的食材，例如一整隻火雞，就需要保冷箱。在這種情況下，使用保冷劑讓鹽水保持低溫。最後，為了取得到最好的效果，把雞肉泡入鹽水之前，得先確定鹽巴已經完全溶解。

《浸泡鹽水的實際應用》豬肉

豬里脊和肋排是最適合在烹煮前浸泡鹽水的部位，因為它們的脂肪少，當肉內部達到適當的150°F時，大多數的水分已經排出，肉質變得又韌又硬。不過豬瘦肉在泡過鹽水後，經過烹煮仍可保持軟嫩多汁。

燒烤豬里脊
4-6 人份

我們發現，靠近肩膀的里脊比中段里脊美味，但這兩個部位都適用於本食譜。為了避免豬肉在烹煮過程中變乾，請在肉的一面上覆蓋一層肥肉，且肥肉至少必須是里脊肉的⅛吋厚。因為里脊肉的直徑相差很大，烤30分鐘後就得開始檢查肉的內部溫度。若使用的是木炭烤爐，可以的話，我們喜歡木塊勝過木屑；用兩塊中等大小的木塊泡水1小時，取代包好的木屑。本食譜適用於天然的豬肉。若選用已注入鹽溶液的改良豬肉，則可省略浸泡的動作。

¼ 杯鹽巴
1 塊（2½-3磅）無骨靠肩或中段里脊肉，修整好，以廚用棉繩綑綁，間距為1½吋
2 大匙橄欖油
1 大匙胡椒
2 杯木屑，泡水15分鐘後瀝乾

1. 在一大容器中放2夸脫的水，將鹽巴融化。將豬肉泡在鹽水中，蓋起來後，冷藏1至1個半小時。將豬肉從鹽水中取出，用紙巾拍乾。把豬肉抹上油，用胡椒包裹住豬肉。在室溫下靜置1小時。

2. 用大片的加厚鋁箔紙將泡過水的木屑包起來，在上方戳幾個通風孔。

3A. 木炭烤爐：底部的通風孔半開。在大型煙囪型點火器中，裝入四分之三滿、約4½夸脫的木炭，點燃。上方的木炭被炭灰掩蓋時，將木炭均勻地倒在烤爐的半邊。包好的木屑放在木炭上。將烤網架好，蓋上爐蓋，爐蓋上的通風口半開。將烤爐加熱至熱燙，木屑開始冒煙。約需5分鐘。

3B. 燃氣烤爐：將包好的木屑放在主要的爐火上。把所有爐火轉至大火，蓋上爐蓋，加熱至烤爐熱燙，木屑開始冒煙，約需15分鐘。主要爐火維持在中大火，

其他爐火關掉。依照需求調整主要爐火的火力，讓烤爐溫度維持在300至350°F之間。

4. 清理烤網並上油。將里脊肉放在烤爐溫度較高的那一邊，有肥肉的那面朝上，燒烤約10至12分鐘。使用燃氣烤爐請蓋上爐蓋，依照燒烤狀況轉動豬肉，直到每一面都呈現漂亮的焦褐色。再將豬肉移往溫度較低的一邊，讓瘦肉和熱源平行，盡可能靠近熱源。若使用的是炭火烤爐，請將爐蓋的通風孔置於豬肉上方，烤上20分鐘。

5. 將豬肉轉180度，繼續烤至肉的中心達到140°F，需再10至30分鐘，依肉的厚度而定。

6. 將肉放在砧板上，輕輕覆上鋁箔紙，靜置15分鐘。將棉繩拆開，將肉切成½吋的薄片，上桌。

成功關鍵

浸泡鹽水可以增加瘦豬肉的水分，但適當的料理方式也很必要。做這道料理時，打造「雙重火力」很重要，先以高溫的火焰香煎豬肉，然後蓋上爐蓋，放在烤爐溫度較低處烘烤。切記：一定要在豬肉熟透前離火，利用肉裡的「餘熱加溫」發揮效果。其原理請參考觀念4。

選擇適當部位：肉販通常會把里脊肉切為三塊販賣，最靠近肩膀的是靠肩里脊（blade end，譯註：blade 指的是 shoulder blade，也就是肩胛）。往豬的背後移動，就是中段，帶骨中段里脊的價格足以與高級牛肋排匹敵。第三且最後一部分稱為豬沙朗。這個部位的里脊肌肉變細，就在腰內肉上方。沙朗被切成肉塊或豬排時，也會含有一部分的腰內肉。腰內肉的肌肉可以切開來，當做一塊無骨的肉塊販售，但不要把腰內肉和更大塊的里脊肉混淆了。我們比較喜歡用里脊肉做這道料理。經過測試，靠肩里脊獲得試吃員的讚賞，口感好比雞肉的黑肉。因為這部位的脂肪塊隔開不同的肌肉的緣故，增加溼潤度和味道。中段里脊的味道較淡，不過在這道料理中，還是頗獲試吃員的喜愛。

不煮至全熟，保留靜置時間：里脊肉煮至適當的內部溫度約145°F時，肉質還很濕潤，但煮到內部溫度達160°F時肉質會變得又硬又韌，即便浸泡過鹽水還是一樣。我們的解決辦法很簡單，一旦肉內部溫度達到140°F時，就將它從烤爐中取出，以鋁箔紙覆蓋並靜置15分鐘後再切開。在這段時間裡，內部溫度會緩緩攀升至145至150°F，就不會有過熟的風險了。

燒烤豬排
4人份

里肌肋排是我們認為最具風味且多汁的首選，相比之下，刷在肉排的乾燥香料其實在增添韻味方面，影響並不如想像的那麼大。肉排也可在燒烤之前單獨使用胡椒調味。以下食譜是為天然豬肉而設計的，如果你買到的是注射食鹽溶液的人工豬肉，請省略浸泡在鹽水中的步驟，並在乾燥的香料或胡椒粉末中，加入2茶匙的鹽巴。

3大匙鹽巴

3大匙糖

4塊（12盎司）帶骨豬肋或中段豬排，修整好，厚度約1½吋

1份基本豬排香料抹醬（食譜後附）或2茶匙胡椒

1. 在一大容器中放入1½夸脫的冷水，將鹽巴和糖倒入溶解。把豬排泡在鹽水裡，將其蓋上冷藏30分鐘至1小時。從鹽水中取出豬排，以紙巾拍乾。使用香料抹醬抹在豬排上，或以胡椒調味。

2A. **木炭烤爐：**底部通風孔完全打開。將大型煙囪型點火器，裝入約6夸脫的木炭，點燃。上方的木炭部分被炭灰掩蓋時，將四分之三的木炭倒在烤爐半邊，另外三分之一的木炭放在另一邊。將烤網架好，蓋上爐蓋，將蓋子的通風孔徹底打開。將烤爐加熱到熱燙，約5分鐘。

2B. **燃氣烤爐：**將所有爐火開到大火，蓋上爐蓋，將烤爐加熱至熱燙，約15分鐘。主要爐火維持大火，其他爐火關掉。

3. 清理烤網並上油。將豬排放在烤爐溫度較高處。若使用燃氣烤爐要蓋上爐蓋，直到兩面變色需4至8分鐘。將豬排移到溫度較低處，蓋上爐蓋，繼續燒烤約7至9分鐘，過程中轉動一次，直到肉達到145℉。將豬排放到餐盤上，輕輕蓋上鋁箔紙，靜置5至10分鐘。

成功關鍵

在實驗過程中，我們發現烤出最多汁、美味豬排的幾個簡單小秘訣：首先選擇軟嫩美味的帶骨肋排或中段豬排、浸泡鹽水、增添風味、鎖住水分。接著下重手以胡椒調味，或在豬排放上烤爐前迅速抹上抹醬。最後，以高溫燒烤豬排，直到豬排變色，然後再移至烤爐溫度較

提升風味：雖然豬排本身已經很美味，但我們還是想知道能否運用香料抹醬進一步提升豬排的風味。因此我們使用了濕抹醬和乾抹醬。濕抹醬以香料和液體做成，讓豬排有美味的味道，但也讓外皮變得黏黏的。相較之下我們比較喜歡乾抹醬，其混合了味道強烈的乾燥香料和糖，創造出濃烈的味道以及酥脆的外皮。如果事前再泡過鹽水，這些豬排就不只是滋味豐富，而是徹底入味。

基本豬排香料抹醬
約¼杯，可做1份烤豬排沾醬

1大匙小茴香粉

1大匙辣椒粉

1大匙咖哩粉

2茶匙壓實的紅糖

1茶匙胡椒

把所有材料放到碗裡混合。

實用科學知識 冷凍肉浸泡鹽水

"解凍和浸泡鹽水，可以同時進行"

將一小部分的冷凍肉泡進一桶冷水裡可以加快解凍的過程。但我們想知道，如果食譜的第一個步驟是泡鹽水，是否能將這兩個步驟結合成一個步驟？

我們以雞肉切塊與豬排測試，發現只要把肉浸泡完鹽水時也徹底解凍，以上方法效果不錯。

雞肉切塊和豬排本來就需要1小時解凍，所以要做到這點並不是問題。只要把這些小的肉塊泡在鹽水靜置1小時。時間上限列於本觀念的「家禽肉類與豬肉的浸泡鹽水公式」即可。不過，如果是2½磅的無骨豬肉塊，應該要先浸泡在自來水中解凍1小時，再按照泡鹽水公式裡建議放到鹽水中浸泡1個半小時。冷凍的全雞也應該先浸泡在自來水中解凍2小時，再放入鹽水中浸泡1小時。

觀念12：抹鹽能使肉質多汁、外皮酥脆
Salt Makes Meat Juicy and Skin Crisp

想避免肉質的口感是粉粉的、過於乾澀，在烹煮前利用「浸泡鹽水」是個很棒的技巧，不過有時候我們喜歡以不同的方式烹煮。畢竟，浸泡過鹽水後，肉質裡的含水量會增加，這就很難煎出大家喜愛的金黃酥脆外皮。因此在某些料理步驟中，我們會跳過浸泡鹽水，改成直接替肉抹上鹽巴也能達到相似的效果。其原理如下。

◎科　學　原　理

在家禽肉類的表層抹鹽可以達到近似浸泡鹽水的效果。因為鹽分會慢慢地穿透肉，協助蛋白質分解，並且留住水分。不過抹鹽和浸泡鹽水不一樣的是——少了那桶水。

通常我們所選購的家禽肉類都會含有一些鹽巴以及大量水分，並以完美平衡共同存在著。可是，鹽巴直接抹上肉類時，就開始了透過滲透作用（osmosis）吸出水分，其原理如觀念11。表面上的水分為了維持平衡，於是分解鹽巴。

可是，如果鹽巴吸收了雞肉的所有水分，不是會讓情況更糟，反倒讓雞肉變得更乾更柴嗎？一開始的確是如此沒錯。如果把雞肉抹鹽後立刻拿去煮，跑到外層的水分會在烤箱裡蒸發。不過，隨著抹鹽後的靜置時間越長，表面的水分會形成超濃縮鹽水後，再把剛剛分解的鹽分逐一導回肉裡面。一開始，為了稀釋鹽巴，鹽會吸收更多水分到雞肉的表面。因為鹽巴會從高濃度擴散到低濃度之處，分解的鹽巴最終還是會回到雞肉裡。

鹽巴一旦回到肉裡，就可以發揮兩種效果。首先，鹽巴可以讓肌蛋白膨脹，產生空間，將吸收更多水分。第二，可以分解其他蛋白質，讓其他蛋白質像海綿一樣吸收並保留水分。而表面的鹽濃度減少，內部鹽分和蛋白質的濃度增加，表面的水分也逐漸被吸收進肉裡，這也是為了保持平衡。在這個過程變化裡，最需

要的是「時間」。畢竟，我們是用雞肉本身的水分使肉質達到近似「浸泡在鹽水裡」的效果，而不是實際的將雞肉浸泡在一桶水裡。因此整個過程沒有淨增加，也沒有淨減少。

現在，關鍵來了——抹鹽讓水分進入肉的內部後，表面就乾燥許多。這就代表，表面可以更快達到高溫，因此能更快煎出金黃表面，以及超級酥脆的外皮的緣故。

鹽巴和水

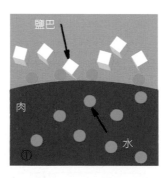 

鹽巴與水的小旅行：
在家禽肉類的外層抹上鹽巴後，鹽巴會把肉裡的水分吸收到表面，形成淡鹽水。隨著時間過去，鹽巴和水會一前一後地退回到肉裡。讓肉在經過烹煮後，產生軟嫩的口感，而乾燥的表面則能形成酥脆的外皮。

⊗ 實　驗　廚　房　測　試

為了找出「浸泡鹽水」和「抹鹽」對雞肉纖維和雞皮的相對影響，我們進行以下實驗。先取出三塊帶骨帶皮的雞胸肉，一塊浸泡鹽水1小時，其鹽水由1夸脫清水與¼杯食鹽調和。第二塊則以¾茶匙的猶太鹽調味，以不覆蓋任何東西放入冰箱冷藏18小時。第三塊雞肉從包裝中取出後，在烹煮的前一刻才調味。這三塊雞胸肉都以450℉的烤箱烘烤，直到內部溫度達到160℉。我們試過每塊雞胸肉的味道，並觀察雞皮的顏色和酥脆度。重複這項實驗三回，每次得出的結果都很相近。

實驗結果

試吃員發現，浸泡過鹽水和抹鹽的雞肉樣本都同樣多汁入味，但是沒有經過處理的雞肉，調味只停留在表面、肉質也明顯較乾。抹鹽和沒處理的雞胸肉，外皮都呈現同樣的金黃色、酥脆易碎；浸泡鹽水的雞胸肉外皮比較白、有點濕答答的。

為了要展現兩者質地上的巨大差異，我們把每塊雞胸肉的皮取下，放在一個倒扣的玻璃碗上。就算不加上任何重量，浸泡過鹽水的雞皮會馬上跟著碗的弧度塌下，抹鹽的雞皮仍像板子一樣直挺平坦在碗上。

重點整理

在家畜肉類上抹鹽，可以分解蛋白質、留住肉裡的水分，享受到等同浸泡鹽水的效果。不過，抹鹽還是有額外的好處，那就是能使雞皮的表面乾燥。這代表著烹煮後的雞肉肉質入味，雞皮也容易烤得酥脆。雖然浸泡鹽水也可以有效地讓肉裡保留水分，但這麼多水也會破壞雞皮的酥脆度。

✎ Tisp：並非所有猶太鹽都長得一樣

猶太鹽和食鹽不一樣。猶太鹽較容易鋪平、不易結塊，是抹鹽火雞的必備品。可是兩大猶太鹽品牌的質地很不一樣。鑽石牌（Diamond Crystal）有更開展的晶體結構，鹽分子不會互相疊合，因此體積隨之增加，同樣的1茶匙，鑽石牌的鹽量就是比莫頓（Morton）牌少。請以圖片說明公式換算使用單位。

3茶匙鑽石牌猶太鹽＝2¼茶匙莫頓猶太鹽＝1½茶匙食鹽

✎ Tisp：抹鹽 VS.泡鹽水的雞皮硬度

只抹鹽巴

抹過鹽再油煎的雞皮金黃酥脆，像塊板子般平坦地躺在倒扣的碗上。

浸泡鹽水

以鹽水浸泡後的雞皮，即使油煎後仍又軟又白，不一會兒皮便隨著碗的弧度塌下。

《抹鹽的實際應用》基本做法

抹在家禽肉類上的鹽巴，最後會變成薄薄、濃縮的鹽水，隨著時間過去，這層鹽水會再滲回進肉裡，與觀念 11 提到的浸泡鹽水原理一樣。當鹽分一進入肉裡便開始改變肌肉纖維的結構，使肉能留住更多水分，即使在熱烤箱裡也是如此。抹鹽的好處不只如此，它還能把水分吸離表面，讓外皮更酥脆。

抹鹽烤火雞
10-12 人份

本食譜適合沒經過鹽巴和其他材料處理的天然火雞。如果選用已注射鹽水的火雞，例如冷凍的奶油球牌火雞或猶太火雞，在步驟 1 時不要抹鹽，到步驟 5 刷上融化奶油後再以鹽巴調味。在研發和測試這道菜時，我們都是用鑽石牌猶太鹽，如果你手邊有的是密度比較高的莫頓猶太鹽，記得在火雞肚內只用 2¼ 茶匙的鹽巴，每半邊雞胸肉用 2¼ 茶匙的鹽巴，每條腿用 1 茶匙。至於食鹽太細了，不建議用在這道料理。這道抹鹽烤雞可搭配雜碎肉汁醬一起食用。

1 隻（12-14 磅）火雞，去除脖子、內臟、屁股後留做肉汁醬
4 大匙猶太鹽
1 袋（5 磅）冰塊
4 大匙融化的無鹽奶油
3 顆洋蔥，大致切塊
2 根紅蘿蔔，去皮，大致切塊
2 根芹菜，大致切段
6 株新鮮百里香
1 杯水
1 份雜碎肉汁醬（食譜後附）

1. 用你的手指頭或細木匙的把手部位將雞胸、雞大腿、棒棒腿、背部的雞皮輕輕弄鬆，不要把皮弄破。以 1 大匙鹽巴均勻地塗抹在火雞肚子裡，雞胸肉雞皮下的兩邊也各塗抹 1 大匙鹽巴，在每隻雞腿的外皮都塗抹 1½ 茶匙鹽巴。以保鮮膜將火雞緊緊包住，冷藏至少 24 小時，最多 48 小時。

2. 將火雞從冰箱取出。洗掉皮、肉和肚子裡多餘的鹽巴，將火雞裡外以紙巾拍乾。將冰塊加到 2 個 1 加侖的夾鏈袋中，直到半滿。再把裝了冰塊的袋子放到深烤盤上，火雞的雞胸朝下，放在冰塊上。再另外準備 2 個 1 夸脫的夾鏈袋並放入冰塊，直放到三分之一滿。把一袋放到腹腔，另一袋放進頸腔。冰塊只能接觸雞胸肉，不要接觸到雞腿。讓火雞冰鎮 1 小時，這時深烤盤應放在料理檯上。

3. 同時，將烤箱烤架調整至最低層，烤箱預熱至 425℉。在 V 型烤架上鋪加厚鋁箔紙，在鋁箔紙上戳幾個洞，並以噴油瓶將植物油噴到鋁箔紙上。

4. 把冰塊從火雞身上取出，並以紙巾拍乾、冰塊丟掉。將棒棒腿的尾端塞到雞屁股的皮底下，固定好，並把雞翅往背後塞。在雞胸肉上刷上 2 大匙融化的奶油。

5. 將 V 型烤架放入深烤盤中，把蔬菜和百里香分散放在深烤盤中，並加水淹過蔬菜。把火雞的雞胸朝下，放到 V 型烤架上。以剩下的 2 大匙融化的奶油刷在火雞上。

6. 烘烤火雞 45 分鐘。把深烤盤從烤箱取出，將烤箱門關上，留住熱氣。將烤箱溫度降至 325℉。用兩大張紙巾將火雞翻面，雞胸朝上，送入烤箱繼續烘烤 1 至 1 個半小時，直至雞胸肉達到 160℉、大腿達到 175℉。將火雞放到砧板上，不需覆蓋任何東西，靜置 30 分鐘。將火雞切好，搭配肉汁醬上桌。

雜碎肉汁醬
約 6 杯

時間允許的話，可以在前一天將步驟 1 做好。當火雞從烤箱取出並靜置在砧板時，直接從步驟 3 開始。

1 大匙植物油
保留的火雞雜碎、脖子、雞屁股
1 顆洋蔥，切塊
4 杯低鈉雞高湯
2 杯水
2 株新鮮百里香
8 株新鮮巴西利
3 大匙無鹽奶油
¼ 杯中筋麵粉
1 杯澀白酒
鹽巴和胡椒

1. 在荷蘭鍋中放油，以中火熱油至油閃閃發亮。放入雜碎、脖子、雞屁股，煮約5分鐘，直至呈金黃色、散發香氣。拌入洋蔥，烹煮約5分鐘，直至軟化。將火轉小後蓋上鍋蓋，熬煮約15分鐘，直至火雞和洋蔥釋放湯汁。加入高湯、水、百里香、巴西利攪拌，煮沸。以文火慢煮約30分鐘，過程裡可掀開鍋蓋，撇去浮到水面上的雜質，直到高湯變得濃郁美味。把高湯過濾到大容器中，留下雜碎，冷卻到可以處理時，將雜碎切塊。把雜碎和高湯重新冷藏，直到準備好使用。高湯可冷藏最多1天。

2. 烤火雞時，把保留的火雞高湯放入單柄深鍋中以文火加熱。在另一個大的單柄深鍋中，以中小火融化奶油。加入麵粉烹煮約10至15分鐘，需不停攪拌，鍋中會先起泡，再變稀，直到湯變成堅果般的褐色，散發香氣。保留1杯熱高湯，其他的都倒入鍋中，並用力拌入麵粉。煮至沸騰後，繼續以文火熬煮約30分鐘，偶爾攪動，直到肉汁醬稍微變稠，變得美味。靜置一旁備用，等火雞烤好。

3. 火雞放到砧板上靜置時，盡量把深烤盤裡的油脂舀出倒掉，把焦糖化的香草和蔬菜留著。將深烤盤放在兩個爐頭上，開中大火。把肉汁醬放回爐火，以文火煮。把酒倒入烤盤，刮起焦褐的碎屑。煮約5分鐘直至沸騰，並收汁至剩下一半的量。加入剩下的1杯火雞高湯，煮約15分鐘直至徐徐沸騰。把烤盤裡的肉汁過濾到肉汁醬裡，盡量把蔬菜裡的汁液榨出。把保留的雜碎拌入肉汁醬煮至沸騰。依喜好以鹽巴和胡椒調味。

簡單蔓越莓醬
2¼ 杯

選用冷凍蔓越莓的話，在烹煮前則不需解凍，只要仔細檢查過，並增加2分鐘的熬煮時間即可。

1杯糖
¾杯水
¼茶匙鹽巴
1袋（12盎司）的蔓越莓，挑選過

將糖、水、鹽巴放到中等大小的單柄深鍋中煮至沸騰，偶爾攪拌讓糖分解。拌入蔓越莓，煮至沸騰，接著轉為文火，烹煮約5分鐘，煮至顏色鮮豔，稍微濃稠，有三分之二的蔓越莓爆開。把醬汁倒入碗中，靜

置至溫度降至室溫即可上桌。蔓越莓醬汁最多可冷藏1星期。

成功關鍵

如果想烤出濕潤、入味的火雞，事前將火雞浸泡鹽水是我們慣用的手法。但逢年過節時，冰箱裡的空間相當珍貴，改以抹鹽可說是省下不少空間。在製作本食譜時，需小心翼翼地將皮和肉分開，以猶太鹽徹底按摩雞肉。雖然成果不比浸泡鹽水的火雞濕潤，不過我們發現先抹鹽，之後冷藏火雞最多48小時，可以讓雞肉充分入味又有著天然火雞極棒的口感和味道。

用鹽巴按摩雞肉：因為雞皮富含水分無法穿透的脂肪，我們發現，把鹽巴抹在皮下，直接接觸雞肉是最有效的辦法。我們喜歡用手指，或是用木匙的手把來把皮和肉慢慢分開。

慢慢來：雖然抹鹽很有效，但不是最快速的辦法。抹好鹽的火雞如果只靜置12小時，只會得到外皮很鹹、裡面的肉淡而無味的結果。如果抹好鹽，靜置72小時或甚至96小時，我們發現肉會變得過鹹，外觀則和牛肉乾一樣。不過，將火雞抹鹽靜置24至48小時是最完美、妥協且平衡的時間。因為大部分的肉都已夠入味，也相當濕潤。在烤之前，最好洗去多餘的鹽分，避免留下鹽塊，尤其是在大腿和雞胸的凹陷中。擦去額外的水分，才能烤出金黃酥脆的外皮。

冰鎮雞胸：理想情況下，火雞的雞胸應該烤至160℉、雞大腿至175℉，可是很難讓這兩個部位同時達到這兩種溫度，即使烘烤時將雞胸朝下，以免從烤箱中的直接熱源受熱。既然我們發現火雞肉過乾的地方通常集中在較瘦的雞胸肉，解決辦法就是在火雞進入烤箱前先冰鎮雞胸肉。這麼一來，雞胸肉的起始溫度就會比黑肉低，在黑肉徹底烤熟，雞胸肉又不會過熟時取出烤雞剛好。為了做到這點，在深烤盤中放幾包冰塊，然後雞胸肉朝上，把火雞放到冰塊上。火雞的腹腔和頸部中也放幾袋冰塊。看起來可能很奇怪，可是這真的很管用。

翻一次面：為了使火雞每個角度都均勻地烤上色而不斷旋轉火雞的效果，這樣的成效實在太小、肯定不值得。不過，翻一次面可以在烹煮時間的前半段保護雞胸肉，烤出更濕潤的肉質——這點就值得我們費工些了。

如果你打算當天做、當天吃，在冷卻後可先冷藏起來，在上桌前再把雞肉放到室溫下。若用的是大塊雞胸肉，一塊約1磅，可以將雞胸肉切成三份。

3大匙壓實的紅糖

2大匙辣椒粉

2大匙甜椒粉

1大匙鹽巴

2茶匙胡椒

¼-½茶匙卡宴辣椒

5磅帶骨全雞，切成兩份雞胸肉，棒棒腿、大腿肉

1. 把烤網放到有邊烤盤中。將糖、辣椒粉、甜椒粉、鹽巴、胡椒、卡宴辣椒放入碗中混合。

2. 用一把鋒利的刀子，在每塊雞肉的雞皮上割短短的兩、三刀，小心不要切到雞肉。把攪拌好的香料抹在雞肉上，再輕輕的拉起雞皮，並把香料抹入雞皮底下，但還是讓雞皮連在肉上。雞皮朝上，放到準備好的烤架上。需要的話，可以用兩至三根牙籤插在雞皮邊緣，固定住雞胸上的雞皮。以鋁箔紙輕輕覆蓋雞肉，冷藏至少6小時至最多24小時。

3. 將烤箱烤架調整至中層，烤箱預熱至425°F。烤至最小塊的雞肉達到140°F，約需15至20分鐘。將烤箱溫度增加至500°F，繼續烤5至8分鐘，直至雞皮酥脆金黃、雞胸肉達到160°F。較小的肉塊可能比大塊的更快熟，在達到理想溫度時將小塊的肉先取出。繼續烘烤棒棒腿以及大腿肉約5分鐘，直到肉達到175度。把雞肉放到烤架上，讓雞肉完全冷卻再上桌或冷藏。

成功關鍵

冷烤雞是野餐的經典菜色，但這道料理問題也很多，像是醬汁太黏、雞皮太鬆軟、肉太乾。除了解決這些問題外，我們也希望能在不動用烤肉爐下就能有BBQ烤雞的美味和吮指魅力。首先，我們把醬汁換成乾抹醬，把混合好的香料抹在整隻雞肉上，甚至是雞皮底下，這麼做讓我們得到了濃厚的BBQ味道，而且表皮也明顯乾燥許多。然後以抹鹽代替浸泡鹽水，讓鹽巴和香料穿透雞肉更入味。再以425°F烘烤雞肉，然後再調整至500°F烘烤使外皮酥脆。

刀割雞皮： 雞胸和雞大腿有一些多餘的油脂，不管煮多久都不會融化。這也使得剛出爐的油脂稍微有點煩人了，更別說放到隔天凝結的噁心油塊。為了解決這個擾人的問題，我們先把雞肉處理好，以鋒利的刀子在雞皮上切幾刀，但不要切到肉。讓雞肉在烘烤時，裡頭融化的油脂從縫縫中流出來。

表面和底下都要抹鹽： 表面與雞皮下都要塗抹加了鹽的香料。這樣不管是外層還是內裡味道都不會太淡。

冷卻： 我們喜歡把雞肉直接放在之後要烤的烤架上，讓整個烤盤在冰箱裡風乾過夜。香料可以和鹽巴一起穿透雞肉，同時讓雞皮變乾，有助於烤出酥脆的雞皮。

釘住： 我們用牙籤固定雞胸肉的皮，否則雞皮會在烤箱裡大幅縮水露出雞肉，容易讓肉質過乾。我們認為這道額外的功夫的確值得，但你也可以省略這個步驟。

實用科學知識 雞肉的衛生安全

"生雞肉會窩藏細菌得小心處理、烹煮"

儘管實際數據仍有爭議，但你應該假定自己買的雞肉裡有很危險的細菌，可能會散播到廚房各處。雞肉和牛肉不一樣，裡面和表皮都可能窩藏有害細菌，例如沙門氏菌。因此在家處理時有兩個目標，避免細菌污染其他食物、徹底煮熟，殺死所有細菌。

更安全的處理方式是： 在烹煮前「請勿清洗雞肉」。清洗這道手續不但無法殺菌，還可能將細菌散播到廚房各處。為了避免污染鹽巴盒或胡椒研磨罐，可在小碗中將少量鹽巴和胡椒粉混合在一起後替雞肉調味。如果調味好還有多的鹽巴和胡椒，請直接丟棄。處理完生雞肉後，再以熱肥皂水將所有砧板、刀子、廚房以及你的手清洗乾淨。

更安全的烹煮方式： 將雞肉煮到160°F，即可殺死細菌。測量溫度時，請記得多測量整隻雞的幾個部位，大腿最厚的地方是最慢升到理想溫度。請注意，我們建議白肉煮到160°F，超過165°F就會變乾；黑肉得煮到175°F時才有最佳的肉質。

《鹽巴的基本知識》

——構造——

鹽巴或許是料理中最重要的材料，但它也是我們五種基本味覺之一，更是人體不可或缺的營養。它能使食物增添必要的味道，幾乎每道菜都會用上。鹽巴也可以改變食物的分子組成，可用來保存食物或增加食材的溼潤度。鹽巴源自大自然，於蒸發的海水或沉積岩取得，立方體的晶體會因蒸發速度、地點而有大小變化。組成鹽巴最基本的鈉和氯是敏捷的小離子，分別帶有正電和負電，可以輕易穿透食物。

鹽巴晶體

互相交錯的鈉和氯離子（右圖）因靜電引力吸引在一起，形成晶體（下圖）

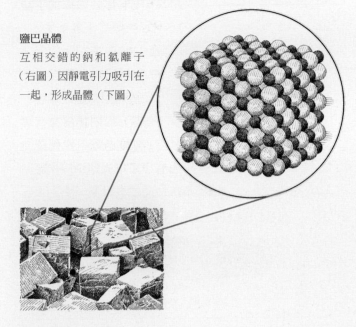

1茶匙究竟有多少鹽？

由於晶體和粒子的大小和形狀不同，同樣是1茶匙，有些品牌的鹽巴和一般食鹽比起來就是比較少。簡單公式如下：

$$1 茶匙食鹽 =$$
$$1½ 茶匙莫頓牌猶太鹽 =$$
$$2 茶匙鑽石牌猶太鹽$$

不過，為了要找出不同牌子究竟該用多少鹽，我在實驗室測量9種不同品牌的鹽巴，在同樣一茶匙的狀況下實際重量究竟是多少。我們發現，1茶匙的瑪頓牌（Maldon）海鹽含有的鹽量只有莫頓牌食鹽的一半。表格中最右邊的數字，代表著每個牌子的鹽巴要舀幾茶匙才會等於1茶匙的食鹽。

品牌	1茶匙的鹽巴量	多少匙才等於1茶匙食鹽
瑪頓牌海鹽	3.55克	2茶匙
鑽石牌猶太鹽	3.60克	2茶匙
鹽之靈牌鹽花 （Espirit du Sel Fleur de Sel）	5.30克	1⅓茶匙
克爾特牌淡灰色海鹽 （Light Greg Celtic Sea Salt）	5.66克	1¼茶匙
莫頓牌猶太粗鹽	5.80克	1¼茶匙
卡馬哥鹽之花 （Fleur de Sel Camargue）	5.90克	1¼茶匙
莫頓牌非碘鹽	7.15克	1茶匙
莫頓牌加碘鹽	7.15克	1茶匙
鯨魚牌海鹽 （La Beleine Sea Salt）	7.25克	1茶匙

——選購——

不管是從地下鹽層開採出來，或是從蒸發的海水中取得，鹽巴最基本的成分都是氯化鈉。差別在質地、大小、礦物含量。這些特質會影響鹽巴嘗起來的味道，雖然只有在鹽巴用來當做食物裝飾時，以及和其他食物交互作用的程度。

食鹽

又稱為普通鹽巴，是由形狀不一致的方塊形小晶體組成，這些小晶體是在快速的真空蒸發時產生。食鹽通常含有抗結塊劑（anti-caking agent），讓鹽巴可以灑得很均勻。精製食鹽很容易溶解，不管是做甜食或鹹食都是我們最常選用的鹽巴。請避免使用加碘鹽巴，食用時可能會有微妙的化學味。抗結塊劑無法在水中溶解，所以食鹽無法泡出清澈的溶液。

猶太鹽

猶太粗鹽在蒸發過程中經過「耙鹽」的工序，由立方晶體形成薄片，用途原本是用來製作猶太肉品。猶太鹽和食鹽不一樣，不含任何添加物。猶太鹽是替肉調味的最佳選擇。大顆的鹽粒利於分散，也能緊黏肉的表面。猶太鹽的兩大品牌：莫頓牌和鑽石牌。他們的的效果一樣好，不過在顆粒的大小上差很多，在計算份量的時候也會有差，詳見左表。

海鹽

海鹽是海水蒸發的產物——費時、昂貴，做出的鹽巴形狀不規則、富含礦物、顏色多變，但味道變化不大。海鹽中的雜質會產生非立方體的晶體。不必用昂貴的海鹽來料理。我們發現，混入食物之後，海鹽和食鹽味道沒有什麼不同。我們反而會拿海鹽當做「完成時灑上的鹽巴」，讓海鹽細緻的口感脫穎而出。質地是購買海鹽的主要考量，而非是否來自國外。購買時可以尋找標榜鹽粒大顆、晶體扁平的品牌，例如瑪頓牌海鹽。

——使用——

安全的調味

為了避免醃生肉時污染到鹽巴盒，我們會在小碗或做小蛋糕的模子裡混合剛磨碎的胡椒和鹽巴，其理想比例為1：4。這樣就能三不五時將手伸進碗裡取出鹽巴又不用一直洗手。記得用剩的鹽巴得丟掉。

避免加太多鹽

為什麼有些食譜列出鹽巴的使用量，但又要「依喜好調味」？其目的是為了避免加太多鹽巴。只要食材和烹煮時間有些微改變，就會影響菜餚的鹹度，最好等到最後再進行調味。

從高點灑鹽

有沒有注意過，有些主廚灑鹽巴時，會從距離料理台足足一呎的高點灑鹽？這是為了舞台效果？還是背後有其他原因？我們從不同高度，約4吋、8吋、12吋灑鹽巴和胡椒粉，發現灑的位置越高，味道分布得越均勻。調味分布越均勻，食物就越好吃。所以下次調味時，放膽像傑米・奧利佛（Jamie Oliver）那樣豪邁地灑鹽吧。

《抹鹽的實際應用》
進階用法——加入泡打粉

鹽巴不一定要單獨使用。將鹽巴和泡打粉混合後抹在雞皮上，就能烤出超級酥脆的外皮，為什麼呢？泡打粉是由鹼性的碳酸氫鈉（一種化學化合物，混入水中會產生氫氧離子）和弱酸組成。這裡所說的碳酸氫鈉是小蘇打（baking soda），大半的酸都只有在加熱時才會釋出。因此，在烹煮前，泡打粉扮演了弱鹼的角色，刺激雞皮中的一些蛋白質和脂肪分解，同時加速雞皮脫水的速度。當環境更鹼性時，蛋白質、脂肪較弱，這可加速烘烤時的梅納反應，烤出更脆、更美味的雞皮。以簡單的烤雞料理來說，抹上鹽巴和泡打粉後放置過夜的效果最好。但只抹上1小時，也可讓雞皮變乾，使黏稠的蜜汁可以順利附著在外皮上。

酥脆烤雞
3-4人份

雞肉抹鹽後至少需冷藏12小時。在深烤盤和V型烤架之間鋪上鋁箔紙，可避免滴出的肉汁燒焦、冒煙。

1塊（3½-4磅）的全雞，去除內臟
1½茶匙鹽巴
1茶匙泡打粉
½茶匙胡椒

1. 雞胸朝下，把全雞放在料理檯上。以利刀的尖端沿著雞的背部切四刀，每刀1吋深。用手指輕輕地把蓋住雞胸和大腿的皮弄鬆。用金屬叉子在雞胸和大腿的脂肪層戳15至20個洞。把雞翅塞到背後。
2. 把鹽巴、泡打粉、胡椒放入碗中混合。以紙巾把雞肉拍乾，將混合好的調和鹽均勻地灑在雞肉上。用手摩擦調味料，均勻包覆整個表面。雞胸朝上，放入架在有邊烤盤裡的V型烤架上，不需覆蓋任何東西，冷藏12至24小時。
3. 將烤箱烤架調整至最底層，烤箱預熱至450℉。以去皮刀在長寬各為16吋與12吋的鋁箔紙上戳20個洞，每個洞距離1½吋。將鋁箔紙戳上幾個小洞並輕輕蓋上烤盤，把雞翻面以雞胸朝下擺入，將V型烤網放到鋪好鋁箔紙的烤盤，烘烤25分鐘。

4. 從烤箱中取出烤盤。用兩大塊紙巾翻轉雞肉，雞胸朝上。送入烤箱繼續烘烤約15至25分鐘，直到雞胸肉達到135℉。
5. 將烤箱溫度調高至500℉。繼續烤10至20分鐘，直至雞皮呈黃褐色，變得酥脆，雞胸達160℉、雞腿達175℉。將雞肉放到砧板上，靜置20分鐘。切好並立即上桌。

實用科學知識 替雞皮增加風味

"泡打粉可以讓雞皮金黃酥脆"

為了測試進階抹鹽料理法的效果，我們從兩隻雞取下兩塊雞皮。一塊不處理，一塊抹上泡打粉和鹽巴並放入冰箱裡風乾過夜。接著，我們烘烤兩塊雞皮，發現調味過的雞皮，比白煮的更酥脆、更金黃。

未經調味，又軟又濕

經過調味，酥脆金黃

成功關鍵

為了烤出更酥脆的雞皮，我們調整了基本烤雞食譜。將泡打粉和鹽巴抹醬混合，創造出鹼性環境，來加速梅納反應，烤出更金黃的雞皮。泡打粉可讓雞皮脫水，也能和雞皮的蛋白質和脂肪產生反應，烤出更酥脆的口感。

選對雞肉：我們幾乎每次都是使用Bell&Evans的高品質雞肉。不過，我們用普通的超市品牌來測試這道食譜時，發現雞皮沒有那麼金黃，雞肉味道較平淡。這時我們一讀到成份標籤：「最多含有4％的水分」，馬上就知道原因了。Bell&Evans的雞肉屠宰後立刻以空氣冷凍至安全的溫度，但超市雞肉大多是泡在34℉的氯水中。根據美國農業部的農業研究局（Agricultural Research Service），雞肉最多會吸收12％額外的水分，到了賣出時比例降至4％。不過氣冷式雞肉不會接

觸到水，也不會吸收額外的水分，味道濃縮，雞皮更能烤得金黃。

在外皮上戳洞：雞皮會又濕又軟，很多時候是因為脂肪融化得不完全，累積在雞皮下無處可去。多餘的脂肪和肉汁需要逃生路徑。我們在每塊雞胸和雞大腿累積脂肪的地方預先戳洞。請找皮下黃色、看起來不透明的脂肪塊位置，使油脂有地方流出。

把皮弄鬆：有時候戳洞還不夠。為了讓脂肪能夠在烘烤時自由流出，我們將大部分的雞皮和肉分開。把你的手穿過雞皮底下，小心別把雞皮撕開。還有，在雞的背部戳幾個洞，讓融化的脂肪有特別大的通道可以滴下流出。

使用火熱的烤爐：我們以相對高溫的烤爐來烘烤這道菜的雞肉：大部分時間是450℉，最後幾分鐘調高到500℉，讓雞皮真正能夠酥脆。一開始雞胸先朝下，在烘烤過程中翻面可以保護肉，烘烤也很溫和，可讓肉質保持軟嫩多汁。

以鋁箔紙保護：儘管高溫會讓流出的醬汁燒焦，冒出濛濛的煙，但我們可以在鋁箔紙上戳洞，鋪在烤雞下，避免融出的脂肪接觸到烤箱的直接熱源。

蜜汁烤雞
4-6人份

若要烤出最美味的成品，請用16盎司的啤酒，或是更大罐的也可以；請不要用12盎司的啤酒，會撐不住雞肉的重量。也可利用直立式烤雞架（vertical poultry roaster）取代，但我們建議只用可以放入深烤盤的烤雞架。使用前，請先嘗過蜜汁的味道，如果太甜，將楓糖漿減少2大匙。

雞肉

1隻（6-7磅）全雞，去掉內臟
2½茶匙鹽巴
1茶匙泡打粉
1茶匙胡椒
1罐（16盎司）啤酒

蜜汁

1茶匙玉米澱粉
1大匙水，依需求另外添加
½杯楓糖漿

½杯柳橙果醬
¼杯蘋果醋
2大匙無鹽奶油
2大匙第戎芥末醬
1茶匙胡椒

1. 雞肉：雞胸肉朝下，放在料理台上。把利刀的尖端插入雞的背部切四刀，每刀1吋深。用手指把蓋住雞胸和大腿的雞皮輕輕鬆開。用金屬叉子在雞胸肉和雞腿的脂肪囤積處戳15至20個洞。把肩膀塞到背後。

2. 把鹽巴、泡打粉、胡椒放入碗中混合。以紙巾把雞肉拍乾，平均灑上混合好的調和鹽。以手按摩調味料，均勻裹上整個表面。雞胸朝上，放到架在有邊烤盤中的烤網上，不用蓋任何東西，冷藏30分鐘至1小時。把烤箱烤架調整至最低層，烤箱預熱至325℉。

3. 打開啤酒罐，倒出一半的啤酒。以噴霧植物油輕輕在啤酒罐外面噴上油，放在深烤盤中央。把雞肉套上罐頭，棒棒腿接觸到啤酒罐底部，整隻雞直立，雞胸和深烤盤底部呈垂直。把雞肉烤75分鐘至1個半小時，直至雞皮開始變得金黃，雞胸達到140℉。從烤箱小心取出雞肉和深烤盤，把烤箱溫度調高到500℉。

4. 蜜汁：雞肉烹煮時，把玉米澱粉和水放入碗中攪拌，直到沒有結塊。把糖漿、果醬、醋、奶油、芥末、胡椒放入中等大小的單柄深鍋中，以中小火煮約6至8分鐘，直至徐徐沸騰，偶爾攪拌，收到剩¾杯的量。慢慢地把玉米澱粉拌入，煮至徐徐沸騰時再煮1分鐘。鍋子離火。

5. 烤箱達到預熱的溫度時，在烤盤底部放1½杯水，將雞肉送回烤箱。烘烤約24至30分鐘，直至整隻雞的雞皮焦褐酥脆，雞胸肉達到160℉，大腿達到175℉鐘。烘烤到一半時檢查雞肉，或如果上方已經變得太黑，在雞脖子和雞翅膀的尖端放一塊長寬各7吋的鋁箔紙，避免雞肉燒焦，繼續烘烤。如果烤盤開始冒煙、發出滋滋聲，再加½杯的水。

6. 拿¼杯的蜜汁刷上雞肉，繼續烘烤約5分鐘至雞肉焦褐、黏稠。如果蜜汁變硬了，以小火重新加熱使蜜汁軟化。小心地從烤箱中取出雞肉，和罐頭一起放到砧板上，再拿¼杯的蜜汁刷上烤雞。靜置20分鐘。

7. 靜置雞肉時，將烤盤裡的肉汁用細網濾網濾進分離隔油杯。讓液體靜置5分鐘。將½杯的肉汁拌入剩下¼杯、仍在鍋中的蜜汁，以小火加熱。用兩大塊紙巾小心地將雞肉抬起，放到砧板上。切好雞肉，將累積的

肉汁倒入醬汁中。上桌，醬汁供需要的人自行取用。

成功關鍵 ———————————————

蜜汁烤雞聽來簡單，但事實上有很多問題需要克服。
首先是烤雞本身的問題，像是雞胸肉過乾、雞皮鬆
垮、皮下累積大塊脂肪等等，也會因為塗上蜜汁更嚴
重，如蜜汁無法附著在肉上、造成多處烤焦、雞皮鬆
垮加濕爛。但是我們想烤出的是蜜汁均勻分布、外皮
酥脆、肉質濕潤的烤雞。為了讓雞皮脫水，使蜜汁附
著在上頭，我們把皮和肉分開，在累積脂肪的雞皮上
戳幾個洞，讓融化的脂肪流出，以鹽巴和泡打粉摩擦
雞皮。以高溫炙烤淋過蜜汁的烤雞前先讓雞肉靜置一
會，就可以讓雞皮油油發亮。

垂直烘烤：雖然把雞肉直立起來烘烤通常是燒烤常用
的一項技巧，不過，我們是想讓蜜汁均勻分布在整隻
烤雞。我們可以用直立式烤雞架，但還有更簡單的解
決辦法：「啤酒罐」。雞肉抹上抹醬，靜置1小時後，
把雞肉套在啤酒罐上。記得先倒掉或喝掉一半的啤
酒。把雞肉放到深烤盤中，然後放入烤箱。這樣就可
以減少笨拙的翻轉動作，輕輕鬆鬆就能把蜜汁塗到每
個角落，讓脂肪可自由從雞肉滴下。

使用啤酒罐或直立式烤雞架：因為啤酒罐的內層包覆
環氧樹脂（epoxy），含有雙酚A（BPA），有些研究
指出，這種物質和癌症和其他有害健康的負面影響有
關，我們不知道是否適合以打開的啤酒罐來烤雞肉。
為了測試這點，我們烤了兩隻全雞，一隻架在打開的
啤酒罐上，啤酒罐裡還有6盎司的啤酒。另一隻則架在
不鏽鋼的直立式烤雞架上，在底盤中加入同樣容量的
啤酒。雞肉烤好後，蒐集滴出的肉汁、剝皮、將皮和
肉一起打碎，做出同質的樣本。
我們將樣本送到實驗室裡評估。兩隻雞的BPA含量每
公斤低於20微克，因此，我們相信使用啤酒罐是安
全的。美國食品藥物管理局目前標準，成人每人每公
斤50微克或體重150磅的人一天可接觸的量為3400微
克。若仍有顧慮還是可以用直立式烤雞架，效果和低
科技的啤酒罐一樣好。

收汁：大部分的蜜汁烤雞食譜都會要求煮出很水的蜜
汁，再在雞肉烘烤時慢慢收乾、變稠。如果想烤出酥
脆雞皮這可是項阻礙。我們把蜜汁塗上雞肉前，先用
爐火把蜜汁收乾。這麼一來可以等到最後再塗上蜜
汁，不會破壞雞皮的口感。也可以使用玉米澱粉來讓

蜜汁變稠，附著在雞皮上。

本食譜適合選購沒有加入鹽巴或化學物質處理過的天
然火雞。若選用已注射鹽水的火雞，例如奶油球牌的
冷凍火雞或猶太火雞，在步驟1時不要抹鹽。在研發
測試這道菜時，我們使用的是鑽石牌猶太鹽，若你手
邊有的是莫頓牌猶太鹽，比鑽石牌猶太鹽密，在火雞
腹腔只用2¼茶匙的鹽巴，每半邊雞胸肉用1茶匙鹽
巴、每條腿用1茶匙。不建議在火雞上抹食鹽，因為
食鹽太細。可以找一塊脂肪和瘦肉比例差不多的鹹豬
肉。若想要的話，可搭配食譜「雜碎肉汁醬」上桌。
填料用的麵包可以前一天就烤好。如果喜歡的話，也
可以使用水果乾和堅果填料取代經典香料填料。

火雞

1隻（12-14磅）火雞，將脖子、內臟、屁股去掉留
作肉汁醬
3大匙加上2茶匙猶太鹽
2茶匙泡打粉
1塊（36吋）正方形紗布，對折再對折

經典香料填料

1½磅厚片白吐司，切小塊、約½吋（12杯）
4大匙無鹽奶油
1顆洋蔥，切碎
2根芹菜，切末
1茶匙鹽巴
1茶匙胡椒
2大匙切碎的新鮮百里香
1大匙新鮮馬鬱蘭
1大匙新鮮鼠尾草
1½杯低鈉雞高湯
2顆大顆的雞蛋
12盎司鹹豬肉，洗淨，切片、約¼吋
1份雜碎肉汁醬（食譜於本觀念）

1.火雞：用手指或木湯匙的細手把將雞胸、大腿、
棒棒腿、背部的雞皮輕輕鬆開，避免把皮弄破。在火
雞的腹腔內均勻地抹上1大匙鹽巴，在雞胸肉的皮下兩

邊各抹 1½ 茶匙鹽巴，在兩條腿的皮底下也各抹 1½ 茶匙鹽巴。以保鮮膜緊緊包住火雞，冷藏至少 24 小時至 48 小時。

2.填料：將烤箱烤架調整至最低層，烤箱預熱至 250°F。把吐司塊平鋪在有邊烤盤上，烘烤約 45 分鐘，直至邊緣變乾但中間還有點濕潤、吐司應該會塌下。在烘烤的過程中攪拌數次。吐司可在前一天先烤好。把烤乾的吐司放到大碗中。

3.烤吐司的同時，在 12 吋平底鍋以中大火融化奶油。將洋蔥、芹菜、鹽巴、胡椒下鍋烹煮約 5 至 7 分鐘，偶爾攪動，直到蔬菜煮軟、稍微有點褐色。拌入百里香、馬鬱蘭、鼠尾草，煮約 1 分鐘，直至傳出香味。將攪拌好的蔬菜倒入放乾吐司的碗中，加入 1 杯高湯攪拌，直到食材濕潤得很均勻應有 12 杯填料份量。

4.將火雞從冰箱中取出，裡外都用紙巾拍乾。用金屬叉子在雞胸和大腿囤積脂肪的地方戳 15 至 20 個洞，每塊脂肪各戳 4、5 個洞。把翅膀塞到背後。

5.將烤箱預熱至 325°F。把剩下的 2 茶匙猶太鹽和泡打粉放入碗中混合後，灑在火雞表面，並用手將調味粉揉在外皮上，讓整個表面均勻佈滿。在火雞體腔內鋪上紗布，塞入 4 至 5 杯的填料，並將紗布的尾端綁在一起。把剩下的填料用保鮮膜包起，冷藏。用廚用棉繩將火雞的兩隻腿鬆鬆地綁在一起。雞胸肉朝下，放在深烤盤中的 V 型烤架上，將鹹豬肉片放在背上。

6.烘烤火雞約 2 至 2 個半小時，直到雞肉達到 130°F。把深烤盤從烤箱中取出。關上烤箱門，保留烤箱的熱氣，將烤箱溫度調高至 450°F。把 V 型烤架上的火雞放到有邊烤盤裡。把鹹豬肉取出、丟棄。用兩大片紙巾將雞肉翻轉，雞胸朝上。切斷綁住雙腳的麻線，拿出裝著填料的紗布袋，倒入保留在碗中的填料。若要做肉汁醬，請將深烤盤中的肉汁倒入分離隔油杯，保留備用。

7.烤箱達到 450°F 後，將放在 V 型烤架的火雞放入深烤盤中，烤上 45 分鐘至雞皮金黃酥脆，雞胸肉達到 160°F，大腿達到 175°F。烘烤到一半時旋轉烤盤，將火雞放到砧板上，不必蓋任何東西，靜置 30 分鐘。

8.火雞靜置時，將烤箱溫度降至 400°F。在碗中攪拌雞蛋和填料食譜中剩下的 ½ 杯高湯。將攪拌好的蛋汁淋在填料上，攪拌結合，把大的結塊打散，在長 13 吋、寬 9 吋的烤盤裡抹上奶油、鋪上填料。烘烤約 15 分鐘至填料達 165°F，頂端呈金黃色。將火雞切好，搭配填料和肉汁醬上桌。

可以用蔓越莓乾取代葡萄乾。

1½ 磅厚片白吐司，切小塊、約 ½ 吋（12 杯）
4 大匙無鹽奶油
1 顆洋蔥，切碎
2 根芹菜，切末
1 茶匙鹽巴
1 茶匙胡椒
2 大匙新鮮百里香
1 大匙切碎的新鮮馬鬱蘭
1 大匙切碎的新鮮鼠尾草
1 杯葡萄乾
1 杯蘋果乾，切碎
1 杯核桃，大致切碎
1½ 杯低鈉雞湯
3 顆大顆的雞蛋

1.將烤箱烤架調整至最低層，烤箱預熱至 250°F。將吐司平鋪在有邊烤盤中，烘烤約 45 分鐘至邊緣變乾，中間仍稍微濕潤而吐司粒應該會因為壓力塌陷，在烤的過程中攪動數次。吐司可在前一天烤好。將乾燥的吐司放入大碗，將烤箱溫度增加至 325°F。

2.烤吐司的同時，以 12 吋的平底鍋用中大火加熱奶油。將洋蔥、芹菜、鹽巴、胡椒下鍋烹煮，偶爾攪拌，直到蔬菜煮軟，稍微有點褐色，需 5 至 7 分鐘。拌入百里香、馬鬱蘭、鼠尾草，煮約 1 分鐘至傳出香氣。將攪拌好的蔬菜、葡萄乾、蘋果乾、核桃倒入放乾麵包的碗中，加入 1 杯高湯，攪拌，直到食材濕潤得很均勻。應有 12 杯填料份量。

3.依照經典填料烤火雞食譜指示來使用填料，在步驟 8 中加入雞蛋和剩下的 ½ 杯高湯。

成功關鍵

在火雞裡填料讓烤雞的過程變得更複雜，可是我們還是忍不住想知道，是否有辦法一次擁有多汁的雞肉、光滑的外皮、味道豐富的填料、適合做肉汁醬的肉汁等等的所有好處。為了烤出酥脆的機皮，我們選擇在雞肉上抹鹽，而不是泡鹽水，使用最少的鹽巴，避免

肉汁醬太鹹。和抹鹽烤火雞不一樣的是，我們混合了泡打粉和鹽巴，抹在雞皮上，因此烤出更酥脆的雞皮。和酥脆烤雞一樣的是，我們在雞皮上戳洞方便油脂流出。

溫柔加鹽：過去，我們最多在雞肉上抹5大匙的鹽巴，可是如果在烹煮前不去掉一些鹽巴，滴下的肉汁無法做成肉汁醬。現在，我們減少鹽巴至3大匙，這樣做出來的肉汁醬不至於鹹到讓無法入口，烤得技巧拿捏好時，又能烤出多汁、軟嫩的肉。

披上鹹豬肉：這項靈感來自有段時間很受歡迎的「包油」技巧（barding），以較肥的肉包住瘦肉。我們用一塊鹹豬肉掛在火雞上，鹹豬肉會加強火雞的風味，但又不會太過突顯鹹豬肉的氣味。為了解決烘烤時烤箱冒煙的問題，我們把溫度調高、烤雞重新送入烤箱前，就將鹹豬肉取出，把滴下的肉汁濾好。

放在V型烤架上：在這道料理，V型烤架佔有兩個決定成敗的關鍵。首先，烤架可以在烘烤時固定住火雞，讓火雞不會左右滾動。第二，V型烤架可以把火雞架高，不會使肉貼在烤盤上，使熱空氣流通，讓雞肉均勻受熱、上色。如果沒有V型烤架，瓦斯爐的上的爐架也可以拿來當做臨時烤架。若以爐架充做烤架，需要先將兩塊爐架用鋁箔紙包起，再用去皮刀或叉子戳幾個洞，讓肉汁可以滴入深烤盤中。把爐架靠在深烤盤兩邊，爐架的底部碰在一起，變成V型。即使換成爐架，也只需依照正常方式烘烤火雞即可。

先低溫、後高溫：一開始先用低溫用烤箱烘烤，然後調高溫度，讓大隻的烤雞可以均勻受熱，烤出多汁軟嫩的雞胸肉。在溫度升調高到450℉時，再以最後一擊烤出酥脆雞皮，讓火雞的中心溫度升高。

先填料，再取料：為了解決長久以來的填料兩難問題：讓填料達到食用安全的165℉，但又不要把白肉烤過頭。我們在火雞幾乎已經烤熟時取出填料，若是使用高湯濕潤、不加蛋的填料，雞肉會太快變硬。因為當填料吸滿火雞的肉汁時，可以用這份烤過的填料和塞不進的填料混合，讓每一口都有著火雞的風味。在填料中加入雞蛋，然後放到烤盤中一起煮，直到填料變得酥脆，達到安全的溫度。時間配合得剛好，可以趁火雞靜置的時間烤填料。

\

若使用的是已注射鹽水的火雞或猶太火雞，在步驟1時不要抹鹽。這道料理不建議使用食鹽，因為食鹽太細。如果是將V型烤架反過來還放得進深烤盤，那麼就將火雞放在烤架上，不要直接放在洋蔥上。

火雞

1隻（12-14磅）全雞，去除頸部、內臟、屁股
猶太鹽和胡椒
2茶匙泡打粉
2顆大顆的洋蔥，切半

蜜汁

3杯蘋果酒
1杯冷凍或新鮮蔓越莓
½杯糖蜜
½杯蘋果醋
1大匙第戎芥末醬
1大匙磨碎的嫩薑
2大匙無鹽奶油，切成2塊，冷藏

1.火雞：以廚房剪刀把全雞背脊骨兩側剪開，將背脊骨去掉。用手指或細的木匙手把將雞胸、雞大腿、棒棒腿、背部的雞皮弄鬆，避免把皮弄破。用金屬叉子在雞胸和大腿的脂肪層戳上15至20個洞，每塊脂肪再戳4至5個洞。使用2茶匙鹽巴和1茶匙胡椒混合後，均勻抹在骨頭的那一面。將火雞的皮翻起，在皮下抹1大匙的鹽巴。把胸骨壓平，翅膀塞在火雞底下，腿部拉起，放在雞胸較低的部位，以廚用棉繩綁住雞腿。

2.把1大匙鹽巴、1茶匙胡椒、泡打粉放入碗中混合。用紙巾把雞皮那一面拍乾。把攪拌好的調和鹽灑在火雞表面上，用手搓雞皮上的調味料，讓調味料均勻包裹住全雞表面。把火雞放入深烤盤中，皮面朝上。在雞胸的兩邊以及大腿底下各塞半顆洋蔥，將火雞抬高，離開烤盤。讓火雞在室溫下靜置1小時。

3.將烤箱烤架調整至最底層，烤箱預熱至275℉，烘烤2個半至3小時直至雞胸肉達160℉、雞大腿達175℉。將深烤盤從烤箱中取出，讓火雞在烤盤中靜置至少30分鐘或最多1個半小時。再把火雞送回烤箱的

前30分鐘，把烤箱溫度調高至450℉。

4.蜜汁：靜置火雞時，把蘋果酒、蔓越莓、糖蜜、醋、芥末、薑放入中等大小的單柄深鍋中煮約30分鐘，偶爾攪動，直至沸騰且濃縮至1½杯。以細網濾網將蜜汁濾入2杯量的量杯中，壓榨食材，盡量榨出所有水分。將固體食材丟棄。收集到的蜜汁份量應有1¼杯。把½杯蜜汁倒入小的單柄深鍋中，靜置備用。

5.將量杯中⅓的蜜汁刷在火雞上，將火雞放入烤箱中烘烤7分鐘。取出火雞再將量杯中一半的蜜汁刷上火雞烤上再7分鐘。再次取出火雞，並把杯中剩下的蜜汁全部刷上，烤7至10分鐘直至雞皮均勻焦褐、酥脆。完成後，把火雞取出放在砧板上，靜置約20分鐘。

6.靜置烤雞時，將深烤盤中的洋蔥取出、丟棄。把烤盤裡的液體倒入分離隔油杯，應有2杯液體，並靜置5分鐘，然後倒入裝著蜜汁的鍋中，並把剩下的油脂倒掉。將蜜汁煮約10分鐘，直至稍微呈糖漿狀。將鍋子離火，拌入奶油。火雞切好，上桌，醬汁供需要的人自行取用。

蝴蝶火雞佐蘋果楓糖醬

把蔓越莓換成½杯的蘋果乾，糖蜜換成½杯的楓糖漿。

成功關鍵

在這道料理中，我們把火雞的雞胸切開，變成像展翅蝴蝶的形狀，送入烤箱時帶皮面皆朝上，因此更容易烤出酥脆的脆皮。將雞肉攤平，也更容易地把蜜汁塗上火雞。我們利用鹽巴和泡打粉所打造的脆皮，一直到烹煮過程的末段才塗上蜜汁，讓雞皮還能保持酥脆、焦褐。

把雞胸肉切成蝴蝶狀：用廚房剪刀把背部中間脊骨的兩邊切開，切口盡量靠近脊骨並取出骨頭丟棄。把火雞翻過來，用手腕把雞肉穩穩地往下壓，把胸骨壓平。

把外皮烤脆，將肉調味：利用鹽巴和泡打粉的結合均勻地抹在雞肉上，確保能烤出濕潤、軟嫩的雞肉，以及酥脆的雞皮。鹽巴有助雞皮脫水，泡打粉則替雞肉打造了鹼性環境，促進褐變反應，分解蛋白質，並創造更酥脆的口感。為了要讓雞皮更酥脆，我們將雞大腿和雞胸的皮肉分離但不去除，再用叉子在脂肪囤積處戳幾個洞。這道手續有助雞皮附近的空氣流通，讓雞皮乾燥，戳洞則讓融化的油有地方可以流出。

自製烤架：切開的火雞放得進大的深烤盤中，可是需要架高一些才能均勻上色。把四個切半的洋蔥切面朝下，分別在雞胸肉的兩邊各放半個，大腿也各放兩個，就可以輕鬆地把肉抬高。

低溫慢烤：我們以低溫慢慢地、溫和地烘烤火雞；最後再以高溫讓油脂裹滿火雞。我們發現，這是讓肉熟得均勻，外皮漂亮金黃最好的方法。若想瞭解「文火加熱」與「高溫烹煮」的科學原理，請參考觀念1、2。

讓表層充滿上釉般的光澤：對於烤到美麗的古銅色火雞來說，裹上濃郁香甜的表層，可說是完美加分。但滴在烤盤上的醬汁，雖然能有效避免雞皮鬆垮。但也必須避免雞皮潮濕，保持乾燥酥脆。其中簡單的訣竅就是「適當的時機」：在烹調開始，我們出自擔心雞皮鬆弛的預期心理，因此澆上醬汁，但是在最後階段也需刷上醬汁，因此可以得到更完美的成果。糖蜜可以做為醬汁的黏性基礎，但我們首先用蘋果汁或蘋果醋將其稀釋，接著用些小紅莓進行勾芡。小紅莓中含有天然增稠劑——果膠，有助於增加糖漿濃稠度。

觀念13：帶有鹹味的醃汁醃肉，效果最好
Salty Marinades Work Best

在處理味道較清淡、口感較堅韌的肉類時，「醃製」一向是公認的良方。不過經年累月的實驗結果告訴我們，雖然醃汁能添增風味，卻不見得能讓堅韌的肉類變得軟嫩。現在，如果再加上正確材料，就可以改變這點了。那麼，是什麼樣的醃汁能解決牛排、雞肉、豬肉的肉質、盡可能讓它們保持多汁口感呢？你猜對了，答案就是：「鹽」。

◎科　學　原　理

「醃」是一種調味方式。傳統做法是在烹調之前、有時是在烹調之後，先以酸性液體浸泡肉類。這道手續的重點是讓肉品內外盡可能地多吸收一點醃汁的味道。不過，實際上「醃汁發揮的效果取決於鹽巴」，鹽在醃汁裡扮演的重要性與鹽水一樣，其原理請參考觀念11。畢竟，將肉浸泡在鹽水中，也是一種讓肉更多汁的方式。為了提升肉質的風味和濕潤度，我們的醃汁結合兩種做法，不只在醃汁裡使用大量調味料，還加了很多鹽巴，甚至可以稱為「鹽醃汁」。在我們的實驗廚房都是這樣叫它的。

鹽分在醃汁中扮演的角色跟在鹽水中一樣，它會影響四個層面。先是在重組肉裡的蛋白質，形成許多可以讓水分進入的空隙，進而使肉質多汁，同時也軟化肌肉纖維，讓肉吃起來更軟嫩、更容易咀嚼。除此之外，鹽分也會溶解部分肌蛋白，讓肉變得像海綿一樣，吸滿水分，把水分保留在空隙裡面。鹽巴還能幫肉調味、加強風味。最後，當鹽巴在發揮效用的時候，滲透效果應會讓水分從濃度較低的部分，如醃汁，穿過細胞壁進入到濃度較高的部分，像是肉裡。

醃汁裡除了鹽巴，其他風味強烈的材料也要加足了才行，我們可以從分子學來探討這項原理。醃汁中的鹽分與肉裡的肌蛋白結合，增加這些蛋白質的電荷，使其較難以吸引電荷平衡的其他風味分子。所以「不論被肉吸收的調味是怎麼樣的味道，一定要夠濃郁、夠強烈才行」。不只如此，大多數香草和香料中的風味分子都是脂溶性，可是肉類中的水分會排斥脂溶性的調味分子。也就是說，在挑選醃汁中的香草和香料時，一定要盡量多加使用「水溶性」的調味料。比方說，洋蔥和大蒜的獨特風味就是水溶性的，能跟著水分被肉吸收。

我們也要盡量挑選能讓醃汁風味強化的材料，比方醬油含有的水溶性麩胺酸鹽（glutamates），這類成分進入肉裡的方式與鹽分類似。儘管類似，麩胺酸鹽和氯化鈉並不同。一旦被肉吸收後，麩胺酸鹽能提供一種「鮮味」。這項成分卻無法留住水分。麩胺酸鹽的科學原理，請參考觀念35。此外，醬油中也含氯化鈉，它就是負責保持肉質的水分。

醃汁作用放大圖

開始浸泡：

醃肉的時侯，肉會浸泡在溶液中，裡頭有水、氣味分子、脂肪以及最重要的鹽分。

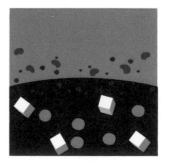

浸泡之後：

浸泡相當的時間後，水分和鹽分充分滲透到肉裡，脂肪和脂溶性的氣味化合物則留在肉的表面。

「油」也是醃汁中常見的一項元素，因為油脂可以溶解脂溶性的風味，讓這些調味能緊附在肉的表面，甚至滲入在外露的脂肪中。

醃汁中的材料固然重要，但我們也不能忽略了那些不需加入的原料，其中最值得注意的，就是「酸」。雖然一般人認為酸有助肉質變得軟嫩，「實際上酸性物質會讓肉質變爛。」想要真的讓肉質變軟，我們的目的是破壞肌肉纖維和膠原蛋白，這兩者也就是肉之所以堅韌的主因；當它們被破壞後，肉就能保留水分也比較容易咀嚼。儘管柑橘類果汁、醋、優格、優酪乳、酒等

酸性食材會削弱肌肉組織，然而其造成的影響只會停留在肉的表層。如果這些物質停留過久，則會過度破壞蛋白質，讓肉的表層變得爛爛的，而不會使肉變軟嫩。酸性物質如何讓肉變硬？請參考本觀念的「實用科學知識：為何酸味會讓肉質變得乾柴、老韌？」

所以，如果時間抓得準確，食材搭配得好，醃汁就能為肉品添增風味和水分。但是忙了老半天，醃汁裡到底有多少味道能夠傳送到肉裡？讓我們到實驗廚房一探究竟吧。

⊗ 實 驗 廚 房 測 試

為了測試醃汁中調味化合物的表現，我們分別將四塊去骨去皮的雞胸肉浸泡在四種醃汁裡，分別是醬油、優格、紅酒、檸檬與大蒜製作，全都沒有另外添加鹽巴。在將雞肉與醃汁放入夾鏈袋、擠出袋內空氣，確定雞肉完全浸泡在醃汁之中，等待18小時。

在完成醃漬之後，我們將雞胸上多餘的醃汁去除，把醃過的雞胸放入300℉的烤箱，烤到肉的溫度達160℉為止，再另外烤一片沒有任何調味的雞胸作為對照組。等到肉從烤箱中取出並靜置5分鐘之後，我們切下最上層3公釐的雞肉，也是肉眼可見醃汁滲入肉中的厚度，然後試吃剩下的肉。

實驗結果

絕大多數試吃員吃不出這些雞胸肉的差別，頂多只能發現一點點差異。用肉眼判斷的話，這幾塊雞胸肉看起來都沒有被醃製過。不過大多數試吃員的確發現，使用醬油醃製的雞胸比起其他雞胸肉較為多汁。

重點整理

與多數人原本所想的相反，醃汁的效果通常都是只有在肉的表面，或者會往內滲透一點點。就算浸泡時間拉長，醃汁的味道也不會太深入肉的內部。大多數醃

汁所使用的脂溶性調味，無法深入滲透充滿水分的肉裡。只有醬油裡含的鹽分能深入肉裡，讓試吃員能吃出其中的差異。這和鹽水所扮演的角色一樣，其原理可參考觀念11。醬油醃汁同樣能讓肉變得更軟嫩、多汁。

✎ Tips：醃汁的短暫旅程

雖然將雞肉浸泡在醬油為基底的醃汁長達18小時，但像醬油這類的深色氣味化合物，進入雞肉表面的深度也僅止於幾公釐。切除外層後，試吃員表示內部肉質吃起來的確有鹹味，但他們吃不出醃汁裡的其他成分。

《醃汁的實際應用》鮮蝦

由於蝦子能很快被煮熟，所以在調味方法上必須要下點功夫，因此醃汁顯得特別重要。我們使用質地濃稠到接近抹醬的醃汁來料理蝦子。醃汁中混合了鹽巴、油、香料，以附著在每一隻蝦子上提供最佳風味。高濃度的鹽分發揮兩種神奇的效果，其一是鹽分很快速地進入蝦身，在烹煮過程中保持蝦肉的水分。其二，鹽巴會強迫大蒜和薑等香料的風味融入油脂中，這個過程稱為「鹽析效應」（salting out），也就是高濃度的鹽分把水溶性的分子從水分中擠出並融入油脂之中。在醃汁中的油脂讓這兩種風味平均地分佈在蝦子身上，而不是只有直接接觸到大蒜的部位，這讓蝦肉品嘗起來風味絕佳。

西班牙風味蒜頭蝦
6人份

本食譜可搭配沾醬吃的酥脆麵包。烹煮後可以直接以平底鍋上桌，但別忘了在桌上鋪上隔熱墊。如果想要滋滋作響的效果，可以把一個8吋鑄鐵平底鍋先以中火加熱2分鐘。我們喜歡在這道菜中加入微帶甜味的乾辣椒，不過也可以用¼茶匙的甜椒粉代替。如果沒有雪莉酒醋，可用2茶匙的澀雪莉酒和1茶匙的蒸餾白醋代替。

14瓣大蒜，去皮
1磅大蝦（每磅約26-30隻），去除蝦殼、泥腸、尾部
½杯橄欖油
½茶匙鹽
1片月桂葉
1根（2吋）溫和風味乾辣椒，如新墨西哥辣椒。稍微拍扁，保留辣椒籽
1½茶匙雪莉酒醋
1大匙切碎的新鮮巴西利

1. 將2瓣大蒜切碎後，與2大匙橄欖油、鹽以及蝦仁，置入中碗。在室溫下醃漬蝦仁約30分鐘。
2. 等待時，以菜刀側面壓碎4瓣大蒜。在12吋平底鍋倒入6大匙橄欖油以中火加熱，熱炒壓碎的大蒜約4至7分鐘，直到大蒜呈現金黃色。關火，鍋子冷卻至室溫。用撈麵勺將大蒜從平底鍋中撈出並丟棄。
3. 剩下的8瓣大蒜切成薄片。開小火重新加熱平底鍋，並加入切片的大蒜、月桂葉和辣椒，以小火煎約4到7分鐘，稍微翻動就好。如果在3分鐘後大蒜還沒煎得滋滋作響，就把火調至中小火。把火開成中小火，加入蝦仁以及醃汁，把全部食材鋪平。不要翻攪蝦仁，直到油面開始稍微起泡，大約2分鐘。用夾子把蝦仁翻面，並讓蝦子繼續煎到熟，大約再2分鐘即可。把火開大，加入醋和巴西利，拌炒到蝦仁煮熟、鍋中的油不斷起泡，大約需時15到20秒，便可立即上桌。

成功關鍵

我們追求的蒜蝦料理，是能讓我們做出六份足夠份量的開胃菜，內含美味甜香的軟嫩蝦仁包覆在濃濃大蒜風味中，而不是泡在油裡黏膩膩的。想要達到這項目標，我們需要一只大平底鍋，讓蝦仁在烹煮過程中全都鋪平，節省使用的油量。接著，讓這道料理帶有濃醇的風味就要以這三種方式處理大蒜，包括將油鹽製作的醬汁中加入大蒜。

以三種方式處理大蒜： 我們在這份食譜中添加了許多大蒜，確保濃烈的香氣和風味足以匹配嫩煎蝦仁。因此在醃汁中放入切碎的大蒜、在熱油中煸炒壓碎的大蒜瓣至焦黃，然後在加入蝦仁之前先把大蒜取出，使得油脂中含有豐富的大蒜氣味，並且在煎蝦仁之前加入蒜片。有關大蒜的料理科學，請參考觀念31。

選擇正確的辣椒： 我們使用的是略帶甜味的鈴鐺辣椒（cascabel chile），也就是我們在西班牙餐酒館會點的蒜油大蝦（gambas al ajillo），這類菜色中一般會使用的辣椒。要取代這種辣椒，最好的選擇是新墨西哥辣椒（譯註：又稱加州辣椒、科羅拉多辣椒，或乾安納翰辣椒），這種辣椒更為普遍，且與鈴鐺辣椒一樣帶有清爽的新鮮風味。若不得已，可用甜椒粉取代。甜椒粉不難買到，但是它會有一股儲放已久的味道，沒有辦法跟具有層次風味的完整乾辣椒相比。在醬料中加入辣椒也有另一個優點，原則上辣椒中辣素風味的來源是屬於脂溶性的成份，這種辛辣風味不會像其他香草或香料的氣味那麼容易散發，所以在熱呼呼的肉類料理和海鮮料理中，辛辣的風味也比較不會這麼快散去。有關辣椒的料理科學，請參考觀念32。

小火慢煮： 在烹煮這道料理的時候，得用小火慢煮，如此一來就可以把鋪成一層的蝦仁一次翻面。如果為

了縮短時間改用較大的火力，就無法趕在蝦子被煮過頭之前全部翻面了。小火慢煮能確保蝦仁保持軟嫩鮮美，同時也能讓那些比較不穩定的調味分子停留在蝦仁上面，而不是蒸發到空氣中。

實用科學知識 醃汁救星

"醃汁中的關鍵成分：「油」與「鹽」"

我們發現，若拿掉醃汁中的油或鹽都會明顯地降低這道菜中的大蒜風味。為什麼呢？因為「油脂會保護並穩定大蒜辣素」，而大蒜辣素就是賦予大蒜獨特風味的主要成分。大蒜被切開或壓碎時會產生辣素，在接觸空氣後這個風味就會銳減。但是如果把大蒜加到油裡面，蒜素就會融解並且與空氣阻絕。油還有另一個好處，它可以包覆蝦仁，使調味均勻分布，蒜味就不會只出現在直接接觸到大蒜的蝦肉上。但是蒜素是少數幾種既能融解在油脂與水裡的分子，所以蒜素會藉由醃汁的水分進入蝦仁之中，鹽巴則在這過程中扮演加速的角色，它讓大蒜中含有蒜素的水分被加速吸取出來，速度比大蒜自己散發蒜素還要快。

甜辣醬炒荷蘭豆紅椒蝦仁
4人份

本食譜可以搭配簡單的白飯上菜。請見後附食譜「簡單白飯」。

醬汁

3大匙糖
3大匙蒸餾白醋
1大匙亞洲蒜蓉醬
1大匙澀雪莉酒或中式料理米酒
1大匙番茄醬
2茶匙烘烤芝麻油
2茶匙玉米澱粉
1茶匙醬油

快炒蝦仁

1磅特大鮮蝦（每磅約21-25隻），去除蝦殼、泥腸、尾部
3大匙植物油

1大匙新鮮薑末
2瓣大蒜，1瓣切碎，另1瓣切薄片
½茶匙鹽
1顆大紅蔥頭，薄切
8盎司荷蘭豆或甜碗豆，去除豆莢纖維
1顆紅椒，去梗去子，切小塊、約¾吋

1. 醬汁：所有材料放入小碗中攪勻後備用。

2. 快炒蝦仁：在蝦仁中加入1大匙油、薑、蒜末，以及鹽，放入中碗備用。讓蝦仁在室溫下醃泡30分鐘。

3. 蒜片及紅蔥頭置入小碗中備用。在12吋平底不沾鍋中倒入1大匙油，大火加熱到稍微冒煙。荷蘭豆和紅椒加入鍋中拌炒約1分半至2分鐘，直到鍋中蔬菜開始出現焦黃色。將蔬菜取出，放入中碗裡。

4. 剩下的1大匙油加入鍋中，大火加熱到稍微冒煙。紅蔥頭和蒜片加入鍋中，不斷拌炒約30秒直到出現焦黃色。加入蝦仁，把火降到中小火，不斷拌炒約1分鐘至1分半，直到蝦仁兩面都呈現淺粉紅色。醬汁攪拌均勻後加入平底鍋中，開大火持續拌炒約1到2分鐘，直到醬汁收乾，蝦仁熟透。將炒好取出備用的蔬菜倒入平底鍋中，翻炒均勻即可上桌。

川味蝦仁炒甜椒、櫛瓜與花生
4人份

請注意，本食譜口味辛辣，膽小者勿試。如果能找得到中式長辣椒就用它吧！不然可以用墨西哥辣椒代替。辣豆瓣醬（broad bean chili paste）又稱辣豆醬（chili bean sauce）或豆瓣辣醬（horse bean chilipaste），如果你買不到，那就多放1茶匙亞洲蒜蓉醬。四川花椒（Sichuan peppercorn）在亞洲市場和部分超市有售，其外觀是有帶點紫紅色的殼，裡面是黑色的籽，最好是購買已經去籽的花椒，其外殼就能產生帶點花香的香氣，以及會造成舌頭明顯的麻木感。本料理可搭配簡單的白飯上菜。請見後附食譜「簡單白飯」。

醬汁

2大匙澀雪莉酒或是中式料理米酒
1大匙豆瓣醬
1大匙亞洲蒜蓉醬
1大匙蒸餾白醋或是中式烏醋
2茶匙醬油

2茶匙辣油或麻油

1茶匙糖

1茶匙玉米澱粉

½茶匙四川花椒，煸炒後磨成粉（此步驟可省略）

快炒蝦仁

1磅特大鮮蝦（每磅約21-25隻），去除蝦殼、泥腸、尾部

3大匙植物油

2瓣大蒜，1瓣切碎，另1瓣切薄片

½茶匙鹽

½杯乾花生

1條墨西哥辣椒，去梗後剖半，去籽，切斜片

1根小櫛瓜，切小塊、約¾吋

1顆紅椒，去梗去籽，切小塊、約¾吋

½杯新鮮香菜

1.醬汁：所有材料放入小碗中攪勻後備用。

2.快炒蝦仁：在蝦仁中加入1大匙油、蒜末以及鹽，放入中碗備用。讓蝦仁在室溫下醃泡30分鐘。

3.蒜片、花生和墨西哥辣椒放在小碗中備用。在12吋平底不沾鍋放入1大匙油，以大火加熱到稍微冒煙。加入櫛瓜和甜椒，持續拌炒約2到4分鐘，直到櫛瓜炒軟且呈焦黃色。將蔬菜取出，放在中碗備用。

4.剩下的1大匙油加入鍋中，大火加熱到稍微冒煙。花生拌料加入鍋中，持續拌炒約30秒，直到食材開始出現焦黃色。加入蝦仁，火力降至中小火，不斷拌炒約1分鐘至1分半，直到蝦仁兩面都呈現淺粉紅色。醬汁攪拌均勻後加入平底鍋中，開大火持續拌炒約1到2分鐘，直到醬汁收乾，蝦仁熟透。將剛炒好取出備用的蔬菜倒入平底鍋中，翻炒均勻，加入香菜，即可上桌。

簡單白飯
4人份

本食譜需要一口單柄深鍋和可密閉的鍋蓋。更多「米飯」的料理科學，請參考觀念30。

1½杯長粒米

1大匙無鹽奶油或植物油

2¼杯水

1茶匙鹽

1.米放入篩鍋或細網濾網中，以流動的冷水洗到水的顏色清澈為止。裝著米的濾網放在空碗上備用。

2.用中火加熱單柄深鍋，把奶油融化。加入白米，持續拌攪約1到3分鐘，直到米粒呈現粉白色不透明狀。加入水和鹽，轉大火煮到沸騰，均勻攪拌鍋中內容物。水滾後關小火，蓋上鍋蓋，燜煮到水分完全被米粒吸收，過程約需18到20分鐘。離火，移開鍋蓋，把廚房布巾對折，蓋住鍋子，再把鍋蓋放回去。靜置10到15分鐘後把米飯拌勻，即可上桌。

成功關鍵 ⎯⎯⎯⎯⎯⎯⎯⎯⎯

實驗廚房所用的標準大火快炒技巧，可用在雞肉、牛肉和豬肉料理，但不適用在易熟的蝦料理上。由於蝦仁肌肉結構與肉類不同，烹調溫度需比肉類低約20度才不會過熟。在本食譜中，我們把烹煮技巧調整為可以料理出飽滿、多隻，調味恰到好處的蝦仁，配上風味平衡、口味豐富的醬汁。在醬汁的準備中，如果把一般肉類料理中常使用的醬油基底醬汁用在鮮蝦料理，將無法調配出協調的味道。使用較甜或較辣的醬料，搭配大蒜和辣椒會比較合適，這款醬汁也會收乾變稠，可以緊緊吸附在海鮮上。

剝蝦殼：中式快炒料理往往會保留堅硬的蝦殼，為的是在保護蝦仁不會在烹飪過程中受損傷，但是不論是吃到蝦殼，或是在餐桌上剝蝦，對我們來說都不是件討喜的事。所以我們使用其他方法來保護脆弱的蝦仁，確保上桌的蝦料理都已經去殼、挑去蝦泥且把尾部移除了。

不用炒鍋，改用平底鍋：在本食譜中，讓鍋子重頭到尾都保持熱度的方法是，選用大尺寸的淺底平底不沾鍋。在西方料理中，平底鍋加熱效率比炒鍋要高，且能提供大面積蒸發空間。其解說請參考觀念2的「實用科學知識：平底鍋 VS. 中式炒鍋」。

顛倒順序：傳統的快炒食譜做法是先把肉類煎過、通常會分批進行、再把肉類取出後加入蔬菜和香料，最後才會再把肉類加入鍋中。不過在實驗廚房裡，我們先用大火烹調蔬菜，把蔬菜取出，把火調小後再加入蝦仁。如此一來就能夠以小火慢煮本來容易煮老的蝦仁，保持軟嫩多汁的肉質。等到蝦仁熟透後，我們才把蔬菜重新加進鍋子裡。

《醃汁的實際應用》牛肉

醃汁中含有油脂、鹽，還有各色香料，在牛肉料理中也能表現得十分亮眼。鹽的功能跟鹽水一樣，能讓肉質軟嫩，又具調味功能。而油脂則能加強脂溶性香料和香草的氣味。

俄羅斯酸奶牛肉
4人份

牛排肉（steak tips）又稱牛腹肉（flap meat），通常以整塊牛排、牛肉塊或牛肉條的方式出售。為確保每一塊肉都能均勻受熱，我們喜歡購買整塊牛排肉，再自己切成料理所需的型態。你可以用1½磅的牛肩肉取代牛排肉，如果使用牛肩肉，要先把牛肉對切，將中間的肉筋挑除。由於牛肩肉能切出的肉條較小，烹調時要將步驟3的時間減短數分鐘。如果蘑菇大小超過1吋，就把他們切成6小瓣。俄羅斯酸奶牛肉可以佐奶油雞蛋麵一起上桌。

1¼磅沙朗牛排肉，洗淨後縱向（順紋）切成4條相同大小的肉片
2茶匙醬油
1磅白蘑菇，洗淨切成四等份
1大匙芥末粉
2茶匙熱水
1茶匙糖
鹽和胡椒
1大匙植物油
1顆洋蔥，切碎
4茶匙中筋麵粉
2茶匙番茄糊
1½杯牛肉高湯
⅓杯又1大匙白酒或澀苦艾酒
½杯酸奶油
1大匙切碎的新鮮巴西利或蒔蘿

1. 用叉子在每塊牛排各戳10到12次。將牛排放進烤盤中，雙面均勻抹上醬油。用保鮮膜將烤盤包起，靜置冰箱中至少15分鐘到1小時。

2. 在等牛肉入味的同時，把蘑菇放入中碗裡，蓋上保鮮膜微波4到5分鐘，直到蘑菇縮小為一半大小，此時碗裡應該會出現¼杯左右的水分。蘑菇瀝乾備用，水分倒掉。芥末粉、水、糖和½茶匙的胡椒放進小碗中攪拌至均勻、滑順的抹醬狀態備用。

3. 用廚房紙巾將牛排表面拍乾，並用胡椒調味。12吋平底鍋加入油後，以中大火熱鍋到開始冒煙。牛排下鍋，油煎約6到9分鐘，直到每一面上色，溫度達到125到130°F。將肉取出放在大盤中等候醬汁完成。

4. 在平底鍋放入蘑菇、洋蔥和½茶匙鹽，煎上6到8分鐘，直到蔬菜開始出現焦黃色，鍋底出現深色渣渣。加入麵粉和番茄糊，持續翻攪約1分鐘，直到洋蔥與蘑菇都被醬汁包覆。牛肉高湯、⅓杯酒，和芥末糊加入鍋中煮滾，同時把黏在鍋底的焦狀碎塊用鍋鏟刮起來煮進醬汁裡。醬汁煮滾後把火關小至中火，繼續煮約4到6分鐘，直到醬汁稍微開始收乾、變濃稠為止。

5. 醬汁在收乾的同時，把牛排順著肉的紋理切成¼吋厚的肉片。把肉片和肉汁加進變濃稠的醬汁中，煮到牛肉夠熱就可以了，需時約1到2分鐘。讓鍋子離開爐子，等沸騰的泡泡冒完，拌入酸奶油和剩下的一大匙白酒，依個人喜好以鹽和胡椒調味，撒上切碎的巴西利即可上桌。

成功關鍵

在這道牛柳料理中，我們以沙朗取代牛腰內肉，透過醬油醃汁讓沙朗跟牛腰內肉一樣軟嫩。用平底鍋香煎氣味濃郁的香料肉排，切片之前讓肉靜置片刻，以保肉質多汁。在醬汁中加入少許酸奶油，讓料理添增適當風味，為牛柳食譜劃下一個完美的句點。

採用風味濃郁的部位：在傳統的做法中，會選用肉質柔軟的牛腰內肉做酸奶牛肉，但是牛腰肉缺乏牛肉風味。實驗廚房喜歡使用牛肉風味濃郁的沙朗（譯註：又稱牛腹肉）。雖然這個部位並不堅韌，其肉質還是比牛腰內肉再堅硬一點，這就是為什麼我們在這裡也要使用醃汁的緣故。

戳洞加速吸收：在肉的表面戳洞，能讓醃汁更深入肉的內部，讓軟化肉質的表現更好。

製作簡易醃汁：我們把牛腹肉放在醬油中醃製，因為醃汁很鹹，所以效果就跟鹽水一樣，會分離肉中的蛋白質，讓肉能保有更多水分，同時還能把肌肉纖維軟化，使肉更容易被咬斷、咀嚼。醬油也含有麩胺酸鹽，能加強肉味，其原理請見觀念35。

大塊煎過，再切小塊：我們會先用平底鍋把整大塊肉

封煎過表面，讓肉排表面呈現焦黃色，肉汁都留在鍋中。如此一來就能讓肉可以散發濃郁、深沉的風味，又不會煎過頭。除此之外，在切肉之前可以先讓肉靜置一會兒，能讓肉質更添多汁口感。

蘑菇先微波：在這道食譜中用到1磅重的白蘑菇，如果用平底鍋處理，要等到白蘑菇全都把水分脫乾蒸發，且煎成我們要的焦黃色之前，可能就要花上20分鐘時間。如果在放入平底鍋之前，先用微波爐處理過，就可省下6到8分鐘的烹煮時間。

手作風味：雖然許多現代食譜都使用番茄醬，我們還是比較喜歡在洋蔥和白蘑菇煮好後，拌入一點番茄糊，這樣一來可以讓醬汁帶有一股低調的深度。此外，我們使用乾燥芥末粉加入溫水製成的抹醬，再加上糖和黑胡椒調味，能讓口味添增一點刺激感，使味蕾更專注感受其他風味。白酒則添增清爽口感，讓牛肉和蘑菇的滋味更突出。

離火再用酸奶油：酸奶油的酸性讓酪蛋白變得極不穩定，只要接觸到溫度就會形成結塊，因此我們會在醬汁離火後才加入酸奶油。

實用科學知識 去除發酵乳製品中的凝乳

> *"法式酸奶油因含有脂肪，所以用在俄羅斯酸奶牛肉這類料理時，在加熱過程中不會產生凝結現象"*

像俄羅斯酸奶牛肉、匈牙利紅椒雞，還有許多摩洛哥燉菜料理都一定要在最後加上一點酸奶油或優格才算是大功告成。但是這些發酵乳製品對溫度很敏感，而且很容易因為燉菜溫度過高，或是在重新加熱的過程中，產生凝結現象。實驗廚房想找到其他更適合的乳製品來替料理添增這股特殊風味。

我們把少量全脂牛奶優格、全脂酸奶油和法式酸奶油（脂肪含量更高）加入185℉的滾水，然後讓三個樣本都靜置10秒後，檢查液體中的凝結現象。

優格和酸奶油樣本都很快就出現凝結現象，而法式酸奶油的樣本則保持完美的滑順狀態。凝結現象是因為溫度過高，造成乳清蛋白（whey proteins）變性（顯露質地），與酪蛋白（casein protein）結合，形成體積較大的蛋白質凝塊。因為法式酸奶油中含有較多乳脂肪，約30％到40％；相比之下酸奶油只有18％到20％，優格只有4％，乳脂肪把蛋白質包覆得更完善，能避免蛋白質結合形成凝塊。除此之外，因為法式酸奶油脂肪比例高，容易凝結的蛋白

質比例就相對少了。後來我們只要在做比較熱的料理時，就會選用法式酸奶油。事實上，我們還發現法式酸奶油抗凝結的效果之好，就算重複加熱也沒有問題。歡迎大家用法式酸奶油來取代任何須重新加熱醬汁中的酸奶油成份。

牛排玉米餅
4-6人份

想要讓這道料理添加香辣口感，可以把辣椒籽入菜。除了本食譜中建議的捲餅淋醬以外，也可以考慮添加後附食譜「甜辣醃洋蔥」（Sweet and Spicy Pickled Onions）、櫻桃蘿蔔（radish）薄片、小黃瓜絲或莎莎醬在淋醬中。以中火或直接放置在燃氣烤爐的火源上加熱墨西哥薄餅，使表面稍微有焦痕即可，兩面各約30秒。或置入乾燥平底鍋中，以中火加熱直到薄餅軟化且出現棕色斑點，兩面各約20到30秒。又或者兩面疊以鋁箔紙包覆再放入350℉的烤箱中約5分鐘。

香草抹醬
½杯新鮮香菜葉
3瓣大蒜，大致切歲
3根蔥，大致切段
1條墨西哥辣椒，去梗，將辣椒籽保留備用，粗切
½茶匙小茴香粉
¼杯植物油
1大匙萊姆汁

牛排
1塊側腹肉（1½-1¾磅），洗淨後縱向（順紋）切成
4條相同大小的肉片
1大匙粗鹽
½茶匙糖
½茶匙胡椒
2大匙植物油

玉米餅
12片（6吋）墨西哥玉米薄餅，加熱
新鮮香菜葉
白洋蔥或紅洋蔥切碎
萊姆角

1. 香草抹醬：香菜葉、大蒜、蔥、墨西哥辣椒和小茴香粉放入食物調理機，約按壓攪打10到12下，如有需要可以將附著容器內壁的食材刮落。加入油打到食材滑順，呈現青醬質地，約需時15秒。將2大匙香草抹醬置入中型碗中，加入萊姆汁後以攪拌器勻備用。

2. 牛排：用叉子在每塊牛排各戳10到12次。將牛排放進烤盤中，以鹽巴平均塗抹牛排各面，再將剩下的香草抹醬塗抹到牛排上。用保鮮膜將烤盤包起，靜置冰箱中至少30分鐘到1小時。

3. 將牛排表面的香草抹醬刮除，並均勻撒上糖和胡椒。在12吋平底不沾鍋加入油，以中大火熱鍋到開始冒煙。牛排置入平底鍋中煎上3分鐘，直到表面完全上色。翻面再煎另一面到上色，約需2到3分鐘。用夾子夾起牛肉調整位置，讓所有切面也都煎到上色，約需2至7分鐘，其溫度達到125到130℉。移至砧板上靜置5分鐘。

4. 玉米餅：以銳利的菜刀或肉刀逆紋將牛肉切片。把牛肉片放入有香草抹醬和萊姆汁混合物的碗中，讓牛肉被醬汁包覆，加入適量鹽調味。將調味過的牛肉放在加熱後的玉米餅中間就可上桌，淋醬另外放。

甜辣醃洋蔥
約2杯

若要添增香辣口感，可添加醋和保留的辣椒籽。

1顆紅洋蔥切成薄片（1½杯）
1杯紅酒醋
⅓杯糖
2條墨西哥辣椒，去梗，保留辣椒籽，切成細圈
¼茶匙鹽

洋蔥置入中型耐熱碗。將醋、糖、墨西哥辣椒和鹽放入醬汁鍋中以中火煮滾，稍微攪拌到糖完全溶解。把醋醬汁淋到洋蔥上，稍微攪和後在室溫下放涼，約30分鐘。放涼後將多餘水分濾掉即可。醃製洋蔥放入密封容器中可在冰箱裡保存1週。

成功關鍵 ———

牛排玉米餅是很美味的烤肉料理，但我們想把這道料理拉進室內，即便天氣不宜戶外烤肉也能在室內享用的料理。將牛肉切成合適的長形片狀，並將各面都煎過，讓上桌的牛肉像在烤肉架上烤過的肉一樣，有著焦褐外表和香脆的邊緣。先將加入油、香菜、蔥、大蒜和墨西哥辣椒的青醬抹在肉上，等到要下鍋前再刮除，如此一來讓肉排可以添增風味，而且不用捨棄香煎上色的效果。

突顯牛排風味：傳統的墨西哥食譜通常都是使用側腹橫肌牛排或是側腹肉，兩者都是牛的腹部肉。我們也試過牛肩肉，也就是肩膀的部位，還有沙朗肉。不過牛肩肉表現最佳，這個部位的肉在逆紋切成細條時，能保有濃郁的牛肉風味且口感軟嫩。

切成四塊再煎：為求保留最濃郁的風味，我們將牛排沿著紋理縱切成長條，寬度約2½吋，厚度約1吋。因為切好的肉條相對較厚，我們就可以把肉分四面煎過，而不是像比較薄的肉只能煎兩面。這麼做能給我們多出兩個切面來煎得又香又脆。

鹽巴和醃醬：我們在肉的表面塗上厚厚一層像青醬的抹醬，成分有香菜、蔥、大蒜和墨西哥辣椒。油油的醬汁中許多脂溶性風味，例如小茴香和辣椒附著在表面，同時在加入了鹽之後，醬汁也能把水溶性的風味例如大蒜滲入肉裡面，由裡到外完美調味。我們會保留部分醃醬，等到牛排切好後加入其中，讓肉能充分被醬汁包裹。

檸檬迷迭香風味烤牛肉串
4-6人份

如果你買不到沙朗牛肉，也就是「牛腹肉」，也可以用牛肩肉代替。如果選用牛肩肉，需將牛肉切開、去除中間的肉筋。本食譜需要四支12吋長的金屬烤肉棒。如果你購買的比較長、偏薄的肉，在串肉前需先將肉片捲起或折成約2吋的立方體。

醃汁
1顆洋蔥切丁
⅓杯牛肉高湯
⅓杯植物油
3大匙番茄糊
2大匙切碎的新鮮迷迭香
6瓣大蒜，切碎
2茶匙磨碎的檸檬皮
2茶匙鹽

1½茶匙糖

¾茶匙胡椒

牛肉與蔬菜

2磅沙朗牛肉，洗淨，切塊、約2吋方塊狀

1條大櫛瓜或西葫蘆（summer squash），縱向剖半後切成1吋厚度

1顆大的紅椒或青椒，去梗、去籽，切成1½吋大小

1顆大顆的紅洋蔥或甜洋蔥，去皮後縱向切半，將兩半再各自縱切成四等分，每一等份再橫切成三段

1. 醃料：所有食材放入攪拌機中打到滑順，約45秒。把¾的醃料放進大碗中備用。

2. 牛肉與蔬菜：剩下的醃料和牛肉放進1加侖容量的夾鏈袋中揉一揉，讓牛肉充份被醃料包覆，然後把袋裡的空氣盡量排出來再密封袋口。將肉放在冰箱靜置至少1小時，最多2小時，每隔30分鐘就把袋子翻個面。

3. 櫛瓜、甜椒和洋蔥放入大碗裡的醃料中，讓醃料包覆蔬菜表面。蓋上保鮮膜在室溫下靜置30分鐘。

4. 將牛肉緊緊的串在12吋長的金屬烤肉棒上，在串肉時如有需要，就先將肉片捲起或折疊成大約2吋的立方體。將蔬菜串在12吋的金屬烤肉棒上，順序可調換，以櫛瓜、甜椒和洋蔥穿插即可。

5.A. **木炭烤爐**：把烤肉爐下方的通風孔完全打開。在大型煙囪型點火器，裝入7夸脫的木炭，點燃。當上方的木炭有部分已經被炭灰覆蓋時，把木炭平均倒入烤肉爐。烤網放置好後蓋上蓋子，把蓋子上的通風孔完全打開。讓烤爐徹底加熱，約需5分鐘。

5.B. **燃氣烤爐**：把爐火開到大火，蓋上蓋子，讓烤爐徹底加熱，大約15分鐘。讓主要的爐火保留大火狀態，其他的爐火則降成中小火。

6. 烤網清潔後上油備用。把烤肉串放到烤爐上方。如果使用木炭燒烤，就把肉串放在木炭上方；若是以燃氣烤爐燒烤，就把肉串放在溫度高的那一邊。把蔬菜串放到烤爐上方。如果是使用木炭燒烤，可將蔬菜串放在木炭邊緣的上方；若是以燃氣烤爐燒烤，將蔬菜串放在溫度低的那一邊。炙烤的同時，若使用燃氣烤爐燒烤，需蓋上蓋子。每隔3、4分鐘就轉動一下肉串和蔬菜串，直到肉串外觀顏色已經呈現烤熟的金棕色，內部溫度120到125℉、約3分熟；或者130到135℉、約5分熟，過程需時12到16分鐘。把牛肉串移到盤子上，用鋁箔紙稍微覆蓋。蔬菜繼續烤到軟化

並出現輕微焦色，大約比肉串多烤5分鐘，就可跟肉串一起上桌了。

實用科學知識 沙朗在哪裡

"我們喜歡厚切、完整，有縱向紋理的牛排"

市面上賣的牛排肉可能是來自各種不同肌肉部位，最後切成牛肉塊、牛肉條或牛排。我們最喜歡的是整大塊切好的牛肉，有縱向紋理。牛肉販稱這種牛排肉為「牛腹肉」或「沙朗牛」。厚度大約是從1吋到1½吋為佳。

不要買處理過的
選購時避開已經切成條狀或小塊的肉塊，因為你無法判斷這些是牛哪個部位的肉。

購買完整的
挑選時請購買完整、大塊的牛肉，在上頭有清楚的縱向紋理，通常包裝上的標籤標示為「沙朗牛」或「牛腹肉」。

成功關鍵

油花分明的牛排，加上濃郁的牛肉風味和軟嫩口感，是烤牛肉串的最佳選擇。在牛肉的醃醬部分，我們加入了鹽來保留肉汁，加入油添增風味，加入糖來讓肉的外表能烤出焦糖色。為追求更有深度的風味，我們再加入能讓肉質滋味豐富又飽含香草風味的番茄糊以及牛肉高湯。蔬菜串選用的是三種烤肉時最受歡迎的蔬菜：甜椒、洋蔥和櫛瓜。把牛肉串和蔬菜串分開燒烤，能讓我們以較低的溫度處理蔬菜串，然後用較高溫的區域燒烤牛肉串。

讓醃料更上一層樓：我們已經知道，不論醃製多久，在醃料中大多數的味道都不會被吸收到肉的深處。但是研究顯示，身為跟味精一樣、自古以來桌邊一定會有的調味料：鹽巴，卻是個例外。鹽巴可以深入肉質內部，強化料理的滋味。既然已經知道這點，我們就使用鹽巴、番茄糊和牛肉高湯製作出一道風味強而有力的醃醬。番茄糊中充滿麩胺酸鹽，能強化肉的風味。使用牛高湯取代清水，試吃員都深深被這股濃郁的新風味震撼了。這是因為許多市售的牛肉高湯都含

有酵母精（yeast extract），能讓兩種強化風味的成分麩胺酸鹽和核苷酸，大大發揮效用。後者會與肉類中含有的天然麩胺酸鹽合作，讓美味更升級二十倍之多。若想瞭解麩胺酸的料理科學，請參考觀念35。

選擇正確的部位：我們曾嘗試以五種不同部位的牛肉完成這份食譜，從價格高貴的牛腰內肉，牛後腿臀肉等。把這些牛肉全都切成2吋立方的大肉塊，用烤肉爐烤熟後，我們發現使用牛腰內肉完全是浪費錢，試吃員覺得牛肉吃起來口味平淡，而牛後腿臀肉又太韌了。油花分布較豐厚的部位，比方牛側腹橫肌、牛肩、沙朗都具有濃烈的風味，而其中又以肌肉紋理較鬆散的沙朗牛肉，在牛肉風味和柔嫩度中表現最佳。

把醬汁打成泥：我們把醃料放入攪拌機中打碎，讓風味能自然融合。沒有攪拌機嗎？別擔心。食物調理機也可以。

《醃汁的實際應用》烹煮前與後

我們已經知道鹹味的醃汁能讓肉質更添濕潤口感，但是醃汁中的調味往往都只會留在肉的表面，就算拉長醃製的時間也沒有幫助。在烹煮之前先快速的醃過食材，等起鍋後再利用醃料調味，能讓料理同時維持多汁和保留豐富的風味。烹煮前的醃製能產生像鹽水般的效果，讓肉變得軟嫩。而烹煮後的醃製，通常是在肉起鍋靜置之後進行，這個步驟則能加強風味。

經典牛排醃醬
約1杯，可醃製4-6塊牛排，或1塊2磅重的肉排

½杯醬油

⅓杯植物油

¼杯伍斯特醬

2大匙壓實紅糖

2大匙細香蔥切碎

4瓣大蒜切碎

1½茶匙胡椒

2茶匙巴薩米克醋（balsamic vinegar）

1. 把醬油、油、伍斯特醬、糖、細香蔥、大蒜和胡椒加入中碗裡。把¼杯醃料取出，與巴薩米克醋一起放在小碗中備用。

2. 把剩下的醃料和牛排放入1加侖容量的夾鏈袋中，將袋內空氣盡可能擠出後密封袋口。袋子放進冰箱中1小時，30分鐘後將袋子翻面，確保牛排能平均吸收醃料。

3. 將牛排從醃料中取出，讓多餘的醃料滴落袋中後就可以把袋子丟掉了。牛排以適當方式燒烤。

4. 牛排移至淺平底鍋中，並把小碗中的醃料淋在牛排上。以鋁箔紙稍微蓋住牛排，靜置10分鐘，在5分鐘時將牛排翻面。將牛排切片或整塊上桌，如有需要可將剩餘的醃醬一併上桌。

牛排混醬（Mole Marinade）
約1杯，可醃製4-6塊牛排，或1塊2磅重的肉排

½杯醬油

⅓杯植物油

2大匙壓實紅糖

4根菲式醬契普雷辣椒，切碎

4瓣大蒜，切碎

4茶匙可可粉

1½茶匙乾燥奧勒岡

1茶匙胡椒

2大匙萊姆汁

1. 醬油、油、糖、菲式醬契普雷辣椒、大蒜、可可粉、奧勒岡和胡椒放入中碗裡。將¼杯醃料取出與萊姆汁一起放入小碗中備用。

2. 剩下的醃料和牛排放入1加侖容量的夾鏈袋中，將袋內空氣盡可能擠出後密封袋口。袋子放進冰箱中1小時，30分鐘後將袋子翻面，確保牛排能平均吸收醃料。

3. 牛排從醃料中取出，讓多餘的醃料滴落袋中後就可以把袋子丟掉了。牛排以適當方式燒烤。

4. 牛排移至淺平底鍋中，並把小碗中的醃料淋在牛排上。以鋁箔紙稍微蓋住牛排，靜置10分鐘，在5分鐘時將牛排翻面。將牛排切片或整塊上桌，如有需要可將剩餘的醃醬一併上桌。

東南亞牛排醃醬
約1杯，可醃製4-6塊牛排，或1塊2磅重的肉排

⅓杯醬油

⅓杯植物油

2大匙壓實的紅糖

2大匙魚露

2大匙紅咖哩醬

2大匙新鮮薑末

4瓣大蒜,切碎

2大匙萊姆汁

1.醬油、油、糖、魚露、咖哩醬、薑末和大蒜放入中碗裡。將¼杯醃料取出與萊姆汁一起放入小碗中備用。

2.剩下的醃料和牛排放入1加侖容量的夾鏈袋中,將袋內空氣盡可能擠出後密封袋口。袋子放進冰箱中1小時,30分鐘後將袋子翻面,確保牛排能平均吸收醃料。

3.牛排從醃料中取出,讓多餘的醃料滴落袋中後就可以把袋子丟掉了。牛排以適當方式燒烤。

4.牛排移至淺平底鍋中,並把小碗中的醃料淋在牛排上。以鋁箔紙稍微蓋住牛排,靜置10分鐘,5分鐘時將牛排翻面。將牛排切片或整塊上桌,如有需要可將剩餘的醃醬一併上桌。

莫侯(Mojo)牛排醃醬
約1杯,可醃製4-6塊牛排,或1塊2磅重的肉排

½杯醬油

⅓杯植物油

2大匙壓實的紅糖

6瓣大蒜,切碎

2大匙切碎的新鮮香菜

1茶匙磨碎的柳橙皮,外加2大匙柳橙汁

1茶匙胡椒

½茶匙小茴香粉

½茶匙乾奧勒岡

2茶匙白醋

1.醬油、油、糖、大蒜、香菜、柳橙皮碎屑、胡椒、小茴香和奧勒岡放入中碗裡。將¼杯醃料取出與柳橙汁一起放入小碗中備用。

2.剩下的醃料和牛排放入1加侖容量的夾鏈袋中,將袋內空氣盡可能擠出後密封袋口。袋子放進冰箱中1小時,30分鐘後將袋子翻面,確保牛排能平均吸收醃料。

3.牛排從醃料中取出,讓多餘的醃料滴落袋中後就可以把袋子丟掉了。牛排以適當方式燒烤。

4.牛排移至淺平底鍋中,並把小碗中的醃料淋在牛排上。以鋁箔紙稍微蓋住牛排,靜置10分鐘,在5分鐘時將牛排翻面。將牛排切片或整塊上桌,如有需要可將剩餘的醃醬一併上桌。

蜂蜜芥末牛排醃醬
約1杯,可醃製4-6塊牛排,或一塊2磅重的肉排

½杯醬油

⅓杯植物油

3大匙第戎芥末醬

2大匙切碎的新鮮茵陳蒿

4瓣大蒜,切碎

4茶匙蜂蜜

1½茶匙胡椒

1茶匙蘋果醋

1.醬油、油、芥末、茵陳蒿、大蒜、蜂蜜和胡椒放入中碗裡。將¼杯醃料取出與蘋果醋一起放入小碗中備用。

2.剩下的醃料和牛排放入1加侖容量的夾鏈袋中,將袋內空氣盡可能擠出後密封袋口。袋子放進冰箱中1小時,30分鐘後將袋子翻面,確保牛排能平均吸收醃料。

3.牛排從醃料中取出,讓多餘的醃料滴落袋中後就可以把袋子丟掉了。牛排以適當方式燒烤。

4.牛排移至淺平底鍋中,並把小碗中的醃料淋在牛排上。以鋁箔紙稍微蓋住牛排,靜置10分鐘,在5分鐘時將牛排翻面。將牛排切片或整塊上桌,如有需要可將剩餘的醃醬一併上桌。

成功關鍵

這五種牛排用的醃醬食譜,選用風味鮮明、強烈的食材,加上醬油的力量來讓醃醬能發揮十足功能,把調味傳導到肉的內部,並改善肉質口感。醬油中的鹽分扮演了鹽水的角色,讓肉質能在烹煮過程中保持多汁,且令肉質軟嫩。但要讓肉的風味更進一步還需要進一步的調味。我們發現在超市裡的國際食材區,能找到各色食材,包含紅咖哩醬、第戎芥末醬,還有墨西哥煙燻辣椒。

讓每片肉都完整醃製:雖然牛側腹橫肌、側腹肉、沙朗的肉質比較軟嫩,在吸收醃醬時,效果會比質地較粗硬的肋眼、前腰脊肉、牛肩肉來得好,不過如果這些肉能在烹煮前醃製1小時、烹煮後淋醬再靜置10分

鐘，所有的部位都會變得美味。這種情況正是「重複浸蘸」（double dipping）不見得不好的最佳例證。

用一點酸味畫下句點：在這些醃醬中，我們都在取出備用的那部分加入了一點酸味成分，等牛排起鍋靜置的時候加入。在前面的敘述中已經得知，酸性成份會侵入肉質，造成肉質變得老韌、乾柴、完全失去軟嫩口感。但是因為酸性成分能提供極佳的風味，所以我們就將它用在第二次的醃醬中，在這時候使用就不會損害肉質了。

先沾後切：把牛肉從烤爐上拿下來後，我們把整塊肉都浸入事先預留下來的醃醬中，要記得翻面確保各面都被醃醬覆蓋。如果我們先把肉排切片才去泡醃醬，其味道可能就會過重。

檸檬巴西利烤雞胸
4人份

雞肉醃製時間不可少於30分鐘，亦不可超過1小時。可與簡單料理的蔬菜一同享用，也可用夾在三明治中，或加入生菜沙拉裡。

6大匙橄欖油
2大匙檸檬汁
1大匙新鮮巴西利切碎
1¼茶匙糖
1茶匙第戎芥末醬
鹽和胡椒適量
2大匙水
3瓣大蒜切碎
4塊去骨去皮雞胸（每塊6-8盎司），洗淨備用

1. 將3大匙油、1大匙檸檬汁、巴西利、¼茶匙糖、芥末醬、¼茶匙鹽，和¼茶匙胡椒放進碗中攪勻備用。

2. 剩下的3大匙油、1大匙檸檬汁、1茶匙糖、1½茶匙鹽、½茶匙胡椒、水和大蒜放進碗中。將醃醬和雞肉放入1加侖容量的夾鏈袋中，翻翻袋子讓肉充分被醃醬包覆。將袋內空氣盡可能擠出後密封袋口，袋子放進冰箱中30分鐘到1小時，每隔15分鐘就將袋子翻個面。

3.A. **木炭烤爐：**烤肉爐下方的通風孔完全打開。大型煙囪型點火器，裝入6夸脫的木炭，點燃。當最上面的木炭有部分已經被炭灰覆蓋時，把木炭平均倒入烤肉爐。烤網放置好後蓋上蓋子，把蓋子上的通風孔完全打開。讓烤爐徹底加熱，大約需時5分鐘。

3.B. **燃氣烤爐：**把爐火開到大火，蓋上蓋子，讓烤爐徹底加熱，大約15分鐘。讓主要的爐火保留大火狀態，關掉其他爐火。

4. 烤網清潔後上油備用。雞肉從袋中取出，讓多餘的醃醬滴乾淨。將雞肉放到烤爐小火處上方，平滑面向下，比較厚的一面朝向木炭和爐火。蓋上蓋子烤到雞肉下方開始隱約出現燒烤的痕跡，且肉質本身看起來不再呈現半透明狀為止，約需6到9分鐘。

5. 將雞肉翻面，讓較薄的面朝向木炭和爐火。蓋上蓋子烤到雞肉不透明，摸起來變硬，溫度達140°F即可，約需6到9分鐘。

6. 把雞肉從小火區移到大火區，烤到兩面都出現烤痕，肉的溫度達到160°F為止，過程約需2到6分鐘。

7. 把雞肉移到砧板上，用鋁箔紙稍微蓋住，靜置5到10分鐘。雞胸肉縱切成¼吋厚的切片，即可擺盤上桌。肉排上可淋上少許預留的醃醬。

烤煙燻墨西哥辣椒萊姆風味雞胸

只要把檸檬汁換成萊姆汁，並且在取出備用的醃醬中多放1茶匙萊姆汁就好。另外把第戎芥末醬換成菲式醬契普雷辣椒，並把巴西利換成香菜。

烤茵陳蒿柳橙風味雞胸

只要把檸檬汁換成柳橙汁，並把巴西利換成茵陳蒿就好。在取出備用的醃醬中多放¼茶匙磨碎的柳橙皮。

成功關鍵

因為無骨雞胸肉沒有帶皮，脂肪也少，烤肉時常常難以避免變得乾柴、老韌。常見的解決方法是用含有酸味、人工甘味劑、安定劑和膠質的罐裝沾醬醃製，但這種醬料往往味道都不太誘人。我們想要烤出多汁味美的雞胸肉，且過程中不用任何罐裝沾醬。所以使用家常醃醬醃製，且另外淋上預先留存備用的油醋醬，為料理帶來最佳風味。

打造雙重火力：許多食譜可能都會建議單用大火來烤，但是這麼做的結果，可能會在肉的內部都還沒達到160°F之前外部就全都焦黑了。我們發現用兩種火力來烤雞肉並蓋上蓋子，先以小火烤到快熟至約140°F，再用大火燒烤一下收尾，就可以烤出完美的熟度。

用酸味畫上句點：在原本的醃料食材中，我們會加上橄欖油、檸檬汁、大蒜、鹽、胡椒和一點糖，可是我

們發現這樣的組合裡，檸檬汁中的酸性會讓雞肉表面變白。所以在修正後的食譜中，把醃料理的檸檬汁減量，剩下的檸檬汁就加入最後的油醋醬，上菜前再使用，以增添料理風味。

雞肉法士達捲餅
4-6人份

在這個食譜中可使用各色甜椒包含紅椒、黃椒、橙椒或青椒。雞柳條（chicken tenderloin）可留做其他料理或使用其他醃醬、燒烤時使用。如果在戶外燒烤，可用乾淨的廚房布巾包裹捲餅保溫。雞肉與蔬菜本身風味已經足夠，不過仍可以提供佐料，如酪梨醬、莎莎醬、酸奶油、碎起士，以及萊姆角可自由添用。

6大匙植物油

⅓杯萊姆汁，約3顆萊姆榨出

1根墨西哥辣椒，去梗去籽，切碎

1½大匙切碎的新鮮香菜

3瓣大蒜，切碎

1大匙伍斯特醬

1½茶匙壓實的紅糖

鹽與胡椒

1½磅雞胸去骨去皮，將雞柳條切除，洗淨，拍薄至½吋厚

1顆大洋蔥，去皮，切成½吋的洋蔥圈（不需將洋蔥圈分散）

2顆甜椒，去梗去籽，切成4份

8-12張（6吋）墨西哥餅

1. 將¼杯油、萊姆汁、墨西哥辣椒、香菜、大蒜、伍斯特醬、糖、1茶匙鹽，和¾茶匙胡椒放入碗中攪拌，製作成醃醬。取出¼杯醃醬備用。在醃醬碗中加入1茶匙鹽。將醃醬和雞肉放入1加侖容量的夾鏈袋中，翻翻袋子讓肉充分被醃醬包覆。將袋內空氣盡可能擠出後密封袋口，袋子放進冰箱中至少15分鐘，過程中要翻面，確保雞肉平均吸收醃料。把洋蔥兩面刷上剩下的2大匙油，以胡椒和鹽調味。

2.A. **木炭烤爐**：烤肉爐下方的通風孔完全打開。大型煙囪型點火器裡，裝入6夸脫的木炭，點燃。當最上面的木炭有部分已經被炭灰覆蓋時，把木炭平均倒入烤肉爐的三分之二空間中，剩下三分之一空下來。烤

網放置好後蓋上蓋子，把蓋子上的通風孔完全打開。讓烤爐徹底加熱，過程需5分鐘。

2.B. **燃氣烤爐**：把爐火開到大火，蓋上蓋子，讓烤爐徹底加熱，大約15分鐘。讓主要的爐火保留大火狀態，側爐火則降成中火。

3. 烤網清潔後上油備用。把雞肉從袋中取出，讓多餘的醃醬滴乾淨。將雞肉放到烤爐較熱一方，平滑面向下。烤到第一面出現烤熟的色澤即可，如用燃氣烤爐燒烤就蓋上蓋子，時間約需4到6分鐘。翻面繼續烤到雞肉溫度達到160℉，大約需時4到6分鐘。將雞肉移至砧板，以鋁箔紙稍微蓋上，靜置5到10分鐘。

4. 烤雞肉的同時，將洋蔥片和甜椒，皮面向下放在烤爐較低溫處烘烤約8到12分鐘，其中每3分鐘就翻面一次，烤到軟化，雙面出現焦黃色為止。將洋蔥和甜椒移至砧板上跟雞肉放在一起。

5. 分兩到三批將墨西哥捲餅放置在烤爐溫度較低處，單層不重疊。每面約烤20秒，直至捲餅夠熱且稍微出現燒烤色澤。不要烤太久，否則捲餅會太脆。完成後，以乾淨廚房布巾或大張鋁箔紙包覆保溫。

6. 把洋蔥片拆散成洋蔥圈，置入中碗。將甜椒切成¼吋的長條，與洋蔥放在一起。取出備用的醃醬，加入兩大匙到蔬菜碗中，拌入蔬菜。將雞胸縱切成¼吋厚的長條，置入另一個碗中，拌入剩下的2大匙醃醬。

7. 將雞肉和蔬菜裝盤，與熱好的墨西哥餅一起上桌。

實用科學知識 為何酸味會讓肉質變得乾柴、老韌？

"酸味帶出老肉？一切都跟「等電點」（isoelectric point）有關"

酸味醃汁能讓肉質軟嫩是很常見的誤解。事實上，帶有酸味的醃汁很容易讓肉醃過頭，吃起來糊糊的或既乾又柴。這是為什麼呢？

一個蛋白質分子中，通常都含有許多正極和負極電子。這些電子會決定蛋白質彼此如何互動。一般的蛋白質分子會帶較多正電或較多負電，讓蛋白質分子會彼此相斥以保持相當的距離。但有時候這些電子會完全被中和，這種時候就叫做「等電點」。雖然中和聽起來好像是件好事，但是實際上當蛋白質達到等電點的時候，彼此之間的距離就變得太近，縮小的距離把原本存在在兩者間的水分擠出，這樣的現象自然就會使肉質吃起來乾柴、老韌。

但是造成蛋白質達到等電點的原因為何？你猜得沒

錯：就是「酸」。雞肉中大多數的蛋白質都是偏酸性，酸鹼值約6或6.5的酸。而讓肌蛋白達到等電點的酸鹼值，則是5.2。

我們使用的醃汁內容物只含非常少量的酸性物質，或者把使用酸性醃汁的時間縮得非常短。以這樣的比例來說，酸性物質的份量或是停留時間不夠長到將雞肉的酸鹼值降到低於6.0。但如果醃汁中的成分有許多酸性物質、停留在雞肉上的時間又太長，雞肉的酸鹼值就有降到等電點酸度的風險，造成蛋白質與彼此貼近，讓肉質吃起來乾柴、老韌。

成功關鍵

我們馬上就發現，要做出最好吃的雞肉法士達捲餅，其中有許多不同部分需要特殊處理。和其他多數醃汁不一樣，我們盡量略過酸性食材，以避免肉質吃起來軟爛，我們反而在這份食譜中用了高酸度的調料，但使用時間只有短短一會兒，將雞肉醃製在帶有萊姆風味的醃汁中15分鐘，為這道料理添增清爽風味。

注意時間：雖然醃肉往往需要花點時間，在做這道菜時可千萬要注意別醃過頭了。如果雞胸肉泡在高酸度的醃醬中超過15分鐘，就會開始慢慢被酸性物質「煮熟」，變成「雞肉版檸汁醃生魚」（ceviche）的效果。

添增煙燻風味：在我們開始嘗試用萊姆汁、植物油、大蒜、鹽和胡椒製作醃汁的時候，我們覺得這份食譜中少了一點煙燻的風味。那麼該補上哪項食材呢？最後意外地找到了：「伍斯特醬」。這種醬料是以蜜糖、油漬鯷魚、酸豆（tamarind）、洋蔥、大蒜和其他調味料製成的。其味道有一種鮮味、常被形容為「肉味」或直接稱之為「鮮味」的第五味覺。只要1大匙伍斯特醬就能為料理添增鹹味和煙燻味，又不至於掩蓋料理的真實風味。在料理過程中我們靠著一點紅糖來修飾醃汁中的鹹味，並用切碎的墨西哥辣椒和香菜添增清爽滋味。

用雙重火力炙烤：我們要利用燒得紅透的木炭徹底把雞肉烤熟，而蔬菜因為容易焦，燒烤的時候就要用中火才能達成烤熟、上色又不燒焦。要讓雞肉和蔬菜能同時進爐燒烤，就得靠著一開始把木炭倒入火爐中的時候，先倒滿三分之二的空間，製造出兩層火力的環境才行。若是使用瓦斯烤爐，需先以大火把整個烤爐烤熱後，將一部分火力轉至中火再開始燒烤食材。

包起來吧：8到10吋的薄餅會讓捲餅份量太多，小片但不袖珍的6吋捲餅尺寸剛好。把捲餅放在火比較小的位置，兩面各自短短加熱20秒能讓捲餅膨起，解決原本帶著點生澀、堅韌的口感。很快地將加熱好的捲餅用乾淨的廚房布巾或鋁箔紙包起來，則是能避免捲餅涼掉後變得又乾又脆。

《醃汁的實際應用》酪奶鹽水

我們把酪奶加鹽當作炸雞的醃醬，經料理後的結果令人很滿意。酪奶含有乳酸，再塗抹於雞肉外部啟動肉類中本來就含有的細胞自溶酵素。這些酵素會把蛋白質分解成較小的分子，讓肉變得軟嫩。我們已經知道像酒與醋這類酸度高的食材會過度分解肉中蛋白質，使肉質變得軟爛，但是酪奶中的乳酸所含酸度太低，並不會造成這樣的效果。跟傳統的鹽水一樣，鹽能協助改變蛋白質的結構，讓肉質能在烹煮過程中保留水分，讓料理吃起來顯得更多汁。更多炸物的料理科學，請參考觀念17。

雙倍酥脆炸雞
4人份

要把炸雞炸得又香又脆、又不要太焦或油膩，靠得是準確控制「油溫」。在雞肉下鍋前，先使用即時溫度計或油炸溫度計確認油溫。如果你買不到3½磅重以內的雞肉，或者沒有直徑11吋的鍋具，那麼得分兩次油炸食材。請遵照食譜指示，一次炸四塊雞，並在炸第二批雞肉前，先把第一批炸好的雞肉放在預熱200℉的烤箱中保溫。如果你想把食譜改得稍微健康些，也可以把雞肉放進酪奶醃製之前先去皮，不過炸出來的雞肉就沒那麼脆。一次吃不完，在下回食用前將雞肉放進375℉的烤箱中，烘烤10到15分鐘後還是能保持酥脆。本食譜需將全雞切成八等份：2隻棒棒腿、2隻大腿，並將2塊雞胸各自縱切成2片。

1杯又6大匙酪奶

1大匙鹽

1隻全雞（約3½磅），去除內臟，切成8份，雞翅和背部備用

3杯中筋麵粉

2茶匙泡打粉

¾茶匙百里香

½茶匙胡椒

¼茶匙大蒜粉

4-5杯花生油、植物油或植物性酥油

1.將1杯酪奶和鹽置入大碗中打勻。雞肉加入碗中使雞肉充份被酪奶包覆，大碗蓋上蓋子或保鮮膜，置入冰箱冰至少1小時或隔夜。

2.將麵粉、泡打粉、百里香、胡椒和大蒜粉置入大碗中，加入剩下的6大匙酪奶，用手攪拌麵粉和酪奶，直到麵粉均勻跟酪奶混合，拌料看起來呈現潮濕的粗砂狀態。

3.將雞肉分兩次放入麵粉拌料中，用拌料完整將雞肉包覆。輕輕的用手壓雞肉，讓拌料能緊緊附著在表面。將烤網放置於有邊烤盤中，將多餘的麵粉甩掉後，就可以把雞肉放到烤網上靜置備用。

4.把油倒入鑄鐵鍋，此鍋具需達¾吋深。以中大火加熱到375℉。雞肉下鍋，帶皮面朝下，蓋上鍋蓋油炸8至10分鐘，約4分鐘後掀起鍋蓋翻動一下雞肉，確認上色狀況，直到雞肉外表金黃酥脆。如果其中幾塊炸雞已經炸得顏色比較深，就稍微變換一下雞肉擺放位置。此時油溫應達到300℉左右，視需求調整火力。接著不用再蓋蓋子，將雞肉翻面繼續炸約再炸6到8分鐘。為了避免雞肉炸焦，可調整火力使油溫維持在315℉左右。時間一到將雞肉夾出，放在鋪了廚房紙巾的盤子上，靜置5分鐘待滴乾多餘的油後即可上桌。

成功關鍵

就算只是一份最簡單的炸雞食譜，也一樣是「下廚」。所以當你確定要跳這個坑的時候，這份食譜能幫你事半功倍。用酪奶當作鹽水快速的醃過雞肉，讓肉質軟嫩、保持多汁，再用簡單的酪奶濕麵粉把雞肉裹好，就能炸出顏色金黃、又酥又脆的炸雞了。這道菜絕對會讓你與朋友賓主盡歡。

把雞肉切小： 有一點很重要，就是每塊雞肉大小必須要差不多。如此一來就不會有哪隻腿或哪塊胸提早炸好或比其他塊要炸更久。你有兩個選擇，要嘛買一隻切好、約3磅重的全雞；或者自己把全雞拆成六等分，約2隻棒棒腿、2隻大腿、2塊雞胸。將雞翅留下於熬煮高湯使用，其食譜請參考觀念10「快煮雞高湯」。若再將2塊雞胸切成一半，全雞則成為八等份。

使用酪奶做醃汁： 大多數的炸雞食譜都有把雞肉拿去沾酪奶的步驟，不過主要都是為了調味功能而已，因為酪奶中的酸味已能平衡炸雞的油膩厚重感。但是我們把這個想法改成讓雞肉「泡」在酪奶醃汁中，以達到像泡鹽水醃製的效果。加了許多鹽的醃汁能讓雞肉保持水分、完美調味，酪奶又比一般鹽水更多了一股有深度的風味。因為其中的乳酸能讓肉的表面軟化，鹽分則會被吸收到肉的內部使肉保持多汁又美味。只要泡上1小時，整隻雞就能完美入味了。

我們用四批雞肉實驗了不同的鹽醃汁。其中三份雞肉分別在加鹽酪奶、純酪奶和純鹽水中醃製1小時，第四份雞肉完全不醃製。四份雞肉在下鍋之前都有先沾粉。沒有醃製過的雞肉炸完後吃起來又乾又硬。浸泡鹽水的雞肉雖然濕潤但口感偏韌。只泡酪奶的雞肉雖然嫩，但是不夠多汁。只有浸泡了加上鹽巴的酪奶，雞肉吃起來才有軟嫩又多汁的口感。

加入泡打粉和酪奶： 為了找到能讓炸雞表皮金黃酥脆的方法，我們從梅爾巴吐司粉到鬆餅粉都試過了，結果意外發現了一種把雞肉滾上含有高澱粉的麵衣上是最佳選擇。我們先用經典麵粉麵衣，然後再添加幾個小偏方改善結果。首先是先加入一點泡打粉。當雞肉下油鍋後，泡打粉會釋放二氧化碳，使表面脆脆的部分膨脹、接觸面積擴大，形成輕脆、香酥的炸皮。另外就是酪奶。我們發現沾粉沾到最後一塊雞肉的時候，麵粉炸起來特別香酥。這是因為前面幾塊雞肉沾粉時，雞肉上的酪奶滴到麵粉裡面，形成大塊的麵粉塊，而這些結塊下鍋炸過後，就會形成特別酥脆的炸皮。

用（相對而言）較淺一點的鍋子炸： 雖然用深鍋油炸炸雞並不少見，我們在這份食譜中還是採用比較淺的油炸方式。不過沒有像食譜「簡易炸雞」所使用的鍋子那麼淺。因為雞肉得在大量油脂中烹煮，我們使用的是鑄鐵鍋而不是使用平底鍋，其尺寸要大才足以放入所有雞肉仍不致重疊。由於雞肉有部分暴露在熱油外頭，而非整塊沉入油中，所以油炸時間比較長一點，但是這樣的慢炸方式也正好適合帶骨的雞肉。

蓋蓋子： 在油炸的第一階段時間幫油鍋蓋上蓋子，能讓肉的內部完全炸熟，同時讓炸雞有酥脆外皮。加上蓋子也能預防熱油亂噴，還可以保持油溫，讓炸雞炸起來不會油膩膩的。在油鍋上加蓋還有個額外的好處，就是能讓肉質比較多汁，因為加蓋時雞肉熟得快，等於就避免了因為久炸而被炸乾的風險。

注意溫度： 在熱油的時候，要確定油溫剛好是375℉。

雞肉下鍋後，油溫會下滑，如果油溫降低得太快、且低溫的時間拖得太久，就會很難炸出金黃酥脆的外皮了。所以在炸雞時密切觀察油溫是很重要的，要讓油溫保持在300到315℉之間。更多油炸的料理科學，請參考觀念17。

簡易炸雞
4人份

可以用一隻4磅重的全雞，切成八塊替代雞肉切塊，也可使用去皮雞肉切塊，但炸出來會比較乾一點。如果使用約1磅的大塊雞胸肉，可以把每塊雞胸切成三等份。若是使用比較小、每片約10至12盎雞胸肉，切成兩份即可。可用直徑11吋的鑄鐵鍋取代西式直壁炒鍋。

1¼杯酪奶
鹽與胡椒
1茶匙大蒜粉
1茶匙甜椒粉
¼茶匙卡宴辣椒
少許辣椒醬
3½磅帶骨雞肉切塊，把雞胸切成2塊、棒棒腿和雞腿，洗淨
2杯中筋麵粉
2茶匙泡打粉
1¾杯植物油

1. 將1杯酪奶、1大匙鹽、1茶匙胡椒、¼茶匙大蒜粉、¼茶匙甜椒粉、少許卡宴辣椒，和辣椒醬放入大碗中。加入雞肉並使雞肉充分被醬汁包裹。蓋上蓋子或保鮮膜，放進冰箱冰至少1小時或隔夜。

2. 將烤箱烤架調整至中層，烤箱預熱到400℉。將烤網放入有邊烤盤。把麵粉、泡打粉、1茶匙鹽、2茶匙胡椒、¾茶匙大蒜粉、¾茶匙甜椒粉，還有剩下的卡宴辣椒放進大碗中。把剩下的¼杯酪奶加入麵粉混合物的碗裡，用手將食材攪拌均勻，直到粉料出現小顆結塊狀為止。一次取一塊雞塊，將雞肉埋入粉中，輕壓讓麵粉厚而平均的黏附在雞肉外部。將沾粉後的雞肉雞皮朝上放在大盤中備用。

3. 把油倒入11吋鑄鐵平底鍋中，以中大火加熱至375℉。小心地把雞肉放入油鍋中，雞皮面向下，油炸約3至5分鐘，炸到表皮呈金黃色。油溫維持375℉，

視需求調整火力。小心將雞肉翻面，並繼續炸到另一面約2至4分鐘，直到也呈現金黃色。將雞肉取出，放置在烤網上烘烤約15到20分鐘，直到雞塊溫度達160℉，雞腿和棒棒腿則烤到溫度達175℉。較小塊的部位會比大塊部位早一點烤熟，一旦溫度達到標準，就可將雞肉先從烤箱取出。讓雞肉靜置5分鐘後便可上桌。

成功關鍵

真的能以不到1夸脫的油，就炸出金黃酥脆的炸雞嗎？為了找到簡易炸雞方法，我們先以標準程序將雞肉以酪奶和鹽徹底醃製，接著裹上調味過的麵粉，粉料中要加上一點泡打粉，如此便能在炸的過程中靠著泡打粉釋放二氧化碳，使外皮更加輕薄酥脆。使用兩段烹調技巧讓我們能炸出香酥的炸雞，又不用弄得手忙腳亂。

先炸過： 雖然我們的標準炸雞食譜得用上5杯油，在較簡易、較省事的炸雞食譜中，不過這回我們要大舉減少油量。在嘗試過程中，一開始先用1¾杯油，但發現一旦加入了雞肉，油溫就會明顯的下降，得要把火開大才能再把油溫拉高。於是新的問題點就來了，因為直接接觸鍋底，導致炸雞會有部分被炸焦。要避免這個問題，得在油炸3到4分鐘內幫雞肉翻面，可是如此一來雞肉就來不及完全炸熟。解決辦法？結合快速油炸與第二項料理技巧：「烘烤」。

再烘烤： 我們發現烤箱四射且持續循環的熱能，正好就可以拿來取代用又深又熱的油鍋烹煮雞肉時的效果，讓雞肉可以在淺鍋中快速炸過以後，還能徹底熟透又呈現漂亮的焦黃色。先用爐火把炸雞稍微炸出金黃色酥皮，然後把雞肉放進高溫烤箱完全烤熟。將炸雞置於烤網上烤，底下用烤盤接住，以避免局部烤焦，並且讓熱能更均勻地在肉的四周循環。如此便能在讓雞肉熟透的同時，外皮也呈現漂亮的金黃色。我們本來擔心簡易食譜中的炸雞在短暫油炸過程之後，表皮所剩的油脂會不足以在烤乾的過程中讓表皮變得跟傳統炸雞一樣酥脆，不過我們最後發現在烤箱裡待上15分鐘，仍能讓淺鍋油炸的炸雞產生金黃色的香酥脆皮。

觀念14：用自製絞肉製作香嫩多汁的漢堡排
Grind Meat at Home for Tender Burgers

想吃牛肉的時候，我們也不是總想著吃著大塊的牛排，有時候吃個漢堡排也就足夠了。到目前為止，我們已經瞭解了整塊牛排在分子層面的狀態，但是當牛肉被絞碎成了碎肉時，又會變成什麼樣子呢？

◎科　學　原　理

絞肉，是許多美國家庭廚房裡的常見食材。我們把絞肉拿來做漢堡、義大利麵醬、肉丸和烘肉捲（meatloaf），通常都是在超市直接買現成的絞肉，但是其實在家自己製作絞肉也是可行的。想要做出極致美味漢堡排，我們發現自己絞肉會是最佳的選擇。為什麼呢？讓我們先從絞肉的結構開始瞭解吧！

我們已經知道，完整的牛肉塊是由許多長條肌肉纖維組合而成的肌肉組織，再以結締組織作為保護套包覆起來，它就像電線外層會有一層絕緣塑膠一樣。每一條肌肉纖維短則僅僅幾公分，長則可能幾十公分都有，當外層還有包覆層時，肉就會很難咬斷。而絞肉則能顯著地縮短肌肉纖維的長度，截斷結締組織，讓肉更易咀嚼。把肉絞碎的過程中還能釋放肉中的水溶性黏稠蛋白質，讓每塊小碎肉黏附彼此不致散開。

「絞肉的肉塊大小很重要」。在製作漢堡排的時候，我們不需要肉被絞得太細碎，否則肉排吃起來就會像橡膠一樣太過密實。而絞肉若是絞得太粗，就無法解決筋膜的問題，並在煎煮的時候容易崩解。所以使用新鮮絞肉取代店裡購買的現成品，你就可以自己決定絞肉的粗細了，如此一來我們就能控制料理最後展現的質地。詳見右頁的「實驗廚房測試」

若使用新鮮的自製絞肉，我們也能選擇並決定要使用哪一個部位。這點很重要，因為不同部位的風味、結締組織和脂肪分布各有不同，都會明顯影響成品。

跟肉販購買並在店內完成絞碎的絞肉也是可行之道，只是許多商家都會直接跟肉品處理廠叫貨，有時這些

絞肉已經經過重複絞碎的過程，再添加碎肉塊包在肉裡面，可能就混有幾百隻牛的肉。因為絞肉的時候，會把原本暴露在外、可能包含細菌污染等，與無菌的內部攪和在一起，如果肉品來自許多不同牛隻，只要一塊牛肉受到污染，就可能會把所有絞肉都變成受到細菌污染的絞肉。市面上的現成絞肉就是因為這個原因被廠商回收不只一次。若要避免這個問題，購買新鮮現絞的肉就比較安全了，因為使用的是「一頭牛身上的一塊肉」。

自己在家絞肉並不難。只要有一台食物調理機和冷凍庫就可以了。多花一點時間自己絞肉，就能讓你決定使用哪個部位的肉，以及絞肉的粗細程度，進而影響料理的質地和風味。

肉在絞碎過程裡產生的變化

縮小尺寸：

把肉絞碎能縮小肌肉纖維的尺寸、截斷結締組織，讓肉更易咀嚼，並釋放黏稠蛋白質，能讓碎肉黏在一起不會四散開來。

為了測試新鮮、現絞的牛肉，是不是真的可以做出更軟嫩的漢堡排，我們各別做了三份漢堡排，一份用店裡購買的90%瘦肩頸絞肉（lean ground chuck）製作，另外二份是我們自己用食物調理機，將牛腹肉絞碎製作而成的。我們將其中一份的自製絞肉，絞得跟店裡販售的一樣粗細，另一份則依照我們的喜好，稍微絞得粗一點。其守則請參考「實用科學知識：完美絞肉守則」。

把三份漢堡排都煎到三分熟之後，我們讓肉排靜置5分鐘，然後以一只鑄鐵鍋，在離料理檯6吋高的距離下重砸肉排。並將此實驗重複進行3次。

實驗結果

現場可說是一片混亂啊。三片漢堡排對鑄鐵鍋的重量反應大不相同，用店裡買的現成絞肉做出的漢堡排，即使被鑄鐵鍋重砸有稍微變得比較扁一點，但外型仍維持不變且沒有流出任何肉汁。使用我們模仿現成絞肉所絞成的肉做出的漢堡排稍微有點被壓扁、變大，但也沒有流出任何肉汁。整體比較鬆散、以較粗顆粒的家常絞肉所做成的漢堡排，則是被壓扁得像鬆餅般、內部的肉汁都噴到外面來了。

實用科學知識 完美絞肉守則

"肉絞得不夠碎或太碎，都會做出口感不佳的漢堡排"

絞得不夠碎的肉會在漢堡排中留下太多肉筋，讓肉排無法保持形狀。絞得太細的肉在煎熟了以後，口感會變得像橡膠般堅韌、質地較密。完美的絞肉其大小若恰到好處的話，細密的肉可以讓肉排吃起來軟嫩，而原先較粗大的肌肉纖維能使漢堡排保持蓬鬆的狀態，這樣的肉質最接近完美口感。

絞得不夠碎	絞得不夠碎	絞得太碎

重點整理

影響牛絞肉的一個重要變因，就是「絞碎的質地」。我們可以透過自行絞肉控制質地，進而就可以用粗一點的絞肉製作比較鬆散、軟嫩的漢堡排。因為控制不了現成絞肉的肉質粗細，所以做出來的漢堡排就比較密又硬，在面對重物壓力時就能夠承受得住。在這個例子中，承受得住壓力不見得是件好事啊！

影響牛絞肉的第二個重要變因，就是「選擇的部位」，因為我們選擇用牛腹肉做絞肉，此部位所含的脂肪和風味都比較濃郁，所以兩片自己絞肉做出來的漢堡排，與現成絞肉做的漢堡排相比，口味都比較豐厚、滋味較佳。即使兩份成品被壓成的模樣有所不同。

✎ Tips：自製絞肉 VS. 現成絞肉

為了比較自製絞肉和現成絞肉做的漢堡排的差異，我們把一個鑄鐵鍋從6吋高往下砸在每個漢堡排上。

自製絞肉

我們按照個人喜好，在家裡自製絞肉所做出來的漢堡排比較軟嫩，在鑄鐵鍋的重量衝擊之下，噴濺和壓扁的狀況都比較嚴重。

現成絞肉

以現成絞肉做出的漢堡排，在煎熟後密度比較高，質地比較硬，被鑄鐵鍋砸過後的模樣仍與原樣相去不遠。

《自製絞肉的實際應用》漢堡

想要做出終極漢堡，不論追求的是經典速食漢堡，還是酒吧風格的多汁漢堡，我們都喜歡自己動手絞肉。這讓我們能決定要使用哪個部位的肉，還能決定肉要絞得多細。但如果你只能買到現成絞肉，那麼就參照觀念15食譜「全熟漢堡」進行製作吧。

首選經典漢堡
可做4個漢堡

沙朗牛排肉也會被作為牛腹肉販售，在本食譜裡也可使用側腹肉。由於我們將做出五分熟到八分熟的漢堡，一定要記得搭配非常軟的漢堡麵包。若想將材料加倍，於步驟2的絞碎牛肉過程就分成三次進行即可。煎好的漢堡排不能擺太久，所以一次煎四片肉排，在煎下一批之前就先把第一批上桌或同時使用兩個平底鍋也行。將多餘的生肉排隔著烤盤紙交疊擺放後，再用三層保鮮膜包裹起來，可於冷凍保存2週。解凍漢堡排時將其以單層放置在烤盤上於室溫下靜置30分鐘即可。

10盎司沙朗牛排，洗淨，切塊、約1吋
6盎司去骨牛小排，洗淨，切塊、約1吋
猶太鹽與胡椒
1大匙無鹽奶油
4個軟漢堡包
½茶匙植物油
4片美式起士（American cheese）
洋蔥切細
1份經典漢堡醬（食譜後附）

1. 牛肉塊平鋪在烤盤上，每塊肉之間留下½吋距離。牛肉冷凍至邊緣開始變硬，但本體仍保有柔軟度、可彎折的狀態，約需15到25分鐘。

2. 一半的牛肉置入食物調理機中大致打碎，約攪打10至15下，為確保牛肉被均勻打碎，如有必要就停下來稍微調整一下肉在調理機中的位置。把調理機容器倒扣在烤盤上，以不接觸到肉的方式將肉取出。剩下的肉重複以上步驟處理。將肉平鋪在烤盤上，仔細檢查，把比較長條的絞肉、肉筋、大的硬塊或脂肪挑出。

3. 輕輕地將絞肉分成四等份。不要把肉拿起來，稍

微用手指把各等份塑形為½吋厚、直徑4吋的鬆散肉排狀，周圍和表面維持不平整即可。用鹽和胡椒在每塊肉排上方調味，以鍋鏟將肉排翻面，另一面也適當調味。烤麵包的同時將肉排先置入冰箱冷藏。

4. 在12吋平底鍋放入½大匙的奶油，以中火加熱融化。把麵包上層放入鍋中，切面向下烤約2分鐘，直到麵包呈現淺金黃色。用½大匙奶油以相同手法烤麵包的下半部。取出麵包備用，用廚房紙巾將平底鍋拭淨。

5. 將平底鍋以大火加熱，加入油後繼續加熱到開始冒煙。用鍋鏟將肉排放到平底鍋中煎3分鐘，中間不要移動肉排。使用鍋鏟將肉排翻面再煎1分鐘。在每塊肉排上放一片起士，繼續煎1分鐘直到起士融化。

6. 肉排移至麵包底部，放上洋蔥。每個麵包上層淋上大約1大匙漢堡醬汁。將麵包蓋上後立刻上桌。

經典漢堡醬
約¼杯，可做1份首選經典漢堡醬料

2大匙美乃滋
1大匙番茄醬
½茶匙酸黃瓜醬（sweet pickle relish）
½茶匙糖
½茶匙蒸餾白醋
¼茶匙胡椒

將所有食材在碗中攪勻即可。

成功關鍵

經典速食漢堡曾是新鮮、高級絞肉的代名詞，但是現今的速食漢堡只剩下食之無味、大量生產製作的肉排。在此我們想要重現漢堡的傳統風味，帶有格外酥脆金黃、牛肉味格外濃郁的漢堡肉，跟起士和氣味濃厚的醬汁特別搭配。我們發現新鮮的牛絞肉在透過鬆散的塑形能帶來最佳風味。上面放上一點甜中帶嗆的漢堡醬和起士，幾圈細細的洋蔥，就能原汁原味的重現漢堡當年席捲全國的美味封號。

使用兩種肉：我們把沙朗牛排肉和無骨牛小排混用來做這份漢堡肉。選擇沙朗牛排肉，因為這個部位的肉風味濃郁，而牛小排則為這道料理添增所需的脂肪部分，提供我們需要的多汁感。雖然這麼做會需要使用較複雜一點的技巧，不過我們覺得這份辛苦是值得的。

先冷凍：大多在自家下廚的料理人都不會有絞肉機，不過別擔心，只要有「食物調理機」就能解決問題。不過得注意，當肉的溫度偏高放入食物調理機的結果，可能會變成一團肉糊而非被均勻切斷的絞肉，這就是為什麼在使用調理機之前，一定要先把肉切成小塊放入冷凍庫降溫。如此一來肉塊放入調理機就會是被切碎，而不是被磨爛，在烹煮時才會出現完美的柔嫩度與帶有焦脆的邊緣，跟專業絞肉機絞出來的肉一樣。要記得「不要讓肉被絞得太細或過粗」。其原理請參考本觀念的「實用科學知識：完美絞肉守則」。

不沾手：我們在研究本食譜時，一直苦惱肉排會出現橡膠口感的問題，然後發現，罪魁禍首就是膠原蛋白。膠原蛋白在加熱到超過140°F時，就會開始擠壓絞肉讓密度變高、吃起來充滿韌度。溫度達到剛好140°F時，膠原蛋白會開始瓦解，讓肉從老韌變得軟嫩，但是這個過程需費時數小時，遠比漢堡排在烤網上停留的短短幾分鐘長得太多了。這些蛋白質若與彼此靠得越近，縮水、變硬的現象就會越明顯。因此，想讓漢堡排的口感軟嫩，秘訣就在於製作過程中盡可能讓絞肉維持鬆散。事實上我們幾乎不用手接觸絞肉，讓絞肉自己從倒扣的食物調理機中掉到烤盤上後，再輕輕地它們分成四堆，接著以不將絞肉拿起的方式，稍微把絞肉整理成肉排的形狀。總之就是盡量不要接觸絞肉就對了！

缺角裂縫都保留：因為我們的漢堡排是以自製絞肉又盡可能不沾手製成的，所以上面一定會有許多缺角裂縫。這些縫隙能讓肉汁從充滿氣孔的表面冒出又流回肉排裡，其效果就像是一邊煎，一邊幫漢堡排上油，成果就是多汁又帶點焦脆外表的漢堡排。

淋醬：像這種風格的漢堡，通常都是搭配濃郁、帶點甜味的千島醬風格的醬料。為了重現這樣的風味，我們在醬汁中把酸黃瓜醬、糖和白醋加入美乃滋和番茄醬中，可恰到好處的襯托出多汁、鹹香漢堡的美味。我們喜歡用美式起士，這也是個經典選擇。當起士融化的時候能填滿肉排上的凹凸和裂縫，又不會超越食材中的其他風味。簡單的以洋蔥作結取代花俏的其它內容物，讓牛肉的風味擔任整體的主角。

沙朗牛排也會以牛腹肉方式販售。在把奶油和胡椒拌入絞肉並捏成肉排形狀時，要注意不要過度揉捏肉排，否則口感會變硬。要獲得最佳風味，就在肉排下鍋前大膽調味。這個漢堡可搭配任何喜歡的淋醬，或使用我們最喜歡的其中一種（食譜後附）。

2磅沙朗牛肉，洗淨，切塊、約½吋
4大匙無鹽奶油，融化，靜置冷卻
鹽與胡椒
1茶匙植物油
4個大漢堡麵包，烤熱後塗上奶油

1. 牛肉平鋪在烤盤上。牛肉冷凍至邊緣開始變硬、但本體仍保有柔軟度、可彎折的狀態，約需15到25分鐘。

2. 將¼份牛肉放入食物調理機中攪打，大約按壓35下，直到呈現1/16吋的碎塊為止，為確保牛肉被均勻打碎，如有必要就停下來稍微調整一下肉在調理機中的位置。把調理機容器倒扣在烤盤上，以不接觸到肉的方式取出絞肉。以同樣步驟處理剩下三份牛肉。將絞肉平鋪在烤盤上，剩下的肉重複以上步驟處理。將肉取出平鋪在烤盤上，仔細檢查，挑出比較長條的絞肉、肉筋、大的硬塊或脂肪。

3. 將烤箱烤架調整至到中層，烤箱預熱到300°F。滴一點融化的奶油在絞肉上並撒上1茶匙胡椒。輕輕地用叉子翻攪絞肉，讓調味攪拌均勻。把絞肉分成四顆稍微塑形而成的肉球，再輕輕的把肉球壓扁成¾吋厚、直徑4½吋的漢堡排，把肉排放在冰箱靜置到要下鍋之前再取出。最多可冷藏1天。

4. 用鹽和胡椒在每塊肉排上方調味，以鍋鏟將肉排翻面後適度調味。在12吋平底鍋以大火熱油到開始冒煙，用鍋鏟將肉排放到平底鍋中煎2分鐘，中間不要移動肉排。使用鍋鏟將肉排翻面再煎2分鐘。將肉排移至有邊烤盤上，烘烤約3到6分鐘，烤到肉的溫度達125°F、約三分熟；或130°F、約五分熟為止。

5. 取出肉排，放在盤子上靜置5分鐘。把肉排放到麵包上，淋上喜歡的醬汁後上桌。

將所有食材在碗中攪勻即可。

酒吧風格多汁漢堡佐香脆紅蔥頭和藍起士

半杯植物油和三個細切的紅蔥頭置入單柄深鍋中以大火加熱，持續拌炒約8分鐘直到紅蔥頭呈金黃色。用有孔的勺子將紅蔥頭撈出，放在鋪了廚房紙巾的盤子後以鹽調味。靜置使其滴落多餘的油，呈現酥脆口感，約需5分鐘。冷卻的紅蔥頭可在室溫中保存3天。每個漢堡排上方擺上1盎司的藍起士（blue cheese）碎塊後移至烤箱，上桌前擺上香脆紅蔥頭。

酒吧風格多汁漢堡佐香煎洋蔥與煙燻切達乳酪

在12吋平底鍋中加入2大匙植物油，以中大火加熱到微微冒煙。加入1顆細切洋蔥和¼茶匙鹽，持續翻炒約5到7分鐘，直至洋蔥軟化並稍微焦黃。在每塊漢堡排上方加上1盎司煙燻切達乳酪絲後移至烤箱，上桌前加上洋蔥。

成功關鍵

世上沒幾樣東西能比又厚又多汁的酒吧風格漢堡排更令人心滿意足，想不吃到常見的死灰色、過熟的漢堡排的確沒那麼容易。不過煎得恰恰好又多汁味美的肉排，從中間到外表都是漂亮的玫瑰色，就一定得用食物調理機親手絞肉才行。沙朗牛排肉正是這份食譜的不二選擇。沙朗牛排肉能注入絕佳的牛肉風味，又不會有太多肉筋在裡頭。

切成小塊：雖然在食譜「首選經典漢堡」中，我們把牛肉都切成1吋的肉塊，發現想做出這批比較大塊的酒吧風格漢堡排，將肉切成1吋再絞碎會讓肉排在煎的過程中裂開破掉。解決辦法是將牛肉都切成½吋大再做絞肉，且輕輕將絞肉拍成漢堡排的形狀，讓肉排在平底鍋中仍能保持結構不致散開。

直接添加脂肪：在本食譜中我們不會為了增加脂肪而添加另一種肉，如同食譜「首選經典漢堡」做法反倒是直接添加奶油做為替代。因為少許融化的奶油在接觸到冰冷絞肉時會稍微凝結，這個反應可以讓脂肪凝結成針頭般大小的分子，均勻分佈在漢堡排中。奶油所帶來的潤滑效果增加了肉排的水分，讓肉排增添濕潤口感與風味。除此之外，奶油中的乳蛋白和糖份（乳糖）會讓漢堡排的外部在煎的時候更顯色。

使用兩段烹飪方法：使用大火預熱平底鍋，將漢堡排兩面各煎4分鐘至三分熟的標準烹飪法不適用於此。這種做法只會讓它變成死灰色的過熟狀態，就算多增添脂肪也無法挽回了。所以我們使用兩段烹飪方式，先是將肉排以大火煎到外皮出現焦脆狀態，再放入烤箱以溫和的熱度烘烤。有關兩段式烹煮，請參考觀念5。

移至冷盤中：雖然兩段烹煮很重要，但若少了一項重要元素對成品的影響也有限。此元素便是涼涼的有邊烤盤。當我們直接把肉排從熱平底鍋移到烤箱時，漢堡排底部會熟得太快，但是若把漢堡排放在溫度較低的有邊烤盤再置入300℉的烤箱烘烤3到6分鐘，就能取出內部熟度完美、鮮嫩多汁又透著粉紅色的漢堡排。

實用科學知識 加鹽調味的時機

"絞肉前，先別上鹽"

本以為先調味再絞肉可以加強風味，但結果卻換到口感又硬又韌的漢堡排。究竟怎麼回事？我們知道當肉遇上高濃度鹽分時，其蛋白質會溶解。在牛排或厚切肉塊的情況下，蛋白質溶解的狀況能讓肉排更濕潤，料理後會更多汁是我們想要的結果。但是在做漢堡的時候，蛋白質溶解會產生像膠水的效果，把絞肉緊緊地黏在一起，產生橡膠般堅硬的口感，幾乎像香腸的質地一般。雖然你可能會想在絞碎肉塊之前就先加鹽，不過我們還是要建議你，等到做出肉排形狀後再撒鹽即可。請注意，在含有蛋奶糊的全熟漢堡食譜中則例外，其原理請參考觀念15。只在漢堡排外表灑鹽才能維持你想要的軟嫩、鬆散質地。

黏在一塊
在絞成碎肉前就先上了鹽巴，於是形成密度高、黏成一塊、口感像橡膠般的質地。

維持鬆散
只在表面撒鹽能讓肉排維持我們所追求的蓬鬆結構，維持鬆散。

《選購牛肉的基本知識》

─切割部位圖─

牛肉被分為八大部位進行批發銷售。然後由肉販，通常在美國中西部肉品包裝廠，有時也可能在你採購的市場裡的攤位上，將再按照以下的切割部位圖，將肉品切割成零售大小讓你帶回家。

肩胛肉

肩胛肉部位包含從脖子開始到第五根肋骨。這個部位有四大主要肌肉，肩胛骨部位的牛肉通常富含脂肪且風味濃郁，這也就是為何品質好的肩胛肉能做出最佳的漢堡肉。肩胛肉也包含大量結締組織，所以當這部分的肉不是拿來絞肉烹煮時，就需要花比較長的時間才能煮軟。

肋條

肋條的部位沿著牛背，從第六到十二根肋骨。頂級肋條和肋眼牛排就是來自這個部位。肋排部位的牛肉風味絕佳、肉質軟嫩。

前腰脊肉（Short Loin）

前腰脊肉，又稱腰脊肉。從最後一根肋骨開始往後，包含中間部位直到臀部。這裡的肉包含兩大主要肌肉：腰內肉（tenderloin）和後臀肉（shell）。腰內肉非常軟嫩，位置就在脊椎下方，風味較為溫和。這塊肌肉可被做成烤牛肉或是切片做成牛排，即我們稱之的菲力牛排。後臀肉有著較長的肌肉，風味濃郁、脂肪也較豐厚，紐約客牛排就是取自這段，這也是實驗廚房的最愛。來自前腰脊肉部位的兩種牛排，就是腰內肉和後臀肉。這些牛排會被稱為丁骨牛排或是紅屋牛排，兩者皆風味斐然。

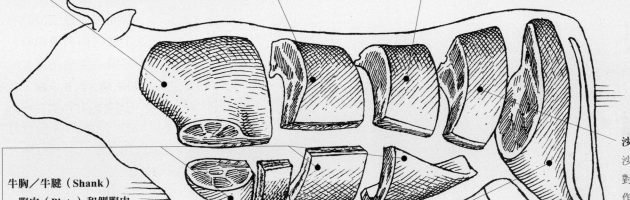

牛胸／牛腱（Shank）、腹肉（Plate）和側腹肉

中等厚度的無骨牛肉就是取自這三大部位，它們位於牛隻的下半部。牛胸肉質較韌且包含許多結締組織。腹肉則很少零售販賣，大多被用來製作煙燻牛肉（pastrami）。另外這個部位的肉質較瘦，也很適合作為燒烤牛排。

後腿肉（Round）

由此部位切下來的肉製成的烤牛肉和牛排通常都已經去骨，其肉質精瘦，容易顯得口感硬韌。基本上我們比較喜歡使用其他部位來料理，不過有時使用後腿肉前側製作烤牛肉也能有不錯的成果。

沙朗

沙朗這個部位包含相對較昂貴的肉品，可作為牛排或烤牛肉使用。我們發現沙朗牛肉頗為精瘦、口感也較硬。普遍來說，我們傾向使用其他部位，不過沙朗前側的肉品能做出最棒的烤牛肉料理。

─等級─

美國農業部為牛肉訂立了一套品質分級系統，但是大多數消費者只知道其中的三種：極佳級（Prime）、特選級（Choice）、可選級（Select）。讓牛肉接受評比完全是屠宰場的自發行為，如果肉品被標上等級，上面會有美國農業部的印章以示其等級，不過消費者不一定會看見。檢測人員會評估顏色、粗細、表面質地以及脂肪量和分布狀況替肉品評估品質。

我們使用這三種等級的紐約客牛排進行盲測，獲得與預期相符的結果。極佳級牛肉肉質柔軟、質地滑順，又帶有豐富的牛肉風味。排名第二的特選級牛肉風味強健、肉質略帶嚼勁。口感老韌、較為乾澀且風味勉強及格的可選級牛肉敬陪末座。我們的建議是，如果你突然想要揮霍一番就選擇極佳級牛肉吧，在測試中此等級的牛肉每磅金額較可選多6塊美金，不過若你找得到油花分布鮮明的特選級牛肉，也是比較經濟實惠的選擇。切記，避開可選級牛肉就沒錯了。

─穀飼還是草飼─

大多數美國牛肉都是穀飼牛肉，但是草飼牛肉在近期逐漸成為熱門選擇。穀飼牛肉一般而言被認為口味較濃郁且脂肪量較高。草飼牛肉則比較精瘦較有嚼勁、騷味也較重。至少大眾觀點是如此。在品嘗測試中，我們把穀飼和草飼的肋眼和紐約客牛排進行比較。結果發現兩種牛肉的紐約客牛排吃起來差異不大，穀飼的肋眼牛排則相較之餘風味較淡，草飼肋眼嘗起來帶點堅果味、風味較為複雜，不過我們的試吃員們喜好參半，也認為這些試吃樣品的質地十分相似。

極佳級肉質有明顯的油花紋路，脂肪分布在肌肉間。此等級牛肉大約佔所有評比牛肉中的2%。

大部份送去接受評比的牛肉都是落在特選級。此等級的油花分布量屬中等。

可選級牛肉只有微量油花分布，口感比較乾澀、老韌。與前兩個等級相比，可選級牛肉風味較淡。

觀念15：加入麵包糊使絞肉變得更軟嫩
A Panade Keeps Ground Meat Tender

讓我們先拋開又大又厚的自製絞肉手工漢堡排。畢竟要讓一份三分熟的漢堡排保持軟嫩多汁並不是什麼難事，方法請參考觀念14。當絞肉煮得熟透時，不論在烹煮的過程裡你多麼小心翼翼的處理，這頓飯還是一樣只能吃到一片死灰色、又韌又乾的硬肉排。但有時你還是得把牛肉完全煮熟，比方要做全熟漢堡排、特別是給孩子吃的時候，更不用說像是烘肉捲、肉丸這類菜色了。所以到底要如何駕馭「全熟」的絞肉料理呢？神奇的是，只要簡單地使用「麵包加牛奶」就能幫上大忙。

⊛ 科　學　原　理

麵包糊是由以澱粉和液體的混合物，製作方式可以很簡單，使用白麵包加牛奶就算完成，但也可以很複雜，像選用日式麵包粉（panko）或蘇打餅乾（saltines）加入酪奶、優格裡，甚至再加上一點吉利丁。但是不論哪一種做法，目標都是一樣的，藉由麵包糊讓絞肉保持濕潤柔軟，讓肉丸和烘肉捲不致崩解。這背後的原理到底是什麼呢？

我們在觀念14裡瞭解「肉」是由長長的蛋白質纖維，以平行組合成一束束的模樣，再由結締組織把肌肉包覆起來。每一條肌肉纖維的長度可以從幾公分到幾十公分不等，包覆在堅硬的結締組織中的長條肌肉纖維，在烹煮過程裡會縮水、變得很難咬斷。然而當肌肉被絞碎、混合在一塊時，這些蛋白質就會被切成比較小的片段。在這個過程中，肉會滲出一種水溶性黏稠蛋白質，把碎肉全都黏在一起。經過烹煮，這種黏稠的蛋白質最多會縮小到剩下25％的大小，縮小的同時會把多餘的水分都擠出來，於是漢堡排以及肉丸就變得又乾又硬了。

此時，就是麵粉胡要出場的時候了。這種混合物最常見的做法，就是把「吐司」和「牛奶」攪拌一塊，並發揮兩種作用。首先，麵粉糊中的液體能為絞肉增添濕潤度；其二，吐司中的澱粉分子能夠進入肉蛋白質中，避免這些蛋白質彼此靠得太近。

除此之外，吐司中的澱粉在吸收牛奶中的液體後，會形成像凝膠狀的物質，讓肉裡的蛋白質分子被包裹、保持潤滑，功效就跟脂肪一樣，目的都是使蛋白質分子保持濕潤，也讓分子與分子之間不會太緊密相依、縮水變成一整塊石頭般堅硬的肉團。

吐司裡的澱粉所發揮的作用，跟玉米澱粉被拿來勾芡醬汁或肉汁時一樣。「澱粉粒會吸收水分，經過加熱後會膨脹，讓湯汁變得濃厚黏稠」。因此，想要讓醬汁變濃稠，只需要一點點玉米澱粉就夠了，所以要讓絞肉不要變得又老又乾也只需要一點點麵包糊即可。雖然也可以用白開水取代，但是使用牛奶能為料理添增蛋白質和乳糖、更能增添風味，加入糖則能透過梅納反應讓料理的外觀色澤更加金黃、風味也再升級。

麵包糊的力量

增加澱粉凝膠：

澱粉分子與蛋奶糊中的牛奶結合形成一種凝膠狀物質後，使得絞肉中的蛋白質變得潤滑，彼此之間也就不會緊緊黏附在一起，導致在烹煮後變得又硬又老。

為了測試麵包糊是如何影響絞肉，我們拿了兩批漢堡肉進行實驗。第一批是 12 盎司的 90％瘦絞肉、半片白吐司、1 大匙牛奶和 ½ 茶匙鹽混合。第二批只使用同樣的肉品和鹽。我們分別做出了三塊 3 盎司、約 85 公克的肉排，並且把每塊肉排單獨以夾鏈袋封裝起來。然後將裝著漢堡排的夾鏈袋置入裝滿溫水的容器中，並將水溫控制在全熟漢堡應有 160℉，讓漢堡排隔著袋子被熱水煮上 30 分鐘，這段時間足以讓肉排裡外溫度達到 160℉。靜置 5 分鐘後打開袋子，紀錄袋中被肉排排出的水。

實驗結果

加了吐司、牛奶製成的麵包糊漢堡排平均流失 4.5 公克的水分，等同自身重量的 5％。沒有加蛋奶糊的肉排則流失兩倍份量，約 9 公克，等同於將近自身重量的 11％。

重點整理

烹煮絞肉的時候，首要目標就是減少水分流失，就算要煮至全熟也一樣。如果沒有麵包糊，肉裡含的蛋白質就會太過密切的結合在一起，等起鍋的時候口感就會變得太堅韌。

我們的實驗結果顯示，絞肉在沒有添加麵包糊的時候會流失許多水分。在加入麵包糊以後，水分流失能縮減一半。當澱粉和牛奶混合在一起形成的凝膠狀物質，可以包裹在肉蛋白質外面，讓蛋白質分子彼此之間不會黏附得太緊密。除此之外，牛奶也添增了水分的量，使得成品變得更加多汁軟嫩。

✏ Tips：全熟漢堡流失的水分

我們將添加麵包糊和未添加麵包糊的漢堡肉都煮至全熟，再把兩塊肉排流失的水分分別倒入量筒裡。未加麵包糊的肉排流失的水量，比有加麵包糊的肉排多了一倍。量筒裡的水分越少，表示漢堡的口感越多汁。

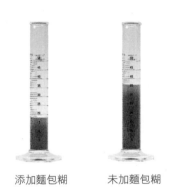

添加麵包糊　　　未加麵包糊

實用科學知識　挑選絞肉時

"我們最喜歡拿來做成絞肉的部位是「肩胛肉」，第二順位是「沙朗肉」"

現在許多超市都只依照脂肪含量標示絞肉成份，這代表這些絞肉可能是來自牛隻身上的任何一個部位，這與過去傳統的做法不同。以前屠夫會使用單一部位製作絞肉，然後標上其部位進行販售。美國農業部對絞肉的定義，就是使用脂肪含量超過 30％的肉品絞製而成，其中又分成新鮮絞肉和冷凍絞肉。

因此絞肉可能是由不同部位的肉品製成，脂肪等級範圍從 70％到 95％的瘦肉不等。但這個標準無法幫助我們瞭解肩胛肉、沙朗肉和腿肉的差別。

以肩胛肉製作的絞肉經常在試吃中獲得最高分，這塊肉品取自牛的肩膀部位，其脂肪比例約落在 15％到 20％之間，我們的試吃員曾形容這個部位的絞肉口感豐厚、質地柔軟又多汁。然而以沙朗肉所製作的絞肉評價則緊接在後，沙朗取自牛隻的中段、靠近臀部的部位，其絞肉的脂肪比例大約是 7％到 10％，試吃員形容這種絞肉品嘗起來軟嫩美味。若是以牛腿肉所做成的絞肉，其脂肪比例大約是 10％到 20％，這個部位的肉品取自牛隻大腿肉後上方到臀部間，試吃員形容這個部位絞成肉後吃起來多筋且缺乏牛肉風味，在眾多食譜的試吃中都因為又乾又硬、評價不高。

經由上述的實驗後得到了：「肩胛肉很適合做成漢堡排，沙朗牛則是義大利肉醬的不二選擇。」我們也推薦把兩種牛肉混用烹煮，如後附食譜「美式牛肉烘肉捲」；其他時候則會建議購買特定瘦肉比例的絞肉，在這種情況下，只要在市場裡買得到的那種就可以了。

《麵包糊的實際應用》漢堡

有鑑於牛絞肉那層出不窮的食安問題，我們發現許多在自家做菜以及學著做菜的料理人，都會把漢堡烤到八分熟甚至過熟，特別是有小孩要一起用餐時更是如此，目的是想殺死肉裡所有細菌，因此烹煮最低溫落在160℉。但是，與其是勉強接受常見的老韌、乾柴、像皮球般口感、又只有單薄牛肉風味的漢堡肉，我們使用了「麵包糊」，也就是在絞肉中加入白吐司和牛奶的混合物，保持肉排裡的水分和肉汁，如此一來即便是全熟漢堡也有著讓人豎起大拇指的美味。

全熟漢堡
4人份

在牛肉中加入吐司和牛奶，就能做出全熟時也一樣多汁、軟嫩的漢堡。如果想要做成起士漢堡，請按照以下下方選擇步驟進行。

1片厚片白吐司，去邊，切小塊、約¼吋
2大匙全脂牛奶
2茶匙牛排醬
1瓣大蒜切末
¾茶匙鹽
¾茶匙胡椒
1½磅80%瘦牛肩胛絞肉
6盎司切片起士（視需求自行選用）
4個漢堡麵包，烤熱備用

1.將吐司和牛奶放入大碗中，以叉子拌碎，加入牛排醬、大蒜、鹽和胡椒。用手輕輕地把絞肉撥碎放入大碗，稍微拌勻。把肉分成四等份，輕輕地將其中一等份，以左右手互拋做成圓球狀。使用手掌稍微將肉丸壓扁變成¾吋厚的肉排，再以指尖將肉排中間輕壓出一個凹面、約½吋深。重覆上述動作處理剩下的肉料。

2.A.**木炭烤爐**：把烤肉爐下方的通風孔完全打開。在大型煙囪型點火器，放入6夸脫的木炭，點燃。當最上面的木炭有部分已經被灰燼覆蓋時，把木炭平均倒入烤肉爐的一半空間。烤網放置好後蓋上蓋子，把蓋子上的通風孔完全打開。讓烤爐徹底加熱，大約需時5分鐘。

2.B.**燃氣烤爐**：把爐火開到大火，蓋上蓋子，讓烤爐徹底加熱，大約15分鐘。

3.烤網清潔後上油備用。把漢堡排放到烤爐上方烤約2到4分鐘。使用木炭燒烤，就把漢堡排放在爐中較熱的一邊，燒烤時不要擠壓肉排，直到第一面完全呈現金黃色。將漢堡排翻面再烤3到4分鐘，直到八分熟；或燒烤4到5分鐘至全熟。如果想加上起士，可以在烤到想要的熟度的前2分鐘加上，蓋上蓋子讓起士融化。

4.把漢堡排移至盤中，用鋁箔紙稍微覆蓋，靜置5到10分鐘後放到漢堡麵包上就能上桌了。

全熟培根起士漢堡

大多數的培根漢堡做法就是在漢堡排上加入培根即可。我們將煎培根的脂肪加入絞肉中，為漢堡排增添肉汁、強調培根風味。

在平底鍋中放入8條培根，以中火煎約7到9分鐘直至香脆。取出培根，放在鋪了廚房紙巾的餐盤中備用。保留2大匙培根油脂，放入冰箱冷卻到微溫狀態後加進絞肉料中。烤漢堡排的過程中加上前述起士的步驟，上桌前放上培根即可。

實用科學知識 壓凹？不要壓凹？

"用烤爐或煤碳烤漢堡排時，記得把漢堡排壓個凹洞"

為了避免燒烤的時候漢堡排會膨脹起來，我們會建議在漢堡排拿去烤之前，先在中間壓個凹痕。當加熱溫度到達140℉以上，肉因為結締組織或膠原蛋白縮水，肉排開始膨脹、呈圓弧的外表面，會讓最後的淋醬或夾料掉落。如果漢堡排是用烤肉爐或烤箱上火烘烤，可以先在肉排上壓出個小凹槽，因為漢堡排在烤的時候，火力不只來自上下，四周也有加熱點，這個狀況會造成漢堡排的邊緣緊縮，進而像腰帶一樣把肉排勒住，把中間的部分往上下擠出。如果是用平底鍋煎漢堡排，則不需要先在肉排上壓凹痕了，因為漢堡排四周接觸到的熱源有限。

以烤肉爐或是烤箱上火烘烤時，需先在生漢堡排中心壓個凹痕

使用平底鍋煎熟時，就不需要壓出凹痕

在研發多汁軟嫩的全熟漢堡食譜時，我們選用了非常基本的麵包糊做為其中的原料，這是一種以牛奶和吐司製成，常常為了保持料理濕潤而被用在烘肉捲食譜中的拌料。

自己挑選絞肉：在食譜中選用超市絞肉不是什麼高級品，但究竟哪一種絞肉最好呢？超市販售的牛肉是按照「瘦肉」與「脂肪」比例分類，最常見的三種分別是80%瘦肉，通常是肩胛肉或是牛肩前側；85%瘦肉，來自腿肉或後半部的肉；還有90%瘦肉，通常是沙朗。我們的試吃員喜歡油脂較豐厚的80%瘦絞肉，全熟肩胛肉漢堡明顯比我們用沙朗肉做出、難以下嚥的成品來得濕潤許多。

大膽調味：為了要讓品嘗全熟漢堡的用餐者，都能嘗到漢堡在嘴中綻放開來的美妙滋味，我們在食材中加入了蒜末和味道強烈的牛排醬。兩種味道融合在一起，能為料理帶來深度、強調肉味。

不要過度：切記不要過度揉捏肉排，過多處理手續可能會讓肉排變得老韌。超市的絞肉往往都已經被徹底的反覆絞碎數次，使其釋放出太多水溶性蛋白質，形成像膠水般把蛋白質黏在一起的效果，導致絞肉煮熟後會變得像橡膠一樣堅韌。

使用高溫烹煮：雖然用中火煎烤漢堡排能確保其多汁、軟嫩，卻會讓漢堡排少了一股大火香煎過後的滋味。我們使用大火來烤漢堡排，能讓成品更添美味，麵包糊則在烤的過程中封住肉汁，減少水分流失。

《麵包糊的實際應用》
烘肉捲、肉醬、肉丸

在製作肉捲、肉醬和肉丸的時候，我們會將麵包糊中的白吐司和牛奶稍做調整。內容可以從選用蘇打餅乾或日式麵包粉，取代白吐司，再用優格或酪奶取代牛奶。除此之外還有一個小巧思，就是在麵包糊中加入一點點泡打粉，可以讓肉像麵包一樣發酵，做出美味多汁的瑞典肉丸了。

美式牛肉烘肉捲

6-8人份

我們建議你使用1磅肩胛肉搭配1磅沙朗牛肉來做絞肉，但你也可以用任何85%牛瘦絞肉取代。在自行絞

肉時請務必輕柔，肉應該要被徹底絞碎，但不是變成肉糊。若想避免使用烤箱上火，可把烘肉捲塗上蜜汁後，置入500°F高溫的烤箱，採用此法時烘肉捲時，每面烘烤時間需延長2至3分鐘。

烘肉捲

3盎司蒙特利傑克起士（Monterey Jack Cheese）刨絲，約¾杯

1大匙無鹽奶油

1顆洋蔥，切小塊

1根芹菜梗，切小塊

2茶匙切碎的新鮮百里香

1瓣大蒜，切末

1茶匙甜椒粉

¼杯番茄汁

½杯低鈉雞湯

2顆大顆的雞蛋

½茶匙原味吉利丁

⅔杯壓碎的蘇打餅乾，約16塊

2大匙切碎的新鮮巴西利

1大匙醬油

1茶匙第戎芥末醬

¾茶匙鹽

½茶匙胡椒

2磅85%瘦牛絞肉

上色用醬

½杯番茄醬

¼杯蘋果醋

3大匙壓實的紅糖

1茶匙辣醬

½茶匙芫荽（籽）粉

1.烘肉捲：將烤箱烤架調整至中層，烤箱預熱至375°F。起士平鋪在盤子上放入冷凍庫直到定型後備用。將一面加厚鋁箔紙折成長10吋、寬6吋的長方形。鋁箔紙放在烤架上，然後把烤網放置在有邊烤盤中。用竹籤把鋁箔紙戳出多個小洞，每個間隔½吋，再噴上一層植物油備用。

2.在10吋平底鍋中放入奶油，以中大火加熱融化後，加入洋蔥和芹菜稍微拌炒約6到8分鐘直至金黃。加入百里香、大蒜和甜椒粉，繼續拌炒約1分鐘，直到

香氣開始散發。轉小火，加入番茄汁。一邊煮一邊用木湯匙把鍋底焦狀碎塊刮起，煮約1分鐘，直到湯汁開始收乾。把湯汁移置碗中放涼備用。

3.蛋跟高湯放入大碗中攪打均勻，撒入吉利丁後靜置5分鐘，加入蘇打餅乾、百里香、醬油、芥末醬、鹽、胡椒和先前製作的洋蔥醬汁，再將冷凍後的起士搓成粗顆粒後撒入。在碗中加入牛絞肉，輕輕地用手攪拌約1分鐘，直至均勻為止。把肉移至長方形鋁箔紙上，用手塑形成長10吋、寬6吋的橢圓形、厚度約2吋。用沾濕的鍋鏟把烘肉捲頂部抹平後置入烤箱，烘烤55到65分鐘，直到烘肉捲溫度達135到140°F。烘肉捲從烤箱中取出，啟動只有上方火源的烤箱（Broiler）。

4.蜜汁：烘肉捲在烤的時候，把蜜汁的材料放在小湯鍋中用中火煮滾約5分鐘，一邊攪拌一邊煮至醬汁變得濃稠像糖漿的質地。用橡皮抹刀把一半的醬汁均勻刷上烘肉捲後，將烘肉捲放到只開上火的烤箱，烘烤5分鐘，直到表面醬汁開始起泡，邊緣出現焦黃色。取出烤肉捲後，再刷上剩下的醬汁，再送入只開上火的烤箱烘烤約5分鐘，直到醬汁再次起泡上色。烘肉捲取出後靜置放涼20分鐘即可切片上桌。

實用科學知識 吉利丁模仿出小牛肉（Veal）效果的原理

"小牛肉中含的膠原蛋白很容易變成吉利丁，所以在肉料理中加入吉利丁粉，也就能仿效出同等效果"

許多傳統烘肉捲食譜皆使用三種肉：牛肉、豬肉和小牛肉，每種肉都有著重要的功能。牛肉，提供濃厚的牛肉風味；豬肉的油脂，讓烘肉捲吃起來更多層次；小牛肉則是釋放出黏性物質吉利丁，特質是能保持水分，使烘肉捲吃起來濕潤、滑順。牛肉結締組織中的膠原蛋白，在烹煮時分解形成吉利丁。不論牛肉是來自什麼年齡的牛隻，都含有膠原蛋白，但是在製成小牛肉的幼犢身上，膠原蛋白結構比較鬆散，比其它年齡的牛隻還容易、快速形成吉利丁。在「美式牛肉烘肉捲」中就是以添加吉利丁的手續，成功做出小牛肉會帶來的效果。可是這個效果又是怎麼產生的呢？吉利丁是一種純粹的蛋白質，漂浮在水分之中，以一種糊糊的、半固體的質地，像棉花球般吸收並鎖住水分。吉利丁能夠吸收自體重量十倍之多的水分，因為能減緩水分移動的速度，吉利丁使料理變得比較穩定，有效

地守住水分，讓料理中的水分和其他液體較不容易散失。在烘肉捲中加入吉利丁能夠：一、像肉裡所含的其他膠原蛋白一樣，減少肉中的水分流失。二、增添口感，料理中的液體即便是在高溫下也能變得黏稠，這有點像介於液體和固體之間的質地。這種黏稠感入口後會轉變成一種濃郁的口感，很像收乾後的高湯或是糖漬後的效果，再加上我們添加脂肪成份，使成品吃起來滋味更為豐美。

成功關鍵

要做出軟嫩、濕潤又清爽的烘肉捲，可選用牛絞肉、豬肉和小牛肉的組合，也稱為烘肉捲肉料（meatloaf mix），但有時候我們買不到這些肉料，或是要使用時手邊正好沒有，那麼我們建議使用「肩胛肉和沙朗肉各半的比例」即可做出味道均衡濃郁、口感多汁軟嫩的牛肉風味烘肉捲了，或是單單使用85％瘦牛絞肉也可以。加入麵包糊和冷凍起士絲，增添烘肉捲的水分和脂肪。

加入麵包糊：我們的麵包糊中，以蘇打餅乾取代白吐司，即可作出調味恰到好處、口感又柔嫩濕潤的烘肉捲。另外因為牛奶沒辦法修飾牛肉裡帶有大量鐵質的味道，因此我們把牛奶改成雞高湯，替烘肉捲添加美味。吉利丁粉讓麵包糊更上一層樓，把肉料中缺乏的以小牛肉中補齊了，讓肉捲吃起來風味更加濃郁滑順。

使用冷凍起士：加入起士能讓烘肉捲在風味上、濕潤度和黏密度都更上一層樓，可是我們不想在切開烘肉捲時看到一小團一小團融化的起士流得到處都是，所以在本食譜中，要如何處理起司就非常重要了。切小塊或刨絲都會讓成品中出現結團的熱起士，但磨碎的起士效果最佳。把磨碎的起士先冷凍，則能使其在磨碎後仍保持形態。

加入雞蛋維持形狀：雖然說到維持烘肉捲的形狀，加入冷凍磨碎起士、蘇打餅乾和雞湯做成的麵包糊是很重要的步驟，但光靠這些仍是不夠的，還要加入2顆大顆的雞蛋才行。雞蛋加熱後會凝結成固態，使肉捲保持水分、增加口感。

不用烤模：讓烘肉捲在烤模中泡在自身釋放出來的湯汁裡烘烤會使得成品非常油膩，所以我們不用烤模，而是用鋁箔紙摺出四邊高起的長方形，放置在冷卻烤網上以「自由風格」烘烤肉捲。把烘肉捲放在這個長方形鋁

箔紙上的好處，不只是能讓多餘脂肪流掉，避免烘肉捲吃起來油膩膩的，同時也能讓烘肉捲徹底上色，增添另一層風味。因為大面積烘烤到上色會讓肉質流失更多水分，所以一定要使用麵包糊。

稍後再塗上蜜汁：烘肉捲在完成之前，需要塗上蜜汁做為最後的點綴。如果是一開始就把蜜汁塗在烘肉捲上，它會跟烘肉捲滲出的液體混在一起，反而毀了這道菜。最後再塗上蜜汁的效果較好，特別是在把烘肉捲放到只開上方火源的烤箱稍微烤一下更是如此。

簡易義式肉醬
8-10人份

此醬若使用高級罐裝番茄，效果會有顯著的差異。我們推薦 Hunt's 和 Muir Glen 這兩個品牌的番茄丁，還有 Tuttorosso 和 Muir Glen 的番茄泥。如果使用的是乾燥奧勒岡，就在步驟2的時候把全部的量都加入罐裝番茄汁裡。

4盎司白蘑菇，小蘑菇切半，大蘑菇切成四等份
1片厚片白吐司，撕成四等份
2大匙全脂牛奶
鹽與胡椒
1磅85%瘦牛絞肉
1大匙橄欖油
1顆大洋蔥切細
6瓣大蒜切末
1大匙番茄糊
¼茶匙紅辣椒碎片
1罐（14.5盎司）罐裝番茄丁瀝乾，留下¼杯醬汁
1大匙切碎的新鮮奧勒岡；若使用乾燥奧勒岡則1茶匙
1罐（28盎司）罐裝番茄泥
¼杯帕馬森起士粉，另備一份待上桌時使用
2磅義式細麵（spaghetti）或義式寬麵（linguine）

1.用食物調理機把蘑菇打至細碎，約攪打8下，如有需要可將容器內的蘑菇刮下來，以利均勻拌打。打碎後移至碗中備用。將麵包、牛奶、½茶匙鹽和½茶匙胡椒放到食物調理機中，攪打8下，直到食材呈糊狀。再倒入牛絞肉，繼續打碎約6下，直到食材均勻混合為止。

2.把一口單柄深鍋用中大火加熱到開始冒煙，加入洋蔥和蘑菇拌炒6到12分鐘，直至炒軟上色。放入大蒜、番茄糊和紅辣椒片煮約1分鐘，在開始出現香

氣、番茄糊開始出現焦黃色之後，倒入預先留下備用的番茄汁和2茶匙奧勒岡，把黏在鍋底的焦狀碎塊用鍋鏟刮起來。再將步驟1的牛絞肉混合物均勻拌煮，以木勺將比較大的結塊攪散，直到鍋中食材不再呈現粉紅色，約需3分鐘，過程中得確保絞肉沒有燒焦。

3.把番茄丁和番茄泥拌入後煮到小滾，繼續煮約30分鐘，直到醬汁收乾、食材完全融合。拌入帕馬森起士以及剩下的1茶匙奧勒岡，並以鹽和胡椒調味。肉醬可冷藏保存2天或冷凍保存1個月。

4.準備醬汁的同時，在12夸脫的鍋中放入8夸脫的冷水煮滾，加入義大利麵條和2大匙鹽一起煮，需頻繁攪拌到麵條煮軟為止。撈出麵條，保留½杯煮麵水後倒掉剩下的水，再把麵條放回空鍋中。把1杯醬汁和1杯煮麵水加入麵條中攪拌均勻。上桌前每份麵條再淋上適量醬汁，帕馬森起士置於桌邊供需要的人自行取用。

成功關鍵

把肉醬滾上一整天的效果有二：燉煮3到4個小時之後，水分會慢慢收乾，使得肉醬風味變得更加濃郁，而長時間燉煮也能讓肉質軟化，讓肉醬口感軟嫩多汁。要讓快煮肉醬吃起來就跟燜煮了整天一樣，我們使用了幾個小撇步，不將肉煮到上色，反而是把蘑菇煮到焦黃色，讓肉醬增添風味又不至於煮到乾掉。在下鍋之前先把絞肉跟麵包糊攪打一塊，可以使肉醬保持軟嫩。最後，為了要嘗到美味的番茄香，我們還在炒到焦黃的蔬菜中加入番茄糊，並加入罐裝番茄之前，先用番茄汁把鍋底的焦狀物質泡軟刮起。

用常見的麵包糊變出新花招：在這道肉醬中，我們使用白吐司和全脂牛奶組合而成的基本麵包糊。雖然我們是要做肉醬而不是像漢堡、肉丸或焢肉捲那樣密實的菜色，但加入麵包糊的用意是一樣的，都能做出軟嫩多汁的肉料理。在本食譜中，我們把牛肉和麵包糊放在食物調理機中攪打，確保澱粉都均勻打散、每一塊肉都能被澱粉照顧到。肉被食物調理機打成碎塊後，煮起來也就容易軟嫩。如果跳過這個步驟，成品中的肉就會比較大塊、也比較硬，感覺上像在吃辣肉醬（chili）而不是美味的醬汁。

利用強化風味的材料：在快煮醬汁中，我們利用幾個食材強化醬汁的風味。首先是「蘑菇」，將常見的白蘑菇，先在平底鍋中與洋蔥一起炒至焦黃，就會表現出

意料的牛肉風味。我們還加入番茄糊和帕馬森起士，這兩個食材都富含麩胺酸鹽。配合適量紅辣椒片和奧勒岡，更能為料理添加鮮味、帶來口感絕佳的風味。更多的麩胺酸鹽的科學料理，請參考觀念35

蘑菇也一起磨碎： 在把蘑菇用平底鍋炒至焦黃之前，我們先把蘑菇用食物調理機打碎，因為我們希望蘑菇在醬汁中散發其牛肉風味的同時，不要吃起來軟軟黏黏的。先把蘑菇打碎就能讓蘑菇跟牛絞肉徹底融合為一體。

把醬汁鍋底的焦狀物質刮起： 我們在瀝乾罐裝番茄丁的時候，保留部分番茄汁，在把蔬菜炒焦黃之後就用番茄汁將鍋底焦狀物質刮起。這麼做以及添加少許番茄糊更能突顯醬汁中的番茄風味。

大份量經典肉丸義大利麵
12人份

如果你手邊沒有酪奶，可以以1杯原味優格加½杯牛奶取代。以刨絲器上較粗的孔洞磨洋蔥。如果手邊沒有夠大的深鍋一次把麵煮完，可以分成兩鍋煮。將本食譜的備量份量減至⅔，即為4人份。

肉丸

2¼杯日式麵包粉

1½杯酪奶

1½茶匙原味吉利丁

3大匙水

2磅85％瘦牛絞肉

1磅豬絞肉

6盎司義大利火腿，切細

3顆大顆的雞蛋

3盎斯帕馬森起士粉，1½杯

6大匙切碎的新鮮巴西利

3瓣大蒜，切末

1½茶匙鹽

½茶匙胡椒

醬汁

3大匙特級初榨橄欖油

1顆大顆的洋蔥，刨細

6瓣大蒜，切末

1茶匙乾燥奧勒岡

½茶匙紅辣椒片

3罐（28盎司）罐裝番茄泥

6杯番茄汁

6大匙澀白酒

鹽與胡椒

½杯切碎的羅勒

3大匙切碎的新鮮巴西利

糖

3磅義大利細麵

2大匙鹽

帕馬森起士粉

1. 肉丸：將烤箱烤架調整至中上和中下層，烤箱預熱到450℉。兩個有邊鐵盤鋪上鋁箔紙，烤網放在烤盤上均勻噴灑植物油後備用。

2. 麵包粉和酪奶放在大碗中混合均勻後靜置，偶而用叉子壓一壓，直到形成糊狀，約需10分鐘。等待的同時，把吉利丁撒在小碗中泡水軟化5分鐘。

3. 牛絞肉、豬絞肉、義大利火腿、雞蛋、帕馬森起士粉、大蒜、鹽、胡椒和吉利丁加入步驟2的麵包粉碗中，用手攪和後把混料揉成2吋大的肉丸，總共約40顆，把肉丸排列在步驟1準備的烤網上，置入烤箱烤約30分鐘直至均勻上色，需在第15分鐘時，把上下兩個烤盤交換位置並旋轉方向再繼續烤。

4. 醬汁：肉丸進烤箱後，鑄鐵鍋以中火熱油到出煙，加入洋蔥炒約5到7分鐘，直到軟化並稍微焦黃。放入大蒜、奧勒岡和辣椒片，翻炒約30秒，直至出現香氣為止。倒入番茄泥、番茄汁、酒、1½茶匙鹽和¼茶匙胡椒煮滾後，等水分稍微收乾即可，約需15分鐘。

5. 肉丸從烤箱中取出，烤箱溫度降至300℉。小心將肉丸置入煮醬汁的鑄鐵鍋中，並蓋上蓋子放入烤箱烘烤約1小時，烤到肉丸變得硬、醬汁轉濃稠狀即可。醬汁和肉丸冷卻後可冷藏2天。如需加熱，可先在醬汁上淋半杯水，不需攪拌，直接把鑄鐵鍋放在烤箱下層，以325℉烘烤1小時即可。

6. 等待烤肉丸的同時，在12夸脫的深鍋中放入10夸脫的水煮滾，加入義大利麵條和2大匙的鹽一起煮，需頻繁攪拌到麵條煮軟為止。撈出麵條，保留½杯煮麵水後倒掉剩下的水，再把麵條放回空鍋中。

7. 輕輕地在醬汁中拌入羅勒和巴西利，並用糖、鹽和胡椒適當調味。把2杯醬汁，不包括肉丸，加入麵條中攪拌均勻，保留的煮麵水可適量加入以調整濃稠度。上桌前在每一份麵條上擺放適量番茄醬汁和幾個肉丸，帕馬森起士置於桌邊供需要的人自行添加。

《選購豬肉的基本知識》

—切割部位圖—

豬肉被分為五大部位進行批發銷售。然後肉販通常在美國中西部肉品包裝廠，有時也可能在你採購的市場裡的攤位上，再按照以下切割部位圖，把肉品切割成零售大小讓你帶回家。

肩胛肉
臺灣常見的梅花肉便是來自此部位，這塊肉來自肩膀上半部，油花分明，帶有較多結締組織，所以特別適合長時間的烹煮，比方燜煮、燉煮或燒烤。

里脊肉
這塊肉來自肩膀和後腿之間的部位，是一隻豬身上最瘦、最軟的一部分。肋骨部位和腰肉排就是來自這裡，比方烤豬里脊（pork loin roasts）和烤腰內肉（tenderloin roasts）。如果烹煮的時間過久，這部分的肉就會變得很硬。

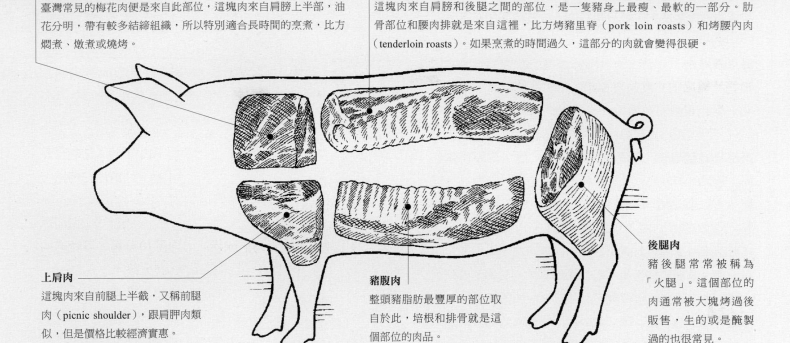

上肩肉
這塊肉來自前腿上半截，又稱前腿肉（picnic shoulder），跟肩胛肉類似，但是價格比較經濟實惠。

豬腹肉
整頭豬脂肪最豐厚的部位取自於此，培根和排骨就是這個部位的肉品。

後腿肉
豬後腿常常被稱為「火腿」。這個部位的肉通常被大塊烤過後販售，生的或是醃製過的也很常見。

—另一種白肉—

我們現在在市面上買到的豬肉，跟過去祖父母時代所吃的豬肉已經大不相同。新的養殖技術和餵食系統，讓現代的豬隻變得比較精瘦，所含的脂肪量比30年前的豬隻還少了三分之一。你大概可以想像，較瘦的豬肉風味就比較單薄，也比較容易在烹煮過程中變得太乾、太柴。幸好，以傳統養殖的豬隻近來又逐漸流行起來，這些豬肉的賣點正是脂肪較豐、肉質較多汁且風味更濃郁。除了脂肪含量較高，傳統養殖的豬酸鹼值較高，其色澤也比現代豬肉來得深。

我們把100%傳統品種伯克郡豬肉（Berkshire pork）和一般超市販售的豬肉相比，發現了顯著的差異。伯克郡豬肉顏色深紅，帶點煙燻味、豬肉風味強烈，同時也非常軟嫩多汁。超市販售的蒼白豬肉吃起來則是味道平淡，而且不易嚼爛。其他的傳統品種豬肉（包含杜洛克豬〔Duroc〕）則不受我們的試吃員喜愛，但如果你能買得到伯克郡豬肉，我們建議你選用這種豬肉。

—亞硝酸鹽（nitrites）與硝酸鹽（nitrates）—

醃製豬肉產品例如培根，往往會含有亞硝酸鹽和硝酸鹽。雖然亞硝酸鹽與硝酸鹽基本上是差不多的物質，但只有亞硝酸鹽曾有過在與豬肉中所含有的蛋白質一起加熱時，產生致癌化合物「亞硝胺」（nitrosamines）的例子。

所以該購買添加「無硝酸鹽」還是「無亞硝酸鹽」的培根才對呢？這些肉品一般都是用鹽、發酵乳酸菌和芹菜汁（這個原料有時會被標示為「自然調味」）的鹽水處理過。問題是芹菜汁含有大量硝酸鹽，這項成本會被發酵乳酸菌轉變成危險物質亞硝酸鹽。雖然以技術上來，這些肉品都可以被標示為「無添加硝酸鹽或亞硝酸鹽」，但是其化學物質在製作過程中就自動產生了。

我們把許多不同品牌的培根送驗，發現比起標示「無添加硝酸鹽或亞硝酸鹽」的培根，一般的培根中亞硝酸鹽和硝酸鹽的含量，比實際上還低。所有我們檢驗過的培根都符合美國聯邦標準值安全範圍，但是如果你還想要避開吃進亞硝酸鹽和硝酸鹽，就得避開培根和所有其他豬肉加工食品才行了。

—改良豬肉？—

由於現在的豬肉非常精瘦緣故，吃起來較為無味且容易在煮太久的時候變得又乾又柴，不少肉販為解決這個問題，會替豬肉注射鈉溶液。許多超市現在都只買得到這種所謂的「改良豬肉」，特別是較瘦的部位，像是豬腰內肉。購買前先詳閱標籤，產品是否為改良豬肉，上面的標籤會標示清楚。

改良豬肉被注射了水、鹽、磷鈉鹽（sodium phosphates）、乳酸鉀（potassium lactate），此舉一般會增加豬肉重量約7％到15％。雖然改良豬肉的確比較多汁，畢竟裡頭早就被灌了一堆水了！但是我們發現這種豬肉的質地會變得接近海綿般，且往往鹹得難以下嚥。

我們喜歡天然風味的豬肉，並且用鹽水處理較瘦的部位使其保持多汁。請注意，經冷凍又解凍後的改良豬肉與天然豬肉，損失的水分將高達六倍之多，這下又多一個避免選用改良豬肉的理由了。有關鹽水的料理科學，請參考觀念11。

成功關鍵

就連最硬朗的義大利奶奶也不見得有耐性幫一大群人做義大利麵和肉丸。我們決心找出簡單快速的做法，結果發現不用平底鍋分批煎肉丸，而把肉丸放在烤網上烘烤過，是最省時省力的做法。在絞肉拌料中加入少許吉利丁能讓肉丸更圓潤，並且稍微讓風味變得更加濃厚。

混用兩種肉：我們試過只用85%瘦牛絞肉製作肉丸，幾乎只要比它更瘦的肉，都只能做出又乾又無味的肉丸。因此改用豬絞肉取代部分牛絞肉，其牛豬比例為2：1，可以做出風味最濃厚、肉感最佳的肉丸。

選用日式麵包粉：我們這次使用日式麵包粉製作麵包糊，超級酥脆的日式麵包粉能夠鎖住肉汁，避免肉丸變硬。再以酪奶取代一般牛奶，替肉丸增添更豐富的口感。酪奶可以用1杯原味優格加半杯牛奶稀釋取代。

洋蔥刨細減少顆粒口感：我們把洋蔥用刨絲器上的粗口面刨細。此舉能讓醬料中富含洋蔥滋味，又不至於吃到大塊的洋蔥碎片。這樣就可以不必先把洋蔥炒過了。

打造料理中的美味：義式火腿裡頭有豐富的麩胺酸鹽，足以強化料理中的香氣。將義式火腿切細後加入絞肉中，讓肉味更添深度。帕馬森起士也同樣能為料理添增麩胺酸鹽，其原理請參考觀念35。

添加吉利丁：我們原本很猶豫是否該在肉料中加入小牛肉，因為小牛肉含有豐富的吉利丁，能讓料理吃起來更彈舌可口。但是小牛肉雖然能使料理更添軟嫩，卻會帶來另一個問題：超級精瘦的小牛肉往往會被絞得非常細，用這種絞肉做出來的肉丸吃起來比起豬牛肉混用的肉丸而言，少了一種粗粗的絞肉口感。所以我們沒有使用小牛肉，改用1½茶匙的吉利丁粉，先用一點水泡開，再加入肉料中，效果好得跟被施了魔法一樣。

為醬汁添增風味：因為我們的肉丸是用烤箱烤的，所以就不會有鍋底殘留的肉汁可以加入醬汁裡頭。這就是為什麼我們要把肉丸放進紅醬（marinara sauce）中跟醬汁一起送進烤箱悶煮1小時。在這段時間裡，已經烤到上色的肉丸中的豐富滋味就會滲透到醬汁裡頭。不過我們在使用這項技巧時發現肉丸在醬汁中會把水分吸收掉，導致醬汁在烤箱裡的這段時間裡被收得太乾。要解決這個問題，只需要將紅醬食譜中將近一半的番茄泥取代為等量的番茄汁即可，如此一來我們就能做出滋味美妙、質地又不會變成泥狀的醬汁了。

瑞典肉丸
4-6人份

這道菜傳統做法會搭配越橘乾（lingonberry）和瑞典醃黃瓜（食譜後附）。如果你買不到越橘乾，也可以改用蔓越莓乾。若不吃那麼甜的你，可以把醬料中的紅糖減少為2茶匙。直壁炒鍋可用12吋斜壁炒鍋（slope-sided skillet）替代，但若是換鍋，炒的時候要把1¼杯的油，改為1½杯。可搭配馬鈴薯泥、水煮紅皮馬鈴薯（red potatoes）或雞蛋麵（egg noodles）。

肉丸

1顆大顆的雞蛋
¼杯重奶油
1片厚片白吐司，去邊，撕成1吋
8盎司豬絞肉
¼杯刨絲，洋蔥
1½茶匙鹽
1茶匙壓實的紅糖
1茶匙泡打粉
⅛茶匙肉豆蔻粉
⅛茶匙五香粉（all spice）
⅛茶匙胡椒
8盎司85%瘦牛絞肉
1¼杯植物油

醬汁

1大匙無鹽奶油
1大匙中筋麵粉
1½杯低納雞湯
1大匙壓實的紅糖
½杯重奶油
2茶匙檸檬汁
鹽與胡椒

1.肉丸：蛋和奶油打勻，拌入吐司後備用。在直立電動攪拌機裝上槳片，將豬肉、洋蔥、鹽、糖、泡打粉、肉豆蔻粉、五香粉和胡椒放入攪拌機，以高速攪拌約2分鐘，直到食材質地滑順、呈淺色狀。如有需要就把壁內的食材刮下來，確保打勻。用叉子把吐司拌料壓碎，直到沒有殘留大塊乾吐司碎片為止，再將吐司拌料加入攪拌機，以高速攪拌約1分鐘，直至食材質地滑順、均勻混合，如有需要就把壁內的食材刮

下來以確保攪拌均勻。加入牛肉後，以中速攪拌約30秒，直到食材攪拌均勻，如有需要就把壁內的食材刮下來。雙手沾濕後把1大匙的肉拌料，作成1吋大小肉丸，重複此動作，食材約可做出25到30顆肉丸。

2. 在10吋直壁炒鍋（straight-sided saute），以中火熱油3到5分鐘，以肉丸沾鍋時發出滋滋聲、油溫應達350℉。將肉丸平舖於鍋底，油煎7到10分鐘，中間翻面1次，直到肉丸熟透、外觀色澤金黃。視狀況調整火力，油溫維持在發出滋滋聲但不致冒煙即可。以漏匙取出煎至金黃的肉丸，放置在鋪上廚房紙巾的盤中備用。

3. 醬汁：將鍋中剩下的油倒掉，留下煎肉丸剩下的焦褐碎屑。以中大火熱鍋，加入奶油融化。加入麵粉，持續拌炒30秒，直到麵粉出現淺棕色。一邊攪拌，一邊慢慢地倒入雞高湯，用木湯匙把鍋底的焦褐碎屑刮起，放入糖，煮滾後降至中火，繼續煮約5分鐘，直到醬汁收乾約1杯量。拌入奶油後再次煮滾。

4. 肉丸放入醬汁中煮滾，過程中偶而翻面即可，直到肉丸夠熱為止，過程約需時5分鐘。加入檸檬汁、適量的鹽和胡椒調味後即可上桌。

事先準備：肉丸可以事先煎好，冷凍能保存2週。使用前先將肉丸從冷凍移置冷藏解凍一個晚上，以乾淨的鍋子從步驟3開始接續進行。

瑞典醃黃瓜
3杯，可做1份瑞典肉丸

科比黃瓜（Kirby cucumbers）又稱醃黃瓜（pickling cucumbers）。如果買不到此品種可用1根大的美式黃瓜（American cucumber）替代。可涼拌食用或放置到室溫食用。

3根小根的柯比黃瓜（1磅），切圓片、約⅛-¼吋
1½杯蒸餾白醋
1½杯糖
1茶匙鹽
12顆完整多香果（allspice berries）

黃瓜片放在中型耐熱碗裡。醋、糖、鹽和多香果在小鍋中用大火煮滾，稍微攪拌讓糖融解，煮好後倒進放置小黃瓜的碗裡，稍微攪拌一下，將黃瓜片分開。用保鮮膜把黃瓜碗蓋起來靜置15分鐘。時間到了以後，掀開保鮮膜讓黃瓜在室溫中冷卻，約需15分鐘。

事先準備：醃黃瓜泡在醃汁中密封盒冷藏可保存2週。

成功關鍵

大多數的人對於瑞典肉丸的印象就是一堆豬絞肉或是牛絞肉做的乏味丸子，再淋上厚厚的一層濃稠肉汁，放久了肉汁還會凝固。事實上，如果料理方法對了，這些肉丸其實是可以軟嫩得像是入口即化般，吃起來紮實、風味又很精緻。要做出正確質地的肉丸，我們選用牛肉與豬肉，以吐司、雞蛋和奶油做成的麵包糊，和秘密配方「泡打粉」，就能讓肉丸美味多汁。

力求彈牙：義式肉丸追求的是口感濕潤以及柔軟到幾乎會一碰就散開的質地，但那完全不是我們在做瑞典肉丸這道菜時想達成的狀態。我們最終目標是想作出彈牙的肉丸，因此還是同時選用豬肉和牛肉，但是以重奶油取代牛奶、吐司和蛋調和的少量麵包糊。蛋還有重奶油中含有的額外油脂會把澱粉粒包覆起來，限制水分流失和膨脹的程度，如此一來肉丸的質地就會變得彈牙而非蓬鬆。雞蛋裡的卵蛋白質也提升肉丸結構及彈牙的程度。

靠泡打粉讓口感升級：我們不只是追求彈牙的肉丸。雖然肉料中同時使用豬肉和牛肉，又加入重奶油的麵包糊，但完成後的肉丸還是有些乾韌，我們想要改造這點，讓口感再升級。因此把其他能夠達成這個目的的食材都想了一遍，最後選了泡打粉。只要加入1茶匙泡打粉，就能做出理想中濕潤、紮實，口感絕佳的肉丸。

刨洋蔥：我們在多人份「經典肉丸義大利麵」食譜中，以刨絲器替洋蔥刨成絲了。這麼做能讓料理中充滿洋蔥的風味，而不會吃到一塊塊的洋蔥碎片。

攪拌豬肉不要攪拌牛肉：使用自動攪拌機攪拌豬肉、鹽、泡打粉和其他調味料，直到肉餡變成糊狀，再加入蛋奶糊和豬絞肉讓肉丸吃起來更加彈牙。之所以把豬肉拿去攪拌而非牛肉，是因為豬肉脂肪含量較高，結實的肌肉比例較低。先把豬肉攪拌到細緻質地，能讓脂肪均勻分佈到瘦肉之中，如此一來便能做出多汁的料理。

利用鍋底增強風味：我們想要的是清爽、綿密的醬汁，而不是一般厚重的棕色肉汁。為了達到這個目標，我們在雞湯中添加了一點奶油，讓醬汁質地別太厚重，再利用一點檸檬汁增添清爽風味。可以使用煎肉丸的炒鍋製作醬汁，利用刮起鍋底焦褐碎屑以增添風味。

快速醃製：瑞典醃黃瓜是肉丸的傳統配菜。將醋、糖、鹽，還有多香果一起加熱後再淋進生黃瓜片。加了鹽和糖以後的溫醋（酸性溫和）不單能為黃瓜調味，也讓黃瓜裡的水分快速排出，使口感從清脆變得像醃醬菜。

觀念16：打造永不脫落的麵衣
Create Layers for a Breading That Sticks

雞胸肉與豬排的料理方式簡單且有益健康。但有時候，就是味道比較單調，解決方式之一，就是替它們加上好吃的外皮。如果做得好，這項手法只是替肉片或肉塊沾上麵包屑的功夫而已。在此，讓我們一起探索當肉品加入烤炸粉後，再放入烤箱裡烘烤或在鍋裡以少許油進行油炸時，如何口味十足還能皮肉保持不分離的訣竅吧。

◎科　學　原　理

酥脆外皮、嘎吱作響的外層，這些是當我們想起油炸食物時的第一印象。不過，正確來說，這層可口的外皮叫做「麵衣」。只是無論我們怎麼稱呼這層包覆在雞胸與豬排外的酥脆澱粉層，它都包含了這三種成分：麵粉或某種類似麵粉的物質；刷蛋液或類似的東西；以及麵包粉，有時是使用吐司或穀類麥片、磨碎的餅乾等。

然而，問題在於，什麼方法才能製作出口感美味且皮肉不分離的麵衣？畢竟在烹煮過程中，這些肉片或肉排的麵衣，不是糊爛、外表顏色不均、就是從肉片或肉塊上脫落。為何讓麵包粉黏在肉上，竟然是這麼困難的一件事？

為了研究為何有些麵衣能皮肉相連、有些卻皮肉分離，我們必須檢視肉類的表面究竟出現了什麼變化。其中，「導致麵衣無法附著的主要原因，是肉類表層水分太多。」當沾了粉的肉類進入鍋油炸時，表皮水分迅速被蒸發成為水蒸氣，在水蒸氣要蒸發時，就會迫使外皮與肉分開。所以沾粉之前，一定要先把肉外層的水分徹底擦乾。反之，正如先前在觀念14討論絞肉時瞭解到的，「當黏性蛋白質出現後，有助於固定麵衣。」因此，後續多數食譜中，均涵蓋了一個簡單步驟，例如搥打或剁切肉塊，藉以刺激這些可以讓皮肉相連、具黏性的蛋白質釋放出來。

雖然把肉的表層擦乾，讓肉有黏性，有助解決皮肉分離的問題，不過想做出完美外皮，最重要的是利用裹上三層塗料的方法——第一層是麵粉或玉米澱粉，在這層的澱粉可以吸收肉表面上殘留的水氣，只要與「麵衣黏著劑」，也就是具黏性的肉類蛋白質融合，即可創造出一個有黏性的底層。第二層則是刷蛋液或類似的液體塗料，因為雞蛋裡的蛋白質同樣具有黏性，特別是在室溫下輕輕攪拌、蛋白質開始散開來後，更容易與下方的麵粉層結合。最後，第三層則是麵包粉或類似材料，這是麵衣最主要的材料主體。沾了麵包粉後暫時靜置，可以讓雞蛋中的蛋白質黏得更緊，並有時間由裡往外滲透整個麵包粉的縫隙結構中。

除此之外，塗料的比例也很重要。如果麵粉太多，反而會成為肉類蛋白質與蛋液之間的阻礙；同樣的，蛋液也不應該太濃稠或厚重，否則在烹煮的過程裡，水氣蒸發加上它本身的重量，會使得麵衣與肉分離。為了解決這個問題，蛋液中通常會添加油脂進行稀釋。

麵衣剖面圖

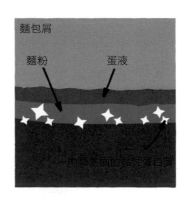

打造高附著力的麵衣：
想要做出皮肉相連的麵衣，「分層」非常重要。麵粉、蛋液以及麵包屑塗上去時會相互黏在一起，尤其有了具黏性的肉類蛋白質的幫助，就像加上自然黏著劑。

裏上麵衣的標準程序包括沾麵粉、刷上打散的蛋液、再之後則是塗上麵包粉。真的有必要三種程序全做嗎？為了找出答案，我們拿三塊無骨豬排分別進行實驗，第一塊豬排只裏上麵包粉，第二塊裏上蛋液與麵包粉，第三塊則三者皆具。將豬排放進 400℉ 的烤箱裡烘烤，當豬排溫度達到 140℉ 後取出，靜置 5 分鐘，並檢視三塊豬排的外皮。重複進行此實驗三次。

實驗結果

把豬排放入烤箱之前，我們已經注意三塊豬排之間的差異。我們發覺到，麵包粉非常難黏在豬排表面，而且麵包粉不斷掉入碗裡。至於加上雞蛋與麵粉的這一組效果遠比上一組好多了，但是與加上麵粉、雞蛋以及麵包粉這一組比起來，第二組裏上的麵衣顯得很零散。送進烤箱烤過後，三組之間的差異更大。

重點整理

裏上麵衣的標準程序──麵粉、雞蛋、麵包粉，的確有其功效。豬排表面上的蛋白質黏住麵粉，形成了像是黏著劑般的黏性底層。接下來的雞蛋蛋白質也同樣具有黏性，可以黏住麵包粉，讓麵衣有完美的口感及重量。少了麵粉，蛋液與麵包粉層會滑掉。少了雞蛋，麵包粉也黏不上去。因此，要有好的麵衣，這三種食材可是缺一不可啊。

實用科學知識 提早製作麵包粉

"可以事先製作麵包粉，並保存在凍庫裡最多1個月"

無論雞排或鍋燜料理，自製麵包粉都能增加酥脆口感。不過我們想知道，當手邊正好有快過期的麵包時，能否事先將麵包磨碎、自製麵包粉存放於冰箱中，待使用時再取出，以節省時間與金錢成本。我們用精磨或粗磨將麵包磨碎，並把其中部分麵包粉先烤過再放入冷凍庫，其餘的則是沒烤就直接冷凍了。所有麵包粉皆放在夾鏈袋裡，以免受潮或吸收冰箱裡不好聞的氣味。1個月後，所有的麵包粉味道都沒變，可是放入冷凍庫2個月後，我們發現，味道幾乎全部走味了。

雖然可以將麵包粉冰在冷凍庫裡，我們也需先瞭解大約幾片麵包才能磨出多少量的麵包粉。運用下表，可計算出冰箱裡應該需要多大的存放空間。

1片厚片白吐司（1.5盎司）	冷凍麵包粉	冷凍烤過的麵包粉
精磨	⅔杯	⅓杯+1大匙
粗磨	1杯	⅔杯

✏️ Tips：如何讓麵衣能夠附著在肉上？

只塗上麵包粉

我們在第一份豬肉塊外層，只沾上或試圖沾上麵包粉。由於麵包粉無法黏在肉塊上，因此外皮非常的不均勻。

只塗上雞蛋與麵包粉

先塗上蛋液再沾上麵包粉的外衣比較成功，可是但是裏著豬排的麵衣還是無法完全皮肉相連。

塗上麵粉、雞蛋與麵包粉

塗上麵粉、雞蛋與麵包粉的肉塊，則是無論在烘烤前後，外皮皆緊密、均勻包覆，毫無瑕疵。

《裹粉的實際應用》雞肉與豬肉

結合數種技巧，包括：槌打、沾上麵粉、刷上蛋液以及塗上新鮮的麵包屑。之後再放進油鍋或是烤箱裡，就可以料理出酥脆且味美的麵衣。

酥脆雞排
4人份

如果你不想自己準備新鮮的麵包屑，可使用極酥脆的日式麵包粉。將雞肉分成兩批油炸，因為鍋子裡面如果較不擁擠的話，雞肉的外皮會更酥脆。

4塊（6-8盎司）無骨去皮雞胸肉，去除雞柳，處理好
鹽巴與胡椒
3片厚片白吐司，撕成四等份
¾杯中筋麵粉
2顆大顆的雞蛋
1大匙植物油，另備¾杯
檸檬角

1. 用保鮮膜將雞胸肉包起來用肉槌搥打，直到雞肉的平均厚度變成½吋。以紙巾拍乾雞肉上的水分，撒上鹽巴與胡椒調味。

2. 將烤箱烤架調整至中層，烤箱預熱至200℉。將烤網放入有邊烤盤中。把吐司放進食物調理機大略打碎，約攪打10下；把打碎的吐司移至淺碟子或派盤上。將麵粉倒在第二個盤子裡，輕輕地將蛋液與1大匙的油一起打勻，倒到第三個盤子裡。

3. 一次處理一塊雞肉。撒上麵粉，再甩掉多餘的麵粉，塗上蛋汁，並讓多餘的蛋汁流下。以麵包屑包裹雞排的每一面，輕輕地壓一壓，讓麵包屑可以黏在雞排上。把雞肉移到準備好的烤網上，靜置5分鐘。

4. 在10吋的平底不沾鍋裡，以中火加熱6大匙的油，直到油閃閃發光。將兩塊雞排放到油鍋中油炸約3分鐘，直到雞排的一面變成深金黃色、酥脆。翻面，把火力降至中火，持續油炸至另一面約3分鐘，直到表面也變成深金黃色、酥脆，且輕壓雞肉時可以感覺到肉質結實。將雞肉移至鋪著紙巾的盤子上，把油瀝乾，再將雞排放到乾淨、置於烤盤裡的烤網上，在烤箱裡保溫。把鍋裡的油倒出並用紙巾將剩下的油擦乾。利用剩餘的6大匙油，油炸剩餘的2塊雞肉。炸好後，擺上檸檬角即可上桌。

辛辣酥脆雞排

在灑上麵粉前，先在每一塊雞肉搓上卡宴辣椒。將3大匙第戎芥末醬、1大匙伍斯特醬以及2茶匙剁碎的新鮮百里香，輕輕拌入蛋液與油。

帕馬森起司酥炸雞排（米蘭雞塊）

雖然傳統上這道菜主要使用帕馬森起司，不過，如果你希望口味重、味道強烈一點，可以用羅馬羊奶起士（Pecorino Romano，或譯佩克里諾起司）代替。起司很容易燒焦，因此油炸時一定要注意雞排的變化。

可以用¼杯磨碎的帕馬森起司，取代¼杯麵包粉。

成功關鍵

多數雞排的外皮通常很薄、凹凸不平、顏色蒼白；但我們希望雞排的麵衣皮厚、酥脆、味美，卻不會與雞肉分離。為達到以上目的，我們搥打雞肉，釋出黏性蛋白質，利用麵粉吸收水氣，利用雞蛋讓它更具黏性，並且用麵包粉帶來巧妙的味道與酥脆可口的口感。

厚度平均： 如果不先搥打雞排平均雞肉體積，使得一端較薄一端較厚時，油炸時熟透的速度會不一樣。不過，這個問題很容易解決，只需搥打雞胸肉讓厚度達到½吋，就可以讓雞肉油炸時均勻受熱，其工具可以利用肉槌或一個小鍋子的底部。但厚度也不要小於½吋，否則外皮還未完全變色，雞肉已經過熟。經由拍打肉塊也可以促進裡肉釋出具有黏性的蛋白質。

吸乾水氣： 即使雞肉裹粉的所有步驟都沒有出錯，但是只要雞肉有任何水氣，都會讓整道雞排毀於一旦。我們發現，雞胸上只要有一些水氣，炸好雞排的麵衣就會脫落成一片一片的，因為水蒸氣會試著蒸發出來，把所有擋路的東西推開。

蛋液加油： 雖然刷蛋液可以只用雞蛋，但打過的蛋汁很可能會又黏又稠，刷在肉上太重，麵皮變得太厚。若要讓多餘蛋汁更容易滴下，外皮薄脆好吃，在蛋汁裡加入一些油、水或者兩者都加來稀釋蛋汁是相當常見的做法。不過，雖然上列三種技巧都有效，但倘若只加入油，可以在不增加水氣之下，讓外皮褐變稍微深一些，因此這是我們比較推薦的方法。

自製麵包粉：我們以新鮮的、乾掉的以及日式麵包粉來進行測試。乾掉的麵包粉吃起來有一股明顯的悶味，而日式麵包粉則以其碎脆與麥香較受到喜愛。然而，新鮮的麵包粉帶有一股微甜的味道，同時帶著爽脆的質地，因此在這場測試中勝出。結論是，我們建議使用頂級的白吐司製作麵包粉，嘗起來味道最棒。只要把吐司撕成一塊塊的形狀，並且放入食物處理器打成想要的大小即可。

靜置一下：沒錯，我們確實想一口氣將全部雞排下鍋，接著直接入口、愈快愈好。不過，多點耐性等個幾分鐘也很重要。在裹上所有麵衣，讓雞排靜置5分鐘，有助於每一層麵衣固化、凝結。雞蛋中的蛋白質需要一點時間釋放，並與具黏性的雞肉蛋白質以及多孔的麵包屑融合在一起，三層麵衣間才能形成堅固的連結。

使用足夠的油：要讓炸物的色澤均勻、完全受熱，油炸用油一定要蓋過食物的三分之一或二分之一，這點很重要。同樣重要的是，外皮要緩慢且均勻變色，因此油溫不可以像熱炒一樣高，因為熱炒食物沒有裹上麵衣，而且需要立即上色。在實驗廚房裡，我們使用橄欖油與另一種植物油一起進行測試，最後植物油以其清淡的味道勝出。

分批油炸：即使12吋的鍋子裡能容得下四塊雞排進行油炸，但如果蒸氣累積太多，麵衣容易變得油膩，顏色不太均勻。因此，我們建議使用10吋鍋子，每一次只炸兩塊雞排。這樣炸出來的雞排口感酥脆，顏色均勻。因此額外多花一點時間與力氣是值得的。

基輔雞
4人份

若要讓雞胸肉更容易切開，可先冷凍15分鐘。

香草奶油

8大匙無鹽奶油、已軟化
1大匙萊姆汁
1大匙切碎的紅蔥頭
1大匙切碎的新鮮巴西利
½茶匙切碎的新鮮茵陳蒿
⅜茶匙鹽巴
⅛茶匙胡椒

雞肉

4片厚片白吐司，撕成塊狀
2大匙植物油
鹽巴與胡椒
4塊（8盎司）無骨去皮雞胸，去除雞柳、處理好
1杯中筋麵粉
3顆大顆的雞蛋
1茶匙第戎芥末醬

1. **香草奶油：**將所有材料放在一個中碗，用橡皮抹刀攪拌，直到完全融合。在一塊保鮮膜上，把奶油塑成3吋的正方形，用保鮮膜包起，包得緊緊的，冰入冰箱，直到奶油變硬，約需1小時。

2. **雞肉：**將烤架放於烤箱中低層，烤箱加熱至300℉。把吐司包放進食物處理器裡大略打碎，約攪打10下，再放到大碗裡。加入油、⅛茶匙鹽巴、⅛茶匙胡椒，與麵包粉一起攪拌，直到調味料均勻包覆這些麵包粉。再將麵包粉平鋪在烤盤上，送進烤箱烤約25分鐘，過程中攪拌兩次，直到麵包粉變成金黃色為止。從烤箱取出，放到室溫下冷卻。

3. 將雞胸平放，並從中間水平切片，但請勿全部切斷，大約留下½吋的邊緣，讓肉片相連在一起。將雞肉像書本一樣打開，用保鮮膜包住攤開的雞胸；用肉槌槌打雞胸，搥成厚度平均¼吋的薄片，而外圍邊界的厚度約為⅛吋。將香料奶油的保鮮膜打開，將其切成四個長方形。用紙巾將雞肉水分擦乾並放在料理台上，撒上鹽巴與黑胡椒。將每一片雞胸打開、切面朝上，在底部那片雞胸的中間置入一塊奶油。從底部的邊緣開始將雞肉捲起，把奶油捲在裡面，最後捲成為一個整齊、緊實的束狀，並壓住接合處，將其封起來。以相同步驟處理剩餘的雞胸與奶油。將雞肉冰到冰箱，無須封蓋，讓封合的地方可以黏在一起，約1小時。

4. 將烤箱烤架調整至中層，烤箱預熱至350℉。把烤網放在有邊烤盤中。將麵粉、¼茶匙鹽巴與⅛茶匙胡椒於一個淺碟子上混合。輕輕地將蛋液與芥末醬，在第二個盤子中攪拌打勻。在第三個盤子裡放入麵包屑。一次只處理一個雞肉條，沾上麵粉，晃動一下將多餘麵粉去除，之後再刷上蛋液，並讓多餘蛋液滴下來。最後則是將雞肉各面皆沾上麵包粉，輕輕按壓讓麵包粉黏在上面。置於準備好的架子上。

5. 將雞肉放進烤箱裡烤約40至50分鐘，直到雞肉中間的溫度達到160℉。烤好後先靜置5分鐘再享用。

事先準備：已經裹好麵衣但尚未烤過的基輔雞，可以放在冰箱冷藏一個晚上，隔日再拿出來烤。或者是放入冷凍庫裡冷凍，時間最長可放1個月。要將冷凍的基輔雞不解凍地直接放入烤箱裡烘烤，其時間則要增加至50至55分鐘。

成功關鍵

基輔雞在宴客菜裡並不受到歡迎。因此我們希望能讓這道菜重返它過去的名聲：夾著美味奶油味的一道酥脆雞肉卷。新式捲肉方法是將肉靜置於冰箱些許時間，可以讓我們避開以往的錯誤。同時，在雞肉裹上麵衣前先將麵包屑烤過，可以省去在下鍋油炸的步驟，只需利用烤箱就可以完成所有烹調。

搥打、填充、捲肉：雖然許多食譜建議在雞肉上用刀切一道縫隙，再將奶油塞進去；可是我們發現，在熱油裡油炸時，這個方式很難避免奶油流出。最理想的解決方法是？第一，將雞胸切開攤平，再用肉槌搥打至肉片的厚度約為¼吋。將雞胸肉整平後，做成淚珠的形狀。將奶油放在肉片的末端上，並且像捲墨西哥捲餅似的將肉捲起來。為了避免邊緣不會打開來，將雞胸肉邊緣搥打至厚度約⅛吋。

填入奶油：在傳統食譜裡填充基輔雞所用的奶油，最多只加上巴西利與細香蔥。我們則多增加了香味四溢的切碎紅蔥頭，以及切碎的茵陳蒿帶出一些甜味。擠出的檸檬汁帶著點酸味，可讓奶油不那麼濃郁搶味。

雞肉冷藏，讓接縫處緊密閉合：要在填料的雞胸肉條上裹上麵衣其實是一件危險的工程。如果處理手續太過複雜，肉條容易相互分離，填完香草奶油後，這些肉條就會開始解開。不過，如果把還沒裹上麵衣，也未封起來的雞肉條放入冰箱冷藏1個小時，雞肉外圍便開始黏在一起，像膠水一樣把肉密合，之後裹上麵衣時，更有更堅固的基礎。這也再次證明，肉類具黏性的蛋白質確實能發揮效果。

蛋液加芥末：我們在一個令人意想不到的步驟，讓基輔雞肉多出一層不同的味道，那就是蛋液裡加入1茶匙的第戎芥末醬，就可以讓美味更升級。

先將麵包粉烤過：在將雞肉裹上麵包粉之前，先將它們烤過，這可說是改變了這份食譜，因為這項步驟替大家省去麻煩的油炸程序，讓大家更喜歡製作這道料理，不過要確定雞肉條放在有邊烤盤上的烤網上烘烤，這樣雞肉才能平均受熱。

假如使用已注入鹽巴溶液的改良豬肉，在步驟1時不要泡鹽水，於步驟4裡灑上鹽巴即可。

鹽巴與胡椒

4塊（6-8盎司）去骨豬排，約¾-1吋厚，處理好

4片厚片白吐司，撕小塊、約1吋

2大匙植物油

1小撮切碎的紅蔥頭

3瓣蒜頭，切碎

2大匙磨碎的帕馬森起司

2大匙切碎的新鮮巴西利

½茶匙磨碎的新鮮百里香

¼杯以及6大匙中筋麵粉

3顆大顆的蛋白

3大匙第戎芥末醬

檸檬角

1. 把烤箱烤架調整至中層，烤箱預熱至350℉。將3匙鹽巴溶於1½夸脫的冷水中。將豬肉浸泡於鹽水裡，水要蓋過豬肉，並冰入冰箱30分至1小時。將豬肉從鹽水中取出，並以紙巾徹底拍乾豬肉上的水分。

2. 同時，將吐司放入食物處理機裡大略打碎，約攪打8下，麵包粉應該有3½杯份量。將麵包粉倒在烤盤上，並加入油、紅蔥、蒜頭、¼茶匙鹽巴與¼茶匙胡椒，攪拌一下，直到調味食材均勻包覆麵包粉。開始烘烤麵包粉約15分鐘，烘烤途中翻攪兩次，直到麵包屑變成黃金色且變乾。請勿關掉烤箱。將麵包粉取出，在室溫下冷卻。將帕馬森起司、巴西利與百里香加入麵包粉裡。麵包屑混合物可以在3天前準備。

3. 將¼杯麵粉放在盤子上。在第二個盤子裡，將蛋白與芥末醬攪拌均勻；再將剩餘6大匙麵粉加入蛋白中，攪拌至滑順綿密，直到出現豌豆大小的塊狀。

4. 將烤箱溫度預熱至425℉。在烤架上噴上植物油，並放置在烤盤上。在豬排上撒上胡椒。把一塊豬排沾上麵粉，並搖晃肉片，甩掉多餘麵粉。用夾子將肉放入蛋汁混合液中；並讓多餘的蛋液滴下來。最後則是將肉排各面皆沾上混合了各種材料的麵包屑，輕輕地按壓讓麵包屑黏在肉上。置於準備好的架子上。重複處理剩餘三塊肉排。

5.將肉排放入烤箱烘烤約17至25分鐘，直到肉的溫度達145°F。在架上靜置5分鐘，再搭配檸檬角上桌。

事先準備：已經裹粉沾上麵衣的豬肉，可以放在冷凍庫保存至多1周。烘烤前不需要解凍，只要將步驟5的烘烤時間調整為35至40分鐘即可。

脆烤豬肉佐義大利火腿與艾斯格起司

步驟2中將鹽巴加入麵包粉的程序省略。在裹粉之前，把每塊約⅛吋厚的艾斯格起司（Asiago cheese）大約½盎司，撒在豬肉塊上方。用義大利火腿將肉片包覆起來，按壓火腿讓裡面的起司與肉可以相互黏在一起。從食譜步驟4的地方繼續進行，在肉排裹粉時，要小心處理，避免起司與肉排分開。

成功關鍵

如果做法正確，脆烤豬肉的酥脆外皮包覆著柔嫩肉塊，一口咬下會劈啪地脆裂開來，可說是最棒的抒懷餐點（comfort food）。然而，如果使用超市包裝好的裹粉塗料所作出的脆烤豬肉麵衣會變得很薄又鬆散。但若是自製裹粉會遇到的另一個問題，麵衣潮濕且不均勻、皮肉分離。因此我們運用像麵糊般的蛋液，混合著各種食材的美味麵包粉，以及在烤箱裡烘烤而非瓦斯爐上油炸的方式，來克服這個問題。

使用新鮮麵包粉：請捨棄有一股臭味且像粉末般的盒裝麵包粉。請用以新鮮、品質好的吐司製作成的麵包粉，這是必要步驟。事先將麵包粉烤過，等到豬排烤好時，麵衣仍舊非常酥脆。因此請勿省略烘烤這個步驟。如果跳過了這個步驟，要不是豬排麵衣沒那麼那麼酥脆，要不就是豬排過熟。

製作麵糊般的塗料：多數的食譜建議把肉塊放入麵粉中沾粉，之後再浸入打好的蛋液中，最後再沾上麵包粉。可是其結果是麵衣鬆軟，烘烤時可能會脫落，反倒在油炸時比較能夠將麵包屑與肉排融合在一起。因此我們的解決辦法是，用蛋白、麵粉與芥末醬的混合物，取代全蛋液。蛋黃中的油脂會讓麵包屑軟化，因此我們捨棄了蛋黃。在蛋白中加入麵粉與芥末醬，可以將傳統液狀的蛋液變成像填泥材料般的漿糊，讓肉排黏住麵包屑。

在烤架上烘烤：烤箱溫度一定要夠熱，利用烤箱烘烤的食材，外皮才能酥脆好吃。可是，無論烤箱溫度有多高，食物貼著烤盤的那一面永遠都不夠酥脆。因此

將烤盤裡的肉排位置提高，可以讓水分滴下來而不會影響肉塊品質，也可以讓肉排均勻受熱，讓麵衣的所有部位都能變成金黃色。

豬肉先浸泡鹽水：備料時，你或許會想要省略浸泡鹽水的步驟，但請別這麼做。由於中段豬排的肉質較精瘦，若不事先處理，即使只烤到半熟、內部溫度約145°F，肉質還是會變得很乾硬，花很多力氣咀嚼。水中的鹽巴改變肌蛋白結構，使豬肉在遇熱時仍可鎖住更多水分。有關浸泡鹽水的原理，請參考觀念11。

酥脆煎豬排
4人份

在本食譜中，我們傾向於採用天然豬肉，而不是注入鹽溶液來增進溼潤度與味道的改良豬肉。豬排放在紙巾上吸油勿超過30秒，否則熱氣會蒸軟酥皮，讓麵衣變得潮濕軟爛。你可以用¾杯市售的玉米片碎屑（corn flake crumbs）取代全麥玉米片。如果使用玉米片碎屑，不必放入食物處理機打碎，直接與玉米澱粉、鹽巴及胡椒混合即可。

⅔杯玉米澱粉
1杯酪奶（buttermilk）
2大匙第戎芥末醬
1瓣大蒜，切碎
3杯玉米片
鹽巴與胡椒
8塊（3-4盎司）無骨豬排，約½-¾吋厚，處理過
⅔杯植物油
檸檬角

1.將⅓杯玉米片放入盤子裡。在第二個盤子裡，將酪奶、芥末醬與大蒜攪拌打勻。將玉米片、½茶匙鹽巴、½茶匙胡椒以及剩餘的⅓杯玉米片放入食物處理器中打碎，直到玉米片全部打碎，約10秒鐘。混合好的玉米片倒入第三個盤子中。

2.將烤箱烤架調整烤架中層，烤箱預熱至200°F。在有邊烤盤中置入烤網。將豬肉塊的兩面，交叉畫出一條條$1/_{16}$吋深的切痕，每一道切痕距離約½吋。豬肉上面撒上鹽巴與胡椒。將玉米澱粉灑在一塊豬排上，甩掉多餘玉米澱粉。用夾子將肉浸入混合好的酪奶，取起肉塊讓多餘液體滴下來。再裹上混合好的玉米片，

輕輕拍掉多餘玉米片。將裹好麵衣的肉排放到準備好的烤網上，並重複以上程序，將剩餘的七塊肉排處理好。讓所有已裹上麵衣的肉塊靜置10分鐘。

3.在12吋不沾鍋裡倒入⅓杯油，以中火加熱直到油閃閃發亮為止。將四塊豬排放入鍋中，煎上2到5分鐘，直到變成金黃色且外皮酥脆。小心將豬排翻面繼續油煎約2至5分鐘，直到第二面的外皮也變得酥脆、呈金黃色，溫度大約達145℉。將豬排移到鋪著紙巾的盤子上，每面以紙巾吸油30秒。再把豬排移至架在烤盤上的乾淨烤架上，再放入烤箱中保溫。把鍋裡的油倒掉，並用紙巾將鍋子擦拭乾淨。重複上述步驟，用剩餘的油倒入鍋中繼續油煎剩餘的豬排。撒上檸檬汁後即可上桌。

拉丁辣椒酥脆煎豬排

將1½茶匙小茴香粉、1½茶匙辣椒粉、¾茶匙香菜粉、⅛茶匙肉桂粉、以及⅛茶匙的紅辣椒片，全部混合在一個碗中。在步驟2時，不灑胡椒，並在灑完鹽巴後，把豬排裹上混合辣椒粉的抹醬。

三椒酥脆煎豬排

將1½茶匙胡椒、1½茶匙白胡椒、¾茶匙香菜、¾茶匙小茴香、¼茶匙紅辣椒片、¼茶匙肉桂，全部混合在一個碗中。在步驟2不灑胡椒，灑完鹽巴後裹上香料抹醬。

成功關鍵

麵衣可以提升豬肉原本單調乏味的味道，可是麵衣若變得潮濕軟爛、皮肉分離，就不是這麼回事了。使用無骨豬肉可以讓料理迅速簡單。我們捨棄傳統的麵粉、刷蛋液以及麵包粉，改採玉米澱粉、酪奶以及玉米片，輕盈的酥皮同時帶有粗獷、酥脆的口感。

去骨：為了迅速又簡單的完成這道料理，我們不使用帶骨豬肉，而採用無骨里肌肉。少油香煎這種薄豬排，讓每邊只需要幾分鐘的時間。

清爽酥脆的麵衣：不同於前文食譜「脆烤豬肉」，這裡我們不想要太濃稠、像麵糊似的外皮。相反的，我們希望外皮非常清爽酥脆。為了達到這個目的，我們改用玉米澱粉來吸收豬肉表面水分，並利用它釋出具黏性的澱粉，暴露在高溫與油脂之下時會形成非常酥脆的外皮。

浸於酪奶：由於玉米澱粉吸收水分的速度不及麵粉，且生雞蛋因被蛋白質所包覆因此不容易被吸收，因此我們以酪奶代替刷蛋液。酪奶反而是一種巧妙的黏著劑，再加入芥末醬與少量剁碎的蒜頭更能提味。

在玉米片中加入澱粉：過去裹粉必須使用麵包粉，但是我們用酪奶代替刷蛋液後，麵包屑會吸收太多水分，不再那麼酥脆。我們以麗滋餅乾（Ritz crackers）、薄脆麵包片（Melba toast）、以及麥乳（Cream of Wheat）來進行實驗，結果我們決定使用玉米片。玉米片原本就能在液體中能保有酥脆口感，在一般烤箱烤雞食譜中常被用來增加顆粒質地與口感，在這裡當然也可以發揮同樣的效果。在灑上玉米片前，我們也在玉米片裡加入了玉米澱粉，一旦膨脹後，澱粉顆粒就會開始發揮神奇效果，讓玉米片在熱油中變得更酥脆。

刺激蛋白質釋放：在肉塊表面劃上淺淺的刀痕，可以釋放肉中具有黏性的蛋白質，讓玉米澱粉變濕，並且

實用科學知識 麵衣出了什麼問題？

"使用玉米澱粉與酪奶，能讓麵衣黏著在多汁的豬排上"

在處理多汁的豬排時，若還是使用傳統麵衣的內容物——麵粉、蛋液與麵包粉，可說是一項大挑戰。以下是我們以前面食譜「酥脆煎豬排」來克服此問題的方法，不僅能讓外皮與肉相連一起，且依然酥脆可口。

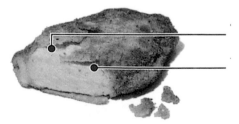

問題	方式
外皮下有黏膩的碎屑	使用玉米粉取代傳統麵衣的基底：麵粉。
皮肉分離	捨去傳統刷蛋液，因為蛋液在油炸時會膨脹且增加外皮重量，使得皮肉分離。在這裡採用酪奶作為第二層塗料，它讓外皮較輕薄，可以完美附著在豬肉上。

讓外層的裹粉與肉片更能緊緊相連。

靜置一下，讓外層裹粉更堅固：如同食譜「酥脆雞排」在裹粉後以及油煎之前，先讓雞肉暫時靜置一下是很重要的步驟。而這裡，在豬肉下鍋油煎前，先讓豬肉靜置10分鐘，這個方法可以讓外皮的裹粉有機會變得堅固，在下鍋時仍保持原樣。

維也納炸豬排
4人份

本食譜建議使用兩杯油，聽起來或許很多，但若要炸好的肉塊出現皺褶的質地，就必須使用這麼多的油。為了有足夠的油炸空間，必須使用大型荷蘭鍋。若你手邊沒有即時溫度計測量油溫，可以在油裡放一塊新鮮的吐司塊（不要用乾燥的）開始加熱。當吐司變成深黃金褐色代表油溫已經足夠了。通常我們會使用水煮蛋、酸豆、巴西利以及檸檬來做為配菜擺盤，雞蛋也可以省略不用。

豬肉
7片厚片白吐司，去邊，切小塊、約¾吋
½杯中筋麵粉
2顆大顆的雞蛋
1大匙，外加2杯植物油
1塊（1¼盎司）豬腰內肉，處理好，斜角切成四等份
鹽巴與胡椒

配菜：
檸檬角
2大匙切碎的新鮮巴西利
2大匙酸豆，洗過
1顆水煮蛋（食譜於觀念1），將蛋黃與蛋白分開，分別以細網濾網過篩

1. 將吐司放在一個大盤子上。放進微波爐用最大火力微波4分鐘，取出翻攪一下。再以中等火力微波約3到5分鐘，直到吐司變乾、少數開始呈現淡褐色，每分鐘攪動吐司一次。將乾吐司放入食物處理機中，開始打約45秒，直到呈現非常細的麵包粉。將麵包粉放到淺盤裡，最後總量應該為1¼杯。將麵粉撒在第二個盤子裡。在第三個盤子裡打蛋，在蛋液中加入1大匙油。

2. 每次只處理一塊豬排。把豬排放在兩張牛皮紙或

保鮮膜的中間，切面朝下，搥打肉塊使其厚度在⅛與¼吋之間。用紙巾拍乾肉排上的水分，撒上鹽巴與胡椒。一次只處理一塊肉，灑上麵粉，甩掉多餘麵粉，裹上蛋汁，讓多餘蛋汁滴回盤子上，讓裹料不要太過厚。最後，以麵包粉均勻包覆，輕輕地按壓麵包屑使其黏著於肉上。將裹好粉的豬排平放在置於烤盤裡的烤架上；讓裹料風乾5分鐘。

3. 在大荷蘭鍋裡倒入剩餘的2杯油，以中火加熱直到油溫達375°F。將兩塊肉塊放入油鍋裡油炸，每面約1到2分鐘，不要覆蓋交疊，持續且緩慢搖晃鍋子，直到肉塊變皺且兩面顏色變成金黃色為止。將完成的豬排移至鋪有廚房紙巾的盤子上，將豬排翻面數次，讓紙巾吸乾豬排上多餘的油。重複上述動作，油炸剩餘的豬排。加上配菜擺盤即可享用。

成功關鍵

炸豬排通常會又濕又油，可是如果處理得好，結合輕盈的麵包屑麵衣與軟嫩多汁的豬排是令人難以抗拒的。和本觀念裡所提到的其他食譜不同，我們希望維也納炸豬排的麵衣可以蓬鬆些，為擁有柔嫩口感與適度的味道，我們採用搥打過的腰內肉與自製麵包屑，並且需要一點手臂力量來完成。

挑選部位：多數炸豬排食譜建議使用無骨豬排，並把豬排搥成薄片。不過，豬排有緊密的肌肉纖維，代表將這些豬排搥打成薄片，要耗費很大的力氣。這也代表，一旦豬肉煮熟了，口感會又乾又粉。因此我們改用腰內肉，將肉排搥打變薄且下鍋油炸，肉質非常的軟嫩，而且有一股類似小牛肉的淡淡氣味。

微波麵包粉：若使用未處理過的粗麵包粉，在油炸時麵包粉還沒變得酥脆，豬肉可能已經過熟。我們發現，先用較強的火力微波麵包粉，再用中等火力微波一下，最後放入食物處理器打一下，就可以做出極細而乾燥的麵包粉，油炸後會特別的酥脆。

使用臂力：維也納炸豬排的特色是皺褶與蓬鬆的外表。如果持續且緩慢的搖晃鍋子，足夠的熱油可以迅速將麵衣裡的蛋汁加熱，使得其中的蛋白質凝固並形成障礙、阻止水氣蒸發，讓肉塊開始膨脹起來。「搖晃」可以讓熱油覆蓋肉排的上層，加快豬排定形並刺激其膨脹。

觀念17：油溫，決定炸物的美味關鍵
Good Frying Is All About Oil Temperature

無論到哪裡，幾乎都在速食店裡買到炸薯條，搭配著從醬料包擠出的番茄醬一起吃。或是在棒球場上，吃著上頭還淋著辣椒與起司的炸薯條，又或是在高級酒館裡，可以嘗到上面點綴著松露油與海鹽的薯條。薯條，是美國最受喜愛的食物之一。既然大家都愛，為什麼我們從來不在家自己動手做？或許是我們不喜歡失敗的油炸食物吃起來的油膩感，但是其實沒有必要如此害怕，因為只要做法正確，炸物並不困難。做出好吃炸物的關鍵就在──「油溫」。

◎科　學　原　理

油炸食物時，油溫應該介於325到375℉之間，因為在這個溫度下，當我們將馬鈴薯、雞肉或蝦子等食物下鍋後，食物表面的水氣立即變成水蒸氣。請大家試著回想一下自己將食物放入熱油時，曾見過氣泡產生。那可不是油在沸騰，而是炸物上的水氣正溢出表面。

雖然聽起來有違一般人的直覺，但油炸其實是一種「乾熱」的烹煮方式。當水蒸氣從食物中跑出來，留下的細小縫隙由微量的油脂所取代。而且食物在油炸過程中，最外層的澱粉層會乾掉，因為一般的料理是油炸澱粉類的食物，或以澱粉糊包裹住非澱粉食物。因此食物變得透氣且酥脆，許多的油脂也會附著在這個新形成的外皮上。

高溫在這裡扮演著非常關鍵的角色。如果油的溫度不夠高，食物經過油炸的過程裡，上頭的水分就不會變成水蒸氣，也會導致食物外層不易變乾，更別說使食物產生典型的褐變特徵與酥脆外皮了。再加上，形成味道的褐變反應，如觀念27的「焦糖化」、觀念2的「梅納反應」，都得等油溫達到300℉時才會快速產生，倘若在形成酥脆外皮前，食物都還沒吸附足夠熱油，將無法阻止油炸食物裡的水分流失到外層，如此一來，這道料理最後就以變得軟爛並且糊糊的收場。除此之外，若我們一次把大量食物放入鍋中油炸，也會使得油溫瞬間降低，讓食物變成一堆軟爛糊狀的炸物，這也是我們通常必須分批油炸食物的原因。

酥脆的外皮不僅讓食物更添美味，完美的烹飪技巧也可以讓炸物吃起來不會過於油膩。油溫真的只是取決炸物吃起來是否油膩的原因之一，無論你相信與否。實際上，只要油溫愈高，水分減少越多、吸附的油脂就會越多，其說明請參考本觀念的「實用科學知識：別擔心含油量高」。但是「油炸食物時所吸附的油分，真的只是讓炸物變油膩的次要原因。」事實證明，多數的油炸食物是炸好後，表面的油開始穿透酥皮的麵衣，使食物開始吸油。即使是炸得酥脆完美的外皮，也不能防止馬鈴薯吸收油分，但卻可以防止馬鈴薯變得軟爛、顯得一副很油膩的樣子。

請記住，油溫可能過熱也會增加料理上的風險。當油溫超過400℉下鍋油炸，食物內部還沒熟透，但外層可能已經燒焦。而且，即使食物的內部熟透了，過高的油溫也會讓水分一下流失太多，使食物變得很硬。因為「當油溫過高時，直接影響的可能就是油的品質了。」在我們細究這個現象之前，讓我們先瞭解油脂與油分這項基礎科學。

雖然「油脂」（fat）與「油分」（oil）這兩個詞彙經常被我們交相替換運用，但是從定義來看，油脂在室溫下是固體的，油分則是液體。新鮮的油炸用油有98％以上是由三酸甘油酯組成，它是三個脂肪酸分子經由化學鍵與甘油分子結合。在飽和脂肪酸中，例如肉類裡，使得三酸甘油酯在室溫下會呈現固體狀。但如果

是在不飽和脂肪酸，例如來自植物性的油份，三酸甘油酯則會呈現液態。當我們把油脂與油份加熱，並將兩者與食物接觸時，會發生兩種現象：三酸甘油酯與來自食物裡的水分產生作用後，會另外形成自由脂肪酸與甘油，這時不飽和脂肪酸也會因為接觸空氣而氧化。這兩種作用縮短了油炸用油的使用壽命，也就是油分加熱後開始冒煙的溫度變得愈來愈低。

「冒煙點」，指的是油開始冒出不受歡迎的煙的溫度。除了上述原因外，也會因油品不同而有所差異，不過整體上，主要取決於「油脂分解成自由脂肪酸的速度有多快」，其詳細說明請參考本觀念的「實用科學知識：固態油脂與液態油的冒煙點」。油脂的自由脂肪酸數量是否適合高溫油炸的判斷指標，也就是其冒煙點的「落點」。在正常使用頻率下，每一種油品終究會開始冒煙，但隨著油品被使用的次數愈多，冒煙點的溫度就會愈低。

現在我們已經知道油溫的重要性，然而在這回的實驗廚房中，我們究竟該從何處著手呢？「炸薯條」向來是一項不錯的選擇。

當馬鈴薯遇到熱油時，發生了什麼變化？

生馬鈴薯：
在遇到熱油之前，生馬鈴薯裡的水分均勻分佈著。

油炸中：
馬鈴薯放進熱油中油炸時，裡面的水分瞬間變成水蒸氣並蒸發，留下了縫隙。

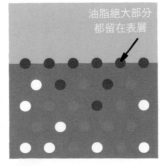

油炸後：
馬鈴薯表面上的坑洞縫隙會充滿油，有助形成褐色酥脆的外皮。吸附的油量與流失的水分直接成正比。

⊗🍴 實 驗 廚 房 測 試

為了找出炸薯條的最理想油溫，我們進行了以下實驗，分別將褐色的馬鈴薯切成¼吋厚的條狀，並將它們以275℉、325℉以及400℉的油溫分批油炸。

實驗結果

這項實驗發生了一些顯著的差異。首先，這三組薯條的油炸時間差異很大。放進熱油中才短短幾分鐘，400℉油炸的薯條已經燒了起來，但在這個時候，以275℉油溫油炸的薯條，即使已在鍋子裡炸了10分鐘，顏色依然是偏白色的。至於以325℉油溫油炸的薯條，則介於兩者之中，經過約6分鐘的油炸後，薯條表面形成了一層金黃色的外殼。除了外觀，真正的差異在薯條的內部。我們讓這三組薯條都冷卻1分鐘後，像解剖青蛙般地將它們從中心切成兩半。同樣的，以325℉油炸的薯條仍然很完美，中心看起來很蓬鬆，堅硬酥脆的外皮包圍著剛炸好的馬鈴薯。使用275℉油炸的薯條，從頭到尾都是濕潤的，包括了非常濕軟的外皮；至於在400℉高溫油鍋中炸過的薯條，則有一小圈過熟的外皮，但中間的馬鈴薯仍完全是生的。

重點整理

這項實驗結果證明了，油溫對炸物造成的差異甚鉅。用400℉高溫油炸的薯條，在馬鈴薯的內部完全熟透前，外皮很快就變成褐色，已經是瀕臨燒焦的狀態。另一方面，使用275℉油溫油炸的薯條，雖然完全熟透，但卻沒有酥脆外皮，因此從裡到外都是溼潤鬆軟的樣子。至於最理想的溫度325℉：這個熱度足以讓馬鈴薯裡面的水分立即變成水蒸氣，使外層變乾形成一層褐色酥脆的外皮，同時馬鈴薯的內部也保持溼潤、綿密。因此，油炸食物時，一定要監測你的油溫！

✏ Tips：油溫與薯條的顏色：

太淺
275℉油溫炸過的薯條外皮蒼白。

完美
神奇的325℉油溫炸出完美酥脆的薯條。

太深
油溫400℉時，薯條外層熟得太快，幾乎是燒焦的。

《油炸的實際運用》薯條

炸馬鈴薯時最希望看到酥脆金黃的外皮與鬆軟濕潤的內裏。我們可以利用熱油，但無須過熱，以及一些控制馬鈴薯澱粉的技巧達到這個目標。在以下的食譜中，我們試著深入油炸科學裡的知識，嘗試以一個看似不太合理並違背本觀念的實驗結果：利用冷油來炸薯條。在觀念13曾介紹另一種廣受歡迎的炸物——炸雞的基礎理論探討及說明此時可以用來相互參考。

經典薯條
4人份

以幾大匙的培根油放入油中調味，可以為薯條增添些許的香氣；不過就算省略這道手續，也不會影響炸薯條最後的成果。薯條放入油裡，會開始噴出泡泡，因此要確定鍋裡的油與油鍋上方的距離，至少有三吋以上。我們希望使用花生油來油炸，不過也可以用其他植物油來代替。這份食譜會需要一個至少7夸脫的荷蘭鍋來完成。

2½磅褐皮馬鈴薯，削皮，橫切條狀、約¼吋
2大匙玉米澱粉
3夸脫花生油
¼杯濾過的培根油（視需求添加）
猶太鹽

1.將切好的馬鈴薯放在大碗中並用流動的冷水沖洗，直到水變得清澈。再以冷水蓋過馬鈴薯，放入冰箱30分鐘，或者最多12個小時。

2.將水倒掉，把馬鈴薯平舖在廚房紙巾上，將水分完全吸乾，再放置大碗中，在上面灑上玉米澱粉，直到馬鈴薯外層均勻裹上。將馬鈴薯置於有邊烤盤中的烤架上，靜置約20分鐘，直到形成白色外皮為止。

3.同時，將荷蘭鍋裡的花生油，以中火加熱至325℉；若有使用培根油也可以一起倒入加熱。在有邊烤盤中架好烤網，在烤網鋪三層廚房紙巾，放置在一旁待稍後撈起薯條吸附表面油脂。

4.將一半的馬鈴薯置於熱油中，每次一小把，把火力轉為大火。開始油炸，並以網狀撈勺或漏匙攪動約4至5分鐘，直到馬鈴薯從白色變成黃色為止。油炸過程中油溫將會降低75℉。使用撈勺或漏匙將馬鈴薯撈起放在一旁準備好的網架上。再將油溫加熱回325℉，重複原來的動作，將剩餘的炸熟。讓薯條冷卻至少10分鐘。

5.增加荷蘭鍋的火力，將油加熱至350℉。在第二個有邊烤盤中架放好第二個烤網，並於烤網上鋪上三層廚房紙巾。將一半的馬鈴薯放到熱油中油炸約2到3分鐘，每次一小把，直到顏色變成金黃色且蓬鬆為止；並將薯條放到一旁準備好的烤網上吸油。把鍋中的油加熱回350℉，重複原先的動作將剩餘馬鈴薯油炸一次。完成後在馬鈴薯上灑上鹽巴，即可享用。

成功關鍵

能將自製薯條做到宛如速食店販售般的酥脆外皮、蓬鬆內在、質樸香甜的口感，真是一種意想不到的發現。只要我們使用新鮮馬鈴薯，並分批地放入熱花生油中油炸，成果應該不會太差。我們也發現，在馬鈴薯外層裹上些許的玉米粉，可以增加令人驚豔的酥脆口感。

使用新鮮褐皮馬鈴薯：顯然地，要做出美味的炸薯條必須選對馬鈴薯。該使用「粉質」還是「蠟質」的馬鈴薯？我們測試最受歡迎的兩種蠟質馬鈴薯，其澱粉含量低、水分含量高，但結果是兩者皆不理想，由於此品種含有太多的水分，在油炸時裡頭的水分會蒸發流失，油因而取代了水分、填滿這些縫隙，讓最後炸好的薯條變得很油膩。接著，我們再以隨處可見、富含高澱粉量的褐皮馬鈴薯進行測試。這種馬鈴薯炸出來的效果很好，其高澱粉、低水分的特性，讓馬鈴薯外層的澱粉顆粒增大膨脹，釋放出一種稱為「直鏈澱粉」的澱粉分子，並且在經過油炸後轉變成為完美的外皮，形成眾所期待且想要的結果。有關馬鈴薯的料理科學，請參考觀念25。

充分洗淨：因為這些馬鈴薯含有豐富的澱粉，所以在將馬鈴薯切成條狀準備油炸前，將表面洗淨是一道很重要的步驟，其原理請參考觀念26。想洗掉馬鈴薯裡的部份澱粉，只要將切好的馬鈴薯放到一個大碗裡，再將碗放在水槽中，打開水龍頭以流動的冷水沖洗，以手指攪動直到水質變清澈為止。這個步驟或許看起來無關緊要，卻是影響成果的關鍵之一。因為，以傳統方式來油炸馬鈴薯時，若馬鈴薯表面有任何多餘的糖分，薯條還來不及形成酥脆外皮前，表面的糖會焦

得太快。利用流動的水沖洗馬鈴薯，則可以去掉表面上的糖。

熱馬鈴薯，冷馬鈴薯：將浸泡在冷水碗裡的馬鈴薯冰進冰箱至少30分鐘，這個步驟代表著馬鈴薯在第一次下油鍋時，是在近乎冷凍的狀態下。這可以讓馬鈴薯內部慢慢熟透、外皮更為酥脆，外觀的顏色更漂亮。

削皮與切塊：我們比較喜歡油炸削過皮的馬鈴薯，因為馬鈴薯會阻礙我們樂見的小氣泡形成。而且去皮後，也得以檢視內部不完美之處，甚至可以進一步修整切除。要讓每根薯條切起來統一整齊，最好的方式就是先將馬鈴薯的每一面修掉一些薄片，先切成一個方正的塊狀時，再將其切成寬度為¼吋的片狀；最後，一片片的馬鈴薯再切成寬度為¼吋的條狀。

使用玉米澱粉：當我們發現許多速食店裡的薯條，在下鍋油炸前都先裹上一層薄薄的澱粉外層。所以，當我們自己動手做時，也決定如法炮製一番。結果如何呢？我們分別以玉米澱粉、馬鈴薯粉以及葛粉測試後，發現薯條的酥脆度立即提升。因為添加的澱粉會吸收馬鈴薯表面的部分水分，變成一層類似乳液狀的外層；而這層外層會釋出「直鏈澱粉」澱粉分子，在油中遇熱後會轉變成酥脆外皮。經實驗後我們比較喜歡使用玉米澱粉，因為只要2大匙就可以形成一層不會影響薯條風味的外皮，又能保證使薯條變得酥脆。

選擇用油：哪一種才是炸薯條的最佳用油？為了找出答案，我們分別使用豬油、植物性酥油、芥花油、玉米油以及花生油來進行實驗。豬油與酥油確實可以炸出美味的薯條，可是我們也發現，許多廚師並不想使用這類充滿飽和脂肪的產品。因此開始測試90年代廣為倡導的芥花油，在目前日產九百萬磅薯條的麥當勞，就是使用這種調和用油。不過，我們對芥花油油炸的成果並不滿意，用它炸出的薯條風味較平淡，且幾乎是濕的。在本次實驗中，玉米油雖然是最不被挑剔的油類，但是我們也瞭解到，以花生油炸的馬鈴薯，在口味上雖然清淡，卻充滿著風味又不至過於濃郁，同時保留馬鈴薯質樸的味道，不會搶了薯條的味道。不過，我們還少了一樣武器——可增添薯條風味的東西。這樣東西可透過動物性脂肪取得，所以我們在花生油裡加入濾過的培根油，約莫是豪邁的1大匙比1夸脫花生油的比例。這樣混合出的油品所炸出的薯條會充滿肉香，卻不讓人覺得過度油膩。終於，我們找到效果等同豬油的油品了。

油炸兩次：首先，我們先在相對低溫的油裡炸薯條，

將馬鈴薯的濃郁與質樸原味釋放出來。之後，再將馬鈴薯放入溫度較高的油裡快速油炸，直到顏色變成金黃色為止。舊式的食譜多半建議，初次油炸的油溫為350℉，最後油炸的油溫則在375至400℉之間。但我們認為這樣的溫度實在太高，我們希望初次油炸的溫度為325度，最後油炸的溫度則是350℉。較低溫度比較容易監測；至於較高溫度，薯條在油炸過程中容易失敗。

兩次油炸之間，必須靜置：第一次油炸之後，將薯條靜置10分鐘再進行第二次油炸。因為間隔的10分鐘會讓白色薯條外層的澱粉形成一層薄膜，在第二次油炸時薯條就會變得酥脆。

使用撈勺：若你有機會瞥見一般餐廳的廚房，你會看到廚師們在散發蒸氣的湯鍋或裝著冒泡熱油的大鍋前，用一根有長長握柄的不鏽鋼網狀淺型撈勺，從鍋中取出燙好的蔬菜、薯條、或皮薄的餛飩。總而言之，大多數的廚師總是拿著他們所謂的「蜘蛛」，亦即「笊籬」的工具。只要它往鍋中一撈，即可不費吹灰之力的將各種食物一勺勺取出，而不會把熱油、水或是湯汁撈起來。我們強烈建議製作本食譜時也使用撈勺。

實用科學知識 油炸用油的品質，什麼時候最棒？

"保存1杯使用過的油與新鮮的油品混合，炸物將會更顯酥脆且金黃得更均勻"

高溫油炸的時候，選擇初次使用的油品不見得是品質上的保證。美食作家羅斯‧帕森斯（Russ Parsons）在《如何解讀薯條》（暫譯；How to Read a French Fry）一書中解釋道，油炸用油有五個階段——才剛磨合初榨的（break-in，太過新鮮而炸不好）、新鮮、最適宜，品質下滑、變質的，以及應該丟棄、色澤黑、出現油耗味且開始冒煙的油品。食物在油品處於「最適宜」的狀態中油炸，炸物的外表金黃且酥脆；至於使用才磨合好以及新鮮狀態下的油品，其食物炸完後顏色比較白，也相較不酥脆。使用變質中以及應該丟棄的油來油炸食物，會讓食物變黑且油膩，還帶有不好聞的油耗味。

為什麼？油炸時，太新鮮的油無法滲透圍繞在食物邊緣的水分子壁。經過一段時間後，當油不斷地加熱而開始分解，就會產生光滑、如肥皂般、可以穿透水分子壁的混合物。因此油與食物不斷接觸之下就會產生褐變與酥脆感，在不斷使用之下，油品中

的自由脂肪酸比例，從「剛磨合」一直到「應該丟棄」這五個階段裡，其變化從0.03%至0.05%，逐漸躍升為8%至10%。

基於上述理由，我們想知道，倘若將新鮮與用過的油混合，是否能夠製造出最適合油炸的油。我們以新鮮的油，與使用咖啡濾紙過濾掉油中雜質用的炸過一次薯條的油混合，分別用來油炸蝦子、魚以及薯條。結果發現，炸過一次的油混合新鮮油所炸出的炸物，比新鮮油炸的食物，更為酥脆且外觀呈現更均勻的金黃色。

因此，下一次準備油炸食物時，請先保留1至2杯使用過的油，並與新鮮的油混合在一起。我們發現，1杯使用過的油與5杯新鮮用油混合，是最佳的黃金比例。當油冷卻時，用幾層棉布或咖啡濾紙來過濾裡面的雜質，再將其放入密閉盒子裡，冰入冰箱或冷凍庫中。如何保存細節請參考本觀念「實用科學知識：儲存使用過的油炸用油」。以此方式保存油品，可以再使用二至三次仍不會變質。可是得牢記，油炸用油會依食物不同而影響其味道。一般而言：炸魚用油通常必須丟棄、不要重複使用；炸雞肉或馬鈴薯則可以用相同的油，但是用來炸過甜甜圈的油，只能再用來油炸甜甜圈。在油炸的時候，也必須保持油品的清潔，時不時去除浮在上面的雜質，並避免鹽或水混入油中。最後，要特別留意油的溫度。在油炸過程中，當油溫到達了冒煙點，會讓食物有一股不好的味道，因此，別再使用它了。

實用科學知識 固態油脂與液態油的冒煙點

"不同的油脂與液態油，冒煙點將不同"

固態油脂與液態油	冒煙點（華氏）*
椰子油	385
特級初榨橄欖油**	410
花生油	446
玉米油	455
芥菜油	457
豬油	464

*所有固態油脂與液態油的冒煙點，將因應每個樣品而有所不同，主要視其精煉與製造過程而定。
**資料來自美國加州橄欖油協會（California Olive Oil Council）。雖然所有油的冒煙點因應成份來源差異甚鉅，但過濾過的橄欖油冒煙點的溫度會更高。

資料來源：美國酥油與食用油協會
（Institute of Shortening and Edible Oils）

簡易薯條
3-4人份

加入幾匙培根油到油炸用油中，可以在薯條裡增添些許肉香，不過省略此步驟也不會影響最終成果。我們傾向使用花生油來油炸，但也可以用其他植物油代替。此外，本食譜不適合用來油炸地瓜或褐皮馬鈴薯。若有需要，可佐以番茄醬或其他沾醬（食譜後附）。這份簡易薯條，需要一個容量6夸脫的荷蘭鍋來完成。

2½磅加拿大育空馬鈴薯（Yukon Gold potatoes），擦乾，削去四邊呈方形，切條狀、約¼吋
6杯花生油
¼杯濾過的培根油脂（視需求添加）
猶太鹽

1. 在有邊烤盤中架好烤網，並且在烤網上鋪好三層廚房紙巾，放置在一旁。將馬鈴薯、花生油以及培根油（如有使用）在荷蘭鍋中混合，開大火加熱約5分鐘，直到油滾動沸騰。再持續加熱15分鐘，不須攪拌，直到馬鈴薯變軟且其外皮開始變硬為止。

2. 用夾子攪動馬鈴薯，輕輕地刮除鍋中所有黏住的東西，並且持續油炸約5至10分鐘，偶爾攪拌一下，直到馬鈴薯的表面變成金黃酥脆。使用撈勺或漏匙，將鍋裡的薯條移至準備好的烤網上瀝油。依個人喜好撒上鹽巴即可立即上桌。

比利時風味沾醬
約為½杯，可搭配1份簡易薯條

在比利時吃薯條的基本佐料，是以美乃滋為基底製作而成，加入適量的辣醬將會使得薯條更添風味。

5大匙美乃滋
3大匙番茄醬
1瓣切碎的大蒜
½-¾茶匙辣醬
¼茶匙鹽巴

將所有材料放入小碗裡混合、攪拌。

5大匙美乃滋

3大匙酸奶油

2大匙切碎的細香蔥

1½茶匙檸檬汁

¼茶匙鹽巴

¼茶匙胡椒

將所有配料放入小碗裡混合、攪拌。

實用科學知識 儲存使用過的油炸用油

"將使用過的油品冰進冷凍庫，低溫會降低氧化速度，有助於防止腐壞"

哪種方式最適合儲存使用過的油炸用油？好讓下次再次使用時不會出現腥臭或腐敗的氣味？如果只是短暫存放，可以放在陰涼的櫥櫃中。因為暴露於空氣與光線下，會加速油品的氧化速度，並且產生不好聞的氣味。如果要長期存放、時間超過1個月，儲存的溫度愈低愈好。我們先以植物油來油炸雞肉，再將這份用過的油，先過濾後分裝在三個盒子中，並分別存放在不同的地點：陰涼的櫥櫃、冰箱以及冷凍庫裡。2個月後，我們再分別用這三盒子裡的油來炒白吐司塊，並品嘗其味道。

顯而易見的，放於櫥櫃裡的油炒出的吐司，已經出現難聞的腥臭味，至於冰在冰箱的油炒出來的味道也不佳，只是沒有前者如此令人作嘔。而冰在冷凍庫裡的油炒出來的吐司，味道仍相對新鮮。原因是什麼？雖然避免陽光照射很重要，但相對的低溫則可以有效降低氧化速度，並減緩過氧化物的產生，而這就是油產生臭味的來源。因此，存放在極度低溫且黑暗的冷凍庫中，最能讓使用過的油炸用油保持新鮮。

成功關鍵

我們希望炸薯條時可以減少一半的用油量，且無須經過兩次油炸，因此我們嘗試先將馬鈴薯泡在冷油當中，再慢慢以高溫炸到變成褐色為止。這份食譜使用像加拿大育空馬鈴薯的低澱粉馬鈴薯，即便使用冷油也可以炸出外層酥脆、內在綿密的薯條。

從低溫開始：依據美食作家傑佛瑞·史坦嘉頓（Jeffrey Steingarten）的建議，我們找到可以做出類似經過兩次油炸薯條口感的方法；史坦嘉頓的這個方式，其靈感來源是法國米其林星級主廚喬爾·侯布雄（Joel Robuchon）。在本食譜中，侯布雄省略了沖洗與浸水，相反的，他將馬鈴薯直接浸泡於室溫或「冰冷」的油中，並以大火加熱進行油炸，直到顏色變褐色為止。令人訝異的是，這個方法居然有效。究竟是怎麼辦到的？這個方式讓馬鈴薯的內部，在外層開始變得酥脆之前就有機會變軟且熟透。其實本食譜的用意，是讓油慢慢加熱的同時，馬鈴薯其實也已經半熟了，這個過程就像是二次油炸的第一階段。在油溫一熱後，馬鈴薯的外部則開始炸得酥脆且變成褐色，就像是二次油炸的第二階段。

使用育空馬鈴薯：當我們用之前製作經典薯條所使用的褐皮馬鈴薯，按照本食譜的冷油油炸時，得到的是炸出有點硬的薯條，我們認為，這應該是褐皮馬鈴薯富含澱粉的緣故。以傳統二次油炸法來說，澱粉是一種非常棒的成分，因為在馬鈴薯最外層的澱粉粒子膨脹、破裂，釋放出直鏈澱粉，凝固變成酥脆的外皮。然而，如果烹煮的時間較久，太多的澱粉粒子破裂，會讓外皮過厚，反倒使口感變得太強韌而不酥脆。

假如富含澱粉的馬鈴薯在底溫油炸是個問題，為何不採用澱粉含量較少的馬鈴薯替代呢？我們將幾磅的育空馬鈴薯切片，其水分含量比褐皮馬鈴薯高，試試使用這些馬鈴薯片來製作本食譜。得到的效果非常好，真的令人讚賞。使用育空馬鈴薯製作出來的簡易馬鈴薯，擁有酥脆的外皮，口感非常接近以二次油炸製作出來的薯條，毫無褐皮馬鈴薯油炸後出現的堅硬口感，而且內部也非常鬆軟。顯然的，含水量較高、澱粉量較少的育空馬鈴薯，比較經得起本食譜運用的長時間烹煮法。而且，育空馬鈴薯的皮非常薄，不削皮也可以直接使用，因此讓這道料理處理起來更簡單。

不必沖洗：這道料理不需要沖洗馬鈴薯。為什麼？首先，我們使用澱粉含量較少的馬鈴薯，因此表面會燒焦的糖分較少，其來自於破裂的澱粉。其次，以較低溫度油炸也會延緩薯條產生褐變，且不影響其酥脆的速度，得以確保馬鈴薯在全熟之前外皮不會過焦。

不必攪拌／要攪拌：傳統的油炸方式需要不斷地攪拌以避免沾黏。不過，在我們使用育空馬鈴薯的本食譜裡，由於馬鈴薯很脆弱，在烹煮初期即明顯變軟，任何攪動都會讓馬鈴薯破碎。因此，我們認為在馬鈴薯

放入鍋裡的前20分鐘，不要攪拌它們，才足以讓馬鈴薯慢慢形成一層外殼；之後攪拌時，才不會有任何負面影響。我們也認為薯條的厚度少於¼吋也比較不會沾黏鍋子，而且我們也喜歡它酥脆外皮與鬆軟內在的比例。

實用科學知識 別擔心含油量高

"令人訝異的是，使用冷油來油炸不會讓薯條更油膩"

我們用更簡易的方式來炸薯條，並且不用事先把油加熱，而是以較長時間的油炸，取代在熱油中以較短時間的二次油炸的傳統做法。然而，馬鈴薯長時間浸泡在油裡，難不會讓薯條變得更油膩？

我們選用較適合以冷油法烹煮的育空馬鈴薯薯條，分為兩批油炸。第一批先用傳統方式，將3夸脫的花生油加熱至325℉，並放入2½磅馬鈴薯進鍋裡油炸，直到外觀開始變色，撈起，將油溫加熱至350℉，再將馬鈴薯下鍋繼續油炸，直到外觀呈現金黃色為止。接觸油的時間總計不到10分鐘。

另外以冷油法油炸第二批馬鈴薯。將2½磅的馬鈴薯放進6杯的冷油中並開始加熱，油炸約25分鐘，整個過程油溫未超過280℉。隨後將這兩批薯條的樣本，寄到獨立實驗室裡進行油分檢測分析。結果是，以冷油法油炸的薯條油量，比以傳統的二次油炸法的薯條少了約二分之一，也就是13%：20%。

薯條吸附油脂的方式有兩種。在油炸過程中，馬鈴薯接近表面的水分會流失，其空隙將由油份所取代。接著，在薯條從熱油中取出、冷卻之後，外部的油開始回滲。由於冷油法是以較為和緩的方式油炸薯條，流失的水分較少且足以讓薯條維持酥脆，而且油炸過程裡馬鈴薯吸收的油分也較少。再者，冷油法讓薯條只會在油炸後冷卻一次，而傳統方式卻需要冷卻兩次，所以完成後的吸收油也較少。

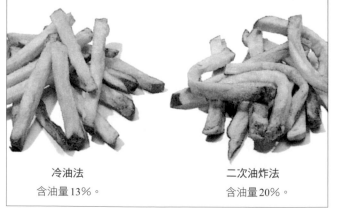

冷油法　　　　　　　　二次油炸法
含油量13%。　　　　　含油量20%。

《油炸的實際應用》 天婦羅

炸蝦天婦羅吃起來應該要輕盈酥脆才對。不過也因為麵糊棘手、料理時間短，想要炸出完美的第一批或第二、第三批的蝦子，其實並不容易。我們使用熱油，甚至比油炸「經典薯條」裡使用的油溫還要高，以及一項製作麵糊的神奇方法，讓我們第一次以及每次炸蝦都能成功。

炸蝦天婦羅
4人份

別忽略了伏特加，它是天婦羅酥脆外皮的關鍵。你需要一個容量至少7夸脱的荷蘭鍋，當油溫達到385℉時，記得開始把麵糊攪拌在一起，最後可下鍋炸物的油溫應該是400℉。在整個過程中，維持高油溫是很重要的關鍵。巨型蝦（16-20隻）或特大蝦（21-25隻）可相互替代。先將蝦子按體型分成三批，再個別進行油炸，體型較小的那批蝦子油炸時間得減少1分半至2分鐘。在油炸炸蝦天婦羅時，蝦子的尾部比靠近頭部的肉質還容易收縮，使得蝦子過於彎曲，麵糊也容易結成一塊。為了防止這個現象，可以先在蝦子的尾巴淺淺地畫上兩刀。

3夸脱植物油
1½磅大蝦（每磅約8-12隻），去除蝦殼、腸泥，尾巴留下
1½杯中筋麵粉
½杯玉米澱粉
1杯伏特加
1顆大顆的雞蛋
1杯氣泡礦泉水
猶太鹽
1份沾醬（食譜後附）

1.將烤箱烤架調整至中高層，烤箱預熱至200℉。另外在有邊烤盤中架好烤網。將荷蘭鍋中的油以中火加熱，讓油溫達到385℉。

2.當油在加熱時，在蝦子的尾巴處淺淺地劃上兩刀，兩刀相隔約1吋、每刀約¼吋深。取一大碗，將中筋麵粉與玉米澱粉混合。再取第二個大碗，將伏特加與雞蛋攪拌混合，並加入礦泉水。

3.當油溫達到 385°F，把第二個碗中的伏特加雞蛋液，倒入第一個碗中的麵粉混合物裡，慢慢地攪拌直到全部融合在一起成為麵糊，如果仍有些小塊狀凝結也無妨。將一半的蝦子浸入麵糊中，利用夾子將蝦子從麵糊中夾起，一次一隻，讓多餘的麵糊自然滴下後，再小心的放進油鍋中，此時油溫應該達到 400°F。開始油炸約 2 至 3 分鐘，用筷子或木製叉子翻動，以防止沾黏發生，直到蝦子呈現淡褐色為止。使用漏匙將炸蝦移至鋪好餐紙的盤子中，並灑上鹽巴。一旦餐紙吸收多餘的油後，將蝦子移到準備好的烤網上，並放入烤箱中。

4.將油溫重新加熱至 400°F，大約需要 4 分鐘時間；重複以上程序油炸剩餘的蝦子。加上沾醬，即可食用。

實用科學知識 酒可以讓麵糊變得更棒

"另外添加伏特加，可以有效控制麩質形成"

用來製作炸蝦天婦羅的麵糊極不容易成功，如果過度攪拌，即使只要一點點，或者只是讓麵糊擱置的時間太久，很容易就變得黏稠又厚重。即使第一批炸出來的炸蝦天婦羅酥脆爽口，後面幾批炸好的蝦子也可能會慢慢變得比較黏稠油膩。我們在製作另一項講究的食物——派皮，曾建議以伏特加取代部份水分，如此一來可以百分之百成功做出派皮。其原理請參考觀念 44。如果我們也使用同樣的替代方式來製作天婦羅的麵糊，可以避免麵糊過度攪拌或擱置太久所產生的問題嗎？

我們利用兩種麵糊分別油炸兩批蝦子。第一批麵糊包含了 1 顆雞蛋、1½ 麵粉、½ 杯玉米澱粉以及 2 杯礦泉水。第二批麵糊裡，我們將其中 1 杯礦泉水換成伏特加。

加入伏特加的麵糊炸出的蝦子，第一批和第二批一樣，兩批都酥脆可口。但是，未使用伏特加的麵糊所炸出的蝦子，口感比較厚重油膩。當水與麵粉混合時，麵粉中的蛋白質會形成麩質，讓麵糊產生結構，但只要攪拌次數稍多或是擱置稍久就會產生過多麩質。由於伏特加的成份裡有六成的水與四成的酒精，較不易與蛋白質結合形成麩質，因此無論攪拌多少次或是將麵糊擱置多久，麵糊都不易凝結、且會一直呈液體狀，能掌控住麩質形成。

恰恰好	過度膨脹	太厚實	太薄
令人驚豔的麵衣成分與正確的處理技巧，使炸蝦天婦羅炸得恰到好處，外皮酥脆且蓬鬆。	將打發的蛋白加入麵糊中攪拌，炸出來的外皮容易像氣球一樣過於膨脹。	過度攪拌的麵糊會讓炸蝦的外皮厚實，像麵包一樣。	攪拌不足的麵糊會讓外皮變薄，導致蝦肉過度油炸。

薑汁醬油沾醬
約¾杯，可搭配1份炸蝦天婦羅

¼杯醬油

3大匙味醂

1茶匙糖

1茶匙加熱烤過的芝麻油

1根青蔥，切成細絲

2茶匙磨碎的嫩薑

1瓣大蒜，切碎

將所有配料放入一個中碗混合、攪拌。

辣椒蒜泥蛋黃沾醬
約¾杯，可搭配1份炸蝦天婦羅

「是拉差甜辣醬」（Sriracha）是使用蒜頭與辣椒製作的一種亞洲辣醬，加入沾醬裡，可以增加其辣味與風味。

½杯美乃滋

2大匙是拉差甜辣醬

2大匙萊姆汁

1大匙磨碎的嫩薑

¼茶匙醬油

將所有配料放入一個中碗混合、攪拌。

鐵板燒芥末沾醬
約¾杯，可搭配1份炸蝦天婦羅

這份沾醬的嗆辣口感主要來自芥末、薑與辣根（horseradish）。

3大匙美乃滋

2大匙第戎芥末醬

2茶匙萊姆汁

2茶匙備妥的辣根

2茶匙醬油

1茶匙磨碎的嫩薑

將所有配料放入一個中碗混合、攪拌。

成功關鍵

許多炸物，包括炸蝦天婦羅等等，外層都會先裹上一層富含澱粉的麵糊，通常是由麵粉製成，再下油鍋裡油炸。如果做法正確，當麵糊被油炸成一層酥脆、輕薄的麵衣後，蝦子應該會很完美又柔軟可口。然而，攪拌不夠的天婦羅麵糊會使得麵衣太薄，使蝦子下鍋接觸熱油時無法提供足夠的保護層；而過度攪拌的麵糊也會讓麵衣過於厚實，讓天婦羅吃起像是裹麵衣的炸熱狗一樣。我們希望有一份簡單明瞭、易於製作的食譜，讓上述兩種極端情況不會發生。因此在料理時，使用熱油，以及利用伏特加取代水製作的麵糊，就能做出令人讚嘆的天婦羅，讓每一批從油鍋裡撈出來的蝦子保持酥脆爽口。

清理蝦子：在製作炸蝦天婦羅時，由於蝦身下側比上側容易收縮，會讓蝦子過彎、麵糊容易結成塊，同時彎曲的內部也不易煮熟。解決的辦法是在剝殼與去除腸泥之後，將其放置在砧板上，用去皮刀的尖端，在蝦身下側畫兩刀間隔約1吋的切口，且每刀約¼吋深。

混合麵粉與玉米澱粉：我們第一次製作麵糊時只用麵粉，在加了水之後就會產生麩質，這會使炸蝦的麵衣有所結構。然而，足夠與過多麩質只有一線之隔，且炸完第一批蝦子後，麵糊會開始變得又厚又稠。若使用完全不會產生麩質的玉米澱粉調出麵糊，其麵衣會像保麗龍一樣硬。將這兩種粉混合，就可以大大改善麵糊的結構。

使用氣泡礦泉水與伏特加：如果在天婦羅麵糊裡使用一般冰水，的確能延緩麩質的形成，直到其溫度回溫為止。為了尋找其他替代品，我們將冰水換為氣泡礦泉水，希望大量的氣泡可以讓麵糊變得美味。氣泡水也確實達到我們想要的效果，而且還有其它好處。由於氣泡礦泉水的酸鹼值為4，比一般自來水略酸，足以延緩麩質的形成，酸鹼值5至6是麩質形成的最佳環境。即便如此，我們還是很容易過度攪拌麵糊，且時間一久，麵糊就會變得厚重黏稠。解決的方法就是加入伏特加。水分會加速麩質形成，但酒精不會，其原理請參考觀念44。將一半氣泡礦泉水與一半伏特加混合在一起，將大幅延緩麩質的形成，有助於製作出「從一而終」的完美天婦羅外皮。

最後一刻才製作麵糊：由於麩質即使沒有攪拌也會形成，若是讓麵糊擱置太久，每過一秒麵糊就會變得更黏稠。因此，麵糊要在最後一刻再開始製作。如此一來便能縮短擱置的時間，以確保炸蝦天婦羅的麵衣是最爽口、最美味的。

觀念18：油脂讓雞蛋變得滑嫩
Fat Makes Eggs Tender

完美的炒蛋應該要像一座柔軟、宛如正在搖晃中凝乳般的巨大山丘：切開時仍可以維持形狀，內裏卻非常鬆軟，軟到可以用湯匙來品嘗它。極致夢幻的歐姆蛋應該要夠紮實，才能夠將蛋皮捲起或是折疊，但雞蛋本身仍得保持鬆滑柔軟的口感。不過，實際情況是盤子裡的炒蛋或歐姆蛋，往往都煮成又乾又硬或者像橡膠一樣。罪魁禍首之一當然是煮的時間太久，但是雞蛋本身也需要其他方式的幫助：例如「油脂」才能讓這些雞蛋料理保持柔軟滑嫩口感，又保有完美成型的外觀。

⚛ 科　學　原　理

炒蛋之所以稱做炒蛋，無疑是因為雞蛋在烹調之前，需要先將蛋白和蛋黃打散、混合在一起。不過，炒蛋主要是靠稱之為「凝固」（coagulation）的過程，在烹調加熱時，雞蛋中的蛋白質性質改變或稱為展開，形成網狀的膠狀物，所以雞蛋才能從液態，轉變成可以用叉子叉起的半固態，因此正確的稱法應該是「凝固蛋」才是。在凝固過程裡也說明了雞蛋何以讓卡士達醬、布丁與醬汁變得濃稠厚實的原因。

為了真正了解液態轉為半固態的過程，我們必須要先知道雞蛋實際上含有截然不同的成分：「蛋白與蛋黃」，因此也會出現完全不同的作用。蛋白容量約佔整顆雞蛋的三分之二，裡頭88％為水分、11％是蛋白質，還有1％的礦物質與碳水化合物。蛋黃裡則有50％的水分、34％脂質（油脂與相關成分）、以及16％蛋白質。

當雞蛋受熱時，裡面的水分開始蒸發，同時雞蛋裡的蛋白質成分開始展開，相互黏在一起，最後形成一個網狀的膠狀體。理想的狀態是，這些蛋白質在形成鬆散的網狀結構網絡時，也可以留住蛋裡的水分，使烹調後的雞蛋滑嫩蓬鬆。然而，在不斷烹調的情況下，使這些相互交錯的蛋白質更緊實的結合在一起，並擠出水分，於是雞蛋吃起來就變得又硬又乾。

多數食譜會要求炒蛋時要加入一些日常飲用的牛奶，這是因為牛奶中的油脂可以包覆在蛋白質的外層，延緩凝固的過程。此外還能從乳品中的水分裡，提供雞蛋額外的水分，即使額外水分蒸發後還是能保有炒蛋的蓬鬆滑嫩口感，吃起來更覺可口。

歐姆蛋的科學原理與炒蛋很相似，只是在「防止過度凝固」的方法不一樣。好吃的炒蛋其成果應該要蓬鬆，但歐姆蛋就需要在較為緊實下，才能夠把蛋捲起來或摺起來。因此，準備歐姆蛋食譜時，不需要額外的水分或水蒸氣，若另外加入乳品反而會帶來麻煩，這代表雞蛋裡有多餘的水分會使得烹調時間變長，讓歐姆蛋變硬。若我們改用一小塊奶油，其富含的油脂但水分不多的特性，就能使得奶油中的油脂包覆著雞蛋中的蛋白質，並且幫助歐姆蛋成型且維持滑嫩口感。冷凍奶油的效果其實更好，因為不會快速融化，反而可以更均勻地分佈在整個雞蛋裡面。

烹煮雞蛋時，裡頭蛋白質的變化

 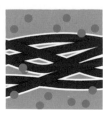 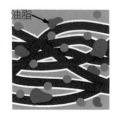

生雞蛋：
生雞蛋裡由小球狀形成的蛋白質束糾纏在一起，還有水分子在旁點綴。

無添加油脂：
烹煮讓蛋白質鏈重新排列結合。持續烹煮也會使它們結合得更緊密紮實，並將水分子排出。

加入油脂後：
油脂延緩了蛋白質鏈排列結合，以及水分排出的過程，使得雞蛋蓬鬆且充滿水分。

為證明油脂對雞蛋的效果，我們依照後附食譜「完美法式歐姆蛋」來準備材料：2顆全蛋、1顆蛋黃以及½大匙的冷凍奶油食材。準備一個8吋的平底鍋，小火加熱10分鐘，加入攪拌好的雞蛋液，火力轉至中大火後，以筷子快速攪拌蛋液，直到裡有小塊的乳狀物形成。熄火，慢慢的將雞蛋均勻鋪平，再蓋上鍋蓋，利用餘溫將蛋悶熟。

我們同時製作了不放半匙冷凍奶油的樣本，再對最後成果進行試驗並品嘗。不論有沒有加入奶油所烹煮出的歐姆蛋，我們都煎出像雪茄般的外型。在試吃之前，我們取了兩塊2磅重的釣魚用鉛錘，分別放置在兩份歐姆蛋的正上方，並重複此實驗三次取得平均值。

實驗結果

雖然每個試吃員皆認為加入奶油的歐姆蛋，比起沒有加奶油的歐姆蛋軟嫩許多，表現在外的反應說明了一切，不過釣魚鉛錘實驗的結果更有客觀性與說服力。兩磅重的釣魚用鉛錘，輕易地就把加了奶油的歐姆蛋壓扁壓碎了，另一頭沒有加入奶油的歐姆蛋，只有輕微往下壓的痕跡。為何會有如此戲劇性的差異？

因為沒添加奶油的歐姆蛋油脂少，難以影響凝固效果，使得散狀的蛋白質網絡較能緊密的結合在一起。也因為這項緊實的結合結果，讓歐姆蛋變得較堅硬、有彈性，可以支撐較重的重量，但是並不好吃。

至於加入奶油的歐姆蛋，由於冷凍奶油在蛋液裡融化，可以充分發揮阻止蛋白質束凝固在一起的效果，因此我們可以看到歐姆蛋保持圓筒狀、但是吃起來依然柔軟滑嫩。

重點整理

歐姆蛋需要足夠的組織結構，才能夠捲起或摺起來，可是過多的結構組織也會讓這道料理吃起來的口感像橡膠一樣。在加入冷凍奶油中的油脂後，讓油脂包覆在蛋白質束的外層，就可以讓歐姆蛋更為鬆散且滑嫩。

✎ Tips：雞蛋的滑嫩度測試

未加入奶油
少了奶油裡的油脂，歐姆蛋硬到足以支撐2磅的鉛錘。

加入奶油
奶油裡的油脂讓歐姆蛋明顯滑嫩柔軟，無法撐起2磅重的重量而被壓扁了。

《凝固的實際應用》炒蛋

經過烹煮這道手續,可以把液態的雞蛋轉變成半固體狀,但是我們的目標是要讓雞蛋成形並同時保持其濕潤柔嫩的口感。這個時候,各式乳品的添加就很重要了,它可以讓雞蛋凝結後依然保持滑嫩的口感,通常我們會選擇半對半奶油加入其中。半對半奶油裡富含的油脂會包覆在雞蛋裡的蛋白質外層,防止它們過度凝固而擠出水份;奶油中的水分會增加雞蛋的溼度,製造出額外的水蒸氣,讓炒蛋特別地鬆軟順口。

完美炒蛋
4人份

用眼睛觀察十分重要,因為鍋子的厚度會影響炒蛋的時間。如果使用電磁爐具(電磁爐／黑晶爐),請把第一個爐頭開小火,第二個爐頭開中火,遇到要調整熱度時,可以在兩個爐頭間移動鍋子。如果沒有半對半奶油,可以用8茶匙全脂牛奶與4茶匙重奶油代替。為了讓擺盤看起來更美,我們將火力降為小火後,在快完成的炒蛋中加入2匙切碎的新鮮巴西利、細香蔥、羅勒、或香菜,又或是加入1大匙切碎的新鮮蒔蘿或茵陳蒿。

8顆大顆的雞蛋,外加2顆大顆的蛋黃
¼杯半對半奶油(half and half)
鹽巴與胡椒
1大匙無鹽奶油,冷凍

1. 將雞蛋、蛋黃、半對半奶油、¼茶匙鹽巴、¼茶匙胡椒用叉子打散,直到完全混合,顏色變成淡黃色。注意不要過度攪拌。

2. 在10吋不沾鍋中,放入1大匙無鹽奶油,開中火加熱融化,旋轉鍋子讓奶油包覆鍋面,得注意不要讓奶油變成褐色。把打好的蛋液下鍋,使用耐熱橡皮抹刀持續且用力在鍋底以及鍋邊翻攪,直到蛋液開始結塊且抹刀刮過後在鍋底可以留下痕跡,過程約需1分半至2分半分鐘。將溫度調低到小火,慢慢且持續的翻摺幾回欲凝結的蛋液,約需30至60秒,直到雞蛋結塊並仍有些微濕氣。立即將雞蛋移置預熱過的盤子中,依個人喜好灑鹽調味,即可上桌。

成功關鍵

製作完美炒蛋的重要關鍵步驟,是先在雞蛋裡加入鹽巴與半對半奶油,再輕輕地攪散雞蛋。由於加入這些材料再加上切換兩種火力的烹煮,使我們發現一份完美炒蛋法,其成果會是口感平滑、蓬鬆,而且炒蛋還會晃動。

輕輕攪拌:為了讓炒蛋的質地一致,在下鍋前把蛋打散很重要。話說回來,一不小心也很有可能會過度攪拌。有些食譜中會建議大家使用打蛋器或電動攪拌器來打蛋,可是我們發現,過度攪拌會導致雞蛋中的蛋白質提早凝固,下鍋炒過後口感會變得很硬。為了讓成品最終呈現的色澤是均勻的鵝蛋黃,且不是出現蛋白的紋路,我們用叉子來攪拌,出現大泡泡後才停止。

使用哪一種乳品才好?:我們在製作炒蛋時,分別以牛奶、半對半奶油、以及重奶油進行測試。加入牛奶的炒蛋,口感有些蓬鬆,每一口都較清爽,但缺點是容易出水。使用重奶油的炒蛋,會讓雞蛋顯得過於穩固且濃稠,某些試吃員甚至覺得太過濃郁。至於使用半對半奶油的樣本,每個人都同意加入¼杯的奶油比例所營造的口感最棒。炒蛋時加入乳品有三重好處:首先,乳品裡包含的水分,以半對半奶油為例,裡頭含有80%的水分,可以干擾蛋白質組織、稀釋蛋白質分子,因此讓雞蛋到達凝固時的溫度也無法結合,也比較不怕過度烹調。這也同時也推翻了傳統法式料理的理論:在烹煮的最後步驟中才加入乳品才會最美味。其次,當乳製品裡的水分開始蒸發、水分子往上升時,使得雞蛋組織變得蓬鬆,就像是烘焙的麵包一樣。第三,乳製品中的油脂包覆、刺激每個蛋白質,讓蛋白質凝固的溫度增加,使它們無法緊密地黏結在一起。

多加顆蛋黃:為增加炒蛋中的蛋香並把乳品味道降至最低,我們多加了顆蛋黃。不過份量不需要太多,以每8顆雞蛋多增加2個的蛋黃是最能均衡口味的比例。而且更棒的是,蛋黃裡的高油脂與乳化劑可進一步提高凝固作用的溫度,讓我們更不怕煮過頭。

選對鍋子:炒蛋的鍋子尺寸很重要。如果鍋子太大,蛋汁入鍋時,蛋皮的厚度會變得太薄也容易煮過頭。相對較小的鍋子,可以在倒入蛋汁時讓雞蛋會像小丘般隆起,可以將蒸氣鎖住以確保雞蛋滑嫩鬆軟。

切忌溫度太低及動作太慢:因為炒蛋過程很怕過度凝固,許多廚師在炒蛋時都使用小火或中火,可是這是

天大的錯誤。熱鍋是產生蒸氣、讓雞蛋保持潮濕鬆軟的重要步驟，但是使用大火可能會把雞蛋炒過頭。因此我們採用兩種火力烹煮，先用中火炒蛋，用抹刀開始刮動液態蛋液，使它成為大塊的凝乳狀物，也避免煮過頭的情況發生。直到抹刀在鍋底刮動時蛋液開始留下痕跡，且只有少量生蛋汁殘留，大約在2分鐘內，將火力調至小火；接下來的動作也要變得輕柔，以「翻摺」的方式炒蛋以避免大塊的凝乳狀雞蛋破碎。當雞蛋看起來熟透，但是仍然滑嫩有光澤時，大約45秒後便可盛盤、停止烹煮。這就是鬆軟滑嫩，幾近零失誤的完美炒蛋不敗之秘。

實用科學知識 烹調雞蛋前先加入鹽巴

"炒蛋時別太晚放鹽。
在烹煮前添加鹽巴，也可以讓炒蛋更滑嫩濕潤"

有些人建議在炒蛋快完成前加入鹽巴。因為他們認為，在打好的生雞蛋裡加入鹽巴會使雞蛋出水。為了找出這項做法是否有其優點在，我們在打好的雞蛋中加入鹽巴，1分鐘後再下鍋炒；另一份則是在炒完蛋後再撒上鹽巴。

我們的試吃員並不喜歡後者的味道，他們覺得炒完後再撒鹽巴的炒蛋，吃起來很硬、強韌。相較之下，在下鍋烹煮前就在蛋液裡加入鹽巴的炒蛋，其口感則是滑嫩濕潤。根據這個結果，讓我們大膽地猜想：如果在下鍋前1小時，就在蛋液裡加入鹽巴會不會讓讓炒蛋更滑嫩？答案是「並不會」。因為吃起來的口感與下鍋前1分鐘加鹽的炒蛋幾乎一模一樣。

這個原理很簡單，鹽巴會影響雞蛋中蛋白質分子的電荷，降低蛋白質結合在一起的可能性。緊密度較差的蛋白質網狀結構就代表雞蛋較不容易過度凝固，因此在口感上也比較柔軟滑嫩，較不乾硬。

培根洋蔥黑胡椒起士炒蛋
4-6人份

請注意，將煎過的培根移到鍋外後，倒出培根油時需保留約2茶匙油量於稍後炒洋蔥使用，隨後一定要用餐巾紙把鍋內剩餘的油擦乾，否則炒蛋會變得很油膩。

12顆大顆的雞蛋
6大匙半對半奶油
¾茶匙鹽巴
¼茶匙黑胡椒
4片培根，切片狀、長約½吋
1顆洋蔥，切碎
1大匙無鹽奶油
1½盎司黑胡椒（pepper Jack）或蒙德勒傑克起士（Monterey Jack cheese），磨成絲，⅓杯
1茶匙切碎的新鮮巴西利（視需求添加）

1.把雞蛋、半對半奶油、鹽巴、黑胡椒放入一個中型碗中，用叉子攪拌均勻。

2.在12吋不沾鍋裡，以中火煎培根約5到7分鐘，偶爾攪動一下，直至培根變得酥脆。用漏匙把培根撈起來，放到鋪著紙巾的盤子上，留下約2茶匙的培根油

✏ Tisp：完美炒蛋的配方

炒蛋時，加入半對半奶油增添炒蛋的水蒸氣，可以讓炒蛋更為鬆軟。建議在烹煮1人份的炒蛋時，加入1匙半對半奶油。除了依據不同的雞蛋數量調整半對半奶油用量外，調味料、鍋子大小以及烹煮時間也需隨之調整。以下為各份量的搭配建議：

幾人份	雞蛋量	半對半奶油	調味	奶油	鍋子尺寸	烹調時間
1	2顆大顆的雞蛋 外加1顆蛋黃	1大匙	1小撮鹽巴 1小撮胡椒	¼大匙	8吋	30～60秒，中火 30～60秒，小火
2	4顆大顆的雞蛋 外加1顆蛋黃	2大匙	⅛茶匙鹽 ⅛茶匙胡椒	½大匙	8吋	45～75秒，中火 30～60秒，小火
3	6顆大顆的雞蛋 外加1顆蛋黃	3大匙	¼茶匙鹽 ¼茶匙胡椒	¾大匙	10吋	1～2分鐘，中火 30～60秒，小火

後，其餘油脂可倒出。把洋蔥下鍋炒約2到4分鐘，偶爾翻動一下，直至洋蔥的顏色變成淡褐色後，把洋蔥移到第二個盤子中。

3. 以廚房紙巾把鍋裡剩餘的培根油擦乾，再把奶油放入已經清空的鍋子，開中火讓奶油融化，並搖晃鍋子使其包覆整個鍋面。將打好的蛋液倒入鍋裡，以耐熱橡皮抹刀不斷攪拌，慢慢地往鍋邊推動，再沿著鍋底與鍋子側邊刮動，當雞蛋結成塊狀時，將雞蛋翻起並交疊。千萬不要過度翻炒，否則凝固體積會過小。在炒蛋烹煮至大面積塊狀形成，但雞蛋依然保持濕潤的狀態，過程約需2到3分鐘。離火，慢慢加入洋蔥、黑胡椒起士、一半的培根，以雞蛋包覆，直到材料均勻分布；倘若雞蛋仍未全熟，再以中火加熱，但時間不要超過30秒。將雞蛋分裝到各個盤子上，撒上剩餘的培根以及巴西利（若有使用），即可上桌。

香腸甜椒巧達起士炒蛋
4-6人份

我們希望本食譜可以使用義大利甜香腸，特別是將它當做早餐時，不過喜歡重口味的朋友，也可以用辣腸代替。

12顆大顆的雞蛋
6大匙半對半奶油
¾茶匙鹽巴
¼茶匙胡椒
1茶匙植物油
8盎司義大利甜香腸，去除外膜，切塊、約½吋
1顆紅椒，去梗去籽，切塊、約½吋
3根青蔥，蔥白與蔥葉分開，皆斜切成片
1大匙無鹽奶油
1½盎司陳年巧達起士（sharp cheddar cheese），磨成絲，約⅓杯

1. 把雞蛋、半對半奶油、鹽巴、黑胡椒放入中碗，用叉子攪拌均勻。
2. 在12吋不沾鍋裡以中火熱油，直到鍋裡的油閃爍發亮，再放入香腸油煎約2分鐘，直到香腸外表變成褐色，但中間仍是粉紅色。加入紅椒與蔥白，持續烹煮約3分鐘，偶爾翻炒，直到香腸全熟且紅椒開始變褐色。將這些拌炒的食材平鋪在一個中型盤子上，先靜置一旁。
3. 用紙巾把鍋裡剩餘的油擦拭乾淨，再把奶油放入

已經清空的鍋子，開中火讓奶油融化，並搖晃鍋子使其包覆整個鍋面。把打好的蛋液倒入鍋裡，用耐熱橡膠抹刀持續不斷攪拌蛋液，慢慢地往鍋邊推動，再沿著鍋底與鍋子側邊刮動，當雞蛋結塊狀時，將雞蛋掀起、交疊，不要過度翻炒雞蛋，否則雞蛋凝固體積會過小。在炒蛋烹煮至大面積塊狀形成，但雞蛋依然保持濕潤的狀態，過程約需2到3分鐘。離火，慢慢加入香腸、紅椒等食材與巧達起士，將其包覆在雞蛋裡，直到分布均勻為止；倘若雞蛋仍未全熟，再以中火加熱，但時間不要超過30秒鐘。將炒蛋分裝到各個盤子上，撒上蔥葉，即可上桌。

芝麻菜（arugula）番茄羊乳起士炒蛋
4-6人份

洗淨並拍乾日曬番茄乾（sun-dried tomatoes），免除其水分使炒蛋變得油膩。

12顆大顆的雞蛋
6大匙半對半奶油
¾茶匙鹽巴
¼茶匙胡椒
2茶匙橄欖油
½顆洋蔥，切碎
⅛茶匙紅辣椒片
5盎司嫩芝麻菜，切條狀、寬約½吋，約5杯量
1大匙無鹽奶油
¼杯日曬番茄乾，沖洗後擦乾，切碎
3盎司羊乳起士，切碎，約¾杯

1. 把雞蛋、半對半奶油、鹽巴、黑胡椒均放入中碗，用叉子攪拌均勻。
2. 在12吋不沾鍋裡以中火熱油，直到鍋裡的油閃爍發亮，洋蔥及紅辣椒片下鍋翻炒約2分鐘，直到洋蔥變軟。加入芝麻菜，輕輕攪拌約30到60秒，直到葉子開始萎縮。將這些拌炒的食材平鋪在一個中型盤子上，先靜置一旁。
3. 用紙巾把鍋裡剩餘的油擦拭乾淨，再把奶油放入已經清空的鍋子，開中火融化奶油後，並搖晃鍋子使其包覆整個鍋面。把打好的蛋液倒入鍋裡，用耐熱橡膠抹刀持續不斷攪拌蛋液，慢慢地往鍋邊推動，再沿著鍋底與鍋子側邊刮動，當雞蛋結成塊狀時，將雞蛋

掀起、交疊，但不要過度翻炒雞蛋，否則雞蛋凝固體積會過小。烹調至大面積塊狀形成，但雞蛋依然保持濕潤，過程約需2到3分鐘。離火，慢慢加入靜置一邊的芝麻菜以及日曬番茄乾等食材，包覆在雞蛋裡，直到分布均勻為止；倘若雞蛋仍未全熟，再以中火加熱，時間不要超過30秒。將雞蛋分裝到各個盤子上，撒上羊乳起士，即可食用。

成功關鍵

若在炒蛋裡加入蔬菜，會使得蛋裡的水分過度飽和且容易出水，這時再加入大量炒過的香腸、培根與起士，只會讓問題變得更複雜。以下是我們整理出讓炒蛋軟嫩、濕潤又不至於出水的妙方。

加入炒蛋中的食材先烹煮：我們發現，將蔬菜放入炒蛋前，先料理它們是可以避免過多水分破壞最後成品。如果要在炒蛋裡加入培根或香腸，也必須先將培根或香腸煎過，這麼做的好處是，預先煎熟醃製肉品所釋出的油脂可用來炒蔬菜或炒蛋以增添香氣，也可以避免成品的油脂過多。除此之外，將這些先炒過的食材，包括起士，包覆在快要完成的炒蛋中，也能降低出水的風險。

半對半奶油是關鍵：先減少炒蛋中的水分，假使額外加入炒蛋裡的食材出水，也不至於讓整份炒蛋過於潮濕。為了達到這個目的，我們使用較少量的半對半奶油，而不是多數炒蛋食譜建議的牛奶，因為半對半奶油裡的油脂比例較高，而水分含量較低。

降低火力：最後，將火力降到中火，可以控制誤差範圍，降低過度凝固的風險。雖然包入其他食材，例如蔬菜、肉與起士的炒蛋，由於加熱溫度偏低，產生出的蒸氣少，與單純的炒蛋相比，在口感上沒那麼蓬鬆，但至少它們不會太過潮濕。

《凝固的實際應用》法式歐姆蛋

炒蛋只要炒到大致成形就算成功，但是要做出一份外層凝固、內裡滑嫩的歐姆蛋就需要更進一步的功力了。畢竟，它需要像傳統法式歐姆蛋般地把蛋「捲起來」，或者是像一般快餐店販售的歐姆蛋以「對折」的手法來完成最終成品。不論是「捲」或「折」起歐姆蛋，料理的時間勢必都要增加，因此肯定會讓雞蛋變硬，口感像橡膠。我們發現，在蛋液中加入富含油脂

的奶油塊，其油脂會包覆雞蛋的蛋白質外層，也不會增加太多水分。事先把奶油塊冰在冷凍庫裡，在烹煮一半時再加入讓奶油緩慢融化，當雞蛋正要開始凝固時，奶油會均勻地融入整個雞蛋中。

完美法式歐姆蛋
2人份

由於烹煮歐姆蛋的過程很快，因此所有材料與器具一定都要先準備好。如果在步驟3時，手邊沒有叉子或筷子可用來攪拌下鍋後的蛋液，也可以使用木製湯匙的握柄。記得事先將盤子放進200℉的烤箱裡預熱。

2大匙無鹽奶油，對切成2份
½茶匙植物油
6顆大顆的雞蛋，需先冷藏
鹽巴與胡椒
2大匙葛瑞爾起士（gruyère），磨絲
4茶匙新鮮細香蔥，磨碎

1. 將1大匙無鹽奶油對切，另1大匙則切成許多小塊，並且裝到小碗中，趁著準備打蛋與熱鍋時，將切成小塊的奶油冰到冷凍庫，至少10分鐘。同時，在8吋的不沾鍋裡，以小火熱油約10分鐘。

2. 在中碗裡打入2顆雞蛋，再將第3顆雞蛋的蛋黃蛋白分開，蛋黃放入中碗裡，蛋白保留下來作為其他用途使用。在中碗加入⅛茶匙鹽巴與1小撮黑胡椒，用叉子將蛋黃戳破，以和緩適中的速度將雞蛋打勻、約莫攪打80下，直到蛋黃與蛋白均勻融合為止。將步驟1裡冰在冷凍庫裡的切成小塊無鹽奶油，一邊加入蛋液裡一邊攪拌。

3. 當鍋子完全熱了後，用紙巾擦拭鍋裡的油，只在鍋底與側邊留下薄薄的一層油。把保留下的半大匙無鹽奶油加到鍋子裡，加熱直到融化。接著旋繞鍋子讓奶油包覆鍋面，再倒入打好的蛋液，將火調到中火。用兩支筷子或是木製叉子炒蛋，在鍋子上快速旋繞畫圈，將側邊煮熟的蛋刮起，直到雞蛋幾乎已熟，但仍可稍微滑動，約需45至90秒，關火。若使用電子爐具，將鍋子移開熱源。以耐熱橡皮抹刀將雞蛋平整、均勻鋪於鍋面。在歐姆蛋上撒上1大匙葛瑞爾起士與2大匙細香蔥，蓋上鍋蓋密合、使其靜置。若要歐姆蛋鬆軟，請靜置1分鐘；若要歐姆蛋口感紮實，請靜置2分鐘。

4.用小火加熱鍋子約20秒，打開鍋蓋，用耐熱橡皮抹刀輕輕將歐姆蛋的邊緣與鍋子分開。在加熱過的盤子上鋪一張摺成正方形的紙巾，慢慢將歐姆蛋從鍋內滑出，平放在餐巾紙上方；紙巾的外圍約比歐姆蛋邊緣多約1吋，拉起紙巾將歐姆蛋捲成為圓筒狀並置於一旁。重新將鍋子以小火加熱2分鐘，再重複步驟2之後的程序，製作第二份歐姆蛋。

成功關鍵

冷凍無鹽奶油提供的額外油脂，讓歐姆蛋更柔嫩，不過在本食譜中還是有很多重要關鍵步驟得多注意。

減少一個蛋白：在準備材料時，一開始建議使用6顆全蛋製作兩份歐姆蛋，但最後我們捨棄其中2顆的蛋白。因為在加入避免雞蛋裡蛋白質變硬所使用的奶油，這樣的比例最剛好。因此，每份歐姆蛋配方各減1顆蛋白後，也可以少用些點奶油，使包著豐富起士的歐姆蛋不會太過於濃郁。

打蛋，但毋須過度：許多食譜建議使用攪蛋器或是電子攪拌器來打蛋。但是我們發現，器材攪拌的速度過快會釋放出雞蛋裡的蛋白質，導致在烹煮時蛋白質直接交叉連結在一起，讓完成品口感變得很硬。在開始製作歐姆蛋前，你會希望蛋黃與蛋白能完全的結合在一起，因此打蛋絕對必要的。但是，只需要使用一支叉子，就可以達到這個目的，且不會有過度攪拌的風險。當雞蛋看起來已經充分結合在一起時即可停止攪動，過程大概需打上80次。

雞蛋成形時輕輕攪拌：當攪拌後的蛋液下鍋成形時，攪拌會讓正在凝固中的雞蛋變成一塊塊小型的乳狀體，所以我們輕輕地攪拌鍋裡的蛋液，使歐姆蛋質地更細緻。與炒蛋不同的是，我們認為使用不沾鍋煎雞蛋時常用的工具：耐熱橡皮抹刀，不太適用於這道料理；若以叉子代替，上頭的尖齒可以把一塊塊乳狀體切割的更細，卻也會刮壞不沾鍋的表面。因此，大家可以使用不損害不沾鍋的木筷或竹製叉子，倘若沒有木筷或竹叉，也可以使用木製湯匙的握柄。

蓋上鍋蓋：預先加熱鍋子逾10分鐘，其原理請參考本觀念的「實用科學知識：慢火預熱煎歐姆蛋的鍋具」。在確保鍋子受熱均勻後，可降低歐姆蛋過度加熱與口感過硬的風險。不過，鍋底距離熱源最遠的四周邊緣，雞蛋仍很難全熟，如果這些地方熟了，通常歐姆蛋底部也已經變硬了。解決這個問題的方法很簡單，

當蛋液在鍋中略微成形、但仍在可滑動的狀態下，將鍋子移開熱源，用抹刀將雞蛋均勻鋪平於鍋面，再將起士與細香蔥加入，蓋上鍋蓋。視個人喜愛，偏鬆軟還是略有咬感的歐姆蛋來選擇靜置1或2分鐘，這時鍋蓋所悶住的餘溫會從上層慢慢地將歐姆蛋悶熟，而且已經離開熱源的鍋子不會再持續加熱，因此歐姆蛋的底部也不會有變硬的問題。

滑動與捲動：歐姆蛋起鍋時，傳統的做法是將鍋子甩一下，好把歐姆蛋的一邊折起，再傾斜鍋子把雞蛋滑出鍋外，讓剩下的歐姆蛋能夠被整齊地捲成圓筒狀。聽起來似乎很不錯，只是失敗率也相當高啊。有個簡單的方法，試著把歐姆蛋滑到盤子上，用手指把蛋捲起來。不過，剛煎好的歐姆蛋相當燙，因此可先在盤子上放張紙巾，在紙巾的幫忙下把歐姆蛋整齊地捲成圓筒狀時，就不至於燙傷手指。

實用科學知識 雞蛋的食用安全

"以160度高溫烹煮，或者購買經過巴斯德滅菌法消毒過的雞蛋，皆可避免感染沙門氏菌的風險"

雞蛋安全中心（The Egg Safety Center）估計，每1萬至2萬顆雞蛋中，會有1顆會受到沙門氏菌的汙染。如果受到汙染的雞蛋，沙門氏菌會附著在蛋殼，假如母雞本身已受到感染，雞蛋裡也會帶有沙門氏菌。以下有兩種方法，可以降低被該細菌感染的風險。

安全的烹煮溫度：160°F的烹煮溫度就可以殺死沙門氏菌，如果雞蛋還不太成形或是仍在滑動，就表示烹煮的溫度尚未達到160°F。完全成形以及變乾的雞蛋，例如因煮過頭或是義式烘蛋，烹調的溫度一定要達到160°F。

安全的選購方式：巴斯德滅菌消毒法，是將整顆雞蛋利用高溫滅菌，但又不致讓雞蛋熟透。因此，經過在此消毒過的雞蛋敲破後，外觀與濃稠度上確實會有些微不同。可以從料理的觀點來看，我們認為使用這些消毒後的雞蛋製作食物，與一般雞蛋並無不同，甚至消毒過的雞蛋可能還更棒，例如用生蛋來製作的美乃滋。但是在製作蛋糕與餅乾時，使用消毒過的雞蛋則較不易成功。請注意，在美國以巴斯德消毒法消毒的多數雞蛋，都是已去殼的液體雞蛋。

《蛋的基本知識》

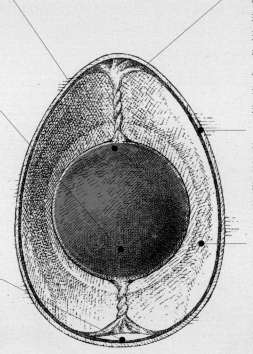

蛋膜

這層膜包覆、保護著蛋黃。隨著生雞蛋擺放的時間越久，蛋膜會開始變薄，蛋黃較容易破裂。這也是當我們將蛋白與蛋黃分開時，新鮮雞蛋比買來一段時間的雞蛋，還來得容易成功的原因。

蛋黃

雞蛋大多數的維他命與礦物質，以及全部油脂與半數的蛋白質，都存在蛋黃中。蛋黃裡也含有卵磷脂，這是一種非常有效的乳化劑。卵磷脂有助乳化，這是我們利用蛋黃來製作美乃滋與荷蘭醬的原因。當溫度較低時，蛋黃比較堅固、較不易破裂，因此建議在雞蛋溫度低時再分離蛋白蛋黃。

氣室

雞蛋外殼較鈍的一端裡有個小空間，這是因為母雞在產下雞蛋後，蛋內溫度下降，內容物發生收縮而產生的。隨著雞蛋擺放時間越久，氣室空間也會變大，蛋裡的水分也會透過蛋殼而蒸發。

繫帶

這兩條白色的繫帶從雞蛋頂部與底端延伸，將蛋黃固定在雞蛋的中央。當雞蛋擺放越久，繫帶會變得脆弱，因此蛋黃可能會偏離雞蛋的中心。在製作醬汁或卡士達醬時，我們會過濾蛋液好拿掉繫帶，如觀念19食譜「烤布蕾」的料理步驟，使其不影響料理的質地與外觀。

蛋殼

蛋殼與內膜可以固定雞蛋的內容物，並且隔絕細菌。不過外殼具有滲透性，長時間下來，雞蛋裡的內容物會脫水蒸發。大家可千萬別使用蛋殼已破或是裂開的雞蛋來烹煮食用。

蛋白

又稱為蛋白素，是由蛋白質與水份組成，並且分成濃稠與稀薄兩層，最濃稠的部份與蛋黃最接近。蛋白有微混濁代表雞蛋非常新鮮，隨著雞蛋擺放越久，蛋白會變得較稀薄且清澈。

—選購—

新鮮度

蛋盒上會印有銷售截止日與包裝日期。後者是指雞蛋被分類與包裝的日期，通常是在母雞下蛋的1周內進行包裝，不過在法令許可下，包裝日最久也可長達下蛋後的30天內。包裝日期的數字是由一組三位數號碼組成，印在銷售截止日的正下方；它是一組連續序號，001代表1月1日、365則代表12月31日。銷售截止日是指雞蛋可販售的期限，必須在包裝日期的30天內。換句話說，一盒雞蛋在銷售截止日以前，最久可能置放了2個月。美國農業部表示，若以冰箱冷藏保存雞蛋，即使過了銷售截止日的3至5周依然可以食用。我們品嘗過存放2個月與3個月的雞蛋後，也證實其味道依然可口。至於放了4個月的雞蛋，蛋清較稀薄，蛋黃聞起來有冰箱的味道，不過還是可以吃。因此，我們的建議是什麼呢？「請各位自己斟酌決定」。若雞蛋聞起來味道奇怪或者已經變色，請立即丟棄。保存越久的雞蛋少了新鮮雞蛋能影響烘焙食品結構的功能性，因此用在烘焙時得特別注意。

顏色：蛋殼的顏色取決於雞的品種。一般的來亨雞（Leghorn Chicken）產下的蛋是典型白色。至於褐色羽毛的雞種，例如紅羽羅德雞（Rhode Island reds），產下來的雞蛋顏色很像「歐蕾咖啡」。經過我們的測試，蛋殼顏色並不影響口味或營養價值。

農場直銷與有機

在我們的試吃排名中，由農場直接供應的雞蛋味道最好。其蛋黃呈亮橘色且比例明顯大於蛋白，口感濃郁且豐富。其次是有機蛋、以素食飼養的母雞所產下的雞蛋居於第三，至於超市的雞蛋則排在最後。以雞蛋為製作基底的食譜，可以輕易地辨別出這些雞蛋間的差異性，但蛋糕或餅乾則無法判斷。

雞蛋大小：雞蛋有各種尺寸，因而這也會影響食譜配方。在我們的食譜裡，多是使用大顆的雞蛋。你也可以透過計算，在各尺寸的雞蛋之間相互替換。例如，4顆超大顆雞蛋等於5顆大顆雞蛋重量，其兩者皆重10盎司。

—保存—

冰箱：如果你的冰箱門上有蛋架，千萬別使用它。雞蛋應該冰在置物架上，因為那裡的溫度低於40℉。反觀冰箱門邊均溫則接近45℉，比較不適合用來保存雞蛋。除此之外，買回來的雞蛋，最好也保存在原來的硬紙盒裡作為保護；如果把盒子丟棄，雞蛋可能會吸收其他食物的氣味。並且蛋盒也有助維持雞蛋在理想濕度，約為70%到80%，同時也能減緩雞蛋內容物的蒸發。

冷凍：多餘的蛋白可以冷凍起來，可是在我們的實驗裡，發現冷凍後的蛋白會影響其打發的效果，例如製作天使蛋糕的蛋白變得不太容易打發，而蛋白霜馬林糖（meringues）則烤成乾扁的成果，還有一點沾黏。其實冷凍蛋白最適合用在使用量很少的食譜中，例如刷蛋液或是不需要打發蛋白的食譜配方，好比歐姆蛋等等。然而，蛋黃無法像蛋白一樣單獨冷凍起來，因為裡頭的水分會結冰，進而破壞蛋白質網絡。不過，若將蛋黃加入糖漿後就可以冷凍起來，但是請先以糖水2：1製作糖漿，再依照1顆蛋黃加入¼茶匙糖漿的比例，將少量糖漿加入蛋黃裡後再放進冰箱冷凍。解凍後即可用在製作卡士達醬上。

各雞蛋尺寸之約略重量

	中	大	超大	特大
	1.75盎司	2.00盎司	2.25盎司	2.50盎司

"慢火預熱烹煮歐姆蛋的鍋具，在烹煮時才能均勻受熱"

在研發歐姆蛋食譜時，我們發現在雞蛋下鍋前先預熱鍋子，是讓歐姆蛋外表金黃均勻、內在鬆軟的關鍵。因此我們捨棄了常用的中火加熱2或3分鐘做法，改以小火加熱鍋子10分鐘。

使用瓦斯爐烹煮時，其大火產生的火焰會吞噬鍋子四周，讓鍋底的外圍出現熱點，但這些熱點也會讓歐姆蛋上出現褐色的斑點，而慢火預熱則可以讓溫度均勻分布。

以小火預熱鍋具還有另一項好處，我們有比較充裕的時間把蛋液倒入。如果是用大火，只要短短的30秒，鍋子就會從可以接受的250℉烹煮溫度，提升至會讓雞蛋硬化的300℉。注意：在預熱鍋子時，使用電子爐具比瓦斯爐好。因為電子爐具的加熱設備又寬又平，即使溫度再高也不會在鍋裡產生熱點。即使如此，我們仍建議使用小火預熱鍋子，才能有充裕的時間倒入蛋汁。

為了證明以正確溫度、小火預熱鍋子的重要性，我們在兩個鍋子底部撒上一層搓碎的帕馬森起士，分別以中大火以及小火加熱。結果，以中大火加熱的起士，鍋緣已經變成褐色。至於以小火加熱的起士，則慢慢融化，顏色均勻一致。

中大火＝受熱不均　　　　　　　　　　　　小火＝受熱均勻

[蛋·奶]
的料理變化

觀念19：小火加熱確保卡士達的質地滑順
Gentle Heat Guarantees Smooth Custards

雞蛋往往是製作烘焙甜點的決勝關鍵。無論是卡士達類的烘焙甜點，例如烤布蕾、南瓜卡士達派、又或起士蛋糕，雞蛋都能讓成品更為豐富厚實，同時也有助於定型。加熱，可促使雞蛋發揮功效，但過與不及往往只有一線之隔。

◎科　學　原　理

如同炒蛋和歐姆蛋一樣，我們也使用全蛋製作卡士達烘焙甜點。在觀念18裡曾介紹過「凝固作用」，隨著烹煮雞蛋的溫度升高，蛋白和蛋黃中的蛋白質會變得活躍。當蛋白質開始四處移動、相互碰撞，會進而破壞原本使其盤繞成球狀的精密鍵結。在完全展開後，雞蛋中的蛋白質便能與周圍的其他蛋白質結合，形成網狀結構，隨著加熱時間越長，逐漸喪失原有的透明度且益發堅實。

「蛋白和蛋黃凝固的溫度不同」，前者加熱溫度到140至150°F時會開始變得濃稠，後者則需要達到150至160°F才會出現變化，兩者凝固的溫度差異，使得製作蛋料理儼然成為雙重任務，這也解說了為什麼我們在煎出「蛋黃不熟的荷包蛋」時，即使蛋白已經結成固體，但蛋黃仍然能夠維持濃稠的橙色液體。在烤卡士達甜點時，我們將全蛋蛋液混合其他多種材料，這常會影響雞蛋蛋白質的舒展及結合速度，但製作過程所需的技巧並不會因此減少。

製作卡士達時需要極度謹慎地控制溫度。若溫度過高，雞蛋中的蛋白質會過度聚集，一旦與周圍的其他蛋白質形成強而有力的鍵結，隨即會結成團塊，與周遭的蛋液分離。此現象稱為「凝結」（curdling）。以雞蛋製作甜點時，應力求油滑柔順的誘人口感，凝結現象絕對是大忌。

為了降低凝結的機率，製作卡士達類甜點時，必須以低溫緩慢加熱。若放入高溫烤箱，原本尚未定型的南瓜派難保不會在眨眼間就烘焙過度。此外，由於觀念1中提及熱傳導作用的緣故，邊緣會熟得比中間快，因此我們通常會將卡士達放進低溫烤箱中烘焙，以縮減派餅或起士蛋糕內外受熱程度的差距。此外，低溫也能將烘焙速度放緩、拉長甜點呈現理想狀態的時間。

除了讓烤箱維持低溫之外，有時我們也會採用「水浴法」，即俗稱的「隔水加熱法」製作雞蛋類甜點。方法是將陶瓷小烤碗或活動烤模放進裝了水的烤盤中，再隔著水烘烤加熱。由於水溫永遠不會超過華氏212度的沸點，因此也可以減慢甜點的烹煮速度。

最後，若使用爐火烹煮卡士達，我們會將蛋液「調溫」，也就是加入少量的高溫液體緩慢地拉高溫度，藉以減慢烹煮速度。

加熱對雞蛋的影響

低溫：
低溫慢煮有助於雞蛋的蛋白質維持疏鬆平滑的網狀結構。

高溫：
高溫快煮會導致雞蛋的蛋白質結塊、拉扯，最後與周圍的蛋液分離。

⊗ 實 驗 廚 房 測 試

為了示範使用水浴法所製作的雞蛋類甜點有何影響，我們做了兩個相同的起士蛋糕，其中一個直接放在烤箱烤盤上加熱，另一個則採取水浴法。兩個蛋糕的烘烤溫度都是325°F，並在蛋糕體中央達到147°F時從烤箱中取出。

實驗結果

以水浴法烘烤的蛋糕色澤勻稱、質地滑順；另一個蛋糕則是較為焦黃、表面龜裂。只要簡單比較兩個蛋糕自烤箱取出時邊緣的溫度，就能應證前述推論，採取水浴法烘烤的蛋糕邊緣溫度為184°F，而另一個的溫度則高達213°F。

重點整理

為了確保成品熟度均勻、口感柔滑，大多製作起士蛋糕和卡士達時通常會使用水浴法。為什麼？實驗結果顯示，以水浴法烘烤的起士蛋糕，邊緣溫度會比一般方法烘烤的蛋糕低個30°F。雖然烤箱同樣設定為325°F，但採取水浴法的烤箱溫度不會超過212°F，因為一旦達到此溫度，水分就會立刻變成水蒸氣。

此外，烤盤中的水加熱需要時間，因此在325°F的烤箱中採用水浴法時，整體溫度大多不會超過190°F。這種平均又溫和的熱度可降低烤盤周圍的溫度，避免蛋糕邊緣溫度過高而導致過度烘焙。以水浴法烤成的起士蛋糕也會具有勻稱平整的表面，除此之外，水浴法也可以調節起士蛋糕的受熱溫度，避免它的表面像舒芙蕾（soufflé）一樣膨脹。

不僅如此，烤箱內的濕度也會因為水浴法而大幅增加，經計算在烘焙過程中蒸發的水量會超過4杯。在水分蒸發濕度增加的情況下，有助維持蛋糕的柔軟表面，進而防止龜裂的情況發生。反觀直接放在烤架上烘烤的蛋糕，蛋白質在毫無節制的高溫下快速凝固而導致結塊，形成凹凸不平的質地，蛋糕表面也因此破裂。

✎ Tips：水浴法可避免受熱不均

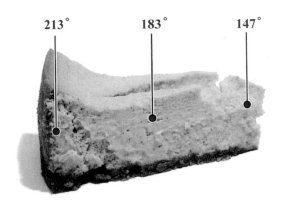

未採用水浴法
蛋糕從烤箱直接受熱，邊緣的加熱速度遠快於中間部分，導致起士蛋糕外緣過度烘焙。此外，直接加熱的方式也會造成雞蛋中的蛋白質結塊，裂開。

採取水浴法
水浴法溫和、平緩的加熱方式讓雞蛋中的蛋白質得以緩慢而均勻地受熱，使起士蛋糕的質地滑順柔軟，表面勻稱。

《水浴法的實際應用》
起士蛋糕與卡士達

我們採取水浴法的用意，是希望緩慢的加熱速度，慢慢地烤出精緻的卡士達和卡士達蛋糕，藉此使成品的質感由裡到外勻稱滑順。畢竟，水浴法中的水溫永遠不會超過212℉。我們將陶瓷小烤碗或蛋糕烤盤放入裝了水的烤盤中，讓水位至少上升到一半高度，藉此調節烤盤周圍的溫度，避免蛋糕邊緣過度烘焙。

香料南瓜起士蛋糕
12-16人份

這道起士蛋糕單吃時的滋味已經不在話下，若再搭配紅糖打發重奶油或紅糖波本打發重奶油（食譜後附）更能產生畫龍點睛的效果。蛋糕切片時，旁邊記得準備一壺熱水。每切一刀就將刀子浸入水中，再以廚房手巾擦乾淨，這樣能讓蛋糕的切邊工整俐落。

派皮
9片完整的全麥餅乾，折成小塊
3大匙糖
½茶匙薑粉
½茶匙肉桂粉
¼茶匙丁香粉
6大匙無鹽奶油，加以融化

內餡
1⅓杯（9⅓盎司）糖
1茶匙肉桂粉
½茶匙薑粉
¼茶匙肉豆蔻粉
¼茶匙丁香粉
¼茶匙五香粉
½茶匙鹽
1罐（15盎司）無糖南瓜泥
1½磅奶油起士（cream cheese，譯註：又稱奶油起士），切小塊、約1吋，先軟化
1大匙香草精
1大匙檸檬汁
5顆大顆的雞蛋，常溫
1杯重奶油
1大匙無鹽奶油，加以融化

1.派皮：將烤箱烤架調整至中低位置，烤箱預熱至325℉。把全麥餅乾、糖、薑粉、肉桂和丁香放入食物調理機中，攪打約15下，直至餅乾成為粉末狀。將攪打後的碎屑倒入中碗，淋上融化的奶油，接著以橡皮刮刀翻攪混合，直到所有材料均勻濕潤為止。接著將碗中混合物倒入9吋中空活動烤模中，然後使用小烤碗或乾燥量杯的底部加以壓實，使其勻稱貼緊烤模底部，其內壁盡量保持乾淨。送進烤箱，烘烤約15分鐘，直到香氣散逸、邊緣焦黃為止。將派皮放到網架上完全冷卻，約需30分鐘。派皮放涼後，以兩張邊長18吋的正方形厚鋁箔紙包覆中空活動烤模的邊圈，接著將烤模放入烤盤中，並燒一壺熱水待用。

2.內餡：把糖、肉桂、薑粉、肉豆蔻粉、丁香、五香粉和鹽倒入小碗中，快速攪拌均勻後，靜置一旁待用。在烤盤內鋪上三層紙巾。將南瓜泥倒至紙巾上並大致攤平，然後墊上多層紙巾輕拍，吸掉南瓜泥中的水分。

3.為直立式電動攪拌機裝上槳型攪拌頭，以中速將奶油起士打散約1分鐘，使其稍微軟化。將攪拌盆壁刮理乾淨，接著分三次加進步驟2的糖粉混合物，並以中低速攪打約1分鐘，直至完全混合，每次攪打完記得刮理攪拌盆壁。加入南瓜泥、香草精和檸檬汁，以中速攪打約45秒，使所有材料均勻混合，並將攪拌盆刮理乾淨。將攪拌機速度調降至中低速，打入雞蛋，一次1顆，攪拌均勻約需1分鐘。進一步將速度調降至低速，倒入重奶油後，攪打到完全混合，約需45秒。最後用手再攪拌一下內餡。

4.以融化的奶油塗抹步驟1的中空活動烤模內壁，注意別破壞烤好的派皮，再將內餡倒入烤模中，使用橡皮刮刀抹平表面。把烤模放到烤箱烤架上再倒入熱水後，水位應上升至烤盤一半的高度。烘烤約1個半小時，最後蛋糕溫度應達到150℉，搖動烤模時，蛋糕中央會稍微搖晃。將烤盤端到網架上並小心取出烤模，以去皮刀沿著烤模邊緣劃一圈，再靜置於在烤盤中等待冷卻，約45分鐘後，烤盤中的熱水變溫，將中空活動烤模從水中端出，移除鋁箔紙後靜置在網架上，約需3小時，直到蛋糕不再溫熱為止。以保鮮膜包覆蛋糕，放入冰箱冷藏至少4小時。

5.冷藏後的起士蛋糕在脫模前，先將熱的廚房手巾圍在烤模外約1分鐘，便能移除中空活動烤模的邊圈。將薄型的金屬鏟子滑進派皮和烤模底盤之間的縫隙，使其鬆開，接著將蛋糕移到大淺盤上。起士蛋糕在室溫下靜置約30分鐘後即可享用。內餡可提前3天

製作，不過派皮只要經過1天的時間，就會開始失去脆度。

南瓜波本起士蛋糕（全麥餅乾山核桃派皮）

準備食譜「香料南瓜起士蛋糕」的材料，但是將全麥餅乾減少至5片，與½杯切碎的山核桃一起放入食物調理機中攪打均勻，奶油也得減少至4大匙。內餡方面，除了省略檸檬汁，香草精也需減至1茶匙，而且添加重奶油時需另外倒入¼杯波本威士忌。

紅糖打發重奶油
約2½杯

將步驟1的材料放進冰箱冷藏時，也給予紅糖充分時間溶解。這道紅糖打發重奶油與香料南瓜起士蛋糕是簡直絕配。同時也相當適合搭配任何加了大量堅果、溫潤香料或糖蜜的甜點，例如薑餅、山核桃派或南瓜派。

1杯重奶油，先冰過
½杯酸奶油
½杯壓實的紅糖（3½盎司）
⅛茶匙鹽

1. 為直立式電動攪拌機裝上蛋型攪拌頭，將重奶油、酸奶油、糖和鹽攪拌至均勻混合。以保鮮膜封緊後，放入冰箱冷藏4小時至1天，上桌前再取出。冷藏過程中需攪拌1至2次，以確保糖能夠完全溶解。

2. 上桌前，可再用直立式電動攪拌機裝上蛋型攪拌頭，以中低速將混合物打發，約1分鐘。接著將速度調至高速，攪打1至3分鐘，直到奶油形成鬆軟的尖端。

紅糖波本打發重奶油

攪打前，在重奶油混合物中倒入2茶匙波本威士忌。

成功關鍵

添加南瓜，尤其是含有多餘水分的情況下，會讓起士蛋糕的製作程序更具挑戰性。無論是去除南瓜水分採用新奇手法，包含使用紙巾吸乾，或是烘烤時採取水浴法，都是使這道香料南瓜起士蛋糕柔軟滑嫩的重要步驟。

預先烤好派皮：如同後附食譜「紐約起士蛋糕」的做法一樣，我們也使用打碎的全麥餅乾製作派皮。並在這道甜點中，我們添加奶油、糖以及些許肉桂粉和薑粉，以搭配內餡中的香料。另一個與紐約起士蛋糕做法相同的是，我們都預先烤好派皮，如此一來，蛋糕的底部才會紮實爽脆，充滿奶油香味。若不預先烘焙，內餡底下的蛋糕體會受潮變軟。

去除罐頭南瓜的水分：若曾使用新鮮南瓜製作派餅，就能深刻體會切塊、去籽、削皮和烹煮等程序既繁瑣又費時，相較之下，我們寧可只花幾秒鐘的時間打開罐頭。只是不管使用哪種狀態的南瓜，都必須處理其中富含的豐富水分。我們可以像製作後附食譜「南瓜派」一樣，利用烹煮的方式收汁，不過這種方法必須頻繁攪拌、加熱時間長，最後還要等候南瓜冷卻。令人不禁想問有沒有更簡單的方法嗎？答案是：「善用紙巾」。將南瓜平鋪到放了紙巾的烤盤上，然後蓋上多層紙巾吸乾南瓜中的水分。只要幾秒鐘，南瓜就會明顯變乾，不僅沾濕的紙巾能夠輕鬆撕下，成品最後也能具有討喜的質感。在經過這個步驟之後，我們才能加入重奶油，為起士蛋糕創造滑順豐富的口感。

決定雞蛋用量：雖然製作起士蛋糕時可能會在不同情形下，使用不同份量的雞蛋，像是調整全蛋、蛋白或蛋黃的比例，以創造出各種口感，但這次我們還是決定使用5顆全蛋。這能讓起士蛋糕光滑油亮，呈現淡黃色澤。

豐富整體滋味：我們的香料南瓜起士蛋糕添加了檸檬汁、鹽和香草精做為基底，還加入溫潤微甜的肉桂、刺激微辣的薑粉，以及少量的丁香、肉豆蔻和五香粉。這些調味料綜合在一起，可提供深刻鮮明的滋味之餘，不致產生過度濃烈的刺激感。

讓蛋糕「入浴」：使用中空活動烤模烘培起士蛋糕時，可選擇和一般蛋糕一樣，直接放在烤箱的烤架上烘焙，或是效法製作精緻卡士達所採用的水浴法。由於我們這次將烘烤溫度設在325度，因此必須利用水浴法來確保蛋糕邊緣和中央都能均勻烘焙，如需詳細說明，請參閱本觀念「實驗廚房測試」。採取水浴法時，中空活動烤模必須使用雙層鋁箔紙包覆，或是置於另一個烤盤中，詳請參閱「實用科學知識：防止可中空活動烤模滲入水氣」，以避免水分滲入。在烤盤中放入熱水，目的是調節烘焙溫度，同時也保護蛋糕邊緣免於烤焦，其水位應到達烤盤的一半高度。熱水蒸發後，烤箱中的濕度會因而提升，這有助於減少蛋糕內的水分蒸發，使起士蛋糕出爐後，能比一般蛋糕具有更濕潤的絕佳口感。

"使用水浴法時，避免熱水滲入中空活動烤模的另一種方法，是放入尺寸更大的蛋糕烤盆中"

隔水烘烤時，我們希望中空活動烤模達到防止濕氣滲入的效果，不過就目前的情況來看，這種底盤可拆卸的烤模仍然需要額外的防水措施才行。使用雙層鋁箔紙包住烤模是我們一貫的解決辦法，不過即便如此，熱水的蒸氣還是可能凝結在鋁箔紙夾層，導致濕氣滲入蛋糕體中。幸好，還有另一種更合適的做法可以解決這個問題，先將中空活動烤模放入略大的金屬烤盤內，約長 10 吋、寬 3 吋的蛋糕烤盤或深盤披薩烤盤都是理想選擇，再一併放到熱水中。內外烤盤之間的空隙狹窄，其中的熱水不足以影響中空活動烤模受熱，加上烤模外壁凝結的水氣會快速蒸發，因此完全不需擔心濕氣滲入起士蛋糕中。如果你經常製作起士蛋糕，這是堪稱最為經濟實惠的方法。

烤布蕾
8人份

將蛋白和蛋黃分離，並在重奶油完全融入後快速攪打蛋黃；如果任其靜置，蛋黃表面乾燥後會形成薄膜。香草莢可賦予卡士達最濃郁的香味，不過也可使用 2 茶匙的香草精取代，並依照步驟 4 的指示倒入蛋黃中快速攪拌。雖然我們偏愛使用天然粗糖（turbinado）或德麥拉拉蔗糖（Demerara sugar）製作酥脆的焦糖表面，但也能以一般的砂糖替代，不過在使用份量上，每個陶瓷小烤碗或波浪邊淺盤，只需使用 1 茶匙砂糖即可。

　　1 支香草莢

　　4 杯重奶油

　　⅔ 杯（4⅔ 盎司）砂糖

　　少許鹽

　　12 顆大顆的蛋黃

　　8-12 茶匙天然粗糖，或德麥拉拉蔗糖

1. 將烤箱烤架調整至中低層，烤箱預熱至 300°F。

2. 香草莢縱切剖開，利用去皮刀的刀尖刮出種籽。取一中型單柄深鍋，放入香草莢、香草籽、2 杯重奶油、砂糖和鹽，混合均勻。以中火將混合物煮滾，過程中偶爾攪拌，在砂糖溶解後關火，浸泡 15 分鐘。

3. 在此同時，將廚房紙巾鋪入大烤盤或烤肉盤底部，接著將八個 4 或 5 盎司容量的小烤碗或波浪邊淺盤，依序放到紙巾上以避免彼此碰撞。另外燒一壺熱水待用。

4. 重奶油完全融入在深鍋裡的混合物後，再拌入剩下的 2 杯重奶油。將蛋黃打到大碗中，快速攪打均勻。從深鍋中取出 1 杯混合好的重奶油，倒入盛裝蛋黃液的大碗中，快速拌勻；接著再加入 1 杯重奶油攪拌均勻。最後倒入剩下混合好的重奶油，攪拌至完全混合、顏色勻稱為止。利用細網濾網，將混合物過濾至大量杯或碗中；丟棄濾網上的固態殘留物，將過濾後的混合物平均倒入小烤碗中。

5. 將烤盤放到烤箱烤架上。在烤盤中倒入煮沸的熱水，水位應達小烤碗的三分之二高度，過程中注意別讓熱水濺入小烤碗內。烘烤 30 至 35 分鐘，直至卡士達中央正好定型，溫度介於 170 至 175°F 之間即可。若是使用波浪邊淺盤，則需烤上 25 至 30 分鐘。在建議烘烤時間的前 5 分鐘左右，即可開始測量溫度。

6. 將小烤碗移至網架上，靜置冷卻約 2 小時至常溫。將小烤碗移到桌面，以保鮮膜封緊，放入冰箱冷藏至少 4 小時。

7. 掀開保鮮膜。如果卡士達上有水珠凝結，以廚房紙巾吸乾。每個小烤碗中灑上 1 茶匙左右的粗糖，若使用波浪邊淺盤，則在每個淺盤中灑上 1½ 茶匙的粗糖；可適度傾斜、輕敲小烤碗，幫助粗糖均勻分散，並且倒掉多餘的糖。點火將粗糖烤焦，接著再次將小烤碗放進冰箱冷藏 30 至 45 分鐘，這次不需封上保鮮膜。冰涼後即可享用。

義式咖啡烤布蕾

利用鑄鐵平底鍋的鍋底，將義式咖啡豆稍微壓碎。

以 ¼ 杯輕微壓碎的義式咖啡豆取代香草籽。在步驟 4 中，先在蛋黃內添加 1 茶匙香草精並快速攪拌，接著再加入重奶油。

預製烤布蕾

蛋黃減至 10 顆。烤好的卡士達冷卻至常溫後，先以

保鮮膜緊密包覆每個小烤碗，再放入冰箱冷藏最久4天。再接續步驟7。

"香草莢是烤布蕾的重要材料，為此我們特地測試了五種品牌"

我們測試了五種來自全球最大出產國：馬達加斯加的香草莢，其中三種以郵購寄送，剩下的兩種則是從超市購買。十多年前，我們曾經比較過這些品牌，不曉得結果是否會維持不變。在當年比較各品牌的香草莢時，發現超市販售的香草莢乾燥硬化，其中的種籽所剩無幾，香氣幾乎蕩然無存，因此無從推薦任何品牌。

為了瞭解各品牌的差異，現在我們從每種牌子中選出一個豆莢，剖開後刮下裡面的種籽。接著，使用這些香草籽製作不需要經過烹煮的奶油起士霜，並將種籽和豆莢放入牛奶中以小火煨煮，用來製作簡單的英式奶油醬以及香草冰淇淋的基底配方。

這次的測試出現令人意外的逆轉結果。我們發現，超市販賣的香草莢不僅品質有所改善，甚至稍微超越郵購國外的香草莢。雖然任何農產品難免會有品質參差不齊的情況，但香草莢間的差異大多取決於保存過程中氣味化合物香草醛產生的多寡。以馬達加斯加的香草莢為例，處理過程中會將豆莢浸入熱水以抑制生長，接著放在陽光下曬乾，最後以布料和草蓆包捆裝進木箱中靜置一晚，使豆莢出汁。這個程序會不斷重複，直到製造商認為時機合宜，才會將香草莢移到儲藏室中，繼續放到枯萎焦黃、散發香氣為止，而這時也就可以篩選分裝了。

購買香草莢時的最低標準中，雖然所有品牌都不錯，但如果希望使用濕潤飽滿的豆莢，品嘗到試吃員口中極致「濃郁鮮明」的多層次滋味，我們會建議購買來自馬達加斯加的Mccormick香草莢。不過這種香草莢兩支就要價15.99美元，比郵購的品牌更貴。

成功關鍵

這道甜點的焦糖表面應該要烤得酥脆，底下的卡士達則應柔滑順口，兩者呈現鮮明的對比，才稱得上是成功的烤布蕾。在實際製作時，原本應該要有的焦糖脆片卻時常變得黏膩或過硬，而卡士達也容易顯得厚重無味。我們發現，要讓卡士達柔軟滑順，秘訣在於使用蛋黃而非全蛋，同時採用水浴法，使成品具有輕盈且均勻烘焙的質感。製作焦糖脆皮時，我們選擇天然粗糖，並以效果比烤箱上火效果更好的丙烷或丁烷噴火槍烘烤焦糖。由於製作焦糖時的高溫難免會加熱脆皮底下的卡士達，因此上桌享用前，我們會將烤布蕾再次送進冰箱冷藏。

選用重奶油：這道甜點無法投機取巧。我們試過含有10%的半對半奶油、脂肪佔30%的打發重奶油，以及含36%脂肪的重奶油。半對半奶油的脂肪含量過低，製作出來的卡士達過於濕軟，不夠紮實。打發重奶油的效果稍好，但質地仍稍嫌鬆散。重奶油製作而成的卡士達質地厚實，又不會顯得沉重，口感豐富卻不膩口。簡單來說，重奶油能幫我們做出理想中的烤布蕾。

只使用蛋黃：焦糖布丁這類紮實的卡士達甜點會使用全蛋製作，以造就俐落不黏膩的特色。烤布蕾的口感更為飽滿柔軟，質感類似布丁，食用時容易黏附在湯匙上，之所以會有這些特色，是因為只使用蛋黃的緣故。在使用4杯重奶油製作卡士達的前提下，我們需要斟酌添加蛋黃數量。如果只用6顆，卡士達難以定型；增加到8顆時，情況會有所改善，但仍然過於濕軟。數量增加到12顆時，卡士達會呈現理想的輕盈質感，外觀散發耀眼光澤，入口後令人吮指回味。

選用香草莢：在這道卡士達甜點中，我們偏好使用香草莢而非香草精。以冰冷的材料開始製作，如同為了避免雞蛋凝結的做法一樣，缺點在於香草莢的香味幾乎無法釋放。我們多方調整做法試圖解決這個問題，終於找出解答。預先加熱一半重奶油、糖（以便溶解）和香草莢，再靜置15分鐘以釋出香草味。接著，在拌入蛋黃液之前，我們先在鍋中加進剩下的冰涼奶油，藉此降低溫度。最後的成品中會殘留微小的黑色香草籽，不過別擔心，整體風味只會因此更為豐富。使用香草精也是可行之道，但香草莢的天然香氣遠勝於香草精。

讓重奶油冷卻：雖然我們將部分重奶油加熱，以便萃取香草的香味，但在加入雞蛋之前，降溫是很重要的步驟。冰涼及溫熱的卡士達會產生截然不同的效果。我們知道，以文火緩慢加熱雞蛋的效果較佳，倘若快速加熱，雞蛋定型後，馬上就會過度受熱。適度定型與過度烘焙之間幾乎只有一線之隔、難以掌控。反觀以慢火烘烤，雞蛋就能協助卡士達在較低的溫度下變得濃稠，進而逐漸轉為紮實。因此，在加入雞蛋前降低奶油溫度，可以賦予烤布蕾充裕時間以便產生理想質地，避免雞蛋一下子就過度受熱。由於重奶油並非剛從冰箱取出時那

般冰冷，因此烘烤時間也能因此適度縮短。

小烤碗泡水：烘焙前，我們在大烤盤裡裝水，即隔水加熱的原理。如此一來可避免卡士達過度烘焙，對於卡士達中心部分烤出理想質地也有所幫助。此時所有小烤碗妥善放入烤盤，切記烤碗間不可相互碰觸，並應與烤盤邊緣距離至少二分之一吋。烤盤內記得鋪上廚房紙巾，避免小烤碗底部直接接收烤盤傳導的熱源。

選用最合適的糖：為了烤出薄脆的焦糖表層，我們偏好使用德麥拉拉蔗糖和天然粗糖。這兩種都屬於粗製紅糖，效果優於濕潤且容易結塊的黑糖，以及難以平均分散的砂糖。切勿使用烤箱上火來製作焦糖表層，其熱源不均，幾乎屢試必敗，反而噴火槍可以輕鬆完成這項任務。烤布蕾製作完成後，務必放進冰箱冷藏，因為炙烤過的表層會加熱底下的卡士達，讓原本完美的成果功虧一簣。

《低溫烘焙的實際應用》起士蛋糕及卡士達派

雖然我們時常利用水浴法來溫和地烘烤卡士達，但有時只是善用烤箱，也能達到同樣效果。如果想要製作的蛋糕和派餅質地柔滑，但不需具備堅硬的邊緣以及餡料有著晃動的效果，我們會調降烤箱溫度，將烘烤溫度設得很低來進行這道食譜。這種方法可讓雞蛋緩慢而均勻地受熱，減少甜點碎裂、硬化的機率，同時避免發生過度烘焙的慘劇。

紐約起士蛋糕
12-16人份

製作派皮時，全麥餅乾可改用巧克力威化餅代替，約需14片。享用起士蛋糕前，記得先在室溫下靜置30分鐘，讓蛋糕的滋味和口感達到最佳狀態。切片時，旁邊記得準備一壺熱水。每切一刀就將刀子浸入水中，再以廚房紙巾擦乾，這樣能讓蛋糕的切邊工整俐落。喜歡的話，可搭配新鮮草莓淋醬一起享用（食譜後附）。

派皮
8片完整的全麥餅乾，折成小塊
1大匙糖

5大匙無鹽奶油，加以融化

內餡
2½磅奶油起士，切小塊、約1吋，加以軟化
1½杯（10½盎司）糖
⅛茶匙鹽
⅓杯酸奶油
2茶匙檸檬汁
2茶匙香草精
6顆大顆的雞蛋，外加2顆大顆的蛋黃
1大匙無鹽奶油，加以融化

1. 派皮：將烤箱烤架調整至中低層，烤箱預熱至325℉。以食物調理機將全麥餅乾打成碎屑，約30秒。取一中碗，放入全麥餅乾碎屑和糖後攪拌均勻，接著加入融化的奶油，以叉子加以翻攪，使所有材料均勻濕潤。將餅乾屑倒入9吋中空活動烤模中，利用小烤碗或乾燥量杯的底部加以壓實，使其勻稱貼緊烤模底部，其內壁盡量保持乾淨。送進烤箱，烘烤13分鐘，直到香氣散逸、邊緣開始焦黃為止。將派皮取出，放在網架上冷卻，這時可開始製作內餡。

2. 內餡：烤箱溫度調高至500℉。為直立式電動攪拌機裝上槳型攪拌頭，以中低速將奶油起士打散，使其稍微軟化，約需1分鐘。將攪拌盆壁刮理乾淨。加入¾杯糖和鹽，以中低速攪打約1分鐘，直至混合均勻。刮理盆壁，然後倒入剩下的¾杯糖加以拌勻約1分鐘。再次刮理盆壁，加入酸奶油、檸檬汁和香草精，以低速攪拌約1分鐘，使材料均勻混合。將盆壁刮理乾淨，倒入蛋黃，以中低速攪打約1分鐘直到完全混合。刮理攪拌盆壁，一次打入2顆全蛋，直至完全混合；每次打蛋前記得先將攪拌盆壁刮理乾淨。

3. 以融化的奶油塗抹烤盤內壁，注意別破壞烤好的蛋糕派皮。塗抹前，先將中空活動烤模放到有邊烤盤上，以免奶油溢出弄髒料理檯。將內餡倒進放涼的派皮中，送進烤箱烘烤10分鐘。時間到後，不需打開烤箱門，直接將溫度調降至200℉，繼續烤1個半小時，使起士蛋糕達到150℉左右。蛋糕出爐後，靜置在網架上冷卻5分鐘，接著以去皮刀沿著烤模邊緣劃一圈，使蛋糕從烤模上鬆脫。讓蛋糕繼續冷卻約2個半至3小時，直到放涼為止。再以保鮮膜緊密包覆蛋糕，放入冰箱冷藏至少3小時，最久可冷藏4天。

4. 冷藏後的起士蛋糕在脫模前，先將熱的廚房布巾圍在烤模外靜置1分鐘，便可移除中空活動烤模的邊圈。

將薄金屬鏟滑進派皮和中空活動烤模底盤之間的縫隙，使其鬆開，接著將蛋糕移到大淺盤上。起士蛋糕在室溫下靜置約30分鐘後即可享用。內餡最早可提前3天製作，不過派皮只要經過1天，就會開始失去脆度。

新鮮草莓淋醬
約6杯

搭配起士蛋糕的淋醬，最好在製作當天食用完畢。

2磅草莓，去蒂，縱切、厚約¼-⅛吋，約3杯份
½杯（3½盎司）糖
少許鹽
1杯草莓果醬
2大匙檸檬汁

1. 將草莓、糖和鹽放到中碗內，混合均勻後置於一旁，靜待約30分鐘，直至草莓出水且糖粒溶解；過程中可偶爾攪拌，使材料均勻混合。

2. 將果醬倒入食物調理機中打至滑順，約8秒鐘，然後倒進小的單柄深鍋中，以中大火加熱至開始湧現氣泡，過程中記得頻繁攪拌，並持續熬煮至果醬顏色轉深且不再出現泡沫為止，約需3分鐘。拌入檸檬汁，接著將溫熱的醬汁淋到草莓上，攪拌混合均勻。靜置冷卻，然後以保鮮膜密封，放進冰箱冷藏至少2小時，最久可冰上12小時。

成功關鍵

理想的紐約起士蛋糕一向是貫徹簡單、原則的代表甜點，其口味歷久彌新，外型走簡約風格，就連販售幾乎所有冰淇淋口味的班傑利公司（Ben & Jerry）都不敢染指。這種蛋糕的外型挺立、色澤溫暖、滋味濃郁，兼具著金黃表面和豐富內餡的經典起士蛋糕。送進高溫烤箱短暫烘烤後，我們改以較低的溫度緩慢烘焙，確保蛋糕受熱均勻，才能烤出理想的柔順口感。

自製蛋糕派皮： 雖然有些紐約起士蛋糕使用現成的派皮，但我們發現，這種蛋糕底部容易被內餡浸濕，所以我們偏好以全麥餅乾替代派皮。市售的全麥餅乾屑味道較為遜色，不妨將真正的全麥餅乾放進食物調理機中攪打，再加入奶油和糖，藉以增添餅乾屑的滋味，並且善用小烤碗的底部壓實餅乾屑，使其緊貼烤模底部。預先

烘烤派皮可避免內餡倒入後，蛋糕底部吸汁變得軟爛。

使用常溫起士： 紐約起士蛋糕應該具有直立挺拔的外型。若只使用2磅，相當於4條的奶油起士，整體高度會不夠。因此，我們增加半磅的份量，將中空活動烤模完全填滿。重要的是，奶油起士至少必須稍微軟化，才容易與麵團融合，這樣蛋糕體才不會混雜著未打散的起士塊，導致滑順的質地中藏著突兀的硬塊口感。只要先將起士切塊，趁著製作派皮及組合其他材料時靜置30至45分鐘，就很容易融入其他材料中。

選擇正確的乳製品： 若只使用奶油起士製作起士蛋糕的內餡，餡料最後會顯得黏稠，就像撕掉包裝的奶油起士一樣。添加其他乳製品有助於奶油起士的質地變得鬆軟，讓蛋糕的口感更為滑順飽足。雖然有些食譜建議使用大量酸奶油，但我們只添加⅓杯，為蛋糕適度增添濃郁香氣，又不至於嚐到酸味。

混合全蛋和蛋黃： 在這個起士蛋糕中，雞蛋的作用很多，其中之一是幫助黏合，讓蛋糕具有黏性和紮實的結構。較為柔軟、通透的起士蛋糕時常只會使用全蛋。不過，紐約起士蛋糕通常會多加蛋黃，為蛋糕增添脂肪和乳化劑，加上蛋黃比全蛋的水分更少，有助於產生柔軟光滑、豐富飽滿的口感。除了6顆全蛋之外，我們還額外加入2顆蛋黃，這種搭配正可烤出滋味濃郁但不膩口、質地紮實但不堅硬的完美蛋糕。

稍微來點滋味： 我們盡可能讓蛋糕口味保持簡單，加入適當份量的檸檬汁的效果，便符合這項目的，使蛋糕提味之餘也不會帶入過於鮮明的檸檬味，不過切勿添加磨碎的檸檬皮！鹽巴只要一點點，畢竟奶油起士已經有鹹了，再加上幾茶匙香草精，整體滋味就夠完整迷人。

從高溫到低溫： 烘焙起士蛋糕有很多種方法，包括放進中溫或低溫烤箱烘焙、採取水浴法，抑或是效法紐約的做法。先以500℉的高溫烘焙大約10分鐘，再調降至200℉繼續烤上1個半小時左右。這種超級簡單的雙重溫度烤法，不僅免除了使用水浴法時擔心中空活動烤模進水，又或得包覆多層鋁箔紙及煮水的繁複步驟，還能輕鬆烤出優良質感，一口咬下享有柔軟、奶油味濃的餡心，以及結實乾爽的邊緣。此外，這種方法還能烤出堅果般焦黃的漂亮表面，這也是我們所樂見的結果。

避免表面龜裂： 有些廚師會利用裂痕來判斷起士蛋糕的出爐時間。不過，我們認為裂痕代表蛋糕已經過度烘焙。避免上述情況發生的最佳辦法，就是利用容易辨讀的溫度計來測量蛋糕的熟度。當蛋糕達到150℉時就能出爐，避免再烤下去就太多了。高溫會讓起士蛋

糕過度膨脹，撕裂雞蛋蛋白質形成的細緻網狀結構，等到蛋糕冷卻後，中央部分就會收縮塌陷。

鬆離及冷卻： 起士蛋糕並非只在烘烤時可能破裂，出爐後還有第二個時候有這道風險。外型完美的蛋糕放在網架上冷卻時，也有可能產生裂痕。冷卻過程中，蛋糕體會自然收縮，同時黏住中空活動烤模的內壁。如果蛋糕黏得夠緊，雞蛋形成的細緻結構就會從最脆弱的地方，也就是蛋糕的中央，開始崩壞塌陷。若要避免此時功虧一簣，可先將蛋糕放涼幾分鐘，然後使用去皮刀將蛋糕和烤模底盤分開，再讓蛋糕徹底冷卻。

南瓜派
8人份

使用觀念31食譜「簡易現成派殼」製作派皮。如果無法取得蜜蕃薯，可改用一般的罐裝蕃薯取代。派烤好後，中央2吋範圍內應該是紮實但觸碰後仍稍有彈性。最後利用烤箱餘溫將派烤熟，若要確保內餡是否順利定型，出爐後應放在室溫下冷卻，而不是送進冰箱。派皮烤好後避免完全放涼，在放入內餡時，脆皮和內餡都必須維持溫熱才行。

1杯重奶油

1杯全脂牛奶

3顆大顆的雞蛋，外加2顆大顆的蛋黃

1茶匙香草精

1罐（15盎司）無糖南瓜泥

1杯蜜蕃薯，瀝乾

¾杯（5¼盎司）糖

1¼杯楓糖

2茶匙生薑泥

1茶匙鹽

½茶匙肉桂粉

¼茶匙肉豆蔻粉

1份簡易現成派殼（食譜於觀念31），稍微烤過、保持微溫

1.將烤箱烤架調整至最底層，放上有邊烤盤，烤箱預熱至400℉。碗中倒入重奶油、牛奶、雞蛋、蛋黃以及香草精，快速攪拌均勻。取一大單柄深鍋，放入南瓜、蕃薯、糖、楓糖、薑、鹽、肉桂粉和肉豆蔻粉，加熱約15至20分鐘，直至鍋中湧現氣泡，並持續熬煮

至醬汁濃稠、散發光澤為止。過程中時常攪拌，並沿著鍋壁將蕃薯壓散。

2.鍋子離火，拌入混合好的重奶油，攪拌至完全混合。將混合好的重奶油倒入細網濾網，以長柄杓背面或橡皮刮刀適度按壓，協助重奶油濾進碗中。攪拌過濾後的重奶油，倒入預先烤好的溫熱脆皮內。

3.將南瓜派放到預熱好的烤盤上，烘烤10分鐘。烤箱溫度調降至300℉，持續烘烤約20至35分鐘，直到派皮邊緣定型，且中央的溫度達到175℉為止。出爐後，放到網架上冷卻至常溫約需4小時。放涼後即可享用。

成功關鍵

太多食譜烤出的南瓜派都差強人意，不僅卡士達內餡充斥顆粒口感，派皮更是濕膩軟爛。為了避免這種結果，我們在食譜中特地加熱南瓜泥以減少水分，並加入蕃薯增加滋味層次，再倒入乳製品和雞蛋一起攪拌。倒入高溫的內餡後，奶香味濃的卡士達便能在烘烤時快速定型，以免滲入派皮而浸濕底部。

預烤派皮： 預先烤好派皮是這道甜點的必要步驟。若省略這個步驟，直接把內餡倒入生派皮中，最後南瓜派出爐後，派皮將會顯得潮溼軟爛，色澤黯淡。這是因為內餡非常濕潤，派皮也需要額外的時間加熱，因此得先送進烤箱內烤得酥脆，才能接觸內餡中的多餘水分。有關派皮的料理科學，請參考觀念44。

高溫內餡倒入溫熱的派殼中： 打算大幅提前預烤派皮？還是打消這個念頭吧。倒入高溫內餡時，派皮務必保持溫熱。若派皮早已徹底放涼，南瓜派出爐時將會變著濕軟。以溫熱的派殼盛裝高溫內餡，可讓卡士達在烘烤過程中快速定型，免得餡料的汁液滲入派皮而導致外觀軟爛。萬一放任內餡冷卻到常溫，烤出的南瓜派將會更為潮溼。記得派皮一定要保持溫熱！

熬煮南瓜： 為了讓本甜點滋味更為濃郁，我們選擇濃縮南瓜的汁液，而非直接倒掉。其最適合的烹煮方式是直接放到爐火上細火慢熬。對於我們加進內餡的香料而言，這種做法也有加分效果。將生薑和香料加入南瓜泥中一併烹煮可強化味道，因為直接加熱有利於煮出香味，其原理請參考觀念33。此外，烹煮也能盡量消除粉粉的口感，並且讓南瓜成為主角。

以蕃薯豐富滋味： 只使用南瓜泥時，整體滋味較為單薄，我們希望滋味能有更多層次。為此，我們嘗試使用烤甜薯，其成效奇佳，不僅可為南瓜派增添濃郁風味，

又不至於喧賓奪主。為了簡化這個步驟，我們嘗試改用罐頭甜薯，一般標示為蕃薯，其效果也是不同凡響。蕃薯帶來的濃郁滋味與南瓜相輔相成，交織出豐富層次。

添加額外蛋黃：設計本食譜時，我們的目標在於消除卡士達中不討喜的顆粒口感，設法烤出奶香味濃、容易切塊，且質地不會過於稠密的南瓜派。我們先從調整全脂牛奶和重奶油的比例著手，然後利用雞蛋增加濃稠度。不過，我們並非只加全蛋，這只會讓蛋味過於濃烈。由於蛋白的水分遠多於蛋黃，我們將部分全蛋替換成只加蛋黃。別忘了使用細網濾網過濾混合均勻的內餡，去除纖維成份，這個步驟將能確保烤出滑順質感。

調降烤箱溫度：大多數的南瓜派食譜都採用高溫烘焙，以縮短烘烤時間。不過如前所述，以高溫烘焙卡士達甜點有所風險。卡士達一旦超過185℉就會立刻凝結，導致內餡質感粗糙，充滿顆粒口感。考慮到這個因素，我們決定不像大部分的食譜一樣以425℉的高溫烘焙。而是將溫度調降至350℉，讓南瓜派只會在有邊緣凝固，中央仍然維持未熟狀態。只是問題在於，若以300℉的低溫烘烤，南瓜派必須烤上2小時。這該怎麼辦？如同本觀念食譜「紐約起士蛋糕」一樣，我們結合兩種烘焙溫度，先以高溫快速烘烤10分鐘，剩下的時間再改以300℉溫度烘焙。這種做法大幅減少了烘焙時間，而且南瓜派口感柔順，無論邊緣或中央皆完全熟透，烘焙效果勻稱。

《調溫的實際應用》起士蛋糕與冰淇淋

以溫和且緩慢的方式，在爐火上烹煮卡士達的另一種技巧稱為「調溫」（tempering），指的是逐漸調高敏感材料的溫度，如雞蛋的烹煮溫度，以免材料在放入高溫液體後產生凝結的現象。調溫的方式為，先將少量的高溫原料，例如檸檬凝乳的基底配方，添加到溫度較低的材料中，如雞蛋，再加以攪拌，然後再將已經微溫的材料加回高溫的原料中。

檸檬起士蛋糕
12-16人份

蛋糕切塊時，旁邊記得準備一壺熱水。每切一刀就將刀子浸入水中，再以廚房手巾擦乾淨，這樣能讓蛋糕的切邊工整俐落。

派皮

5盎司 Nabisco Barnum 動物餅乾或 Social Tea Biscuit 茶點

3大匙糖

4大匙無鹽奶油，加以融化

內餡

1¼杯（8¾盎司）糖

1大匙磨碎的檸檬皮，另備¼杯檸檬汁，約2顆檸檬榨出

1½磅奶油起士，切塊、約1吋，先軟化

4顆大顆的雞蛋，維持常溫

2茶匙香草精

¼茶匙鹽

½杯重奶油

1大匙無鹽奶油，加以融化

檸檬凝乳

⅓杯檸檬汁，約2顆檸檬榨出

2顆大顆的雞蛋，外加1顆大顆的蛋黃

½杯（3½盎司）糖

2大匙無鹽奶油，切片、約½吋，再冰涼

1大匙重奶油

¼茶匙香草精

少許鹽

1. 派皮：將烤箱烤盤調整至中低層，烤箱預熱至325℉。以食物調理機將餅乾打成碎屑，約30秒，最後應該會有1杯的份量。加入糖，攪打2至3下，使其均勻混合。穩定而緩慢地倒入融化的奶油，同時繼續按壓攪打，直到混合物均勻濕潤，狀似潮溼的沙子即可，約攪打10下。將碎屑混合物倒進9吋中空活動烤模，接著利用陶瓷小烤碗或乾燥量杯的底部加以壓實，使其勻稱緊貼於烤模底部，內壁盡量保持乾淨。將派皮送進烤箱，烘烤15至18分鐘，直至飄出香味、色澤焦黃為止。出爐後放到網架上，靜置冷卻至常溫，約需30分鐘。中空活動烤模放涼後，以兩張邊長18吋的方形厚鋁箔紙包住烤模，接著放入烤肉盤中。燒一壺熱水待用。

2. 內餡：趁著派皮放涼時，將¼杯糖和磨碎的檸檬皮倒入食物調理機中攪打約15秒，直到糖變成黃色、磨碎的檸檬皮更為細碎為止；必要時可加以刮理調理機內壁。將檸檬和糖的混合物倒進小碗，接著加入剩

下的 1 杯糖攪拌均勻。

3. 為直立型電攪拌機裝上槳型攪拌頭，以低速將奶油起士打散，使其稍微軟化，約需 5 秒鐘。讓攪拌機繼續運作，以穩定、緩慢的方式加入檸檬與糖的混合物，接著將速度調至中速，持續攪打約 3 分鐘，直到混合物呈現乳脂狀的平滑狀態為止；必要時可刮理攪拌盆壁。速度調降至中低速，一次打入 2 顆全蛋，攪拌約 30 秒直至完全混合；每次加入雞蛋後皆需妥善刮理攪拌盆壁。倒入檸檬汁、香草精和鹽，適度攪拌均勻，需約 5 秒。加入重奶油，適度拌勻約 5 秒。最後用手再攪拌一下內餡。

4. 以融化的奶油塗抹脫中空活動烤模內壁，注意不要破壞烤好的派皮。將內餡倒入備妥的烤盤中，以橡皮刮刀抹平表面。把烤肉盤放到烤箱烤架上，接著倒入滾燙的熱水，使水位到達烤肉盤一半的高度。烘焙 55 分鐘至 1 小時，最後蛋糕的中央應可輕微晃動，四周開始膨脹，且表面不再顯得光亮，此時蛋糕溫度應達到 150°F。關閉烤箱，使用隔熱墊或木湯匙柄撐開烤箱門，讓蛋糕在烤箱內的熱水中靜置 1 小時。將中空活動烤模移至網架上，撕除鋁箔紙，接著以去皮刀沿著蛋糕外緣劃一圈，再讓蛋糕在網架上徹底放涼，約 2 小時。

5. 檸檬凝乳：趁著起士蛋糕烘烤時，將檸檬汁倒進小型單柄深鍋中，以中火加熱，但不需煮沸。取一中碗，打入雞蛋和蛋黃後快速打勻，然後慢慢將糖加入一起攪拌。一邊不斷攪拌，一邊將熱檸檬汁倒入雞蛋中，然後把碗中的材料倒回單柄深鍋，以中火接續加熱，並使用木湯匙不斷攪拌，直到混合物具有足以黏附在湯匙上的稠度，且溫度達到 170°F 為止，約需 3 分鐘。鍋子立即離火，倒入冰涼的奶油後攪拌混合均勻。拌入重奶油、香草精和鹽，接著將這即將完成的檸檬凝乳倒入細網濾網中，過濾到小碗內。以保鮮膜直接封在凝乳表面，放入冰箱冷藏，需要時再取出使用。

6. 起士蛋糕放涼後，將檸檬凝乳刮到仍未脫模的蛋糕上，以煎鏟將凝乳平均推散，覆蓋整個蛋糕表面。以保鮮膜封緊，放入冰箱冷藏至少 4 小時，最久可冰上 1 天。冷藏後的起士蛋糕在脫模前，先將熱的廚房手巾圍在烤盤外靜置 1 分鐘，再移除中空活動烤模的邊圈。將薄型金屬鏟滑進派皮和烤模底盤之間的縫隙，把蛋糕從底盤上鬆開，接著將蛋糕移到大淺盤上後即可享用。蛋糕最早可提前 3 天製作，不過派皮只要經過 1 天，就會開始失去脆度。

榛果派皮檸檬起士蛋糕

羊奶起士可讓這道起士蛋糕具有獨特的濃郁香氣以及稍微偏鹹的口味。製作時，建議使用味道溫和的羊奶起士。

製作派皮時，將大量的 ⅓ 杯榛果，先烘烤後去膜，放涼後連同糖一起倒入食物調理機中，攪打約 30 秒，直到狀似粗糙的玉米粉即可。加入餅乾後一起攪打約 30 秒，直到顆粒細緻、均勻混合為止。融化的奶油減至 3 大匙。內餡的部份，奶油起士只需使用 1 磅，並在步驟 3 中，將 8 盎司的常溫羊奶起士與奶油起士一起攪拌。省略鹽巴。

柑橘風味起士蛋糕

製作內餡時，磨碎的檸檬減至 1 茶匙，檸檬汁只需 1 大匙。在步驟 2 中，將 1 茶匙磨碎的萊姆皮、1 茶匙磨碎的柳橙皮和磨碎的檸檬皮一起攪打。到了步驟 3，則將 1 大匙的萊姆汁、2 大匙的柳橙汁和檸檬汁一起倒進直立式電動攪拌機。製作凝乳時，需將檸檬汁減至 2 大匙。而在步驟 5 中，則將 2 大匙萊姆汁、4 大匙柳橙汁和 2 茶匙磨碎的柳橙皮一起加熱。省略香草精。

成功關鍵

我們喜歡口味最純粹的起士蛋糕，但有時候柑橘的新鮮滋味可以賦予蛋糕一種清新的感受。我們的目標在於烤出奶香濃郁的起士蛋糕，而散發的檸檬香令人心曠神怡，不會讓人感覺負擔。我們選擇的材料有：並非全麵的動物餅乾、磨碎的檸檬皮、重奶油及檸檬凝乳，當然水浴法更是不可或缺，這些都是烤出極致檸檬起士蛋糕的重要因素。不僅如此，這道起士蛋糕表面還覆蓋一層檸檬凝乳，展現了調溫手法的具體效果。

選用動物餅乾：起士蛋糕的派皮大多以全麥餅乾製成，又甜又有香料味，在洋溢起士香味的內餡底下仍可保有爽脆口感。不過，在這道起士蛋糕中，全麥餅乾中的甜膩感恐怕會蓋過檸檬味。我們嘗試使用數種味道單純的餅乾製作派皮，最後發現動物餅乾的效果最佳。

攪打磨碎果皮以增添味道：檸檬皮可提供美好又協調的檸檬味，但其中隱含些許風險，皮裡的纖維可能會破壞內餡的滑順口感。為了避免這個問題，我們先將磨碎的檸檬皮加入 ¼ 杯的糖中一起攪打，再添加到奶油起士中。這種做法可將檸檬皮打細，釋放當中的油

脂，為蛋糕帶來濃郁的檸檬香味。不過，別將所有糖都倒入調理機中攪打，糖的結晶結構可是奶油起士打入空氣的必備條件，全部倒入可能會產生問題，同時也會與檸檬皮的油脂結合，導致蛋糕質地異常稠密。

採取水浴法： 如同本觀念食譜「香料南瓜起士蛋糕」一樣，製作這道起士蛋糕時，我們同樣將烤箱溫度設為325℉，並採取水浴法烘焙。不過，這次在關閉烤箱電源後，我們將烤箱門打開，讓蛋糕多停留在烤箱內1小時。這種避免過度烘烤雞蛋的極慢速烘焙手法不僅可防止出錯，更能確保起士蛋糕裡外保持一致的滑順質感。我們將起士蛋糕的中央烤到150℉，換句話說，出爐時，更容易熟的邊緣早已達到170℉。

將蛋糕冰過： 如果起士蛋糕沒有徹底冰過，切片時將無法維持形狀。放入冰箱冷藏4小時後，最好的話可以再久些，起士蛋糕會完全定型。奶油起士中的脂肪在相對較低的溫度下就會軟化，加上奶油起士的份量比例高於雞蛋，因此當起士蛋糕處於溫熱環境中，光靠雞蛋的蛋白質很難為蛋糕提供強而有力的結構。解決辦法是將奶油起士冷藏冰涼，以確保蛋糕維持固定外型。同樣的，唯有起士蛋糕徹底冰涼，上面的凝乳才能維持形狀。只有這樣，起士蛋糕才能切得漂亮。

使用酸性物質： 想要製作出絲綢般柔滑的奶油凝乳，「酸」是關鍵。在這道食譜中，我們選用檸檬汁作為酸的來源。它會改變雞蛋蛋白質的電荷，改變原本狀變，使其形成凝膠狀，其原理請右側的「實用科學知識：酸對雞蛋的質感有何影響？」。

適時調溫： 如同在爐火上烹煮其他卡士達類甜點一樣，檸檬凝乳也需要將雞蛋和高溫液體混合在一起。為了緩緩加熱雞蛋，我們採取調溫手法，也就是先把熱液體倒入雞蛋內攪拌，再一併放到爐火上加熱。以爐火加熱時，得不斷攪拌混合物，這樣可以減少雞蛋蛋白質相互結合的數量，確保最後的成品維持醬汁狀，而非固態凝結物，直到溫度達到170℉為止。務必注意別煮過頭。雖然我們希望透過加熱盡量增加凝乳的濃稠度，但也不樂見雞蛋過度受熱而凝結。

以冰冷的奶油為凝乳降溫： 凝乳達到170℉後，鍋子必須立刻離火，並倒入冰冷的奶油加以攪拌。這個步驟可以讓凝乳降溫，以免凝結及過度烹煮。此外，奶油也能讓乳化作用更為順利，有關乳化作用，請參考觀念36。

實用科學知識 酸對雞蛋的質感有何影響？

"「酸」會中和雞蛋蛋白質的部份負電荷，使其呈現凝膠狀態"

在測試檸檬起士蛋糕的食譜時，我們很好奇為何在相對少量的液體中加入大量雞蛋，可以形成檸檬凝乳那般柔軟滑順的質感，但在奶油這類材料中打入相同比例的雞蛋，卻只能產生「炒蛋」般的凝結效果。兩者之間的差別在哪？

我們懷疑這一切與「酸的強度」有關。對此，實驗廚房做了一項簡單實驗，測試我們的假設是否正確。先以中火加熱三個平底鍋，分別打入1顆雞蛋，並個別加入2大匙米醋、2大匙檸檬汁，以及等量的水。加入弱酸醋的雞蛋很快就能煮熟，外觀仍維持淡黃色，質地相當滑順柔軟。加了酸性較強的檸檬汁的雞蛋加熱後，顏色轉變成檸檬黃，需要較多時間才能煮熟，雖然也仍保持平滑的外觀，但相較於加了醋的雞蛋，其形成的凝膠較為硬實。只加水的雞蛋需要第一組將近兩倍的時間才能煮熟，並且產生明顯的鮮黃雞蛋凝塊，看起來就像炒蛋一樣。

雞蛋裡的蛋白質，是由糾纏的胺基酸鏈組成。每條胺基酸鏈都帶著大量負電荷，導致胺基酸鏈之間互相排斥。加熱可鬆開蛋白質鏈，顯露更多平衡電荷，而這些電荷就是蛋白質鏈容易黏合的地方，會使蛋白質結成團塊。結塊過程中，胺基酸分子之間的所有液體會在擠壓下排出，這就是我們熟知的凝結現象。

在雞蛋中加入酸性物質可中和部分的負電荷。因此，蛋白質受熱時，可在較低的溫度就開始舒展開來。不過，經過中和的電荷會讓蛋白質呈現薄弱的柔軟凝膠狀，進而在鬆散的蛋白質鏈結間形成液體層，這就像三明治的夾餡一樣，產生我們從檸檬凝乳中感受到的微妙效果，因此用「凝乳」這個說法倒不太恰當。醋所產生的效果類似，但其實並不相同，因為不同的酸對改變蛋白質電荷的程度互異，實際的效果必須取決於酸的強度。從實驗結果來看，酸度較強的檸檬汁雖然會加速雞蛋煮熟，並讓雞蛋結成固態，但同時也有助於固狀物質維持濕潤柔滑的狀態。

2茶匙的香草精可用香草莢代替。在步驟3中，記得將香草精拌入冰涼的卡士達中。想做出最棒的冰淇淋，選用容易讀取的溫度計非常重要。於步驟4中，使用預先冰鎮的金屬烤盤以及加快製作速度，多少可以將冰淇淋重新冷凍，避免融化，進而加快冰淇淋硬化的速度。若使用圓筒式製冰機，務必在攪拌冰淇淋前，讓冰桶內膽至少冷凍24小時，最好可以冷凍48小時。若使用自冷式製冰機，則需在倒入卡士達前的5至10分鐘啟動機器，預先降低冰桶溫度。

1支香草莢
1¾杯重奶油
1¼杯全脂牛奶
½杯又2大匙糖
⅓杯淡玉米糖漿
¼茶匙鹽
6顆大顆的蛋黃

1.將8或9吋方形金屬烤盤放進冷凍庫。香草莢縱切剖開，利用去皮刀的刀尖刮出種子。取一中型單柄深鍋，放入香草莢、香草籽、重奶油、牛奶、¼杯又2大匙糖、⅓杯淡玉米糖漿和¼茶匙鹽，攪拌均勻。以中大火加熱約5至10分鐘，頻繁攪拌，直到混合物不斷冒煙且溫度達到175℉為止。鍋子離火。

2.趁鍋內材料加熱時，將蛋黃和剩下的¼杯糖倒入碗中攪拌約30秒至滑順。緩慢倒進1杯加熱的重奶油混合物，與蛋黃拌在一起。將碗中混合物倒回鍋中，以中小火加熱約7至14分鐘，不斷攪拌，直到混合物轉為濃稠、溫度達到180℉為止。此時立即將鍋中的卡士達倒入大碗中，靜置到不再冒煙，約需10至20分鐘。取1杯卡士達，倒入小碗中。兩個碗都封上保鮮膜。大碗放入冰箱冷藏，小碗放進冷凍庫徹底冰鎮，至少約需4小時，最久可冰24小時。小碗的卡士達會結凍變硬。

3.將卡士達從冰箱及冷凍庫中取出，接著把小碗中的冷凍卡士達刮入大碗中。稍微攪拌，讓冷凍的卡士達完全融化。以細網濾網過濾卡士達，接著倒入製冰機中。啟動製冰機，攪拌約15至25分鐘，直到呈現濃稠的霜淇淋狀態，且溫度約莫21℉為止。將冰淇淋倒至冰鎮過的烤盤，表面封上保鮮膜後放回冷凍庫約1小時，直至邊緣結凍變硬為止。

4.將冰淇淋倒入密封容器中，壓實擠出所有空氣，接著冷凍至少2小時，待冰淇淋變紮實後即可享用，最久可保存5天。

成功關鍵

雖然加熱和使用雞蛋或許超乎你對製作冰淇淋的預期，但雞蛋確實是賦予自製冰淇淋滑順口感的重要材料。不過，若以錯誤的方式加熱雞蛋和重奶油，製成的冰淇淋將會充斥著突兀的結塊口感和怪異的蛋味。由於冷凍的速度越快，冰淇淋會越柔順，因此我們預先將材料冰涼，藉此加快自製香草冰淇淋的結凍速度。混用糖和玉米糖漿不僅可加速結凍，還能避免產生粗糙冰晶，而且冰淇淋放入住家冷凍庫後也能一直維持硬實狀態。

調節雞蛋溫度：由於我們與製作本觀念食譜「檸檬起士蛋糕」的檸檬凝乳一樣，都是使用爐火加熱，因此無法藉由水浴烘焙或低溫烤箱等手法緩慢煮熟雞蛋。對此，我們從熱的重奶油混合物中取出1杯，倒入雞蛋中緩慢攪拌。如此一來，雞蛋不僅可以慢慢變熱，所含的蛋白質也能加以稀釋，等到放上爐火烹煮時，蛋白質才較少機會緊密結合，進而產生凝結現象。

加熱至180℉：雖然蛋黃達到150℉左右就會開始凝固，但添加了其他材料會改變這個溫度。例如牛奶除了會稀釋蛋白質，也會增加少許脂肪，這都會推升雞蛋凝結的溫度，也因為增加這些成分後，蛋白質之間較不容易碰撞結合。此外，糖也會減緩蛋白質展開的速度。綜合以上因素，這些除了雞蛋以外的額外材料，會將蛋黃的凝結溫度推升至180℉左右，因此我們才需要將卡士達加熱至這個溫度。若溫度不夠高，雞蛋的蛋白質舒展程度不足，自然也就無法充分結合、產生理想的固態凝膠結構。放進冷凍庫之前，務必濾除卡士達中的細小結塊，以免製作過程中繼續凝結。

徹底冰涼卡士達：嚴格來說，滑順的冰淇淋不會比「結冰」的冰淇淋來得不冰，反倒是因為這種冰淇淋的冰晶太小，我們的舌頭無法感覺得到。形成細小冰晶的方法之一，是盡量在最短的時間內讓冰淇淋配方結凍。快速冷凍和搖晃可形成數以千計的微小晶種，從而促進更多微小結晶形成。製作冰淇淋時，速度的重要性不可言喻，因此冰品製造商和餐廳廚房無不耗

資添購超高效率的「連續批次生產」製冰機。品質最好的機型可在24秒內，將冷藏環境下一般可達到最低40°F的卡士達製作配方製成霜淇淋。反觀我們使用的圓筒式製冰機則約需耗上35分鐘，難怪我們的冰淇淋總是嚴重結冰！

為了解決這個問題，我們預先將材料冰涼。讓高溫的卡士達冷卻幾分鐘後，再舀出1杯卡士達放進冷凍庫，剩下的卡士達則放進冰箱冷藏一個晚上。隔天我們再將這兩種卡士達拌在一起，此時為30°F的低溫，倒入製冰機中拌成更為柔滑的冰淇淋。

利用玉米糖漿對抗結冰現象： 想要淇淋有著滑順口感，其中的關鍵之一是使用玉米糖漿取代部分的糖。我們試過其他有助於抑制冰晶形成的材料，例如煉乳和奶水、玉米澱粉、吉利丁、果膠和脫脂奶粉，但效果不彰。但是這種增甜劑有著雙重功效，首先，玉米糖漿是由葡萄糖分子以及具有鏈型結構、糾纏在一起的大分子澱粉組成，可干擾卡士達材料中水分子的流動。由於水分子無法隨意移動，因此較不容易在冰淇淋結凍過程中結合，進而形成大型冰晶。此外，玉米糖漿推升冰淇淋冰點的效果比砂糖好。在使用玉米糖漿製成的冰淇淋中，由於水分的冰點較高，因此較不容易解凍及重新結凍。如此一來，冰淇淋比較不會因為家用冷凍庫溫度改變而受到影響。溫度起伏會導致冰淇淋反覆解凍和結凍，就連最綿密的冰淇淋也會因此產生大型冰晶。由於玉米糖漿的緣故，我們的冰淇淋可保持1星期的滑順口感，比大多數自製冰淇淋更持久。

迅速結凍： 我們沒有因為玉米糖漿的正面效果而心滿意足。為了做出更綿密的冰品，我們還需要設法讓經過製冰機攪拌的冰淇淋更快速結凍。在無法降低冷凍庫溫度的情況下，我們改從其他面向著手。首先不將攪拌過的冰淇淋倒入瘦高的容器中，再送進冷凍庫；再來選擇將冰淇淋倒進冰鎮過的方形金屬烤盤中，加以抹開形成冰淇淋薄層，因為金屬的導熱作用優於玻璃和塑膠。經過這番調整後，不到1小時冰淇淋已大半結凍，可以輕鬆挖進密封容器。

實用科學知識 糖在冷凍過程中扮演的角色

"若在冷凍甜點中加糖，水分子會較難形成冰晶，使得口感較為柔滑綿細"

水放進冷凍庫後，會變成堅硬無法刺穿的冰塊。但若換成冰淇淋的製作材料，反而可以維持柔軟滑順、容易挖取的狀態，為什麼？因為「糖」，是造成這種差異的關鍵。

若以顯微鏡觀察冰淇淋、雪酪（sherbet）、雪波（sorbet）和冰沙等冷凍甜點，可看見微小的冰粒以及周圍濕潤的糖、脂肪和氣泡。將材料倒入製冰機簡單攪拌幾下，就能打入大量空氣，有時體積甚至可以增加一倍。製冰的另一重點，也就是冰淇淋從液態變成固態的過程，相形之下就顯得較為複雜。觀察結果顯示，糖是兩種狀態間的中介物質。水在32°F就會結凍，但糖可讓水分子較難形成冰晶，因而降低製冰材料結冰的溫度。糖的濃度越高，也就是糖在水中的比例越高，那麼這個效果越明顯。當冰淇淋材料的溫度降至32°F以下，有些水分就會開始結成固態冰晶，但呈現糖液狀態的其他水和糖則依然尚未結凍。隨著更多水結成冰，剩餘糖液中的糖濃度增加，導致液體越來越難以結凍。

因為這些未能結凍的糖、玉米糖漿或糖液，使得冷凍甜點能在拿出冷凍庫後直接挖取，若沒有加糖的話，冰淇淋就會硬如冰塊。此外，糖也可以縮減冰晶大小，抑制冰晶越結越大。冰晶越小，冰淇淋較不容易產生顆粒口感。簡而言之，糖不僅讓冰淇淋具有甜味，也讓冰淇淋質感滑順、容易挖取，下方以不同數量的糖所製作而成的雪酪圖片就是最好的證明。有關糖的料理科學，請參考觀念48。

未加糖

雪酪硬如冰塊。

1杯糖

雪酪稍微較軟。

2杯糖

雪酪柔順又綿密。

觀念20：澱粉可防止雞蛋凝結
Starch Keeps Eggs from Curdling

現在我們知道，烘焙甜點時可以利用低溫烘烤、水浴烘焙及調節溫度等各種方法來防止雞蛋凝結。但是即便如此，在其他烹飪法和食譜中的各式菜餚中，像是從法式鹹派、湯品到蛋奶餡等等，依然會遇到得必須避免雞蛋凝結的狀況，這時我們所採用的錦囊妙方就是——「澱粉」。

◎科　學　原　理

如觀念19所述，蛋白和蛋黃中的蛋白質，是捲成球狀的長鏈型胺基酸。當經過加熱烹煮時，這個蛋白質會舒展開來，並在相互結合後形成堅固的網狀結構，也就有點像凝膠似的狀態，而原本周圍充斥的水分也會鎖進蛋白質結構中。

隨著烹煮的溫度升高，使雞蛋裡的蛋白質展開並相互結合，這項過程也稱為「凝固」。而蛋白質凝固的速度，與受熱程度有直接的相關性。如果加熱過度，蛋白質鏈的鬆開和結合速度會過於迅速，導致新形成的網狀結構規模太大而過於牢固，進而將緊密分子網之間的水分擠出，這就是所謂的凝結現象。

在烹煮烘烤等烹飪手法中，有很多種食材在加入蛋以後，是可以影響凝固速度的。例如，乳製品可以稀釋雞蛋的蛋白質，避免蛋白質相互碰撞後輕易結合，進而提高凝固時所需的溫度。糖也有可以提高凝固溫度的效果，其原理是減緩蛋白質鏈舒展開來的速度。這就是為什麼卡士達必須加熱至180°F，而不是單以雞蛋凝固的150°F來烹煮。換算下來，在添加材料後，可以將凝固溫度整整提升30°F。有關糖在雞蛋中的運作原理，請參考觀念21。

攪拌，同樣也是影響蛋白質網狀結構強度的關鍵。以爐火製作布丁和蛋奶餡時，必須不斷地攪拌來防止過度加熱和燒焦，同時減少蛋白質結成固態的程度。換句話說，「頻繁攪動的卡士達可以形成較稀薄的卡式達醬，而放進烤箱的卡士達則會呈現固態凝膠狀態」，例如本觀念食譜「奶油巧克力布丁」，以及「深盤洛林法式鹹派」。

不過，「澱粉」才是本觀念探討的重點。玉米澱粉以及部分食譜所使用的麵粉，都會影響雞蛋蛋白質凝固的速度，進而左右烹煮蛋料理的凝固溫度。當澱粉粒與雞蛋一起烹煮時，會釋出細長的絲狀直鏈澱粉，它能干擾蛋白質形成網狀連結，進而提高雞蛋凝固的溫度。然而在雞蛋加熱時，這種作用對於蛋白質的穩定性至關重要，它不僅可防止法式鹹派中卡士達餡的雞蛋成分結塊凝聚，同時也有助於生雞蛋加入熱湯中時保持輕柔細緻的狀態。也因為如此，相較於未添加澱粉時的蛋料理，我們才能以更久的烹煮時間、並加熱至更高的溫度進行製作，並同時達到避開蛋奶餡和布丁中的雞蛋凝結問題。也因為澱粉的緣故，布丁才能具有在昂然挺立湯匙上的厚實度，而蛋奶餡也才夠紮實，在蛋塔中才能俐落地切開。

雞蛋中添加澱粉

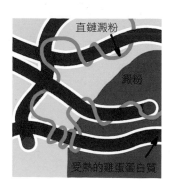

雞蛋和澱粉：
當雞蛋的蛋白質和大分子的澱粉粒混合時，澱粉會釋出絲狀的直鏈澱粉，附著在蛋白質上，防止雞蛋在受熱過程中形成緊密的網狀結構。

⊗ 實 驗 廚 房 測 試

我們利用法式蛋奶餡做了簡單實驗,示範澱粉對穩定雞蛋狀態的重要性。在本食譜中,我們以2杯半對半奶油混合6大匙糖後加熱,接著在5顆蛋黃中加入3大匙玉米澱粉、2大匙糖後攪打均勻,再倒入奶油混合物加以調溫。調溫後,將混合物煮沸,並持續加熱至濃稠為止。我們依照蛋奶餡食譜製作,然後以相同步驟完成另一份,不過這次不添加玉米澱粉。一共製作兩份並比較其中的差異。

實驗結果

加了玉米澱粉的蛋奶餡變濃後,形成光滑柔順、類似布丁的質感,絲毫沒有雞蛋凝結的跡象。未加澱粉的蛋奶餡則分離成兩個部分,底下是又稀又淡的湯汁,裡面充斥著凝結的雞蛋碎塊。光是各挖出1大匙相互對照,就看得出其間差異相當顯著,然而當我們使用刷子沾些蛋奶餡,並在黑板上塗抹,兩者的差異更是南轅北轍。添加澱粉的蛋奶餡顯得光滑飽滿,但未添加的蛋奶餡則淡到難以延展。

✎ Tisp:添加澱粉以製作滑順未凝結的蛋奶餡

加了澱粉
添加澱粉製作而成的蛋奶餡既光滑又柔順。

未加澱粉
未加澱粉的蛋奶餡稀淡而鬆散。

重點整理

蛋奶餡中的雞蛋加熱後,所添加玉米澱粉的澱粉粒會釋出絲狀的直鏈澱粉,裹覆著雞蛋中的蛋白質上,以避免蛋白質太快形成過度緊密的連結,甚至是導致雞蛋凝結,形成實驗中支離破碎的蛋奶餡。

這項實驗結果對我們有何啟發?在各種食譜中,無論是蛋奶餡、巧克力布丁,甚或法式鹹派到酸辣湯,澱粉都是重要的元素。在這些食譜中,雞蛋都會接觸高溫及長時間加熱,若忘記添加澱粉,雞蛋勢必會直接凝結。

✎ Tisp:沾蛋奶餡塗抹黑板

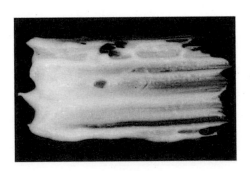

加了澱粉
刷到黑板上後,含有澱粉的蛋奶餡呈現飽滿、清楚的筆觸。

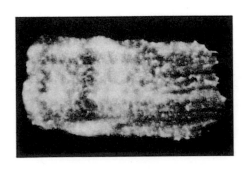

未加澱粉
若改以未含澱粉的蛋奶餡塗抹,筆觸顯得破碎而不美觀。

《澱粉的實際應用》法式鹹派

滋味濃郁且蛋香洋溢的法式鹹派裡，總是充滿其他各種餡料，從培根、洋蔥到起士不一而足。然而我們也知道，卡士達的質地細緻，在與這些配料結合下，可能會適得其反。這時利用玉米澱粉干預雞蛋蛋白質結塊和凝結的特性，正可為這個問題解套。

深盤洛林法式鹹派
8-10人份

為了避免未填充餡料的派皮在預烤的過程中塌陷，務必讓預留的派皮垂掛在烤盤邊緣上，並放入約3至4杯的壓派石，且使用高度至少2吋的高邊蛋糕烤模。若要重新加熱整個法式鹹派，可先放在有邊烤盤上，再放到烤箱的中層，以325℉烘焙20分鐘；若是切片的法式鹹派，則以375℉烘烤10分鐘。本食譜一共使用9顆雞蛋，其中1顆的蛋白和蛋黃必須分開，蛋白用於製作派皮，而蛋黃則放入內餡中。

派皮

1¾杯（8¾盎司）中筋麵粉

½茶匙鹽

12大匙無鹽奶油，切小塊、約½吋，冷藏

3大匙酸奶油

4-6大匙冰水

1顆大顆的蛋白，稍微打發

卡士達內餡

8片厚切培根，切小塊、約¼吋

2顆洋蔥，剁細

1½大匙玉米澱粉

1½杯全脂牛奶

8顆大顆的雞蛋，外加1顆大顆的蛋黃

1½杯重奶油

½茶匙鹽

¼茶匙胡椒

⅛茶匙肉豆蔻粉

⅛茶匙辣椒粉

6盎司葛瑞爾起士，刨絲，約1½杯

1.派皮：將麵粉和鹽倒入食物調理機中混合均勻，約

3秒鐘。加入奶油，攪打約10下，使奶油打成約大顆豌豆的大小。

2.取一小碗，倒入酸奶油和¼杯冰水攪拌均勻。將一半的酸奶油混合物倒進麵粉混合物中，約攪打3下。剩下的半碗酸奶油混合物重複上述步驟。以手指試捏麵團，若麵團的麵粉感太重而顯得乾燥，導致無法結團，可多加1至2大匙冰水，並按壓攪打到麵團結成大團塊，直至看不見乾麵粉為止，約需3至5下。

3.倒出麵團放在料理檯上，壓成6吋圓盤。麵團擀開前，先以保鮮膜包覆，放進冰箱冷藏1至2小時，讓麵團變得結實，但不可變堅硬。麵團最久可冰1天；擀開前，先靜置在室溫下15分鐘。

4.裁出兩張16吋長的鋁箔紙。將鋁箔紙垂直交疊，鋪進9吋圓型蛋糕烤模中，把鋁箔紙確實地推進烤盤的角落，且完全覆蓋烤盤內壁；將超出烤模邊緣的鋁箔紙往盤緣下摺，使其壓緊於烤模的外壁，再於鋁箔紙的表面噴上少許植物性烘焙油。

5.在料理檯灑上大量麵粉，將麵團擀成15吋圓盤，厚度約¼吋。以擀麵棍輕輕捲起麵皮，移進備妥的圓型蛋糕烤模後，小心捲開攤平。整理麵皮時，一手將麵皮邊緣輕微拉起，一手把麵皮輕柔壓進烤盤底部。修剪超出烤盤邊1吋的麵皮。需要時，可使用剩下的麵團，修補鋪在烤盤中麵皮的裂縫或孔隙。將鋪上麵皮的烤盤放進冰箱冷藏約30分鐘，使麵皮變得紮實，再接著冷凍20分鐘。

6.將烤箱烤架調整至中低層，烤箱預熱至375℉。為麵皮鋪上鋁箔紙或烘焙紙後，倒入壓派石填滿，輕輕按壓烤盤每個角落。將其放在有邊烤盤上，再推進烤箱烘烤30至40分鐘，最後外露的麵皮邊緣會開始焦黃，但底部色澤仍偏淡。小心取出鋁箔紙和壓派石。如果麵皮出現新的孔隙或裂縫，可使用剩下的麵團修補。將派殼放回烤箱，再烤上15至20分鐘，直到底部轉為金黃色澤為止。取出派殼，內側塗上蛋白並放置一旁，同時著手準備餡料。將烤箱的溫度調降至350℉。

7.卡士達內餡：將培根倒入12吋鑄鐵平底鍋，以中火烹煮約5至7分鐘，完畢後再把培根移到鋪了廚房紙巾的盤子上，並於鍋中留下2大匙培根釋出的油脂。鍋子放回中火上，倒入洋蔥不斷拌炒約12分鐘，直到洋蔥軟化、稍微焦黃。靜置一旁，讓洋蔥稍微冷卻。

8.取一大碗，倒入玉米澱粉和3大匙牛奶後加以攪拌，讓玉米澱粉徹底溶解。再倒入剩下的牛奶、雞蛋、蛋黃、重奶油、鹽、胡椒、肉豆蔻粉和辣椒粉，攪拌滑順。

9. 將洋蔥、培根和起士平均灑到派皮上。輕輕地倒進卡士達混合物，覆蓋在餡料上面。使用叉子將餡料壓進卡士達中，並輕柔攪動以趕走裡頭的氣泡。將蛋糕烤箱輕敲檯面，藉以徹底消除氣泡。

10. 送進烤箱，烘烤75分鐘至1個半小時，直到法式鹹派表面稍微焦黃，最後以牙籤插入中央測試，抽出後理應不會沾附碎屑，此時中央溫度應達到170℉。出爐後移到網架上放涼，約需2小時。

11. 上桌前，使用鋒利的去皮刀裁去超出蛋糕烤模的派皮。拉起烤盤外圍的鋁箔紙，將法式鹹派移出烤盤；以薄型刮鏟滑進法式鹹派和鋁箔紙中間，使法式鹹派鬆動後順勢移到大淺盤上。切塊後，趁著溫熱或常溫時儘早享用。

韭蔥藍起士深盤法式鹹派

本食譜省略「深盤洛林法式鹹派」的培根和洋蔥。做法是將1大匙無鹽奶油倒入12吋鑄鐵平底鍋中，以中火融化。備妥4根韭蔥，徹底清洗乾淨，接著只取蔥白和青綠色的部分，縱切剖半後切成¼吋厚薄片，放入鍋中，約煮10至12分鐘，直至軟化。再轉成中大火並持續烹煮約5分鐘，過程中不斷拌炒，直到韭蔥開始焦黃。將韭蔥移到鋪了三層紙巾的盤子上，接著再以雙層紙巾輕壓，吸乾多餘水分。製作內餡時的鹽巴減少至1茶匙，以1½杯切碎的藍起士取代葛瑞爾起士；先將藍起士和炒過的韭蔥平均灑入派殼中，再將卡士達內餡倒入。烘焙時間調整為60至75分鐘。

深盤法式鹹派佐香腸、球花甘藍與莫札里拉起士

在製作本食譜中，請務必使用水分含量低的市售莫札里拉起士，因為新鮮起士會讓餡料過於濕潤。

本食譜省略「深盤洛林法式鹹派」的培根和洋蔥。將8盎司義大利辣味或甜味香腸，剝除腸衣後，放入12吋鑄鐵平底鍋中，以中火煎煮5至7分鐘，使香腸不再呈現粉紅色澤。將切成½吋小塊的香腸移至鋪了廚房紙巾的盤子上，然後在鍋中保留2大匙油脂，再放回中火上，倒進8盎司球花甘藍，需事先修剪後切成½吋小塊，並煮約6分鐘直到稍微軟化後關火。將球花甘藍移到鋪了三層紙巾的盤子上，以雙層紙巾輕壓，吸除多餘水分。內餡調味的鹽巴增加至1茶匙，以1½杯刨絲的全脂莫札里拉起士取代葛瑞爾起士；先將莫札里拉起士、煎過的香腸和球花甘藍平均鋪到派殼內，再

將卡士達內餡倒入。烘焙時間調整為60至75分鐘。

成功關鍵

傳統法式鹹派沒什麼不好，只是我們偶爾還是會渴望吃到厚實的派皮，感受在一口咬下時，可以飽嘗奶香洋溢的卡士達，享受份量恰到好處且均勻分散的完美餡料。為了達成目標，我們改變烘焙器具、製作流程來完成，並利用玉米澱粉抑制餡料中洋蔥的凝結效果。

改變烘焙器具：對我們而言，理想的法式鹹派必須厚實直挺，想烤出理想中挺立的法式鹹派，就需要使用大量卡士達，問題就在傳統的水果塔烤盤無法容納這麼多卡士達。我們或許可以改用中空活動烤模，不過卡士達可能也會從烤模的邊圈及底盤間狹小縫隙溢出，而且要將派皮順利鋪進中空活動烤模這類特別深的烤盤，又要避免扯破派皮，勢必得費上一番功夫。因此，這也就是我們選擇使用直徑9吋、深2吋圓形蛋糕烤模的原因。這種烤盤不僅造型高挺，可容納我們需要的卡士達份量，而且不會發生餡料外溢的問題。

防止內餡外溢：為了保險起見，利用蛋糕烤模製作法式鹹派時，我們特地採取三道防護措施來避免餡料溢出、破壞派餅外觀。第一，我們為烤盤鋪上「底襯」，方便將法式鹹派取出烤盤。第二，我們將麵團擀成15吋圓盤狀，任由大量麵皮垂放在烤盤邊上，有助於固定派皮位置，以免在預先烘焙時塌陷或收縮。第三，將餡料倒入烤好的派殼前，我們先在派殼內側塗上一層蛋白，這能協助修補可能出現裂縫的地方。經過這些步驟後，洋溢濃郁奶油香的派皮不僅具有紮實的分明層次，其堅固的結構更能有效防止水分滲入而變得軟爛，可說是盛裝滑順卡士達的完美派殼。

自製卡士達：理想中的法式鹹派，其卡士達內餡應該吹彈可破，彷彿未完全定型的布丁般。不過，就像所有凝膠物質一樣，卡士達的質地相當細緻，成敗關鍵在於雞蛋和液體，包含洋蔥等多水材料滲出額外水分的比例是否正確，以及採取溫和平均的加熱方式。雞蛋太少時，卡士達會顯得鬆軟無法定型，太多則會產生炒蛋般的風味和強韌嚼勁。最後我們決定使用8顆全蛋，外加未用來塗抹派殼的1顆多餘蛋黃，以及3杯乳製品。

使用玉米澱粉：添加培根、洋蔥和起士等等的餡料，是最難以言喻的微妙步驟。因為在加入洋蔥後，洋蔥釋出的酸會改變雞蛋蛋白質的電荷，導致蛋白質緊密結成團塊，同時擠出裡頭所含的水分。玉米澱粉中的

澱粉粒形同蛋白質間的阻礙，可干擾蛋白質的結塊過程，進而防止蛋白質排出水分，確保卡士達具有滑順柔軟的質感。幸好有玉米澱粉，這道法式鹹派才能容納整整2杯洋蔥，同時又不產生任何負面效果。

《玉米澱粉的實際應用》湯品

玉米澱粉是酸辣湯中常用到的增稠劑，但其效果不僅於此。雞蛋之所以能在小心倒入熱湯後形成完美蛋花，玉米澱粉可說是重要的幕後功臣啊。

酸辣湯
6-8人份

若要讓豬排更好切，可先冷凍15分鐘。我們喜歡中國黑醋中那股獨特的滋味來點綴湯品的滋味，建議大家可以先到亞洲超市購買；若無法購得，混合紅酒醋和巴薩米克醋也能產生類似風味。這道湯品相當辛辣，若要降低辣度，可選擇完全不加辣油或只添加1茶匙即可。

7盎司硬豆腐，壓出水分

¼杯醬油

1茶匙胡麻油（toasted sesame oil）

3½大匙玉米澱粉

1塊（6盎司）½吋厚無骨豬排，切除多餘脂肪，切成長1吋、寬⅛吋的肉絲

3大匙又1茶匙冷水

1顆大顆的雞蛋

6杯低鈉雞高湯

1罐（5盎司）竹筍，縱切成⅛吋厚的筍絲

4盎司香菇，去蒂後切成¼吋厚

5大匙中國黑醋，或1大匙紅酒醋混1大匙巴薩米克醋

2茶匙辣油

1茶匙白胡椒粉

3支蔥，切成蔥花

1. 豆腐放到鋪了紙巾的派盤中，蓋上略具重量的盤子，上面再放2個罐頭加重。將豆腐靜置一旁約15分鐘，直到排出的水分達到約½杯為止。

2. 取一中碗，倒入1大匙醬油、香油和1茶匙玉米澱粉攪拌均勻。將豬肉絲放入碗中，上下拋翻，使材料均勻包覆肉絲，並浸泡醃漬10至30分鐘。

3. 取一小碗，放入3大匙玉米澱粉和3大匙水後加以拌勻。另取一小碗，倒入剩下的½茶匙玉米澱粉和1茶匙水攪拌均勻。打入雞蛋，以叉子攪打混合均勻。

4. 將高湯倒進大型單柄深鍋中，以中大火煮滾。轉成中小火，加入筍絲和香菇煮約5分鐘，使香菇軟嫩適中。趁著高湯熬煮時，將豆腐切成½吋方塊。放入豆腐和連同醃醬的肉絲一起倒入，不停攪拌並將黏住的肉絲攪開。持續煨煮約2分鐘，直到豬肉不再呈現粉紅色澤為止。

5. 將混合好的玉米澱粉混合物攪拌均勻，倒入湯中後，爐火轉成中大火。烹煮時不斷攪拌約1分鐘，使湯變濃稠、顏色轉為半透明。倒入醋、辣油、胡椒和剩下的3大匙醬油，攪拌均勻後關火。

6. 停止攪拌，以湯杓舀取攪拌好的蛋液，以繞圈的方式緩慢、少量地倒入鍋內。讓湯靜置1分鐘，然後再以中大火重新加熱。煮到稍微沸騰時，立刻關火。輕柔攪拌，將蛋花均勻拌散。將湯舀入碗中，灑入蔥花後即可享用。

實用科學知識 胡麻油

"胡麻油僅做為調味料使用，而非烹調用油"

胡麻油，又稱為芝麻油或亞洲芝麻油，以深層烘焙的芝麻製成，烘焙程序不僅可賦予芝麻深褐色澤，也有助於激發濃郁的芝麻香氣。相較之下，冷壓芝麻油使用生芝麻製成，色澤極淡，沒有什麼香味，與香油相去甚遠。冷壓芝麻油可與其他植物油交替使用，甚至用來烹調食物也不成問題，但香油則因為冒煙點低、容易燒焦，不適合烹煮食物，通常只會做為調味料使用，為食材增添獨特香味。由於胡麻油特別容易受到高溫和光線影響而變質，因此應購買裝在有色玻璃瓶中、並且放進冰箱保存。

成功關鍵

道地的酸辣湯需要加入榨菜、豬腳筋和乾海參等材料。為了讓大家從當地超市方便購買的材料煮出道地、辛辣、味濃又層次豐富的酸辣湯，我們選擇兩種辣味材料：1茶匙具有獨特辛辣感的白胡椒和少許辣油，來調配出這道湯「辣」的滋味。至於「酸」的滋味，我們偏愛使用中國製的黑醋，不過巴薩米克醋混

合紅酒醋也是可接受的替代方法。在這道湯中，玉米澱粉具有三重效果，可以用來勾芡以增加湯的濃稠度、加到醃醬中讓肉在烹煮過程中保持軟嫩口感、拌入雞蛋中使其保有輕盈纖細的黏著感。

以玉米澱粉醃漬豬肉：除了增稠作用之外，許多中華料理廚師認為，玉米澱粉也可當做蛋白質的嫩化劑。為了測試此一說法，我們分別烹煮兩碗湯，在其中一碗所使用的簡單醬油醃料裡添加玉米澱粉，用以醃漬豬肉絲，另一碗的醃醬則省略玉米澱粉。經過玉米澱粉醃漬的豬肉明顯較嫩。烹煮過程中，玉米澱粉會沾附及裹覆住豬肉表面，形成保護層，減緩水分流失，讓濕潤軟嫩的豬肉不至於變成乾柴的肉乾。

調配酸辣滋味：酸辣湯的辣味通常來自白胡椒粉，而非新鮮辣椒。與辣椒不同的是，胡椒的辛辣感直截了當，入口後不會留下歷久不退的炙辣感。我們搭配辣油創造辣味層次，對酸辣湯而言，這雖然有點違逆傳統做法，但卻能補強白胡椒的辣味，進而與醋味相互抗衡、襯托。傳統上，這道湯使用的醋，也就是酸味的來源，是來自中國的黑醋，這種醋是以烤過的米製成。可以混合帶有果香的巴薩米克醋和滋味濃烈的紅酒醋做為代替。

挑選蔬菜：幾乎所有道地酸辣湯都從乾木耳和金針著手。木耳又稱為黑菜或雲耳，除了替湯品增加爽脆的口感外，幾乎沒有其他作用。我們嘗試使用普遍的乾燥牛肝菌菇和香菇取代，但這些食材特有的木質韻味會打亂湯裡原本已達平衡的風味。相較之下，清淡的新鮮香菇是比較合適的選擇。金針菜，也就是俗稱的金針，是虎皮百合（tiger lily）的乾燥花苞。味濃且微具脆實口感的罐裝竹筍，正可提供類似百合花苞的麝香及酸味，為料理帶來不同的口感變化，而脆嫩的竹筍與蓬鬆的蛋花正好相映成趣。

擠壓豆腐：至於豆腐，我們遇到一個基本問題是，一定要擠壓它嗎？答案很簡單：「要」。豆腐像海綿般吸附很多水分，放上頗具重量的盤子壓出水分，可讓豆腐更為紮實，味道更為乾淨純粹。

穩定雞蛋狀態：等到豬肉煮熟、湯底濃稠之後，才將打好的雞蛋緩緩倒進湯中，藉以創造纖柔的羽狀蛋花，使整體搭配帶有另一種相輔相成的口感。然而，若蛋液未能立即定型，反而會與湯底混雜在一起，導致高湯混沌不清。為了避免搞砸這個步驟，我們在湯中加醋，並在雞蛋中添加玉米澱粉。醋可以中和雞蛋蛋白質上的部分

電荷，促使蛋白質緊密結合，在遇熱後能夠迅速凝結成明顯的羽狀蛋花，避免雞蛋入水後立刻消散，在熱湯中幾乎消失無蹤。拌入雞蛋中的玉米澱粉也是幕後功臣，裡頭的澱粉分子可穩定液態的蛋白質，避免蛋白質遇熱後急遽收縮。倒入雞蛋時，務必先關閉爐火，讓湯的表面平靜無波，接著再以湯匙將蛋液以緩慢而少量地倒進湯中。靜置1分鐘，接著重新開火並輕輕攪拌，將雞蛋打散成輕盈柔軟的蛋花後即大功告成。

實用科學知識 蔥味

"蔥白和蔥綠的口感及味道皆不相同。
除了顏色之外，蔥綠和蔥白間還有什麼差異？"

為了找出答案，我們從品嘗生蔥著手。根據試吃員的描述，蔥白和蔥綠的味道差異相當明顯。蔥白具有類似紅蔥頭的微妙甜味，而蔥綠部分則具有草味和胡椒般的辛辣感。我們使用生蔥製作莎莎醬時，試吃員仍然可以辨別兩個部位的顯著差異，至於何者的味道較佳，則視個人喜好而異。最後，我們將豬肉和蔥一起拌炒，此時試吃員並未發現味道有何重大差異，但兩者的口感反而有所不同，蔥白會適度軟化，但蔥綠則會枯萎，產生不受部分試吃員喜愛的軟爛口感。

從這項實驗的結果可知，若料理強調口感，烹煮時只能使用蔥白，蔥綠部分則留作裝飾之用。若需要使用生蔥，加入蔥白只會產生溫和的蔥味，而蔥綠則會為料理增添胡椒般的濃烈辛辣感。

那麼，蔥為何會產生味道？如同洋蔥一樣，蔥切開後，細胞中的酵素就能與含硫的胺基酸接觸，進而產生類似洋蔥的味道。所以千萬別事先將蔥切碎。鮮明的蔥味可為湯品、沙拉等料理增添溫順的甜味，但若提前切碎並靜置一旁等待入菜或燉煮，原本的甜味反而會變成不討喜的肥皂味。

《澱粉的實際應用》布丁與蛋奶餡

以爐火製作卡士達醬時，我們得時常替雞蛋調溫，也就是將少量高溫液體倒進冰冷的雞蛋中快速攪拌，接著再將混合物一併放到火爐上加熱，藉此拉高整體溫度。此外，我們也添加增稠劑。從前面示範的食譜可知，玉米澱粉的效果頗佳，不過麵粉也是不錯的選

項，以下的蛋奶餡就是最佳證明。雖然麵粉不比玉米澱粉濃縮，但麵粉含有75%的小麥澱粉，與玉米澱粉相當類似，我們只要稍微增加用量即可。

奶油巧克力布丁
6人份

我們偏愛使用60%的苦甜巧克力製作這道甜點。最愛使用Ghirardelli烘焙用苦甜巧克力和Callebaut特級黑巧克力搭配使用。因為使用可可含量較高的巧克力可製作出較濃郁的布丁。全脂牛奶可以改用1%至2%的低脂牛奶取代，只是濃醇度會稍打折扣，切勿換成脫脂牛奶。

2茶匙香草精

½茶匙即溶濃縮咖啡粉

½杯（3½盎司）糖

3大匙鹼化可可粉

2大匙玉米澱粉

¼茶匙鹽

3顆大顆的蛋黃

½杯重奶油

2½杯全脂牛奶

4盎司苦甜巧克力，切碎

5大匙無鹽奶油，切成8塊

1.將香草精和濃縮咖啡粉倒入碗中攪拌均勻，置於一旁待用。在大型單柄深鍋中，倒進糖、可可粉、玉米澱粉和鹽，攪拌均勻。拌入蛋黃和重奶油，徹底拌勻，過程中確實將鍋壁角落刮理乾淨。倒入牛奶，和其他材料一起攪拌均勻。

2.以中火加熱，烹煮約5至8分鐘，過程中不斷攪拌，直到混合物轉為濃稠、表面持續冒泡為止。再持續加熱30秒後，讓鍋子離火，加入巧克力和奶油，攪拌使其融化且完全混合。拌入混合好的香草精。

3.使用細網濾網，將布丁過濾到碗中。布丁表面蓋上稍加抹油的烘焙紙，放進冰箱冷藏至少4小時。冰涼後即可享用。布丁最久可冰上2天。

成功關鍵

自製巧克力布丁最常發生兩種情況，不是巧克力用量太少導致味道淡薄，就是可可脂過多造成顆粒口感。我們追求的巧克力布丁，除了必須具備濃郁的巧克力滋味、

質地稠密之餘，還要有柔滑的口感。我們發現，以適量的苦甜巧克力搭配無糖可可粉和濃縮咖啡粉，可以產生出最濃的巧克力味，而最終成果也證明玉米澱粉是最合適的增稠劑。鹽和香草精可進一步強化巧克力滋味。

使用正確的乳製品：雖然大多數布丁食譜只使用牛奶，但我們發現，將半杯牛奶換成重奶油可使布丁的滋味更為飽滿，同時也能提升到我們喜歡的柔滑口感。

雞蛋使滋味更香濃：只用玉米澱粉製成的布丁稍嫌貧乏，無法產生理想中的稠密質感和濃郁的奶香味。添加雞蛋則可讓滋味更豐富，同時也能補強口感。在這道巧克力布丁中，我們使用3顆蛋黃，不加任何蛋白。

以柔滑為目標：在設計布丁食譜時，我們發現必須限制苦甜巧克力的使用量，以避免布丁產生顆粒口感。幸好可以利用可可粉替代巧克力份量，讓布丁的柔滑度不受影響。為什麼？造成顆粒口感的罪魁禍首其實是可可脂，而固態巧克力的可可脂含量遠過於可可粉。巧克力經過處理後，所含的脂肪成分可在室溫下維持固態，但入口後會隨即融化，達到「只溶你口不溶手」的效果。然而，當融化的巧克力重新凝固時，可可脂的晶體結構就會重新排列。巧克力結構變得更為穩定，處於接近體溫的溫度下時，融化速度會顯著減緩。若份量充足，這種較為穩定的可可脂型態就有可能產生我們在布丁中發現的顆粒口感。相形之下，可可粉能為布丁增添更多巧克力味，但卻不會增加布丁中可可脂的整體含量。

以巧克力增加濃稠度：使用可可含量較高的巧克力能製作出更為稠密的布丁，原因在於這種巧克力含有更多可可脂和可可塊，這兩種成分都有增稠效果，就像重奶油含有更多脂肪而比牛奶來得濃稠一樣。此外，脂肪中懸浮的可可塊也能進一步強化增稠效果，這與麵粉糊比清水更為濃稠的道理如出一轍。瞭解這些原理後，製作這道甜點時記得使用苦甜巧克力。

以濃縮咖啡粉豐富滋味：在巧克力布丁中增添少許咖啡味，不但不會搶走巧克力的風采，還能發揮襯托之效，加強巧克力的烘焙韻味。

蛋奶餡
約2杯

本食譜可搭配觀念47食譜「波士頓奶油杯子蛋糕」一起食用。

2杯半對半奶油

6顆大顆的蛋黃，常溫

½杯（3½盎司）糖

少許鹽

¼杯（1¼盎司）中筋麵粉

4大匙無鹽奶油，切成4塊，冷藏

1½茶匙香草精

1. 在中型單柄深鍋內倒入半對半奶油，以中火加熱至剛開始湧現氣泡即可。另取一中碗，倒入蛋黃、糖和鹽後攪拌滑順。在蛋黃混合物中加入麵粉，攪拌使其均勻混合。半對半奶油離火，持續不斷攪拌，舀出½杯緩慢倒入混合好的蛋黃中加以調溫。不停攪拌，將調溫後的蛋黃混合物倒回鍋中，與半對半奶油混合。

2. 以中火重新加熱單柄深鍋，過程中不斷攪拌約1分鐘，煮到蛋黃混合物稍微變得濃稠為止。轉成中小火持續熬煮，同時不停攪拌約8分鐘。

3. 轉成中火，一邊加熱一邊大力攪拌，持續約1至2分鐘，最後蛋黃混合物的氣泡應會湧到表面破裂。鍋子離火，加入奶油和香草精，攪拌至奶油融化，且所有材料混合均勻為止。使用細網濾網，將蛋奶餡過濾到中碗內。將稍加抹油的烘焙紙直接蓋到蛋奶餡表面，放進冰箱冷藏2至24小時。蛋奶餡定型後即可使用。

成功關鍵

製作蛋奶餡時，我們偏好使用半對半奶油。這能賦予甜點飽滿而美好的滋味，同時口味又不至於太淡或太濃。以半對半奶油結合充當增稠劑的麵粉，再利用奶油補強質地結構，即可用簡單不易出錯的方法做出滋味濃郁的卡士達醬。

為雞蛋調溫：將部分加熱後的乳製品倒進溫度相對較冷的雞蛋中，稍微拉高雞蛋溫度，接著再放到爐火上烹煮，這種方法可避免雞蛋凝結。若想瞭解「調溫」的運用，請參考觀念19。

徹底加熱：蛋奶餡是卡士達醬的變體。就一般的卡士達來說，過度烹煮可能會導致凝結，但將蛋奶餡煮到幾近沸騰卻是重要步驟。加熱可讓雞蛋定型，同時促使澱粉發揮糊化效果，以利呈現完美質感。

一般的卡士達醬加熱時，雞蛋蛋白質會在鬆解後進一步結合交纏，最後形成足以導致凝固的網狀結構，甚或直接凝結。為什麼蛋奶餡會有不同反應？蛋奶餡中的澱粉會從兩方面影響質地結構。首先，澱粉會干擾雞蛋蛋白質形成網狀結構，進而拖延凝固效果。除此之外，蛋奶餡必須徹底加熱的主要原因，在於蛋黃含有一種稱為澱粉酶的酵素。若未受到抑制，澱粉酶會分解澱粉，導致蛋奶餡過於濕潤鬆軟。無論是鋪進塔殼做為底餡、抹到蛋糕夾層中做為夾餡，抑或是擠進閃電泡芙中做為內餡，蛋奶餡都必須有如奶油般黏稠硬挺才行。蛋奶餡含有的澱粉讓蛋奶餡能夠加熱至幾近沸騰，如此才能破壞蛋黃中的澱粉酶，同時防止雞蛋像炒蛋一樣，烹煮至特定程度時，會有少許氣泡湧出蛋奶餡表面破裂的情形。而此時溫度達到200度，蛋奶餡呈現濃稠光滑的狀態。

實用科學知識 增稠劑爭霸戰，麵粉或玉米澱粉？

"相較於玉米澱粉，麵粉的增稠效果相對不明顯。但在製作蛋奶餡時，麵粉反而是較為保險的選擇"

設計蛋奶餡食譜時，我們時常發現，以半對半奶油、蛋黃和玉米澱粉煮成的卡士達醬無法呈現恰到好處的稠度。麵粉會不會是更好的選擇呢？

我們依照食譜的步驟，以3大匙玉米澱粉製作多批蛋奶餡，對照組則改用4大匙麵粉，其增稠效果不如玉米澱粉來增加稠度，並延長每批的烹煮時間以消除麵粉味。以麵粉增稠的蛋奶餡每次都能順利定型，並維持理想狀態，而使用玉米澱粉的蛋奶餡則偶爾會發生無法定型的情況，甚至在達到某種程度的濃稠狀態後逐漸稀釋掉。

水中的澱粉遇熱時，澱粉粒會在吸收水分後膨脹，最後破裂並釋出一種稱為直鏈澱粉的澱粉分子，四散在溶液中，同時持續吸收水分，形成凝膠般的網狀結構。由於玉米澱粉是純粹的澱粉，其所含直鏈澱粉的比例，遠高於約75％的澱粉的麵粉，因此具有最顯著的增稠效果。然而，因為玉米澱粉富含澱粉成分，使用時必須特別謹慎。如果蛋奶餡這類卡士達醬未經充分加熱，蛋黃中的澱粉酶酵素會弱化澱粉的凝膠結構，導致卡士達永遠無法完全定型。若卡士達過度加熱，澱粉粒則會破裂，而且即便卡士達順利變稠，過度攪拌也可能破壞澱粉的凝膠結構，導致成品逐漸淡化。反觀麵粉因為含有蛋白質和脂質，澱粉產生膠凝作用的能力受到限制，因此需要增加用量，才能達到理想的濃稠度。不過，這些成分也具有黏結效果，有助於吸附水分，確保液態的卡士達在變稠後也能維持原有狀態。

觀念21：打發蛋白時，適量加入穩定劑
Whipped Egg Whites Need Stabilizers

烹飪魔術中最厲害的特技，就是將少許蛋白化為宛如雲海、波濤洶湧、填滿整個空碗的白色泡沫。不管是舒芙蕾、天使蛋糕、還是檸檬蛋白霜派，許多烘焙食譜都需要打發蛋白。不過，區區幾匙的蛋白液體該如何變身成好幾杯的泡沫呢？一起來查出真相吧！

◎科　學　原　理

蛋白與蛋黃大不相同，雖然我們會將蛋白和蛋黃混合在一起，做成炒蛋、煎蛋捲、或是烘烤成各式點心，但我們也時常將蛋白與蛋黃分開使用。有時我們只需要蛋黃，利用其濃稠的特性來製作冰淇淋。不過，本觀念裡，讓我們單獨探討蛋白的使用方式吧。

蛋白最常見的使用方式就是「打發」，將其液態的結構轉化為大體積的泡沫。蛋白在經過攪打的過程時，會使裡頭的蛋白質展開並相互結合，形成能夠包覆並強化氣泡表面的網狀結構，而這些氣泡則是由水所轉化而來。為什麼會有水？大家別忘了我們在觀念18提到——蛋白90％是水分。當蛋白中的水瞬間包圍了氣泡，這些伸展開來的蛋白質，實際上則增加了水的黏性、也加強了氣泡的穩定度。蛋白越經攪打，產生的氣泡越多，也會有更多蛋白質結合，使氣泡更加穩固。最後整個蛋白液會膨脹起來，變成像刮鬍泡般的堅實質地。其中的訣竅在於，「蛋白不能攪打不足，那會使蛋白泡沫相對不穩定；但也不能打發過度，因為泡沫會變硬，使氣體被擠出蛋白裡的液體」。

雖然打發蛋白看似簡單，實則不然。當蛋白沾上任何油脂或乳化劑，例如一點點蛋黃，就無法成功地打發，因為這些物質會覆蓋卵白蛋白質，使其無法展開並結合。因此當我們在攪打蛋白時，混入油脂也會使佔據蛋白質表面的珍貴空間，進而破壞或減弱具保護作用的蛋白質網狀結構，這會使得蛋白霜一下就會崩塌，變成溼潤、塌陷的失敗品。

一般來說，打發蛋白後的泡沫狀態，通常只是暫時性的現象。不管蛋白泡沫是生的還是熟的，氣泡周圍的

水分最終還是會屈服於地心引力而逐漸流失，造成泡沫分解並釋出水分。所以我們的目標，就是讓蛋白維持打發的狀態愈久愈好。

在觀念20中，我們已經見識到了，澱粉是如何穩定、完整地煮熟雞蛋，並防止及延長凝結時間。不過，當我們將蛋白與蛋黃分離後，想要打發蛋白，還是需要另一種穩定劑，在這個時候，有兩項食材可以幫上忙。

第一種是「糖」。它能夠減緩水分從氣泡周圍薄膜流失的速度，並且幫助蛋白保持穩定，達到最大的膨脹體積，不過在這個過程之中，加入糖的時間點才是關鍵。

在蛋白打發初期，蛋白質尚未完全展開、連結，使泡沫變成有體積的氣泡、無法維持形狀。然而，糖卻能影響蛋白質連結的能力。如果糖加得太早，可以相連結並包覆住空氣的蛋白質較少，這會使得泡沫膨脹的體積較小。另一方面，如果蛋白已經打得非常濃稠才加糖，可以協助糖溶解的水分變少了，會使得做好

打發蛋白時的內部結果

水

卵蛋白質

氣泡

打發時：
進入蛋白的氣泡會被展開的卵蛋白質包覆形成泡沫。

的蛋白霜口感變得沙沙的，烘烤時也可能流成糖漿。「加入糖的關鍵時機，在於蛋白已經打發、開始膨脹，但仍有足夠水分可以將糖完全溶解。」那麼什麼時候才是最佳的加入時機呢？就是在溼性發泡（soft peak）：當蛋白已經起泡，但尚未硬到足以立角狀之際。

⊗ 實 驗 廚 房 測 試

為了找出在蛋白中加入塔塔粉對乾性發泡（stiff peak）的影響，我們設計出以下幾個實驗。將4顆蛋白分為八等份，並以直立式電動攪拌器打發，一開始以低速釋放卵蛋白質，再以高速攪打混入大量空氣，直到蛋白打成乾性發泡。在另一半的實驗組中，我們在打發蛋白前就加入¼茶匙的塔塔粉，其餘的則未加入塔塔粉。將二組打發的蛋白置於漏斗，並插在量筒1小時收集流出的水分，就能看到顯著差異。

實驗結果

沒有加入任何穩定劑的打發蛋白，平均流失23毫升的液體。加入塔塔粉來穩定的蛋白，其流失的水分不到前者的一半，僅約流失10毫升。

重點整理

雖然從外觀來看，有沒有加入穩定劑的蛋白泡沫並無太大的差異，它們的泡沫都同樣輕盈蓬鬆，也都能維

持住立角狀。可是，隨著靜置的時間增加，釋放出來的水量開始有了明顯的不同。為什麼這點很重要呢？因為將空氣打入蛋白，能夠將蛋白從液態轉化為泡沫狀。但是「蛋白是會還原的」，至少在經過一段時間後有部分的泡沫還是會回歸成液態。此時，就發生了派上的蛋白霜在「哭泣」的情形，也就是泡沫正在分解，變得又溼又軟。

加入塔塔粉後改變了蛋白中蛋白質的電荷、延緩它們的連結，讓氣泡周圍有更強韌的網狀結構。這個較強韌的網狀結構，可以更有能力承受地心引力並保持氣泡中的溼度。在許多食譜中，維持蛋白穩定是相當重要的一環。如果蛋白無法保持穩定狀態、又沒有使用塔塔粉或砂糖的幫忙，在烘烤時會流失大量液體，造成蛋白霜口感較硬和形成宛如流出的糖漿般，或是在烤箱中，悲慘地消氣扁塌。

第二個幫助蛋白打發的穩定材料是「塔塔粉」（tartar），這種酸性物質能夠轉化蛋白質裡的電荷，減少蛋白質分子間的互相作用。因為塔塔粉延緩泡沫形成，所以需要更多時間攪打，但相對能做出更穩定的泡沫。

✏ Tisp：以塔塔粉穩定蛋白

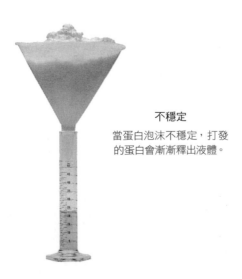

不穩定
當蛋白泡沫不穩定，打發的蛋白會漸漸釋出液體。

穩定
塔塔粉有助蛋白保留更多液體，形成穩定的蛋白泡沫。

《穩定蛋白的實際應用》糖

藉著添加糖來穩定打發的蛋白有二種效果。其一，糖能減緩卵蛋白質展開，延遲泡沫形成，避免蛋白過度打發。第二，糖會在蛋液泡沫周圍的液體溶解，形成厚而有粘性的糖漿，減緩水分流失。如果液體流失過快，氣泡以及泡沫也會塌陷。在這裡，我們觀察把糖「單獨」使用於蛋白霜餅乾、或加入其他材料之中來製作苦甜巧克力慕斯蛋糕時的穩定效果。

蛋白霜餅乾
約可製作48個小餅乾

蛋白霜剛從烤箱取出時或許會有些軟，但冷卻後就會變硬。為了減低雨天或潮溼氣候產生的粘稠情形，烤完後關掉烤箱電源，但不要打開烤箱門，讓蛋白霜待在烤箱中直到冷卻，過程共約2小時，冷卻後直接置於密封的盒子。

¾杯（5¼盎司）糖

2茶匙玉米澱粉

4顆大顆的蛋白

¾茶匙香草精

⅛茶匙鹽

1.調整烤箱烤架至中上和中下層，烤箱預熱至225℉。在二個烤盤上鋪上烤盤紙。在小碗中混合糖和玉米澱粉。

2.使用直立電動攪拌機裝上球型攪拌頭，將蛋白、香草精和鹽以高速攪拌30至45秒，直到溼性發泡開始形成，當攪拌器移開時，蛋白泡沫會垂下來。此時將攪拌機減為中速，並以緩慢穩定的速度、垂直地灑入糖，過程需30秒。停下攪拌器，將攪拌缽四周的殘留物刮下，攪拌機改為改為高速，攪打至蛋白呈現光滑並呈現立角，約需30至45秒。

3.迅速將打發的蛋白霜放入擠花袋中，並裝上½吋圓口花嘴，或是在大夾鏈袋的袋角，剪下½吋的斜角。將蛋白霜擠出堆成1¼吋寬、1吋高的蛋白霜小丘，每張烤盤紙擠出一排四個，總共六排的蛋白霜小丘。送入烤箱烤1個小時，烘烤至第30分鐘時，將烤盤紙旋轉180度。烘烤完畢，關閉電源，讓蛋白霜待在烤箱中至少1小時。取出蛋白霜，置於冷卻架上在室溫下冷卻。完成的蛋白霜若放置於密封容器，可保存2個星期。

巧克力蛋白霜餅乾

在步驟2結束後，將2盎司切碎的苦甜巧克力，輕巧地拌入蛋白霜中。

烤杏仁蛋白霜餅乾

以½茶匙的杏仁精取代香草精，並在步驟3烘烤前，將⅓杯粗略切碎的烤杏仁碎片和1大匙的海鹽（視需求添加），灑入蛋白霜中。

柑橘蛋白霜餅乾

在步驟1時，將1茶匙磨過的柑橘皮屑，混入糖和玉米澱粉中。

濃縮咖啡蛋白霜餅乾

在步驟1中，將2茶匙的濃縮咖啡粉，加入糖和玉米澱粉中。

實用科學知識 二種穩定劑：「糖」與「玉米澱粉」

"糖和玉米澱粉都能提供打發蛋白的穩定度，卻後者可以避免過甜"

我們希望做出來的成品能夠比傳統的蛋白霜餅乾少一些甜度，可是，少加糖卻會讓餅乾在烤箱中塌陷。為什麼呢？在打發蛋白的初始階段，蛋白霜裡的小泡泡組織是由卵白蛋白質和氣泡周邊的水交叉連結，共構而成。烘烤時，水氣會逐漸蒸發，蛋白霜結構也變弱了。但在同一時間，蛋白質中的卵白蛋白質也藉著與其他蛋白質結合而益強壯，能夠為泡沫提供額外的結構。糖能夠留住水分子，若蛋白霜中沒有足夠的糖，水分就會太快蒸發，蛋白霜餅乾會在卵白蛋白質尚未強化之際就塌陷。我們發現玉米澱粉也有相同於糖的特性，可以用來粘合水分，所以能夠在食譜中扮演糖的角色，達到減少甜度卻不會改變應有的結構。

減糖
過度減糖造成蛋白霜經過烘烤時就塌陷了。

強化的泡沫
以少許的玉米澱粉替代糖，能幫助蛋白霜在烘烤時依然保有形狀。

成功關鍵

傳統的蛋白霜餅乾或許僅需要二種基本食材：糖和蛋白。然而其中操作時間卻需要非常的精準。因為只要一點小差錯，做出的蛋白霜不是硬得像聚苯乙烯泡沫，也就是防撞的保麗龍；要不就是太濕、太硬、甜得過膩。完美的蛋白霜餅乾出爐時，應該有著光滑潔白的外表，咬來酥脆、入口即化。其外表平滑的關鍵，即在於加入糖的時間點：當蛋白被打發到開始膨脹、有強度，但尚有充足的水分可以將砂糖完全溶解時，就是最佳時機。令人驚訝的是塔塔粉在此英雄無用武之地，只需糖和玉米澱粉就已足夠穩定蛋白！

法國款： 蛋白霜有三種款式：義大利式——在打發蛋白時倒入熱糖漿；瑞士式——加熱蛋白與糖；法式——只打發蛋白和糖。在本食譜中，法式是最佳選擇。經過和義大利式蛋白霜那稠密、宛如糖果般口感相比，我們發現法式蛋白霜最簡單能達到相近的效果。

加糖： 打發蛋白時一定要多加留意。太早加糖會干擾蛋白質間的交叉連結；太晚加入，則沒有足夠的水分溶解糖，會產生沙礫口感、導致蛋白霜流出液體。在溼性發泡前一刻加入糖，此時蛋白已開始膨脹，但卻仍有足夠的水可以溶解糖，這是最恰當的時機。把糖慢速穩定地從攪拌缽的邊緣倒入，可使糖平均分佈，有助於製作更平滑的蛋白霜。

使用玉米澱粉： 在品嘗使用傳統食譜做出的成品時，我們發現大部分的成品都太甜了。但若減少用糖，又會造成悲慘的失敗結果。因為糖較少的蛋白霜在烘烤時會塌陷和縮小。為什麼呢？原來糖在打發和烘烤的過程，都能發揮穩定的功效。缺少足夠的糖，蛋白霜烘烤時會快速流失水分，導致蛋白霜塌陷。解決之道就是使用一些玉米澱粉。詳請參考本觀念的「實用科學知識二種穩定劑：糖與玉米澱粉」。

擠花： 為了確保蛋白霜餅乾有一致的外觀，我們不用湯匙，而是使用擠花袋製作。專業的擠花袋能夠製作出形狀完美的蛋白霜，不過在夾鏈袋袋角斜剪個洞也能達到不錯的效果。

關掉電源： 傳統的蛋白霜是以低溫烘烤，會在烤箱電源關掉後還放在裡面一陣子，甚至有時會放一整夜。這個做法是為了讓蛋白霜完全乾燥，擁有雪白的外表。我們試著以175°F烘烤蛋白霜餅乾，但我們的烤箱難以維持在這個溫度。於是我們改以225°F烤1小時，關掉電源後，將蛋白霜置於烤箱1小時，每次都能做出完美的成品。

若是糖結塊，應該先以乾淨未沾油脂的手指搓散。任何奶油或巧克力殘留的油脂都會影響蛋白打發。如果你喜歡，也能在享用前灑些糖粉在蛋糕上，或在每塊切片蛋糕上放上一坨微甜鮮奶油。

12大匙無鹽奶油，切成12塊
12盎司苦甜巧克力，切塊
1盎司無甜巧克力，切塊
8顆大顆的雞蛋，蛋白蛋黃分開
1大匙香草精
⅛茶匙鹽巴
⅔杯（4⅔盎司）壓實的紅糖

1. 烤箱烤架移至中低層，烤箱預熱至325°F。在9吋的中空活動烤模塗油，鋪上烤盤紙，在烤盤紙上抹油，灑上麵粉。以鋁箔紙包覆中空活動烤模的底部和側邊。

2. 把奶油和巧克力放入大的耐熱容器，置於大的單柄深鍋中，單柄深鍋中盛裝2夸脫微滾的水，巧克力隔水加熱，不時攪拌，直到二者均勻溶解。離火，讓奶油和巧克力稍降溫後，加入蛋黃和香草精攪拌。將攪拌好的巧克力放回熱水上，加蓋保溫。

3. 使用直立電動攪拌機裝上球型攪拌頭，以中速將蛋白和鹽打至發泡，約需30秒。添加⅓杯的糖，以高速攪拌約30秒，讓糖充份混合。再加入剩餘的⅓杯糖，繼續打到拿起攪拌棒時，蛋白尾端可挺立，約需2分鐘。使用打蛋器將⅓的蛋白霜加入攪拌好的巧克力中，讓巧克力變得輕盈，再輕柔地將剩餘的蛋白霜分二次拌入。緩緩地將蛋白與巧克力混合倒入預備好的中空活動烤模裡，再將烤模放進大型的深烤盤中，將熱水倒入深烤盤，約1吋深。小心的將烤盤移入烤箱，烤至蛋糕膨脹，邊緣定型，中央也成型且溫度達到華氏170度，約需45至55分鐘。

4. 將中空活動烤模從熱水中移出，取下鋁箔紙，置於烤架上放涼10分鐘。用很薄的去皮刀將蛋糕體與中空活動烤模的邊圈分開，讓蛋糕在烤模中繼續冷卻約3小時，直至微溫，用保鮮膜將蛋糕烤模整個包起來，放入冰箱冷藏至少8小時直到完全冷卻。蛋糕放在冰箱可保鮮2天。

5. 打開中空活動烤模的邊圈，脫模。以薄金屬鏟插

入蛋糕底部與烤模底盤中間，然後將蛋糕倒扣在更大的盤子上，撕掉烤盤紙，再次將蛋糕倒置在餐盤上。切片時使用薄且利的刀子，每次切片都要把刀子浸在熱水中，擦乾後再將蛋糕切塊。

成功關鍵

這個食譜使用二種技巧：以糖當蛋白的穩定劑、使用水浴法溫和均勻地烘烤蛋糕，詳細明請參考觀念19。在本食譜中，將蛋白完美地打發後，拌入攪拌好的巧克力液中相當重要，因為缺少了膨脹、穩定的蛋白，苦甜巧克力慕斯蛋糕就無法成功製作。

準備中空活動烤模： 為了防止蛋糕沾黏在烤模上，務必要在中空活動烤模塗上奶油並灑上麵粉，且在烤模的底部鋪上烤盤紙。因為要以水浴烹煮法，所以我們以鋁箔紙包裹中空活動烤模，以免水滲入。也可參考觀念19的「實用科學知識：防止中空活動烤模滲入水氣」來達到相同的預防措施。

使用很多蛋黃： 要讓蛋糕輕鬆擁有「只融你口」的口感，主要取決於食材中的奶油和蛋黃。12大匙的奶油是最完美的份量，奶油過多反而會導致油膩難吃，但奶油太少會過乾。至於蛋黃，我們曾以4到10顆蛋黃做實驗，若10個蛋黃，即便完全烘烤中間仍會過溼，8顆蛋黃最完美！

使用紅糖： 這回我們嘗試不用白砂糖，改用「紅糖」，發現這真是個好選擇。紅糖中適當的甜度和來自糖蜜些微的煙燻味，給了蛋糕優雅的滋味。除此之外，紅糖也有另一個好處，糖中的糖蜜屬微酸，也可以穩定蛋白，不必再加入酸性的塔塔粉來穩定蛋白泡沫。當我們將蛋白與紅糖一起打發時，便能得到光滑完美的蛋白霜。

拌入泡沫： 打發蛋白後，我們用「切拌混合」的方式將蛋白霜加入麵糊中。但若蛋白霜的質地不對，就會構成問題。細緻的蛋白霜如果沒有添加任何東西，很容易因為巧克力的重量而塌陷，會讓蛋糕結構過份厚重稠密。如果蛋白過度打發則會有較硬的質感，讓蛋糕口感過乾。相對來說，蛋白打發不足則會造成蛋糕黏稠。打發蛋白時加入糖能夠創造更穩定和厚實的蛋液泡沫，以這個方式完成的蛋白霜再與巧克力混合，能夠創造出更加溼潤、濃郁且綿密的巧克力慕斯蛋糕。因為蛋白只有打至溼性發泡就停手，因此我們加糖的時機得稍微早一點，不像一般食譜把蛋白打至乾

性發泡。後附食譜「天使蛋糕」也會使用類似的技巧。

水浴烘烤： 使用標準溫度、約華氏350度，單獨烘烤慕絲蛋糕，往往會造成因過份膨脹而塌陷的結果。但若將溫度降到華氏300度，則會造成蛋糕的外表過份烘烤但內部卻未完成。解決之道——水浴烘烤法。將蛋糕以水浴中用華氏325度烘烤，能夠讓蛋糕有均勻的膨脹，並且可以有絲絨般滑順的口感。這項額外的步驟可是很值得的哦。

實用科學知識 分離蛋白與蛋黃最簡單的方法

"冷藏蛋比置於室溫的蛋，更容易分離蛋黃與蛋白"

許多烘焙食譜都要求在分離蛋白蛋黃前，雞蛋要先放置室溫中。但這點很吊詭，因為室溫下的蛋黃很容易破散於蛋白中。當你的食譜中，需要的是打發蛋白時，這種破散的蛋會讓成品失敗。在分離蛋白與蛋黃時，可以先將全蛋打入小碗中，再進行分離，確認成功後再需要的部份，倒入大碗中是比較保險的方法。但是我們也發現，雞蛋剛從冰箱取出時，蛋黃較為緊實，比較不容易破散於蛋白中，此時分離蛋白與蛋黃較易成功。如果食譜要求的雞蛋必需是常溫下再進行料理，那也很好解決。我們可以在冷雞蛋的階段，先行分離蛋白與蛋黃，把需要的部份蓋上保鮮膜，而此時得確定保鮮膜接觸蛋的表面，避免乾掉，等到蛋回溫之際再取用即可。

《穩定蛋白的實際應用》塔塔粉

塔塔粉，也稱為酒石酸氫鉀（potassium bitartrate），是葡萄酒製作過程的副產物，其效果和小蘇打一樣，也是泡打粉的二種主要食材之一。塔塔粉的酸性能夠降低蛋白中的酸鹼值，改變蛋白質的電荷，促使蛋白質展開，變得更為膨脹、穩定，還能產生更光滑的外表。因此，我們在這裡使用塔塔粉來穩定蛋糕、派和舒芙蕾中的蛋白。

為了能夠有最佳風味，務必使用新鮮現榨的檸檬汁，不要用罐裝果汁。另外，在塗抹蛋白霜前一定要確定派的內餡完全冷卻。最後，派應於當天食用完畢。

內餡

1½ 杯水

1 杯（7 盎司）糖

¼ 杯玉米澱粉

⅛ 茶匙鹽巴

6 顆大顆的蛋黃

1 大匙磨碎的檸檬皮屑，外加 ½ 杯檸檬汁（3 顆檸檬）

2 大匙無鹽奶油，切為 2 塊

1 份簡易卡士達派單層派皮麵團（食譜於觀念 44），預烤並冷卻

蛋白霜

¾ 杯（5¼ 盎司）糖

⅓ 杯水

3 顆大顆的蛋白

¼ 茶匙塔塔粉

少許鹽

¼ 茶匙香草精

1. 內餡：將水、糖、玉米澱粉和鹽放在大鍋裡以中火慢煮，並不時攪拌。當鍋中物開始變得透明，離火，加入蛋黃，一次 2 顆，再加入檸檬皮屑、檸檬汁和奶油。一切都添加完畢後，再度以小火稍煨一下就可以移出火爐。

2. 將內餡放入烤好冷卻的派皮。以保鮮膜覆蓋內餡表面，放入冰箱冷藏，直到內餡變冷，約需 2 小時。

3. 蛋白霜：將烤箱烤架移至中層，烤箱預熱至 400°F。將糖和水放在小型的單柄深鍋，以中大火煮滾，一旦糖漿沸騰，再煮 4 分鐘，此時糖水會由較稠密，轉為糖漿狀。離火，並開始打發蛋白。

4. 用直立式電動攪拌器裝上球型攪拌頭，以中低速攪打蛋白、塔塔粉和鹽，約 1 分鐘，直至發泡。再續以中高速攪打 2 分鐘，直至溼性發泡。當攪拌器仍在運行時，慢慢地倒入熱糖漿，小心不要倒在機器的攪拌頭，以免噴灑出來。放入香草精，攪拌至蛋白霜冷卻，並變得濃稠、發亮，過程約 3 到 6 分鐘。

5. 使用橡皮抹刀，將蛋白霜堆在餡料上，確認蛋白霜有接觸到派皮邊緣，使用抹刀在派的表層雕出尖角，送入烤箱烘烤約 6 分鐘，直到尖角呈現金黃色。將派取出置於烤架，放在室溫下冷卻，即可食用。

成功關鍵

我們希望檸檬蛋白霜派能夠有著高聳膨鬆的頂部，因此將蛋白霜、熱糖漿和一點塔塔粉加在一起後打發。這個技巧能夠確保蛋白霜，即使經過徹底的受熱後，還有足夠的穩定性能高高堆疊在派的內餡上方。

派皮添加 Graham Crackers 全麥餅乾： 為了增添十足酥脆的口感，我們以觀念 44 食譜「簡易卡士達派單層派皮麵團」，再加入 Graham Cracker 全麥餅乾屑。這不僅能夠改善派皮的口感，也因為全麥餅乾的獨特風味，使得檸檬派更有特色。這個步驟最重要的是派皮一定要事先充份烘烤，在完全冷卻後才可以裝填內餡。

正確的內餡： 我們的檸檬派內餡跟觀念 19 食譜「檸檬凝乳」很相似。但是在這裡需要比較多的份量來填滿派皮，因此用水稀釋檸檸檬汁避免味道太強烈，並且用玉米澱粉幫助定形，這樣才能切齊派的厚實內餡。

選用義大利式蛋白霜： 法國式蛋白霜是在打發蛋白時加入糖，但本食譜使用的是義大利料理手法，也就在打發蛋白時加入熱糖漿。熱糖漿能夠煮熟蛋白，並幫助它轉化為柔軟而平滑的蛋白霜，這個過程能夠給予蛋白霜足夠的穩定度，在短暫的烘烤過程中不會流出液體。相對的，若以法式蛋白霜來製作，其風險就在於底部未能充份烘烤，很有可能會有液體流出。

烘烤，但不使用上火： 雖然有些食譜直接以烤箱的上火烘烤，但同時開啟上下火的熱燙烤箱，才能大幅降低把蛋白霜烤焦的風險。

不要使用中筋麵粉！我們的試吃員誠實的說，使用中筋麵粉做出來的成品口感很像吐司。如果你的天使蛋糕專用烤模（angel food cake pan）底部無法拆解，請在底部鋪上烤盤紙，但千萬不要在底部或烤盤紙上抹油。

1 杯再加 2 大匙（4½ 盎司）低筋麵粉

¼茶匙鹽

1¾杯（12¼盎司）糖

12顆大顆的蛋白

1½茶匙塔塔粉

1茶匙香草精

1.烤箱烤架調至中低層，烤箱預熱至325℉。將麵粉和鹽放入碗中攪拌。使用食物調理機將糖打成極細的粉末後，將一半的糖移到另一個小碗中。把麵粉混合倒入食物處理機中和剩餘的糖一起攪打，直至充入氣體，約需1分鐘。

2.使用直立式電動攪拌機裝上球型攪拌頭，以中低速將蛋白和塔塔粉打到起泡，約需1分鐘。調整至中高速後，緩慢地倒入步驟1小碗中的糖，直到溼性發泡，約需6分鐘。加入香草精，攪拌至充份混合。

3.將混合好的麵粉分三次篩入蛋白中，每篩一次，都用橡皮抹刀輕柔地混合拌入蛋白，混合均勻，最後再用刮匙將混合的麵糊倒入未抹油12杯大的天使蛋糕專用烤模。

4.烤至用牙籤插入蛋糕內部時拔起不會有沾黏，蛋糕表面的裂縫明顯乾燥為止，約需40至45分鐘。將蛋糕模倒扣，讓蛋糕放在室溫下冷卻，約需3小時。用小刀在蛋糕周邊轉一圈，在料理台上倒扣烤模，輕敲脫模。再將蛋糕放正於盤中即可食用。

成功關鍵

天使蛋糕和其他蛋糕的不同之處，在於它完全沒有用到油或奶油，連烤模都不用抹油。天使蛋糕也無需使用泡打粉或小蘇打，完全仰賴蛋白賦予蛋糕戲劇化的膨脹高度。為了製作天使蛋糕，我們將蛋白和塔塔粉、糖兩種穩定劑打發至溼性發泡後，拌入麵粉和其他加味材料，然後便可送入烤箱烘烤。

將糖磨至極細：砂糖或糖粉做出的成品可接受，惟口感會稍嫌厚重。為了製作出不同凡響的天使蛋糕，我們先以食物調理機將糖打細，讓糖更快溶解，同時不至於影響蛋白的發泡膨脹。

隔離蛋黃：我們想看看加入蛋黃會發生什麼事，於是在12顆蛋白中加入1茶匙蛋黃。開始打發蛋白時，顏色變白並出現泡沫，但即使過了25分鐘，還是無法將蛋白打出形成立角狀。由此可知，打發蛋白前務必小心別摻入任何蛋黃，否則永遠無法成功打發。

篩粉：有些食譜很麻煩地要求分八次篩入麵粉和糖。這太辛苦了！我們試著略過篩粉的動作，但做出來的蛋糕卻不膨鬆。最後我們發現，解決方法就是將麵粉和一半的糖以食物調理機打過，讓麵粉和糖充滿氣體，便可將篩粉次數減至一次。

輕柔拌入：使用橡皮刮刀將粉類和蛋白輕柔地相互拌合。最好將粉類分三次拌入，才不會使蛋糕中的氣泡消失。

倒扣冷卻：將蛋糕從烤箱取出後，倒扣3小時冷卻蛋糕體。如果你沒有附立架的蛋糕模型，也可以將蛋糕模型倒插在飲料的瓶頸上。天使蛋糕若沒有以倒扣法冷卻，很可能會因為蛋糕本體的重量而扁塌。

柑曼怡舒芙蕾和碎巧克力
6-8人份

製作舒芙蕾（soufflé）的基底後，立刻開始打發蛋白，以免基底溫度降到太低。一旦蛋白打發到應有的質地，就要立刻用完。烘烤的前15分鐘千萬不可開烤箱門，舒芙蕾快要完成時，方可輕啟烤箱門，確認烘烤進度。如果烤箱溫度高，舒芙蕾表面就有可能燒焦，務必要小心。成品可以用糖粉做最後的完美點綴，完成後務必立刻上桌享用。

3大匙無鹽奶油，先軟化

¾杯（5¼盎司）糖

2茶匙可可粉，先過篩

5大匙（1½盎司）中筋麵粉

¼茶匙鹽

1杯全脂牛奶

5顆全蛋，先將蛋白與蛋白分離

3大匙柑曼怡香甜酒（Grand Marnier）

1大匙磨成粉的橘子皮

⅛茶匙塔塔粉

½盎司苦甜巧克力，磨碎

1.烤箱烤架移至中上層，烤箱預熱至400℉。在1½夸脫的舒芙蕾烤碗裡塗上1大匙奶油。將¼杯的糖與可可粉混合於小碗中，倒入烤碗裡，搖動烤碗，讓糖與可可粉均勻裹在烤碗的底部和周邊。多餘的糖與巧克力粉倒出。

2.將麵粉、¼杯的糖和鹽混合均勻置於小型的單柄深

鍋裡。輕柔地倒入牛奶，攪拌至均勻無結塊後，移至火爐以大火煮滾，不停攪拌約3分鐘，直到變得濃稠，鍋裡的內容物脫離鍋邊。以橡皮抹刀將混合物移至中碗，加入剩餘的2大匙奶油，混合均勻後再加入蛋黃，攪拌至充分結合。最後再加入柑曼怡和磨碎的橘皮。

3.將直立式電動攪拌機裝上球型攪拌頭，以中低速打發蛋白、塔塔粉和1茶匙糖，直到發泡，約需1分鐘。再調整至中高速，將蛋白打至如白色浪花般，約需1分鐘。慢慢地加入½杯的糖，將蛋白打發至有光澤的溼性發泡，約需30秒。電動攪拌器持續攪動時，一邊將其餘的糖悉數加入，攪打約10秒，直至混合。

4.用橡皮抹刀快速地將¼份的蛋白霜，輕巧地加入舒芙蕾基底，混合到看不見蛋白紋路。再將剩餘的¾份蛋白霜拌入，並加入巧克力碎屑，直到均勻拌合。輕巧地將麵糊倒入烤碗中，藉助食指的幫忙輕畫烤碗的圓周，將舒芙蕾整型妥當。放入烤箱，烘烤20至25分鐘，直到舒芙蕾的表面呈深咖啡色，當你搖動時中間會稍為搖晃，且舒芙蕾經烘烤會膨脹2至2½吋，就代表已經完成。此時應立刻趁熱食用。

實用科學知識 銅碗會造成不同結果？

"銅碗不只能讓打發的蛋白霜更為穩定，它還有其他效果"

在測試舒芙蕾食譜時，我們決定要測試一下使用銅碗是不是有助於蛋白打發。結果證實：使用銅碗，最後烘烤出來的舒芙蕾體積較為膨脹，比較沒有蛋腥味，而且蛋糕還會有漂亮的淡金色表面。

為何結果會是如此？當蛋白在銅碗中打發時，銅離子有助於產生「伴清蛋白」（conalbumin），這種卵白蛋白質混合物，造成凝結的作用減緩，意謂著需要更長的時間打發蛋白，但卻也會相對更加穩定。因為泡沫更加穩定，在烤箱中也較能擴張。更明確的解釋是，碗中的銅能夠結合硫原子，一種蛋白的部分成份之一。既然蛋的味道是因為蛋白質分解所釋放出硫化物，在銅碗中完成的舒芙蕾比較穩定也較少蛋味。銅和硫的結合也反應在色澤上，烤出來的舒芙蕾外表會有金黃色。不過，使用不鏽鋼碗也能達成不錯的效果，所以銅碗或許能加分，但並非絕對必要。

成功關鍵

我們希望柑曼怡舒芙蕾能輕盈但仍保有綿密的口感。有鑑於舒芙蕾的做法是以過份講究著稱，再加上舒芙蕾一定要有輕盈質地，因此我們明白必須想點辦法讓製作的過程中能夠更好控制些，甚至增加舒芙蕾的穩定度。我們發現以麵粉和牛奶製成的麵糊（bouillie）做為舒芙蕾基底，再以奶油與蛋黃加強，就能夠呈現豐富的口感又不會影響到舒芙蕾的組織。另外，如同我們所預料般，以塔塔粉和糖相佐來打發蛋白，的確增強了舒芙蕾的穩定度。

製作基底：舒芙蕾的基底，也就是稍後會與蛋白霜切拌混合這項手法相當重要。它提供舒芙蕾最關鍵的滋味和膨脹時所需的溼度。我們以蒙眼試味法嘗試三種不同的基底：以奶油、麵粉和牛奶製成的經典「法式白醬」，「奶油醬」（pastry cream），以麵粉和牛奶製成的「麵糊」。用麵糊為底製作的舒芙蕾有著最滑順及豐富的口感。

正確地打發：舒芙蕾的成功與否，打發蛋白的技巧有著關鍵性的影響。打發蛋白的目的在於創造強韌穩定的泡沫，能夠充份膨脹，而且不會在切拌混合或烘烤時垮扁。就像我們所學到的，在打發蛋白時加入糖能夠增加穩定度，讓蛋白霜在切拌混合的過程中更容易保持原狀，從烤箱取出後也不會快速崩塌。大部分的糖必須在蛋白已經打發出現泡沫後，再慢慢地加入。如果一次就將糖全部加入，會造成舒芙蕾不平均產生膨脹程度較少，滋味稍微過甜。另外，千萬別忘了塔塔粉，它可是幫助舒芙蕾更穩定、更膨脹的大功臣。

切拌混合：當我們將打發的蛋白加入稠密的麵糊時，太激烈會導致失敗。在這裡我們使用的技巧稱為「切拌混合」。目的是將輕盈的蛋白霜與稠密的麵糊混合，卻不會造成泡沫的消氣扁塌。

迅速一刷：我們的柑曼怡舒芙蕾不僅仰賴雞蛋、牛奶，以及構成舒芙蕾結構的少量麵粉，還有當我們將麵糊倒入碗中後，用手指伸入½吋深，在邊緣繞一圈。這個動作可以破除表面壓力，讓超級輕盈的舒芙蕾膨脹得更均勻、更高。

切勿過度烘烤：最重要的就是，絕不可過度烘烤舒芙蕾。舒芙蕾內部應該有著非常綿密的口感，外層則像布丁蛋糕一樣。千萬別烤到中間完全凝固，那就過頭囉！舒芙蕾的中央雖不至呈液狀，但仍然要保有相當的膨鬆感和溼度。只要聞到舒芙蕾在烤箱散發的味道，就差不多可以出爐了。

觀念22：澱粉，有助起士的融化更均勻漂亮
Starch Helps Cheese Melt Nicely

我們生活中常吃到起士，有時候是吃冷的起士，例如把起士放在餅乾上，或是單獨放在盤子裡品嘗。不過，我們也很常在料理時用到起士，像是夾在麵包裡做成烤三明治，或是加進義大利麵裡烹調。不論哪一種料理方式，起士只要加熱就會融化。這個特性，對焗烤通心粉或千層麵來說十分重要。

◎科　學　原　理

在探索起士融化的科學原理之前，我們先從起士的製作方式開始聊起。所有起士都來自奶類，來源可以是任何動物的乳汁，例如：一般的牛奶、綿羊奶或是山羊奶。每一種乳汁均有獨特的風味以及不同含量的蛋白質，以形成不同質地的起士。舉例來說，山羊奶的酪蛋白含量明顯較少，而酪蛋白是讓起士質地變硬的重要成份，這也說明了羊奶的質地為什麼比牛奶起士（例如切達起士）更軟、更綿密。

大部分的起士也含有一種酵素，我們稱為「凝乳酵素」（rennet），通常這種酵素是來自於年紀非常輕的幼犢的胃裡。這種化學物質之所以重要，是因為它和其他酵素，像是先前觀念6介紹存在於肉類裡的不同。凝乳酵素只分解牛奶中的一種蛋白質，也就是酪蛋白。不僅如此，它不會將蛋白質分解成不同的小塊，而是只針對某一特定點做分解，使這些已被切成小塊的蛋白質聚合在一起成膠凍狀，又稱為凝乳。

形成起士的最後一個成份是微生物，或稱之為生菌，它隨著時間緩慢且進一步地分解蛋白質。這個過程會創造出具有特殊的氣味化合物，讓切達起士的味道更鮮明，或是使得林堡起士（Limburger）的氣味更強烈。

在製作起士時，是將這三種成份會結合。首先，將生菌加入牛奶中，讓牛奶裡面的糖變成乳酸，這個酸化過程會造成牛奶中的蛋白質形成薄弱的膠凍狀。凝乳酵素會在此時發揮作用，將酪蛋白凝結，讓凝結成膠凍狀的凝乳，也就是之後的起士，從充滿水分的乳清中分離。隨著時間過去，從牛奶本身含有與後來添加的生菌的酵素，會使起士熟成並顯現出其風味。

有些起士在製成後便可立即食用，例如瑞可達起士（ricotta）或莫札里拉起士（mozzarella）。其他種類，如：切達起士或帕馬森起士，則需要多點時間使裡頭的生菌繼續作用以達熟成，使起士風味更有層次。

當起士遇熱時，它並不是真的像冰塊般「融化」，而是起士裡因凝乳酵素而結合的酪蛋白，在受熱後開始分解。這些蛋白分子分開、流動時的樣子就像熔化的塑膠，所以給人看似起士「在融化」的感覺。

當起士遇熱時

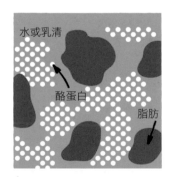

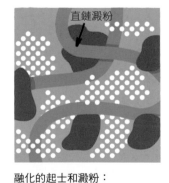

冷起士：
酪蛋白會在水及小塊脂肪間聚集。

融化的起士和澱粉：
酪蛋白塊會分離與流動，但因澱粉中的直鏈澱粉而不凝結成塊。

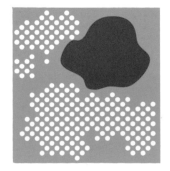

破碎的起士：
沒有加入澱粉就將起士融化，酪蛋白會重新聚集，變成塊狀且有著沙狀口感。這些塊狀物也會造成小脂肪塊聚集。

如果我們以芳堤娜（Fontina）、莫札里拉這種「新鮮」起士為例。由於成分中含有極高水分比例，因此蛋白質結構比較脆弱，在相對不高的溫度下，分子能分離並流動。在蛋白質分子網絡之間流動的熱能，使得起士本體在流失水分時蛋白質間形成更強的連結，因而促使起士「分解」並重組為團狀，同時像海綿那樣把「非同質」的脂肪擠出，所以高含水量就代表著比較不會「分解」，也就是融化時，結成團狀的起士口感也不太油膩。相對於以上兩種「快熟型」的起士來說，「熟成型」的起士例如葛瑞爾起士及切達起士，因含水量較低，且有較強的蛋白質鏈結，需要更高溫度才能融化、更多熱能才能分解緊緊相連的蛋白質，並使其產生流動。

起士只要一開始融化，已產生的蛋白質結構就會開始重新聚集，先形成小塊狀並從原先的起士主體中分離，只留下鹽與其他礦物質帶來的沙質般口感以及些許脂肪塊。剩餘物占整體比例往往不同，這是因為起士裡的脂肪含量差異相當大，例如瑞可達起士只含13％，切達起士則可以達到33％。

當起士結構開始分解並形成不好看的塊狀時，也會破壞以它製作的綿密義大利麵醬。所以我們的解決方法是：加入澱粉。通常是麵粉或是玉米澱粉，它們可以在起士融化時抓住這些蛋白質分子所組成的小型塊狀，避免蛋白質再重新結合並形成更大結塊，導致最後形成一大團起士塊。

⊗ 實 驗 廚 房 測 試

為了證明在不好融化的起士中加入澱粉有其價值，我們做了幾批經典濃郁奶油麵糊起士醬，也就是把焗烤通心粉中使用的醬料，分別製作成加入和不加入麵粉兩種版本。加入麵粉的起士醬，以2大匙的奶油及3大匙的中筋麵粉，拌入2½杯的牛奶製成，沸騰後離火再緩慢地加進8盎司的切達起士絲。對照組則是只將奶油與牛奶放置鍋中加熱，離火後放入起士。最後重複三次取得平均參數。

實驗結果
若不以濃稠度有顯著差異來看，從兩種起士醬裡很清楚地感受到，麵粉在裡頭扮演著重要角色。在製作不加麵粉的版本裡，醬料很快變成大小不一的塊狀，甚至還黏在打蛋器上。另一份加入麵粉的醬料，則乳化成非常滑順、綿密的質地。

重點整理
為了避免起士醬結塊的慘劇破壞到焗烤通心粉的口感，澱粉成為必要添加的材料。當澱粉微粒和融化的起士結合時，釋放出瘦長的直鏈澱粉將酪蛋白整個裹住，避免它們將脂肪擠出並重新結合成擾人的塊狀物。在本實驗裡我們學到的教訓是：不要忘了加麵粉！

我們也要知道，這項手法的形式有好幾種，像是後附食譜「經典焗烤通心粉」的起士醬，是直接從麵糊開始做；或是將刨絲的起士加入玉米澱粉做成起士鍋。我們也喜歡將幾種容易融化的新鮮起士，例如芳堤娜、蒙特利傑克及莫札里拉起士，與較不易融化的熟成起士，如葛瑞爾及切達起士混合一塊。在製作後附的「四起士千層麵」這道料理時，就是採用此策略讓千層面享有新鮮起士的口感，與熟成起士的豐富層次。

✏ Tisp：以澱粉製做出滑順綿密的奶油麵糊起士醬

無添加澱粉
起士醬呈現出沙沙的質地，攪拌棒上黏著許多結塊。

加入澱粉
加入澱粉的起士醬質地滑順綿密，沒有惱人的結塊。

我們在料理時偏好使用磅秤測量用量。你也可以用量杯，但需要注意的是，即使是同一塊起士，使用不同的刨絲器所刨出來的量，多少都有些落差。為了要得到最準確的份量，使用量杯計量時，應該將起士輕輕壓入量杯。

帕瑪森及其他硬起士

使用小孔箱型刨絲器	1盎司＝½杯
使用棒狀刨絲器	1盎司＝¾杯

切達、莫札里拉及其他半軟起士

使用大孔箱型刨絲器	1盎司＝¼杯

藍起士、希臘羊奶白起士及羊奶起士

以手撕成塊	1盎司＝¼杯

《澱粉的實際應用》起士醬

於起士中加入澱粉，可以使起士在融化時不會結塊，畢竟結塊是製作濃郁綿密起士醬的頭號天敵。如果在製作含有奶油、牛奶及麵粉的白醬或類白醬時，這也是讓起士穩定的好方法，同時能將其風味加入菜餚中。其實做法可以更簡單，只要加入一點煮過義大利麵的水，也能達到一樣的神奇效果。

經典焗烤通心粉
6-8人份

將通心粉煮到軟嫩卻保有嚼勁口感是相當關鍵的要點，不論是使用全脂、低脂或是脫脂牛奶都適用於本食譜。將食譜中的材料減半時，可以放進8吋大的方形烤盤中進行烘烤；如果你想要的話，也可以在上菜時再附上剛煮好的醬料。

6片厚片白吐司，撕成4塊

5大匙無鹽奶油，外加3大匙無鹽奶油，切成6塊，冷藏

1磅加鹽通心粉

鹽

6大匙中筋麵粉

1½茶匙乾芥末粉

¼茶匙卡宴辣椒，視喜好添加

5杯牛奶

8盎司蒙特利傑克起士，刨絲，約2杯

8盎司切達起士，刨絲，約2杯

1. 將吐司及冷藏過的3大匙無鹽奶油放進食物調理機中大致打碎，約打10下，靜置備用。

2. 將烤箱烤架調整到中低層，並打開上火。在大鍋中倒入約4夸脫的水並煮開，加入通心麵及1大匙的鹽，需經常攪拌，直到通心粉變軟，再瀝乾它。

3. 將剩下的5大匙無鹽奶油放入空鍋，以中大火加熱直至融化，放入麵粉、乾芥末粉、1茶匙鹽及卡宴辣椒。如果有加卡宴辣椒，需持續攪拌約1分鐘，直到散發香氣，色澤變深。逐漸拌入牛奶，煮至沸騰，持續攪拌。把火轉至中火燉煮，偶爾攪拌約5分鐘，直到質地變得濃稠。離火，緩慢地拌入起士，直到完全融化，然後把通心粉倒入醬料中，以中小火燉煮，持續地攪拌約6分鐘，直到所有食材熟透、冒出蒸氣。

4. 將所有已混合的食材倒進長13吋、寬9吋的烤盤上，並灑上步驟1的麵包塊，以上火烘烤約3至5分鐘，直到麵包塊呈現金黃色澤。靜置5分鐘後上桌。

經典焗烤通心粉加火腿及豌豆

加入8盎司的現成火腿肉，切成¼吋厚，再切成1吋大的小丁狀，將1杯冷凍豌豆和通心粉加入起士醬中。

焗烤通心粉加蒜味燻腸及芥末

以步驟3為基準，將一顆切碎的洋蔥加入溶化的奶油中，拌炒約5至7分鐘，直到洋蔥變軟並稍微呈現金黃色。加入麵粉，並繼續按照食譜製作，但要將起士醬裡的鹽減至½茶匙。之後加入8盎司的蒜味燻腸（kielbasa），縱切成4條，每段再切成½吋厚，將4茶匙的顆粒第戎芥末醬和通心粉一起放入起士醬。

成功關鍵

想要製作經典傳統的焗烤通心粉，我們可不能便宜行事。這道最受大家喜愛的家庭料理，應該要把軟嫩的通心粉倒入滑順、綿密又風味十足的起士醬中。將兩種不同的起士混合在一起會比只放一種來的好，蒙特利傑克起士會融化得很均勻漂、味道鮮明的切達起士可增添風味。運用白醬或是將麵粉、奶油與牛奶混合製作的醬料，可以將通心粉和起士結合在一起。正如先前提到的，麵粉讓起士在融化時更加穩定、均勻。

黏合： 大部分的焗烤通心粉都會用雞蛋或是澱粉來穩定醬料質地，加入雞蛋這個主意不錯，我們偶爾也會使用，只是使用雞蛋時得再加奶水（evaporated milk）才不會讓雞蛋結塊，這會使得最後成果變得非常濃稠。製作一般的焗烤通心粉時，我們認為在製作白醬時加入麵粉比較好。

做出麵糊： 白醬，是以烹調過的麵粉與奶油製作出的白色醬料，其質地輕盈。我們用 5 大匙無鹽奶油以及 6 大匙麵粉，兩項原料非常接近 1：1 的比例，並選擇性添加一點芥末粉及卡宴辣椒。這時奶類（任何奶都可以）再以緩慢的速度拌入，再將白醬煮至濃稠，使醬料開始「黏合」吧！

起士與通心粉的用量相當： 我們發現，在這道通心粉中放入兩種起士的效果比只放一種好。在嘗試過以帕瑪森、葛瑞爾及一些熟成的切達起士後，對於它們的顆粒口感及過於濃烈的風味不甚滿意。另一方面，質地非常柔軟，但口味非常淡的起士，像是瑪士卡彭起士及瑞可達起士，則是完全沒有味道。經過比較後，我們比較喜歡切達起士的鮮明味道、蒙特利傑克起士的綿密質地，但要放多少呢？1 磅起士搭配 1 磅通心粉是最完美的比例，可以做出完美的口感及風味，而且也很好記。

在爐火上做通心粉： 以烤箱製作焗烤通心粉時，在時間的掌握上非常困難，通常不是通心粉烤焦，就是烘烤時間不足，又或是醬料因過度烘烤而被破壞口感。比較簡易的製作方法是，直接在爐子上烹煮通心粉，起士醬也比較不會煮壞。

通心粉煮比嚼勁，再軟一點： 訣竅在於加入醬料前，將通心粉煮到比有嚼勁再軟一點的口感。如果通心粉煮得不夠透，它會在醬料中釋放出澱粉，讓這道料理帶有顆粒的口感。如果煮到太軟爛，通心粉就不會吸附醬汁。所以煮到比有嚼勁再軟一點的口感即可，因為這樣的通心粉仍保有結構性，可以承受來自醬料的熱度時，多烹煮幾分鐘卻又不會變糊，而且這還能讓起士滲透到通心粉的每個縫隙及角落。.

製造出以「烘烤」烹煮的樣子： 將碎麵包灑在剛烹煮好的焗烤通心粉上，經烘烤後能營造出我們最愛的金黃色外觀。我們只是把裹上奶油的麵包屑放在焗烤通心粉上面，並放入烤箱以上火烘烤，這時上方的火力會集中在麵包屑上，將麵包變成金黃色，同時也只需幾分鐘的時間，就足夠讓碎麵包泡在起士醬，使整份通心粉看起來就像是全程放入烤箱烹煮出來的樣子。

<table>
<tr><td>四起士千層麵</td></tr>
<tr><td>10 人份</td></tr>
</table>

請注意，有些義大利麵品牌包裝只有 12 份不需預煮的麵條，但本食譜需要 15 份。全脂牛奶是最好的選擇，但也可以使用低脂或是脫脂牛奶。也可以使用超市品牌的起士，但最好不要用古岡佐拉起士（Gorgonzola），因為本食譜不需要太複雜的風味。別把千層麵烤過頭了，這點非常重要，一旦烤盤周邊的醬料開始冒泡，就得移走千層麵上的蓋子，並把烤箱改成只開上火。如果你的千層麵烤盤無法以上火烘烤，也可以把烤箱設在 500℉、烘烤 10 分鐘，使千層麵變金黃色即可。

6 盎司葛瑞爾起士，刨絲，約 1½ 杯

2 盎司帕馬森起士，磨成碎細，約 1 杯

12 盎司（1½ 杯）半脂瑞可達起士

1 顆大顆的雞蛋

2 大匙，另加 2 茶匙切碎的新鮮巴西利葉

¼ 茶匙胡椒

3 大匙無鹽奶油

1 顆紅蔥頭，剁碎

1 瓣大蒜，切末

⅓ 杯中筋麵粉

2½ 杯全脂牛奶

1½ 杯低鈉雞湯

½ 茶匙鹽巴

1 片月桂葉

少許卡宴辣椒

15 份未煮過的千層麵

8 盎司芳堤娜起士，刨絲，約 2 杯

3 盎司古岡佐拉起士，磨成細顆粒，約 ¾ 杯

1. 將全部的葛瑞爾與 ½ 杯的帕馬森起士置於耐熱大碗中，另外在一個中型碗將瑞可達起士、雞蛋、2 大匙巴西利葉及胡椒混合，兩個碗同時靜置備用。

2. 在中型單柄深鍋中，以中火加熱融化奶油，加入紅蔥頭與大蒜拌炒，頻繁地翻攪約 2 分鐘，直到紅蔥頭變軟。再加入麵粉烹煮，並持續地攪拌約 1 分半，直到所有食材完全結合，但不要煮至麵粉變色。慢慢地加入牛奶與高湯攪拌，並以中大火煮至煮沸，需經常攪動。拌入鹽、月桂葉及卡宴辣椒，轉成中小火，熄煮

約10分鐘，直至醬料變濃稠、份量約4杯。過程中偶爾攪拌，記得把醬料從鍋底及各個角落刮動。

3.將月桂葉拿出，慢慢地將¼份醬料拌入步驟1的瑞可達起士混合物中，剩餘的¾份醬料拌入葛瑞爾起士混合物，並攪拌到質地呈現滑順。

4.將烤箱烤架調整至中上層，烤箱預熱至350℉，在長13吋、寬9吋，能夠以上火烘烤的烤盤裡，倒入2吋深的滾水。將千層麵滑入水中，一次1片，浸泡到軟。5分鐘後以刀鋒將麵片分離，避免沾黏。再將千層麵從水中取出，並平鋪在乾淨的廚房紙巾上，將水倒掉。烤盤擦乾並在上面噴上些許植物油。

5.將½杯混合葛瑞爾起士醬料，均勻地抹在烤盤底部，再鋪上3片千層麵，不重疊。把½杯的混合好的瑞可達起士醬料，均勻地放在千層麵上，灑上½杯芳堤娜起士及3大匙古岡佐拉起士。再挖½杯混合葛瑞爾起士混合物的醬料放在上面。重複三次鋪麵片、放瑞可達起士、芳堤娜起士、古岡佐拉起士及醬料的做法。最後一層是把剩下的3片千層麵放在上面，並用剩下的醬料完全覆蓋，再撒上剩餘½杯帕馬森起士。

6.將鋁箔紙上油，並緊緊覆蓋烤盤後送入烤箱，烘烤約25至30分鐘，直至烤盤周圍開始因加熱產生泡泡。烘烤至一半時間時需180度旋轉烤盤。完成烘烤後，移除鋁箔紙，將烤箱設定為只開上火，燒烤約3至5分鐘，直到表面呈現金黃色，將千層麵靜置15分鐘冷卻，撒上剩餘的2茶匙巴西利葉，即可上桌。

成功關鍵

起士千層麵是僅次於肉醬千層麵外的優雅選擇。但有些起士千層麵只是質地厚重卻淡而無味，這是因為它使用淡口味的起士，即使是採用風味十足的起士，也會有濃稠、乾硬、或油膩質地的問題。在本食譜中，我們要的是一道全面的起士千層麵，有著堅固的結構、綿密的質地、最佳的風味口感。在選擇最棒的起士風味時，我們認為是結合了芳堤娜、帕瑪森、古岡佐拉及葛瑞爾起士，以及再加入令人驚喜的第五種起士。在製作白醬時，在奶油中加入高比例的麵粉，會形成非常厚實的連結，能提供足夠的重量，使千層麵的每一層結合在一起。

製作混合的基本醬汁：雖然我們製作的白醬，其奶油麵粉比很高，能夠結合千層麵，不過，醬汁全用牛奶也會使口味變得平淡，讓整道菜想要呈現的起士風味

沒有驚喜感可言，解決之道是使用法式經典醬汁「天鵝絨白醬」（veloute）。這和白醬是相同種類的醬汁，不同之處在於將製作白醬時的牛奶，改以雞高湯取代，或者基本上可說是厚麵糊高湯。我們用雞高湯取代1½杯的牛奶，達到均衡的稠度及帶出更多起士風味，如果要更豐富複雜的味道，我們可放紅蔥頭及一瓣大蒜，而一片月桂葉及少許卡宴辣椒，可以增加風味但不會蓋掉其他食材的味道。

在醬汁中混合不同年份的起士：為了要克服所有起士都會不斷發生的問題：烘烤千層麵時，在表面形成不好看的油脂及些許結塊的口感，我們參考瑞士人的做法。在經典起士鍋的食譜中，也在融化起士時加入澱粉，避免起士變得油膩、有顆粒。這也就是我們在白醬裡加入葛瑞爾起士的主要原因，而醬汁裡也放入一定量的麵粉，讓澱粉幫忙抓住油脂避免千層麵的上層結塊。葛瑞爾起士因為經過熟成，水分較少且蛋白質結構較強韌，料理時會產生大部分油脂，也因如此，讓它混入醬汁中是最佳選擇。

使用第五種起士：四起士千層麵真正的美味秘訣竟然是加入「第五種」起士。誰想的到呢？雖然瑞可達起士並無法增加風味，但卻讓千層麵有很好的結構，卻不會讓整道菜變得厚重、過硬。

浸泡千層麵：針對本食譜，我們將不需預煮的千層麵疊上其他食材之前，先以滾水浸泡5分鐘，這可縮短千層麵的烘烤時間。我們曾經嘗試以煮過的千層麵取代不需預煮的麵，但結果失敗了。使用不需預煮的千層麵，其製作過程需要多一點水，但拿煮過的千層麵取代，則會做出糊狀的成品。不過，本食譜使用不需預煮的千層麵，還是得先用熱水浸泡5分鐘，但本食譜的醬汁並沒有很濕潤，不禁使我們懷疑，之前的發現是否還否還適用？

我們使用需水煮的千層麵，做出的料理看起來不錯也不會太糊，但不幸的是，千層麵吃起來太厚重、僵硬。一般的千層麵片都很厚又過大，會影響到麵體與醬汁間的平衡，反倒使成品吃起來有太多的澱粉感。實際比較每種義大利麵的重量後，我們發現一般未煮的千層麵，幾乎是不需預煮的2倍重。所以為了要有質地綿密、口感豐富的千層麵，雖然傳統上是使用新鮮麵條，較薄、不需預煮的千層麵，不只烹煮起來比般乾式千層麵條快，成品也比較好吃。

用小火及大火烘烤：另外一個技巧是用小火搭配大火的方式，使千層麵在烤箱的時間縮到最短。我們先用

350°F，將蓋上鋁箔紙的千層麵烤到周圍開始冒泡，之後把鋁箔紙拿掉，並用燒烤的方式使上層迅速烤至金黃。

實用科學知識 融化起士

"起士的水分、脂肪及年份，影響其融化的方式"

政府規定傑克起士可以比切達起士多5％的總水分，切達起士則可以有更多脂肪。此外，熟成程度對起士融化的方式有相當深遠的影響，例如蒙特利傑克起士的熟成時間絕對不會超過幾個月，但切達起士得經過好幾年才熟成。

熟成程度不同，對起士醬有什麼影響？以切達起士為例，尤其是年份久遠的起士，因為其中的酪蛋白顆粒較明顯，其主要蛋白質會因熟成而緊密地連結在一起。蒙特利傑克起士之所以綿密，是因為酪蛋白結構較為鬆散，因此能夠保有脂肪與水分。結合新鮮的蒙特利傑克起士與陳年的切達起士，能夠在像是經典焗烤通心粉這類型的料理中，提供美好的風味與質地。

起士如何融化？

當切達起士（右）融化，脂肪會從起士中分離，蒙特利傑克起士（左）則有較高的含水量，融化時看起來較綿密，比較不會分離。

羅馬羊奶起士義大利麵佐黑胡椒

4-6人份

想要清爽一點，可以將重奶油的量減半。不要改變煮義大利麵的水量，這是影響本食譜成功與否的關鍵。再煮義大利麵時要經常攪拌以防黏鍋，之後將麵條瀝乾放置在碗中，讓上菜時義大利麵仍是熱的。

6盎司羅馬羊奶起士，其中4盎司刨細絲，約2杯。另外2盎司刨成粗顆粒，約1杯。

1磅義大利麵

鹽

2大匙重奶油

2茶匙特級初榨橄欖油

1½茶匙胡椒

1. 將刨成細絲的2杯羅馬羊奶起士放到中碗，將濾盆放在大碗。

2. 在大鍋中放入2夸脫的水煮滾，放入義大利麵及1½茶匙的鹽，經常攪動，直到煮成有嚼勁的口感。將義大利麵放到已準備好的濾盆中瀝乾，將煮麵水留下約1½杯，剩下的水倒掉。將瀝乾的義大利麵放到碗裡。

3. 慢慢地攪動1杯煮麵水並拌入步驟1擺放羅馬羊奶起士的中碗，直到變得滑順。接著拌入重奶油、油及胡椒，逐漸倒入起士混合物到義大利麵上並搖動翻轉，直到兩種食材完全結合。靜置義大利麵1至2分鐘，經常翻攪麵條並倒入剩下的煮麵水，調整濃稠度。上桌，並在每份撒上刨成粗粒的羅馬羊奶起士。

實用科學知識 存放起士的好方法

"要將起士以雙層法存放，可以用蠟紙或是烤盤紙先包第一層，之後再包一層鋁箔紙"

存放起士是一個難題：靜置會釋放水分，如果水分蒸發太快，起士就會乾掉。但如果水分困在起士表面，起士就會發霉。特殊的起士紙可避免掉這些問題，因為這種雙層結構的紙，可以讓起士呼吸但不會乾掉，但這種紙通常得透過郵購才購買的到。

為了更簡易的方法保存起士，我們實驗以單層與雙層包裝的方式，將切達起士、布里起士（Brie）及新鮮羊奶起士，以各種不同方法包起來，並放在冰箱六星期，觀察它們乾燥及長霉的狀況。

用塑膠單層包住的起士，不論是保鮮膜或是夾鏈袋，是第一個發霉的。但用蠟紙或是烤盤紙包住的起士，則流失水分而變乾。得到最佳方法是：用蠟紙或是烤盤紙包住起士，外面再包一層鋁箔紙，別包太緊。前者的兩種紙都會讓起士裡的水分流失，不過鋁箔紙則會留住足夠的水分，使起士不會乾掉。使用雙層法包住起士，即使是最容易壞的羊奶

起士都能放上 1 星期，甚至是布里及切達起士也都能保持超過 1 個月，還跟新的一樣，反觀起士紙只能把這些起士的壽命延長幾天而已。

成功關鍵

這道羅馬料理只有三種材料：起士、胡椒與義大利麵，但卻是美味及快速的一餐。在我們所試過的眾多食譜版本中，在質地綿密的醬汁時，會很快地開始結成小起士塊，但想省事又要製作滑順濃郁的起士醬，在拌入義大利麵又不會醬麵分離，我們可以把一些煮麵水拌入刨成絲的起士中。以重奶油取代奶油，確保醬汁更滑順，即使在餐桌上擺了 5 分鐘，也看不到結塊。

先從用好起士開始： 品質高的起士是這道料理成功的關鍵，其中最重要的就是進口羅馬羊奶起士。進口的羅馬羊奶起士質地堅硬，以羊奶起士熟成，有非常強烈明顯並帶鹹的風味，這種特性和只是標榜「羅馬」的國產起士一點都不像。後者這些蒼白的替代品，大多是用牛奶製作，少了正港羅馬羊奶起士的獨特風味。

注意澱粉： 即使是已刨成細絲的起士還是會結塊，但澱粉可以改善。一塊完整的羅馬羊奶起士在結塊時，都富含起士三個主要成份：脂肪、蛋白質及水分，它們都被起士本身強健的結構鎖在固定位置上。然而當起士加熱時，蛋白質會融合在一起。混有杜蘭小麥的義大利麵煮麵水中含有澱粉，這項成分能包覆起士，讓蛋白質不會黏在一起。所以請確認煮麵水的量是正確的，1 磅的義大利麵要 2 夸脫的水，而不是平常用的 4 夸脫。這樣的水量可以讓水中的澱粉有最佳密度。

奶油也扮演重要角色： 單純靠澱粉不能讓起士完全不結塊，但有另一個要素會影響蛋白質與脂肪如何交互作用，那就是乳化劑。像是牛奶、奶油及新鮮起士都有特殊的分子稱為「脂蛋白」（lipoproteins），它和脂肪與蛋白質都有關連，其角色是兩者的中間人，能讓它們不會分開。但熟成起士的脂蛋白會瓦解，失去乳化的效力。

這也難怪羅馬羊奶起士只要熟成超過 8 個月就會結塊。要如何擁有脂蛋白的連結力呢？得加入牛奶或奶油，當我們把奶油換成等量的鮮奶油時，起士就變成輕盈滑順的醬汁，能完全包裹住義大利麵。

[蔬菜]
的烹煮訣竅

觀念23：加鹽蔬菜可有效去除水分
Salting Vegetables Removes Liquid

夏季盛產的蔬菜，尤其是番茄與櫛瓜，主要成分大多是水。料理時最大的挑戰就是處理這些蔬菜中的水分，畢竟沒有人想要吃濕濕爛爛的生菜。因此，在料理這些食材之前，我們經常會使用「鹽巴」去除蔬菜中的水分。

◎科　學　原　理

可食用的植物包含了水果與蔬菜，嚴格來說，那些含有種子的水果，是植物的繁殖器官，蔬菜則是其他部位，如根、莖及葉子。然而在烹飪的領域，蔬菜的定義應該擴大到包括一些有種子的植物，像是番茄及黃瓜。

植物就像動物一樣，是由數不清的細胞所組成，植物細胞內含有非常多的蛋白質、酵素、糖及色素，每一個細胞都由一層堅固的細胞壁環繞。細胞壁大多是纖維素組成，隨年紀增長而增厚，這也是影響生菜脆度的原因之一。「果膠」是一種水溶性的多醣體，也存在於細胞壁及細胞之間，扮演著像膠水般的角色，它能把細胞們黏在一起，就像我們所吃的每樣東西，蔬菜裡也充滿水分。

烹煮肉類時，我們會想盡可能留住肉裡越多的水分，但是在料理蔬菜時，我們反倒會想把蔬菜中的水分去除。雖然這看似不合邏輯，但我們用同樣的原料——鹽巴，達到幫肉類鎖水、蔬菜脫水這兩種相反的結果。

當我們在蔬菜上撒鹽，鹽巴會在蔬菜表面形成比在深層細胞中還要高濃度的「鐵」，為了要平衡鐵的濃度，細胞裡的水會穿過細胞壁流出，這就是所謂的「滲透作用」。在觀念11「浸泡鹽水，讓瘦肉變得多汁」以及觀念13「帶有鹹味的醃汁醃肉，效果最好」，加入鹽巴都扮演著相當重要的處理程序。當我們在肉裡放鹽，秘訣在於等待肉塊重新吸收水分，然而「在蔬菜上放鹽時，經常是希望它把大部份的水分吸走」。

在處理生菜及其他沙拉時，將多餘水分去除是很重要的，因為水分會稀釋掉醬料的風味，造成蔬菜浸在沒有味道的醬汁中。但「釋出水分」在料理蔬菜的過程

中，也扮演著另一個要角，那就是劇烈地改變蔬菜的口感。鹽巴把水分從蔬菜細胞吸出時，細胞會失去壓力，形成「膨壓」而開始瓦解，就如同氣球漏氣般，代表脫過水的蔬菜口感會變得較軟、也比較不脆。

以鹽巴影響蔬菜的口感，不單只有上述功效而已。果膠，也就是將細胞連在一起的物質，其強度來自於分子中的鈣離子與鎂離子。這些離子是果膠結構的一部份，但是它們也扮演著「鏈子」，反過來將果膠分子「連結」起來。在生菜加入鹽巴或是煮菜的水裡放鹽巴，裡頭的鈉離子會取代果膠裡的鈣與鎂，造成果膠及蔬菜中的細胞壁變脆弱，這也是青花椰菜或是甘藍的菜心，因加入鹽巴烹煮而軟化的另一項原因。

鹽巴對蔬菜細胞的影響

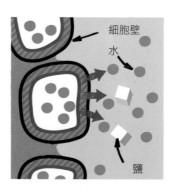

加入鹽巴：
鹽分透過滲透作用，吸出蔬菜細胞中的水分。

加入鹽巴後：
當水分都從蔬菜中排出後，細胞會失去壓力而開始瓦解，將細胞連結在一起的果膠也開始變脆弱。

為了展現出鹽巴對生菜所產生的劇烈影響，我們在三批各 1 磅重的大白菜葉裡加入 2½ 大匙的猶太鹽，之後將白菜葉放到濾盆裡，下方放個空碗後靜置一段時間。1 小時後取出大白菜葉，並測量它們排出的水分。第四批不加鹽的白菜葉做為對照組，並重覆這項實驗三次。

實驗結果

經過約 1 小時的等待，加了鹽巴的大白菜葉平均流失超過 2 大匙的水。無意外的，對照組在這段時間並沒有流失任何水份。其實更震撼的，是加鹽巴及未加鹽巴的兩組大白菜所流失的水分，光以目測就有極大差異。對照組的白菜葉仍維持清脆、硬挺，放入鹽巴的白菜葉則變得軟而有彈性，用夾子拿起時容易垂下。

重點整理

在大白菜這類的蔬菜中加入鹽巴時，作用很明顯：鹽巴會透過滲透作用吸出蔬菜細胞中的水，以致於蔬菜流失許多的水分。這時鹽巴的作用就和醃漬肉類不一樣了，目的不是把水分鎖住，我們要的就是讓蔬菜脫水。

把醬汁淋在甘藍或是其他沙拉前，先把鹽巴撒在大白菜以及其他蔬菜上，把多餘水分排出，如此一來，當酪奶甘藍沙拉在加入濃稠的醬汁時，多餘的水分才不會滲入沙拉中而稀釋料理風味。雖然鬆垮垮的菜葉看起來不怎麼吸引人，但卻對最後的成品加分不少。事實上，經由加入鹽巴而枯萎的蔬菜會為了維持膨壓，轉而吸收醬汁中的水分，因此也加強了成品風味。

✏ Tips：加鹽後，大白菜葉枯萎

在大白菜葉加入鹽巴，葉子會變軟塌鬆垮，用夾子夾起菜葉時是呈現枯萎狀。沒有加鹽的白菜葉（如下方所示）則像板子一樣硬挺。

實用科學知識　鹽巴也能讓蔬菜變美味

"鹽巴能開啟蔬菜的風味，但僅適用不需鹽巴及煮菜水倒掉的食譜"

為了找出蔬菜裡加鹽的時機是否會影響其風味，我們做了兩份安達魯西亞奶油冷湯比較一番。在第一份的番茄、黃瓜、洋蔥及青椒上灑些鹽巴，並靜置 1 小時後再將它們全部放進食物調理機中打成泥。第二份的冷湯則略過加鹽而直接打成泥，再把等量的鹽加入其中。結果如何呢？鹽漬 1 小時的蔬菜讓冷湯的風味更豐富、更有層次。

為了感受食物的風味，味蕾必須接觸到食物的氣味分子。但是許多蔬菜水果裡的氣味分子不但被鎖在細胞壁裡，還和蛋白質緊密相連，使味蕾無法接觸到。

「混合」或「用力咀嚼」可以釋放出部分的氣味。如果想品嘗到最多的風味，在蔬菜中加入鹽巴並靜置 1 小時是最好的方法，但這也只適用於加鹽後釋出水分的料理。隨著時間過去，鹽巴會把細胞壁裡的氣味化合物吸引出來，同時強迫蛋白質和這些分子分離，產生味道更強烈的湯，如果只是在上菜前才加鹽調味，則不會產生同樣的效果。

《加鹽的實際應用》
甘藍和小黃瓜沙拉

蔬菜沙拉作法簡單，要做得好吃卻不容易。如果生菜淋上沙拉醬後才釋出水分會稀釋醬汁的味道，沙拉也就變得淡而無味，讓人胃口盡失。為了避免這樣的情形發生，在淋上醬汁前，我們先在生菜上撒鹽，讓裡頭水分先釋放，倒掉排出的水後再淋上沙拉醬。鹽巴也會讓生菜的口感較為軟嫩，吃起來更可口。

奶油甘藍沙拉
4人份

如果想要讓本食譜能立即上桌，先將加入鹽巴的甘藍以冰水洗過，再用濾盆瀝乾水分並取出冰塊，然後輕輕地把甘藍拍乾後再淋上沙拉醬。

½ 顆紅色或綠色甘藍，去心，切絲，約6杯
鹽巴
1 根紅蘿蔔，去皮，刨絲
½ 杯酪奶（buttermilk）
2 大匙美乃滋
2 大匙酸奶油
1 顆小紅蔥頭，切末
2 大匙切末的新鮮巴西利
½ 茶匙蘋果醋
½ 茶匙糖
¼ 茶匙第戎芥末醬
⅛ 茶匙胡椒

1. 將切絲的甘藍以及1茶匙的鹽巴，放到濾盆或是粗網濾網上，下方放置中型碗，靜置到甘藍變軟，至少需要1小時或最多4小時。以大量流動的清水沖洗、加壓甘藍，但切勿以擠壓或是擰開的方式將水分排出。以廚房紙巾將甘藍輕輕拍乾。再將軟化後的甘藍放到一個大碗中。刨絲的紅蘿蔔也以此流程處理。

2. 將酪奶、美乃滋、酸奶油、紅蔥頭末、巴西利末、醋、糖、芥末、¼茶匙的鹽及胡椒放在小碗中一起攪拌。之後將醬汁淋在甘藍上並攪拌混合，再放到冰箱約30分鐘直到變涼。甘藍沙拉可冷藏3天。

青蔥香菜酪奶甘藍沙拉

省略芥末，並以1大匙香菜末取代巴西利末，蘋果醋則換成1茶匙萊姆汁，再加2根切成細絲的青蔥。

成功關鍵

我們想做的酪奶甘藍沙拉，是甘藍帶有爽脆口感，每一片大小均勻的甘藍都裹著美味的酪奶醬，而不是醬汁都沉在碗底。我們發現，加入鹽巴和瀝乾可以去除甘藍多餘水分。至於該如何製作出味道濃郁強烈的沙拉醬？我們結合酪奶、美乃滋及酸奶來完成。

甘藍切絲：甘藍有著堅硬菜葉與結實的菜心，需要一把鋒利的菜刀以及完善的作戰計畫才能完成本食譜。最好的方法是將甘藍切為四等份後去掉菜心，之後將每一等份的菜葉分開並整齊堆疊成許多層。這些整齊成堆的菜葉可以平放在砧板上，以主廚刀切成絲，或將菜葉捲起來放進裝了包絲盤的食物調理機，將菜葉刨成絲。

甘藍也要加鹽：為了不要讓醬汁變稀，我們在甘藍加入鹽巴。甘藍和鹽巴充份混合後再靜置，水分就會從甘藍的細胞中被吸出來。為了要去除多餘的鹽巴及水分，變軟後的甘藍需要以清水迅速沖洗並用紙巾擦乾，如果不沖洗也不去除水分，鹽分會留在於甘藍絲之間，破壞整個沙拉的風味及口感。只要1小茶匙的鹽巴就能讓甘藍的水分排出。

增加酪奶的份量：我們喜歡增加沙拉醬中酪奶的份量，好讓甘藍能吸附醬汁又不至於失去其獨特的美國南方菜風味。其中的美乃滋，讓沙拉醬有濃郁風味並有黏著性，酸奶油則是加強酪奶的特性。兩者加在一起做出的醬汁能包覆甘藍，其風味不會太強烈或被甘藍的味道覆蓋。

實用科學知識 當酪奶變質

"已開封使用過的酪奶可保存約3個星期，但使用前還是得先嘗一下味道"

酪奶聞起來本來就有一股酸味，我們該如何確定它腐壞了沒？詢問過在農場工作、生產實驗廚房使用酪奶的工作人員後，他們表示，產品開封後5天內要食用完畢。不過，根據不同大學的農業計畫規範，其食用期限可延長至2星期。根據我們的經驗顯示，開封後的酪奶冷藏在冰箱後的3星期內，還

不會有明顯腐壞或長出青綠色的霉菌產生，這項結果不意外，畢竟酪奶內含有高濃度的乳酸，它會抑制壞菌及黴菌生長。也就是說，我們確定的是，酪奶如果再放久些，味道是否會改變？

為了找出答案，我們做了一系列的實驗，先以剛開封的酪奶，以及開封過放置冰箱1星期、2星期及3星期的酪奶來製作鬆餅，並比較其味道。我們發現酪奶放得越久，鬆餅的味道就越淡。

其原因：酪奶裡的細菌會產生乳酸及丁二酮（diacetyl），這是一種風味物質，使酪奶帶有一種特殊的奶油香氣及氣味，而丁二酮更是是奶油香氣的主要氣味化合物。隨著時間過去，酪奶持續發酵並變得越來越酸，酸性越來越重，幾乎殺光所有能生產奶油味的丁二酮的細菌。所以放了3星期的酪奶還是保有來自乳酸的酸味，但卻失去明顯的奶油風味，變得較沒味道。好消息是，「冷凍」可以延長酪奶的保存期限並保留其風味。

蒔蘿黃瓜沙拉
4人份

新鮮蒔蘿是本食譜的主要原料，不能用乾燥蒔蘿替代。

3 條小黃瓜（2磅），削皮後縱切兩半，去籽，切片、約¼吋厚
1 顆小紅洋蔥，切細薄片
1 大匙鹽
1 杯酸奶油
3 大匙蘋果醋
1 茶匙糖
¼ 杯新鮮蒔蘿，切末

1.將放入鹽巴的黃瓜及紅洋蔥放置在濾盆中，下方放置一個大碗，再以1加侖容量的夾鏈袋裝滿水，壓住黃瓜約1至3小時，使其出水，接著沖洗黃瓜並拍乾。

2.將剩下的食材全部放在一個中碗攪拌，接著加入黃瓜及紅洋蔥，讓所有食材都裹上醬汁，再放入冰箱一陣子後即可上桌。

實用科學知識 選購小黃瓜

"由於品種差異和軟化酵素，美式小黃瓜比無籽英式小黃瓜要來的爽脆"

一般在超市可以看到兩種切片小黃瓜：無籽英式小黃瓜與美式小黃瓜。為了知道自己偏好哪一種，我們把這兩種小黃瓜，分別磨碎放到優格裡、加鹽後放到沙拉中，以及直接品嘗。試吃後發現，美式小黃瓜較爽脆，也有較明顯的小黃瓜風味，英式小黃瓜口味則清淡許多，含水量也較多。

原來小黃瓜中含有一種「軟化」酵素，當小黃瓜被切開，酵素會分解細胞壁。因為英式與美式小黃瓜在基因差異與生長環境不同，英式小黃瓜幾乎是完全生長在溫室中，而大部分的美式小黃瓜則是生長於戶外，使得英式黃瓜的細胞壁較為脆弱，因此比較容易被酵素分解，脆弱的細胞導致黃瓜質地較不爽脆，而且味道較容易流失。而且在加入鹽巴後，像是製作沙拉食譜時，會讓這個情況更糟。

可是英式小黃瓜有無籽的優點啊？對我們來說，寧願忍受去籽帶來的些許不便，也不要讓沙拉整個泡在水裡。

軟爛又潮濕
英式黃瓜的細胞結構較弱，切開後或加入鹽巴時會變得糊糊的。

爽脆且堅挺
一般美式黃瓜用相同方式料理，可保留本身的爽脆質地。

優格薄荷黃瓜沙拉
4人份

3 條黃瓜（2磅），削皮後縱切兩半，去籽，切片、約¼吋厚
1 顆小紅洋蔥，切細薄片
鹽與胡椒
1 杯低脂優格

2大匙特級初榨橄欖油

¼杯新鮮薄荷葉末

1瓣大蒜，切末

½茶匙磨碎小茴香

1.將放了1大匙鹽的黃瓜及紅洋蔥放到濾盆中，下方放置一個大碗，再以1加侖容量的夾鏈袋裝滿水，壓住黃瓜約1至3小時，使其出水，接著沖洗黃瓜並拍乾。

2.將優格、油、薄荷、大蒜、小茴香、鹽和胡椒全部放在中碗一起攪拌，接著放入黃瓜及紅洋蔥，讓所有食材都裹上醬汁，再放入冰箱一陣子後再上桌。

芝麻檸檬黃瓜沙拉
4人份

3條小黃瓜（2磅），削皮後縱切兩半，去籽，切片、約¼吋厚

1大匙鹽

¼杯米醋

1大匙檸檬汁

2大匙烘焙芝麻油

2茶匙糖

⅛茶匙紅辣椒片，依個人口味酌量增添

1大匙烘烤過的芝麻

1.將放了1大匙鹽的小黃瓜放到濾盆中，下方放置一個大碗，將1加侖容量的夾鏈袋裝滿水，壓住小黃瓜約1至3小時，使其出水，接著沖洗小黃瓜並拍乾。

2.將剩餘食材放在一個中碗裡一起攪拌，接著放入小黃瓜，讓所有食材都裹上醬汁，並放入冰箱一陣子後再上桌，或是放在室溫下食用。

酸甜黃瓜沙拉
4人份

本食譜是以泰式調味為基礎，再搭配嫩煎過的食材。非常適合搭配烤鮭魚或雞胸肉食用。

3條小黃瓜（2磅），削皮後縱切兩半，去籽，切片、約¼吋厚

½顆紅洋蔥，切細薄片

1大匙鹽巴

½杯白醋

2½大匙的糖

2條小墨西哥辣椒，去籽，切碎

1.將放了鹽巴的黃瓜及紅洋蔥放到濾盆中，下方放置一個大碗，將1加侖容量的夾鏈袋裝滿水，壓住黃瓜約1至3小時，使其出水，接著沖洗黃瓜並拍乾。

2.將⅔杯水及醋放到一個耐酸鹼（non-reactive）小單柄深鍋，以中火煮滾，拌入糖使其溶解，關小火持續燜15分鐘，接著置於室溫放涼。

3.同時在一個中碗裡混合黃瓜、紅洋蔥及墨西哥辣椒，倒入醬汁，讓所有食材都裹上醬汁，並放入冰箱一陣子後再上桌。

成功關鍵

小黃瓜可以直接做成一道道涼爽又清脆的沙拉，但常常因為裡面富含的水分，使得沙拉變得又濕又糊。想做出一道不像是泡在水裡的美味小黃瓜沙拉，我們發現在以鹽巴替小黃瓜去水的過程中，再以重物加壓，這可以比只用鹽巴攪拌小黃瓜的方式，逼出更多裡頭的水分。經過多次的實驗，我們認為加壓1至3個小時最有用，因為即使加壓12小時，小黃瓜排出的水量也不會比3小時多。雖然3小時是最好的，但必要時只放1小時也可以。

為了要讓沙拉有多些風味，我們喜歡在小黃瓜中搭配洋蔥，但也發現讓洋蔥與小黃瓜加鹽去水，也能去除洋蔥裡的嗆味。不論淋上的是清爽的油醋醬或是濃郁的奶油醬，小黃瓜都會維持在最爽脆的狀態。

去籽、放鹽及加壓出水：為了要把小黃瓜做成沙拉，第一步是將小黃瓜削皮、對切呈長條狀，並將籽挖出。因為籽比黃瓜肉含更多水分之外，也會破壞整體口感。將黃瓜切成¼吋厚的半圓片後，再放入濾盆中，下方放置一個大碗，加入1大匙的鹽巴攪拌一下，可以幫助去除蔬菜裡的水分。這時再以一加侖容量的夾鏈袋內裝滿水，來壓住黃瓜約1至3小時，使其出水，就能避免沙拉完成時變得又濕又糊。

少放些鹽：雖然有些人主張，在小黃瓜裡加鹽去水時的鹽量份量，得比幫沙拉調味時多更多，等到出水完畢後再把多餘的鹽巴洗掉即可，但我們不認同這項做法。因為即使水洗過鹽醃的小黃瓜，再用紙巾吸乾，沙拉還是過鹹。相反的，我們喜歡在切好的小黃瓜裡

加入 1 大匙的鹽，在靜置時再以重物加壓約 1 至 3 小時讓小黃瓜出水。我們還是會清洗小黃瓜，但一開始只放少量的鹽巴也非常容易洗掉，使得成品有著完美調味的小黃瓜沙拉。

實用科學知識 醋裡的沉澱物

"不用擔心醋瓶底部有著霧狀、黏滑的沉澱物，這樣的醋還是可以食用"

幾乎所有市售的量產醋，在未開封的狀態下都能一直保存下去。不過，一旦開瓶接觸空氣，醋裡的無害「醋酸細菌」就會開始生長，這些細菌會造成霧狀的沉澱物，只是無害的醋酸纖維素，是一種複合式碳水化合物，不會影響醋的品質或味道。我們比較過剛開瓶的醋以及有沉澱物的醋，並在試味前把沉澱物濾掉，進而確認了這項實用科學知識。

製醋協會（The Vinegar Institute）有許多關於醋的研究，主張開瓶過的醋如果以室溫存放在陰暗的櫃子裡，效期幾乎是無限期。不過為了要處理掉不好看的沉澱物，使用前只要再以咖啡濾紙濾過，就能輕鬆地清除醋中的沉澱物。

《加鹽的實際應用》番茄

人人都知道番茄多汁，處理這些汁液最好的方法是什麼呢——鹽巴。它可以幫忙去除蔬菜中的多餘水分，也避免像烘烤餡餅和鑲番茄這類料理時，最後的成品是泡在水中完成的。除此之外，鹽巴也可以將味道從植物細胞裡釋放出來。

番茄莫札里拉起士塔
6-8 人份

將冷凍的酥餅，放入冷藏中過夜解凍，可避免打開時餅皮碎裂。一定要使用超市販售含水量低的莫札里拉起士塊，而不是泡水包裝的新鮮起士。

2 張（長 9½、寬 9 吋）酥皮，解凍

1 顆大顆的雞蛋，打散

2 盎司帕馬森起士粉（1 杯）

1 磅李子番茄，去核，橫切成片狀，約 ¼ 吋厚

鹽巴與胡椒

2 瓣大蒜，切末

2 大匙特級初榨橄欖油

8 盎司全脂莫札里拉起士，刨絲，約 2 杯

2 大匙切碎的新鮮羅勒

1. 將烤箱烤架調整到中低層，烤箱預熱至 425℉，在有邊烤盤上鋪一張烤盤紙。在料理檯上灑上麵粉，並將兩片酥皮攤開，在其中一張酥皮較短的邊緣刷上蛋液，並和第二張酥皮重疊 1 吋，形成一個長 18 吋、寬 9 吋的長方形。按壓連接的邊緣，讓邊緣黏得牢固，並以擀麵棍將接縫壓平，從長邊的麵糰切下兩條 1 吋寬的長條，再短邊剪下 2 條同寬的長條。把大塊酥皮放到已準備好的烤盤上並刷上蛋液，將長條的酥皮貼在酥皮較長的兩邊，較短的條狀酥皮則貼在較短的兩邊，然後條狀麵糰都刷上蛋液。在塔皮上撒上帕瑪森起士，接著用叉子在上面均勻戳洞。送入烤箱，烘烤 13 至 15 分鐘。然後將烤箱溫度下降至 350℉，再烘烤約 13 至 15 分鐘，直至金黃酥脆。取出，移到網架上。將烤箱預熱至 425℉。

2. 烘烤塔皮時，將番茄片以單層平鋪，放在雙層紙巾上，並均勻地灑上 ½ 茶匙鹽巴後，靜置 30 分鐘。之後再鋪上兩層紙巾蓋在番茄片上，用力壓乾。在小碗中混合大蒜、橄欖油及少許鹽巴和胡椒，先靜置一旁。

3. 將莫札里拉起士均勻地灑在烤過的塔殼，番茄切片舖在上方蓋住起士，每行約放 4 片番茄片，並在番茄片刷上一層大蒜橄欖油，放進烤箱烘烤約 15 至 17 分鐘，直至塔殼變深褐色，起士完全融化。取出，放在烤架上冷卻 5 分鐘。灑上羅勒，將烤好的塔殼放到砧板或餐盤上，切塊再上桌。

事先準備：塔殼可以先在步驟 1 就預烤，冷卻至室溫，再以保鮮膜包起，在室溫下放置 2 天，再將莫札里拉起士和番茄放上，一起烘烤。

風乾番茄莫札里拉起士塔

將李子番茄替換成風乾番茄，就可以使本食譜變成一年四季都能做的開胃菜。將 ½ 杯油漬風乾番茄取代原李子番茄用量，並瀝乾、洗淨後切末。

煙燻火腿番茄莫札里拉起士塔

排番茄片前，先將 2 盎司的煙燻火腿薄片舖在起士上。

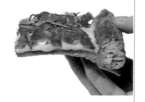
成功關鍵

番茄莫札里拉起士塔的做法介於披薩及法式鹹派中間，它能同時擁有這兩種料理的風味卻又保有自己的特色。對料理新手而言，一定會覺得番茄中的水分肯定會讓塔殼又濕又塌，而番茄塔本身也味道不夠。所以我們想設計出一種番茄塔食譜，是在家也能輕易完成，並且有著紮實的塔皮底與完整的番茄風味。因此，最好的方式是以兩個步驟烘烤塔殼：先刷上蛋液讓塔皮「防水」，再擺上起士避免塔皮濕糊，當然，還要在番茄片上灑鹽，去除多餘水分。

加鹽及排水：結合灑鹽以及使在紙巾吸除水分，最後以按壓方式替番茄去水，這可以將切片番茄中影響番茄塔口感的多餘水分先去掉一大半。我們先使用李子番茄而不是牛番茄，因為這種番茄的水分較少。

製作酥脆塔殼：我們將店裡買到的酥皮變成有著薄邊的長方形塔殼，好裝入餡料，若少了薄邊番切切片反而容易從上面滑落。為了做出有薄邊的塔殼，我們先在一塊酥皮的一邊刷上蛋液，並以第二片酥皮疊上，重疊約一吋再進行按壓，讓兩張酥皮封在一起。接著用擀麵棍將接縫處擀平，會使得這塊酥皮應為長18吋、寬9吋，當然你也可以用披薩切刀將邊修齊。接下來，我們從酥皮較長的一邊，切下兩條寬1吋的長條，然後從較短的一邊，剪下兩條1吋的長條，再刷過蛋液後，將細條的酥皮輕壓在大塊酥皮的外緣，一條一邊，做出大小剛好的邊框，在每個長條刷上更多蛋液，讓它們固定。

預烤塔殼：我們用兩種不同火力預烤酥皮：一開始先用高溫烤到金黃，接著降低溫度，將塔殼烤乾以得到最佳質地。先從425℉開始烘烤，一直保持這個溫度，直到酥皮呈現淡金黃色，整個過程約需15分鐘。接著以350℉的烤箱溫度，持續再烤15分鐘，直到酥皮呈現美麗的焦黃色做收尾，整塊酥皮呈現薄片狀，但拿起一邊時，卻能夠支持全部重量，不會塌陷。

讓塔皮防水：避免做出濕爛的塔皮，其首要防護即是在預烤前先刷上一層厚厚的蛋液，並在整個塔皮灑上一層帕瑪森起士。刷蛋液的功效是替易碎的派皮上形成一道防護，雖然無法完全防水，但後面灑上的帕瑪森起士，融化後便形成了一道堅固且富含堅果味及油脂的保護層，水分會直接從塔皮上滾落，就像雨滴從鴨的背部滾下般。有了層層保護，就能放上莫札里拉起士及番茄，烤出紮實、酥脆的起士塔，即使過了數小時也一樣紮實、酥脆。

帕瑪森起士羅勒大蒜鑲番茄
6人份

不要使用過熟的番茄，因為經過熟煮後，番茄沒辦法維持原來的形狀。

6顆紮實成熟大番茄（每顆約8盎司）；去蒂頭、去核、去籽，切片、約⅛吋厚
1茶匙猶太鹽
1片厚片白吐司，撕成四等份
3大匙與1茶匙橄欖油
1½盎司帕瑪森起士粉，約¾杯
⅓杯羅勒切末
2瓣大蒜，切碎
胡椒

1.在烤盤上舖上雙層紙巾，將番茄內部灑上鹽巴，並上下顛倒放在烤盤上，靜置30分鐘，待番茄排出多餘水分。

2.同時，將烤箱烤架調整至中高層，烤箱預熱至

375℉，在長13吋、寬9吋烤盤底部上鋪一層鋁箔紙，靜置一旁。將吐司放到食物調理機，攪動約10次，使麵包大致打碎，並和1大匙的橄欖油、帕瑪森起士、羅勒及大蒜放入小碗中混合，加入胡椒調味。

3.用紙巾輕拍番茄內部，使其乾燥，並把番茄擺放在烤盤上，不要重疊。在番茄切口邊緣刷上1茶匙的油再將餡料填入，每顆番茄約放入¼杯餡料，接著淋上剩下的2大匙油，放入烤箱烘烤約20分鐘，直至番茄頂部金黃酥脆。

奧勒岡、羊奶起士、橄欖鑲番茄

以3盎司，約¾杯的羊奶起士塊代替帕瑪森起士，去掉羅勒，在步驟2時，將3大匙新鮮巴西利末，1½茶匙新鮮奧勒岡切末，以及3大匙剁碎黑橄欖，加入麵包屑混合。

成功關鍵

大部分的鑲番茄都是外層乾而無味，而且餡料濕爛、麵包屑不好吃。但我們要的是成熟、沐浴在陽光裡的夏季番茄，裡頭塞著剛從庭院摘下的新鮮香草，充滿大蒜風味的麵包屑以及味道鮮明的起士的成品品。為了避免整道料理的口感濕濕爛爛的，在將餡料填入番茄前，先在內部灑上鹽巴排出多餘水分。再用自己製作的麵包屑做為餡料基底，其中還包括橄欖油、起士、大蒜及新鮮羅勒。我們將餡料大方地填入番茄，烘烤約20分鐘，讓番茄變的軟嫩但上方仍是酥脆金黃的麵包屑。

在番茄裡加鹽：為了避免番茄烘烤時，汁液把餡料弄得濕濕糊糊的，得在填入餡料前，在番茄內部灑鹽去除這些水分。灑入鹽之後，番茄裡的水會透過細胞的半滲透薄膜流出，從細胞內流到細胞外，將番茄的多餘水分確實排出。

也把番茄擦乾：替番茄灑鹽後，我們將它上下顛倒，放在一疊紙巾上，這時不只靠鹽巴的幫助，替番茄排出水分，紙巾也有同樣效果，能從番茄裡吸出更多水。而將番茄上下顛倒置放，更可以加速去水的過程。

自製麵包屑：自製麵包屑對這道料理的風味與口感都有加分效果。市售的麵包屑太硬太乾，在吸收番茄剩餘水分後的效果不好。自製麵包屑反而既能吸收番茄汁液，又能提供酥脆及有嚼勁的口感。

使用味道強烈的調味料：番茄內部空間不大，所以少量餡料必須有十足的風味，除了麵包，其他原料都必須慎選。除了麵包屑外，我們喜歡重口味的起士、大蒜、新鮮香草，甚至橄欖。

烤箱火力適中即可：如果鑲番茄烘烤時間太久會容易縮水、變乾。但如果溫度太高，餡料就容易燒焦，但番茄內部嘗起來還是生的。我們找到的中間值是：用375℉烘烤20分鐘，就可以得到軟嫩口感的番茄，而頂部仍保有美麗的金黃酥脆麵包屑。

奶油西班牙冷湯
4-6人份

想要冷湯有最完美的味道，就必須讓它在上桌前，先在冰箱裡待一夜。製作時可以用紅酒醋取代雪莉酒醋。雖然在本食譜中，我們比較喜歡用猶太鹽，但也可以使用鹽量減少一半的食鹽來調味。本食譜必須再另外附上特級初榨橄欖油、雪莉酒醋、黑胡椒粉、蔬菜丁，讓用餐者可以自行調味又或是裝飾他們碗裡的湯。

3磅番茄，內部挖空
1條小根小黃瓜，削皮，縱切兩半，去籽
1顆青椒，去蒂頭、切半、去籽
1顆小紅洋蔥，去皮、切半
2瓣大蒜，削皮，切成4等分
1個小墨西哥聖納羅辣椒（serrano chile），去蒂頭，縱切兩半
猶太鹽及胡椒
1片厚片白吐司，去邊後切小塊、約1吋大
½杯特級初榨橄欖油，另備一份待上桌時使用
2大匙雪莉酒醋，另備一份待上桌時使用
2大匙切碎的新鮮巴西利末、細香蔥或是羅勒

1.將2磅重的番茄、半條小黃瓜、半顆青椒及半顆洋蔥大致切塊，全部放入大碗中，再加大蒜、聖納羅辣椒及1½茶匙的鹽並全部攪拌在一起。

2.將剩下的番茄、小黃瓜及青椒切成¼吋的小丁，放入中碗。將剩下的洋蔥切末，加入蔬菜丁。加½茶匙的鹽攪拌，與食材倒入細網濾網，下方接一個中型碗，讓食材持續滴水1小時。將濾好的蔬菜丁放入中碗並靜置一旁，保留滲出的汁液，應該會有約¼杯，多出的倒掉。

3.將麵包丁加入滲出來的汁液，浸泡約1分鐘，將吸飽水的麵包及剩下的汁液，倒入大致切塊的蔬菜，並徹底地攪拌結合所有食材。

4.將一半的蔬菜與麵包混合物，放到食物調理機裡攪打30秒。在調理機運作時，慢慢地倒入¼杯的油，並繼續攪動約2分鐘，直到所有食材混合，變得滑順。用細網濾網把湯過濾到一個大碗裡，用杓子背部或是橡皮抹刀將湯壓進濾網。以同樣步驟處理剩下另外一半的蔬菜與麵包，也倒入¼杯的油。

5.攪拌醋、巴西利及一半的蔬菜丁到湯裡，並以鹽和胡椒調味。蓋上蓋子並放進冰箱冷藏一夜或至少2小時，讓它完全冷卻並有更多風味。上桌時將剩下的蔬菜丁、油、醋及胡椒分開傳遞。

實用科學知識 將蒜頭的蒜苗去掉

"大蒜裡的綠色蒜苗，吃起來很苦澀"

許多餐飲科系學生都曾被吩咐，要去掉蒜頭上所有的綠色蒜苗，原因是蒜苗帶有苦澀味，即使煮熟，苦澀味也無法去除。為了要測試這項建議的正確性，我們用蒜泥蛋黃醬（aioli）裡的生大蒜，以及義大利麵中以橄欖油煮過的大蒜來測試，有的大蒜先去掉蒜苗再切碎，有的則保留蒜苗，和大蒜一起切碎。

試吃員一吃到含有蒜苗的蒜泥蛋黃醬時，很容易就吃出較苦澀、較不好吃的味道。而去掉蒜苗的蒜泥蛋黃醬仍可吃出大蒜的嗆味，且較不苦。以有蒜苗的大蒜煮出的義大利麵，有著苦澀的後味、甚至帶有某種程度的金屬味，一旦嘗到這種味道，接下來的每一口都會是這種味道。

為什麼呢？因為和蒜瓣相比，蒜苗裡味道較為強烈、苦澀的化合物更多，即使煮過還是存在。所以在使用大蒜時，我們建議先去掉蒜苗。

成功關鍵

冷湯在西班牙南方的安達魯西亞非常受歡迎，它的口感綿密，味道繁複，有著成熟蔬菜的自然輕盈風味。想保有新鮮番茄風味的關鍵，就得替番茄加鹽、靜置，讓它釋放更多風味，這也適用於其他蔬菜，例如小黃瓜、甜椒及洋蔥，其原理於本觀念「實用科學知識：鹽巴也能讓蔬菜變美味」。為了增添風味，我們使用從蔬菜裡滲出的汁液來浸泡麵包，並用麵包來增加湯的濃稠度，最後加入的橄欖油及雪莉酒醋，可以使湯更有特色，蔬菜丁的裝飾也替這道料理增添新鮮口感。

將麵包浸濕：真正的傳統西班牙冷湯，比較像是一項概念而不是精準的食譜，甚至連西班牙冷湯「gazpacho」的字源都是模糊的，雖然大多專家認為此字源於「碎片」（fragments）、剩餘之物（remainder）、泡濕的麵包（soaked bread）。在幾世紀以前，西班牙農人收集手邊的各種剩菜，像是昨天的麵包、杏仁、大蒜、橄欖油、水，並把它們全部搗在一起，做成簡易濃湯。當然，麵包一定是重要原料，讓湯更有份量、也更正統。傳統做法會用水來軟化麵包，但我們不這麼做。我們將麵包浸泡在加了鹽的蔬菜所滲透出來的鹽水，來讓湯增添更多風味。

慢慢地將油滴入：要讓冷湯有著滑順及完全混合的口感，秘訣在於如何加入橄欖油。一定要慢慢地加，慢慢地將油滴入很重要，才能讓油能完全乳化，關於乳化的料理科學，請參考觀念36。

時間，能幫忙增添風味：冷湯不只是放在適宜且舒適的溫度下冷卻，更需要冷卻的時間來幫助湯裡的風味。冷湯必須花上2小時冷卻，最好能放過夜。

《加鹽的實際應用》茄子

茄子內部充滿氣袋及水，如果直接切丁烹煮，會吸收大量的料理媒介，通常是油，結果就是成品變得油膩黏糊狀。因此在料理前，去除茄子中的水分非常重要，這道手續可以讓茄子在高溫下產生褐變反應，瓦解氣泡，以致於不會吸收多餘的油。我們以鹽巴來達成這項效果，先加鹽使茄子水份排出後再料理是傳統做法，但我們再更進一步——使用微波爐。加鹽幫助水分排出，而微波可以讓水分快速蒸發，使蔬菜脫水，進而在鍋中迅速地焦糖化。

義式茄子煲
3杯

將義式茄子煲用湯匙塗抹在烤過的法國麵包片，或是當成烤魚或是肉類的配菜。必要時，可以依據番茄的

酸度與搭配其他的菜色來調整醋的用量。為了讓茄子釋放的水分迅速消失，必須立即從微波爐中取出。雖然實驗廚房偏好使用味道較豐富的V8牌蔬菜汁，但也可以用番茄汁代替。義式茄子煲最好是前1天做好，讓味道融合。

1½磅茄子，切塊、約½吋厚

¾茶匙猶太鹽

¾杯V8牌蔬菜汁

¼杯紅酒醋，另備一份於調味時使用

¼杯切末的新鮮巴西利

2大匙紅糖

3片鯷魚，洗淨後切碎

8盎司番茄，去芯去籽，切塊、約½吋厚

¼杯葡萄乾

2大匙切碎的黑橄欖

5茶匙特級初榨橄欖油，可另準備1茶匙備用

1根芹菜，切小塊、約¼吋厚

1顆小紅椒，去蒂頭，去籽，切塊、約¼吋厚

1顆小洋蔥，切碎

¼杯松子，先煎過

1. 將茄子與鹽巴放入碗中攪拌，在大盤子上放兩層咖啡濾紙並噴上些許植物油，在咖啡濾紙上均勻地擺放茄子，放入微波爐微波8至15分鐘，直到茄子變乾並縮成原來的⅓大小，但不能變成黃褐色。如果微波爐沒有轉盤，得每5分鐘轉一次盤子。將茄子立即從微波爐拿出，並放到鋪好紙巾的盤子上。

2. 同時，在中碗放入V8牌蔬菜汁、醋、巴西利、糖、鯷魚攪拌，接著拌入番茄、葡萄乾及橄欖。

3. 在12吋的平底不沾鍋，以中大火熱1大匙的油，直到油閃閃發亮。將茄子下鍋翻炒4至8分鐘，偶爾攪動，直到邊緣變成黃褐色。如果鍋內變乾，再加入1茶匙的油。把茄子放入碗中，靜置一旁。

4. 把剩餘的2茶匙油加入已清空的平底鍋裡，直到油開始發亮，接著放入芹菜及甜椒，偶爾翻攪約2至4分鐘，直到變軟及邊緣開始有褐色斑點。洋蔥下鍋，繼續拌炒約4分鐘，直到所有蔬菜都變色。

5. 將火降至中小火，拌入茄子與混合好的蔬菜汁，煨煮約4至7分鐘，直至蔬菜汁開始變濃稠、裹住所有蔬菜。放入餐碗中，冷卻至室溫，試味，如果需要再加入1茶匙的醋，上桌前撒上松子。義式茄子煲冷藏最多保存1星期。

成功關鍵

這道經典的西西里料理有著混合的炒蔬菜香，主要味道來源是番茄及茄子並以鯷魚、酸豆與松子增加風味，因為茄子有著像海綿般的特性，會吸附很多油，所以烹煮不當可能會使成品很油膩。為了做出更均衡、具有風味、且不會過油的義式茄子煲，我們會在茄子上灑鹽並微波，而不是只靠加鹽及將茄子水分排出。雖然這是個意想不到的做法，卻是個讓茄子充分乾燥的關鍵動作。

灑鹽及微波：茄子基本上就是一塊海綿，由許多微小氣袋組成，可以吸收任何東西，特別是料理時使用的媒介，而茄子內部本來就富含水分，這些都會增加料理茄子時的困難度。舉例來說，煎炒茄子時，氣孔會吸光煎鍋裡的任何一滴油，因而在烹煮時必須一直加油來避免沾鍋或燒焦。同一時間，茄子內部的水分會變成蒸氣，這兩大特性都使得茄子在還沒真正焦糖化前，就變得軟糊且泡在油裡。在製作本食譜時，傳統做法是替茄子加鹽去水，但其效果仍無法明顯降低茄子吸油的問題。因此我們將茄子切成小丁狀、加鹽、放進微波爐，取得更有效、更快速的茄子脫水法。畢竟微波爐的運作原理是讓食物中的水分子快速震動，產生蒸氣，微波爐裡的食物會從只是加熱的狀態，變成脫水的狀態。選用咖啡濾紙來吸收微波時茄子釋放的水分，避免剛乾燥完的茄子變得軟糊；而不用餐巾紙是因為裡頭可能含有染料，不適合微波。

分開炒：我們將茄子和其他蔬菜分開炒，才不會被其他蔬菜所釋放出的水分所影響。至於其他蔬菜，像是芹菜、甜椒、洋蔥，下鍋翻炒是為了要炒出蔬菜的味道。我們到最後才放入新鮮番茄，主要是長時間料理會奪走番茄的新鮮風味。不過，離火才放番茄，卻會讓茄子煲有莎莎醬的口感。因此最最完美的時機點，就是將番茄和已煎至變色的茄子放在一起慢慢燉煮，其他食材則是在起鍋前幾分鐘才放進去。以中小火燉煮5分鐘，茄子煲吸收了番茄的鮮甜多汁，仍保留住其新鮮風味。

一定要有V8牌蔬菜汁：除了新鮮番茄，我們也在這道料理中加了一些V8牌蔬菜汁，為的就是要有更濃郁的番茄風味，讓義式茄子煲好吃到令人難忘。因此小份量的蔬菜汁就足以提供多一層的番茄風味，但仍然可以突顯新鮮番茄的味道。

創造風味：傳統的義式茄子煲吃起來的餘韻會帶一種酸甜風味，這和法式燉菜裡的燉茄子是不同的。使用紅糖可以增加甜味，而我們偏好以紅酒醋來帶出的酸味，這樣的酸度正好。習慣放入的葡萄乾及橄欖也成了必備食材，試了十幾種不同種類的橄欖後，我們發現幾乎任何一種橄欖都適用於本食譜。幾片鯷魚會讓這道料理整體風味更有深度，撒上烤過的松子則是增加香氣與酥脆的口感。這些食材全部結合在一起，就成了一道風味和諧、原汁原味的義式茄子煲，這會是一道很棒的開胃菜、配菜，或是也挺適合直接從碗中取出食用。

實用科學知識 如何解決令人頭痛的茄子

"使用「鹽巴」和「微波爐」。少了它們，茄子註定變得油膩糊爛"

為了要去除茄子的多餘水分並破壞氣袋結構，使氣袋無法像海綿一樣吸附油脂，我們想到了一個新方法：在茄子表面加鹽、放入微波爐裡加熱。鹽巴會逼出茄子裡的水分，同時送進微波爐，則讓水分化為蒸氣。除此之外，微波破壞茄子裡脆弱的細胞壁，讓它吸收力變差。而為了不讓茄子泡在自己排出的水裡，我們會放一層咖啡濾紙，利用濾紙吸取茄子排出的所有水分。

未事前處理
沒有經過事先處理的茄子，外觀看起來很漂亮，但烹煮過後會變得油膩、黏糊。

微波爐的妙用
經過加入鹽巴、微波去水後的茄子，外型雖然不美觀，但縮水的茄子會吸附的油脂也比較少。

西西里茄子義大利麵
4人份

傳統做法是使用鹽漬瑞可達起士（ricotta salata），但也可用法式費他起士（French Feta）、羅馬羊奶起士及柯提哈起士（Cotija；口感紮實、容易碎成塊的墨西哥起士）代替。我們偏好猶太鹽，因為附著在茄子的效果最好，如果用一般食鹽，請將用量減半。想要更溫和的醬料口味，可以只用少量的辣椒粉。

　　1½磅茄子，切塊、約½吋厚
　　猶太鹽
　　¼杯特級初榨橄欖油
　　4瓣大蒜，切末
　　2片鯷魚，洗淨後切碎
　　¼-½茶匙紅辣椒片
　　1罐（28盎司）碎番茄罐頭
　　6大匙切碎的新鮮羅勒
　　1磅雙尖麵（ziti）、水管麵（rigatoni）或筆管麵（penne）
　　3盎司鹽漬瑞可達起士，刨絲，約1½杯

1. 在一大碗裡放入茄子及1茶匙的鹽攪拌，在大盤子上放上兩層咖啡濾紙，噴上少許植物油，將茄子均勻地舖在濾紙上，將碗的內部擦淨備用。微波茄子約10分鐘，不需覆蓋任何東西，直到茄子摸起來是乾的而且稍微縮水。在微波的過程中將茄子翻動。稍微放涼。

2. 將茄子放入備好的空碗，淋上約1大匙的油，稍微攪拌，讓茄子裹上一層油，將咖啡濾紙丟棄並留下盤子備用。在12吋平底不沾鍋上，以中大火熱1大匙的油，直到油閃閃發亮。放入茄子拌炒約10分鐘，每90秒至2分鐘攪拌一次，直到茄子變軟且呈金黃色，不需攪拌太頻繁，那會使茄子碎開。將茄子放到空盤上，靜置一旁，讓炒鍋稍微冷卻，約需3分鐘。

3. 以空的平底鍋放入1大匙的油、大蒜、鯷魚及辣椒片，以中火加熱。經常攪動約3分鐘，直到大蒜呈金黃色但仍未變黃褐色，接著拌入番茄，烹煮8至10分鐘，偶爾攪動，直至徐徐沸騰、湯汁變濃稠。進茄子繼續燉煮約3至5分鐘，偶爾攪拌，直到茄子完全受熱，所有味道融合，加入羅勒及剩下的1大匙油，並依個人喜好以鹽巴調味。

4. 同一時間，將4夸脫的水放在大鍋中煮滾，放入義大利麵及2大匙的鹽，頻繁攪拌，煮至麵有嚼勁。留下½杯的煮麵水，瀝乾義大利麵並放回鍋子裡，將醬料加進義大利麵混合，需要的話，放入預留的煮麵水以調整濃稠度。立即上桌，另備瑞可達起士，供需要的人自行取用。

成功關鍵

為了能輕鬆地做出調味大膽、味道豐富的西西里茄子義大利麵，我們想出了幾個策略。製作食譜「義式茄子煲」時，我們鹽漬並微波茄子，盡可能排除所有水分，來達到只用少許油就能讓所有蔬菜完全焦糖化。當時在開發這道食譜時，試過許多不同品種的茄子：胖胖的球形茄子、較小瘦長的義大利茄子、及纖細的紫色中式茄子。發現每一種茄子都適用，但最終我們還是偏好球形茄子，因為口感柔軟又有彈性，而且和其他品種的茄子，包括義大利茄子比起來，它的籽少很多。切成小塊後，即使煎炒過，還是能維持原來形狀。

快速做好醬汁：我們偏好以罐頭碎番茄讓醬汁質地變得濃郁，而且這也能增加醬汁的附著力。我們用大蒜來調味，只需用餘火加熱，以免燒焦。些許紅辣椒片增加一些辣味，一大把切碎的羅勒提供了新鮮風味，以及最後拌入1大匙的特級初榨橄欖油伴隨著羅勒，讓醬汁變的濃郁、圓滿，又富有水果風味。我們直到最後才拌入茄子，避免變糊。

選對起士：鹽漬瑞可達起士是一種紮實、味道強烈的義大利羊奶起士，和裝在塑膠盒裡的濕瑞可達起士不一樣。它是製作傳統西西里茄子義大利麵必要的材料。如果你沒辦法在市場買到，可以考慮用法式費他起士，這比鹽漬瑞可達起士溫和但味道還是很強烈，不論在味道或質地上都十分接近鹽漬瑞可達起士，或羅馬羊奶起士，其又硬又乾的口感，和鹽漬瑞可達起士比較起來，香氣與味道更直接，又或是柯提哈起士，這種墨西哥牛奶起士，質地紮實但易碎成塊，沒有鹽漬瑞可達起士如此豐富的風味。

《加鹽的實際應用》櫛瓜與夏南瓜

和甘藍、番茄及茄子一樣，櫛瓜與夏南瓜（summer squash）在料理之前加鹽有其好處，畢竟櫛瓜裡95%是水分。鹽巴會將夏南瓜裡的水逼出來，避免在製作奶油烤菜時，整份料理都泡在水裡，也能避免少了籽、刨成絲的櫛瓜在拌炒時出了一大堆水。

買直徑差不多的櫛瓜與夏南瓜。雖然我們喜歡櫛瓜與夏南瓜所形成的視覺對比，但你也可以只用其中一種。長13吋、寬9吋的烤盤可以用尺寸相似又能夠以上火加熱的盤子替代。可以搭配烤魚或是肉類，或搭配麵包來吸收所有美味的醬汁食用。

6大匙特級初榨橄欖油
1磅櫛瓜，切薄片、約¼吋厚
1磅黃色夏南瓜，切薄片、約¼吋厚
2茶匙鹽巴
1½磅番茄，挖空內部後切薄片、約¼吋厚
2顆洋蔥，對切後切薄片
¾茶匙胡椒
2瓣大蒜，切末
1大匙切末的新鮮百里香
1片厚片白吐司，撕成四等份
2盎司帕馬森起士，磨碎，約1杯
2顆紅蔥頭，切末
¼杯切碎的新鮮羅勒

1.將烤箱烤架調整至中上層，將烤箱預熱到400℉。將長13吋、寬9吋的烤盤刷上1大匙的油，置於一旁。在兩塊烤盤上鋪三層紙巾，並先置於一旁。

2.將櫛瓜與夏南瓜片放入大碗，並放入1茶匙的鹽攪拌。放入濾盆瀝乾約45分鐘，直到櫛瓜及南瓜至少排出3大匙的水。將櫛瓜與南瓜片放入一個已預備好的烤盤，並用另外三層紙巾蓋上，按壓每一片切片，盡可能除去水分。

3.將番茄片放在第二個預備好的烤盤上，均勻地撒上½茶匙的鹽，並靜置30分鐘，蓋上雙層的紙巾，出力按壓將番茄片吸乾。

4.同一時間，在12吋的平底不沾鍋中，以中火將1大匙的油加熱，直到油閃閃發亮，放入洋蔥、剩餘的½茶匙的鹽與¼茶匙的胡椒。偶爾攪拌約20至25分鐘，直到洋蔥變軟並呈現焦黃色，將洋蔥靜置備用。

5.將大蒜、3大匙的油、剩餘½茶匙的胡椒，以及百里香放入小碗混合。另外，將櫛瓜與夏南瓜放入大碗，和一半混合好的大蒜和油結合，放到預備好的烤

盤上。將焦糖化的洋蔥平鋪在夏南瓜上，番茄片則要稍微重疊，擺放在洋蔥上。用湯匙舀出剩下的大蒜混合油，並均勻地淋在番茄上，烘烤約40至45分鐘，直至蔬菜變軟，番茄邊緣開始變變色。

6.同時將吐司放進食物調理機，打約10分鐘，直至成為細屑，約成1杯的麵包屑份量。在中碗混合麵包屑、剩下的1大匙油、帕馬森起士、紅蔥頭，將烤盤從烤箱中取出，烤箱溫度增加至450℉。於番茄上均勻地撒上混合好的麵包屑，烘烤約5至10分鐘，直至蔬菜冒泡而且起士稍微變色。撒上羅勒並靜置10分鐘後再上桌。

夏季焗烤蔬菜與烤甜椒、煙燻莫札里拉起士
你可以使用店家販售的烤紅甜椒，或是自己做。如果使用店家販賣的甜椒，使用前一定要先以清水洗過，並輕拍甜椒使其乾燥。

用1杯刨成絲的煙燻莫札里拉起士取代帕馬森起士，將夏南瓜換成3顆烤過、切成1吋小塊狀的甜椒，烤甜椒不需放鹽。

實用科學知識 保留番茄的籽

"番茄裡的籽及膠狀物質，富含大部分的麩氨酸鹽。在製作奶油烤蔬菜時，得再三考慮是否將籽去除"

起初我們認為，去掉番茄籽及膠狀物質，能解決奶油烤蔬菜水份過多的問題。這種意在改善成品口感的作法很常見，但我們發現其風味也會受到影響。根據一項發表在《農業與食品化學期刊》（Journal of Agricultural and Food Chemistry）的研究顯示，因為番茄籽與膠狀物質裡，實際上含有三倍量的麩氨酸，它又稱為麩氨酸鹽，這個化合物會提供一種風味物質，也就是許多食物中所稱的「鮮味」，其原理請參考觀念35。但有時去籽是必要的，正如食譜「鑲番茄」，只是這通常是最後的手段。下一次遇到要你把番茄去籽的食譜，或許你可以忽略這個指示。除了能替料理保留風味，也可以省下不少時間。

成功關鍵

將夏季最棒的蔬菜放進焗烤蔬菜，是一道多麼令人難忘的美食，但也可能會是一團糟。我們想做出的，是簡單的普羅旺斯風焗烤蔬菜，頂部有著金黃色的起士，和蔬菜新鮮明亮的色彩形成鮮明對比。番茄、櫛瓜、夏南瓜的經典結合最為合適，畢竟茄子太糊爛、甜椒會吸收蒸煮的味道。為了去除多餘水分，我們在這些蔬菜灑鹽後，不另加覆蓋來燜煮。將番茄移到烤蔬菜的最上層，可以讓番茄烘烤並焦糖化。將櫛瓜及番茄加入自製的大蒜百里香油更可以增加風味。

加鹽與切片：櫛瓜、夏南瓜、番茄都同樣以加鹽方式處理。南瓜切成薄片並放在濾盆中，之後輕拍將水份拍乾，並按壓除去更多水分。番茄則是直接放在紙巾上並放鹽，因為番茄實在太脆弱，沒有辦法像夏南瓜一樣放在濾盆裡。

將洋蔥焦糖化：為了讓本食譜味道豐富，我們在櫛瓜、夏南瓜、番茄之間放入一層焦糖化的洋蔥。

不覆蓋、以高溫烘烤：我們使用大烤盤，蔬菜鋪得很淺，避免烘烤時蔬菜水分流出而累積在裡面。不需覆蓋鋁箔紙，並以相對高溫烘烤，好讓多餘水分蒸發掉。以充滿起士的麵包屑收尾：自製的麵包屑是本食譜的關鍵，讓風味及口感更棒。我們加入起士及紅蔥頭，使味道更加突顯。

以充滿起士的麵包屑收尾：自製的麵包屑是本食譜的關鍵，讓風味及口感更棒。我們加入起士及紅蔥頭，使味道更加突顯。

檸香蒜炒櫛瓜絲
4人份

麵包屑配料讓口感形成強烈對比，但也可依個人偏好省略。

配料
2片厚片白吐司，撕成四等份
2大匙無鹽奶油

櫛瓜
5條櫛瓜，縱切兩半，去籽後刨絲
鹽巴和胡椒
4茶匙特級初榨橄欖油，另備上桌前的用量

1小瓣大蒜、切末
1-2茶匙檸檬汁

1.配料：將吐司放進食物調理機，約攪打10下成為粗麵包屑。在12吋的平底不沾鍋上，以中大火融化奶油，加入麵包屑並持續翻動3分鐘，直到呈現金黃色，接著放到一小碗中，靜置一旁。

2.櫛瓜：將櫛瓜放在大碗，放入1½茶匙的鹽攪拌。放入濾盆瀝乾約5至10分鐘。將櫛瓜放在廚房紙巾的中央，並擦拭掉多餘水分，如果有必要可分批做。

3.將櫛瓜放在中碗，將大櫛瓜塊分開。將2茶匙的油與大蒜放入小碗混合，接著放櫛瓜，讓所有食材均勻混合。

4.在12吋的平底不沾鍋，放入剩餘的2茶匙油，以大火加熱到油開始冒煙，將鍋子櫛瓜平鋪在鍋內，不須攪動約2分鐘，直到底部變色。攪拌均勻，以食物夾將大櫛瓜塊分開，煮約2分鐘直到底層也變色，離火，並以檸檬汁和鹽與胡椒調味。上面撒上配料、淋上橄欖油，立即上桌。

番茄羅勒炒櫛瓜絲

省去麵包屑配料，將3顆切丁的梅子番茄、2大匙切碎新鮮羅勒、2茶匙特級初榨橄欖油、1茶匙巴薩米克醋、1瓣大蒜末、¼茶匙的鹽放入小碗中混合，靜置在一旁。省略步驟3的大蒜，以及以檸檬汁取代步驟4的番茄混合物。盛入餐盤，灑上¼杯帕馬森起士，立即上桌，想要的話，還可以多淋一些橄欖油。

辣蘿蔔與杏仁炒櫛瓜絲

省去麵包屑配料，遵照步驟2與3的指示，省略大蒜。在12吋的平底不沾鍋，加入1大匙特級初榨橄欖油，以中火加熱到閃閃發亮。放進2條紅蘿蔔絲並偶爾攪拌約5分鐘，直至變軟。加入½茶匙香菜粉及¼茶匙紅椒片，並持續拌炒約30秒，直到香味出現。將切碎的櫛瓜及½杯金色葡萄乾下鍋，平舖成一層，按照食譜步驟料理。先加½杯切碎的烤杏仁，攪拌混合，再加入檸檬汁、鹽巴與胡椒調味。

豌豆香草炒櫛瓜絲

省略麵包屑配料及檸檬汁，依照步驟2與3的指示，省去大蒜。在12吋平底不沾鍋放入2茶匙的油，以中火加熱，直到油閃閃發亮。將一根青蔥的蔥白切細後下鍋，翻炒約3分鐘，直至蔥白變軟，開始變色。將火力轉至大火，放入櫛瓜，依照指示拌炒，一旦櫛瓜變色，就放進1杯已解凍的冷凍豌豆和½杯重奶油，烹煮2分鐘，直到鍋中的奶油減量。關火，拌入2大匙的蒔蘿或蔥絲，以鹽和胡椒調味，擺盤時加入檸檬角即可上桌。

成功關鍵

因為櫛瓜含水量非常高，經常會煮到變軟爛或是沒味道，我們想找出一種方法，可以讓炒過的櫛瓜仍保有濃縮的風味與吸引人的口感。在此的秘訣就是要用一種以上的方式替櫛瓜除去多餘水分：加鹽、瀝乾，以及刨絲、擠壓出水。

刨絲、加鹽及擰乾：第一個步驟就是要將櫛瓜去籽，籽和心都要除掉，拌炒時才不會出現過多湯汁或出現被蒸軟的慘狀。下一步是用箱狀刨絲器的粗孔將櫛瓜刨成粗絲，然後將櫛瓜絲撒上鹽放在濾盆中，排除多餘水分後，我們用廚房紙巾將櫛瓜擦乾。切片的櫛瓜需要30分鐘瀝乾，若刨絲後再瀝乾，其時間整個縮短成5分鐘。

下鍋前要放油：為了避免櫛瓜黏在一起、糾結成團，使得有味道的食材難以均勻散佈，關鍵是下鍋前先將生櫛瓜絲和橄欖油混合。

煎至變色並分開：料理櫛瓜，我們要將火開到最小，拌炒動作減到最少，用這種方法料理，櫛瓜能夠均勻變色，我們才能把結成團狀的櫛瓜絲分開，這個動作有點像在做薯餅。

觀念24：處理綠色蔬菜應該先熱、後冷
Green Vegetables Like It Hot —— Then Cold

許多舊食譜的料理步驟中，都把綠色蔬菜煮太久，結果煮成一堆爛糊黃綠狀的花椰菜或豌豆。可是煮得不夠透又會有反效果，那會讓蔬菜看上去很完美，可是吃起來卻是太生或太柴。究竟怎麼樣的煮法，才能煮出柔軟又漂亮的蔬菜？重點就在：先「高溫汆燙」，再以「冰水冰鎮」。

◎科　學　原　理

蔬菜在烹煮的過程裡會產生劇烈變化，特別是在口感上。熱會讓保有水分的細胞立刻衰弱，導致液體流失，蔬菜也會變得軟爛。強化細胞壁並黏住細胞的果膠會被分解融化，留下突然間變軟的物質。不過不是所有菜都適合生吃，所以通常大家也樂見這個變化。

除了口感外，熱也會影響蔬菜的顏色。綠色蔬菜的綠色來自「葉綠素」，這種複合分子的核心是鎂離子。葉綠素受熱後會失去鎂離子，結果使其顏色變成死氣沉沉的橄欖綠，吃過煮過頭的青花椰菜的人，應該都很熟悉這個顏色。

「酸」更會讓顏色更快變黑，而植物裡原本就含有酸。它會釋出氫離子，進去取代葉綠素的鎂離子，產生名為「脫鎂葉綠素」（pheophytin）的暗色分子。這也是為什麼用來煮綠色蔬菜的水的pH值，像是「硬」水與「軟」水，都會影響蔬菜的顏色，更別說是使用酸性的醬汁替蔬菜調味了。

所以，業餘廚師應該怎麼做？答案是：「動作要快。」建議烹煮蔬菜時動作盡量快，才能讓菜變軟，卻又不會改變外觀。一般傾向以汆燙手處理，也就是在一鍋煮滾並加鹽的熱水裡迅速烹煮青花椰菜、四季豆、荷蘭豆等其他綠色蔬菜。重點在於鍋裡的水不能太少，在水得夠多的情況下，蔬菜下鍋時才不會讓水溫一下子降低太多，又可以讓蔬菜迅速煮軟。鹽巴除了調味外，也有軟化果膠的功效，有助加速蔬菜軟化，避免葉綠素變色。

有趣的是，在滾水裡浸泡一下，可以讓綠色蔬菜在轉暗之前顏色變得更鮮豔：在生的蔬菜裡，植物裡的空氣會折射光線，所以葉綠素的顏色沒那麼亮。一旦豌豆或豆子碰到水，細胞裡的某些空氣就會膨脹冒出，讓細胞壁更緊密，使得植物的組織變得更透明，因此產生更鮮豔的綠色。

汆燙後，要接著用一碗冰水來「冰鎮」這些蔬菜，以突然中止烹煮的過程，避免葉綠素繼續變化，這樣就能端出一道軟中帶脆又亮麗的蔬菜。

兩個步驟煮出柔嫩且翠綠的蔬菜

滾水

汆燙：
在滾水裡快速汆燙後，可以讓蔬菜變軟且增色。

冰水

冰鎮：
把蔬菜丟到冰水裡可以中止烹煮，讓蔬菜不會變得太稀爛、掉色。

為了確立綠色蔬菜除了汆燙外,放在冰水裡冰鎮也很重要的步驟,我們設計出一項簡單實驗。把兩份一磅重的青花椰菜,分別放在煮沸的鹽水裡汆燙4分鐘。起鍋後,一份以冰水浸泡過,另一份則放在空碗裡什麼也不做。3分鐘之後,我們把冰水濾掉,檢查兩份青花椰菜顏色、口感和味道的變化。

實驗結果

不意外的,其結果差異相當大。用冰水冰鎮過的青花椰菜口感比較紮實,顏色也比較翠綠。汆燙後放在碗裡的青花椰菜變成橄欖色,有點軟爛。因為兩者都用鹽水烹煮、以我們偏好的汆燙方式,所以兩種樣本都算有調味過。

重點整理

要把綠色蔬菜煮得軟硬適中又保住顏色,而不是一團墨綠菜泥,一定要透過泡冰水來立即中止烹煮過程。

為什麼?把蔬菜在煮滾的鹽水裡汆燙4分鐘,可以破壞花椰菜、四季豆和荷蘭豆的細胞結構。當裡面的果酸開始崩壞溶解,蔬菜的質地也開始從硬變軟。同樣的,熱也會蒸發蔬菜細胞裡一些過多的空氣,讓顏色從綠色變為翠綠。到這裡為止的變化都算很好。

但一如我們在觀念4學到的,食物離開鍋子或是烤箱、平底鍋後,烹煮並不總是隨之停止。根據餘熱加溫的原理,除非煮過的蔬菜離開滾水之後立即泡到冰水裡,否則它還是會繼續煮熟。單純以汆燙、不放入冰水冰鎮的花椰菜,在放進碗裡時,每根莖蔬菜莖都是熱的,而且堆在一起還能共享餘熱、持續烹煮。結果讓細胞結構也持續分解,菜也就越來越糊。這也讓負責顏色的葉綠素有更多時間流失鎂離子,慢慢地變成土土的橄欖綠。在冰水裡,蔬菜裡的熱會轉向並流到冰水裡,中止烹煮。包圍蔬菜的冷水同時也可以阻止熱的移轉。

✎ Tips:蔬菜應該煮多久?

蔬菜	準備	汆燙時間	蒸的時間
蘆筍	較硬的尾端折斷不用	2～4分鐘	3～5分鐘
花椰菜	花狀部位切成1至1½吋小塊,莖部去皮切成¼吋小塊	2～4分鐘	4～6分鐘
球芽甘藍(brussel sprouts)	削去莖的末端,剝掉變色的葉子,從中間對半切	6～8分鐘	7～9分鐘
四季豆	削去末端	3～5分鐘	6～8分鐘
甜豌豆	去掉豆莢纖維	2～4分鐘	4～6分鐘
荷蘭豆	去掉豆莢纖維	2～3分鐘	4～6分鐘

✎ Tips:「熱」對口感所產生的影響

生菜莖

生的花椰菜質地堅硬,顏色為青綠色。

汆燙後冰鎮

汆燙之後,花椰菜變軟了,顏色也更為翠綠,冰鎮讓菜保持顏色與口感。

只汆燙

汆燙過後將花椰菜靜置一旁,結果菜變得軟爛,顏色也成了暗橄欖綠。

《氽燙的實際應用》豆子與豌豆

我們常會氽燙然後用冰水冰鎮豆子和豌豆這類綠色蔬菜。在煮開的鹽水裡迅速過一下，吃起來不會過硬，卻同時又保有爽脆口感和翠綠色澤。這個技巧可以用在快炒、鍋燜甚至有助於備菜。

氽燙甜豌豆
6人份

調味建議參見後附食譜。

1磅甜豌豆，去掉豆莢纖維
1茶匙鹽

1.將大碗裝滿冰水放置一旁。在大單柄深鍋裡裝6杯水後煮滾。加入豌豆和鹽，氽燙甜豌豆約1分半到2分鐘，直到豆子變得軟中帶脆。
2.把豌豆瀝乾，換到裝冰水的碗裡，再將水瀝掉，拍乾。豌豆最多可放置1小時。

甜豌豆佐檸檬、大蒜與羅勒
6人份

請留意大蒜，因為大蒜烹煮時很容易會從軟變焦。

2大匙橄欖油
1½茶匙磨碎檸檬皮屑，加上1大匙檸檬汁
1瓣大蒜，切末
1份氽燙甜豌豆
1大匙切碎的新鮮羅勒
鹽巴和胡椒

在10吋的平底鍋裡用中火熱油，直到油閃閃發亮。加入檸檬皮與大蒜拌炒約2分鐘，直到大蒜變軟但還沒轉焦。加入豌豆、檸檬汁和羅勒拌炒。烹煮直到熱透，大約1到1分半鐘。依個人喜好添加鹽和胡椒調味，立刻上桌。

薄荷火腿炒甜豌豆佐火腿與薄荷
6人份

本食譜請不要使用切片熟食火腿。

1大匙無鹽奶油
3盎司鄉村火腿（country ham）或煙燻火腿，切小塊、約¼吋厚
1份氽燙甜豌豆
2大匙切末的新鮮薄荷葉
鹽巴和胡椒

在10吋的平底鍋裡用中火加熱融化奶油。加入火腿煮1分鐘。加入豆子和薄荷拌炒。煮到剛好熱透，約1至1分半鐘。依個人喜好以鹽和胡椒調味，立刻上桌。

成功關鍵

我們想找出能帶出甜豌豆「爽脆口感」與「甜味」的烹調方式。把甜豌豆以鹽水氽燙可以讓豌豆有絕佳的口感和味道。在冰水裡冰鎮可以防止變皺和縮水，同時能定色。

氽燙後冰鎮： 甜豌豆是荷蘭豆和青豌豆混種而成的甜脆品種，豆莢和豆子都可以吃。因為生的甜豌豆吃起來乾粗無味，應該要煮過再吃，但是只要稍微煮過即可。在甜豌豆還有一點脆的時候最好吃，只要一點熱度、一點點水分，還有一點時間即可。氽燙能讓豌豆有絕佳的口感和味道。在水裡加鹽有助於調味，同時也能加速軟化、避免變色。在冰水裡冰鎮可以中止烹煮，有助於保住鮮豔的色彩，同時讓蔬菜不會因為餘熱而繼續變軟。

瀝乾收尾： 一旦豌豆在冰水裡冰鎮後，就能用紙巾拍乾，然後用有味道的原料快速拌炒。不要煮太久，大概以1分鐘弄熱就可以了。此外，檸檬汁最後再加，以免酸讓豌豆顏色又變黃。

"和一般認知相反，汆燙綠色蔬菜時，不一定要蓋上鍋蓋"

汆燙是將水果或蔬菜短暫浸到滾水裡，以定色、調味和調整口感所用。有些人說，汆燙綠色蔬菜要好吃，一定不能蓋上蓋子，蔬果裡的酸才可以揮發出來，而不是包在烹煮的水裡使蔬菜變黃。

為了檢驗這個說法是否成立，我們在有鍋蓋和沒有鍋蓋的鍋子裡，分別汆燙了好幾批的花椰菜、四季豆，和甘藍菜苗。在汆燙之後，兩個鍋子裡的pH值（酸鹼值）都一樣。再者，所有蔬菜都是鮮綠色，蓋上與不蓋的蔬菜吃起來口感幾乎一樣。事實很簡單，蔬菜裡的酸是不會揮發的，所以沒辦法跟蒸氣一起散掉。因此，結論是：蓋不蓋鍋蓋，其實沒差。

紅蔥頭與薄荷炒豌豆
4人份

烹煮前不要解凍豆子。可用一般冷凍豌豆替代嫩豌豆，只要把步驟2的烹調時間增加1至2分鐘。在上桌前才淋檸檬汁，否則豆子會變黃。

2茶匙橄欖油

1小顆紅蔥頭，切末

1瓣大蒜，切末

3杯冷凍嫩豌豆

¼杯低鈉雞湯

¼茶匙糖

¼杯新鮮薄荷，切末

1大匙無鹽奶油

2茶匙檸檬汁

鹽巴和胡椒

1. 在12吋平底鍋裡以中火熱油，直至油閃閃發亮。加入紅蔥頭，烹煮約2分鐘，不時攪拌，直到軟透。再放入大蒜烹煮30秒，不時攪拌，直到傳出香氣。

2. 加入豌豆、雞湯和糖。蓋上鍋蓋烹煮約3至5分鐘，直到豆子呈現鮮綠色而且熱透。加入薄荷與奶油拌炒。關火，拌入檸檬汁。用鹽和胡椒調味試吃，立刻上桌。

清炒豌豆佐韭蔥和茵陳蒿

把紅蔥頭換成一小根韭蔥，只要蔥白和青綠色的部分，對半切開，切成¼吋小塊，徹底洗淨，並把步驟1的烹煮時間增加到3到5分鐘，應該可煮軟韭蔥。用重奶油替代高湯，用2大匙切碎的新鮮茵陳蒿替代薄荷，用白酒醋替代檸檬汁。

成功關鍵

冷凍豆在處理時已經汆燙過，所以要用它們來製作美味簡單的配菜，關鍵就在於加熱時不要煮過頭，並搭配不用太費事的原料。我們發現小火燜煮5分鐘就能做出鮮豔柔軟的綠色豌豆。

選小豌豆：我們一直很喜歡冷凍豌豆，因為冷凍豌豆從豆莢裡剝出後，立刻一顆顆冷凍，通常都比自己剝的、可能放了好幾天的「新鮮」豌豆還要更甜也更爽口，因為剛採下的豌豆裡的糖分會隨著時間轉變成澱粉。冷凍豆子已經汆燙過了，糖不會再轉換成澱粉，也讓豌豆定色，把豌豆煮過，讓豌豆夠軟可以入口。我們在冷凍櫃裡看到兩種不同的豆子：一般冷凍豌豆，和標著「小豆子」（petite peas）的袋子，有時候是「petit pois」或「baby sweet peas」。我們用奶油試煮看看兩者是否不同。結果試吃員一致偏好比較小的豆子，因為味道更甜口感更細緻。一般的豌豆也很好，只是皮比較硬，裡面比較粉。既然兩種的價格一樣，我們現在都改用小豌豆。

用平底鍋：你需要把冷凍豌豆加熱並順便調味。用平底鍋，而不用一般的單柄深鍋，可以把豌豆散開迅速加熱，不會掉色或失去口感。

加糖和奶油：加一點糖有助於帶出這些豌豆的甜味。最後收尾時加一點奶油，吃起來更豐富，又不會過油。

終極鍋燜四季豆
10-12人份

本食譜的份量可以減半，需改用2夸脫、相當於8平方吋的烤盤烘烤；並將步驟3的醬汁烹調時間減少至6分鐘，其濃縮為1¾杯；步驟4的烘烤時間也需減到10分鐘。

配料

4片厚片白吐司，撕成4塊

2大匙無鹽奶油，先軟化

¼茶匙鹽

⅛茶匙胡椒

3杯罐裝洋蔥酥，約6盎司

豆子與醬汁

2磅四季豆，剝去纖維切半

鹽巴和胡椒

3大匙無鹽奶油

1磅白蘑菇，削去蒂頭，剝成½吋小塊

3瓣大蒜，切末

3大匙中筋麵粉

1½杯低鈉雞湯

1½杯重奶油

1. 配料：把吐司、奶油、鹽、胡椒放到食物調理機，約攪打10下，直到外觀像粗糙的麵包屑。裝入大碗然後拌入洋蔥；放一旁備用。

2. 豆子與醬汁：將烤箱烤架調整至中層，烤箱預熱至425°F。在大碗裡裝滿冰水。烤盤中鋪上紙巾。用荷蘭鍋將4夸脫的水煮滾，加入四季豆和2大匙的鹽。將豆子煮約6分鐘，直到變成翠綠色且軟中帶脆。用濾盆瀝乾四季豆，然後立刻浸入冰水裡中止烹調。把豆子攤平在烤盤上瀝乾。

3. 在空的荷蘭鍋裡用中大火融化奶油。加入蘑菇、大蒜、¾茶匙的鹽，還有⅛茶匙胡椒，烹煮直到蘑菇開始出水，液體揮發，過程約需6分鐘。加入麵粉煮1分鐘，不時攪拌。拌入雞湯煮滾，不時攪拌。加入奶油，降到中火，燉煮約12分鐘到醬汁變濃稠，減到3½杯。依個人口味喜好以鹽和胡椒調味。

4. 把四季豆加入醬汁內拌煮，直到每根豆子都沾滿醬汁。平鋪放在3夸脫，或是長13吋、寬9吋的烤皿中。灑上表層配料，烘烤約15分鐘，直至表層變焦黃，且角落的醬汁也冒泡。立刻上桌。

事先準備：把碎麵包屑配料冰在冰箱，最多2天，然後烹煮前混入洋蔥。把豆子和冷卻的醬汁拌在烤皿裡，用保鮮膜封好，冷藏24小時。上桌前，移除保鮮膜，在425°F的烤箱裡加熱10分鐘，再鋪上表層配料後直接烘焙。

成功關鍵 ─────────────

鍋燜四季豆是經典菜色，但我們想做出令人耳目一新的口味，於是省略了冷凍四季豆、濃縮湯和罐頭洋蔥。很明顯地，我們從新鮮的四季豆開始，先汆燙保留顏色和口感。為了取代罐頭湯，我們用經典法國天鵝絨白醬，以白蘑菇來做變化。傳統是用油麵糊來讓白醬更濃稠。

使用新鮮四季豆：料理一道需要烘烤的菜時，使用罐頭四季豆似乎不太合適。冷凍豆子雖然比較好，但要做出最佳風味，一定得使用汆燙冰鎮新鮮四季豆。汆燙可以避免蔬菜煮過頭，也可以藉此適度的調味。

別用罐頭湯：與其用傳統濃縮罐頭湯，我們選擇熬煮真正的醬汁，不過還是盡可能想以省事的做法。使用原本用來汆燙豆子的同一個鍋子，清炒1磅的白蘑菇，請事前撕成塊，不要切片，塊狀的口感比較厚實，然後製作濃厚的油麵糊，我們發現選用比較珍奇的蘑菇，像是乾糙的牛肝菌菇，就不需要後續加工。最後我們用雞湯和奶油替醬汁收尾，這也使醬汁濃厚且風味濃郁，卻又不至於太超過。

在表層配料妥協：表層的配料是最可以使用便宜食材的地方，而不是在豆子或餡料省成本。雖然我們試著重現罐頭洋蔥酥的口感與味道，但發現方法都太費事。所以我們把罐頭洋蔥酥拌進新鮮麵包屑和奶油裡。這個簡單步驟可以讓頂部的配料看起來是自製的。

快速烘烤：為了讓四季豆在烘烤時不被烤得太軟爛，我們將它平鋪在大盤子上，於高溫烤箱裡快速烘烤，只為了把所有食材加熱，讓表層的餡料變焦黃即可。

預煮汆燙四季豆
4人份

請記得，將四季豆稍微煮生一些，因為在後續料理加熱時，蔬菜會持續軟化。

1磅四季豆，去除纖維

1茶匙的鹽

把2½夸脫的水，倒入大的單柄深鍋裡用大火煮沸。四季豆和鹽巴下鍋，再繼續煮3至4分鐘，直到豆子呈現鮮綠色且軟中帶脆。同時，將大碗裝滿冰水。把

豆子從鍋中撈起瀝乾，並立刻放到冰水裡泡。等到豆子摸起來不是溫的時候，再將豆子從冰水中瀝乾，以用紙巾徹底擦乾。把豆子放到大型密封袋裡，冷藏備用，最多3天。

四季豆佐清炒紅蔥頭與苦艾酒
4人份

食譜中的紅蔥頭份量看起來可能很多，但經過烹煮後會再縮水。

4大匙無鹽奶油
5盎司紅蔥頭，細切
1份預煮汆燙四季豆
鹽巴和胡椒
2大匙苦艾酒

1. 在8吋平底鍋中放入2大匙的奶油，以中火加熱。加上紅蔥頭不時拌炒約10分鐘，直到呈現金黃色，等到香味冒出，邊緣酥脆。放一旁備用。

2. 在12吋的平底鍋，以大火加熱豆子與¼碗水1至2分鐘，用食物夾不時攪拌，直到豆子都熱透。依個人喜好用鹽和胡椒調味，放到餐盤裡。

3. 把煎紅蔥頭的鍋子放回爐火上，開大火，拌入苦艾酒，將酒煮開。放入剩下的2大匙奶油，一次1大匙；依個人喜好用鹽和胡椒調味。將紅蔥頭與醬汁淋在豆子上，立刻上桌。

四季豆佐奶油麵包屑和杏仁
4人份

可用同等份量的胡桃或山核桃（pecan）來代替杏仁。

1片厚片白吐司，去邊後剝成1½吋小塊
2大匙切片杏仁，用手捏碎，約¼吋小塊
2瓣大蒜，切碎
2茶匙切末的新鮮巴西利
1份汆燙四季豆
鹽和胡椒
4大匙無鹽奶油

1. 把吐司放入食物調理機裡，約攪打20至30秒，

應該可以做出約¼杯的麵包屑。把麵包屑放到12吋的平底不沾鍋，加入杏仁，用中大火烤5分鐘，不時攪拌，直到變成金黃色。離火，加入大蒜與巴西利，和熱麵包屑拌炒。依個人喜好用鹽和胡椒調味，裝到小碗裡放一旁備用。不要洗鍋子。

2. 在清空的平底鍋裡放入豆子和¼杯水，用大火加熱，用食物夾不時輕輕拌炒約1至2分鐘，直到豆子熱透。依個人喜好以鹽和胡椒調味，然後放到餐盤中。

3. 在清空的平底鍋裡用中大火融化奶油，加入攪拌好的麵包屑烹煮1至2分鐘，不時攪拌，直到香味散出。把裹上奶油的麵包屑鋪在豆子上，立刻上桌。

成功關鍵

招待客人時，四季豆是很經典快速的配菜，但我們希望在製作這道食譜時，能夠減輕些上桌前最後一刻的典型廚房大戰。要讓四季豆可以事先準備好，又能在上桌前迅速加工，我們發現汆燙是最佳方法，保證能做出有煮透、入味又爽口的四季豆。一旦豆子經過汆燙和冷卻後，我們會放入冰箱，最多可放3天。在上桌前，只要將它們丟進熱鍋裡，加上一點水迅速回溫即可。為了讓四季豆味道更豐富，我們想出幾種簡單的奶油醬汁。

先汆燙：在設計本食譜時，我們試過汆燙、蒸煮，與燜煮。結論是快速浸在滾水裡的汆燙是最佳方法，理由有二。第一，比起蒸煮，汆燙可以讓豆子熟得更平均；第二，汆燙比較容易在烹調時加鹽調味，吃起來會比較有味道。

再冰鎮：如果要煮完淋上醬料的豆子，在上桌時一樣有軟中帶脆的口感，就一定不能煮過頭。用冰水冰鎮豆子可以突然且完全地中止餘溫繼續烹煮它。完成冰鎮後的豆子就可以放進冰箱。

重新加熱淋上醬汁：在我們研究奶油醬汁時，我們加熱了很多冷藏的四季豆，也在過程中有些心得。最重要的是，要在平底鍋裡加上一點水和豆子一起煮。這點少量的水很快會煮滾，而且幾乎會完全蒸發，可以在短短1、2分鐘內就熱好四季豆。

觀念25：全天下的馬鈴薯「不是」都一樣
All Potatoes Are Not Created Equal

你或許認為，馬鈴薯看起來都一樣。但是若我們對褐皮馬鈴薯和紅皮馬鈴薯進行烘烤，那麼從烤箱出來的結果，將會是一個鬆軟、另一個綿密，兩者截然不同。所以天下的馬鈴薯不是都一樣的。讓我們來看看原因這是為什麼。

◎科　學　原　理

一般超市可能只販售四到五個品種的馬鈴薯，農夫市集裡可能多到數十種。而在這世上有超過二百個品種的馬鈴薯！每個都不一樣，但它們全都共有某些特性。

馬鈴薯裡主要有兩種物質：澱粉和水分，還有一點糖、纖維、礦物質與蛋白質。馬鈴薯的「密度」與「澱粉量」有一定的關聯性，某些品種裡的澱粉含量，從16％到22％不等。所以馬鈴薯澱粉含量少，吃起來較硬、外表也較為光滑，像是紅皮馬鈴薯（Red Bliss），或是法式手指馬鈴薯（French Fingerling）。而澱粉多，則讓褐皮馬鈴薯這類的品種擁有比較鬆散、粉粉的口感。澱粉含量介於中間值的則是育空馬鈴薯。馬鈴薯裡的澱粉含量會影響很多事情，包括「鬆軟度」和「成形」的能力。

馬鈴薯細胞裡的澱粉呈現小顆粒狀態。在烹煮時，這些澱粉顆粒會從馬鈴薯裡吸水，然後像氣球一樣膨脹，導致細胞變大、分離，最後破裂。若再繼續烹煮，許多膨脹的澱粉顆粒會跟著破裂，因而釋放出某些原本在顆粒裡的澱粉。所以澱粉越多，馬鈴薯中隨之破掉的細胞也會越多。這麼一來，就會讓馬鈴薯在烹煮的時候崩解，這也正是烹煮褐皮馬鈴薯的情況。

但是，澱粉細胞崩解其實可以是件好事，特別是在做薯泥時。除了可以讓馬鈴薯更容易搗碎外，經烹煮過的褐皮馬鈴薯也會因為細胞破裂，所以相較於質地較硬的紅皮馬鈴薯，褐皮馬鈴薯更能吸收液體。這得歸功於褐皮馬鈴薯的澱粉，比紅皮馬鈴薯要多出25％，而且即便在烹煮後，澱粉也能夠吸收更多液體。

得注意的是，澱粉分子有兩種：「直鏈澱粉」與「支鏈澱粉」，兩者作用不一樣。直鏈澱粉的分子會形成像一條長鏈狀，烹煮時容易從膨脹的澱粉顆粒中跑出來。因此，有比較多直鏈澱粉的顆粒可以吸收更多液體，這也是製作薯泥時，我們會加入牛奶。上述的說明也解釋了，為何澱粉含量高，以及直鏈澱粉比例較高的褐皮馬鈴薯是製作薯泥的最佳選擇。

相較之下，支鏈澱粉分子有比較大、比較多的分支，在烹煮的時候能繫在一起，有助於馬鈴薯保持完整。因此支鏈澱粉比例較高、直鏈澱粉較少的品種，像是紅皮馬鈴薯，會是水煮的最佳選擇。因為這些馬鈴薯品種比較不會吸收液體，因此在烹煮時可以維持形狀。同理，紅皮馬鈴薯就不是做薯泥的好選擇；它們比褐皮馬鈴薯更難搗碎，也不太能吸收液體。

馬鈴薯的澱粉結構

澱粉粒子

褐皮馬鈴薯細胞：
褐皮馬鈴薯內富含比較多的澱粉顆粒。也因澱粉含量較高，使得烹煮過程時，裡頭的細胞分離、細胞壁破裂，易形成比較鬆軟的馬鈴薯，也能吸附更多液體。

紅皮馬鈴薯細胞：
紅皮馬鈴薯的澱粉顆粒比較少。這能使細胞維持在一起，即使經過烹煮，也能保有完整而不破裂的細胞壁，相對之下它們能吸收的液體就比較少。

⊗ 實 驗 廚 房 測 試

為了說明一般常見馬鈴薯品種間的密度與澱粉含量顯著差異，我們把三種馬鈴薯：紅皮馬鈴薯、育空馬鈴薯和褐皮馬鈴薯，各切成½吋小塊，放在加了藍色食用色素的水裡烹煮。等煮過的馬鈴薯冷卻之後，我們把馬鈴薯切開觀察藍色色素滲透得多深。

實驗結果

從切開的褐皮馬鈴薯中發現，連最核心的部位都被染色，紅皮馬鈴薯大概只在最外層上有著薄薄的藍色線條，育空馬鈴薯則在中間，比紅皮馬鈴薯更深一點，但又不及褐皮馬鈴薯。

重點整理

在這回的實驗結果中，最重要的因素是澱粉與水的比例。因為褐皮馬鈴薯的澱粉量比其他品種高，比較密，詳請見下文「實用科學知識：馬鈴薯是沉下去還是浮上來」。因此，當我們烹煮褐皮馬鈴薯時，澱粉顆粒比較會吸收液體、膨脹，導致馬鈴薯細胞彼此分離，最後破裂。這代表這些馬鈴薯較能吸收液體，包括本實驗的藍色染料，這也是我們通常用褐皮馬鈴薯做薯泥的原因。另一方面，紅皮馬鈴薯的澱粉比較少，代表裡面空間比較多，因此在烹煮時馬鈴薯細胞比較不會分離與破裂，這代表著它們比較不能吸收液體，像是藍色染料，因此我們傾向用這類馬鈴薯製作保有馬鈴薯原形的菜餚，像是下文食譜「法式馬鈴薯沙拉」。看到這兒，你大概已經猜到了，育空馬鈴薯剛好介於上述兩種馬鈴薯的中間。

第二個因素是直鏈澱粉與支鏈澱粉的比例。褐皮馬鈴薯不僅有比較多澱粉，其中直鏈澱粉的比例也較高，在接觸到熱時，澱粉的長鏈會與膨脹的顆粒分離，烹煮後會產生比較鬆軟的口感，這也是藍色染料滲入到褐皮馬鈴薯中心的原因。紅皮馬鈴薯的澱粉比較少，支鏈澱粉的比例較高，有助於讓馬鈴薯在遇到熱時還是能維持形狀。同樣的，育空馬鈴薯剛好處在中間，兩種澱粉的含量差不多，因此，藍色染料液體大約能夠進到樣本的中間而已。

經由本實驗得到結論是，由於每種馬鈴薯的澱粉與水分比例不同，直鏈澱粉與支鏈澱粉的比例也不一樣，因此暴露到熱和水當時也會有不一樣的表現，重點在於你應留意「為了不同食譜，選擇適合的馬鈴薯品種」。

✏️ Tips：不同品種的馬鈴薯，實際吸收了多少藍色染劑？

紅皮馬鈴薯
低澱粉含量，馬鈴薯吸收的水很少，染色情況較不明顯。

育空馬鈴薯
澱粉含量中等，經烹煮後開始吸收小量的水。

褐皮馬鈴薯
澱粉的含量高，使得馬鈴薯吸收最多水。

《馬鈴薯的實際應用》沙拉

要看不同品種的馬鈴薯有何差異，最簡單的方法就是用水煮做成沙拉。在此我們有兩種選擇：一是經典美式馬鈴薯沙拉，用去皮馬鈴薯做成鬆軟有黏性的沙拉佐以美乃滋醬；另一種是法式沙拉，用帶皮切片馬鈴薯配上蒜味香草醋。

美式馬鈴薯沙拉
4-6 人份

請注意本食譜用的是芹菜籽，而不是芹菜鹽。如果只能拿到芹菜鹽，請用同樣的量，但在製作醬汁時就不要再放鹽。試吃馬鈴薯時，只要吃一塊就好；不要把馬鈴薯煮過頭，否則會變得太粉、易破碎。在添加醬汁時，馬鈴薯得是微溫的狀態，甚至是完全冷卻。要是馬鈴薯沙拉看起來有點太乾，可以再加入兩大匙美乃滋。

2磅褐皮馬鈴薯，去皮，切塊、約¾吋厚
鹽巴和胡椒
2大匙蒸餾白醋
1根芹菜，切細
½杯美乃滋
3大匙酸黃瓜醬
2大匙紅洋蔥切末
2大匙切末的新鮮巴西利
¾茶匙乾芥末粉
¾茶匙芹菜籽
2顆水煮蛋，剝殼，切塊、約¼吋（可選擇性添加，食譜於觀念1）

1. 把馬鈴薯放在大的單柄深鍋裡，加水蓋過約1吋。用中大火煮滾；加1大匙鹽，降至中火燜煮約8分鐘，攪拌一至二次，直到馬鈴薯變軟。

2. 把馬鈴薯濾乾，換到大碗裡。加入醋之後以橡皮抹刀輕輕翻炒混合。靜置20分鐘等馬鈴薯冷卻至微溫。

3. 同時間，在另一個小碗裡，把芹菜、美乃滋、酸黃瓜醬、洋蔥、巴西利、芥末粉、芹菜籽、½茶匙鹽、¼茶匙胡椒拌勻。如果有橡皮抹刀的話，輕輕把醬汁和蛋鋪在馬鈴薯上。

4. 再用保鮮膜蓋著馬鈴薯放至冰箱中冷藏約1小時，直到沙拉冷卻，再上桌。馬鈴薯沙拉最多可以冰1天。

成功關鍵

經典的馬鈴薯沙拉，通常都會覆上以大量美乃滋製作而成的醬汁，味道嘗起來普普通通。但我們想要做出更美味、柔軟的馬鈴薯，配上爽脆洋蔥與芹菜一起食用。在發現褐皮馬鈴薯能吸收最多風味時，我們趁著微溫淋上一點醋，這使得馬鈴薯在搭配傳統美乃滋沙拉醬時有著意想不到的調味，可讓沙拉風味更提升。

使用褐皮馬鈴薯： 大多數馬鈴薯其實都可以來做馬鈴薯沙拉，端看你認為眾多馬鈴薯中的哪個特色最重要。要是你想要的是讓馬鈴薯能夠維持原形，那麼紅皮馬鈴薯最適合。如果是要馬鈴薯可以吸收醬汁的味道，也不介意有點鬆軟的口感，那麼褐皮馬鈴薯最讚。我們發現許多馬鈴薯沙拉味道都很平淡，即使加上更多醬汁不能解決問題，甚至醬汁最後只會積在碗底。我們認為，褐皮馬鈴薯吸水能力比紅皮馬鈴薯要好很多，所以是經典美國馬鈴薯沙拉的最佳選擇。除此之外，褐皮馬鈴薯富含澱粉的口感為本食譜的一大加分，比起用紅皮馬鈴薯做的沙拉更加黏稠。

趁熱調味： 我們發現添加調味料的最佳時機，是在馬鈴薯還溫熱的時候，便可以發揮最佳風味，這也是為什麼馬鈴薯一起鍋就要加醋。千萬不要在此時加入美乃滋，你不會想要看到沙拉醬變得又油又稀。

好醬汁： 在研發本食譜時，我們要的是經典美乃滋為基底的沙拉醬，但我們也決定要來點不一樣的變化。在進行不同的測試時，把一半的美乃滋分別換成酪奶、酸奶油、優格，結果發現試吃員比較喜歡純美乃滋的版本。除了美乃滋之外，我們也加了芹菜增添爽脆、紅洋蔥來配色與調味，在不需準備酸黃瓜醬的情況下，這些微調也能讓馬鈴薯沙拉有點微微的甜味。一般不會拿來做調味的芹菜籽，則讓這道菜增加深度與複雜度。最後，乾芥末粉則讓沙拉添加一絲辛辣。

少攪動： 在另外一個碗裡調製沙拉醬，不要直接混入馬鈴薯裡。要是把沙拉醬的調味元素一一加到煮好的馬鈴薯上，會因攪拌過度使得沙拉變糊。等沙拉醬攪拌好了之後再淋在馬鈴薯上的步驟很重要。

"應該將馬鈴薯放在「冷水」裡煮？沒錯！這麼做的烹煮時間更快，而且口感更好"

許多食譜的作者都建議，要把馬鈴薯放在冷水裡開始煮，而不是水滾了以後再將馬鈴薯下鍋。理論是：因為馬鈴薯要煮上好一陣子，所以等到裡層煮熟時，外層早就已經糊爛了。把馬鈴薯放在冷水裡煮，可以讓溫度緩慢增加，以免外層變得過於軟爛。不過我們還是針對這個理論做了實驗，使用放在滾水裡煮然後保持燜煮，與放到冷水裡煮滾然後把火調小燜煮這兩種方式，製作三種不同的馬鈴薯料理：整顆未削皮的水煮馬鈴薯、以整顆未削皮馬鈴薯製作的薯泥，以及去皮切成¾吋方塊的馬鈴薯沙拉，來看看哪個方法比較好。

等到馬鈴薯塊冷卻，加上美乃滋和調味料做成馬鈴薯沙拉，另外把整顆馬鈴薯削皮，然後用馬鈴薯壓製器壓過，混入半對半奶油和融化的奶油做成薯泥，用這兩種方法煮的馬鈴薯沙拉嘗起來都沒有什麼差別。在水煮整顆馬鈴薯中，我們確實的發現，放在滾水裡煮的樣本外層比內心還要軟。這些放在滾水裡煮的馬鈴薯不難吃，但是也不像放在冷水開始煮的馬鈴薯那麼可口。

除了在其中一個測試裡呈現出較佳的口感之外，從冷水開始煮的馬鈴薯會早幾分鐘煮好。沒錯，丟在滾水裡煮的馬鈴薯在鍋裡的時間是比較少，但是我們在煮馬鈴薯之前還是要先等水滾。重點是，把馬鈴薯放在冷水裡煮在某些用途上效果稍微好一些，而且永遠比較快煮好。

法式馬鈴薯沙拉佐第戎芥末醬和細香草
6人份

如果沒有新鮮的細葉香芹（chervil），可以多加½大匙巴西利末和½茶匙茵陳蒿末。想品嘗本食譜的最佳風味，就要在沙拉還溫的時候上桌。

　2磅小紅皮馬鈴薯，切片、約¼吋厚
　2大匙鹽
　1瓣大蒜，去皮，串在竹籤上
　¼杯橄欖油
　1½大匙香檳醋（champagne vinegar）或白酒醋
　2茶匙第戎芥末醬
　½茶匙胡椒
　1顆小紅蔥頭，切末
　1大匙切末的新鮮細葉香芹
　1大匙切末的新鮮巴西利
　1大匙切末的新鮮細香蔥
　1茶匙切末的新鮮茵陳蒿

1.把薯片和鹽放在大的單柄深鍋中，加水蓋過1吋；用大火煮滾，然後降到中火。把大蒜串放到水裡汆燙約45秒。把大蒜放到流動的冷水裡，終止餘溫繼續煮熟大蒜；把大蒜從竹籤上拿下來放在一旁。繼續燉煮薯片約5分鐘，不用加蓋，直到薯片變成軟但仍保持結實。把薯片濾乾，保留¼杯煮馬鈴薯的水。在有邊的烤盤上把熱薯片緊密鋪成一層。

2.把大蒜切碎，然後和煮馬鈴薯的水、油、醋、芥末醬和胡椒在小碗裡攪拌直到完全混合。把醬汁均勻灑在溫熱的薯片上，靜置10分鐘。

3.把紅蔥頭和香草放在小碗裡拌勻。把薯片放到大餐碗中，加入小紅蔥頭、香草，用橡皮抹刀輕輕拌勻。可立刻上桌。

事前準備：照著食譜做到步驟2，用保鮮膜蓋住冰起來。在上桌之前，讓沙拉回復到常溫，然後加上小紅蔥頭與香草。

芝麻菜、洛克福起士和胡桃法式馬鈴薯沙拉

省略香草，把淋上醬汁的馬鈴薯拌入½杯烤過並切碎的胡桃、1杯碎洛克福起士（Roquefort）、3盎司撕成小塊的嫩芝麻菜，再加上步驟3的小紅蔥頭。

茴香、番茄與橄欖法式馬鈴薯沙拉

在料理這道變化版的馬鈴薯沙拉切茴香葉的時候，請只用細嫩的葉子，不要用纖維粗硬的莖。

將1顆小茴香球莖的嫩莖葉切下；把葉子稍微切過，保留¼杯的葉子。將小茴香球莖縱切成2半，用去皮刀挖掉其中一半的心，將另外一半留做他用。把這一半橫切成薄片。不用細葉香芹、細香蔥和茵陳蒿，並把巴西利葉的量增加到3大匙，在步驟3時，把茴香、一顆去皮去子的切塊番茄，和¼杯切四等分的油漬黑橄

欖、紅蔥頭、巴西利，拌入淋上沙拉醬的馬鈴薯。

櫻桃蘿蔔、酸黃瓜與酸豆法式馬鈴薯沙拉

省略香菜，用2大匙切碎的紅蔥頭替換細香蔥。在步驟3時，把2顆薄切的櫻桃蘿蔔、¼杯酸豆，還有¼杯薄切酸黃瓜、紅洋蔥攪拌成沙拉醬，並淋在馬鈴薯上。

實用科學知識 保護馬鈴薯沙拉

"美乃滋不會毀了你的馬鈴薯沙拉，但「馬鈴薯」會"

美乃滋臭名在外，在太多夏季野餐和烤肉會之後，大家總怪它毀了馬鈴薯沙拉又讓人肚子痛。或許你會以為改用油醋來取代美乃滋製作沙拉醬，可以保護你的馬鈴薯沙拉，還有避免家人食物中毒。但是，請三思。

美乃滋的主原料是生蛋、植物油和酸性食材，通常是醋或檸檬汁。市售美乃滋所用的蛋都經過消毒，以殺死沙門桿菌和其他細菌。裡頭的高酸度是另一個保護傘，因為細菌不喜歡酸的環境，所以檸檬汁或是醋可以防止細菌生長。即便是自製的美乃滋也很少出問題，除非不夠酸。相較之下，比較容易壞掉的，其實是馬鈴薯本身。

讓馬鈴薯壞掉的細菌，通常是仙人掌桿菌和金黃色葡萄球菌，一般稱為葡萄球菌。兩者都能在土壤和灰塵裡找到，而且喜歡澱粉多、低酸的食物裡，像是米、義大利麵和馬鈴薯。

如果因為切菜的砧板沒洗或是手受到污染，讓這些細菌進到你的馬鈴薯沙拉裡，就會讓你的消化系統吃不消。

大多數透過食物傳播的細菌最適合生存在華氏40至140度的環境裡，又稱為溫度危險區。要是受污染的食物在這個溫度下放太久，細菌就會產出足夠毒素讓你生病。美國食品暨藥物管理局建議，在食物煮好的2小時內要冰起來，如果室溫超過90°F最好在1小時內要冷藏。而來自太陽的熱，通常是夏季野餐的問題源頭。

雖然法式馬鈴薯沙拉裡的酸醬汁或許能延緩細菌滋長，但最好還是保險行事，遵循美國食品暨藥物管理局的指示。不要讓沙拉在室溫放超過2小時，有任何剩菜請立刻冰起來。

成功關鍵

法式馬鈴薯沙拉不僅賞心悅目，也美味可口。紅皮馬鈴薯應該要軟而不糊，而油醋醬的口味應該要能滲入到相對比較平淡的馬鈴薯裡。想減少烹煮帶皮馬鈴薯的常見問題，像是被扯破的表皮和破掉的薯片，我們得在煮馬鈴薯前就先將它們切片。接著，為了要能讓蒜味芥末油醋醬可以均勻滲入馬鈴薯裡，我們把溫熱的馬鈴薯放在烤盤上，再把醬汁淋在上面。在上桌前輕輕拌入新鮮香草，讓香草的顏色和味道保持明亮鮮明，有助於讓馬鈴薯維持完整。

切了再煮：在水煮前先把馬鈴薯切片，完成後，沙拉裡的馬鈴薯不會皮開肉綻，更別提我們的手能免去因為切著熱馬鈴薯而燙傷。已經切片的馬鈴薯只要煮一下就會浮在水面上，完整且不破裂，連表皮都完好如初。它們的口感清爽，沒有澱粉味，烹煮均勻，而且能保持完整。在做薯泥的時候，我們會連皮一起煮整顆的馬鈴薯，是因為裡面的澱粉能夠製造出濃厚香醇的醬汁，但在製作本食譜時，我們傾向把馬鈴薯切成¼吋厚的薄片。

加醋提味：我們利用三份油對一份醋，來替本食譜加味，而不是用許多經典油醋裡較為溫和的四份油。口味平淡的馬鈴薯能夠駕馭更多的酸，我們喜歡香檳醋帶來的銳利氣味，不過如果換用白酒醋效果也很好。

留點煮馬鈴薯水：用油醋來當馬鈴薯沙拉的醬汁會讓沙拉比較乾。某些食譜會加上雞湯或酒。我們則採用茱莉亞‧柴爾德（Julia Child）的建議，用一些煮馬鈴薯的水。況且水已經調味過，而且順手可得。

汆燙大蒜：對於味道比較細緻的馬鈴薯沙拉來說，生大蒜的味道太強太刺激。在加入沙拉醬之前，先汆燙大蒜瓣，可以讓味道淡一點。

鋪平灑醬：在馬鈴薯都瀝乾水之後，先平鋪在有邊的烤盤上，然後平均地灑上油醋醬。把馬鈴薯平鋪也可以讓它們冷卻一點，以免殘熱讓馬鈴薯繼續熟下去變得太糊；此外，這個方法也能讓帶有溫熱的馬鈴薯吸收油醋，不會因為拌炒而毀掉薯片。

實用科學知識 為什麼我的馬鈴薯是綠色的？

"馬鈴薯上的綠色部分是有毒性的生物鹼，「必須切掉」，誤食會使人生病"

有些馬鈴薯上會出現綠色區塊，是因為長時間暴露

在光線或儲存不當所導致。這種變色的情況是葉綠素所製造成，通常表示在這區塊，自然產生的有毒生物鹼「茄鹼」增加了。吃入茄鹼會導致腸胃不適，所以要是你在替馬鈴薯削皮時發現綠色區塊，請一定要往下切一吋。此外，請把馬鈴薯放在通風良好、乾燥、陰涼的地方。要是留在料理台上，馬鈴薯只要一個禮拜就會變綠。

《馬鈴薯的實際應用》薯泥

不同的馬鈴薯會讓沙拉有不同的口感，但談到水煮和壓泥，有件事情是一樣的。就是要用一種馬鈴薯來創造終極綿密滑順的薯泥，再用另一種來做出樸實、塊狀「壓碎」的馬鈴薯。

經典馬鈴薯泥
4人份

褐皮馬鈴薯可以做出最鬆軟的薯泥，但育空馬鈴薯則有誘人的奶油香，也可以用來做薯泥。

2磅褐皮馬鈴薯
8大匙無鹽奶油，加以融化
1杯溫的半對半奶油
鹽和胡椒

1.把馬鈴薯放在大的單柄深鍋裡，用水蓋過1吋。以大火煮滾，降至中火燜煮20至30分鐘，直到馬鈴薯變軟，削皮刀刺進拔出時阻力不會太大，瀝乾。

2.把馬鈴薯壓泥器或磨泥器放在清空的單柄深鍋裡。利用隔熱鍋墊來握住馬鈴薯和去皮刀幫馬鈴薯削皮。分批把去皮的馬鈴薯切成大塊，然後用壓的或磨到單柄深鍋裡。

3.拌入奶油直到融在一起。輕輕拌入半對半奶油、1½茶匙鹽，再依個人口味以胡椒調味，即可上桌。

大蒜薯泥
不要用一般大的蒜瓣，因為經過烘烤後通常會不夠軟。如果是想吃起來帶點顆粒感，在搗碎馬鈴薯時，降低半對半奶油的份量至¾杯，然後先把大蒜用叉子壓成糊再拌入。

烘烤22瓣沒剝皮的蒜瓣，其份量大約3盎司或⅔杯，以8吋平底鍋加蓋、小火烘烤約22分鐘，經常搖動鍋子，直到蒜瓣變焦且稍微軟化。關火，讓蒜瓣繼續蓋在鍋裡約15至20分鐘，直至完全軟化。用去皮刀蒜瓣剝皮，切掉蒂頭，放在一旁。然後按步驟2的方式，將大蒜與馬鈴薯一起壓或磨成泥。

煙燻切達起士與芥末籽醬薯泥
按照步驟3將奶油拌入馬鈴薯裡面後，用1¼茶匙鹽與½茶匙胡椒調味。加入¾杯普通煙燻切達起士粉、和2大匙顆粒芥末醬和半對半奶油，拌勻。立刻上桌。

煙燻甜椒粉與烤大蒜薯泥
燜煮馬鈴薯的時候，在8吋平底鍋放入1茶匙煙燻甜椒粉，用中火烤約2分鐘，不時攪拌，直到有香味冒出。換到小碗裡備用。把8大匙的奶油放入小單柄深鍋裡，以中小火融化，再加入3瓣切碎的大蒜，降至小火煮，不時攪拌約12至14分鐘，直到大蒜變焦黃。單柄深鍋立即離火，靜置5分鐘，這時大蒜會繼續變焦。把大蒜奶油醬倒入細網濾網，將焦掉的大蒜濾掉，然後將奶油拌入馬鈴薯裡直到混合。拌入烤過的甜椒粉、1½茶匙鹽與½茶匙胡椒調味。加入溫的半對半奶油，攪拌均勻。立刻上桌，灑上剛才留下來的焦大蒜。

成功關鍵 ———
許多人在做馬鈴薯泥時，從來不會想照著食譜上的步驟料理，所以他們反而加入大塊奶油和大量的鮮奶油，直到理智叫他們住手，也難怪做出來的馬鈴薯泥味道不怎麼樣。想要做出滑順濃香的馬鈴薯泥，每口都嘗得到美味的澱粉風味和濃純奶油香，我們選用褐皮馬鈴薯，並以整顆水煮保留最佳口感和風味，然後改變奶油和其他奶製品的溫度，與加入攪拌的順序，好做出滑順如絲絨般的薯泥。

用褐皮馬鈴薯：褐皮馬鈴薯有一種泥土的風味，帶點微微的甜味。其澱粉味濃厚且鬆軟，最能吸收奶油與鮮奶油。

先煮再剝：一般馬鈴薯泥的做法是先剝皮、切塊，再烹煮，但這樣遠比不上帶皮水煮的好。先剝皮切塊再煮會增加馬鈴薯表層接觸水的面積，使得可溶解物

質，像是澱粉、蛋白質和味道都跑到水裡。表層面積增加，也會讓很多水分子和馬鈴薯的澱粉分子結合。把這兩種效果加在一起，就會得到又淡又水的薯泥。但是如果把馬鈴薯連皮整顆放進水中煮所吸到的水比較少，這樣就能吸收更多鮮奶油與奶油，讓馬鈴薯風味也比較強，不會被洗掉。

保護你的手：是的，要替燙手的馬鈴薯去皮很痛苦，但很值得！你可以先用隔熱鍋墊握住馬鈴薯，再用去皮刀替馬鈴薯削皮。或是也可以先把煮過的馬鈴薯對切，再用湯匙把馬鈴薯挖出來，把皮留下。

馬鈴薯壓泥器或磨泥器：壓馬鈴薯的方式有很多，我們傾向用馬鈴薯壓泥器（ricer）或是磨泥器（food mill），這兩種都比馬鈴薯搗泥器（potato masher）更能做出滑順的薯泥，在馬鈴薯瀝乾去皮之後，再放回還溫熱的單柄深鍋處理，薯泥才不會冷掉。

使用熱奶油：將奶油與乳品加到薯泥裡，比你想像中得還要複雜。這個步驟有兩件事很重要：加進馬鈴薯裡的順序，還有奶油的溫度。如果在加入奶油前，先加入半對半奶油，半對半奶油裡的水會和馬鈴薯裡的澱粉起作用，讓這道菜變得黏稠厚重。但是如果先加奶油再拌入半對半奶油，油脂又會包住澱粉粒子釋出澱粉分子，讓它們無法跟之後加進來的半對半奶油裡的水分作用，因此就能做出更滑順濃香的馬鈴薯。用融化奶油的好處是，讓它作為一種液體，並輕鬆快速地包住澱粉分子。在這道料理中，奶油包覆不只會影響澱粉分子和半對半奶油的作用，也會影響澱粉分子彼此之間的作用。總而言之，這套做法可以創造出更滑順香濃的馬鈴薯泥，但可別忘了也要替半對半奶油加溫，這樣馬鈴薯才不會降溫得太快。

碎馬鈴薯
4-6人份

可以用白馬鈴薯取代紅皮馬鈴薯，但這道菜的最終成品色澤就稍顯遜色了。我們喜歡用直徑2吋的小馬鈴薯做這道菜。請挑選大小一致的馬鈴薯，若是尺寸有所差異，得測試比較大的馬鈴薯烹度。如果整批都是比較大的馬鈴薯，烹煮時間請增加10分鐘。

2磅小紅皮馬鈴薯
鹽和胡椒
1片月桂葉

4盎司奶油起士，先軟化
4大匙無鹽奶油，融化
3大匙新鮮細香蔥切末（視需求添加）

1.在大的單柄深鍋裡，放入馬鈴薯，倒入冷水以覆蓋馬鈴薯約1吋，加入1茶匙鹽和月桂葉。大火煮滾，再降至中小火，燜煮35至45分鐘，直至以去皮刀順利戳入馬鈴薯。留下½杯煮馬鈴薯水，將馬鈴薯瀝乾，再把馬鈴薯放回鍋子內，丟棄月桂葉，讓馬鈴薯留在鍋子裡約5分鐘，不加蓋，直到表面變乾。

2.在等馬鈴薯瀝乾時，在中碗裡將奶油起士和奶油攪拌到滑順且完全融合。加入¼杯留下來的煮馬鈴薯水、細香蔥（如果要用的話）、½茶匙鹽、½茶匙胡椒。用橡皮抹刀或是木湯匙的背面重壓馬鈴薯，直到外皮破掉。倒入混合好的奶油起士，直到多數液體都被吸收了，馬鈴薯塊還在。需要的話加進更多煮馬鈴薯水，一次1大匙，直到馬鈴薯比你想要的還要稍微鬆一點，靜置時碎馬鈴薯會變厚。以鹽和胡椒調味，即可上桌。

大蒜迷迭香碎馬鈴薯

在步驟1裡，將2瓣剝皮大蒜和鹽與月桂葉一起下鍋，和馬鈴薯一起煮。在8吋平底鍋裡，中火融化4大匙奶油。加入1瓣切碎的蒜瓣以及½茶匙切碎的新鮮迷迭香，煮約30秒，直到有香味。把融化奶油換成大蒜奶油醬，再將煮過的碎大蒜加進奶油起士，配上大蒜奶油醬，省略細香蔥。

培根巴西利碎馬鈴薯

準備6片培根，縱切成兩半再橫切成¼吋的小塊，放到10吋平底鍋，以中火煎約5至7分鐘，直到酥脆。用有篩孔的漏匙把培根放到鋪了紙巾的盤子上，留下1大匙的油。用培根油取代1大匙無鹽奶油、2大匙切碎的新鮮巴西利取代細香蔥，把加進奶油起士醬裡的鹽減少至¼茶匙。上桌前，把煎好的培根灑在馬鈴薯上。

成功關鍵 ────

鮮明的風味還有粗獷、大塊的口感，讓碎馬鈴薯適合搭配很多主菜。如果我們想要做出對比的口感，那麼在馬鈴薯塊裡還需要有豐富濃香的薯泥。澱粉含量低、水分高的紅皮馬鈴薯，是做碎馬鈴薯的最佳選擇，因為它們緊密的結構，即使在壓力下也能保持形

狀，而紅色的外皮也替這道菜提供了對比的色彩。想做出塊狀的口感，我們會用橡皮抹刀或木湯匙的背面把馬鈴薯壓碎，在壓碎前用鹽水把整顆馬鈴薯和月桂葉一起煮。給馬鈴薯幾分鐘時間乾燥，可以讓外皮不會滑滑的，使壓碎這道手續更容易。混合奶油起士、融化奶油和一點煮馬鈴薯的水，可以讓馬鈴薯更富濃香口感。

選擇紅皮馬鈴薯：經典的薯泥吃起來像絲一樣滑順。但更新的做法是：連皮重壓。這是另一個更誘人的選擇，特別用來作平日晚上的家常菜。如果要做比較粗獷、大塊的碎馬鈴薯，紅皮馬鈴薯也是最佳選擇。這種品種的馬鈴薯皮，相較於其它品種的來得薄上許多，而且結構緊密，重壓後也能維持形狀，尤其是在製作法式馬鈴薯沙拉時，你會想要保留完整的馬鈴薯的。

整顆水煮：就像在做前述食譜「經典馬鈴薯泥」時，我們是整顆馬鈴薯水煮。切成塊會使馬鈴薯吸收太多水分，以致成品太過濕潤，也會沖淡馬鈴薯的風味。在水裡加上鹽和月桂葉或是也能換成大蒜，它們能夠輕易地穿透薯皮，以增加馬鈴薯的味道。

聰明重壓：馬鈴薯搗泥器和叉子對馬鈴薯來說都太粗暴了。木頭湯匙的背面能夠讓馬鈴薯變碎，又不會壓太過頭變糊。

用奶油起士：我們喜歡以味道強烈的酸奶油作為乳製品原料，但我們對它與馬鈴薯的組合沒那麼喜歡，因為酸奶油會蓋過馬鈴薯的味道。最後，我們得到最棒的選擇是：「奶油起士」。它能加入大量強烈的奶油氣味，同時也讓馬鈴薯變得綿密。一點奶油是必要的，先混合奶油與奶油起士再加進馬鈴薯裡，可以降低煮過頭的機會，也能讓馬鈴薯更有黏性。

留下煮馬鈴薯水：就像煮義大利麵時一樣，我們會留下一點煮水調整碎馬鈴薯的稠度。它可以讓成品不致於太乾。在製作這道料理時，你或許需要一些液體，但如果加入更多乳製品，像是奶油或半對半奶油，又會讓奶油起士的味道沒那麼強烈。煮馬鈴薯水能幫忙強化鹹味卻又不會蓋過原本的味道。

實用科學知識 馬鈴薯是沉下去還是浮上來

"「紅皮馬鈴薯」、「育空馬鈴薯」和「褐皮馬鈴薯」的澱粉比例不同，利用鹽水就能見分曉"

如何判斷不同馬鈴薯的密度，我們調合出11％的鹽水，並分裝在三個容器裡。接著放入紅皮馬鈴薯、育空馬鈴薯和褐皮馬鈴薯。

紅皮馬鈴薯浮在容器頂端，褐皮馬鈴薯像石頭一樣沉到底下，育空馬鈴薯則浮在容器中間。這說明了什麼？「密度和馬鈴薯裡的澱粉含量有正相關」，所以褐皮馬鈴薯澱粉含量最高，紅皮馬鈴薯澱粉含量最低，育空馬鈴薯的澱粉含量介於兩者之間。

紅皮馬鈴薯

褐皮馬鈴薯

育空馬鈴薯

觀念26：馬鈴薯澱粉是可被控制的
Potato Starches Can Be Controlled

馬鈴薯裡有很多澱粉，有時候這些澱粉不太合作，會變成黏糊糊的馬鈴薯碎塊。但是，有時過多的澱粉正是我們要的，那可以做出酥脆金黃的自製薯塊。不過，我們可以不必碰運氣。控制馬鈴薯裡的澱粉很容易：只要用簡單的步驟「去掉」或「活化」澱粉即可，端視該項菜餚的需要。

◎科　學　原　理

我們從觀念25裡學到，生馬鈴薯的重量中有16％至22％是澱粉。我們也知道裡面有直鏈澱粉與支鏈澱粉，這兩種澱粉分子各有不同的作用。由於不同馬鈴薯的澱粉量與水分都不同，意味著某些馬鈴薯適合壓碎，像褐皮馬鈴薯這種鬆軟的品種，某些則適合水煮，而且還能維持原本的形狀，像是緊密蠟質的紅皮馬鈴薯。除了選擇最適合的馬鈴薯入菜之外，我們還可以用其他方式來控制馬鈴薯裡面的澱粉，在烹煮的過程裡，運用不同的技巧來增加或減少澱粉。

煮馬鈴薯時，裡頭的澱粉顆粒會受到很大影響。當馬鈴薯的溫度來到140°F，這些顆粒會開始吸水。等溫度到160°F時，顆粒會極度膨脹。危險就在於，「要是溫度太熱，導致澱粉顆粒吸收太多水分而破裂」。當它們破裂的時候，會灑出由直鏈澱粉所組成的黏膠。要是含有這些破裂澱粉顆粒的馬鈴薯細胞也破了，這些釋放出來的直鏈澱粉，無疑地讓馬鈴薯變成一團黏呼呼的物體。當烹煮溫度到180°F時，問題就更麻煩了。這時候，包圍著細胞以及在細胞壁裡的果膠都會開始崩解，變成水溶性物質，然後溶解在液體裡，導致細胞分離，細胞壁開始崩解後便釋放出果膠。把馬鈴薯煮過頭，裡面也會因為有很大比例的澱粉顆粒破裂了而製造出很多黏黏的凝膠，使得成品有著極度黏稠度。要是馬鈴薯在煮過之後過度攪拌，這些澱粉顆粒也會破裂。

為了避免菜餚變太黏，我們常會在烹煮前、過程中或完成後沖洗切過的馬鈴薯，藉此去掉些澱粉。「沖洗」，有助於移除掉已經從馬鈴薯澱粉顆粒裡跑出來的自由澱粉。當澱粉少了，馬鈴薯在煮的時候就比較不會黏稠厚重。就可以做出比較輕盈、柔滑的馬鈴薯泥。

不過，有時候我們會希望這些過多澱粉能成為做菜時的的利器，這時可以透過簡單的攪拌或用食物調理機，在可控制環境下活化澱粉顆粒。運用這類技巧操控菜餚的口感，就可以做出比較黏稠的口感，像是某些馬鈴薯泥，或是活化得烘烤的馬鈴薯片表面的額外澱粉，以增加焦黃度；其澱粉會轉化成糖，形成漂亮的焦黃表皮。

馬鈴薯裡的澱粉顆粒

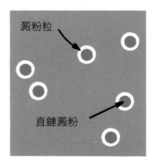

烹煮前：
在烹煮之前，馬鈴薯澱粉裡的「直鏈澱粉」被鎖在澱粉粒子裡。

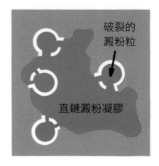

烹煮後：
烹煮後又或是煮過頭時，這些澱粉顆粒會吸水膨脹，然後破裂，釋放出直鏈澱粉、形成黏膠狀。

處理煮過馬鈴薯的方式,跟選擇馬鈴薯的種類一樣重要,為了示範這一點,我們用兩種不同的方式來壓碎好幾種馬鈴薯。首先,第一批的馬鈴薯泥,是先把褐皮馬鈴薯壓泥器處理後,放到碗裡,輕輕拌入溫牛奶和奶油。第二批,我們把原料放到食物調理機裡,用高速30秒把原料和馬鈴薯打成泥。重複測試三次。

實驗結果

攪拌出來的馬鈴薯泥很鬆軟,但從食物調理機裡出來的樣本則顯得非常黏稠,顯示出澱粉粒子已經破裂。試吃員一致喜歡攪拌的馬鈴薯,並形容它很「清爽」。反觀調理機做出來的馬鈴薯泥,試吃員覺得吃起來「太厚重」且「黏稠」。

重點整理

因為馬鈴薯裡的澱粉很多,這會大幅改變最後菜餚的口感,所以在料理過程中仔細處理很重要。一如實驗顯示,經由食物調理機料理的馬鈴薯,口感會變得黏稠,而且除非是要做後附食譜「法式蒜味起士薯泥」,

否則我們不會想要經典馬鈴薯泥菜餚變成這個樣子。不過,為什麼口感會這麼不同?因為食物調理機有鋒利的刀片,它是種全接觸的工具,其實是用非常激烈的方式讓蔬菜變成泥。馬鈴薯裡已經擴張的澱粉顆粒和細胞就算不是全部被切到,也有多數會被切到,導致它們破裂並釋放出更多黏稠的「直鏈澱粉株」。這麼一來就會製造出膠體,讓馬鈴薯菜餚變得更像是漿糊,而不是壓成泥的馬鈴薯。

另一方面,沒經過處理的馬鈴薯,它們的澱粉顆粒與細胞都比較完整。也因為少了這麼激烈的處理流程,澱粉顆粒就不會被刺壞或分裂,大部分的直鏈澱粉還是留在完整的細胞裡,讓我們可以完成一道清爽鬆軟的馬鈴薯泥。

結論是:處理馬鈴薯的方法會影響菜餚最後的口感。請仔細注意你處理馬鈴薯時費力與否,這將影響煮出來的成果,有可能是一坨膠水,還是宛如雲朵般的鬆軟之別。

✎ Tips:黏稠薯泥與鬆軟薯泥

食物調理機攪拌

使用食物調理機做出來的薯泥,因為經過激烈處理,多數澱粉粒子都破裂,導致薯泥像糨糊一樣黏在橡皮刮刀上。

用手輕拌

透過壓泥器然後用手拌攪的薯泥,確保多數的澱粉粒子都沒破,質地非常輕盈,,也比較做出鬆軟的馬鈴薯泥。

《洗去澱粉的實際應用》
薯泥與瑞士馬鈴薯煎餅

為了控制後附食譜「馬鈴薯泥與根莖蔬菜」和「瑞士馬鈴薯煎餅」等菜餚裡，馬鈴薯釋放黏稠澱粉膠的程度，我們可以透過用水沖洗的方式，避免讓煮好的成品口感太過厚重。

馬鈴薯泥與根莖蔬菜
4人份

褐皮馬鈴薯做出的薯泥稍微鬆軟、較不綿密，但如果需要的話，也可以用育空馬鈴薯替代。把馬鈴薯沖水可以洗去澱粉，以免壓過的馬鈴薯變得太過黏稠。重點在於將馬鈴薯和根莖蔬菜切塊時大小得均勻，烹煮的時間才會差不多。本食譜可以加一倍的份量，然後在大的荷蘭鍋裡烹煮。如果加量，請將步驟2的烹煮時間增加到40分鐘。

4大匙無鹽奶油
8盎司紅蘿蔔，去皮，切半圓型、約¼吋厚，約1½杯或使用歐洲蘿蔔（parsnips）、蕪菁（turnips；譯註：又稱大頭菜）、芹菜根（celery root）代替。歐洲蘿蔔切成半圓型、約¼吋，蕪菁或芹菜根切小塊、約½吋
1½磅育空馬鈴薯，去皮，沿長邊切四等分後橫切薄片、約¼吋，沖洗再濾乾
⅓杯低鈉雞湯
鹽和胡椒
¾杯半對半奶油，加溫
3大匙新鮮細香蔥，切碎

1. 在大單柄深鍋裡用中火融化奶油，加入根莖蔬菜，烹煮約10至12分鐘，偶爾攪拌，直到奶油變焦黃，蔬菜變暗且焦糖化。若4分鐘後蔬菜還仍未焦黃，請把火轉大到中大火。
2. 加入馬鈴薯、雞湯，和¾茶匙鹽，拌勻。加蓋用小火烹煮，雞高湯應該要稍微燜煮約25至30分鐘，但不要煮到滾開，偶爾攪拌，直到用叉子戳時馬鈴薯會鬆開，而且所有液體都已經被吸收。若是過了幾分鐘，液體仍未接近煮開，請把火加大至中小火。鍋子

離火，開蓋，讓蒸氣冒出約2分鐘。
3. 在鍋子裡用搗泥器輕輕壓碎馬鈴薯和根莖蔬菜，不要壓得太激烈。輕輕拌入加溫的半對半奶油和細香蔥，依個人喜好用鹽和胡椒調味；立刻上桌。

馬鈴薯泥與根莖蔬菜配培根和百里香

將4片培根切成½吋小塊，再放入大的單柄深鍋裡，以中火烹煮約5至7分鐘，直到培根變得酥脆。用漏匙把培根移到鋪著紙巾的盤子裡，放一旁備用。從鍋裡倒出約2大匙油，再放入2大匙的奶油，然後繼續步驟1，以鍋裡剩下的培根油烹煮根莖蔬菜。用1茶匙的新鮮百里香代替細香蔥，然後把先前煮好的培根和百里香一起拌入馬鈴薯。

薯泥與根莖蔬菜佐甜椒粉和巴西利
這個版本特別適合搭配紅蘿蔔。

把1½茶匙的煙燻甜椒粉或甜椒粉，放入8吋平底鍋以中火烘烤約30秒，直到傳出香味。用巴西利取代細香蔥，然後把烤過的甜椒粉與巴西利葉拌入馬鈴薯。

成功關鍵

紅蘿蔔、歐洲蘿蔔、蕪菁和芹菜根這些根莖蔬菜，可以替馬鈴薯增添大地的奇妙風味。雖然它們同屬根莖類，但根莖蔬菜的水分比褐皮馬鈴薯要多，前者有80%至92%，後者為79%，是實驗廚房用來壓碎的第一選擇。根莖蔬菜的澱粉也比馬鈴薯少，約佔淨重的0.2%至6.2%，馬鈴薯為16%至22%。最後，許多根莖蔬菜要不是帶有明顯的甜味還是苦味，這些特色都皆可能蓋過味道較平淡的馬鈴薯。所以我們知道，若以同樣方式處理根莖蔬菜和馬鈴薯會毀了這道菜，做出水分很多、油脂很少、味道略甜的菜糊。因此，我們調整比例，讓根莖蔬菜焦糖化再放入雞湯裡燜煮。但為了避免黏稠的口感，我們用壓碎的方式處理。

比例要對： 在本食譜裡所用的根莖蔬菜，比你想像得要少。其他食譜採用一般根莖蔬菜與馬鈴薯1：1的比例，證明會讓馬鈴薯泥太稀，因為根莖蔬菜裡含有額外的水。我們發現1：3更適合。
炒焦： 我們使用的根莖蔬菜份量少很多，但又一定得強調蔬菜的風味。以奶油而非一般油脂，將蔬菜炒焦一點就能有這個效果。

同鍋煮：既然蔬菜已經在鍋裡煮得焦黃了，何必再用第二個鍋來煮馬鈴薯？我們把生馬鈴薯放入煮焦的根莖蔬菜的鍋子裡燜煮。在加入液體時，我們傾向用雞湯而不是清水，以增加額外的風味。一旦馬鈴薯變軟，就立刻壓碎根莖蔬菜和馬鈴薯、並拌入奶油裡。

沖掉澱粉：以水煮去皮的褐皮馬鈴薯時，會在烹煮過程中讓馬鈴薯多餘的澱粉被洗去。不過，如果是燜煮，成品就會包含所有的澱粉。換成育空馬鈴薯會有些幫助，但想要進一步減少澱粉量，下鍋前先水洗薯片。若先以沖水處理薯片的話，就可以連褐皮馬鈴薯納入可考慮的選擇，只是比較不鬆軟。

用半對半奶油：在烹煮根莖蔬菜之後，鍋裡已有奶油了，所以只需要加入奶製品。一如以往，我們傾向用半對半奶油。

瑞士馬鈴薯煎餅
4人份

實驗廚房傾向使用已經透過食物調理機大刀盤切過的馬鈴薯來做本食譜。也可以用箱狀刨絲器來處理馬鈴薯，但應該要從長邊來刨絲，才能刨出長條的絲。一定要盡量把馬鈴薯壓乾。也可以用養好的鑄鐵平底鍋來取代平底不沾鍋。加入煎蛋、培根或起士，本食譜也可以成為供兩人享用的輕食。

1½磅育空馬鈴薯，去皮，削成絲
1茶匙玉米澱粉
鹽和胡椒
4大匙無鹽奶油

1.把馬鈴薯放在大碗裡裝滿冷水，用手繞圈攪拌，除去過多澱粉，然後瀝乾。

2.把碗擦乾，將一半的馬鈴薯放到布巾中間，把布巾四角拉起，盡可能轉緊，排除最多水分。把馬鈴薯從布巾放到碗裡，用同樣步驟處理另一半的馬鈴薯。

3.瀝入玉米澱粉、½茶匙鹽和胡椒，用手或叉子把原料拌勻。

4.在10吋不沾鍋煎鍋，以中火融化2大匙奶油。加入馬鈴薯混合物，均勻鋪平，加蓋煮6分鐘。移開蓋子並用鏟子輕壓馬鈴薯成圓餅狀。繼續煎煮約4至6分鐘，偶爾按壓馬鈴薯，直到底部已經焦黃。

5.搖動煎鍋把馬鈴薯煎餅弄鬆，滑到大盤子裡。再

加2大匙奶油到煎鍋裡，然後搖動讓奶油鋪滿鍋子。把馬鈴薯煎餅倒扣在另一個盤子裡，然後滑進煎鍋裡，焦黃的那面朝上。繼續煎煮約7至9分鐘，偶爾將薯餅壓實，直到底部也呈現焦黃。把鍋子離火，讓薯餅在鍋子裡冷卻5分鐘。把薯餅移到砧板上，切成四塊，立刻上桌。

瑞士馬鈴薯煎餅佐煎蛋與帕馬森起士
2人份

在完成的馬鈴薯煎餅擺上2顆煎蛋，灑入½杯的刨絲帕馬森起士，用鹽調味試吃。

瑞士馬鈴薯煎餅佐培根、洋蔥、雪莉酒醋
2人份

在10吋平底鍋裡，用中火煎煮3片切碎的培根，約3至5分鐘，直到酥脆。把培根放在鋪好紙巾的盤子裡，使鍋中保有1大匙油。將薄切的大洋蔥到平底鍋裡，用鹽和胡椒調味，然後烹煮約5至7分鐘，直到洋蔥變軟。把培根與洋蔥鋪在完成的薯餅上，依個人口味灑上雪莉酒醋調味，即可上桌。

起士瑞士馬鈴薯煎餅
2人份

雖然這不是傳統配方，但味道強烈的切達起士、曼契戈羊起士（Manchego）、芳堤娜起士和哈伯弟起士（Havarti）都很適合這道馬鈴薯料理。

在步驟5第二面快要煮好的前3分鐘，把½杯的刨絲葛瑞爾起士或瑞士起士（Swiss cheese）灑在馬鈴薯餅上。

成功關鍵

瑞士馬鈴薯煎餅，以奶油煎煮調味過的馬鈴薯絲所製成的金黃色薯餅聞名，這道料理在瑞士可是非常流行。不過我們想做美國版的馬鈴薯煎餅，讓它有著外層酥脆、內裡軟綿的口感之餘，又帶有濃厚的馬鈴薯味及濃厚奶油香。這項目標的背後是要控制澱粉和水分，它們都會讓薯餅太過厚重黏稠。某些薯餅是以煮過的馬鈴薯製成，讓這些問題好控制些。不過，我們

想要的是一道適合當做平日晚餐、不需事前準備就能做好的料理，所以一定得用生馬鈴薯。因此利用沖洗、再把水擰出，有助於烹調這道菜。

刨絲、沖洗然後擠壓：馬鈴薯裡的澱粉和水分太多會導致薯餅中間太黏。去掉澱粉和水分的最佳方法，是選用我們最喜歡的育空馬鈴薯，並在未烹煮前就將它刨成絲，用清水沖洗再以乾布巾壓乾。即便沒有沖水，1½磅的馬鈴薯裡還是能擠出大約¼杯的液體。

加一點玉米澱粉：雖然把澱粉沖掉有助於降低黏稠度，但若是去掉太多澱粉，薯餅會黏不起來，並在切片時會破碎開來。我們的解決方案很簡單：把馬鈴薯沖水，然後加一點玉米澱粉以及鹽和胡椒，這比其他食譜建議自沖洗的液體裡淬取某些馬鈴薯澱粉，要簡單得多。加進來的玉米澱粉也有助於讓馬鈴薯表面更焦脆。

開始時加蓋：既然是用生馬鈴薯，你需要確保外皮焦黃的同時，內層也完全煮熟。頭幾分鐘加蓋可以把蒸氣留在鍋內；比起都不加蓋的做法，實際上可以做出更輕盈的薯餅。此外，在鍋內輕壓馬鈴薯很重要，你需要讓蒸氣離開馬鈴薯餅。

翻轉薯餅：雖然某些大廚能夠不假思索就翻動火熱的平底鍋，把馬鈴薯餅拋進盤子裡，但是對多數老百姓來說，這招太危險。只要一個沒抓緊或手腕一抖，晚餐就可能倒到地上去。幸運的是，還是有個安全且比較不恐怖的方法，可以在大平底鍋裡把馬鈴薯煎餅翻面。「利用兩個盤子」，把你想翻面的食物滑進一個盤子裡，再用另外一個盤子蓋住它，把兩個盤子上下顛倒就能翻到另外一面，再把倒過來的這一面滑進鍋子完成煎煮。

《活化澱粉的實際應用》法式蒜味起士薯泥、烤馬鈴薯、自製薯條

我們不是每次都想擺脫菜餚裡的澱粉。有時候我們也會希望能活化澱粉，做成有彈性的起士薯泥，或是外表金黃的烤馬鈴薯片。某些食譜會需要動點手腳，開發馬鈴薯裡的澱粉。透過攪拌或是只要讓馬鈴薯表面變粗，就能讓澱粉成為優勢。

完成後的馬鈴薯口感應該要柔滑且略有彈性。白切達起士可以用來替換葛瑞爾起士。

> 2磅育空馬鈴薯，去皮，切片、約½吋，洗淨後瀝乾
> 鹽巴和胡椒
> 6大匙無鹽奶油
> 2瓣大蒜，切末
> 1-1½杯全脂牛奶
> 4盎司莫札里拉起士絲，約1杯
> 4盎司葛瑞爾起士絲，約1杯

1. 把馬鈴薯放入大的單柄深鍋裡，加冷水蓋過馬鈴薯上方約1吋，放入1大匙鹽。半蓋鍋蓋，以大火將馬鈴薯煮滾。關至中小火，燜煮約12至17分鐘，直到馬鈴薯變軟，用叉子戳時會散開。把馬鈴薯瀝乾，將鍋子擦乾。

2. 把馬鈴薯放入食物調理機，加入奶油、大蒜和1½茶匙的鹽，打至奶油融化，並和馬鈴薯混合在一起，約攪打10下。倒入1杯牛奶，然後持續攪打約20秒，直到馬鈴薯柔滑綿密。攪拌到一半時，刮下食物調理機側邊的食材。

3. 把馬鈴薯泥換到單柄深鍋裡，用中火加熱，拌入起士，一次1杯，直到薯泥和起士混在一起。持續烹煮馬鈴薯，用力攪拌約3至5分鐘，直到起士完全融化且混合薯泥也滑順有彈性。如果薯泥很難攪拌，看起來太厚重，可以一次再拌入2大匙牛奶，最多半杯量，直到馬鈴薯鬆開且綿密。依個人喜好以鹽巴和胡椒調味。立刻上桌。

成功關鍵 ————————

起士大蒜薯泥（aligot）是法式料理版的馬鈴薯泥，味道濃郁、充滿起士味。這些馬鈴薯的口感有彈性又滑順，是因為經過長時間的大力攪拌。但這種做法也很容易失手，做出黏稠的薯泥。我們仔細監控攪拌過程，釋放出恰到好處的澱粉，增加起士的彈性。

選用育空馬鈴薯：褐皮馬鈴薯有著我們喜歡的那種大地風味，但本食譜需要大量攪拌，這會讓褐皮馬鈴薯

變得太黏稠。育空馬鈴薯的味道也不錯，而且澱粉少一點，所以完成後不會有黏稠而不佳的口感。用不同馬鈴薯製作蒜味起士薯泥後，我們發現澱粉量中等的育空馬鈴薯是最佳選擇。

切塊後煮滾：在實驗廚房裡我們發現，一開始烹煮馬鈴薯的方式，將會決定最後的口感。為了避免黏膠感，我們甚至以蒸馬鈴薯、中途沖洗馬鈴薯來擺脫過多的直鏈澱粉，也就是那些會讓口感不佳的馬鈴薯澱粉。不過，因為之後馬鈴薯要經過用力攪拌，硬攪也會讓含有直鏈澱粉的粒子和馬鈴薯細胞破裂，釋放出澱粉到薯泥裡，所以這些處理方式毫無影響。可以先去皮、切塊，再把馬鈴薯煮滾。

移開食物調理機：在製作本食譜時，我們用食物調理機來「壓碎」馬鈴薯。這樣做出的薯泥質感，最接近用鼓狀的篩子——這項法式料理製作薯泥的傳統工具——做出的超滑順薯泥。

少量奶油與牛奶：比起一般薯泥，這道食譜需要少一點奶油和比較低脂的奶製品，也可以用牛奶，因為起士會提供料理所需的脂肪。我們在食物調理機裡加入奶油和大蒜混合。等馬鈴薯澱粉覆上脂肪後，再加入牛奶。奶油外層有助於讓澱粉和有油脂的起士混合，這樣澱粉分子較能和蛋白質結合。要是先加牛奶，澱粉就會變得太濕，便不會再和有油脂的起士產生作用。

加入兩種起士：蒜味起士薯泥裡加的最純正起士是「tome fraîche」，但這種有細孔且有彈性的牛奶起士不太容易在美國買到。為了替換成比較容易買到的起士，最後我們選擇加兩種起士。莫札里拉起士可以讓薯泥更有延展性，而葛瑞爾起士則可增添堅果的風味。但只靠起士就能讓這道菜有延展性嗎？不，其實是馬鈴薯裡的澱粉差異，讓我們可做出超有彈性的蒜味起士薯泥。不同於其他植物的澱粉，馬鈴薯澱粉的分子包括一小部分的負電。和帶有正電的起士蛋白質結合時，兩者間會產生電子連結。因此，當捲曲的直鏈澱粉分子和起士蛋白質結合時，結果會變得非常有彈性和延展性。

攪拌、攪拌、再攪拌：這道菜餚的關鍵是攪拌，但是不好處理。攪拌太過，薯泥會變成橡膠，吃起來像口香糖。攪拌不足，起士沒辦法和馬鈴薯混在一起，不夠有彈性。神奇數字就是「3到5分鐘」。在這段時間裡，澱粉分子裡釋放的直鏈澱粉會和融化起士裡釋出的蛋白質結合在一起，提升延展性又不會太黏稠。

碳烤脆薯
4-6人份

在烤之前先預煮馬鈴薯，然後拌入鹽與油，直到馬鈴薯被澱粉覆蓋，這就是做出酥脆外皮與綿密內餡的關鍵。這些馬鈴薯在離開滾水前，應該是快要煮好的。

2½磅育空馬鈴薯，切片、約½吋
鹽巴和胡椒
5大匙橄欖油

1. 將烤箱烤架調整至最低層，把有邊烤盤放到架子上，烤箱預熱到450°F。在荷蘭鍋裡放入馬鈴薯切片和1大匙鹽，加冷水蓋過馬鈴薯片上方約1吋。用大火煮滾，關火蓋上鍋蓋，約燜5分鐘，直到用去皮刀戳入時，馬鈴薯表面已經軟了，但中間還有些硬度。瀝乾後，將馬鈴薯移至大碗。

2. 把2大匙的油和½茶匙鹽淋在馬鈴薯上，用橡皮刮刀攪拌混合。再加入2大匙的油和½茶匙的鹽，持續攪拌約1至2分鐘，直到馬鈴薯片表面都有澱粉糊，。

3. 快速地將把烤盤從烤箱中取出，在表面淋上剩下的1大匙油。把馬鈴薯放到烤盤上，小心鋪勻，讓薯片的帶皮面朝上，烘烤15至25分鐘，直到馬鈴薯底部都已經焦黃酥脆，需在第10分鐘旋轉烤盤。

4. 把烤盤拿出烤箱，然後用金屬抹刀與食物夾把馬鈴薯弄鬆，仔細幫每一片翻面。再持續烘烤10至20分鐘，直到第二面也金黃酥脆，視需要旋轉烤盤，確保馬鈴薯均勻焦黃。依個人喜好以鹽和胡椒調味，立刻上桌。

成功關鍵

烤馬鈴薯若要做出最酥脆的外皮和最綿密的內餡，就得找對馬鈴薯的品種、形狀，以及對的烹煮方法。「預煮」是本食譜的關鍵，因為稍微燜煮馬鈴薯就可以把澱粉和糖拉到表層，然後迅速洗掉多餘澱粉。在烤箱裡，澱粉和糖會變硬成為酥脆的外表，特別是我們已經攪拌過馬鈴薯的表面，有助於加速烘烤時的蒸發作用，讓表皮更酥脆。

育空馬鈴薯最適合：多數食譜都靠長時間烘烤做出酥脆的烤馬鈴薯，結果做出硬又韌的外表和乾掉的粉質內餡。為了做出外表真正外酥內綿的烤馬鈴薯，我們

測試了幾種不同的馬鈴薯。要有柔滑的內餡,理想的品種是含水量高、澱粉量低。但要做出酥脆的外皮,馬鈴薯則是要含水量低、澱粉量高。用褐皮馬鈴薯與紅皮馬鈴薯做,分別會讓外表或內餡顯得太過重要。育空馬鈴薯則是完美的折衷選擇,其含水量足以讓內餡保持綿密,也有夠多澱粉讓外皮酥脆。

切成片狀:我們把馬鈴薯切成片狀而不是塊狀,因為片狀有比較多的表面積,能夠做出最多的金黃表皮。而且翻面容易,我們也可以確保每一面都牢牢地貼在烤盤上。

預煮馬鈴薯:馬鈴薯,有兩個不可或缺的要素,而且都要靠水分完成。首先,馬鈴薯的澱粉粒子一定要吸收水分膨脹,釋放出某些直鏈澱粉。其次,某些直鏈澱粉一定會分解成葡萄糖。一旦馬鈴薯表面的水分蒸發,直鏈澱粉就會變硬,成為像塑膠一樣的殼,產生酥脆口感,而葡萄糖會變焦,製造出誘人的金黃色澤。在乾熱的烤箱中會是個耗時的過程,因為澱粉粒子膨脹得很慢,只釋放出少量的直鏈澱粉。相較之下,半熟的馬鈴薯已經先在必要的熱水裡游泳,釋放出很多直鏈澱粉在馬鈴薯表面。等到半熟的馬鈴薯進入烤箱時,已經做好準備,可以立刻變得金黃酥脆。

粗暴處理:半熟的馬鈴薯在烤箱裡褐變得比較快,但是預煮後以鹽巴和油猛力攪拌、經「粗暴處理」的馬鈴薯,會褐變得更快。這都是「表面積」的緣故。馬鈴薯一定要到表面水氣蒸發、溫度升高,外皮才會變得金黃或酥脆。經過預煮、粗暴處理的薯片上布滿小小的凸起與凹洞,灑進的鹽巴也會增加摩擦力。比起平滑的生薯片有更多表面積,因此水分有更多逃脫的路徑。

用熱烤箱,熱烤盤:以預熱烤盤和烤箱來做馬鈴薯,可以縮短烘烤的時間。烘烤時間縮短,可以留住更多馬鈴薯內部的水分,做出綿密的口感。

實用科學知識 讓馬鈴薯表面覆蓋澱粉

"粗暴地處理馬鈴薯片,可以使更多水氣蒸發,做出更好的脆皮"

在研發酥脆烤馬鈴薯食譜時,我們發現預煮過馬鈴薯片會比生馬鈴薯片更快褐變。以「粗暴處理」預煮的薯片,把薯片、鹽與油用力攪拌,薯片在烤箱裡一樣會比較快變得酥脆。理由為何?這都是表面積的關係。

要等到表皮的水分蒸發之後,薯片才會開始變得焦黃或酥脆。預煮、粗暴處理過的薯片表面布滿小小的凸起與凹洞,鹽則導致摩擦力增加,比起平滑的生薯片有更多表面積,因此水分有更多逃脫的路徑。如果你的腦袋轉不過來,想不透兩種處理方式的馬鈴薯片為什麼會有不同的表面積,不妨試著這樣想:五平方英里的科羅拉多山區的表面積,比起五英里的堪薩斯平原有更多暴露在外的表面。又或是親自走看看這兩個地方就知道了。

粗暴處理過的表面=　　　　平滑表面=
等於更快蒸熟　　　　　　　緩慢蒸熟

自製薯塊
6-8人份

別省略掉準備材料裡的泡打粉,它是讓自製家常薯塊能夠有一樣爽脆口感的關鍵。

3½磅褐皮馬鈴薯,去皮,切塊、約¾吋
½茶匙泡打粉
3大匙無鹽奶油,切成12塊
猶太鹽和胡椒
少許卡宴辣椒
3大匙植物油
2顆中型洋蔥,切丁、約½吋
3大匙切碎的新鮮細香蔥

1.將烤箱烤架調整至最低層,把有邊烤盤放到架子上,烤箱預熱到500℉。

2.在荷蘭鍋裡倒10杯水,用大火煮滾。加入馬鈴薯和泡打粉。煮滾之後再煮1分鐘。瀝乾馬鈴薯。把馬鈴薯放回荷蘭鍋,用小火加熱,烹煮約2分鐘,偶爾晃動鍋子,直到表面水分都蒸發。移開爐子,加入奶油、1½茶匙鹽和紅胡椒粉,以橡皮刮刀拌勻約30秒,直到馬鈴薯表面都有一層厚澱粉糊。

3.從烤箱中取出預熱好的烤盤,淋上2大匙油。把馬鈴薯放到烤盤上鋪勻。烘烤15分鐘。在等待烘烤結束的同時,在碗裡放入洋蔥、剩下的油,和½茶匙鹽混合。

4.從烤箱裡取出烤盤,以薄且銳利的金屬抹刀,把馬鈴薯刮開並翻面。在烤盤中心清出約長8吋、寬5吋的空間,加入洋蔥混合物,烘烤15分鐘。

5.再刮開馬鈴薯然後翻面,把洋蔥混入馬鈴薯內。再持續烤5到10分鐘,直到馬鈴薯都呈現焦黃、洋蔥也變軟並開始變焦黃。拌入細香蔥,並依個人喜好以鹽和胡椒調味,立刻上桌。

成功關鍵

儘管菜名讓人聯想到非常愜意的畫面,但是很少人真的會在家裡做薯塊。原因大概是要做出外酥內鬆,以美味洋蔥與香草點綴的完美金黃色馬鈴薯塊,得花上很多時間、苦工和爐子空間,大部分的人不想這麼麻煩。我們把自製家常薯塊的料理步驟簡化,用加入泡打粉的滾水以超快預煮,再用熱烤箱加工就能上桌。

選用褐皮馬鈴薯:在研發本食譜時,我們測試了三種主要的馬鈴薯:含蠟質、低澱粉的紅皮馬鈴薯;中等澱粉量、萬能的育空馬鈴薯;以及粉狀高澱粉量的褐皮馬鈴薯。有關這三種馬鈴薯之間的差異,請參考觀念25。試吃員一致抗拒紅皮馬鈴薯的口感,認為以它做出的自製薯塊形容嚼蠟。雖然也有某些人稱讚育空馬鈴薯的綿密感,但多數人還是偏好褐皮馬鈴薯的口感。畢竟,褐皮馬鈴薯的澱粉量最高,特別是在經過處理後,能做出最酥脆的表皮。

用泡打粉預煮:在加入泡打粉的滾水裡煮馬鈴薯,是這些自製家常薯塊的美味秘訣。因為褐皮馬鈴薯澱粉含量超高,要是從冷水煮到滾開再放進高溫裡烘烤,會先吸收所有的油分後才會開始變焦黃。以約1分鐘的時間快速燙一下,能夠有效地只分解馬鈴薯的最外層。這可能是因為泡打粉讓軟化過程加速,其原理請

參考本頁表格「實用科學知識:泡打粉製作焦黃外皮」。因此這會讓煮好後馬鈴薯內外層的差距擴大。外面布滿薄薄一層破裂澱粉的馬鈴薯,會在烤箱裡徹底變焦黃,中間還是生的馬鈴薯則還是能保住水分。

外層灑鹽:用奶油和鹽拌入瀝乾的預煮馬鈴薯塊,再放進烤箱烘烤,有助於讓外層變得焦黃。粗糙的鹽巴會讓馬鈴薯表面變粗,水分就會更快蒸發,讓表皮更為焦黃。

在烤箱裡烘烤:這些自製家常薯塊或許也可以稱為「自製烤薯塊」,因為我們做的只有「烤」而已。我們無法忽視烤箱最適合拿來做大鍋菜的事實,所以選擇以烤箱高溫烘烤,而不是用煎鍋分多批製作。

實用科學知識 泡打粉製作焦黃外皮

"製造鹼性環境烹煮馬鈴薯,有助於表皮更焦黃"

在研發馬鈴薯沙拉食譜的時候,我們發現在水裡加醋,可以營造出酸性環境,讓馬鈴薯細胞繫在一起的果膠分解變慢,做出紮實的口感。所以,當我們在製作食譜「自製家常薯塊」需要比較薄的外皮,當薯塊在烤箱裡徹底變焦黃時,我們反其道而行:在水裡加入一點泡打粉營造出鹼性環境在鍋子裡只煮1分鐘,讓馬鈴薯的外表已經軟化到有點軟綿狀。馬鈴薯烘烤時外表更容易變得酥脆,但裡面又不會變乾。

為什麼在10杯水中只加½茶匙的泡打粉,就有如此強大的威力?因為鹼性的泡打粉會引發連鎖反應,解開果膠分子的骨幹,導致它們崩解。只要有足夠的鹼性提高水的酸鹼值,以致足以啟動反應,之後的反應就能持續下去。

用泡打粉煮滾　　　　用醋煮滾
（pH 8.1）　　　　　（pH 3）

觀念27：「預煮」使得蔬菜維持脆度
Precooking Makes Vegetables Firmer

任何蔬菜幾乎都可以烤，不論放在平底鍋或烤箱內，就連深綠色蔬菜也不例外。想要讓蔬菜能發揮自然甜味，高溫是不可或缺的元素，但若想完成一道成功的蔬菜料理，只有高溫是不夠的。正如我們在觀念5中學到的，有些肉類料理必須用兩種烹飪方法才能完美到位，蔬菜料理亦然。

◎ 科 學 原 理

幾世紀以來，專業廚師們都知道焦褐反應能夠讓食物更美味，但這方法似乎很少用在蔬菜上。蔬菜體積偏小，又很難上色，即使使用叉子串烤也不容易，但現今的烤箱卻能輕易地完成這項任務。問題是，蔬菜本身有很多水分，放在烤箱內烘烤，蔬菜的水分會蒸發進而大量流失掉，雖然烤箱幫蔬菜保留美味，可是最終卻會烤出來又皺又乾的胡蘿蔔。

為了克服這道難題，我們沿用觀念5的技巧：「有些蛋白質，最好分兩次烹煮」。為了使蔬菜變軟又不流失水分，我們「先蒸煮」，並直接在鍋子「蓋上一層鋁箔紙或是鍋蓋」，之後再將爐火開大。

對馬鈴薯、蕃薯、胡蘿蔔、球芽甘藍、蘆筍和花椰菜這類蔬菜而言，「預先烹煮法」特別重要。將這類蔬菜放入烤箱低溫烘烤一小段時間，確實能讓蔬菜維持硬度，也能降低水分流失，即使烤箱溫度升高，還是可以維持蔬菜的嫩度和濕度。原因是什麼呢？這全與「酵素」有關，但不是觀念6裡的「在122℉下可將蛋白質組織分解的酵素」。蔬菜中的酵素在120至160℉間最活躍，這種酵素稱為「果膠甲基酯酶」（pectin methylesterase），它讓細胞壁內的果膠與蔬菜結構原有的鈣離子結合，經過結合後的果膠會更加緊密，可以讓蔬菜不容易破損。這點如此重要是因為，不加蓋烹煮時，蔬菜表面雖然會變色，但同時會有更多水分被蒸發。「預煮卻可以使蔬菜在完全焦糖化時仍維持脆嫩」。

在開始料理前，我們先說清楚一件重要的差別，許多肉類和蔬菜料理有著讓食材「焦糖化」（caramelized）或「上色」（browned）的步驟，很多人甚至是專業廚師也會把這兩個步驟混在一起使用，但若仔細思考這

兩項增加風味背後的化學作用，就知道它們固然相似但實際上卻有很大差異，即便它們都能使食材變成焦褐色。

「焦糖化」是指糖加熱到一定程度後，食材開始出現的化學現象，此時糖分子開始分解，產生全新的味道、顏色和香氣。以烤布蕾為例，在高溫加熱後，上頭的卡士達醬會變成金黃色、有著豐富的氣味。許多蔬菜本身即富含糖分，特別是洋蔥、胡蘿蔔和南瓜。在高溫下，一旦表面的水分多半蒸發完，就會出現類似烤布蕾般的變化，因為蔬菜裡的糖也開始焦糖化。「食材褐變的過程不只涉及了糖分子和高溫」，還有蛋白質和其分解後的產物，即胺基酸等交互作用，這種反應被稱為「梅納反應」，其原理請參考觀念2。「褐變」則可以產生非常多的味道和色澤，但因為有蛋白質加入一起作用，因此在焦糖化後的結果不同；肉類與麵包會因為褐變而變得更美味可口，不過蔬菜所含的蛋白質較少或甚至沒有，因此實際上成品只有焦糖化。

溫和烹煮下影響蔬菜內的果膠變化

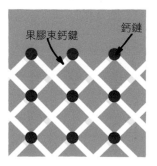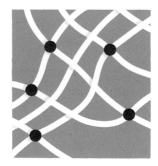

果膠束鈣鏈　　　　鈣鏈

溫和開始，高溫結束：
以低溫開始、高溫結束所烹煮的蔬菜，因為有果膠中的甲基酯酶，細胞內會有堅固的果膠網狀結構，此時果膠也開始與鈣離子結合。

只用高溫烹煮：
用未加蓋鍋具的高溫烹煮手法料理蔬菜時，酵素不會運作，而細胞內的果膠網狀結構也容易分解破碎。

為了確定預先烹煮蔬菜會有哪些效果，我們進行一項簡單的測試，分別烹煮三批各500公克、切成¾吋的胡蘿蔔丁。其中一批不加蓋，在425℉的烤箱內烘烤1小時；第二批在同樣425℉的烤箱內也烘烤1小時，但只加蓋15分鐘，剩下的45分不加蓋；第三批放入密封袋中，隔著150℉的熱水煮30分鐘，接著在425℉烤箱內不加蓋烤45分。我們分別針對三批胡蘿蔔丁測量烹煮前後的重量，並重複實驗兩次後平均出實驗結果。

實驗結果

第一批沒有加蓋烘烤的胡蘿蔔看起來乾癟而且縮小了，平均來說比烘烤前的重量少了350克，大約是62%的重量。一開始先加蓋，之後未加蓋的胡蘿蔔丁也看起來差不多，不過情況有好一些，平均重量少了293克，大約是60%的重量。以先隔水加熱後，再放入烤箱烤的胡蘿蔔，其成果看起來仍保留了硬度，平均減少260克，大約是53%的重量。

重點整理

不加蓋的樣本，在烤箱內烘烤時流失最多水分其實是可想而知的，因為胡蘿蔔被快速加熱，沒多久就開始焦糖化，且水分也在同時蒸發。

相反的，以低溫隔水加熱預煮的胡蘿蔔丁，雖然後來也是以不加蓋在烤箱內烘烤，但流失的水分最少，反而是整項測試中最耐煮的一組，這點可不簡單啊，全是拜酵素所賜。這組胡蘿蔔丁正好讓果膠中的甲基酯酶處在最適宜作用的溫度，也有充分的時間能發揮最大的效能，讓胡蘿蔔本身能維持適中硬度，也因而保有最多的水分。

但是實驗結果是一回事，實際套用在料理上又是另一回事，我們並不期望任何在家開伙的你們會願意花上大把時間隔水加熱蔬菜，但我們建議用烤箱烘烤蔬菜，包含胡蘿蔔在內的時候，可以先用鋁箔紙包覆鍋口進行烘烤，然後掀開鋁箔紙，以不加蓋在烤箱烘烤，這步驟雖然不比實際預煮來得有效，卻能讓蔬菜有較長的時間維持低溫，果膠中的甲基酯酶也能在此階段維持蔬菜本身的硬度，不容易流失水分。若以此種方法烹調胡蘿蔔，特別是切成後附食譜「烤胡蘿蔔」的大塊狀，最後蔬菜會軟嫩適中，充滿烤蔬菜的甜香，看起來也不會乾癟枯澀。

✎ Tips：測量胡蘿蔔重量──溫和開始 VS. 高溫烹煮

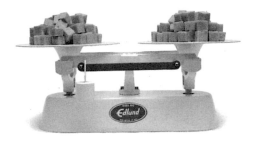

生胡蘿蔔
我們測量兩堆重量完全一樣的胡蘿蔔丁，但將以不同煮法處理。

溫和開始 VS. 高溫烹煮
先以鋁箔紙包覆的胡蘿蔔丁（左）比直接以高溫烹煮的胡蘿蔔丁（右）保留較多的水分和重量。

《穩定果膠的實際應用》
用烤箱烤蔬菜

比起沒有做任何保護措施就送入高溫烤裡烘烤的蔬菜，我們選擇以鋁箔紙蓋住鍋中的切塊花椰菜、蕃薯、球芽甘藍和胡蘿蔔，如此一來，以低溫烘烤的蔬菜產生的蒸氣會保留一小段時間、並保留水分，在我們拿掉鋁箔紙後，可以讓蔬菜在上色前，仍維持一定的軟嫩度。

烤花椰菜
4-6人份

完成時蔬菜本身就很美味，但也可以淋點特級初榨橄欖油，或另外搭配特製醬汁（食譜後附）食用。

1顆白花椰菜，約2磅重
¼杯特級初榨橄欖油
鹽巴和胡椒

1. 將烤箱調整至最低層，烤箱預熱至475℉。去掉花椰菜外圍葉片，切除莖部，清洗底部。從中心將花椰菜分成大小均等的八等份，切面朝下擺放在鋁箔紙或烤盤紙上，另外以2大匙橄欖油和鹽巴與胡椒混合，將調味料和油均勻的輕抹在花椰菜上，之後翻面，重複將2大匙橄欖油和鹽、胡椒抹在另一切面上。

2. 以另一片鋁箔紙密合地包覆烤盤紙，烘烤10分鐘，接著拿掉鋁箔紙，再烘烤8至12分鐘，直到花椰菜塊底部開始呈現焦黃色。將烤盤紙先移出烤箱，用鏟子輕輕地將每一塊花椰菜翻面，放回烤箱，繼續烘烤8到12分鐘，直到所有花椰菜均呈現焦黃色。之後以鹽巴和胡椒調味後便能上桌。

實用科學知識 如何使用鋁箔紙？

"亮面和霧面的鋁箔紙作用相同"

鋁箔紙捲是碾壓機同時壓製兩層鋁箔紙而成。接觸機器面是亮面，另一面則是霧面。為了瞭解哪面導熱更快，我們做了許多實驗。在以鋁箔紙包覆馬鈴薯泥的測試中，以亮面接觸食物而非熱源，導熱會較快，但兩者的差異非常微小。總結是：不論亮面還是霧面接觸食物，發揮的功用都一樣。

雪莉酒醋蜂蜜杏仁醬
可做1份烤花椰菜醬汁

一般葡萄乾或淡黃色的無核葡萄乾均可搭配。

1大匙特級初榨橄欖油
¼杯葡萄乾
2瓣大蒜，切碎
¼杯水
3大匙雪莉酒醋
2大匙蜂蜜
¼杯杏仁片，先烘烤
2大匙切碎的新鮮巴西利
鹽和胡椒
1大匙切碎的新鮮細香蔥

在8吋平底鍋中，以中大火將油燒熱，加入葡萄乾、大蒜後，持續翻炒約1分鐘，直至大蒜香氣飄出，再加入水、醋和蜂蜜。煨煮4到6分鐘，待醬汁略變稠，加入杏仁片、巴西利，還有鹽和胡椒攪拌試味道，之後淋上烤花椰菜，上桌前灑上細香蔥點綴即可。

青蔥薑燒醬油
可做1份烤花椰菜醬汁

如想搭配此醬，建議以植物油而非橄欖油烤花椰菜。

2茶匙植物油
1大匙新鮮薑泥
2瓣大蒜，切末
¼杯水
2大匙醬油
2大匙味醂
1大匙米醋
1茶匙香油
1根青蔥，切細末

在8吋平底鍋中，以中大火將油燒熱，加入薑和大蒜，翻炒約1分鐘，直至飄出香氣。將爐火調至小火，加水、醬油、味醂和醋，煨煮4至6分鐘，待醬汁略呈糖漿狀。在烤好的花椰菜淋上醬汁和香油，灑上蔥末即可上桌。

如想搭配此醬，建議以植物油而非橄欖油烤花椰菜。

1 大匙植物油
1 顆紅蔥頭切碎
2 茶匙咖哩粉
¼ 茶匙紅辣椒片
⅓ 杯水
¼ 杯原味全脂優格
2 大匙切末的新鮮香菜
1 茶匙萊姆汁
鹽巴和胡椒

在小型平底鍋中，以中大火熱油，直至油閃閃發亮，加入紅蔥頭，翻炒約 2 分鐘，直至變軟。再放入咖哩粉和紅辣椒片，翻炒約 1 分鐘，直至飄出香氣。移開爐火後倒入水、優格、香菜、萊姆汁、鹽和胡椒攪拌均勻試味道。將醬汁在烤花椰菜上後即可上桌。

成功關鍵

我們想讓花椰菜增添風味，但又不希望花椰菜泡在濃稠起司醬，所以開發出烤花椰菜食譜，將花椰菜烤出如堅果般金黃色澤，同時具有香甜風味。我們發現，在加蓋的鍋中蒸煮蔬菜之後再烘烤，可以使花椰菜成功的焦糖化，烤出入口即化的口感。儘管花椰菜本身就可口，我們還是設計一些簡單美味的醬汁搭配。

切大塊： 烘烤讓花椰菜有綿密口感，還能帶出自然的蔬菜甜味以及堅果顏色；但是如果將花椰菜切得太小，頭部的花序會碎裂且容易烤焦。因此將花椰菜自中心切開，使每一塊都能保留一點菜心部位，便能讓花序互相連接不易脫落，這也能確保每一塊都能平放，使花椰菜在焦糖化時有最大的受熱面積、確保可以上色且增添風味。

好好用油： 花椰菜塊會有非常多遮蔽看不到的角落，如果用油過於節省可能會使花椰菜乾澀變得乾癟。此外，油可以促進更好的焦褐反應。

在烤箱中先蒸燜再烤： 一開始就直接烘烤花椰菜，會迅速流失蔬菜中的大量水分，但是如果能以烤盤紙加鋁箔紙包覆再烘烤，就能鎖住水分，增加的蒸氣能慢慢地燜煮花椰菜，讓花椰菜在接下來的 20 分鐘烘烤過程裡，仍維持嫩度和水分，避免變得乾澀。

細心翻面： 花椰菜只需翻面一次，以減少碎裂的可能性。使用鏟子從每塊花椰菜的底部輕輕翻面即可。

請注意，本食譜中的蕃薯須在未預熱的烤箱要開始烘烤。盡量選擇大小相同的蕃薯，並將蕃薯尾端較小的部分削除，避免烤焦。若不想削皮，記得在下刀前，將蕃薯好好搓洗乾淨。

3 磅蕃薯，尾端削除，去皮洗淨，切圓塊、約 ¾ 吋
2 大匙植物油
鹽巴和胡椒

1. 將切塊的蕃薯丟入大碗中，加進油、1 茶匙鹽和胡椒，翻攪直到每塊蕃薯均勻沾上調料。在有邊烤盤舖上鋁箔紙，噴上植物油，放上沾好調料的蕃薯，再以另一張鋁箔紙緊緊覆蓋包住烤箱。將烤箱烤架調整至中層，將包好的蕃薯放進未預熱的烤箱內，以 425℉ 烘烤 30 分鐘。

2. 從烤箱中拿出蕃薯並小心移除上方的鋁箔紙，將蕃薯重新放入烤箱內，不加蓋再烘烤 15 至 25 分鐘，直到蕃薯底部呈現焦黃色。

3. 從烤箱中拿出蕃薯，以小隻金屬鏟子輕輕翻面。送入烤箱，烘烤 18 至 22 分鐘，直到蕃薯底部呈金黃色後，取出，靜置 5 至 10 分鐘後再上桌。

烤蕃薯配百里香楓糖漿

將 ¼ 杯楓糖漿、2 大匙融化的無鹽奶油、2 茶匙切碎的新鮮百里香放入小碗中拌勻。根據上述食譜做到步驟 2，在步驟 3 裡從烤箱拿出蕃薯時，於蕃薯上刷上半碗的楓糖漿，並以鏟子輕輕翻面，塗上剩餘的糖漿，之後再將蕃薯放回烤箱，繼續後續的步驟。

烤蕃薯配香料紅糖漿

將 ¼ 杯紅糖、2 大匙蘋果汁、2 大匙無鹽奶油、¼ 茶匙肉桂粉、¼ 茶匙薑粉和 ⅛ 茶匙肉豆蔻粉加入小型單柄深鍋中，以中火加熱，持續攪拌 2 至 4 分鐘，待奶油

融化紅糖熔解。再依烤番薯食譜做到步驟2。於步驟3時將蕃薯刷上一半的紅糖漿，以鏟子輕輕翻面後塗上剩餘的糖漿，再將蕃薯放回烤箱，接著後續的步驟。

成功關鍵

烤蕃薯通常吃起來有厚重的澱粉感，且顏色非常暗沉。我們希望蕃薯能烤出漂亮的焦糖色外觀，同時帶有軟嫩、香滑且富有自然甜味的口感，最關鍵的兩個步驟是：一開始將蕃薯切成圓塊包入鋁箔紙，放入未預熱的烤箱，烤30分鐘後才拆掉鋁箔紙，讓蕃薯開始焦黃，外皮焦脆。

夠厚的圓塊：邊角過薄的切塊蕃薯容易烤焦，大的圓塊狀整體來說差不多厚，且切成圓塊頂多就兩面會有焦色，而非三面。

從低溫加熱，烤出甜味：在本食譜中，我們發現如果烤箱的溫度夠低，蕃薯就愈不易烤焦，也能維持蕃薯的甜味，這又是為什麼呢？蕃薯裡的澱粉在135至170°F時會轉化成糖，只要蕃薯內部溫度超過170°F就不再有轉化作用，因此烤箱的溫度設定愈低，就能讓蕃薯內的澱粉維持在這個最佳溫度範圍內，使甜味持續增加，烤出效果最好的蕃薯。所以我們才會在一開始以鋁箔紙包覆蕃薯，並直接放入未預熱的烤箱，好讓蕃薯能在「增甜區」中維持最長的作用時間。

拿掉鋁箔紙：先加蓋烘烤30分鐘後，拆除鋁箔紙，蕃薯的焦褐作用才算真正開始。蕃薯在未包裹鋁箔紙狀態下烘烤時，僅需翻面一次；不用擔心，它們不會沾黏，因為鋁箔紙底部有油，可以輕易翻面。

烤胡蘿蔔
4-6人份

將胡蘿蔔切成一致大小是均勻烤熟的關鍵。只有切成大塊才能成功完成本食譜，所以務必不要切得太小。

1¼磅胡蘿蔔，削皮
2大匙無鹽奶油，加熱融化
鹽和胡椒

1.將烤箱烤架調整至中層，烤箱預熱至425°F。胡蘿蔔橫剖後再切半或切四等分，以切成大小一致的份量。在大碗中將胡蘿蔔與奶油、½茶匙的鹽和¼茶匙

的胡椒拌勻，使胡蘿蔔均勻沾滿調料。將胡蘿蔔平鋪在與烤盤紙對齊的鋁箔紙上，或另一張烤盤紙上。

2.另以一張鋁箔紙緊密包覆胡蘿蔔，烤上15分鐘。拿掉鋁箔紙後繼續烤，翻炒兩次，約30至35分鐘後待胡蘿蔔上色變軟後，移到餐盤上以鹽和胡椒調味後即可上桌。

實用科學知識 蕃薯的保存方法

"將蕃薯放在冰箱會變得更硬，煮再久也難以變軟"

我們往往會將蕃薯放在遠離陽光直射的常溫空間裡，但我們想瞭解放在冰箱中是否會產生不利影響，於是我們買了一袋蕃薯，分成兩堆個別存放四週時間，一堆放在室內常溫的櫥櫃裡，約55至65°F左右；另一堆則放進冰箱內，溫度約34至38°F。經過四週時間後，我們從冰箱拿出蕃薯，回復常溫後才將蕃薯切塊，在400°F的烤箱內烘烤45分鐘，然後吃吃看比對是否有任何不同。

兩堆蕃薯從儲存處拿出來時看來一樣，但烹煮時卻有完全不同的現象。在室溫下儲存的蕃薯口感滑順，且非常鬆軟；而冰箱拿出來的蕃薯中心仍舊堅硬。

為了瞭解是否還有其他方式會產生不同的結果，我們重覆實驗，改成切片後水煮40分鐘，最後結果仍是相同：從冰箱拿出來的蕃薯即使經過烹煮，中心依舊堅硬。

原來蕃薯中心會變硬，是先冷藏後加熱的結果。冷藏時，蕃薯的細胞壁較易滲透，使得位於細胞間的鈣離子可以進入細胞壁中。

將蕃薯靜置至回到室內溫，會使果膠甲基酯酶開始運作，這與預煮過程中運作的酵素相同。這種酵素會轉變果膠的性質，使其能與鈣離子互動，強化細胞壁裡的果膠分子，讓果膠變得難以分解，即便經過長時間烹煮也很難使其崩解。實際上，蕃薯放入冰箱和預煮蔬菜發生的現象是一樣的，只是作用時間較慢。

烤茴香胡蘿蔔佐檸汁杏仁片

胡蘿蔔份量減為1磅，加入一小株去除根部的茴香球莖，將其剖半去核，切成½吋厚的切片，放入大碗中，連同胡蘿蔔一起如前述步驟進行烘烤。接著，將¼杯烤過的杏仁片、2茶匙切碎的新鮮巴西利，和1茶

匙檸檬汁與烤好的蔬菜拌勻，完成後即可上桌。

烤迷迭香胡蘿蔔與歐洲蘿蔔

胡蘿蔔份量減為1磅，加入8盎司去皮的歐洲蘿蔔，同樣也是橫剖成大小均等的塊狀，另外加1茶匙切碎的新鮮迷迭香，連同胡蘿蔔一起如前述步驟進行烘烤。完成後將蔬菜與2茶匙切碎的新鮮巴西利拌勻後即可上桌。

成功關鍵

胡蘿蔔在烘烤時會帶出其自然的糖分，還能加強既有的香味，當然，達成這些前提的先決條件是得避免紅蘿蔔烤成胡蘿蔔乾。在預煮胡蘿蔔時，為了不弄髒第二個鍋，好抹上奶油和調味時使用，我們會將食材放在鋁箔紙上，再以另一張鋁箔紙覆蓋上。

成功上色：將胡蘿蔔切成大小一致正是能均勻上色的關鍵。如果你準備的是直徑超過1吋的大條胡蘿蔔，可以先橫剖，然後將每一半縱切成四塊均等大小，再分成八塊。中型的胡蘿蔔，其直徑約½吋至1吋，可以在橫剖後將較寬的部分再切一半，變成三大塊。如果手邊的胡蘿蔔更小，其直徑小於½吋，那就橫剖一半即可。

包覆好以保留水分：烤胡蘿蔔很容易造成水分流失，而使其變得乾硬，這是因為胡蘿蔔的酵素比其他蔬菜多。我們發現，如果能讓胡蘿蔔內部的溫度維持在120至160°F之間，只要烹煮的時間夠長，就能讓酵素轉變成熱度穩定的型態，進而強化細胞壁和保留水分，欲知詳文請參考本章節的實驗廚房測試。為了避免胡蘿蔔本身溫度攀升過快，我們將其包覆在鋁箔紙內才放入烤箱烤。

烤球芽甘藍
6-8人份

如果你是買散裝的球芽甘藍，可以挑選大約1½吋長的；如果是長於2½吋，可以再切四等分；短於1吋的就保留不必切。

2¼磅球芽甘藍，挑選過後再剖半切
3大匙橄欖油
1大匙水

鹽和胡椒

1.將烤箱烤架調整至中上層，烤箱預熱至500°F。拿出一只大碗，放入球芽甘藍、油、水、¾茶匙的鹽和¼茶匙的胡椒拌勻，確保球芽甘藍均勻抹上調料。之後將球芽甘藍，以切面向下擺放在鋪好烤盤紙的烤箱上。

2.用鋁箔紙緊緊包覆球芽甘藍，烘烤10分鐘。掀開鋁箔紙後再持續烘烤10至12分鐘，直至球芽甘藍呈現焦黃色且變軟。將食物換到餐盤上，以鹽和胡椒調味後即可上桌。

烤球芽甘藍搭配大蒜、紅辣椒片和帕瑪森起士

烘烤球芽甘藍的同時，在8吋平底鍋裡以中火加熱3大匙橄欖油，直到油閃閃發亮，加入2瓣大蒜末和½茶匙的紅辣椒片，炒約1分鐘待大蒜變成金黃色充滿香氣後關火，待球芽甘藍盛盤，與蒜油、鹽和胡椒攪拌調味後，撒上¼杯帕瑪森起士粉即可上桌。

烤球芽甘藍與培根、胡桃

烘烤球芽甘藍的同時，在10吋平底鍋以中火煎4片培根約7至10分鐘，待培根變得酥脆。以漏匙撈出培根，放在鋪好紙巾的碗裡，保留1大匙煎培根留下的油；待培根吸油差不多後切成碎末。球芽甘藍移至餐盤，與2大匙橄欖油、煎培根的油、培根末和½杯烤好切碎的胡桃攪拌混合，依個人喜好以鹽和胡椒調味後即可上桌。

烤球芽甘藍配檸檬汁核桃

將烤好的球芽甘藍放到餐盤上，加入⅓杯烤好切碎的核桃、3大匙融化的無鹽奶油、1大匙檸檬汁一同攪拌，隨後以鹽和胡椒調味即可上桌。

成功關鍵

球芽甘藍吃起來並不全是可怕的苦味，就像其他同屬十字花科植物的蔬菜一樣，比如綠花椰菜、甘藍菜和芥菜。球芽甘藍富含味覺前驅物（flavor precursor），在蔬菜被切開、烹煮甚至食用時，它會與蔬菜裡的酵素相互作用，產生辛辣的新化合物，若能適當地處理球芽甘藍，這項強烈的氣味反而能帶出堅果類的甜味。我們「先蒸燜再烘烤」的手法料理，能使成品不僅變軟、口味甘甜，還有漂亮的焦糖色。

擺放時切面朝下：我們將對切的球芽甘藍，以切面朝下擺放在烤盤紙上，這部分的切合面正好適合烘烤上色、帶出另一種風味。

如何補充水分、包裹在球芽甘藍裡：我們將球芽甘藍與1大匙水、橄欖油和調味料拌勻後，再將烤箱放入烤箱。以鋁箔紙包裹時，每半顆球芽甘藍都好比小型蒸氣室，即使外層開始上色，還能在最後一刻保留蔬菜裡的水分。

《穩定果膠的實際應用》 以平底鍋烤蔬菜

與使用烤箱烘烤蔬菜一樣，我們經常把蔬菜放入烤箱內預先烹煮，再放到爐火上煎至變色，在鍋烤蘆筍等快熟型的蔬菜時，這種方法特別吸引人。請注意，烤箱的確是烹煮花椰菜、蕃薯等較密、較大蔬菜的最佳選擇，不過我們在此採取了一項非常簡單的步驟，也就是直接在煎蘆筍的平底鍋上加蓋，這能讓蘆筍在上色前保持清脆濕潤。

香煎蘆筍
4-6人份

本食譜最好選用尾端至少有½吋厚的蘆筍，如果莖較細的話，便減少加蓋時間至3分鐘，或是以不加蓋的方式烘烤，時間為5分鐘即可。別選擇跟筆桿一樣細的蘆筍，它可是無法承受高溫且不耐烤。

1大匙橄欖油
1大匙無鹽奶油
2磅大條蘆筍，莖厚度至少½吋
鹽巴和胡椒
½顆檸檬（視需求添加）

1. 在12吋平底鍋，放入橄欖油和奶油，以中大火加熱。奶油融化後，將一半的蘆筍下鍋，尖端朝一致的方向，另一半的蘆筍尖端朝另一方向擺入鍋中，用夾子將蘆筍平鋪，份量應該無法只平鋪一層。蓋上鍋蓋，烹煮約5分鐘，直至蘆筍變翠綠色且仍有脆度。

2. 打開鍋蓋，爐火轉成大火，依個人喜好以鹽和胡椒調味，繼續煮約5至7分鐘，待蘆筍變嫩且單面變色，以夾子調整蘆筍的位置，從鍋中放到鍋邊，好讓每一根蘆筍都能變色。將蘆筍放入餐盤上，再以鹽和胡椒略作調味，如果需要就在蘆筍上淋檸檬汁，之後即可上桌。

香煎香蒜蘆筍佐帕瑪森起士

在12吋平底鍋裡熱2大匙橄欖油，加入3瓣細切的大蒜，以中火烹煮，不時攪拌約5分鐘，待大蒜變得金黃酥脆而不焦。以漏匙將蒜片放置於鋪好紙巾的盤子上，按照上述食譜進行，在已有蒜油的鍋內加入奶油，等蘆筍完成放到餐盤上時，撒上2大匙帕瑪森起士粉以及蒜片，並以檸檬汁、鹽和胡椒調味後即可上桌。

香煎紅洋蔥培根蘆筍

將4片培根切成¼吋的大小，放入12吋平底鍋中，以中火乾煎約5至7分鐘，使培根變酥脆。以漏匙將培根撈起放在鋪好紙巾的盤子上，吸油備用。倒掉鍋內大部份的油，只留約1大匙，接著把鍋子放回爐火上，將1大顆剖半細切的紅洋蔥下鍋，以中大火翻炒約3分鐘，直至洋蔥變軟。加入2大匙巴薩米克醋和1大匙楓糖漿，繼續攪拌約2分鐘，直至醬汁開始收乾且附著在洋蔥上。把煮好的紅洋蔥放入碗中，依個人喜好以鹽巴和胡椒調味，加蓋保溫，之後在完成的蘆筍上，倒入炒紅洋蔥和炒培根後即可上桌。

香煎紅甜椒羊酪蘆筍

在12吋平底鍋裡，以中大火燒熱1大匙橄欖油，加入2顆去蒂去籽且切成¼吋寬長條的紅甜椒，不時攪拌約4至5分鐘，直到甜椒外皮開始裂開。把甜椒倒入碗中，以鹽和胡椒調味後加蓋保溫備用。在完成的蘆筍上，倒上甜椒、1杯切丁的羊奶起士、¼杯烤好的松子和2大匙切碎的新鮮薄荷葉，即可上桌。

香煎蘆筍佐橙汁杏仁油醋

在12吋平底鍋裡，以中火將2大匙橄欖油加熱至油閃閃發亮，加入¼杯杏仁條持續攪拌約5分鐘，待杏仁條變金黃色。另外加入½杯橙汁和1茶匙切碎的新鮮百里香，將爐火開至中大火，煨煮約4分鐘待醬汁變

濃稠。移開爐火後拌入2大匙切碎的紅蔥頭、2大匙雪莉酒醋、鹽和胡椒試味道，接著將油醋完成品倒入碗中備用。簡單擦拭平底鍋後延續上述食譜做法，在同一個鍋中烤蘆筍，蘆筍移至餐盤後，倒入油醋攪拌均勻，另加鹽和胡椒調味後即可上桌。

成功關鍵

香煎食材是簡單的爐上烹飪法，這項料理手法可以煎出脆口、均勻上色的蘆筍，甚至不需每一根翻面。為了讓蘆筍能夠成功釋出有助於焦糖化和增添風味的水分，我們均勻地煎烤、加蓋甚至在蘆筍上色前均勻沾上奶油和油。奶油融化時釋出的水分，在經過蒸發時正好可以蒸煮蘆筍，讓其保持翠綠，縱使外觀變色，脆嫩的莖部也能維持嫩度和多汁。

先蒸後上色： 我們發現先蒸後煎會比單煎更好，這是因為生的蘆筍又乾又像蠟，能使蘆筍褐變的糖分緊緊鎖在堅硬的細胞壁裡，因此要釋出糖分就必須烹煮。一開始的前幾分鐘增添水分和加蓋烹煮絕對是好的開始，但為了讓蘆筍成功上色，我們直接加入內含16％至18％水分的奶油，而不是100％都是油脂的橄欖油做為媒介。奶油中這一小部分的水分會開始蒸煮蘆筍，使蘆筍開始釋出本身的水分，輔助上色，而鍋中擺滿蘆筍可使蒸煮效果最大化，產生最多的蒸氣。

謹慎排列： 我們將所有的蘆筍謹慎排入鍋中，一半尖端朝某個方向，另一半朝相反方向擺放，不僅能充分利用鍋內空間，還能達到最好的上色效果。我們也發現，試吃員多半喜愛蘆筍一邊上色，一邊保持翠綠，因此烹煮時不用常翻面，就能確保所有蘆筍莖部只有一邊上色。

實用科學知識 蘆筍的保存方式

"存放蘆筍的最佳方法，便是挑揀過後，直立地放入玻璃罐再加入一些水，放入冰箱冷藏"

為了瞭解如何存放蘆筍才能保有其翠綠的顏色的清脆的口感，我們檢測四批放入冷藏的蘆筍，將這四批蘆筍分別放在「原本包裝的塑膠袋」、「紙袋」、「沾濕的紙巾包覆」、以及「尾端挑揀好立於少許水中」。

3天過後，結果非常清楚，塑膠袋內的蘆筍開始有黏液，紙袋和濕紙巾包裹的蘆筍也都呈現尖端乾皺、莖部軟塌的樣貌；但是站在水中的蘆筍看起來仍然相當新鮮，也維持了脆硬的口感。

想要以此種方法儲存蘆筍，得先將莖部尾端切掉½吋，並以直立的方式，擺進玻璃罐中，再加入水蓋過尾端1吋，然後將玻璃罐放入冰箱冷藏。以這種方式儲存的蘆筍應該能保鮮約4天。

若需要存放更久得再加些水，在煮來吃之前要記得先將尾端切除。

觀念28：豆類別只泡水，加點鹽會更好
Don't Soak Beans —— Brine 'Em

乾燥的豆子違反所有的烹飪法則，對於這種體積小的食材，料理起來可說是相當費功夫。儘管料理的步驟已經降到最少，但是當我們花費了冗長時間還是煮不出理想的結果時，總是讓人相當沮喪。你會希望豆類料理能有綿密的口感和軟嫩的外皮，但是即使經過長時間烹煮，豆子的表皮仍舊堅不可摧；更糟的是，它還可能會爆烈開來，使整鍋豆子變得黏稠噁心。這該怎麼辦呢？

◎科　學　原　理

乾燥豆子或許不是美國人日常飲食中最重要的食物，但是在地球上的大部分國家，豆子卻是最重要的食材，因為豆類裡含有豐富的「蛋白質」和「纖維」，且價格經濟實惠，放上好幾年也不會腐壞。豆科植物，包含乾豌豆、小扁豆（lentil）和豆子在內，一般來說是有著硬皮包裹的胚芽植物，種子的外皮大多含有醣分和豐富的纖維，而種子本身則富含大量的蛋白質和澱粉。

想吃豆類料理需要「計算時間」和「耐心」，因為烹煮前得泡在水裡一整晚，再花上好幾個小時慢慢燜煮。經過慢燜步驟，可以讓豆子慢慢地吸收水分，避免炸開。如果在這階段過於心急而省略它，那麼豆類裡的澱粉會膨脹得不均勻，而使外皮炸裂，最後讓料理變得黏稠。對此，我們的做法非常簡單：「烹煮任何豆類料理時，都以烤箱進行。」因為這種烹煮法的受熱方式，較爐火來得均勻，其原理請參考觀念1。在使用烤箱烹煮時，鍋底的豆子也不會有太快熟的困擾。除此之外，烤箱也比較容易維持「緩慢燜煮」的過程，若是在爐火烹煮，溫度一下攀升太快，即使小火也不例外。

我們也發現，豆子泡水整晚會產生「水合作用」（hydration），因此浸泡過的豆子會比沒處理過的更快熟，時間上大約快45分鐘。重要的是，泡過水的豆子會更均勻地吸收水分，使得成品也著更順滑的口感。就算只是簡單的浸泡，像是將豆子放入煮沸的滾水中加蓋燜上1小時，也比沒泡水的豆子好。

儘管經過「浸泡」和「慢燜」，仍然發現豆類料理存有許多問題。雖然豆子內部在浸泡與燜煮後變得滑順，但是外殼卻沒有改變。將豆子浸泡在加鹽的水中，以「鹽水浸泡」才是使外皮變軟的關鍵，原因為何？在浸泡豆子時，鹽裡的鈉離子會取代外皮的鈣離子和鎂離子。由於鈣和鎂在與果膠分子連結，而生成緊密相連的強壯細胞；當它們都被鈉取代時，果膠分子便弱化，使得整顆豆子變鬆軟。豆子在浸泡鹽水期間，鈉離子只有部分會過濾到豆子內，因此它對細胞產生的變化大多只保留在外皮上。

烹煮浸泡鹽水的豆子時，它的外皮也較軟。此外，正如本觀念「實驗廚房測試」的結果，外皮變軟時能降低豆子在烹煮過程中炸裂的情況，這也是使豆子煮出滑順口感，而非過於黏膩的關鍵。

以鹽水浸泡豆子

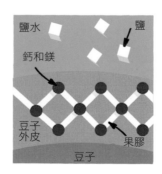 

浸泡鹽水前：
浸泡前，豆子外皮的強壯果膠分子，與鈣離子、鎂離子緊密結合在一起。

浸泡鹽水時：
浸泡鹽水期間，裡頭的鈣離子和鎂離子會被鈉離子取代，使得原本緊密相連的果膠網狀結構變得容易分解。當外皮軟化後，豆子經過烹煮也不容易爆裂開來。

為了確定烹煮浸泡鹽水後的豆子將有何種效果，我們以四杯同品種的乾燥黑豆開始實驗。先將兩杯豆子倒入混合1½大匙鹽巴的2夸脫冷水裡，浸泡24小時。洗淨瀝乾後，從中取出一杯豆子，放進½茶匙鹽巴混合5杯水的鹽水中烹煮；另一杯已浸泡鹽水的豆子，則倒入裝著5杯清水的鍋中烹煮。為了煮好所有的豆子，我們先將豆子和水倒入中型單柄深鍋，於爐火上燜煮後蓋上鍋蓋，再放入烤箱中以325°F烤1個小時。另外兩杯的豆子，分別泡在2夸脫的純水裡浸泡24小時，之後將其中一杯放入鹽水煮，另一杯則以清水烹煮。全部的豆子煮好後，再互相比較其結果。我們重複實驗三次再取平均值。

實驗結果

浸泡鹽水24小時、並於鹽水烹煮的豆子不僅外觀完好，與其他三組相比明顯勝出。浸泡過鹽水但在清水裡煮的豆子，外觀大致上都還不錯，僅有少部分的豆子外皮有破裂的情形。反觀兩組浸泡清水的結果卻相差甚遠，許多浸泡清水但在鹽水中煮過的豆子，外皮逐漸裂開。只以清水浸泡與烹煮的豆子，幾乎每一顆都在烹煮時就炸裂開了。沒錯，最後一組豆子裡沒有半顆還是完整的。

重點整理

雖然豆子泡水可以使其軟化，進而節省許多烹煮時間，但豆子的外皮仍有可能在豆子完全煮熟後依舊堅硬。然而有著堅硬外殼的豆子，也可能會在烹煮期間炸裂，內裡的澱粉質流入鍋中，最終變成一鍋黏稠、毫不吸引人的豆泥。究竟有什麼辦法解決這種困擾呢？答案就是「鹽巴」。

實驗結果顯示出，烹煮時於水中加入鹽巴僅能讓外殼稍微軟化，不過在料理前先將豆子浸泡鹽水24小時，軟化效果會更好，且不至於煮出整個炸裂開的豆子。若想煮出最鬆軟的口感和最少裂開的豆子，最好先把它浸泡在鹽水中，再以加了鹽的水煮它。因為浸泡鹽水和燜煮的時間，都能讓鈉離子取代一些與果膠分子結合形成堅硬外皮的鈣離子和鎂離子。當這兩種礦物質減少後，使外皮相對容易軟化。以大多數的料理來說，包含本觀念的食譜，我們建議在製作豆類食譜前，先以鹽水浸泡，再以鹽水烹煮，或是加入有鹽分的食材，如義大利醃肉（pancetta）、雞高湯或帕瑪森起士。

✏️ Tips：鹽分對豆子外皮的影響

泡過鹽水、以鹽水煮
具有彈性的外殼仍完整。

泡過鹽水、以清水煮
只有些許豆子爆開。

泡過清水、以鹽水煮
許多豆子開始爆開。

泡過清水，以清水煮
沒有鹽巴成分，所有豆子都爆開。

實用科學知識　硬水＝硬豆子

"避免以「硬水」煮豆子，如果別無選擇，請記得「加鹽巴」"

水裡富含的礦物質對豆子的口感有什麼影響呢呢？為了找出答案，我們分別比較兩堆乾燥的白豆，一堆泡過水後在已蒸餾出礦物質的水中烹煮，另一堆則在含有礦物質的自來水中煮。結果顯示，屬硬水的自來水中，煮出來的豆子反而外殼更硬，因為自來水中的兩種礦物質：鎂和鈣，它們都是豆子的敵人。這兩種物質中的任一種都會使豆子細胞壁內的果膠分子緊密結合，不僅是強化外殼，還會使外殼更加堅硬。不過，如果你不想使用蒸餾水來避免這種情形，改用鹽巴也可以。

《浸泡鹽水的實際應用》
豆子和小扁豆

世界各地都有以豆子做為食材的料理，不過我們發現，這些料理有個共同點：「不論成品如何，乾燥的豆子都是難以處理的食材」。為了確保菜餚有著非常棒的口感，又不需耗費冗長的烹煮時間，我們通常會將「豆子浸泡在鹽水裡一晚」，這麼做可以軟化它的外皮，為燉菜、湯品、沙拉或豆子飯等等的簡單料理做好最佳準備。

托斯卡尼燉豆
8人份

我們比較喜歡豆子泡水過夜後的綿密口感，如果時間緊迫，可以快速浸泡鹽水就好。在下述步驟1中，將鹽、水和豆子放入荷蘭鍋以大火燉煮，鍋子離火，蓋上鍋蓋，置放1小時後將水濾乾，清洗豆子完後接續做步驟2。另外，如果手邊沒有義大利醃肉，可以用4片培根代替。

鹽巴和胡椒

1磅乾燥白腰豆（cannellini beans），約2½杯，挑選後清淨

1大匙特級初榨橄欖油，另備一小份淋在成品上

6盎司義大利醃肉，切成¼吋大小

1大顆洋蔥，切碎

2根胡蘿蔔，削皮，切成½吋大小

2根芹菜梗，切成½吋大小

8瓣大蒜，去皮後壓碎

4杯低鈉雞湯

3杯水

2片月桂葉

1磅甘藍（collard greens）或羽衣甘藍（kale），去除根部，切成1吋大的葉片

1罐（14.5盎司）蕃茄丁，瀝乾

1小株新鮮迷迭香

8片（1¼吋厚）鄉村白麵包，烤至雙面金黃再抹上大蒜瓣（視需求添加）

1.在一只大碗或容器中，將3大匙鹽巴與4夸脫冷水攪拌均勻，倒入豆子在室溫下浸泡至少8小時或最多24小時。濾乾後清洗乾淨。

2.將烤箱烤架調整至中低層，烤箱預熱至250℉。在荷蘭鍋裡以中大火燒熱義大利醃肉和油，翻炒6至10分鐘，待義大利醃肉稍微變色並釋出油脂為止。加入洋蔥、胡蘿蔔、芹菜梗，拌炒約10至16分鐘，直到蔬菜均軟化且略為上色。此時加入大蒜翻炒1分鐘至香氣出現。陸續加入高湯、水、月桂葉和泡好的豆子，轉至大火煮滾。將荷蘭鍋蓋上鍋蓋，移到烤箱內，烘烤45分鐘至1小時，直到豆子全軟化為止。此時豆子的核心部位仍是硬的。

3.自烤箱中取出荷蘭鍋，加入甘藍和蕃茄，約略攪拌後再放入烤箱，繼續烘烤30至40分鐘，待豆子和綠葉蔬菜完全軟化。

4.再次從烤箱中取出荷蘭鍋，放入迷迭香燜，蓋上鍋蓋靜置15分鐘。將月桂葉和迷迭香取出，以鹽和胡椒調味後即可上桌。視需求，可用湯匙背面擠壓少許豆子，調整燉菜的濃稠度。搭配烤好的麵包一起上桌，如果需要，還可淋上剩下的橄欖油。

成功關鍵

我們希望能將傳統家鄉風味的托斯卡尼豆子濃湯變成美味的燉菜，為了確保完成品不會出現堅硬又裂開的豆子，我們事先將豆子泡在鹽水中一整晚，好讓豆子外皮軟化。接著為了完成燉菜，我們想加入其他傳統托斯卡尼風味的食材，因此在料理中放入義大利醃肉、甘藍、大量的蒜頭和1根迷迭香。

利用高湯和水：雖然可以用清水完成這道菜，畢竟托斯卡尼人是這麼做的，但我們發現使用雞高湯取代清水，可以為整道燉菜帶來豐富的風味。

慢慢燉煮：傳統的料理方法是將豆子放入酒瓶中，丟進剩下的炭火裡燜上一整晚，而我們在烤箱內以250℉的低溫烘烤，正是「還原」這種緩慢的烹煮手法，一旦鍋中開始燜煮所有食材，我們便蓋上鍋蓋，放入烤箱內烤上75至105分鐘。不過烘烤時間的長短會因豆種類和存放多久而有所不同。

稍晚再添入綠色蔬菜和蕃茄：如果一開始便加入綠葉類的蔬菜，甘藍容易馬上變老，所以我們在料理的後段才加入它，好維持蔬菜原本的顏色。此外，後續才加入蕃茄，也是因為蕃茄的酸度會使得豆類裡的果膠難以溶解，反而還鞏固其細胞壁，更難使豆子軟化。

迷迭香泡過後即可丟棄：我們都愛迷迭香的味道，但這種香味很快就會變成惱人的藥味。比起將迷迭香切細碎丟入菜餚裡增添風味，我們則是在快完成的燉菜中，放入1小根迷迭香浸泡個15分鐘，這可迅速讓湯汁充滿細微又不會過重的香氣。其原理請參觀念34。

傳統義大利蔬菜濃湯
6-8人份

如果時間有限，可以先快速浸泡豆子，在步驟1中，於荷蘭鍋裡倒入鹽、水和豆子，然後以大火煮滾，之後移開爐火，蓋上鍋蓋放置1小時，濾乾後清洗乾淨，繼續照著本食譜步驟進行。在這道濃湯我們建議優先選用白腰豆，但海軍豆或北方豆（Northern beans）也不錯；也建議使用義大利醃肉，不過培根也可以。如果要做素濃湯，可以將雞高湯換成蔬菜高湯，以2茶匙橄欖油來替代醃肉。帕瑪森起士邊（Parmesan rind）是用來添加風味，但也能以一般2吋大小的起士替代。而為讓豆子內含的澱粉釋出使湯變濃，就必須要在步驟3時不停攪拌。

鹽巴和胡椒

8盎司乾燥白腰豆，約1¼杯，挑選後洗淨

3盎司義大利醃肉，切成¼吋大小

1大匙特級初榨橄欖油，另備一小份淋在成品上

2根芹菜梗，切成½吋大小

1根胡蘿蔔，削皮，切成½吋大小

2小顆洋蔥，切成½吋大小

1根櫛瓜，切成½吋大小，約1杯

½顆小顆綠卷心菜（green cabbage），剖半去梗，切成½吋大小，約2杯

2瓣大蒜，切碎

⅛-¼茶匙紅辣椒片

8杯水

2杯低鈉雞高湯

1片帕瑪森起士外皮，另備帕瑪森起士粉備用

1片月桂葉

1½杯V8蔬果汁

½杯切碎的新鮮羅勒

1. 在裝有2夸脫清水的大碗或容器裡，放入1½大匙鹽巴攪拌均勻，倒入豆子於室溫下浸泡至少8小時，或最多24小時。過濾水分後洗淨豆子備用。

2. 在荷蘭鍋裡以中大火燒熱義大利醃肉和油，翻炒3至5分鐘，待義大利醃肉稍微變色釋出油脂。此時加入切好的芹菜梗、胡蘿蔔、洋蔥和櫛瓜持續翻炒5至9分鐘，直到蔬菜均軟化且略為變色。再添入卷心菜、大蒜、½茶匙鹽巴和胡椒、紅辣椒片調味，持續翻炒1至2分鐘或更久，待卷心菜開始變軟。將所有蔬菜倒入準備好的烤盤中備用。

3. 將泡好的豆子、水、雞高湯、帕馬森起士皮和月桂葉放入荷蘭鍋中，以大火煮沸。將火調小後繼續燜煮45分鐘至1小時，不時攪拌一下，待所有豆子軟化且湯汁開始收乾。

4. 將先前備用的蔬菜和V8蔬果汁倒入鍋內，燉煮15分鐘直到所有蔬菜變得更軟，之後將月桂葉和帕瑪森起士皮丟掉，倒入羅勒攪拌，並以鹽和胡椒調味。上桌前另外淋點橄欖油和撒上磨好的帕瑪森起士。此湯品可放入冰箱冷藏最多2天，要吃時只需加熱，並在上桌前另外加些羅勒即可。

成功關鍵

我們想做出一道清新香味，不需仰賴現採蔬菜也能成功的義大利濃湯。首先可以先從超市取得的一堆蔬菜來製作湯底，在料理時慢慢堆疊各種味道，並加入泡過鹽水的豆子，以及令人驚豔的食材：蔬果汁，使這道食材來豐富的濃湯，達到美味又有著豐富的口感。

打造風味湯底：我們為本食譜打底的首要步驟，就是翻炒蔬菜待其均勻上色，讓它們在翻炒過程中慢慢釋出本身的自然甜味。先將櫛瓜和香料放入鍋中翻炒，然後加入卷心菜和大蒜，直到卷心菜變軟且大蒜釋出香氣，之後才加入水和雞高湯。

釋出澱粉質：為了讓濃湯有足夠的濃稠度，我們加入豆子燜煮，好讓其釋放澱粉使湯汁變濃。儘管過程中這些豆子的外皮仍舊看來平整滑順，但豆子本身的澱粉質會經由外皮內某種稱為「豆臍」（hilum）的組織釋出。這類澱粉會吸收高溫的液體，最後爆裂開釋出直鏈澱粉，使湯汁變稠。

取出蔬菜備用：持續燜煮豆子會使鍋內的蔬菜變成蔬菜泥，為了讓本道湯中的蔬菜能維持口感，我們在嫩炒後便先將蔬菜起鍋，待豆子燜煮後再倒入鍋中。

給我V8蔬果汁：我們曾嘗試使用超市買來的蕃茄來做出湯品中的茄汁元素，但終究無法得到該有的味道。也試過蕃茄罐頭，雖然它確實能帶出湯品的顏色，但我們

的試吃員不喜愛蕃茄丁的口感，它使成品變得又黏又大塊，碎掉的蕃茄丁也只是口感略勝一籌而已，這該怎麼辦呢？蕃茄汁的確可讓每匙入口的湯都有完美的蕃茄風味，但是當我們使用V8蔬果汁時，沒想到這不僅能快速增添蕃茄甜味，還能讓整鍋蔬菜的味道更有深度。

古巴黑豆飯
6-8人份

只使用鹹豬肉的「瘦肉」而非肥肉很重要，如果找不到這項食材，可以用6片培根代替。如果非得改用培根，在步驟4的烹煮時間請減少至8分鐘。使用荷蘭鍋和可以蓋緊的鍋蓋來烹煮本食譜。

鹽巴
1杯乾燥黑豆，挑選後洗淨
2杯低鈉雞湯
2杯水
2大顆青椒，去蒂，去籽後剖半
1大顆洋蔥，橫剖切半，去皮，留下根部備用
1株大蒜，其中5瓣切碎，其餘連皮橫剖
2片月桂葉
1½杯長粒白米
2大匙橄欖油
6盎司鹹豬肉，瘦肉部位，切成¼吋大小
4茶匙孜然粉
1大匙切碎的新鮮奧勒岡
2大匙紅酒醋
2根蔥，切細絲
萊姆切角

1. 在裝有2夸脫冷水的大碗或容器中，加入1½大匙鹽巴攪拌均勻。倒入豆子，在室溫下浸泡至少8小時，或最多24小時，濾乾後洗淨豆子備用。

2. 在荷蘭鍋內倒入濾乾的豆子、高湯、1條已切半的青椒和一半帶有根部的洋蔥、切半的大蒜株、月桂葉和1茶匙鹽巴。以中大火翻炒燜煮，蓋上鍋蓋後將火轉至小火，烹煮煮上30至35分鐘，待豆子開始軟化。用食物夾夾出青椒、洋蔥、大蒜和月桂葉。取一只大碗，以濾盆濾乾豆子，保留2½杯煮豆水，如果湯汁不夠用，就以水補足到2½杯。切記不用清洗燉鍋。

3. 將烤箱烤架調到中層，烤箱預熱至350°F。將米放

在大的細網濾網中，用冷水洗米約1分半，待洗米水變乾淨為止。晃動濾網，濾乾多餘水分後放一邊備用。將剩下的青椒和洋蔥，切成2吋大小，放入食物調理機，約攪打8下，直至青椒和洋蔥約¼吋大小，必要時可刮下調理機壁的食材。將蔬菜放一邊備用。

4. 以中小火加熱空的荷蘭鍋，加入1大匙油和鹹豬肉，翻炒約15至20分鐘，直到肉片上色且油脂釋出。加入剩下的1大匙油、攪碎的青椒、洋蔥、孜然和奧勒岡，轉至中火，繼續翻炒10至15分鐘，待蔬菜軟化且開始焦黃，此時倒入切碎的大蒜，繼續翻炒約1分鐘，直至飄出香氣。倒入白米，攪拌30秒，直至均勻沾上鍋中食材香料。

5. 倒入豆子、煮豆水、醋和½茶匙鹽，將火開至中大火，持續燜煮。接著蓋上鍋蓋，將荷蘭鍋移至烤箱中，燜烤30分鐘，直到白米充分吸收湯汁且軟化。打開鍋蓋，以叉子翻攪一下鍋內的米，靜置5分鐘，上桌前分別放上青蔥和切好的萊姆角即可。

素古巴黑豆飯
以水代替雞高湯，不加鹹豬肉。步驟4中加入1大匙蕃茄醬和蔬菜，然後增加步驟5中的鹽巴份量至1½茶匙。

成功關鍵
「豆類」和「米飯」的搭配，在全球各地的料理中都很常見，但古巴黑豆飯是一道獨特的菜餚，因為它是以煮過豆子的「深色湯水」燜煮米飯，使其帶有一股特殊香味。在我們規劃的超棒食譜版本中，先豆子浸泡在鹽水裡，並且保留了一些煮豆水，與傳統做法使用到的大蒜、青椒和洋蔥等蔬菜，一起與豆子煨煮，讓其充滿蔬菜香味。

烹煮豆子的同時增添風味： 傳統版的古巴黑豆飯，包含三個步驟：煮豆、翻炒底醬、將豆子和底醬與米混合均勻烹煮才算完成。而我們的步驟則是一開始以鹽水浸泡豆子，然後分開烹煮。底醬固然可以增添料理的深度，但我們覺得這樣還不夠，於是便以兩階段處理：翻炒整鍋豆子時加入一些蔬菜，然後再倒入雞高湯和水的混合湯汁，使豆子吸收高湯，同時也讓煮豆水有味道，讓煮豆水便能用在燜煮米飯上。
製作底醬： 通常底醬在加進豆子和米飯之前要打成泥，但這反而會使整道菜的口感變黏膩，還降低蔬菜

褐變、減少香味產生，所以我們將洋蔥和青椒切成小塊，或在調理機打碎，然後將這些蔬菜與孜然、奧勒岡放入因鹹豬肉釋放出的油脂裡翻炒，直到這些蔬菜上色且有豐富味道。這樣一來，這份底醬便是我們黑米飯最重要的骨幹。

避免米飯燒焦：許多與米相關的料理，最後會因為鍋底的米飯燒焦、上層卻未熟透而功虧一簣。這該怎麼處理呢？首先，洗米時可以移除白米上過多的澱粉，避免白米結塊變得容易沾黏；之後我們將整鍋米送入烤箱，利用烤箱的受熱均勻讓米從上到下都能熟的非常完美。有關米飯的料理科學，請參考觀念30。

增添風味：當我們將裝著米、豆子和湯汁的燉鍋移至烤箱時，我們可以加上一點紅酒醋提味。上桌前擺上青蔥和萊姆，這兩種食材是非常重要的配角，可以為整鍋飯增添更棒的美味。

小扁豆橄欖薄荷費他起士沙拉
4-6人份

法國綠扁豆（lentilles du Puy）是本食譜的首選食材，但實際上這道沙拉只要別選紅豆或黃豆，都能成功完成。事先浸泡鹽水可以使小扁豆保持完整，如果時間真的不夠，就算沒有泡過鹽水也能有不錯的口感。此沙拉可以當成熱沙拉，也能在室內冷卻至常溫時上桌。

1杯小扁豆，挑選後洗淨
鹽和胡椒
6杯水
2杯低鈉雞湯
5瓣大蒜，去皮，輕輕壓碎
1片月桂葉
5大匙特級初榨橄欖油
3大湯匙白酒醋
½杯卡拉瑪塔橄欖，切碎去核
½杯切碎的新鮮薄荷
1大根紅蔥頭，切碎
1盎司費他起士，切丁、約¼杯

1. 取出一只中碗，放入小扁豆和1茶匙鹽，倒入約110℉的4杯溫水，浸泡1小時，濾乾備用。濾過水的小扁豆若還沒有使用，可以放入冰箱冷藏最多2天。

2. 將烤箱烤架調整至中層，烤箱預熱至325℉。在中型深鍋中放入濾乾的小扁豆、2杯水、高湯、大蒜、月桂葉和½茶匙鹽，蓋上鍋蓋，送入烤箱，烘烤40分鐘至1小時，待小扁豆軟化但外皮完整。同時在一只大碗中，將油和醋攪拌均勻。

3. 濾乾小扁豆，將大蒜、月桂葉從鍋中取出丟掉後，再加入小扁豆、橄欖、薄荷和紅蔥頭攪拌均勻，另以鹽巴和胡椒調味後放到餐盤上，撒上費他起士後即可上桌。

小扁豆榛果羊奶起士沙拉

以白酒醋代替紅酒醋，並在步驟2中加入2茶匙的第戎芥末拌勻。不加橄欖，以¼杯切碎的新鮮巴西利取代薄荷、2盎司的羊奶起士代替費他起士。上桌前再撒上⅓杯烤過且切碎的榛果。

成功關鍵

製作小扁豆沙拉最重要的步驟在於煮出成功的小扁豆，其外觀要完整，口感不至於軟爛。另外還有兩個有助於成功的要素。第一，是切記要將小扁豆泡在「溫鹽水」中，這項動作不僅能軟化外殼，也能降低豆子裂開的可能性。第二，在烤箱內燜煮小扁豆，以緩慢且均勻的加熱將其煮熟。只要小扁豆能煮得完美，剩下的就只需要將溫熱的豆類與添有豐富食材的油醋醬搭配在一起便大功告成。

快速浸泡：我們將小扁豆浸泡鹽水，軟化外層，以避免豆子爆開，不過相對一般豆子，小扁豆的體積較小，其實不需浸泡整晚。事實上，大部份的料理甚至不會浸泡小扁豆，但扁豆經過浸泡，的確能縮短烹煮時間，並有更滑順的口感。為了縮短更多的料理時間，我們將小扁豆浸泡在溫的鹽水中，因為高溫可以加速所有化學作用產生。

利用烤箱：以烤箱而非爐火燜煮小扁豆時，烹煮時間會從30分鐘增加為1小時，但這項等候絕對值得。因為烤箱以緩慢地加熱並使得豆子能均勻受熱，最後的成果便是帶有綿密口感、外觀完整的小扁豆。

製作完美油醋醬：為了做出完美的沙拉，我們混合了小扁豆與油醋醬。一般醬汁使用的油醋比例為3：1或甚至4：1。相比之下，我們以小於2：1的比例調合醬汁，並在小扁豆剛煮好、趁著溫熱時拌進醬汁裡，再添加費他乾起士、橄欖和薄荷，或是榛果搭配羊奶起士等等的豐富配料。這些額外增加的食材能增添沙拉的豐富味道，與香氣濃郁的小扁豆有著絕佳的平衡。

觀念29：小蘇打能讓豆類和穀物變軟
Baking Soda Makes Beans and Grains Soft

很多人不喜歡用乾燥的豆類入菜，因為它需要的烹煮時間太長了。在上個觀念裡，我們已經知道，如何利用「泡水」和「加鹽巴」縮短豆類的烹煮時間，甚至是藉此煮出更美味的料理。可是，想將豆子煮得快又好，並非只有一種解決辦法。利用「小蘇打塑造鹼性環境」，也可以減少我們耗在廚房的時間。

◎科　學　原　理

小蘇打，或稱碳酸氫鈉（sodium bicarbonate），是烘焙最常用的膨脹劑，詳請參考觀念42。可是，小蘇打在廚房的功用不僅如此。在一鍋正在烹煮的豆子裡加入小蘇打，可以發揮神奇效果：「煮出更軟嫩的豆子，而且時間大幅縮短」。

為什麼呢？小蘇打是一種鹼（alkali），又稱為「base」，在加入滾水和豆子裡時，可以打造出鹼性環境。這種環境所產生的化學反應，能讓豆子的果膠分解，變成水溶性的碎片。而果膠分解可以削弱豆子裡的細胞壁，讓豆子更快吸收水分。這也代表著豆子變得更軟，煮得更快。但是，「保守且謹慎的使用小蘇打很重要」，一旦加入太多就會讓豆子帶有又苦又有肥皂味。

除此之外，「小蘇打也可以用來替黑豆定色」，避免黑豆在烹煮過程中變成灰紫色。黑豆的表皮含有花青素（anthocyanins），會因為酸鹼值改變而變色。較鹼的高湯會讓豆子顏色更深，較酸的高湯則會讓豆子顏色變淺。我們發現，只要在一開始烹煮時加入非常少量的蘇打粉，大約 ⅛ 茶匙，就能讓豆子定色，而且不會產生任何討人厭的異味。

假假使已按照建議的時間烹煮還是無法將豆子煮軟，甚至加了小蘇打也一樣，元兇可能是「水」。鍋子裡的礦物沉積、陶瓷水槽或流理台裡的綠垢，這些都是「硬水」留下的痕跡，它代表水中富含鈣、鎂、以及其他離子，這些離子會阻止豆子變軟。如同在觀念28裡提到：「鈣離子」和「鎂離子」可以把果膠分子連結在一起，打造出更堅固的細胞壁，導致豆子吸收水的速度變得更慢。

最後，同樣的科學原理也可以用來縮短煮玉米粥、玉米粉等等穀物的時間。烹煮乾豆和乾玉米時的目標是一樣的，在煮豆子時，水必須穿透「豆臍」這個特殊位置，進入到堅硬的外皮裡，讓豆子裡的澱粉變成膠狀。煮玉米粉時，水必須穿過「胚乳」（endosperm）的細胞壁，也就是玉米粒中澱粉的部份。玉米細胞和豆子細胞一樣，含有很多果膠。所以，鹼性的碳酸氫鈉出現時，果膠分解，使玉米的構造弱化，讓水可以進入，讓澱粉以不到一半的時間變成膠狀。

在豆子裡加入小蘇打

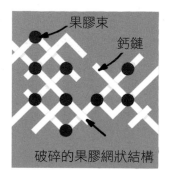

加入小蘇打：

在煮豆子還有穀物時，加入小蘇打能讓環境變鹼性，使果膠束分解、細胞壁變弱。細胞壁變弱也代表著豆子和穀物，可以很快被煮熟。

為了測試酸鹼值對豆類料理的影響，我們在三個鍋子各裝5杯水。其中一鍋我們加了佔水重量1%的小蘇打，讓水變成鹼性，酸鹼值約為8。另一鍋水則加入足夠的檸檬酸，讓水的酸鹼值達到3。第三鍋水則不處理，酸鹼值為中性的7。我們在每一鍋水裡各加入1杯黑豆，煮至徐徐沸騰，再蓋上鍋蓋，放到同樣預熱至350℉的烤箱烘烤。等到鹼性水裡的豆子變軟，或約45分鐘後，我們就從烤箱中取出三鍋豆子。並實驗重複三次。

實驗結果

鹼性水裡的豆子變軟後，另外兩鍋裡的豆子還差得很遠。中性水所煮的豆子，經過45分鐘的烘烤後只稍微變軟，因此我們把鍋子放回烤箱，再烤上15分鐘，也就是共花了1小時，中性水裡的豆子才變軟。放在酸性水裡的豆子，即使經過45分鐘烘烤，還是跟石頭一樣硬，它需要1小時又45分才能徹底煮軟。

在三鍋豆子都烘烤45分鐘的時候，我們從裡頭都取出一些豆子、放在料理台上。接著，我們在豆子上頭放了5磅重的砝碼。使用小蘇打煮出的豆子非常軟，一壓就壓得扁平。中性水煮出的豆子稍微被壓扁，可是還是有硬度。用酸性水煮的豆子跟石頭一樣硬，砝碼壓上去也沒什麼改變。

重點整理

怎麼回事？原來「鹼性環境會啟動化學反應，讓豆子的細胞結構分解」。所以我們在煮豆子的鍋子裡加入小蘇打時，就能花費較少時間把豆子煮軟。

另一方面，加酸會讓豆子的細胞結構保持結實。如果鍋子裡加入太多酸，豆子可能永遠沒辦法煮至軟到可以食用的程度。這也代表，煮豆子時若加入酸性食材，必須特別留意，尤其是番茄、柑橘汁、醋。我們發現，最好是在快完成料理時，再加入柑橘汁和醋，也就是豆子已經煮軟的時機，這麼做也能保留酸性食材的味道。不過番茄通常需要一些時間烹煮，所以番茄和罐頭裝的番茄產品，通常會在烹調過程的中途，豆子已經相當軟時下鍋。

在這之中，我們學到什麼呢？除了觀念28的浸泡鹽水、泡清水之外，烹煮豆子時使用小蘇打也有神奇的效果，最多可減少1小時的料理時間。只是小蘇打的份量不要超過1撮，加太多的話，豆子就會有肥皂味，變得不可口。

✏ Tips：砝碼壓在煮過的豆子上

酸性水烹煮

水中加入檸檬酸，經過45分鐘的烹煮後，豆子還是很硬。

清水煮

經過45分鐘後，以清水煮的豆子開始變軟，但還需要更多時間才能完全煮熟。

加入小蘇打來煮

在水中加入一些小蘇打，經過45分鐘的烹煮後，豆子變柔軟。

《鹼性料理法的實際應用》
豆類和玉米粥

只要加入少許小蘇打，豆類和穀物的烹煮時間就能減少近一半。我們在各類料理加入鹼性材料，從烤豆子到鷹嘴豆泥、黑豆湯到綿密的玉米粥，都能大幅減少我們耗在廚房的時間。只要你不要使用太多小蘇打，沒有人猜得到這種快速料理法的秘方。

波士頓烤豆子
4-6 人份

鑄鐵的荷蘭鍋在送入烤箱烘烤時，裡頭水分流失的速度，會比重量較輕的鍋子快。如果使用很重的鍋子烹煮本食譜，可以在步驟2時把水量增加至4½杯。

1 磅乾燥的海軍豆，約2½杯，挑選後洗淨

1 大匙小蘇打

6 盎司鹹豬肉，去掉外皮，切小片、約¼吋厚

1 顆洋蔥，切碎

3 杯水

5 大匙壓實的黑糖

5 大匙糖蜜

2 大匙伍斯特醬

4 茶匙第戎芥末醬

2 茶匙蘋果醋

鹽巴和胡椒

1. 將烤箱烤架移至中層，烤箱預熱至350℉。將3夸脫的水、豆子、小蘇打放入荷蘭鍋，以大火煮沸。沸騰後將火力轉弱為中大火，熬煮20分鐘。以濾盆把豆子瀝乾。將豆子和鍋子洗淨。

2. 以清空的鍋子開中火烹煮鹹豬肉約10分鐘，偶爾攪動，直到鹹豬肉上色。洋蔥下鍋，煮約5分鐘直至變軟。拌入水、豆子、糖、¼杯伍斯特醬、1大匙第戎芥末醬、醋、¼茶匙胡椒，煮沸。蓋上鍋蓋放到烤箱中，烘烤約1個半小時，直到豆子幾乎已經軟化。

3. 掀開鍋蓋，繼續烘烤約30鐘，直至豆子徹底變軟。拌入剩下的1大匙糖蜜、1茶匙第戎芥末醬。依個人喜好以鹽巴和胡椒調味即可上桌。豆子可冷藏最多4天。

我們都愛道地的波士頓烤豆子，可是不見得人人都有5到6小時來料理它。為了迅速得到同樣的綿密口感，我們先加入一些小蘇打，以文火熬煮乾豆子。小蘇打讓豆子開始軟化，讓烘烤時間可以減少至2小時。我們利用煎得焦褐的鹹豬肉、濃郁的黑糖、帶有牛肉味的伍斯特醬來增添風味；最後加入少許的第戎芥末醬和蘋果醋，替料理提味。

低溫慢煮，但熟得快： 道地的波士頓烤豆子講究的不是華麗的調味，而是經過判斷使用經典的食材：豆子、豬肉、糖蜜、第戎芥末醬、有時還有洋蔥。以慢煮五小時，熬煮出食材裡的強烈風味。我們發現，把豆子放在水中，以文火煮至接近沸騰，瀝乾後再烘烤，比直接將乾豆子和其他材料放在一起，以溫和的火力慢煮這種傳統的作法快上很多。豆子只要先用水煮45分鐘，就可以減少好幾小時的烘烤時間。不過，在水中加入少許小蘇打，可以讓水煮的時間減少至20分鐘。鹼性的小蘇打會破壞豆子外皮的細胞壁，讓豆子在破紀錄的短時間內煮軟。在本食譜中，我們用了很多小蘇打，比其他豆類食譜還多，可是大部分的小蘇打都會在瀝掉水煮湯汁時洗掉。半熟的豆子在清洗、去除任何殘留的小蘇打後，就可以和其他食材一起烘烤。

加入重口味的調味料： 黑糖、糖蜜、伍斯特醬、尤其是比一般黃芥末醬好的第戎芥末醬、蘋果醋、胡椒的結合，讓我們的烤豆子裡有著經典的濃郁口味。因為豆子已經事先煮到稍微變軟，因此可以在送入烤箱時就加入酸性食材一起烘烤。

掀起鍋蓋，完成料理： 在最後30分鐘，我們掀起鍋蓋繼續烘烤，這樣可以讓「醬汁」變得更濃稠。我們最後另外再加1大匙的糖蜜和1茶匙的第戎芥末，替燉豆子加強風味。

實用科學知識 如何避免吃豆就放屁？

"以「快速泡水法」處理的豆子，再煮過後產生出的氣體最少"

對有些人來說，煮豆最大的障礙不是沒有好食譜，而是討厭腸胃消化豆子造成的不適。我們在吃下豆子後總會產生討人厭的屁，是因為小鏈裡的碳水化

合物，又稱為「寡糖」，在進入大腸後，體內無法有效消化這些分子，但腸子末端的細菌可以，只是產生的副產品就是「屁」。有些資訊來源指出，把豆子先泡過水或煮過，可以去掉這些碳水化合物，延緩屁的產生。我們決定要測試這些理論，就從測量黑豆中最主要的小型碳水化合物，也就是「水蘇糖」（stachyose）的份量開始。

實驗結果證明，這些理論有些可信度。泡水過夜，然後煮過、瀝乾的豆子，水蘇糖的量會減少28%。將滾水倒在豆子上，浸泡1小時的快速泡水方法更有效，豆子煮好後，減少了42.5%的水蘇糖。雖然這些成果令人振奮，但我們認為可以做得更好。接著我們嘗試了幾種建議食材，據稱可以在豆子烹煮的時候，讓這些討人厭的化合物「中性化」，這些食材包括臭杏（epazote；或譯土荊芥）、昆布，一種大型海藻、月桂葉、小蘇打。這些食材放到鍋中後似乎都沒什麼效果，但也有可能只有在消化時會發生效果。

結論：雖然快速泡水法會讓豆子最後煮好時變得碎爛，可是，如果豆子讓你的腸胃極度不適，這個方法最能有效減少討人厭的化合物。

終極鷹嘴豆泥
約2杯

如果可以，請用罐頭豆取代乾豆。把一罐15盎司的鷹嘴豆洗淨，取代乾鷹嘴豆。若使用的是罐頭鷹嘴鬥豆，我們也建議購買 Pastene 牌的。另外也把煮的水換成自來水。

½杯乾鷹嘴豆，挑選後洗淨

⅛茶匙小蘇打

3大匙檸檬汁

6大匙中東芝麻醬（tahini）

2大匙特級初榨橄欖油，另備一小份淋在成品上

1小瓣大蒜，切末

½茶匙鹽巴

¼茶匙小茴香粉

少許卡宴辣椒

1大匙切末的新鮮香菜或巴西利

1. 把豆子放到大碗中，以1夸脫的水淹過，浸泡過夜。將豆子濾乾，將1夸脫的水、豆子、小蘇打放入大的單柄深鍋，以大火煮沸。將火力轉至小火，以文火熬煮約1小時，偶爾攪動，直到豆子變軟。濾乾，保留¼杯煮豆水，冷卻。

2. 將煮豆水和檸檬汁放入小碗或量杯中混合。在另一個小碗中將芝麻醬和2大匙的鹽巴混合。準備2大匙的鷹嘴豆備用，用來裝飾。

3. 將剩下的鷹嘴豆、大蒜、鹽巴、小茴香、卡宴辣椒放入食物調理機打約15秒，直到徹底變泥。用橡皮抹刀刮下調理機內壁的食材，調理機正將鷹嘴豆打成泥的同時，穩定流暢地加入混合好的檸檬汁。用橡皮抹刀刮下調理機內壁的食材，再繼續打1分鐘。調理機一邊打，一邊穩定流暢地加入混合好的芝麻醬，繼續打約15秒，直到鷹嘴豆泥變得柔順、綿密，可視需求刮下調理機內壁的食材。

4. 將鷹嘴豆泥放入餐碗，在表面上灑上預留的鷹嘴豆和香菜，以保鮮膜包起，靜置30分鐘直到味道結合。淋上初榨橄欖油即可上桌。鷹嘴豆最多可冷藏5天，裝飾的食材要分開冷藏。要上桌前，如果豆泥太硬，可拌入約1大匙的溫開水。

成功關鍵

我們希望鷹嘴豆有輕盈、絲綢般滑順的口感，以及平衡的味道。理論上來說，想讓口感綿密，最好的方式是剝掉鷹嘴豆的堅硬外皮，可是，我們找不到哪種剝皮法，不會使這項步驟顯得冗長無聊又途勞無功。不過食物調理機在把鷹嘴豆打成泥時，雖然無法去除所有的顆粒，但的確可以打出像美乃滋般的乳化質感。帶有土味的小茴香、少許卡宴辣椒、檸檬汁、大蒜，更可以讓這道菜的味道保持平衡。

泡水和小蘇打：你希望鷹嘴豆可以徹底分解，又希望速度可以快一點。先泡水再以文火熬煮是最好的料理方式。加入一些小蘇打能確保打泥時，豆子可以分解，而且不會留下硬皮。

最極致的滑順口感：把煮熟的鷹嘴豆和大蒜、鹽巴、香料一起打成泥，然後再加入檸檬汁和水。在這個兩步驟的過程中，再加上慢慢把水倒入，打出的豆泥會比一次把所有食材倒入來得更滑順。

乳化：為了不讓油水分離，我們發現最好是先「混合」橄欖油和中東芝麻醬，然後再淋到鷹嘴豆泥上。我們

慢慢地加入油，利用製造油醋醬的原理，避免油水分離。其原理請參考36。

加更多中東芝麻醬：芝麻醬是將芝麻磨碎後製成的濃稠醬料。我們豪邁的用了6大匙，是其他食譜的3倍用量。原來，不同品牌的芝麻醬，脂肪含量和口味都大不相同，有些帶有苦苦的異味。試吃員喜歡的芝麻醬是帶有堅果味和滑順口感，以此口味挑選的話，我們比較喜歡Joyva牌以及Krinos牌。

黑豆湯

6人份

烹煮乾豆時常會遇到熟得不均勻的問題，所以在步驟1測試豆子熟度時，要多試幾顆。為了加快烹煮的速度，可以在煮豆時也一邊準備「湯」的材料，在煮湯時也準備「配菜」。雖然你不需要準備下列所有的配菜，但至少選擇幾樣。因為這道湯所需的配菜可是畫龍點晴，不只能增添風味，還能讓口感、替湯品增加顏色。

豆子

5杯水，適需求增加

1磅乾黑豆，約2½杯，挑選後洗淨

4盎司火腿片，處理好

2片月桂葉

⅛茶匙小蘇打

1茶匙鹽巴

湯

3大匙橄欖油

2大顆洋蔥，切碎

1大根紅蘿蔔，去皮，切碎

3根芹菜梗，切碎

½茶匙鹽巴

5-6瓣大蒜，切末

½茶匙紅辣椒片

1½大匙小茴香粉

6杯低鈉雞湯

2大匙玉米澱粉

2大匙水

2大匙萊姆汁

配菜

萊姆角

新鮮香菜，切碎

紅洋蔥，切碎

酪梨，切半、去籽、切塊

酸奶油

1. 豆子：在大碗或容器中放入4夸脫的冷水。放入豆子，在室溫下泡至少8小時，或最多24小時。瀝乾、洗淨。

2. 在能被鍋蓋密封的大單柄深鍋中，放5杯的水，需蓋過的豆子、火腿、月桂葉、小蘇打。以中大火煮沸，用大湯匙把表面的泡沫撇去。拌入鹽巴，將火轉小，蓋上鍋蓋，以文火燉煮1至1個半小時，直至豆子變軟；若過了1個半小時後，豆子仍未變軟，再加1杯水繼續燉煮至軟化。不要把豆子瀝乾。取出月桂葉丟掉。撈出火腿，切成¼吋小塊，靜置備用。

3. 湯：在荷蘭鍋中放油，以中大火熱油至油閃閃發亮。加入洋蔥、紅蘿蔔、芹菜、鹽巴，偶爾攪動約12至15分鐘，直到蔬菜變軟，稍微變色。將火轉至中小火，將大蒜、辣椒片、小茴香下鍋，不停攪拌約3分鐘，直到散發香氣。拌入豆子、煮豆水、雞高湯，將火力轉至中大火，煮至沸騰，接著轉為小火熬煮約30分鐘，不蓋鍋蓋，偶爾攪動，讓味道混合。

4. 舀出1½杯豆子以及2杯煮豆水，放入食物調理機，攪打至滑順再倒入回鍋中。把玉米澱粉和水放入小碗中攪拌，直到混合，接著將一半的玉米澱粉慢慢地拌入湯裡。以中大火煮至沸騰，偶爾攪動到完全變稠。若湯煮沸後比想要的濃稠度還稀，再將剩下的玉米澱粉拌勻，慢慢倒入湯裡。煮沸，直到湯汁變稠。離火，拌入萊姆汁和之前留下的火腿，把湯舀入碗中，立刻上桌，配菜供需要的人自行取用。黑豆湯可冷藏最多4天。必要的話，重新加熱時可再添加雞湯稀釋。

黑豆湯佐契普雷辣椒

在黑豆湯裡加入菲式醬契普雷辣椒，這種泡在調味過番茄醋醬的墨西哥辣椒，可以讓黑豆湯更辛辣、更有煙燻味。

省略辣椒片，在步驟2加高湯時，再加入1大匙切末的契普雷辣椒和2茶匙的菲式醬（adobo sauce）。

"以文火燜煮湯裡的豆子，可以得到最美味的成果"

如果要煮湯，乾豆永遠是我們的第一選擇，因為乾豆很容易吸收高湯的味道。可是，如果要改用罐裝頭來煮湯，也不需要縮短烹煮時間。雖然罐裝豆已經是完全煮熟的豆子，但我們發現，如果要做托斯卡鈉白豆湯和黑豆湯，熬煮30分鐘的豆子會比只煮5分鐘來得美味。

若食譜要求用1磅的乾豆，可換成58盎司的罐裝豆。請記得將罐裝豆瀝乾，洗淨，並要有大幅收乾水分的準備。長時間熬煮讓罐裝豆有時間吸收高湯的味道，可是無法像乾豆子一樣吸收那麼多味道。

成功關鍵

為了讓黑豆湯又甜又辣又有煙燻味，我們選擇使用乾豆來製作。在煮的時候，豆子的味道會釋放到高湯裡，罐裝豆就沒有這個特點。另外，煮豆時加入小蘇打可節省時間。我們也發現高湯不必從頭做起，選用市面上買得到的雞高湯，加上經過火腿和月桂葉調味的煮豆水，就能將風味發揮得淋漓盡致。

讓豆泥滑順、使湯保持黑色： 做黑豆湯時，你會希望黑豆能夠煮爛、湯頭變成濃湯狀，所以把豆子徹底煮熟很重要。在把豆子打成泥時，又不希望失去豆子的黑色、或把湯煮成不吸引人的紫灰色，鹼性的小蘇打可一次解決這兩個問題。把豆子泡水可以節省烹煮時間，因為豆子已經煮爛，也就沒有泡鹽水的需要。

選擇火腿片： 豆子、火腿還有月桂葉，一起熬煮是傳統做法，但我們希望這道湯裡有更多肉。我們測試過鹹豬肉、厚培根、火腿片，但我們最喜歡火腿片的氣味。火腿片可替豆子和湯增添煙燻的豬肉味，而且還可以把肉保留下來，切丁後在上桌前拌入湯中。

使用醬底： 美味的黑豆湯需要炒過的芳香蔬菜做基底。我們喜歡用大蒜、小茴香、紅椒片，以及平常愛用的洋蔥、芹菜、紅蘿蔔。

把一些豆子打成泥： 為了讓湯有點稠度，我們把一小部分的豆子打成泥伴入湯中，讓黑豆湯有著又滑順又有顆粒口感。豆子吸收水分的速度不一樣，不同的爐火加熱速度也不同，為了煮出對的口感，我們發現最好用玉米澱粉漿來調和。請記得在冷水中把玉米澱粉攪散。熱水會馬上把澱粉顆粒的表面弄溼，在還沒攪

散前就會黏在一起，而澱粉顆粒結成一團後，中心還是乾的。

完成時加上萊姆汁和配菜： 若少了顏色豐富的配菜，最美味的黑豆湯也會變得很無趣。加入酸奶油和酪梨切塊可以讓湯沒有那麼燙，紅洋蔥和切末的香菜則讓湯帶有鮮度又有豐富色彩。最後，萊姆角可以突顯湯裡帶點萊姆汁的明亮顏色。

"我們很難單用外觀判斷乾豆子是否新鮮。可是，利用「老豆泡水會起皺」來辨識豆子的新鮮度"

我們注意到，有些生的乾豆泡水後會變皺，有些煮好後不綿密，還有著沙沙或粉粉的口感。我們發現，這都是豆子老化的跡象。因為豆子的外包裝沒有「銷售期限」，所以很難從超市貨架上判斷豆子新鮮與否。不過，老化的豆子有個滿明顯的跡象，那便是「泡水時會起皺紋」。這是因為豆子透過豆臍吸收分，也就是豆子和豆莢相連的位置。豆子並非需要小心處理的食材。只是經過碰撞，外皮就會破洞。即使是經過細心處理的豆子，也會因為溫度和濕度變化或蕈類成長、表皮過了一段時間後也會有洞，稱為裂紋。這些洞會吸收水分，讓豆子表面有皺紋。可惜的是，除了泡水外，沒有其他辦法能得知購買當下的豆子是否新鮮。我們的建議？如果剛好買到新鮮的豆子，那就在同一個來源多買一點吧。

老化的豆子　　　　　新鮮的豆子

奶油帕馬森玉米粥
4人份

本食譜最適合使用像玉米仁（yellow grits）這類粗碾去胚玉米粉，它的顆粒大小和北非小米差不多。得避免使用即溶、快煮的玉米粉，也要避開全麥、石碾、和一般的玉米粉。不要省略小蘇打，它可以縮短烹煮時間、讓玉米粥更綿密。如果玉米粥在開始烹煮10

分鐘後起泡，或是有些噴灑出來，代表火力太強，需要放個阻火器（flame tamer）。若要當主菜，可搭配配料（食譜後附）、味道濃郁的起士切片，例如古岡佐拉起士、或肉醬。

    7½杯水
    鹽巴和胡椒
    少許小蘇打
    1½杯粗碾玉米粉
    4盎司帕馬森起士，磨成粉，約2杯。另多備一些待
    上桌時使用
    2大匙無鹽奶油

    1.以中大火將大的單柄深鍋中的水煮沸，拌入1½茶匙鹽巴以及少許小蘇打。慢慢將玉米粉穩定地倒入水中，用木匙或橡皮抹刀來回攪動。把水煮沸，不斷攪動約1分鐘。再將火轉到最小，蓋上鍋蓋。

    2.過5分鐘後，把玉米粥攪拌滑順，將所有結塊攪開，過程約需15秒，得確實刮過鍋邊和鍋底。蓋上鍋蓋，繼續烹煮約25分鐘，不需攪拌，直到玉米粥的穀粒變軟，但還稍微有點彈牙。玉米粥應該很鬆滑，無法維持形狀，但在冷卻時會變稠。

    3.離火，將帕馬森起士和奶油拌入，並依個人口味以胡椒調味。蓋上鍋蓋靜置5分鐘。上桌，多的帕馬森起士供需要的人自行取用。

野生蘑菇與迷迭香配料
可做1份奶油帕馬森玉米粥

如果選用香菇，要先去蒂。

2大匙無鹽奶油
2大匙橄欖油
1小顆洋蔥，切碎
2瓣大蒜，切末
2茶匙新鮮迷迭香，切末
1磅野蘑菇，例如小褐菇（cremini）、香菇、秀珍菇（oyster）。處理好，切片
⅓杯低鈉雞湯
鹽巴和胡椒
    1.在12吋的不沾鍋中，以中大火熱奶油，直到油閃閃發亮。將洋蔥下鍋、烹煮，時常攪拌約5至7分鐘，

直到洋蔥變軟，開始變成褐色。拌入大蒜和迷迭香，攪炒約30秒，直至散發香氣。

    2.將蘑菇下鍋烹煮6分鐘，偶爾攪動，直到流出汁液。加入高湯，依個人喜好加入鹽巴和胡椒，烹煮約8分鐘，直至接近沸騰、醬汁變稠。將蘑菇舀到每份玉米粥上即可上桌。

炒櫻桃番茄和新鮮莫札里拉起士配料
可搭配1份奶油帕馬森起士玉米粥

不要將起士拌入炒過的番茄裡，否則會太快融化、變硬。

3大匙初榨橄欖油
2瓣大蒜，去皮，切薄片
1撮紅辣椒片
1撮糖
1½磅櫻桃番茄，切半
鹽巴和胡椒
6盎司新鮮莫札里拉起士，切丁、約½吋，約1杯
2大匙撕碎的新鮮羅勒

在12吋的平底不沾鍋上開中大火熱油，大蒜、紅辣椒片、糖也下鍋，拌炒約1分鐘，直到散發香氣，發出嘶嘶聲。拌入番茄約1分鐘，煮至開始變軟。依個人喜好加入鹽巴與胡椒調味，然後離火。將配料舀到每份玉米粥上，放上莫札里拉起士，灑上羅勒，上桌。

花椰菜苗、番茄乾、松子配料
可搭配1份奶油帕馬森起士玉米粥

½杯油漬日曬番茄乾，大致切塊
3大匙特級初榨橄欖油
6瓣大蒜，切末
½茶匙紅辣椒片
鹽巴
1磅花椰菜苗，處理過，切塊、約1½吋
¼杯低鈉雞湯
3大匙松子，先烤過
在12吋的平底不沾鍋，以中大火將番茄、油、大蒜、紅辣椒片、½茶匙鹽巴加熱，經常攪動約1分半，直到大蒜散發香氣，稍微有點焦。將花椰菜苗和高

湯下鍋,蓋上鍋蓋約2分鐘,煮至花椰菜苗變成鮮綠色。掀起鍋蓋,經常攪動約2至3分鐘,直到大部分的高湯蒸發,花椰菜苗剛煮嫩。加入鹽巴調味。將花椰菜苗舀起,放在每份玉米粥上,灑上松子,上桌。

成功關鍵

如果不去攪拌玉米粥,最後玉米粉會形成棘手的結塊,但有沒有辦法能省去這個麻煩的過程,又能讓玉米粥綿密滑順帶有濃郁的玉米香?我們從乾豆食譜裡獲得靈感。利用小蘇打把堅硬的豆子煮爛,加速烹煮過程。所以也在玉米粥裡加入少許小蘇打。它可以讓玉米粉中胚乳的細胞壁軟化,將烹煮時間減半,也減少攪動的次數。

加入少許小蘇打:由於玉米和豆子都含有膠質,因此小蘇打也可以用同樣方式發揮神奇效果。加入少許小蘇打,就能分解膠質、讓水進入,輕鬆地讓澱粉變成果膠狀,又能大幅減少烹煮時間。但也不要加太多小蘇打,過多會使玉米粥變黏,留下奇怪的化學烘烤味。只要一小撮就能夠開始作用。一旦這個反應開始,就會自行持續下去,像骨牌效應一樣。

善用鍋蓋:既然我們都不愛被綁在爐火旁,持續地攪拌玉米粥1小時,所以將目標鎖定在減少食譜裡的攪動次數。有一天我們被從其它同事叫走,就偶然的找出答案。當時我們把烹煮玉米粥的鍋子蓋上鍋蓋轉至小火。過了半小時再回到廚房,竟然沒有發現令人害怕的玉米粥結塊、燒焦的鍋底,反而發現完美的奶油玉米粥。所以以低溫加熱、蓋上鍋蓋,玉米粥能夠溫和、均勻地受熱、毫無結塊,甚至不需要用力攪拌。我們也發現,玉米粉下鍋後攪動一次,過5分鐘再攪一次就可以。

最後加上起士和奶油:在最後加入滿滿的2杯帕馬森起士和2小塊奶油,讓這道簡樸的濃粥增添足夠的堅果味和濃郁風味,完成一道令人滿足的料理,無論是否有配料都是如此,而且耗費的力氣最少。

實用科學知識 最適合用來做玉米粥的玉米粉

"我們喜歡用粗碾、去胚的玉米粉來做玉米粥"

在超市裡,不管是玉米仁還是粗粒玉米粉(corn semolina)都會標成玉米粉,快忘了那些名字吧。選購適合製作玉米粥的產品時,有三個考量重點:「即溶快煮」、傳統去胚、粗碾的顆粒大小。即溶、快煮的玉米粉是已經預先煮過的,相較之下較淡而無味,所以把它們留在貨架上吧。雖然我們喜歡全麥玉米粉完整的玉米味,但不管煮多久口感還是有點顆粒狀。因此我們比較喜歡去胚的玉米粉,每個顆粒的硬殼和胚都已去掉,可以先檢查包裝背後的標籤或成分表,看是否已經去胚。如果沒有清楚標明,可以假定它是全麥的。

至於碾壓,我們發現碾得較粗的玉米粉,可以讓奶油帕馬森玉米粥有著最令人滿意的柔軟口感。不過,因為業界沒有一致的標準,每個品牌的粗細可能相差很大。這家的「粗碾」可能是另一家的「細粉」。下圖介紹如何找出最極致的粗碾口感。

還是太細

一般的玉米粉,例如桂格,也有同樣的沙質質感,煮起來還是太黏。

太細

快煮玉米粉顆粒超細,雖然能加快烹煮過程,但缺少玉米風味。

粗細正好

顆粒較粗,和北非小米(couscous)大小差不多的粗細正好,煮熟後會保留柔軟但飽滿的口感。

觀念30：洗米「不」泡米，米飯反而更蓬鬆
Rinsing (Not Soaking) Makes Rice Fluffy

煮飯很簡單，可是要把飯煮得好並不容易。很多厲害的廚師都承認，他們完全不會煮米飯，不是把米煮得太焦、就是煮得太糊。即使想煮出鬆軟的米飯時，卻常常煮出黏糊糊的白飯。如果在不以米飯為主食的國家，可即時食用的半熟米或沖泡飯等產品，理論上在烹煮過程中可以減少不確定的因素，但是口感和味道卻不理想。不過，一旦了解米飯的科學原理，你就會發現，煮飯一點都不難。

◎科　學　原　理

米飯是「水稻的種子」。當水稻收成時，從中由一層外殼保護著的稻穀，在去掉外殼後，我們會留下「糙米」。它是由「米糠」——包圍著一層富含油脂與酵素的細胞，這層細胞稱為糊粉層、以及胚與胚乳這三個部分組成。數千年來，經過半煮熟的全穀米，再碾壓以去掉米糠和胚，最後只留下含有澱粉的胚乳。這樣經過半煮熟、精磨的米，就是日常我們稱的「白米」，這也是食譜中最常用到的米飯。

白米和馬鈴薯、義大利麵一樣，在料理時的最大挑戰是「如何控制澱粉」。只不過馬鈴薯和義大利麵烹煮時，為了洗掉多餘的澱粉，通常會浸泡在大量的水裡；但是烹煮米飯時，需要的是更精確的煮法。如果只是煮沸直至米粒吸足了水分，將會煮去米飯的精緻風味，使它變得濕軟浮腫。煮米時，需測量添加的水分並蓋上鍋蓋。「鍋蓋的目的是為了確保水分是被米粒吸收，而不是被蒸發掉」。倘若烹煮時蒸發太多的水，米會在還沒變軟前燒焦。

「澱粉粒」是米的主要成份，當它在室溫下不會吸收水分，但是把米泡在水中加溫時，水分子移動快速，其能量會開始解除澱粉分子之間的鏈結，讓水滲入其中。於是澱粉粒開始膨脹，釋出有黏性的澱粉分子，像膠水般把米黏在一起，使米飯變軟、變黏，或者說，變得「很澱粉」。

米飯和馬鈴薯一樣，內含直鏈澱粉和支鏈澱粉。其中的「直鏈鏈粉和蛋白質含量，決定米飯煮熟後的口感」，是屬粒粒分明又蓬鬆，還是黏呼呼的。雖然有些例外情形，但是直鏈澱粉和蛋白質含量較高的米，像是長粒米，大多能煮出的粒粒分明、輕盈、蓬鬆的飯粒。反觀直鏈澱粉和蛋白質含量較低的，像是義大利阿柏瑞歐米，煮出來的米就較濕軟、容易黏在一起。有關直鏈澱粉與支鏈澱粉的詳細解說，請參考觀念26。

由於直鏈澱粉和蛋白質含量不同，長粒米的澱粉膨脹、膠化的溫度約落在158℉，比中粒米的144℉還要高。能在較低溫度膠化的澱粉粒，其直鏈澱粉含量少，但釋出的直鏈澱粉卻比較多，也因為如此才能讓米黏在一起。

米粒的構造

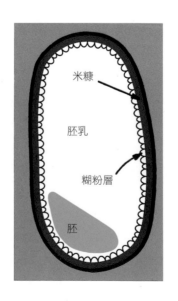

米粒：
每顆糙米都含有外層的米糠以及糊粉層，經碾壓成白米後便能除去。所有種類的米都含有胚乳。

長粒米裡含有約22％的直鏈澱粉、8.5％的蛋白質，米粒的長度是寬度的四至五倍。長粒米烹煮時需要的水最多，煮熟後粒粒分明，冷卻時會變硬，這是因為直鏈澱粉含量較高的緣故。當我們在做香料飯（pilaf）時，比較喜歡用長粒米。

中粒米含有約18％的直鏈澱粉、6.5％的蛋白質，米粒的長度是寬度的二至三倍。烹煮時需要的水較少，煮熟後飯粒很軟、有點黏性。像阿柏瑞歐米（Arborio）這類中粒米是燉飯（risotto）的最佳選擇，因為能夠煮得很綿密又不黏。

短粒米含有約15％的直鏈澱粉和6％的蛋白質，米粒幾乎是圓形的。這種米粒在烹煮時需要的水份最少，煮熟後可能會又黏又軟。短粒米適合做壽司，因為在做壽司時，就需要米粒們是黏在一起的。

✖ 實 驗 廚 房 測 試

據稱煮米前泡水可以讓米煮得更快、更好吃，為了確認這麼做是否真有其事，我們設計了簡單的實驗：有些食譜要求將白米浸泡在水中3小時，我們如法泡製此說法。將一批糙米浸泡同樣的時間，然後根據後文「簡單香料飯」的步驟烹煮，但稍微減少水分。另外再煮一批沒有浸泡過的白米，但在烹煮之前先洗過，以正常水量、使用同樣的步驟烹煮。這項實驗中分別使用長粒白米和印度香米（basmati rice）。

實驗結果

不管是那種米，只要泡過水，結果都是煮過頭、膨脹，米粒爆開來。

重點整理

老實說，將米以水浸泡只是浪費時間。即使是米糠、胚、糊粉層都完好無缺的糙米，烹煮時間是白米的2至3倍長，但煮出的飯仍然過軟、不可口。「泡水」這項動作讓米「吸收過多水分」，只要一加熱，澱粉粒馬上膨脹。

難道這代表煮飯前的準備工作毫無水的容身之地？不盡然。我們發現，長粒白米或印度香米都一定要換多次水，才能煮出分明、分開的米飯。「洗米」可以洗去米粒表面上的澱粉，讓煮出的飯更輕盈更蓬鬆。那糙米呢？這項實驗也證明了，沒有好處也沒壞處。因為糙米的米糠仍保持完整，外表沒有澱粉。所以清洗沒有任何效果──只是浪費水和時間。

✏ Tips：泡過水的米，可能會在烹煮時爆開

泡過水的米
米飯膨脹，煮過頭了。

清洗過但未泡水的米
煮出完美的米飯。

《蓋上鍋蓋烹煮的實際應用》
香料飯

製作香料飯時，只加入剛好的水量讓米粒完全吸收後，就可以煮出柔軟、熟度剛好的米飯。因此「蓋上鍋蓋」是必要的步驟，少了緊密的鍋蓋，水還沒被米吸收就從鍋中蒸發，讓米粒還沒熟就焦了。

簡單香料飯
6人份

你會需要一個可以將單柄深鍋蓋得很密的鍋蓋。可以將印度香米換成長粒白米。

2杯長粒白米
3大匙無鹽奶油或植物油
1小顆洋蔥，切碎
3杯水
1大匙鹽巴
胡椒

1. 將米放入濾盆或細網濾網裡，以流動的冷水清洗，直到洗米水變清。將濾網放到碗上，靜置備用。
2. 在大的單柄深鍋中以中火將奶油融化。將洋蔥下鍋烹煮約4分鐘，直至洋蔥變軟，但還未變色。將白米下鍋烹煮，不斷攪拌約1至3分鐘，直到米粒變白、變得不透明。依個人喜好加入水、鹽巴、胡椒調味，轉至大火煮至沸騰，搖動鍋子讓食材混合。將火轉至小火，蓋上鍋蓋，以文火燜煮約18至20分鐘，直至水分被吸收。離火，打開蓋子，將廚房布巾折半蓋住鍋口，並將鍋蓋重新蓋好。靜置10至15分鐘。用叉子把米飯撥鬆即可上桌。

黑醋栗和松子香料飯

洋蔥煮軟後，加入2瓣切末的大蒜、½茶匙薑黃粉（ground turmeric）、¼茶匙肉桂粉，烹煮約30秒，直至傳出香氣。米飯離火，還沒有蓋上廚房布巾前，在米飯上灑上¼杯黑醋栗，不要和飯混在一起。用叉子把飯撥鬆時，再拌入¼杯烤過的松子。

成功關鍵

香料飯應該要香噴噴、蓬鬆柔軟、蒸得完美。雖然關於香料飯的食譜版本眾多，但卻無法從中找出共通的最佳做法。很多食譜主張先洗過米、將其浸泡過夜；可是只是一道簡單的米飯料理，我們懷疑是否有必要如此費工。為了煮出最美味的香料飯，選用長粒白米烹煮，若手邊有印度香米替換更好。我們發現，將米泡水過夜並非必要，大家可以回顧本觀念的「實驗廚房測試」。不過在煮飯之前先清洗一下，可以讓米飯粒粒分明。只要用奶油熱炒米飯1分鐘，就能讓香料飯有著很棒的風味。

選對米： 香料飯應該要輕盈、蓬鬆，所以我們建議使用長粒米。其味道自然，能襯托其他食材的風味。然而，高品質的白米有宜人的彈牙口感，本身稍微帶點奶油香，這股香氣來自一種自然產生的氣味化合物──「2-acetyl-1-pyrroline」，當含量較高時會有類似爆米花的香味。長粒白米可用印度香米取代，它的特色在於本身帶有堅果味和甜甜的香氣。印度種的香米和在美國種植的不太一樣，至少熟成一年才會包裝，但熟成時間通常更久。「熟成」可讓稻米脫水，煮熟時會大幅膨脹，膨脹程度比其他長粒米飯更大。美國種植的香米沒有經過這道熟成的手續，因此不會像印度香米膨脹得這麼大。請記得購買經過「熟成的香米」。本食譜唯一不建議的選擇是蒸穀米（converted rice），這種米在包裝前已經蒸過，這會讓米粒中間的澱粉膠化、去掉外層的一些澱粉，使得米在煮熟後較不會變黏或變糊。不過結果是煮出「有彈力」的米，有著試吃員不喜歡的強烈氣味。

用少一點水： 傳統煮飯的水米比例是以2：1，但米飯會太黏太軟。我們發現正確的比例應該是3：2，此比例已經將烹煮前的洗米效果計入。

炒米： 用奶油炒米可以炒出米飯的堅果味，讓每粒米飯保持完整。這個步驟也讓我們有機會先炒顆洋蔥，或加入另一種美味的食材。

煮沸，火力轉小： 米飯邊緣變透明後，加入水和鹽巴後煮至沸騰，將火轉到最小，蓋上鍋蓋，經過18至20分鐘後的燜煮，米應該會變軟並吸收所有水分。

讓熱氣蒸發： 沸騰後，米會變得有點重。為了讓米變得輕盈，我們在蓋子底下墊一條布巾，並讓鍋子離火10至15分鐘。布巾會吸收鍋中的一些水氣，讓米飯蓬鬆美味。只要用叉子撥鬆米飯使其分開後就可上桌。

《蓋上鍋蓋烹煮的實際應用》
糙米和墨西哥米

慢煮米飯料理時，就算將鍋蓋蓋得很緊，也解決不了所有問題。所有米飯必須均勻受熱，這樣底部才不會燒焦。因此，將料理過程移到「烤箱」，就能達到這個效果。

糙米飯
4-6 人份

為了減少水分蒸發，請蓋起單柄深鍋的鍋蓋，當水一沸騰就立即蓋上。可以用 8 吋大附蓋陶瓷烤盤取代烤盤和鋁箔紙。若要做雙倍份量，可用長 13 吋、寬 9 吋的烤盤，烘烤時間不需增加。

1½ 杯長粒、中粒或短粒糙米
2⅓ 杯水
2 茶匙無鹽奶油或植物油
½ 茶匙鹽巴

1. 將烤箱烤架調整至中層，烤箱預熱至 375℉。將米鋪在 8 吋大的烤盤。

2. 把水和奶油放在中等大小的單柄深鍋中，蓋上鍋蓋煮沸。液體沸騰後馬上拌入鹽巴，再倒入烤盤中。使用兩層鋁箔紙將烤盤緊緊蓋住。把烤盤放入烤箱中烘烤約 1 小時，直至米飯變軟。

3. 把烤盤從烤箱中取出，掀起鋁箔紙。用叉子把米飯撥鬆，然後以手巾蓋住，靜置 5 分鐘。掀起手巾，讓米飯再靜置 5 分鐘即可上桌。

番茄豌豆咖哩烤糙米飯

將奶油的量加至 2 大匙，放到 10 吋的不沾鍋中，開中火融化，加入 1 顆切末的小洋蔥烹煮約 3 分鐘，直至洋蔥透明。加入 1 瓣切末的大蒜、1 大匙嫩薑末、1½ 茶匙咖哩粉、¼ 茶匙鹽巴，烹煮約 1 分鐘直至散發香氣。加入 1 罐 14.5 盎司的罐頭番茄，先將番茄濾乾後切塊，放入鍋中煮至徹底加熱，約需 2 分鐘。靜置一旁備用。將水換成蔬菜高湯，把鹽巴減少至 ⅛ 茶匙。把高湯淋在米上後，拌入剛煮的番茄，將米和番茄鋪平。依照指示烘烤，將烘烤時間增加至 70 分鐘。用布

巾蓋上烤盤前，拌入 ½ 杯解凍的冷凍豌豆。

帕馬森起士、檸檬、香草烤糙米飯

將奶油加至 2 大匙，放入 10 吋的不沾鍋開中火融化。加入 1 小顆切末的洋蔥，烹煮約 3 分鐘，煮至洋蔥變得透明，靜置備用。把水換成低鈉雞湯，將鹽巴減少至 ⅛ 匙。先把高湯倒入米中，再拌入洋蔥。蓋上鋁箔紙，依照指示烘烤。把鋁箔紙掀開後，拌入 ½ 杯磨成粉的帕馬森起士、¼ 杯切末的新鮮巴西利、¼ 杯切碎的新鮮羅勒、1 茶匙的檸檬皮磨粉、½ 茶匙的檸檬汁、⅛ 茶匙的胡椒。用布蓋上烤盤，依照食譜指示繼續進行。

炒蘑菇、韭蔥烤糙米飯

把水換成低鈉雞湯，將鹽巴的量減少至 ⅛ 茶匙。依照指示烘烤。當米距離烤好前的 10 分鐘，在平底鍋開中大火，放入 1 大匙無鹽奶油、1 大匙橄欖油，煮至融化。加入 1 根韭蔥，只使用蔥白，切成 ¼ 吋長的蔥段，烹煮約 2 分鐘，偶爾攪拌，直到蔥變軟。加入 6 盎司的小褐菇，將其清洗後切成 ¼ 吋的薄片，以及 ¼ 茶匙的鹽巴，烹煮約 8 分鐘，偶爾攪動，直到水分蒸發，蘑菇上色。拌入 1½ 茶匙的新鮮百里香末、⅛ 茶匙胡椒。把布巾掀起後，拌入煮過的蘑菇和韭蔥、1½ 茶匙的雪莉醋，馬上上桌。

成功關鍵

糙米應該帶有堅果味和強烈的味道，稍微有點黏性，嚼勁多一些，比起白米更有口感。為了讓本食譜達到這些目標，我們的「水米比例」非常接近本觀念食譜「簡單香料飯」的比例，以 2⅓ 杯水對 1½ 杯米烹煮。可是，這和煮白米的方法不一樣的地方於，我們是以烤箱來煮飯，仿造電鍋裡可受控制的間接熱源。在水中加入幾茶匙的奶油或油，可增添溫和的味道，讓米飯純樸、堅果的氣味成為風味的重心。

放到烤箱中：糙米只要比白米多 1 大匙的水，不需要再多就能煮透，但我們的確需要更多時間讓它軟化。糙米是全麥米，稻殼還很完整，而白米則是已經去掉稻殼。正是因為糙米還有著稻殼，所以需要 2 倍時間烹煮。把米放到烤箱中，能以更溫和、均勻的受熱方式，減少底層米飯燒焦的機率。若是使用爐火煮糙米時，經常會燒焦。

用少一點水：大多數用爐火煮的糙米食譜，都會多加水，大多是以2：1來避免煮焦了。可是，這樣煮出來的米會變得太濕、煮過頭。我們發現，用少一點水，然後利用烤箱與鍋蓋困住水分，煮出的米更好。先把水煮沸，再加到米中，而不是用冷冷的水龍頭水，可以將烤箱烘烤的時間控制在1小時內完成。烤盤蓋緊很重要，這也是為什麼要用兩層鋁箔紙。

加入一些脂肪和鹽巴：在把米送入烤箱前，請記得先調味。加入一點額外的脂肪，可讓米飯有一些清淡的味道，讓飯鬆軟。

撥鬆、靜置：米飯從烤箱出爐後，把飯撥鬆，將米粒分開，然後用乾淨的布巾蓋上烤盤，讓米飯吸收一些水分。

墨西哥飯
6-8人份

由於墨西哥辣椒每根辣度不一，我們去掉最主要的辣味來源——辣椒梗和籽，好控制本食譜的辣度。一定要使用直徑12吋大、可放入烤箱的鍋子，這樣米飯才能均勻受熱，並在指示的時間煮熟。鍋子的深度不及寬度重要，我們曾用直壁炒鍋和荷蘭鍋，也都成功煮出這道料理。不管你使用的是哪種鍋子，必須要有可以放入烤箱、蓋得緊密的鍋蓋。可以用蔬菜高湯取代雞肉高湯。

2顆番茄，去核，切成4塊
1顆白洋蔥（譯註：又稱牛奶洋蔥），去皮，切成4塊
3根墨西哥辣椒。2根去蒂去籽，切末；1根去梗後切末
2杯長粒白米
⅓杯植物油
4瓣大蒜，切末
2杯低鈉雞湯
1大匙番茄糊
1½茶匙鹽巴
½杯切末的新鮮香菜
萊姆切角

1.將烤箱烤架調整至中層，烤箱預熱至350℉。把番茄和洋蔥放入食物調理機打至滑順，約需15秒，必要的話可刮下機器壁上的食材。將打成泥狀的食材放入量杯中，此時應該有2杯的泥。若需要的話，把多餘的刮掉，讓泥的量等於2杯。

2.在大的細網濾網中放米，以流動的冷水洗淨，直到洗米的水變得清澈，約需1分半。把放在濾網中的米用力搖動，甩掉多餘的水。

3.用一個可放入烤箱的12吋直壁炒鍋或荷蘭鍋，以中大火熱油1至2分鐘。放3或4顆米下去，如果米粒會嘶嘶作響，就代表油已經準備好了。把米下鍋烹煮，經常攪拌約6至8分鐘，直到米已經呈淡金色、透明。把火力轉至中火，加入大蒜以及去籽切末的墨西哥辣椒烹煮約1分半，經常攪拌，直到散發香氣。拌入打成泥的番茄和洋蔥、雞肉高湯、番茄糊、鹽巴，把火力增加到中大火，煮至沸騰。蓋上鍋蓋，放入烤箱烘烤30至35分鐘，烤至液體被吸收，米飯變軟。在烘烤時間過半時，充分攪拌。

4.拌入香菜，依個人喜好加入之前留下來的帶籽墨西哥辣椒末。立刻上桌，萊姆角供需要的人自行取用。

實用科學知識 辣椒去籽

"想去掉墨西哥辣椒裡的籽時，可以利用「挖球器」（melon baller）！"

用刀子去辣椒的蒂和籽時，手要很穩。幸好還有更安全，而且同樣有效的替代方式。

首先，用刀子把辣椒切成兩半，然後從蒂頭的另一邊，用小型挖球器的邊緣刮下辣椒裡的梗和籽。最後，用挖球匙把辣椒核切掉。若想瞭解辣椒的料理科學，請參考觀念32。

焦番茄、辣椒、洋蔥和墨西哥飯
6-8人份

在這道變化版的食譜中，先用鑄鐵平底鍋把蔬菜煎焦，讓完成的成品有較深的顏色以及輕微溫和的煙燻味。鑄鐵平底鍋最適合用來煎焦蔬菜，反倒傳統鍋、甚至平底鍋都會讓蔬菜真的燒焦，黏在鍋上很難去除，就算用力刷也刷不掉。可以用蔬菜高湯取代雞肉高湯。把第三根墨西哥辣椒切碎時，留下梗和籽。

2顆番茄，去核
1顆白洋蔥，去皮，切成4塊

6瓣大蒜，不要去皮

3根墨西哥辣椒。2根去蒂去籽，切末；1根去梗後切末

2杯長粒白米

⅓杯植物油

2杯低鈉雞湯

1大匙番茄糊

1½茶匙鹽巴

½杯切碎的新鮮香菜

萊姆角

1. 在12吋鑄鐵平底鍋，以中大火熱鍋約2分鐘。把番茄、洋蔥、大蒜、切半的墨西哥辣椒煮熱，用食物夾經常翻面，直到蔬菜軟化，表面幾乎泛焦，番茄約需煎上10分鐘，其他蔬菜則需要15至20分鐘。完成後，靜置至蔬菜冷卻到可以用手處理，把洋蔥的根切下，再將每塊再切半。把大蒜剝掉外皮，切末。墨西哥辣椒也切末。

2. 把烤箱烤架調整至中層，烤箱預熱至350℉。把煮熱的番茄、洋蔥放到食物調理機打至質地柔順，約需15秒，需要的話可刮下壁上的食材。把打好的洋蔥和番茄放到量杯中，應該可以裝滿2杯。如果有多，刮到剩下2杯的量即可。

3. 在大的細網濾網中放米，以流動的冷水洗淨，直到洗米的水變得清澈，約需1分半。把放在濾網中的米用力搖動，甩掉多餘的水。

4. 用一個可放入烤箱的12吋直壁炒鍋或荷蘭鍋，以中大火熱油1至2分鐘。放3或4顆米下去，如果米粒會嘶嘶作響，就代表油已經準備好了。把米下鍋烹煮約6至8分鐘，經常攪拌，直到米已經呈淡金色、透明。把火力轉至中火，加入大蒜以及去籽切末的墨西哥辣椒烹煮約1分半，經常攪拌，直到散發香氣。拌入打成泥的番茄和洋蔥、雞肉高湯、番茄糊、鹽巴，把火力轉到中大火，煮至沸騰。蓋上鍋蓋，放入烤箱烘烤30至35分鐘，直至液體被吸收，米飯變軟，烘烤時間過半時，充分攪拌。

5. 拌入香菜，依個人喜好加入之前留下來的帶籽墨西哥辣椒末。立刻上桌，萊姆角供需要的人自行取用。

成功關鍵

以墨西哥料理方式烹煮的米飯，已經是味道豐富的香料飯，可是我們卻常常煮出很多黏糊或油膩的墨西哥

飯。因為鍋子裡食材眾多，很難靠爐火讓米徹底煮透。更不用說攪動次數過多，讓米變得特別「澱粉」。因此我們把鍋子放入烤箱，同時解決這兩個問題。

洗淨、熱炒：洗米可以將多餘的澱粉洗掉，以免成品變得太黏。用⅓杯的油炒米，可以煮出濃郁、烤過的風味。請注意，有些食譜會要求把米炸過，但我們發現沒有這個必要。同樣的，只用1大匙的油來炒米，也無法帶出該有的濃郁味道。

用兩種番茄：大多數的食譜都使用新鮮番茄，其原因在於使用罐頭番茄有煮過頭的味道，而且番茄味太重。雖然罐頭番茄可以讓米飯顏色更濃，我們也的確喜歡這個優點，所以我們用1大匙的番茄糊來達到這個目的。為了進一步確保煮出對的風味、顏色、口感，我們在中途攪拌米飯，重新讓番茄與米飯結合。

增加味道、口感：我們發現，把番茄打成漿是最好的，也可以把洋蔥和番茄一起打泥。我們比較喜歡把大蒜和辣椒切末，放鍋中和米一起炒，然後再放入番茄和洋蔥所煮出的味道。同時也加入雞湯，讓味道更濃郁。

以新鮮食材做結：雖然許多傳統食譜覺得，新鮮香菜或切末的墨西哥辣椒可放也可不放，但是在我們的書裡，這兩樣食材缺一不可。生的香草和辛辣的辣椒補足了熟番茄、大蒜、洋蔥的濃郁味道。擠上一些新鮮萊姆汁，會讓這道菜的味道更鮮明。

實用科學知識 如何使用香草梗？

"香菜梗的氣味很棒，但巴西利的梗少用為妙"

料理時可以用香菜和巴西利的梗嗎？我們要求試吃員吃下整株香草，從柔軟的葉子到肥厚的粗莖都進行試吃。雖然巴西利葉子味道新鮮、有香料味，但讓我們訝異的是，吃到梗時味道變得很強烈。等到我們吃到梗的末端時，試味員大聲抱怨味道太苦了。不過，香菜又是另外一回事了。當然，葉子很美味，但是讓我們驚奇不已的是香草莖的味道。甜美、新鮮、強烈，我們從葉子吃到莖，味道越來越強烈，但卻從來沒有變苦。在這之中，我們學到什麼呢？如果食譜要的是香菜，而且帶有酥脆的口感也沒關係，梗和葉子都可以一起使用。可是，如果是巴西利，除非是用來煮湯、燉肉，又不怕味道太強烈，不然就要挑剔一點，只用葉子就好。

《蓋上鍋蓋烹煮的實際應用》燉飯

傳統的燉飯料理在煮米時都需要不停地攪拌,這個動作會釋出米飯裡的澱粉,有助於煮出經典的綿密醬汁。不過我們改良了傳統食譜,大幅減少攪拌時間;不洗米,但以水淹過米的烹煮方式,還是可以達到紮實柔軟的口感。

不麻煩香草帕馬森燉飯
6人份

這道燉飯較不需動手,只是時間抓得準確,強烈建議使用計時器。

5杯低鈉雞湯

1½杯水

4大匙無鹽奶油

1大顆洋蔥,切碎

鹽巴與胡椒

1瓣大蒜,切末

2杯阿柏瑞歐米

1杯澀白酒

2盎司帕馬森起司粉,約1杯

2大匙切碎的新鮮巴西利

2大匙切碎的新鮮細香蔥

1茶匙檸檬汁

1.用大的單柄深鍋將高湯和水以大火煮沸。將火力轉至中小火,讓高湯徐徐沸騰。

2.用一只荷蘭鍋,以中火將2大匙奶油融化。洋蔥和¾茶匙的鹽巴下鍋,烹煮約5至7分鐘,經常攪動,直到洋蔥變軟。將大蒜下鍋,攪動約30秒,直至散發香氣。倒入米粒,烹煮約3分鐘,經常攪動,直到米粒的邊緣呈透明。

3.加入澀白酒,烹煮2至3分鐘,不斷攪動,直到白酒完全被吸收。把5杯熱高湯拌入米飯中,將火力轉到中小火,蓋上鍋蓋,烹煮16至19分鐘,直至所有高湯都被米飯吸收,米的口感正好彈牙。在烹煮過程中攪動兩次。

4.加入¾杯的熱高湯,不斷地輕輕攪拌約3分鐘,直到燉飯變得綿密。拌入帕馬森起司,鍋子離火,蓋上鍋蓋靜置5分鐘。拌入剩下2大匙奶油、巴西利、細香蔥、檸檬汁。為了讓燉飯的口感更鬆軟,依個人喜好

加入剩下的高湯。以鹽巴和胡椒調味,立刻上桌。

不麻煩雞肉香草燉飯
6人份

這道燉飯較不需動手,只是時間抓得準確,強烈建議使用計時器。

5杯低鈉雞湯

2杯水

1大匙橄欖油

2塊(12盎司)帶骨雞胸肉,剖開處理好,橫切兩半

4大匙無鹽奶油

1大顆洋蔥,切碎

鹽巴和胡椒

1瓣大蒜,切末

2杯阿柏瑞歐米

1杯澀白酒

2盎司帕馬森起司粉,約1杯

2大匙切碎的新鮮巴西利

2大匙切碎的新鮮細香蔥

1茶匙檸檬汁

1.用大的單柄深鍋將雞湯和水以大火煮沸。將火力轉至中小火,讓高湯徐徐沸騰。

2.準備一只荷蘭鍋,以中火熱油,直到油開始冒煙。將雞肉下鍋,帶皮面朝下,油煎約4至6分鐘,直至雞皮呈現金黃色。將雞肉翻面,再煎上約2分鐘,直至第二面稍微焦褐。把雞肉放到單柄深鍋的高湯裡,烹煮約10至15分鐘,直至雞肉達160℉。把雞肉放到大盤子裡。

3.利用空出來的荷蘭鍋,以中火熱2大匙的奶油。放入洋蔥和¾茶匙的鹽巴下鍋,烹煮5至7分鐘,經常攪動,直到洋蔥變軟。將大蒜下鍋,攪動約30秒,直至散發香氣。加入米粒烹煮約3分鐘,經常攪動,直到米飯的邊緣呈透明。

4.加入澀白酒烹煮2至3分鐘,不斷攪動直到白酒完全被吸收。把5杯熱高湯拌入米飯,將火力轉到中小火,蓋上鍋蓋烹煮16至19分鐘,直至所有高湯被米飯吸收、米的口感正好彈牙。在烹煮過程中攪動兩次。

5.加入¾杯的熱高湯,不斷地輕輕攪拌約3分鐘,直到燉飯變得綿密。拌入帕馬森起司,鍋子離火,蓋上

鍋蓋，靜置5分鐘。

6.在此同時，將雞肉去皮去骨後，將肉撕成一口大小。輕輕拌入撕碎的雞肉、剩下的2大匙奶油、巴西利、細香蔥、檸檬汁。想讓燉飯的口感更鬆軟，可依個人口味加入剩餘的高湯。以鹽巴和胡椒調味後，即可上桌。

實用科學知識 想要綿密口感？那就不要洗米！

"想做燉飯或米布丁嗎？那就「不要洗米。」只有粒粒分明的米飯料理才需要洗。"

你每次都會洗米嗎？在實驗廚房得到的結論是：如果想要煮出粒粒分明的米飯，我們才會建議洗長粒米。這是因為洗米這道手續可以洗去多餘的澱粉，若沒有洗掉，它會在烹煮過程中吸收水分並膨脹，讓米飯黏在一起。

為了測試其他白米是否也是如此，我們蒐集三種本書裡最常用到的白米，分成「洗過」和「未洗過」的，煮成幾種不同的料理。

我們將中粒的阿柏瑞歐米煮成燉飯，也將中粒米做成米布丁，以及把長粒的印度香米蒸熟。經試味後，我們確定蒸過、需要粒粒分明的印度香米，在烹煮前洗過會更美味。

可是，像燉飯或米布丁等需要「綿密口感」的料理，清洗只會破壞成品的口感。總結是：想要又黏又綿密的口感，就不要洗米。

成功關鍵

經典燉飯需要在爐火上，煮上漫長的1個半小時，才能燉出最美味綿密的成品。但是我們的目標是只攪拌5分鐘，然後蓋上鍋蓋就能達到同樣的效果。一般食譜會要求澀白酒被吸收後，漸進式地倒入一些高湯，並在每次加完高湯都要不斷地攪拌。不過，我們把大部分的高湯一次倒入鍋中，並蓋上鍋蓋來熬煮米飯，直到大部分的高湯都被吸收。這樣的做法只需要攪拌二次。

不要攪動：我們已經重新設計過本食譜的料理步驟，把攪動的次數降到最少。一開始就把大部分的高湯用上，利用高湯讓米飯均勻煮熟，這就是我們的獨門訣竅。不過要小心測量高湯的用量，想成功就得靠正確的「比例和用量」。我們不洗阿柏瑞歐米，因為本道菜

裡需要額外的澱粉使燉飯綿密。以傳統作法來說，攪動可以讓米飯釋出澱粉，創造出綿密的「醬」；也可以避免米飯沾鍋或燒焦。不過，我們用高湯淹過米，然後把高湯煮沸，讓米飯自然滾動，取代攪動。如此一來，米不會燒焦，還能煮出綿密的醬汁。

用荷蘭鍋：我們用荷蘭鍋代替單柄深鍋。荷蘭鍋的底層又厚又重，側邊夠深，蓋子能夠密閉，可以完整留住熱氣，讓熱盡量均勻散布。另外，荷蘭鍋較寬，頂部和底部煮熟的速度不會差太多，米飯可以在鍋中舖成薄薄一層。

以餘溫繼續烹煮：在開始烹煮後的16至19分鐘之間，我們只攪拌荷蘭鍋裡的燉飯兩次，讓米飯釋放一些澱粉，熬煮出一點醬。在加了第二次高湯後，我們不斷攪拌3分鐘，直到燉飯變得綿密。接著，我們將鍋子離火，蓋上鍋蓋，靜置5分鐘。厚重的荷蘭鍋離開直接火源後，仍然可以維持住足夠的餘熱，將米煮至完美的彈牙熟度，有著濃厚、柔軟、嚼勁剛好的口感。在離火前一刻加入帕馬森起司，也有助於煮出綿密的醬汁。

調味後大功告成：：在上桌前，我們多拌入一些奶油，讓燉飯滑順，並加入一些香草、擠上一些檸檬汁。

實用科學知識 哪種米最適合燉飯？

"米的種類有很多。
如果想做燉飯，阿柏瑞歐米最適合"

阿柏瑞歐米的米粒粗短，顏色米白，過去只在義大利栽種，因為澱粉含量高，煮成燉飯其口感綿密而廣受喜愛。

阿柏瑞歐米是料理燉飯的經典選擇。這種米和其他白米不一樣，有幾個原因。首先，阿柏瑞歐米含有19％至21％的直鏈澱粉，長粒白米則有22％。更重要的是，燉飯中令人喜愛的「咬勁」是源自於阿柏瑞歐米的瑕疵，稱為「白堊質」。在成熟的過程中，米飯的澱粉結構變形，煮熟後形成堅硬紮實的口感。

義大利米分成四大等級：精米（superfino）、標準米（fino）圓粒米（semifino）及家常米（commune）。最高的兩個等級包括最常見的阿柏瑞歐米、卡納羅利米（Carnaroli）、維亞諾內‧納諾（Vialone Nano）。

還有更多種類的米，像是霸多（Baldo），以及新研發出來的快煮米波賽頓（Poseidone），不過在義大利以外的地方都不好買到。

我們同時測試阿柏瑞歐米、卡納羅利米、維亞諾內‧納諾米，結果試吃員分成阿柏瑞歐米和卡納羅利米兩派：喜歡紮實口感的選擇阿柏瑞歐米；喜歡米飯較軟綿的選擇卡納羅利米。

維亞諾內‧納諾米太軟，帶點米糊的口感，米心不紮實。我們一時興起，也試了「Arborio integrale」，也就是全穀的阿柏瑞歐糙米。儘管花了近兩倍時間煮熟，也不像經過完整處理的阿柏瑞歐白米綿密，部分試吃員喜歡它的堅果味和咬勁。

為了找到最好的阿柏瑞歐米品牌，我們選用兩個美國牌子、四個義大利進口品牌的阿伯瑞歐米，煮了好幾批帕馬森起士燉飯，這些牌子都是超市常見的品牌。

讓我們驚訝的是，評價最高的品牌「米飯嚴選」（RiceSelect），其產地不是來自「靴子之國」義大利的，而是來自「孤星之州」的德州。

［辛香料］
的調味運用

觀念31：將大蒜和洋蔥切片，會改變其原有味道
Slicing Changes Garlic and Onion Flavor

大蒜和洋蔥是造就許多美味佳餚的重要食材。許多廚師都知道，如何烹煮大蒜和洋蔥，同時抑制刺鼻的味道，也帶出兩者本身的甜味。然而，大多數人都不曉得，如何在砧板上正確地處理大蒜和洋蔥。

◎科　學　原　理

大蒜和洋蔥隸屬於相同的植物科別，與紅蔥頭和韭菜同屬蔥屬植物（allium）。大蒜和洋蔥幾乎沒有任何香味，不像其他食材具有濃烈的味道，例如：成熟的起士或新鮮的羅勒。理所當然我們會以為，薄膜般的外皮有助於隔絕大蒜和洋蔥強烈的刺鼻味，但事實上，這些散發刺激味道的化合物必須在細胞結構遭到破壞後才會活化。換句話說，大蒜或洋蔥在切開之前，其實不會散發任何味道。

蒜瓣破裂後會釋出無味但含有硫的胺基酸，並隨即與稱為「蒜氨酸酶」（alliinase）的酵素接觸。這兩種物質作用後，會產生一般稱為「蒜素」（allicin）的化合物，而這也就形成我們熟悉的蒜味以及大蒜特有的刺鼻味道。大蒜切得越碎，釋放的酵素越多，進而產生越多蒜素，因此味道也就越重。不過請注意：大蒜一旦切開，蒜素就會開始累積，最後蒜味會濃烈無比。因此，如果食譜要求使用「新鮮蒜末」，我們建議避免事前預先準備好。幸好大蒜烹煮後，辛辣的蒜素就會轉變成各種味道較不刺激的化合物。

洋蔥強烈而刺鼻的味道源自一種類似蒜素的含硫物質，稱為「硫代亞硫酸鹽」（thiosulfinates）。洋蔥的細胞破裂後，會釋放含硫卻無味的胺基酸，它類似大蒜的胺基酸，與前述相同的蒜氨酸酶酵素作用後，會隨即產生硫代亞硫酸鹽。不過和大蒜不同的是，洋蔥還含有一種稱為「催淚因子合成酶」（LF synthase）的酵素，其組成的化合物「丙硫醛-S-氧化物」（propanethial S-oxide）會刺激眼睛使人流淚。而洋蔥與大蒜相同之處在於：這些內含辛辣的含硫化合物也會在烹煮後轉變成味道較溫和的磺酸酯（sulfonate）和硫化物（sulfide）。

對於大蒜和洋蔥所釋放的刺鼻化合物，我們已找到控制味道的方法，至少可避免氣味過於強烈。影響其味道濃淡的關鍵在於切法。處理大蒜時，盡量將大蒜切片而非搗碎，如此一來有助於抑制刺激的蒜味。話雖如此，還是有許多菜色需要均勻分布的蒜味，因此即使搗碎的蒜味會比切片更濃烈，但我們還是會將大蒜搗成蒜泥使用。至於洋蔥，我們發現從其根部縱切開，而非橫切，洋蔥的氣味和味道明顯較為溫和。

洋蔥或大蒜切開前後示意圖

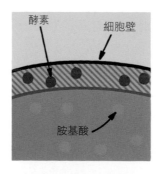

切開前：
酵素和胺基酸儲存於洋蔥和大蒜細胞中的不同位置。

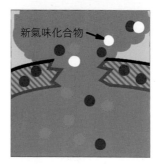

切開後：
細胞壁破裂後，通常是以刀子切開，酵素和胺基酸相互作用後產生新的化合物，這是洋蔥或大蒜特有味道的來源。

瞭解了洋蔥的切法，會決定形成洋蔥味道和氣味的化合物——硫代亞硫酸鹽的釋放量後，我們設計了一套實驗，用來說明洋蔥細胞破裂和生成硫代亞硫酸鹽之間的關係。為此，在借助硫代亞硫酸鹽的抗氧化特性，避免酵素性褐變（enzymatic browning）發生，也就是馬鈴薯削皮後放置過久後會發生的氧化反應。

首先，我們將 1 磅的馬鈴薯煮爛並過濾出馬鈴薯汁。在一半的馬鈴薯汁中，我們加入以食物調理機打碎的洋蔥，這種激烈的處理方式會破壞許多洋蔥細胞。在剩下的另一半馬鈴薯汁中，我們加入以鋒利料理刀切丁的洋蔥；相較之下，這種方法大幅減少被破壞的洋蔥細胞。接著，我們將這兩組樣本，以及一碗未加洋蔥的馬鈴薯汁，放進冰箱冷藏一晚，隔天取出後觀察其顏色變化。

實驗結果

由於氧化的緣故，未加洋蔥的馬鈴薯汁變成類似紅茶的暗沉顏色。加入切丁洋蔥的馬鈴薯汁顏色較淡，猶如淡茶，不過卻散發一股濃烈的洋蔥味。顯然的，切塊的洋蔥已經產生硫代亞硫酸鹽，用鼻子就可以聞到了，但釋放的量仍不足以抑制馬鈴薯氧化。至於加入碎洋蔥的馬鈴薯汁則呈現淡黃色，散發的洋蔥味比加了切丁洋蔥的馬鈴薯汁更加強烈。碎末狀的洋蔥不僅散發更濃的洋蔥味，以這種方式處理的洋蔥也產生更多硫代亞硫酸鹽，即使馬鈴薯汁已放進冰箱一晚，仍可有效防止氧化。

重點整理

這實驗給我們什麼啟示？「留意切洋蔥的方式」。洋蔥切得越碎，釋出帶有味道的硫代亞硫酸鹽越多。相較於以食物調理機猛烈打碎的洋蔥，仔細切片的洋蔥幾乎沒有任何碎末，刺激的味道也就因而明顯減少。因此，使用鋒利的料理刀顯得格外重要，它能使切丁時更俐落，避免壓碎洋蔥。如果洋蔥切碎後，砧板上殘留洋蔥汁，表示刀子不夠利，處理洋蔥的過程中已經產生大量的洋蔥味。

洋蔥以及大蒜備料時不僅需要合適的處理手法，更重要的是要瞭解以下原理：剁得越碎代表破壞的細胞越多，產生的味道越濃烈。舉例來說，洋蔥切片所產生的味道會比剁碎來得溫和，有些菜餚需要一顆洋蔥提供濃郁的味道，為整道料理增添風味。在這種情況下，我們通常會選擇將洋蔥剁碎。至於需要使用多顆洋蔥的料理，例如洋蔥湯，我們時常只將洋蔥切片，避免洋蔥味過於濃烈而喧賓奪主。大蒜也適用於同樣的料理原則。

✎ Tips：善用洋蔥的特性

馬鈴薯在靜置一晚後，通常會氧化變黑。而洋蔥中濃烈的氣味化合物——硫代亞硫酸鹽可有效防止氧化。我們在馬鈴薯汁中分別加入經過兩種不同手法來處理的洋蔥，而且比較其最後的差異。

手工切丁的洋蔥釋出較少濃烈氣味化合物，防止氧化的效果較不明顯，導致馬鈴薯汁最終呈現深褐色。

 =

洋蔥切丁　　　　　　　嚴重氧化的馬鈴薯汁

以食物調理機打碎的洋蔥釋出大量濃烈的氣味化合物，防止氧化的效果較為明顯，有效避免馬鈴薯汁變成褐色。

 =

洋蔥打碎　　　　　　　輕微氧化的馬鈴薯汁

《掌控蒜味的實際應用》
湯品、沙拉、義大利麵

大蒜有很多種料理方式，我們可以根據料理最後希望呈現的口味，控制蒜味的濃烈程度。這些加強或抑制蒜味的技巧包括：切碎、水煮和熱炒。必須仰賴大蒜調味的佳餚還有觀念13食譜「西班牙風味蒜頭蝦」，和觀念36食譜「蒜味蛋黃醬」。

蒜味馬鈴薯濃湯
6人份

配料是提升本食譜口感不可或缺的要素。我們推薦使用蒜片，不過煎脆的培根丁、炸韭蔥和麵包塊也是不錯的選擇。你可以使用馬鈴薯搗泥器取代手持式電動攪拌器，直接就在鍋子內將部分馬鈴薯搗成薯泥，不過薯泥會相對較不綿密。若無法取得韭蔥，可改用等量的黃洋蔥（yellow onion）。實驗廚房偏好以雞湯來烹煮這道湯品，但也可以用蔬菜高湯來代替。

3大匙無鹽奶油
1支韭蔥，只取蔥白和蔥綠，對半剖開後切成蔥花，清洗乾淨
3瓣蒜頭，切末；另備2顆完整蒜頭，剝掉外皮後切除⅓的頭
6-7杯低鈉雞湯
2片月桂葉
鹽巴和胡椒
1½磅褐皮馬鈴薯，削皮，切丁、約½吋大
1磅紅皮馬鈴薯，不需削皮，切丁、約½吋大
½杯重奶油
1½茶匙新鮮百里香切末
¼杯新鮮細香蔥切末
1份蒜片（食譜後附）

1. 在荷蘭鍋中放入奶油，以中火融化。加入韭蔥，烹煮5至8分鐘，使韭蔥變得軟嫩並避免焦黃。放入蒜末，拌煮約1分鐘，直到散發香氣。加入2顆的蒜頭、6杯高湯、月桂葉和¾茶匙的鹽。蓋上鍋蓋後留點縫隙，以中大火煮滾。煮沸後轉小火，繼續熬煮30至40分鐘，直到蒜頭軟爛為止，用刀尖應可輕鬆刺穿。放入褐皮馬鈴薯和紅皮馬鈴薯，鍋蓋仍留點縫隙，持續以小火燉煮15至20分鐘，使馬鈴薯熟透軟爛。

2. 撈出月桂葉丟棄。從鍋中取出蒜頭，然後使用食物夾或以紙巾包覆，從蒜頭根部用力擠壓，將蒜瓣擠入碗內。接著，以叉子將大蒜壓成泥狀。

3. 將奶油、百里香和一半的蒜末加入湯中，攪拌均勻。加熱馬鈴薯湯約2分鐘。品嘗味道，依喜好斟酌添加剩下的蒜泥。

4. 以攪拌器將湯打成乳狀，剩下少許馬鈴薯塊即可。或者，你也可以選擇將1½杯馬鈴薯湯和1杯高湯放入食物調理機，加以攪打呈濃稠狀。可加入越多馬鈴薯一起拌打會更濃稠。將打好的濃湯倒回鍋內並攪拌均勻，必要時最多可再加入1杯高湯，以便調整濃稠度。以鹽和胡椒調味並品嘗味道，灑上細香蔥和蒜片後即可上桌。

蒜片
約¼杯

3大匙橄欖油
6瓣蒜頭，縱切成片
鹽巴

在10吋的平底鍋中倒入橄欖油和大蒜，以中大火加熱約3分鐘。過程中記得不斷翻炒，直到大蒜呈現金黃色澤為止。使用漏匙撈起大蒜，放到鋪好紙巾的盤子上，最後灑上鹽巴調味即可。

成功關鍵

這道經典湯品不僅簡單易做、經濟實惠，更兼具紮實和滑順的口感，是仿效法式馬鈴薯濃湯的佳餚。我們使用兩種不同的馬鈴薯，搭配以三種方式烹調的大蒜，讓湯品呈現最佳風味。

選用兩種馬鈴薯：選擇合適的馬鈴薯是研發這道蒜味馬鈴薯濃湯的首要步驟。我們偏愛剝皮的褐皮馬鈴薯，因為這種馬鈴薯烹煮分解後可增加高湯的濃度，而且我們也發現，加入紅皮馬鈴薯有助提升馬鈴薯的滋味。若想瞭解各品種馬鈴薯的差異，請參考觀念25。

以三種方式處理大蒜：事實證明，使大蒜具有最佳風味的關鍵在於料理手法，而非用量。我們發現，大蒜燜炒後的味道太過刺鼻，而水煮的味道又過於平淡，

因此我們決定融合這兩種料理方式：先在鍋中煸炒三瓣大蒜，接著再倒入高湯做為湯底，然後以高湯烹煮兩顆完整的蒜頭，等到蒜頭軟化後，加以擠出並壓成蒜泥，最後再倒回湯中燉煮。上桌前，我們再佐以蒜片，利用其焦香且甜澀的味道達到畫龍點睛之效。

添加韭蔥、奶油和百里香：韭蔥是最適合搭配馬鈴薯的天然食材，尤其是加入鮮奶油和新鮮百里香，在起鍋前灑上，可以增添整體風味，一起烹煮時更是如此。相較於使用半對半鮮奶油或只加牛奶的作法，我們的試吃員更偏愛鮮奶油

兼具滑順和紮實口感：在法式料理的詞彙中，湯品總共可分為三種：「清湯」（consommé）是指清澈、以高湯熬煮而成的湯；「特濃湯」（soupe）是指擁有厚實口感、燉煮而成的湯；「濃湯」（potage）則是結合清湯和特濃湯的特色，同時兼具紮實和滑順的口感。烹調這道鄉村口味的湯品時，我們希望呈現濃湯的口感，因此我們將一部分的湯攪打成滑順的乳狀質感，並讓剩餘的馬鈴薯維持塊狀。

實用科學知識掌控蒜味

"備料和烹調方式會影響到大蒜的味道"

如前所述，切蒜方式會影響大蒜味道，烹煮過程也會影響味道的濃烈程度。生大蒜的味道最為刺鼻。而加熱至150℉時，可破壞大蒜中的酵素，此時大蒜不會再產生新的味道，不過早已生成的氣味分子，則會因為高溫而轉變成較為溫和的含硫化合物。大蒜煎烤後之所以具有溫潤微甜的滋味，原因就在這裡。不過請注意，若以300至350℉的高溫料理，焦黃或焦黑的大蒜反而會產生苦味，蒜片例外，因為蒜片已先加熱煮熟，因此再煸炒至香脆狀態，甜味中的苦味並不那麼明顯。

大蒜	味道
整顆烘烤	味淡甜美，像焦糖
整瓣烘焙	滋味香醇，像堅果
切片煸炒	滋味香醇
切丁煸炒	味濃溫潤
拍碎煸炒	濃烈刺鼻
生蒜泥	強烈辛辣

凱薩沙拉
4-6人份

如果無法取得拖鞋麵包（ciabatta，譯註：又稱巧巴達麵包），可使用擁有類似堅硬口感的鄉村麵包代替。蛋黃可用¼杯的人工蛋液（egg beaters）取代。由於油漬鯷魚的大小不一，所以我們建議要得到1大匙的鯷魚碎丁，你至少需要準備6條鯷魚。而將大蒜變成蒜泥最簡單的方法，是放在磨泥器上來回摩擦。

麵包丁
2瓣大蒜，剝皮
5大匙特級初榨橄欖油
½-¾條拖鞋麵包，切塊、約¾吋（5杯）
¼杯水
¼茶匙鹽
2大匙帕瑪森起士，磨成細絲狀

沙拉
2-3大匙檸檬汁
2顆大顆的蛋黃
6條油漬鯷魚，洗淨拍乾後切碎，用叉子壓成泥，約1大匙
½茶匙伍斯特醬
5大匙芥花油
5茶匙特級初榨橄欖油
1½盎司帕瑪森起士，磨成細粉（¾杯）
胡椒
2-3顆蘿蔓萵苣菜心（12-18盎司），切小塊、約¾吋，洗淨瀝乾

1.使用磨泥器或壓蒜器製作蒜泥。取出½茶匙的蒜泥供麵包丁使用，¾茶匙的蒜泥則用於製作凱薩醬。剩餘的蒜泥可直接丟棄。在小碗中放入1大匙橄欖油和½茶匙蒜泥，均勻攪拌後置於一旁。取一大碗，倒入2大匙檸檬汁和¾茶匙蒜泥，快速攪拌均勻後靜置10分鐘。

2.麵包丁：將麵包丁倒入大碗中，灑入水和鹽巴。拋翻麵包丁並輕微按壓，讓麵包吸收水分。把麵包塊倒進12吋的平底不沾鍋內，接著倒入剩下的¼杯橄欖油，以中大火烹煮7至10分鐘，過程中不斷翻炒，直到麵包丁焦黃酥脆為止。

3.關火，將麵包丁推到不沾鍋邊緣，空出中間位置；將混入蒜泥的橄欖油倒進鍋子中央，以鍋子餘溫加熱10秒。灑上帕瑪森起士後拋翻材料，使大蒜和起士均勻混合。將麵包丁倒入碗內，靜置一旁。

4.沙拉：將蛋黃、鯷魚和伍斯特醬倒入加了蒜泥的檸檬汁中，快速攪拌。攪拌過程中，將芥花油和橄欖油緩慢而穩定地倒入碗中，同時繼續將檸檬汁攪拌成乳狀。加入½杯的帕瑪森起士和胡椒，攪拌均勻。

5.將蘿蔓萵苣拌入凱薩醬中，使其均勻裹上醬汁。加入麵包丁並輕輕攪拌，直到材料均勻混合。試嘗味道，以剩餘的1大匙檸檬汁斟酌調味。完成後立即上桌，剩下的¼杯帕瑪森起士另外盛裝，供需要的人自行取用。

實用科學知識 緩和大蒜的刺鼻味

"將大蒜泡入檸檬汁中有助改善刺鼻味"

製作凱薩醬時，每個細節都很重要，尤其是濃烈的生蒜味必須妥善處理。從以往的經驗中可知：事先切得細碎的大蒜入菜後，最後總會產生濃烈的刺鼻味。若在準備其他沙拉食材時，讓蒜泥靜置10分鐘，是否會產生相同的效果？或是依照傳統法國主婦的做法：將蒜泥泡入檸檬汁中10分鐘。如此一來是否真能緩和蒜味？

為此，我們分別製作了三批凱薩醬：第一批中，我們將磨好的蒜泥立即拌入其他調醬材料中。製作第二批時，我們先將蒜泥浸泡在檸檬汁中10分鐘，再繼續後續步驟。第三批中，我們先讓蒜泥靜置10分鐘，再加入其他材料一起攪拌。

試吃員發現：事先磨好、未經浸泡的蒜泥刺鼻味最強烈。至於以其他兩種方式處理的蒜泥，也就是浸泡檸檬汁以及立刻與其他材料混合，味道較為溫和。若使用泡過檸檬汁的蒜泥來製作凱薩醬，則可獲得最均衡的風味。

生蒜的刺鼻味源自一種稱為蒜素的化合物，蒜細胞一破裂，這種化合物便會持續累積。檸檬汁中的檸檬酸可抑制蒜素生成，將蒜素轉化成硫代亞硫酸鹽、二硫化物（disulfide）和三硫化物（trisulfide）等氣味較溫和的化合物，與大蒜加熱時所產生的化合物不謀而合。趁著準備其他食材時浸泡大蒜，其實只是舉手之勞，因此我們認為這個方法值得一試。

成功關鍵

設計這道食譜時，我們希望能將鮮脆柔嫩的蘿蔓萵苣結合口感滑順的蒜味醬汁，帶出令人愉悅的微鹹餘韻，而且每一口都吃得到酥脆可口的麵包丁。首先，我們利用味道較柔和的芥花油，以減少特級初榨橄欖油的份量。同時只加入蛋黃增添風味，而非使用全蛋。我們使用浸泡過檸檬汁的蒜泥，兩種層次的帕瑪森起士，並結合新穎的方法，利用麵包丁來豐富這道經典沙拉的口感。

製作蒜泥：我們深知凱薩醬的滋味取決於大蒜的處理手法，因此特地展開一連串的測試，從剁細大蒜並添加鹽巴開始，一直到使用蒜瓣塗抹盛裝沙拉的容器內壁，無不實際嘗試過一遍。最後，我們決定以磨泥器將大蒜磨成泥。纖細的蒜泥幾乎與醬料完美融合，可為凱薩醬增添醇厚且絲毫不刺激的滋味，尤其我們先以檸檬汁浸泡蒜泥，再加入其他製作醬料的食材，如此更是能為整體風味加分。詳見左側表格「實用科學知識：緩和大蒜的刺鼻味」

利用水分提升麵包丁口感：為了讓麵包丁趨近完美，做出外表焦黃，口感酥脆，內部保持柔軟不乾硬的口感，我們在一口大小的麵包丁上灑些水分和鹽巴，接著倒入不沾鍋內與橄欖油一起加熱。效果如何呢？麵包丁中心仍維持柔軟，邊緣則焦黃酥脆。水分可包覆麵包中的澱粉，並將部分澱粉分解成葡萄糖。加熱時，受水分包覆的澱粉表面變得酥脆，內部卻仍可保持柔軟。至於葡萄糖則和所有糖類一樣，可加速食材轉為焦黃，這對麵包丁反而是一大優點。

將鯷魚切碎：將鯷魚切成細泥時，必須使用完整的魚。封存在油脂中的高品質魚肉具有濃醇的香味，是這道料理不可或缺的要素。市面上販賣的鯷魚泥味道單調、魚腥味較重，並不適合使用。此外，務必仔細將鯷魚剁成細泥。即使是微小的鯷魚顆粒也會破壞凱薩沙拉的口感。先將鯷魚切片，再以叉子壓成細泥，如此有助於提振香氣，避免突顯特有的魚腥味。

蒜味橄欖油義大利麵
4人份

本食譜值得你使用高品質的特級初榨橄欖油來烹煮。

1磅義大利麵

鹽

6大匙特級初榨橄欖油

12瓣大蒜,切碎

3大匙切碎的新鮮巴西利

2茶匙檸檬汁

¾茶匙紅辣椒片

1盎司帕瑪森起士,磨成細絲(½杯)

1.以大鍋子煮沸4夸脫的水。放入義大利麵和1大匙鹽,繼續滾煮並時常攪拌,直到麵條彈牙有咬勁為止。保留⅓杯煮麵水,接著撈出義大利麵瀝乾。

2.煮麵的同時,將3大匙橄欖油、⅔份的蒜末和½茶匙的鹽巴,放入10吋平底不沾鍋內,以小火加熱。烹煮約10分鐘,過程中不斷拌攪,直到大蒜冒泡且變得黏稠,呈現稻草色為止。關火,加入剩下的蒜末、巴西利、檸檬汁、紅辣椒片,以及保留的2大匙煮麵水。

3.將瀝乾的義大利麵條裝入溫熱的餐碗中。在麵條中加入煮好的蒜醬、剩下的3大匙油,以及剩餘的煮麵水,攪和均勻。以鹽巴調味後立即上桌,帕瑪森起士另外盛裝,供需要的人自行取用。

成功關鍵

乍聽之下,蒜味橄欖油義大利麵是再簡單不過的料理,但這道以大蒜和橄欖油為主要調味料的義式經典佳餚,卻時常過於油膩或充滿焦掉的大蒜。為了使蒜味濃郁圓潤,大部分的蒜頭都以小火烹煮,最後再加入少量生蒜,替料理增添些許新鮮蒜味。特級初榨橄欖油和特地保留的煮麵水,可以讓義大利麵保持濕潤滑順;淋上檸檬汁並灑上紅辣椒片則能為這道簡單卻滋味豐富的料理添加些許清爽和辛辣的元素。

煮出溫潤蒜味:蒜味是這道料理的重點,以小火慢煮10分鐘是成功關鍵。大蒜應避免燒焦,盡量保持金黃色澤。為此,我們以冷油慢煮大蒜,以避免大蒜過度焦黃,導致蒜味偏苦而壓過其他味道。

最後加入新鮮大蒜:將剩下的大蒜和紅辣椒片同時加入拌煮,有助於加強蒜味,同時保留其辛香味。這時加入煮麵水可中止高溫烹煮的過程中,出現大蒜煸炒的效果。

大膽調味:紅辣椒片、新鮮巴西利、檸檬汁和粗鹽都是本食譜不可或缺的調味料。帕瑪森起士可自行取捨,不過若想跳脫傳統口味,善用起士是不錯的方法。保留少許橄欖油待盛盤時淋上,可讓料理保有特級初榨橄欖油的蔬果香氣。

實用科學知識 混濁代表麵條可能已經糊掉

"煮麵水一旦混濁,通常代表麵條軟爛沒有嚼勁"

煮麵水混濁不一定表示麵條過熟,反而可能暗示麵條的結構鬆散,烹煮時結構嚴重瓦解,因此導致口感軟爛。即便我們對兩鍋麵條的水煮狀態皆嚴加注意,但得科義大利麵(De Cecco)的煮麵水相對清澈,麵條結實彈牙。而等級較低的蒙特貝羅(Montebello)義大利麵在經過相同時間的烹煮後,不僅麵條軟爛,煮麵水也因為充斥著麵糊而顯得混濁。

水較乾淨＝麵條緊實　　水較混濁＝麵條鬆軟

實用科學知識 優良義大利麵的必備條件?

"追根究柢,義大利麵要有良好的口感,關鍵在於壓麵機與壓模的保養,以及麵條的乾燥過程"

單憑味道難以辨別不同品牌的義大利麵。我們品嘗八種品牌的頂級義大利麵,在只拌入橄欖油的情況下,試吃員很難分辨各品牌間的差異;若再加入番茄醬,要辨別各種品牌簡直難上加難。

然而,若著眼於口感,情況就改觀了。這幾種義大利麵的測試結果都在可接受的範圍內,但無論我們多努力掌控麵條的熟成度,部分麵條總是黏牙難嚼,而口感最佳的義大利麵則可以既結實又彈

牙。由於這些義大利麵都是以百分之百的杜蘭麥粉（semolina）製成，所以原料並非原因所在。那麼，麵團的處理方式是否有可能影響口感？

大部分麵團都是以「通過壓模孔」的方式擠壓成形。原本所有壓模皆以銅塊製成，可讓麵條具有粗糙不齊的外觀，部分製造商認為醬料較容易附著於麵條粗糙的表面，因此至今仍然採用這種方法。不過，其他義大利麵製造商，包括我們測試的兩種美國品牌，因為美觀考量，多半已改用鐵氟龍塗層的壓模。由於鐵氟龍具有不沾黏的特性，降低了麵團擠壓時的表面張力，因此生產的麵條表面較為平滑光亮。根據我們的觀察，這兩種壓模對麵條裹附醬汁的能力並無顯著影響，不過銅質壓模可能會是部分麵條口感紮實的原因嗎？觀察結果並非如此。雖然最受我們青睞的義大利麵的確是以銅質壓模生產而成，但我們最不喜歡的兩種品牌也是採用銅質壓模，但麵條卻顯得「鬆散軟爛、毫無嚼勁」。

更重要的差別並非在於壓模的材質，而是壓麵機和壓模的保養情形。麵團承受的溫度、摩擦和壓力都會日漸損耗壓麵機的零件，使其日漸鬆脫。當零件鬆脫，機器就無法以足夠的壓力擠壓麵團，生產出緊實的義大利麵條，麵條的口感自然也就大受影響。根據觀察結果，我們只能推測，部分壓麵機的狀態可能優於其他機台，因此才會導致麵條的口感差異。

乾燥是最後一個重要的製麵步驟。不同品牌的乾燥時間和溫度差異極大，有些製造商將麵條置於乾爽的室內，以較約95至100℉較低的溫度，以及如數小時甚至數天這種較為緩慢的速度晾乾麵條，他們聲稱如此可以保留麵條風味；反觀百味來（Barilla）和朗佐尼（Ronzoni）等其他製造商，則是將麵條放入特殊的超高溫烤爐，並將溫度調至190℉甚至更高，很快就能完成乾燥程序。高溫使部分麵條的結構較為緊密，讓義大利麵的口感較為紮實，但從兩種採用高溫乾燥的品牌中，我們也發現高溫乾燥容易讓麵條香味揮發，導致味道稍嫌清淡。

測試的八種品牌中，有六種麵條深受我們喜愛，全都相當值得推薦，其中以得科（De cecco）義大利麵的口感最佳，對此我們只能推測，該品牌麵條將所有影響口感的因素調和得恰到好處，因此最後才能脫穎而出。

《洋蔥味的實際應用》沾醬和湯品

洋蔥焦糖化的過程中，會發生一連串複雜的化學反應。高溫會將水分子從糖分子中分離出來。烹煮時，脫水的糖分子間交互反應，組成會產生新顏色、味道和香味的新分子。如同製作焦糖時，加熱砂糖也會發生相同的反應。我們將運用此化學反應，製作別具風味的沾醬和湯品。

青蔥培根焦糖洋蔥醬
約 1½ 杯

半數步驟需參考焦糖洋蔥的做法。剩餘食材可用來製作蛋餅和披薩等其他料理。

　3條培根，切丁、約¼吋
　¾杯酸奶油
　½杯焦糖洋蔥（食譜後附）
　2根蔥，切成蔥花
　½茶匙蘋果醋
　鹽和胡椒

　1. 使用8吋平底鍋，以中火將培根煎到香脆，需約5至7分鐘。將培根放到鋪好紙巾的盤子上，靜置一旁。
　2. 取一中碗，倒入酸奶油、焦糖洋蔥、蔥花、醋和培根，攪拌均勻。以鹽和胡椒調味後即可上桌。沾醬最久可冷藏3天。

焦糖洋蔥
1 杯

在步驟2中，若洋蔥嘶嘶作響或燒焦，請將火轉小。如果15至20分鐘後，洋蔥仍未呈現焦黃色，請將火轉大。

　1大匙無鹽奶油
　1大匙植物油
　1茶匙紅糖，壓實
　½茶匙鹽
　2磅洋蔥，剖半，縱切成絲、約¼吋
　1大匙水
　胡椒

1.使用12吋平底鍋,以大火加熱奶油和植物油,接著倒入紅糖和鹽一起攪拌。加入洋蔥拌炒,使其均勻裹附醬汁。持續加熱5分鐘,過程中偶爾攪拌,直到洋蔥開始軟化並釋出水分為止。

2.轉成中火,過程中頻繁拌炒,洋蔥呈現深焦黃色且稍微黏稠即可,時間約40分鐘。

3.關火,將水倒入,接著以胡椒調味。焦糖洋蔥最久可冷藏1個星期。

實用科學知識 添加鹽巴的時機

"將洋蔥倒入平底鍋煸炒時,就要馬上添加鹽巴。鹽巴會逼出洋蔥內的水分,有助於洋蔥變得軟嫩,調和出最佳風味"

什麼時候是加鹽的最好時機?實驗廚房的廚師眾說紛紜,各持己見。暫且不論各方說法,我們開始深入研究此簡單卻難解的問題。

我們使用中尺寸的平底鍋,倒入油和1杯洋蔥丁後開始以中火煸炒。頻繁拌炒6分鐘後,洋蔥已呈現漂亮的金黃色。洋蔥起鍋後,我們以½茶匙的鹽調味。試吃員非常喜歡焦甜的味道,但對於洋蔥的脆硬口感略有微詞。他們也指出,洋蔥的調味並不均勻,味道只附著在洋蔥表面。

接下來,我們以同樣的火候和鍋具,倒入另一杯洋蔥丁開始煸炒。這次我們一開始就加入½茶匙的鹽。經過6分鐘後,洋蔥變色的程度並不如第一次的洋蔥,因此我們多煮了幾分鐘,直到洋蔥呈現焦黃色為止。品嘗味道後,我們發現洋蔥軟嫩濕潤且相當入味。鹽巴逼出洋蔥的水分,使洋蔥在烹煮時容易軟化,不過這也導致洋蔥需要多幾分鐘的時間才能變成焦黃色澤。所以我們的難題迎刃而解:洋蔥入鍋後就應該立即加入鹽巴,並視焦黃程度適時延長加熱時間。

成功關鍵

洋蔥醬長久以來一直是廣受歡迎的佐料,但我們不希望只是將洋蔥湯調味粉加入酸奶油和美乃滋後攪和均勻而已。我們先製作焦糖洋蔥,為醬料增添香甜、更具層次的滋味,使整體醬料的風味更加成熟,以迎合現代口味。我們發現幾項重點,可以避免焦糖洋蔥燒焦、黏稠、油膩或淡而無味。我們結合互補的味道,讓醬料更有厚實感。培根增加了煙燻味,完美調和洋

蔥的甜味;而蔥花則進一步加強洋蔥味,同時豐富了整體的視覺感受。

挑選合適的洋蔥:哪種洋蔥最適合製作焦糖洋蔥?我們以各種洋蔥實際測試,最後決定選擇黃洋蔥,因為這種洋蔥的滋味和甜味恰到好處,兼具溫和的洋蔥味和漂亮色澤。其他選擇包含白洋蔥、西班牙洋蔥、紅洋蔥和維達利亞洋蔥(Vidalia onion)。實驗廚房對白洋蔥的看法分歧不一:有人認為白洋蔥味甜溫潤,有人則覺得過於甜膩而顯得單調。西班牙洋蔥的味道濃厚而複雜,可能有些刺鼻。紅洋蔥焦糖化後顏色深沉,雖然黏稠有如果醬,但卻擁有令人愉悅的甜味。維達利亞洋蔥的味道最甜,但焦糖化後的口感乾澀而黏膩。

選擇合適的鍋具:我們在爐火上分別嘗試使用一般平底鍋、平底不沾鍋和荷蘭鍋,在不蓋鍋蓋的情況下製作焦糖洋蔥。荷蘭鍋的加高鍋壁容易凝結水氣,使縮汁和焦糖化的時間多出15分鐘左右,不過洋蔥的滋味和口感倒是毫無差別。較低的平底鍋則可縮短洋蔥焦糖化的時間。若要在一般平底鍋和不沾鍋之間選擇,我們偏好使用表面平滑的不沾鍋。不沾鍋容易清洗,鍋壁不易沾黏醬汁,有助於洋蔥和醬汁充分結合。

先開大火:一開始先以大火烹煮洋蔥5分鐘,讓洋蔥快速釋放水分,協助洋蔥開始焦糖化,接著再轉成中火,繼續將洋蔥煮成漂亮的焦黃色澤。我們一開始就加入鹽巴和糖,藉以逼出洋蔥的水分。植物油和奶油的搭配相當討喜,不僅可突顯純粹且明確的洋蔥味,濃郁的奶油香更有助於緩解洋蔥的嗆辣氣味。

最後加水:最後加入1大匙水有助於凝聚鍋壁上的焦糖洋蔥汁,而且絲毫無損洋蔥的味道或口感。

法式洋蔥湯

6人份

本食譜需使用容量至少7夸脫的荷蘭鍋。美國維達利亞(Vidalia)或瓦拉瓦拉(Walla Walla)等地生產的甜洋蔥都會讓這道湯品過於甜膩。將可烘烤的瓦碗放入烤箱,邊緣距離熱源4至5吋,使起士融化、冒泡,以產生焗烤的效果。若使用一般湯碗,則可在烤過的麵包片上灑上葛瑞爾起士,接著將麵包送回烤箱,等到起士融化後再將麵包放到湯上。

湯

4 磅洋蔥，剖半，縱切成絲、約¼吋

3 大匙無鹽奶油，切成 3 小塊

鹽和胡椒

2 杯水，預備額外的水以便融化鍋巴，製作醬汁

½ 杯澀雪莉酒

4 杯低鈉雞湯

2 杯牛高湯

6 支新鮮百里香，以廚用綿線綑綁

1 片月桂葉

起士麵包片

1 小條法國麵包，切片、約薄片、約½吋

8 盎司葛瑞爾起士絲（2 杯）

1. **煮湯：**將烤箱烤盤架調至中低層，烤箱預熱至 400℉。在荷蘭鍋內噴上大量植物油，放入洋蔥、奶油和 1 茶匙鹽。蓋上鍋蓋燜煮 1 小時，洋蔥會變得濕潤，份量會稍微減少。將鍋子端出烤箱，加以攪拌並刮下鍋底和鍋壁的洋蔥。將鍋子放回烤箱繼續煮上 1 小時，鍋蓋微開，時間到時，攪拌均勻並刮下鍋底和鍋壁的洋蔥，接著再煮 30 至 45 分鐘，直到洋蔥變得極為軟嫩且呈現金黃色澤為止。

2. 小心將鍋子端出烤箱，烤箱依舊開著，放上火爐以中大火繼續烹煮。熬煮洋蔥 15 至 20 分鐘，過程中頻繁攪拌，並將鍋底和鍋壁的洋蔥刮下，煮到最後水分蒸發、洋蔥變色為止，若洋蔥太快變色則轉成中火。持續熬煮並頻繁攪拌 6 至 8 分鐘，直到鍋底黏附深色鍋巴；過程中可依情況調整火源大小。記得將大匙背後黏附的焦糖刮回洋蔥中。倒入¼杯水，刮下鍋底附著的鍋巴並持續熬煮 6 至 8 分鐘，直到水分蒸發、鍋底再度附著深色物質為止。反覆加水和收汁的步驟 2 至 3 次，直到洋蔥變成深咖啡色為止。倒入雪莉酒拌勻，持續熬煮並不斷攪拌約 5 分鐘，直到雪莉酒蒸發為止。

3. 加入 2 杯水、雞湯、牛高湯、百里香、月桂葉和 ½ 茶匙鹽，刮下任何仍黏在鍋底和鍋壁的鍋巴。以大火煮到沸騰。轉小火，蓋上鍋蓋，慢煮 30 分鐘。撈出香草丟棄，以鹽和胡椒調味。

4. **起士麵包片：**燉湯的同時，將法國麵包片排列於烤盤上，避免重疊，送進烤箱烘烤約 10 分鐘，使麵包乾爽酥脆，邊緣呈現金黃色澤。取出麵包靜置一旁。

5. **上桌前：**調整烤箱烤架，使其距離上火 7 至 8 吋。

將 6 個適合烘烤的瓦碗放上烤盤，每個碗中倒入 1¾ 杯湯，放上 1 或 2 片麵包，切勿重疊，並均勻灑上葛瑞爾起士。推進烤箱烘烤約 3 至 5 分鐘，直到容器邊緣的起士融化、冒泡。靜置冷卻 5 分鐘後即可上桌。

事前準備：最早可在烹調前 3 天，依照步驟 1 事先準備洋蔥，放入鍋中冷卻後加以冷藏。湯最早可以提前 2 天準備，依照步驟 3 熬煮後冷藏。

實用科學知識 為何要以小火慢煮洋蔥？

"以小火慢煮洋蔥可產生層次豐富的甜味"

任何湯品或醬料的烹調步驟，一開始不外乎都是「以小火熱油，將洋蔥煮至熟軟但避免焦黃」。不過，為什麼不開大火，加快烹煮速度？有必要先加油預煮嗎？

我們以不同步驟分別製作三批番茄醬，最後再品嘗比較所有番茄醬的滋味。第一批中，倒油後先以小火慢煮洋蔥 10 分鐘，接著再加入番茄；煮第二批時，倒油後先以大火快煮洋蔥 8 分鐘；製作最後一批時，我們將洋蔥和番茄同時倒入烹煮。

流傳已久的技巧果然有其道理：小火慢煮而成的醬料受到多數試吃員的喜愛。他們對於洋蔥「豐富而圓潤的甜味」大為讚賞，也認為以大火快煮而成的醬料不僅辛嗆，滋味也較缺乏層次，而直接以生洋蔥製作的番茄醬甚至更為「平淡無味」。

洋蔥含有各種硫分子。洋蔥剁碎後以小火加熱會產生蒜氨酸酶，這種酵素會與部分硫分子發生作用，將其分解並產生味道濃冽的化合物，這些化合物會逐漸轉變成滋味較甜的二硫化物和三硫化物。小火加熱的時間越久，會產生越多這種分子，使醬料的味道增添更豐富的層次。若以高溫加熱，反而會抑制酵素生成，進而產生較少帶有甜味的分子。

將生洋蔥和油或奶油一起小火慢煮，也是美味的重要因素。以水或番茄之類的流質食材烹煮洋蔥，會產生濃烈而難聞的硫化合物，曾以滾水煮洋蔥的人對這氣味一定印象深刻。但如果洋蔥裹附著油脂一起烹煮，油脂可阻隔洋蔥和水發生反應，進而減少這些難聞分子的數量。總之，煮洋蔥時，至少要將洋蔥和油脂一起小火慢煮，料理所增加的豐富層次絕對值得你多花點時間。

快速法式洋蔥湯

使用微波爐可取代一開始煮洋蔥的步驟，大幅減少烹調時間。然而，相較於爐火煮成的洋蔥湯，這種做法的湯頭不會同樣濃郁。若沒有夠大的微波容器可以盛裝所有洋蔥，可使用較小的碗分成兩次微波。

將洋蔥和1茶匙鹽放進大碗中拌勻，接著以大盤子覆蓋，盤子必須完全把碗蓋住，而且不可與洋蔥接觸。微波20至25分鐘，直到洋蔥變軟縮水，加熱過程中記得攪拌。使用隔熱手套從微波爐中端出湯碗並將盤子拿掉，避免被高溫蒸汽燙傷。瀝乾洋蔥，倒掉約½杯的湯汁後，繼續步驟2，先以荷蘭鍋融化奶油，再將縮水的洋蔥倒入。

成功關鍵

我們發現，要讓洋蔥湯味道濃郁的秘訣，在於先以烤箱燜煮洋蔥2個半小時，待洋蔥焦糖化後，再以水、雞湯和牛高湯混合而成的湯汁反覆煨煮收汁。至於麵包片，則是先經過烘烤，再放到湯上吸收過多的湯汁。我們只灑上少許帶有堅果風味的葛瑞爾起士，避免起士蓋過湯的味道。

洋蔥切片的方式：洋蔥最好順著紋理縱切，這樣洋蔥較具有份量，又較能維持原有形狀。如同製作本觀念食譜中的「焦糖洋蔥」一樣，我們也偏好使用黃洋蔥。紅洋蔥會讓湯的顏色變得暗沉，白洋蔥味道太淡，維達利亞洋蔥過於甜膩，而黃洋蔥的甜味和香氣則恰到好處，正好符合我們需要的條件。

在烤箱內焦糖化：這道湯的食譜靈感來自法國友人亨利·皮諾（Henri Pinon）。他以文火熬煮3磅加了奶油的洋蔥，耐心等候洋蔥轉為金黃色澤，整個料理過程約90分鐘。接著，他倒入少許水分稀釋後加以收汁，讓洋蔥二度焦糖化，並且重覆此過程不下十次。洋蔥湯最後的滋味絕佳，但卻必須在爐火旁耗上好幾個小時。因此，我們利用烤箱縮短烹煮時間。將4磅的洋蔥放進荷蘭鍋內，蓋上鍋蓋後放進烤箱緩慢且均勻地烘烤，如此可有效累積濃郁香味。經過1小時的烘烤，我們稍微移開鍋蓋，然後再繼續烤上1個半至1小時又45分鐘。

以爐火稀釋鍋巴：多數法式濃湯食譜都會教導如何善用鍋巴，也就是刮下鍋底味濃汁稠的深咖啡色物質，不過這個步驟通常只會執行一次。我們的秘訣在於反覆稀釋至少三次，而且全程在爐火上完成。注意：鍋子會非常燙。這個爐火上的稀釋程序需要45至60分鐘。

使用兩種高湯：雖然法國友人亨利只使用清水做為高湯，但我們偏好在水之外，再加入雞和牛高湯。高湯能豐富湯頭，有助於堆疊多層滋味。

實用科學知識 切洋蔥時不再流淚的妙方

"我們測試了二十種切洋蔥時防止流淚的常見方法。最後證實，戴護目鏡是最佳解法"

我們從讀者答覆、書籍以及與同仁的討論中彙整出二十多種避免在切洋蔥時流淚的方法。既然如此，為何不實際測試？我們測試的方法涵蓋常識和無厘頭的做法，細節和結果請詳見下表。整體而言，效果最好的兩種方法分別是保護眼睛，或是在切開的洋蔥旁放置火源，例如點蠟燭或打開爐火。火源可完全氧化甚至可能減少含硫丙硫醛-S-氧化物的數量，進而改變其活躍狀態，若想瞭解其原理，請參考本觀念的「科學原理」。兩名容易流淚的測吃員逐一嘗試各種方法數次，並以1至10分評判各方法的效果，其中10分代表效果顯著，1分則是成效不彰。

方法	結果	效果
戴隱形眼鏡	幾乎沒有流淚，除非摘下隱形眼鏡	10
戴滑雪護目鏡或泳鏡	雖然裝扮很像廚房小偷，但效果極佳	9
在洋蔥旁點蠟燭	方法簡單，效果不錯	6.5
將砧板拉近爐火	與蠟燭一樣有效，但並不實際	6.5
將整顆洋蔥冷藏8小時	洋蔥很冰；有點流淚	5
將¼顆洋蔥冷藏8小時	洋蔥更冰；有點流淚	5
洋蔥冷凍30分鐘	洋蔥極冰；有點流淚	5
嘴巴含片麵包	很蠢，並非持續有效	5
額頭頂顆洋蔥	雖然很蠢，但可強迫你抬頭，避免洋蔥燻到雙眼，而眼淚確實也會慢點流下	5
點燃火柴後熄滅，以牙齒咬住	很蠢，但效果比未點燃的火柴好	4
在打開的水龍頭下切洋蔥	洋蔥被水流沖走，沒空管流不流淚	3
修剪洋蔥末端，微波1分鐘	洋蔥開始變熟；減少流淚的效果並不明顯	3
咬根牙籤	很蠢；淚流滿面	2
在抽風機下方切洋蔥	家用抽風機毫無效果	2
綁上圍巾遮掩口鼻	很蠢；減少流淚的效果並不明顯	1
把洋蔥浸入冰水中30分鐘	洋蔥濕透；淚流滿面	1
汆燙洋蔥1分鐘	洋蔥變得軟爛；淚流滿面	1
砧板抹醋	洋蔥沾染醋味；淚流滿面	1
在打開的水龍頭旁切洋蔥	無效；淚流滿面	1
在塑膠袋底下切洋蔥	方法奇怪而且危險，因為塑膠袋會阻擋視線；照樣流淚	1
咬根未點燃的火柴	蠢極了；淚流滿面	1
避免切到洋蔥底端	無效	1

觀念32：辣椒的辛辣風味，都藏在白髓和辣椒籽裡
Chile Heat Resides in Pith and Seeds

想到要用新鮮辣椒料理，有時感覺就像賭博。幾乎所有人都曾失手將菜餚煮得太辣。雖然辣椒可為無數道菜增添層次和風味，但如何才能更準確地控制辣味？

◎科　學　原　理

我們承認辣椒的確令人疑惑，其中部分原因是辣椒種類太多，加上同一種辣椒曬乾後時常被更換了名稱，這更是讓人摸不著頭緒。

市售的辣椒基本上可分為新鮮辣椒和乾辣椒兩種，前者顏色多樣，綠色、紅色、黃色、橘色一應俱全。綠辣椒和甜椒一樣是在成熟前採收，不過紅色、橘色和黃色的辣椒則是完全成熟後才採收。而乾辣椒有紅色、褐色和黑色之分，通常也是完全熟成後採收。相較於新鮮辣椒，乾辣椒的味道通常更為濃烈複雜。

所有辣椒的辣味來自於統稱為辣椒素類物質（capsaicinoid）的各種化合物，其中以辣椒素（capsaicin）最為人熟知。辣椒素大多集中在內壁的白髓中，只有少部分存在於辣椒籽和果肉中，詳見下一頁的實驗廚房測試。吃辣椒時，我們可以察覺到極少量的辣椒素，而這些少量的辣椒素已能使舌頭灼熱疼痛，嘴巴也會產生短暫灼燒感。我們辨識辣椒素的方式與品嘗味道類似，都與口中的受體有關，此現象稱為「化學感知」（chemesthesis），意即對疼痛、碰觸和辣味的感受能力。當然，對喜歡吃辣的人來說，這種疼痛是一種愉悅的感覺。

各種辣椒的辣度差異甚大，有些辣椒比其他辣椒辣上十倍，甚至一百倍。即使是同一種類的辣椒，辣度也有可能天差地別。生長於酷熱乾燥氣候下的辣椒必須承受許多環境壓力，因此會比溫和氣候下的辣椒產生更多辣椒素。事實上，我們找到五種外型相似的墨西哥辣椒，並測量其辣椒素和「二氫辣椒素」（dihydrocapsaicin）的含量，這兩種化合物是產生辣味的主要成分。我們發現，部分辣椒的辣度是其他辣椒的十倍。我們以史高維爾單位（Scoville unit）測量辣度，也稱為辛辣感。傳統做法會以酒精萃取產生辣味的化合物，微量緩慢地滴入糖液中，直到感測人員可以察覺出辣味為止，不過現在大多已採用更精密的分析工具。

如何分辨哪些辣椒比較辣，哪些味道較為溫和？忘了那些主張從外觀判斷辣度的說法吧。舉例來說，小辣椒並不比大辣椒來得辣。而「辣紋」（corking）——部分辣椒表皮上的白色條紋，也與辣度無關。而\瞭解各辣椒種類的特點倒是有所幫助，例如聖納羅辣椒（serrano）通常比墨西哥辣椒辣。不過，即使擁有這番認知，還是得小心各品種辣椒間極大的辣度差異。

辣椒的內部構造

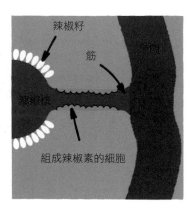

從果肉到果核：

辣椒的辣味源自辣椒素，這種化學化合物主要由內壁的白髓或稱為「筋」所產生，而非來自辣椒籽或果肉。辣椒籽吸收的是辣椒筋產生的辣椒素。

⊗ 實 驗 廚 房 測 試

辣椒素類物質是辣椒「辣味」或辛辣感的來源，而這些化學化合物中，以辣椒素最為人所知。為了確定哪些部位含有最多辣椒素類物質，我們做了簡單的實驗。我們戴上橡膠手套，將40根墨西哥辣椒外層的綠色果肉、內壁的白髓（也稱為膜或筋），以及辣椒籽分離，全數送往我們的食材實驗室檢測。

實驗結果

結果顯示，墨西哥辣椒的綠色果肉中，每公克只含5毫克的辣椒素，這劑量不足以對人類舌頭造成顯著影響。而種籽也僅有73毫克，至於白髓則含有512毫克，居三者之冠。

重點整理

白髓才是辣味的主要來源。辣椒籽之所以比果肉更辣，純粹只是因為辣椒籽埋藏於白髓之間；辣椒籽其實只是受到牽連的代罪羔羊。因此若要調製勁辣的莎莎醬或辣椒醬，應多多使用白髓，而辣椒籽並非最重要的成分。我們控制辣度的方法，是去除所有新鮮辣椒的籽和筋。接著，我們通常會將色彩鮮豔的辣椒果肉切丁、剁碎或攪打成泥，再依照食譜的指示使用。若料理需要更強烈的調味，我們會在上桌前加點辣椒籽和筋。使用乾辣椒時，則會去除蒂頭，將籽挖除。一般而言，乾辣椒辣中帶勁，我們通常不會保留辣椒籽供後續使用。

✎ Tips：墨西哥辣椒的辣味來源

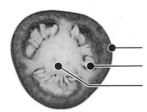

每公克所含辣椒素（單位／毫克）

果肉 5
辣椒籽 73
白髓 512

✎ Tips：常見的新鮮辣椒

在許多廚師眼中，新鮮辣椒有點神祕。這也難怪，即使是同一種辣椒，在國內不同地區，名稱就可能不同，加上辣椒因為收成的時機不同，顏色也繽紛多樣。想要確保買到正確的辣椒，採購前參考食譜圖片是個不錯的方法。不管哪種辣椒，應選擇外皮和果肉緊實、無損傷，觸感結實的者。

	外觀	味道	辣度	替代辣椒
波布拉諾辣椒（Poblano）	形體大、三角形 綠色至紅褐色	爽脆 帶有蔬菜味	🌶	阿納海辣椒 甜椒
阿納海辣椒（Anaheim）	形體大而瘦長 黃綠色至紅色	稍微辛辣 帶有蔬菜味	🌶🌶	波布拉諾辣椒
墨西哥辣椒（Jalapeno）	形體小、外觀亮滑 綠色或紅色	滋味鮮明 帶有草味	🌶🌶	聖納羅辣椒
聖納羅辣椒（Serrano）	形體小 深綠色	滋味鮮明 帶有柑橘香	🌶🌶🌶	墨西哥辣椒
鳥眼辣椒（Bird' Eye）	形體細小 亮紅色	滋味豐富 帶有果香	🌶🌶🌶	聖納羅辣椒
哈瓦那辣椒（Habanero）	球根狀 亮橘色至紅色	濃烈花香 帶有果香	🌶🌶🌶🌶	雙倍的 泰國鳥眼椒

✎ Tips：常見的乾辣椒

就像水果乾比新鮮水果更有味道一樣，辣椒乾燥後也同樣具有較濃烈的滋味。由於乾辣椒是成熟後採收製成，因此要比新鮮辣椒來得甜。味道最好的乾辣椒通常觸感柔軟、微帶果香。

	外觀	味道	辣度	替代辣椒
安可辣椒（Ancho）	外表乾皺 暗紅色	味道豐富 帶有葡萄乾甜味	🌶	穆拉脫辣椒
穆拉脫辣椒（Mulato）	外表乾皺 深褐色	帶有很重的煙燻味以及些微甘草和櫻桃乾香味	🌶	安可辣椒
契普雷辣椒（Chipotle）	外表乾皺 棕紅色	帶有煙燻和巧克力味以及類似煙草的芳香	🌶🌶	無
響尾蛇辣椒（Cascabel）	小而圓 紅褐色	堅果味 帶有木頭香	🌶🌶	新墨西哥辣椒
新墨西哥辣椒（New Mexican）	外表平滑 磚紅色	微酸 帶有土味	🌶🌶	響尾蛇辣椒
迪阿波辣椒（Arbol）	外表平滑 亮紅色	滋味鮮明 底蘊略帶煙燻味	🌶🌶🌶	皮奎辣椒
皮奎辣椒（Pequin）	小而圓 深紅色	滋味鮮明 帶有柑橘香	🌶🌶🌶	迪阿波辣椒

《掌控辣椒素的實際應用》
辣醬湯和快炒

為了在煮辣醬湯和熱炒時能夠有效控制新鮮辣椒和乾辣椒的辣度，我們特地去除新鮮辣椒的籽，以及被稱為筋的白髓。大多存在辣椒籽和白髓中的辣椒素，是產生辛辣感的主要化合物。在料理觀念30食譜「墨西哥飯」時，我們也採取了相同做法。

雞肉辣醬湯
6-8人份

若需調整辣度，可依步驟6的指示，斟酌添加切碎的墨西哥辣椒筋和辣椒籽。如果無法取得阿納海辣椒，可多加1根波布拉諾辣椒和墨西哥辣椒。本食譜可搭配酸奶油、玉米片，或擠入少許萊姆汁一起食用。

3磅切開的帶骨雞胸或雞腿肉，處理好
鹽和胡椒
1大匙植物油，可視需求增加
3根墨西哥辣椒
3根波布拉諾辣椒，去蒂挖籽，切成大塊
3根阿納海辣椒，去蒂挖籽，切成大塊
2顆洋蔥，切成大塊
6瓣大蒜，切碎
1大匙小茴香粉
1½茶匙香菜籽粉
2罐（15盎司）白腰豆，洗淨
3杯低鈉雞湯
3大匙萊姆汁（2顆萊姆）
¼杯切碎的新鮮香菜
4根蔥，切成細絲

1. 灑上1茶匙鹽和¼茶匙胡椒為雞肉調味。在荷蘭鍋內放入1茶匙的油，以中大火加熱至冒煙。放入雞肉，雞皮面朝下，靜置煎煮約4分鐘，使表面呈現金黃色澤。使用夾子翻面，另一面煎至稍微焦黃即可，約需2分鐘。將雞肉夾到盤子上，撕下雞皮丟棄。

2. 雞肉煎煮的同時，挖除2根墨西哥辣椒的筋和籽，辣椒切碎後放置一旁。以食物調理機，攪打約10至12下，將一半的波布拉諾辣椒、阿納海辣椒和洋蔥打成類似莎莎醬的厚實狀，過程中記得將調理機內壁碎末刮下。將打好的辣椒和洋蔥倒入碗中。剩下的一半辣椒和洋蔥倒入調理機以相同的方式攪打，完成後與剛才打好的辣椒和洋蔥均勻混合。調理機還不需清洗。

3. 荷蘭鍋中只留1大匙油，多餘的油脂倒掉，必要時再額外加油，並轉成中火。倒入切碎的墨西哥辣椒、打碎的辣椒和洋蔥、大蒜、小茴香、香菜籽粉和¼茶匙鹽。蓋上鍋蓋燜煮約10分鐘，過程中偶爾攪拌，煮到食材軟化為止。鍋子離火。

4. 將1杯燜煮過的蔬菜食材倒入食物調理機，接著加入1杯腰豆和1杯高湯一起攪打均勻約20秒。將打勻的食材連同剩下的2杯高湯和雞胸肉放入荷蘭鍋，以中大火煮滾。蓋上鍋蓋，改以中小火燉煮約15至20分鐘，過程中偶爾攪拌，直到雞肉溫度達160°F為止。若使用雞腿肉則需達175°F，燉煮時間則需40分鐘。

5. 將雞肉移到大盤子上。剩餘的腰豆下鍋，不蓋鍋蓋繼續燉煮約10分鐘，直到豆子完全熟透、辣醬湯稍微濃稠為止。

6. 將剩下的墨西哥辣椒切碎，保留辣椒筋和籽，切碎後靜置一旁。雞肉放涼後，切成一口大小的塊狀並去除骨頭。把雞肉塊、萊姆汁、香菜、蔥絲和剩下的碎墨西哥辣椒。依個人喜好斟酌添加辣椒籽拌入辣醬湯中，燉煮到開始冒泡。以鹽和胡椒調味後即可上桌。

成功關鍵

以濃郁辣醬湯烹煮而成的料理中，雞肉辣醬湯是相對較為爽口、清淡的菜餚，更是大多數美國人熟悉且喜愛的美食。本食譜之所以備受歡迎，原理其來有自。首先，選用的是雞肉而非牛肉，許多人認為白肉比較健康。此外，由於未使用番茄，不需擔心蓋過其他食材的味道，辣椒、香草和香料反而成為這道料理的主角。辣醬湯通常使用乾辣椒、辣椒粉或卡宴辣椒烹煮而成，但這道雞肉辣醬湯則是利用新鮮的綠色辣椒做為基礎。我們在此使用帶骨留皮的雞肉、三種辣椒和燜煮過的蔬菜食材，讓整道料理洋溢絕佳風味和口感。

焦黃的帶骨雞肉：挑選雞肉時，我們試過雞絞肉、雞腿和雞胸。雞絞肉雖能保持濕潤，但容易顯得軟爛；雞腿雖然風味絕佳，卻容易壓過新鮮辣椒的味道，無骨、去皮的雞胸肉則對辣醬湯的味道貢獻不大。而帶骨、留皮的雞胸肉效果最好，不過雞腿肉仍可做為第二選擇。我們將雞肉煎到變色以融化油脂，並在鍋底產生鍋巴，以

便與各種辛香料一起烹煮。丟棄煎到焦黃的雞皮。因為若保留雞皮，燉煮後不免會吸飽湯汁而顯得軟爛。

使用三種辣椒： 我們同時使用波布拉諾辣椒、阿納海辣椒和墨西哥辣椒，以調配出鮮明活潑的辣椒風味。嬌小的墨西哥辣椒表面光滑，可提供辣中帶澀、類似青椒的滋味。綠色的阿納海辣椒形體細長，溫和的辣味中略帶檸檬的酸澀底蘊。墨綠色的心型波布拉諾辣椒形體相對較大，辣度介於溫和至中等之間，濃郁的蔬菜味中帶有絲絲甜味。

將蔬菜打碎： 處理各式蔬菜時，先以食物調理機將帶籽的辣椒打成碎末，並將辣椒末與洋蔥、大蒜和各種香料一起燜煮軟化。再接著燉煮辣椒和洋蔥時，可加入些許罐裝腰豆和高湯，以增加辣醬湯的濃稠度並調和辣味。

滾煮雞肉： 將打碎的辣椒和洋蔥倒回鍋內並多加些高湯後，我們把焦黃的雞肉放入湯汁中一同滾煮，並在雞肉稍微冷卻後切成一口大小。在這同時，剩餘的白腰豆仍繼續維持燉煮。

起鍋前調味： 上桌前，我們再加入1根切碎的墨西哥辣椒，辣椒籽和筋分開剁碎，並依個人口味斟酌添加，如此即可掌控料理的辣度。此外，我們也利用萊姆汁、香菜和蔥絲，為料理增添活潑鮮明的味覺元素，同時也豐富整體的視覺效果。

實用科學知識 維持辣椒的新鮮度

"浸泡鹽水是維持辣椒新鮮的最佳方法"

有鑑於墨西哥辣椒和聖納羅辣椒可以冷藏的時間相對較短，因此我們嘗試四種不同的冷藏方法，看看能否讓這些辣椒維持脆度和新鮮風味。我們嘗試的方法分別為：將完整辣椒密封於塑膠袋內；直接放入冰箱的蔬果保鮮抽屜中；切半，方便白醋滲入；以及辣椒剖半後浸入鹽水中保存，其鹽水為1杯水搭配1大匙鹽巴調和。無論置於塑膠袋或保鮮盒中，辣椒在1星期後即開始軟化，並逐漸變成褐色。保存在白醋中的做法也不理想，因為1星期後，辣椒中多了酸味。相較之下，即使經過幾個星期，鹽水中的辣椒仍能保持原有的脆度、顏色和辣度。只要快速洗掉辣椒上的鹽水，無論生吃或製成莎莎醬，其味道與新鮮辣椒並無二致。1個月後，辣椒開始軟化，但仍非常適合用來烹調各種料理，其新鮮度還能再維持幾個星期。

可改用4磅肋眼牛肉，並妥善處理好。由於辣味多半鎖在料理的油脂中，因此應避免料理表面的油脂凝固。新墨西哥乾辣椒、穆拉脫辣椒或瓜希柳辣椒（guajillo）都相當適合用來代替安可辣椒，而每根迪阿波辣椒則可以⅛茶匙的卡宴辣椒取代。若不想使用完整的乾辣椒，安可辣椒和迪阿波辣椒可分別改用½杯市售辣椒粉和¼-½茶匙的卡宴辣椒，不過辣椒特有的口感將會因此而稍打折扣。而酪梨切丁、細碎的紅洋蔥、香菜末、萊姆角、酸奶油和蒙特利傑克起士絲（Monterey Jack）或切達起士（cheddar cheese）都是相當適合搭配本食譜的佐料。

8盎司（1¼杯）乾斑豆（pinto beans），仔細挑選後洗淨
鹽巴
6根安可乾辣椒，去蒂挖籽，撕成1吋小塊
2-4根迪阿波乾辣椒，去蒂挖籽，切成2塊
3大匙玉米粉
2茶匙乾奧勒岡
2茶匙小茴香粉
2茶匙可可粉
2½杯低鈉雞湯
2顆洋蔥，切塊、約¾吋
3根小墨西哥辣椒，去蒂挖籽，切小塊、約½吋
3大匙植物油
4瓣大蒜，切碎
1罐（14.5盎司）番茄丁
2茶匙糖蜜
3½磅牛肩肉，¾吋厚，去除多餘脂肪，切小塊、約¾吋
1瓶（12盎司）拉格型淡啤酒，例如百威（Budweiser）啤酒

1. 荷蘭鍋中倒入4夸脫水、斑豆和3大匙鹽，以大火煮滾。鍋子離火後蓋上鍋蓋，靜置1小時。斑豆瀝乾後沖洗乾淨。

2. 將烤箱烤架調整至中低層，烤箱預熱至300℉。將安可辣椒放入12吋平底鍋內，以中大火烘烤4至6分鐘，過程中記得頻繁攪動，煮到辣椒散發香味為止；若辣椒開始冒煙，記得將火力轉小。將辣椒倒入食物調理機，放涼。平底鍋還不需清洗。

3.將迪阿波辣椒、玉米粉、奧勒岡、小茴香、可可粉和½茶匙鹽，連同烘烤過的安可辣椒一起倒入調理機，攪打約2分鐘，直至呈現粉末狀。調理機運轉時，緩緩倒入½杯高湯，並持續打成膏狀，約45秒。必要時，可適時刮下調理機內壁沾黏的食材。攪打完畢後，將打成糊狀的食材倒入小碗中。把洋蔥放入空無一物的調理機內，利用按壓攪打功能約按4次，將洋蔥打成碎塊。接著加入墨西哥辣椒一起攪打，約按壓4下，直到打成類似莎莎醬的厚實狀態為止。必要時，可刮下內壁上黏附的食材。

4.荷蘭鍋內倒入1大匙油，以中大火加熱。倒入打碎的洋蔥和辣椒，烹煮7至9分鐘，使水分蒸發、蔬菜軟化，過程中記得不斷攪拌。加入大蒜並炒出香味，約需1分鐘。接著倒入膏狀的辣椒混合物、番茄和糖蜜，不斷攪拌，直到辣椒膏均勻混合。倒入剩下的2杯高湯和瀝乾的斑豆，煮沸後轉小火燉煮。

5.燉煮的同時，在12吋平底鍋內倒入1大匙油，以中大火熱油。以紙巾拍乾牛肉，並灑上1茶匙的鹽。放入一半牛肉塊，煎煮約10分鐘，待牛肉表面焦黃後，將牛肉倒入荷蘭鍋。平底鍋內倒入半瓶啤酒，並刮除鍋底焦黃的鍋巴，啤酒加熱至稍微冒泡後倒進荷蘭鍋。重複上述步驟，將剩下的1茶匙油、牛肉和啤酒放入平底鍋烹煮。過程中記得均勻攪拌，最後再將另一半牛肉倒回鍋內一起燉煮。

6.蓋上鍋蓋後送入烤箱，燜煮至牛肉和斑豆完全熟透軟嫩，約1個半至2小時。端出後，掀開鍋蓋靜置10分鐘。攪拌均勻，以鹽調味後即可上桌。辣醬湯最久可冷藏3天。

成功關鍵

製作「終極」牛肉辣醬湯時，我們的目標相當明確，亦即確定全世界辣醬湯專家推薦的各種「私房食材」中，哪些材料是正確的選擇，而哪些可以省略不用。我們捨棄牛絞肉，改用牛肩肉，搭配使用多種乾辣椒和新鮮辣椒，並以鹽水浸漬斑豆，使其在烹煮過程中能夠維持綿密口感。

挑選牛肉：決定採用牛肉塊，而非牛絞肉後，我們首先測試六種不同部位的牛肉，以選出最適合這道辣醬湯的肉質：牛腹肉、牛胸肉、肋眼肉、側腹橫肌牛排、牛肩肉和牛小排。雖然牛小排極為軟嫩，但部分試吃員覺得吃起來太像燉肉。牛胸肉異常厚實，但脂肪含量低，肉質稍硬。牛肩肉鮮嫩味美，顯然是最適合的部位。肋眼肉則是第二選擇。

斑豆泡鹽水：以鹽水浸泡斑豆可縮短烹煮時間，並可維持軟嫩和綿密的口感，詳見觀念28裡的科學原理。這項原理可說是很重要的步驟。浸泡的時間不太長，因為斑豆畢竟不是料理重點，況且其他步驟也需要不少時間。不過，時間配置倒是安排得宜，因為斑豆浸泡的時間，約一小時，正好可用來完成其他步驟。

去籽、烘烤、打碎：為了豐富辣醬湯的口感層次，我們將市售辣椒粉換成打碎的安可乾辣椒和迪阿波辣椒，並利用新鮮墨西哥辣椒增添青草味。接著將安可辣椒加以烘烤，以逼出香味，並挖掉所有辣椒籽，好便控制辣度。此外，我們也加入奧勒岡、小茴香、可可粉、鹽巴和玉米澱粉。這讓辣醬湯變得濃稠。

增添風味和口感：以啤酒和雞湯做為湯底，滋味勝過使用紅酒、咖啡和牛高湯。為了調和料理的甜味，添加淺糖蜜是最適合的方法，其效果優於其他創意食材，包含梅乾和可樂。至於濃稠度，麵粉和花生醬並未如傳聞中理想，加入少量的一般玉米澱粉，濃稠度反而會恰到好處。

泰式辣醬炒牛肉
4人份

若無法取得牛肩肉，可使用側腹肉取代。由於側腹肉較少多餘脂肪，因此只需1¾磅左右。處理側腹肉時，首先順著紋理切成1½吋寬的肉條，然後逆紋切成¼吋厚的肉片。若要讓牛肉更容易切片，可事先冷凍15分鐘。白胡椒可賦予這道快炒料理獨特風味，不宜用黑胡椒代替。建議搭配香米飯（steamed jasmine rice）一同享用。

快炒牛肉

1大匙魚露

1茶匙紅糖，壓實

¾茶匙香菜籽粉

⅛茶匙白胡椒粉

2磅牛肩肉，去除多餘油脂，切條狀、約¼吋

醬汁和配料

2大匙魚露

2大匙米醋

2大匙水

1大匙紅糖，壓實

1大匙蒜蓉辣椒醬

3瓣大蒜，切碎

3大匙植物油

3根聖納羅辣椒或墨西哥辣椒，去蒂挖籽，切薄片

3顆紅蔥頭，剝除外膜，切成四等份，層層剝開

½杯新鮮薄荷葉，將較大片的薄荷葉撕成一口大小

½杯新鮮香菜

⅓杯乾烘花生，剁碎

萊姆角

1. 快炒：在大碗中倒入魚露、糖、香菜籽粉和白胡椒，攪拌均勻。放入牛肉，上下拋翻沾裹均勻，醃漬15分鐘。

2. 醬汁和配料：取一小碗，倒入魚露、醋、水、糖和蒜蓉辣椒醬後加以攪拌，等糖溶解後靜置一旁。在另一小碗中，將大蒜和1茶匙油均勻混合，靜置一旁。

3. 快炒時，在12吋不沾鍋內加入2茶匙油，大火加熱至開始冒煙。將三分之一的牛肉平鋪放入鍋中。牛肉靜置煎煮約2分鐘，直到完全焦黃；翻面繼續煎煮約30秒，直到邊緣焦黃、肉片中央不再呈現粉紅色澤為止。將牛肉移入中碗，以4茶匙油分兩批煎煮剩下的牛肉。

4. 轉成中火，將剩下的2茶匙油倒入平底鍋內，轉動鍋子，使鍋底均勻上油。倒入聖納羅辣椒和紅蔥頭一起烹煮3至4分鐘，不斷翻炒直到食材開始軟化。清出鍋底中央區域，倒入加了油的大蒜爆香，在鍋中將大蒜壓碎，烹煮15至20秒直到散發香味。將大蒜和辣椒混合物一起拌勻。倒入魚露混合物，改以大火烹煮約30秒，稍微收汁成濃稠醬汁。

5. 將牛肉連同滲出的汁液倒回鍋內並加以拌炒，讓牛肉均勻裹上醬汁。拌入一半薄荷和香菜後立即上桌。享用時，可再灑上花生和剩餘的香草，並另外附上萊姆角以供搭配。

成功關鍵

傳統泰式牛肉使用的食材較不普遍，例如南薑、棕櫚糖和蝦米，而且大火快炒前通常需要數小時的準備。我們希望使用容易取得的食材，並盡量縮短烹調時間，我們決定採用便宜的牛肩肉。這部位的牛肉熟透後不僅富含牛肉香氣，肉質也相當鮮嫩。以魚露、白胡椒、香菜粉和少許紅糖醃漬時，牛肉只需浸漬15分鐘即可完全入味。我們使用的蒜蓉辣椒醬不僅辣味容易控制，也可為料理增添暖口的辛香蒜味。

以鹹滷汁醃漬：泰式辣牛肉通常使用魚露入味，為了讓本食譜更加道地，我們以鹹度相同的發酵魚露，取代一般做為醃汁基底的醬油。有關醃漬效果，請參考觀念13。許多傳統食譜使用的蝦米和蝦醬具有特殊鹹味，為保留此一滋味，我們在魚醬中加入少許紅糖、香菜粉和白胡椒，調配而成的醬料辛香味濃郁，味道直透舌尖，其中還蘊含一絲原始的野性風味。

依序拌炒：如同我們所有的快炒美食，本食譜仍然採取固定的料理步驟，依序烹煮所有材料。首先，我們分批煎煮牛肉，盡量增加焦黃的程度，其原理請參考觀念2；接著加入蔬菜拌炒，亦即辣椒和紅蔥頭，大蒜則留待最後添加以避免燒焦。像這樣的泰式料理，我們希望醬汁可以同時兼具鹹味、甜味、辣味和酸味。因此，我們採用鹹味十足的魚露，並以紅糖帶入甜味。白醋可提供酸味，而辣味則是來自辣椒。泰式快炒時常在起鍋前添加新鮮香草，不過我們改成灑上香菜和薄荷，並加入脆口的食材，此處我們利用花生創造爽脆口感。

控制辣度：為了控制辣度，我們挖除所有辣椒籽和筋，並將辣椒切成條狀。此外，也利用蒜蓉辣椒醬的辣味以及溫潤的蒜味，為這道料理增添不同層次的辣勁。透過兩種不同的辣味，我們得以掌控料理的辛辣程度。

實用科學知識 切勿冷凍新鮮辣椒

"若發現辣椒出現腐壞跡象，應盡快用完或以鹽水保存，但千萬別冷凍"

經過實驗廚房的測試後，我們瞭解若將新鮮辣椒放進潮溼的蔬果保鮮盒，大約可保存1個星期。我們也知道，辣椒可以泡在鹽水中保存，其實驗結果請參考本觀念「實用科學知識：維持辣椒的新鮮度」。接下來的問題是，冷凍能否再延長辣椒的保存期限？兩個星期後，我們比較冷凍辣椒和新鮮辣椒：莎莎醬中的墨西哥辣椒以及未經任何處理的波布拉諾辣椒。冷凍辣椒解凍後，表面狀態明顯惡化，原本鮮脆的外皮變得黏糊而濕爛。波布拉諾辣椒的辣味減弱，而墨西哥辣椒原有的「新鮮草味」和「辣味後勁」則完全消失殆盡。由此可知，辣椒應盡量在腐壞前用完，或是將辣椒浸泡在鹽水中保存。而冷凍並非保存辣椒的理想方法。

觀念33：爆香能有效提升香料風味
Bloom Spices to Boost Their Flavor

對許多在家下廚的美國人而言，香料常讓人一頭霧水。我們會在烘焙時使用香料，像是製作蒜味麵包時，但除了烤肉的必備醃漬醬料和一些地方料理、除了德州式墨西哥菜餚或路易斯安那州的卡疆料理之外，我們反而較少在烹煮鹹味料理時添加香料。部分原因在於：我們不知道如何購買香料。而家裡儲藏室內的罐裝舊香料粉品質或許不是很好，我們也不清楚香料真正的功用。

⊛ 科　學　原　理

香料通常是莓果、植物的種籽、根或樹皮，在乾燥後味道變得濃烈，可以「整個」或研磨成粉販售，也就是常見的粉狀香料。舉丁香為例，我們可以購買這種刺鼻的乾燥花苞，未經研磨即可用來為烤肉或溫熱的酒調味；或者，我們也可以購買丁香粉，添加在香料蛋糕或餅乾中。

所有香料的共通點是：經常做為調味料使用。烹煮時添加香料的做法已經流傳千萬年。然而，香料並非只是一般食材。長久以來，由於香料廣泛應用於宗教儀式、醫學和烹調等方面，因此一直是爭相追尋和備受重視的熱門商品。由於人類渴望取得更多香料，無論在數量或種類上皆然，也因而促使中東地區在西元前2000年左右發展出貿易體系，並自此擴展至全世界。

不過，為什麼香料具有如此濃烈的味道？香料的味道主要來自香味，我們可以從香料釋放到空氣中的揮發性分子聞到。香料具有大量的這類氣味分子，因此產生非常強烈的氣味。事實上，香料若是未經任何處理，幾乎無法直接入口食用。

多數香料的氣味源自於各種氣味化合物，這些化合物混合後產生香料獨特的味道和層次。舉例而言，黑胡椒粒的獨特味道和香氣來自一種稱為萜烯（terpene）的揮發油和吡嗪（pyrazine），前者會產生松節油、丁香和柑橘的氣味，而後者則提供泥土、烤肉和綠色蔬菜的香氣。此外，胡椒粒還含有胡椒鹼（piperine），這種耐熱的化合物是產生我們熟悉的辛辣味，以及刺激味蕾的主要物質。

香料可大致分成三類：含水溶性氣味化合物，脂溶性氣味化合物，以及在乾燒時產生新的香味分子。換句話說，可溶於水的香味較容易透過醃料滲入肉中，其原理請參考觀念13；而可溶於油脂的香味則更容易在以油調製的醃汁中散發出來，例如觀念13食譜「西班牙風味蒜頭蝦」。至於其他香料，則可藉由乾燒的方式逼出香氣。不過，使香料產生不同味道以及不同強度香味的原因是加熱方式。有關各種香料的詳細介紹，請參考本觀念「實用科學知識：常見香料與使用方法」。

我們可以直接加熱香料，例如烘烤香料，或將肉片先以香料醃漬後再放上烤肉架。烘烤完整的香料可將其帶有香氣的油脂逼到表面，散發的香味更加濃郁且富有層次。烘烤小茴香和香菜等特定香料時，糖分和胺基酸之間也會產生觀念2提到的梅納反應，進而生成吡嗪這種濃烈的氣味分子。我們發現，香料烘烤前最好先不要磨碎，因為研磨香料會將水分和帶有香氣的油脂釋放到空氣中，減少烘烤時釋放的香味減少。

洋蔥或大蒜切開前後的示意圖

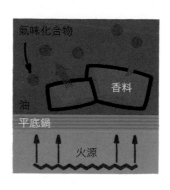

熱油中：
脂溶性香料和油一起加熱時，大量氣味化合物會釋放到周圍的溶液中，因而加強香料本身和油的味道。

此外，我們也可以將香料和油脂一起烹煮，這個過程稱為爆香。脂溶性香料適合爆香，無論粉狀或未經處理的完整香料都能香味四溢。料理上桌前，我們通常會先丟棄味道濃烈的完整香料。爆香時，脂溶性香味分子會從固體香料釋放到溶液中，相互混合及作用後，產生更豐富渾厚的味道。與大多數物質一樣，香味分子在熱溶劑，例如脂肪或油脂中分解的速度和規模更甚於未加熱的溶劑。不過請注意，若油脂或奶油溫度過高，香料可能會燒焦。

⊗ 實 驗 廚 房 測 試

為了確定以油烹煮香料和部分香草，在相對於只使用水烹煮下，確實可以增加香氣，我們設計了以下實驗。將50克磨碎的紅辣椒片分別浸泡在100克芥花油和100克清水中，並同時維持200℉20分鐘。接著，我們撈出辣椒片，將水和油分別淋在白米飯上品嚐。此外，我們也將水和油的樣本送到獨立實驗室，利用高效能液相層析法（high- performance liquid chromatography，簡稱HPLC）檢驗辣椒片的主要辣味來源——辣椒素的含量。最後，我們以百里香葉執行同樣的實驗，測量百里香葉主要香味化合物百里酚（thymol）的濃度，以瞭解熱油爆香對木本香草的影響。此測試總共重複三次。

實驗結果

首先，就搭配白米飯的味道來說，爆香辣椒片和百里香的油都比水的味道濃郁許多。這兩者的差異甚大，簡直無需比較，而且實驗室提供的數據也能佐證。辣椒爆香水的史高維爾辣度單位（SHU）為1113，而爆香油的SHU則高達兩倍，測量出來的數據為2233。百里香的檢測結果更為顯著：爆香水含有19.4ppm的百里酚，而爆香過的油則含有十倍的百里酚，相當於197ppm。

重點整理

雖然我們借助一些精密的科學儀器來量化實驗結果，但結論其實再簡單不過。若要提升香氣，許多香料和香草都應該以油爆香。這個步驟相當簡單，只要在倒入任何液體之前，先把香料或香草放入平底鍋中和油脂一起加熱即可。舉例來說，製作辣醬汁時，應先將香料、洋蔥和大蒜一起爆香後再倒入液體，並非像許多食譜所說，香料和液體一起下鍋。

我們還能利用什麼方法增加香料的風味？研磨是其中一種。購買完整的香料，料理前再親自磨成粉末，這樣可以延長香料的新鮮度，加強香料的香氣和滋味。如果購買的是粉狀香料，務必每年更換，完整未經研磨的香料最久可保存2年。除了爆香之外，也可以將香料倒入平底鍋中乾炒，高溫會將香料帶有香味的油脂逼出表面。

✎ Tips：香料以水和油爆香後，檢測氣味化合物含量

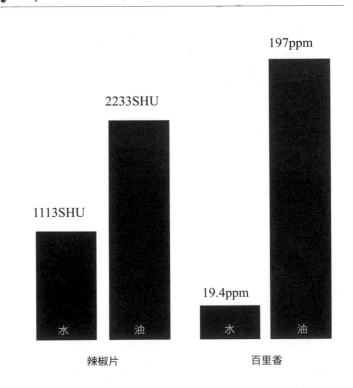

*採用HPLC檢測辣椒素含量，並以史高維爾辣度單位（SHU）表示。
**採用HPLC檢測百里酚含量，並以ppm（百萬分之一）表示。

《爆香香料的實際應用》
辣醬湯、咖哩、乾醃料與其他料理

香料在與料理結合前先加以爆香，這個簡單的步驟有助於逼出最豐沛的香氣、推升整體風味，並將料理帶到另一個層次。在本觀念中，我們將利用香料爆香的手法，製作辣醬湯、咖哩、焦黑魚（blackened fish）和黑胡椒香煎牛排。

簡易牛肉腰豆辣醬湯
8-10人份

適合本食譜的佐料包含新鮮番茄切丁、酪梨切丁、蔥花、細碎的紅洋蔥、香菜末、酸奶油或蒙特利傑克起士粉（Monterey Jack）或切達起士粉（cheddar cheese）。如果喜歡吃辣，可斟酌添加多一點紅辣椒片或卡宴辣椒，甚至兩者都加。辣醬湯的滋味會隨著時間變濃，可以的話，盡量在享用前1天料理完成。

2大匙植物油

2顆洋蔥，剁成細碎

1顆紅甜椒，去蒂挖籽，切小塊、約½吋

6瓣大蒜，切碎

¼杯辣椒粉

1大匙小茴香粉

2茶匙香菜籽粉

1茶匙辣椒片

1茶匙乾奧勒岡

½茶匙卡宴辣椒粉

2磅85%瘦牛絞肉

2罐（15盎司）紅腰豆，洗淨

1罐（28盎司）番茄丁，濾乾，保留番茄汁

1罐（28盎司）番茄泥

鹽

萊姆角

1.在荷蘭鍋中倒油，以中火加熱至開始冒泡但未冒煙。加入洋蔥、紅椒、大蒜、辣椒粉、小茴香、香菜籽粉、辣椒片、奧勒岡和卡宴辣椒，烹煮時偶爾攪拌約10分鐘，待蔬菜軟化並開始焦黃。轉成中大火，放入一半牛肉。以湯匙撥散肉塊，拌煮3至4分鐘，直到肉質不再是粉紅色，並開始呈現焦黃色。加入剩下的牛肉下鍋烹煮約3至4分鐘，同樣以湯匙撥散肉塊，煮到色澤不再粉紅為止。

2.加入腰豆、番茄丁、番茄泥和½茶匙鹽，煮沸後蓋上鍋蓋，以小火燉煮1個小時，過程中偶爾攪拌。掀開鍋蓋，繼續燉煮1個小時，期間記得偶爾攪拌。若辣醬湯開始黏鍋，可拌入½杯清水並繼續燉煮，直到牛肉軟嫩，辣醬湯色澤深沉、味道濃厚，稍微呈現濃稠狀態為止。以鹽巴調味後即可起鍋。上桌時可視喜好搭配萊姆角和佐料一同享用。辣醬湯最久可冷藏2天。

牛肉辣醬湯佐培根及黑豆

將8片培根切成½吋大小，倒入荷蘭鍋內以中火不斷拌炒約8分鐘，直到培根呈現焦黃色澤為止。倒出鍋中的油脂，只留下2大匙油和培根。以培根油脂取代植物油，罐裝腰豆則由罐裝黑豆取代。

成功關鍵 —————

我們的目標，是要研發簡單易煮的辣醬湯，不僅烹調過程不會手忙腳亂，料理整體的風味也能遠勝於個別食材加總而得的香氣。我們發現，辣椒粉和辛香料一同下鍋可加強辣椒的辛辣度。特地使用額外香料提味，並選擇肥瘦比例適中的牛肉。燉煮過程中，前半段時間蓋上鍋蓋有助於燉出質地豐厚的湯頭。

儘早添加香料：不同於觀念32食譜「終極牛肉辣醬湯」，牛肉辣醬燙貫徹簡單易煮的原則。為了能從容易取得的食材中煮出美味，我們必須採取一些步驟，以徹底發揮罐裝香料的功用。許多辣醬湯食譜的做法，都是等牛肉變色後再加入香料，但我們知道，有時粉狀香料與食用油直接接觸後，香味會顯得更為突出。為證明這點，我們烹煮三鍋辣醬湯，分別在牛肉下鍋前與後加入香料粉，第三鍋則是先用另個平底鍋乾燒香料，再於牛肉下鍋後加入香料拌炒。在牛肉下鍋後再放入香料的味道貧乏；另以平底鍋乾燒的香料則是味道好一點，但辣味仍然顯得溫和，因為部分容易揮發的香氣分子已在乾燒的過程中蒸發殆盡。最受青睞的做法，是在牛肉下鍋前直接加入香料。其實，在料理一開始就放入香料，可藉由爆香的步驟，讓脂溶性香料的香氣完全釋放出來，進而煮出最佳料理風味。

加強辣椒粉效用：市售辣椒粉通常只含80%的乾燥辣椒粉，其餘成份則是混合了大蒜粉、洋蔥粉、奧勒

岡、小茴香粉和鹽。為了提味，我們增加一般食譜的辣椒粉用量，加入更多小茴香和奧勒岡，並灑入些許卡宴辣椒粉。洋蔥、甜椒和大蒜三種辛香料也功不可沒。

肥瘦適中：為了這道辣醬湯，我們特地嘗試不同肥瘦比例的牛肉。若使用肩胛絞肉，內含80％的瘦肉，會有橘黃色油脂漂浮在辣醬湯表面。如果改用瘦肉比例高達90％的牛肉，味道則稍嫌平淡，雖然整體而言並不差，但滋味依舊無法像85％瘦牛肉那般濃郁，因此最後我們決定使用含有85％瘦肉的牛肉。牛肉下鍋後，務必避免煮到過度焦褐，否則肉質會變柴，只要煮到沒有生肉的粉紅色澤即可。

兩種番茄：我們曾以各種食材做為湯底，例如：清水會使成品太稀、雞湯則是雞味太重太單調、牛高湯卻帶股金屬味、葡萄酒會使湯太酸，以及只利用番茄本身的汁液，不添加其他液體所得到的湯底香味濃郁，這是截至目前最好的做法。而在試過啤酒後，我們很驚訝地發現，啤酒竟然可以帶出極佳的牛肉香味。番茄泥可做為辣醬湯的湯底，而番茄丁則能增添料理的厚實感。

腰豆早點放：大多數的辣醬湯食譜都等到料理尾聲才放入腰豆，以避免煮太久而分解。不過，這種做法時常導致腰豆不夠熟爛，味道難以融入濃郁的辣醬湯中。因此，我們偏好將腰豆和番茄一起下鍋。燉煮的時間越久，腰豆越入味。

印度咖哩燉馬鈴薯、花椰菜、豌豆和鷹嘴豆
4-6人份

咖哩中加入1根辣椒時，辣度適中。若想讓咖哩更辣，可增加辣椒用量。如果不希望味道過於濃烈，則千萬別使用辣椒筋和辣椒籽，有關辣椒的料理科學，請參考觀念32。洋蔥可使用食物調理機的按壓攪打功能打碎。葛拉姆馬薩拉（garam masala，譯註：一種印度咖哩香料）可用2茶匙香菜籽粉、½茶匙胡椒、¼茶匙小豆蔻粉和¼茶匙肉桂粉代替。除了建議的佐料之外，本道料理還可搭配觀念30食譜「簡單香料飯」和全脂原味優格一起享用。

2大匙甜味或淡味咖哩粉

1½茶匙葛拉姆馬薩拉

1罐（14.5盎司）番茄丁

¼杯植物油

2顆洋蔥，切細

12盎司紅皮馬鈴薯，切小塊、約½吋

3瓣大蒜，切碎

1大匙新鮮薑泥

1-1½根聖納羅辣椒，切除蒂頭，切碎，保留辣椒籽

1大匙番茄糊

半顆花椰菜（1磅），去除菜心，切成1吋大的花椰菜朵

1罐（15盎司）鷹嘴豆，洗淨

1¼杯水

鹽

1½杯冷凍豌豆仁

¼杯鮮奶油或椰奶

佐料

洋蔥小菜（食譜後附）

香菜薄荷酸甜醬（食譜後附）

1. 在小平底鍋內倒入咖哩粉和葛拉姆馬薩拉，以中大火乾炒約1分鐘，使香料顏色稍微暗沉並散發香氣。香料倒進小碗中靜置一旁。使用食物調理機的攪打功能，攪打3至4下，將番茄打成小塊狀。

2. 荷蘭鍋內倒入3大匙油，以中大火加熱。放入洋蔥和馬鈴薯，偶爾拌炒約10分鐘，等到洋蔥焦糖化、馬鈴薯邊緣呈現金黃色澤為止。若洋蔥色澤太快變深，可提早轉成中火。

3. 轉成中火。空出鍋子中間位置，倒入剩餘的1大匙油、洋蔥、薑、聖納羅辣椒和番茄糊，不斷拌炒約30秒，直至散發香味。加入小碗中的香料並反覆拌炒，約1分鐘。倒入花椰菜，拌炒約2分鐘，使香料平均沾附在花椰菜上。

4. 倒入番茄、鷹嘴豆、水和1茶匙的鹽。轉成中大火，一邊加熱至沸騰，一邊以木杓刮下鍋底的焦黃鍋巴。蓋上鍋蓋，轉至中火。燉煮10至15分鐘，直到蔬菜軟化為止，過程中記得偶爾攪拌。

5. 拌入豌豆和鮮奶油，持續燉煮約2分鐘，直至食材完全熟透。以鹽調味、試味後立即上桌。另外附上佐料供需要的人搭配食用。

"購買完整的香料，自行磨成粉狀"

香料應該如何選購？大多數情況下，購買完整香料自行磨粉比直接購買粉狀香料更為理想。完整香料可以保存更久，期限約為粉狀香料的兩倍，現磨的香料粉則具有更優良的香氣和味道。在所有香料中，務必避免購買事先磨好的黑胡椒粉。胡椒子破裂後，賦予胡椒子濃烈香氣和微妙滋味的揮發性化合物會逐漸流失，很快就會只剩下較為穩定的胡椒鹼，除了「辛辣感」之外，這種非揮發性物質不太能為料理帶來其他味道。無論是完整或粉狀香料，每次的購買份量越少越好。檢查保存期限也是料理的重要細節之一。

洋蔥小菜
約 1 杯

若使用一般的黃洋蔥，糖的份量必須增加到 1 茶匙。

1 顆維達利亞洋蔥，切丁
1 大匙萊姆汁
½ 茶匙糖
½ 茶匙甜椒粉
⅛ 茶匙鹽
少許卡宴辣椒粉

　　所有食材倒入小碗中攪拌均勻即可。以冷藏保存最長可保存 1 天。

香菜薄荷酸甜醬
約 1 杯

2 杯新鮮香菜
1 杯新鮮薄荷葉
⅓ 杯全脂原味優格
¼ 杯細碎洋蔥
1 大匙萊姆汁
1½ 茶匙糖
½ 茶匙小茴香粉
¼ 茶匙鹽

　　所有材料倒入食物調理機打至滑順即可，約 20 秒，過程中記得刮下調理機內壁黏附的食材。酸甜醬最久可冷藏 1 天。

成功關鍵

蔬菜咖哩可以是麻煩的差事，冗長的食材清單、講究的烹飪手法，都是為了彌補少了肉類導致口味薄弱。我們的咖哩食譜設定在 1 小時之內完成，能夠在平日晚上輕鬆烹煮，而且不需犧牲任何該有的風味，也不必擔心香料味道喧賓奪主。市售咖哩粉以平底鍋乾燒後，可成為料理的香氣來源，而少許葛拉姆馬薩拉則能增添更多香料味。

乾燒和爆香：我們先將咖哩粉和內含黑胡椒、肉桂、香菜和小豆蔻等溫熱性香料的葛拉姆馬薩拉，倒入平底鍋乾燒，為咖哩增添濃郁香味。乾燒的好處為何如此明顯？因為與醬汁一同燉煮時，香料的溫度只能達到 212℉，但在平底鍋中乾燒時，溫度可超過 500℉，因而使香味濃度劇增數倍。不過請注意，乾燒過久可能會讓香料燒焦。一開始的乾燒步驟，無論對咖哩粉或葛拉姆馬薩拉都相當有用，因為高溫可促進梅納反應，反應中生成的物質可顯著提味。香料以油爆香時，反應反而無法如此劇烈。香料乾燒後，再連同洋蔥和辛香料一起下鍋，香料可以和油進一步爆香。

加強底味：洋蔥和其他材料焦糖化後，鍋底開始產生鍋巴，這種滋味十足的深色物質，即相當於肉類煎至焦黃後的情況。我們加入大蒜、薑和新鮮辣椒末，以拉抬整體辣味。加入番茄糊雖然不是傳統做法，但卻能增加甜味、讓食物更快變色，甚至產生肉味。其原理請參考觀念 35。

馬鈴薯煮到焦黃：馬鈴薯可能淡而無味。我們想將馬鈴薯放入烤箱中烘烤，但這需要時間。我們發現可以把馬鈴薯和洋蔥一起煮至變色，但也很好奇其他蔬菜能否如法炮製。印度有一種烹調手法稱作「bhuna」，則是把香料和主要食材一同炒香，提升並融合各種香味。此技巧對本食譜中的花椰菜相當有效，創造更豐富、更有層次的風味。烹煮其他堅硬的蔬菜時，也能善加運用這個烹調技巧，例如四季豆和茄子。

添加液體：水和罐頭番茄泥混合後加入些許奶油或椰奶，可讓鮮美軟嫩的蔬菜和香氣逼人的香料結合後色澤更為亮眼。

燒烤焦黑紅鯛
4人份

鯛魚可用銀花鱸魚、大比目魚或石斑魚代替。若魚排厚度比¾吋更厚或更薄，烹煮時間可能需要稍微調整。這道鯛魚料理可搭配檸檬角或雷末拉醬一同享用（食譜後附）。

2大匙甜椒粉
2茶匙洋蔥粉
2茶匙大蒜粉
¾茶匙香菜籽粉
¾茶匙鹽
¼茶匙胡椒粉
¼茶匙卡宴辣椒粉
¼茶匙白胡椒粉
3大匙無鹽奶油
4塊（6-8盎司）紅鯛魚排，約¾吋厚

1. 將甜椒粉、洋蔥粉、大蒜粉、香菜粉、鹽、胡椒、卡宴辣椒粉和白胡椒粉倒進碗中攪拌均勻。在10吋平底鍋中放入奶油，以中火加熱融化。鍋中倒入香料混合物，不斷拌炒2至3分鐘，直到散發香氣，而且香料轉為暗沉的鏽色為止。把鍋內的食材倒入派餅盤中，放至室溫。若有任何粗塊，則以叉子壓碎。

2A. 木炭烤爐：完全打開底部通風口。在大型煙囪型點火器中，裝入七分滿、約4½夸脫的木炭，點燃。當上層木炭部分被炭灰掩蓋時，即可將木炭倒上烤爐，平均分散至半個烤爐大小的區域。將烤網擺至定位，蓋上爐蓋，並完全打開爐蓋上的通風口。預熱烤肉網約5分鐘。

2B. 燃氣烤爐：開啟所有爐頭並轉至大火，蓋上爐蓋，預熱約15分鐘。

3. 清理烤肉網，接著以吸滿油的紙巾反覆抹刷5至10次，使烤肉網烏黑晶亮。

4. 在此同時，以紙巾拍乾魚排。在魚皮面上，以鋒利的刀子斜切出間隔1吋的淺痕，注意不要切進魚肉。將魚排擺到大盤子上，魚皮面朝上。以指腹將香料均勻塗抹至魚排上，各面皆需均勻塗抹，應用完所有香料。冷藏魚排，需要時再取出。

5. 將魚排放上烤網。若使用木炭烤爐，則放在預熱

的一側。魚皮面朝下，使斜角切痕接觸烤網。燒烤3至5分鐘，直至魚皮略為焦黑酥脆。小心翻面後，持續烤上5分鐘，等到魚肉烤出深黃色澤且不再完全黏合在烤網上，即可上桌，此時魚肉中心應不是透明狀，但仍仍保持濕潤。

雷莫拉醬
約½杯，足夠佐配4人份燒烤焦黑紅鯛

雷末拉醬（rémoulade）最久可冷藏3天。

½杯美乃滋
1½茶匙酸黃瓜醬
1茶匙辣醬
1茶匙檸檬汁
1茶匙新鮮巴西利末
½茶匙酸豆，洗淨
½茶匙第戎芥末醬
1小瓣大蒜，切碎
鹽和胡椒

所有食材倒入食物調理機中，以攪打約10下，使其混合均勻。以鹽和胡椒調味後，倒入碗中即可上桌。

成功關鍵

焦黑魚這道菜通常會以鑄鐵煎鍋來料理，但廚房可能會因此而煙霧瀰漫。我們認為，將魚放到烤肉網上燒烤可以解決這個問題，但這同時也帶來一些新的挑戰，例如魚排燒烤後容易捲曲而且黏在烤網上。香料味道也容易流於生澀刺鼻。以刀子劃開魚皮、徹底清潔烤肉網，以及使用香料調製味道豐厚的乾醃料，都有助於順利完成這道紅鯛料理，使得魚排外皮酥脆，風味濃郁且層次豐富。

調製焦黑魚醃料： 測試六種市售卡疆香料（Cajun）後，我們發現自己調配醃料的效果更佳。我們添加香菜粉，其辛辣味可賦予醃料明亮的植物花香。我們也使用大蒜和洋蔥粉、甜椒粉、卡宴辣椒、黑胡椒、白胡椒和鹽巴。

以奶油爆香： 沒錯，香料在烤肉架上會高溫受熱，但利用奶油煸炒香料可逼出更多香氣。除了香料顏色會明顯變深，從亮紅色變成暗沉的鏽棕色，香味的變化

也可輕易聞出。香料冷卻後，我們把結塊的香料壓碎，並均勻塗到魚排上，等到魚排經過燒烤後，香料就能變得焦黑。

魚排保持平整： 燒烤時，魚皮內縮會連同拉緊魚肉，導致魚排扭曲變形。若先在魚皮上割劃幾刀，就能避免魚皮收縮得比魚肉快，使魚片保持平整。塗抹香料前，以鋒利的刀子劃出淺痕時，應避免切入魚肉太深。

靈活變通： 因為一般家用廚房不夠通風，在室內料理焦黑魚實在不合乎常理，所以我們索性移駕室外烤肉架來處理這道菜。不過，為了避免魚肉黏在烤網上，我們必須採取一些因應措施。首先，我們先將魚肉冷藏。因為魚排在室溫下會變得鬆軟，會變得較容易黏附在烤肉網上。此外，我們將烤肉架預熱，以刷子將烤肉網刷抹乾淨，並使用沾了油的紙巾來回擦拭至少五次，直到烤肉網烏黑油亮為止。燒烤時，魚皮面朝下放置，讓魚排上的割痕接觸烤肉網。翻面前，先將烤肉鏟滑入魚排下方以便托高魚片，接著再使用另一支鏟子輔助翻面。

黑胡椒香煎菲力牛排
4人份

壓碎胡椒粒時，先將半數胡椒粒散放在砧板上，接著放上平底鍋，雙手用力下壓，借助搖擺碾壓的動作，用鍋底壓碎胡椒粒。重複此動作，將剩餘的胡椒粒碾碎。由於胡椒粒在油中受熱後會激發出大量的刺激味道，因此這道料理仍具有相當的辣度。若偏好和緩的辣椒香氣，可在步驟1中，先以細密的濾網將冷卻的胡椒粒過篩，倒入5大匙新油並混合均勻，然後加入鹽巴，再繼續接下來的步驟。這道料理可搭配藍起士佐細香蔥奶油（食譜後附）一同享用。

5大匙黑胡椒粒，壓碎
5大匙又2茶匙橄欖油
1大匙猶太鹽
4塊（7-8盎司）中段菲力牛排，約1½-2吋厚

1. 將胡椒粒和5大匙油倒入小醬汁鍋中，以小火加熱至浮現細小氣泡。持續加熱到稍微沸騰，過程中偶爾轉動鍋子，直到散發香氣為止，約需7至10分鐘。鍋子離火，靜置一旁冷卻。胡椒粒的溫度降至室溫後，加入鹽巴攪拌均勻。將此胡椒和油的混合物塗到牛排上，每塊牛排的正反面都必須塗抹完全。以保鮮膜覆

蓋牛排並輕柔按壓，確保胡椒粒附著在牛排上，接著讓牛排在室溫下靜置1小時。

2. 靜置牛排時，將烤箱烤架調整至中層，放上烤盤，烤箱預熱至450℉。當烤箱達到預定溫度時，在12吋平底鍋中，倒入剩餘的2茶匙油，以中大火加熱至開始冒煙。放入牛排靜置不動，油煎3至4分鐘，直到牛肉表面形成深咖啡色的焦脆外皮。用夾子將牛排翻面，將另一面煎3分鐘，直到完全焦黃為止。將牛排放上烤箱烤盤，依喜好烤至特定溫度：115至120℉、約一分熟；120至125℉、約三分熟；或是130至135℉、約五分熟，其烘烤時間3至7分鐘。端出牛排靜置於網架上，以鋁箔紙稍微包覆5分鐘，即可上桌。

實用科學知識 切勿烘烤胡椒粒

"黑胡椒烘烤後會失去其特有的刺激滋味"

我們時常建議，香料研磨前先加以烘烤，使風味更加厚實，黑胡椒是否也能比照辦理？我們將取得最喜歡的胡椒粒品牌——Kalustyan黑胡椒，分成兩批。其中一批以平底鍋乾燒，另一批則不做任何處理。接著，我們以各種方式品嘗兩批胡椒，例如直接品嘗、磨成粉灑到炒蛋上，亦或是碾碎後以平底鍋煎黑胡椒牛排。在所有測試中，未經乾燒的胡椒大獲全勝。試吃員表示，雖然胡椒粒乾燒後具有煙燻味，但卻不如未經乾燒的胡椒辛辣。這是因為胡椒的辛辣味來自一種稱為胡椒鹼的揮發性分子，胡椒受熱時，胡椒鹼會轉變成刺激性較低的分子，也就是「異構物」（isomer）。缺少胡椒鹼的胡椒自然也就失去原有的辛辣香味，而毫不辛辣的胡椒當然也就沒有使用的意義。

藍起士佐細香蔥奶油
約½杯，足夠佐配4人份黑胡椒香煎菲力牛排

1½盎司（¼杯）淡味藍起士，保持常溫
3大匙無鹽奶油，加以軟化
⅛茶匙鹽
2大匙新鮮的細香蔥蔥花

取一中碗，倒入所有食材攪拌均勻。牛排端出烤箱後，趁靜置時淋上1至2大匙奶油佐料。

成功關鍵

黑胡椒可替味道溫和的菲力牛排增添風味，但也可能產生令人不悅的辛辣感。為了避免黑胡椒過於搶味，使焦香的菲力牛排相形失色，我們先以橄欖油將黑胡椒稍微煮過，藉以舒緩辛辣味。

逆向操作：本食譜中，我們同樣使用爆香手法，將胡椒粒中的天然刺激物——胡椒鹼。轉變成更具層次、味道較溫和的氣味分子。換句話說，我們藉此提升牛排的整體風味、豐富味覺上的層次，同時減少辛辣程度。其中的原理為何？隨著胡椒粒逐漸煮熟，胡椒鹼會轉變成關聯相當緊密的分子，亦即異構物。這種分子具有不同的味道特性，對嗅覺和味覺也較不刺激。若把胡椒粒存放在櫥櫃中，靜置在室溫環境下，可能需要耗費數個月的時間才會產生這種反應，但高溫油脂可以做為催化劑，以原本好幾百倍的速度完成轉化過程，同時也促使部分胡椒鹼提前蒸發，在短時間內降低胡椒的辛辣度。更重要的是，胡椒鹼和其異構物皆為脂溶性，因此在加熱過程中，殘留的部分胡椒辛辣味已溶入周圍的油脂中。最後可以再將油倒掉，進一步減低料理的辛辣程度。

塗抹與輕壓：我們透過兩個步驟，使胡椒附著於牛排表面並形成焦黃誘人的酥脆外皮。首先，我們將壓碎的胡椒粒、油和鹽加熱攪拌至泥狀，然後塗抹到生牛肉上；接著，我們在牛肉上覆蓋保鮮膜，輕壓每塊牛肉上的香料，確保香料穩固附著。泥狀的香料不僅可為牛肉增添香味，更可引出肉質原有的鮮甜。香料中添加的鹽巴可在形成焦脆外皮時為牛排調味。靜置1小時有利於鹽巴發揮功效。若想瞭解抹鹽的料理科學，請參考觀念12。

香煎後烤熟：我們先將牛排煎到焦香，其料理原理請參考觀念2。再放入烤箱中預熱的烤盤上完成整道料理，其原理請參考觀念5。此手法的目的，一部分是要確保牛排受熱平均，同時也控制胡椒焦脆外皮的加熱時間。外皮燒焦並非我們樂見的結果。

靜置並配以佐料：務必讓牛排靜置一段時間後再上桌。這段時間內，可以依個人喜好，以大匙挖取藍起士佐細香蔥奶油，淋到牛排上佐餐。關於靜置的料理科學，請參考觀念3

實用科學知識 常見香料與使用方法

"要把所有香料直接放入櫥櫃保存可能相當困難，但瞭解各種香料的溶解性和最佳購買型態，或許多少有點幫助"

香料	最佳購買型態	溶解性	使用方法
小豆蔻	完整狀	脂溶性	未經處理的小豆蔻主要由綠色豆莢所構成，其中含有20顆左右的黑色種籽。由於小豆蔻的味道隱藏於種籽中，因此使用前必須先將整個豆莢壓碎。
卡宴辣椒粉	粉狀	脂溶性	這種香料原本以卡宴辣椒製成，但現在早已由各種乾辣椒粉混合而成。卡宴辣椒粉富含揮發性油脂，導致味道容易在幾個月內逸散殆盡。
辣椒粉	粉狀	脂溶性	由於辣椒粉混合多種香料，通常是80%的乾辣椒粉以及大蒜粉、奧勒岡粉和小茴香粉。因此需藉由熱油爆香的手法，逼出辣椒內的豐富滋味。
肉桂粉	粉狀	脂溶性	肉桂是少數我們喜歡以粉狀購買的香料，至於完整的肉桂棒則可用來為溫熱的液體提味。
丁香粉	粉狀	脂溶性	丁香的味道濃烈，必須酌量使用。由於完整的丁香不好研磨，我們通常會直接購買丁香粉。完整的丁香則可用來為含有油脂或酒精的溫熱液體提味，如此丁香才可溶化或插在火腿上入味。
香菜	完整狀	脂溶性	香菜的種籽即為香菜籽。可購買完整未研磨的種籽，也可購買香菜粉，但完整的種籽可提供更鮮明、濃郁的香味。乾燒完整的香菜籽有助於釋放香氣。
小茴香	完整狀	脂溶性	小茴香是香氣濃郁的香料，是屬於巴西利科的一種植物。若時間允許，我們希望能先將整顆小茴香種籽乾燒後再加以研磨。相較於市售的小茴香粉，此做法可賦予香料更多層次的胡椒香氣。
咖哩粉	粉狀	脂溶性	咖哩粉中混有多種香料。咖哩的成分大多包含小豆蔻、辣椒、小茴香、茴香、葫蘆巴（fenugreek）、肉豆蔻，以及賦予咖哩獨特黃顏色的薑黃。一般料理中，我們偏好使用味道溫和的咖哩粉；辣味咖哩粉含有更多辣椒粉，味道可能會過於濃烈。咖哩粉需先以熱油炒香，逼出其中蘊含的滋味。
肉豆蔻	完整狀	脂溶性	肉豆蔻是一種常青植物的乾燥果核，類似於植物的種籽。磨成粉後容易失去香味，因此最好購買完整未研磨的肉豆蔻，需要時再磨成粉使用。只是記得酌量使用，一點點肉豆蔻就能產生濃郁味道。
甜椒粉	粉狀	脂溶性	甜椒粉是乾燥紅辣椒磨成細粉後製成的辣粉。我們喜歡卡宴辣椒的豐富層次，尤其匈牙利和西班牙品牌的滋味比美國品牌稍加豐厚。
番紅花	完整狀	水和油脂皆可溶解	番紅花是從一種番紅花植物上摘下來的花蕊柱頭，是世上最昂貴的香料。若要提振香氣，先以手指捏碎番紅花絲後，再添加到料理中。請酌量使用，太多番紅花會產生金屬味。

觀念34：並非所有香草都適合烹煮入菜
Not All Herbs Are for Cooking

香草在料理中時常具有畫龍點睛的效果。當然，有時香草的作用不大，餐廳擺盤時所用的香草就是一例，但這並不代表香草毫不重要。在許多食譜中，香草經常扮演重要的角色，而瞭解香草如何處理也是烹調成功的關鍵。

◎科　學　原　理

香草是指用來為料理增添風味的植物或植物部位，其目的並非做為料理主體。羅勒、迷迭香、巴西利和奧勒岡在花園裡或許可以種在同一區塊，但一進到廚房，這些香草就必須以不同的方式處理。我們認為：將香草分成兩大類，有助於掌握其特性。

有些香草的質地堅實、近似木頭，其枝葉可能相當硬挺結實。這類香草包含迷迭香、奧勒岡、鼠尾草、百里香和馬鬱蘭。此外，這些香草的香氣相當濃烈，只使用少量即可產生顯著效果。基於以上原因，這類香草最好經過烹煮，而且建議時常與辛香料一起下鍋。在烹煮過程中，讓這些香料可以有時間軟化，讓香味滲入料理中。這些香草的味道濃郁，乾燥後適合用在需要長時間熬煮的料理中，例如湯品、燉菜和辣醬湯。

另一些香草的質地細嫩、長滿葉片，甚至可以食用其柔軟的枝幹。這類香草包括：羅勒、巴西利、香菜、蒔蘿、薄荷、細香蔥和茵陳蒿。這些香草容易枯萎和變色，時常需要大量使用，才能在料理中產生顯著效果。1磅義大利麵中可以加入好幾大匙的巴西利碎末，但如果加入等量的奧勒岡，味道會稍嫌過重。由於上述原因，這類香草最適合在起鍋前添加，或是在未烹煮的情形下，直接加進醬汁中調味。較硬實的香草在乾燥後仍然適合使用，但巴西利這類質地細軟的香草在乾燥後通常會喪失大部分香味。

為何這些香草的味道和香氣持久度有後水麼大的差異？我們必須先瞭解香草和香料的主要氣味化合物可分成以下幾種：烴、醛、酮和酚。多數香草和香料的味道是由多種分子組合產生，不過仍有少數香草的香味是源自一或兩種主要化合物。香草或香料味道的濃郁程度取決於：「所含氣味化合物的揮發性或穩定性」。柔嫩型香草容易在烹調或乾燥過程中流失氣味化合物。舉例來說，烹煮和乾燥時，蒔蘿中許多氣味化合物例如水芹烯並不穩定，這導致蒔蘿失去原有味道。反觀奧勒岡的氣味化合物主要是相對不容易揮發、化學性質穩定的酚類化合物，例如香旱芹酚和百里酚。而迷迭香則主要是穩定的桉葉素和樟腦。總歸來說，硬實型香草含有「結實」的氣味化合物，而柔嫩型香草則含有「嬌弱」的化合物。

散播新鮮香草的香味有幾種方法，剁碎是其中一種。以刀子切割可破壞香草細胞，釋放香氣分子。搓揉或磨搗則是另一種方式。加熱是第三種方法，我們可以將硬實型的香草加熱，使其長時間釋出香味，但柔嫩型的香草則適合最後添加進去。

烹煮硬實和柔嫩的香草

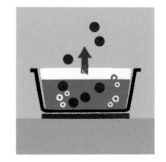

硬實型香草：
迷迭香和奧勒岡等較為堅實的香草具有較穩定的氣味化合物，烹煮時可保留在料理中。

柔嫩型香草：
羅勒、巴西利和香菜等纖柔的香草含有容易揮發的氣味化合物，烹煮時會快速逸散。適合最後階段再添加。

⊗ 實 驗 廚 房 測 試

乾燥香草比新鮮香草更方便使用，因為只要輕鬆轉開瓶蓋即可，無需其他準備工作。有些廚師因為便利而仰賴乾燥香草，但也有其他廚師拒絕使用。我們決定在此更全面探究此一議題，首先購買新鮮和乾燥的羅勒、細香蔥、蒔蘿、奧勒岡、巴西利、迷迭香、鼠尾草（包含粗略壓碎、搓揉以及磨成粉狀等三種形態）、茵陳蒿和百里香。接著，我們製作二十四道料理，其中包括醃料、醬汁和文火慢燉而成的菜色，並在各道料理中分別採用新鮮和乾燥的香草，比較兩種之間的差異。

實驗結果

除了一道菜餚之外，在所有料理中，其中使用新鮮香草的效果皆優於乾燥香草。乾燥香草最常遭人非議之處不外乎其「混濁和腐壞」的味道，反觀新鮮香草的味道則是「乾淨而鮮明」。而乾燥的過程似乎會使香草失去固有的微妙差異和細微特色。

重點整理

慶幸的是，仍有幾道使用乾燥香草的料理通過測試，而這些主要是需要約20分鐘以上的長時間烹煮，並且含有大量水分的菜餚。辣醬湯添加乾燥香草奧勒岡的效果比新鮮香草更出色，就是一個明顯的例子。而乾燥迷迭香、鼠尾草和百里香在部分菜餚中的使用效果也不錯。我們也從其他測試中發現，乾燥月桂葉和馬鬱蘭在類似料理中也能發揮一定的功效。這些香草中的氣味化合物在高溫下相對穩定，此特性有助於香草在乾燥過程中保有原來的味道。相較之下，柔嫩型香草：羅勒、細香蔥、蒔蘿、巴西利和茵陳蒿。則是似乎已在乾燥過程中喪失大半香味，因此在各項測試中，我們還是偏好以新鮮香草烹煮而成的料理。

「乾燥香草的味道不如新鮮香草濃烈」這種錯誤觀念在日常生活時有所聞。其實正好相反，不同香草的新鮮葉片含有80％至90％的水分。在乾燥過程中，香草會流失水分，原來的重量和體積也會隨之減少，導致賦予香草獨特味道和香氣的揮發性精油遺留在更接近表面的位置。由於水分流失的緣故，乾燥香草的味道會比新鮮香草更為濃烈。測試過程中，我們只使用新採買的香草，不過結果顯示，新鮮香草的用量必須是乾燥香草的三倍，才能產生一樣顯著的效果。然而，若使用粉狀香草，例如鼠尾草粉，1：4的用量比例會更恰當，因為粉末能更有效釋放出精油。

使用乾燥香草時，記得先倒掉已吸收大量香草味的油脂，再將香草添加至食材中。過篩乾燥香草時，記得用手指按壓香草。此外也別忘記，若料理中指定使用生香草，例如本觀念食譜「青醬」或是最後才以香草裝飾者，則務必使用新鮮香草，任何食材都無法取代新鮮香草的效果。。

🖉 Tips：估計香草份量

各種香草	每½盎司的完整香草葉	每½盎司的細碎香草葉
迷迭香、百里香	½杯	2～2½大匙
羅勒、香菜、蒔蘿、薄荷、巴西利、茵陳蒿	¾杯	3大匙
細香蔥	沒有完整葉片	4大匙
馬鬱蘭、奧勒岡、鼠尾草	¾杯	5大匙

《淡味香草的實際應用》醬汁

在本書中，我們使用味道較淡的香草，為料理增添清新明亮的香味。如需參考更多食譜，可參考觀念2食譜「阿根廷牛排佐香芹醬」、觀念28食譜「傳統義大利蔬菜濃湯」，以及觀念25食譜「法式馬鈴薯沙拉佐第戎芥末和細香草」。

經典羅勒醬
份量足夠佐配1磅義大利麵

自製青醬中的羅勒通常顏色暗沉，可以選擇添加巴西利，稍微改善綠色的整體色調。相較於帕瑪森起士，羅馬羊奶起士（Pecorino Romano）可賦予青醬更強烈的味道。煮熟的義大利麵淋上青醬時，記得添加3至4大匙煮麵水，這是維持口感的重要步驟，甚至可使整體風味更為均衡調和。

3瓣大蒜，不需去皮
¼杯松子
2杯新鮮羅勒葉
2大匙新鮮巴西利葉（可省略）
7大匙特級初榨橄欖油
鹽和胡椒
¼杯帕瑪森起士或羅馬羊奶起士粉

1.在8吋平底鍋中放入大蒜，以中火乾燒，過程中偶爾搖動平底鍋，直到大蒜軟化並出現焦黃斑點，約需8分鐘；冷卻後，剝除並丟棄大蒜薄膜。等待大蒜冷卻的同時，將松子倒入鍋中，以中火乾燒4至5分鐘，時常炒拌，直到外觀轉成金黃色並散發香味為止。

2.將羅勒和巴西利（若有使用的話）放入1加侖的夾鏈袋內。以敲肉器平坦的一面或擀麵棍敲打，將所有香草搗碎。

3.以食物調理機將大蒜、松子、香草、橄欖油和½茶匙的鹽攪打均勻，約1分鐘，過程中適時刮下黏著在調理機內壁的食材。將攪打後混合物倒入小碗中，拌入帕瑪森起士，最後以鹽和胡椒調味。青醬裝在碗中並封上保鮮膜，或是表面覆蓋一層薄油的情況下，最久可冷藏3天。

成功關鍵

製作這道青醬時，我們希望可以加強羅勒香氣，同時抑制蒜味，讓所有主要食材的味道能夠相互調和。一開始，我們將大量的新鮮羅勒裝袋敲打，使其軟爛以釋放味道濃烈的油脂。為了緩和生大蒜的嗆鼻味，我們先將大蒜下鍋乾燒，並順便乾燒松子以拉提味道。最後我們使用食物調理機，快速又輕鬆地混合所有青醬材料。

乾燒大蒜： 蒜味過於濃烈是多數青醬最主要的問題。雖然蒜味刺激又生澀，但如果大蒜用量不足，醬汁又容易淪為平淡無味。乾燒是控制蒜味萬無一失的方法，不僅可帶出大蒜的甜味，同時也能抑制嗆辣味。若想瞭解蒜頭的料理科學，請參考觀念31。大蒜的皮不需剝除，先以平底鍋乾燒到表面出現焦黃斑點，冷卻後再去皮，露出加熱過的蒜仁。

順便乾燒松子： 乾燒可逼出松子富含香氣的油脂，讓整體味道和香氣更為濃郁豐富。若乾燒的份量多於此料理所需的¼杯、並多達1杯時，可使用有邊的大烤盤送進烤箱烘烤。烤箱的空間不只比平底鍋寬敞，火源也比爐火更為平均，因此過程中比較不需攪拌。

敲搗香草： 敲搗香草是製作此青醬的重要步驟，因為這可完全釋放羅勒的青草和茴香味，這是光靠食物調理機攪碎所無法達到的效果。羅勒葉放入夾鏈袋後，使用敲肉器加以槌打，有助於讓青醬的風味溫潤且層次豐富。

添加巴西利以維持青醬色澤： 加入少許巴西利不至於影響青醬味道，但卻有助於維持羅勒鮮綠的色澤。

使用特級初榨橄欖油： 在青醬或下文「莎莎青醬」這類未經烹煮的醬汁中，食用油的味道通常可以輕易嚐出。因此，使用的油脂馬虎不得。使用上等食材，才能煮出頂級的料理風味。

實用科學知識 保存羅勒

"保存羅勒的最佳方式是先以濕潤的紙巾包覆，再裝入未密封的夾鏈袋中冷藏"

製作青醬時，剩下的羅勒如何保存還不至於成為棘手問題，因為市場買來的大量羅勒可以輕易用完。然而，如果料理只需二或三片羅勒調味時，該怎麼辦？我們很好奇羅勒的保存期限，希望能找出最佳保存方法。

將羅勒留置在流理台上顯然並非理想做法，畢竟在幾小時內就會枯萎，我們勢必得考慮冷藏，這可讓羅勒處於比理想保存溫度更低於15℉的環境中。我們測試不同的冷藏保存法：包含裝入未密封的夾鏈袋以避免羅勒因濕氣堆積而變黑、不包裝就直接放入冰箱，以及最常用來保存綠葉蔬菜的濕紙巾包覆。冷藏3天後，所有羅勒仍然青綠新鮮，但經過1星期後，只有包覆在紙巾中的羅勒依舊保持新鮮的外觀和味道。若非絕對必要，切勿清洗羅勒。我們嘗試在羅勒冷藏前先加以清洗，發現保存期限只剩一半。

實用科學知識 更加鮮綠的青醬

"防止羅勒變黑、失去光彩的秘訣——汆燙"

為了瞭解攪打前加以汆燙能否有效防止羅勒變黑，我們分別製作兩批青醬：一批使用新鮮羅勒，另一批則採用汆燙過的羅勒葉。當我們以大匙挖出食物調理機中的新鮮羅勒時，羅勒早已開始變黑，但汆燙過的羅勒即使靜置在流理台上幾個小時，仍能保持鮮綠色澤。品嘗醬汁味道時，試吃員發現兩者的味道大同小異。冷藏整個星期後，經過汆燙的羅勒青醬依然保持青綠色澤，外觀與冷凍三星期後再解凍的羅勒一模一樣。

汆燙之所以有效，原理如下：切割、攪打或磨搗等方式都會釋放羅勒葉中的酵素，加速氧化，使原本的鮮綠色澤變黑。汆燙將羅勒丟入滾水煮20至30秒，接著浸入冰水中可使酵素失去活性，羅勒的色澤因而可以長時間維持。

如果只需製作少量青醬，而且青醬也會立即使用，大可不必費事汆燙，但若要把大量羅勒製成一年份的青醬，汆燙將可確保羅勒維持鮮豔色澤。

經過汆燙＝色澤明亮　　　未經汆燙＝色澤黯淡

舉凡燒烤的肉類、魚或家禽肉、水煮或清蒸馬鈴薯、水煮魚以及切片番茄，莎莎青醬都是極其對味的醬料；用來塗抹三明治也是不錯的選擇。如果用不到那麼多，食材的用量可輕易減半。

2-3片厚片吐司，稍微烘烤，切小塊、約½吋（1½杯）
1杯特級初榨橄欖油
¼杯檸檬汁（2顆檸檬）
4杯巴西利葉（2把）
¼杯酸豆，洗淨
4條醃漬鯷魚，洗淨
1瓣大蒜，切碎
¼茶匙鹽

將麵包、橄欖油和檸檬汁倒入食物調理機中打到滑順，約10秒鐘。加入巴西利、酸豆、鯷魚、大蒜和鹽，以攪打功能打碎、約按5下，但不至於打成柔滑狀。倒入碗中即可上桌使用。莎莎青醬最久可冷藏2天。

檸檬羅勒莎莎青醬

以2杯新鮮羅勒葉取代2杯巴西利，大蒜增加至2瓣，並添加1茶匙磨碎的檸檬皮。

成功關鍵

雖然莎莎青醬本質上很簡單，但製作時卻容易出錯。事實上，我們試過許多做法，但味道都過於濃烈刺鼻，嘴中充滿擾人的蒜味，讓試吃員不禁面有難色。而其口感也是一大問題：一開始製作的莎莎醬不僅分離出油脂，巴西利也結成硬塊。將烘烤過的麵包塊、油和「檸檬汁」而非醋，一起倒入食物調理機中攪打，可創造滑順的基底。接著，我們再加入剩餘的食材：鯷魚可豐富醬汁層次，酸豆可增添鹹味，少許大蒜可增加辛辣感，而巴西利則可造就名符其實的「青」醬。使用馨香的羅勒取代一半份量的巴西利也是另一種方法。

挑選平整的巴西利：有些巴西利的葉片捲曲，有些則

相當平整。兩者有何差異？雖然葉面捲曲和平整的巴西利有著相同的拉丁學名Petroselinum crispum，但兩者的用途其實南轅北轍。捲葉巴西利是傳統搭配牛排的盤邊裝飾。除此之外，由於捲葉巴西利幾乎沒有味道，因此用途不多。因為捲葉巴西利具有直挺的外觀和較乾燥的質地，處理上較為方便，因此餐廳仍喜歡切碎做為裝飾。反觀平葉巴西利具有濃郁的香味，料理時可比照任何新鮮香草的運用方式。總之，購買時記得做出明智決定，請按此原糧：創造豐富的滋味，省略不必要裝飾。

烘烤麵包：麵包可調和莎莎醬中部分濃烈的味道，使醬汁較為順口。此外，將麵包連同油和檸檬汁一同攪打，可為醬汁創造更為柔順的質地，並且防止油脂分離。但是，鬆軟、水分較多的麵包會讓醬汁顯得黏稠，紮實乾燥而緊實的麵包才是理想選擇。不過可別為了莎莎青醬特地外出購買麵包，只要用烤麵包機烤上15秒，即便最濕軟的麵包也可乾燥無比。

增添酸味和鹹味：在只加橄欖、酸豆、醃漬黃瓜或三種混合的選項中，以添加酸豆的做法最受青睞，其鹹中微帶辛辣的味道簡直是上乘之選。至於所需的酸味，新鮮檸檬汁只以些微差距勝過各種食用醋。檸檬汁可適度襯托巴西利新鮮、純淨的味道，但是味道也不像大多數食用醋那麼刺鼻。最後，醃漬鯷魚是不可或缺的必備食材，可為醬汁增添討喜的豐富層次，而非魚腥味。

《堅實型香草的實際應用》
醬汁和浸泡油

堅實型香草禁得起長時間烹煮，以油浸泡可散發不錯的香氣。本書中，其他食譜也會使用奧勒岡和迷迭香這類香草，例如觀念28食譜「托斯卡尼燉豆」、「古巴黑豆飯」，以及觀念6食譜「平價迷迭蒜香烤牛肉」。

義大利番茄紅醬
份量足夠佐配1磅義大利麵

奇揚第（Chianti）或梅洛（Merlot）都是合適的澀紅葡萄酒（dry red wine）。我們偏好口感較滑順的番茄紅醬，但如果你喜歡較厚實的醬汁，在步驟4中，食物調理機只需按壓攪打3或4次即可。

　　2罐（28盎司）完整去皮番茄
　　3大匙特級初榨橄欖油
　　1顆洋蔥，剁末
　　2瓣大蒜，切碎
　　2茶匙切碎的新鮮奧勒岡，或½茶匙乾燥奧勒岡
　　⅓杯澀紅酒
　　3大匙切碎的新鮮羅勒
　　鹽和胡椒
　　糖

　　1.將番茄和番茄汁倒進架在大碗上的濾網。剝開番茄，取出番茄籽和果核丟棄，濾乾大量的番茄汁液，約需5分鐘。自濾網內取出¾杯番茄，靜置一旁。保留2½杯番茄汁，其餘倒掉。

　　2.在12吋平底鍋中倒入2大匙油，以中火加熱至即將沸騰。加入洋蔥，煮約5至7分鐘，直到軟化並稍微變色。放入大蒜和奧勒岡，拌炒約30秒，直到散發香味。

　　3.拌入濾乾的番茄，轉中大火。頻繁攪拌約10至12分鐘，直到水分蒸發、番茄開始黏鍋，以及鍋子邊緣出現焦黃鍋巴。倒入紅酒並烹煮約1分鐘，直到稠如蜜糖。加入保留的番茄汁，將鍋底黏附的焦黃物質刮除。持續滾煮，過程中偶爾攪拌約8至10分鐘，直到醬汁變稠為止。

　　4.醬汁連同保留的番茄一起倒入食物調理機，按壓攪打8次左右，直到醬汁稍微變得厚實。把醬汁倒回平底鍋中，拌入羅勒和剩餘的1大匙油，並以鹽、胡椒和糖調味。

成功關鍵

為了在1小時內完成多層次的番茄紅醬，我們選擇罐裝的完整番茄。我們將番茄煮到焦黃，並加入碎洋蔥和紅酒，以增添醬汁風味。堅實的乾燥奧勒岡提早下鍋拌煮，藉此逼出香草香味，但纖柔的新鮮羅勒則留在起鍋前才添加。

奧勒岡與辛香料一起烹煮：我們將奧勒岡和大蒜一同爆香，與處理香料的方法類似。欲瞭解爆香的料理科學，請參考觀念33。奧勒岡屬於硬質香草，禁得起醬汁長時間的熬煮。本食譜使用新鮮或乾燥奧勒岡皆

可。若想瞭解乾燥香草，請參考本觀念的「實驗廚房測試」。

番茄濾乾後煮到焦黃：碎番茄、番茄泥和番茄丁都是輕鬆製作醬料的選擇：只要打開罐頭，將內容物倒入平底鍋中即可。不過，三種選項各有下述缺點：番茄泥裝罐前已經過烹煮，會讓最後的醬汁顯得不甚新鮮，風味缺乏層次。碎番茄通常會浸在番茄泥中一起裝罐，也會產生相同的問題。至於罐裝番茄丁，問題在於口感而非味道。以前，我們知道製造商會使用氯化鈣處理番茄丁，避免番茄變糊而失去原有形狀。這對許多料理無傷大雅，但對希望能有柔滑口感的料理而言，氯化鈣的功效太好，導致番茄難以攪碎，醬汁容易具有奇怪的顆粒口感。這樣看來，只剩完整番茄罐頭這個選擇了。雖然番茄罐頭也以氯化鈣處理過，但番茄果肉與化學物質直接接觸的比例較少。醬汁使用完整番茄的主要缺點在於番茄必須切碎，而使用砧板又容易一團混亂。我們的解決方法是將番茄倒進架在碗上的濾網裡面，接著徒手剝碎番茄，去除硬核和所有剝離的表皮。我們將番茄果肉加以煎煮，直到開始黏鍋才加入番茄汁，其意義相當於去漬步驟（deglazing），能為醬汁增添重要的滋味。

倒入葡萄酒收汁：我們偏好以澀葡萄酒製作醬料。相較於只含少許或完全沒有橡木味的葡萄酒，橡木味濃厚的葡萄酒效果欠佳。試吃員給予奇揚第和梅洛極高的評價。葡萄酒可提味，經過烹煮過程則可去除大部分的酒精。若想瞭解如何以酒入菜，請參考觀念37。

最後再加新鮮羅勒：留待最後才加羅勒，是為了保留其顏色和味道。羅勒的花香可襯托醬料整體的酸甜滋味。

迷迭香蒜烤馬鈴薯
4人份

使用直徑約1½吋的小馬鈴薯效果最好。若使用2至3吋的馬鈴薯，請切成四等份；如果直徑超過3吋，則應切成八等份。由於馬鈴薯要先經過微波加熱，因此請先插上竹籤。

¼杯橄欖油
9瓣大蒜，切碎
1茶匙切碎的新鮮迷迭香
鹽和胡椒

2磅小紅皮馬鈴薯，對切後插入竹籤
2大匙切碎的細香蔥

1. 將油、大蒜、迷迭香和½茶匙鹽放入8吋平底鍋，以中火加熱至發出嘶嘶聲，約需3分鐘。轉中小火，持續煮約3分鐘，直到大蒜稍微變成金黃色。利用細網眼的濾網，將混合物篩進小碗內；最後記得按壓殘留物，以擠出所有液體。取1大匙殘留物和1大匙油，放入大碗後靜置一旁。倒掉剩下的殘留物，但保留剩餘的油。

2. 將串好的馬鈴薯分散放到大盤子上，以竹籤在每塊馬鈴薯上來回刺洞。塗上1大匙濾過的油，並以鹽調味。馬鈴薯放進微波爐微波約8分鐘，中途記得翻面；微波後，表皮以削皮刀穿刺時仍可稍微感覺得到硬度。將馬鈴薯移到塗上1大匙濾油的烤盤，刷上剩餘的濾油，最後灑上鹽和胡椒。

3A. **木炭烤爐：**完全打開底部通風口。在大型煙囪型點火器中，裝入6夸脫的木炭，點燃。當部分上層木炭表面燒成炭灰時，即可將三分之二的木炭平均倒上烤爐，剩下的木炭則集中倒至半個烤爐大小的區域。將烤肉網擺至定位，蓋上爐蓋，並完全打開爐蓋上的通風口。預熱烤肉網，約5分鐘。

3B. **燃氣烤爐：**開啟所有出火口並轉至大火，蓋上爐蓋，預熱約15分鐘。所有出火口轉成中大火。

4. 烤肉網清潔後抹油。將馬鈴薯放到網上燒烤約3至5分鐘。使用木岸烤爐請放於溫度較高的一側，若使用燃氣烤爐則記得蓋上爐蓋。過程中記得翻面，直到馬鈴薯上出現燒烤痕跡。以木炭烤爐烘烤，將馬鈴薯移至溫度較低的一側，或使用燃氣烤爐則將所有出火口轉成中小火。蓋上爐蓋繼續燒烤約5至8分鐘，直到可用削皮刀輕鬆刺穿為止。

5. 拔下竹籤，將馬鈴薯放進保留大蒜油的碗中。加入細香蔥，灑上鹽和胡椒，上下拋翻馬鈴薯，使其均勻沾附調味料後即可上桌。

成功關鍵

烤馬鈴薯是夏季盛品，不過我們希望藉由添加迷迭香和大蒜，扭轉大眾對此料理的刻板印象。可惜的是，要讓味道平淡的烤馬鈴薯具有大蒜和迷迭香的香味相當困難。我們採用的解決方法，是將這兩種材料的滋味融入橄欖油中，再將油塗抹在馬鈴薯上提味。效果一如預期：綿密的烤馬鈴薯融合了燒烤的煙燻香味，

而大蒜和迷迭香的濃郁香氣讓馬鈴薯更具魅力。

自製浸泡油：我們希望從烤馬鈴薯中嘗到大蒜和迷迭香的濃郁香味，但不願見到大蒜或香草因為燒烤的高溫而烤焦。我們先把大蒜和迷迭香連同橄欖油一同加熱，使其完全釋放固有的香味，接著將大蒜和香草濾出丟棄。如此一來，在料理過程中使用浸泡油多次塗抹馬鈴薯時，馬鈴薯就能直接吸收香味。相較於許多食譜在馬鈴薯烤熟後才利用上下拋翻的方式，我們讓馬鈴薯均勻裹上切碎的迷迭香，這樣的做法顯然更有效果。重要的是，加了大蒜的橄欖油切勿保留好幾天以上，即使大蒜經過燒烤也是一樣。這是因為大蒜中可能藏有致命的肉毒桿菌毒素。加州大學戴維斯分校警告：即使高溫燒烤也未必能殺死細菌孢子。

先微波，再火烤：我們分兩階段料理馬鈴薯。第一階段：馬鈴薯穿刺並灑上鹽後，先放入微波爐預煮。以非烤至半熟的方式預煮，這有助於馬鈴薯維持紮實的質地，表皮也可保留鹹味。第二階段：火烤，以竹籤串起馬鈴薯則可方便料理。採取這種兩段式料理手法，意味過程中有許多調味的機會，例如微波前、燒烤前，以及料理完成後，都是調味的大好時機。

上桌前調味：我們選擇上桌前再以拋翻的方式，讓馬鈴薯均勻裹上細香蔥，除了可為料理增添最後一絲韻味，也可增加一些色彩和少許蔥味。由於細香蔥的味道和顏色皆不易維持，因此最好留待上桌前再添加。

觀念35：麩胺酸和核苷酸可增添料理風味
Glutamates, Nucleotides Add Meaty Flavor

即便食材都已妥善烹調，有些燉菜、湯品和醬汁的味道仍不盡如人意。所有材料似乎都已調理到位，但料理就是有點單調乏味。醬汁、高湯或肉汁並不如預期中美味、豐富、濃郁或層次分明。究竟缺少了什麼？答案是——「增味劑」。

◎科　學　原　理

我們從國小就學到，味覺主要分為酸、甜、苦、鹹等四種。但是，食物豐富鮮美的味道從何而來？日本物理化學教授池田菊苗（Kikunae Ikeda）早在1909年就找到答案：當時他從昆布萃取出一種白色化合物，這就是即使在不使用肉類的情況下，日式高湯的滋味仍然可以濃郁而鮮美的原因。

池田教授判定該物質為麩胺酸，並將其產生的味道效果命名為「umami」，意即「美味」或「鮮味」。如同具有其他四種基本味道：酸、甜、苦、鹹的食物一樣，研究發現鮮美的食物可以刺激口中不同的受體蛋白質。但是，一直到西元2000年左右，分子生物學家才發現麩胺酸的受體，確定將鮮味列入五種基本味道之一。當美國廚師形容湯品、燉菜或醬汁的滋味「飽滿」、「豐富」或「濃郁」時，他們可能意指鮮味而不自知。從帕瑪森起士到番茄糊，許多食物都含有麩胺酸，詳見右頁表格。

麩胺酸是一種胺基酸，亦即構成蛋白質的分子。我們知道，在將肉類煮至焦黃的過程中，胺基酸扮演著重要的角色，若想瞭解更多請參考觀念2。然而，當食物含有麩胺酸時，例如蘑菇和番茄，胺基酸的角色更顯重要，甚至當食物中的蛋白質開始分解，例如在熟成的起士和醬油這種食物型中，其重要性更是不可言喻。

這些自然形成的麩胺酸和麩胺酸鈉，與我們日常俗稱的味精，簡稱MSG，究竟有何差別？味精是多種現成調理產品的增味劑，從包裝高湯到冷凍食品都有味精的身影。其實味精只是天然麩胺酸的鈉鹽型態，是透過培養蔗糖蜜和氨上的細菌所製成。而處在胺基酸型態的麩胺酸鹽，則被稱為麩胺酸，該物質可帶給人鮮美的味覺感受。據信味精可以提高味蕾的反應，尤其添加在肉類和蛋白質當中效果特別明顯。

味精在媒體上已經惡名遠播，部分原因可溯及「中國餐館症候群」（Chinese restaurant syndrome）。此名稱源於1960年末期，當時人們在吃完中國食物後紛紛出現頭痛和消化不良等症狀，而味精罪嫌重大。然而，無數研究卻無法找出味精和這些症狀的關係。有些專家指出，米飯於室溫下滋生的細菌才是罪魁禍首。現今美國食物中常會加入味精，由此可知，此添加物造成健康問題的證據其實相當薄弱。

蘊含在純物質中的麩胺酸和味精所產生的鮮味相對微弱，不過若與自然形成的核苷酸一同入口，尤其是肉類、海鮮和乾蘑菇中的肌苷酸鹽（inosinate）和鳥苷酸鈉（guanylate），則能大幅提升鮮味。當食物中含有等量的麩胺酸和核苷酸時，其鮮味會是只有麩胺酸時的二十至三十倍。

舌頭上的麩胺酸和核苷酸

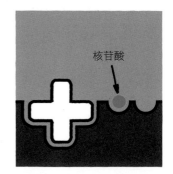

只有麩胺酸時：
當麩胺酸和舌頭上特定的味覺受體產生反應時，其滋味豐富而鮮美。

接觸核苷酸時：
然而，核苷酸可改變麩胺酸味覺受體的形狀，促使受體向大腦傳遞更強烈的訊號。

有趣的是，當麩胺酸和核苷酸在烹調過程中結合時，兩者之間不會產生任何化學反應。其機制是核苷酸會影響人類舌頭的味覺受體，改變麩胺酸受體的形狀，促使其向大腦傳遞更強烈的訊號。若將品嘗麩胺酸的鮮味比喻成抬起沉重的箱子，添加核苷酸就像箱子上裝設了把手，使箱子能夠輕鬆地被抬離地面。

⊗ 實 驗 廚 房 測 試

為了確定烹調時添加麩胺酸、核苷酸，或同時加入兩者後所創造的價值，我們設計了蒙眼測試。首先，我們取來純麩胺酸鈉（MSG 味精）和純核苷酸（肌苷酸鈉粉）。接著，我們在四杯等量溫水中，分別加入相當於溫水重量 0.3% 的味精、0.3% 的肌苷酸鈉粉，以及味精和肌苷酸鈉（各添加重量的 0.15%），最後一杯則兩者均未添加。

實驗結果

我們請二十一個人品嘗這四杯外觀相同的溫水。接著由試吃員對各杯水評以 0 至 10 的分數，其中 0 分代表滋味平淡，最缺乏肉味，也就是鮮味；反之則給予 10分。試吃員認為，清水不具任何滋味（0 分），僅添加肌苷酸鈉或味精的水稍微有點味道（平均 5 分），而同時加入肌苷酸鈉和味精的水嚐起來則相當美味可口（10 分）。

重點整理

多年來，我們總是在醬汁和燉菜等各種料理中添加富含麩胺酸的食材，例如醬油和帕瑪森起士，藉以拉提肉類的鮮味。這些食材中的胺基酸——麩胺酸刺激我們舌頭的味覺受體，提高鮮味或甘味的感知能力。不過事實證明，麩胺酸與其他物質搭配的效果也很好，與特定核苷酸接觸時可產生增效作用。尤其其中一種稱為肌苷酸鹽的核苷酸具有強化鮮味感受的功用，在雞肉、豬肉、鯷魚和多種海鮮中都可發現這種物質。凱薩沙拉兼具帕瑪森起士的麩胺酸和鯷魚的肌苷酸鹽，是體現鮮味增效作用的最佳範例。

當然，烹煮湯品、燉菜或製作沙拉時，我們並不建議購買粉狀 MSG 味精和肌苷酸鹽來使用。不過，搭配使用富含麩胺酸的食材，例如番茄、熟成起士和醃製肉類，以及富含核苷酸的食材如牛肉、沙丁魚和蘑菇，兩者搭配可以提升許多料理中的甘鮮味，同時又更具風味層次，也不會讓廚房變成科學實驗室。

🖊 Tips：常見食物中的麩胺酸與核苷酸含量

下表列出每 100 克（3½ 盎司）食物中所含麩胺酸和核苷酸的毫克數。

這些資料取自「鮮味資訊中心」（Umami Information Center），曾發表於《食品科技》（Food Technology, 2009）期刊。

*資料來自 1988 年《食品化學》期刊中 Geoffrey R. Skurray 與 Nicholas Pucar 的研究。

麩胺酸		核苷酸	
昆布（海帶）	2240	柴魚片	700
馬麥醬（Marmite）	1900	鯷魚	300（+4300mg 麩胺酸）
帕瑪森起士	1680	雞肉	288
維吉麥（Vegemite）	1400	豬肉	262
紫菜（海藻）	1378	沙丁魚	193（+300mg 麩胺酸）
醬油	1100	鮪魚	188
魚露	950	乾香菇	150
蠔油	900	牛肉	94（+100mg 麩胺酸）
番茄糊*	556	蝦	92（+45mg 麩胺酸）
煙燻火腿	340	乾羊肚蕈	40
番茄	246	（Dried Morel Mushrooms）	
大蒜*	112	紫菜	13
洋蔥*	102	乾秀珍菇	10
綠茶素	32	乾牛肝菌菇	10
紅葡萄酒*	12.2	雪蟹	9
		海膽	2

《麩胺酸和核苷酸的實際應用》
燉料理、湯品和醬汁

許多燉料理、湯品和醬汁都仰賴富含麩胺酸和核苷酸的食材來增加風味。以下三道料理都是以此為最高原則。除此之外，觀念 8 食譜中的「普羅旺斯燉牛肉」和「普羅旺斯燜雞」也是仰賴強效增味劑的例子。

終極燉牛肉
6-8 人份

烹煮本食譜時，盡量使用優質的中體（medium-bodied）葡萄酒，例如隆河丘地區（Cotes du Rhone）或使用黑皮諾（Pinot Noir）葡萄酒。請試著使用具有白色油花紋理的牛肉，因為太瘦的肉烹煮後會顯得稍微乾柴。鹹豬肉以約含 75% 瘦肉者為佳。

2 瓣大蒜，切碎

4 尾油漬鯷魚，洗淨切碎

1 大匙番茄糊

1 塊（4 磅）無骨肋眼牛肉，沿紋理撕成兩半，去除多餘油脂，切小塊、約 1½ 吋

2 大匙植物油

1 大顆洋蔥，剖半，切塊、約 ⅛ 吋

4 根胡蘿蔔，削皮，切小塊、約 1 吋

¼ 杯中筋麵粉

2 杯紅葡萄酒

2 杯低鈉雞湯

4 磅鹹豬肉，洗淨

2 片月桂葉

4 枝新鮮百里香

1 磅育空黃金馬鈴薯，切小塊、約 1 吋

1½ 杯冷凍珍珠洋蔥，解凍

2 茶匙無味吉利丁

½ 杯水

1 杯冷凍豌豆，解凍

鹽和胡椒

1. 將烤箱烤架調整至中低層，烤箱預熱至 300℉。取一小碗，倒入大蒜和鯷魚均勻混合，用叉子背面壓成泥。拌入番茄糊後靜置一旁。

2. 使用紙巾拍乾尚未調味的牛肉。荷蘭鍋中倒入 1 大匙植物油，以大火加熱至開始冒煙。放入一半牛肉，煎到各面完全焦黃，約需 8 分鐘。將牛肉放到大盤子上。以剩下的牛肉和 1 大匙植物油重複上述步驟，牛肉焦黃後留置鍋中。

3. 轉為中火，第一批牛肉倒回鍋中。加入洋蔥和胡蘿蔔，和牛肉拌勻。持續烹煮約 1 至 2 分鐘，刮下鍋底的焦黃鍋巴，煮到洋蔥軟化。倒入大蒜混合物一起拌炒約 30 秒，直到散發香味。倒入麵粉，拌煮約 30 秒，直到所有麵粉濕透為止。

4. 緩慢倒進葡萄酒，刮下鍋底焦黃的鍋巴。轉為大火，讓葡萄酒稍微收乾變稠，約需 2 分鐘。倒入高湯、鹹豬肉、月桂葉和百里香一起拌炒。加熱到開始冒泡後蓋上鍋蓋，送進烤箱，大約烤上 1 個半小時。

5. 將鍋子端出烤箱，撈出月桂葉和鹹豬肉丟棄。拌入馬鈴薯後蓋上鍋蓋，再次送進烤箱，烘烤約 45 分鐘，直至馬鈴薯幾乎熟軟。

6. 使用湯匙撈除燉湯表面的油脂。放入珍珠洋蔥拌勻後，以中火燉煮約 15 分鐘，直到馬鈴薯和洋蔥完全熟透，且牛肉可用叉子輕鬆刺入為止，但牛肉不應軟爛分離。同時，以小碗裝水放入吉利丁，靜置一旁直到吉利丁軟化，約需 5 分鐘。

7. 轉成大火，鍋內放入軟化的吉利丁和豌豆並攪拌均勻，燉煮約 3 分鐘，直到吉利丁完全分解且燉湯變得濃稠為止。以鹽和胡椒調味後即可上桌。

成功關鍵

本食譜使用切成相同大小的肋眼牛肉，這是市場上最便宜、味道最香濃的部位。我們先將牛肉煎到焦黃後，再以濃郁的高湯稍微燉煮。我們拉提高湯味道的方法，是加入富含麩胺酸的食材，例如鹹豬肉和番茄糊，最後再以吉利丁增加濃稠度。牛肉和鯷魚也是核苷酸的良好來源，與麩胺酸共同使用可產生增效作用。

自行切肉： 在本食譜中使用市售的現成「燉肉塊」並非好主意，因為取自牛隻各部位的牛肉塊大小不一、肉質良莠不齊、太瘦的部位不適合燉煮，不太可能煮出口感一致的料理。我們偏好使用肋眼牛肉，適度的料理可讓這個部位的牛肉極度軟嫩。為了確保口感和味道調和一致，需自行切除多餘油脂並將牛肉切塊。首先，沿著主要紋理接合處，可觀察油花和筋膜來協助判斷該如何撕成兩半。接著，用銳利的主廚刀或剔

骨刀切除厚實的脂肪和筋膜。最後，將牛肉切成大小相同、適合燉煮的肉塊。

增加味道：這道燉料理中，我們採取多種方法來豐富整體味道，包括把牛肉煎到焦黃、使用富含麩胺酸及核苷酸的食材製作醬汁，以及將辛香料炒出香味。將洋蔥和胡蘿蔔煮到焦糖化，而非依照許多食譜的建議，直接把生食材丟入高湯中，也有助於在開始燉煮之前，就先為料理增添豐富滋味。拌炒蔬菜時，我們喜歡將牛肉留在鍋內，因為餘溫可加快蔬菜煮熟的速度，使蔬菜更為均勻受熱。

以魚類提鮮：為了增加料理中的肉香味，我們時常添加富含麩胺酸的食材。這種常見的胺基酸是味精的基礎成分，也是蘑菇、起士、番茄和魚類中天然形成的物質。因此，在這道燉牛肉中添加兩種富含麩胺酸的食材：番茄糊和鹹豬肉。這兩種食材可提振料理本身的香味，可說是意料中事。不過，添加第三種食材，也就是鯷魚之後，牛肉風味似乎更是大幅提升。這是因為鯷魚同時含有核苷酸這種化合物。科學家已經發現，這種物質可對麩胺酸產生增效作用，進而將食材味道提振二十至三十倍。

晚點放入蔬菜：我們延遲放入蔬菜的時機，避免蔬菜過熟。育空黃金馬鈴薯的澱粉含量低於褐皮馬鈴薯，因此烹煮時不太容易分離，導致湯底產生顆粒口感。醬汁燉煮1個半小時後才將馬鈴薯下鍋，珍珠洋蔥則在45分鐘後加入，最後才放入一把冷凍豌豆。

快煮牛肉蔬菜湯
6人份

我們選擇整塊沙朗牛肉，而非使用時常貼上「快炒專用」標籤的小塊牛肉。若無法取得沙朗牛肉，可使用牛肩肉或側腹肉取代，不過記得去除堅硬難咬的軟骨和多餘脂肪。小褐菇可使用白色蘑菇替代。起鍋前5分鐘時，可自行斟酌添加1杯冷凍豌豆、冷凍玉米或冷凍的切段四季豆。若要讓湯體的口感更紮實，可在最後15分鐘放入切成½吋小塊的10磅褐皮馬鈴薯（2杯）。

1磅沙朗牛肉，去除多餘脂肪，切小塊、約½吋
2大匙醬油
1茶匙植物湯
1磅小褐菇，修剪，切成四等份
1大顆洋蔥，剁碎

2大匙番茄糊
1瓣大蒜，切碎
½杯紅葡萄酒
4杯牛高湯
1¾杯低鈉雞湯
4根胡蘿蔔，削皮，切小丁、約½吋
2根芹菜，切小丁、約½吋
1片月桂葉
1大匙無味吉利丁
½杯冷水
2大匙新鮮巴西利碎末
鹽和胡椒

1. 取一只中碗，以醬油醃漬牛肉，靜置15分鐘。

2. 將油倒入荷蘭鍋中，以中大火加熱至冒煙。放入小褐菇和洋蔥，頻繁拌炒約8至12分鐘，直到洋蔥焦黃。將鍋內蔬菜倒入碗中。

3. 牛肉下鍋，頻繁拌炒約6至10分鐘，直到鍋內水分蒸發、牛肉開始焦黃為止。倒入番茄糊和大蒜，拌炒約30秒，直到散發香味。拌入葡萄酒，並使用木匙刮下鍋底的焦黃鍋巴，持續烹煮收汁約1至2分鐘，直到醬汁濃如蜜糖為止。

4. 倒入牛高湯、雞湯、胡蘿蔔、芹菜、月桂葉和焦黃的小褐菇和洋蔥，加熱至沸騰。轉為小火，蓋上鍋蓋，燉煮25至30分鐘，直至蔬菜和牛肉熟透軟嫩。鍋子離火，月桂葉撈出丟棄。

5. 燉煮的同時，小碗中倒入冷水並放進吉利丁，靜置等待吉利丁軟化，約需5分鐘。將軟化的吉利丁倒入湯中，攪拌到完全融化。拌入巴西利，以鹽和胡椒調味後即可上桌。

成功關鍵 ———————————————

為了設計出1小時內就能完成的牛肉蔬菜湯，我們選用可快速煮熟、滋味豐厚的沙朗牛肉，並搭配市售的增味高湯和幾種實驗廚房喜歡用來提味的食材：香菇、番茄糊、醬油和葡萄酒。為了這道快煮料理擁有湯品長時間燉煮的渾厚口感，我們添加了1大匙以冷水泡軟的吉利丁，這能賦予這道以湯底為重心的傳統食譜，以牛骨熬煮而成的膠質口感。

選用正確牛肉：我們喜歡這道料理的傳統做法，亦即將小腿肉熬到入口即化。然而，要將硬實的肌肉纖維

煮到軟嫩，往往需要好幾個小時。我們希望能使用與小腿肉相同肉質的部位，但可以減少至只剩四分之一的烹調時間。我們試驗了多種部位的牛肉，發現紋理分散、寬鬆的部位，包含腹隔膜、側腹肉、沙朗牛肉或牛腹肉心，以及牛肩肉，具有絲狀質地及口感，可讓試吃員誤以為牛肉經過數小時的熬煮。這四種部位中，沙朗牛肉在味道和嫩度上取得最佳平衡。不過切牛肉時要特別留意：如果肉太大塊，會比較像燉鍋料理；若太多小塊牛肉，則會形同稀釋的辣醬湯。若要盛裝6大碗，需要把1磅的沙朗牛肉，切成½吋大小的肉塊。

使用鹹醃醬： 醬油尤其含有豐富的麩胺酸，我們原本擔心湯頭味道會過於濃烈。不過出乎意料的是，醬油反而提升了牛肉香味，而這也是實驗廚房最愛使用醬油調製醃汁的原因。若想瞭解醃汁的料理科學，請參考觀念13。如同鹽水一樣，醬油中的鹽份會滲入牛肉，讓每條肌肉纖維在烹煮過程中保持濕潤。只要以醬油醃漬牛肉塊15分鐘，牛肉的滋味就能獲得提升，肉質也會更加軟嫩多汁。

煮出濃郁湯底： 雖然沙朗牛肉烹煮後能有不錯的口感和滋味，但卻無法為湯底增添風味，這就是為何我們得搭配使用牛肉和雞肉兩種味道濃郁的高湯的緣故。此外，我們也將富含麩胺酸的洋蔥和香菇煮至變色，用以提振料理風味。

添加更多麩胺酸： 蔬菜變色之後，我們先取出鍋中的蔬菜，接著將牛肉也煎到上色。番茄糊、大蒜和葡萄酒可增加更多肉類鮮味，尤其我們將番茄糊和大蒜連同牛肉一起煮到焦黃，並以紅葡萄酒去漬，吸收鍋巴精華，然後再倒入高湯，放入胡蘿蔔、芹菜、月桂葉以及煮至變色的香菇和洋蔥。

加入吉利丁粉： 傳統慢熬的做法可讓牛骨的膠質融入湯中，賦予湯料以及最後的湯頭的濃醇口感。由於我們使用的是無骨牛肉，因此特地在湯中添加少許以冷水泡軟的吉利丁，以創造出類似的效果。

使用高品質的罐裝番茄可明顯提升醬汁味道。

3大匙無鹽奶油
1顆小顆的洋蔥，剁細
1盎司義大利火腿薄片，切碎
1片月桂葉
鹽和胡椒
少許紅辣椒片
3瓣大蒜，切碎
¼杯油漬番茄乾，洗淨後拍乾，切塊
2大匙番茄糊
6大匙澀白酒
2杯又2大匙碎番茄（28盎司番茄罐頭）
1磅斜管麵、螺旋麵或其他短管狀義大利麵
½杯鮮奶油
¼杯新鮮碎羅勒
帕瑪森起士粉

1. 取出中等大小的單柄深鍋，放入奶油後以中火融化。加入洋蔥、火腿、月桂葉、¼茶匙鹽和辣椒片，頻繁拌炒5至7分鐘，使洋蔥軟化且稍微焦黃。拌入大蒜，轉成中大火，烹煮30秒，直到散發香氣為止。倒入番茄乾和番茄糊後，反覆拌炒約1至2分鐘，直到顏色略微變深。加入¼杯澀白酒，時常攪拌約1至2分鐘，直到液體蒸發為止。

2. 拌入2杯碎番茄，煮沸。轉為小火，放上鍋蓋後稍留空隙，煨煮過程中偶爾攪拌，約25至30分鐘，直到醬汁變得濃稠。撈出月桂葉丟棄。

3. 煨煮的同時，大鍋中倒入4夸脫的水並加以煮沸。放入義大利麵和1大匙鹽後持續滾煮，時常攪拌，煮到麵條彈牙帶勁為止。保留½杯煮麵水，麵條瀝乾後放回鍋中。

4. 醬汁中拌入鮮奶油、剩下的2大匙澀白酒和2大匙碎番茄，並以鹽和胡椒調味。將醬汁和羅勒倒至麵條上，上下翻拋使其均勻混合。視需求適時添加保留的煮麵水，藉以調整濃稠度。完成後立即上桌，另外附上帕瑪森起士粉。

成功關鍵

奶油可賦予番茄醬汁基本的濃稠度和質感,同時也會緩和番茄的味道。本食譜的挑戰,在於如何提升番茄醬汁的濃郁滋味,同時制衡奶油的濃醇香味和甜味。

濃縮番茄味:添加擁有濃厚番茄味的食材,如番茄糊、番茄乾是正確的料理方向。番茄富含麩胺酸,而這些濃縮型態的番茄正是極佳的增味劑。醬汁中加入洋蔥和少許切碎的義大利火腿也有所幫助。沒錯,加入一些肉類確實有助於提振鮮味。洋蔥炒成金黃色後,放入番茄糊和番茄乾加以拌炒,就能使其發揮最大效果。

白葡萄酒增添酸味:奶油可能會讓醬汁顯得濃膩。在炒香的辛香料中添加少許白葡萄酒,收汁後可賦予醬汁愉悅的清爽口感。此外,葡萄酒也有助於平衡番茄和奶油的甜味。

使用碎番茄:確定味道基底後,該是處理番茄的時候了。奶油與滑順醬汁結合的效果最好。我們發現,碎番茄可使醬汁具有絕佳濃稠度,而且不需費事搬出食物調理機,因此我們不先放入整顆或切丁的番茄,再將醬汁煮到濃稠。各牌碎番茄罐頭的差異甚大,務必謹慎挑選,主要成分為新鮮番茄而非番茄泥的品牌才是首選。少許番茄泥無所謂,畢竟有助於增加濃稠度,但這不可做為番茄滋味的主要來源,因為其中確實含有某種經過烹煮,並非特別新鮮的味道。

鮮奶油最後添加:鮮奶油烹煮後產生的甜味會影響醬汁味道的平衡,因此醬汁完成後再拌入½杯鮮奶油即可。此外我們也發現,保留2大匙的番茄和葡萄酒最後再添加,可創造另一個層次的番茄風味,而酒的酸味則有助於制衡奶油濃郁的甜膩滋味。

實用科學知識 挑選正確的罐裝番茄

"番茄富含麩胺酸,可為許多菜餚增添美妙風味。我們時常使用罐裝番茄,不過罐裝番茄也有多種不同型態"

農產品罐頭的味道大多比新鮮農產品平淡,但上等番茄罐頭卻擁有足以比擬當季熟成水果的濃郁滋味,因此番茄罐頭是家中相當重要的食材之一。我們對罐裝番茄仰賴甚重,舉凡義大利麵醬、辣湯醬、湯品到燉料理,無一不派上用場。新鮮番茄不足時,我們甚至會使用罐裝番茄製作簡易莎莎醬。

整顆番茄:每當需要色彩鮮豔的大塊番茄時,我們就會將罐裝的整顆番茄切塊使用。優質的罐裝完整番茄擁有恰到好處的酸甜味。有些品牌的製造商使用氯化鈣處理番茄,剛好可以藉此維持我們料理所需的緊實度。我們最喜歡的品牌是「Muir Glen」的 Whole Peeled Tomatoes(有機去皮番茄)和「Hunt's」的 Whole Plum Tomatoes(深紅番茄)。

番茄丁:高品質的番茄罐頭必須從番茄本身開始要求。有些廠商不斷實驗,其栽種的番茄品種不僅香甜美味,也具有相當緊緻的果肉,厚實的「外壁」更禁得起機械切丁的程序。有些廠商則選擇使用薄皮番茄,延長烹煮時間使質地更為綿軟,但我們的試吃員對此並不特別在意。番茄去皮後,以機器切丁、裝罐。番茄汁分開處理,加熱並添加氯化鈣(一種硬化劑)、鹽和檸檬酸(增添清新滋味並降低其鹼性)。罐頭注入番茄汁後隨即密封、高溫消毒並快速冷卻,避免番茄過熟。精確控制這些步驟的時間和溫度可完好保存番茄的新鮮風味,反之則會導致番茄味道盡失。我們偏愛使用的牌子是「Hunt's」的 Diced Tomatoes。

碎番茄:碎番茄的效果大多取決於選擇的品牌。罐裝番茄的成分相當重要,我們偏好含有真正番茄塊和大量番茄汁的品牌。新鮮番茄的味道是另一重點。番茄的處理方法不同:低溫長時間熬煮,或高溫短時間調理,可導致截然不同的效果。此外,醬汁也是不容忽視的重要環節:碎番茄罐頭的醬汁不外乎採用番茄泥或番茄汁。番茄泥經過熬煮,因此番茄泥越多,越不具新鮮番茄味。我們喜歡使用「Tuttorosso」的 Crushed Tomatoes in Thick Puree with Basil(羅勒濃泥碎番茄),「Muir Glen」的 organic Crushed Tomatoes with Basil(羅勒有機碎番茄)以極小的味道差距居於第二選擇。

番茄泥:在各種番茄罐裝產品中,番茄泥時常受到忽略,因此改用去皮的整顆番茄或番茄丁取代。理由很明顯:整顆和切丁的番茄只是經過去皮和加工程序,尚可適時取代新鮮番茄,但番茄泥卻已經過熬煮和過濾,去除了所有番茄籽和新鮮滋味。不過,這並不代表番茄泥一無用處,只在長時間烹煮的料理比較需要厚實的質地,新鮮番茄滋味反而較不重要時,才適合使用番茄泥。

番茄糊:在我們許多食譜中,番茄糊都能提供深層而濃郁的番茄香味,可謂料理中相當重要的精華。即使在一些並非以番茄做為基調的料理中,燉牛肉即為一例,番茄糊也可做為秘密配方。由於番茄糊富含天然麩胺酸,可如同鹽和糖一般刺激味蕾,創造細緻的味覺層次和美味感受。我們偏愛的牌子是Goya Tomato Paste。

觀念36：乳化劑可讓醬汁變得柔滑
Emulsifiers Make Smooth Sauces

製作油醋醬只需要「油」和「醋」兩種材料，似乎相當簡單易做。不過，倘若生菜沙拉淋上的油醋醬已經油水分離，入口時味道可能刺鼻濃烈，但隨後就會感覺平淡而油膩。品質最好的油醋醬必須油、水融合，至少在淋上沙拉及食用時不可分離。

◎科　學　原　理

油醋醬主要仰賴乳化作用製作而成。乳化是指使兩種原本不相溶的液體相互結合，例如油和醋。混合這類液體的唯一方法是拼命攪拌，直到其中一種液體分解成微小液滴，最後因為過於微小而長時間遭另一種液體推擠分散，讓兩者終於融合為一。

由於液滴在乳化過程中因為攪打而離散，因此液滴型態的液體稱為「分散相」，也就是簡單油包水型油醋醬中的醋。而包圍液滴的液體則稱為「連續相」，也就是簡單油包水型油醋醬中的油。產生乳化效果時，油可能成為分散相或連續相，這主要取決於不同的乳化方式。由於連續相會形成乳狀物的表面，因此是嘴巴和舌頭最先碰觸及品嘗到的部分。這也就是為什麼含有高達80％油脂的美乃滋嘗起來並不油膩，因為是檸檬汁成了連續相。

可惜的是，一旦停止攪打油和水，許多分離的微小液滴會開始聚攏結合。當夠多的醋液滴相互結合，乳化效果就會中止，最後導致油水分離。如果生菜沙拉淋上油水分離的油醋醬，不同蔬菜嘗起來要不是過於油膩，就是酸澀無比。

許多乳狀物都含有乳化劑，有助於醋和油結合成均勻混合的醬汁並長期維持融合狀態。含有卵磷脂（一種磷脂）的蛋黃即為一例，其中的原理如下：卵磷脂分子具有兩端，一端受水吸引（親水），另一端遭水排斥（疏水）但可與油相溶。製作簡易油醋醬時，同時加入蛋黃和醋會改變乳化效果。這時產生的乳化效果屬於水包油型，也就是油脂液滴分散在醋中，形成較另一種更為穩定的狀態。這是因為卵磷脂的親水端在醋中

分解，疏水端則在油脂液滴外圍形成保護層。這也解釋了為什麼美乃滋乳化後，油脂液滴可以懸浮於醋或檸檬汁中的情形。黃芥末是另一種常見的乳化劑。黃芥末的乳化成分則是複雜的多醣類，但效果比蛋黃的卵磷脂差。

舌頭上的麩胺酸和核苷酸

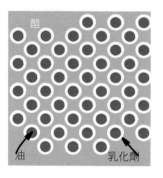

乳化：

油和醋乳化後，微小的油脂液滴會被添加的乳化劑包圍，分散於醋中。

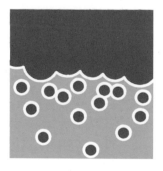

乳化中止：

不過，隨著時間流逝，油脂液滴會開始聚攏、結合。

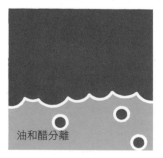

分離：

最後，油和醋分成鮮明的液體，油醋醬從此油水分離。

相較於本觀念中的油醋醬和美乃滋，乳化劑在其他更繁複的食譜中益顯重要。許多經典的法式醬汁，包含伯那西醬和荷蘭醬，都需仰賴乳化劑。鍋底醬（pan sauce）也是此觀念的應用；而將冰涼奶油而非軟化奶油，以同心圓攪拌的方式拌入完成的醬汁中，可確保醬汁滑順，乳化效果更為顯著。在乳化醬汁中，玉米澱粉是另一種普遍使用的食材，它可使醬汁變得濃稠，讓分散的液滴較難移動及結合。蛋糕甚至也需要乳化劑，例如磅蛋糕就必須藉助雞蛋產生乳化效果。

⊗ 實 驗 廚 房 測 試

為了「比較」及「釐清」黃芥末、蛋黃和美乃滋這三種常見乳化劑的效果，我們使用三部裝上攪拌器的直立型攪拌機分別製作三份油醋醬，以確保食材的攪拌程度相同。在每部攪拌機的攪拌盆中，我們先倒入¼杯醋，接著在三部機器中分別加入1大匙第戎芥末、1顆蛋黃和1大匙美乃滋。攪拌機以中高速攪打的30秒中，我們又在每部機器中倒入¾杯油。每隔15分鐘記錄一次攪打效果。為了方便對照，我們在另一部直立式電動攪拌機中製作第四份油醋醬，不過這次不添加乳化劑，只使用醋和油來製作。

實驗結果

添加蛋黃製作而成的油醋醬顯然最為穩定。攪拌完經過3個小時後，醬汁仍然呈現乳化狀態。加入美乃滋的油醋醬經過1個半小時後開始出現油水分離跡象，而芥末油醋醬在30分鐘後就開始分離。對照組則在攪拌完後立即開始分離，才經過15分鐘，油和醋已經涇渭分明。

至於滋味如何？蛋黃讓醬汁有一股蛋味，試吃員並不喜歡。添加生蛋的沙拉醬並非所有人都能接受。美乃滋並未增添太多味道，不過其帶入的淡淡奶油香味備受試吃員青睞。而加了黃芥末的油醋醬公認滋味最棒。

重點整理

若製作的醬汁必須徹底融合正常狀態下無法混在一起的液體食材，勢必得使用蛋黃、美乃滋或黃芥末等乳化劑。除了穩定性，好的乳化劑絕對可替油醋醬加分，或至少不會帶來任何不良影響。

蛋黃是非常強效的乳化劑，但味道並不適合所有醬汁。美乃滋的效果稍弱，是因為含有蛋黃，因此也可做為乳化劑，用來穩定醬汁時不會產生任何蛋味。黃芥末也是不錯的乳化劑，不過其主要優點在於味道。

✎ Tips：記錄油醋醬中的乳化劑

	15分鐘	30分鐘	60分鐘
未加乳化劑			
黃芥末			
美乃滋			
蛋黃			

《乳化劑的實際應用》油醋醬

美乃滋中的蛋黃是味道濃郁的乳化劑，黃芥末的味道雖然並非如此強烈，但足以替料理增添美好滋味。若醬汁調製合宜，兩種乳化劑又各添加一些的話，可使醬汁口感滑順、滋味濃厚。另外，我們發現，油和醋結合的方式也會影響乳化效果的穩定度。

超簡易油醋醬
約¼杯，足以配佐8-10杯輕食生菜

紅酒醋、白酒醋或香檳醋都很適合本食譜。使用高品質的材料相當重要。這道油醋醬幾乎可搭配所有蔬菜，以及核桃和各式香草。若希望有點蒜味，可在放入萵苣前，先以蒜瓣塗抹沙拉碗的內壁。

1大匙酒醋
1½茶匙切末的紅蔥頭
½茶匙一般或低脂美乃滋
½茶匙第戎芥末
⅛茶匙鹽巴
胡椒
3大匙特級初榨橄欖油

1. 將醋、紅蔥頭、美乃滋、芥末和鹽放入材質不會與食材發生化學反應的小碗中，加以拌勻。快速攪拌到外觀呈現乳狀，而且美乃滋不再結成團為止。

2. 將油倒入小量杯中，方便添倒。頻繁攪拌，以極為緩慢的速度，將油一點一滴倒入醋的混合物中。攪打時，若混合物表面開始聚集橄欖油，應停止倒油並適度攪打使其均勻混合，然後再繼續以緩慢少量的方式加入橄欖油。最後的油醋醬應該散發光澤，稍微濃稠，且油脂不會在表面凝聚結合。油醋醬最久可冷藏2星期。

香草油醋醬

使用前，在油醋醬中加入1大匙切碎的新鮮巴西利或細香蔥，以及½茶匙的碎百里香、茵陳蒿、馬鬱蘭或奧勒岡。

核桃油醋醬

以1½大匙核桃油和1½大匙一般橄欖油，取代特級初榨橄欖油。

檸檬油醋醬

最適合淋在味道清淡的生菜上。

以檸檬汁取代醋，剔除紅蔥頭，並加入¼茶匙磨碎的檸檬皮屑、少許的糖、鹽和胡椒。

巴薩米克醋芥末油醋醬

最適合淋在味道濃烈的生菜上。

以巴薩米克醋取代酒醋，芥末份量增加至2茶匙，並加入½茶匙切碎的新鮮百里香、鹽和胡椒。

成功關鍵

現今的油醋醬食譜時常以4份油搭配1份醋，但我們發現，這種比例調配而成的油醋醬味道平淡，口感油膩，原來是因為輕忽了混合方式。現在的食譜大多喜歡在丟入材料後立即攪和或搖晃，如此一來只好提高油醋比例，以減緩醬汁乳化情形不佳所產生的效果。傳統法式食譜建議的3：1才是正確比例。雖然倒油的速度必須較為緩慢，不過這樣調製而成的醬汁清新又爽口。芥末和美乃滋都有助於乳化效果維持好幾個小時。

以攪拌取代搖晃：我們從實驗廚房中發現，若將材料放入罐中搖晃混合，或將油和醋同時倒進碗中攪打，這兩種方法製作而成的醬汁很快就會油水分離，而且味道刺鼻澀口。這是因為醋和油並未完全乳化。對比之下，將油緩慢拌打到醬汁中的傳統方法所製成的醬汁口感柔滑，乳化效果也較持久。而醋含有95％的水，通常無法和油混合。在醋中添加美乃滋做為乳化劑，接著倒入橄欖油並快速攪打，可將油脂打散成極其微小的液滴，使其更容易分散在醋中，因此產生穩定乳化效果的機會也就隨之增加，而且液滴越小，乳化效果越穩定。

醋中添加調味料：鹽在油中不會溶解，因此為了均勻調味，應把鹽和其他調味料和乳化劑加進醋中。

量好醬汁份量，避免過多：如果遵守3：1的油醋比例，可調製出所需份量的醬汁。¼杯的醬汁正可搭配8至10杯輕食生菜，足供四人享用。生菜沙拉均勻沾附少許油醋醬即可，醬汁不應過多而蓄積在碗底。

《乳化劑的實際應用》美乃滋

蛋黃的乳化效果可讓液體成為乳狀的濃稠醬汁。這種現象不只可見於油醋醬，在美乃滋中甚至更為顯著。而美乃滋是以2.3份油脂搭配1份加了蛋黃的檸檬汁調製而成。

蒜味蛋黃醬（蒜味美乃滋）
約¾杯

此醬可做為肉類、魚、蔬菜或三明治的佐料。必要時，可先去除大蒜的綠芽，再加以按壓或磨成蒜泥；因為綠芽會讓蒜味蛋黃醬多出苦澀味。若手邊沒有一般橄欖油，可等比例混合特級初榨橄欖油和植物油取代。最好低調地使用白胡椒粉，因為視覺上不如黑胡椒粉顯眼，不過兩者皆可使用。若要製作「原味」美乃滋，只要省略大蒜即可。

1 瓣大蒜，去皮
2 顆大顆的蛋黃
4 茶匙檸檬汁
⅛ 茶匙糖
鹽巴
胡椒粉，白胡椒粉為佳
¾ 杯橄欖油

1.以壓蒜器壓碎大蒜，或使用磨泥板將大蒜磨成泥。保留1茶匙大蒜待用，剩餘大蒜丟棄。

2.將大蒜、蛋黃、檸檬汁、¼茶匙鹽和胡椒倒入食物調理機內，約攪打10秒鐘，使材料均勻混合。讓調理機持續運轉，同時以緩慢、穩定的速度將油倒入，攪打過程約需30秒。使用橡皮抹刀刮下調理機內壁沾附的材料，接著再多攪打5秒左右。以鹽和胡椒調味後即可搭配料理食用。蒜味蛋黃醬裝進密封容器後，最久可冷藏3天。

迷迭香加百里香蒜味蛋黃醬
此蒜味蛋黃醬適合搭配煎烤肉類和烤蔬菜。

連同大蒜，將1茶匙切碎的新鮮迷迭香和1茶匙切碎的新鮮百里香，一起倒入食物調理機中攪打即可。

實用科學知識 具乳化效果的人工蛋液

"如果不想吃下生蛋，可改用人工蛋液"

人工蛋液是大多數消費者唯一可以取得的殺菌蛋液，不過這能否取代某些食材，例如美乃滋裡所含的雞蛋成分，我們仍持保留態度。真正的蛋黃含有乳化劑卵磷脂，有助於增加美乃滋的濃稠度，但人工蛋液主要是由蛋白製成，不含任何卵磷脂。我們在蒜味蛋黃醬中嘗試使用¼杯人工蛋液，取代原來的兩顆蛋黃。效果如何？儘管味道比真正的蛋黃來得平淡，不過卻能產生出乎意料的乳化效果。

我們因此大受鼓舞，決定使用人工蛋液繼續製作荷蘭醬和凱薩醬，而且成果也相當成功。我們繼續挑戰經典的法式烤布蕾，以人工蛋液取代食譜指示的12顆蛋黃。烤布蕾成品中的卡士達口感柔滑無比，但卻索然無味，難以入口。

人工蛋液這種產品究竟如何發揮乳化作用？秘密在於植物膠。卵磷脂可以在水液滴周圍形成阻礙，讓水分難以分離，但植物膠只加入黏性，協助混合物結合。因此，如果對使用生蛋黃有所顧慮，具有相同功效的人工蛋液是另一種選擇，只是像卡士達這種需要大量蛋黃的甜點，還是不適合使用人工蛋液。

成功關鍵

蒜味蛋黃醬是可快速製作的乳狀醬汁，傳統上是簡易晚餐的重要佐料，可搭配煮熟的蔬菜、馬鈴薯及蒸魚一起食用。每當醬汁品質欠佳，大蒜通常是造成負面印象的主因之一：味道苦澀濃烈，久久不散。我們發現，切得細碎的大蒜可維持醬汁的滑順質感，同時避免蒜頭太大，咀嚼後產生出其不意的辛辣滋味。

正確處理大蒜： 大蒜是蒜味蛋黃醬的特色所在，但也可能造成口內氣味問題。我們減少傳統食譜的大蒜份量，以壓蒜器或磨泥板製作質地細緻的蒜泥。份量不宜超過1茶匙。

選用正確的油： 我們發現，兼具胡椒辛味和果香的特級初榨橄欖油過於濃烈，不適合製作美乃滋。試吃員偏愛一般橄欖油，因為大半油味已在處理過程中去除。若手邊沒有一般橄欖油，可混合等量的特級初榨橄欖油和植物油代替。

蛋和檸檬汁一起攪打：為了防止美乃滋油水分離，我們發現蛋黃和檸檬汁必須徹底攪打在一起。蛋黃內的液體和油脂必須先乳化，才能加入橄欖油。

確實攪打：當我們嘗試混合醬汁時，發現乳狀物變得過於濃稠。手動攪打的效果很好，但4分鐘後，我們的手臂已經疲累不堪。食物調理機可在30秒內將醬汁均勻混合，是我們的首選工具。你也可以效法數個世紀以來的法國廚師，以手工製作美乃滋。不過，由於我們需要將大量橄欖油打到少量的蛋黃和檸檬汁中，因此油脂必須打成極度微小的液滴，才能產生穩定的乳化效果。若使用打蛋器，則要有少量且極其緩慢添加橄欖油的心理準備，整個過程不斷攪打至少需要4分鐘。

觀念37：加酒烹調，加快蒸發速度
Speed Evaporation When Cooking Wine

酒是許多料理不可或缺的重要材料，可為燉料理和醬汁等各式菜色增添豐富滋味、複雜層次和酸味。坊間普遍流傳一個錯誤觀念，認為加熱可去除所有酒味。但事實上沒這麼簡單。

◎科　學　原　理

考古證據顯示，8000年前人類首次以葡萄釀酒。現在我們有紅葡萄酒、白葡萄酒、玫瑰酒，以及雪莉酒和苦艾酒等加烈酒可以選擇。紅酒、白酒這些非加烈酒的酒精含量平均介於10%至14%之間。

製酒時，首先壓榨葡萄取得汁液，包含其中的水分、糖分和一些酸性物質。有時候，釀酒師會額外添加酵母協助發酵，不過葡萄皮上自然生長的酵母已可讓葡萄所含的糖分發酵成為乙醇。發酵也有助於產生新的香氣分子，使酒具有我們熟悉的部分香味。糖分轉變成酒精後，新酒接著需要靜置熟成，經由化學反應的緩慢過程賦予葡萄酒更豐富、更複雜的滋味。雪莉酒和苦艾酒等加烈酒則含有更多酒精，酒精含量一般介於18%至20%。

蒸餾酒，例如威士忌和白蘭地的製造方法與葡萄酒類似，至少一開始相當雷同。不過，酵母無法在充滿太多酒精的環境下存活，當酒精含量達到20%時，酵母就會死亡。因此，酒精含量介於40%至70%的烈酒會經過蒸餾程序，將含有適量酒精的液體加熱，收集蒸汽中的酒精和香氣物質後加以濃縮。

雖然酒精是葡萄酒和烈酒中的核心成分，但並非所有料理都適合帶著酒香。例如，我們總不希望黛安牛排（Steak Diane）上桌時仍瀰漫一股未經烹調的白蘭地酒味，這樣的酒精味道太過濃烈。烹煮確實可以減少葡萄酒和烈酒中的酒精含量，但不太可能完全去除。多數料理中，葡萄酒大多搭配高湯或其他以水為基底的食材使用。酒精和水混合後，會形成一種稱為共沸物

（azeotrope）的溶液，這類含有兩種不同液體的混合物，其展現的特性有如單一化合物。雖然酒精的沸點低於水，但酒水共沸物加熱後產生的蒸汽中卻同時包含酒精和水，兩者結合得相當緊密。

一開始，含有等量酒精和水的混合物在達到173°F左右開始沸騰，這個沸點稍微低於純酒精，蒸汽中含有約95%的酒精。隨著沸騰的溫度升高，蒸汽中的水含量也逐漸增加。最後，當液體溫度達到純水沸點212°F時，蒸發的水分越來越多，蒸汽中的酒精卻逐漸減少。除非持續滾煮到所有共沸液蒸發殆盡，否則無論煨煮多久時間，共沸液的酒精含量始終都維持在原本酒精含量的5%左右。

加酒烹調

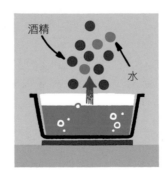 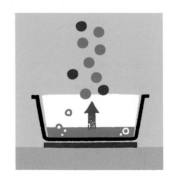

酒水共煮：
煨煮酒水混合物時，一開始蒸汽中充斥著酒精分子。

水酒共煮：
煨煮一段時間後，蒸汽中反而是水分子佔多數。除非液體蒸發殆盡，否則不可能去除所有酒精。

烹調時可以採取各種方法，讓料理中的酒精盡可能蒸發殆盡。其中一種方法，是在倒入其他以水為基底的材料前，先行減少料理的酒精含量。相較於使用口徑窄的單柄深鍋、蓋上鍋蓋以小火熬煮；選用大口徑鍋子、不蓋鍋蓋高溫快煮可除去較多酒精。另一種快速減少液體酒精含量的方法，是點燃鍋子上方的蒸汽，此手法相當於料理淋上白蘭地後點火燃燒。這個方法較適合高酒精濃度的烈酒，不適用於葡萄酒。不過，此方法可去除多少酒精，一部分則需取決於鍋具中液體受熱的溫度。我們發現，在高溫料理中淋上白蘭地，燃燒後酒精濃度會剩下原本的29%，但如果在溫度較低的鍋中燃燒白蘭地，酒精濃度會維持在57%，濃度幾乎是前者的兩倍。採用此手法時，提高溫度而非只仰賴燃燒的火焰，會使最後醬汁的濃烈程度產生明顯差異。以實際例子來說，比起將燃燒的櫻桃汁淋上冰淇淋的火焰櫻桃冰淇淋，在火爐上煎烤的黛安牛排所殘留的酒精味道較淡。

✒ 實　驗　廚　房　測　試

若以葡萄酒為基底加以收汁製成醬料，其中的酒精含量會剩多少？此問題的答案眾說紛紜，為了解決此一爭議，我們決定深入探究。我們希望瞭解以下兩種做法是否會得出相同結果：先將葡萄酒收汁後再倒入高湯，亦或是略過此步驟，一開始就將兩者混合攪拌在一起。對此，我們製作兩份醬汁，其中一份先把2杯酒精度（abv）14.5%的紅葡萄酒收汁成1杯，加入1杯市售雞湯後再一起濃縮成1杯；另一份則先將2杯同等酒精度的紅葡萄酒和1杯市售雞湯混合，直接收汁成1杯。這兩種做法約略都花了15分鐘才達成最後要求的份量。我們重複測試三次，品嘗各次完成的醬汁後，從中採樣送到獨立實驗室分析醬汁的乙醇（酒精）含量。

實驗結果

即使測試所用的材料份量相同，收汁過程也大致花費一樣的時間，但試吃員和實驗室都發現，醬汁間的差異甚大。試吃員發現，先以葡萄酒收汁製成的醬汁，相較於一開始就混合酒和高湯的做法，嘗起來的酒味較淡。實驗室的量化數據也與試味結果不謀而合：前者的平均酒精度極低，只有0.175%，而後者的平均數值為1.55%，是前者八倍之多！

重點整理

雖然醬汁並未殘留大量酒精，但樣本間的差距以及味覺能夠辨識出的差異，已經頗具意義。如果料理目標是希望醬汁擁有濃郁酒香，但不具酒精刺鼻的味道，先將葡萄酒收汁再倒入其他液體的做法相當值得一試。

需要注意的是，以上是實驗採用特定條件所得到的結果。實驗中，我們使用寬口徑的平底鍋，以中大火快速收汁，這是讓液體以極高效率蒸發的一種方法。1992年發表於《美國飲食協會期刊》（Journal of the American Dietetic Association）的研究發現，各種料理完成後所殘留的酒精量差異極大（從4%至60%都有可能），端視不同料理而定。例如，米蘭燉肉以185℉燜煮2個半小時後，酒精度為4%至6%左右，而勃根地橙汁雞在經過185℉火侯燉煮10分鐘後，酒精度可介於10%至60%之間。烹煮溫度、時間，以及可吸收汁液的其他食材都能顯著影響最後的酒精含量。

✏ Tips：兩種收汁方法

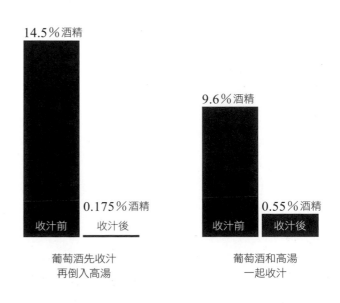

14.5% 酒精　　　　　　9.6% 酒精

0.175% 酒精　　　　0.55% 酒精

收汁前　收汁後　　　收汁前　收汁後

葡萄酒先收汁　　　　葡萄酒和高湯
再倒入高湯　　　　　一起收汁

《蒸發的實際應用》燉料理

葡萄酒可為各種料理增添美好滋味和豐富層次。燉肉時，我們先將葡萄酒處理好再下鍋，以降低酒精含量，避免醬汁瀰漫過濃酒味。煨煮時，倒入少量葡萄酒有助於烹煮鮭魚，進而創造濃郁美味的醬汁。

法式燉肉
6-8 人份

酒體中等、富含果香的紅葡萄酒最適合此道料理，例如隆河區或黑皮諾釀製而成的葡萄酒。吉利丁可賦予醬汁豐厚而濃稠的口感，不可省略。本食譜可搭配水煮馬鈴薯、奶油麵或米飯一起享用。

1塊（4-5磅）無骨肋眼牛肉，順著紋理撕開，修除多餘油脂

猶太鹽和胡椒

1瓶（750毫升）紅葡萄酒

10根新鮮巴西利，以及2大匙巴西利末

2根新鮮百里香

2片月桂葉

3片厚切培根，切小塊、約¼吋

1顆洋蔥，剁細

3瓣大蒜，切碎

1大匙中筋麵粉

2杯牛高湯

4根胡蘿蔔，削皮，斜切小塊、約1½吋

2杯冷凍珍珠洋蔥，解凍

¾杯水

3大匙無鹽奶油

2茶匙糖

10盎司白蘑菇，修剪乾淨；形體較小者對切，較大者切成四等份

1大匙無味吉利丁

1. 將烤網放入有邊烤盤中，牛肉以2茶匙鹽調味後擺上烤網，靜置於室溫下1小時。

2. 在靜置牛肉的同時，將葡萄酒倒入大醬汁鍋中，以中大火煨煮約15分鐘，直至收汁成2杯。以棉繩將巴西利、百里香和月桂葉綁成一捆。

3. 牛肉以紙巾拍乾，灑上大量胡椒。每塊牛肉以3條棉繩綑綁，避免烹煮時分離。

4. 將烤箱烤架調整至中低層，烤箱預熱至300℉。培根放入荷蘭鍋中，以中大火煎6至8分鐘，直到酥脆，過程中偶爾翻炒。使用漏匙將培根移到鋪好紙巾的盤子上，靜置一旁。鍋中油脂只保留2大匙，多餘的倒掉；鍋子放回爐上，以中大火加熱至開始冒煙。放入牛肉，煎到各面上色，全程約需8至10分鐘。將牛肉放到大盤子上，靜置一旁。

5. 轉成中火，洋蔥下鍋拌炒約2至4分鐘，直到開始軟化。放入大蒜、麵粉和煎脆的培根，不斷炒到散發香味，約需30秒。放入收汁完成的葡萄酒、高湯以及香草束，並刮下鍋底的焦黃鍋巴。將牛肉及其累積的汁液倒回鍋中，爐火轉成大火，鍋中汁液沸騰後繼續滾煮，接著使用大張鋁箔紙覆蓋鍋子，並蓋緊鍋蓋。將鍋子放入烤箱燜煮，每小時以長柄食物夾將牛肉翻面，烘烤約2個半至3小時，直到叉子可以輕易刺進牛肉為止；於第2個小時後加入胡蘿蔔。

6. 在燜煮牛肉的同時，將珍珠洋蔥、½杯水、奶油和糖放入大平底鍋，以中大火煮沸。轉成中火後蓋上鍋蓋，將洋蔥煮軟，約需5至8分鐘。掀開鍋蓋，轉成中大火，滾煮到汁液蒸發殆盡，約需3至4分鐘。加入蘑菇和¼茶匙鹽，偶爾加以拌炒，使蔬菜變色且均勻裹上醬汁，約8至12分鐘。鍋子離火，靜置一旁。將剩餘的¼杯水倒入小碗中，丟入吉利丁後靜置待其軟化。

7. 將牛肉放到砧板上，以鋁箔紙覆蓋維持溫度。等待約5分鐘，讓燜燒後的牛肉湯汁沉澱下來，接著使用大湯匙，將表面的油脂撈除。取出香草束丟棄，放入洋蔥和蘑菇攪拌均勻。以中大火煨煮湯汁約20至30分鐘，直到湯汁稍微變稠且濃縮成3¼杯為止。以鹽和胡椒調味。加入軟化的吉利丁，攪拌到完全溶化為止。

8. 鬆開並丟棄牛肉上的棉繩。將牛肉逆紋切成½吋厚肉片。肉片分裝至溫熱過的碗，或統一放到大淺盤上，一旁擺置蔬菜，淋上醬汁、灑上巴西利末後立即上桌。

事先製作：依照食譜指示烹煮至步驟7，略過泡軟吉利丁和添加的程序。將牛肉放回鍋中，靜置冷卻至室溫，蓋上鍋蓋後最久可冷藏2天。上桌前，將牛肉切片並擺放在長13吋、寬9吋的烤盤上。依照步驟6的指示泡軟吉利丁。煨煮醬汁，加入軟化的吉利丁，攪拌至完全溶解。將溫熱的醬汁淋上牛肉，蓋上鋁箔紙，送入350℉的烤箱烘烤約30分鐘，直到牛肉完全熱透為止。

"若要以無酒精葡萄酒替代，我們偏好「Fre」這個品牌"

為了瞭解無酒精葡萄酒在料理中的效果，我們挑選兩個美國品牌的紅葡萄酒和白葡萄酒：Ariel和Fre。雖然這兩種酒都不具備真正葡萄酒的複雜口感，但Fre的紅、白葡萄酒料不僅僅是單純的葡萄汁而已。

為了釐清造成兩種品牌差異的因素，我們仔細探究兩家廠商去除酒精的方法。Ariel採用冷濾法（cold filtration），並以網子般的薄膜反覆過濾葡萄酒，藉以去除酒精成分，最後不含任何酒精的糖漿再加水稀釋。

反觀Fre的產品則採用「旋轉錐體流動法」（spinning-cone），讓葡萄酒以少量、逐層的方式流下旋轉的錐型圓筒設備。薄薄一層的流動葡萄酒上會噴灑氮氣，防止任何氣味化合物揮發逸散。接下來葡萄酒會經過加熱以去除酒精，此時氮氣形同一層酒香保護膜。最後，酒精濃度會從10至12％，減少到0.3至0.5％。由於部分液體會在過程中蒸發，因此會再加入少量未發酵的葡萄汁。雖然味道偏甜，但利用這種方法去除酒精的葡萄酒仍可保留獨特的酒香和味道。

為了瞭解不含酒精的Fre在料理中的實際效果，我們以此煎煮雞排，並製作觀念8食譜中的「普羅旺斯燉牛肉」。在這兩道料理中，雖然所有試吃員都能輕易察覺無酒精葡萄酒的甜味和較淡的酸味，但多數仍認為味道可以接受。添加些許檸檬汁或酒醋抑制甜味後，兩道料理獲得一致好評。若不想使用含有酒精的葡萄酒，Sutter Home製造的Fre是我們在美國找到唯一採用旋轉錐體流動法製成的品牌。

如果手邊沒有無酒精葡萄酒，同時又極度希望能避免在料理中使用酒精的話，我們發現在不需要仰賴酒精提味的醬汁或燉料理中，高湯可發揮不錯的功效。這適用於簡單的鍋底醬，但不包含法式燉牛肉或普羅旺斯燉牛肉這種需要用上整瓶葡萄酒的菜餚。

使用同等份量的高湯取代葡萄酒，並在上桌前添加少許紅酒醋、白酒醋或檸檬汁，仿效葡萄酒的酸味。每添加½杯高湯，需搭配½茶匙的醋或檸檬汁。

成功關鍵

燉鍋料理中，如何在用完整瓶葡萄酒並加以燜煮後，醬汁還不至於充斥過濃的酒味？將葡萄酒倒入鍋中前，記得先經過處理。

採取新方法：經典法式料理Boeuf a la mode——「最時尚的牛肉」，即紅酒燉牛肉。緣起當時，可多日食用的料理備受歡迎，隨處可見。雖然紅酒燉牛肉與美國燉牛肉之間存在一些共通之處，不過這道典雅的法式料理極度仰賴葡萄酒為料理增添美味，以富含膠原蛋白的小牛肉塊和豬肉增加豐厚感，並配上另外準備的洋蔥蘑菇佐料。法國出現這道料理時，使用的是體型較瘦小的草食牛，相較之下，現今餵養穀物（如玉米）的牛運動量少，油花較為豐富。因此，我們才能簡化烹調程序，省略傳統的穿油（larding）和醃漬步驟，但同樣可用溫醇、濃稠度極佳的葡萄酒醬汁，煮出柔嫩的燉牛肉料理。

以鹽醃肉：我們選用燉牛肉常用的肋眼肉，對半撕開以露出、並去除多餘油脂，以確保最後的料理可以特別精緻講究。接著，以鹽將牛肉醃漬1個小時，藉此提升肉香。這能逼出肉中的水分，形成淡薄的鹽水。醃漬過程中，牛肉會逐漸吸收鹽分，終至完全入味，而非只是表面而已。可參考觀念12，深入瞭解鹽醃法的細節。

葡萄酒收汁濃縮：所有傳統食譜中，肉類會先放入紅葡萄酒和切成大塊的調味蔬菜，像是胡蘿蔔、洋蔥和芹菜，並在其中長時間醃漬，有時甚至長達3天。測試不同長度的醃漬時間後，我們發現至少需醃上2天，否則成效並不明顯。不過，即使經過2天的醃漬，酒味仍然僅停留在肉類表面，而且嘗不到太多蔬菜香味。老實說，幾小時的滷肉過程中，肉類即可吸收大量酒香，醃漬頓時顯得毫無意義。事實上，我們覺得肉類若吸收過多酒味，最後味道反而偏酸且過於濃烈。我們改善此問題的方法，是在滷牛肉前先烹煮葡萄酒。我們先將葡萄酒濃縮再加入牛肉高湯，接著以此做為滷汁使用，這時已可預見最終的美味成果。因為葡萄酒層次豐富，富含果香，毫無酸澀之感。而先收汁再用來滷肉的做法也減少了料理最後的酒精含量。

送進烤箱：燉牛肉蓋上鍋蓋後送進烤箱，我們特地使用鋁箔紙確保鍋子完全密封。鍋內聚積的蒸汽有助於牛肉緩慢燜煮，均勻受熱。要深入瞭解此現象，請參考觀念8。

使湯底濃稠有光澤：一般燉牛肉的滷汁雖然滋味濃郁，但湯底也相對較稀，有如高湯，反觀紅酒燉牛肉的湯汁更為豐厚，比較像高檔餐廳的牛排醬汁。洋蔥和大蒜炒香後加入麵粉，有助於提升整體的黏稠度，但醬汁仍然欠缺濃厚感。有別於添加豬皮、小牛腿或小牛骨，我們直接利用可形成濃稠口感的原料：吉利丁粉。在收汁完畢的醬汁中加入吉利丁粉可產生我們樂見的結果：醬汁醇厚而滑順，足以媲美最經典的燉牛肉料理。

《蒸發的實際應用》水煮

> ## 水煮鮭魚佐香草酸豆油醋醬
> ## 4人份

為確保魚排具有相同肉質且熟成速度一致，請購買鮭魚中間部位的整塊魚排，自行切成四等份。如果無法買到完整的去皮魚排，可自己去除魚皮，或依照使用帶皮魚排食譜的指示，將步驟2的烹煮時間延長3至4分鐘。此食譜的鮭魚排會煮到三分熟。

2顆檸檬

2大匙切碎的新鮮巴西利，保留莖部

2大匙切碎的新鮮茵陳蒿，保留莖部

1大顆紅蔥頭，切碎

½杯澀白酒

½杯水

1塊（1¾-2磅）去皮完整鮭魚排，約1½吋厚

2大匙酸豆，洗淨剁碎

2大匙特級初榨橄欖油

1大匙蜂蜜

鹽和胡椒

1.盤子鋪上紙巾。取1顆檸檬，去除頭尾後切成八至十等份約¼吋厚度的薄片。剩餘的檸檬切成8小塊，靜置一旁。將檸檬片分散擺入12吋平底鍋底，檸檬片平均灑上香草莖部和2大匙切碎的紅蔥頭，最後倒入葡萄酒和水。

2.以利刃切除鮭魚腹部的所有白色脂肪，並將魚排切成四等份。將鮭魚排放入平底鍋中，魚皮面朝下，底下墊著檸檬片。鍋子放到大火上，把湯汁煮沸。轉小火，持續煨煮到魚排邊緣呈現不透明狀態，不過若以去皮刀切開，魚排最厚的部分仍保持半透明色澤，或者也可煮11至16分鐘，直到魚肉溫度達到125℉、約三分熟為止。鍋子離火，使用鍋鏟將鮭魚和檸檬片小心移到準備的盤子中，接著輕輕蓋上鋁箔紙。

3.鍋子放回爐上持續滾煮，以大火烹煮約4至5分鐘，直到湯汁稍微濃稠並收成2大匙為止。這時把切碎的巴西利、茵陳蒿、剩餘的紅蔥頭末、酸豆、油和蜂蜜倒入中碗。使用細網濾網，一邊將收汁完畢的湯汁濾到碗中，一邊按壓固體食材，以儘量榨取汁液。快速攪打碗中材料，接著以鹽和胡椒調味。

4.以鹽和胡椒為鮭魚調味。使用鍋鏟小心抬起鮭魚排並稍微傾斜，以便移除檸檬片。將鮭魚放到大淺盤或個別的盤子中，用大匙淋上油醋醬。上桌時，另外附上檸檬角供需要的人自行取用。

實用科學知識 腹部脂肪的好處

"腹部脂肪有助於鮭魚保持濕潤"

中央部位的鮭魚排通常有一側較薄，是魚腹脂肪較豐富的部位。儘管外觀細薄，但腹部脂肪有助於這個部位的魚肉保持濕潤。腹部魚肉表面有時會有一層富有嚼勁的薄膜，料理前應先切除。此外，我們也喜歡將參差不齊的魚肉邊緣裁切整齊，因為烹煮過程中，這些地方可能乾癟或脫落。

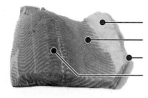

白色薄膜
腹部
參差不齊的邊緣
厚實的中腹部位

實用科學知識 葡萄酒出現軟木塞味時的快速因應之道

"葡萄酒出現軟木塞味時，雖然其刺鼻味可利用保鮮膜加以舒緩，但葡萄酒仍然難以下嚥"

造成葡萄酒產生「軟木塞味」或腐敗臭味的罪魁禍首，是一種稱為TCA（2、4、6-三氯苯甲醚）的化學物質，其導致的霉味和刺鼻味非常明顯。當軟木塞中原有的真菌遇上氯酚，就會產生TCA，然而諷刺的是，氯酚正是消毒軟木塞的氯漂白程序中所使用的化學產品。雖然TCA對健康無礙，但卻讓葡萄

酒難以飲用。

我們從沒料想到會有辦法搶救這樣的葡萄酒，但只經過稍微嘗試，就如願以償地找出奇特的解決辦法：將保鮮膜揉成團浸入酒中，靜置一陣子。雖然聽起來相當古怪，但背後的理論卻非常合理，也就是讓聚乙烯材質吸收TCA，藉此將這種物質從酒中除去，效果非常顯著。

由於心裡想著已沒什麼損失了，於是我們又找來四瓶出現軟木塞味道的葡萄酒加以實驗。將每瓶酒約一半的量倒入個別罐子中，放入揉成一團的保鮮膜後，封上蓋子後任其浸漬10分鐘，期間偶爾加以搖晃。在品嘗這些經過處理的酒時，我們發現TCA產生的那股令人作嘔的臭襪子味和苦澀味確實已大幅減少。同時也注意到，保鮮膜吸收了許多我們希望保留的氣味化合物，導致葡萄酒嚐起來平淡無味，依然不適合飲用或入菜。因此最好的辦法建議還是：將變質的酒拿回店家退款。

實用科學知識 葡萄酒入菜

"談到烹調，並非所有葡萄酒都有相同的效果"

根據實驗廚房好幾年以酒入菜的經驗，我們的心得如下：

- 超市販賣的「烹調用」紅白酒的含鹽量高，會毀掉料理，讓料理難以入口。絕對不要使用任何標示為「烹調用酒」的產品。
- 選擇你想飲用的酒，但不需要太高級。一般來說，一瓶10美元和30美元的酒效果差別不大。
- 以玻璃杯飲用時的討喜滋味，收汁後可能會變得過於濃烈，這在橡木味重的葡萄酒中尤其明顯，例如夏多內（Chardonnay）或卡本內蘇維濃（Cabernet Sauvignon）。
- 單種釀造的葡萄酒效果不一。當然，並非所有夏多內葡萄酒的滋味完全相同，但在使用同種葡萄釀成的多數葡萄酒中，我們的確發現一些我們喜歡或不喜歡的特質。
- 白葡萄酒中，我們推薦清新爽口的蘇維濃（Sauvignon Blanc）。
- 紅葡萄酒中，我們推薦以多種葡萄釀製而成的混釀酒。
- 盒裝酒使用密封袋保存，是不錯的選擇。

- 偶爾可使用無酒精葡萄酒或高湯取代一般葡萄酒。請參見本觀念「實用科學知識：無酒精葡萄酒」。

成功關鍵

傳統的水煮法要求將鮭魚完全浸入未加蓋的湯汁中。在湯汁可以重複使用的餐廳中，此方法可說相當合理，但在自家廚房料理時，卻顯得有點浪費。另外，這麼多的湯汁也會導致魚肉味道流失。經過我們不斷研究，這道水煮魚不僅保留美味和水分，過程中我們還特別製作了醬汁。

減少湯汁： 有別於使用一大鍋葡萄酒和水熬煮魚肉，並且加入大量香草和辛香蔬菜調味，我們反其道而行，大幅減少湯汁份量。這可保留更多魚肉原味，而且因為湯汁較少，我們只需使用些許紅蔥頭和香草為水和葡萄酒提味即可。

增加酒量： 由於我們使用的湯汁較少，鮭魚烹煮時並非完全浸入湯中，因此必須仰賴蒸汽導熱及提味。若維持原本的酒水比例和烹調溫度，蒸汽仍不足以蒸熟沒有泡到湯汁中的魚肉。這時我們突然想到，水中加酒可降低沸點。酒精濃度越高，加熱時可產生越多水蒸汽，而越多水蒸汽代表熱能傳導效果更佳，即使火溫距離沸點仍有段距離，也能加快烹煮速度。此外，我們也知道酒精可以加速蛋白質變性。因此，只要在湯汁中加入更多酒精，就能以較低的溫度烹調魚肉，同時縮短料理時間。結果如何呢？完美料理的鮭魚排。

讓湯底變醬汁： 超濃縮的湯汁竟可成為白醬基底，因此我們不需另外製作醬汁，這項發現著實令人振奮。此經典法式醬汁主要必須以葡萄酒煮成，先經過醋、紅蔥頭和香草調味，然後加以收汁，最後再加入奶油。不過，若每份鮭魚皆需用上幾大匙的奶油，本食譜反而不再「家常」，因此我們效法油醋醬的做法加以改良，改用橄欖油而非奶油。

替鮭魚去皮： 本食譜需使用去皮魚排，讓魚肉可以輕易吸收熬煮的湯汁。若只能買到帶皮魚排也沒關係，但最好不要連軟爛的魚皮也一同上桌。去皮時，將煮熟的魚肉移到紙巾上靜置冷卻一會。輕輕將鍋鏟滑入魚肉和魚皮之間，用另一隻手的手指撕除魚皮。過程中雖然也可順便去除魚皮旁不甚起眼的灰色部分，但建議加以保留。雖然該組織有時稍帶腥味，但其富含Omega-3脂肪酸，相當具有食用價值。

《蒸發的實際應用》點火燃燒

燃燒不必總是發生在驚險萬分的場景。經典的橙香火焰可麗餅（Crepes Suzette）就採用高溫火燒手法，除了減少醬汁的酒味，也創造更深層動人的滋味。

橙香火焰可麗餅
6 人份

為了預留練習的機會，本食譜可製作約 16 張薄餅，而實際上只需要 12 張。我們偏好以全脂牛奶製作的薄餅，但也可使用脫脂牛奶或 1%、2% 的低脂牛奶。點火前，務必捲起衣袖、紮好長髮，並關閉抽風機和任何瓦斯爐。

可麗餅皮

1½ 杯全脂牛奶

1½ 杯（7½ 盎司）中筋麵粉

3 顆大顆的雞蛋

½ 杯水

5 大匙無鹽奶油，加以融化，另備額外的外奶油塗抹平底鍋

3 大匙糖

2 大匙干邑白蘭地（cognac）

½ 茶匙鹽

柳橙醬

¼ 杯干邑白蘭地

1 大匙磨碎的柳橙皮，外加 1¼ 杯柳橙汁（3 顆柳橙）

6 大匙無鹽奶油，切成 6 塊

¼ 杯糖

2 大匙橙酒，例如 triple sec 牌

1. 可麗餅皮：將所有材料放進食物調理機內攪打均勻，約 10 秒。倒入碗中。

2. 以融化的奶油輕輕刷抹 10 吋不沾鍋的鍋底和鍋壁，鍋子放到中火上加熱。緩慢且平穩地倒入少量的 ¼ 杯麵糊，緩緩轉動平底鍋，讓麵糊均勻佈滿鍋底。餅皮必須煎到開始失去原有的麵糊顏色，底部轉變成斑駁的淡金黃色為止，約需 30 秒至 1 分鐘，接著以橡皮抹刀翻鬆餅皮邊緣。將抹刀輕輕滑入邊緣下方，手指捏住餅皮外緣將可麗餅翻面。將第二面煎乾，約需 20 秒。

3. 將煎好的餅皮放到網架上，斑駁面朝上。鍋子放回爐上，輕輕以奶油刷抹平底鍋，加熱 10 秒後倒入麵糊，重複以上程序。餅皮完成後疊放在網架上。煎好的餅皮若以保鮮膜包覆，最久可冷藏 3 天；繼續接下來的步驟前，應先將冷藏的餅皮拿到室溫下。

4. 柳橙醬：將烤架烤架調整至中層，烤箱預熱。取一可放入烤箱的 12 吋平底鍋，倒入 3 大匙干邑白蘭地後以中火加熱，只要溫熱即可，約 5 秒鐘即可關火。火柴點燃後靠近鍋子以順利引燃干邑，接著搖晃鍋子分散火焰。

5. 火焰熄滅後，倒入 1 杯柳橙汁、奶油和 3 大匙糖，開大火煮滾，過程中偶爾攪拌約 6 至 8 分鐘，直到出現許多大水泡，且湯汁收成濃稠的糖漿為止，此時醬汁應有 ½ 杯左右。把醬汁倒進小碗，平底鍋還不需清洗。在醬汁中倒入剩餘的 ¼ 杯柳橙汁、磨碎的柳橙皮、橙酒和剩下的 1 大匙干邑，蓋上蓋子保持溫熱。

6. 組合餅皮與醬汁時，將每張餅皮對摺成四分之一大小。把九張摺好的餅皮依序放入空的平底鍋中，圓弧邊朝內，必要時可適度重疊。最後的三張餅皮則放在鍋子中央。餅皮均勻灑上剩餘的 1 大匙糖。開火炙燒約 5 分鐘，直到糖焦糖化、餅皮斑駁焦黃為止。時常注

意鍋內情形，避免燒焦，必要時可轉動鍋子。鍋子小心離火，淋上一半的醬汁，部分餅皮保持原位不要沾到。將可麗餅移到個別盤子上後立即上桌，另外隨附額外醬汁供用。

成功關鍵

這道點火燃燒橙汁干邑醬的經典甜點確實噱頭十足，但現實往往令人沮喪失望，例如醬汁可能無法點燃，導致甜點酒味過重，或是即使醬汁順利燃燒完畢，可麗餅也可能太過濕軟。我們希望這道甜點可供一小群人享用，而非專程為了個人而做，如同餐廳廚師通常會在餐桌上為客人當場製作一樣。

攪拌完立即使用：傳統可麗餅食譜，通常會讓以雞蛋、牛奶、融化的奶油、麵粉和糖混合而成的麵糊，靜置幾個小時，使其筋性鬆弛，更多詳細說明，請參考觀念39。我們發現，省略這個步驟可製作出較紮實的可麗餅皮，更能撐得起醬汁，而且我們也可省下2個小時的等候時間。為了徹底發揮筋性的效果，我們將所有麵糊材料直接丟進調理機攪打。添加少許干邑白蘭地和鹽可為餅皮增添額外風味。

別買可麗餅鍋：沒必要花錢買特別的可麗餅鍋，抹上奶油的不沾鍋就能夠製作這道甜點了。使用糕餅刷，確保油脂塗抹均勻、淡薄，再搭配容量為¼杯的乾量杯，將麵糊均分。準備就緒後，將抹上奶油的鍋子傾向一邊，加熱不沾鍋的右半側，接著開始倒入量好的¼杯麵糊。持續以逆時針方向緩慢傾斜鍋子，直到鍋底形成薄而平整的可麗餅皮。使用耐熱的橡皮抹刀鬆開餅皮邊緣，接著以指尖抓住餅皮正面邊緣，將整片餅皮翻面。前幾張餅皮或許差強人意，甚至不堪使用。就這道甜點而言，熟能生巧是最貼切不過的原則了。

先完成火燒步驟：為了避免出現嚇人的火球，或發生無法點燃的窘境，我們在調製醬汁前，先單獨將酒精──干邑白蘭地，倒入平底鍋中點火燃燒。接著，我們在收好汁的奶油、糖和柳橙汁中，加入額外的柳橙汁、柳橙皮茸和橙酒。

炙燒餅皮：淋上醬汁前，我們在餅皮上灑糖並開火炙燒，以形成酥脆的焦糖層，藉此稍微保護餅皮，如此可麗餅才不至於變得軟爛。

實用科學知識 點火燃燒的最佳方式

"在此提供一些火燒手法的訣竅，免除過程中的恐懼和擔憂"

火燒不只是餐桌上的表演噱頭而已。儘管過程戲劇性十足，但點燃酒精其實有助於創造滋味更深層、豐富的醬汁，這一切都要歸功於唯有透過火燒才能達到的高溫，以及隨之而來的增味化學反應。

只是要在家中完成這個程序可能會使人怯步。以下提供一些火燒訣竅，協助你在家中順利又安全地完成這道甜點。

做好準備：關閉抽風機、紮起長髮，並備好鍋蓋抑制過大的危險火焰。

使用合適的器具：弧型鍋壁的平底鍋，例如平底煎鍋，能有別於鍋身直立的鍋子，可讓更多氧氣與酒精蒸汽混合，增加點燃火焰的機會。可以的話，使用點燃煙囪的長木質火柴，點火時手臂也應伸直。

點燃溫熱的酒精：若酒精過熱，蒸汽可能飄升至危險的高度，導致火焰過盛。相反地，若酒精溫度太低，蒸汽將不足以順利點燃。我們發現，酒精加熱至華氏100°F可產生最溫和、最持久的火焰。最好是將酒倒入離火的平底鍋中，加熱5至10秒鐘。

關閉爐火後才點燃酒精：若使用瓦斯爐，請務必關閉爐火，避免平底鍋邊緣意外著火。將鍋子拿離火源也可增加對酒精溫度的掌控。

萬一竄出危險火苗：只要拿起鍋蓋，從火焰側邊，而非上面，蓋住整個平底鍋，就能快速撲滅火勢。待酒精降溫後再試一次。

萬一無法點著：若鍋中充斥其他材料，酒精經食材吸收後濃度可能會降低。為確保萬無一失，可在另外的小平底鍋或醬汁鍋中點燃酒精，待火焰熄滅後，再將收汁完成的酒精淋到其他材料上。

實用科學知識 火燒手法只是表演噱頭？

"火燒可去除大量酒精，加上高溫可促進分子重新組構，進而提升醬汁滋味"

火燒手法噱頭十足，執行上也相當容易，只是我們不禁懷疑這能否真正提升醬汁滋味，如果事實真是如此，原因為何。透過蒙眼測試，我們很快發現火

燒確實可以提振味道：燃燒過的醬汁比未經此程序的醬汁滋味更為豐富香甜。為瞭解其中原因，我們深入探究此手法涉及的科學原理。

火燒是指點燃鍋子上方飄散的酒精蒸汽，藉此產生大量熱能。我們使用紅外線溫度計測量熱度，發現干邑白蘭地表面的溫度，也就是醬底的溫度能在短時間內爬升超過500℉。出於好奇，我們想知道高溫能否去除鍋中的所有酒精，因此我們特地將火燒干邑的採樣，以及最後的醬汁成品送到食品實驗室接受酒精分析。檢測結果顯示，火燒可去除干邑79％的酒精，而火燒後的滾煮程序幾乎可完全去除剩餘的酒精成分。由此可知，此手法確實可以去除大部分的酒精，不過高溫對味道又有什麼影響？

料理中許多有助於增添風味的化學反應都需要高溫。與糖有關的反應，例如焦糖化和焦黃過程，都發生在300℉以上的高溫。由於表面超過500℉，這種提振味道的效果才能引起我們的注意。相反地，滾煮過的干邑白蘭地表面穩定維持在180℉左右，因此未能產生豐富的額外味道。火燒的另一項優點在於達到非常高溫時，分子才能吸收足夠的能量並產生異構化現象（isomerize），簡單來說就是改變形狀。這種重新組構的現象可能導致溶解度提升和味覺感知改變。至此真相終於大白。透過火燒手法，醬汁不僅可燒除大部分酒精，還可因為數種高溫烹調作用而增添豐富滋味，而最後的成品自然就兼具了酒香和深刻的味覺層次。

[烘焙]
的精準要訣

觀念38：水分越多，麵包越有嚼勁
More Water Makes Chewier Bread

「麵包」。奇怪的是，如此簡單的東西，對許多廚師而言卻很複雜。在許多麵包食譜裡，其準備材料僅有麵粉，水，鹽和酵母。而製作方法和需要的工具也非難事。畢竟，早在古埃及時期就有人開始烤麵包了。

◎科　學　原　理

就從原料談起吧。

酵母是一種活的有機體。麵團中的酵母能將麵粉裡的糖與澱粉消化，並轉化為二氧化碳和酒精，讓麵包的成品輕盈而有滋味。這個過程就是俗稱的發酵。

商店中最常見的二種酵母分別是「活性乾酵母」和「即發酵母」。其外觀與來源相似，但製造過程卻大不同：活性乾酵母以較高溫度烘乾，殺死更多的表層細胞，所以一開始需要置於溫水中活化。相反的，即發酵母是在較溫和的溫度下乾燥製成，因此能直接加入乾料中使用。若要以其中一種酵母取代另一種，即便份量相同，但其結果仍不盡相同。欲替換使用的酵母時，請參考本觀念中的「「實用科學知識：使用活性乾酵母取替即發酵母」。

儘管酵母在麵包製作中扮演著相當重要的角色，但是若缺少了麵粉和水，也無法做成麵包。雖然麵粉看起來不過是一堆白色粉末，但卻是由大部分澱粉和少部分蛋白質組成的複雜物質，若想瞭解麵粉的料理科學，請參考觀念41。它得經過適當處理，才能提供各種麵包應有的結構和組織。

麵粉從和水、酵母混合的那一刻就開始發揮自己的角色，這也是製作麵包的第一步。小麥蛋白質在乾燥狀態下，不會移動而且沒有生命，一接觸到水便會改變形態，這個過程稱為水合作用（hydration）。在這項過程中，單獨的蛋白質分子，由鬆弛的線圈狀「小麥穀蛋白」和較緊密纏繞的「穀膠蛋白」組成，並開始相互連結，形成長而有彈性的鏈，稱為麩質（gluten）。

成串的鏈形麩質會在結合後會形成像網狀結構的薄膜，將膨脹的澱粉粒和氣泡吸入，在麵團發酵膨脹和烘烤時能夠延展，使麵包有了組織與嚼勁。更多相關說明，請參考觀念39。

因此，加入麵粉與酵母的「水量」是非常重要的：水越多，麩質鏈就越強壯、愈具延展性。如果麩質鏈強壯且具延展性，就能在麵團發酵膨脹與烘烤時，支撐水合和作用裡膨脹中的澱粉顆粒和氣泡，做出輕盈、具嚼勁的麵包。烘烤時，麵團裡的水分會轉為水蒸氣，溼氣急速脫離時，就會形成麵包中的氣孔。額外的水分會讓麵團較鬆散，氣泡更易膨脹。相反的，麵團如果較乾，氣泡較難形成，麵團也較容易塌陷。只有讓這些氣泡維持形狀直到麵團膨脹，並在烤箱中成形，才能造就多氣孔、輕盈的麵包。

當水與麵粉結合時

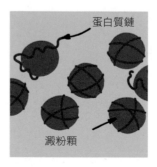 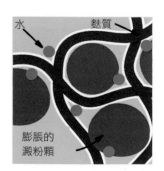

沒水時：
當麵粉處於乾燥狀態，澱粉裡的蛋白質鏈沒有生命，無法移動。

加水後：
當麵粉和水結合，蛋白質鏈會改變型態並且連結在一起，形成麩質。

⊗ 實 驗 廚 房 測 試

我們設計了簡單的實驗，藉以了解不同水量對麵包外觀與口感的影響。我們使用水合等級68%的義大利鄉村麵包食譜，並以增減水量製作再進行比較。為了方便統計實驗參數，我們去除了不必要的變因，因此不使用酵頭（biga，編註：一種預先發酵的發酵麵種，可參考觀念40），直接攪拌製作麵團。我們依照原食譜，分別測試了以下幾種水合度：50%，60%，75%和80%。若想瞭解水合百分比，請參考下文的「實用科學知識：計算烘焙比例」。

實驗結果

即便僅是60%與75%的水合差距，麵團也會有非常顯著的不同，其中最多與最少的兩組更是能清楚說明其中的差異。水合度50%的麵包內部緊實纖細，有著小氣孔，只呈現出少許的伸展與膨脹。另一方面，水合度80%的麵團，內部鬆散開放，有著不規則的大氣孔，烤出來的麵包形狀非常寬扁。而介於這二種極端值，並遵照原始食譜做出的義大利鄉村麵包，則有適中大小的氣孔、完美的體積與高度。這些麵包都是使用等量的麵粉、酵母和鹽製作，試吃員也發現，如果忽略麵包的口感不計，這幾個麵包嘗起來的味道是相同的。

重點整理

製作麵團時，水與麵粉的比例相當重要。麵粉遇到水時，單獨的小麥蛋白質開始改變、連結、並形成麩質束。麩質負責建立麵團內的網狀結構，這能賦予麵包應有的組織。水加的太少，無法建立強而有力的麩質網狀結構，麵團中的氣泡也就無法維持、膨脹，將導致麵包太過緊實，也就是實驗中水合度50%製作出的麵包。另一方面，水加得太多則會稀釋並弱化麩質，同樣也會影響麵團發酵膨脹，就像實驗中水合度80%的麵包。

我們依照所需的成品改變麵團中的水合度。但是，下文食譜中的「白披薩」則不需要高度膨脹，可是我們希望此食譜的麵皮格外有嚼勁，因此以水合度90%製做麵團。另一方面，在製作觀念39食譜「迷迭香橄欖麵包」則是另項全然不同的案例。這種麵包好吃的條件是必須有著適中的嚼勁口感、適中大小的氣孔與不錯的膨脹效果，因此我們以水合度63%完成它。不管你需要什麼樣的膨脹和麵包體，仔細測量食材份量是永遠值得的一件事，過量的水或麵粉都會大大的改變麵包口感。

✏ Tips：水是如何改變麵包組織結構？

水合50%

這個麵團的水與麵粉比例最低，導致麩質形成的網狀結構較為脆弱。因此麵包體很小，而且相當緊實。

水合68%

有著最典型水合比例68%，使這個麵團膨脹、擴張得很好，並有著大小適中的氣孔。

水合80%

這個麵團，水佔的比例相當高，這會造成麩質網狀結構弱化、稀釋，因此麵包扁平，氣孔也比較大。

《烘焙比例的實際應用》麵包

水和麵粉的比例，對麵包或披薩的口感與嚼勁，都扮演著相當重要的角色。水分越多，麩質網絡更加有彈性、使麵包經烘烤後內部維持的氣孔越多。我們在食譜「白披薩」中使用了極高比例的水。而在食譜「免揉麵包」，則稍微減少些水量，但比例還是很高，藉此創造出我們想要的具有嚼勁、有多孔氣泡的效果。實際上，製作白披薩時的麵團裡所含的水分，已多到幾乎將其無法擀開，僅能將麵團倒在平鍋中，稍作擠壓使麵團符合鍋形。

白披薩
6-8人份

如果沒有直立式電動攪拌機，也可以直接用手製作麵團。先用硬式橡皮抹刀（stiff rubber spatula）將溼、乾料混合，直到形成麵團且表面粗糙。接著，將麵團移到乾淨的料理檯，並用手揉成平滑的圓形麵團，約需15至25分鐘。需要的話，可以在揉麵團的過程中加入適量麵粉，避免麵團過於沾黏。然後依照食譜指示進行。若沒有烘焙石，可以將有邊烤盤倒扣使用，並且事前放在烤箱最下層預熱。在本食譜中，我們使用長18吋、寬16吋的烤盤，也可以用比較小尺寸的，但披薩的餅皮會比較厚，烘烤時間也需隨之增加。如果有攪拌機，請在機器下方墊一塊溼布巾，並在攪動的全程留守，以避免機器滑出桌外。處理麵團時雙手需塗抹一點油就可以避免沾黏，但請不要在手上沾上麵粉，否則麵團可能會更黏手。這份料理可以當作點心來吃，也可以用來搭配湯或沙拉，當作一道輕食。

3杯（15盎司）中筋麵粉

1⅔杯常溫的水

1¼茶匙食鹽

1½茶匙速發或即溶酵母

1¼茶匙糖

5大匙特級初榨橄欖油

1茶匙猶太鹽

2大匙新鮮迷迭香葉

1.在直立式電動攪拌器裡，裝上勾狀攪拌頭，將麵粉、水、食鹽以低速攪拌約3至4分鐘，直到盆裡沒有殘留的乾粉。必要的話，刮下攪拌盆內壁的餘粉。關閉機器，讓麵團靜置20分鐘。

2.將酵母和糖灑在麵團上，以低速攪拌1至2分鐘後，再以高速攪拌6至10分鐘，直到麵團平滑有光澤，並將麵團從攪拌盆邊緣推開。麵團只有在電動攪拌器開啟的狀態下才不會塌陷在容器邊緣，攪拌器一旦停機，麵團會塌回盆裡。

3.將1大匙的油，以用手指塗抹在大碗中，多餘的油則塗在橡皮抹刀較鋒利處。將抹油後的抹刀，把麵團從攪拌器中移到大碗，再倒上1大匙油。將麵團翻轉一次，以確保麵團皆均勻上油。用保鮮膜緊蓋大碗，讓麵團在室溫下發酵約2至2個半小時，直到體積呈現三倍大而且出現大氣泡。完成後的麵團可以放在冰箱冷藏，最久可保存24小時；欲烹煮時只需回置室溫2至2個半小時，即可進行步驟4。

4.在進烤箱的前1個小時，將烤箱烤架調整至中層，把烘焙石放在架上，烤箱預熱至450℉。在有邊烤盤塗上2大匙油，使用橡膠抹刀將麵團、碗裡的油一起移入烤盤中。以指尖輕輕的將麵團壓邊整型，小心不要弄破麵團。（麵團不會乖乖貼合在烤盤的四邊，若無法順利展開，可以先讓麵團靜置5至10分鐘後再試一次）。讓麵團靜置於有邊烤盤中5至10分鐘後，直到表面出現氣泡，再用叉子在壓平的麵團上戳30至40次，最後灑上猶太鹽。

5.送入烤箱烘烤20至30分鐘，當烤到一半時，記得再灑上迷迭香並將烤盤旋轉180度，表面呈金黃色後，便可用金屬鏟將烤好的披薩移到砧板上，再輕輕刷抹剩餘的1大匙油。切盤後就可馬上享用。

實用科學知識 計算烘焙比例

"以烘焙百分比，量化水與麵粉的比例"

該如何計算水在特定麵包中的用量呢？專業麵包師傅仰賴的是「烘焙比例」。「烘焙比例」代表著每一種食材重量中相對於麵粉重量的百分比，而麵粉重量則永遠設為100%。這種計算方式的好處是：可以輕鬆從磅、盎司轉換成公斤、公克（反之亦然）。一旦計算好重量，增加或減少食譜的量不過就是簡單的乘除動作。

烘焙比例公式中或許最重要的就是水，或其他液體，但相對於麵粉的重量，因為水合程度能夠幫助烘焙者們預測麵包的口感。一般來說，麵團中水越

多，麵包氣孔愈大。舉例而言，以典型60％水合度的吐司麵團，其液體的重量佔麵粉總重的60％，麵包結構較緊實、封閉；而80％水合度的鄉村麵包類，像是拖鞋麵包，液體重量是麵粉重的80％，則代表著麵包結構輕盈，氣孔又大又不規則。

為了計算出各種傳統食譜的水合度，我們首先秤出麵粉、水或其他液體的重量，將水的重量除以麵粉的重量後，再乘以100。例如，這個食譜中的水為1¼杯、約10盎司；3杯中筋麵粉、約15盎司；其水合度會是67％（10÷15×100＝67），可推知麵包輕盈、氣孔適中。

麵包種類	烘焙比例
白披薩（觀念38）	90％
全麥吐司（觀念40）	85％
迷迭香佛卡夏（觀念40）	84％
鄉村餐包（觀念39）	72％
免揉麵包（觀念38）	70％
迷迭香橄欖麵包（觀念39）	63％
紐約風薄皮披薩（觀念40）	63％

成功關鍵

白披薩沒有搭配任何起士或醬料，僅有一層橄欖油和鹽巴，看起來比較像佛卡夏麵包而不是披薩。但是它香脆的外皮和帶有嚼勁、多孔的麵包體卻讓我們完全忘記名字這檔事。就某些方面而言，這是最簡單的麵包，因為製作過程中不用塑形，僅是將麵團延展放入烤盤。因此，麵團可以非常、非常溼潤。

加水： 為了達到帶有嚼勁與多氣孔的口感，本食譜要求的水與麵粉比例為9：10，幾乎比大多數的其他披薩麵團多了30％水合度。水能幫助麩質，也就是蛋白質交叉連接的網狀結構發展，並讓麵包內部有結構與嚼勁。就某方面而言，麵團水分越多，麩質束更強、更有彈性，也使得麵包更有嚼勁。這些麩質束能夠支撐麵包在烘烤時所形成氣孔，並讓這些氣泡不會破裂，進而能夠順利形成輕盈、開放的外皮。

混合、靜置、揉捏： 揉捏前我們讓麵團靜置了20分鐘。這個動作稱為自我分解（autolyse）。自我分解讓麩質能夠發展，並且可大幅度減少揉麵團的時間。其原理解說請參考觀念39。原本使用直立式電動攪拌器需攪拌30分鐘，現在不到10分鐘就完成了。

擠壓麵團： 因為本食譜在傳統製作中，是在烤盤上烘烤，所以避免處理濕黏的麵團很簡單，只要將麵團倒在上油的烤盤即可。麵團塑型也很簡單：只要將麵團從中間向盤子的邊緣擠壓。但有一點很重要，如果麵團無法順利推開，只需靜置一段時間，讓大的麩質分子能夠鬆弛，就像是拉直你的捲髮，之後要推開麵團就簡單多了。

烘焙石： 大部分的披薩餐廳都會有石烤或窯烤爐，能夠提供穩定、乾燥而且強烈的熱度，讓披薩有宛如餅乾的酥脆餅皮。而烘焙石，也稱披薩石，就是在自己製作時創造類似的條件。

不管是以電或是瓦斯加熱的家用烤箱，都會有一個溫度調節的裝置來控制烤箱內部溫度。但是烤箱門的開闔卻會導致溫度上下波動，對於需要極高溫烘焙的食物而言，這項波動因素會導致成品的失敗。我們的白披薩就需要高溫烘烤的環境，因此這裡我們求助於烘焙石。將烘焙石放入烤箱，預熱1小時，可讓烤箱中的熱度均勻。烘焙石能夠吸收熱能、保持熱度，進而傳播熱度，避免披薩在烘烤時可能發生溫度起伏影響。家用烘焙石通常是用粘土或赤陶土製成。選購時請把握愈厚愈好的原則，因為厚度就是烘焙石保溫能力的指標。

實用科學知識 使用活性乾酵母取代即發酵母

"要以活性乾酵母取代即發酵母，需增加25％的用量。相反的，要使用即發酵母取代乾性酵母，則必須減少25％的用量"

當我們用活性乾酵母取代即發酵母時，切記要計算非活性酵母的細胞重量。為了要補償活性酵母中較多的非活性細胞，我們多使用了25％。舉例來說，如果食譜要求1茶匙的即溶酵母，那麼換作活性乾酵母時就該改成1¼茶匙。反之亦然，若食譜中用的是活性乾酵母，那麼改用即發酵母時就該減少25％的用量。還有別忘了，在以食譜要求的水量融化活性乾酵母時，需要先溶解食譜中所囊括的水量中，並加熱至110℉。一定要小心，溫度一旦超過120℉發酵作用就會趨緩，超過140℉，所有的酵母細胞就會死掉。溶解在水中之後請靜置5分鐘，再將其加入溼料裡。但若使用的是即發酵母，這個步驟就可以省略囉。

免揉麵包
1大塊圓麵包

本食譜需要用到至少6夸脱大容量的荷蘭鍋（鑄鐵鍋）。效果最好的是附有緊密鍋蓋的上釉鑄鐵鍋，但一般的鑄鐵鍋或耐用湯鍋也能完成使命。使用前必須要先確認鍋蓋上的鍋鈕要能耐熱500℉，你可以向荷蘭鍋的製造商詢問實惠的替代品。也能去五金行買金屬櫥櫃拉鈕替代。麵團最適合在68℉以上的溫暖廚房中發酵。

　3杯（15盎司）中筋麵粉
　1½茶匙鹽巴
　¼茶匙速發或即溶酵母
　¾杯又2大匙常溫的水
　6大匙溫和風味的拉格型淡啤酒（常溫）
　1大匙白醋

　1.將乾粉類：麵粉、鹽、酵母粉，置入大碗中攪拌。再加入水、啤酒和白醋。使用橡皮抹刀充份混合翻摺，並將乾粉不時從底部刮起，直到形成表面粗糙的球形麵團。用保鮮膜將大碗密封，並在室溫中靜置8至18小時。

　2.將長18吋、寬12吋的烤盤紙放入10吋的平底鍋中，並噴上植物油。從大碗中取出麵團，放在灑有少許麵粉的料理檯，以手搓揉10至15次。藉著將由麵團邊緣拉向中央的方式，將麵團塑成球形。麵團置入準備好的鍋中，將麵團接合邊的那面朝下，表面噴灑植物油，再度以保鮮膜輕蓋，放在室溫下發酵約2個小時，直到麵團膨脹至二倍大小。以指關節輕戳麵團時應不太會彈回。

　3.烘烤前30分鐘，將烤箱烤架調整至最底層，將連同鍋蓋的荷蘭鍋放在烤架上，烤箱預熱至500℉。在麵團上輕灑麵粉，用麵包刀或單刃刀在表面劃出½吋深，6吋長的刀痕。小心的移出荷蘭鍋，打開鍋蓋。提起烤盤紙將麵團放入荷蘭鍋中，多出來的烤盤紙讓它垂掛在鍋邊。上蓋，再將荷蘭鍋放回烤箱，烤箱溫度降至425℉，烘烤30分鐘。移除鍋蓋，繼續烘烤20至30分鐘，直到麵包內部達210℉，表皮呈深金黃色。小心的將麵包移出鍋中，拿掉烤盤紙並置於烤架上放涼，約需2小時，即可切片食用。麵包最佳賞味期是烘烤當天，但若以雙層保鮮膜包起，置於室溫可保存2天。如果想要再度嘗到酥脆外皮，將包裝打開，放入450℉烤箱，稍烘烤6至8分鐘。

實用科學知識 麵包喜歡有溼度的烤箱

"烘烤麵包時，水蒸氣是烤出漂亮香脆外皮的關鍵重點。荷蘭鍋幫我們留住蒸氣，但你也可以自己在烤箱中添加蒸氣"

免揉麵包食譜首次在《紐約時報》發表時，最大創舉就在於使用預熱的荷蘭鍋烤麵包，並成功創造出有著多孔組織和香脆外皮的麵包。過去，這些特色只能在專業烘焙店中完成。這是如何做到的？

首先，麵包受熱時會散發蒸氣，在荷蘭鍋中形成一個非常潮溼的環境。潮溼空氣導熱比乾空氣快，麵包便能輕易快速增溫。這也讓麵包內的氣孔更快膨脹，造就更多孔的結構。我們用二塊麵包做實驗，一個麵團以荷蘭鍋烘烤，另一個則使用預熱過的烘焙石，同入烤箱1分鐘後，荷蘭鍋內的麵包表面已超過200℉，而烘焙石上的麵包卻只有135℉。

蒸氣能在許多方面能造成完美的麵包。當蒸氣凝結在麵團表面時，它能讓麵包外皮保持柔軟，因此麵包體能夠繼續膨脹直到外皮乾燥。而乾燥的外皮較難繼續膨脹。蒸氣也能幫助澱粉形成一層薄皮，乾掉後會讓麵包有了發亮而香脆的外皮。最後，一旦麵包外皮乾燥、溫度變得很高，糖分子就會焦糖化並和蛋白質作用，形成完美的滋味和深咖啡色的硬皮麵包。

許多食譜會建議在烤箱中加水或冰塊，但問題是家庭式烤箱不似專業蒸氣噴注烤箱能夠留住水氣。荷蘭鍋的鍋壁厚、內部容量小、鍋蓋又重，因此能夠留住水氣，創造烤麵包的理想環境。

烘焙麵包一般都是放在有邊烤盤上烘烤，我們通常是將滾水倒入有邊的吐司烤模中，並置於烤箱最底部的烤架，在家庭烤箱中製造蒸氣。但是水並不會持續沸騰很久。我們從瑞典桑拿使用超熱石頭來製造蒸氣獲得啟發，想到一個更有效的方法：用火山石。這些形狀不規則的火山石，可在五金行可以找到，大多是用於燃氣烤爐上。這種石頭有大範圍的表面積可以吸收熱量並保溫，在倒入滾水時能產生最大量的蒸氣。實際做法是在烤箱的最底層放置一個較寬的鍋子，中間擺滿火山石，當石頭預熱後，倒入¼杯的滾水，關緊烤箱門約1分鐘，使其產生蒸氣。在烤箱中放入麵團時，再加入另外¼杯的水，接下來就可以按照正常程序烘烤。

成功關鍵

2006年,《紐約時報》作家馬克‧彼得曼（Mark Bittman）發表了紐約市曼哈頓「蘇利文街麵包坊」的吉姆‧拉赫（Jim Lahey）所研發的食譜,這份食譜震驚了家庭烘焙界:一般人也能做出專業烘焙店等級的麵包,而且過程完全不需要手揉。但是當我們烘烤著一個一個的麵包時,發現了二個大問題:將麵團移至鍋中時常會塌陷,做出奇形怪狀的麵包,而且沒有味道。為了讓麵團更強,我們降低了水合度並以最少的手揉時間來改善。

麵團不要揉太多次:原本的免揉麵包水合度達85%,請參考本觀念的「實用科學知識:計算烘焙比例」。然而多數的鄉村麵包最大水合度約為80%,標準的吐司則介於60%至75%。如此高的含水量再加上長時間靜置,能幫助麵質束形成,實際上也取代了手揉的程序。更多靜置麵團的料理科學,請參考觀念39。在本食譜中,我們減少水份含量讓麵團更好掌控。但是當水分減量,卻也讓麵質束不能再以原本食譜的料理步驟,因此需要些許幫助。這就是為何手工「免揉」麵團。只要15秒就夠了!

添加醋和啤酒:有二種食材證實是幫助提升麵包風味的關鍵:醋和啤酒。罐裝醋一般含有5%的醋酸,與麵團發酵時細菌所製造的酸相同。加入1大匙蒸餾白醋能夠增加香味。麵包獨特的氣味來自發酵過程,也就是酵母產生酒精、二氧化碳、硫化物時。這三種物質也會在另一個地方同時出現:瓶裝啤酒。我們特別選擇拉格淡啤酒,是因為大多數其他類啤酒都會經歷「上層發酵」（top fermentation）的過程,酵母會浮在麥汁上方,碾碎的麥芽泡在熱水中,在接觸氧氣並維持溫度。「氧氣」和「溫度」能夠讓酵母製造辛辣且澀的氣味化合物,我們稱為酚（phenols）,而水果和花香的化合物,則稱為酯（esters）,這些是啤酒中所要,卻非麵包之所需。拉格啤酒正好相反,歷經底層發酵的過程,在麥汁底部的酵母維持著低氧和較低溫環境,這使得酵母製造較少的酚和酯,但較多硫化物,因此就會出現較具麵包味的酵母和硫化物的味道。

雙重烘烤:我們以預熱的荷蘭鍋烘烤麵包,務必要小心鍋鈕。我們最喜歡的荷蘭鍋——法國 Le Creuset 7¼夸脫圓鐵鍋,和百思買荷蘭鍋—— Tramontina 6.5夸脫的荷蘭鑄鐵鍋,因為鍋蓋使用酚醛樹脂的黑色蓋鈕之故,製造商們都建議不要將鍋置於這種溫度加熱。但其實有個簡易的解決方法,這二款鍋鈕都是以容易取下的單螺釘鎖住,我們只需取下原來的黑色鍋鈕,並以五金行中販賣的便宜金屬廚櫃拉鈕替代即可。

實用科學知識　直到把麵包烤好

"外觀比內部溫度更容易判定"

通常我們會建議,從烤箱取出麵包前,先探測麵包內部溫度以決定是否烤好了。烘焙麵包時以即時溫度計測量時,內部溫度應該介於195到210°F間,溫度會因麵包種類而有所差別。不過內部溫度就能足夠判定麵包烤好了嗎?

我們在二塊鄉村麵包中放入溫度探測針,並在烘烤過程中監錄。在烤到一半時測得麵包內部溫度都已超過200°F,並在建議烘烤時間前的15分鐘,就達到預定的210°F。當麵包內部溫度接近210°F時,我們先取出一個麵包,並讓另一個繼續留在烤箱中直到建議烘烤時間結束。經檢測,待在烤箱比較久的麵包,內部溫度未曾超過210°F,因為麵團保有著溼度,所以即便烘烤時間較長,也不會超過水的沸點或是212°F。

但這二個成品有著相當大的不同,先離開烤箱的麵包,外皮蒼白鬆軟,而且麵包體吃起來較粘牙。另一個則外皮則呈現漂亮的褐色、口感香脆,有著完美的麵包體。

結論呢?要判斷麵包烤好了沒,外觀比內部溫度更準確!

烤至210°F,中途就從烤箱取出　　　烤至210°F且完成整個烘烤過程

觀念39：「靜置」麵團可減少其搓揉時間
Rest Dough to Trim Kneading Time

手揉麵團是一種運動，也有著療癒的功能，這是製作麵包過程中最令人享受的一環。然而許多人卻會過度搓揉麵團，尤其是那些仰賴直立式電動攪拌機的烘焙人。的確，揉麵團是使麵包發展結構的重要步驟，但過份揉捏卻會掠奪麵包的風味，改變麵包口感。最簡單的解決之道就是：在麵粉與水混合的過程中，「靜置一會兒」。

◎科　學　原　理

製作麵團的最終目的是要創造「麩質」，它由蛋白質交叉連結形成的堅固網絡，能夠在麵團烘烤時包住氣體並延展，造就有著多孔且具嚼勁的麵包結構，這也是所有好麵包的招牌特徵。不過，這是如何做到的呢？

要真正了解麩質，必須先認識麵粉中的蛋白質：小麥穀蛋白（glutenin）和穀膠蛋白（gliadin）。小麥穀蛋白很大，是鬆弛線圈狀的蛋白質分子，相較之下，穀膠蛋白則小很多，它是緊密纏繞的球體。小麥穀蛋白提供麵團中大部分的彈性與韌性，讓麵團在膨脹延展後能夠回復，而穀膠蛋白則是提供麵團中的延展性。

當水和麵粉剛開始混合後，小麥穀蛋白和穀膠蛋白形成一種隨機、無秩序的矩陣麩質模式，非常脆弱。為了加強網狀結構，這些蛋白質需要相鄰才能有更好的連結效果。大家可以將蛋白質想像成一球球捲好的毛線，而你試圖要將他們互相連結增加長度，因此必須要將它們縫合成一片較寬毛布。在捲曲的狀態下，無法把它們連在一起。你必須解開毛線球，把毛線拉直他們。通常都是藉由揉捏來達到「拉直」和「排列」的目的，蛋白質矩陣被搓揉時，沒有組織的脆弱連結會被扯斷，然後重新連結，成為整齊、直挺挺而堅固的麩質層。強健的麩質網狀結構相當重要，尤其對有著相當水分的鄉村麵包更是如此。如果缺乏這個步驟，麵團在烤箱裡就會肆意擴展而非向上膨脹了。

揉麵團能夠促進麩質發展，但在某些時候，過度揉捏卻會事得其反。過度的搓揉不但會讓麵團溫度升高，麵團的顏色還會從小麥褐色轉為死灰慘白，使得成品不但會有病懨懨的蒼白外表，還會產生不新鮮的氣味。手揉比較不會有過度混合與過熱的問題，但電動攪拌器卻很容易造成這些問題。勾狀攪拌頭在轉動時會因摩擦產生熱度，也會將過多的空氣打入麵團中。這個淡化麵團風味和色澤的過程稱之為氧化（oxidation）。經過適度的揉捏，麵團應該呈現平滑有光澤的外表，拉開麵團，應該可以感覺到麵團非常有彈性並能很快回復原狀。我們都不想放棄使用簡單又迅速的電動攪拌器，但該如何預防過度攪拌呢？

麩質如何在自我分解過程中成形？

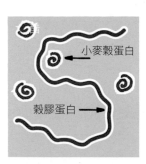

麵粉：
麵粉中的兩種蛋白質，分別為小麥穀蛋白和穀膠蛋白。當麵粉和水結合，這些蛋白便會以一種隨機的矩陣狀態結合在一起。

小麥穀蛋白
穀膠蛋白

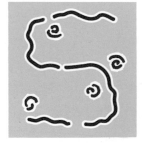

自我分解：
揉麵團前先靜置，麵粉蛋白質便會開始分解。

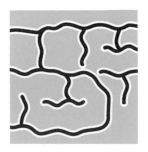

揉麵團：
自我分解後，分解的麵粉蛋白質很容易透過搓揉排列成整齊有組織的網狀結構。

「自我分解」（autolyse）是由法國麵包權威雷蒙・卡維爾（Raymond Calvel）在1970年提出，（autolyse發音為AUTO-lees，在美國則稱為autolysis），這項技巧是先將水和麵粉混合，讓麵團靜置，再動手揉麵團。我們經常會在水和麵粉裡添加酵母，雖然這並非自我分解的傳統做法，但提早加入酵母並不會造成太顯著的差異。自我分解讓許多麵包在風味和結構上差異很大。這是為什麼呢？

自我分解發生在隨機排列的矩陣蛋白質聚合，但片狀麩質尚未形成與排列之前。當水和麵粉的混合物靜置時，自然會產生酵素（proteases，譯註：又稱蛋白酶）。酵素會破壞麩質不規則的連結，就像是剪刀一樣，將線圈狀的蛋白質剪成較小段，之後揉捏時能夠更輕易的將其排列和整直。這就是為何歷經自我分解過程的麵團與新鮮麵團相比，較不需要揉捏。當靜置過的麵團被搓揉時，麩質能夠更迅速的形成比較整齊、強韌的網狀結構。因此，用直立式電動攪拌器攪動麵團的時間愈短愈好。

手揉麵團是一個很令人開心的過程，但大部分的食譜都為了簡便而使用電動攪拌器。若是麵團極度溼潤、鬆散，如觀念38食譜「白比薩」。要用手揉幾乎是不太可能。以機器搓揉比較粗魯，它以撕開原來不規則連結的方式讓麩質鍵再連結。手揉麵團則較溫和，做出來的麩質，能造就較有嚼勁的口感。但是不管你用什麼方式混合麵團，麩質最終都會形成。而且我們發現兩者的差異性，並不會大到我們必須摒棄電動攪拌器而只能手揉。手揉麵團的確能夠造就些微較好的效果，但較費工，也要承擔在料理檯處理麵團時加入過多麵粉的風險。

⊗ 實 驗 廚 房 測 試

自我分解法究竟能夠節省多少揉麵團的時間？為了一探究竟，我們製作了二份簡易的義大利鄉村麵包。其中一個麵團是以直立式電動攪拌器混合了麵粉、鹽、水和酵母，並以低速攪打直到沒有乾粉，麵團完全黏附在勾狀攪拌頭（dough hook）上。第二個麵團只混合水、麵粉和酵母，讓混合的麵團靜置20分鐘後，才加入鹽並且開始攪拌。這二種麵團我們又重複製作二次，測量麵團完全黏附在攪拌頭上所需的時間，並從實驗結果取出平均值。

實驗結果

實驗的結果很明顯，靜置20分鐘的麵團，只需10分鐘的攪拌時間，直接攪拌的麵團則需要15分鐘。二者有5分鐘的顯著差異。而攪拌時間減少，也讓麵包有較佳的色澤、香氣和小麥風味。

重點整理

在自我分解的過程中，自然產生的酵素會分解麩質間的連結，將長線圈狀的小麥穀蛋白和穀膠蛋白轉變為較小的分子。這些較小的蛋白質在揉麵團的過程中比較容易重新組合排列。結論呢？將水、麵粉和酵母混合後靜置，不但減少整整5分鐘的揉麵團時間，避免了過度攪拌以及不必要的氧化，也避免喪失自然風味與小麥色澤。在自我分解過程中切記不可加鹽的原理，請參考本觀念「實用科學知識：暫時不加鹽」。

我們從實驗中學到什麼？靜置麵團。自我分解過程並不會減少麵包製作的時間，但卻能讓麵包有更佳的風味與更美的色澤，還能減少直立式電動攪拌器的磨損。

✏ Tips：自我分解的運作方式

無靜置
沒有靜置過的麵團，即便攪拌10分鐘仍離完工有一段距離。

歷經20分鐘靜置
經過20鐘靜置的麵團，才攪拌10分鐘，就已全部附著在勾狀攪拌頭上，完成攪拌。

《自我分解的實際應用》麵包與餐包

將麵團中的所有材料混合，並短暫靜置後，不管是迷迭香橄欖油麵包或鄉村晚餐餐包，都能夠縮短揉麵團的時間。我們也用了這個技巧製作：觀念38食譜「白披薩」、觀念40食譜「迷迭香佛卡夏」和觀念40食譜「紐約風薄皮披薩」。

迷迭香橄欖麵包
可做2個大麵包

如果沒有直立式電動攪拌器，可以直接徒手揉麵團。用橡皮抹刀將溼、乾料混合，直到形成麵團，其表面看起有些粗糙為止。把麵團移到乾淨的料理檯，揉約15至25分鐘，直到圓滑的麵團成形。如果有需要，可以添加麵粉避免沾黏。接著便依照食譜的指示進行，如果沒有烘焙石，可以將烤盤翻過來，放在烤箱最下層預熱，再將麵團放在上面烘烤。雖然我們喜歡混合青橄欖和黑橄欖來食用，但任何鹽漬、油浸的橄欖都適合用來搭配本食譜。

1¾杯常溫的水

2大匙蜂蜜

2茶匙速發或即溶酵母

3½杯（19¼盎司）高筋麵粉，視狀況可適量增加

½杯（2¾盎司）全麥麵粉

2茶匙鹽

2大匙切末的新鮮迷迭香

1½杯橄欖，去核後洗淨，大致切碎。

1. 直立式電動攪拌器裝上勾狀攪拌頭，將水、蜂蜜與酵母放入盆中混合。加入高筋麵粉與全麥麵粉，以低速攪拌約3分鐘，直到形成黏著的麵團。以保鮮膜緊包攪拌盆，讓麵團在室溫中靜置20分鐘。

2. 在麵團的中央加入鹽和迷迭香，以低速攪拌5分鐘。有必要的話可以刮淨盆底部和攪拌頭上沾黏的麵團。將攪拌器調整至中速，攪拌約1分鐘，直到麵團呈現平滑，並還有些微黏度。如果麵團還是非常黏稠，可以再加入1到2大匙高筋麵粉，持續再攪拌1分鐘。將麵團放到灑有些許麵粉的料理檯上，並揉壓成長12吋、寬6吋的長方形，並將長邊對著自己。均勻地將橄欖壓入麵團中，將麵團由遠處往自己的方向捲，形

成結實的圓筒狀，捲動時要盡量層層緊密相疊，讓麵團保持緊實。將收合褶邊處向上，將圓柱形的麵團滾成線圈般的卷狀。將麵團移到另一個抹有少許油的大盆，螺旋部位朝上，並以保鮮膜緊包容器，在室溫下約靜置1個小時，直到麵團體積增加50%。

3. 使用噴了植物油的橡皮杓或抹刀，將部分膨起的麵團由下方刮起，摺向麵團中央處，轉90度再摺一次，再轉90度摺一次，然後再一次。蓋上保鮮膜，發酵30分鐘。重複對摺動作，蓋上保鮮膜，讓麵團體積發酵至二倍大，約30分鐘。

4. 將麵團移至灑有少許麵粉的料理檯上，小心不要破壞膨脹度。將麵團一分為二，粗略地揉成二個球形後，靜置15分鐘。將兩顆麵團，從上方開始朝自己的方向滾動，以形成結實的橢圓形。手掌將麵團從中向外壓，接縫部位朝下，形成12吋的麵團。將所有掉到底部接縫處的橄欖塞回麵團中，捏合接縫。將麵團以接縫部位朝下，放在長12吋、寬6吋的烤盤紙上，蓋上保鮮膜，靜置1到1個半小時，直至麵團體積膨脹二倍。若以指關節輕戳，應不太會再彈回。

5. 在烤麵包的前1個小時，將烤箱烤架調整至中低層，在烤架上放上烘焙石，烤箱預熱至450℉。將擺放著麵團的烤盤紙，輕輕滑移到披薩鏟上，用麵包刀或單刃刀在每塊充份發酵膨脹的麵團表面劃出一條3½吋深的對角斜線，線的起末點距離麵團兩端各是1吋。在麵團上噴灑一些水，並將麵團滑移到烘焙石上，烘烤15分鐘。在剛開始烘烤的5分鐘裡，再噴水二次。將烤箱溫度降至375℉後，約需再烘烤25至30分鐘，此時麵包的外皮應呈深黃褐色，而麵團內部則為210℉。將麵包從烤盤紙取下，置於架上冷卻，在室溫中約冷卻2小時即可切片享用。麵包若以雙層保鮮膜包起，可在室溫下保存3天；若再包覆一層鋁箔紙，可冷凍1個月。想要讓麵包再次酥脆，只需將麵包置於室溫解凍，然後將除去包裝，放入450℉的烤箱烘烤5至10分鐘。

實用科學知識 暫不加鹽

"鹽分會阻礙自我分解，需稍作等待再加入麵團中"

鹽是麵團中的重要成分，它能強化麩質使麵包更有嚼勁。不過，鹽巴是否會阻礙自我分解呢？我們想知道調整鹽巴加入麵團的時間點，是否會影響自我分解的速度。

因此，我們準備了二個簡單的麵團。第一個麵團以麵粉，水，酵母，鹽和酵頭混合後再靜置。第二個麵團加入所有同樣的東西，唯獨鹽巴在15分鐘後才加入。有關酵頭的料理科學，請參考觀念40。

我們發現不加鹽的麩質發展更快，可節省1小時的時間。其實才剛經過15分鐘，沒有鹽的麵團就已柔軟而平滑，而含鹽的麵團卻仍然黏稠。因為鹽不但會妨礙麵粉吸收水分的能力，也會阻撓酶分解蛋白質，再轉化為麩質。如果麵團不加鹽直接靜置，麵粉就有機會吸收最多的水分，酶也可加速作用，麩質形成的網狀結構加速發展。

含鹽，靜置15分鐘
麵團依然黏稠。

不含鹽，靜置15分鐘
麵團柔軟而平滑。

實用科學知識「翻摺」麵團，不要捶打麵團

"翻摺麵團能夠創造較粗糙的紋理、更帶嚼勁的麵包"

多數的麵包食譜都需要在第一次發酵與第二次發酵過程中捶打麵團。雖然說是捶打，其實最好以溫和擠壓麵團的方式完成。這個過程能讓酵母接觸到新的食物來源，使酵母強健期維持更久。捶打會讓麵包「消氣」，造成麵包質地精細，對麵包來說，捶打這道手法很完美，但不適合用在鄉村經典麵包上。想做出有嚼勁的粗麵包，最好是在第一次發酵和第二次發酵中，用溫和翻摺麵團的方式，讓酵母再次活化，而非將空氣擠出麵團。若想瞭解其原理，請參考觀念40的「實用科學知識：輕柔地翻摺麵團」。

捶打
烘烤後有著緊實一致的質地，較適合麵包。

翻摺
烘烤後質地粗獷、蓬鬆、帶嚼勁，比較適合用在鄉村麵包。

迷迭香橄欖麵包是義大利鄉村麵包裡的基本款，它有著橄欖和迷迭香的細緻香氣，應該有著粗獷的麵包體，帶有嚼勁和厚而有光澤的外皮。但是，這完美的麵包卻很難控制。在家裡可以很容易烤出皮薄內軟的麵包，但是橄欖若加得太早，會使其變得支離破碎，加得太晚則像是臨時起意再補進麵包裡的口感。為了製作出完美的家庭版迷迭香橄欖麵包，我們首先參考麵包食譜，再計畫何時放入橄欖。

添加一些蜂蜜：我們在麵團裡加了一些蜂蜜，替麵團增添甜度，並帶出橄欖的風味。如果將部分麵粉以全麥麵粉取代，則會增添堅果香氣。因為增添了這些香氣，所以不必和許多其他的簡單鄉村麵包一樣再經過整夜發酵。

壓入橄欖：用攪拌器攪打橄欖並不適合，麵團和橄欖就像是水與油，互相排斥，導致橄欖會落在麵團外或集中在攪拌盆的底部。我們發現，要成功的將橄欖混合在麵團中，必須在第一次發酵前就將橄欖壓入擀平的麵團上，就和製作肉桂卷一樣。這麼做，麵包口感佳，橄欖均勻分佈。至於要用哪種橄欖，我們沒有特別的建議，可以依個人偏好做選擇。我們比較偏好使用混合橄欖。

多用一點迷迭香：迷迭香常被認為氣味強烈，如果使用過量，強烈的松葉味常會掩蓋食物原有的氣味。不過，我們很快就發現，迷迭香加入麵包裡烘烤有著不一樣的效果，它會形成味道淺淡、宛如看不見的微粒。在本食譜中，我們使用2大匙的迷迭香，得到內斂的底味，得以襯托有著亮麗水果風味的橄欖。

靜置：在本食譜中，讓麵粉、水和酵母混合後靜置一會，使麵粉有更多的時間吸收水分的自我分解，是增進揉麵團效率的重要手段。雖然需要20分鐘，但我們卻不介意多花這些時間等待，因為這個過程可以讓麵團的彈性和韌度，在第一次發酵時就有了顯著的不同，使麵包有更大的氣孔和美味嚼勁。若想瞭解其原理，可參考上文的「實用科學知識：『翻摺』麵團，不要捶打麵團」。

切割與噴水：以銳利的去皮刀或刀片在發好的麵團表面劃上一刀，能夠讓麵包的表面得以膨脹，並且避免麵包在烘烤時裂開。送進烤箱前在麵團上噴水氣則能夠延緩外皮定型，讓麵包不會在成形前就撕開或裂開。而水蒸氣也能夠讓麵包外皮更加香脆有光澤。

如果沒有電動攪拌器，也可徒手完成。用硬式橡皮抹刀將溼、乾料混合，直到形成麵團，其表面粗糙為止。然後將麵團移到乾淨的料理檯，用手將揉成圓滑的球形麵團，約需15至25分鐘，如果有需要，可以在過程中加入適量麵粉，以免麵團過於沾黏。因為麵團相當黏稠，過程中雙手務必要沾麵粉才好作業。

1½杯加上1大匙常溫水

2茶匙蜂蜜

1½茶匙速發或即溶酵母

3杯加上1大匙（16½盎司）高筋麵粉，視狀況增添

3大匙全麥麵粉

1½茶匙鹽

1.將水、蜂蜜和酵母放在直立式電動攪拌機的攪拌盆，混合均勻，並確認蜂蜜沒有黏在容器底部。裝上勾狀攪拌頭，將高筋麵粉與全麥麵粉倒入，並以低速攪打3分鐘直到形成黏著的麵團。以保鮮膜覆蓋，讓麵團在室溫下靜置30分鐘。

2.在麵團上均勻的灑鹽，以低速攪打5分鐘，若有沾黏，可刮除容器底部和勾狀攪拌頭上的麵團。將速度調為中速，持續打1分鐘直到麵團光滑，並只剩些許黏稠。如果麵團還是非常黏，那麼可以增添1到2大匙的麵粉繼續攪拌1分鐘。完成後將麵團移至塗抹了油的大容器中，用保鮮膜緊包容器，讓麵團在室溫發酵膨脹直到體積增加到二倍，約需1小時。

3.在橡皮抹刀或刮板噴上植物油。輕輕拉起已膨脹的麵團，從邊緣向中心折入，轉90度，再折一次。再轉一次攪拌盆，再翻摺一次。蓋上保鮮膜，靜置30分鐘，讓麵團膨脹。重複翻摺麵團的步驟，重新蓋上保鮮膜，直到麵團膨脹體積呈二倍大，約需30分鐘或更久。

4.在二個9吋大的圓形蛋糕烤模上塗油。將發好的麵團移到灑有麵粉的料理檯上，並在麵團上也灑上麵粉。用切麵板將麵團分為二份，並各自將二份麵團揉捏，延展為16吋長的圓柱體。再將這16吋長的圓柱體切為八等份，並在每一小份頂端灑上更多的麵粉。用沾著麵粉的雙手取出每一小份的麵團，以手掌滾動麵團，讓麵團皆能沾上麵粉，並搖落多餘的粉。將麵團

排在準備好的烤模裡，將一個麵團置於中央，其他七個麵團均勻圍繞一圈。擺放時要確定麵團較長的邊和烤模中央往邊緣同方向，而且切面朝上。用抹了油的保鮮膜輕輕蓋上麵團，等候約30分鐘直到麵團體積膨脹二倍。此時若以指關節戳麵團應不太會回彈。

5.準備將麵團送入烤箱的前30分鐘，把烤箱烤盤調整至中層，並預熱至500℉。在餐包上噴灑少許的水，送入烤箱烘烤10分鐘，直到表面呈褐色，取出。烤箱溫度降至400℉，手戴手套將麵包從烤模中倒至有邊烤盤。等到麵包冷卻到手可以直接拿的程度，正面朝上，一個個分開，放在烤盤上等距排列，再度放入烤箱烘烤10到15分鐘，中途記得要旋轉烤盤，烤到麵包外皮有了深沉金黃色，輕敲底部時會有中空的聲音，即可取出麵包放在架上冷卻至室溫即可享用，約需1小時。餐包放在密封袋中可存放3天。再包上一層鋁箔紙冷凍則可保存1個月。要恢復香脆口感，只需在室溫中自然解凍，再放入預熱至450℉的烤箱，烘烤6至8分鐘即可。

成功關鍵

著名的的歐洲經典酥脆餐包一直都是由專業人士製作，他們使用的是蒸氣烤箱，讓麵包外皮得以在烘烤時保持溼潤。我們希望能夠研發出一份值得信賴的食譜，做出麵包坊中那種外皮香脆、有嚼勁的好吃鄉村餐包麵包。但我們第一次試做出來的麵包，在皮革般的外表下是無味又厚實的麵包體。口味部分較容易改進，我們增加全麥麵粉而有了樸實美味，加了蜂蜜則增添甜度。但多一些酵母雖然可以稍微改善麵包體，卻也會讓其較為溼潤，還好，只要靜置30分鐘，讓麵團自我分解就可改善。

使用溼麵團：我們第一次的實驗並不成功。因此，我們開始以變化水合度來解決麵包質地過度厚實的問題，更多水合度的原理，請參考觀念38。烘烤時，麵團內的水分會轉化成蒸氣，當蒸氣脫離麵包體時，麵包內部就會產生氣孔。水分越多，麵包就愈輕盈。由於原本的食譜中麵團水合度為60％，因此集合了各種不同水合度的麵團，可以確定的是：增加水分會讓麵包體更多孔開放。一路嘗試上去，72％水合度能烤出最佳成果，若水合度高過這個數字，反而會讓麵團過溼，無法塑形為餐包。

加添蜂蜜和全麥麵粉：在上文食譜「迷迭橄欖麵包」

中，我們用一些全麥麵粉取代高筋麵粉，並加入一些蜂蜜。這讓我們的麵包有了更精緻樸質的經典風味和剛好夠的甜度，卻不改經典餐包既有的可口滋味。

輕柔的手感： 使用較多的水能做出更好的餐包，但也會讓麵團變得又黏又軟、難以塑形。實際上，製作餐包的過程有時會讓脆弱的麵團消氣，導致麵包口感過於厚重。為了解決這個問題，我們放棄將麵團一體成型，而是以切麵板將麵團大略分割，但大小得一致。處理手續較少，餐包中保留了更多的多孔開放質地。另外，為了避免這些柔軟的麵團擴張，烤成矮胖型的麵包，我們將一個個小麵團擠放在蛋糕烤模中，並灑上些許麵粉。為了避免這些挨在一起的麵團太軟，在烘烤到一半時就將麵團取出，分開後，再擺入烤盤裡，放回烤箱烘烤。藉由這二個步驟，每一個成品都能有著相同的金黃色和脆度。

以高溫開始烘烤： 為了要有酥脆的外皮，我們一開始以較高的溫度烘烤麵包，接著再降溫完成烘焙程序。一開始的高溫就可以烤出不同於一般般的脆皮，而是真的能有劈啪聲的酥脆度。高溫烘烤還有另一項優點，也就是提高了「烘焙漲力」（Oven Spring，譯註：這是指在麵團中的酵母，第一次遇熱時的膨脹），因此外皮能夠更加輕盈。另外烘烤前在麵團上噴水，能模仿出蒸汽烤箱的效果，讓麵包外皮更加酥脆。

實用科學知識 高溫烘烤代表膨脹更大

"以高溫烘烤的餐包，代表著麵包會膨脹得較有高度"

將麵包送入溫度較高的烤箱，能夠發揮專業麵包師父所說的「烘焙漲力」，也就是麵團第一次接觸烤箱的高溫時，體積會快速膨脹。開始時溫度越高，麵包也就會膨脹得愈高。

較高的烤箱溫度＝較佳的膨脹高度

較低的烤箱溫度＝較小的膨脹

實用科學知識 冷凍後再烘烤麵團

"第一次發酵和第二次發酵期間，冷凍麵團能夠得到最佳效果"

對我們大多數人來說，吃得到新鮮出爐的麵包是一大享受，但卻不是天天都能享有。因為混合麵團到等待麵團膨脹，通常至少需要4個小時的等待——第一次發酵需3個小時，第二次發酵需1小時。但若事先將麵團冷凍呢？我們選擇三個時間點來冷凍白鄉村麵包，一是在材料混合完成立刻冷凍，二是在第一次膨脹完成後、切割麵團並塑形前，第三個時間點是在麵團成形並完成最後一次的膨脹後。幾個星期後，我們將麵團放入冷藏解凍過夜，然後烘烤。

太快	太慢	剛剛好
剛混合好所有材料就把麵團冷凍，會有太多酵母細胞來不及發酵，就被殺掉。發酵過程能夠創造更多複雜的氣味化合物，釋放二氧化碳讓麵團膨脹。此外，在第一次發酵前就冷凍，也會減低麩質的發展，導致麵團沒有能充分擴展的足夠結構。結果：麵包又小又扁，吃起來淡而無味。	在第二次發酵後才將麵團冷凍則會造成過份醒麵。當充份膨脹的麵團被緩慢解凍時，部分存活著的酵母會繼續作用在某部分的麵團裡釋放氣體，但不是在所有麵團釋放氣體，導致麵團結構弱化。結果：麵團在烘烤的過程塌陷，造就外型不佳的麵包。	在第一次發酵完成與第二次發酵之間將麵團冷凍是最佳的策略。第一次發酵後確保有足夠的酵母完成發酵，能夠讓麵團有豐富的氣味和一些膨脹。而其餘的活酵母細胞則能在解凍過程發揮作用完成第二次的膨脹工作。

觀念40：時間讓麵包更有風味
Time Builds Flavor in Bread

為何麵包師傅做出來的麵包總是如此美味？當然，這些麵包或許用了更好的麵粉、非常好的水質來製作而成。而且的確，他們的專業技巧與設備，也是讓麵包有撲鼻香氣與複合風味的重要因素。不過，夠專業的師傅都知道：最佳的麵包風味其實只是源自「耐心等待」。將製作的時程拉長成二天並不會增添麻煩，但卻會賦予麵包無可言喻的美妙滋味。

◎科　學　原　理

製作麵包時，我們得遵循一套基本的步驟。在混合食材、搓揉麵團後，接著就是等待麵團發酵，這也是我們所知的第一次膨脹。

「發酵」可以說是最古老的烹飪技巧，就算是人類早期的採集者和獵人都察覺到：蒐集來的莓果和肉類在經過一段時間後，嘗起來和氣味都有很大的不同。在路易・巴斯德（Louis Pasteur；編註：法國微生物學家）的重大發現裡，得知食材隨著時間變化，通常是由微生物的代謝作用引起。巴斯德觀察酵母的活動，發現酵母將糖轉化為酒精，在這項過程中釋放出副產品：二氧化碳。而如同我們所知，麵包最重要的成分，也就是「酵母」。

發酵時，因為搓揉麵團而努力作用的麩質會開始鬆弛，變得柔軟且更具延展性。同時，活酵母細胞也會和澱粉裡分解出的「醣」開始作用，釋放出二氧化碳和酒精。當二氧化碳進入鬆弛且具延展性的麵團時，就像是慢慢將空氣吹入氣球中的效果。當麵團的體積膨脹到二倍大時，便已經準備好進入下一個階段：塑形。雖然在第一階段完成膨脹後，酵母仍會繼續作用，但在第二階段，它仍會持續釋放二氧化碳，並會在烘焙時，經烤箱熱度的影響下造就最後的膨脹，我們稱為「烘焙漲力」，這份張力會一直持續到所有酵母死亡為止。

在發酵作用中，酵母不但能夠讓麵團膨脹高漲，也能產生大量香氣分子，給予麵包香氣。可是，若發酵在溫暖的房間中作用得太快，酵母反而會產生過多不好聞的刺鼻酸味。為了克服這個問題，想做出有深層風味的麵包，我們可以運用「預先發酵」和「低溫發酵」這二種不同的技巧來完成。

預先發酵，通常又稱為中種麵團（sponges）或酵頭（starters，譯註：可稱為麵種及老麵）。是在麵團還沒完成前就已先做好。以中種麵團來說，是以酵母、水和麵粉混合在一起後，靜置數小時等待發酵。然後，再依食譜加入更多的麵粉、水分與其他材料形成最後的麵團。這份麵團在揉過後，就可以靜置進行第一次的膨脹。

相較於中種麵團，「酵頭」是取用上一次製作麵包時留下來部分的麵團。最經典的就是「酸酵頭」（sourdough starter），許多廚師們都會留一罐擺在冰箱中。當師傅以酵頭製作麵包時，他們會在酵頭中添加水和麵粉，混合後靜置發酵。而中種麵團，則是在食材加入所有中種麵團裡形成最後的麵團，但酵頭則會

發酵中的麵團

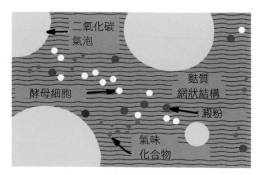

發酵：
隨著時間流逝，酵母會在麵團中產生氣味化合物，以及讓麵團膨脹的二氧化碳。

保留一小部份被放回罐中，留著等下次使用。「預先發酵」很適合材料單純的烘焙食譜，因為它能夠顯著地提升麵包的風味。有了漫長的靜置時間，原本只有少許味道的長鏈碳水化合物、澱粉、其他多醣類會分解、轉化成大量的糖、酸性物質、酒精，進而使麵包擁有許多風味。

另一方面，低溫發酵的關鍵在於「溫度」，因此我們通常建議將麵團放進冰箱裡過夜，等待膨脹。雖然這麼做會比在溫暖的料理檯上，花上更多時間等待發酵，但卻能帶來許多的好處。首先，低溫發酵能夠縮小麵團中氣泡的大小。在烘焙前麵團中的氣泡愈大，成品會更釋放且脹大。但低溫發酵除了能夠製作更為細緻緊密的氣泡外，還可以讓麵包有更多的風味。為什麼呢？當溫度較低時，酵母產生的二氧化碳較少，產生較多的初期副產品，像是美味的糖、酒精和酸性物質。

 實 驗 廚 房 測 試

為了測試酵母在發酵時，將醣轉化為乙醇（酒精），釋放二氧化碳的速度。我們使用了牛奶、奶油、麵粉、糖、鹽、2 顆蛋和 1½ 茶匙速發酵母，製作出本觀念食譜「發酵鬆餅」中的麵糊。再將麵糊一分為二，並且以試管和汽球替它們各製作了一個簡單的呼吸計量器。隨後將一個麵糊於室溫，另一個麵糊置於冰箱。

實驗結果

在短短的 3 個小時內，置於室溫的麵糊釋放出足夠的二氧化碳，讓半透性汽球充足了氣體，顯示出健康的酵母活動狀態。但是經過 18 小時後，麵糊停止發酵，也不再釋放二氧化碳，使得汽球消氣。另一方面，在冰箱裡的麵糊則是以非常緩慢卻穩定的速度釋放二氧化碳，即便過了 18 小時仍能釋放足夠的二氧化碳讓汽球仍然充飽氣。

重點整理

酵母扮演了二種角色——發酵和提供風味。酵母置於室溫時會快速成長，讓麵糊或麵團迅速發酵。在本實驗中，經過 18 小時後酵母被消耗殆盡，無法再產出風味。

而低溫發酵則是在冰箱中進行，冷藏讓麵團能夠穩定、緩速的發酵，全程產生風味。二種方式都能夠讓麵團完全發酵，使麵團充份膨脹，但低溫發酵花費的時間多很多，這也代表著有更多富含濃郁香氣的複合物能夠在此過程中產生。低溫發酵不但能夠讓成品有更多風味，也可以讓麵包師傅有更多的時間自主地準備麵團或麵糊的下一個階段。

✏ Tips：低溫發酵花費較多時間，卻同時增添更多風味

置於室溫

3 小時後
麵糊迅速產生足夠的二氧化碳，讓汽球內充氣。

18 小時後
酵母細胞已死光了，所以汽球自然消氣。

置於冰箱

3 小時後
麵糊製造一些些的二氧化碳，所以汽球裡只充了點氣。

18 小時後
麵糊以穩定的速度持續製造二氧化碳。

《預先發酵的實際應用》麵包

以下二種食譜都仰賴前1天先做好的中種麵團來增加風味。

如果沒有烘焙石，也可將有邊烤盤倒扣放在烤箱底層預熱。

中種麵團

½杯（2½盎司）中筋麵粉

⅓杯水，加溫至110℉

¼茶匙速發或即溶酵母

麵團

2½杯（12½盎司）中筋麵粉

1¼杯水，加溫至110℉

1茶匙速發或即溶酵母

猶太鹽

¼杯特級初榨橄欖油

2大匙切碎的迷迭香

1.中種麵團：在大碗中將麵粉、水和酵母以木匙攪拌混合約1分鐘，直到形成均勻的麵團，沒有乾料殘留。用保鮮膜緊包容器，置於室溫8至24小時。發酵完畢後可直接使用，若置於冰箱可存放3天。要使用前先拿到室溫靜置30分鐘。

2.麵團：以木匙將麵粉、水和酵母拌入中種麵團中，直到均勻的麵團形成，沒有乾粉殘留，約需1分鐘。以保鮮膜覆蓋，讓它在室溫靜置15分鐘。

3.在麵團上灑入2茶匙鹽，攪拌1分鐘直到完全混合。蓋上保鮮膜，在室溫中發酵30分鐘。在橡膠抹刀或刮刀噴上植物油，將膨脹的麵團輕輕提起並摺向中央，旋轉90度再摺一次，這樣的動作重覆6次、共8摺。再次蓋上保鮮膜讓麵團發30分鐘。重複摺合、旋轉、發酵膨脹的動作再二次。因此總共會有3次的30分鐘靜置發酵。

4.在烘烤前1小時，將烤箱烤架調整至中上層，將烘焙石放在烤架上，烤箱預熱至500℉。將麵團輕柔的移到灑有麵粉的料理檯，在麵團上也灑上麵粉，並一

分為二。輕柔的將麵團塞入邊緣底下，將麵團塑形為5吋的圓形。將二個9吋的圓形蛋糕烤模各自塗上2大匙油，並灑上½茶匙的鹽。其中一個麵團以上下倒置放入烤模中，在烤模中滑移麵團，使其底部和側邊都沾上油。以同樣步驟處理第二個麵團。蓋上保鮮膜靜置5分鐘。

5.用指尖輕壓麵團，讓麵團能夠推開到烤模邊緣，得小心壓，不要弄破麵團。如果麵團無法順利推開，多靜置5至10分鐘後再推第二次。用大餐叉戳麵團表面20至30次，若有大氣泡，將氣泡刺破，在表面均勻的灑上迷迭香末。讓麵團在烤盤上靜置5至10分鐘，直到些微起泡。

6.將烤模放在烘焙石上，並把烤箱調降至450℉。烘烤25至28分鐘，烤至一半時間時，記得讓麵包旋轉180度，直到表面呈金黃色。烘烤完畢後，將烤模移至烤架上冷卻5分鐘，再將麵包從中取出，再放回烤架上，將烤模裡餘留的油，輕刷在麵包表面。麵包在烤架上冷卻30分鐘後即可食用。吃不完的麵包可以用雙層保鮮膜包起來。在室溫下可存放2天。如果雙層保鮮膜外再包一層鋁箔紙，麵包可冷凍1個月。

實用科學知識 輕柔地翻摺麵團

"輕巧的翻摺麵團，有助於麵包膨脹、增進風味"

麵包的風味與結構取決麵團發酵膨脹的過程。「翻摺」是在麵團發酵膨脹過程中，輕巧的將麵團折疊數次。刮板很適合拿來做這份工，或改用橡皮抹刀也可以。只要在這些工具上沾點植物油以避免與麵團沾黏即可。將抹刀滑移至麵團底部，輕巧的抬起並摺向麵團中央。將碗旋轉90度再折一次，再轉90度，再重覆一次。當你完成時，麵團應該大致被塑形成正方形。通常，你會希望再蓋上保鮮膜讓麵團膨脹。然後過30分鐘後，再重複一次翻轉的步驟。確切時間依食譜而有所不同。

翻摺能溫和地延展麵團並增加強韌度，讓難搞的麩質層，這項使烘烤成品有著結構的蛋白質能夠排列整齊。除此之外，折疊的動作也能去除去麵團中影響酵母活動的多餘二氧化碳，以確保麵包有最佳風味和膨脹度。我們強烈建議，在麵團發酵膨脹時，多花1分鐘翻摺麵團。

成功關鍵

佛卡夏很容易因為做得厚重而失敗。我們希望成品是
個輕盈，充滿空氣感的麵包，有著香脆的外皮，上頭
還灑上一層香料。因此我們以混合麵粉、水和酵母，
並靜置至少8小時的中種麵團開始，用最少的力氣得到
長時間發酵所帶來的好風味。但是單用中種麵團並不
能達到柔軟、輕盈的成品，但大力搓揉往往會產生過
多麩質，因此我們使用較溫和的方式，像是翻摺法，
和在烤盤上使用大量的油來改善。

以酵頭開始：佛卡夏抹上充滿果香味的橄欖油、又有
強烈的香草調味，是一款令人輕易愛上的麵包。不
過，這不代表麵團本身毫無味道。最大的關鍵就在於
發酵。藉由發酵，沒有味道的長鏈碳水化合物開始轉
化為糖、酒精、酸性物質、二氧化碳。和許多的有機
程序一樣，歷經長久時間等待最有效果。為了以最少
的努力得到最大的成效，我們使用了「預先發酵」，
也就是中種麵團，義大利文稱之為「biga」，以混合
麵粉、水和少量的酵母，靜置一整晚後，再加入麵團
中，並以酵頭取代酵母，或添加更多酵母。「時間」是
最重要的關鍵。酵頭中些微的酵母經過數小時的作用
後，緩慢發展出的風味會比單純將酵母加入麵粉和水
搓揉更強烈也更馥郁芬芳。有了酵頭，不管有沒有在
上層加料，佛卡夏麵團都已有了豐富的風味。

使用大量的水：正如我們在觀念38學到的，水合度較
高的麵團會有較佳的延展性，而且不易破裂，能夠促
使較大氣泡的形成。在麵粉與水的比例中，將水的比
例拉高，靜置時間拉長，就能夠讓小麥中的天然酵素
複製揉麵團的效果。我們的佛卡夏食譜使用較高的水
合度，約84%，藉以製造孔洞較大的麵包結構。

靜置和翻摺：和觀念38食譜「免揉麵包」一樣，我們
在製作佛卡夏時也不揉麵團，不過改以翻摺法取代。
其原理請參考本觀念「實用科學知識：輕柔地翻摺麵
團」。為了避免烤出矮扁塌陷的麵包，我們在發酵時
翻摺麵團。標準的免揉麵團可以逐漸發展出結構，是
因為個別的麩質群以相當緩慢的速度相互結合成更大
單位。當我們以規律且有間隔時間、輕柔的翻摺麵團
時，也同時達成三個目標：一、小麥中的蛋白質變得
互相更接近，使過程變得更為有效率。二、讓麵團充
滿氣體，補充了酵母在發酵過程中消化掉的氧氣。
三、延長氣泡的存在時間，讓氣泡均勻分布。歷經三
次翻摺麵團的手續後，就能烤出膨脹完美、口感濕潤

柔軟的佛卡夏麵包。

在烤模中放油：橄欖油是製作佛卡夏麵包的關鍵食
材，可是我們發現，如果把橄欖油直接加在麵團裡，
會造成麵包過於稠重得像蛋糕一樣。其原理就像製作
奶油酥餅時，油會阻斷麩質相互連結形成網絡的能
力，讓麵團變小。為了解決這個問題，我們使用圓形
蛋糕烤模，它可以裝入數大匙的橄欖油，好用來覆蓋
在麵團的外表，當麵團在烤模裡旋轉，也能沾上點油
和一些粗鹽。我們在翻轉麵團時，並輕柔地往烤模的
邊緣推開，在放到烤箱中熱呼呼的烘焙石上之前，先
讓麵團多靜置幾分鐘。這樣烤出來的佛卡夏能夠有香
脆的底部，深褐色的表面，內部則會有開放輕盈的麵
包體。

戳洞和撒香料：使用大餐叉在麵團表面戳個25至30
次，能去除麵團上的大氣泡和多餘的氣體，然後在表
面輕灑切末的大量新鮮迷迭香。

全麥吐司
可製成2個8吋的吐司

如果沒有直立式電動攪拌機，還是可以徒手揉麵團。
先用橡皮抹刀將溼料與乾料混合後，加入湯種和中種
麵團，直至形成表面粗糙的麵團。然後將麵團移至乾
淨的料理檯上，有需要時適量加入少許麵粉，避免沾
黏，並用手將麵團揉成平滑的圓形，約需15至25分
鐘，然後依照食譜進行。如果沒有烘焙石，可以把有
邊烤盤倒扣放在烤箱最下層預熱。

中種麵團

2杯（11盎司）高筋麵粉

1杯水，加熱至110°F

½茶匙速發或即溶酵母

湯種

3杯（16½盎司）全麥麵粉

½杯小麥胚芽

2杯全脂牛奶

麵團

6大匙軟無鹽奶油，加以軟化

¼杯蜂蜜

2大匙速發或即溶酵母

2大匙植物油
4茶匙鹽

1. 中種麵團：在一個大碗中用木匙混合麵粉、水和酵母，約花需1分鐘，直到形成均勻麵團且沒有乾粉殘餘。用保鮮膜緊包容器，並置於室溫發酵至少8至24小時。

2. 湯種：同樣的，在另一個大碗中用木匙混合麵粉、小麥胚芽和牛奶，一直攪拌混合約1分鐘，直到形成表面粗糙的麵團。將麵團移到表面撒有少許麵粉的料理檯，用手搓揉2至3分鐘直到麵團平滑。將麵團再放回碗中，用保鮮膜緊包容器，放入冷藏最少8小時、最多24小時。

3. 麵團：將步驟2的湯種，撕成一個個1吋的小塊，並放入裝有勾狀攪拌頭的直立式電動攪拌器裡。加入中種麵團、奶油、蜂蜜、酵母、油和鹽，以低速攪拌約2分鐘，直到開始形成粘著的麵團。調整至中速，攪拌麵團約8至10分鐘，使其變得平滑且具延展性。麵團移到撒有少許麵粉的料理檯上，手揉約1分鐘，直至成為平滑的球形麵團。將麵團置入塗油的大碗中，並用保鮮膜包緊，置於室溫發酵45分鐘。

4. 輕柔地擠壓麵團的中央讓它消氣。在橡皮抹刀或刮板上噴灑植物油後，將膨脹的麵團輕輕提起並從邊緣摺向中央，轉90度再摺一次，旋轉容器並翻摺，這樣的動作再重覆6次、共8摺。用保鮮膜緊包容器，並讓麵團在室溫下發酵45分鐘，體積膨脹二倍。

5. 在二個長8½吋、寬4½吋的吐司烤模內塗油。將麵團取出放在灑有麵粉的料理檯上，並將麵團一分為二。把麵團擠壓成長17吋、寬8吋的長方形，將寬的那一面朝向自己。將長方形的麵團由遠處捲向自己，形成一個緊實的圓筒狀，捲動時要盡量層層緊密相疊，使麵團保持緊實。收合摺邊的部分朝上，輕捏收邊。將收邊的部分朝下放入預先準備好的吐司烤模中，輕輕擠壓讓麵團符合烤模的形狀。第二個麵團也以同樣步驟重複。用沾油的保鮮膜輕蓋麵團，放在室溫下1到1個半小時，直到麵團體積膨脹近二倍。膨脹後麵團的頂端應超出烤模邊緣約1吋。

6. 在烘烤前的1個小時，將烤箱預熱至400℉，在烤箱中層和最底層放上烤架，把烘焙石放在中層烤架上，最底層的烤架放上一個空吐司烤模或其他耐熱烤盤。以爐火將2杯水煮沸。用鋒利的麵包刀或單刃刀，在二個麵團的中央橫切一刀，深約¼吋。快速的

將滾水倒進烤箱裡的空吐司烤模中，將放有麵團的吐司烤模放在烘焙石上。將烤箱溫度降至350℉，烘烤40至50分鐘，烤至一半時間時需水平旋轉烤盤，使吐司均勻受熱，直到外皮成深褐色，麵團內部達200℉。將吐司烤模移至烤架上，於室溫下冷卻5分鐘。將麵包從烤模中取出，放回網架上冷卻2小時，即可切片食用。麵包若以保鮮膜雙層包覆可於室溫保存3天，若再另外包一層箔紙，可冷藏1個月。

實用科學知識 浸泡麥子能做出更棒的麵包

"將全麥麵粉浸泡在牛奶中一夜，能夠讓全麥吐司的口感與滋味更棒"

我們設計全麥吐司食譜時，主要目標是塞進越多全麥，好做出有著充足麥味的吐司。全麥麵粉只佔50%的比例，不足以讓我們達成這個目標，可是全麥麵粉過多，卻會造成吐司過於厚重、帶有怪味。如果製作麵團前先將全麥麵粉長時間泡在牛奶中，是不是就能夠增加全麥麵粉的使用量呢？

我們烤了二塊吐司，全麥麵粉和高筋麵粉的比例都是3：2。第一批吐司的全麥麵粉和與其他材料混合前，先泡在牛奶裡過夜。而第二批吐司的全麥麵粉則沒有經過任何特殊處理，直接按照食譜製作。

泡過牛奶的全麥麵粉所做出的吐司，無論是口感或滋味都明顯比沒泡過牛奶的來得好。

把全麥麵粉浸泡在牛奶中，對最後的成品有雙重效果：首先，麵粉中又硬又纖維化的麩皮會阻斷麩質發展，所以才會烤出厚重吐司。但泡牛奶可以緩和這個情形。另外，泡牛奶也刺激酵素在麵粉中活躍度，讓部分的麵粉轉化為糖，因此，麩皮裡原先的苦味也被甜化了。這個技巧讓我們使用的全麥麵粉量比大部分的食譜多了約50%，卻還是能做出有著質樸的天然甜味，柔軟卻又紮實的吐司。

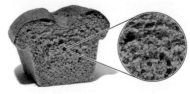

麵粉泡過牛奶
麵包體輕盈、不帶苦味。

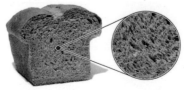

麵粉沒泡牛奶
厚重的麵包體、嘗起來有苦味。

成功關鍵

為了增強全麥吐司的風味，我們將全麥麵粉浸潤在牛奶中過夜，藉以軟化麵粉並減少苦澀味。加入小麥胚芽，可更進一步增強了麥味。另外，我們使用高筋麵粉、水、酵母混合並冷藏過夜的酵頭，好讓各種獨特的風味都能好好展現出來。最後的這三招是讓麵包更有特色：以蜂蜜取代白糖、減少用油、用植物油取代部分奶油。

增加全麥用量： 大部分的全麥吐司食譜都免不了有著這些問題：要不光有全麥之名，其實只用少量全麥，吃起來和超市裡蓬鬆柔軟的麵包一樣；要不就是用了大量全麥，烤出粗糙厚重的麵包，一切就碎。因為製作全麥麵包的困難，在於小麥麩皮雖然在味道上，和白麵包有著截然不同的特色，但卻也阻止麩質發展。我們希望全麥吐司能夠有濃郁的堅果香但不苦澀、紮實又柔軟的麵包體、切片時可以俐落乾淨不掉屑。

因此在第一次試做時，我們以高筋麵粉取代中筋麵粉，高筋麵粉中多出來的蛋白質讓麩質得以好好發展，能夠將全麥用量從40％增加到50％，不過，如果要增加全麥比例，就必須使用浸潤過的湯種。延長湯種的浸潤時間能夠達到三個目的。第一點也是最重要的一點，軟化穀物裡的麩皮，避免麩皮尖銳邊刺穿麵團中的氣孔導致麵團消氣。第二點，水合能避免穀物吸取麵團中的水分，確保麵包不會變得過硬。第三點，湯種能夠促進麥的酵素作用，將一些澱粉轉化成糖，減少苦味，帶出了甜美滋味。如果使用湯種，我們可以將全麥的用量增加至60％，製造出麥味十足的成品。其原理請參考本觀念「實用科學原理：浸潤麥子做出更好的麵包」。為了讓麵團在搓揉的過程保持低溫，我們將湯種冷藏過夜，麵團就不會在揉捏時因為摩擦而導致溫度上升，造成過度發酵而影響成品的味道和結構。

添加小麥胚芽： 為了將全麥麵包提升到另一個層次，我們添加了小麥胚芽。小麥胚芽是在碾壓過程中，和麩皮一起被去掉，將小麥做成精細的麵粉，它不但是營養來源，更是甜味之所在。為了增添麵包的風味，我們還加了一些蜂蜜，讓甜味更有層次，並且為了減少脂肪，以植物油取代了部分奶油，做出紮實又口感柔軟的麵包。

使用酵頭： 好吃和味道濃厚、完整的麵包之間的差別，就在於是否使用酵頭。當麵粉、水與酵母結合的

麵團被放置過夜，便能發展出一整個系列的獨特風味，讓麵包更有特色。因為我們已經將全麥麵粉泡一整夜，同時也製作了酵頭，讓酵頭發酵一整夜。

採用一般技巧： 本食譜也使用了許多常見技巧：第一次發酵進行到一半時，我們翻摺麵團，去掉麵團中的大氣泡，讓發酵更均勻。烘烤前在麵團表面切一刀，讓烤箱中的麵包能夠更順利的迅速膨脹。在烤麵包前，將滾水倒入空的烤模中，放在烤箱底層以提供蒸氣，避免麵包在充份膨脹前外層就先乾裂。

《低溫發酵的實際應用》
披薩、可頌捲和鬆餅

以下三個食譜裡，都沒有使用中種麵團，但卻都不約而同的需要將麵團置於低溫發酵，使酵母能夠在麵團中緩慢作用、發展出好滋味。這個簡單的技巧可用於各式截然不同的食譜中。

紐約風薄皮披薩
可製作2個13吋披薩，4-6人份

如果沒有烘焙石，可以將有邊烤盤倒扣預熱代替。利用烘烤第一塊披薩的時間，將第二塊麵團形塑成圓形，但一定要在進烤箱的前一刻再添加餡料。在本食譜中，你會需要披薩鏟。在麵團中加入冰水，可以防止麵團在食物調理機中經攪打過程而變得過熱。在披薩皮撒上義大利杜蘭麥粉（Semolina flour，註：粗粒小麥粉）是很理想的做法，如果手邊恰好有，也可以用來取代高筋麵粉。食譜上指示的醬料份量會有剩，可以將多餘的醬料冷藏，冷藏的話可以保存約1星期的時間，若以冷凍處理則可以保存1個月。

麵團

3杯（16½盎司）高筋麵粉

2茶匙糖

½茶匙速發或即溶酵母

1⅓杯冰水

1大匙植物油

1½茶匙鹽

醬料

1罐（28盎司）完整番茄罐頭，瀝乾水

1大匙特級初榨橄欖油

1茶匙紅酒醋

2顆蒜頭，切末

1茶匙鹽

1茶匙乾燥的奧瑞岡

¼茶匙胡椒

起士

1盎司帕馬森起士，磨碎（約½杯）

8盎司全脂莫札里拉起士，刨細（約2杯）

1.麵團：將麵粉、糖和酵母放入食物調理機，可以的話，請裝上麵團刀，大概按壓5下，讓乾粉充份混合。當食物調理機運作時，緩慢的加入水，讓麵團成形，不再有乾粉殘留，約需再10秒鐘。讓麵團在調理機中靜置10分鐘。

2.在麵團中加入油與鹽，放入食物調理機攪打30至60秒，使容器上不再有殘留，麵團形成有光澤、具黏性的球形。將麵團移到塗抹少許油的料理檯，用手揉麵團約1分鐘，直至麵團光滑。將麵團形塑成緊實的球狀，放入已輕抹了油的大容器中，以保鮮膜緊包容器，放置冰箱裡冷藏24小時至3天。

3.醬料：將所有食材放入食物調理機，大概打30秒，直到醬料質地滑順，即可移至碗中，放到冰箱裡備用。

4.放餡料並烘烤披薩：在烘烤前的1個小時，先將烤箱烤架調整至中高層，這時的烤架應距離上方熱緣約4至5吋，將烘焙石放在烤架上，烤箱預熱至500℉。將麵團移到乾淨的料理檯，再以橡皮抹刀將其一分為二。以手掌盛起，將麵團形塑為平滑緊實的球形。將二個球型麵團放在塗油的烤盤上，相距至少3吋，再將抹油的保鮮膜輕輕覆上，靜置1小時。

5.取出其一麵團，大量地灑上麵粉，放在灑了粉的料理檯上。另一個麵團則繼續以保鮮膜覆蓋。用手指頭溫柔的將麵團壓平成8吋圓餅狀，邊緣1吋比中央稍厚。利用雙手，沿著邊緣將麵團推開，每推四分之一就轉一次方向，推成12吋圓餅形。將麵團移至沾滿麵粉的披薩鏟上，再將麵團延展至13吋。用湯匙或杓子的背面，將½杯的番茄醬料在麵皮表面抹上薄薄一層，邊緣留下¼吋。均勻的在醬料上灑上¼杯的帕瑪

森起士，接著再灑1杯莫札里拉起士。輕巧的將披薩滑入烘焙石上，烘烤10至12分鐘，直至外皮變成漂亮褐色，起士開始冒泡泡並轉為褐色，記得烘烤至一半時間時，需替披薩皮旋轉180度，使其均勻受熱。完成後，取出披薩移至烤架冷卻5分鐘，即可切盤享用。第二片披薩也以同樣步驟料理。

紐約風薄脆白披薩
可製成2個13吋披薩，4-6人份

如果沒有烘焙石，可以將有邊烤盤倒扣預熱替代。利用烘烤第一塊披薩的時間，將第二塊麵團形塑成圓形，但一定要在進烤箱前一刻再添加餡料。在本食譜中，你會需要披薩鏟。在麵團中加入冰水，可以防止麵團在食物調理機裡因攪打過程變得過熱。在披薩皮上撒上義大利杜蘭麥粉是很理想的做法，如果手邊恰好有，也可以用來取代高筋麵粉。

麵團

3杯（16½盎司）高筋麵粉

2茶匙糖

1⅓杯冰水

½茶匙速發或即溶酵母

1大匙植物油

1½茶匙鹽

白醬

1杯全脂瑞可達起士

¼杯特級初榨橄欖油

¼杯重奶油

1顆大顆的蛋黃

4瓣蒜頭，切末

2茶匙新鮮奧勒岡切末

1茶匙新鮮百里香切末

½茶匙鹽

¼茶匙胡椒

⅛茶匙辣椒

2株青蔥，切薄，保留深綠色部份裝飾用

起士

1盎司羅馬羊奶起士，刨細（約½杯）

8盎司全脂莫札瑞拉乳酪，刨絲（約2杯）

½杯全脂瑞可達起士

1.麵團：將麵粉、糖和酵母放入食物調理機。可以的話，請裝上麵團刀。大概按壓5下，讓乾粉充份混合。當食物調理機運作時，緩慢的加入水，讓麵團成形，不再有乾粉殘留，約需再10秒鐘。麵團在調理機中靜置10分鐘。

2.在麵團中加入油與鹽，讓食物調理機攪打約30至60秒，直至容器上不再有殘留麵團，而麵團形成有光澤、具黏性的球形。將麵團移到塗抹少許油的料理檯，用手揉麵團約1分鐘，直至麵團光滑。將麵團形塑成緊實的球狀，放入已輕抹油的大容器中，再用保鮮膜緊包容器，放到冰箱冷藏24小時至3天。

3.白醬：除了青蔥以外，將所有的材料混合，放進冰箱冷藏備用。

4.放餡料並烘烤披薩：在烘烤前的1個小時，先將烤箱烤架調整至中高層，烤架應距離上方的熱緣約4至5吋，把烘焙石放在烤架上，烤箱預熱至500℉。將麵團移到乾淨的料理檯，以橡皮抹刀將其並一分為二。以手掌盛起，將麵團形塑為平滑緊實的球形。將二個球型麵團放在已抹油的烤盤上，相距至少3吋，再以抹油的保鮮膜輕輕覆蓋，靜置1小時。

5.取出一麵團，大量地灑上麵粉，放在灑了麵粉的料理檯。另一個麵團則繼續以保鮮膜覆蓋。用手指頭溫柔的將麵團壓平成8吋圓餅狀，邊緣1吋比中央稍厚。利用雙手，沿著邊緣將麵團推開，每推四分之一就轉一次方向，推成12吋圓餅形。將麵團移至沾滿麵粉的披薩鏟上，再將麵團延展至13吋。用湯匙或杓子的背面，在麵團表面抹上薄薄一層的白醬，邊緣¼吋留空。均勻的在醬料上灑上¼杯羅馬羊奶起士，接著再灑上1杯莫札里拉起士。再將¼杯瑞可達起士以一次1茶匙的份量均勻地灑在披薩上。輕巧的將披薩滑入烘焙石上，烘烤約10至12分鐘，直至外皮變成漂亮褐色，起士開始冒泡泡並轉為褐色，但記得烘烤至一半時間需將披薩旋轉180度，使其均勻烘烤。完成烘烤後，將披薩移至烤架上冷卻5分鐘，即可切片享用。第二片披薩也以同樣步驟烘烤。

實用科學知識 讓膨脹幅度變小

"低溫發酵能夠做出較薄、帶有更多風味的餅皮"

影響餅皮厚薄的關鍵，就在於烘烤前麵團中氣泡的大小。在發酵過程中，麵團中膨脹的二氧化碳氣泡越多，披薩餅皮就會愈厚。放入冰箱中發酵久一點是否就能解決這個問題呢？

我們製作了二個麵團，一個放在室溫發酵4小時，另一個則放在冰箱冷藏24小時。除此外，其餘的料理步驟則都依照食譜進行。

在室溫中發酵的餅皮吃起來的口感比較像是佛卡夏，然而從冷藏櫃取出的麵團所烘烤出來的披薩餅皮則較薄，味道也較豐富。

發酵過程有兩階段。首先，麵團中的碳水化合物藉由酵母轉化成了糖、酒精和酸性物質。第二階段則是會轉化為二氧化碳，讓麵粉剛混合時產生的氣泡膨脹。將麵團擺放在室溫時，這個過程進行得很快，一下就產生二氧化碳。可是，在冰箱中，此過程就慢了許多。時間足夠、味道複雜的糖、酒精、酸性物質形成，但卻只有少許二氧化碳被轉化，因此麵團中的氣泡還是很小，披薩餅皮烘烤後自然也就較薄，而且會更美味。

在室溫中發酵的餅皮，膨鬆且味道平淡。

以低溫發酵的餅皮，扁薄而美味。

成功關鍵

家用烤箱只能達到500℉，麵團也不太可能延展成薄狀。就算是最強的廚師也很難在家做出媲美專門店販賣的紐約披薩。我們想要做出的紐約風披薩，是有著完美的薄脆餅皮，稍微帶點焦味，但內在柔軟富嚼勁。高蛋白質的高筋麵粉給了我們富嚼勁、有著漂亮褐色斑點的外皮。正確比例的麵粉、水和酵母則讓我們的麵團在烘烤時，有夠有很好的延展性和溼度。以食物調理機快速搓揉和低溫發酵，則是讓麵團能夠發展出更多的滋味。當我們在形塑麵團並放上餡料之際，麵團就會被放上如烈火般炙熱的烘焙石上烘烤。將烘焙石置於烤箱上層，能夠讓披薩上下同樣呈現褐色。只需幾分鐘，我們就能得到內外同時完成的披薩，有香脆、褐色的外皮，並帶有嚼勁的口感。

使用高蛋白麵粉： 我們選擇高蛋白的高筋麵粉來製作披薩麵團，其蛋白質重約為13％。當需要製作出帶有嚼勁並有著完美焦褐點的餅皮時，高筋麵粉自然就成了最理想的不二選擇，因為裡頭的蛋白質不但能夠幫助麩質發展，還能讓使餅皮更容易產生褐變。我們添加了足夠的水，讓麵團的水合度約為63％。若想瞭解水合度，請參考觀念38。這樣的含水量讓麵團能夠輕易延展，卻不會出現裂痕或黏手，還可以在烘烤時保持溼潤。麵團或許有一點黏手，但在塑形和延展的過程中，在表面添加額外的麵粉就可解決。傳統的攪拌器會需要15到20分鐘才能做出具光澤、有彈性的麵團，但食物調理機卻只需不到2分鐘的時間。在許多的麵包食譜中，我們反對使用食物調理機，因為食物調理機會破壞麩質的連結，因而影響麵包的結構和發酵。但是這裡麵粉的用量很少，而且披薩麵團本來就要做成扁平狀，不需顧慮到麵團發展結構。

冷藏麵團： 低溫發酵不只能讓麵團上的氣泡較小、較緊密，在轉化出糖、酒精和酸性物質的過程中，也會產生更多的滋味。若想瞭解此原理，請參考本觀念「實用科學知識：讓膨脹幅度變小」。

添加糖和油： 在麵團中添加油和糖可以讓披薩皮更酥脆，更有色澤。我們在烤家禽肉類時，常會在外皮上撒一匙糖，讓外皮色澤更深沉、外皮酥脆，同樣的技巧當然也能用在這兒！當糖經過了焦化和梅納反應，就會產生香味和褐變。

手工推餅皮： 別再使用擀麵棍！你可以直接用手壓平麵團，並把麵團推開。在灑上麵粉的料理檯上，你可以用手指輕柔的將一半的麵團壓成一個8吋的圓餅型，而且讓外圈稍厚於內圈，就像是厚片披薩。再用你的手，沿著邊緣將麵團推成12吋的圓餅，每過四分之一就將麵團轉向。把麵團移至撒滿麵粉的披薩鏟上，再將它推開成13吋的圓餅。

縮小頂部空間： 家用烤箱不夠熱，無法在披薩內部變乾硬前就及時烤出深褐色的酥脆外皮。最好的解決方式，是永遠將烤箱預熱調整至最高溫，並放上烘焙石，烘焙石能夠像海綿一般吸收輻射熱度。依照這個理論，大部分的食譜都要求將烘焙石放入烤箱時，放得越低越好，可以接受到最多來自加熱元件的熱能。可是，這其實不合理，從商用披薩烤箱就可見端倪。這些寬而淺的烤箱在烘烤時，能夠迅速的將熱能從底部反射，再傳回派皮的表面，有效防止披薩皮在餡料還未變色前就乾掉。我們無法改變家裡烤箱的結構與外型，不過，我們可以把烘焙石的位置往上移，讓它更靠近烤箱的上層。烘焙石最佳的擺放位置就是離烤箱頂部愈近愈好，其距離約是烤箱頂部約4吋，上方就有足夠空間可以妥善擺放披薩。

簡易醬料： 在這裡我們使用了無需烹煮的簡易醬料，罐裝番茄、大蒜、橄欖油、香料，並以食物調理機製成醬料。紅酒醋能夠加強番茄鮮明的酸味。我們還使用綿密並具延展性的莫札里拉起士，以及有著強烈口感又有鹹味的帕馬森起士細粉。

完美的披薩餡： 我們喜歡以番茄醬料或莫札里拉起士和帕馬森起士，簡單搭配薄皮披薩，但其他餡料只要準備得好、加得有智慧，隨時都可以添加。不過太多餡料會讓披薩過於厚重。如果使用豐盛的蔬菜，每個餅皮最多只能使用6盎司重的蔬菜，而且要先烹煮並瀝掉多餘的菜汁。葉菜類和香草，像是波菜和羅勒最好放在起士下方，避免直接受熱，或者也可以直接加在烤好的披薩上。而肉則是每個披薩不可多於4盎司，也應該先烹煮好，並瀝掉多餘的油脂。

可頌捲
可製作16個

我們使用蛋白質含量較低的麵粉，如金牌（Gold Medal）或貝氏堡（Pillsbury）來完成本食譜。如果要使用蛋白質含量較高的麵粉，如亞瑟王麵粉（King Arthur），那麼用量則需減至3½杯（17½盎司）。如果沒有直立式電動攪拌機，也可徒手完成。先用橡皮抹

刀將乾、溼料混合，直到結成團，表面看起來仍有些溼潤的。將麵團移到乾淨的料理檯上，手揉約15至25分鐘，直到形成平滑的球形麵團，需要時可以適量添加一些麵粉防沾黏。接著就可以照食譜進行。

16大匙無鹽奶油，切成16小塊

¾杯脫脂鮮奶

¼杯（1¾盎司）糖

3顆大顆的雞蛋

4杯（20盎司）中筋麵粉

1茶匙速發或即溶酵母

1½茶匙鹽

1顆大顆的蛋白，與1茶匙水先打勻

1.將奶油、牛奶和糖放在約4杯份量的量杯中，微波約1分半，直到大部分的奶油融化、達到微溫約110℉。攪拌以完全融化奶油，並加入糖混合。將全蛋打到中型容器，輕微打發，倒入⅓杯微溫混合好的牛奶，充份攪拌。當容器的底部能感覺到一點溫度時，再加入其餘混合好的牛奶，攪拌均勻。

2．在直立式電動攪拌器裡裝上槳型攪拌頭（paddle），以低速攪拌15秒，讓麵粉與酵母混合。以平穩的流速將步驟1的雞蛋混合液加入，直到形成鬆散卻光亮的麵團，約需1分鐘。當麵團移動時，可以見到表面有光澤的薄膜。將攪拌器增強至中速，攪打1分鐘。緩慢加入鹽巴，再繼續攪打約3分鐘，直到更強韌的薄膜形成。麵團仍然維持著鬆散的結構，而非乾淨具黏性的塊狀。將麵團移到抹上薄油的大碗，以保鮮膜緊包容器，放在室溫靜置約3小時，直到麵團體積膨脹二倍，表面看來黏稠。

3.在有邊烤盤鋪上保鮮膜。麵團上撒些麵粉以防沾黏，不可多於2大匙，輕柔地擠壓麵團讓它消氣。將麵團移到撒了麵粉的料理檯上，並形塑成長方形。再將長方形的麵團移到剛才準備好的有邊烤盤上，蓋上保鮮膜，放入冰箱冷藏，低溫發酵8至12小時。

4.將長方形麵團移到輕撒麵粉的料理檯上，並在烤盤上鋪烤盤紙。將麵團桿成長20吋、寬13吋的長方形。將麵團縱切割成二個長方形，然後將這二個長方形再切成八個三角形，可以依照需求修飾邊緣，使每個三角形形狀一致。在捲成可頌的形狀前，先將三角形多延展2至3吋長。從寬的邊開始捲麵團，輕輕捲起，捲到尖端結束。以尖端朝下，將兩端往內擠，來

形塑成可頌的形狀，擺進鋪好烤盤紙的烤盤上，以四個為一排。再蓋上保鮮膜，冷藏2小時至3天。

5.將烤盤從冰箱取出，拿下保鮮膜後放入大乾淨塑膠袋密封，在室溫中發酵回溫，約45分鐘到1小時，麵團就會有些軟化並變得黏稠。

6.在烘烤前的30分鐘，將二個烤架分別放到烤箱中的中低和最低位置。將另一塊有邊烤盤放在最低的烤架上，預熱烤箱425℉。在爐上煮沸1杯水。在發酵完成的可頌上輕塗蛋白混合液。動作迅速的將放有可頌的烤盤，放入烤箱中低位置的烤架，並將滾水倒入最低位置的烤盤中，完成後迅速關上烤箱門。烘烤10分鐘，然後降溫至350℉，繼續烘烤12至16分鐘，直至可頌的表面呈現黃褐色。取出可頌放在架上冷卻5分鐘，便可趁溫熱時享用。可頌若置於密封袋，可在室溫下保存3天。以鋁箔紙包住再放入密封袋，則可冷凍1個月。

預先準備：可頌麵包可以先部分烘烤後，以冷凍保存直到要食用時再取出，再依照食譜指示製作可頌，但烘焙時只以350℉烤個4分鐘，或表面及底部微呈咖啡色就可以取出，放在室溫冷卻。將部分烘烤的可頌放入單層密封袋並冷凍它。要享用時再取出，放在室溫下解凍，再放入預熱350℉的烤箱裡，烘烤12至16分鐘。

成功關鍵 ────────

超市販賣的可頌麵包吃起來人工香料味很重，很快就壞掉，但是在家裡自製又很花時間。我們決定按照食譜來製作有著濃郁香氣、柔軟卻又薄脆的可頌麵包，還能符合佳節時期繁忙廚房裡的料理節奏。我們也發現，使用脫脂牛奶能夠增添麵包的滋味，卻不會讓可頌變得過於厚重，而融化的奶油與增添的蛋量也豐富了麵團的滋味。過夜冷卻更是讓可頌捲更加酥脆，並有層層薄片的關鍵。有彈性的麵團能夠冷藏3天或包裝好可冷凍1個月，只要在享用前烘烤，就能輕鬆地享有香濃滑順的可頌麵包。

增添奶油：可頌麵包的麵團與鄉村麵包、披薩的麵團截然不同，多了很多的脂肪。這一系列的麵團，包括美國經典三明治麵包、布里歐麵包和哈拉猶太麵包。除了有麵粉、水和酵母，還要加上蛋、牛奶、奶油。由於有大量的脂肪，讓麵團會變得非常黏稠，並且難以掌控。這就是為何冷藏的過程是如此重要。冷藏也

能讓麩質有時間鬆弛，讓我們可以將麵團延展成可頌的形狀。

冷藏：冷藏過的麵團不只較好塑形，經過冷藏後的可頌，在口感上也會美味很多。這些可頌捲有美味的薄層結構，經烘烤過後起膨起的香酥外皮。延緩過程或長時間冷藏，則能夠讓醋酸在麵團中發展造就更濃郁的滋味與烤得酥泡的外皮。

推開、切塊、捲起：要將一塊黏手的麵團轉變為十六個可頌捲，首先必須將麵團桿成長20吋、寬13吋的長方形。可以使用披薩滾刀修邊，再將長方形的麵團縱切。切成二個較小的長方形後，再將這二個長方形各自切成八個三角形。先將這些三角形麵團拉長2至3吋，然後從三角形的底部捲向頂端，最後讓尖端處壓在底層。

放進高溫烤箱：我們一開始就將可頌捲放入425℉的烤箱烘烤，當可頌捲的外皮開始變色時，再將烤箱降溫至350℉。為什麼呢？高溫能夠改善可頌捲的烘焙漲力，讓麵團能夠因高溫而急速脹大，使我們的可頌捲更為膨大。而後續降溫則是為了要讓可頌捲能夠完全烤熟卻不會焦掉。

發酵鬆餅

可做成7個7吋圓鬆餅，或4個9吋方形鬆餅

雖然鬆餅這種美食只要離開鬆餅模，就可以即刻享用，但若能在熱烤箱多待10分鐘，外皮會更加酥脆。這個方法也能讓大家在同一時間享用到鬆餅。不過，麵糊必須提前12至24小時先準備好。我們喜歡使用傳統鐵模做出的鬆餅口感，但是比利時烈日窩夫鬆餅模也能做出不錯的成品，只是鬆餅的總份量會變得比較少。

1¾杯牛奶

8大匙無鹽奶油，切成8小塊

2杯（10盎司）中筋麵粉

1大匙糖

1½茶匙速發或即溶酵母

1茶匙鹽

2顆大顆的雞蛋

1茶匙香草精

1.把奶油和牛奶置於小鍋，以中小火加熱3至5分鐘，

直到奶油融化。將其冷卻直到手指可以觸碰的溫度。

2.同一時間，在大碗中混合麵粉、糖、酵母和鹽。緩慢的將溫牛奶混合液倒入乾粉中，持續攪拌直到麵糊平滑。先在一個小碗中混合蛋液和香草精，再倒入麵糊中攪拌均勻。以橡皮抹刀將碗邊的麵糊刮下，蓋上保鮮膜放在冰箱冷藏12至24小時。

3.將烤箱烤架調整至中層，烤箱預熱至200℉。將烤架放在有邊烤盤裡，再放入烤箱。鬆餅模依說明書的指示加熱，當鬆餅模加熱時，取出冰箱的麵糊，此時麵糊應該起泡並已膨脹兩倍大。攪拌麵糊讓它再次混合，以利消氣。根據說明書的指示烘烤鬆餅，7吋圓形鬆餅模使用½杯麵糊，9吋方形鬆餅模使用1杯麵糊。再將完成的鬆餅移到預熱好烤箱裡，重覆動作直到全部的麵糊使用完畢即可享用。

藍莓發酵鬆餅

我們發現本食譜最適合使用體積較小的冷凍野生藍莓。較大的新鮮藍莓遇到熱鬆餅鐵模時，較容易釋放果汁，而且會變得苦澀。

當我們以步驟3中，將麵糊從冰箱取出時，將1½杯的冷凍藍莓，以橡皮抹刀輕巧地混入麵糊中，接下來就依食譜指示料理即可。

成功關鍵 ——————

發酵鬆餅並非現今廚藝界熱衷的食譜，真可惜。發酵鬆餅聽起來有點傳統，而且還得事前先準備好，但它口感香脆、美味、準備起來又簡單。我們很希望能夠讓這道滑潤、輕盈、香味四溢又帶點鹽味，精緻卻又味道濃郁的早餐復活。我們使用中筋麵粉，也發現恰到好處的酵母量可以營造怡人香氣，添加了一整條的融化奶油則讓氣味更為濃郁。將麵糊冷藏過夜，可以使酵母在被控制的環境下成長，使得鬆餅有了更出色的口感。更棒的是，一大早時，只需要加熱鬆餅模就可以等著享用！

整夜發酵：發酵鬆餅的概念是再簡單不過。大部分的食材：麵粉、鹽、糖、酵母、牛奶、融化的奶油和香草精，都在前一天就混合，並讓它在冰箱冷藏發酵。第二天，只需加入蛋和小蘇打，就可以烘烤鬆餅。以往食譜都會要求麵糊得置於室溫，這樣會讓麵糊膨脹後又消氣，但這是使麵糊變酸而不是產生香氣。我們

發現在冰箱中發酵能夠確保味道不會發展過度。同時，使用這個方法，也無需等到早上下鍋前再加入雞蛋。

不要使用酪奶： 我們認為酪奶是能夠迅速做好美式鬆餅和比利時鬆餅的關鍵。若想瞭解其中的差異，請參考觀念42食譜「最好吃的酪奶鬆餅」。可惜的是，大部分廚師的冰箱裡沒有酪奶，許多市場也沒有販賣。好消息是，在本食譜中使用一般牛奶反而是最佳選擇。酵母已經能夠提供許多香氣，若再使用酪奶反而會適得其反。

無需小蘇打： 許多傳統食譜都要求，烘烤前在蛋液裡加入小蘇打。不過，本食譜不需要再加小蘇打。因為在其他的食譜裡，麵糊擺在室溫過夜後，大部分的酵母都已經死光了，所以需要添加小蘇打讓鬆餅再度輕盈起來。但是我們的食譜是將麵糊放置冰箱低溫冷藏，因此即便是到了隔天早上，酵母仍有充足的發酵能力，若再加小蘇打就顯得多餘。

使用熱鐵模： 並非所有的鬆餅模都長得一樣，不過，你絕對需要熱燙的鐵模。最棒的鐵模能夠還你均勻烘烤過的完美鬆餅，從第一批到最後一批的外表都一致。選購時，尋找加熱面布滿導熱線圈的鐵模，確保能夠有效率的烘烤出金黃色的鬆餅。

實用科學知識 如何保存楓糖漿？

"楓糖漿一旦開封，請冷藏或冷凍"

楓糖漿具有高水合度又沒有添加防腐劑，所以很容易因為成為酵母、黴菌和細菌的溫床進而變質。冷藏不但能夠幫助楓糖漿保有風味還能抑制微生物生成。未開封的楓糖漿若妥善置於陰涼處可保存多年。不過，一旦開封就只能冷藏6個月至1年。

因為楓糖漿大多價格昂貴，所以一有折扣就想多囤幾罐也很合理。為了要長期存放楓糖漿超過1年的時間，我們想知道，究竟是該冷凍還是冷藏？我們將半罐楓糖漿冷藏，另外半罐冷凍，並做了測試比較。冷凍的楓糖漿從未結凍成固體，一旦回溫，滋味與冷藏的楓糖漿沒有差別。糖漿會因為液體中的固體濃度甚高所以無法結凍，以對楓糖漿來說，固體就是就是糖。楓糖漿經過冷凍後，最多只會變得濃稠、有粘性或有些結晶，但只需快速微波就能回復，就能像從來不曾冷凍過般。

觀念41：輕柔翻摺，避免「快速麵包」變硬
Gentle Folding Stops Tough Quick Breads

如同觀念39所述，「酵母」麵包必須仰賴發展完整的麩質結構才能適度膨脹，「麩質」也是麵包富有彈性和嚼勁的原因。相較之下，免發酵的「快速麵包」，例如香蕉麵包，以及瑪芬和美式鬆餅則會因為麩質過多而破壞原有樣貌。這其中的差異在於，快速麵包講求柔軟的口感，並非嚼勁。

◎科　學　原　理

先從「快速麵包」的定義談起吧！酵母麵包必須仰賴緩慢的發酵過程，才能產生膨脹效果，而快速麵包則利用化學膨鬆劑，也就是泡打粉或小蘇打，來達到相同效果。若想瞭解化學膨鬆劑的科學原理，請參考觀念42。在快速麵包的麵糊中加入膨鬆劑後，產生的氣體能讓瑪芬和美式鬆餅等烘焙食品適度膨脹。這些乾燥的膨鬆劑遇水後會隨即產生氣體，因此快速麵包必須立即送進烤箱烘焙，不需像酵母麵包一樣歷經長時間的發酵過程。

製作快速麵包時也需要運用相同的基本混合手法，偶爾為了方便稱之為「快速麵包法」倒也不失貼切。首先，將麵粉、泡打粉、小蘇打、鹽等乾性材料倒入碗中快速攪打。接著，在另一個碗或大量杯中，倒進牛奶或酪奶、融化的奶油或食用油、糖及雞蛋等濕性材料，快速攪拌均勻，最後再將濕性材料加進乾性材料中。接下來的混合過程必須額外注意，換句話說，如何施力使所有材料均勻混合才是重點所在，但這並非使用木製大匙隨意攪拌幾下這麼簡單。被我們稱作「翻摺」（folding）──的手法才是不可或缺的。

畢竟，鄉村酵母麵包要求富有嚼勁，相信以牙齒撕咬麵包的情景每個人都很熟悉。相較之下，若快速麵包必須多加咀嚼，通常會被視為失敗之作。快速麵包應該質地柔軟，口感反而更像蛋糕而非麵包。多數快速麵包中的雞蛋、脂肪和糖都具有「嫩化效果」，因為

無論是融化的脂肪及油脂、雞蛋中的乳化成分，以及溶解的糖都能防止或減緩蛋白質鬆開及重新結合的過程，進而干擾麩質的形成。然而，即使快速麵包的麵糊中含有雞蛋、脂肪和糖等具有嫩化效果的材料，如果過度攪拌，最後出爐的成品仍會相當堅硬。

以攪拌混合材料，看似是相當輕柔的手法，但對濕麵糊而言，這個動作已足夠開始鬆解蛋白質結構，促進麩質生成。要讓柔軟的快速麵包變硬，其實不需要太多麩質。因此，製作快速麵包時，千萬不可使用直立式電動攪拌機，只要使用橡皮抹刀將材料輕輕拌在一起即可。這種稱為「翻摺」的手法可說是關鍵步驟。事實上，完成的麵糊應有部分麵粉未徹底混合的痕跡。如果麵糊呈現均質狀態，很有可能已經過度攪拌。

堅硬的快速麵包裡含太多麩質

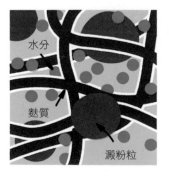

過度攪拌：
快速麵包麵糊中的水和麵粉結合時，代表麩質已開始生成。過度攪拌會促使麩質形成網狀結構，導致烤出堅硬的快速麵包。

⊗ 實　驗　廚　房　測　試

大多數快速麵包，或是以此原理製作的布朗尼食譜，都會提醒切勿過度攪拌麵糊，並表示這樣會烤出堅硬的烘焙成品。為了避免過度攪拌，通常會改用抹刀輕輕翻摺乾濕材料，直到麵糊殘留少許乾麵粉痕跡即可停止。為了確定這項提醒是否如此重要，我們設計了以下實驗。

我們烤了三批布朗尼，製作程序只有材料的混合程度有所差異。在第一批中，我們將乾濕材料翻摺至恰到好處，麵糊中殘留少許麵粉痕跡。第二批中，我們增加材料混合的程度，翻摺到沒有任何乾麵粉殘留，且麵糊外觀勻稱平滑為止。最後，我們替直立式電動攪拌機裝上球型攪拌頭，以低速攪打第三批麵糊整整5分鐘。

實驗結果

三批布朗尼之間的差異極大，即使前兩批布朗尼同樣採取翻摺法，但兩者已呈現出顯著差別：適度混合的麵糊最後烤出緊實、柔軟的布朗尼，而過度翻摺的布朗尼則狀似蛋糕、相對較為堅硬。以直立式電動攪拌機處理的麵糊經過烘焙後，高度幾乎是適度翻摺麵糊的兩倍，並具有極佳彈性。根據試吃員的說法，這批布朗尼相當堅硬，缺乏第一批布朗尼類似乳脂軟糖那種略帶黏性的口感。

重點整理

無論是實際試吃或將三批布朗尼並列比較，我們都可以清楚知道：過度攪拌會讓原應柔軟的布朗尼變硬。但隱藏其中的原因為何？

麵糊或麵團攪拌後都會形成麩質，而攪拌太頻繁會強化麩質的網狀結構。我們知道，麵包結構是由牢固的麩質網絡組成，這種結構有助於留住氣體，最終產生耐嚼口感。以直立式電動攪拌機製作的布朗尼之所以高度翻倍，是因為攪拌機把額外空氣打進麵糊中，而堅固的麩質網狀結構也能留住這些氣體。然而，在製作布朗尼時，這是我們完全不樂見的現象。過度攪拌意味著成品堅硬，外觀狀似蛋糕，離理想中柔軟、類似乳脂軟糖的口感相去甚遠。

我們發現，若要瞭解何時該停止攪拌，最簡單的方法是在布朗尼、或餅乾與快速麵包的麵糊中，刻意保留乾麵粉的痕跡。如果麵糊沒有完全混合均勻，就代表尚未過度攪拌，這就是我們所追求的狀態。此外，我們也建議採取翻摺，而不是攪拌的方式，盡可能減少拌動次數的，將乾濕材料混合在一起。以橡皮抹刀沿著攪拌盆底部和內壁刮下麵糊，順手翻轉後重複上述動作幾次即可。

✏ Tips：混合法對布朗尼質地的影響

適度混合

翻摺到理想程度的布朗尼麵糊仍殘留些許麵粉，可烤出乳脂軟糖般的柔軟口感，這才是我們喜歡的布朗尼樣貌。

過度翻摺

過度手動翻摺的布朗尼稍微較高、質地較硬，而且外觀明顯較像蛋糕。

拼命攪拌

以直立式電動攪拌機製作的布朗尼高度加倍、口感堅硬，而且巧克力味明顯較淡。

《縮減麩形成質的實際應用》
快速麵包與瑪芬

香蕉麵包、玉米麵包和瑪芬都應該具有幾近蛋糕的柔軟口感。要讓這些烘焙成品和觀念42食譜「美式鬆餅」的口感都保持軟硬適中，關鍵即在於盡可能減少麩質形成。問題是，我們如何將麩質減到最少？秘訣在於「無所為」。

極致香蕉麵包
10人份

在本食譜中，務必使用非常成熟、佈滿斑點、甚至變為黑色的香蕉。製作時，可使用5根解凍的香蕉，由於香蕉自然會釋出大量液體，因此可省略步驟2的微波程序，直接以細網濾網過濾即可。不過，切勿在步驟4中使用解凍的香蕉，太軟的香蕉難以切片。若使用這種香蕉，則只需在麵包表面灑上砂糖即可。本食譜預設使用長8½吋、寬4½吋的吐司烤模；若使用長9吋、寬5吋的烤模，則建議在食譜指示的烘焙時間前5分鐘就開始查看麵包的熟度。麵包剛出爐時的口感最佳，若徹底冷卻後再以保鮮膜緊密包覆，最久可保存3天。

1¾杯（8¾盎司）中筋麵粉

1茶匙小蘇打

½茶匙鹽

6根（2¼磅）非常熟的香蕉，剝皮

8大匙無鹽奶油，融化後放涼

2顆大顆的雞蛋

¾杯（5¼盎司）壓實的紅糖

1茶匙香草精

½杯核桃，烘焙後，切碎（可省略）

2茶匙砂糖

1.將烤箱烤架調整至中層，烤箱預熱至350℉。為8½吋、寬4½吋的吐司烤模內噴上植物油。取一大碗，倒入麵粉、小蘇打和鹽後攪拌均勻。

2.將5根香蕉放入另一個碗中，蓋上碗蓋後放入微波爐約5分鐘，使香蕉變軟並釋出液體。把香蕉放到細網濾網中，靜置一旁約15分鐘，過程中偶爾攪拌，將香蕉過濾到中碗內。最後應有½至¾杯香蕉汁。

3.將汁液倒入中型單柄深鍋中，以中大火烹煮約5分

鐘，直至濃縮成¼杯。鍋子離火，將濃縮汁液倒進香蕉中攪拌均勻，同時使用馬鈴薯搗泥器，將香蕉大致搗成柔滑的香蕉泥。拌入奶油、雞蛋、紅糖和香草精。

4.將香蕉泥倒進乾性材料中，攪拌至剛好混合即可，材料中應殘留乾麵粉的痕跡。若選擇使用核桃，可在此時倒入一起輕輕翻摺。將麵糊刮進備妥的烤模中。剩下的香蕉斜切成¼吋厚的薄片，並依序鋪到麵糊上排成兩行，麵糊中間部分預留1½吋寬的空間，以確保麵包均勻膨脹。最後均勻灑上砂糖。

5.送進烤箱烘焙55至75分鐘，最後以牙籤插入麵包中央測試，抽出時應不沾黏任何碎屑。讓麵包在烤模中放涼10分鐘，接著倒扣至網架上，冷卻1小時後即可享用。

成功關鍵

我們理想中的香蕉麵包相當簡單：濕潤、柔軟且嘗得到香蕉味。測試本食譜時我們發現，使用雙倍份量的香蕉可產生喜憂參半的效果。充足的水果可賦予麵包濃郁的香蕉滋味，但香蕉的重量和水分也會使麵包塌陷，並形成類似蛋糕的結構。為了提升香蕉味及避免水分過多，我們試過許多解決辦法，但都未能達到預期效果。終於，我們重新發現微波爐的價值，才順利解決這個難題。

擠出更多香蕉滋味： 我們希望香蕉麵包具有濃郁的香蕉味，但口感不要太稠密。為了烤出質地輕盈的香蕉麵包，我們勢必得從香蕉中汲取部分汁液。火烤香蕉有助於逼出汁液，但這種做法不僅耗時太久，汁液量也略嫌不足。我們還曾嘗試煮香蕉泥，以及將香蕉切塊後入鍋燜煮。但哪種方法的效果最佳？我們採取曾用來去除茄子多餘水分的手法，將香蕉放進微波爐微波。接著，我們將香蕉釋出的汁液加熱濃縮，並利用濃縮的香蕉汁取代麵糊中的部份乳製品，藉此創造濃郁誘人的香蕉滋味。

催熟香蕉： 使用非常成熟的香蕉是此食譜的重要環節，詳見本觀念「實用科學知識：成熟香蕉才是正確選擇」。加速香蕉成熟的方法俯拾皆是，但在設計香蕉麵包食譜時，我們試驗了八種方法，結果發現這些方法大多無效。舉例來說，其中一種做法是將未熟的香蕉連同外皮一起冷凍或火烤，據說如此可讓香蕉快速變甜、軟化，可立即用於烘焙。雖然這類方法確實可使香蕉變黑，看起來和超甜的過熟香蕉沒兩樣，但事實上，這對澱粉轉化成糖的必要過程幾乎毫無助益。

催熟香蕉的最佳方法，是將香蕉裝入紙袋中放上幾天。紙袋可留住加速水果成熟的乙烯氣體，同時也方便部分水氣蒸發。由於完全成熟的水果會釋放最多乙烯，因此將成熟的香蕉或其他水果裝進袋子中，可使催熟的速度加快1至2天。

適度調味：我們以紅糖取代一般的糖，結果發現紅糖的糖蜜滋味更適合搭配香蕉。添加1茶匙的香草精可襯托香蕉那股自然散發、類似蘭姆酒（rum）的微弱酒味。最後別忘了加入少許鹽巴。

以奶油取代食用油：製作香蕉蛋糕時，我們使用奶油取代傳統的食用油。加入奶油後，麵包可產生堅果的醇厚滋味，這是我們樂見的效果。

先分開處理，再加以翻摺：準備麵糊時，我們先將紅糖與濕性材料均勻混合，再倒進乾性材料中輕輕翻摺。「輕輕翻摺」是這個步驟的重點。翻摺麵糊時務必小心輕柔，讓麵糊中刻意殘留乾麵粉痕跡。香蕉務必搗成細泥才能與乾性材料混合。

鋪上更多香蕉：我們將第6根香蕉切片，像鋪屋瓦般排到麵糊表面。最後灑上的砂糖可讓奶油般柔軟的香蕉薄片形成焦糖，進而使麵包具有誘人的爽脆表層。鋪上香蕉時，盡量沿著吐司模較長的兩邊排列，中間預留1½吋寬的空間，以確保麵包均勻膨脹。

實用科學知識 成熟香蕉才是正確選擇

"成熟的香蕉會佈滿斑點，這代表香蕉含有更豐富的果糖"

製作香蕉麵包時，除非希望麵包清淡無味，否則極度成熟、佈滿斑點的香蕉永遠是材料首選。香蕉成熟的過程中，澱粉會以極快的速度轉變成糖分。在實驗室的測試中，我們發現佈滿斑點的香蕉，比斑點較少的香蕉含有將近三倍的果糖，此糖分是水果中產生的甜味，實際倍數會因不同水果而異。不過，熟香蕉產生的效果差異僅止於此。我們發現，若使用完全黑掉的香蕉和佈滿斑點的香蕉製作麵包，兩者烤出來的麵包甜度差異甚微。

1.8%果糖＝不夠熟	5.3%果糖＝熟度剛好
出現少許黑斑的香蕉只含有少量果糖。	佈滿黑斑的香蕉明顯含有更豐富的果糖。

實用科學知識 延長香蕉保存期限

"香蕉放進冰箱冷藏會使外皮變黑，但可拉長保存期限"

大多數的人都將香蕉放在檯面上，我們很好奇，將香蕉放進冰箱能否延緩成熟速度。為了找出答案，我們把12磅香蕉放在室溫下3天，使其完全成熟。此時香蕉雖然硬實，但按壓時會稍微凹陷。接著，我們把一半香蕉放進冰箱，剩下的一半繼續放在室溫下。

接下來的幾天中，香蕉幾乎沒有任何差異。不過經過4天後，室溫下的香蕉明顯變得軟爛，而冰箱內的香蕉雖然外皮變黑，但仍保有結實的質感。丟棄室溫下的香蕉後，我們緊接著品嚐冷藏的香蕉，結果意外發現，冰箱中的香蕉多撐了1天，總共冰了5天還不至於過熟，也就是說，購買後幾乎放了2個星期。

原因很簡單：香蕉成熟的過程中，會釋放出一種稱為乙烯的氣體，這種氣體可加快成熟速度。低溫有助於減慢乙烯的生成速度，進而延緩香蕉成熟。然而，冷藏也會破壞香蕉皮的細胞壁，釋出的酵素會導致表面生成棕黑色斑點。因此，買回香蕉後，先放在檯面上直到出現斑點。香蕉成熟後若不急著使用，再放進冰箱延長保存期限。

中筋玉米麵包
6人份

準備烤盤或其他任何材料前，先量好需要的冷凍玉米粒，放在室溫下備用。玉米盛產時，可使用煮熟的玉米粒取代冷凍玉米。本食譜使用桂格（Quaker）黃玉米粉；雖然也可使用石磨的全穀玉米粉，但會使成品顯得較乾，柔軟的口感也會稍打折扣。我們偏好使用派勒克斯（Pyrex）玻璃烤盤，因為能烤出漂亮的金黃脆皮，不過使用傳統或不沾黏的金屬烤盤也行。

1½杯（7½盎司）中筋麵粉

1杯（5盎司）玉米粉

2茶匙泡打粉

¼茶匙小蘇打

¾茶匙鹽

¼杯（1¾盎司）壓實的紅糖

¾杯冷凍玉米粒，加以解凍

1杯酪奶

2顆大顆的雞蛋

8大匙無鹽奶油，融化後放涼

1.將烤箱烤架調整至中層，烤箱預熱至400℉。在8吋烤盤噴上植物油。取一中碗，倒入麵粉、玉米粉、泡打粉、小蘇打和鹽後攪拌均勻。靜置一旁待用。

2.使用食物調理機或攪拌器將紅糖、玉米粒和酪奶攪拌約5秒，直至均勻。倒入雞蛋，再攪打5秒，直至均勻混合。此時仍有少許玉米塊。

3.使用橡皮抹刀，在乾性材料中間挖出小井，倒進濕性材料。開始將乾性材料拌入濕性材料中，稍微翻攪幾下，讓材料大致混在一起即可。加入融化的奶油並開始翻摺，讓乾性材料剛好濕潤即可。將麵糊倒入備妥的烤盤中，以抹刀抹平表面。

4.送進烤箱，烘烤25至35分鐘，直到玉米麵包呈現深金黃色，以牙籤插入測試時，抽出後應不沾黏任何碎屑。出爐後放到網架上冷卻10分鐘，然後將麵包倒扣到網架上，再翻回正面靜置冷卻。麵包放至微溫即可享用，約再需10分鐘。剩下的麵包可用鋁箔紙包住，放進350℉的烤箱重新加熱10至15分鐘即可繼續食用。

成功關鍵

玉米麵包在美國北方口味裡，是宛如蛋糕般的甜麵包，也可以是南方那口感輕盈的鹹麵包。我們希望融合兩者優點，烤出最理想的滋味。最重要的是，我們希望玉米麵包能夠具有極其濃郁的玉米香味。秘訣很簡單：使用玉米，而不是只加玉米粉。

加強玉米味：在本食譜中，我們使用的是去胚芽的黃玉米粉。這種玉米粉或許沒有最濃郁的味道，但在美國各地的超市都可輕易買到。以3份麵粉搭配2份玉米粉的比例可製作出口感最優的玉米麵包，但這也有淡化玉米滋味的疑慮。有何解決辦法？我們將玉米粒放入食物調理機中攪打，藉以釋出全部玉米味。既然使用了玉米泥，就需要減少乳製品的用量，我們偏好酪奶而非全脂牛奶。少許紅糖可為麵包增添甜美的糖蜜滋味。

灑入奶油：在最後的步驟中，我們將奶油拌入麵糊中。麵糊會因此出現未均勻混合的少許奶油痕跡，但送進烤箱烘焙後，奶油會浮到麵包表面，形成色澤更深的焦黃酥脆表皮，並散發濃郁的奶油香味。畢竟我們加了一整條的大量奶油。

高溫烘焙：要烤出焦黃色澤的爽脆表面，將麵糊倒進燒熱的鑄鐵平底鍋確實是效果顯著的方法之一。然而，並非所有人都擁有合適的鑄鐵平底鍋。我們發現，只要利用高溫烤箱，就能將麵糊刮進方形烤盤中，烤出理想的脆皮。

墨西哥辣椒佐切達起士辣味玉米麵包

鹽減少至½茶匙。在麵粉混合物中，加入⅜茶匙卡宴辣椒粉、1根去籽且切得極碎的墨西哥辣椒以及½杯切達起士絲，上下翻攪混合均勻。紅糖減至2大匙。烘焙前，在麵糊中灑上2盎司的切達起士絲。

藍莓早餐玉米麵包

鹽減少至½茶匙。在步驟2中，將酪奶的份量減少至¾杯，連同¼杯楓糖一起倒入食物調理機中攪打。步驟3中，加入融化的奶油時，也一併倒入1杯新鮮或冷凍藍莓。烘焙前，為麵糊灑上2大匙砂糖。

實用科學知識「冷凍」保存麵粉

"我們建議將全穀類的麵粉放進冷凍庫中保存"

精製麵粉，包含低筋、中筋和高筋麵粉，在放進密封容器後，可在櫥櫃中保存長達1年。全穀類的麵粉，例如黑麥麵粉和全麥麵粉，都比精製麵粉含有更多脂肪，放在室溫中恐怕容易變質發臭。因此，我們建議將這類麵粉放進冷凍庫保存。我們從不同測試中發現，使用冷凍保存的麵粉會抑制烘烤時的膨脹程度，進而烤出結構較為稠密的烘焙食品。因此，烘焙前務必先將冰冷的麵粉放到室溫下退冰。若要快速退冰，可將麵粉倒入烤盤中，撥散成薄層後靜置約30分鐘。

改良式麥麩瑪芬
12個

葡萄乾可使用蔓越莓乾或櫻桃乾取代。

1杯葡萄乾

1茶匙水

2¼杯（5盎司）全麥麩原味穀片（All-Bran Original cereal）

1¼杯（6¼杯盎司）中筋麵粉

½杯（2¾盎司）全麥麵粉

2茶匙小蘇打

½茶匙鹽

1顆大顆的雞蛋，外加1顆大顆的蛋黃

⅔杯（4⅔盎司）壓實的紅糖

3大匙糖蜜

1茶匙香草精

6大匙無鹽奶油，融化後放涼

1¾杯原味全脂優格

1. 將烤箱烤架調整至中層，烤箱預熱至400℉。為12格的瑪芬烤模盤噴上植物油。取一小碗，倒入葡萄乾和水攪拌均勻，蓋上碗蓋後放進微波爐微波30秒。掀開碗蓋，靜置約5分鐘，直到葡萄乾軟化膨脹為止。將葡萄乾移到鋪了紙巾的盤子上放涼。

2. 將1杯又2大匙穀片倒入食物調理機中攪打約1分鐘，直至打成細粉狀。取一大碗，倒入中筋麵粉、全麥麵粉、小蘇打和鹽後混合均勻，置於一旁待用。將雞蛋和蛋黃倒進中碗內，攪拌約20秒，直到均勻混合且色澤明亮為止。倒入糖、糖蜜和香草精，快速攪打約30秒，使混合物變稠。加入融化的奶油，攪拌混合均勻。倒入優格，加以拌勻。拌入已打成細粉的穀片和剩下的1杯又2大匙穀片。將混合物靜置一旁約5分鐘，直到穀片均勻濕潤為止。仍有部分小團塊。

3. 將濕性材料倒進乾性材料中，以橡皮抹刀輕輕拌動，使材料適度混合、均勻濕潤，切勿過度攪拌。將葡萄乾輕輕拌入麵糊中。使用冰淇淋挖杓或大大匙，將麵糊均分舀進備妥的瑪芬烤模中。注意別拍實或抹平麵糊，務必讓麵糊自然落成一團。

4. 送進烤箱，烘烤約16至20分鐘，直到瑪芬呈現深黃色澤，以牙籤插入瑪芬中央測試時，抽出後幾乎不沾黏任何碎屑即可；烘烤過程中，記得180度旋轉烤盤。出爐後，先讓瑪芬在烤盤中冷卻5分鐘，然後移到網架上放涼10分鐘即可享用。

成功關鍵

傳統的麥麩瑪芬需使用未加工的麥麩，但實際調查超市後，我們發現這種特殊材料不易購買。我們希望能在不使用未加工麥麩的情況下，烤出濕潤飽滿的瑪芬，入口後還能嚐到麥麩的濃郁土質味道。我們達成此目標的方法，是混合打成粉狀和完整的麥麩穀片一起使用，並添加優酪乳、紅糖、糖蜜以及經過微波而膨脹的葡萄乾。

挑選合適的穀片：麥麩是麥粒的外殼，通常會在碾磨過程中去除。麥麩穀片有多種樣貌，包含片狀、圓芽狀和細枝狀。各種穀片用以製作瑪芬的合適程度如下：麥麩片時常以全麥混合麥麩製成，用來製作瑪芬幾乎沒有味道。小麥麩芽可做出質地稠密的瑪芬，但也幾乎淡而無味。然而，以細枝狀麥麩製成的穀片，例如品牌All-Bran，則能賦予瑪芬最濃郁的滋味。

將麥麩打碎：細枝狀麥麩可提供濃厚的麥麩味，但要隨心所欲運用這項材料則是另一道難題。這種麥麩不容易在麵糊中溶解，而且預先浸泡只會讓瑪芬的質地有如曲棍球「球餅」般密實。不過我們發現，如果將一半穀片打成細粉，另一半保留細枝狀原貌，則可讓瑪芬產生勻稱且不厚重的口感。我們喜歡混用中筋麵粉和全麥麵粉，藉以強化麥麩滋味。

使用優格：我們發現，奶油用量超過6大匙後，瑪芬會顯得油膩，因此我們很好奇乳製品能否讓滋味更為飽足且口感更加柔嫩。在大多數食譜中，以牛奶取代酸奶油通常會有矯枉過正的風險。雖然酪奶的效果優於一般牛奶，但全脂優格才是試吃員的首選。此外，以小蘇打取代泡打粉能產生較為粗糙的麵包質感，這也是試吃員偏好的口感。

混用紅糖和糖蜜：我們同時使用紅糖，取代傳統食譜採用砂糖，以及加入糖蜜，藉此產生焦糖麥芽的甜味，以搭配麥麩和全麥的特有風味。

烤膨葡萄乾：試吃員反應，葡萄乾並未在烘焙過程中充分軟化。對此，我們將葡萄乾和少許水一起放進微波爐加熱，藉此使葡萄乾膨脹變軟。效果驚人！

填滿烤模：若要烤出碩大飽滿的瑪芬，務必以麵糊填滿瑪芬烤模。為了讓瑪芬隆起後形成漂亮外觀，切記

讓麵糊自然落成一團，避免將表面抹平。

藍莓瑪芬
12個

若手邊沒有酪奶，你可以將¼杯牛奶混合¾杯原味全脂牛奶或低脂優格，加以稀釋後即可使用。

檸檬糖粉

⅓杯（2⅓盎司）糖
1½茶匙磨碎的檸檬皮

瑪芬

10盎司（2杯）藍莓
1⅛杯（3/4盎司）又1茶匙糖
2½杯（12½盎司）中筋麵粉
2½茶匙泡打粉
1茶匙鹽
2顆大顆的雞蛋
4大匙無鹽奶油，融化後放涼

¼杯植物油
1杯酪奶
1½茶匙香草精

1. 檸檬糖粉：取一小碗，倒入糖和檸檬皮，攪拌均勻，置於一旁待用。

2. 瑪芬：將烤箱烤架調整至中高層，烤箱預熱至425℉。為12格的瑪芬烤盤噴上植物性油。將1杯藍莓和1茶匙糖倒入小型單柄深鍋中，以中火加熱至開始湧現氣泡。持續熬煮約6分鐘，不斷攪拌並以大匙壓碎藍莓數次，使藍莓破裂分散、鍋中材料變稠，最後收汁成¼杯為止，約6分鐘。將汁液倒進小碗中，靜置冷卻成常溫，約10至15分鐘。

3. 取一大碗，倒入麵粉、泡打粉和鹽，攪拌混合均勻。在另一中碗內，倒進剩下的1⅛杯糖和雞蛋，將材料攪打成濃稠的混合物，使其呈現均質狀態，約需45秒。倒入奶油和植物油，緩慢攪拌至混合均勻。拌入酪奶和香草精，使所有材料混合均勻。使用橡皮抹刀，將雞蛋混合物和剩下的1杯藍莓拌入麵粉混合物中，使所有材料適度濕潤即可。此時麵糊會結成團塊，幾乎沒有乾麵粉的痕跡；注意切勿過度攪拌。

4. 使用冰淇淋挖杓或大大匙，將麵糊平均分裝到備妥的瑪芬烤模中。麵糊應完全填滿烤模，任其稍微落成一團。以大匙挖取煮好的藍莓，在每團麵糊中央放上1茶匙藍莓。模仿數字「8」的筆劃，利用筷子或串肉針將藍莓餡料攪進麵糊中。最後，將檸檬糖粉均勻灑到瑪芬上。

5. 送進烤箱，烘烤約17至19分鐘，將瑪芬烤到表面金黃，最後以牙籤插入瑪芬中央測試時，抽出後理應不會沾黏太多碎屑；烘烤過程中，記得為瑪芬烤盤轉向。讓瑪芬在烤盤中冷卻5分鐘，然後移到網架上靜置5分鐘，放涼後即可享用。

成功關鍵 ————————————

一口咬下藍莓瑪芬，理應嘗到濃郁的藍莓味，口感也應該濕潤飽滿。然而，藍莓時常因為長途運送而導致原有的風味虛無飄渺、曇花一現。我們的目標，是希望藍莓瑪芬洋溢著濃郁的藍莓味，而且無論使用哪種藍莓，即使是超市販售的軟爛劣質品，效果都可以不受影響。對此，我們親手製作低糖藍莓醬，準備麵糊時採取翻摺法，而非傳統的打發法。結果如何呢？藍莓瑪芬大成功！

《麵粉的基本知識》

─結構─

麵粉以小麥製成，市面上有許多種形態的麵粉。無論是白麵粉、全麥麵粉、中筋或低筋麵粉，在烘焙食品中都扮演相當重要的角色。此外，麵粉也是燉料理和醬汁中的增稠劑，更是肉品裹上麵包屑時不可或缺的基本材料。

麥麩

麥麩是麥粒的堅硬外層，在白麵粉的精製過程中通常會加以去除。麥麩主要由纖維和少量的脂肪酸構成，重量約佔9%，而富含蛋白質的糊粉層也屬於麥麩的一部分。

胚乳

胚乳是位於麥粒中央的細胞集合區，是儲存胚芽養分的部位。胚乳約有80%是由澱粉構成，而在麥粒的構造中，胚乳就佔了75%左右。胚乳通常是麥粒研磨後唯一會使用的部分，例如精製的白麵粉就只採用胚乳製成。

胚芽（麥胚）

胚芽是麥粒的繁殖部位，富含酵素和脂肪，因此滋味極佳。麥芽和麥麩是全穀類食品的重要組成元素。

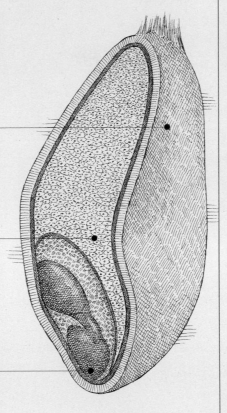

─過篩─

麵粉過篩雖然是瑣碎的雜事，但有時卻異常重要。製作海綿蛋糕或傑諾瓦士蛋糕（genoise）這類精緻西點時，必須將麵粉翻摺至打發的雞蛋和糖中，這時麵粉若已過篩，讓麵粉充滿空氣，即可快速混合均勻，輕鬆拌散，進而減少麵糊塌陷的風險。

過篩會減少食譜中麵粉的整體份量與重量。由於打進空氣的緣故，1杯過篩的麵粉約重3盎司；若將量杯壓入麵粉中，舀取後再將超出杯口的多餘麵粉水平刮掉，簡稱「舀掃法」。然後直接測量，1杯低筋麵粉約為4盎司。因此，若未遵照食譜對於過篩步驟的指示，麵粉用量難保不會過多或太少。

為了確保麵粉的用量適中，如果食譜指示使用「1杯過篩麵粉」，請將麵粉直接篩進擺在烤盤上的量杯中，接著再刮掉多餘的麵粉。若食譜指示使用「1杯麵粉，過篩」，則請先採取「舀掃法」取出麵粉，然後加以過篩。當然，麵粉秤可讓此步驟更為簡單、準確，這也是為什麼我們的食譜總是同時標明重量和容量。如需有關測量材料的詳細說明，請參考「測量的科學」章節。有關保存方法，請參考「實用科學知識：『冷凍』保存麵粉」。

─選購─

若經常烘焙，手邊應該要有三種麵粉：中筋、低筋和高筋。為什麼？因為這三種麵粉的蛋白質含量差異甚大，各種麵粉吸收水分的情況不同。若在1杯低筋麵粉中加水攪拌，麵粉或許會成為軟爛的麵糊，但等量的水卻會讓高筋麵粉形成軟硬適中的麵團。蛋白質含量也會影響麩質生成。蛋白質含量越多，產生的麩質越多，進而左右烘焙成品的粗糙度、嚼勁、堅韌度或脆度。至於這些特色是否討喜，必須取決於各種食譜的需求。不過，麵粉不只有這三種選擇。

中筋麵粉：

中筋麵粉是目前適用範圍最廣的麵粉，其蛋白質含量可提供吐司所需的健全結構，同時又具有輕盈的質地，可用來製作口感介於中等和粗糙之間的蛋糕。中筋麵粉的蛋白質約佔10%至11.7%，各品牌含量不同：「亞瑟王」的含量接近11.7%，「貝氏堡」和「金牌」則約10.5%。我們偏好使用未經漂白的麵粉，其原因請參考觀念45「實用科學知識：為何要漂白麵粉？」在我們的測試中，經過漂白的麵粉無法和未漂白的麵粉一樣產生同等優質的效果，有時甚至會因為風味平淡或味道不佳而不受青睞。

低筋麵粉：

低筋麵粉的蛋白質含量偏低，約6%至8%，因此才能烤出筋性較低的蛋糕和點心，呈現較為細膩精緻的質感。我們使用低筋麵粉製作質地輕盈的蛋糕，例如磅蛋糕、天使蛋糕和黃色千層蛋糕。要注意的是：大多數低筋麵粉都經過漂白，其中的澱粉會因此受到影響，導致麵粉吸收更大量的液體和脂肪。由於低筋麵粉大多含有大量的糖和脂肪，因此在食用時很難察覺漂白過程產生的臭味。若要調配出類似於一杯低筋麵粉的效果，可使用2大匙玉米澱粉混合7⁄8杯中筋麵粉予以取代。

高筋麵粉：

這種麵粉的蛋白質含量介於12%至14%之間，足以生成大量麩質，提供鄉村麵包所需的強韌耐嚼口感，尤其是脂肪量極少、甚至完全不加脂肪的麵包，最適合使用高筋麵粉。至於吐司，我們反而喜歡使用中筋麵粉，使吐司的口感更加柔軟。

全麥麵粉：

全麥麵粉是採用麥粒的三個部位製成，包括胚乳、富含纖維的麥麩或外殼，以及充滿維他命的微小胚芽。由於採用胚芽和麥麩製成，全麥麵粉不僅較為營養、滋味豐富，也顯得更為濃稠而較難以膨脹。一般而言，我們不喜歡在製作麵包或烘焙食品時全部使用全麥麵粉，因為這樣會讓成品的口感較為稠密，味道也可能偏酸。為了避免以上缺點，我們在多數食譜中都會以中筋麵粉搭配全麥麵粉一起使用。

派粉：

派粉是低筋的麥製麵粉，蛋白質含量介於中筋麵粉和低筋麵粉之間。這種麵粉通常用於製作派皮、塔皮、司康和其他以奶油烘焙而成的類似點心，例如比司吉和酥餅。雖然派粉用途廣泛，但除非是專業烘焙師傅，否則並不建議囤積派粉。

自發麵粉：

自發麵粉內含膨鬆劑，以低筋麵粉製成，因此相對於中筋麵粉，效果反而更接近低筋麵粉。我們發現，自發麵粉帶來的便利效果不太顯著，建議若食譜需要使用這種麵粉，可改用低筋麵粉，再自行添加泡打粉和鹽。只要在每杯麵粉中加入1½茶匙泡打粉和½茶匙鹽，就能用以取代自發麵粉。

使用更多藍莓，但改變運用方式：一旦增加瑪芬麵糊中的藍莓份量，難保口感不會變得軟爛沉重。我們將部分藍莓熬煮成醬，蒸發多餘的水分並濃縮滋味。若使用市售果醬通常會太甜。在瑪芬麵糊中加入這種果醬，可讓瑪芬具有優質口感和純粹的藍莓滋味，而且我們也加了少許新鮮藍莓。

效法「快速麵包」：我們避免像製作蛋糕般打發奶油和糖，改採製作快速麵包的方式，將麵糊輕柔翻摺。這可形成稍微粗糙的質感，是我們理想中瑪芬的樣貌。重要的是，翻摺乾濕材料時，動作務必小心輕柔，到時麵糊會稍微結成團塊，並殘留斑駁的麵粉痕跡。

使用奶油和植物油：為了實現理想中油滑濕潤的口感，我們仔細檢視了食譜中使用的脂肪。雖然奶油可帶入濃郁的香味，但我們知道油脂較能讓烘焙食品產生濕潤柔嫩的質感。油脂不像奶油，不含任何水分，可以完全包覆麵粉中的蛋白質，避免蛋白質吸收液體而形成麩質。因此，我們將部分奶油換成植物油，藉以烤出濕潤柔滑的口感。

旋轉攪入果醬：麵糊分裝進瑪芬烤模後，才將果醬舀到麵糊上。在每個放進麵糊的烤模中央，放上 1 茶匙冷卻的藍莓醬，並記得讓果醬陷進麵糊中。接著，使用筷子或串肉針，以寫數字「8」的方式輕輕攪散藍莓醬，讓麵糊充斥藍莓滋味。

灑上檸檬糖粉：為了使瑪芬表面形成爽口的脆皮，我們將瑪芬放到烤箱的中上層盤架，以 425℉的高溫烘烤。送進烤箱前，我們才在麵糊表面灑上檸檬口味的糖。糖會在遇熱後稍微融化，接著在烘焙過程中逐漸轉硬，形成令人難以抗拒的爽脆表層。

觀念42：並用兩種膨鬆劑，發酵效果更佳
Two Leaveners Are Often Better than One

在19世紀，如小蘇打和泡打粉等的化學膨鬆劑出現，讓廚師們再也不必仰賴不穩定的酵母製作蛋糕，一般人也能夠更輕鬆的在家烘焙食品。化學膨鬆劑的作用快速又穩定，但也同樣令人困惑。有些食譜使用的是泡打粉，有些則是使用小蘇打，甚至更多食譜則是二者兼用。為何有些簡單的食譜，像是餅乾，無需太多膨脹卻也要用到二種膨鬆劑呢？

◎科　學　原　理

快速麵包、鬆餅、比司吉、餅乾和蛋糕都使用小蘇打與泡打粉的化學膨鬆劑——而不是酵母——來讓麵團膨脹。「化學膨鬆劑」與「酸」在交互作用後，會產生二氧化碳，也就是這些氣體造成烘焙品膨脹。

鹼性的小蘇打要發揮效用，必須與食譜中的酸性食材，例如酪奶、酸奶油、優格或糖蜜結合，才能產生作用。當小蘇打和酸性物質交互作用時，它們會立刻產生二氧化碳，在麵團或麵糊裡形成氣泡。重要的是，小蘇打的用量得拿捏精準，如果用量過少，無法產生足夠氣泡，會使麵團膨脹；用量過多，則會產生太多的二氧化碳，導致氣泡過大，大氣泡互相合在一起，最後膨脹到麵團表面破裂，導致烤出來的成品扁平。除此之外，使用過多小蘇打，也會使食材內的酸性不足以被中和，導致快速麵包或蛋糕吃來有股金屬味且口感粗糙。

另一方面，泡打粉是由總量中約四分之一至三分之一的小蘇打，混合乾燥酸性物質，例如塔塔粉，以及雙倍乾燥的玉米澱粉所製成。玉米澱粉能吸收溼氣，存放時得將小蘇打及乾燥的酸性物質隔離，避免提早作用而產生氣泡。當泡打粉受潮時，乾燥的酸性物質會開始和小蘇打作用，進而產生二氧化碳。如果麵團中沒有天然的酸性物質時，廚師就只能棄小蘇打而改用泡打粉。

市面上的泡打粉有二大類。第一類「單一反應泡打粉」和小蘇打結合的只有一種酸，這種酸反應快速，一旦有液體加入麵糊中，酸性物質便開始作用。第二類「雙重反應泡打粉」，則是在小蘇打混合時加入二種以上的酸性物質。其中之一的酸性物質，通常是「硫酸鋁鈉」（sodium aluminum sulfate），又稱為明礬，只有在送入超過120℉的烤箱後，才會開始作用，幾乎所有超市販售的品牌都屬於這種。我們建議所有食譜都使用雙重作用泡打粉，因為大部分泡打粉造成的膨脹，都是在高溫的烤箱中發生，這使得烘焙成品能夠有較高的膨脹。除此之外，我們也發現單一反應泡打粉在司康和鬆餅這類含水量較少的麵團中，是無法讓麵團充分膨脹的。

小蘇打 VS. 泡打粉

小蘇打：
當小蘇打和酸性食材互相作用，會立刻產生二氧化碳、製造出氣泡，幫助麵團和麵糊膨脹。

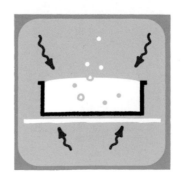

泡打粉：
當泡打粉在烤箱中受熱時，將會再一次製造出二氧化碳氣泡。

在本書中的許多食譜裡，都同時使用了「小蘇打」和「泡打粉」，藉以控制釋出的氣體與麵團的鹼度。有時，食譜含有過多酸性物質，必須加入小蘇打，確保泡打粉不會被中和而失去作用。既然小蘇打要靠其他酸性食材發生作用，通常也就會產生較偏鹼性的麵團。麵團越鹼，越快上色，麩質也較脆弱，因此，可以做出較柔軟且多孔的麵包。

但是為什麼褐變反應在鹼性環境中表現最佳？因為每個氨基酸分子，例如麵粉蛋白質裡的胺基酸，都有二端，分別是「氨基端」和「酸端」。正如你所猜測，酸端是酸性。你或許沒料到：氨基端是鹼性。就是這項鹼性端和糖分子交互作用，進而產生「梅納反應」，想進一步瞭解其料理科學，請參考觀念2。在酸性溶液中，鹼性端就無法產生作用。加入小蘇打所創造出鹼性環境，使得氨基端則能夠茁壯發展並和糖產生作用，產生褐變反應。

⊗ 實 驗 廚 房 測 試

假設雙重反應泡打粉裡包含小蘇打和一種乾燥的酸性物質，那麼在烘焙過程中就能在「混合後」與「烘烤時」提供二次膨脹，為什麼我們還要再添加小蘇打呢？為了回答這個問題，我們進行了以下實驗：我們烤了三份簡易酪奶比司吉（食譜後附），第一份裡面添加了2茶匙泡打粉、½茶匙小蘇打；第二份只加2茶匙泡打粉；第三份則是3茶匙泡打粉，讓膨脹力約等同第一份。再比較這三份成品的外觀、口味和質地。

實驗結果

有趣的是，沒有添加小蘇打的比司吉膨脹高度，和加了兩種膨鬆劑的一樣。但除了膨脹的高度以外，各方面的結果截然不同。沒加小蘇打的二個比司吉，其成品顏色較淡，表面也較平滑，不過，添加二種膨鬆劑的比司吉則有著漂亮褐色和香脆外皮。除此之外，加了二種膨鬆劑的比司吉味道更濃更有堅果味。加3茶匙泡打粉的比司吉，膨脹高度沒有大於加2匙泡打粉的，但卻有化學餘味，3匙泡打粉顯然過量。

重點整理

所以，只使用泡打粉是否能讓烘焙成品充分膨脹呢？在許多的例子裡，答案是肯定的。不過，成品是否能有最佳外觀與口感？這又完全是另一回事。在我們的酪奶比司吉中，有二個原因讓小蘇打也是一種鹼，顯得非常重要。首先，小蘇打能立刻與代表酸性物質的酪奶產生反應，製造出小小的二氧化碳氣泡，使麵團輕盈。第二，它能中和麵團裡的酸性，創造出較鹼的環境，讓梅納反應順利進行，也製造出數百種新的化合物，讓加入雙重膨鬆劑做出來的比司吉味道更豐富、有趣。

✎ Tips：小蘇打和泡打粉的力量

只加泡打粉
只有使用泡打粉的比司吉，從烤箱出爐時外表平滑，顏色淺淡，口感乏味。

添加泡打粉和小蘇打
使用雙重膨鬆劑的比司吉表面粗糙、上色均勻，味道也比較好。

《兩種膨鬆劑的實際應用》美式鬆餅

美式鬆餅雖然簡易，但若沒有做好，成品會太厚重，所以「減少混合法」很重要，若想瞭解其原理，請參考觀念41，但真正的關鍵在於膨鬆劑的使用。棘手的是，使用酸性的酪奶會和膨鬆劑產生作用，在麵糊裡製造出氣泡，而酪奶也能讓美式鬆餅有更好的滋味和輕盈的組織。只是調配方式若不正確，可能會造成一場災難。

> **最好吃的酪奶鬆餅**
> 可製作16個4吋鬆餅，約為4-6人份

美式鬆餅可用電烤盤完成，先將烤盤溫度設為350℉，並依食譜指示操作即可。實驗廚房建議使用蛋白量含量較低的中筋麵粉，如金牌麵粉或貝氏堡牌的麵粉。如果你使用的是蛋白質含量較高的中筋麵粉，如亞瑟王牌（King Arthur），必需多加1至2大匙酪奶。享用時可搭配溫楓糖漿。

　　2杯（10盎司）中筋麵粉
　　2大匙糖
　　1茶匙泡打粉
　　½茶匙小蘇打
　　½茶匙鹽
　　2杯酪奶
　　¼杯酸奶油
　　2顆大顆的雞蛋
　　3大匙無鹽奶油，融化後冷卻
　　1-2茶匙植物油

1.將烤箱烤架調整至中層，烤箱預熱至200℉。將烤架放入有邊烤盤內，噴上植物油，放入烤箱。在中型容器中篩入所有乾粉，包括麵粉、糖、泡打粉、小蘇打和鹽。在另一個中型容器中，混合溼料：酪奶、酸奶、蛋和融化的奶油。在乾粉中央倒入溼料，輕柔的攪拌混合，麵糊仍是凹凸不平且帶有一絲麵粉痕跡。不要過度攪拌，烹煮前先靜置10分鐘。

2.在12吋的不沾平底鍋中，以中火加熱1茶匙油，直到油閃閃發亮。用紙巾小心將油抹乾，只留下薄薄一層在底部和鍋邊。將¼杯的麵糊，於鍋中的四邊，倒入4片麵糊。煎約2至3分鐘，此時鬆餅邊緣已定型，第一面呈金黃色，表面的泡泡開始破掉，即可用薄寬的煎鏟翻面，煎至第二面也呈金黃色，約需再1至2分鐘。趁熱即時享用，或轉放入預熱好的烤箱架上。如有需要，可使用剩餘的油，重覆步驟完成剩下的麵糊。

成功關鍵

酪奶鬆餅經常會缺乏真正的香氣，也很難做出我們所期待的膨鬆輕盈質感。我們希望酪奶鬆餅能有著金黃微脆的外皮，膨鬆柔軟的內在，並且有足夠的結構撐起淋上滿滿的楓糖漿。我們使用酸奶、二種膨鬆劑和一些技巧來讓鬆餅又軟又美味。

從酪奶開始：當我們的祖先以帶有甜味的酪奶，製作出豐富滋味的鬆餅時，他們已贏得先機，因為當時的酪奶是純正道地的。現今的酪奶是從脫脂奶裡提煉出味道淡薄的液體，拿來培養細菌充當酪奶；與其使用這種酪奶，早期的北美住民就已經懂得使用乳脂製造出充滿油脂的替代品，也就是奶油。從天然攪拌的酪奶到人造之別，也說明了現在的酪奶美式鬆餅為何總缺乏美妙的風味。因此我們必須用其他方法來解決味道不夠的問題。

以酸奶油補足：我們希望能做出更香的美式鬆餅，但增加酪奶並沒有幫助。加量只會讓麵糊的酸濃度更高，導致小蘇打太快形成氣泡，使得鬆餅剛開始烹調時就已過度膨脹，接著會洩氣，就像被戳破的氣球，等到鬆餅盛上餐盤享用時，就已變得厚重溼稠。不過，添加少許的酸奶油卻能讓麵糊添增許多滋味，而且味道不突兀。另外，酸奶油也能添加額外油脂到麵糊裡，因此我們可將奶油的用量調減為3大匙即可。

使用二種膨鬆劑：在我們的鬆餅食譜中，小蘇打與泡打粉都是必需的膨鬆劑。酪奶中的酸讓小蘇打產生反應，製造出二氧化碳氣泡讓鬆餅充滿氣體，而泡打粉則是鬆餅在鍋中遇熱時釋放出更多二氧化碳。小蘇打還可讓鬆餅有漂亮的褐色，並且在梅納反應中增加更多的滋味。

保持柔軟：有三種方法可以讓鬆餅儘量保持柔軟。首先，我們使用低蛋白質的中筋麵粉，如金牌或貝氏堡，若想瞭解麵粉的結構與差異，請參考觀念41的《麵粉的基本知識》。第二點，我們盡可能減少麵糊的翻摺動作，其原理請參考觀念41。第三點，在烹煮前讓麵糊靜置10分鐘。因為，即使翻摺麵糊的動作已減

至最少，麵糊中仍會產生一些麩質，在這10分鐘的靜置過程裡，麩質得以鬆弛，造就出柔軟的鬆餅。不要擔心膨鬆劑的功效在這10分鐘期間會消失，泡打粉會提供雙重作用，讓麵糊遇熱時產生足夠的膨脹。

實用科學知識 鍋子夠熱了嗎？

"如果鬆餅在1分鐘後就轉為金黃褐色，那就表示鍋子夠熱了"

要知道鍋子預熱好了沒，唯一的方法就是倒入50元硬幣大小，或1大匙的麵糊作測試。如果1分鐘後，鬆餅仍是淺色，則代表鍋子仍不夠熱。如果1分鐘後，鬆餅就轉變為金黃褐色，那就代表鍋子的熱度足夠。但接著若以更高的溫度繼續加熱鍋子，加快烹煮的步驟，則會有深沉，煎得不均勻的美式鬆餅。

不夠熱　　　　　　過熱

雜糧鬆餅
可製作16個4吋鬆餅，約為4-6人份

可以使用電烤盤來煎美式鬆餅，只需先將烤盤溫度設為350℉，並依食譜操作即可。Familia牌的無糖麥片最適合這個食譜使用。如果你找不到Familia牌，Alpen牌或其他任何無糖麥片皆可。若找不到無糖麥片，那麼請將紅糖用量減為1大匙。先混合麵糊再熱鍋，在熱鍋時讓麵糊靜置片刻，使乾粉足夠的有時間充份吸收溼料，否則麵糊會過稀流動。享用時可佐以楓糖漿、蘋果、小紅莓或核果。

2杯全脂牛奶

4茶匙檸檬汁

1¼杯（6盎司）另加3大匙無糖麥片

¾杯（3¾盎司）中筋麵粉

½杯（2¾盎司）全麥麵粉

2大匙紅糖

2¼茶匙泡打粉

½茶匙小蘇打

½茶匙鹽

2顆大顆的全蛋

3大匙無鹽奶油，融化後冷卻

¾茶匙香草精

1-2茶匙植物油

1.將烤箱烤架調整至中層，烤箱預熱至200℉。把烤架放入有邊烤盤中，並噴上植物油，置入烤箱。在大的量杯中混合牛奶和檸檬汁，置於一旁就可以開始準備其他食材。

2.將1¼杯的麥片放入食物調理機，攪打約2至2分半，將磨細的粉末倒入大碗中。再加入3大匙未磨細的麥片、中筋麵粉、全麥麵粉、糖、泡打粉、小蘇打和鹽，充份攪拌混合。

3.將蛋、融化的奶油、香草精加入牛奶混合液中，攪拌均勻。在乾粉中間挖洞，倒入牛奶混合液，輕柔攪拌，直到混合即可。麵糊仍是凹凸不平且帶有一絲麵粉痕跡。不要過度攪拌，熱鍋時讓麵糊靜置一會兒。

4.在12吋的平底不沾鍋上，以中火加熱1茶匙油，直到冒出小泡。用紙巾小心將油抹乾，只薄薄一層在底部和鍋邊。將¼杯的麵糊，於鍋中的四邊，倒入4片麵糊。烹煮約2至3分鐘，當小氣泡開始均勻出現在鬆餅表面，即可以寬薄的煎鏟翻面，讓第二面也呈金黃褐色，約需再1分半至2分鐘。趁熱即時享用，或放入預熱好的烤箱裡。使用剩餘的油，重覆以上步驟完成剩下的麵糊。

實用科學知識 如何保溫烤好的鬆餅？

"將煎好的鬆餅置於烤箱中的烤架上保溫"

品嘗高高堆起的鬆餅是早晨最極致的享受。但是12吋的鍋子一次只能完成3至4片鬆餅。如果想要一次煮完，並且坐下來與大家一起享用，你最好想些法子讓煎好的鬆餅能夠保持溫度。

最佳方法是什麼呢？我們嘗試了許多種方法，將鬆餅堆置於加熱過的盤子、用鋁箔紙包起、或是把鬆餅堆放在盤上然後放進溫暖的烤箱。這些方法都能讓鬆餅保溫，即使是等到最後一份鬆餅煎好，鬆餅

堆依然能夠保持在145至150℉。但是鬆餅卻會因為堆疊而被擠壓，也會因為水蒸氣而變得像橡膠般有彈性。

我們發現最佳方法就是將烤架放在烤盤上，並在架上噴灑植物油避免沾黏，將鬆餅散放在架上。讓烤盤和烤架放在預熱200℉的烤箱內，單層放置，避免重疊，鬆餅在烤箱內可放置20分鐘的時間，但不能再久，否則鬆餅會乾掉。溫暖的烤箱能夠讓鬆餅保有足以融化一小塊奶油的熱度，不覆蓋的方式則可讓鬆餅免於受潮。

蘋果、小紅莓和核桃配料
4-6人份

我們喜歡使用中等硬度的蘋果，如富士蘋果、加拉蘋果（Gala）或布雷本蘋果（Braeburn）來做配料，避免使用過酸的蘋果品種，如史密斯青蘋果，也不要用過軟的麥金塔蘋果（McIntosh）。

3½大匙無鹽奶油，冷藏
1¼磅蘋果，削皮，去核，切小塊、約½吋
1小撮鹽
1杯蘋果酒
½杯小紅莓果乾
½杯楓糖漿
1茶匙檸檬汁
½茶匙香草精
¾杯核桃，烘烤過，大略切碎

在12吋的平底鍋中放入1½大匙奶油，以中火融化，加入蘋果和鹽，不時地攪拌、烹煮約7至9分鐘，直到蘋果軟化並呈褐色。加入蘋果酒和小紅莓，煮6至8分鐘，直到液體幾乎都蒸發。加入楓糖漿，再煮4至5分鐘直至濃稠。將剩餘的2大匙奶油、檸檬汁和香草精拌入鍋中，攪拌直到醬汁變得平滑。享用時再加上烤好的核果。

成功關鍵

乏味、稠密、難咬，大多食譜做出的雜糧鬆餅只能用來填飽肚子，談不上是舌尖上的美味。我們希望能夠做出充滿風味、蓬鬆而且健康的鬆餅，試過多種穀物

後，我們發現了燕麥片，簡易的一包裡就有所有的食材，和希望得到的所有風味：全麥燕麥、小麥胚芽、黑麥、大麥、焙烤過的核果與水果乾。但若鬆餅直接以燕麥片製作，會太有嚼勁，像橡膠般難咬。為了解決這個問題，我們將燕麥磨成粉，也添加了其他的粉類，並且使用二種膨鬆劑。

假酪奶： 我們在測試時，發現使用酪奶酸味會過重，影響到雜糧鬆餅的風味。但若決定完全捨棄它，就得考慮到膨鬆劑，畢竟小蘇打還是需要酸才能產生作用。何不簡單地使用較不酸的牛奶和檸檬汁混合呢？結果，這就是我們的解決辦法。牛奶與檸檬汁混合，意外讓雜糧鬆餅更清新、充滿滋味，而且有了更為輕盈的組織結構。

製作速成雜糧麵粉： 有些雜糧鬆餅食譜是直接使用未經處理的穀物，在滋味上或許表現不錯，但鬆餅的結構卻不太好。為了避免有難咬的口感，我們使用食物調理機，將商店買來的燕麥片磨細，製作出獨特的雜糧麵粉。為了讓鬆餅以些微巧妙的表現出全麥裡豐富的口感，我們還是在麵糊中保留了幾匙未經處理的麥片。

使用二種膨鬆劑： 許多的鬆餅食譜都使用小蘇打和泡打粉這二種膨鬆劑，使鬆餅膨脹，特別是有著厚重穀物在內的鬆餅更需要這些膨鬆劑。它們的結合能夠讓膨脹零失敗、鬆餅完全上色。畢竟，泡打粉是重要的上色媒介。

將麵糊靜置片刻： 若要製作輕盈膨鬆的鬆餅，一定要利用完整熱鍋烹煮，並以整整5分鐘的時間讓麵糊充份靜置。麵粉需要這些時間來吸收液體，確保麵糊妥善地完成。若是少了靜置，麵糊在鍋中會黏在一起，煎出扁平的鬆餅，更不說賣相有多醜。但若能夠經過妥善的靜置，倒入鍋中的麵糊不但能夠保持良好的外型，還能確保鬆餅膨得又鬆又高。

實用科學知識 完美無痕的鬆餅

"鬆餅上的焦痕都是源自鍋中熱油"

為何在第一批烤出來的鬆餅會有褐色焦點？
我們都曾遇過這種惱人的情況：第一批煎出來的鬆餅，上面總會有褐色焦點；但之後煎出來的鬆餅卻有著漂亮的金黃色澤。原因在於新鮮的油遇到熱鍋表面張力，使油集結形成「珠狀」，導致部分鍋底未

能沾油。由於金屬鍋面比油更能導熱，當我們以杓子將麵糊倒入鍋中時，沒有沾油的表面會比較快被煎熟。但是當你再煎第二塊鬆餅時，油經歷了化學變化，分子就不會那麼樣容易聚集在一起。再者，第一次煎的鬆餅已經吸了大部分的油，只留下非常薄的一層油均勻地佈在鍋面上，於是第二片起，鬆餅就能呈現均勻的金黃色。

要製作沒有焦痕的鬆餅，得從尚未加熱的鍋子開始，先讓油在中火上加熱至少1分鐘，再用紙巾擦抹，只留下薄薄一層略為可見的油以防沾黏。如此做來，鬆餅應該從第一片到最後一片都能有漂亮的金黃色澤！

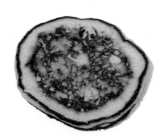

看得到焦點

油聚集在一起形成小油珠而非均勻的散佈開來，造成第一片鬆餅有著淺色斑點。

《兩種膨鬆劑的實際應用》比司吉

大部分的比司吉都要求在麵粉中加入冷卻過的脂肪，其原理請參考觀念43。但你依然可以用快速麵包的方法製作比司吉：簡單地混合融化奶油、酪奶，然後將溼料加入乾料中。

簡易酪奶比司吉
可製作12個比司吉

¼杯的冰淇淋杓可以用來分量舀麵糊分量。再加熱前一天的比司吉，只需置入300℉的烤箱10分鐘。

2杯（10盎司）中筋麵粉

2茶匙泡打粉

½茶匙小蘇打

1茶匙糖

¾茶匙鹽

1杯冷酪奶

8大匙無鹽奶油，融化後稍微冷卻；另備2大匙融化的奶油

1. 將烤箱烤架調整至中層，烤箱預熱至475℉。在有邊烤盤上舖上烤盤紙。取出大碗，放置乾料中的麵粉、泡打粉、小蘇打、糖和鹽並加以混合。再取出一中碗，放入溼料的酪奶和8大匙融化奶油，不斷攪拌直到奶油形成小結塊。

2. 將溼料加入乾粉中，以橡皮抹刀攪拌直到乾溼料完全混合，麵糊不再沾黏於容器周邊。使用已抹油量杯，快速的舀出¼杯麵糊，倒入準備好的烤盤紙上。此時比司吉麵糊直徑應為2¼吋×1¼吋的高度。將碗中的麵糊以同樣方式倒在烤盤紙上，每一個都要相隔1½吋。烘烤約12至14分鐘，直到表面呈金黃褐色且外皮香脆！

3. 使用2大匙融化奶油輕刷比司吉表面，放在烤架上5分鐘後就可享用。

成功關鍵 ————

我們期待簡易比司吉食譜，能有著採取傳統製作般的軟嫩，並有著奶油的滋味。太多比司吉食譜做出來都有著過於厚重、難嚼、蒼白難看、乏味、過乾的問題，但我們希望能夠做出容易咬開，每口都充滿奶油香的比司吉。很令人意外的是，適當膨鬆劑與結塊奶油就是這項美味的關鍵。

使用一般的中筋麵粉： 本食譜不需要使用超級柔軟的麵粉，因為麵團最後不需搓揉或擀平。我們其實需要一些麩質來構成比司吉的結構，而中筋麵粉比軟質麵粉有更多蛋白質，這才正是我們所需要的。若想瞭解麵粉結構，請參考觀念41《麵粉的基本知識》。

選擇酪奶： 酪奶不但提供比司吉食譜裡所需的基本滋味，裡頭的酸還能讓小蘇打產生作用，我們可以同時加入小蘇打和泡打粉，讓比司吉有更香脆、褐色的外表與膨鬆的內裡。

塊狀奶油： 要適當混合融化的奶油和酪奶，或任何液體，通常需要二種食材都處於正確的溫度下才能進行。否則融化的奶油將會在冷酪奶中結塊。既然這是簡易食譜，我們直接使用結塊的酪奶，雖然看起來像是個錯誤，但實際上卻仿效了傳統比司吉食譜的做法：使用了塊狀油脂。有關奶油的料理科學，請參考

觀念43。沒想到這項做法的結果意外的更好，讓比司吉膨鬆度變得更高了，也有較佳的組織結構。原來奶油結塊中的水分在烤箱中成了蒸氣，幫助比司吉創造了額外的膨脹高度。

實用科學知識 靜置酸凝乳（clabbered milk）

"牛奶與檸檬汁混合後無需靜置"

將檸檬汁加入牛奶中，可以當做酪奶的替代品，但食譜的步驟中，總會要求將酸凝乳靜置一會兒。如果趕時間，可不可以省略靜置的步驟呢？這個步驟是不是真的很重要？

烘焙食品中，「酸凝乳」（clabbered milk）廣泛地被推薦可當作酪奶的替代品。最常見的做法就是就是將檸檬汁加入牛奶中，每杯牛奶加入1大匙檸檬汁的份量，靜置10分鐘讓牛奶得以變酸凝結，再使用於各個食譜中。但是當我們遵循這個方式製作並且全程密切觀察後，發現酸凝乳並沒有酪奶柔順、濃稠。小部分的凝乳幾乎是立刻形成，但歷經10分鐘的靜置，大部分的牛奶仍絲毫沒變稠，而且這不會因為等待的時間加長，就使得酸凝乳有像酪奶般的質地。

原來當檸檬汁加入牛奶中時，檸檬酸就改變了牛奶中酪蛋白的電荷，造成緊密凝結，甚而形成塊狀。另一方面，市售酪奶是將乳酸菌加入牛奶中，過程中也移除了一些與蛋白質連結的糖分子，因此能夠成就平滑的凝膠，並隨著時間更加地稠密。

所以檸檬汁加入牛奶後的靜置時間是否會影響烘焙成品呢？為了發掘真相，我們製做了許多比司吉與酪奶鬆餅：一批是使用靜置了10分鐘的酸凝乳，另一批則是在檸檬汁倒進牛奶後直接加入麵糊中。結果是，所有的比司吉和鬆餅不管在外型、味道和口感上都一模一樣。

因此我們得到一個結論：將檸檬汁加入牛奶中，只是單純地使牛奶酸化，它讓膨鬆劑仍然能善盡職責，與酪奶在麵糊中所發揮的功能一致。既然改變是在混合那一刻便立即發生，那麼我們可以安全無慮的省下靜置時間。

《二種膨鬆劑的實際應用》餅乾

餅乾看似簡單，連小朋友都容易上手是吧？錯！其實餅乾食譜是不容許太多錯誤且複雜的化學公式。越是簡單的餅乾，挑戰越大。而「口感」是所有餅乾食譜中遭遇的最大挑戰，例如糖霜餅乾，沒有強烈的味道轉移注意力，就很難忽略不完美的口感。在瞭解如何使用泡打粉和小蘇打後，它們將會是製作多種餅乾的成功重要關鍵。

耐嚼糖霜餅乾
約可製作24個

本食譜的麵團將會比大多數餅乾麵團要來得稍軟些，若要做出最好吃的餅乾，在塑形時要盡量縮短手作的時間，並保持輕柔，以避免過度手作，造成餅乾的塌扁。

2¼杯（11¼盎司）中筋麵粉
1茶匙泡打粉
½茶匙小蘇打
½茶匙鹽
1½杯（10½盎司）糖，另備⅓杯（2⅓盎司）
2盎司奶油起士，切成8塊
6大匙無鹽奶油，融化後保持微溫
⅓杯植物油
1顆大顆的雞蛋
1大匙全脂牛奶
2茶匙香草精

1.將烤箱烤架調整至中層，烤箱預熱至350℉。在二個烤盤上鋪上烤盤紙。將麵粉、泡打粉、小蘇打和鹽混合均勻，倒入中型碗裡備用。

2.將1½杯的糖和奶油起士放在大碗中，把剩餘的⅓杯糖放在淺碟，置於一旁。把溫奶油倒入糖和奶油起士混合物中，並均勻攪拌。奶油起士可能會有一些結塊的情形，但稍後會變得平滑。依序倒入植物油、蛋、奶和香草精混合，持續攪拌至平滑。把步驟1的乾粉混合物倒入溼料中，以橡皮抹刀攪拌直至麵團柔軟、均勻。

3.一次取2大匙量的麵團揉成圓球狀。並將一半揉好的麵團沾糖，放置烤盤紙上，再依照同樣手法完成剩

餘的麵團。在量杯底部抹油，往圓球狀麵團壓至直徑2吋的扁圓形。在餅乾上方均勻灑上淺碟裡剩餘的糖，每個烤盤大概會用2茶匙的糖。剩餘的糖就可以丟棄不用。

4. 送入烤箱烘烤11至13分鐘，一次只烤一盤，烘烤到一半時得180度旋轉烤盤，使餅乾邊緣呈褐色。從烤箱取出後，讓烤盤在烤架上冷卻5分鐘，再將餅乾置於涼架冷卻至室溫。

耐嚼印度香料糖霜餅乾

糖和奶油起士混合後，添加¼茶匙肉桂粉，¼茶匙薑粉，¼茶匙豆蔻粉，¼茶匙丁香粉和少許胡椒，並將香草精份量減為1茶匙即可。

耐嚼椰子萊姆糖霜餅乾

將½杯的甜椰子條，切細加入步驟1的乾粉中。在糖和奶油起士混合後，加入1茶匙磨碎的萊姆皮屑，最後以1大匙萊姆汁替代香草精。

耐嚼榛果黃油糖霜餅乾

糖與奶油起士混合後，加入¼杯烤過切成細碎的榛果。本食譜不用融化的奶油，而是直接將10吋鍋子以中火加熱約2分鐘再放入奶油，持續轉動鍋子直到奶油變成深沉的金黃色、發出核果香氣，這個步驟約需1至3分鐘，顏色成功轉變後，立刻將奶油倒入混合好的糖和奶油起士中，並照著原來的食譜操作。唯一不同之處是將牛奶增加為2大匙並省略香草精。

實用科學知識 常見食物的酸鹼值

"影響發酵劑成效的常見食物之酸鹼值"

許多食材中的天然酸度常會對最後的成品發生顯著的影響，特別是使用到化學膨鬆劑時。此圖表是九種常見食材的酸鹼值表，資料來源為美國食品藥物管理局。

	酸鹼值
蛋白	7.6～8.0
水	6.9～7.3
雞肉	6.5～6.7
麵粉	6.0～6.3
牛絞肉	5.1～6.2
糖	5.0～6.0
酪奶	4.5
罐裝番茄	3.5～4.7
檸檬汁	2.2～2.4

成功關鍵

以傳統食譜製作糖霜餅乾要特別注意細節處。奶油必須放在精準且正確的室溫下，而且必須打發到適當的程度，做法有任何些微改變，都會導致餅乾扁塌或在冷卻的過程中變得過硬、易碎。我們不想要烤個餅乾也要如此講究，比較希望透過簡單的食譜，讓每個人在任何時間都能做出糖霜餅乾。我們將奶油融化後加入麵團中，就能輕鬆的用湯匙混合，無需費力打發。使用植物油替代部分奶油則是能夠確保餅乾的嚼勁，而不會影響味道。最後，我們添加了一樣很不尋常的食材：「奶油起士」。它能讓麵團保持柔軟，還可以為餅乾創造濃郁卻不過甜的滋味。

控制油脂： 要製作有嚼感的餅乾，關鍵就在於「油脂」，在食譜中飽和脂肪與不飽和脂肪的比例，應該約為1：3。當二種脂肪分子結合時，會形成較硬的結晶結構，這會讓我們多花些力氣咀嚼；內含高比例的飽和脂肪，餅乾就會軟些。這就是為何我們的食譜不單只用奶油，坊間食譜卻單用奶油。奶油主要但不完全是飽和脂肪，所有的奶油餅乾其實都大約包含了2：1的飽和脂肪與不飽和脂肪比例。為了達到最佳嚼感，我們在二種脂肪的比例上做調整。這也是為什麼我們使用一些植物油來改變脂肪比，卻不致影響到成品的味道。

將奶油融化： 因為使用的奶油較少，因此是讓奶油融化而非打發。這個步驟能夠達到三個目的。首先，這能夠省下烘烤餅乾過程中的一件麻煩事：讓固態奶油維持在正確的溫度。其次，融化的奶油能夠讓餅乾更有嚼勁，因為液化後奶油中的少許水分會混入麵粉中形成麩質，來達而這項口感。最後，省略打發奶油的過程，我們能夠輕鬆的以手工完成餅乾，無需用到電動攪拌器。

使用奶油起士： 奶油起士能夠豐富餅乾的味道，卻不會像其他香濃的乳製品般徒增餅乾溼度。奶油起士內含的脂肪不到植物油的⅓，但大部分都是飽和脂肪。適度的使用2盎司奶油起士並不會顯著影響餅乾口感。

添加小蘇打： 奶油起士不只帶來豐富的味道，也添加酸度，讓我們可以加入小蘇打。只要食材中有酸的存在，小蘇打就能發揮各種神奇功效，解決烤餅乾時另外二個惱人問題：「形狀稍微隆起」與「不夠鬆脆」。只要加入½茶匙的蘇打粉，就能讓餅乾好看又好吃。其原理請參考以上「實用科學知識」。

<table>
<tr><td>

實用科學知識 有力的雙響炮：泡打粉＋小蘇打

"同時使用泡打粉與小蘇打，能夠讓餅乾均勻的舒展開來，還能有個漂亮、鬆脆的外形"

許多餅乾食譜，包括耐嚼糖霜軟餅乾，都同時使用泡打粉和小蘇打。既然都是發酵劑，為什麼還需要用到二種呢？原來這二種發酵劑協力完成任務，讓餅乾膨脹而且能擴展到應有的程度。在我們的食譜中，小蘇打還有另個美學任務：它能讓餅乾有著吸引人的鬆脆外形。

泡打粉負責讓餅乾膨脹，它所產生的氣體大部分在進烤箱後才產生，因為麵團先成型了，內部才有氣體，所以氣泡不會破掉。

但是，過度膨脹反而會讓餅乾隆起，因此這就是為何我們要加入小蘇打：只要麵團中有酸性食材，小蘇打就可以產生作用，即便只有些微的小蘇打就可以讓餅乾變平。小蘇打會提高麵團中的酸鹼值弱化麩質，雖然泡打粉也有但不顯著。較弱的麩質代表著餅乾組織結構較不完全，因此餅乾得以舒展開。

拜囉，凸起的醜餅乾，至於鬆脆的外表，小蘇打快速在溼潤的麵團中產生反應，製造出二氧化碳大氣泡，被弱化的麵團無法將這些氣泡全部包住，因此餅乾在烤箱中定型前，氣泡就已經膨脹到頂端並破裂，讓這些餅乾成品的頂端產生裂縫。

對於想要有個漂亮餅乾成品的烘焙者而言，同時加入泡打粉和小蘇打會是強有力的成功組合。

隆起
沒有小蘇打的幫助，餅乾成品會變得高腫不平。

平坦
添加小蘇打，我們的餅乾得以均勻舒展開來，並且有著鬆脆的外表。

</td><td>

薄脆燕麥餅乾
約可製作24個

本食譜請勿使用即溶燕麥或快熟燕麥。

1杯（5盎司）中筋麵粉
¾茶匙泡打粉
½茶匙小蘇打
½茶匙鹽
14大匙無鹽奶油，加以軟化，保持60℉
1杯（7盎司）白砂糖
¼杯（1¾盎司）紅糖
1顆大顆的雞蛋
1茶匙香草精
2½杯（7½盎司）傳統燕麥片

1.將烤箱烤架調整至中層，烤箱預熱至350℉。將三個烤盤鋪上烤盤紙。取出中碗，倒入麵粉、泡打粉、小蘇打和鹽混合均勻，靜置一旁備用。

2.使用直立式電動攪拌機裝上漿型攪拌頭，將奶油、白砂糖和紅糖，以中低速約20秒，略攪拌混合。再增為中速，繼續打發至顏色亮白膨鬆，約需1分鐘或再久些，如果底部留有殘留物，請刮起混合。加入蛋和香草精後，再以中低速打30秒，直至充份混合，若底部有殘黏物，也需刮起混合。將攪拌機速度減為低速，倒入步驟1的乾粉混合物，約攪打10秒，混合至均勻平滑狀。然後在機器低速運轉時，慢慢倒入燕麥於麵糊中，約需20秒。最後再攪拌一輪，確定沒有乾粉殘留，所有食材皆充份均勻混合。

3.一次取用2大匙的麵團，滾成圓球狀，以每球相距2½吋的距離，放置在烤盤紙上。用指尖部位輕柔下壓每一個麵團球，讓它成為¾吋厚的圓柱體。

4.一次烤一盤，烘烤時間約13至16分鐘，時間過一半時烤盤轉180度。以求烘烤均勻，完成時餅乾會呈深沉金黃色，邊緣香脆，中央部位擠壓時還會留有一些柔軟度。完成後將烤盤至於烤架上，當餅乾完全冷卻後即可享用。

</td></tr>
</table>

"不要將餅乾麵團放在帶有熱度的烤盤上"

千萬不要為了省時間，將餅乾麵團放在剛出爐還發燙的烤盤上。這樣做的話，麵團在入烤箱前就會開始融化、擴展，導致餅乾組織構造受到影響。為此我們烤了二份巧克力豆餅乾和糖霜餅乾來做比較。第一份都是擺在冷卻的烤盤上再送進烤箱，第二份則都擺放在剛從烤箱出爐的熱烤盤上，而所有的烤箱都有舖上烤盤紙。結果出爐，二份巧克力豆餅乾並沒有太明顯的差異，但是放在熱烤盤的糖霜餅乾，則擴張的較大，有更深色的底部，而且邊緣明顯變得較薄且易脆。

解決之道很簡單，烤盤從烤箱中取出後，靜置數分鐘待烤盤變得微溫，不再熱燙，再將烤盤置於水槽，以冷水快速降溫再擦乾。另一個更省時間的方法是，在烤盤先舖上烤盤紙，當第一份餅乾正在烘烤時，開始將第二份餅乾麵團排列在烤盤紙上。第一份餅乾一出爐，立刻連同烤盤移至烤架上冷卻，等烤盤適當冷卻，就可以把第二份直接放上烤盤送入烘烤了。

薄脆椰子燕麥餅乾

將燕麥的量減至2杯，並增添1½杯甜椰子絲，將這二者加入餅乾麵團中。

薄脆杏仁柳丁燕麥餅乾

奶油和糖混合好後，將2茶匙磨碎的柳丁皮屑加入，燕麥的量減至2杯，加入1杯切碎的烤杏仁，碎杏仁連同燕麥一起加入麵團中。

加鹽薄脆燕麥餅乾

我們偏愛使用有口感和好滋味的粗海鹽，如瑪頓（Maldon）粗粒海鹽或鹽之花（fleur de sel），但也可使用猶太鹽。不過，如果使用的是猶太鹽，灑在餅乾上的用量則需減為¼茶匙。

將麵團中鹽的用量減為¼茶匙，送進烤箱前，在壓好的餅乾麵糊上再輕柔均勻地灑下½茶匙的粗海鹽。

成功關鍵

薄脆燕麥餅乾，那酥脆又精緻的口感令人難以抗拒，使燕麥真正展現出它的好滋味。但是，讓一般又厚又耐嚼的燕麥餅乾有好口感的食材，是使用大量的糖和奶油、比例高的燕麥、適量的膨鬆劑、蛋、葡萄乾和核果做成，但這樣的材料無法做出薄脆燕麥餅乾。我們希望將一般標準的用量稍做調整，好做出酥脆而精緻的版本，使燕麥裡的奶油香能脫穎而出。而我們的小技巧就是：縮減糖的用量、微調膨鬆劑。

使用傳統燕麥： 全穀去殼燕麥（whole hulled oats）又稱為去殼燕麥（groats），經過加溫抑味後，再以特殊的方式加工處理。原粒切割燕麥（steel-cut oats）則是去殼燕麥經鋼刀切割成三或四份。傳統燕麥（old-fashioned oats）或燕麥片（rolled oats）則是去殼燕麥經過蒸煮後，輾成扁狀或薄片。快熟燕麥片（quick oats）則是燕麥被切割後經蒸煮，再碾成正常燕麥⅓或更薄的厚度。即沖即食燕麥（instant oats）是將快速煮過再輾成扁狀的去殼燕麥切得極細。

烘烤時，為了要有最佳的口感與風味，我們偏好使用傳統燕麥。不得已時，許多食譜會使用快熟燕麥替代，但它的味道較淡，烘烤過的成品也會比較沒有嚼勁。我們不建議使用即溶燕麥，因為味道過淡，而且粉末狀的結構會對許多成品的口感造成不好的影響。雖然原粒切割燕麥可以成為很棒的早餐，但千萬不要拿來烘烤，因為它會讓成品，不管是司康，還是餅乾，有著顆粒的口感。

打發奶油： 為了製作更香脆的餅乾，我們選擇打發奶油而非融化它。當固體奶油與糖混合，空氣也會藉著晶狀的固體脂肪一起存在於混合的奶油中。利用電動攪拌器，以中速將奶油打發得淡白膨鬆後，這些多餘空氣會讓餅乾在烤箱裡更快乾燥，製作出更脆的餅乾成品。更多打發奶油的料理科學，請參考觀念46。另外，減糖也能讓餅乾更香脆，反倒使用越多糖，餅乾就越耐嚼。雖然全部使用白砂糖可以讓餅乾口感硬脆，但是卻會過甜。因此我們用紅糖取代部分白砂糖的用量，這樣的做法能讓餅乾增添稍許焦糖味，卻不會改變口感。

均勻地舒展： 如果餅乾無法均勻舒展開來，那餅乾就會有薄脆的邊緣和厚重耐嚼的中央部位。我們希望餅乾麵團能夠均勻舒展，但是近似液狀的麵團烘烤後會過薄，就成了蕾絲餅乾。使用二種膨鬆劑能達到這項

效果，在烘焙的時候，泡打粉和小蘇打製造出的二氧化碳氣泡讓餅乾麵團膨脹、塌陷再舒展，最後會成就我們所期待，薄且平坦的餅乾。

先壓再送進烤箱： 將球形餅乾麵團壓扁能幫助餅乾均勻開展。也能夠將餅乾徹底烤透直到成形，從邊緣到中央都均勻上色，這樣的餅乾香脆而不硬。

實用科學知識 避免烘烤時受熱不均勻

"一次烤一盤，並記得在烘烤一半時將烤盤旋轉180度"

一次烤二盤餅乾的確可節省不少時間，但卻會造成烘烤不均勻。位於上層烤盤的餅乾常會有比較深的褐色邊緣。如果你有二個烤盤同時在烤箱內，烤程中途互換位置可以稍加改善這個情況，但對於特別講究口感的餅乾，還是得一次烤一盤才能確保最佳成品。但即便如此，您仍不可輕易的遠離烤箱，就算最棒的烤箱，內部仍然會有熱冷點的差異，所以必須在烘烤到一半時，將烤盤旋轉180度，讓位於前面的餅乾能轉到烤箱後面的位置，確保所有餅乾都能均勻受熱。

烘烤至一半時間沒有旋轉180度，就會造成烘烤不均勻。

觀念43：層層交疊的奶油，造就「千層」結構的糕點內在
Layers of Butter Make Flaky Pastry

奶油不僅讓無數種烘焙糕餅具有絕妙滋味，也是比司吉以及用來製作塔和派的麵團之所以能產生多層結構的關鍵因素。若能掌握奶油的處理方法，可使比司吉和糕點的層次豐富輕盈，反之則稠密厚重，其影響甚鉅。

⊛ 科　學　原　理

奶油究竟如何讓比司吉和糕點產生多層結構？奶油不僅是油脂，而是油脂和水分的綜合體。奶油加熱時，水分會成為蒸氣。隨著蒸氣推升麵團，進而創造出比司吉、塔皮和派皮的千層結構。不過，蒸氣要能發揮極大功效，奶油必須平均散佈在麵團的各個夾層中。如此一來，當奶油層融化，蒸氣才能有效推開超薄的麵團層，形成層次分明的薄片構造。

因此，挑戰在於如何讓奶油在麵團中平均分散，同時維持其分明的層次。如果奶油完全交融在一起，如同製作蛋糕時的狀態，就無法形成薄片。開始時使用冰涼的奶油是必然做法，不過麵團的處理也同等重要。

讓我們從溫度談起。奶油達到華氏60度時會開始軟化，85°F時開始融化，94°F即可完全液化。奶油融化後可輕易滲入其他材料中，導致無法產生多層結構，烘焙時也就無法形成薄片。準備製作比司吉和糕點的麵團時，為了避免奶油融化，我們特地採用一些不同方法。

本觀念中，我們首先介紹的手法稱為「層壓法」（lamination）。酥餅、可頌麵包以及許多用薄層麵團製成的塔全都仰賴一種數學現象，以產生多層結構。這些所謂的千層糕點由交互堆疊的麵粉和油脂構成，製作手法是反覆擀開、摺疊麵團，通常摺成三折，就像商業信件的摺法。每三折計為一次翻摺，而每次翻摺可使「層數指數」成長，並非只是呈現線性成長。因此，第一次摺疊可產生3層，第二次累積到7層，接著是19層和55層，以此類推。反覆摺疊六次，就能累積

到驚人的1,459層。此過程可將奶油壓扁，包覆在薄麵粉層之間。而送進烤箱後，奶油融化所留下的空間中會充滿蒸氣，因而形成多不勝數的奶油薄層。

接下來介紹「推揉法」（fraisage）。這種法式揉合法也可讓麵團具有清晰分明的奶油薄層。推揉法是指以掌根推壓麵團的過程，藉此將麵粉加水所形成層狀結構之間的奶油塊延展成又長又薄的奶油層。這樣揉出來的紮實麵團特別適合製作塔皮，因為奶油融化後不會留下間隙，添加的果汁不會滲入麵團之中，不過麵團本身依然層次分明。

以「層壓法」創造薄層

翻摺麵團：
採用層壓法時，會將製作糕點的麵團擀開並摺成三折。

反覆翻摺：
隨著麵團持續翻摺，奶油和麵團的層數會呈現指數增加，最終製成口感層次驚人的糕點。

⊗ 實 驗 廚 房 測 試

許多烘焙食品，例如可頌麵包、派和比司吉之中，都夾著極薄的固體奶油，藉以產生千層口感。為了說明正確處理奶油層的重要性，我們設計了一項特殊實驗。我們先依循傳統方法，將比司吉麵團擀好後切成合適大小，接著以三種方式處理奶油。在第一批樣本中，我們使用最普遍的方法混合奶油和麵粉：以食物調理機將冰涼的奶油切碎攪入麵粉中，直到麵團成為卵石般的小團塊為止。在另一樣本中，我們改用融化的奶油。處理最後一批時，我們將冰奶油切成薄片，接著雙手灑上麵粉後，以手指將奶油捏成硬幣大小。我們將三批麵粉揉成相同的麵團，接著擀開切成比司吉大小。

實驗結果

烘焙後將成品一字排開，效果好壞立見。使用融化奶油製成的比司吉扁平密實，質地勻稱，而旁邊以傳統方法製作的比司吉稍微可見層狀結構，不過相較於使用薄片奶油製成的比司吉，其蓬鬆且多層的質感，不免使前兩種成品相形失色。

重點整理

要讓比司吉層次分明，關鍵在於將固態奶油薄片散佈於麵粉層之間。如此一來，油脂薄層的奶油會在進入高溫烤箱後融化，再加上奶油同時含有油脂和水，其中的水分會變成蒸氣，填滿麵團遇熱後出現的空隙，進而產生蓬鬆的多層結構。

反觀使用融化的奶油，就無法形成固態奶油在麵團層間產生的分明層次，其烘焙而成的比司吉為何密實而扁平，原因就在這裡。同樣地，以標準方法攪打成卵石大小的奶油只能在軟化並開始延展後，才在麵團層間形成油脂層。即使軟化的奶油塊在烤箱中開始延展，延展的範圍也不夠大，因此只能形成小區域的油脂層，無法產生明顯的層次。

結論？如果想製作薄層結構分明的比司吉或糕點，務必採用「層壓法」或「推揉技巧」，使麵團中夾雜大範圍的固態奶油薄層。

✎ Tips：處理奶油的手法，決定比司吉的結構是否層次分明

融化奶油
以融化奶油製成的比司吉
中沒有任何油脂層，烘焙
後扁平而密實。

卵石狀奶油
奶油小塊可發揮些許功效，
形成的油脂層讓比司吉稍具
層次。

薄片奶油
硬幣大小的奶油讓比司吉
產生完美的千層結構。

《層壓法的實際應用》
比司吉與司康

擀開麵團後加以摺疊可創造千層結構，使成品高度大為增加。層壓法的應用範圍相當廣泛，從酥餅、可頌麵包到比司吉和司康等等，各種簡單的烘焙食品都可採用。

千層酪奶比司吉
可製作12個

第一次翻摺時，麵團會有點黏手。注意過程中最多會用上1杯麵粉，分別灑在料理檯、麵團和擀麵棍上避免沾黏。摺疊時，小心別將結塊的麵粉混進麵團中。將麵團切塊時，下壓力道應穩定而平均，切勿扭轉切模。

2½杯（12½盎司）中筋麵粉

1大匙泡打粉

½茶匙小蘇打

1茶匙鹽

2大匙植物性酥油，切小塊、約½吋

8大匙無鹽奶油，冰涼並灑上些許麵粉，切薄片、約⅛吋；另備2大匙，加以融化再冷卻

1¼杯酪奶，維持冰涼

1. 將烤箱烤架調整到中低層，烤箱預熱至華氏450度。把麵粉、泡打粉、小蘇打和鹽倒入大碗中，攪拌均勻。

2. 麵粉中加入酥油，以指尖捏碎較大的麵粉塊，碗中只能剩下豌豆般的小塊麵粉。將奶油薄片放入麵粉中，一次只加幾片，上下拋翻使其均勻裹上麵粉。雙手灑上麵粉，挑出奶油片後，逐一以手指壓成硬幣般的扁平薄片。重複此步驟，使所有奶油完全混入麵粉中，然後翻攪均勻。把碗中的混合物放進冰箱，冷凍約15分鐘，或是冷藏30分鐘左右。

3. 在24吋正方形料理檯噴上植物油，以乾淨的廚房布巾或紙巾均勻抹散。抹油的區域灑上⅓杯麵粉，然後以手掌將麵粉輕輕抹開，在料理檯上形成均勻的麵粉薄層。在步驟2的麵粉碗中加入1杯又2大匙的酪奶，以叉子輕快攪打，直到形成球狀麵團、看不見乾燥麵粉為止。依需求添加剩餘的2大匙酪奶，此時麵團應呈現黏稠、粗糙的狀態，可將沾在碗壁上的麵團黏

除乾淨。使用橡皮抹刀，將麵團刮到準備就緒的料理檯中央，表面灑上少許麵粉，然後雙手灑上麵粉，將麵團揉成具有黏性的圓球。

4. 將麵團壓成10吋左右的正方形，接著擀成長18吋、寬14吋的長方形，約¼吋厚，必要時記得為麵團和擀麵棍灑上麵粉。使用切麵板或薄金屬鏟將麵團摺三折，同時將麵團表面多餘的麵粉刷掉。拉起麵團短邊，再摺三折，形成約長6吋、寬4吋的長方形。將麵團旋轉90度，為麵團下的平台灑上麵粉，接著加以擀開並再次翻摺，必要時可自行灑上麵粉。

5. 把麵團擀成10吋的正方形，厚度約½吋。麵團翻面，使用灑上麵粉的3吋比司吉切模，將麵團切成九塊3吋左右的圓形，每切下一個記得將切模沾一下麵粉。將圓形麵團小心翻面，排到未抹油的烤盤上，每個間距1吋。收集麵團碎塊，揉成球狀後擀開、翻摺一或兩次，直到麵團表面平滑為止。將麵團擀成½吋厚的圓形，從中再切下三塊3吋的圓形麵團，依序排到烤盤上。最後剩下的麵團丟棄。

6. 在比司吉頂端塗上融化的奶油。送進烤箱，烘烤15至17分鐘，最後頂部表面會變成金黃色澤，質地酥脆。先別打開烤箱門，讓比司吉在烤盤上冷卻5至10分鐘後再上桌。

成功關鍵

真正具有千層結構的比司吉已經可遇不可求，然而廉價的仿冒品，例如超市的「圓管」比司吉卻越加普遍。眼見這個值得警惕的現象，我們希望能做出紮實且層次分明的比司吉，其質地柔軟且洋溢奶油香味，清晰的薄片層之外包覆著金黃酥脆的餅皮。雖然選用材料時，如豬油或奶油、酪奶或牛奶等食材的挑選，會影響成品的口感和味道，但我們發現，造就比司吉質地蓬鬆層次分明這兩種差異的秘密關鍵，在於處理材料的手法要先讓奶油逐層均勻散佈。如此一來才能烤出具有千層結構的比司吉。

製作大薄片：製作派皮時，我們通常將奶油切成小方塊狀，連同其他乾性材料丟入食物調理機中攪打，把奶油打成小鵝卵石的大小。卵石狀的奶油相當適合形成派皮中不規則的小薄片，但並不適合用來創造比司吉所需的明顯層次。我們捨棄食物調理機，以另一種方式製作「千層」奶油。我們先將奶油切成極薄的正方形，相較於傳統食譜使用奶油壓切刀（pastry blender）將奶油和麵粉混合，我們改以手指揉捏奶油，使其在沾滿麵粉後，成為硬幣大小的扁平薄片，這才是比司吉需要的奶油。麵團擀開後，奶油就會形成又長又薄的奶油層。

添加酥油：以少許酥油取代部分奶油可創造軟化效果。為什麼？其中一項原因，是奶油含有16％至18％的水分，而酥油則全是油脂。使用酥油可降低比司吉內部發生水合作用的程度。相較於飽和油脂含量較高的奶油，酥油含有較多不飽和油脂。室溫下，酥油含有越多液態油脂的話，包覆麵粉所含蛋白質的效果越好，同時也能減少水合作用。水合作用越弱，意味形成的麩質越少，其原理請參考觀念38，較不發達的麩質有助於烤出較柔軟的比司吉。

使用兩種膨鬆劑：我們同時使用小蘇打和泡打粉來發酵比司吉。小蘇打與麵團中的酸性酪奶作用後產生二氧化碳，讓比司吉得以立即膨脹。更重要的是，倘若沒有小蘇打來中和酪奶裡的酸，泡打粉的發酵效果將會大打折扣。比司吉送進烤箱後，泡打粉的發酵效果隨即發揮。小蘇打與酸性酪奶作用後，可減少其原本可能變得過於濃烈的味道。有關發酵的料理科學，請參考觀念42。

徹底冰涼：千萬別讓奶油薄片融化。如果奶油在一連串的翻摺過程中軟化而與麵粉結合，烤出的比司吉將會矮胖易碎，與期望中酥脆、層次分明的比司吉相去甚遠。我們沒有太多時間，將麵團靜置在冰箱中冷藏，慢慢等待奶油硬化，因為乾性與濕性材料一旦接觸，麵團中的小蘇打就會立即開始反應。揉麵團前，先將用來攪拌食材的碗以及所有材料放入冰箱冰涼，而非只是冷藏奶油，這能為我們爭取時間，以便在冰奶油尚未融化前完成所有必要的摺疊程序。

創造不沾黏的料理檯：比司吉麵團是個兩難的棘手問題。麵團必須濕潤，乾燥的麵團製作不出濕潤的比司吉，但同時又要容易擀開才行。我們不希望在料理檯上灑太多麵粉，因為濕潤的麵團會吸附多餘的麵粉而變得不再濕潤。有沒有解決辦法？在料理檯上噴灑植物油。這能讓麵粉更均勻附著在檯面上，使麵團得以輕鬆推開，同時避免黏附太多麵粉。

輕壓別扭轉：將麵團切成比司吉所需大小時，先為切模灑上麵粉，每切完一次，記得再回沾麵粉。將切下的麵團翻面，底部朝上放到烤盤上，如此有助於膨脹得更為平均。切麵團時切忌扭轉切模，這樣可能會封住比司吉的邊緣，導致膨脹效果不彰。記得輕壓即可。

重點在於力求迅速，盡量減少揉麵團的次數，麵團搓揉和摺疊的次數遵照食譜指示即可，否則司康不但不會柔軟，反而會變硬。奶油磨絲前應先冷凍。在濕熱環境中，著手製作前可將麵粉混合物和攪拌盆放進冰箱冷藏。雖然食譜要求準備兩條奶油，但實際上只會使用10大匙的份量（請見步驟1）。若無法取得新鮮藍莓，可使用等量的冷凍藍莓取代，不需解凍；或者也可使用等量的覆盆子、黑莓或草莓取代藍莓。較大的藍莓可先切成¼至½吋小塊後，再與其他材料結合。食用時可視需求搭配自製凝脂奶油（食譜後附）。

16大匙（2條）無鹽奶油，冷凍

7½盎司（1½杯）藍莓

½杯全脂牛奶

½杯酸奶

2杯（10盎司）中筋麵粉

½杯（3½盎司），外加1大匙的糖

2茶匙泡打粉

¼茶匙小蘇打

½茶匙鹽

1茶匙磨碎的檸檬皮屑

1.將烤箱烤架調整至中層，烤箱預熱至425℉。烤盤鋪上烤盤紙。兩條冷凍奶油條各撕開一半包裝紙。以刨絲器孔隙較大的一面，將撕開包裝的奶油條刨成絲，兩條各磨一半，共應磨出8大匙的份量。將磨好的奶油絲放進冷凍庫，需要時再取出。從未刨絲的奶油中融化2大匙，靜置一旁。剩下的6大匙奶油留待下次使用。將藍莓放入冷凍庫，需要時再取出。

2.將牛奶和酸奶倒入中碗，快速攪打後放入冰箱冷藏。取一中碗，將麵粉、½杯糖、泡打粉、小蘇打、鹽和檸檬皮屑攪拌在一起。倒入冷凍奶油絲，以手指翻攪，使其完全沾附麵粉。

3.將牛奶混合物倒入麵粉中，以橡皮抹刀反覆拌合，使材料混合均勻。使用抹刀將麵團刮到隨意灑上麵粉的檯面。麵團表面灑上麵粉，接著以沾了麵粉的雙手搓揉麵團6至8次，待其成為表面粗糙的圓球狀即可。必要時可多灑上麵粉避免沾黏。

4.將麵團擀成12吋左右的正方形。如同商業信件

般，將麵團摺成三折，若麵團黏在檯面上，可使用抹刀或金屬抹刀加以鬆開。拉起麵團較短的一邊，再摺三折，成為約4吋的方形。把麵團移到灑上些許麵粉的盤子上，放入冷凍庫中冰凍5分鐘。

5.將麵團移到灑了麵粉的平台上，再次擀成約12吋大小的正方形。麵團表面平均灑上藍莓，加以輕壓使其稍微嵌入麵團中。使用切麵板或薄金屬鏟將麵團從檯面上鬆開。將麵團捲成圓柱狀，過程中稍微按壓以便捲成緊實的圓棍狀。接合處朝下，將圓棍壓成長12吋、寬4吋的長方形。取來鋒利的刀子並灑上麵粉，將麵團對切成四等份矩形，再沿對角線將每個矩形切成2個三角形，並放到準備好的烤盤上。

6.麵團頂端刷上融化的奶油，並灑上最後的1大匙糖。送進烤箱烘焙18至25分鐘，使司康正反兩面都烤成金黃色為止。將司康移到網架上，至少冷卻10分鐘再食用。

事先準備：步驟5中，司康排上烤盤後，可放進冰箱冷藏一晚，最久可冷藏1個月。冰涼的司康準備烘焙前，烤箱需先預熱至425℉，接著再接續步驟6的做法。冷凍的司康不需解凍，但烤箱需預熱至375℉，時間則延長到25至30分鐘。

| 自製凝脂奶油 |
| 約2杯 |

可改用超高溫巴氏殺菌鮮奶油，但最後成品的滋味將無法一樣濃郁。食譜材料份量可視需求自行減半或加倍。

1½杯巴氏殺菌（並非超高溫巴氏殺菌）鮮奶油
½杯酪奶

將奶油和酪奶倒入罐子或量杯中。攪拌後加蓋，靜置於室溫中12至24小時，直到混合物變得濃稠，如同稍微打發的鮮奶油即可。放進冰箱冷藏，冷卻過程中奶油會持續變稠。凝脂奶油最久可冷藏10天。

成功關鍵 ————————

在此藍莓司康食譜中，我們希望最後的成品可以兼具咖啡廳點心的甜味、瑪芬蛋糕的濕潤新鮮感、凝脂奶油和果醬的豐富口感，以及優質比司吉的千層酥脆外皮。增加奶油份量並加入足夠的糖可賦予司康甜度，但又不至於太過甜膩。將冷凍奶油切碎攪入麵粉中並適度摺疊麵團，都有助於司康膨脹。擀開麵團、輕壓麵團上的藍莓、再擀開一次，接著才壓扁並切成司康大小。由於謹守這些步驟，最後的成品才能符合期許。

摺疊麵團：酥餅利用蒸氣撐開超薄的麵團層，從而形成層次分明的薄片，我們從中得到啟發。在標準的酥餅食譜中，麵團會反覆經過翻轉、擀開、摺疊等步驟達五次之多。每翻摺一次，奶油和麵團的層數就呈指數增加。烘焙時，蒸氣會在推開麵團層後逸散，使麵團蓬鬆酥脆。我們的做法並非一定得像傳統千層酥餅經過五次的繁複程序，但將麵團快速摺疊幾次，就能讓司康稍微膨脹，產生蓬鬆的效果。

奶油磨成絲：高品質的糕點之所以質地輕盈，全是仰賴散佈在麵團中的奶油薄片遇熱融化，進而產生空隙。要達到這個效果，奶油必須在烘焙時盡量維持冰涼的固體狀態。無論以手指或食物調理機將奶油攪入麵粉中，都會遇到一個共同問題，亦即奶油在分散時已變得過於溫熱。我們發現，奶油條冷凍後，使用刨絲器孔隙較大的一面加以刨絲的效果最好。我們一開始取出兩條奶油，借助包裝紙裹覆未解凍的奶油，最後只各別磨出4大匙的份量而已。

正確調整滋味：很多時候，過多的藍莓會讓司康顯得厚重，但對整體滋味的貢獻卻微不足道。我們參考傳統的司康食譜，增加糖和奶油的份量以提升甜味和豐富度，而結合全脂牛奶和酸奶則可再進一步提升豐富度和濃郁香味。

添加藍莓：若在材料乾燥時就加入藍莓，麵團搓揉的過程中勢必會壓碎藍莓，但若等到麵團揉好後再添加，藍莓又會破壞均勻分布的奶油層。解決辦法是將藍莓輕輕壓入麵團中，將麵團捲成圓棍狀後，再把圓棍壓成長方形，切成司康所需的大小。新鮮或冷凍藍莓皆可使用。

製作酥脆表皮：烘焙前，在司康頂端塗上融化的奶油並灑上糖粉，有助於形成酥脆表皮。

《奶油的基本知識》

―結構―

油脂，或稱為乳脂： 奶油或牛奶中部分已成為晶體的脂肪球，在劇烈攪動時會黏在一起，導致形體越來越大，因此才能揉捏成奶油塊。據美國食品規定，奶油必須至少含有80％的油脂。由於奶油含有大量飽和脂肪，在室溫中會呈現固體狀態，溫度達到85℉時會開始融化，94℉時即可完全液化。固態時，大多數的油脂會以微小晶體的形態存在於水液滴周圍，其中夾帶著少量蛋白質。

水

奶油含有16％至18％的水分。奶油是廚房中以油包水乳化型態組成的極少數食材之一，亦即微小的水液滴包覆在油脂連續相中，類似於一般油醋醬，詳見觀念36。水液滴表面附著少量蛋白質，可防止水分結合，除非奶油完全融化，否則水液滴會一直維持分離狀態。

乳固形物

奶油中除了水和脂肪之外，其餘成分統稱為「乳固形物」。乳固形物富含蛋白質、碳水化合物、維他命和礦物質，除了脂溶性維他命之外，這些物質都會在純化過程中去除。乳固形物約佔奶油所含化合物的1％。

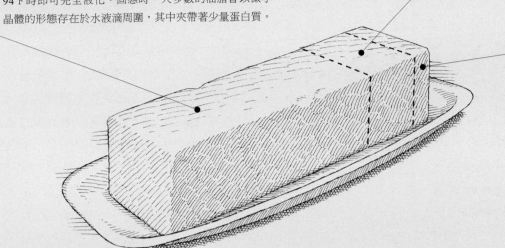

―選購―

購買奶油時有四種基本選擇：含鹽或無鹽、發酵或未發酵、一般或特級，以及鮮奶油或奶油條。

含鹽或無鹽？

在實驗廚房中，我們幾乎只用無鹽奶油，鹽則另外添加。為什麼？首先，不同牌子奶油的含鹽量各異，平均每條含有⅓茶匙的鹽，導致我們無法統一換算所需份量。此外，含鹽奶油的水分普遍偏多，可能影響麩質生成，但麩質對烘焙尤其重要。以含鹽奶油製成的比司吉明顯較為軟糊。再者，鹽會蓋過奶油的天然甜味和細緻味道。在白奶油醬和奶油霜等需使用特定奶油的食譜中，我們發現多餘的鹽反而會喧賓奪主。

發酵或未發酵？

特級奶油和一般奶油（詳見右側欄位）之間的真正差異在於發酵，亦即攪拌前的發酵過程，可產生濃郁複雜的滋味。奶油發酵是藉由添加特定菌種以產生特殊滋味的奶油。雖說如此，在多數料理中，奶油的滋味差異極其細微，所以我們將昂貴的發酵奶油留待烤吐司時使用。

鮮奶油或奶油條？

將空氣打進奶油中所製成的打發鮮奶油可做成柔滑的奶油醬，但在料理中，鮮奶油並非總是奶油條的理想替代品。雖然試吃員無法分辨兩者在烘焙食品中的差別，但他們發現，在糖霜這類未經烹煮的食品中，這種打入空氣的奶油「虛如泡沫」，嘗起來「有如塑膠」。若想使用鮮奶油，應以重量而非容量做為測量用量的基礎。打入空氣只會增加容量，重量不會改變。一桶標準容量的鮮奶油約重8盎司，相當於2條奶油。

一般奶油或特級奶油？

雖然我們深知特級奶油含有較多脂肪的事實，但我們的試吃員卻難以分辨其中差異，即使單吃也無法分辨。一般無鹽奶油含有81％至82％的脂肪，而特級奶油的脂肪含量則高達83％至86％。由於脂肪較多的奶油可在較大溫度範圍中維持固態，因此在可頌麵包這類不樂見奶油快速軟化的糕點中，我們通常偏愛使用油脂含量較高的奶油。

―估量奶油溫度―

	溫度	處理方式	測試方式	重要用途
冰凍	約35℉	切成小塊，冷凍到極為堅硬，約10至15分鐘。	以手指按壓時不會凹陷，觸碰時感覺冰冷。	將冰冷的奶油切碎攪入麵粉，可製作出層次分明的派皮麵團。
軟化	60～68℉	將冷藏過的奶油靜置於室溫中30至60分鐘。	溫度達到60℉時，輕壓會凹陷，按壓則會裂開。達到68℉時應可輕易彎曲，但不至於斷裂，按壓時則會稍微塌陷。	在軟化但仍微涼的奶油（60℉）或完全軟化的奶油（68℉）中加糖打成乳脂狀，可製作不同類型的蛋糕。詳見觀念46、47。
融化且冰涼	85～94℉	放入單柄深鍋或適合微波的碗中融化，靜置冷卻約5分鐘。	應呈液態，觸碰時感覺微溫。	液化奶油中的水分與麵粉混合後，可製作嚼勁十足的餅乾。

《推揉手法的實際應用》塔皮

我們可以選擇「翻摺」麵團以形成奶油和麵粉薄層，或者使用稱為推揉法的法式揉合技巧來達到類似效果。此方法需將麵團擀開，但不需摺疊，最適合必須擀薄製成塔皮或水果塔的麵團。這類薄麵團若需摺疊將會相當棘手。

創意水果塔
6人份

可以先品嘗水果的甜度再決定是否加糖。若水果很甜，糖的份量就少些，如果太酸則多加些糖。無論使用多少份量，都需等到準備填充及組裝水果塔時再添加。可搭配香草冰淇淋或鮮奶油一起享用。

麵團

1½杯（7½盎司）中筋麵粉
½茶匙鹽
10大匙無鹽奶油，冰凍，切成小塊、約½吋
4-6大匙冰水

內餡

1磅桃子、油桃（nectarines）、杏桃或李子，對切去核，斜切成½吋小塊
5盎司（1杯）藍莓、覆盆子或黑莓
4-6大匙糖

1.麵團：麵粉和鹽倒入食物調理機中打勻，約需5秒鐘。將奶油散放在麵粉上，按壓攪打10下左右，使混合物形同粗糙麵包屑，奶油塊約為豌豆大小。以同樣的方式持續攪打，每次加入1大匙水，直到麵粉開始凝結成小塊，能以手指捏在一起為止，約莫需按壓10次。此時麵團仍鬆散易碎。

2.將麵團倒上灑了些許麵粉的料理檯，以手撥成長方形小堆。從最遠端開始，以掌根將麵團推揉開來，每次只處理少量麵團，直到所有麵團都經過推揉為止。將揉壓過的麵團集結成長方形小堆並重複上述程序。將麵團壓成6吋大小的圓盤狀，以保鮮膜緊密包覆，放入冰箱冷藏1小時。取出麵團後，先靜置在料理檯上10分鐘左右，讓麵團稍微軟化。若以保鮮膜緊密包覆，麵團最久可冷藏2天，冷凍則可長達1個月。冷凍的麵團需靜置在平台上完全解凍，才能加以擀開。

3.用兩大張灑上麵粉的烤盤紙夾住麵團，擀成12吋大小的圓盤狀。若麵團黏在烤盤紙上，先以抹刀輕輕鬆開黏著處，抬起麵團後在烤盤紙上多灑一些麵粉。將以烤盤紙包夾的麵團滑到有邊烤盤上，放進冰箱使其硬實，約15至30分鐘。如果冷藏過久，導致麵團過硬而顯得易碎，可靜置在室溫中軟化。

4.內餡：將烤箱烤架調整至中層，烤箱預熱至375℉。把水果和3至5大匙糖放入碗中翻晃裹覆均勻。移除麵團上方的烤盤紙。將水果放到麵團中央，外圍預留2½吋左右的寬邊。將最外圍的2吋麵皮往水果上方摺疊，並小心保留水果外緣½吋的空間，向內摺時如有必要，可每2至3吋打摺一次。打摺時輕捏固定即可，切勿將麵團壓進水果裡面。快速完成所有步驟，麵團頂端和側邊刷上冰水，並均勻灑上剩餘的1大匙糖。

5.送進烤箱，烘烤約1小時，直至塔皮呈現深金黃色且水果冒泡即可。過程中記得轉動烤盤。將水果塔連同烤盤放到網架上，靜置10分鐘後，輕拉烤盤紙將水果塔移至網架上。使用金屬鏟，把水果塔從烤盤紙上鬆開並移除烤盤紙。水果塔留置網架上冷卻，等待水果汁液變稠，約需25分鐘。趁水果塔微溫或仍保有常溫時享用。

實用科學知識 推揉麵團的重要性

"長型的千層奶油可使塔皮密合，不滲漏汁液"

我們發現，推揉麵團——在料理檯上按壓麵團的手法，是這道甜點不可或缺的步驟。省略此步驟會怎麼樣？結果會像最下方的餅皮一樣，奶油層分布範圍短小，容易滲漏汁液，因為麵團中夾雜奶油塊，烘焙融化後留下孔隙，破壞了餅皮的結構。上圖餅皮具有長形的多層結構，相對密合得多。麵團經過推揉後，會產生長型奶油層，而非塊狀，這樣的餅皮穩定且柔軟。

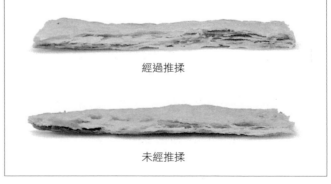

經過推揉

未經推揉

先將麵團平分成四等份,再按照步驟3擀開麵團。在烤盤紙上,將每份麵團擀成7吋大小的圓盤狀;完成後把麵團堆成一疊,放進冰箱冷藏到硬實為止。接續步驟4,將¼份量的水果放到圓麵團中央,邊緣預留1½吋的空間。將最外圍1至1¼吋的麵皮往水果上方摺疊,並小心保留水果周邊¼吋的空間。將水果塔連同烤盤紙移到烤盤上,並使用剩下的水果和麵團重複上述程序。麵團刷上冰水,並將剩餘的1大匙糖灑到每個水果塔上。送進烤箱,烘烤約40至45分鐘,直到塔皮呈現深金黃色且水果冒泡即可。過程中記得為烤盤轉面。

成功關鍵

我們希望製作簡單的夏日水果派,但不希望像製作傳統派皮或水果塔一樣,費力擀開麵團後還必須放入適合的模子中。此時,單層奶油派皮沿著水果外圍反摺收攏的創意水果塔,似乎就是再適合不過的選擇。但是,在沒有派模的支撐下,水果汁液容易滲透柔軟的麵皮,導致水果塔底部浸濕軟爛。製作麵皮時,我們在麵粉內加入高比例的奶油,如此不僅可產生相當濃郁的奶油香和柔軟質地,同時也可補強結構。接著我們採用法式推揉手法,讓最後的成品兼具紮實口感和千層結構。

製作強韌但層次分明的麵團:太多奶油會讓餅皮顯得疲軟而鬆透,但奶油太少又會導致餅皮如同蘇打餅般稍嫌堅硬,因此最後我們決定使用10大匙奶油搭配1½杯麵粉。不過,揉麵團的方法也與奶油份量一樣重要。我們試過使用食物調理機、直立式電動攪拌機和雙手來揉合麵團,發現後兩種方法會將麵團中的奶油攪糊,導致麵皮層次不夠豐富。然而,食物調理機的快速按壓攪打功能可將奶油「切攪」進麵粉中,使奶油保持清晰分明的小塊狀。我們將奶油攪打成粗糙麵包屑的大小,剛好足以預留創造千層口感所需的蒸氣空間。

推揉麵團:推揉法是製作糕點時,以掌根揉合麵團的一種法式技巧。此手法可將奶油推開,在極薄的麵粉和水分層間形成長條狀奶油層。

切勿加糖或檸檬:我們曾嘗試在麵團中加糖或檸檬汁,但檸檬汁中的酸會弱化麵團的麩質結構,導致麵皮過於軟嫩。糖可提升餅皮滋味,但卻會破壞質地,即使只加少許的糖,也會使麵團容易散碎。烘焙前再將糖灑在麵團表面則是可行的變通之道。

內餡盡量簡單:簡單的水果內餡不需加入奶油。我們只使用香熟水果,灑上3至5大匙糖,其份量取決於水果種類及其天然甜味。雖然我們偏好以有核水果搭配莓果來製作水果塔,尤其是李子配覆盆子、桃子配藍莓,以及杏桃配黑莓是我們最愛的組合,但仍可依個人喜好選擇只使用一種水果。有核水果甚至桃子不需要去皮。有關糖和水果的料理科學,請參考觀念49。

擀開並摺疊:我們將麵團擀成³/₁₆吋厚,約為三個硬幣的高度。此厚度足以負載大量水果,同時也夠薄,烘烤時可以平均而完全地受熱。麵皮中央放上水果後,我們在外圍預留2½吋的寬度,接著拉起麵皮往水果方向摺疊,露出水果塔的中間部分,並僅輕捏打摺,給予麵團緊縮的空間。

以高溫烘焙,靜置架上冷卻:試做時,我們將水果塔放到烤箱的中間架上,分別以350℉、375℉、400℉和425℉烘烤。以最低溫烘焙所需的時間太長,不僅導致水果水分流失,也無法將塔皮烤到焦黃。若溫度太高,塔皮摺痕處的色澤暗沉,但皺摺內部卻依然淡白、未能熟透,而且水果容易烤焦。烤箱設為375℉時最為理想,其時間和溫度烤出來的水果塔烘焙均勻、層次分明。最後直接將水果塔放在網架上冷卻,可避免塔皮在冷卻的過程中受到自身散發的熱氣蒸烤。此步驟雖然簡單,卻是確保塔皮酥脆的重要程序。

實用科學知識 如何保存奶油?

"奶油可在冷凍庫中保存2個半星期以上"

將奶油放在冰箱深處溫度最低的地方,而非冰箱門上的小隔間,可放上2個半星期之久。然而,我們從測試中發現,存放超過2個半星期後,隨著奶油中的不飽和脂肪酸氧化,奶油會逐漸發臭。如要長期保存,可將奶油放入冷凍庫,最長可達四個月。此外,由於奶油容易吸附臭味和各種味道,建議先將奶油條放入夾鏈袋中。

即溶麵粉（instant flour）最常見的牌子是Wondra和Shake & Blend，圓罐包裝，可在超市的烘焙用品區找到。本食譜可不使用即溶麵粉，改用2杯中筋麵粉和2大匙玉米澱粉，不過可能需要增加冰水用量。最後可搭配香草冰淇淋或鮮奶油一起享用。

麵團

1½杯（7½盎司）中筋麵粉

½杯（2½盎司）即溶麵粉

½茶匙鹽

½茶匙糖

12大匙無鹽奶油，切小塊、約¼吋，保持冰涼

7-9大匙冰水

餡料

1½磅史密斯青蘋果，削皮去核，對剖後，切薄片、約⅛吋

2大匙無鹽奶油，切小塊、約¼吋

¼杯（1¾盎司）糖

3大匙蘋果醬

1. 麵團：將中筋麵粉、即溶麵粉、鹽和糖放入食物調理機中打勻，約5秒。將奶油分散丟入麵粉中，按壓攪打約15下，使混合物看起來像粗糙的玉米粉即可。以同樣的方式繼續攪打，每次添加1大匙水，直到麵粉開始凝結成小塊，能以手指捏在一起為止，約莫需按壓10次。此時麵團仍鬆散易碎。

2. 將麵團倒上灑了些許麵粉的料理檯，以手撥成長方形小堆。從最遠端開始，以掌根將麵團推揉開來，每次只處理少量麵團，直到所有麵團都經過推揉為止。將揉壓過的麵團集結成長方形小堆並重複上述程序。將麵團壓成4吋大小的正方形，以保鮮膜緊密包覆，放入冰箱冷藏1小時。取出麵團後，先靜置在平台上10分鐘左右，讓麵團稍微軟化。若以保鮮膜緊密包覆，麵團最久可冷藏2天，冷凍則可長達1個月。冷凍的麵團需靜置在平台上完全解凍，才能加以擀開。

3. 將烤箱烤架調整至中層，烤箱預熱至400°F。將烤盤紙裁切成長16吋、寬12吋的大小。以烤盤紙墊著，將麵團擀成和烤盤紙差不多的大小，並修剪邊緣使其與烤盤紙切齊。將最外圍1吋的麵團向內捲起，形成½吋厚的邊。輕拉烤盤紙，連同麵團一起滑到烤盤上。

4. 餡料：在餅皮上挑選一個角落，沿著對角線依序整齊排列蘋果片，片與片之間重疊三分之一。放上奶油點綴，將糖均勻灑上。送進烤箱，烘烤約45分鐘至1小時，將餅皮底部烤到深黃色澤，且蘋果全已焦糖化為止。過程中記得為烤盤轉面。

5. 將果醬倒入小單柄深鍋中，以中大火加熱，偶爾攪拌以攪散結塊的果醬。為蘋果片刷上果醬，讓蘋果塔在烤盤上稍微冷卻10分鐘。將烤好的蘋果塔滑到大淺盤或砧板上，先縱切一分為二，再橫切分成四等份。趁溫熱或仍維持常溫時享用。

實用科學知識 純化奶油

"儘管一般我們是將奶油當成食材使用，不過奶油也能做為烹調媒介。以下說明兩種應用方式"

雖然本觀念的食譜主要是透過控制奶油溫度和麵團處理方式來獲得預期中的效果，但其實還有另外一個選擇：「加熱」。許多印度料理以及果仁酥皮餅（baklava）之類的甜點主要是利用純化過的奶油來避免焦黃。

純化：「澄清奶油」是指去除了乳固形物和水分的奶油。純化奶油時，需將奶油加熱以瓦解乳化效果，使奶油中的成分因為密度和化學組成不同而分離。乳固形物加熱後會變成泡沫浮在表面，使用大匙即可撈除。底部則是沉澱一層薄薄的物質，包含蛋白質和磷脂，以及主要由水分、些許融化的牛奶糖分——乳糖、和礦物質所組成的水層。乳脂冷卻凝固後，就能去除這層奶狀酪蛋白。澄清奶油的發煙點比全脂奶油還高，放入冰箱或冷凍庫也可以保存較久，可冷藏3至4星期，冷凍則可達4至6個月，而且不會吸附其他味道和臭味。

酥油：：「酥油」（ghee）是印度料理普遍使用的奶油製品。該產品更進一步利用純化程序，藉由煨煮奶油蒸發所有水分，使乳固形物開始焦黃，最後賦予乳脂淡淡的堅果味和香氣。這種食材可在印度和中東市集以及天然食品商店買到，通常會放在未冷藏的瓶罐中。

成功關鍵

法式水果塔以蘋果塔為代表，這份甜點兼具層次豐富的餅皮和櫛比鱗次的甜蜜焦糖蘋果片。然而，製作這道甜點的挑戰在於，該如何做出足以負載蘋果片的強韌餅皮，讓它可以單手拿著食用，又不至於弄髒雙手。大多數食譜製作出來的餅皮堅硬無味，嚐起來就像蘇打餅。我們理想中的法式蘋果塔，必須像可頌麵包一樣，具有散發濃郁奶油香味的千層口感，同時餅皮必須足以乘載大量焦糖蘋果片。透過選用正確的麵粉並搭配推揉手法，最後我們終於實現了這個理想。

「即溶」麵粉：採用「推揉法」可讓麵團柔軟又富含層次。即使如此，我們仍舊發現，若只使用中筋麵粉，麵團依然不夠柔細。改變使用的麵粉，讓麵粉裡含的蛋白質成分可以解決這個問題。中筋麵粉的蛋白質含量介於10％和12％之間。麵粉與水混合後，像是麥膠蛋白和麥蛋白這類的蛋白質，會製造一種更強韌、更具彈性的蛋白質，稱為「麩質」，若想瞭解更多請參考觀念38。麩質含量越高，麵團就越強韌堅硬。蛋白質含量9％的派粉（pastry flour）可產生全然不同的效果，但這種麵粉並不普遍。然而，蛋白質僅有8％的低筋麵粉卻會讓麵皮鬆散易碎。事實上，低筋麵粉經過氯氣漂白程序，蛋白質和澱粉與水結合的方式受到影響，因此生成的麩質強度較弱，這對口感綿軟的蛋糕而言相當完美，但不適合用來製作質地必須細嫩又紮實的糕點。有什麼解決方法？答案是——即溶麵粉。這種麵粉的製作過程，是在中筋麵粉裡添加了少許水分，提升麵粉的溼潤度。經過噴霧乾燥後，細小的麵粉顆粒的外觀就有如袖珍葡萄串。由於這些串結的麵粉顆粒大於精細的中筋麵粉，吸收較少水分，因而致使蛋白質較難形成麩質。以即溶麵粉取代½杯中筋麵粉，製成的麵團不僅細緻紮實，還能切成切面工整的小片蘋果塔，方便單手拿取食用，而不會弄髒雙手。

擀開、裁切並內捲：製作矩形餅皮時，首先在灑上麵粉的烤盤紙（長16吋、寬12吋）上將麵團擀開，必要時可多灑點麵粉。將擀開的麵團裁切成烤盤紙左右的大小，並在每邊向內捲動1吋時，以手指捏緊麵皮以便形成穩固的邊。

整齊排放並塗上果醬：雖然這道甜點可使用任何一種蘋果，但我們還是喜歡使用史密斯青蘋果。擺放蘋果片時，從其中一個角落開始整齊排放，每片之間重疊約三分之一，讓每列看起來平均且協調。蘋果片上灑

糖，其間分散放上奶油小塊。比起本觀念食譜「創意水果塔」中的夏季水果，這道法式蘋果塔裡的蘋果可以烤得更乾，而且灑上些許奶油和糖會為蘋果加分。雖然並非所有蘋果塔食譜都有這個步驟，但許多食譜都會建議為剛出爐的水果塔刷上蘋果醬。這層果醬可讓蘋果片散發誘人光澤，同時加強蘋果滋味。

使用烤盤紙並以高溫烘焙：比起形狀不拘的創意水果塔，這種大片蘋果塔的形狀需要較為精準控制。使用烤盤紙做為導線，同時方便在廚房中移動餅皮，可說是相當實用的訣竅。我們以400°F烘烤水果塔，正好能在極度焦糖化和微焦之間取得絕妙平衡。

實用科學知識 如何清洗蘋果和梨子的外皮？

"以「醋」清洗農產品，可去除大多數細菌"

在廚房測試中，我們發現在農產品上「噴醋」是除掉表面蠟和農藥的最佳方法，不過這個方法是否也能消滅細菌？

為了找出答案，我們以四種不同方法清洗蘋果和梨子：在水龍頭下以冷水沖洗、以刷子刷洗、用醋清洗，以及使用抗菌皂刷洗。同時也保留一批未清洗的水果做為對照組。我們從農產品表面採樣，將細菌放入培養皿中培養。4天後，我們比較各培養皿，發現在冷水下沖洗只能去除25％的細菌，而以刷子刷洗則可去除85％。醋溶液去除了98％的表面細菌，效果幾乎可媲美抗菌皂。根據2002年7月份《微生物學》（Microbiology）的解釋，醋中的乙酸可降低細菌細胞內的pH值，進而抑制數種重要的生物化學機能，能有效消滅細胞。

我們建議以3：1混合「自來水」和「蒸餾醋」，並裝入噴霧瓶中使用。此清洗法適合任何表面光滑的硬面水果和蔬菜。噴灑後，務必將蔬果拿到水龍頭下以冷水沖洗，以去除刺鼻的醋酸味。

未清洗	以醋清洗
此培養皿顯示蘋果表面清洗前的細菌數量。	此培養皿顯示，以加了醋的溫和溶液清洗蘋果可消除98％的細菌。

觀念44：加入伏特加酒，讓派皮好處理
Vodka Makes Pie Dough Easy

發明「和製作派皮一樣簡單」這種說法的人顯然沒有揉過派皮。派皮的製作方法，聽起來的確很容易：混合麵粉、鹽和糖，拌入奶油後倒進足夠的冷水，讓麵粉黏著成團，接著即可擀開並送進烤箱烘焙。當然，我們都希望麵團揉起來輕鬆一點，並在烤完後可以綿柔又極富層次。只是實際情況往往事與願違。麵團烘烤後時常堅硬而強韌，而且處理起來相當棘手，更別說碎裂、破散的情況更是家常便飯。

◎科　學　原　理

製作派皮的問題在於：麵團的狀態似乎每次都不一樣。換句話說，每次烤派都必須應付不同難題，而過程中必須仰賴經驗，才能分辨麵團的各種狀況並適度調整。現今多數下廚的人每年只烤幾次派，想必無法應付所有突發狀況。

完美的派皮必須在「綿密度」和「緊密結構」之間取得絕佳平衡，前者需仰賴脂肪，後者則需倚靠麵粉加水混合後形成稱為「麩質」的細長型蛋白質鏈。若麩質形成太少，麵粉就無法成團，但若麩質太多，麵團則會過於堅硬。針對此現象，我們研發出一種可以確切掌握麵團的方法，能讓麵團異常柔軟，不僅搓揉時相當輕鬆，同時也可減少過度拌揉的機率。這道我們創新的派皮食譜利用一項秘密武器，來明確地掌握麵團狀態，而這一切都需仰賴「酒精」。

我們都知道，麩質早在水中就已形成。水和麵粉中的蛋白質產生水合反應，也就是說水分子在氫鍵形成的過程中會和蛋白質結合。氫鍵屬於弱鍵結，是使水分子附著在蛋白質分子表面的靜電鍵，讓捲曲的蛋白質分子具有彈性，可分散及相互結合形成細長狀的麩質，更多詳細解說，請參考觀念38。然而，「麩質無法在酒精中形成」，伏特加和其他烈酒中的乙醇不會像水一樣附著在其他分子上，因此無法與蛋白質水合，不會促進麩質生成。藉由使用含有40％乙醇、水分佔60％的伏特加，取代部分的水，我們才能在麵團中添加更多液體，使麵團維持柔軟且容易延展的特性，同時減少派皮變硬的機率。

不過，若儲藏櫃中沒有伏特加，能否使用酒精含量40％的烈酒來取代？我們分別使用蘭姆酒、威士忌和琴酒製作派皮，並與使用伏特加製成的派皮加以比較。出乎意料的是，試吃員大多無法分辨不同烈酒的味道。事實上，他們根本嘗不出任何酒味。所有派皮都擁有純淨單一的滋味以及多層質地。因此，若伏特加並非你平常小酌的選擇，大可使用任何酒精含量40％的烈酒取代。

製派麵團中添加酒精

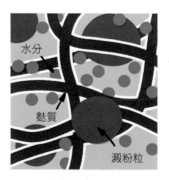

只加水：
若麵團中只加水，水會和麵粉產生反應，形成大量麩質，導致麵團變硬。

加入伏特加與水：
麩質無法在酒精中形成。因此，同時添加伏特加及水揉成的麵團具有較少的麩質，大為提升柔軟度。

在派皮麵團中添加伏特加的做法或許從科學上可以解釋得通,但在親眼見證之前,我們仍無法相信伏特加的實際功效。為了確定伏特加能否真正影響千層派皮的質感,我們以兩種比例來烘焙食譜「簡易派皮麵團」。一種以 1：1 的比例混合伏特加及水,兩者各 ¼ 杯的水,另一種則只加 ½ 杯。為了更容易兩相比較,我們不用派模,改將麵團擀成一大片,並切成長 5 吋、寬 2 吋的長方形,接著放到鋪好烤盤紙的烤盤上送進烤箱。等到長方形的派皮冷卻後,我們將派皮架在兩個金屬杯上,就像吊橋拉緊的繩索一樣,接著在派皮上擺放裝滿硬幣、重 250 克的杯子,以此測試派皮的「堅韌度」。

實驗結果

加入伏特加的派皮應聲斷成兩截,杯子掉落後灑了滿桌子的硬幣。不過,只加水的派皮則維持原狀,擺放其上的杯子保持平衡約 1 分鐘。試吃員表示,伏特加派皮柔軟得多,口感也較具層次;只加水的派皮則是明顯較硬。

重點整理

由於麵粉加了酒精後就無法形成麩質,因此相較於只加水的派皮,倒入等量伏特加和水的派皮所生成的麩質減少許多,進而造就柔軟而多層的派皮。此外,同時倒入伏特加和水可為麵團增添更多液體,如此一來麵團不僅容易延展,搓揉時較為輕鬆,又能避免過硬。

結論?伏特加不只可以飲用,更是製作派皮的秘密武器。伏特加不僅可讓派皮更為柔軟,搓揉麵團時也較為輕鬆。

✏ Tips：伏特加的威力──麵團容易擀開,派皮柔軟

我們製作兩片派皮,其中一片加入等量的伏特加和水,另一片只添加水,烘烤後分別擺上 1 杯硬幣加以測試。千層伏特加麵團隨即應聲斷裂。

伏特加與水
柔軟的派皮應聲斷裂。

只添加水
較硬的派皮可支撐硬幣滿 1 分鐘。

《麩質縮減原理的實際應用》
派皮麵團

以伏特加取代部分冰水是維持麵團濕潤的關鍵,不僅可使麵團容易搓揉,加上伏特加不會促進麩質形成,麵團在烘焙後才能具有千層結構。反觀只加水的濕潤麵團,由於多餘的水會導致太多麩質生成,因此烘焙後大多變得堅硬而強韌。除了本觀念的食譜之外,派皮麵團也是觀念19食譜「南瓜派」,和觀念21食譜「檸檬蛋白派」的關鍵材料。

伏特加是讓派皮具有綿柔質感的必要材料,並且不會帶入任何味道,切勿以水代替。此麵團比大多數一般派皮麵團更為濕潤,擀開時需要大量麵粉,可多達¼杯。食物調理機是本食譜的必備工具,此麵團無法手工製作。

2½杯(12½盎司)中筋麵粉

2大匙糖

1茶匙鹽

12大匙無鹽奶油,切小塊、約¼吋,冷藏

8大匙植物性酥油,切成4塊,冷藏

¼杯伏特加,冷藏

¼杯冰水

1.以食物調理機將1½杯麵粉、糖和鹽攪拌均勻,約5秒。丟入奶油和酥油,持續攪打至完全混合,此時應看不見任何細碎的麵粉,而且開始形成大小不等的團塊,約需15秒。

2.刮下碗壁黏著的麵粉,將麵團重新分散到調理機的刀片四周。分散倒入剩餘的1杯麵粉,利用按壓攪打功能,將麵團打成小塊且均勻散佈,約需按4至6下。

3.將混合物倒進大碗中,淋上伏特加和冰水。使用硬實的橡皮抹刀加以攪拌,並刮攏混合物使其黏結成團。

4.將麵團分成兩等份,並把每等份放到保鮮膜上,壓成4吋大小的圓盤。以保鮮膜緊密包覆,放進冰箱冷藏1小時。擀開前,先將麵團靜置於料理檯上約10分鐘,使麵團稍微軟化。麵團以保鮮膜緊密包覆的情況下,最久可冷藏2天或冷凍1個月。若將麵團冷凍,擀開前必須完全解凍。

請容我們再重複一次:伏特加是讓派皮具有綿柔質感的必要材料,並且不會帶入任何味道,切勿以水代替。此麵團比大多數一般派皮麵團更為濕潤,擀開時需要大量麵粉,可多達¼杯。

1¼杯(6¼盎司)中筋麵粉

1大匙糖

½茶匙鹽

6大匙無鹽奶油,切小塊、約¼吋,冷藏

4大匙植物性酥油,切成2塊,冷藏

2大匙伏特加,冷藏

2大匙冰水

1.以食物調理機將¾杯麵粉、糖和鹽攪拌均勻,約5秒。丟入奶油和酥油,持續攪打約10秒,直至完全混合。此時應看不見任何細碎的麵粉,而且開始形成大小不等的團塊。

2.刮下碗壁黏著的麵粉,將麵團重新分散到調理機刀片四周。分散倒入剩餘的½杯麵粉,利用按壓攪打功能,將麵團打成小塊且均勻散佈,約需按4至6下。

3.將混合物倒進中碗。淋上伏特加和冰水。使用硬實的橡皮抹刀加以攪拌,刮攏混合物並加以按壓,使其黏結成團。

4.將麵團倒至保鮮膜上,壓成4吋大小的圓盤。以保鮮膜緊密包覆,放進冰箱冷藏1小時。擀開前,先將麵團靜置於料理檯上約10分鐘,使麵團稍微軟化。麵團以保鮮膜緊密包覆的情況下,最久可冷藏2天或冷凍1個月。若將麵團冷凍,擀開前必須完全解凍。

5.將烤箱烤架調整至中層,烤箱預熱至425℉。在灑了麵粉的料理檯上,將麵團擀成12吋圓形。把麵團大略捲到擀麵棍上,移到9吋派模上後再輕輕捲開攤平,讓多餘的麵團垂放在派模邊緣。一手向上微拉派皮外緣,另一手將派皮壓進派模,鋪進模底,超出模外的麵團則任其垂放在外。以保鮮膜大略包覆已鋪進麵團的派模,放進冰箱冷藏約30分鐘,待麵團變硬後取出。

6.修剪多餘的麵皮,保留距離派模上緣約½吋的寬度即可。將超出派模外的麵團下翻內摺,切齊派模邊

緣。將派餅邊緣捏成勻稱的波浪狀。使用保鮮膜大略包覆已鋪好麵團的派模，放進冰箱冷藏約15分鐘，待麵團完全冰涼、變硬結實後取出。

7.在派模中鋪上兩層鋁箔紙，派皮邊緣記得仔細包覆，避免烤焦，接著將壓派石放入模中。

8A.派皮半熟：烘烤約15分鐘，使派皮麵團外表乾燥，呈淡白色。移除壓派石和鋁箔紙，持續烤到表面稍微轉為金黃，約需4至7分鐘。將派模移到網架上。加入內餡時，派皮必須依然保持溫熱。

8B.派皮完全熟透：烘烤約15分鐘，使派皮麵團外表乾燥，呈淡白色。移除壓派石和鋁箔紙，持續烤到表面轉為深黃色，約需8至12分鐘。將派模移到網架上，待其完全冷卻，約需1小時。

簡易卡士達派單層派皮麵團

我們喜歡將單層派皮麵團放到新鮮的全麥餅乾碎屑中擀開，因為餅乾碎屑可為卡士達派增添滋味和酥脆口感。

將3片完整的全麥餅乾壓成碎屑，應有½杯左右。平台上灑的是 Graham Crackers 全麥餅乾碎屑，而非麵粉。擀開麵團的過程中，持續在麵團底下和表面補灑碎屑。

實用科學知識 熱水餅皮？

"添加熱水的餅皮雖然容易搓揉，但口感不佳"

數世紀以來，糕餅麵團主要做為烹調容器使用，不僅沒有多層結構，品質也未必優良。事實上，甚至連人類何時開始，以何種形式食用糕餅，食物歷史學家之間仍爭議不休。「熱水餅皮」是糕餅極其古老的形式之一，人們將餅皮包覆在容器外頭，烤成各式各樣的形狀，而非放入派模中烘烤。製作熱水餅皮時，會將滾燙的熱水混合油脂，通常是豬油，再快速攪打，待其產生乳化作用後，再將此豬油混合物加入麵團中。最後的麵團極為柔軟，而且由於麵團不易斷裂或撕碎，搓揉起來相當輕鬆。

比較過數種食譜，如法式鹹派、深盤蘋果派和藍莓餡餅的熱水餅皮，和我們的簡易派皮麵團後，我們明白為何以前的人可能不吃派皮。從前的餅皮非常柔軟，有些試吃員以「如肉般軟嫩」來形容它。其中原因在於餅皮中加入比一般糕餅更多的油脂，加

上以熱水產生乳化作用時已經「提前燙熟」麵粉，導致部分澱粉遇水後立即膨脹，在液體較少的情形下，一般支撐麵團結構的麩質也就因而減少。雖然熱水餅皮製作容易、搓揉輕鬆，但若是希望糕餅值得一嘗，建議還是採用「簡易派皮」的麵團做法。

熱水餅皮
熱水和油脂混合後添加至麵粉中，可形成相當柔軟的麵團，不過餅皮會像肉片般軟嫩。

一般餅皮
我們最喜歡的派皮麵團，是加入一般冷水製作，成品口感既柔軟又富含層次。

實用科學知識 如何避免派皮濕軟？

"建議使用「玻璃派模」盛裝，放到預熱的烤盤上烘焙"

沒人喜歡水果派的底部被水果汁液浸濕。我們認為，如果讓派底更快受熱，或許可以避免汁液滲透。因此我們特地烘焙兩個一模一樣的櫻桃派，其中一個直接放在烤架上烘烤，另一個則放在以400°F預熱15分鐘的烤盤上。

直接放在烤網上的派餅，底部已被櫻桃汁浸濕，而以預熱烤盤盛裝的派，則仍保有紮實的派皮，其底部完好無缺。

處理原料時，我們將結塊的固體冰冷脂肪推散到濕潤的麵粉夾層間，揉成派皮麵團。櫻桃餡的汁液容易滲透這些夾層，烘烤時汁液停留在麵團中，最後導致派皮濕軟的結果。防範麵團浸濕的關鍵，在於儘速液化固態脂肪，以便脂肪填補麵粉粒子間的空隙，形成防止汁液滲入的防水層。也就是說：將派模放在預熱的烤盤上烘烤，等於啟動了派皮底部的液化程序。

特別選用玻璃派模有幾個原因。玻璃的導熱性不佳，但維持熱能均勻散佈的效果極好，比起陶器或金屬模，玻璃可讓派皮焦黃更為勻稱，而且玻璃不會與酸性內餡產生反應。金屬模會產生反應，若又把沒吃完的派餅留在模中，將形成令人頭痛的問題。最後一個理由，是玻璃派模可方便查看派底的烘烤進度，當然，一定要戴上隔熱手套。如果看起來尚未烤熟，只要再將派皮送回烤箱即可。

製作派皮麵團時容易出現兩種錯誤：乾麵團過於易碎，無法順利擀開；派皮結構多層，但質地強韌，或是派皮柔軟卻缺乏層次。我們希望每次處理麵團時都能輕鬆擀開，而最後的派皮也能夠柔軟又具有豐富層次。終於我們在酒櫃中找到了答案：伏特加。雖然麩質這項使派皮堅硬的蛋白質可在水中快速成形，但在乙醇中卻無法生成。因此水和酒精各佔60%和40%的伏特加正是再好不過的選擇。添加¼杯伏特加可讓麵團濕潤、容易擀開，同時能維持柔軟的質地。酒精會在烤箱中蒸發，因此烘焙後的派皮不會嘗到酒味。

使用兩種油脂：奶油可提供濃郁香味，不過其中所含的水分也會促進麩質形成。為了讓派皮味道豐富之餘也能保持柔軟口感，我們特別以3：2的比例添加奶油和不含任何水分的純脂肪──「酥油」。

添加更多油脂：我們在麵粉中混入比一般食譜約略多出三分之一的油脂，以便更全面包覆麵粉，減少麵粉與水混合形成麩質的機會。此外，額外添加的油脂也能讓麵團更加綿軟，而且味道更為香濃。

創造層次：傳統食譜將所有麵粉和油脂同時放入調理機中攪打，但我們分成兩次添加麵粉。我們先將油脂與部分麵粉攪打長達15秒鐘，使油脂完全包覆麵粉，接著在加入剩下的麵粉後，只按壓攪打幾下，包覆少部分的麵粉。除了避免麵團過硬之外，這個方法也可創造出兩種截然不同的麵團層次，並有助於產生多層結構。傳統的做法會使派皮富含麩質，分成兩次混合麵粉則能減少此情況發生。

麵團壓成圓形：製作糕餅時，許多人發現很難將麵團擀成均勻的圓形。他們犯的首要錯誤，是冷藏前沒有事先將麵團規範成圓盤狀。花一點時間將麵團壓成4吋大小的圓盤，到時擀成12吋圓形麵皮時會輕鬆許多。

麵團冰涼，檯面灑粉：為了防止麵團黏在檯面上，同時也避免奶油融化，麵團擀開前最好先冷藏1小時。最多可冷藏兩天，或冷凍四星期後移到冷藏室中解凍。如果冷藏太久，麵團會變得太冰。麵團取出後可先靜置10分鐘，待其退冰後再加以擀開。

邊擀邊轉：擀麵團時謹記兩個重點。第一，擀開之前務必徹底冷藏，否則麵團會因為黏住檯面而撕裂。第二，擀麵團時切勿來回推擀同一個部位，每次按壓同一部位會形成更多麩質，使麵團變硬。此外，來回推擀無法將麵團擀成勻稱的圓形。正確的方法是以擀麵棍推過麵團後，將麵團旋轉90度再擀第二次。藉由邊轉邊擀的方式，可確保麵團擀成乾淨俐落的圓形，而且麵團沒有任何過度揉擀和硬化的現象。我們喜歡使用長錐型的擀麵棍，因為細緻的麵團擀開時，受力可比一般擀麵棍來得輕柔。

移動麵團：準備將擀開的麵團移入派模時，先將擀麵棍放在離圓形麵皮頂端約2吋的地方。將麵皮頂端翻到擀麵棍上，接著再往下翻摺一次，使麵皮鬆垮地包住擀麵棍。移到派模上後，輕輕將麵皮捲開攤平。接下來，一手將麵皮邊緣微微拉起，一手把麵皮輕柔壓進派模的角落，多餘麵皮則隨意垂放在派模邊上。若是雙層派，這時可擀開第二張麵皮，並趁製作內餡時，將其連同底層派皮一起放進冰箱冷藏。準備組裝時，先在底層派皮上放滿餡料，蓋上頂層派皮，然後修剪邊緣並捏出波浪邊。

藍莓派
8人份

研發本食譜時，我們使用的是新鮮藍莓，不過未解凍的冷凍藍莓也具有相同效果。在步驟3中，以中大火烹煮尚未搗碎的半數冷凍藍莓，使其收汁成1¼杯，時間約需12至15分鐘。使用刨絲器孔隙較大的一面刨出蘋果絲。利用香料研磨機或小型食物調理機，將樹薯細粒磨成粉狀。

1份簡易雙層派皮麵團（食譜於本觀念）
30盎司（6杯）藍莓
1顆史密斯青蘋果，削皮，去核，刨絲
¾杯（5¼盎司）糖
2大匙即溶樹薯細粒，磨成粉
2茶匙磨成粉的檸檬皮屑，以及2茶匙檸檬汁
少許鹽
2大匙無鹽奶油，切小塊、約¼吋
1顆大顆的蛋白，稍微打發

1.在灑了些許麵粉的料理檯上，將1個圓盤狀麵團擀成12吋大小的圓形麵皮。把麵皮鬆垮地捲在擀麵棍上，移到9吋派模上後輕輕捲開攤平，任多餘的麵皮垂放在派模邊上。一手向上微拉麵皮邊緣，另一手將麵皮壓入模底，鋪進模中，超出派模的麵皮則任其垂放在外。以保鮮膜大略包覆已鋪上麵皮的派模，放進冰

箱冷藏約30分鐘，待麵團變硬後取出。

2. 將另一個圓盤狀麵團放在灑了些許麵粉的料理檯上，擀成12吋大小的圓形麵皮。使用1¼吋的圓形餅乾壓模，從麵皮中央切下圓形麵皮。以此圓為中心，在距離其邊緣1½吋處，環繞著中心再挖出6個同樣的圓洞。將挖好洞的麵皮放到鋪了烤盤紙的烤盤上，蓋上保鮮膜後，放進冰箱冷藏30分鐘。

3. 把3杯藍莓倒入單柄深鍋中，放到中火上加熱。使用馬鈴薯壓泥器搗壓藍莓數次以擠出汁液。一邊持續以中火慢煮，一邊頻繁攪拌、偶爾搗壓，直到約有半杯的藍莓碎裂，且混合物變稠並收汁成1½杯為止，約需8分鐘。靜置使其稍微冷卻。

4. 將烤箱烤架調整至最低層，放上有邊烤盤，將烤箱預熱至400℉。

5. 將蘋果絲放到乾淨的廚房紙巾上擰乾，接著放進大碗中，加入預煮好的藍莓、剩餘的3杯未煮藍莓、糖、樹薯粉、檸檬皮屑、檸檬汁和鹽，攪拌混合均勻。將餡料倒進鋪了麵皮的派模中，再將奶油散放其上。

6. 將挖好洞的麵團輕輕捲到擀麵棍上，移到餡料上後小心捲開攤平。把垂放在外的麵皮修剪至距離派模邊緣½吋的地方。將頂層和底層派皮緊密捏合。超出派模的麵皮反摺塞進底下，切齊派模邊緣。以手指將派餅邊緣壓成間隔相等的波浪狀。派皮表面刷上打發的蛋白。

7. 將派餅放到預熱的烤盤上，烘烤約25分鐘，直至表面稍微酥黃。烤箱溫度調低至350℉，將烤盤轉向後持續烤上30至40分鐘，等到汁液冒泡且派皮轉為深黃色即可。將藍莓派靜置在網架上冷卻成室溫，約4小時後即可享用。

成功關鍵

如果藍莓派的餡料無法定形，塊狀食材會陷進稀湯般的汁液中，覆蓋在上面的派皮也會濕透。但若添加太多增稠劑，內餡則可能過於稠密，食用時黏膩惱人。理想中的派必須具有質地紮實、色澤光亮的內餡，並且充滿滋味清新、口感飽實的新鮮藍莓。使用樹薯粉和天然果膠，加上高溫烘烤，正好可以烤出我們理想中的藍莓派。

使用正確的增稠劑：相較於玉米澱粉，我們更偏好使用樹薯粉來提升多汁水果內餡的稠度，但為了讓派餅充分凝固以便切片，必須大量添加，不過這又會導致內餡黏糊成團。無論使用份量多寡，麵粉和玉米澱粉都會讓餡料成為黏稠的膏狀物。因此，我們減少樹薯的用量，並以香料研磨機磨成細粉後再加入內餡，最後派餅出爐後才不會殘留任何「珍珠」，洩漏樹薯細粒的蹤跡。

熬煮半數藍莓：只需烹煮半數藍莓，就足以充分減少汁液，避免派餅過於濕潤。煮好後，我們再拌入剩下的藍莓，讓火煮水果的濃郁滋味和新鮮水果的清新口感相互襯托，產生令人滿意的味覺組合。也得以減少樹薯細粒的用量。

使用天然果膠：鍋中冒泡的藍莓讓我們想到藍莓果醬。優良果醬之所以能有絕佳質地，秘密在於水果中一種稱為「果膠」的碳水化合物。藍莓本身的天然果膠含量不多，因此製作藍莓果醬時，通常需要添加液態或粉狀的市售果膠。市售果膠的唯一缺點，在於需要搭配特定份量的糖和酸才能產生效果。提高糖量會讓內餡過於甜膩。測試「不需加糖」果膠的效果還不錯，但這種添加物含有大量天然酸味，可彌補未額外加糖所導致的平淡滋味，只是這種酸味並不討喜。解決辦法？含有大量天然果膠的蘋果。我們在藍莓餡中加入一顆削皮、刨絲的史密斯青蘋果以及少許樹薯粉。蘋果可提供充足的增稠效果，使派餡具有漂亮的外型，此外還能襯托藍莓味，食用時也難以察覺這項秘密食材的存在。此原理請參考後文「實用科學知識：派中的蘋果」。

加糖而非香料：內餡中，我們加入必備的糖、檸檬汁和檸檬皮屑，僅此而已。我們希望餡料嘗起來像藍莓而不是肉桂。

挖洞而非製作格紋：為了排出藍莓產生的蒸氣，我們找到更快速簡單的替代辦法，亦即使用餅乾壓模，在頂層派皮上切出圓洞，取代製作格紋頂層的傳統做法。

高溫預熱：我們將烤箱預熱至400℉，並把派餅放到預熱後的烤盤上烤，其原理請參考本觀念「實用科學知識：如何避免派皮濕軟？」藉以加速派皮焦黃。經過25分鐘後，我們將溫度下調至350℉，繼續烘烤30至40分鐘。

靜置冷卻：派餅出爐後必須靜置冷卻，切邊才會俐落乾淨。派皮冷卻至室溫的過程中，內餡會持續定形，這整個過程需要4小時。若希望派餅上桌時仍維持溫熱，可先讓派完全冷卻使內餡定形，然後以烤箱短暫加熱後，再將派餅切片。千萬別過度加熱！只要以

350°F的溫度烤個10分鐘就能充分加熱派餅，避免內餡過熱而顯得鬆軟。

實用科學知識 派中的蘋果

"刨絲的蘋果以及所含的全部果膠，可增加內餡的厚實感"

製作藍莓派內餡時，我們發現，如果添加超過2大匙的樹薯粉，內餡會產生我們所不樂見的黏膩口感。反之，如果只加2大匙或更少，內餡則會過於鬆散。水果中有一種天然增稠劑，稱為果膠，我們很好奇這種物質能否解決上述問題。

我們在第一組派餡中加入2大匙樹薯細粒，做為對照組。接著，我們利用2大匙樹薯細粒以及富含果膠和輕微果香的蘋果絲，增加第二組派餡的厚實感，並加以比較兩者差異。我們將蘋果刨絲，希望在經過烘烤後，蘋果不會太過顯眼。

一如預期，只加入樹薯細粒的派餡質地鬆散，稀淡如湯。相較之下，以樹薯細粒和一顆蘋果增加厚實度的派餡則可自然定形，口感恰到好處。烘烤過程中，細小的蘋果絲似乎已與藍莓餡交融在一起，為內餡增添果香，但口感上卻又察覺不出蘋果的存在。果膠是蔬果中的天然物質，有助於黏合細胞壁，進而形成植物的結構。這種物質也用來增加果醬和果凍的稠度，使其在定形後仍能保有柔軟質地。果膠的含量依水果種類而異，植物不同部位的含量也有所差別，例如果皮的果膠含量多於果肉。蘋果含有大量高甲氧果膠，可產生最理想的凝膠效果，是天然果膠的極佳來源。搗碎部分藍莓以及將蘋果刨絲，都有助於釋放水果細胞壁中的果膠，進而增加派餡的濃稠度。

質地鬆散	厚實挺立
未添加足夠樹薯粉的內餡無法形成聚實結構，但添加過多又會導致內餡過於黏膩。	少許樹薯粉搭配蘋果絲即可做出多汁、容易切塊的派餅內餡。

史密斯青蘋果可使用帝國蘋果（Empire）或柯特蘭蘋果（Cortland）取代，金冠蘋果則可改用紅龍（Jonagold）、富士（Fuji）或布雷本蘋果（Braeburn）。

1份簡易雙層派皮麵團（食譜於本觀念）
2½磅史密斯青蘋果，削皮去核後，切薄片、約¼吋
2½磅金冠蘋果，削皮去核後，切薄片、約¼吋
½杯（3½盎司），外加1大匙砂糖
¼杯（1¾盎司）壓實的紅糖
½茶匙磨碎的檸檬皮屑，以及1大匙檸檬汁
¼茶匙鹽
⅛茶匙肉桂粉
1顆大顆的蛋白，稍微打發

1. 在灑了些許麵粉的檯面上，將1個圓盤狀的麵團擀成12吋大小的圓形麵皮。把麵皮鬆垮地捲在擀麵棍上，移到9吋派模上後輕輕捲開攤平，讓多餘的麵皮垂放在派模邊上。一手向上微拉麵皮邊緣，另一手將麵皮壓入模底，鋪進模中，超出派模的部分則任其垂放在外。以保鮮膜大略包覆已鋪上麵皮的派模，放進冰箱冷藏約30分鐘，待麵團變硬後取出。在料理檯面灑上些許麵粉，將另一個圓盤狀麵團擀成12吋大小的圓形麵皮，接著放到鋪了烤盤紙的烤盤上。蓋上保鮮膜，放進冰箱冷藏30分鐘。

2. 將蘋果片、½杯砂糖、紅糖、檸檬皮屑、鹽和肉桂粉放入荷蘭鍋中，上下拋翻使材料均勻混合。蓋上鍋蓋，以中火燜煮約15至20分鐘，過程中頻繁攪拌，最後蘋果以叉子戳刺時應已軟化，但仍保持原來的形狀。將蘋果連同汁液倒上烤盤，靜置冷卻至室溫，約需30分鐘。

3. 烤箱烤架調整至最低層，放上有邊烤盤，並將烤箱預熱至425°F。把蘋果倒入濾鍋中徹底瀝乾，只保留¼杯蘋果汁，並與檸檬汁攪拌均勻。

4. 將蘋果擺進鋪了麵皮的派模中，中間位置可堆疊而稍微隆起，灑上混合了蘋果汁的檸檬汁。將剩下的麵團擀開，並鬆垮地捲到擀麵棍上，移到餡料上後輕輕捲開攤平。將垂放在外的麵皮修剪至距離派模邊緣½吋的地方。將頂層和底層派皮緊密捏合。超出派模

的麵皮反摺塞進底下，切齊派模邊緣。以手指將派餅邊緣壓成間隔相等的波浪狀。在頂層派皮上劃出四道2吋大小的開口。派皮表面刷上打發的蛋白，並均勻灑上剩下的1大匙砂糖。

5.將派餅放到預熱的烤盤上，烘烤約25分鐘，直到表面稍微焦黃。烤箱溫度調降至375°F，並將烤盤轉向，持續烤上25至30分鐘，等到汁液冒泡且派皮轉為深黃色即可。將派靜置在網架上冷卻，直到內餡定形，約需2小時。派皮微溫或冷卻至室溫時即可享用。

成功關鍵

以深底烤模烘烤的蘋果派時常發生相同問題，諸如蘋果受熱不均，以及蘋果泡在滲出的汁液中，造成底層派皮色澤淡白、質地軟爛。此外，蘋果縮水後，與頂層派皮間出現縫隙，導致派餅切塊時無法乾淨俐落，上桌時外觀不忍卒睹。理想中的深盤蘋果派，蘋果片必須綿軟多汁，完整包覆在奶油味濃、層次豐富的派皮中。預先烹煮蘋果可解決蘋果縮水的問題，有助於維持原有形狀，並避免派模底部蓄積過多汁液，進而順利烤出酥黃香脆的底層派皮。

預煮蘋果：使用深盤烤派時，需要用上大量蘋果，但這些蘋果容易浸濕派皮，使內餡泡在水果汁液中。烘烤後，頂層派皮和蘋果內餡間時常出現明顯空隙，這個常見問題就更無需贅言了。幸好，只要將蘋果事先煮熟，這些問題就能迎刃而解，就連可能抑制蘋果味的增稠劑也可以不再需要使用。詳見下方「實用科學知識：嚴重縮水的蘋果」。

文火燜煮：大火快煮蘋果迅速收乾汁液。這聽起來雖然可行，卻不是正確的做法。若以大火快煮，派中的蘋果最後會如同肉片般鬆軟。相反地，以文火慢煮蘋果則能去除多餘水分，真正強化蘋果的內部結構，與派皮一起烘烤時更能維持既有形狀。有關預先烹煮蔬菜的料理科學，請參閱觀念27。

使用兩種蘋果，加入糖和香料：我們喜歡水果塔所用的蘋果，例如史密斯青蘋果和帝國蘋果就具有鮮明的滋味，但如果單用一種蘋果，味道可能顯得單調無奇。為了使味道更加飽滿協調，我們認為有必要搭配滋味偏甜的品種，例如金冠或布雷本蘋果。選擇合適的蘋果時，質地是另一個重要的考量因素。即使只以文火慢煮，但質地較軟的品種，例如麥金塔蘋果，還是會快速崩解成泥。只要選定正確的蘋果組合，自然就能烤出濃郁香味。我們混用少許紅糖和砂糖，再加進一小撮鹽、蘋果離火後再擠入少許檸檬汁以維持酸味，藉以提升整體滋味。肉桂只需少許即可。

頂層派皮開洞：蘋果的水分遠比不上藍莓，加上所有餡料已經預先煮過，並非只煮一半，開四個洞應該足以排出所有蒸氣。最後再將派皮刷上蛋白並灑上糖粉，如此不僅外觀亮眼，滋味也能因此加分。

高溫預熱：我們將烤箱烤架調至最低層，並把派餅放到預熱的烤盤上，送進425°F高溫烤箱烘烤，除了讓派底更快焦黃，也避免被汁液浸濕。稍後我們將溫度下調至375°F，繼續烘烤到最後。

實用科學知識 嚴重縮水的蘋果

"預先烹煮蘋果有助於維持既有形狀"

以深底烤模烤派時，蘋果若未煮過，便容易縮水到幾近消失，同時導致頂層派皮和內餡間出現明顯空隙。而事先烹煮蘋果可解決縮水問題。事實上，蘋果與派皮一起烘烤時，這個做法更有助於維持蘋果原來的形狀。

乍聽之下，這有違一般常理，但實際情況卻出乎意料之外。蘋果稍微受熱時，果膠會轉變成熱穩定性高的型態，可防止蘋果烘焙時變得糊稠軟爛。此過程類似觀念27所說明的現象，亦即事先烹煮的手法有助於維持烤蔬菜的形狀和質地。這個手法的關鍵在於：事先烹煮蘋果時，溫度必須維持在140°F以下。比起使用平底鍋煎煮蘋果可能會過熱，最好還是將蘋果和調味料，放進加蓋的大荷蘭鍋中稍微加熱就好。

縮水問題	厚實挺立
新鮮蘋果縮水，與派皮間出現空隙。	預先烹煮蘋果。

《麩質縮減原理的實際應用》餡餃

餡餃的製作可以相當費事。許多食譜會將肉餡燉上好幾個小時，接下來又有揉麵團的棘手難題，後續還要把餡料填入小巧的餡餃中並捏出形狀，到了最後還得面臨繁瑣的油炸程序。我們希望簡化這些步驟，因此決定選用牛絞肉，並以烘烤代替油炸。我們決定製作適合晚餐食用的較大餡餃，如此就不需煩惱繁複的摺疊和塑形程序。話說回來，那麵團呢？我們可以效法先前的派皮麵團，讓這次的麵團揉起來更加得心應手嗎？

阿根廷牛肉餡餃
可製作12個餡餃，約4-6人份

再提一次：麵團中添加酒精對派皮的質地至關重要，而且不會增加任何酒味，切勿省略。馬薩麵粉（Masa harina）可在販賣拉丁美洲食物的國外食品區找到，也可能和麵粉一起陳列在烘焙用品區。若買不到馬薩麵粉，可額外增加4杯中筋麵粉取代。

內餡

1條厚片白吐司，撕分成四等份

2大匙又½杯低鈉雞湯

1磅牛絞肉，瘦肉含量85%

鹽巴和胡椒

1大匙橄欖油

2顆洋蔥，剁細

4瓣大蒜，切碎

1茶匙小茴香粉

¼茶匙卡宴辣椒粉

⅛茶匙丁香粉

½杯切碎的新鮮香菜

2顆水煮蛋（食譜於觀念1），剁碎

⅓杯葡萄乾，剁碎

¼杯去核橄欖，剁碎

4茶匙蘋果醋

麵團

3杯（15盎司）中筋麵粉

1杯（5盎司）馬薩麵粉

1大匙糖

2茶匙鹽

12大匙無鹽奶油，切小塊、約½吋，冰涼

½杯伏特加或龍舌蘭，冰涼

½杯冷水

5大匙橄欖油

1. **內餡**：使用食物調理機，將麵包和2大匙高湯打成糊，時間約5秒鐘，過程中如有必要，可刮下調理機內壁黏附的材料。加入牛肉、¾茶匙鹽和½茶匙胡椒，按壓攪打至所有材料均勻混合，約需按6至8下。

2. 將橄欖油倒入12吋平底不沾鍋中，以中大火加熱至開始冒泡。加入洋蔥煸煮，頻繁攪拌約5分鐘，直至開始焦黃。拌入大蒜、小茴香粉、卡宴辣椒粉和丁香，煮約1分鐘散發香味。放入牛肉混合物一起拌煮，過程中使用大木匙將牛肉分離成1吋大小的肉塊，並持續烹煮7分鐘，直到焦黃為止。倒入剩餘的½杯高湯並煨煮3至5分鐘，直到鍋中材料濕潤，但不至於太多水分為止。將鍋內材料倒入碗中，冷卻10分鐘。加入香菜、水煮蛋、葡萄乾、橄欖和醋並加以攪拌。以鹽和胡椒調味後，放進冰箱冷藏約1小時。餡料最久可冷藏2天。

3. **麵團**：使用食物調理機，將1杯中筋麵粉、馬薩麵粉、糖和鹽打勻，約需按壓攪打2下。加入奶油，持續攪打約10秒，直至所有材料呈現均質狀態，且麵團狀似濕沙為止。倒入剩下的2杯麵粉，按壓攪打至材料均勻散佈，約需按4至6下。將混合物倒進大碗中。

4. 將混合物淋上伏特加和水。用手攪拌麵團，使其成為濕潤且具黏性的團塊。把麵團分成兩大塊，各大塊再分成六等份。將小麵團放到盤子上，蓋上保鮮膜後放進冰箱冷藏45分鐘，使麵團硬實。最久可冷藏2天。

5. **組裝**：將烤箱烤架調整至中上和中下位置，各自放上一個有邊烤盤，並將烤箱預熱至425℉。烤盤預熱時，從冰箱取出麵團。在料理檯面灑上些許麵粉，將每塊麵團擀成厚度約⅛吋的6吋圓形麵皮，並記得將尚未擀開的麵團以保鮮膜覆蓋。每個圓形麵皮中間放上⅓杯左右的餡料。麵皮邊緣刷上冷水，將麵皮摺過餡料加以包覆。把邊緣修剪整齊，按壓邊緣使其密合。使用叉子製作波浪狀邊緣。完成步驟5後，餡餅若以保鮮膜緊密包覆，最久可冷藏2天。

6. **烘烤**：在兩個烤盤表面灑上2大匙橄欖油，然後放回烤箱2分鐘。剩下的1大匙橄欖油用來刷上餡餅表面。各烤盤小心放上6個餡餃，烘烤約25至30分鐘，直到完全焦黃酥脆。烘烤過程中，記得交換烤盤位置並加以轉

面。出爐後，讓餡餃在網架上冷卻10分鐘後即可上桌。

玉米黑豆牛肉餡餃

在步驟2中省略葡萄乾，改加入½杯冷凍玉米粒和½杯洗淨的黑豆，與洋蔥一起拌煮。

實用科學知識 水煮蛋的最佳剝殼法

"將蛋放入冰水中迅速冷卻，剝殼可更輕鬆"

為了找到水煮蛋最方便的剝殼法，我們煮了120顆水煮蛋，並嘗試坊間流傳的每一種方法。最後我們發現，雖然幾種基本方法確實有效，例如在水龍頭下剝殼，以及從鈍端，也就是氣室處開始，可較容易把殼剝下，但只有一種方法可保證蛋殼近乎完美地剝除──蛋煮好後立即放入冰水中迅速冷卻。

原因如下：蛋白中稱為「白蛋白」的蛋白質，距離外殼最近，水煮過程中，這層蛋白質會逐漸與蛋殼黏合。若將水煮蛋放在室溫中，或甚至水龍頭的冷水下，冷卻速度相對較慢，因此高溫的白蛋白有足夠的時間與蛋膜和蛋殼緊密結合。若是把蛋放進冰水中急速冷卻，可迅速中止這個黏合過程。

除此之外，急速冷卻也可讓熟蛋白收縮而遠離蛋殼，剝殼時可輕鬆不少，而且不會損傷到蛋白。有關水煮蛋的料理科學，請參考觀念1。

實用科學知識 濕度與麵粉

"短期內的濕度變化應該不會影響麵粉"

許多烘焙專家宣稱，在極度乾燥或潮溼的氣候下烘焙，麵粉可能會受到影響。對此我們有點懷疑，因此我們決定在研發「簡易派皮麵團」的食譜時，應該執行幾項測試加以驗證。

我們建了一座可以控制濕度的密室，在裡面模擬各種天氣型態。我們在相對濕度85％以上，比雨季的紐澳良還潮溼，和25％以下，比仲夏的鳳凰城和一般空調辦公室還乾燥的環境中製作派皮，並事先打開麵粉罐的蓋子8個小時。測試過程中，我們發現兩批麵粉重量的差異低於0.5％，而烤出的兩張派皮並無任何差別。

如果偶爾潮溼的環境不會造成影響，那長期暴露在高度潮溼的環境中呢？根據亞瑟王麵粉公司的說法，將保存在紙包裝中的麵粉，即使在未開封下放在極度潮溼的環境中好幾個月，加水後重量最多可能增加5％。如果達到這種程度，濕度就可能會影響烘焙效果。

不過，只要在買到麵粉後，將麵粉放入真空容器中，最好容器夠寬，可以放得下1杯容量的量杯，就能輕易解決以上問題。

成功關鍵

相當於南美洲的英國餡餅或肉餡餅，阿根廷餡餃是道如菜色豐富的餐點一樣，令人難以抗拒。這道菜的美味濕潤內餡，被包裹在細膩又紮實的派皮中。然而，在製作餡餃類食譜時，大多極度費時而講究的。我們希望可以簡化製作的程序，但是成品在完成後的豐盛程度，仍然足以當做餐桌上的主菜。為了達成這個目標，我們利用香草、香料、雞湯和麵包來加強牛絞肉的滋味，同時也為我們的簡易派皮麵團增添些許拉丁韻味。

讓內餡保持濕潤：比起使用肉質結實的部位，並在燉完後加以切絲，一開始選用牛絞肉的確能省事、並加快不少烹煮的快速，只是牛絞肉可能變得乾柴。不過使用麵包和雞湯製成的「麵包糊」，可以有效幫助牛肉保持肉質濕潤，可以說是這道料理的關鍵秘訣。關於麵包糊的料理科學，請參考觀念15。

快速煮出基底味道：加入牛肉前，先將洋蔥煸炒並加入大蒜和香料一起爆香，這樣就能在幾分鐘內確定基底味道。加入橄欖、葡萄乾、醋和水煮蛋提味，可增添鹹、甜、辣和豐富口感，而香菜則可提供清淡的新鮮香草滋味。

使用馬薩麵粉：直接使用派皮麵團製作這種餡餃還不夠到味。因為我們研發出的簡易派皮麵團，會讓餡餃太像英國餡餅，因此改以馬薩麵粉取代少許麵粉。這種麵粉是用來製作墨西哥薄餅和玉米粉蒸肉的「脫水玉米澱粉」，雖然不太普及，但是可以提供討喜的濃郁堅果香氣，以及粗糙的口感。不過在減少麵粉的同時，也代表著麵團中的蛋白質變少，而較少蛋白質意謂著不需添加酥油就能使麵團柔嫩，因此製作時也可全部改用奶油，讓餡餅皮的味道更為香濃。在這道料理中，我們仍使用伏特加，不過也可以用龍舌蘭，它的效果也一樣好。

擀開、放餡、波浪邊：組裝餡餃時，首先將麵團一分為二，再各分成六等份。每塊麵團擀成6吋大小的圓盤，厚度約⅛吋。每個圓盤放上⅓杯內餡，邊緣刷上冷水，接著將麵皮摺過餡料加以包覆，最後利用叉子做出波浪狀邊緣。

送進烤箱「油炸」：大多數糕餅的外殼，以及餡餃外皮，都會在烘烤前刷上蛋液，讓表面色澤光亮。即使如此，若不是能提升滋味和口感的烹調手法，我們也不會為了美觀而盲目效法。為了要有酥脆的外皮，我們會在餅皮表面塗上一些油脂，在增加色澤之餘也增進爽脆口感。此外，將烤盤預熱好，並在烤盤表面上灑上一些油，讓餅皮的底部也能烤出最佳狀態。經過這項處理後，最後烤出的餅皮是出乎意料的酥脆，幾可媲美經過油炸的效果，完整地襯托出內餡的美味。

觀念45：蛋白質減量，才能烤出綿軟的蛋糕和餅乾
Less Protein Makes Tender Cakes, Cookies

如同觀念41所述，太多麩質會讓快速麵包變得太硬。其解決辦法是盡可能「少」攪拌麵糊，避免麩質形成。不過，這個方法不適用於水分較少的混合物，例如餅乾麵團。在其他食譜中，這可能也無法充分抑制麩質的形成。在這種情況下，最佳解決之道必須從「選擇麵粉」開始談起。

◎科　學　原　理

雖然瑪芬或快速麵包可以稍有嚼勁，但黃色蛋糕（yellow cake）應該非常綿軟才行。同樣的，雖然許多餅乾可以帶有嚼勁，但對奶油酥餅而言，入口即化才是應有的口感，略帶嚼勁反而顯得突兀。若希望蛋糕和餅乾極度綿軟，首要之務必須先減少蛋白質。減少蛋白質代表可抑制麩質生成。麩質是構成蛋糕、餅乾和麵包結構的物質，數量太多會使最後出爐的成品顯得堅硬。許多蛋糕食譜使用特別精磨過的低筋麵粉，其蛋白質含量比中筋麵粉少了三分之一。另外也有食譜利用簡單的技巧，有效減少中筋麵粉的蛋白質含量。

眾所階知，中筋麵粉的蛋白質含量相對較高，雖然不同品牌含量各異，但普遍介於10％至12％之間。亞瑟王中筋麵粉的蛋白質含量約為11.7％，「貝氏堡」和「金牌」等品牌的麵粉則含有10.5％左右的蛋白質。高筋麵粉的蛋白質含量甚至高達12％至14％，目的在於形成大量麩質，這也是鄉村麵包產生嚼勁的必備條件。低筋麵粉只含6％至8％的蛋白質。如想瞭解更多，請參考觀念41《麵粉的基本知識》。

低筋麵粉由柔軟的冬麥製成，使用的是較容易磨成精細麵粉的的胚乳內核。低筋麵粉比中筋麵粉更為細緻，代表吸收油脂和液體的能力比中筋麵粉更好。中筋麵粉是由堅硬的春麥和柔軟的冬麥磨碾混合而成。軟冬麥含有較多澱粉，蛋白質含量較少，因此形成麩質的能力較差。

除了蛋白質含量較少，低筋麵粉通常會使用過氧化苯甲醯和氯氣等乾式漂白劑加以漂白，因此麵粉中的澱粉才能吸收更多液體和油脂，形成更渾厚的麵糊。烘烤時，較厚實的麵糊可容納更多氣泡，烤出來的蛋糕不只體積較大，質地也更加纖細。此外，氯氣也能抑制麩質生成，有助於產生更柔嫩、綿軟的蛋糕體。雖然漂白可讓蛋糕更為細緻，但由於麵粉中殘留化學物質，有些人還是可以嘗出麵粉漂白後的臭味。

幾年前，亞瑟王麵粉公司推出未經漂白的低筋麵粉。這家位於佛蒙特州的麵粉公司研發出一種專利技術，可在不使用任何化學物質的情形下，仿效低筋麵粉漂白後維持濕潤的能力。在我們的實驗廚房測試中，我們發現該公司自然氧化的未漂白低筋麵粉具有媲美傳統漂白低筋麵粉的效果，而且不會殘留任何化學味道。如果可以選擇的話，建議購買未經漂白的低筋麵粉。即使如此，大多數使用低筋麵粉的食譜往往也添加大量奶油和糖，除非刻意挑剔，否則極難察覺任何漂白所遺留的臭味。

高筋麵粉與低筋麵粉

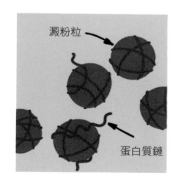

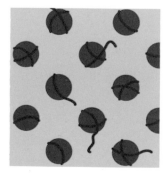

澱粉粒

蛋白質鏈

高筋麵粉：
高筋麵粉富含大量蛋白質，澱粉含量較少，目的在於形成更多麩質，這是讓麵包產生嚼勁的必要條件。

低筋麵粉：
低筋麵粉的澱粉含量較高，蛋白質較少。比起蛋白質多的高筋麵粉，這種麵粉在烘焙時較欠缺生成麩質的能力。

⊗ 實 驗 廚 房 測 試

使用蛋白質含量較少的麵粉,對製作「綿軟」的烘焙食品極為重要。為了突顯使用正確麵粉的重要性,我們異想天開做了以下實驗。烘烤三個鬆軟「鬆軟黃色千層蛋糕」,並以相同重量的高筋麵粉取代低筋麵粉。也另外依照本觀念食譜的用料與步驟,多烤了三個蛋糕,讓試吃員品嘗對照。最後,我們從每個蛋糕切下長8吋、寬2吋的長塊,架在兩個4盎司的起士蛋糕模上,觀察蛋糕被自身重量壓垮的時間點。

實驗結果

試吃員坦承,這是他們做過最簡單的測試。每個人迅速以手指觸碰高筋麵粉製成的蛋糕,紛紛指出蛋糕的質地堅硬強韌,並非他們喜歡的蛋糕特質。相反地,以低筋麵粉製成的蛋糕質地綿軟,入口即化。壓力測試則呼應了試吃員的觀點:高筋麵粉蛋糕輕易地支撐自身重量長達30分鐘,如果我們願意慢慢等的話,時間可能更長,而相對的,低筋麵粉蛋糕在5分鐘內就已彎曲斷裂。

實用科學知識 為何要漂白麵粉?

"漂白可迅速去除麵粉的黃色色澤,抑制蛋白質形成麩質的能力,並協助澱粉吸收更多液體"

製作烘焙食品時,我們通常偏好使用未經漂白的麵粉。不過,什麼是漂白,為什麼需要漂白?麵粉在第一次研磨後,偏黃的色澤不受部分消費者青睞。不過,經過幾個月的持續研磨後,中筋麵粉的黃色素(或者類胡蘿蔔素)就會自然轉白。由於要讓麵粉自然「熟成」的成本高昂,部分廠商轉而尋求化學方法加速這個過程。在標示「漂白」的麵粉中,氧化苯甲醯或氯氣都可能用來淡化原有的黃色。但漂白可能遺留些許臭味,在非常簡單的烘焙食品中可能察覺得到,例如比司吉。此外漂白也會改變麵粉中蛋白質和澱粉的結構,使蛋白質較不可能形成堅硬的麩質,而澱粉也更能吸收較多液體。在綿軟的烘焙食品中(例如蛋糕和比司吉),這些都是消費者所樂見的特質。

重點整理

此項測試的目的是要傳達,控制麵粉的蛋白質含量對於減少麩質生成相當重要,要有效控制才能烤出極度鬆軟的烘焙食品。

畢竟高筋麵粉含有12%至14%的蛋白質,而低筋麵粉只有6%至8%左右。以高筋麵粉取代低筋麵粉可大幅提高蛋白質含量,進而強化蛋糕烘焙後的麩質結構。使用高筋麵粉製成的鬆軟黃色千層蛋糕之所以一點都不柔軟,原因即在此。

✏ **Tips:蛋白質含量對蛋糕的影響**

高筋麵粉

此圖中的蛋糕使用富含蛋白質的高筋麵粉製成,質地硬實強韌,可支撐自身重量長達30分鐘。

低筋麵粉

以蛋白質含量少的低筋麵粉烤成的蛋糕,鬆軟程度令人驚艷5分鐘內就因支撐不了自身重量而崩塌。

《減少蛋白質的實際應用》蛋糕

製作綿軟的精緻蛋糕時，使用低筋麵粉是減少麵糊中蛋白質含量的簡單方法，它可將形成的麩質減到最少。

鬆軟黃色千層蛋糕佐巧克力糖霜
10-12人份

開始製作前，先將所有材料置於室溫下。務必使用高度至少2吋的蛋糕烤模。糖霜可使用牛奶巧克力、半甜巧克力，或是苦甜巧克力製作，不過在本食譜中，我們偏好使用牛奶巧克力。巧克力與奶油混合前，記得先冷卻到85至100℉。

蛋糕

2½杯（10盎司）低筋麵粉

1¼茶匙泡打粉

¼茶匙小蘇打

¾茶匙鹽

1¾杯（12¼盎司）砂糖

1杯酪奶，常溫

10大匙無鹽奶油，融化後放涼

3大匙植物油

2茶匙香草精

3顆大顆的雞蛋，蛋白蛋黃分開；另加3顆大顆的蛋黃，常溫

少許塔塔粉

糖霜

20大匙（2½條）無鹽奶油，加以軟化（68℉）

1杯（4盎司）糖粉

¾杯（2¼盎司）鹼化可可粉

少許鹽

¾杯淡玉米糖漿

1茶匙香草精

8盎司牛奶巧克力、苦甜巧克力或匙半甜巧克力，融化後放涼

1. 蛋糕：將烤箱烤架調整至中層，烤箱預熱至350℉。為兩個9吋圓型蛋糕烤模上油，鋪上烤盤紙後也在紙上抹油，接著在烤模中灑上麵粉。將麵粉、泡打粉、小蘇打、鹽和1½杯糖倒入大碗中，快速攪打均

匀。取一中碗，倒入奶酪、融化的奶油、植物油、香草精和蛋黃，攪拌均匀。

2. 將直立式電動攪拌機裝上球型攪拌頭，以中低速將蛋白和塔塔粉打到起泡，約需1分鐘。速度調升至中高速，將蛋白打到柔軟的波浪狀，約需1分鐘。緩慢加入剩餘的¼杯糖，攪打約2至3分鐘，直到可以拉出光滑、挺立的尖角為止。將打發的蛋白倒入碗中，靜置一旁。

3. 將麵粉混合物倒入清空的攪拌盆中。攪拌器開至低速，緩慢倒入奶油混合物，攪拌至幾乎混合均匀，但仍可看見其中夾雜著少許乾麵粉，約需15秒。刮下盆壁上黏附的材料，繼續以中低速打到柔順、完全混合為止，約需10至15秒。

4. 使用橡皮抹刀，將三分之一的蛋白拌入麵糊中，接著加入剩餘的三分之二，輕輕拌合到麵糊中，直到看不見任何乾麵粉的痕跡為止。將麵糊平均地倒入準備好的烤模中，表面以橡皮抹刀抹平，並將烤模輕敲桌面，釋放麵糊中的氣泡。

5. 送入烤箱烘烤20至22分鐘左右，最後以牙籤插入測試，抽出後理應不會沾附蛋糕。讓蛋糕連同烤模在網架上冷卻10分鐘。將蛋糕從烤模中扣出，丟棄烤盤紙，並在抹上糖霜前，讓蛋糕徹底冷卻，時間約需2小時。蛋糕放涼後，若使用保鮮膜緊密包覆，於室溫中最久可保存1天。若以保鮮膜緊密包裹後，再包上一層鋁箔紙，則可冷凍保存長達1個月。除去外包裝並開始抹上糖霜前，需先讓蛋糕在室溫中解凍。

6. 糖霜：使用食物調理機，將奶油、糖、可可粉和鹽攪打均匀，約需30秒，必要時以抹刀刮下碗壁黏附的材料。倒入玉米糖漿和香草精，打到剛好混合即可，約需5至10秒。將碗壁上黏附的材料刮下，然後加入巧克力，攪打到均匀柔滑為止，約需10至15秒。糖霜擠到蛋糕上前，最久可在室溫下保存3小時，冷藏則可長達3天。若放進冰箱冷藏，使用前記得先放到室溫中1小時。

7. 組裝蛋糕：在蛋糕盤邊緣鋪上4塊烤盤紙，方便保持盤面乾淨。在準備的盤子上放上一層蛋糕，中間放上1½杯左右的糖霜，然後使用大抹刀，將糖霜推開抹平，對齊蛋糕邊緣。接著堆上第二層蛋糕，務必切齊邊緣，然後比照第一層的方式塗抹糖霜，不過這次要稍微超出邊緣。以抹刀前端挖取更多糖霜，輕輕抹上蛋糕側邊。利用抹刀邊抹平蛋糕四周的糖霜，並撫平頂端隆起的糖霜團，或者也可使用大匙底部輕壓糖

"不同品牌的麵粉含有不同比例的蛋白質"

為了統一，所有需要使用中筋麵粉的食譜，我們一律選用金牌麵粉，這是美國銷量最好的品牌。第二名的貝氏堡麵粉與金牌麵粉的蛋白質含量相同，都是約10.5％，而且我們發現，兩者效果不相上下。不過，我們知道許多讀者的櫥櫃中還留著亞瑟王麵粉。這個牌子的中筋麵粉含有11.7％的蛋白質，比金牌麵粉多了2％。蛋白質會影響麩質的生成：若蛋白質越多，混合、揉捏麵團時會產生越多麩質。除了這個細微差異之外，上述兩種品牌可以替換使用嗎？

這取決於烘焙哪種食品。在麩質生成相對較少的食品中，例如餅乾、瑪芬和比司吉，兩種麵粉烤出的成品幾乎一模一樣。然而，就實驗廚房研發的麵包食譜而言，尤其是使用中筋麵粉而非高筋麵粉所製作綿軟的麵包時，例如吐司和猶太辮子麵包，使用哪種牌子的麵粉就很重要。搓揉麵團時，亞瑟王麵粉中的額外蛋白質會產生較多麩質，相較於金牌麵粉，使用前者製成的麵包帶有嚼勁以及橡皮般的韌性。經過幾次測試後，我們終於找到方法，在製作麵包時輕鬆調整中筋麵粉的份量：每杯亞瑟王麵粉中，以1大匙玉米澱粉取代等量麵粉，即可產生與金牌麵粉相同的烘焙效果。

成功關鍵

1920年代，好萊塢明星在布朗德比餐廳（Brown Derby）率先品嘗到哈利貝克（Harry Baker）使用秘密食譜製成的蛋糕，這種蛋糕就是後來大受歡迎的「戚風蛋糕」。正如同當年的明星一樣，這種美國人發明的蛋糕，其特有的輕盈口感和豐富濃郁的滋味依然使我們感到雀躍。這種蛋糕兼具天使蛋糕的輕盈質地，歸因於使用打發的蛋白，以及混合了蛋黃和油脂，有著磅蛋糕的濃醇滋味，簡直兩全其美。我們微調通用磨坊（General Mills）的原創食譜、減少麵粉用量、增加蛋黃顆數，並只打發部分蛋白，成功製作出口感和滋味兼具的戚風蛋糕。

瞭解歷史：戚風蛋糕是介於「天使蛋糕」和「磅蛋糕」之間的烘焙食品。這種蛋糕蓬鬆高挺，質地輕如羽毛，不過卻仍維持綿軟和濕潤，這是高而蓬鬆的蛋糕一般所欠缺的特質。戚風蛋糕是由洛杉磯保險銷售員哈利貝克於1927年所發明，他後來轉行從事外燴服務，在與年邁母親合住的公寓廚房中製作乳脂軟糖對外批發銷售。隨著戚風蛋糕在眾星雲集的布朗德比餐廳中搖身成為招牌甜點，貝克遂將公寓空房改裝成個人的秘密烘焙坊，其中備有12台錫製板式加熱型烤箱，每天烘烤42個蛋糕。每個蛋糕定價在2塊美元，要價不斐，專門販賣給名媛貴婦以及米高梅（MGM）和雷電華（RKO）等電影公司的負責人。

貝克這份食譜保密了20年。最後貝克因為遭房東逐出公寓，加上擔心記憶不復從前，於是將食譜賣給通用磨坊（General Mills）。這份食譜後來經過一連串的測試，不過只有製作手法稍加改變，並冠上「戚風蛋糕」這個新的名稱。1948年，一份名為「貝蒂妙廚戚風蛋糕」（Betty Crocker Chiffon）的小手冊首度向美國大眾介紹戚風蛋糕，除了展示多種糖霜、內餡、搭配方式和實用提示之外，還附上14份食譜並說明其可做的各種變化。蛋糕推出後隨即受到大眾歡迎，成為當時紅極一時的蛋糕種類之一。

調整經典食譜：我們試過1920年代的傳統食譜做法，發現蛋糕過於乾燥鬆散。改善關鍵在於使用蛋白質含量較低的低筋麵粉，以減少麩質生成，不過此食譜主要還是必須減少麵粉用量。減少麵粉用量之餘，我們還額外增加1顆蛋黃，用以彌補蛋糕結構不足之處。此外，我們也只打發部分蛋白，剩餘蛋白直接加入麵糊中，以維持蛋糕結構，避免蛋糕過於蓬鬆而超出烤模頂端。

打發蛋白：在原始食譜中，有關蛋白打發的指示寫著：「打到形成非常堅挺的尖角為止，而且必須比天使蛋糕或馬林糖的尖角還要硬挺。務必要徹底打發（DO NOT UNDERBEAT）。」這些特別強調的大寫字母或許讓人對於打發蛋白特別焦慮，但我們仍必須確實遵守這項指示。若蛋白不夠堅挺，蛋糕無法適度蓬鬆，底部也會變得笨重、稠密、潮溼，質地就像卡士達一樣。寧可過度打發，也要避免發泡程度不足。事實上，如果過度打發，導致蛋白變乾、結塊，只要以抹刀平坦的一面抹壓硬塊就能打散，而且不需像在製作天使蛋糕一樣，擔心打發的蛋白會因此塌陷。而塔塔粉可讓起泡的蛋白特別穩定，其原理請參考觀念21。

"在一般蛋糕中，使用冰雞蛋無傷大雅，但製作講究的蛋糕時就必須使用溫雞蛋"

蛋糕食譜時常指定使用常溫雞蛋，它比冰雞蛋更容易與麵糊融合。

不過我們很好奇「常溫」與「冰」雞蛋之間的差異能否足以毀掉一般蛋糕？為了找出答案，我們採用蒙眼測試的方式試吃了兩個黃色蛋糕：其中一個使用常溫雞蛋，另一個則使用剛從冰箱拿出來的冰雞蛋。使用冰雞蛋的蛋糕會產生較為厚實的麵糊，且需要多5分鐘的烘焙時間。採用常溫雞蛋的蛋糕質地較為綿細均勻，但試吃員完全可以接受冰雞蛋製成的蛋糕。整體而言，試吃員難以察覺兩個蛋糕的差異，代表使用冰雞蛋製作大多數一般蛋糕是可行的做法。

然而，若使用冰雞蛋製作精緻蛋糕，例如天使蛋糕、戚風蛋糕和磅蛋糕，則會產生問題。這類蛋糕仰賴雞蛋打發後所含的空氣，這是使蛋糕膨脹的主要方法。在這些蛋糕中，我們發現冰雞蛋打發的效果不如常溫雞蛋，而且蛋糕也未能適度膨脹，也就是說，冰雞蛋會讓這類蛋糕的質地因此變得過於稠密。

若要將全蛋快速加溫，可把雞蛋浸入熱自來水，但非滾燙開水，約5分鐘的時間。冰雞蛋的蛋黃和蛋白較容易分離，因此製作蛋糕時可先將兩者分開，等到著手組合其他材料時，再將蛋白和蛋黃加溫。必要時，可先將蛋白或蛋黃打入碗中，接著將碗放到裝滿溫水的另一個碗內，以便加速提高雞蛋溫度。

《減少蛋白質的實際應用》
餅乾和夾心餅乾

使用低筋麵粉是減少餅乾和夾心餅乾中蛋白質含量的方法之一。不過我們還有其他選擇，尤其是當餅乾必須具有易碎的沙粒口感時，勢必得採取其他辦法。

經典布朗尼
可製作24份布朗尼

從烤箱端出布朗尼時，務必記得測試熟度。若烤得不夠，牙籤上不僅黏著碎屑還有生麵糊，而布朗尼會顯得濃密黏膩；如果過度烘焙，牙籤抽出後會異常乾淨，布朗尼則會顯得過乾，口感如同蛋糕一般。以微波爐融化巧克力時，以50%的電力加熱2分鐘，取出加以攪拌，加入奶油後，再持續加熱至奶油融化，每分鐘記得攪拌一次。

- 1¼杯（5盎司）低筋麵粉
- ¾茶匙泡打粉
- ½茶匙鹽
- 6盎司無甜巧克力，切細狀
- 12大匙無鹽奶油，切成6塊
- 2¼杯（15¾盎司）糖
- 4顆大顆的雞蛋
- 1大匙香草精
- 1杯山核桃或胡桃，烘焙後大致剁碎（可省略）

1.將烤箱烤架調整至中層，烤箱預熱至325℉。製作鋁箔底襯，摺疊2張長條形鋁箔紙，使其與長13吋、寬9吋的烤模同寬，也就是一張13吋寬，另一張9吋寬。將鋁箔紙垂直交疊鋪進烤模中，任由多餘的鋁箔紙垂放在烤模邊上。將鋁箔紙推進烤模角落並覆蓋內壁，理平鋁箔紙使其貼合烤模。為鋁箔紙上油，靜置一旁待用。

2.取一中碗，倒入麵粉、泡打粉和鹽攪打均勻，靜置一旁。

3.將巧克力和奶油放入隔熱的中碗內，單柄深鍋裝水後加熱到稍微開始冒泡，接著將碗架入鍋中隔水加熱，偶爾攪拌，使巧克力和奶油變得柔滑。熄火，將糖慢慢拌入。加入雞蛋，一次1顆，每加1顆隨即攪打

至完全混合。拌入香草精。麵粉混合物分三次加入，使用橡皮抹刀加以拌合，直到麵糊完全滑順，呈現均質狀態為止。

4.將麵糊倒入準備好的烤模中，以抹刀將麵糊推開，填滿烤模角落，最後將表面抹平。若使用烘焙胡桃，此時可將胡桃均勻灑到麵糊上。送入烤箱烘烤30至35分鐘，直至牙籤插入布朗尼中央，抽出後不會沾附太多濕潤碎屑即可。烘烤至一半時間時，記得將烤模轉向。出爐後，將布朗尼連同烤模放在網架上冷卻至室溫，時間約2小時。利用墊在底部的鋁箔紙，將布朗尼移出烤模。布朗尼切成2吋大小的正方形後即可上桌。布朗尼在室溫下最久可存放3天。

成功關鍵

布朗尼頗具有口感，富有濃醇的巧克力味，應該是可以令人感到幸福的簡單甜點。然而，我們吃到的布朗尼時常厚重濃稠，而且明顯缺乏巧克力味。我們希望能嘗到傳統布朗尼香濃的巧克力味。為了烤出綿軟的質地和細膩的嚼勁，我們收起中筋麵粉，改用低筋麵粉，並加入少許泡打粉，進一步讓布朗尼更加輕盈。正確決定雞蛋顆數，可避免布朗尼的口感太像蛋糕或水分過少。大量的無甜巧克力可增添濃郁的巧克力味。

使用無甜巧克力：相較於苦甜巧克力或半甜巧克力裡，含有三分之一到二分之一的糖，無甜巧克力每盎司的巧克力味有過之而無不及。使用大量無甜巧克力可避免布朗尼太甜，不過卻能增添香濃的巧克力滋味。充足的1大匙香草精也有助於加強巧克力味。若想瞭解巧克力的料理科學，請參考觀念50《巧克力的基本知識》。

選用低筋麵粉：巧克力含有澱粉，若像本食譜一樣使用大量的巧克力，可能會對布朗尼的質地造成不良影響。捨棄通常用來製作布朗尼的中筋麵粉並改用低筋麵粉，其含有較少蛋白質，可使布朗尼的質地細緻綿軟，避免蛋糕有沙沙的口感。加入少許泡打粉也能讓質地稍微變得輕盈，以免過於稠密黏膩。

烘焙堅果：假如在烘烤布朗尼前，就將堅果拌入麵糊中，堅果勢必會受潮軟化。布朗尼送進烤箱前，再將堅果灑在表面，可維持堅果的乾爽程度和脆度。預先烘焙還能進一步提升脆度，同時強化堅果香味。

避免過度烘焙：烘焙食品若過度烘烤，會嚴重破壞巧克力質感。將烤箱預熱至325℉可確保均勻受熱。避

免邊緣焦乾，這是製作一大盤布朗尼時可能發生的問題，本食譜的做法即為一例。除此之外，布朗尼也應避免過度烘烤，牙籤從布朗尼抽出後，最好能黏附少許濕潤碎屑。

製作鋁箔底襯：為了能在烘焙後更容易將布朗尼從烤模中取出，我們先為烤盤鋪上兩張鋁箔紙，然後上油。布朗尼冷卻後，利用鋁箔紙將整塊布朗尼移到砧板上。移除鋁箔紙後，將布朗尼切成工整的正方形即可享用。

奶油酥餅
可製作16塊

利用中空活動烤模的「邊圈」，將奶油酥餅形塑成厚度均勻的圓形。先將扣環鎖上，用以塑造酥餅的形狀，然後打開扣環，但邊圈仍維持圓形狀態。這可讓酥餅稍微外擴，同時避免過度擴張。步驟2中取出的圓形麵團應和其他酥餅一起送進烤箱烘焙。奶油酥餅最久可保存1星期。

½杯（1½盎司）傳統燕麥片
1½杯（7½盎司）中筋麵包
¼杯玉米澱粉
⅔杯（2⅔盎司）糖粉
½茶匙鹽
14大匙無鹽奶油，冰涼切薄片、約⅛吋

1.將烤箱烤架調到中層，烤箱預熱至450℉。利用香料研磨機或攪拌機的按壓攪打功能，將燕麥打成細粉，約按壓10下，最後應有¼至⅓杯燕麥。為直立式電動攪拌機裝上槳型攪拌頭，以低速將燕麥粉、中筋麵粉、玉米澱粉、糖和鹽拌勻，約需5秒鐘。在乾性材料中加入奶油，持續攪打5至10分鐘，直至材料從攪拌盆壁上鬆脫，形成麵團為止。

2.將9吋或9½吋中空活動烤模，倒放在鋪了烤盤紙的烤盤上，即有凹槽的一邊朝上，切勿使用烤模底盤。將麵團壓入此邊圈裡，表面以大匙背面壓平，形成厚度為½吋的勻稱圓盤。將2吋的餅乾模放在麵團中央，切下中心部分。取出餅乾模中的圓形麵團，取出邊圈裡的餅乾模與剩餅麵團，再將圓形麵團放回邊圈中央。打開邊圈扣環，但維持原本圈起的形狀。

3.奶油酥餅送進烤箱中烘烤5分鐘，然後將烤箱溫度

調降到250°F。持續烘烤10至15分鐘左右，直到酥餅邊緣轉成淡黃色。烤盤自烤箱中取出，烤箱熄火。移除烤模邊圈，使用主廚刀在酥餅表面劃分十六等份，輕切即可，不需完全切開。在每塊酥餅上，以竹籤戳出8到10個洞。將酥餅放回烤箱內，使用木大匙把柄抵住烤箱門，頂端留下1吋左右的開口。讓酥餅在熄火的烤箱中烘乾，直到中央部分變成淡黃色為止。此時酥餅應該變得硬實，但觸壓時仍有彈性，時間約需1小時。

　　4.將烤盤移到網架上，待酥餅冷卻至室溫。沿著劃分的標記，將酥餅切塊後即可食用。

成功關鍵

酥餅烘烤後時常水分太少，淡而無味。理想中的奶油酥餅，應該具有令人垂涎的黃褐色餅皮，以及香醇濃厚的奶油味。在一開始的測試中，我們嘗試各種混合麵團的方法，發現「反向拌合法」的效果最為可靠，亦即在加入奶油之前，先將麵粉和糖混合均勻，以減少拌入的空氣，其詳細説明請參考47。我們以糖粉取代白糖，避免產生不討喜的顆粒口感。我們也以傳統的燕麥粉取代部分麵粉，藉以抑制麩質生成。最後的奶油酥餅口感酥脆，奶香濃郁，絲毫沒有平淡無味的問題。

確實混合：最簡單的奶油酥餅只含四種成份：麵粉、糖、鹽和奶油。不過，有別於酥脆的奶油餅乾，奶油酥餅應該更為綿密，具有如沙般的酥鬆質感。奶油酥餅必須定形成塊，同時保有綿軟細緻的口感。傳統做法是將冰奶油切碎攪入乾性材料中，方法和派皮麵團雷同。然而我們發現，若將冰奶油和乾性材料一起攪打，這種方法稱為反向拌合，能產生的效果最佳。

使用糖粉：在這次的餅乾麵團中，由於添加的液體不足甚至沒加雞蛋，因此砂糖無法完全溶解。細膩的糖粉可讓奶油酥餅的質地更為細緻。

選用燕麥和玉米澱粉：奶油中的少量水分會促進麩質生成，進而使奶油酥餅變硬。有些食譜使用不具麩質的米穀粉，但我們發現這樣會犧牲原有的濃厚滋味。燕麥含有極少蛋白質，不利麩質生成，而且味道香濃。我們使用香料研磨機或攪拌機將燕麥磨成細粉，與少許玉米澱粉拌勻後，用以取代部分麵粉。

塑造成正確的形狀：烘烤奶油酥餅時，我們遇到麵團擴散的問題。高奶油含量的酥餅烘焙時，麵團勢必向外擴張，邊緣逐漸扁平而導致形狀走樣。我們試過傳統的奶油酥餅烤模，將麵團放進這種邊緣凸起½吋的烤模中烘烤，但麵團仍然外擴成不規則形狀。有鑑於需要利用堅固的物體圍住麵團，我們決定善用中空活動烤模的邊圈。首先，將扣上的邊圈放在鋪了烤盤紙的烤盤上，然後將麵團輕拍壓入邊圈裡，接著使用2吋餅乾模，從麵團中間切出圓洞，最後再打開扣環，給予麵團0.5吋左右的外擴空間。

高溫烘烤，調降溫度，最後熄火：真正烘烤奶油酥餅的時間，遠低於熄火後以餘溫燜燒的時間，畢竟早期製作奶油酥餅時只靠餘燼加熱烤箱，以餘溫將麵團烤熟。移除邊圈烤模後，我們將酥餅放回熄火的烤箱，靜置1小時烤乾水分後即可出爐。

觀念46：打發奶油，有助蛋糕膨脹
Creaming Butter Helps Cakes Rise

一般蛋糕食譜會從打發軟化的奶油和糖開始做起，逐步加入蛋和調味料混合均勻，然後再輪流拌入乾性材料和牛奶。如此嚴謹的程序，目的在於確保所有材料確實拌勻，並為麵團打入適量的空氣。如果希望蛋糕適度膨脹、口感勻稱，打發奶油或許就是最重要的步驟。

◎科　學　原　理

打發奶油和糖可達成兩個目的。首先，奶油具有延展性，等到加入其他材料時，可更容易混合均勻。此外，微小的糖晶體可充當額外的攪打器，在奶油打發的過程中，協助將空氣打入奶油。這些攪打時形成的氣袋充滿泡打粉和小蘇打產生的氣體，烘烤時會進一步撐大。這就是蛋糕膨脹的原因。

由於奶油可形成「絕佳」的油脂結晶，如針般細微的晶體可困住打入的氣泡，是避免空氣逸散的必要因素，因此烘焙蛋糕時，奶油是普遍偏好的油脂。除此之外，奶油富含美好滋味，這也是奶油雀屏中選的原因。雖然現在的植物性酥油也可以有效留住氣泡，但卻無法為蛋糕注入濃醇香味。食用油是另一種廚房常見的油脂，不過由於食用油無法像固態奶油打發時那樣留住氣泡，因此製作需要膨脹的蛋糕時不常使用食用油。最後，豬油形成的Beta結晶比奶油和酥油更大、更粗糙，無法有效抓住空氣，因此在製作質地細緻的蛋糕時，豬油算不上是實用的材料。

雖然打發奶油和糖的動作並不難，但奶油「溫度」相當重要，必須謹慎注意。畢竟冰奶油不僅質地堅硬無法容納任何空氣，也未能形成合適的晶體結構，因而無法順利打發。不過，溫熱的奶油也同樣無法打發。一旦奶油達到85°F左右開始融化，也一樣無法留住任何氣泡，因為所有結晶早已融化殆盡。這樣看來，怎樣的溫度才最理想？

奶油介於60至65°F時就可以準備打發，換句話說，奶油稍微軟化但仍冰涼的時候最為適合。此時若以手指輕壓，奶油表面會塌陷，重壓時則會裂開。由於攪打會讓奶油的溫度升高，我們早已將這個因素列入計算之中。打發後，奶油的溫度會上升到68°F左右，有助於形成輕盈蓬鬆的蛋糕麵糊。

無論是不添加化學膨鬆劑的食譜——例如磅蛋糕；或是需要膨脹以增加高度的蛋糕——例如環型蛋糕。將奶油適度打發都是不可或缺的步驟。

奶油和糖混合時

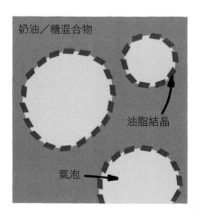

奶油／糖混合物

油脂結晶

氣泡

打發：
奶油加糖一起攪打時會產生微小氣泡，細小的油脂結晶會加以固定，使空氣無法逸散。

⊗ 實 驗 廚 房 測 試

製作磅蛋糕時通常不利用化學膨鬆劑打入氣泡並產生膨脹效果，而為了瞭解打發奶油和糖時控制奶油溫度的重要性，我們設計了一個簡單的實驗。我們烤了八個經典磅蛋糕，食譜於後文。其中四個使用直立式電動攪拌機，另外四個改用手持式電動攪拌器。在半數蛋糕中，我們選用常溫奶油，約70℉，剩餘一半蛋糕則以冰涼但仍柔軟的60℉奶油來製作，然後比較烘焙效果。

實驗結果

無論使用直立式電動攪拌機或手持式電動攪拌器，以常溫奶油製作磅蛋糕時，都可產生柔軟滑順的麵糊，外表光亮濕潤，而烤出來的蛋糕外觀扁平而紮實。以冰涼奶油製作時，無論使用直立式電動攪拌器或手持式電動攪拌器，則可產生質輕、蓬鬆的米白色麵糊，而最後的蛋糕也適度隆起，外型漂亮。由於材料一樣，試吃員發現所有蛋糕的味道沒什麼差別。

重點整理

「溫度很重要」。打發時，如果奶油太軟，麵糊將無法留住任何打發所產生的氣泡。換句話說，最後出爐的成品將會扁平而紮實。

「微涼」並非冰冷的奶油最為理想。打發時，奶油會在加糖混合的過程中保持晶體結構，此特質有助於攪打動作和細小堅硬的糖結晶增加產生的氣泡。換句話說，最後蛋糕會呈現膨脹隆起的漂亮外型。無論使用直立式電動或手持攪拌器，這個原理都可成立。

若要確保奶油的溫度適中，從冰箱取出後先靜置30分鐘到1小時。如果時間緊迫，可將奶油切塊，放入準備使用的攪拌盆內，並使用溫熱的毛巾包覆攪拌盆。奶油應該會在15至30分鐘後軟化。

✎ Tips：奶油溫度是成功打發的關鍵

常溫奶油

輕壓時，室溫奶油會完全凹陷，溫度約70℉。

\+

奶油過度打發

加糖攪打均勻後，奶油溫度會升到75℉左右，此時奶油非常柔軟，外表光滑明亮而濕潤。

\=

蛋糕扁平

烤出來的蛋糕扁平而紮實。

冰涼奶油

輕壓時，冰涼奶油會稍微凹陷，重壓時會裂開，溫度約60℉。

\+

奶油適度打發

加糖攪打均勻後，奶油溫度會升到68℉左右，此時奶油輕盈蓬鬆，顏色為米白色。

\=

蛋糕隆起

烤出來的蛋糕微隆，外型漂亮。

《奶油打發的實際應用》蛋糕

奶油成功打發的關鍵在於使用「軟化但依然冰涼」的奶油，溫度約60℉左右。加入些許糖一起攪打有助於拌入空氣，確保蛋糕適度膨脹。

經典磅蛋糕
8人份

奶油和雞蛋應該率先處理，如此就能在烤箱預熱、吐司烤模抹油並灑上麵粉，以及量測其他材料份量的同時，有充裕的時間在室溫下退冰。實驗廚房偏好的吐司烤模尺寸為長8½吋、寬4½吋；若使用長9吋、5吋的烤模，則應在食譜指示的時間前，提早5分鐘查看熟度。

16大匙無鹽奶油，切成16塊，維持冰涼
3顆大顆的雞蛋，外加3顆大顆的蛋黃
2茶匙香草精
½茶匙鹽
1¼杯（8¾盎司）糖
1¾杯（7盎司）低筋麵粉

1. 把奶油放入直立式電動攪拌機的攪拌盆中，靜置在室溫下20到30分鐘，讓奶油稍微軟化，其溫度不應超過60℉。將雞蛋、蛋黃和香草精放入4杯容量的量杯中，以餐叉攪打均勻後，靜置於室溫中備用。

2. 將烤箱烤架調整至中層，烤箱預熱至325℉。為長8½吋、寬4½吋的吐司烤模抹油並灑上麵粉。

3. 為直立式電動攪拌機裝上槳型攪拌頭，以中高速攪打奶油和鹽，使其光亮平滑且呈現乳脂狀，約需2至3分鐘，過程中將攪拌盆刮淨一次。攪拌速度調降到中速，將糖緩緩加入，前後應為1分鐘。所有糖都加入後，將速度調升到中高速，攪打約5至8分鐘，直到混合物質地輕盈蓬鬆，過程中應刮淨攪拌盆一次。速度調降到中速，以緩慢穩定速度加入拌勻的蛋液，前後應為1至1分半。刮淨攪拌盆後，再以中高速將混合物攪打約3至4分鐘，直到輕盈蓬鬆，此時麵糊可能會稍微呈現凝結狀。將攪拌盆移出攪拌機，刮淨盆壁。

4. 麵粉過篩，分三次篩入拌了蛋液的奶油中，每添加一次就以橡皮抹刀輕輕拌合，直到麵糊混合均勻為止。刮攪盆底的麵糊，以確保麵糊的質地一致。

5. 將麵糊倒進準備好的烤模中，以橡皮抹刀抹平表面。送進烤箱，烤到呈現金黃色澤，時間約1小時10分至1小時20分，最後以牙籤插入蛋糕中央，抽出後理應不會黏附任何碎屑。將蛋糕連同烤模放在網架上冷卻15分鐘，接著倒扣到網架上並翻回正面。讓蛋糕在網架上完全冷卻，約2小時後即可食用。蛋糕在室溫中最久可保存3天。

杏仁磅蛋糕

香草精減少到1茶匙，並在添加香草精時，一併將1½茶匙的杏仁精倒入雞蛋中。麵糊送進烤箱烘烤前，表面灑上2大匙的杏仁片。

橙香磅蛋糕

香草精減少到1茶匙。步驟3中加入雞蛋後，立即將1大匙切碎的柳橙皮屑加入攪拌盆中。

環型經典磅蛋糕

所有材料份量增加一倍，並以16杯容量的中空活動烤模取替吐司烤模，抹油並灑上麵粉。以350℉烤上15分鐘，接著將烤箱溫度調降至325℉，繼續烘烤40至45分鐘，直到蛋糕轉為金黃色澤為止，此時以叉子插入蛋糕，抽出後理應不會沾黏任何碎屑。將蛋糕連同烤模放在網架上冷卻30分鐘，然後倒扣在網架上並翻回正面。讓蛋糕在網架上完全冷卻，約3小時後即可食用。

成功關鍵

完美的磅蛋糕食譜可遇不可求。磅蛋糕的外型漂亮，與黃色千層蛋糕極為相似：蓬鬆有彈性，質地通透。至於美味的磅蛋糕，烘烤後外觀時常扁平，質地硬實有如磚瓦。我們希望能重新調整這道經典甜點的做法，使蛋糕不僅每次都能具有美好滋味，質地也能永遠保持極度蓬鬆。首要關鍵在於使用60℉的冰涼奶油，並確保雞蛋也有相同的溫度。

適度打發：磅蛋糕外表樸實，導致許多人認為烤起來相當容易。這道甜點的食譜源於18世紀，原本是以各一磅的麵粉、糖、奶油和雞蛋製作而成。優質的磅蛋糕必須擁有細緻勻稱的蛋糕體以及脆皮般的質地。可惜的是，許多食譜烤出來的成品有如鉛製門擋。若希望蛋糕適度膨脹，必須妥善打發奶油。這是因為傳統

食譜不添加任何膨鬆劑，所有膨脹效果必須仰賴打進奶油和蛋液中的空氣。現今的食譜時常取巧添加泡打粉。當然，這樣一來磅蛋糕就會顯得蓬鬆，但質地反而過於輕盈，比較像是黃色千層蛋糕，而非磅蛋糕。

使用更冰涼的奶油：許多需要將奶油打發的食譜都使用軟化的奶油，其溫度約65至67℉。由於本食譜需要長時間攪打奶油，以盡量將空氣打進麵糊中，因此必須使用溫度更低的奶油，其中以60℉最為合適。若想烤出最優質的蛋糕，可使用即時溫度計測量奶油溫度。

使用冰涼雞蛋：即使將奶油適度打發，也無法保證可以烤出理想的成品。雞蛋的溫度也是關鍵之一。過於溫熱的雞蛋可能導致麵糊中的空氣含量不足；若雞蛋太冰或添加速度過快，則會難以跟麵糊攪和在一起，等到麵糊終於拌到滑順，奶油中的空氣也早已散逸殆盡。經過不斷嘗試與失敗後，我們發現60℉正好也是此食譜雞蛋最適宜的溫度。其原理請參考觀念46「實用科學知識：烘焙時使用冰雞蛋」。

緩慢加入雞蛋：大多數的食譜都寫道，雞蛋一次加一顆，每次添加都必須攪拌均勻並將攪拌盆刮理乾淨。老實說，這種方法從來就不適合磅蛋糕。綿細的麵糊無法一次吸收全蛋，又維持原有的透氣狀態。部分磅蛋糕食譜採用更極端的方法：將雞蛋倒入量杯中一起攪打，然後緩慢滴進打發的奶油和糖中，整個過程最久得花上5分鐘。我們發現，如果以極緩慢的速度加入打發的雞蛋，只要在倒入最後1顆雞蛋後再持續攪打幾分鐘，就能在60至90秒左右與麵糊完全混合。這個手法會讓麵糊更為穩定，烤出品質更好的磅蛋糕，不僅膨脹效果更佳，質地也更為輕盈。其原理請參考本觀念「實用科學知識：蛋液緩慢地加到蛋糕麵糊中」。

麵粉過篩：蛋白質含量較少的低筋麵粉有助於烤出綿軟的磅蛋糕。麵粉加入麵糊前加以過篩，可讓麵粉更容易均勻混合。若想瞭解麵粉的料理科學，請參考觀念45。

實用科學知識 吐司烤模的尺寸很重要

"務必使用尺寸合適的吐司烤模，蛋糕隆起的外型才會漂亮"

製作磅蛋糕和快速麵包時，吐司烤模的尺寸不容許絲毫偏差。若使用太小的烤模，麵糊膨脹後會溢出烤模；如果烤模太大，蛋糕烘烤後頂部平坦，蛋糕體會顯得乾燥。

吐司烤模沒有所謂的標準尺寸，因此在尺寸的掌握顯得更加重要，也更為棘手。所謂「標準」的吐司烤模可能小至長8吋、寬4吋，大至長10吋、寬5吋，而最常見的兩種尺寸為長8½吋、寬4½吋和長9吋、寬5吋。即使尺寸差異如此細微，都可能影響烘焙食品的膨脹程度和外型。

若依照經典磅蛋糕食譜的指示，使用長8½吋、寬4½吋的吐司烤模，蛋糕膨脹隆起的程度會相當完美，頂端也會因為膨脹而出現裂縫。然而，相同的麵糊若倒入大一點的長9吋、寬5吋烤模，烤出來的蛋糕明顯矮了1吋，而且頂端平坦。在較大的烤模中，麵糊有更多外擴的空間，因此烘烤後也會顯得有點乾燥。

實用科學知識 麵粉過篩的正確時機

"無論量測前或量測後，麵粉過篩的時機，將對最後的成品產生顯著差異"

麵粉在量測前或量測後過篩真的這麼重要嗎？簡而言之，沒錯。當食譜需要「1杯過篩麵粉」時，麵粉應先過篩再量測；若是「1杯麵粉，過篩」，則應先量測再過篩。原因如下：一杯量測前就過篩的麵粉，會比一杯先量測再過篩的麵粉輕20%至25%，兩者間的差異已足以嚴重影響烘焙後的成品質感。確認麵粉份量正確的最佳方法？「秤重」。

右邊的蛋糕依照食譜指示，麵粉先測重再過篩。左邊的蛋糕則是先過篩再以體積量測用量，導致麵粉的重量少了20%，蛋糕質地因而過於潮溼稠密。

各種麵粉過篩和未過篩的重量如下：

麵粉種類	1杯重量（未過篩）	1杯重量（過篩）
中筋麵粉	5盎司	4盎司
低筋麵粉	4盎司	3.25盎司
高筋麵粉	5.5盎司	4.5盎司

淋醬經冷卻10分鐘後就必須趁著溫熱淋到蛋糕上，這點相當重要。蛋糕可直接上桌享用，也可使用微甜的莓果加以裝飾。若在烘烤當天食用，蛋糕的口感輕盈蓬鬆，但如果包好放在室溫中，隔天的口感就會有如磅蛋糕一樣較為稠密。

蛋糕

3大匙檸檬皮屑，以及3大匙檸檬汁（3顆檸檬）

3杯（15盎司）中筋麵粉

1茶匙泡打粉

½茶匙小蘇打

1茶匙鹽

¾杯酪奶

1茶匙香草精

3顆大顆的雞蛋，外加1顆大顆的蛋黃，常溫

18大匙（2¼條）無鹽奶油，加以軟化（60℉）

2杯（14盎司）砂糖

淋醬

2-3大匙檸檬汁

1大匙酪奶

2杯（8盎司）糖粉

1.蛋糕：將烤箱烤架調整到中低層，烤箱預熱至350℉。為12杯容量的中空環狀烤模噴上含有麵粉的烘焙油。將檸檬皮切成細碎的泥狀，應有2大匙的份量。皮屑和檸檬汁倒入小碗中拌勻，靜置一旁軟化，約10至15分鐘。

2.在大碗中放入麵粉、泡打粉、小蘇打和鹽，攪拌均勻。把檸檬汁混合物、酪奶和香草精倒入中碗內拌勻。取一小碗，打入全蛋和額外的蛋黃後輕輕攪打均勻。為直立式電動攪拌機裝上槳型攪拌頭，以中高速將奶油和糖攪打到顏色泛白，質地蓬鬆，約需3分鐘。速度調降到中速，加入一半蛋液打勻，約需15秒。加入剩餘蛋液並重複同樣的步驟，完成後將攪拌盆刮理乾淨。將攪拌機速度調降至低速，分三次加入麵粉混合物，過程中交替添加兩次酪奶混合物，必要時可將攪拌盆刮理乾淨。最後麵糊再手動攪拌一下。

3.將麵糊刮進準備好的烤模中，以橡皮抹刀抹平表面。送進烤箱，烘烤約45至50分鐘，直到頂部呈現金黃色澤為止，最後以叉子插入，取出後理應不會沾黏任何碎屑。將蛋糕連同烤模放在墊著烤盤的網架上冷卻10分鐘，然後把蛋糕倒扣在網架上。

4.淋醬：蛋糕烘烤的同時，將2大匙檸檬汁、酪奶和糖快速打到滑順，必要時可緩緩倒入剩下的檸檬汁，使淋醬呈現濃稠但仍容易傾倒的狀態。淋醬從攪拌頭滴入攪拌盆後，應該會在盆底留下淡淡的流動痕跡。將一半淋醬澆到溫熱的蛋糕上，靜置冷卻1小時；將剩餘的淋醬均勻澆到蛋糕頂部，繼續靜置冷卻至室溫，至少需2小時後才可享用。

成功關鍵

檸檬味道酸而強烈，散發淡淡香氣。但為什麼簡單的環型蛋糕如此難以保留檸檬鮮明的滋味？檸檬汁在烤箱中受熱後，其原有的味道會明顯緩和，而檸檬中的酸也會破壞烘焙食品細緻的質地。我們希望能烤出檸檬味濃郁的環型蛋糕，而且蛋糕質地不會因為檸檬而受到破壞。為了達成這個目標，我們妥善打發奶油，添加檸檬皮屑，並澆上雙層淋醬。

熟記「1-2-3-4」：許多烘焙食譜都利用簡單口訣幫助記憶，以便代代相傳。環型蛋糕普遍套用「1-2-3-4」的記憶公式：1杯奶油、2杯糖、3杯麵粉、4顆蛋，以及1杯牛奶，這是區隔千層蛋糕和環型蛋糕以及磅蛋糕的液體材料。我們的食譜也依循這個公式，至少整體上相去不遠。我們將奶油的份量增加2大匙，並用酪奶取代牛奶，以烤出更輕盈、綿軟的蛋糕，同時兼具順口的濃郁滋味。

打發奶油：我們曾試著省略打發奶油的步驟，但這不僅行不通，最後更烤出質地強韌而稠密的蛋糕。要讓蛋糕輕盈勻稱，打發奶油是不可或缺的步驟。攪打的動作可將空氣打入麵糊中，使蛋糕最終可以具有輕盈的質感。畢竟環型蛋糕必須要有雕像一般的高挺外觀，而且膨鬆劑這種化學添加物也需要搭配妥善打發的奶油，才能發揮最佳效果。

節制檸檬汁用量：即使渴望蛋糕能夠散發檸檬香，但我們很快就得面對現實，因為添加酸，像是檸檬汁的酸，都是非同小可的。檸檬汁的pH值落於2.2至2.4左右，甚至比醋還酸。「酸」會干擾麵粉麩質的形成，而麩質這種蛋白質對蛋糕的結構組成至關重要。麵糊中

的酸越多，蛋糕的結構越弱，導致完成的蛋糕顯得鬆軟。不過，本食譜並不希望蛋糕的結構鬆散脆弱，因此反而妥善控制酸對麩質生成的抑制能力，以利烤出更細緻的蛋糕體。添加少量的3大匙檸檬汁就能達成這個效果。

以檸檬皮屑增添香濃檸檬味： 為了讓檸檬味真正融入蛋糕內，我們利用檸檬皮來達成這個目標，但只用黃色的表皮，底下白色軟皮非常苦澀則不用。3顆檸檬份量的檸檬皮即可賦予蛋糕淡雅的檸檬香氣，不至於太過濃烈而讓人聯想到家具亮光劑。我們將檸檬皮屑切碎，泡入檸檬汁中，避免檸檬長鏈狀的質地在烤好的蛋糕中顯得突兀。

備妥烤模： 烘焙油噴在環型蛋糕模上的效果極佳。這種以麵粉和食用油均勻調成的混合物輕易就能形成勻稱的表面塗層，而烘焙油中較固態的成分則可防止油脂沉積在裂縫間，避免環型蛋糕隆起的表面塌陷失色。若手邊沒有烘焙油，可混合1大匙麵粉和1大匙融化的奶油予以取代。一般的上油方法通常會先使用軟化的奶油塗抹烤模，接著再灑上麵粉。相較之下，烘焙油能在烤模表面形成更勻稱的塗層。這層油脂必須極度均勻，才能確保蛋糕順利脫模，避免烤模接縫處殘留蛋糕碎屑。

最後澆上雙層淋醬： 調製淋醬時，我們一開始只混合檸檬汁和糖粉，但發現味道太酸，會蓋過蛋糕細膩的滋味。檸檬皮屑會使果香味過濃，但奶油又有喧賓奪主的疑慮，只有酪奶的效果恰到好處。酪奶的滋味溫和，但味道濃郁撲鼻，用來取代部分檸檬汁可調和整體口味，無需犧牲原有的鮮明味道。趁蛋糕還溫熱，我們就先淋上第一層，待其滲入蛋糕乾掉後，會形成斑駁的薄膜。我們保留一半淋醬，等到蛋糕放涼後再使用。

實用科學知識 製作蛋糕時交替添加材料

"製作蛋糕時，交替添加乾濕材料的標準做法其來有自"

傳統磅蛋糕的混合手法，是先將奶油和糖打發，然後倒入雞蛋一起攪打，最後再交替加入麵粉和液體材料，以麵粉開始和結束。我們很好奇，這樣輪流拌入乾濕材料的做法能否真正影響蛋糕質地，若不這麼做，想省略額外步驟，是否還能烤出良好的成品。

為了找出答案，我們以四種混合手法製作了德國巧克力蛋糕和黃蛋糕：（1）採行乾濕交替的傳統方法；（2）先拌入濕性材料，再混合乾性材料；（3）先混合乾性材料，再拌入濕性材料；以及（4）同時加入乾濕材料攪拌均勻。

最後兩種方法烤出來的蛋糕質感最差。這些蛋糕佈滿深色斑點和明顯孔隙，蛋糕質地也不勻稱，有些部位粗糙，有些部位綿細，而這些特徵都代表材料其實未和麵糊混合均勻。方法2的「先混合濕性材料」做法產生較佳的效果，蛋糕上的孔隙較少也較小，質地也更為綿軟勻稱。不過，標準的方法1，以乾濕交替手法製作，卻能烤出上等質感的蛋糕，不僅孔隙明顯較小、數量大幅減少，就連質地也相當勻稱細緻、柔軟綿密。這種製作蛋糕的「混合手法」之所以廣泛流傳，並非毫無道理。

實用科學知識 蛋液緩慢地加到蛋糕麵糊中

"蛋液倒進麵糊的「速度」是成敗關鍵"

檢視食譜檔案時，我們注意到，若蛋糕和餅乾食譜中使用1顆以上的雞蛋，大多會要求一次只加入一顆雞蛋，或是預先將雞蛋打勻，再以穩定的速度倒入麵糊中。為何需要如此費事？這個步驟是否有其必要？為了找出答案，我們烤了一批巧克力脆片餅乾。一次加入1顆雞蛋時，每顆雞蛋約莫需要30秒才能與打發的奶油和糖充分混合。相較之下，若同時添加兩顆雞蛋，則需要2分多鐘才能完全混合。或許耗費的時間相差無幾，但最後出爐的餅乾卻有顯著差異。若一次只加入1顆雞蛋，烤出的餅乾厚實富有嚼勁，但如果同時加入所有雞蛋，則會導致餅乾外擴，形狀不甚工整，而且口感缺乏嚼勁。環

型蛋糕和磅蛋糕也會產生類似情況。製作這兩種蛋糕時，若同時加入所有雞蛋，會需要較多時間才能均勻混合，而且烤好的蛋糕會顯得較為稠密，口感稍富韌性，不易吞嚥。

實用科學知識 認識檸檬結構

"使用檸檬汁和檸檬皮，但白皮部分丟棄不用"

什麼是最好的檸檬味來源？這取決於製作方法。檸檬汁具有濃郁酸味，但遇熱後，這種鮮明的滋味會喪失殆盡；檸檬汁最好在不需烹煮的情況下使用。在烘焙食品中，檸檬汁只能增添綿軟的質感。黃色的檸檬皮是比較適合用於烘焙的部位，其中含有香味淡雅的檸檬油。不過，使用時請避開檸檬皮底下苦澀的白色軟皮。

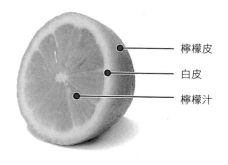

檸檬皮

白皮

檸檬汁

觀念47：使用「反向拌合」做出精緻蛋糕
Reverse Cream for Delicate Cakes

雖然在多數蛋糕食譜中，如觀念46中提及的打發奶油和糖通常是首要步驟，但這並非唯一的選項。近年來興起另一種手法：「反向拌合」（reverse creaming）。製作經典的黃色千層蛋糕和許多節日餅乾時，我們偏好採用這種手法，因為此道手續能將膨脹程度減到最低，使蛋糕和餅乾具有平坦的表面，以便淋醬或裝飾。

◎科　學　原　理

打發過程可使「空氣」進入奶油和糖中，有助於蛋糕適度膨脹，是烘烤不添加膨鬆劑的磅蛋糕，和高挺的環型蛋糕時不可或缺的步驟，不過我們發現，這種方法並不適合千層蛋糕。這是因為千層蛋糕一向都會添加膨鬆劑，要讓蛋糕適度膨脹幾乎不成問題。然而大多數時候，我們並不希望蛋糕夾層膨脹得太厲害，畢竟千層蛋糕往往具有多層結構，夾在厚實的糖霜之間。在實驗廚房中，我們發現打發會讓夾層太高，導致蛋糕體過於粗糙和通透，無法支撐蛋糕的多層結構。奶油中打入這麼多空氣可能稍嫌冗餘，甚至會產生不利影響。

所以該怎麼辦？我們偏好「反轉」程序，使用又稱為「兩段法」的方式來製作蛋糕。這個方法是通用磨坊和貝氏堡公司（General Mills and Pillsbury）在1940年代研發而成，後來因為蘿絲‧賴維‧柏瑞寶（Rose Levy Beranbaum）於1988年出版的破天荒鉅作《蛋糕聖經》（The Cake Bible）而廣為流傳。受惠於經過氯氣處理的低筋麵粉以及現代酥油，這個方法才得以實現。

質地柔軟、蛋白質含量少的麵粉無法像蛋白質多的麵粉吸收那麼多液體，不過經過氯氣漂白的低蛋白質麵粉可以留住更多液體，此原理請參考觀念45。漂白的低筋麵粉是此方法成功的必備條件，因為這種麵粉可以吸住更多水分，當糖的重量超過麵粉時，水分就是不可或缺的元素。這種混合法也稱為「高比例法」，主要得名於液體對麵粉的高比例，而且相較於其他方法，這能烤出更光滑綿軟的蛋糕。

採取兩段法時，先將麵粉、糖、泡打粉和鹽倒入攪拌盆中拌勻，然後在這些乾性材料中拌入軟化的奶油，一次只加一塊，最後再分兩次添加牛奶和雞蛋。「兩段法」指的就是這個步驟。然而，在實驗廚房中，我們發現其實不需要分兩次加入雞蛋，因此我們比較喜歡「反向拌合」這個說法，強調一開始就加入麵粉，而非最後才加。此手法的關鍵在於軟化、在68℉時的奶油的油脂會包覆麵粉，因此倒入液體時開始形成的麩質可以降到最少。有關麩質的料理科學，請參見觀念

「打發」與「反向拌合」

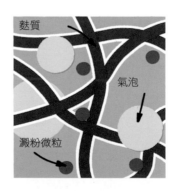

麩質
氣泡
澱粉微粒

打發：
若以傳統打發法製作蛋糕麵糊，過程中會打入大量空氣，進而形成相對較強韌的麩質網。

反向拌合：
然而，若以反向拌合法製作麵糊，其中夾帶的氣泡極少，可大幅減少麩質生成。

38。還有一點也很重要，軟化奶油含有較少的油脂結晶，因此留在奶油中的空氣較少，導致膨脹情形較不明顯。

烘焙效果如何？反向拌合法不會將大量空氣打入奶油中，因此採用此手法的蛋糕不會烤出太高的夾層，剛好適合糖霜層。由於一開始就將生成的麩質減到最少，使最後的蛋糕體更為細緻纖柔，擁有幾近絨毛般平滑綿軟的質感，終而降低烤出堅硬蛋糕的風險。畢竟在打發的過程中，麵粉和牛奶會在最後才以少量交替的方式輪流加入。為了徹底混合均勻，麵糊可能會過度打發，導致生成大量麩質。不過在反向拌合法中，最後加入液體的時間短暫，攪打次數也就隨之減少。

我們不把這個方法侷限在製作千層蛋糕。在本觀念中，我們嘗試將這種交替添加材料的手法運用到各種甜點，例如需要支撐一層奶油的「奶酥蛋糕」、足以負載厚重奶油餡的「杯子蛋糕」，以及需要澆上淋醬的「糖霜餅乾」。

✴ 實 驗 廚 房 測 試

為了確定製作千層蛋糕時，混合方法真的很重要，我們以兩種手法製作簡單的黃色千層蛋糕並加以比較：其中一個蛋糕採用直接打發法，另一個則改採反向拌合法。我們重複兩次實驗，仔細檢視及品嘗烘烤成品。

實驗結果
在統一所有材料、烘焙時間和溫度的情況下，我們發現「一般打發」和「反向拌合」所烤出來的蛋糕差異甚大。若先混合奶油和糖，烤成的蛋糕具有彈性，蛋糕體通透而粗糙；採取反向打發的蛋糕則極度綿軟，蛋糕體細密而柔嫩，中心有如棉花般柔軟。

重點整理
打發是普遍的烘焙手法，但並非每次都適用。由於反向拌合先混合奶油和麵粉，油脂可包覆小麥蛋白質，防止蛋白質水合，進而將生成的麩質減到最少。我們在觀念38中提到：「麩質會在烘焙食品中形成網狀，組成結構之餘也將氣泡留在內部，促使成品明顯膨脹」。在缺少麩質的情況下，反向拌合的蛋糕開始烘烤時，內部空氣不多，導致出爐的蛋糕細密而不通透。同樣的，由於反向拌合的蛋糕缺乏麩質，口感反而更為綿細。我們的試吃員很快就注意到這項差異。每當綿細口感成為首要之務時，我們總是採用反向拌合法，原因就在這裡。

減少麩質生成的好處不僅如此，千層蛋糕只是其中一例。我們也採取反向拌合法製作質地綿細但外型堅挺的杯子蛋糕，食譜請參考後附的「波士頓奶油杯子蛋糕」。即使在填充卡士達奶油餡後，稠密的蛋糕體還能維持杯子蛋糕的原有形狀。這樣的杯子蛋糕可以用手拿著吃，碎屑也不會掉滿地。此外，反向拌合法也有助於烤出平整的奶油餅乾，方便淋醬；食譜請參考後附的「糖漿奶油餅乾」。畢竟以反向拌合法製成的餅乾不使用膨鬆劑，加上麵糊中缺少氣泡，因此烘烤後不會膨脹，表面也會平整勻稱。

✏ Tips：小蘇打和泡打粉的力量

打發
較為膨脹，蛋糕體較通透。

反向拌合
較少膨脹，蛋糕體較細密。

《反向拌合法的實際應用》蛋糕

我們以觀念46食譜的手法，烤出的鬆軟黃色千層蛋糕更為綿軟高挺。不過我們還能烤出另一種樣貌的蛋糕，只是你可能會稱之為傳統千層蛋糕。其綿軟口感一樣重要，但氣味更為之細緻香濃，蛋糕體特別纖細。

一次只加入1塊奶油，可避免乾料飛灑出攪拌盆外。

½杯常溫的全脂牛奶
4顆大顆的雞蛋，常溫
2茶匙香草精
1¾杯（7盎司）低筋麵粉
1½杯（10½盎司）糖
2茶匙泡打粉
¾茶匙鹽
16大匙無鹽奶油，切成16塊，加以軟化（68℉）
1份糖霜（食譜後附）

1. 將烤箱烤架調整到中層，烤箱預熱至350℉。為兩個9吋圓形蛋糕烤模上油，鋪上烤盤紙後再抹一次油，接著灑上麵粉。取一小碗，將牛奶、雞蛋和香草精快速拌勻。

2. 為直立式電動攪拌機裝上槳型攪拌頭，以低速將麵粉、糖、泡打粉和鹽混合均勻。加入奶油，一次1塊，拌打至奶油只剩豌豆大小，約需1分鐘。

3. 倒入½杯牛奶混合物，攪拌機調至中速，將混合物攪打到輕盈蓬鬆，約需1分鐘。調降至中低速，倒入剩餘的½杯牛奶混合物，攪拌約30秒，直至均勻混合，麵糊可能已經稍微凝結。最後以手攪拌一下麵糊。

4. 將麵糊均分倒入準備好的烤模，表面以橡皮抹刀抹平。送進烤箱，烘烤20至25分鐘，最後以牙籤插入蛋糕，抽出後理應不會沾附多少碎屑。蛋糕連同烤模放在網架上冷卻10分鐘。自模中取出蛋糕，丟棄烤盤紙，靜置約2小時，待蛋糕完全冷卻後再抹上糖霜。蛋糕放涼後若以保鮮膜緊密包覆，在室溫中最久可保存1天。若以保鮮膜緊密包覆，再包上一層鋁箔紙，最久可冷凍保存1個月。抹上糖霜前，記得先取下保存包裝並放在室溫中解凍。

5. **組裝蛋糕**：在蛋糕盤邊緣鋪上四條烤盤紙，以保持盤緣清潔。將一層蛋糕放到蛋糕盤上，接著中央放上1½杯左右的糖霜，以大抹刀撥開對齊邊緣，表面抹平。放上第二層蛋糕，確認與下層對齊，然後重複第一層的方式抹上糖霜，只是這次必須稍微推出邊緣。以抹刀尖端挖起更多糖霜，輕輕抹上蛋糕側邊。以抹刀邊緣沿著蛋糕壁輕刮，把糖霜抹平，並將頂部邊緣隆起的糖霜撫平，或是以大匙背面壓入糖霜，拿起時扭轉大匙，製造波浪形狀。蛋糕上桌前，小心抽出底下的烤盤紙。組裝好的蛋糕最久可冷藏1天，食用前先端出冰箱置於室溫下。

將全蛋打至發泡可使糖霜質地輕盈滑順，入口即化。

4顆大顆的雞蛋，常溫
1杯（7盎司）糖
2茶匙香草精
少許鹽
1磅（4條）無鹽奶油，每條切成四等份，加以軟化（68℉）

1. 把雞蛋、糖、香草精和鹽倒入直立式電動攪拌機的攪拌盆中打勻。取一單柄深鍋，裝入1吋深的水，加熱至即將沸騰，接著將攪拌盆架在鍋上。過程中輕輕攪打但不間斷，將碗中的混合物加熱到稀釋發泡，且溫度達到160℉為止。

2. 為直立式電動攪拌機裝上球型攪拌頭，以中高速將蛋液攪打到輕盈發泡狀，靜置冷卻約5分鐘，直至溫度約為常溫。將攪拌機調至中速，開始加入奶油，一次1塊。加入半數奶油後，奶油醬可能會呈現凝結狀，但隨著放入更多奶油，質地會逐漸變得滑順。當所有奶油放入後，將速度調升到高速，快速攪約1分鐘，直打到輕盈蓬鬆，徹底混合。糖霜最久可冷藏5天。取出後，靜置在室溫中2小時左右，待其軟化再使用裝上球型攪拌頭的直立式電動攪拌機，以中速攪打約2至5分鐘，直至滑順即可使用。

香濃咖啡奶油糖霜

省略香草精。將3大匙即溶濃縮咖啡粉倒入3大匙溫水中，溶化後加入奶油，持續攪打成奶油醬。

1½杯鮮奶油

16盎司半甜巧克力，剁細

⅓杯玉米糖漿

1茶匙香草精

將巧克力放入隔熱碗中。鮮奶油放到小單柄深鍋中，以中大火煮滾，然後淋到巧克力上。加入玉米糖漿，蓋上碗蓋後靜置5分鐘。輕輕攪打至柔滑狀，然後拌入香草精。冷藏1至1個半小時，每15分鐘攪拌一次，直到糖霜可以輕鬆抹開為止。

成功關鍵

理想中的黃色蛋糕必須濕潤綿軟，蛋糕體細緻勻稱，散發濃郁的奶油和雞蛋香味。採用傳統打發法製作的蛋糕，也就是先將奶油和糖打勻，然後交替添加麵粉，以及混合了雞蛋的牛奶，將烤出令人失望的烘焙成品。這種蛋糕不但無法入口即化，反而質地鬆散、滋味甜膩，而且稍嫌堅硬。有別於所有口味簡單的蛋糕，傳統打發法製作出的，嘗不到應有的奶油和雞蛋香，只讓人覺得甜膩。相較之下，以反向拌合法，也就是在攪拌盆中混合所有乾性材料，再加入奶油，並以階段式的拌入牛奶和雞蛋，則可實現我們所追求的綿細口感。

選用低筋麵粉：要烤出細緻的蛋糕，必須使用低筋麵粉，其原理請參考觀念45。由於低筋麵粉所含的蛋白質比中筋麵粉少，可烤出麩質較低的蛋糕夾層，達到綿軟的效果。

調整「1-2-3-4」的口訣：多數黃色蛋糕食譜都依循一個基本公式，亦即1杯奶油、2杯糖、3杯麵粉、4顆蛋，簡稱為「1-2-3-4」蛋糕。實際測試後，我們發現奶油和雞蛋的份量適中，但最後我們添加的糖和麵粉較少，也減少牛奶的用量。最終出爐的蛋糕味道更為濃郁，散發奶油香。若添加較多油脂也能讓蛋糕特別綿細。

蛋糕模鋪上烤盤紙：烤模上油後，我們先鋪上圓形烤盤紙，接著再為烤盤紙抹油並灑上麵粉，以確保蛋糕可以輕易脫模。由於鋪上了烤盤紙，蛋糕出爐10分鐘後就能輕鬆倒扣取出，不需擔心溫熱的蛋糕夾層分崩離析。烤盤紙可以立即撕下，讓蛋糕在抹上糖霜前可以繼續冷卻至室溫。

製作傳統奶油醬：當然可以混合奶油和糖粉，做為糖霜的基底，不過這種速成糖霜稍帶些顆粒質感，而且滋味相當甜膩。我們比較喜歡使用全蛋製作傳統奶油醬。先把雞蛋、糖和香草精加熱至160℉，讓雞蛋維持穩定狀態，同時發揮增稠特性，然後打到發泡，再加入軟化的奶油拌打均勻。這樣製成的奶油醬即可具有滑順的口感。

實用科學知識 不讓熱循環受到干擾

"若希望烘烤均勻，可將蛋糕併排放入烤箱"

要讓雙層蛋糕均勻受熱的最佳方法是什麼？我們將香濃綿軟的黃色蛋糕夾層放在三種位置烘烤：併排在同一層烤箱烤架上；一上一下放在兩層盤架上；放在兩層烤箱烤架上，左上右下錯開。結果揭曉，只有併排放在同一層烤箱烤架上的蛋糕能夠被均勻烘焙。

原因在於觀念1中提到的熱對流，也就是烤箱內熱空氣的流動。在以下火加熱的烤箱中，若將蛋糕上下疊放，下層的蛋糕會成為阻礙，促使熱空氣往上流動，越過上層蛋糕，導致上層蛋糕過度烘烤，但下層蛋糕尚未熟透。如果烤箱熱源位於後方，或以上下火同時加熱，蛋糕依然無法均勻烘焙。不過，如果蛋糕併排烘烤，無論烤箱熱源如何配置，熱空氣都可以對流循環，使蛋糕均勻熟透。

上下疊放＝受熱不均
若蛋糕上下疊放，烤箱內的熱對流會受到干擾。

左右併排＝受熱均勻
若蛋糕在烤箱以左右併排烘烤，將可烤出均勻、漂亮的焦黃色澤。

千萬別嘗試將低筋麵粉換成中筋麵粉，這樣會烤出乾燥堅硬的蛋糕。若手邊沒有酪奶，可改用等量的原味低脂優格取代；鋪灑蛋糕頂層時，注意別將奶酥壓入麵糊中。本食譜的份量可輕易加倍，再以長13吋、寬9吋的烤模烘烤即可。若份量加倍，烘焙時間需延長到45分鐘左右。

奶酥頂層

8大匙無鹽奶油，融化後維持溫熱

⅓杯（2⅓盎司）砂糖

⅓杯（2⅓盎司）壓實的黑糖

¾茶匙肉桂粉

⅛茶匙鹽

1¾杯（7盎司）低筋麵粉

蛋糕

1¼杯（5盎司）低筋麵粉

½杯（3½盎司）砂糖

¼茶匙小蘇打

¼茶匙鹽

6大匙無鹽奶油，切成6塊，加以軟化（68°F）

⅓杯酪奶

1顆大顆的雞蛋，以及1顆大顆的蛋黃

1茶匙香草精

糖粉

1. 將烤箱烤架調整至中高層，烤箱預熱至325°F。剪下長度約16吋的烤盤紙或鋁箔紙，沿著長邊摺成7吋的寬度。為8吋的方形烤盤噴上植物性烘焙油，鋪入烤盤紙，記得將烤盤紙推進角落，突起覆蓋烤盤內壁，任多餘的烤盤紙垂放在烤盤外。

2. 頂層餡料：把奶油、砂糖、黑糖、肉桂粉和鹽放入中碗，快速攪拌均勻。加入麵粉，以橡皮抹刀或大木匙攪拌，直到混合物呈現厚實、黏著的麵團狀。靜置約10至15分鐘，使其冷卻至室溫。

3. 蛋糕：為直立式電動攪拌機裝上樂型攪拌頭，以低速攪打麵粉、糖、小蘇打和鹽，使其均勻混合。讓攪拌機持續運轉，開始加入奶油，一次1塊。持續攪打約1至2分鐘，直到混合物呈現濕潤的碎屑狀，並看不見任何塊狀奶油為止。倒入酪奶、雞蛋和蛋黃以及香草精，以中高速攪打約1分鐘，直至輕盈蓬鬆，必要時可將攪拌盆壁刮理乾淨。

4. 將麵糊倒進準備好的烤模中，以橡皮抹刀加以抹平。將奶酥搓散成豌豆般的大顆粒狀，均勻灑到麵糊上，先從邊緣開始，逐漸朝中央鋪灑。送進烤箱，烘烤35至40分鐘，直至奶酥粒呈現金黃色澤，以牙籤插入蛋糕，抽出後理應不會沾黏蛋糕屑。將蛋糕放在網架上冷卻至少30分鐘。拉起垂放在烤模兩側的烤盤紙，將蛋糕從烤模中取出。灑上糖粉後即可食用。

成功關鍵

最早的奶酥蛋糕是由德國移民傳到紐約，但很可惜的是，新鮮現烤的做法已經消聲匿跡。現今的食譜大多使用奶油蛋糕而非傳統的酵母麵團，這使整個製作過程省事不少。這種蛋糕的精華在於綿軟的奶油蛋糕，以及頂層略帶香料風味的厚實奶酥之間的絕妙平衡。我們以最喜愛的黃色蛋糕食譜做為基準，發現必須減少奶油份量，否則奶油味會顯得過於濃郁。我們希望頂層奶酥的口感可以鬆軟爽脆，吃起來如同餅乾一樣，而非堅硬帶有嚼勁的奶油糖粉薄層。因此混合了細粒狀的黑糖和融化的奶油，以創造麵團般的質地，可加入肉桂增添風味。奶酥撥散成小顆粒並灑到蛋糕麵糊表面，烘焙時會凝結在一起，形成厚實的濕潤奶酥層，邊緣焦黃，且不至於陷進蛋糕之中。

減少奶油並加入酪奶：本觀念食譜中的香濃綿軟黃色蛋糕，是奶酥蛋糕的絕佳雛形。不過由於這種蛋糕的奶油味濃郁，我們反而希望使用味道稍淡的蛋糕做為基底。因此，我們減少奶油用量，並添加更多牛奶，避免蛋糕水分不足，不過也隨即發現，這樣會讓麵糊過於稀薄，無法承受厚重的奶酥。因此我們以酪奶取代牛奶，彌補這項缺失。此外，我們也少用1顆蛋白，避免蛋糕富有彈性。

使用低筋麵粉：雖然蛋糕層必須支撐厚重的奶酥，但千萬別考慮中筋麵粉。沒錯，到時蛋糕會變得硬實，而且也會缺乏水分。

製作奶酥，而非奶油糖粉薄層：要製作非常粗獷的奶酥粒，必須先製作麵團，再用手將麵團搓散。融化的奶油、兩種糖和麵粉是必備材料。過程中需要比製作奶油糖粉薄層更多的奶油，整體質感比較像是餅乾麵

團，比薄層更具份量，但較不甜膩。

塑形並分散奶酥：雙手將奶酥麵團搓散，以拇指和食指搓揉麵團，形成豌豆般的大顆奶酥粒。持續此一步驟，將所有麵團都搓成奶酥粒狀。把奶酥粒均勻灑到蛋糕麵糊上，較大的結塊要加以打散。鋪灑奶酥粒時，從蛋糕外緣逐步往中央推進，避免中心部分過於厚實。

低溫烘焙：烤箱溫度調降到溫煦的325℉、延長烘烤時間，並將蛋糕放在烤箱較上層烘焙，都有助於烤出酥脆的奶酥層。

波士頓奶油杯子蛋糕
可製作12個

直接以抹油且灑上麵粉的瑪芬烤盤烘烤杯子蛋糕，而非使用杯子蛋糕紙模，如此巧克力淋醬才能順著冷卻的蛋糕側邊流下。

杯子蛋糕

1¾杯（8¾盎司）中筋麵粉

1杯（7盎司）糖

1½茶匙泡打粉

¾茶匙鹽

12大匙無鹽奶油，切成12塊，加以軟化（68℉）

3顆大顆的雞蛋

¾杯全脂牛奶

1½茶匙香草精

巧克力淋醬

¾杯鮮奶油

¼杯淡玉米糖漿

8盎司苦甜巧克力，切碎

½茶匙香草精

1份卡士達奶油餡（食譜於觀念20），靜置冷卻

1. 杯子蛋糕：將烤箱烤架調整到中層，烤箱預熱至350℉。為瑪芬烤盤噴上植物性烘焙油，灑上大量麵粉後，輕敲烤盤抖落多餘麵粉。

2. 為直立式電動攪拌機裝上槳型攪拌頭，以低速將麵粉、糖、泡打粉和鹽攪拌均勻。讓攪拌機繼續運轉，開始加入奶油，一次1塊，並將混合物攪打成粗糙的沙狀為止。加入雞蛋，一次1顆，與其他材料拌打均勻。倒入牛奶和香草精，將攪拌機速度調高至中速，將混合物攪打

到輕盈蓬鬆，沒有任何團塊為止，此過程約需3分鐘。

3. 將麵糊倒入瑪芬烤盤的杯狀凹槽中，七八分滿即可，切勿滿出凹槽。送進烤箱，烘烤18至20分鐘，直到以牙籤插入測試，拔出後不會沾附蛋糕碎屑為止。讓杯子蛋糕在烤盤中冷卻5分鐘，再移到網架上徹底放涼。

4. 淋醬：將鮮奶油、玉米糖漿、巧克力和香草精倒入小單柄深鍋中，以中火加熱，不斷攪拌到醬體滑順為止。將淋醬靜置30分鐘，待其冷卻變稠。

5. 準備將內餡填入杯子蛋糕中。取一小刀，刀尖從杯子蛋糕頂部距離邊緣⅛吋處切入，以45度角切出圓錐狀，將切離的糕體取下。圓錐狀糕體只保留頂端¼吋，其餘部分切除，此時只剩下圓盤狀的蛋糕。在杯子蛋糕中填入2大匙卡士達奶油餡，蓋上圓盤狀糕體。將填入內餡的杯子蛋糕放在墊著烤盤紙的網架上。每個杯子蛋糕淋上2大匙巧克力醬，讓淋醬順著蛋糕側壁流下。冷藏至定形即可食用，約10分鐘。杯子蛋糕最久可冷藏2天，食用前先取出放在室溫下。

成功關鍵

我們理想中的波士頓奶油杯子蛋糕食譜，必須要能讓杯子蛋糕具有濃郁的巧克力味，且內餡滑口、散發奶油香，而非像大多數的食譜一樣，烤出的杯子蛋糕充斥著加工感，滋味平淡無奇。製作過程中，我們採取反向拌合手法，先烤出綿軟的完整杯子蛋糕，再從蛋糕頂端挖出圓錐狀的洞，填入奶油內餡。巧克力淋醬緊密裹覆著杯子蛋糕頂部，這可是淡玉米糖漿的功勞，可掩飾所有開洞痕跡。

反向拌合：一開始我們使用基本的黃色蛋糕做為基層，可惜口感過於粗糙。我們跳脫傳統的打發方法，改採反向拌合法，將奶油切碎攪入乾性材料中，就像製作比司吉麵團一樣。最後出爐的杯子蛋糕柔軟濕潤，口感綿密。原因何在？傳統打發法借助糖將空氣打入奶油中，形成的大型氣囊導致蛋糕體較為粗糙。在反向拌合的過程中，空氣進入麵糊之前，奶油已先將麵粉包覆住，因而得以維持蛋糕綿密細緻的結構。

選用中筋麵粉：雖然烘烤細緻綿軟的蛋糕層時，低筋麵粉是不可或缺的材料，但杯子蛋糕應該稍微結實一點。食用時，我們希望可以不用小心翼翼地捧著蛋糕，也不需擔心蛋糕隨時會分解散落。中筋麵粉正好可為這道甜點的蛋糕部分稍微增添紮實的結構。

挖出錐狀圓洞：如何將卡士達奶油餡填入杯子蛋糕中

是一大挑戰。我們試過將卡士達奶油餡裝入擠花袋中，透過蛋糕底部的小洞擠入內餡，但試吃員希望吃到更多內餡。我們嘗試切下杯子蛋糕的頂端，挖出部分蛋糕體後，再將蛋糕頂部蓋回，不過這樣會留下明顯的切割痕跡。我們偏好從蛋糕頂端向下挖出錐狀圓洞，最後再淋上巧克力醬就能完美掩飾切口。

《反向拌合法的實際應用》餅乾

「反向拌合法」是將奶油拌入麵粉和糖中，而非奶油加糖一起打發，這樣烘烤而成的餅乾較為扁平，比較容易裝飾。而麵糊的空氣含量較低，代表烤好的餅乾中氣泡也會變少，使餅乾更為紮實酥脆。同樣的，這也有助於淋醬完美附著在餅乾表面。

糖漿奶油餅乾
約38塊

如果無法取得超細糖粉，可將砂糖倒入食物調理機中攪打30秒。餅乾淋上糖漿後，可依個人喜好灑上彩色糖粒或其他裝飾物。

餅乾

2½杯（12½盎司）中筋麵粉

¾杯（5⅔盎司）超細糖粉

¼茶匙鹽

16大匙無鹽奶油，切成16塊，加以軟化（68℉）

2大匙奶油起士，常溫

2茶匙香草精

糖漿

1大匙奶油起士，常溫

3大匙牛奶

1½杯（6盎司）糖粉

1.餅乾：為直立式電動攪拌機裝上槳型攪拌頭，以低速將麵粉、糖和鹽攪拌均勻，約需5秒鐘。讓攪拌機繼續低速運轉，這時開始加入奶油，一次1塊，持續攪打約1至2分鐘，直至鬆散易碎且稍微濕潤。拌入奶油起士和香草精，攪打約30秒，直到麵粉開始結成團塊。

2.以手搓揉碗中的麵粉塊，轉向搓揉2至3次，使其

形成具有黏性的大塊麵團。將麵團移到檯面上，均分成二等份。將各等份壓成4吋大小的圓盤，以保鮮膜包覆後放進冰箱冷藏約30分鐘，待其變成硬實但仍可延展的狀態。麵團最久可冷藏3天，冷凍則可保存長達2星期。麵團若冷凍保存，使用前先移到冷藏室解凍。

3.烤箱烤架調整至中層，烤箱預熱至375℉。為兩個烤盤鋪上烤盤紙。將麵團夾入2大張烤盤紙中間，擀成⅛吋厚的麵皮，一次只擀開一塊麵團。把墊著烤盤紙的麵皮滑進烤盤，放入冰箱冷藏10分鐘，待皮變硬。

4.一次使用一張麵皮，先撕下一面的烤盤紙，再使用餅乾烤模，將麵皮切成想要的形狀，擺放到準備好的烤盤上，每塊麵皮間隔1½吋左右。送入烤箱烘烤約10分鐘，一次只烤一盤，餅乾烤到淡金黃色即可，過程中記得將烤盤轉向。剩下的麵團可輕拍成一團，放進冰箱冷卻後，可再擀開一次。將烤好的餅乾靜置在烤盤上冷卻3分鐘，接著把餅乾移到網架上放涼。

5.糖漿：將奶油起士和2大匙牛奶倒入中碗內，快速攪打均勻，直到沒有任何結塊為止。倒入糖粉並攪打到滑順，必要時加入剩餘的1大匙牛奶加以稀釋，直到糖塊推散開來為止。使用湯匙背面，將少量的糖漿滴灑或塗抹到放涼的餅乾上。讓淋上糖漿的餅乾靜置風乾至少3分鐘。

成功關鍵 ────────────

烘烤節日時製作餅乾應該是充滿樂趣的事，但麵團黏在擀麵棍上、擀開時麵皮撕裂破損、或將麵團來回放入冰箱冷藏以便搓揉，這些小事使原本簡單的1小時程序必須耗上大半天，時常令人感到挫折。理想中的餅乾食譜要能製作出容許犯錯、容易搓揉的麵團，烤出的餅乾要夠紮實以便裝飾，同時質地也要綿軟，才值得仔細品嘗。我們首先領悟到的道理，是奶油份量必須足夠，成品才會具有奶油餅乾應有的風味，但奶油又不能太多，才不至於顯得油膩。中筋麵粉含有充足的麩質，可組成軟硬適中的餅乾結構，而超細糖粉則可讓餅乾的質地細緻均勻，口感紮實酥脆。奶油起士是出乎意料的絕佳材料，不僅可為餅乾增添濃郁滋味，也能維持餅乾既有的質感。

使用超細糖粉：一般砂糖會使餅乾產生多層結構和一些明顯的孔隙。相反的，超細糖粉則可製作出酥脆紮實的餅乾，質地細緻均勻，適合淋醬。這些餅乾不需添加膨鬆劑，畢竟我們希望餅乾外觀扁平，也不需要

加雞蛋，這項食材會讓餅乾濕潤、富有嚼勁。

添加奶油起士：奶油用量必須適中才能兼顧濃郁香味和綿軟的質地。太多只會讓麵團變得黏手難以搓揉。不過，我們發現可用奶油起士取代。奶油起士冷卻後比奶油柔軟，可使麵團更容易擀開，而且還能增加一股迷人的濃郁香氣。

選用中筋麵粉：雖然淋醬的節日餅乾應具有細緻的質地，但低筋麵粉會使餅乾容易碎裂。中筋麵粉可生成足夠的麩質，方便餅乾淋醬和裝飾，不需太過擔心餅乾易碎的問題。

擀開後冷藏：麵團擀開時可使用兩大張烤盤紙夾住，以避免麵團黏在檯面和擀麵棍上。冰冷硬挺的麵團比柔軟的麵團更容易裁切工整，因此麵團務必在擀開後加以冷藏。輕拉墊底的烤盤紙，將麵團滑上烤盤，以維持其扁平的形狀，放入冰箱冷藏10分鐘左右，使其變得硬實。

盡可能減少殘餘麵皮：縮小裁切餅乾的間隔，記得從外緣開始向中間裁切。製作大小不一的餅乾時，交替使用各種餅乾模，盡量切下多點麵皮。即使可以再重新將麵團擀開一次，但仍應盡量減少殘餘的麵皮，因為麵團搓揉過度會產生太多麩質，導致餅乾烘烤後太硬。殘餘的麵團擀開之前，記得再次放入冰箱冷藏。

先撕除殘餘麵團：使用小抹刀剷除餅乾四周的殘餘麵團。先除去餅乾周圍的多餘麵團，會較容易將餅乾移到烤盤上而不至於破壞形狀或拉扯變形。

一次烘烤一盤：一次只烤一盤可確保餅乾均勻烘焙。其說明請參考明，請參考觀念42「實用科學知識：避免烘烤時受熱不均勻」。

實用科學知識 直立式 VS. 手持式電動攪拌器

"我們偏好使用直立式電動攪拌機，但手持攪拌器的效果也不遑多讓"

為了瞭解手持和直立式電動攪拌機在效果上的差異，特地加以測試，並將結果兩相對照，進而為個別適合的用途建立通用原則。我們分別以兩種機器打發奶油、攪打蛋白做成蛋白霜，以及製作餅乾、蛋糕和奶油糖霜。

雖然手持式攪拌器打發奶油和蛋白的時間，比直立式的多出40至60秒，但兩者在裝上球型攪拌頭後的成效相近。製作燕麥餅乾麵團時，直立式電動攪拌機加裝槳型攪拌頭，打出來的麵糊份量較多，但

以兩種機器烤出來的餅乾無論在數量、口感和味道等方面並沒有任何差異。若讓兩種攪拌機以低速運轉，也都能順利將燕麥和堅果拌入硬挺的麵團中。若以兩種攪拌機分別製作我們理想中的黃色蛋糕，烤出來的成品並無差異，不過直立式電動攪拌機打出份量稍多的麵糊。製作海綿蛋糕的情形也一樣。這種蛋糕主要是仰賴全蛋打到發泡以產生膨脹效果，相較於直立式電動攪拌機，手持式必須以近兩倍的時間才能將蛋液打出合適份量。至於奶油糖霜，我們發現手持式電動攪拌器比直立式更為合適，因為前者較能避免熱糖漿黏附於攪拌頭上。

最終結論？直立式電動攪拌機具有較大的使用彈性和更多功能，而勾狀攪拌頭是搓揉麵包麵團的理想選擇，這是手持式所欠缺的功能。此外，直立式電動攪拌機的穩固基座可獨自站立，廚師可以同時完成其他工作。不過我們發現，只要稍加調整時間和手法，手持式電動攪拌器通常也能製作出和直立式電動攪拌機一樣優質的烘焙食品。

實用科學知識 陳年香精

"香草精放入密封容器中可以無限期保存"

有些人烘焙的餅乾和蛋糕夠多，1個月就能用掉整瓶香草精，但對不常烘焙的人來說，1瓶香草精可能會用上好幾年。在這種情況下，香草精是否會壞掉或失去香氣？

我們找到分別存放3年和10年的香草精，再以新買的同牌香草精實驗三種食譜黃色杯子蛋糕、香草糖霜和巧克力脆片餅乾加以比較。雖然保存較久的香草精需要花費一些力氣才能打開，但在三種甜點中分別加入這些香草精，試吃員其實沒有察覺其差異。任職於香草製造商Nielsen-Massey的麥特·尼爾森（Matt Nielsen）指出，香草精至少含有35%的酒精，因此可說是最能穩定保存的香草型態，不然香草豆莢和香草膏很快就會失去香味。只要放在密封容器中，隔絕熱源和光線，香草精就能無限期保存。

妥善保存
瓶子的外觀或許老舊，但裡面的香草精將永遠保持新鮮。

觀念48：糖會改變質地和甜度
Sugar Changes Texture (and Sweetness)

即使是新手廚師都知道，甜點中多加點糖會變得較甜。不過，許多廚師卻不清楚，糖也會對「口感」產生極大影響，舉凡餅乾到冰品等各種食物的結構都會因此改變。

❂ 科　學　原　理

甜味劑有許多型態，大半都是在家下廚的人耳熟能詳的食材，包括結晶狀的白砂糖、深棕色的黑糖、濃稠液體狀的糖蜜，以及明亮的金黃色蜂蜜。大家較不熟悉的是甜味劑真正的作用。

先從構造開始談起。糖可以是由碳、氫和氧組成的單分子，例如葡萄糖和果糖。諸如蔗糖等其他糖類則由兩個以上分子透過化學鍵連結所構成，以蔗糖為例，即為一個葡萄糖和一個果糖，白砂糖就是由近乎純粹的蔗糖所組成。想認識「糖」，請參考觀念49「甜味劑的基本知識」。

許多植物都富含蔗糖，尤其水果更是如此。不過和水果不同的是，部分植物，像是馬鈴薯會透過光合作用將形成的蔗糖轉換成澱粉。這是不可逆的過程，也是有些蔬菜冷藏後會變得較甜的原因所在。白砂糖由甘蔗或甜菜製成，遇水相當容易溶解，分解時，各結晶體中排列的蔗糖分子會在水中四處分散。糖不會像冰塊一樣融化，不過加熱到320至367℉左右就會分解。

所以，糖究竟如何影響餅乾甚至冰品的口感？這一切都與「濕度」有關。蔗糖具有吸濕性，換句話說，蔗糖會吸附水分子。

實際發生的情形如下：由於氫、氧原子互相吸引的本質，水和糖中的氫和氧原子會以靜電的方式吸附在一起。水和糖混合後，兩者之間會形成氫鍵相互連結，這些鍵結需要高溫加熱才能破壞，因此白砂糖會緊抓住食物中的水分。由於這個特性的緣故，糖可以減緩餅乾和蛋糕烘烤時水分蒸發的速度，這在製作濕潤綿細的烘焙食品時，足以造成極大的差異。

此外，當蔗糖和酸一起加熱時，蔗糖會分解回葡萄糖和果糖兩種單糖分子。這種現象所產生的物質稱為「轉化糖」（invert sugar）。果糖與葡萄糖共存時不易形成結晶，導致轉化糖總是呈現黏性液體的狀態。製作某些點心時，例如帶有嚼勁的軟韌餅乾，轉化糖就能發揮不錯的功效，詳請見下頁的「實驗廚房測試」。轉化糖的吸濕特性尤其顯著，可從周圍既有來源吸附水分，其中以空氣為最佳來源。由於黑糖比砂糖含有更多轉化糖，因此烘烤耐嚼的餅乾時，我們特別喜歡使用黑糖，尤其因為餅乾出爐後，轉化糖還會持續吸收水分，讓餅乾在冷卻的過程中仍可保持嚼勁，因此製作這類點心時，黑糖可說是最佳首選。

最後，糖也同樣會影響冰品的質地。如何影響呢？製作冰品時，糖通常會和液體，如奶油、水、果汁等一起加熱以便溶解。糖溶解後會降低水的冰點，換句話說，糖水結冰的溫度會比水來得低。由於冰點降低，在製作成冰淇淋的過程中，在糖水開始結成冰晶前溫度已經遠低於32度。這代表冰晶形成的速度相當快速，晶體非常細小，而這些微小的冰晶也就成了我們所説的冰淇淋、雪酪（sherbet）和雪波冰淇淋（sorbet），嘗起來滑口綿密，一點也沒有冰塊或顆粒口感。

糖會吸附水分

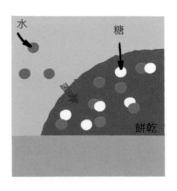

緊抓不放：
糖具有吸引水分子的傾向，烘烤甚至冷卻的過程中會緊抓住烘焙食品中的水分。

✖ 實 驗 廚 房 測 試

為了證明糖對烘焙食品的質地影響甚鉅,我們做了以下實驗:我們依照本書食譜烤了兩批巧克力塊燕麥餅乾,食譜請見後文。其中一批使用黑糖,另一批採用白砂糖。其他材料和烘焙流程都維持一致,以突顯兩者間的差異。我們重複實驗了三次,反覆驗證。

實驗結果

餅乾冷卻至室溫後,我們測試餅乾的韌度,並從兩批餅乾中各取一片,試著以木製擀麵棍將餅乾折彎,硬實易脆的餅乾並不容易彎曲。

測試結果清楚可見:黑糖製成的餅乾極富韌度和彈性,可隨著擀麵棍的圓弧外觀變形。反觀使用白砂糖的餅乾則質硬易脆,一點也不具有黏性與韌性,稍一彎曲就馬上應聲斷裂。

重點整理

想做些軟式餅乾嗎?使用「黑糖」會事半功倍。我們的實驗結果證實,含有轉化糖的甜味劑,像是黑糖,有助於防止蔗糖形成結晶,因此會比白砂糖吸附更多水分,餅乾冷卻時更能維持軟韌的質感。

不過,要想烤出富有嚼勁的軟式餅乾,還有幾個重要步驟需要注意。第一,大膽地使用奶油,接下來許多食譜都需使用融化的奶油。回想一下,奶油含有16%至18%左右的水分,融化奶油等於是在麵糊加入麵粉時促進麩質生成。

第二,每塊餅乾都需使用大量麵團。小片餅乾很難具有嚼勁,因此每塊至少必須用上2大匙的麵團才行,有些情況甚至需要更多。第三,切勿過度烘焙。雖然加了黑糖和融化的奶油,但這些餅乾一旦過度烘烤就會失去應有的軟韌口感。第四,當餅乾邊緣烤熟,但中心看起來尚未熟透時,就必須將餅乾端出烤箱。放在烤盤上冷卻時,餅乾還會持續變得硬實。

最後,再耐嚼的餅乾也會逐漸變質,放入密封容器中保存有助於延長品嘗期限。

🖉 Tips:蛋白質含量對蛋糕的影響

黑糖
使用黑糖製成的餅乾(左)烘烤後極為軟韌,容易順著擀麵棍折彎。

白砂糖
使用白砂糖製成的餅乾(右)出爐後則是酥脆乾硬,彎曲時應聲斷裂。

《轉化糖的實際應用》軟式餅乾

接下來的餅乾食譜都採用「黑糖」和「融化的奶油」製作，後者則佔其中兩份食譜。再經過小心烘烤，創造並維持軟韌的順口質感。黑糖含有轉化糖，可抑制蔗糖形成結晶，進而協助餅乾在烘烤和冷卻時保持濕潤。記得每塊餅乾都要使用大量麵團，並避免過度烘焙。

黑糖餅乾

約24塊

焦化奶油時避免使用不沾鍋，不沾鍋深色的鍋底很難判斷奶油是否已充分焦化。使用新鮮的濕潤黑糖，因為硬掉的黑糖會導致餅乾水分太少。這道甜點的關鍵在於烤出外酥內軟的最佳口感。由於餅乾本身的顏色很深，光靠顏色難以判斷熟度。解決方法是輕壓餅乾邊緣到中心之間的部份。若餅乾已熟透，輕壓後表面會形成凹陷，然後再稍微回彈。提早確認熟成度，寧可烘烤不足，也不要過度烘焙。

14大匙無鹽奶油

2杯（14盎司）壓實的黑糖

¼杯（1¾盎司）砂糖

2杯又2大匙（10⅔盎司）中筋麵粉

½茶匙小蘇打

¼茶匙泡打粉

½茶匙鹽

1顆大顆的雞蛋，以及1顆大顆的蛋黃

1大匙香草精

1. 將10大匙奶油放入10吋平底鍋，以中大火加熱。加熱時不斷轉動鍋子，直到奶油呈現深黃色澤並散發堅果香氣，約需1至3分鐘。把焦化的奶油移入耐熱的大碗中，倒進剩餘的4大匙奶油並拌攪至完全融化。靜置15分鐘。

2. 在此同時，將烤箱烤架調整到中層，烤箱預熱至350℉。為兩個烤盤鋪上烤盤紙。將¼杯黑糖和砂糖倒入淺烤盤中，攪拌混合均勻後靜置一旁。取一中碗，放入麵粉、小蘇打和泡打粉後拌勻，靜置一旁待用。

3. 在放涼的奶油中加入剩餘的1¾杯黑糖和鹽，攪拌到沒有任何糖塊為止，約需30秒。刮淨碗壁，加入雞蛋、蛋黃和香草精，攪拌約30秒，直至完全混合。將碗壁刮理乾淨，倒入步驟2中碗的麵粉混合物裡，拌攪1分鐘至均勻。最後再將麵團攪拌一下，確認麵粉中沒有任何空隙。

4. 一次挖出2大匙的麵團，揉成球狀。將麵團球放入糖粉中翻滾，待表面均勻裹上糖粉後，放到準備好的烤盤上，每球間隔2吋。剩下的麵團球重複上述步驟。

5. 一次只烤一盤，將餅乾烤約12至14分鐘，直至焦黃但仍蓬鬆，此時邊緣開始定形，但中間部分仍然柔軟。餅乾縫隙間的麵團看起來依然很生，似乎尚未烤熟；烘焙至一半時間時，記得將烤盤轉向。讓餅乾在烤盤上冷卻5分鐘，然後移到網架上，靜置至室溫。

實用科學知識 使餅乾維持柔軟

"保存軟式餅乾的最佳方法：使用「夾鏈袋」"

保存軟式餅乾時，接觸太多空氣會流失水分，導致餅乾變質。為了找到保存軟式餅乾的最佳方法，我們烤了三種餅乾：巧克力脆片、糖蜜香料餅乾和花生醬餅乾。分別以下列方式保存：放入夾鏈袋後擠出空氣、連同一片蘋果放入夾鏈袋中，以及連同一片白吐司一起放進夾鏈袋。後兩種方法有助於黑糖保持濕潤，我們很好奇這對餅乾是否同樣有效。

5天後，三種餅乾全都出現負面徵兆。單獨放入袋中的餅乾邊緣已經乾燥，但狀態仍可接受。與蘋果片一起裝袋的餅乾仍然保持濕潤，但已開始吸收蘋果的臭味和味道。至於和吐司一同保存的餅乾，觸碰到吐司的地方已經受潮。餅乾裝袋後與吐司有所接觸，因此具有吸濕性的糖便從麵包吸收些許水分。事實上，隨著餅乾日漸濕潤，吐司會變得乾燥易散。由於麵包提供太多水分，我們好奇是否只要減少吐司份量，餅乾就能保持軟韌，防止受潮。事實證明並非如此。無論使用半片或四分之一片的吐司，餅乾同樣會失去原有的質感。雖然餅乾不再潮溼，但似乎並不比獨自放入袋中的餅乾新鮮。由此可知，最簡單的方法也是保存餅乾的最佳方法：餅乾放入夾鏈袋後只要將空氣擠出即可。餅乾存放好幾天後，若要恢復餅乾剛出爐時的軟韌口感，能放在可微波的盤子上，以全功率微波30秒即可。

成功關鍵

簡單的糖餅雖然堪稱經典，但有時還是稍嫌太過樸實，甚至單調無趣。透過以黑糖取代砂糖，我們希望能加強糖餅的特色。我們很清楚這種餅乾的理想樣貌。大小要比一般餅乾來得大，外層酥脆，內餡軟韌，入口後瀰漫著極其濃郁的黑糖香。我們希望奶油能為餅乾增添絕佳滋味，但傳統的打發手法會讓餅乾呈現蛋糕般的綿軟質感，而將奶油切碎攪入麵粉則會使餅乾鬆散易碎。解決之道？「將奶油融化」。若想瞭解「打發奶油」，請參考觀念46。

使奶油焦化：製作軟式餅乾時，將奶油融化是不錯的開始，不過如果能讓奶油焦化，也可產生各種奶油糖和太妃糖的味道。在不額外添加黑糖的情況下，倒入1大匙香草精可為餅乾增添堅果香味。務必加入 ½ 茶匙鹽，以調和餅乾的甜味。額外的黑糖會使餅乾過甜。

少用一顆蛋白：蛋白容易讓餅乾具有蛋糕般的質感，導致餅乾膨脹變乾。我們只使用一顆全蛋外加一顆蛋黃，不加入第二顆蛋的蛋白，藉此兼顧質地和濃郁香味。

使用兩種膨鬆劑：挑選膨鬆劑大概是所有餅乾食譜最令人困惑的部分了，詳見觀念42。糖餅通常會加泡打粉，這種混合小蘇打和弱酸（酸式磷酸鈣）的粉狀物質需加水及受熱才能發揮作用。小蘇打遇酸會產生氣泡，撐開餅乾和其他烘焙食品。然而，許多加了黑糖的烘焙食品反而使用小蘇打，原因在於雖然砂糖屬於中性，但黑糖卻偏微酸。不過，當我們只添加小蘇打時，餅乾的質地通透粗糙，表面凹凸不平。試吃員喜歡不平整的表面，但對粗糙的質地沒有好感。當我們只添加泡打粉，餅乾變得較為細緻緊實，但凹凸的表面卻消失了。經過幾次試驗後，我們決定搭配使用兩種膨鬆劑，減緩餅乾的粗糙程度，同時保留不平整的表面。

裹上黑糖：黑糖具有更濃郁的奶油糖和黑糖滋味，加上黑糖比紅糖更為濕潤，轉化糖含量也多了一些，可使餅乾更為軟韌，可說是製作麵團時顯而易見的絕佳選擇。將球狀麵團放入黑糖中翻滾以裹於表面，可以進一步拉提麵團滋味。加入些許砂糖可避免黑糖結塊。

一次只烤一盤：我們原本希望一次烘烤兩盤，但即使在烘焙過程中分次變換烤盤位置及轉向，仍舊無法同時烤出兩盤完美的餅乾。有些餅乾可以烤出合適的質感，但有些卻出奇乾燥。一次烘焙一盤可使熱氣平均分散，確保每片餅乾擁有相同的質感。避免過度烘焙餅乾是很重要的環節。查看熟度時，只要輕壓餅乾邊緣和中央之間的位置即可。餅乾烤熟時，按壓後會形成凹陷，然後表面會稍微回彈。

巧克力塊燕麥餅乾加山核桃和櫻桃乾
約16大片

製作這些餅乾時，我們希望使用山核桃和酸櫻桃乾，但山核桃可用胡桃或去皮榛果取代，櫻桃則可改用蔓越莓乾。以燕麥片取代傳統燕麥會使餅乾稍微失去咬勁。

1¼ 杯（6¼ 盎司）中筋麵粉

¾ 茶匙泡打粉

½ 茶匙小蘇打

½ 茶匙鹽

1¼ 杯（3¾ 盎司）傳統燕麥片

1 杯山核桃，烘烤後剁碎

1 杯（4 盎司）酸櫻桃乾，切成粗塊

4 盎司苦甜巧克力，切塊狀、約巧克力豆大小

12 大匙無鹽奶油，軟化（68°F）

1½ 杯（10½ 盎司）壓實的黑糖

1 顆大顆的雞蛋

1 茶匙香草精

1. 將烤箱烤架調整至中上和中下位置，烤箱預熱至350°F。為兩個烤盤鋪上烤盤紙。

2. 將麵粉、泡打粉、小蘇打和鹽放入中碗內，攪拌均勻。取另一中碗，將燕麥、山核桃、櫻桃乾和巧克力拌在一起。

3. 為直立式電動攪拌機裝上槳型攪拌頭，以中速將奶油和糖拌打均勻，直到沒有任何糖塊為止，約需1分鐘，必要時將碗壁刮理乾淨。加入雞蛋和香草精，以中低速攪打至完全混合，約需30秒，必要時可把碗壁上黏附的材料刮除乾淨。將速度調降至低速，加入麵粉混合物，並攪打至剛好混合均勻即可，約需30秒。慢慢加入燕麥混合物，攪打至剛好混合均勻。最後再將麵團攪拌一下，確定麵粉中沒有任何空隙，而且所有材料皆已拌打均勻。

4. 一次挖出 ¼ 杯麵團揉成球狀，擺放到準備好的烤盤上，麵團球間隔 2½ 吋。利用抹上油的量杯底，將麵團球壓成1吋厚。送進烤箱，烘烤20至22分鐘，直到餅乾呈現中等焦黃即可，此時邊緣已定形，但中心仍

然柔軟。餅乾看起來尚未烤熟，縫隙間仍可看見生麵團，既潮溼又光亮。烘烤至一半時間時，記得將烤盤對調位置及轉向。

5. 讓餅乾在烤盤上冷卻 5 分鐘，再移到網架上放涼。

成功關鍵

製作餅乾麵團時，很容易因為求好心切而胡亂添加一大堆材料，導致餅乾毫無質感可言，最後淪為四不像。我們理想中的燕麥餅乾，添加的材料份量應適可而止，質地軟硬適中：邊緣酥脆、內心軟韌帶有嚼勁。為了烤出滿意的成品，我們使用黑糖以利餅乾保持濕潤，同時也添加不只一種膨鬆劑。此外，務必謹慎掌控烘烤時間，確保餅乾不會過度烘焙。

製作加料燕麥餅： 我們當然喜歡原味燕麥餅乾，但這次我們希望餅乾中夾雜可口材料以增加特色。不過，許多食譜都添加太多美味材料，過猶不及。我們發現，在苦甜巧克力（半甜巧克力會太甜）、山核桃（務必烘烤以帶出香味），以及酸櫻桃乾（一定要加點酸的材料）間取得平衡，是烤出優質燕麥餅乾的不二法門。香料、椰子、葡萄乾或熱帶水果乾都不予以添加。

使用合適的燕麥： 烘焙過程中，我們發現傳統燕麥的效果遠優於其他類型的燕麥。燕麥粒是早餐的絕佳選擇，但用來烤餅乾會顯得乾燥，並且產生顆粒口感。即溶麥片會讓餅乾變得稠密，粉末感太重，缺乏燕麥香味。燕麥片尚能使用，不過味道平淡，餅乾軟韌的口感會稍打折扣。

使用黑糖： 我們使用黑糖來增加水分，畢竟它比白糖更濕潤。測試五、六種組合後，我們發現「全部使用黑糖」的效果最佳，紅糖位居第二。除了較為濕潤之外，以黑糖製成的餅乾比添加砂糖的餅乾更為軟韌，況且黑糖還能賦予餅乾飽滿又暗沉的顏色以及濃郁的焦糖味。

選用兩種膨鬆劑： 我們一開始選用小蘇打，使餅乾外酥內脆，不過這反而成為問題，因為我們其實是希望餅乾外酥內軟。當我們換成泡打粉後，餅乾在烤箱中先是膨脹，然後崩塌失去原有形狀，表面酥脆的質感消失殆盡。由於我們希望餅乾能兼具酥脆的外皮和軟韌的內餡，因此將泡打粉和小蘇打搭配使用。這樣的組合使得餅乾外表輕盈酥脆，中心柔軟稠密且帶有嚼勁。若想瞭解「膨鬆劑」，請參考觀念 42。

實用科學知識 烤盤競賽

"選用的烤盤類型，不論有邊或無邊，都會影響餅乾烘烤的時間"

最近，我們無意間在1964年出版的《烹飪樂趣》（Joy of Cooking）中看到一項烤餅乾的建議：使用「扁平的無邊烤盤」有助於餅乾烘焙均勻。為了瞭解這項建議是否適用於現代烤箱，我們烤了兩批相同的餅乾：其中一批使用我們最喜歡的餅乾烤盤，短邊微微隆起方便端拿，但並非真正的烤盤邊。另一批則放在我們最常用的有邊烤盤上，該烤盤各側都有1吋的邊。兩批餅乾依序放到相同的烤箱烤架上烘烤。

餅乾是否烤得均勻並非問題；兩盤餅乾出爐後都有完美的淡黃色澤。不過，放在無邊烤盤上的餅乾較快焦黃，也比有邊烤盤上的餅乾早幾分鐘烤好。這樣的差異其實合乎常理：烤箱底部的加熱元件產生熱氣，熱氣開始上升，以熱對流的形式加熱整個烤箱。有邊烤盤隆起的邊緣會阻擋熱氣對流，將熱氣導向烤箱頂部。無邊烤盤則方便熱氣立即從餅乾周圍掠過，縮短烘烤時間。

結論：下次烤餅乾時，不需馬上出門購買無邊烤盤，只要注意所使用烤盤的類型和烘烤時間即可。我們習慣在烤箱定時計歸零前的1至2分鐘提早檢查餅乾，確保一切都在掌控之中。

無邊烤盤＝烘焙時間較短

少了立起的烤盤邊阻擋熱空氣對流，使用無邊餅乾烤盤的烘焙時間會比有邊烤盤提早3分鐘左右。

有邊烤盤＝烘焙時間較長

由於烤盤邊會將熱氣導向烤箱頂部，因此在經過相同烘烤時間後，有邊烤盤上的餅乾仍然尚未熟透。

焦化奶油時避免使用不沾鍋，不沾鍋深色的鍋底很難判斷奶油是否已充分焦化。建議使用新鮮的濕潤黑糖，因為硬掉的黑糖會導致餅乾水分太少。

1¾杯（8¾盎司）中筋麵粉

½茶匙小蘇打

14大匙無鹽奶油

¾杯（5¼盎司）壓實的黑糖

½杯（3½盎司）砂糖

1茶匙鹽

2茶匙香草精

1顆大顆的雞蛋，外加1顆大顆的蛋黃

1¼杯（7½盎司）半甜巧克力豆，或是巧克力豆

¾杯山核桃或胡桃，烘焙後剁碎（可省略）

1.將烤箱烤架調整至中層，烤箱預熱至375℉。為兩個烤盤鋪上烤盤紙。取一中碗，倒入麵粉和小蘇打後攪拌均勻，靜置一旁待用。

2.將10大匙的奶油放入10吋平底鍋，以中大火加熱。加熱時不斷轉動鍋子，直到奶油呈現深黃色澤並散發堅果香氣，約需1至3分鐘。把焦化的奶油移入隔熱的大碗中，倒進剩餘的4大匙奶油並拌攪至完全融化。

3.將黑糖、砂糖、鹽和香草精倒入裝盛融化奶油的大碗中，快速攪打至完全混合。加入雞蛋和蛋黃，快速攪拌至混合物呈現滑順狀態、沒有任何糖塊為止，約需30秒。讓混合物靜置3分鐘，接著再快速攪打30秒。重複靜置和攪打的程序兩次，直到混合物濃稠滑順，散發光澤。使用橡皮抹刀拌入麵粉，使其剛好混合均勻即可，約需1分鐘。再倒入巧克力豆，若使用堅果，可在此時一併加入。最後再將麵團攪拌一下，確定麵粉間沒有縫隙，且所有材料均勻混合。

4.一次挖出3大匙麵團揉成球狀，逐一擺放在準備好的烤盤上，每球間隔2吋。

5.每次只烤一盤，將餅乾烤至焦黃但仍蓬鬆，此時邊緣開始定形，但中心仍然柔軟。烘烤10至14分鐘，烤至一半時記得將烤盤轉向。端出烤盤放在網架上，讓餅乾冷卻至室溫。

實用科學知識 焦化的奶油

"焦化奶油可增添堅果和烘烤香味"

焦化奶油（法文稱為 beurre noisette，意指「榛果奶油」）可替出爐的餅乾增添深刻的濃郁香味。隨著逐漸焦化，奶油會產生烘焙堅果的味道和香氣。焦化奶油可用於烘焙食品和餐前、餐後的精緻小菜中；若以檸檬汁提味，則可做為嫩煎魚排以及蘆筍和四季豆等蔬菜的簡單「醬汁」。

製作焦化奶油時，使用淡色鍋壁的單柄深鍋或平底鍋，不沾鍋和陽極氧化鍋具（anodized aluminum cookware）等的深色鍋底，讓人很難判斷奶油焦化的程度。以中火或中大火加熱，偶爾攪拌或轉動奶油，使乳固形物均勻焦化。所需時間需視熱源設定和奶油量而定，若焦化幾大匙奶油，可能僅需3分鐘，但如果焦化一整杯奶油，則需耗上10分鐘之久。最後，若焦化奶油沒有立即使用，記得先倒入碗中。若持續放在單柄深鍋或平底鍋中，餘熱會持續加溫奶油，最後就會變成「焦油」了。

實用科學知識 完美餅乾由糖決定

"糖溶解後可使餅乾具有更棒的滋味和質感"

爽脆的邊緣、軟韌的內餡，以及濃郁的奶油糖香味，這樣的巧克力豆餅乾聽起來令人食指大動。從出爐的成品可知，高品質的餅乾與糖脫離不了關係，處理糖的方式也至關重要。相較於以相同熱度加熱而只是「融化」的糖，烘烤前就溶解到液體中的糖更容易焦糖化。若在加糖之後，讓餅乾麵糊靜置一段時間以溶解更多的糖，然後再送進烤箱烘烤，結果會有什麼不同？

我們製作了兩批終極巧克力豆餅乾。第一批麵團攪拌均勻後直接送進烤箱，另一批則在混合糖和食譜指定的液體後靜置10分鐘，期間偶爾攪拌。

麵糊靜置後所烤出的餅乾不僅味道更為豐富濃郁，邊緣也更加酥脆。

讓糖在融化的奶油、香草精和雞蛋所提供的液體中溶解，可同時影響餅乾的味道和質地。糖溶解後，會更容易從蔗糖結晶分解成葡萄糖和果糖，這兩種糖可在較低溫度下焦糖化，進而形成許多新的風味物質。溶解且焦糖化的糖逐漸冷卻後，會形成易脆結構。在我們的餅乾中，這種易脆質地在邊緣部分

較為明顯。為什麼？隨著餅乾周圍的水分逐漸蒸發殆盡，糖會將剩餘的水分鎖在餅乾中心，維持軟韌的質地。

成功關鍵

自從雀巢公司（Nestle）於1939年首次在巧克力豆的外包裝背面，背面印上「Toll House餅乾」的食譜，往後好幾代喜愛烘焙的人就開始在午餐中準備巧克力豆餅乾，並將這道甜點帶到聚會上與眾人分享。不過，試做幾次之後，我們不禁懷疑這項食譜是否為最可口的巧克力豆餅乾。我們希望改進它，希望烤出濕潤軟韌的巧克力豆餅乾，其不僅具有酥脆的邊緣，更散發太妃糖和奶油糖的濃郁香氣，均衡餅乾的甜味。簡單來說，我們希望烤出比市售烘焙產品更精緻的餅乾。在與其他材料混合之前融化大量奶油，可以造就我們想要的軟韌質感。此外，我們添加的黑糖比白糖多一點，以強化帶有嚼勁的口感。最後出爐的餅乾酥脆軟韌，不僅包裹著黏稠的巧克力，更調和了豐富的甜味、奶油味、焦糖味和太妃糖等多種滋味。

改變用糖比例： 傳統做法中，Toll House餅乾的黑糖和白糖比例為1：1。白糖的顆粒可創造酥脆口感，而吸濕性較佳的黑糖，亦即主要吸附空氣中的水氣，則可加強軟韌的質地。黑糖中的豐富水分聽起來助益良多，但事實上卻過猶不及。全用黑糖烤成的餅乾已經超過軟韌的程度，反而因為過於濕潤而顯得鬆軟。將黑糖和白糖的比例改為3：2後，餅乾烘烤的效果最佳。本食譜也可使用紅糖，但餅乾的顏色會變得較淡。

焦化奶油，少用一顆蛋白： 如同前文食譜「黑糖餅乾」一樣，我們將奶油煮到焦化以加強味道。融化奶油也會增加軟韌程度。少用一顆蛋白不僅可避免餅乾具有蛋糕的柔軟口感，也能讓餅乾更富嚼勁。

快速攪打，耐心等待： 麵粉、糖和雞蛋攪拌均勻後……等一下，10分鐘後，糖會完全溶解，麵團會變得濃稠光亮，如同糖霜一般。餅乾出爐時，表面閃著幽微光澤，佈滿引人入勝的裂縫和皺摺，散發著太妃糖的濃郁香味。原因在於，將糖浸泡在液體中，可在烘烤前溶解更多糖分。溶解後的糖更容易焦糖化，有助於烤出外酥內軟的餅乾。其原理請參考下頁「實用科學知識：完美餅乾由糖決定」。

中溫烘烤： 我們謹記焦糖化的目標，將餅乾放入375℉的烤箱烘烤，溫度和製作Toll House餅乾時相同。一次

烘烤兩盤或許便利，但會導致烘烤不均。即使烘烤中確實旋轉烤盤，上層餅乾的邊緣仍時常會比下層的餅乾焦黃。這些餅乾最後會具有酥脆軟韌的質地，不僅巧克力黏稠濃郁，味道更調和甜味、奶油味、焦糖味和太妃糖等多種滋味。用一個詞來形容？那就是完美。

《糖漿的實際應用》奶油冰品

在製作餅乾時加糖，當糖在溶解後會在大部分是乾性材料的混合物中呈現液態。若在純液體媒介中加熱，糖會產生不同的變化，這對製作冰品時非常明顯。雖然糖在冰淇淋中扮演重要的角色，詳見觀念19食譜中的「香草冰淇淋」。但在使用大量油脂的食譜中，糖對質地的影響反而較不顯著。然而，在含有少量甚至沒有任何油脂的雪酪和冰淇淋中，糖卻是決定冰晶大小和甜點整體質感的關鍵。

新鮮柳橙雪酪
約1夸脫

若使用圓筒式冰淇淋製造機，務必在攪拌冰淇淋前，將冰桶內膽冷凍至少24小時，最好冷凍48小時。若使用自冷式冰淇淋製造機，則需在倒入雪酪前5至10分鐘啟動機器，預先降低冰桶溫度。為了嘗到最新鮮純粹的柳橙味，請使用未經巴氏低溫殺菌的現擠柳橙汁，以市售或在家現擠皆可。雖然經過巴氏低溫殺菌的新鮮柳橙汁也能製作出不錯的雪酪，但味道顯然較不新鮮。切勿使用濃縮液製成的果汁，這種果汁具有一種煮過、較不清新的味道。

1杯（7盎司）糖
1大匙柳橙皮屑，外加2杯柳橙汁（4顆柳橙）
⅛茶匙鹽
3大匙檸檬汁
2茶匙橙皮酒或是伏特加
⅔杯鮮奶油

1. 利用食物調理機的按壓攪打功能，將糖、柳橙皮屑和鹽打成濕潤狀態，約需按壓10至15次。讓調理機持續運轉，接著緩慢穩定地倒入柳橙汁和檸檬汁，並持續攪打至糖完全溶解為止，約需1分鐘。使用細網濾

網，將調理機中的混合物濾進中碗內，倒入橙皮酒並加以攪拌，蓋上碗蓋後放入冷凍庫約30至1小時，使混合物的溫度降到40°F左右，但切勿讓混合物結凍。

2.混合物變得冰涼後，將鮮奶油倒入中碗內，以攪拌器攪打至可形成柔軟的尖峰。不斷攪打的同時，以穩定的速度將加了果汁的混合物倒在碗壁上，使其順著碗壁流入。將混合物倒入製冰機中，攪拌約25至30分鐘，直至類似霜淇淋的狀態。

3.將雪酪倒進密封容器中，壓實以擠出所有氣泡，接著冷凍至少3小時，使其凝固。雪酪最久可冷凍保存1星期。

新鮮萊姆雪酪

以萊姆皮屑取代柳橙皮屑，糖量增加至1杯又2大匙，並去除檸檬汁。以⅔杯萊姆汁、約6顆萊姆中榨取，混合1½杯水，取代原本的柳橙汁。

新鮮檸檬雪酪

去除柳橙汁。以檸檬皮屑取代柳橙皮屑，糖量增加至1杯又2大匙，檸檬汁增加至⅔杯、約從4顆檸檬中榨取。倒入食物調理機前，檸檬汁先與1½杯水攪拌均勻。

新鮮覆盆子雪酪

當季覆盆子的滋味最佳，但若非當季，冷凍覆盆子是較好的選擇，可使用12盎司的袋裝冷凍覆盆子取代新鮮覆盆子。

去除柳橙皮屑和柳橙汁。取一中型單柄深鍋，放入15盎司（3杯）覆盆子、糖、鹽和¾杯水，以中火加熱並偶爾攪拌約7分鐘，直到開始湧現氣泡為止。使用細網濾網，將鍋中的混合物濾進中碗內，按壓濾網上的固體材料，盡量擠出多點汁液。加入檸檬汁和橙皮酒，蓋上鍋蓋後放入冷凍庫約30分至1小時，直到混合物的溫度降到40°F左右。接續食譜的步驟。

成功關鍵

完美雪酪的質地應介於雪波和冰淇淋之間，成分包含水果、糖和乳製品，但不添加蛋黃。雪酪和遠房親戚雪波一樣，嘗起來應該要有清爽又振奮人心的感覺。不過，雪酪鮮明的滋味會因為添加乳製品而變得溫和。理想中的雪酪必須有如冰淇淋般滑順，但沒有冰淇淋厚重而豐富的口感。我們從經典的柳橙雪酪開始做起。為了創造清爽滋味，我們先將水果皮屑和糖放

入食物調理機中攪打均勻，接著再倒入2杯柳橙汁。添加少許酒精可確保雪酪具有絲綢般的滑順質感，而打發鮮奶油則可讓這道冰品的口感更加輕盈。為了確保雪酪的質地均勻，我們利用製冰機協助製作，再變化出萊姆、檸檬和覆盆子等多種口味。

採用新鮮水果：市售的彩虹雪酪具有獨特的吸引力，不過實際品嚐後往往大失所望。若希望雪酪具有水果香味，不僅需要親自動手製作，更要使用真正的水果才行。如要製作柳橙、萊姆和檸檬口味，需要添加富含果香味濃烈、大量油脂的果皮屑，以及果汁；若是覆盆子口味，則需使用完整的水果。冷凍覆盆子也可接受。

添加糖和鮮奶油：雪酪需要加入糖和少許鮮奶油，但不添加雞蛋，這是雪酪比冰淇淋清爽的原因。乳製品的用量極少，每夸脫雪酪只需不到1杯。每夸脫冰淇淋則需添加3杯乳製品。我們發現，最好的方式是將糖溶入果汁中，做為濃縮基底，則不需再加水。至於乳製品，我們喜歡添加⅔杯鮮奶油。相較於測試時使用的半對半鮮奶油或牛奶，含水量較少的「鮮奶油」可讓雪酪較不冰冷。

皮屑和糖一起攪打：我們發現，強化果香最好的方式是利用食物調理機將皮屑和糖攪拌均勻，接著倒入果汁並加以過濾。柳橙和覆盆子需要檸檬汁提味。萊姆和檸檬則可單獨使用。我們加入一小撮鹽，調和甜味和酸味。

善用酒：為了避免雪酪太甜，能添加的糖量有限。可惜的是，這樣的糖量仍不足以產生理想的質地。有關糖在冰品食譜中扮演的重要角色，請參考觀念19「實用科學知識：糖在冷凍過程中扮演的角色」。我們試過其他食譜採用的各種手法，期能維持雪酪的柔軟口感，例如打發蛋白、添加吉利丁或玉米糖漿。然而，最後我們仍傾向添加少許酒精的做法。酒精和糖一樣，也能降低雪酪混合物的冰點。由於添加的酒量極少，只倒入2茶匙的橙皮酒或伏特加，不至於嚐出酒味，但酒精對雪酪質地產生的影響極為顯著，同時又不會影響原有的甜味。

打發奶油：打發奶油是我們嘗試的最後一種改良方法，希望能讓最終成品更為輕盈順口。我們發現過濾後的基底液體最好冷藏。製作任何冷凍甜點時，混合物最好冷藏後再使用，詳見觀念19食譜「香草冰淇淋」。在倒入製冰機前，再將打發的奶油與低溫的基底液體加以拌合即可。

倒入機器攪拌：製冰機是製作雪酪的必備器具。如同製作香草冰淇淋一樣，我們需要使用機器打入空氣，讓雪酪的質感更為輕盈滑順。

觀念49：糖加上時間醞釀，讓水果更多汁
Sugar and Time Make Fruit Juicier

水果自然就有甜味，但為什麼許多食譜，無論是水果沙拉還是水果奶酥還需要這麼多糖？我們同意許多食譜確實加了太多糖而使水果太甜，但完全不加任何糖並非最理想的解決之道。水果在加糖後「上下拋翻」使其「裹附均勻」，如此不僅會改變水果滋味，甚至質地也會因此產生變化。

◈科　學　原　理

根據定義，水果是植物賴以繁殖的部位，所有種子都包覆其中。因此，水果與生俱來就有吸引的作用，誘惑動物前來食用並散播種子。水果成熟後通常明亮顯眼，糖分充足，香味難以抗拒。

水果即將成熟前，植物會產生並釋放一種稱為「乙烯」的簡單氣體，藉以催熟水果。不過，並非所有水果的成熟方式都如出一轍，其方法共可分為兩種。一類水果稱為「更性水果」，會在準備成熟時突然釋放乙烯。在此過程中，諸如香蕉、桃子和梨子等水果會將澱粉轉化成糖分並開始吸收細胞壁，隨著日漸成熟而變得更甜更軟。最重要的是，即使更性水果已經脫離植物，仍會以相同的方式持續成熟。由於這個緣故，大多數更性水果在熟成之前的結實成熟階段就採收，因為這個階段的水果更能承受運送和保存的外在壓力。從市場買回家後，這類水果會持續熟成，日漸變甜。另一類水果稱為「非更性水果」，這種水果產生乙烯的速度相當緩慢，脫離植物後也不會持續熟成。諸如藍莓、櫻桃和柳橙等非更性水果無法將澱粉轉化成糖，必須從母體植物上吸收。因此，非更性水果採收後不會越來越甜，應選在最成熟時購買，才能確保品質。若想瞭解不同種類水果說明，請參考後文的「實用科學知識：精選更性水果和非更性水果」。

水果的細胞結構與蔬菜並無二致，其原理請見觀念23。我們時常建議在蔬菜中加鹽以協助釋放汁液，不同的是，水果必須「加糖」。談及要讓水果釋出汁液時，雖然糖的效果只有鹽的十分之一，但畢竟還是有效。水果，通常會先削皮切碎，盡可能增加表面積，經加糖後會產生滲透壓，將水分從水果細胞中吸出。

其中原因為何？由於糖具有吸濕性，亦即吸引水分子的特性，因此可靠著滲透作用將水吸出，然後鎖住水分。糖對水分的吸力極大，甚至可吸收空氣中的水分。

在水果中加糖以吸出汁液的做法稱為「浸漬」（maceration）。浸漬會改變水果質地，使其變軟及流失水分。充滿水分的細胞顯得紮實，而含水量較少的細胞則相對較不結實而疲軟，如同植物乾燥後會枯萎一樣。透過此手法所取得的汁液滋味豐醇，可用來提升水果沙拉或莓果夾心蛋糕的濕潤度，或者直接丟棄，避免烤麵屑或派皮浸濕而變得軟爛。

糖對水果細胞的影響

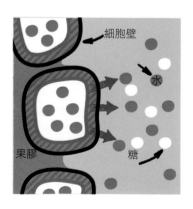

將水吸出：
水果加糖後，糖會藉由滲透作用將水分從水果細胞吸出。

為了觀察浸漬產生效果的速度，我們設計了以下實驗：我們將4盎司的新鮮草莓切成¼吋薄片，加入1大匙砂糖上下拋翻混合均勻後，疊放在餐巾紙中央。我們每隔5分鐘觀察一次汁液浸濕紙巾的範圍，前後為時15分鐘。我們重複測試三次並將結果平均，同時比較沒有加糖翻動的對照組草莓切片。

實驗結果

草莓沾上糖之後，會隨即因為濕潤而閃耀動人，經過5分鐘後，紙巾已浸濕將近1吋。再隔5分鐘後，汁液浸濕的範圍擴大了½吋；15分鐘結束後，紙巾邊緣已完全濕透，總長超過2吋。兩相對照下，未經浸漬的草莓切片經過15分鐘後，只留下淡淡的濕潤痕跡。此外，經過15分鐘的測試後，加糖翻攪的草莓也比未加糖的草莓明顯較軟。

重點整理

水果加糖並拋翻混合或許是食譜中微不足道的步驟，但實驗結果顯示，糖所造成的差異相當可觀。糖溶解後會從水果中吸出汁液。這個過程所需的時間很短，只要30分鐘或更少時間，端視食譜而有所不同。糖不僅可軟化水果，也能產生滋味豐富的汁液，這些汁液可依照食譜指示加以利用或丟棄。

實用科學知識 精選更性水果和非更性水果

"不同水果的熟成方式各不相同，但大致可分成兩類：「更性」與「非更性」"

更性水果

蘋果、杏果、酪梨、香蕉、哈密瓜、桃子、梨子、李子、番茄、木瓜和芒果等水果會在採收後持續熟成。

非更性水果

甜椒、藍莓、櫻桃、葡萄柚、檸檬、柳橙、葡萄、甜瓜、覆盆子和草莓等水果，應該等到完全成熟時再購買。

✏ Tips：糖對水果的影響

經過15分鐘後，未加糖的草莓切片並未流失任何汁液。

經過15分鐘後，以糖浸漬的草莓釋出大量汁液，沾濕了紙巾。

《浸漬手法的實際應用》水果沙拉

在水果沙拉中，我們利用糖吸出水果裡的水分，藉以製作滋味飽滿的醬汁。浸漬也可讓水果的質感更加誘人。

密瓜、芒果、覆盆子佐萊姆和薑
4-6人份

可自行選擇添加卡宴辣椒粉，為這道水果沙拉增添些許辣味。

4茶匙糖

2茶匙磨碎的萊姆皮屑，外加1-2大匙萊姆汁

少許卡宴辣椒（可省略）

3杯密瓜，切小塊、約½吋

1顆芒果，削皮去核，切成½吋小塊（1½杯）

1-2茶匙新鮮薑泥

5盎司（1杯）覆盆子

　取一大碗，放入糖、萊姆皮屑和自行選用的卡宴辣椒粉，攪拌均勻。使用橡皮抹刀，將混合物朝碗壁擠壓約30秒，直到糖濕潤為止。放入密瓜、芒果和薑泥，輕輕上下拋翻，讓水果均勻沾附上糖和其他材料。靜置於室溫下，偶爾攪拌，直到水果釋出汁液，約需15至30分鐘。加入覆盆子後輕輕拌攪。淋上萊姆汁並攪拌均勻，試味後即可上桌。

桃子、黑莓和草莓佐羅勒和胡椒
4-6人份

可使用油桃取代桃子。

4茶匙糖

2大匙剁碎的新鮮羅勒

½茶匙胡椒

18盎司桃子，切半去核，切小塊、約½吋

10盎司（2杯）黑莓

10盎司（2杯）草莓，去蒂，縱切成四等份

1-2大匙萊姆汁

　取一大碗，放入糖、羅勒和胡椒，攪拌均勻。使用橡皮抹刀，將混合物朝碗壁擠壓約30秒，直到糖濕潤為止。水果放入大碗中，輕輕上下拋翻，使其均勻混合。靜置於室溫下，偶爾攪拌，直到水果釋出汁液，約需15至30分鐘。淋上萊姆汁並攪拌均勻，試過味道後即可上桌。

成功關鍵

水果沙拉在「水果」的挑選或搭配上，大多毫無道理可循，而習慣灑上大量的糖似乎專為掩飾水果的瑕疵。我們的目的在於重寫水果沙拉的製作準則，以呈現水果的最佳風味。我們將水果切成大小一致的形狀，每一口都能吃到不同的味道和口感。為了保有每種水果的鮮明特色，每道沙拉的水果限制在三種內。我們發現，若在沙拉內直接加糖，很難判斷合適的份量，因此我們使用剛好可讓水果釋出天然汁液所需的份量，讓每種水果浸漬其中；同時，我們也利用新鮮的萊姆汁調和甜味。不過，我們先在糖中加入香草和皮屑搗成糊狀。此手法在調酒界中，這個程序稱為「搗碎」，確保味道均勻分散。

省略糖漿，保留糖：許多經典水果沙拉會以水溶解糖，製作簡單的糖漿，接著再淋到水果上一起拋翻混合均勻。除了必須動用爐火這點較麻煩之外，清水也不能提升水果滋味。我們偏好的方法，是將糖與切好的水果一起翻動沾附均勻，接著等候15至30分鐘。糖可吸出水果的汁液，成為滋味更加濃郁的天然糖漿。這樣形成的汁液可浸潤沙拉，提振水果風味。

調味料和糖一起搗碎：新鮮香草、柑橘皮屑和香料都是夏天用來搭配沙拉的極佳配料。製作傳統糖漿的確可讓這些香味滲入水果中，只以拋翻手法混合調味料和水果沙拉不見得會有同樣的效果。為了確保味道均勻分散以及讓材料的口感與沙拉完美融合，我們發現這些調味料與未經處理的糖混合後效果最佳。我們採用調酒的「搗碎手法」，使用單邊平坦的小型木質搗棒，將糖和香草或柑橘類植物一起搗碎，以提取有如酒精飲品中更為濃烈、清爽的滋味，莫希多（mojito）雞尾酒就是一例。只要利用極富彈性的橡皮抹刀，就能在製作沙拉時運用此一手法。

最後淋上萊姆汁：上桌前，建議在水果沙拉內加入些許萊姆汁，約1至2大匙但取決於水果甜度，然後上下拋翻混合均勻。酸味會中和甜味，讓沙拉吃起來更新鮮清爽。

《甜味劑的基本知識》

砂糖

一般砂糖以甘蔗或糖用甜菜（sugar beets）製成。在實驗廚房中，我們無法分辨其中的差異，因為無論原料為何，最終產生的蔗糖在化學成分上並無二致。

超細白糖

這種經過精煉的糖具有比其他糖更小的晶體，可快速溶解，是飲品的必備添加物。超細白糖是精緻餅乾，例如奶油酥餅可以入口即化的幕後功臣。

糖粉

為了防止結塊，這種細緻糖粉含有少量玉米澱粉，極適合灑在蛋糕表面或溶解在簡易的淋醬中。

黑糖

現代的黑糖基本上是砂糖混合糖蜜製成，黑糖和紅糖的糖蜜含量分別為6.5％和3.5％。除了特定食譜之外，我們發現紅糖和黑糖其實可以替換使用，味道和質地上只有輕微差異。

值得注意的是，天然黑糖中像是德麥拉蔗糖和天然粗糖都是以甘蔗提煉製成，不過精煉程度稍低，因此仍保有淡淡的糖蜜味道和較粗的晶體。

糖蜜

糖蜜是甘蔗精煉過程中產生的副產品。糖蜜的味道可淡可濃烈，取決於精煉過程中提煉的時機。黑糖蜜在精煉過程中提煉的時間較晚，因此具有一股強烈味道，我們不喜歡添加在料理中。

蜂蜜

蜂蜜的獨特風味取決於蜜蜂採得花蜜的植物種類，其中含有水分、果糖和葡萄糖。

玉米糖漿

這種現代甜味劑是使用玉米澱粉提煉而成，含有葡萄糖和長鏈葡萄糖分子，因此顯得極為濃稠、黏稠，無法與蜂蜜或楓糖一樣結成晶體。相較於其他大多數甜味劑，玉米糖漿比較不甜。

—結構—

大多數家庭的廚房中都存放著大量甜味劑，這些甜味劑提煉自各種植物來源，不過蜂蜜例外，因為它主要是由蜜蜂「加工」而成，而非人類。大多數天然甜味劑都是從植物提煉或壓榨取得天然糖，接著再經過純化加工製成。在觀察甜味劑之間的差異前，讓我們先瞭解甜味劑的基本化學成分。天然甜味劑主要由不同種類的糖分子組成，這些分子稱為單醣和雙醣，構成元素只有碳、氫和氧。味甜的糖分子含有與氧連結的氫原子，稱為羥基，同時又以特定的三維形狀連接碳結構，可與口腔中的甜味受體接合。大多數甜味劑皆仰賴以下各種分子，以單獨或多種分子的方式組成。

葡萄糖

葡萄糖是兩種單糖分子的其中一種，屬於單醣，另一種是果糖。多種活細胞中都可發現葡萄糖，尤其是水果和蜂蜜。以玉米澱粉製成的玉米糖漿也含有葡萄糖。葡萄糖的甜度只有蔗糖的75％。

果糖

果糖是兩種單糖分子的其中一種。和葡萄糖一樣，果糖也屬於單醣，同樣存在於許多水果和蜂蜜中。果糖的甜度將近蔗糖的1.5倍。

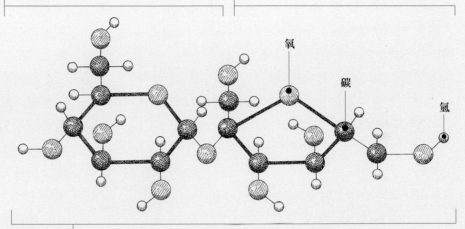

氧
碳
氫

蔗糖

這種複合糖含有一個葡萄糖分子，並連結一個果糖分子，形成雙醣。與葡萄糖和果糖相同的是，蔗糖也是綠色植物行光合作用時的產物。以甘蔗或甜菜提煉製成的各種糖，包含砂糖，其成分主要或全部都是蔗糖，楓糖也是。

—保存—

砂糖，以及超細白糖和糖粉

可永久存放在涼爽乾燥的儲藏櫃中。

黑糖

必須保存在密封容器中。即使如此，黑糖還是會隨著時間逐漸失去水分。若要復原硬化的黑糖，可將黑糖連同一片麵包放入碗中，蓋上保鮮膜後，以高功率微波10至20分鐘。經過這些步驟後，黑糖應該已經軟化到可以測量了。不過冷卻後會再度硬化。測量時，黑糖倒入杯中後務必「壓實」。

蜂蜜

可永久保存，但會結成晶體。若要使蜂蜜回復到液態，可將裝著蜂蜜的容器打開，放入水深1吋的單柄深鍋中，以小火一邊加熱一邊攪拌，直到蜂蜜液化為止。

—使用—

甜味劑的替代品可自行調製而成。

取代對象	替代品做法
1杯超細白糖	將1杯又2茶匙的砂糖倒入食物調理機打碎，時間30秒。
1杯糖粉	將1杯砂糖和1茶匙玉米澱粉放入香料研磨機或攪拌機中打碎，時間至少1分鐘。切勿使用食物調理機。
1杯紅糖	將1杯砂糖連同1茶匙糖蜜倒入食物調理機，以按壓攪打方式打到顆粒大小一致且均勻混合為止。
1杯黑糖	將1杯砂糖連同2茶匙糖蜜倒入食物調理機，以按壓攪打的方式打碎。

《浸漬手法的實際應用》水果甜點

許多奶酥、厚皮水果派（cobbler）、烤麵屑和夾心蛋糕的製作過程，都是先將水果以及糖和其他調味料一起拋翻混合均勻，目的在於讓水果釋出汁液，有助於創造濕潤的質感。浸漬是在烘焙前使水果釋出汁液的另一種手法，可避免成品潮溼軟爛。

蜜桃烤麵屑
6人份

在步驟2中，根據桃子甜度調整添加的檸檬汁份量。若無法取得成熟的桃子，可用3磅冷凍桃子取代，使用前一晚先拿出冰箱解凍。如果桃子表面結實，使用果菜削皮器應該就能輕鬆削皮；若過熟而顯得太軟，無法承受削皮器的按壓力道，則需將桃子放入燒滾的水中煮15秒，接著撈起泡進冰水中，最後再開始削皮。上桌時搭配香草冰淇淋一起享用。

內餡

3½磅桃子，削皮切半，去核，斜切小塊、約¾吋
⅓杯（2⅓盎司）砂糖
1¼茶匙玉米澱粉
3-5茶匙檸檬汁
少許鹽
少許肉桂粉
少許肉豆蔻粉

烤麵屑頂層餡料

1杯（5盎司）中筋麵粉
5大匙（2¼盎司）砂糖
¼杯（1¾盎司）壓實的黑糖
⅛茶匙鹽
2茶匙香草精
6大匙無鹽奶油，切成6塊，軟化（約68°F）
½杯杏仁片

1. 烤箱烤架調整至最低和中間位置，烤箱預熱至350°F。在有邊烤盤中鋪上烤盤紙，第二個有邊烤盤則鋪上鋁箔紙。

2. 內餡：取一大碗，放入桃子和糖輕輕拋翻均勻，靜置30分鐘，過程中輕緩攪拌數次。濾鍋架在另一個大碗上，倒入桃子瀝乾，保留¼杯果汁，剩餘汁液倒掉。將留下來的果汁、玉米澱粉、適量檸檬汁、鹽、肉桂粉和肉豆蔻粉倒入小碗中，快速攪打均勻。將桃子和果汁混合物加在一起攪拌均勻，接著倒進8吋方形烤模中。

3. 烤麵屑頂層餡料：趁著桃子浸漬的同時，將¼杯砂糖、黑糖和鹽倒進食物調理機中，並淋上香草精。以按壓攪打功能打到均勻混合，約需按壓5次。灑入奶油塊和¼杯杏仁片，攪打約30秒，直至混合物結成鬆散易碎的球狀，攪打過程中得刮下碗壁黏附的材料。灑入剩餘的¼杯杏仁片，按壓攪打兩次使其與其他材料混合。將混合物倒入鋪上烤盤紙的烤盤，推開抹平，混合物應該會散成約½吋的厚塊，其中夾雜鬆散的小塊。將烤盤放到烤箱烤架上的中間位置，烘烤約18至22分鐘，直到厚塊稍微焦黃變硬；烘烤至一半時間記得將烤盤轉向。冷卻的頂層餡料最久可在密封容器中保存2天。

4. 組裝及烘烤：抓住烤盤紙邊緣，使頂層餡料滑下烤盤紙，鋪到桃子上面，接著使用抹刀均勻推開，稍微往下壓實並將過大的團塊打散。表面均勻灑上剩餘的1大匙糖，並將烤模放在鋪了鋁箔紙的烤盤上，送進最低位置的烤箱烤架上烘烤。烤箱溫度調高至375°F，烘烤約25至33分鐘，直至完全焦黃且內餡邊緣冒泡為止；烘烤至一半時，記得將烤盤轉向。將烤模移至網架上，靜置冷卻至少15分鐘。趁溫熱時享用。

成功關鍵

簡單樸實的蜜桃烤麵屑，通常具有軟爛的頂層餡料和潮溼無味的內餡，問題就出在桃子。因為在切開桃子之前，永遠不知道桃子的味道和濕潤度如何。我們理想中的蜜桃烤麵屑，底層是新鮮微甜的桃子，上層則是兼具奶油味和堅果香的酥脆烤麵屑，而且無論桃子是否香甜，仍然可以保持整體質感。要解決桃子的問題，必須在削皮切片的桃子上灑糖，使其浸漬其中。內餡的甜度可視口味調整檸檬汁的添加份量，而將頂層餡料分開烘烤則可解決最後一個問題，將麵屑烤得酥脆焦黃。

浸漬後測量：許多桃子會在烘烤時釋出大量汁液，導致烤麵屑鋪到桃子上時潮溼軟爛，一點也不酥脆。解決的方法是將切片的桃子浸漬30分鐘，然後濾掉汁液，只保留¼杯。我們在保留的果汁中添加少許增稠劑（玉米澱粉）和調味料（檸檬汁、鹽、肉桂粉和肉豆蔻粉），最後再倒入浸漬過的水果一起拋翻混合均

匀。透過此手法,可以確切掌握烤模中的水分多寡。

製作酥脆的烤麵屑:我們使用軟化的奶油製作烤麵屑,而非融化的奶油。融化的奶油會使頂層餡料過於纖細鬆散。我們偏好使用食物調理機製作,如此麵團才能富有黏性,容易打散成大塊狀,送進烤箱後才能烤得漂亮又酥脆。

先烤頂層餡料:若將頂層餡料鋪在滾燙的水果上,這樣永遠無法烤得酥脆。解決方法是將頂層餡料放在另一個烤盤上烤到稍微焦黃,接著將烤好的頂層餡料放到水果上,再把整個烤麵屑一起送進烤箱烘烤。在烤麵屑表面灑糖可創造帶有甜味的爽脆口感。藉由這種方法,當水果熟透時,頂層餡料也已烤得焦黃酥脆。

實用科學知識 桃子應遠離寒氣

"除非桃子已經成熟,否則千萬別冷藏"

將桃子放入冰箱冷藏看似是延長保存期限的理想方法,但除非桃子已經成熟,否則低溫會讓果肉變得乾硬。如果將水果保存在40°F以下,會讓一種可在熟成過程中破壞果膠的酵素失去活性。若水果成熟前就已處於低溫環境,果膠會原封不動地保留下來,而果肉自然也就顯得乾癟又堅硬。

草莓夾心蛋糕
6人份

先處理水果可讓水果有充分時間釋放汁液。

水果

2½磅(8杯)草莓,去蒂

6大匙(2⅔盎司)糖

比司吉

2杯(10盎司)中筋麵粉

5大匙(2¼盎司)糖

1大匙泡打粉

½茶匙鹽

8大匙冰涼的無鹽奶油,切小塊、約½吋

½杯又1大匙半對半鮮奶油或牛奶

1顆大顆的雞蛋,先打散;外加1顆大顆的蛋黃,稍微打發

1份打發的鮮奶油(食譜後附)

1. **水果:**取一大碗,使用馬鈴薯壓泥器將3杯草莓壓碎,並將剩餘的5杯草莓切片。將切片的草莓和糖,倒入搗碎的草莓泥中攪拌均勻。靜置一旁,直到糖完全溶解且草莓濕潤多汁為止,時間至少需要30分鐘,最久可達2小時。

2. **比司吉:**將烤箱烤架調整至中下層,烤箱預熱至425°F。為烤盤鋪上烤盤紙。將麵粉、3大匙糖、泡打粉和鹽倒入食物調理機中,按壓攪打至完全混合。丟入奶油塊,按壓攪打至混合物呈現粗顆粒狀,約需按壓15次。將混合物倒進大碗中。

3. 將半對半鮮奶油和全蛋放入碗中,快速攪拌均勻,接著拌入麵粉混合物,直到形成大團塊狀。將碗中混合物倒扣到灑了些許麵粉的檯面上,輕輕搓揉到結成麵團為止。注意別搓揉過度。

4. 將麵團拍打成長9吋、寬6吋的長方形,厚約¾吋。使用2¾吋的比司吉切模切出六個圓形麵團。將比司吉麵團排在準備好的烤盤上,間隔約1½吋。麵團表面塗上蛋白,並均勻灑上剩餘的2大匙糖。未烤的比司吉可蓋上保鮮膜加以冷藏,最久可保存2小時。

5. 送入烤箱烘烤12至14分鐘,直至比司吉烤成金黃色澤;烤到一半時間時記得將烤盤轉向。烤盤端出後放在網架上,靜待比司吉冷卻,約10分鐘。比司吉冷卻後,最久可放在室溫中1天。組裝前,記得送回350°F的烤箱中,重新烤上3至5分鐘。

6. 組裝時,將每片比司吉折成兩半,其中一半放到個別盤子上。以大匙挖出草莓泥,放到每片比司吉上,接著擠上打發的鮮奶油,再放上另一半比司吉。完成後立即享用。

打發鮮奶油
約2杯

若要減輕鮮奶油打發後的甜度,可將糖量減少至1½茶匙。

1杯鮮奶油,冰涼

1大匙糖

1茶匙香草精

為直立式電動攪拌機裝上攪拌頭,將奶油、糖和香草精倒入中碗內,以中低速攪打至發泡,約需1分鐘。速度調升至高速,攪打到可形成柔軟的尖峰,約需1至3分鐘。打發的鮮奶油可裝進細網濾網中,架在

小碗上，以保鮮膜覆蓋後放進冰箱冷藏，最久可保存8小時。

成功關鍵

雖然有些人喜歡將大匙挖出的草莓放到磅蛋糕、海綿蛋糕或甚至天使蛋糕上，但我們理想中的草莓夾心蛋糕必須要有比司吉才行。我們希望草莓內餡香甜多汁，新鮮現打的奶油夾在口味微甜且質地綿細的比司吉中間。因此，我們在比司吉麵團中加入蛋和糖，並將部分草莓搗碎，剩餘的草莓則切成片狀，以營造厚實多汁的口感，同時也避免內餡自比司吉上滑落。

搗碎部分草莓：大多數的草莓夾心蛋糕，採用切片或切成四等份的草莓，食用時草莓容易從比司吉上滑落。我們將部分草莓搗碎，然後與切片草莓和糖攪拌在一起。糖會在約30分鐘後溶解，產生大量的草莓濃汁，可將切片的草莓固定在原處。

加強比司吉的味道：當然可以使用一般的比司吉來製作夾心蛋糕，但我們認為，真正的夾心蛋糕應該滋味香甜而濃郁。所以我們在比司吉中添加更多糖，並使用全蛋和半對半鮮奶油而非牛奶。比司吉塗上打發的蛋白，接著再灑上糖，如此可使表面具有爽脆口感，且呈現漂亮的焦黃色澤。

使用冰奶油：鮮奶油要打出漂亮的波浪狀，秘訣在於使用冰奶油。如能預先將奶油放入冰箱冷藏，應可順利適度打發。若廚房溫度較高，可連同攪拌盆和攪拌器一起冰涼。至於增加奶油甜度，我們偏好使用砂糖，並在一開始就倒入一起攪打。

莓果鮮奶油
6人份

本食譜中的覆盆子可使用藍莓或黑莓取代。新鮮水果也能以冷凍水果取代，但口感會因此而稍打折扣。若使用冷凍水果，請將濃汁中的糖量減少1大匙。濃稠的水果濃汁最早可提前4小時製作，不過在步驟4中請務必確實攪打，將所有團塊打散後，再與打發的鮮奶油結合。攪打奶油前，先將攪拌盆和攪拌器冰涼，以確保獲得最棒的打發效果。我們喜歡Carr's全麥蘇打餅的顆粒口感和堅果香，但全麥餅乾或薑餅的效果也不錯。此道甜點需要使用六個百匯（parfait）或聖代高杯盛裝。

2磅（6杯）草莓，去蒂

12盎司（2⅓杯）覆盆子

¾杯（5¼盎司）糖

2茶匙原味吉利丁

1杯鮮奶油，冰涼

¼杯酸奶油，冰涼

½茶匙香草精

4片Carr's全麥蘇打餅，搗成碎屑（¼杯）

6小枝新鮮薄荷（可省略）

1. 將半數草莓、半數覆盆子和½杯糖放入食物調理機，攪打至完全滑順為止，約需1分鐘。使用細網濾網，將莓果濃汁濾進大的液體量杯中，應該會有2½杯左右，多餘的濃汁可保留另作他用。將½杯濃汁倒入小碗中，灑上吉利丁，靜置至少5分鐘，待吉利丁軟化後再加以攪拌。將剩餘的2杯濃汁倒入小單柄深鍋中，以中火加熱至開始冒泡，約需4至6分鐘。鍋子離火，倒入吉利丁混合物並攪拌至溶解，接著倒入中碗並封上保鮮膜，放進冰箱徹底冰涼，約2小時。

2. 趁冷藏的同時，將剩餘的草莓切成¼吋左右的小塊。取一中碗，放入切塊的草莓、剩下的覆盆子和2大匙糖，上下拋翻混合均勻。靜置一旁1小時。

3. 為直立式電動攪拌機裝上球型攪拌頭，以低速將鮮奶油、酸奶油、香草精和剩餘的2大匙糖攪打至出現泡沫，約需30秒。速度調至中速，攪打30秒，直至攪拌頭可以留下拌打痕跡。將速度調至高速，攪打至體積幾乎達到原本兩倍，並可形成堅挺的尖峰為止，約需30秒。將⅓杯打發的鮮奶油混合物放入小碗中，靜置一旁。

4. 從冰箱取出莓果濃汁，快速攪拌至滑順狀態。讓攪拌機以中速運轉，將三分之二的濃汁緩慢倒入打發的鮮奶油混合物中，攪打至均勻混合，約15秒。使用抹刀，將剩下的濃汁與混合物輕輕拌合，保留濃汁攪拌時形成的條紋。

5. 將未煮的草莓和覆盆子倒入細網濾網中，輕輕搖動以濾掉多餘的汁液。把三分之二的草莓和覆盆子均分倒入六個百匯或聖代高杯中。將鮮奶油和莓果濃汁的混合物平均倒進杯子中，接著倒入剩下未煮的草莓和覆盆子。最後在每杯中擠入特地保留的原味打發鮮奶油，並灑上蘇打餅碎屑；若有準備薄荷枝，可在此時一併裝飾。完成後立即上桌享用。

實用科學知識 打發鮮奶油的「防錯秘訣」

"最好早點加糖，並讓奶油維持低溫"

打發鮮奶油時，什麼時候加糖最適當？家庭主婦間流傳的做法是最後添加，否則奶油無法適度打發。為了證明是否屬實，我們做了兩批打發鮮奶油，並分別在打發初期和打發後加糖。雖然兩批鮮奶油都打成相同體積，但質感有所不同。若在程序後期加糖，打發的鮮奶油會稍帶顆粒質感；不過若一開始就添加，奶油完全打發時，糖顆粒早已溶解殆盡。雖然加糖時機不會影響奶油打發的程度，但溫度卻會影響。打發過程會使奶油充入氣泡，而微小的脂肪球則會進一步鞏固氣泡壁。打發過程中，這些脂肪球會將氣泡保留在奶油內，打發後的鮮奶油於是富含空氣而形成輕盈的質地。由於奶油中的乳脂會受熱軟化，因此液態的脂肪球會完全萎縮，無法保全奶油中的氣泡，進而導致奶油無法適度打發。為了防止發生這種情形，務必使用剛從冰箱取出的奶油。將攪拌盆和攪拌器冰涼也具有類似效果。

實用科學知識 吉利丁與果膠

"吉利丁是製作莓果鮮奶油時，增加莓果濃汁稠度的首選材料"

對莓果鮮奶油而言，吉利丁或許是新的做法，但許多甜點利用吉利丁來創造絲綢般滑順口感的做法已經行之有年，例如巴伐利亞奶凍（Bavarian crème）和慕斯。吉利丁是取自動物骨骼和結締組織的純蛋白質，藉由鎖住水分及減緩水分流動，使液體轉變成半固體狀態。對比其他增稠劑，吉利丁碰觸體溫時就會開始融化，產生獨特的口感。在我們的莓果鮮奶油中，這些特質正可創造絕佳效果，將稀薄的莓果濃汁轉變成黏稠的混合物，為濃郁的打發鮮奶油增添絲綢般的柔滑質感。

果膠是蔬果自然產生的碳水化合物，像水泥一樣將細胞壁穩固拉攏在一起。當果膠受熱或接觸糖和酸時，果膠分子會自細胞壁上鬆脫，直接與其他果膠分子結合，形成一種足以鎖住水分的基質，作用方式大致和吉利丁分子相同。然而，與吉利丁不同的是，果膠需要高溫才能逆轉增稠效果，而且果膠需要大量的糖才能產生作用，不過這會讓莓果變成果醬。這證明果膠並不適用於莓果鮮奶油，無法做為水果的增稠劑使用。

成功關鍵

這道傳統英國水果甜點的做法，一般是將煮爛且過濾後的水果，通常是醋栗，與卡士達奶油拌合在一起。現代的莓果鮮奶油食譜則省略卡士達奶油，改用打發的鮮奶油取代。當然，這樣省事簡單不少，但使用打發鮮奶油來製作會讓成品變得過於鬆散和濕潤。我們希望這道甜點兼具濃郁果香和豐富口感，而且我們希望以草莓和覆盆子取代醋栗。為了達到以上效果，我們以吉利丁適度增加水果的濃稠度，並使用酸奶油加強打發鮮奶油的味道。為了讓果香更加濃郁，再加入水果濃汁的鮮奶油基底與新鮮莓果交疊成層，而且新鮮水果也加糖浸漬過。

以部分莓果製作濃汁：我們試過各種增加水果稠度的方法，畢竟我們不希望放棄使用省事的打發鮮奶油，最後決定利用吉利丁製作香甜濃汁。將剩下的莓果切碎並加以浸漬，使莓果軟化之餘，也加強水果滋味。濾掉多餘的汁液，避免成品濕潤軟爛。

吉利丁膨脹後再加熱：我們以繁複嚴謹的手法處理加入果汁中的吉利丁。首先，在部分未煮的莓果濃汁中加入2茶匙吉利丁，待其軟化後，再與一些加熱過的濃汁混合，以便融化吉利丁並使其均勻分散。大多數食譜都指示要將吉利丁泡水，因為若直接將吉利丁粉加入熱液體中，會導致吉利丁的表面吸水速度太快，進而產生結塊，使得粉粒中心無法吸收水分。放入冰箱靜置數個小時之後，濃汁會變得像鬆散的派餡一樣濃稠，呈現完美狀態。

增加打發鮮奶油的體積：水果加入吉利丁後可支撐打發的鮮奶油，不過我們很好奇，是否有簡單的方法可讓打發鮮奶油本身更為紮實豐滿。在試過優格、馬斯卡邦起士（mascarpone）、法式酸奶油和酸奶油後，試吃員認為「酸奶油」提供的豐富口感及溫和的特殊滋味恰到好處，效果最佳。

營造層次：我們將部分加了吉利丁而變稠的濃汁拌進部分打發的鮮奶油中，然後與新鮮莓果和原味打發鮮奶油分層疊放。我們喜歡在最後灑上一些 Carr's 全麥蘇打餅碎屑，增添些許爽脆的口感，不過這可視個人喜好決定是否添加。

觀念50：由可可粉帶出更濃郁的滋味
Cocoa Powder Delivers Big Flavor

巧克力蛋糕、布朗尼、布丁和慕斯外表看起來顏色暗沉，但實際咬下一口，才發現味道相當單薄，這樣的情境屢見不鮮。或許這是因為巧克力用量不足，但禍首往往是巧克力的「種類」而非份量。

◎ 科學原理

一般舊式甜點食譜會指示使用無糖巧克力，其中含有可可脂（cocoa butter，使巧克力口感柔滑的脂肪）和可可塊（cocoa solid，產生巧克力味的混合物）。新一點的食譜會採用苦甜巧克力，這基本上是無糖巧克力加糖製成的產品。這種食用巧克力比無糖巧克力經過更多加工處理，可為糖霜提供美觀的外表，但巧克力的風味往往不及無糖巧克力。這就是為什麼製作布朗尼之類的甜點時，幾乎都是使用無糖巧克力。

雖然我們的甜點食譜同時採用無糖巧克力和苦甜巧克力，但這些年我們發現，製作味道濃郁的巧克力甜點時，可可粉時常是關鍵材料。無論是巧克力慕斯或巧克力杯子蛋糕，我們都會使用可可粉。其他市面上的食譜不僅鮮少使用可可粉，用法正確者甚至寥寥可數。

我們為什麼喜歡可可粉？可可粉是將可可液塊（cocoa liquor，可可豆發酵而成）中的脂肪——可可脂，移除後的產品。對可可塊而言，這樣其實有濃縮的效果。在相同份量中，可可粉含有較多可可塊，因此比其他所有類型的巧克力具有更濃郁的巧克力味。不過，可可粉必須正確處理，才能徹底發揮其濃郁滋味的優勢。

可可粉含有不可溶解的碳水化合物固態粒子、約10%至12%的脂肪，以及較少量的蛋白質，其中夾雜細小的味道分子。這些味道分子有些來自可可豆本身，有些是在發酵和後續的可可豆烘焙過程中才生成。若直接在乾性材料中加入可可粉，需使用可可粉的蛋糕食譜時常這麼做，還無法獲得濃郁香味。使用可可粉的秘訣，在於將「熱水淋進可可粉」中，藉以逼出味道。可可粉加入熱水攪拌能促使氣味分子大量迸發，進而強化整體滋味，否則這些分子只會持續遭受禁錮而無法發揮作用。

味道濃郁與否還取決於可可粉的製造方式。以發酵烘焙過的可可豆製成的一般可可粉具有濃烈的味道和淺淡的顏色，同時帶有一股自然的酸味，pH值約為5.7左右。採用鹼化處理的可可粉也使用發酵的可可豆製成，不過這些可可豆在烘焙前或烘焙後已經過鹼處理，將pH值提高到6.8至7.2左右。鹼化處理過的可可粉味道較為溫和、較不苦澀，不過顏色較深。若想瞭解更多，請參考後文「實用科學知識：天然可可粉與鹼化可可粉」。

巧克力中的可可塊

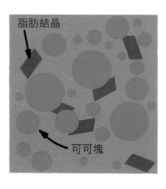

脂肪結晶

可可塊

可可粉：
可可粉中的可可塊含量比例較高，是產生濃郁巧克力味的主要原因。

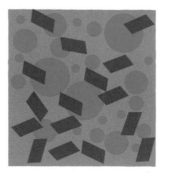

無糖巧克力：
無糖巧克力含有大量可可塊，但其脂肪結晶也比可可粉來得多，因此巧克力味稍淡。

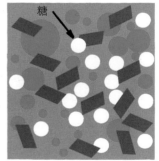

糖

苦甜巧克力：
苦甜巧克力含有較少可可塊，脂肪結晶和糖的含量反而較多，是三者中巧克力味最淡的一種。

我們希望可以釐清各種巧克力裡，究竟含有多少真正的巧克力味，對此設計了一項簡單的實驗。我們泡了三批熱巧克力，每8盎司的熱水加入1盎司的巧克力，分別為可可粉、苦甜巧克力和無糖巧克力，並邀請二十名試吃員參與品嘗熱巧克力味道的蒙眼測試。我們要求試吃員忽略甜度和脂肪量等方面的差異，只專注品嘗所有樣本中的巧克力味道。

實驗結果

可可粉輕鬆脫穎而出，無糖巧克力名列第二，苦甜巧克力最不受青睞。二十名試吃員一致同意，以可可粉沖泡的熱巧克力具有最濃郁的巧克力味。

重點整理

我們的測試結果與每種巧克力的可可塊含量直接相關。換句話說，可可塊的含量越多，巧克力味越明顯。因此我們特地加以計算，瞭解必須使用多少無糖巧克力和苦甜巧克力，才能產生和可可粉一樣濃烈的巧克力味。可可粉含有80%的可可塊，也就是每一盎司中佔有0.8盎司的濃郁可可塊。我們偏好使用的無糖巧克力品牌含有49%左右的可可塊，剩餘的其它成分則是脂肪和乳化劑，因此我們需要1.63盎司的無糖巧克力，可可塊含量才能達到0.8盎司。在選用的苦甜巧克力只有21%的可可塊，意味必須使用3.8盎司的大量巧克力，才能獲得等同於1盎司可可粉的巧克力味！

為了驗證上述計算結果，我們多泡了三批熱巧克力，不過這次無糖巧克力和苦甜巧克力的份量已經過調整。同樣在忽略糖和脂肪含量差異的前提下，試吃員發現三批樣本的巧克力味的確一模一樣。

苦甜巧克力含有脂肪和糖，即便單吃也很可口，而且就創造糖霜、布丁和慕斯的油滑口感來說，苦甜巧克力或許還是有其重要之處。不過現在我們已經知道，要讓烘焙食品具有最濃郁的巧克力味，還是必須使用可可粉才行。

實用科學知識 瞭解可可含量

"當食譜需要使用巧克力時，改用可可含量不同的巧克力會產生極大差異"

若食譜指定使用苦甜或半甜巧克力，是否可在其他條件保持不變的情況下，改用可可含量，亦即可可脂含量加上非脂肪的可可塊含量更高的巧克力，取代一般食譜所採用的60%巧克力？若希望成品效果相同，「千萬不可隨意更換」。首先，我們嘗試使用可可含量為60%的Callebaut和Ghirardelli兩種頂級黑巧克力製作布朗尼和法式奶酪（pots de crème），並以可可含量為70%的同牌巧克力另外製作一批。雖然四批甜點的品質都在可接受的範圍內，但試吃員強烈偏愛以可可含量60%的巧克力製作而成的版本，對可可含量70%的巧克力則頗有微辭，認為成品水分太少、甜度不足，使得法式奶酪的質地則顯得厚實偏硬。即使部分試吃員注意到可可含量70%的巧克力具有「較深沉」的巧克力味，但其產生的問題仍明顯超過所有優點。

巧克力製造商提高可可含量時，會同時減少糖量，添加的可可脂通常也會隨之減少。在降低糖和脂肪成分的情形下，烤出效果不同的成本並不意外。如果使用可可含量70%的巧克力，但又懷疑食譜使用的是可可含量僅有60%的巧克力，則可在烘焙時試著稍微增加糖量，不過請做好心理準備，因為在找到完美的添加比例前，可能需要在錯誤中反覆試驗。

✏ Tips：堆疊巧克力味

為了獲得含量相同的可可塊（0.8盎司），也就是巧克力味的來源物質，我們在使用可可粉、無糖巧克力和苦甜巧克力時，份量必須大幅調整。

可可粉	無糖巧克力	苦甜巧克力
1盎司	1.63盎司	3.8盎司

《預泡手法的實際應用》
布朗尼、蛋糕和慕斯

將可可粉預泡在熱水或熱咖啡中,是使這種濃縮可可塊散發深沉巧克力味的關鍵。可可粉獨特的味道和極少的脂肪含量使其成為重要食材,脂肪過多可能會對富有嚼勁的布朗尼或紮實的杯子蛋糕產生不良影響。如需其他將巧克力味發揮到極致的食譜,請參考觀念20食譜「奶油巧克力布丁」。

嚼勁十足布朗尼
24塊

為了準確測量滾水,可先燒開一壺水,再測量需要的份量。很重要的一點是,切分布朗尼前,應先讓布朗尼靜置冷卻,如此才能擁有最具嚼勁的口感。若使用玻璃烤模,布朗尼冷卻10分鐘後,就必須儘早從烤模中取出。否則,玻璃絕佳的保溫能力可能會導致烘焙過度。本食譜需要使用高品質的巧克力。

⅓杯(1盎司)鹼化可可粉
1½茶匙即溶濃縮咖啡粉(可省略)
½杯又2大匙滾水
2盎司無糖巧克力,剁碎
½杯又2大匙植物油
4大匙無鹽奶油,加以融化
2顆大顆的雞蛋,外加2顆大顆的蛋黃
2茶匙香草精
2½杯(17½盎司)糖
1¾杯(8¾盎司)中筋麵粉
¾茶匙鹽
6盎司苦甜巧克力,切小塊、約½吋

1.將烤箱烤架調整至最低層,烤箱預熱至350℉。摺疊二張長條形鋁箔紙,使其與長13吋、寬9吋的烤模同寬,也就是一張13吋寬,另一張9吋寬,做為布朗尼的鋁箔底襯。將兩張鋁箔紙垂直交疊鋪進烤模中,任由多餘的鋁箔紙垂放在烤模邊上。確實將鋁箔紙推進烤模角落並完全覆蓋烤模內壁,理平鋁箔紙使其貼合烤模。為鋁箔紙上油,靜置一旁待用。

2.在大碗中倒入可可粉、濃縮咖啡(可視需求選擇添加)和滾水,快速攪拌至質地滑順。加入無糖巧克力,拌打到巧克力融化。倒入植物油和融化的奶油並攪打均勻。此時混合物可能會呈現凝結狀。加入雞蛋、蛋黃和香草精,持續攪拌至質地滑順且呈現均質狀態為止。加糖拌打至完全混合。取一小碗,倒入麵粉和鹽後攪拌均勻,接著以橡皮抹刀拌入麵糊,攪拌均勻。放入苦甜巧克力塊,並與麵糊加以拌合。

3.將麵糊倒進準備好的烤模中,以抹刀將麵糊推開,填滿烤模角落,表面加以抹平。送入烤箱,烘烤30至35分鐘,烤到以牙籤插入測試時,拔出後幾乎不會沾黏任何濕潤的麵屑為止;過程中記得將烤模轉向。端出烤盤,靜置在網架上冷卻1個半小時。

4.利用鋁箔紙將布朗尼從烤模中取出,接著放回網架上徹底放涼,約需1小時。把布朗尼切成2吋大小的正方形後即可享用。布朗尼放入密封容器後,最久可在室溫中保存3天。

實用科學知識 烤出表面油亮的布朗尼

"砂糖是讓布朗尼具有漂亮光澤的關鍵"

帶有光澤的酥脆表面是優質布朗尼的特徵之一,但要如何達到這個標準卻令人摸不著頭緒。挑選正確的增甜劑能否有所幫助?

我們烤了三批布朗尼,一批加砂糖、一批使用黑糖,另一批同時加入黑糖和玉米糖漿。結果顯示,只有加了砂糖的布朗尼才能烤出亮眼的酥脆光澤。原因何在?這可歸因於所謂的「特殊效果」。無論單獨使用或混合玉米糖漿,黑糖都會在逐漸冷卻的布朗尼表面形成結晶。結晶會以散射的方式反射光線,產生霧面效果。反觀砂糖含有純蔗糖,可是在冷卻過程中逐漸形成有如玻璃的平滑非晶體表面,以匯聚的方式反射光源,進而產生油亮的效果。至於酥脆的表層則是因為糖分子浮至麵糊表面,在烘焙過程中逐漸乾燥所致。由於黑糖和玉米糖漿都比砂糖含有更多水分,使用這兩種增甜劑烤成的布朗尼永遠都稍嫌濕潤,無法形成酥脆的表面。

黑糖=暗沉的霧面外表　　白糖=明亮又酥脆的外表

成功關鍵

製作布朗尼是件棘手的工程。家中自製的布朗尼滋味略勝一籌,而盒裝預拌粉則號稱可做出最順口的質感。我們的目標很清楚:自製帶有嚼勁、表面閃亮酥脆的布朗尼,其質感不僅可比擬盒裝預拌粉烤出來的成品,更具備濃郁深沉的天然巧克力味。追根究柢,這一切的關鍵在於飽和脂肪與不飽和脂肪的「比例」。

追求嚼勁: 大多數自製布朗尼要不是如同乳脂軟糖般滋味極度濃膩,就是口感較像蛋糕,味道也較不濃郁。這兩種類型之間的差異,主要可歸因於脂肪和麵粉的比例。富有嚼勁的布朗尼,例如以盒裝預拌粉製成的布朗尼,很難土法煉鋼、從頭做起。我們試了各種方法,從添加煉乳、捨棄麵粉改用比司吉預拌粉,到將糖和奶油煮成焦糖,但卻沒有一種做法可行。我們甚至以黑糖取代砂糖,但這只讓成品失去優質布朗尼應有的油亮脆皮而已。其原理請參考本觀念「實用科學知識:烤出表面油亮的布朗尼」。

效法盒裝預拌粉: 結果顯示,盒裝布朗尼之所以具有獨特質地,最主要的秘訣在於特定種類和份量的脂肪。為了讓自製布朗尼具有盒裝預拌粉的嚼勁,我們找到了液態脂肪和固態脂肪的完美比例,而且無需像布朗尼預拌粉製造廠商一樣,添加高度加工的脂肪。一切的關鍵可歸結於「飽和」及「不飽和脂肪」的「1:3」神奇比例,反觀使用奶油的自製布朗尼則是採用2:1。我們利用不飽和植物油來平衡奶油中的飽和脂肪。為了簡化繁瑣的計算,我們選擇省略融化巧克力的步驟,改用相較之下脂肪含量極少的可可粉。

多加蛋黃: 為了減少油膩感,我們最早曾試過壓低整體脂肪的做法,但發現布朗尼會因此變乾。我們想起觀念36的乳化劑,它有助於防止油水分離,避免油脂在烘焙過程中流出。接著我們嘗試使用美乃滋,而因此獲得出乎意料的良好效果,使布朗尼具有豐富濃郁的口感。不過,在進一步深入探究時,發現美乃滋中發揮作用的乳化劑是卵磷脂,而蛋黃就能自然生成這種磷脂。除了使用美乃滋之外,只要多加兩顆蛋黃取

實用科學知識 布朗尼的嚼勁和脂肪有關

"盒裝預拌粉之所以能烤出富含嚼勁的布朗尼,追根究柢,其中的秘訣在於「脂肪」。更準確來說,是「飽和脂肪及不飽和脂肪的比例」"

脂肪可大致分成兩種:飽和與不飽和,兩者都是由碳原子以長鏈串組而成。在酥油亦即部分氫化的植物油、牛油和豬油等明顯飽和的脂肪中,每個碳原子都連結最高數量的氫原子。這些氫原子形同支撐物,使碳鏈得以維持穩固狀態,以致於像盒裝鉛筆一樣緊密地聚集在一起,形成即使在室溫下仍保持固態的脂肪。不飽和脂肪例如植物油,則擁有較少可以提供支撐的氫原子,導致碳鏈無法緊密聚合,成為室溫下呈現液體狀態的脂肪。由於適度結合牢固和富彈性的鏈結,像是酥油這類脂肪,才能提供盒裝布朗尼獨特的口感。

盒裝布朗尼預拌粉中已含有飽和脂肪成分,只是分解成細微的粉狀結晶。當預拌粉加入不飽和植物油時,液態脂肪和粉狀固態脂肪以精心計算的比例加以結合,即可造就最富嚼勁的口感。

藉由同時添加奶油(明顯飽和的脂肪)和不飽和植物油,我們可以大致調配出市售配方精心計算出來的1:3比例,仿效其令人滿足的耐嚼口感。

	飽和脂肪	不飽和脂肪
盒裝配方	28%	72%
傳統配方	64%	36%
我們的配方	29%	71%

盒裝配方

除了擁有不同脂肪的最佳調和比例之外,盒裝布朗尼還利用經過繁複處理的酥油粉來產生耐嚼口感。

傳統配方

傳統的布朗尼只以奶油製作而成,不添加任何植物油,藉由高比例的固態飽和脂肪創造滑順口感,與富有嚼勁的布朗尼大相逕庭。

我們的配方

我們的布朗尼採用奶油和植物油,製作的技術門檻較低,不過卻能烤出與盒裝布朗尼類似的耐嚼口感,同時擁有大幅提升的濃郁滋味,這是酥油永遠也無法達到的效果。

代少量油脂，就能解決油膩問題。

預泡可可粉：到此階段，本食譜還是只仰賴可可粉。我們瞭解到，食譜中的部分奶油可以使用無糖巧克力取代，這並不會改變脂肪比例。我們以滾燙的熱水沖泡可可粉，使其釋放巧克力香味，同時加入少許即溶濃縮咖啡，進一步強化味道。接著我們加入巧克力，攪打至完全融化為止。

最後拌入巧克力塊：只有將巧克力融化並拌入麵糊，才會實際影響脂肪比例。因此，為了進一步提升巧克力味，我們在麵糊中加入巧克力塊並攪拌均勻。麵糊開始烘烤前，這些巧克力塊不會融化，因此不會對布朗尼的質感造成任何影響。最後的成品與使用盒裝預拌粉烤成的布朗尼質感極為相似，在不借助具有優勢的加工材料下，如此已算是自製布朗尼的上乘之作：富含嚼勁又具有濃郁巧克力香味，夾雜著巧克力融化後形成的濃稠巧克力醬，令人不禁想起麵包募款義賣的懷舊過往，不過我們的布朗尼滋味層次豐富，富有恰到好處的成熟韻味，不至於變成只適合小孩享用的甜點。

簡易巧克力蛋糕
8人份

任何高品質的黑巧克力、苦甜巧克力或半甜巧克力都可用來製作這道甜點。除了糖粉之外，也能搭配觀念49食譜「打發鮮奶油」一起享用。

1½ 杯（7½ 盎司）中筋麵粉
1 杯（7 盎司）糖
½ 茶匙小蘇打
¼ 茶匙鹽
½ 杯（½ 盎司）鹼化可可粉
2 盎司苦甜巧克力，剁碎
1 杯沖泡熱咖啡
⅔ 杯美乃滋
1 顆大顆的雞蛋，常溫
2 茶匙香草精
糖粉（可省略）

實用科學知識 天然可可粉與鹼化可可粉

"天然可可粉與鹼化可可粉的差異可歸結至「pH值」。我們偏好哪一種？「鹼化可可粉」"

想看懂可可粉的成分標籤，必須先瞭解可可粉的製作過程。可可豆生長在一種熱帶長青植物上，也稱為可可樹。採收後，會先讓白色的可可豆發酵，使其變成暗沉的顏色，同時產生一種獨特香氣。接著將乾燥的可可豆敲破，從殼中取出可可粒，加以烘焙烤出香味。可可粒含有約55％的可可脂，經過研磨及加熱後，會形成濃稠的液體，稱為巧克力液塊，這就是多數巧克力產品的原料。

若要繼續製成可可粉，必須除去巧克力液塊中大多數的可可脂，留下乾燥的粉末。可可粉標籤上的數字就是代表最後剩餘的脂肪成分。例如，若標示10／12，表示可可粉含有10％至12％的可可脂，22／24則表示可可脂含量介於22％至24％左右，兩相比較就能知道後者的脂肪含量較高。頂級品牌通常含有較高比例的可可脂，而主打大眾市場的賀喜和雀巢可可粉則是屬於10／20這一類。

在沒有進一步加工處理之前，可可粉仍然保有天然的酸性，而經過精細研磨、過篩和包裝後，會貼上「天然可可粉」的標籤。19世紀初期，荷蘭發明家康萊德・范・豪頓（Conrad van Houten）研發出「荷蘭法」（Dutching），大多數歐洲公司在經過一世紀後，仍使用此方法又稱「鹼處理」——來製作「荷蘭法加工」的可可粉。此方法是在鹼處理過程中，在精煉巧克力液塊時加入鹼溶液，通常是碳酸鉀。鹼溶液會將可可粉的pH值從5.7左右拉高至7.2。提高pH值能加深可可粉顏色，緩和可可粉偶爾過於刺激的味道，同時提升可可粉在液體中的溶解度。

歐洲大多數的可可粉都經過鹼處理，但美國市面上大多屬於天然可可粉。在大多數情況下，這兩種可可粉可以交替使用，不過若烘焙食品，例如蛋糕時，必須部分或全部仰賴小蘇打或泡打粉來產生膨脹效果，最好還是依照食譜指示，使用指定種類的可可粉，因為可可粉的酸可能會影響膨鬆劑的效果。一般而言，我們喜歡鹼化可可粉那種較為圓潤、較不刺激的味道。我們大多數的食譜都是使用這種可可粉。

1.將烤箱烤架調至中層，烤箱預熱至350°F。為8吋的方形烤模上油，鋪上烤盤紙後再塗一次油，接著灑上麵粉。

2.取一大碗，倒入麵粉、糖、小蘇打和鹽，攪拌均勻。另取一碗，放入可可粉和巧克力後混合均勻，接著倒入熱咖啡，蓋上碗蓋後靜置5分鐘。將混合物輕輕攪打至表面滑順，待其稍微冷卻後，倒入美乃滋、雞蛋和香草精並快速拌打。將加了美乃滋的混合物倒進麵粉混合物中，攪拌至均勻混合。

3.使用橡皮抹刀將麵糊刮進準備好的烤模中，表面抹平。送進烤箱，烘烤30至35分鐘，直至以牙籤插入測試時，拔出後幾乎不會沾黏任何碎屑為止。

4.蛋糕連同烤模放在網架上冷卻1至2小時。若有準備糖粉，可在蛋糕放涼後灑上。將蛋糕切塊，直接連同烤模一起上桌；或者也可將蛋糕倒扣至淺盤上，灑上所準備的糖粉後即可享用。

成功關鍵

只要使用幾種材料：麵粉、糖、可可粉、小蘇打、香草精，以及替代奶油和雞蛋的美乃滋，就能製作這種簡單的戰時蛋糕，其成功之處不勝枚舉，但巧克力味卻成了一大敗筆。我們的首要之務就是加強巧克力味，方法是「預泡」可可粉，並且加入少許融化的巧克力。這是出乎意料的實用材料，有助於將所有材料黏合在一起，同時也維持蛋糕濕潤。

謹記戰時配給處境：第二次世界大戰期間，奶油和新鮮雞蛋等食材稀少難以取得，於是廚師發明了不需使用這些材料的蛋糕，並時常以美乃滋取而代之。食物配給的時代結束後，這些食譜仍然一直流傳至今，原因在於做法簡單，只要丟入材料並加以攪拌即可，而且這也能使最後的成品也極為濕潤。因為美乃滋含有卵磷脂，這種乳化劑可協助美乃滋中的油脂懸浮在極其微小的液滴之間，而這些微小的液滴有助於油脂包覆麵粉中的蛋白質分子，進而造就極度綿軟的蛋糕體。事實上，我們曾嘗試以奶油或食用油搭配雞蛋來取代美乃滋，但蛋糕卻反而較不濕潤，蛋糕體也不再那麼柔軟。我們相當喜歡美乃滋多加一顆雞蛋的做法，這能使蛋糕的滋味更為濃郁，口感更有彈性。

添加一些苦甜巧克力：雖然我們喜歡原始蛋糕的口感，但確實也希望巧克力味可以更加濃郁。我們發現，增加可可粉並非明智之舉，這樣只會讓蛋糕有如粉筆般乾燥而難以下嚥。不過，我們可以改為添加幾盎司的苦甜巧克力。

以熱咖啡燙出味道：可可粉含有固態的脂肪分子和蛋白質，其中藏著微小的味道分子。使用熱水溶解可可粉可釋放這些原本只能禁錮其中的味道分子，進而加強整體味道。我們發現加入一杯咖啡的效果甚至更好。咖啡的烘焙香可進一步襯托出巧克力的堅果和烘焙韻味。

終極甘納許巧克力杯子蛋糕
12個

本食譜必須使用高品質的苦甜巧克力或半甜巧克力。雖然我們極度推薦甘納許餡料，但若希望製作較為傳統的杯子蛋糕，則可自行省略不用。

內餡

2盎司苦甜巧克力，切碎

¼杯鮮奶油

1大匙糖粉

杯子蛋糕

3盎司苦甜巧克力，切碎

⅓杯（1盎司）鹼化可可粉

¾杯沖泡熱咖啡

¾杯（4⅛盎司）高筋麵粉

¾杯（5¼盎司）糖

½茶匙鹽

½茶匙小蘇打

6大匙植物油

2顆大顆的雞蛋

2茶匙蒸餾白醋

1茶匙香草精

1份奶油巧克力糖霜（食譜後附）

1.內餡：取一中碗，倒入巧克力、鮮奶油和糖，微波至溫熱，約30秒。快速打到滑順，接著將碗放進冰箱，使其剛好冰涼即可，最久不宜超過30分鐘。

2.杯子蛋糕：將烤箱烤架調整至中間位置，烤箱預熱至350°F。為一次可烤12個的瑪芬烤盤鋪上烤盤紙或鋁箔襯紙。將巧克力和可可粉放入隔熱的中碗內，倒進熱咖啡，蓋上碗蓋靜置5分鐘。將混合物輕輕攪打滑順，接著放進冰箱徹底冰涼，約需20分鐘。

3.將麵粉、糖、鹽和小蘇打倒入中碗內，攪打混合

在一起。在冰涼的巧克力混合物中，倒進植物油、雞蛋、醋和香草精，快速拌打滑順。加入麵粉混合物後再次攪打到滑順為止。

4.使用冰淇淋挖勺或大大匙，將麵糊平均倒入準備好的瑪芬烤模中。在每份麵糊上，放上1茶匙稍呈圓球狀的甘納許。送進烤箱，烘烤17至19分鐘，直至杯子蛋糕定形，觸摸起來感覺紮實即可。將杯子蛋糕連同瑪芬烤盤放在網架上，放到不燙手為止，約需10分鐘。將每個杯子蛋糕自烤模中取出，放在網架上徹底冷卻，約1小時後再抹上糖霜。未抹糖霜的杯子蛋糕最久可放在室溫下1天。

5.**抹糖霜：**每個放涼的杯子蛋糕頂端抹上2至3大匙的糖霜後即可享用。

奶油巧克力糖霜
約2¼杯

融化的巧克力加入糖霜前，應先冷卻到85至100℉左右。如果糖霜加入巧克力後顯得太軟，可先稍微冰涼，再重新攪打滑順。

⅓杯（2⅓盎司）糖
2顆大顆的雞蛋
少許鹽
12大匙無鹽奶油，切成12塊，先軟化（68℉）
6盎司苦甜巧克力，融化後放涼
½茶匙香草精

1.將糖、蛋白和鹽放入直立式電動攪拌機的攪拌盆中混合均勻，接著在單柄深鍋中倒入1吋深的水，煮到即將沸騰時，將攪拌盆放進鍋內。將混合物加熱2至3分鐘，過程中輕緩但持續地拌打，直到稍微濃稠起泡，溫度升到150℉為止。

2.為直立式電動攪拌機裝上球型攪拌頭，以中速將混合物攪打約1至2分鐘，直到類似刮鬍膏的狀態並稍微冷卻。加入奶油，一次1塊，混合物最後會呈現滑順乳脂狀。加入一半奶油時，糖霜會呈現凝結狀，繼續添加就會變得滑順。奶油全數加入後，倒入融化後放涼的巧克力和香草精，攪拌混合均勻。將攪拌機速度調到中高速，攪打約30秒，直到混合物輕盈蓬鬆、徹底混合均勻為止。必要時，可使用橡皮抹刀刮理攪拌頭和攪拌盆壁。

預先製作：糖霜最早可提前1天製作，並放入密封容器後加以冷藏。準備使用前，將糖霜快速微波5至10秒，使其稍微軟化。待糖霜溫熱後，攪拌成乳脂狀即可使用。

成功關鍵

巧克力杯子蛋糕的棘手問題，同樣會發生在烘焙店和自製的西點上：若杯子蛋糕具有恰到好處的巧克力味，其結構大多過於鬆散，無法手持食用；相反地，若蛋糕既濕潤又綿軟，食用時不需擔心碎裂掉屑，則蛋糕本身和糖霜多半貧乏無味，幾乎嘗不出巧克力的味道。我們理想中的杯子蛋糕必須濕潤又綿軟但不鬆散易脆，且頂端放上份量和甜度適中的奶油糖霜。採用高筋麵粉並減少巧克力的用量，以加強麵糊的結構，同時透過預泡的手法，以及使用植物油取代奶油的方法來加重巧克力味。最後，甘納許內餡和瑞士蛋白糖霜則可發揮畫龍點睛的效果，讓喜愛巧克力的人回味無窮。

避免烤出鬆散的杯子蛋糕：為了顧及美觀，大多數杯子蛋糕寧可犧牲味道。我們決定效法最愛的巧克力千層蛋糕，使用可可粉、苦甜巧克力、酪奶和現泡咖啡來製作。我們將麵糊平均倒進瑪芬烤模中，烤成美味的杯子蛋糕，不過手持食用時容易碎裂崩散。為了烤出不需使用叉子、可以直接拿著食用的甜點，我們的麵糊必須具有較高的麩質，形成更穩固的結構。

加強巧克力味：由於可可粉不含任何可以生成麩質的蛋白質，加上容易稀釋麵粉，因此我們在測試時刻意減少可可粉的用量。接著，我們也減少巧克力份量，期許在降低脂肪含量後，使杯子蛋糕變得極度綿軟。我們省略蛋糕食譜中的乳製品，改用沖泡咖啡，這樣有助於提升巧克力味，同時避免乳製品對巧克力味產生負面影響。在可可粉和碎巧克力中，我們還倒入熱咖啡加以浸泡。經過如此繁複的步驟，我們終於成功烤出巧克力味濃郁且質地乾爽的杯子蛋糕。

改用植物油：以植物油取代奶油可增加溼潤度。畢竟植物油100％全是脂肪，而奶油含有16％至18％的水分，烘烤蒸發後，杯子蛋糕自然變得乾燥。同樣地，改用植物油也會稍微提振巧克力味，因為奶油中的乳固形物可能會蓋過巧克力的味道。

選用高筋麵粉：我們一開始使用中筋麵粉試做，心想若改用麩質含量較多的高筋麵粉，或許就能增加可可

粉和巧克力的用量。事實證明確是如此。最後烤出的杯子蛋糕軟硬適中，不易碎裂掉屑，而且擁有濃郁的巧克力味。

製作甘納許內餡： 麵糊送進烤箱前，為杯子蛋糕放上1茶匙已經冷卻的甘納許，是讓巧克力味更加濃烈的秘訣。烘焙過程中，甘納許會沉入麵糊中，使杯子蛋糕具有如同松露般的豐富內餡，入口後簡直置身巧克力天堂。

重新調製糖霜： 我們決定放棄傳統糖霜，這種糖霜是由軟化的奶油和糖粉混合在一起所製成，不僅極度甜膩，吃起來也帶有顆粒口感。我們選擇煮過的奶油糖霜，這是瑞士蛋白糖霜的一種，做法是隔著雙層鍋加熱蛋白和砂糖，接著加入小塊的軟化奶油並拌打均勻。最後製成的糖霜有如絲綢般柔滑，令人沉醉，而且沒有其他濃郁糖霜的厚重和油膩感。

黑巧克力慕斯
6-8人份

設計這份食譜時，我們使用 Callebaut 的濃烈黑巧克力和 Ghirardelli 的烘焙專用苦甜巧克力，兩種各約含有 60% 的可可成分。若希望使用可可含量更高的巧克力，可參考後文食譜「特濃黑巧克力慕斯」。若提早一天製作慕斯，上桌前先放在室溫中 10 分鐘。本食譜可搭配觀念 49 食譜「打發鮮奶油」一起享用，也可視個人喜好搭配巧克力刨片。

8盎司苦甜巧克力，切碎

5大匙水

2大匙鹼化可可粉

1大匙白蘭地

1茶匙即溶濃縮咖啡粉

2顆大顆的雞蛋，蛋白蛋黃分開

1大匙糖

⅛茶匙鹽

1杯又2大匙鮮奶油，冰涼

1. 將巧克力、水、可可粉、白蘭地和濃縮咖啡粉倒進隔熱的中碗內，接著在單柄深鍋中倒入1吋深的水，煮到即將沸騰時，將碗放進鍋內加以融化巧克力，並且頻繁攪拌到滑順為止。鍋子離火。

2. 取一中碗，倒入蛋黃、1½茶匙糖和鹽，快速拌打

約30秒，直到混合物出現光澤且稍微變得濃稠。將融化的巧克力倒進蛋黃混合物中，快速攪拌均勻。放涼3至5分鐘，直到溫度比室溫稍微溫熱一點。

3. 為直立式電動攪拌機裝上球型攪拌頭，以中低速將蛋白打到發泡，約需1分鐘。加入剩下的1½茶匙糖，並將速度調至中高速，拌打到可形成柔軟的尖峰為止，約需1分鐘。使用攪拌器，將四分之一左右的發泡蛋白拌入巧克力混合物中加以稀釋，接著使用橡皮抹刀，將剩餘的蛋白與混合物輕輕拌合，直到幾乎看不見任何白色條紋為止。

4. 將鮮奶油放入空碗中，以中速攪打至開始變稠，約需30秒。將速度調至高速，打到可形成柔軟的尖峰，約需多打15秒。使用橡皮抹刀，將打發的鮮奶油與慕斯拌合均勻，直到沒有任何白色條紋的攪拌痕跡為止。將慕斯挖到6至8個淺盤中，以保鮮膜包覆後放入冰箱，至少冰上2小時，最久24小時。慕斯定形變硬後即可享用。

巧克力覆盆子慕斯

華冠（Chambord）是本食譜偏好使用的覆盆子香甜酒。這道甜點可視個人喜好搭配新鮮覆盆子一起享用。

水量減少到4大匙，省略白蘭地，改在步驟1的融化巧克力混合物中添加2大匙覆盆子香甜酒。

特濃黑巧克力慕斯

本食譜是專為使用精品巧克力而設計，這類巧克力的可可含量比上述主食譜使用的巧克力更高。

以可可含量62%至70%的等量苦甜巧克力，取代之前使用可可含量約60%的苦甜巧克力。水量提高到7大匙，蛋增加到3顆，糖量也調升至3大匙，相當於在步驟1的巧克力混合物中多加2大匙。

成功關鍵 ───────

濃郁稠密的奶油巧克力慕斯或許美味，但幾口後就會產生飽足感；反觀輕盈通透的慕斯，則通常缺少深沉的巧克力味。我們理想中的巧克力慕斯必須具有輕盈、入口即化的滑順質感，同時兼具濃郁的巧克力味。為了做出理想成品，我們省略奶油、減少雞蛋數量、添加打發的鮮奶油，並謹慎調配巧克力和水的比例。最後的效果如何？輕盈飄逸、充滿巧克力味的慕斯。

省略奶油： 慕斯的乳脂含量比布丁多很多，其原理可參考觀念20，而且也含有較多巧克力。除此之外，幾乎所有慕斯都添加發泡的蛋白或鮮奶油。製作慕斯是相當棘手的挑戰：成品不僅需具有濃郁的巧克力味，質地更要輕盈通透。當然，慕斯必須極度滑順，具有固定形體之餘又不能像布丁一樣吹彈可破。首先，我們著手解決慕斯稠密厚重的口感問題。多數巧克力慕斯的食譜都使用奶油，能否省略不用？在去除奶油後，發現慕斯嘗起來較不厚重，而且放入冰箱重新凝固時，也不再產生奶油帶來的油蠟般質感。

限制雞蛋數量： 部分食譜使用的雞蛋多達4顆，但我們發現，太多蛋白會產生類似棉花糖的質感。因此，我們減少蛋白用量，以提升慕斯的輕盈感。為了填補減少雞蛋所失去的體積份量，我們將鮮奶油打發，待其可形成柔軟的尖峰後再加到巧克力中。如此產生的體積可為慕斯增添輕盈感，但又不至於變成泡沫。

多加點巧克力： 結合苦甜巧克力和可可粉，盡可能產生最濃郁的巧克力味。此外，為了進一步加重巧克力味，我們發現只要添加少量即溶濃縮咖啡粉、鹽和白蘭地，就能達到預期的效果。

加水補救： 添加這麼多巧克力後，我們的混合物開始緊縮，變成沙沙的質地中帶有顆粒口感，與慕斯應有的質感背道而馳。不過，在利用「加水」這不起眼的方法，就能順利解決口感問題。沒錯，液體會導致巧克力緊縮，不過更重要的是液體和固體之間的比例。在添加少量液體的情況下，固體吸收的水分已足以使其成為口感綿沙的泥狀。隨著加入更多液體，每2盎司巧克力至少需要1大匙，乾燥的可可塊也會轉變成流質狀態。所以，增加水量可讓最後的慕斯更顯鬆散光滑。

實用科學知識 滑順的融化巧克力

"多加液體，可挽救緊縮的巧克力"

「緊縮」是指巧克力由液態轉變成僵硬顆粒狀態時幾近瞬間的現象。巧克力融化時，所含成分裡，主要是可可粉、糖和可可脂會平均分散，形成流質狀態。但是，即使只加入微量液體，液體和糖就會形成糖漿，將可可分子黏合在一起，結塊後產生顆粒口感。觸發此作用實際需要的液體量大多取決於巧克力和糖等成分。然而，即使在無甜巧克力的無糖情況下，可可分子仍會在接觸液體後黏合在一起。出乎意料的是，添加更多液體其實可以逆轉緊縮的

現象，讓巧克力恢復流質狀態。

「逆轉」意指添加正好足夠的水或例如牛奶等其他液體，除了溶解大多數的糖，也將巧克力緊縮團塊中的可可分子均勻沖散。水分仍然會稍微稀釋巧克力，因此加水不再是烘焙時可靠的作法，不過製作巧克力醬、熱巧克力或餅乾淋醬時仍可加以運用。

遵循以下指示即可避免發生緊縮的現象：在不含任何液體的食譜中，務必小心避免讓水分進入巧克力中。若食譜中含有融化的奶油、酒或水等液體，務必將巧克力和這些液體一起融化，使可可粉和糖分子充分保持濕潤。

若巧克力不幸發生緊縮現象，可加入滾燙的熱水，一次只加1茶匙，並在每次加水後用力攪拌，直到巧克力恢復滑順的質感為止。

緊縮　　　　　　平滑柔順

實用科學知識 做出恰到好處的質感

"慕斯的質地，與其食譜一樣多種，部分類型如下"

稠密

奶油、未打發的鮮奶油和太多巧克力時常是造成慕斯厚重有如甘納許的罪魁禍首。

蓬鬆

太多打發的蛋白會產生不討喜的「棉花糖效果」。

完美

添加適量蛋白、省略奶油，再加入少量的水即可產生恰到好處的質感。

《巧克力的基本知識》

可可豆

可可樹生長於全球熱帶地區，長出看起來像纖維豆莢的巨型果實。每個果實內有40顆左右的白色可可豆，經過乾燥、發酵後運送至加工廠去殼，成為熟可可粒（圖左）。

巧克力液塊

加工時，可可粒會先烘焙成深咖啡色的種籽，再研磨成液態可可膏，此時稱為巧克力液塊。此為無糖的純巧克力，是所有巧克力產品的基礎原料。

可可脂

巧克力液塊中約有55%的可可脂，此天然高度不飽和脂肪是促使巧克力形成獨特質地的主要原因。可可脂的熔點範圍相當狹窄，而且一直到92℉都還能保持固態。由於人類口腔內的溫度只比可可脂的熔點高了幾度，因此巧克力融化的速度相當緩慢。其實，巧克力似乎不只是在口中融化，而是融化後包覆了整個口腔。

可可塊

粉狀的可可塊分子懸浮於可可脂中，構成可可液塊剩餘45%的成分。可可塊具有的無數味道分子就是我們俗稱的巧克力味。獨樹一格的巧克力味化合物主要是在發酵和烘焙的加工過程中生成。

—購買—

無糖巧克力：又稱為烘焙用巧克力，也就是冷卻後形成塊狀巧克力的純巧克力液塊。在各種巧克力產品中，此擁有最濃郁的巧克力味。

苦甜巧克力／半甜巧克力

巧克力液塊加糖後，若其中還含有至少35%的巧克力液塊，多數巧克力的含量甚至更多，該產品即可稱為「黑巧克力」。「苦甜巧克力」和「半甜巧克力」的說法並沒有硬性規定，不過大多數製造商都以前者代表含糖量較少的巧克力產品。若標籤上標示「可可含量70%」，表示該產品的總重中有70%是巧克力液塊，其餘成分則大多為糖以及少許增稠劑和香草精。

牛奶巧克力

牛奶巧克力與苦甜或半甜巧克力類似，只是其中添加了乳固形物，賦予這種產品獨特的焦糖和奶油糖滋味以及柔軟質地。相較於苦甜或半甜巧克力，大多數牛奶巧克力的巧克力液塊含量較少，反而含有較多的糖。

白巧克力

嚴格來說，白巧克力不可稱為巧克力，因為其成分裡「沒有」任何可可液塊。真正的白巧克力含有至少20%的可可脂，以及乳固形物和糖，致使這種產品具有入口即化的質感。需要注意的是，許多品牌使用棕櫚油取代部分或全部可可脂，因此產品標籤無法標上「巧克力」字樣。若產品名稱為「白巧克力豆」（white chip）或「白色糖果」（white confection），代表其中幾乎或完全不含可可脂。即便如此，由於這兩項產品的滋味主要來自牛奶和糖而非脂肪，我們發現兩者之間的差異幾乎不會對食譜產生影響。

可可粉

巧克力液塊去除大多數可可脂後即成為可可粉。最後的產品大約含有80%的可可液塊，因此具有濃郁的巧克力味。為了緩和這類濃縮巧克力的強烈酸味，製造商有時會使用鹼溶液來加工，也就是俗稱的「鹼化」。我們發現，天然可可粉的味道可能濃烈中帶有澀味，而鹼化可可粉的滋味則較為溫和，不過層次卻更豐富。即便如此，在大多數食譜中，這兩種產品還是可以交替使用。

—保存—

由於可可脂容易吸附其他食物的臭味，因此千萬別將巧克力存放在冰箱或冷凍庫中。只需以保鮮膜妥善包覆，存放在陰涼的儲物櫃中即可。牛奶巧克力和白巧克力應可保存6個月，黑巧克力和無糖巧克力則可保存1年。若巧克力暴露於濕度或溫度急遽變化的環境中，其所含的糖或脂肪可能會溶解及移位，導致表面生成白色薄膜。這種外觀上的現象稱為白霜，巧克力的味道不會受到任何影響。

—使用—

融化巧克力

若巧克力過熱會燒焦，融化時宜用小火。傳統的方法是使用「雙層鍋」，將切碎的巧克力放入隔熱的碗中，架在已加熱至即將沸騰的一鍋水上。務必確認碗底並未與水接觸，否則巧克力可能過熱。水蒸氣會緩慢推升碗的溫度，進而融化巧克力。若食譜指示使用融化的奶油，可以在一開始就將奶油連同巧克力一起放入碗中。

你也可以利用微波爐加速巧克力融化，但應降低功率以減少巧克力燒焦的機會。將切碎的巧克力放入適合微波的碗中，以50%的功率微波45秒。適度攪拌有助於巧克力液化，必要時可以15秒為單位持續加熱。若需融化奶油，務必等到巧克力幾乎完全融化時再加入。如果提早加入，奶油可能會在微波過程中濺灑出來。

巧克力替代方法

在毫無選擇的情況下，部分巧克力製品可使用其他巧克力取代。

替代對象	替代方法
1盎司無糖巧克力	3大匙可可粉＋1大匙奶油或食用油
1盎司苦甜巧克力或半甜巧克力	⅔盎司無糖巧克力＋2茶匙砂糖

替廚房備齊裝備

一個好的家庭式廚房需要怎樣的設備呢？這得看你想讓料理達到什麼樣的成果而定。祖母的廚房裡料理工具或許很少，但她的廚藝的確很棒。相反的，或許你身邊有朋友擁有頂級的廚具系統，以及各種想像得到的烹飪工具，可是卻煮不出值得讓人稱讚的一餐。雖然裝備齊全的廚房沒辦法讓你變成好廚師，但選對工具確實對料理有幫助。

下列清單列出我們在實驗廚房中，覺得最有用的工具以及獲得我們最高評價的廚具品牌。雖然在這份清單中，我們沒有列出特定食譜的必要特殊工具，像是製作起士蛋糕不可或缺的中空活動烤模；也沒有列出「有了也不錯」的工具，例如製作高湯時可以剪開雞肉的廚用剪刀。不過大家可以從以下幾頁的物品開始添購，然後再看看自己想做哪些料理，進而添購更多適合的工具。

因為一道美味料理中，「鍋具」和「刀子」太重要了，我們特別在清單的後面，以專文介紹其材質，尤其是不沾鍋的安全性，以及刀具的基本知識供大家參考。

刀子與其他	品名	挑選重點	實驗廚房最愛
	主廚刀 （Chef's Knife）	• 高碳不鏽鋼刀 • 刀刃薄、有弧度、8 吋長 • 重量輕 • 刀柄好抓不滑手	Victorinox Fibrox 8-Inch Chef's Knife （先前品牌名稱為 Victorinox Forschner）
	去皮刀 （Paring Knife）	• 刀片 3 至 3½ 吋 • 刀刃薄、稍微有弧型、刀鋒尖銳 • 刀柄好握	Wüsthof Classic with PEtec 3½-Inch Paring Knife（型號 4066） 超值選：Victorinox Fibrox 3¼-inch Paring Knife
	麵包刀 （Serrated Knife）	• 刀刃 10 至 12 吋長 • 刀刃長、略有彈性、稍微有弧形 • 尖銳的鋸齒間隔一致、大小適中	Wüsthof Classic 10-Inch Bread Knife 超值選：Victorinox Fibrox 10¼-Inch Bread Knife
	切片刀 （Slicing Knife）	• 刀刃長 12 吋，從手把至刀的尖端，厚度逐漸變薄，可將大塊肉切片 • 刀身刻有橢圓形的扇形邊飾，或稱葛雷頓邊緣 （Graton edge。葛雷頓為公司名稱，葛雷頓邊緣是指有註冊商標的刀身設計，即刀身兩邊有重複排列的小凹槽或扇形邊飾。） • 刀刃直，刀鋒圓	Victorinox Fibrox 12-Inch Granton Edge Slicing Knife
	砧板 （Cutting Board）	• 寬闊的料理平面，至少要長 20 吋、寬 15 吋。 • 柚木砧板最不需費心保養 • 耐用的邊角設計，木頭紋路和砧板的表面平行	Proteak Edge Grain Teak Cutting Board 超值選：OXO Good Grips Carving and Cutting Board
	磨刀器 （Knife Sharpener）	• 電動磨刀器需採用鑽石磨刀石 • 使用簡單、方便 • 用法清楚	電動：Chef'sChoice Model 130 Professional Sharpening Station 手動：AccuSharpKnife and Tool Sharpener

鍋子與烤盤	品名	挑選重點	實驗廚房最愛
	傳統平底鍋 （Traditional Skillets）	• 不鏽鋼內層，完全包覆鍋子的內層，熱能才能均勻散布·直徑12吋，邊緣向外展開 • 握把握起來舒服，可放入烤箱 • 鍋底表面至少9吋 • 有其他較小，約8吋或10吋的平底鍋也是不錯的選擇	All-Clad12吋不沾炒鍋
	不沾鍋 （Nonstick Skillets）	• 深色、不沾的鍋面 • 直徑12至12½吋，底部厚實 • 手把握起來舒服，可放入烤箱 • 有其他較小，約8吋或10吋的平底鍋也是不錯的選擇	T-Fal Professional Total Non-Stick 12½-Inch Fry Pan
	荷蘭鍋 （Dutch Oven，譯註：又稱鑄鐵鍋）	• 鑄鐵或不鏽鋼塗布琺瑯 • 至少6夸脫的容量 • 直徑至少9吋 • 能夠緊閉的蓋子 • 手把寬、堅固	Le Creuset 7¼-Quart Round French Oven All-Clad Stainless 8-Quart Stockpot 超值選：Tramontina 6.5-Quart Cast Iron Dutch Oven
	單柄深鍋 （Saucepan）	• 大的單柄深鍋，容量3-4夸脫，小的容量2-2½夸脫 • 可緊閉的蓋子 • 鍋子角落是圓形，讓攪拌棒可以深入 • 手把長，握起來舒服，傾斜角度可均勻分配重量	大鍋：All-Clad Stainless 4-Quart Saucepan 超值選：Cuisinart MultiClad Unlimited 4-Quart Saucepan 小鍋：Calphalon Contemporary Nonstick 2½-Quart Shallow Saucepan
	有邊烤盤 （Rimmed Baking Sheets）	• 表面為淺色，可讓食材均勻受熱、變色 • 厚實堅固的盤面 • 長18吋、寬13吋 • 有兩個以上最好	Wear-Ever 13-Gauge Half Size Heavy Duty Sheet Pan by Vollrath（品牌前身為Lincoln Foodservice）
	深烤盤 （Roasting Pan）	• 至少長15吋、寬11吋 • 包覆鋁核心的不鏽鋼內層，熱能可均勻散佈 • 直豎式手把，可輕鬆握住 • 淺色內層更能掌控食物受熱狀況 • 有高手把的固定式V型烤架	Calphalon Contemporary Stainless Roasting Pan with V-Rack

實用工具	品名	挑選重點	實驗廚房最愛
	食物夾 （Tongs）	• 邊緣是扇貝形 • 鉗腳稍微內凹 • 長度12吋，使手可以離熱遠一點 • 可以輕鬆打開、夾起	OXO Good Grips 12-Inch Locking Tongs
	木湯匙 （Wooden Spoon）	• 手把細，凹杓處寬 • 防污的竹子材質 • 握起來舒適	SCI Bamboo Wood Cooking Spoon

實用工具	品名	挑選重點	實驗廚房最愛
	漏匙 （Slotted Spoon）	• 凹杓深 • 手把長 • 洞夠多，可以很快濾乾	OXO Good Grips Nylon Slotted Spoon
	萬能鍋鏟 （All-Around Spatulas）	• 頭約5½吋長、3吋寬 • 從尖端到手把，長度11吋 • 又長又垂直的濾洞 • 金屬鍋鏟適合用在傳統廚具，塑膠鍋鏟適合 用在不沾鍋	金屬：Wüsthof Gourmet Fish Spatula 塑膠：Matfer Bourgeat Pelton Spatula
	萬能鍋鏟 （All-Around Spatulas）	• 刀面寬、堅硬，邊緣薄，彈性夠，可依攪拌 碗的形狀彎曲 • 可耐熱	Rubbermaid Professional 13½-Inch High Heat Scraper
	萬能打蛋器 （All-Purpose Whisk）	• 至少有10根攪拌條 • 攪拌條粗細適中 • 握柄好握 • 拿起來輕、重量平均	OXO Good Grips 11-Inch Whisk
	壓蒜器 （Garlic Press）	• 容量大，可一次裝入好幾瓣大蒜 • 手把彎曲 • 手把長，中心點和壓泥處距離短	Kuhn Rikon Easy-Squeeze Garlic Press 超值選：Trudeau Garlic Press
	胡椒研磨器 （Pepper Mill）	• 容量至少½杯 • 濾口寬、毫無阻礙 • 研磨設定容易調整	Unicorn Magnum Plus Pepper Mill
	開罐器 （Can Opener）	• 可按直覺簡單使用 • 轉動滑順 • 有磁鐵，丟罐頭蓋時不需接觸蓋子 • 好握	OXO Good Grips Magnetic Locking Can Opener
	蔬果削皮刀 （Vegetable Peeler）	• 鋒利的碳鋼刀刃 • 刀片和削皮刀本身距離1吋，以免塞住 • 輕、好握	Kuhn Rikon Original 4-Inch Swiss Peeler
	磨泥器 （Grater）	• 槳形研磨器 • 鋒利、特大的洞，磨泥平面大 • 底部鋪橡膠，增加穩定性 • 好握	Rösle Coarse Grater
	刨刀 （Rasp Grater）	• 鋸齒鋒利，使用時不需出太大力量或施 加太大壓力 • 可處理圓形和不規則形狀的食材 • 好握	Microplane Classic 40020 Zester/Grater

實用工具	品名	挑選重點	實驗廚房最愛
	擀麵棍 （Rolling Pin）	• 重量適中，約1至1.5磅 • 19吋長的直管 • 表面稍微有些木頭紋理，能夠抓住麵團，方便擀動	J. K. Adams Plain Maple Rolling Dowel
	隔熱手套 （Oven Mitt）	• 合手形，不要太大，才好操作 • 可機洗 • 材質有彈性、耐熱	Kool-Tek 15-Inch Oven Mitt by KatchAll 超值選：OrkaPlus Silicone Oven Mitt with Cotton Lining
	杓子 （Ladle）	• 不鏽鋼 • 手把9至10吋長 • 手把尾端有鉤，可以掛在鍋子上 • 邊緣方便倒出，避免亂滴	Rösle Ladle with Pouring Rim
	濾盆 （Colander）	• 容量4至7夸脫 • 底部有金屬環，可保持穩定 • 洞孔多，可迅速濾乾 • 挑選洞孔小的，義大利麵才不會穿過	RSVP International Endurance Precision Pierced 5-Quart Colander
	細網濾網 （Fine-Mesh Strainer）	• 直徑至少6吋。以邊緣內側計算 • 構造結實	CIA Masters Collection 6¾-Inch Fine Mesh Strainer
	馬鈴薯搗泥器 （Potato Masher）	• 搗泥盤堅固，洞小 • 好握	WMF Profi Plus Stainless Steel Potato Masher
	蔬菜脫水器 （Salad Spinner）	• 底部堅固，可在脫水器中清洗蔬菜 • 符合人體工學，手把好操作	OXO Good Grips Salad Spinner

測量工具	品名	挑選重點	實驗廚房最愛
	乾式量杯 （Dry Measuring Cups）	• 不鏽鋼量杯，穩重、耐用 • 即使裝滿也還看得見刻度 • 重量平均、穩固 • 和杯緣同高的長手把	Amco Basic Ingredient 4-Piece Measuring Cup Set
	液體量杯 （Liquid Measuring Cups）	• 明確清楚的刻度，包括¼杯、⅓杯的刻度 • 耐熱、有把手、杯身堅固 • 有各種量杯尺寸，如1杯、2杯、或4杯份量的款式	Pyrex 2-Cup Measuring Cup

測量工具	品名	挑選重點	實驗廚房最愛
	量匙 （Measuring Spoons）	• 手把長、好握 • 凹杓與把手齊平，可以輕鬆把多餘的食材「掃掉」 • 細長設計	Cuisipro Stainless Steel Measuring Spoon Set
	電子秤 （Digital Scale）	• 顯示螢幕易讀，不會被秤重平台擋住 • 至少可秤7磅 • 按鈕好按 • 可轉換公克、盎司兩種單位 • 平台面積夠寬	OXO Food Scale 超值選：Soehnle 65055 Digital Scale
	即時溫度計 （Instant-Read Thermometer）	• 電子式數位溫度計，可自動關機 • 10秒內迅速顯示讀數 • 測量範圍大，自-40℉至450℉ • 管子夠長，可深入大塊肉塊中 • 防水	ThermoWorks Splash-Proof Super-Fast Thermapen 超值選：ThermoWorks Super-Fast Pocket Thermometer CDN ProAccurate Quick-Read Thermometer
	烤箱溫度計 （Oven Thermometer）	• 數字標明清楚，簡易好讀 • 有掛勾，或有穩固的底座 • 溫度測量範圍大，最高至600℉	Cooper-Atkins Oven Thermometer (model #24HP)
	廚房計時器 （Kitchen Timer）	• 可計時的時間範圍大，自1秒至最少10小時 • 發出提示聲後還能繼續計時 • 好用，好讀	Polder 3-in-1 Clock, Timer, and Stopwatch （型號 #898–95）

必要烘焙器材	品名	挑選重點	實驗廚房最愛
	玻璃烤盤 （Glass Baking Dish）	• 長寬各為13吋與9吋 • 夠大，可以做燜鍋料理、大塊的脆餅和餡餅 • 有把手	Pyrex Bakeware 9 x 13-Inch Baking Dish
	金屬烤盤 （Metal Baking Pan）	• 長13吋，寬9吋 • 內壁為垂直設計 • 內層為不沾材質塗層，讓食材均勻變色，也 可以輕鬆倒出蛋糕和夾心餅乾 • 有手把	Baker's Secret 9 x 13-Inch Nonstick Cake Pan
	方形烤盤 （Square Baking Pans）	• 內壁為垂直設計 • 內層是亮金色或深色的不沾塗層，讓食物可 均勻上色，蛋糕容易倒出 • 可選購9吋和8吋的大小	Williams-Sonoma Nonstick Goldtouch Square Cake Pan8吋／9吋 超值選：Chicago Metallic Gourmetware 8-Inch Nonstick Square Cake Pan
	圓形蛋糕烤模 （Round Cake Pans）	• 內壁為垂直設計 • 不沾塗層，讓食材均勻上色，蛋糕可輕鬆倒出 • 建議選購一組9吋及8吋烤模	Chicago Metallic Professional Lifetime 9-Inch Nonstick Round Cake Pan

測量工具	品名	挑選重點	實驗廚房最愛
	派盤 （Pie Plates）	•玻璃材質，讓派的顏色均勻，更好監控狀況 •½吋厚的邊緣，容易製作裝飾性的酥皮 •邊緣的角度淺，避免酥皮塌下 •最好備有兩個	Pyrex Bakeware 9-Inch Pie Plate
	吐司烤模 （Loaf Pans）	•亮金色或暗色的不沾表面，食物的顏色才會均勻，好取出 •最好長8½吋、寬4½吋及長9吋、寬5吋的烤模都有	Williams-Sonoma 8½x 4½-Inch Nonstick Goldtouch Loaf Pan 21美元 超值選：Baker's Secret 9 x 5-Inch Nonstick Loaf Pan
	瑪芬烤模 （Muffin Tin）	•表面是不沾材質，讓食物顏色均勻，好取出 •邊緣寬、往外展開，有較高的雙邊，較方便拿取 •每格至少可做½杯	Wilton Avanti Everglide Metal-Safe Nonstick 12-Cup Muffin Pan
	冷卻架 （Cooling Rack）	•格狀架子，緊密、橫條粗 •要能放進長18吋、寬13吋的有邊烤盤 •可用洗碗機清洗	CIA Bakeware 12 x 17-Inch Cooling Rack 超值選：Libertyware Half-Size Sheet Pan Grate

小用具	品名	挑選重點	實驗廚房最愛
	食物調理機 （Food Processor）	•容量有14杯 •刀片鋒利、堅固 •入口夠寬 •應該附有基本的刀片和圓盤：鋼刀、麵團刀、切碎／切片用圓盤	Cuisinart Custom 14-Cup Food Processor
	手持電動攪拌棒 （Hand-Held Mixer）	•輕量級機型 •電源線細長，不會擋住攪拌路徑 •數位顯示介面 •獨立攪拌鈕，與轉速調整分開 •不同轉速 請注意：若經常烘焙、或是想做麵包，就該投資一台直立式電動攪拌機而非手持的攪拌棒。我們建議選購 Cuisinart 5.5 Quart Stand Mixer	Cuisinart Power Advantage 7-Speed Hand Mixer
	攪拌機 （Blender）	•刀片大，可以靠近邊緣和底部 •馬達強，至少700瓦特 •有避免馬達過熱可自動關機的功能 •壺身乾淨，可監控進度	Vitamix 5200 超值選：Breville BBL605XL Hemisphere Control Blender

廚房消耗品	品名	挑選重點	實驗廚房最愛
	烤盤紙 （Parchment Paper）	• 堅固的紙質，可放置很重的麵團 • 可輕鬆把裡頭的食物取出 • 至少14吋寬	Reynolds Parchment Paper
	保鮮膜 （Plastic Wrap）	• 可以緊緊附著，且重新黏也有好效果 • 鋸齒不會露出，避免割到衣服或皮膚 • 包裝口有黏性，可黏住保鮮膜撕開處	Glad Cling Wrap Clear Plastic

燒烤器材	品名	挑選重點	實驗廚房最愛
	燃氣烤爐 （Gas Grill）	• 燒烤區大，至少350 平方英吋 • 內建溫度計 • 兩個爐頭，有三個更好。可變換火力 • 有連接的工作桌 • 有濾油系統 請注意：除非你住公寓，沒有戶外空間，否則至少要有一個燃氣烤爐或木炭烤爐。若選擇木炭烤爐，就需要點火器	Weber Spirit E-210
	木炭烤爐 （Charcoal Grill）	• 燒烤區大 • 烤爐的蓋子夠深，可以容納大的食物，例如火雞 • 烤網有轉軸，可掀起控制火力 • 有集灰器，方便清理	Weber One-Touch Gold 221/2-Inch Charcoal Grill
	點火器 （Chimney Starter）	• 容量6夸脫 • 罐身上有洞，讓木炭周圍的空氣流通 • 構造堅固 • 手把耐熱 • 有兩個把手，好操作	Weber Rapidfire Chimney Starter
	烤肉夾 （Grill Tongs）	• 16吋長 • 邊緣是扇形，非尖銳鋸齒狀 • 可輕鬆開闔 • 重量輕 • 彈性張力適中	OXO Good Grips 16-Inch Locking Tongs
	烤架刷 （Grill Brush）	• 手把長，約14吋 • 大塊刷網，可拆卸不鏽鋼刷板	Tool Wizard BBQ Brush

《廚用鍋具材質》

廚用鍋具是由不同材質的金屬做成，而各種金屬都有其優缺點。金屬材質製成的鍋具，其耐熱與導熱能力可以決定食材上色的程度、是否容易燒焦，熱分布均勻與否。不過，鍋具的「重量」也很重要。舉例來說，以重量較輕的不鏽鋼鍋料理燉肉時，肉容易黏在鍋子上。另外，方便清理與否，也會影響該鍋具的使用頻率及可用性。以下將介紹你該知道的常見廚用鍋具材質：

銅：導熱效果非常好，可是價格昂貴、材質重、容易失去光澤。銅也是活性金屬，其元素會滲入食物，讓食物變色、有怪味。因此，銅製廚具通常會鍍上一層錫或不鏽鋼。

"總結：銅看起來很漂亮，可是不值這個價錢"

鋁：在眾多用來製作廚用鍋具的金屬中，其導熱效果僅次於銅。材質輕、價格不貴，若厚度夠的話，足以替鍋內保留熱度。不過，其性質較軟，容易凹陷、有刮痕，也會對酸性食材產生化學反應。陽極氧化的鋁鍋較硬，表面比較不容易產生反應。但陽極處理後的深色鍋具很難掌控鍋底醬汁的狀況。

"總結：除非經過陽極氧化處理，否則最好是選購與其他金屬結合製成的鋁鍋"

鑄鐵：加熱慢，但保留鍋內的熱度效果好。鑄鐵鍋具價格不昂貴，而且是可用一輩子的鍋子，只是材質相當重，為活性金屬，在使用之前得先「養鍋」。除非購買的是已經預先養好的鑄鐵鍋，而我們也建議購買這種。鑄鐵鍋具通常包覆著亮色系的琺瑯塗層，不只外觀看來吸引人，也讓鍋子內裡不會起化學反應。因為厚重的鑄鐵鍋保留熱度的效果最好，適用在炒、燉、以及需要精準操控溫度的料理。

"總結：鑄鐵材質很適合使用在平底鍋。我們喜歡有琺瑯塗層的荷蘭鍋"

不鏽鋼：熱傳導效果差。如果是完全以薄不鏽鋼製成的便宜鍋具，容易有熱點（hot spot）的黑斑且易彎曲。不過，不鏽鋼不是活性金屬，較為耐用、好看，很適合做為塗層，或是「鍍」在鋁、銅廚具上。

"總結：購買和其他金屬結合的不鏽鋼廚具"

複合金：這是我們大多數時候建議使用的鍋具。「複合金」代表以劇烈的壓力與熱度讓多層金屬結合在一起，大多數是以多層金屬形成「三明治」狀，內層是鋁，外層是不鏽鋼。

"總結：複合金鍋熱得快、受熱均勻，好照顧"

✏️ Tips：鍋具的反應程度

以「會產生化學反應」的鍋子為例，如鋁鍋或都還沒「養過」的鑄鐵鍋來料理酸性食材時，會有少量的分子從金屬中滲入食物中，這些微量的分子對健康無害，但卻會產生令人不喜歡的金屬味道。

為了知道這些氣味有多明顯，我們以鋁製荷蘭鍋、養過和未養過的荷蘭鍋熬煮番茄糊，同時也在不鏽鋼的荷蘭鍋熬煮番茄糊。試吃員在品嘗未養過的鑄鐵鍋所煮的番茄糊時，發現裡頭有著強烈的鐵味。從鋁鍋煮出的番茄糊，也嘗到更微妙的金屬味。經過養鍋之後的鑄鐵鍋，其內壁有一層油脂化合物保護鍋子的表面。而不鏽鋼鍋煮出的番茄糊，味道還不錯。

我們把每個鍋子煮出的番茄糊樣本送到獨立實驗室，測試其中是否有鐵和鋁。沒養過的鑄鐵鍋所煮出的番茄糊，含鐵量超出養過的十倍，也就是每公斤108毫克。經過養過的鑄鐵鍋所煮出的番茄糊，含鐵量只比不鏽鋼鍋的多幾毫克。鋁鍋煮的番茄糊中，每公斤含有14.3毫克的鋁，而不鏽鋼鍋煮的番茄糊含鐵量較少，每公斤低於1毫克。

最後定論呢？煮酸性食物時，先避免會產生化學反應的廚具，否則會讓口味打折扣。

《不沾鍋的學問》

或許你也想瞭解能夠應用於任何材質上的「不沾塗層」。一般來說，我們會把不沾鍋留著用來處理比較脆弱的食材，像是容易沾鍋的魚和蛋。我們發現，不沾鍋與傳統的鍋具不同，它無法將食物煎得金黃。同時，煎煮牛排或雞排時，也不會留下焦褐的碎屑，也就沒有材料能煮鍋底醬汁了。想更瞭解，請參考本頁「Tips：別用不沾鍋做鍋底醬汁」。

關於不沾鍋的安全性，相信已經有相當多的新聞報導與關切供你們參考。但是美國銷售的廚具中，有一半以上都是不沾鍋材質。究竟不沾鍋有哪些問題呢？

首先，製作不沾鍋的表面塗層時，會污染當地的地下水。這個問題直接影響了住在不沾鍋塗層製造廠附近的所有人。

第二，一旦不沾鍋塗層表面開始剝落、變成碎片後，攝取到此材質對身體也不好。或許塗層只是穿過身體後排出，但它也是會停留在身體裡。無論如何，只要塗層開始剝落就失去功能，鍋子就得丟掉，重買一把。

第三，不沾鍋達到600°F以上時，表面會冒煙。製造商承認這些煙霧可以殺死體型較小的鳥類。因此建議：不要將寵物鳥養在廚房裡，這些煙霧可能會讓人類產生類流感疾病。

所以，問題有多大呢？我們進行了好幾項實驗，利用爐子和烤箱的上火高溫，替價格低廉及品質優良的不沾鍋加熱，以取得當料理時，要求像是熱炒這類的高溫加熱會使得這些鍋子變多燙。當我們使用紅外線溫度槍追蹤這兩批的鍋子溫度時，發現只有一個辦法可以讓鍋內溫度一下達到600°F，那就是以高溫爐火對著「空鍋」加熱，然後不去管它。

從此實驗的結果裡我們建議，不管是那種鍋具，不論是不沾鍋還是其他鍋，都不要在沒放油的情況下就讓它乾燒。當鍋中放入油後再進行加熱，會在400°F時起煙，遠遠低於不沾鍋表面散發危險氣體時的溫度。你會發現，冒煙的油可以讓鍋子稍微降溫。倘若在使用傳統鍋具時，這也是很好的概念。

我們在實驗廚房中還是持續使用不沾鍋，可是，如果你想找個替代方案，我們也發現鑄鐵鍋的烹煮效果最好。在使用鑄鐵鍋烹煮一段時間後，料理時的油和脂肪聚合在一起，也就是分子改變形狀然後連結起來後，將產生不沾鍋的特質會和鍋子的表面混合在一起。只是這需要花多少時間呢？這倒沒有一定的答案，只能說，鍋子越老、養得時間越久，就越「不沾」囉。若是幸運繼承祖母鑄鐵鍋的人，也會這樣的回答你。至於我們呢，建議大家現在買一個開始養，永遠不嫌晚！

🖊 Tips：別用不沾鍋做鍋底醬汁

我們強烈建議使用傳統金屬表面的鍋具來香煎所有雞肉和肉類。不沾鍋確實很好清洗，但是它煎不出太多「鍋底」，也就是燒焦、黏在鍋底下的碎屑，當然無法藉此來熬煮成醬汁。為了證明這一點，我們進行了以下實驗：

我們使用了鍍上不鏽鋼塗層的平底鍋，以及不沾鍋來香煎雞胸肉。然後，我們用2杯水泡開鍋底，接著再加熱收汁為1杯的份量，最後試味。使用不沾鍋煮出的液體幾乎是沒有味道，而傳統鍋子煮出的水有獨特雞肉香。「醬汁」的顏色一看就一目了然。如果想要美味的醬汁，請不要用不沾鍋。

不沾鍋
醬汁和白開水幾乎沒什麼差別。

不鏽鋼鍋
金黃色醬汁，獨特的雞肉香味。

《刀具的基本知識》

不同款式的刀具有著專門的用途，這也是為什麼我們需要好幾把刀子的原因。舉例來說，麵包刀刃上的鋸齒邊，在和邊緣平順的主廚刀相比，更能「抓住」酥脆麵包的粗糙表面方便切開。同樣地，要去掉草莓上的蒂頭或是蝦子的腸泥時，體積較小的去皮刀也會比主廚刀來得適用。若要瞭解我們建議廚房中必備的刀具，在前文的「替廚房備齊裝備」中有完整的參考列表。

但不論使用的是哪一種刀具，刀刃一定要夠鋒利。因為這點很重要，所以再說一次：「刀刃一定要夠利！」其原因有三：

- 利刀通常沒鈍刀來得危險，使用鈍刀反而更容易在切削食材時，刀刃從上頭滑落而誤切到自己的手。
- 利刀比鈍刀切得更快。同樣是切洋蔥，你想花上2分鐘還是5分鐘切它？或許你會覺得時間沒有差太多，可是，當一道食譜中的要求準備大量蔬菜或肉類時，這些額外的時間加總起來，真的會變得很多。
- 使用利刀切出的食物，會比鈍刀來得平均。鈍刀會切出不夠碎的大蒜，甚至還留下蒜頭塊，使得下鍋烹煮後可能會造成燒焦而留下很刺激的味道。利用利刀，就可以把大蒜切得更碎、更均勻，也能做出更美味的食物。

剛出廠的刀具非常鋒利，大多數的刀具外型長得像個楔型。刀片的頂端，也就是刀背較厚，有助於廚師施力使刀刃切開食材。而刀刃面是有角度的，以歐洲刀具為例，其角度大多落在20度。

那麼，是什麼原因使得刀具變鈍呢？最好的解決方式又是什麼呢？每款刀具在經過幾分鐘的使用後，刀刃的邊緣可能往旁邊歪斜，使其變得鈍化。當楔型的結構設計無法達到助力的效果時，廚師就需要花更多力氣才能把以刀刃切穿食物。不過，將刀刃面放進隨刀附贈的鋼棒來回摩擦，有助於去除歪斜的邊緣，讓刀子恢復原本的利度。

不過，跟專業刀具相比，家用刀具不講究鋒利性，大多數的料理人也不會每隔幾分鐘就磨刀。因此，工廠

傾向於做圓角的刀具，相形之下較為鈍化，在使用時就得花更多的力氣，使得刀刃邊緣變得更圓，反倒加速了刀子的鈍化。當刀子需要全新的刀刃時，使用隨刀具附贈的鋼棒是沒用的，必須要重新打磨整把刀，削除一些表面金屬才行。建議使用上文介紹的「電動磨刀器」在家自行磨刀，會是最好的選擇。

✎ Tips：鍋具的反應程度

鋒利的刀刃可以快速切片、切塊（下方圖①）。不過，就算只是使用幾分鐘，刀刃的邊緣也可能偏移（下方圖②），讓刀刃變鈍。磨擦鋼棒或磨刀可以去除折起的邊緣，讓刀子恢復原本的鋒利度。只是經過大量使用後，刀刃銳利的角度會變圓、變鈍（下方圖③）。此時，刀子需要重新打造刀刃，只有電動磨刀器或磨刀石可以做得到。

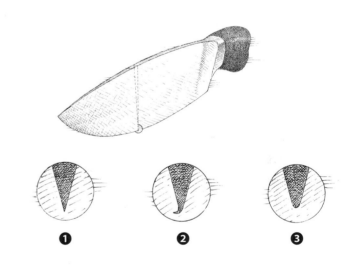

❶   ❷   ❸

臨時替代食材表

每個人都有這種經驗，即使不應該讓它發生，但還是發生了，以下是能夠順利替換食材的一些訣竅。沒有人想為了一種食材特地出門跑去市場一趟，或許善加利用你手邊即有的材料，也可以發揮同樣的效果。我們測試了多種廣為流傳的替換食材，找出哪些食材在哪種情況下可以進行替換、哪些又不能。下列是食譜中經常需要使用到的食材，以及你手上可能會有、可以作為替代方案者。

食材	份量	可替代食材
全脂牛奶	1杯	⅝杯脫脂牛奶＋⅜杯半對半奶油　　　　　¾杯2%牛奶＋¼杯半對半奶油 ⅔杯1%牛奶＋⅓杯半對半奶油　　　　　⅞杯脫脂牛奶＋⅛杯重奶油
半對半奶油	1杯	¾杯全脂杯全脂牛奶＋¼杯重奶油 ⅔杯脫脂奶油或低脂奶油＋⅓杯重奶油
重奶油	1杯	1杯奶水 不適合用來打發或烘焙，但可以做湯底、做醬汁

食材	份量				可替代食材
雞蛋	大	特大	超大	中等	若要用半顆蛋，可將蛋白、蛋黃攪拌在一起，取一半的蛋液使用
	1	1	1	1	
	2	1½	2	2	
	3	2½	2½	3½	
	4	3	3½	4½	
	5	4	4	6	
	6	5	5	7	

食材	份量	可替代食材
酪奶	1杯	1杯牛奶＋1大匙的檸檬汁或蒸餾白醋 不適合用於做生食，例如酪奶醬
酸奶油	1杯	1杯原味全脂牛奶優格 無脂和低脂優格太瘦，不能取代酸奶油
原味優格	1杯	1杯酸奶油
蛋糕麵粉	1杯	⅞杯中筋麵粉＋2大匙玉米澱粉
麵包麵粉	1杯	1杯中筋麵粉 烤出的麵包和披薩皮可能會比較沒有嚼勁
泡打粉	1茶匙	¼茶匙小蘇打粉＋½茶匙的塔塔粉（需馬上使用）
紅糖	1杯	1杯砂糖＋1茶匙糖蜜　　　用食物調理機把糖蜜和砂糖打在一起，或直接和其它濕料一起加入
黑糖	1杯	1杯砂糖＋2杯糖蜜
糖粉	1杯	1杯砂糖＋1茶匙玉米澱粉，放入攪拌機中（非食物調理機）打碎 可以灑在蛋糕上當糖粉，但用來做糖霜和糖漿就沒有那麼適合
食鹽	1大匙	1½大匙莫頓牌猶太鹽或鹽之花，「或」2大匙的鑽石牌猶太鹽或瑪頓海鹽 不建議套用在烘焙食譜上
新鮮香草	1大匙	1茶匙的乾燥香草
葡萄酒	½杯	½杯高湯＋1茶匙酒醋（上桌前再加入），「或」½杯高湯＋1茶匙檸檬汁（上桌前再加） 可用苦艾酒取代白酒
無糖巧克力	1盎司	3大匙的可可粉＋1大匙的植物油 1½盎司的苦甜或半甜巧克力（該道料理的糖量減少1大匙）
苦甜或半糖巧克力	1盎司	⅔盎司的無糖巧克力＋2茶匙糖 適合做巧克力布朗尼，不要套用在卡士達醬或蛋糕上

食品安全

《基本原則》

食品安全聽起來很恐怖。在某些方面來說，的確是如此。如果不遵守基本的衛生習慣，可能會讓自己和家人都生病。儘管如此，只要採取幾個簡單的步驟，就能大幅減少食物中毒的危險。

生食與熟食分開處理：食物安全最重要的原則就是將「生食」與「熟食」分開。千萬不要把煮熟的食物，放在和生食接觸過的盤子和砧板上，反之亦然。洗淨所有接觸過生食的用具，包括溫度計，才能再度使用。這些額外的步驟可以避免交叉污染。

建立阻隔層：會接觸到生食和熟食的物品，像是秤子和盤子，都應該蓋上鋁箔紙或保鮮膜，建立一層保護。只要物品使用過，鋁箔紙就能和所有細菌一起被丟棄。同樣的，在捶肉前將砧板用保鮮膜包起來，可以限制細菌傳播。

生肉不要洗：避免清洗生肉，因為會污染整個水槽。

安全調味：雖然接觸到鹽巴的細菌活不了幾分鐘，因為鹽巴會使細菌快速脫水，導致細菌死亡，但細菌還是能存活在「鹽巴盒」或「鹽巴罐」上。為了避免污染，我們會把胡椒研磨到一個小碗中，然後和鹽巴混合。胡椒與猶太鹽比例是1：4，與食鹽比例是1：2。這麼一來，當我們在調味時，就可以直接伸手到碗中取出鹽巴和胡椒調味混合物，不必每次碰到肉都再洗手一次。用過之後的碗也要直接送入洗碗機裡。

不要回收用過的醃汁：使用過後的醃汁已經被生肉的肉汁污染，因此吃下肚不安全。如果想做出可搭配肉的醬汁，把醃汁全都加到生肉上面之前先保留一些額外的醃汁，靜置備用。

《避開危險區間》

大部分的細菌都存活在40至140℉之間。在這個「危險區間」裡，細菌每20分鐘就會以倍數成長，很快就達到危及健康的程度。以一般規定來說，食物不該處於危險溫度區間超過2個小時，若室溫超過90℉，則不可超過1小時。以下是避免讓食物在危險溫度區間待太久的具體步驟。

在冰箱中解凍：解凍一定要在冰箱，不是在料理檯上。料理檯上的溫度較高、細菌會迅速倍增。解凍時一定要先把食物放在盤子或碗裡，避免流出的液體接觸到冰箱裡的其他食物。大多數的食物需要24小時才能徹底解凍。體積較大的食材，例如整隻火雞，需要更久的時間，可以用每磅需5小時來計算解凍時間。

違反直覺的冷卻法：雖然違反直覺，但烹煮後不可將熱燙的食物馬上放到冰箱裡，否則會讓冰箱的溫度上升，讓細菌容易散播。美國食品藥物管理局建議在2小時內將食物冷卻到70℉，在之後的4小時內冷卻到40℉。我們遵照建議，把食物放在料理檯上冷卻1小時，食物溫度達到80至90℉間，摸起來應該溫溫的，再放入冰箱。詳請參考觀念10「實用科學知識：冷卻高湯最好的辦法」。

迅速重新加熱：重新加熱時，應儘快讓食物溫度離開危險區間，不要以文火慢慢加溫。將剩下的醬汁、湯、肉汁醬煮沸，焗烤應至少達到165℉，可以用即時溫度計來測量食物是否達到該有的溫度。

《保持低溫》

「溫度計」是減少食物中毒散播的利器。冰箱溫度計會告訴你冰箱和冷凍庫是否運轉正常。經常檢查冰箱溫度，確定溫度保持在35至40℉間，而冷凍庫應該要低於0℉。

下表是特定食材的建議儲藏溫度。請記得，冰箱後方是溫度最低的地方。請確定肉已確實包裝，不要堆疊在其他食材的上方。

食材	溫度
魚類、貝類	30～34℉
肉類	32～36℉
奶類	36～40℉
蛋類	38～40℉
其他農產品	40～45℉

《加熱食物》

本書使用的煮熟溫度是衡量「可口度」與「食品安全」後所得的最佳估算結果。以大多數的情況來說，這些條件正好配合得恰到好處，讓雞肉是否好吃或是安全性。有幾個比較特殊的例外案例，尤其是絞肉。如果食品安全是主要考量，那你絕對不想吃到生的漢堡肉。

美國農業部針對肉料理方式，發佈了複雜的規定，以下是基本原則：

• 整塊的肉（包括豬肉）要煮到內部溫度至少達到145℉，靜置至少3分鐘。
• 所有的絞肉內部溫度至少要達到160℉。
• 所有的家禽肉類，包括絞肉，內部溫度至少要到165℉。

若想瞭解美國食物安全資訊，請至以下網址查詢：
www.fsis.usda.gov/wps/portal/fsis/topics/food-safety-education

單位換算表

本書食譜使用「美制」單位。下表提供美制與公制的換算表。所有的單位換算都取近似值,經過四捨五入至最接近的整數,舉例來說:

1茶匙=4.929毫升,四捨五入後為5毫升

1盎司=28.349公克,四捨五入後為28公克

容量換算

美制	公制
1茶匙	5毫升
2茶匙	10毫升
1大匙	15毫升
2大匙	30毫升
¼杯	59毫升
⅓杯	79毫升
½杯	118毫升
¾杯	177毫升
1杯	237毫升
1¼杯	296毫升
1½杯	355毫升
2杯	473毫升
2½杯	591毫升
3杯	710毫升
4杯(1夸脫)	0.946公升
1.06夸脫	1公升
4夸脫(1加侖)	3.8公升

重量轉換

盎司	公克
½	14
¾	21
1	28
1½	43
2	57
2½	71
3	85
3½	99
4	113
4½	128
5	142
6	170
7	198
8	227
9	255
10	283
12	340
16(1磅)	454

烤箱溫度

華氏	攝氏	溫度等級(公制)*
225	105	¼
250	120	½
275	135	1
300	150	2
325	165	3
350	180	4
375	190	5
400	200	6
425	220	7
450	230	8
475	245	9

公制溫度

若烤箱上的溫度計用的是「美制」(華氏)或「公制」(攝氏),在料理時可以參考「烤箱溫度」表進行換算。表內未列出的溫度,也可利用以下簡單的公式換算:

將華氏溫度減32度,再除以1.8,即是攝氏的溫度。

舉例來說,若食譜上說「將雞大腿烤至175°F」,可將華氏溫度依照下列公式換算:

$175°F - 32 = 143°$

$143° \div 1.8 = 79.44°C$,四捨五入後為攝氏79度

*英國、愛爾蘭、跟部分大英國協國家使用的烤箱或烤爐,以溫度等級調整火力,而非設定溫度。

延伸閱讀

Amendola, Joseph, and Nicole Rees. *Understanding Baking*. Hoboken, NJ: John Wiley & Sons, 2003.

Barham, Peter. *The Science of Cooking*. Berlin: Springer-Verlag, 2001.

Belitz, H.-D., Werner Grosch, and Peter Schieberle. *Food Chemistry*. 4th ed. Berlin: Springer-Verlag, 2009.

Block, Eric. *Garlic and Other Alliums: The Lore and the Science.*Cambridge: The Royal Society of Chemistry, 2010.

Brown, Amy C. *Understanding Food: Principles and Preparation*. 3rd ed. Belmont, CA: Thomson Wadsworth, 2008.

Coultate, Tom. *Food: The Chemistry of Its Components*. 5th ed. Cambridge: The Royal Society of Chemistry, 2009.

Fellows, P. J. *Food Processing Technology: Principles and Practice*. 3rd ed. Boca Raton, FL: CRC Press, 2009.

Figoni, Paula. *How Baking Works*. 3rd ed. Hoboken, NJ: John Wiley & Sons, 2011.

Igoe, Robert S. *Dictionary of Food Ingredients*. 4th ed.Gaithersburg, MD: Aspen Publishers, 2001.

Kamozawa, Aki, and H. Alexander Talbot. *Ideas in Food: Great Recipes and Why They Work*. New York: Clarkson Potter, 2010.

McClements, David Julian. *Food Emulsions: Principles, Practices, and Techniques*. 2nd ed. Boca Raton, FL: CRC Press, 2004.

McGee, Harold. *On Food and Cooking: The Science and Lore of the Kitchen*. New York: Scribner, 2004.

McWilliams, Margaret. *Foods: Experimental Perspectives*. 6th ed. Upper Saddle River, NJ: Prentice Hall, 2008.

Murano, Peter. *Understanding Food Science and Technology*. Belmont, CA: Thomson Wadsworth, 2003.

Myhrvold, Nathan, Chris Young, and Maxime *Bilet. Modernist Cuisine: The Art and Science of Cooking. Bellevue*, WA: The Cooking Lab, 2011.

Nielsen, Suzanne, ed. *Food Analysis*. New York: Springer, 2010.

Owusu-Apenten, Richard. *Introduction to Food Chemistry*. Boca Raton, FL: CRC Press, 2005.

Potter, Jeff. *Cooking for Geeks: Real Science, Great Hacks, and Good Food. Sebastapol*, CA: O'Reilly Media, 2010.

Reineccius, Gary. *Flavor Chemistry and Technology*. 2nd ed.Boca Raton, FL: Taylor and Francis, 2006.

Stauffer, Clyde. *Fats and Oils*. St. Paul: Eagan Press, 1996.

This, Herve. *Molecular Gastronomy: Exploring the Science of Flavor*. New York: Columbia University Press, 2008.

———. *The Science of the Oven*. New York: Columbia University Press, 2009.

Varnam, Alan, and Jane Sutherland. *Meat and Meat Products: Technology, Chemistry and Microbiology*. London: Chapman & Hall, 1995.

Warriss, Paul. *Meat Science: An Introductory Text*. Oxford: CABI Publishing, 2000.

Wolke, Robert. *What Einstein Told His Cook: Kitchen Science Explained*. New York: W. W. Norton & Co., 2002 .

———. *What Einstein Told His Cook 2: The Sequel: Further Adventures in Kitchen Science*. New York: W. W. Norton & Co., 2005.

資料來源—精選科學期刊文章

雖然受歡迎的烹飪書、食品科學教科書都提供非常有幫助的內容解說，但科學資訊最終極的來源，還是學術期刊發表的學術評論以及研究報告。在撰寫本書時，我參閱了350篇以上的科學報告。以下列出的報告頗具指標性，特別值得參考。

——蓋·克羅斯比

肉類、家禽肉類、海鮮的處理

Bertram, H., S. Holdsworth, A. Whittaker, and H. Andersen."Salt Diffusion and Distribution in Meat Studied by23Na Nuclear Magnetic Resonance Imaging and Relaxometry."*Journal of Agricultural and Food Chemistry* 53(2005): 7814–7818.

Casey, J., A. Crosland, and R. Patterson. "Collagen Contentof Meat Carcasses of Known History."*Meat Science* 12
(1985): 189–203.

Cross, H., M. Stanfield, and E. Koch. "Beef Palatability asAffected by Cooking Rate and Final Temperature."*Journalof Animal Science* 43 (1976): 114–121.

Johnson, I. "Structure and Function of Fish Muscle."*Symposiaof the Zoological Society of London* 48 (1981): 71–113.

Jiang, S.-T. "Contribution of Muscle Proteinases to MeatTenderization."*Proceedings of the National Science Council*,ROC 22 (1998): 97–107.

McCrae, S., and P. Paul. "Rate of Heating as It Affects theSolubilization of Beef Muscle Collagen."*Journal of Food*
Science 39 (1974): 18–21.

Offer, G., and J. Trinick. "On the Mechanism of Water Holding in Meat: The Swelling and Shrinking of Myofibrils."*Meat Science* 8 (1983): 245–281.

Oreskovich, D. C., P. J. Bechtel, F. K. McKeith, J. Novakofski, and E. J. Basgall. "Marinade pH Affects Textural Properties of Beef."*Journal of Food Science* 57 (1992):305–311.

Yusop, S. M., M. G. O'Sullivan, J. F. Kerry, and J. P. Kerry."Effect of Marinating Time and Low pH on Marinade Performance and Sensory Acceptability of Poultry Meat."*Meat Science* 85 (2010): 657–663.

起士、雞蛋料理

Bogenreif, D., and N. Olson. "Hydrolysis of s-Casein Increases Cheddar Cheese Meltability."*Milchwissenschaft* 50 (1995): 678–682.

Clark, A., G. Kavanagh, and S. Ross-Murphy. "Globular Protein Gelation——Theory and Experiment (Cooking Eggs)."*Food Hydrocolloids* 15 (2001): 383–400.

Lomakina, K., and K. Mikova. "A Study of the Factors Affecting the Foaming Properties of Egg White——a Review."*Czech Journal of Food Sciences* 24 (2006):110–118.

水果、蔬菜、穀類、豆類料理

Brummell, D., et al. "Cell Wall Metabolism during the Development of Chilling Injury in Cold-Stored Peach Fruit: Association of Mealiness with Arrested Disassembly of Cell Wall Pectins."*Journal of Experimental Botany* 55 (2004): 2041–2052.

Kikuchi, K., M. Koizumi, N. Ishida, and H. Kano. "Water Uptake by Dry Beans Observed by Micro-Magnetic Resonance Imaging."*Annals of Botany* 98 (2006): 545–553.

McComber, D., H. Horner, M. Chamberlain, and D. Cox. Potato Cultivar Differences Associated with Mealiness."*Journal of Agricultural and Food Chemistry* 42 (1994): 2433–2439.

McPherson, A., and J. Jane. "Comparison of Waxy Potato with Other Root and Tuber Starches."*Carbohydrate Polymers* 40 (1999): 57–70.

Micheli, F. "Pectin Methylesterases: Cell Wall Enzymes with Important Roles in Plant Physiology."*Trends in Plant Science* 6 (2001): 414–419.

Stolle-Smits, T., J. Beekhuizen, C. van Dijk, A. G. J. Voragen, and K. Recourt. "Cell Wall Dissolution During Industrial Processing of Green Beans (Phaseolus vulgaris L.)."*Journal of Agricultural and Food Chemistry* 43 (1995):2480–2486.

Waldron, K., M. Parker, and A. Smith. "Plant Cell Walls and Food Quality."*Comprehensive Reviews in Food Science and Food Safety* 2 (2003): 101–119.

烘焙與糖科學

Amend, T., and H.-D. Belitz. "The Formation of Dough and Gluten——A Study by Scanning Electron Microscopy."*Z. Lebensm Unters Forsch* 190 (1990): 401–409.

——. "Gluten Formation Studied by the Transmission Electron Microscope."*Z. Lebensm Unters Forsch* 190(1990): 184–193.

Campos, R., M. Ollivon, and A. Maragoni. "Molecular Composition Dynamics and Structure of Cocoa Butter."*Crystal Growth & Design* 10 (2010): 205–217.

Wieser, H. "Chemistry of Gluten Proteins."*Food Microbiology* 24 (2007): 115–119.

烹調方法

Aguilera, J., and H. Gloria. "Determination of Oil in Fried Potato Products by Differential Scanning Calorimetry."*Journal of Agricultural and Food Chemistry* 45 (1997):781–785.

Augustin, J., E. Augustin, R. L. Cutrufelli, S. R. Hagen, and C. Teitzel. "Alcohol Retention in Food Preparation."*Journal of the American Dietetic Association* 92 (1992): 486–488.

Saguy, I., and E. Pinthus. "Oil Uptake During Deep-Fat Frying: Factors and Mechanism."*Food Technology* 49(1995): 142–150.

創造風味

Ashoor, S., and J. Zent. "Maillard Browning of Common Amino Acids and Sugars."*Journal of Food Science* 49 (1984): 1206–1207.

Kurihara, K. "Glutamate: From Discovery as a Food Flavor to Role as a Basic Taste (Umami)."*American Journal of Clinical Nutrition* 90 (2009): 719S–722S.

Skurray, G., and N. Pucar. "L-Glutamic Acid Content of Fresh and Processed Food."*Food Chemistry* 27 (1988):177–180.

Randall, W. "Onion Flavor Chemistry and Factors Influencing Flavor Intensity." In Spices: Flavor Chemistry and Antioxidant Properties, S. Risch and C.-T. Ho, eds. Washington, D.C.: *American Chemical Society*, 1997.

THE SCIENCE OF GOOD COOKING

料理的科學

好廚藝必備百科全書，完整收錄 50 個烹調原理與密技

Master 50 Simple Concepts to Enjoy a Lifetime of Success in the Kitchen

蓋‧克羅斯比博士（Guy Crosby, PhD）、美國實驗廚房編輯群（The Editors of America's Test Kitchen）■ 合著
陳維真、張簡守展等■ 合譯

（本書為改版書，前版中文書名為：料理的科學── 50 個圖解核心觀念說明，破解世上美味烹調秘密與技巧）

The Science of Good Cooking : master 50 simple concepts to enjoy a lifetime of success in the kitchen
by the editors of America's Test Kitchen and Guy Crosby
Copyrightc © 2012 by the Editors at America's Test Kitchen
Published by arrangement with Boston Common Press LP dba America's Test Kitchen c/o Black Inc.,
the David Black Literary Agency through Bardon-Chinese Media Agency
Complex Chinese translation copyright © 2023 by Briefing Press, a Division of AND Publishing Ltd.
ALL RIGHTS RESERVED

大寫出版　書系｜Be-Brilliant! 幸福感閱讀　書號｜HB0014R

原　　　　著	美國實驗廚房編輯群、蓋‧克羅斯比博士
	（The Editors of America's Test Kitchen & Guy Crosby, PhD）
插　　　　畫	麥可‧紐浩、約翰‧伯戈因（Michael Newhouse & John Burgoyne）
翻　　　　譯	陳維真、張簡守展
協 助 翻 譯	翁雅如、宋雅雯、張小蘋、曾沁音、游卉庭、黃書儀
封 面 設 計	逗點 Dotted Desig
內 頁 設 計	蔡南昇、周世旻
內 頁 照 片	達志影像授權（第 30 至 31 頁、第 196 至 197 頁、第 236 至 237 頁、第 306 至 307 頁、第 364 至 365 頁）
行 銷 企 畫	王綬晨、邱紹溢、陳詩婷、曾曉玲、曾志傑
大 寫 出 版	鄭俊平
發 行 人	蘇拾平

發行 大雁文化事業股份有限公司
台北市復興北路 333 號 11 樓之 4
電話（02）27182001
傳真（02）27181258
大雁出版基地官網：www.andbooks.com.tw

二版一刷 ◎ 2023 年 3 月
定　　價 ◎ 1480 元
版權所有‧翻印必究
ISBN978-957-9689-94-6
Printed in Taiwan‧All Rights Reserved
本書如遇缺頁、購買時即破損等瑕疵，請寄回本社更換

國家圖書館出版品預行編目（CIP）資料

料理的科學：好廚藝必備百科全書，完整收錄 50 個烹調原理與密技／
蓋‧克羅斯比（Guy Crosby），美國實驗廚房編輯群（The Editors of
America's Test Kitchen）著；陳維真，張簡守展等合譯
二版｜臺北市：大寫出版社出版：大雁文化事業股份有限公司發行，2023.03
504 面；23X30 公分（Be Brilliant! 幸福感閱讀；HB0014R）
譯自：The science of good cooking : master 50 simple concepts to enjoy
a lifetime of success in the kitchen
ISBN 978-957-9689-94-6（平裝）
1.CST: 烹飪　2.CST: 食物
427　　　　　　　　　　　　　　　　　　　　　111022354